発刊にあたって

平成 25 年 4 月に日刊工業新聞社からおもしろサイエンス『長もちの科学』が出版されました。長もちの科学の考え方を学生や一般の技術者に理解していただくために，イラストや写真を増やして，わかりやすく，専門的な記述はできるだけ除きました。今回は，大学院生や会社で実際に工業製品の設計や開発に携わっている方々のための技術書として記述されています。プラスチックや金属の材料に関する書籍は，たくさん出版されています。これらの書籍は大学院の学生が基礎的な学問を勉強するには適しています。

ただ，実際に会社で，技術者がプラスチックや金属の材料を組み合わせて工業製品を設計する場合や，開発品の耐久性評価や寿命予測する場合の手引書は少ないです。特にインフラ設備，住宅，住宅設備機器などは期待される使用期間が長いので，長い耐久性や高い信頼性が求められます。

本書は「京都工芸繊維大学　長もちの科学開発センター」のシニア・フェローの方々や各専門分野の技術者が分担して，まず，第 I 編で長もち設計・耐久性評価技術，第 II 編で応用事例について記述されています。第 I 編の第 1 章は長もち設計の考え方，第 2 章は耐久性評価技術，第 3 章は機能性評価技術，第 4 章は支援技術で構成されています。第 II 編の応用事例では，第 1 章インフラ設備の構造部材，第 2 章機能部材から構成されていて，広範な工業製品をすべてカバーしていませんが，設計の概念や研究手法は実際に会社で検討されている工業製品にも参考になると思われます。

本書を発刊するにあたり，株式会社エヌ・ティー・エスの吉田隆社長をはじめ，企画部および関係者の皆様には大変お世話になりました。心から感謝申し上げます。

2017 年　春

執筆者を代表して
京都工芸繊維大学　長もちの科学開発センター
センター長・教授　**西村　寛之**

監修者・執筆者一覧

◆監修者

西村　寛之　　京都工芸繊維大学長もちの科学開発センター　センター長 / 教授

◆執筆者（執筆順）

西村　寛之　　京都工芸繊維大学長もちの科学開発センター　センター長 / 教授

久米　辰雄　　京都工芸繊維大学長もちの科学開発センター　シニア・フェロー

堀田　　透　　京都工芸繊維大学長もちの科学開発センター　シニア・フェロー

川崎　真一　　京都工芸繊維大学長もちの科学開発センター　シニア・フェロー

近藤　義和　　京都工芸繊維大学長もちの科学開発センター　シニア・フェロー

町田　邦郎　　京都工芸繊維大学長もちの科学開発センター　シニア・フェロー

東川　芳晃　　京都工芸繊維大学長もちの科学開発センター　シニア・フェロー / トガワテクノリサーチ　代表

細田　　覚　　京都工芸繊維大学長もちの科学開発センター　シニア・フェロー

樋口　裕思　　大阪ガス株式会社技術戦略部オープンイノベーション室　室長

藤井　重樹　　日本ノーディックテクノロジー株式会社　代表取締役社長 / 京都工芸繊維大学長もちの科学開発センター　シニア・フェロー

藤井　善通　　京都工芸繊維大学長もちの科学開発センター　シニア・フェロー

金井　俊孝　　KT Polymer　代表 / 京都工芸繊維大学長もちの科学開発センター　シニア・フェロー

大越　雅之　　難燃材料研究会　会長

目　次

第Ⅰ編　長もち設計・耐久性評価技術

第Ⅱ編 応用事例

第１章 構造部材（インフラ設備）

第Ⅰ編　長もち設計・耐久性評価技術

第１章　長もち設計
第２章　耐久性評価技術
第３章　機能性評価技術
第４章　支援技術

第1章　長もち設計―長もちの科学のねらい

京都工芸繊維大学　西村　寛之

1　はじめに

道路，橋梁，鉄道，地下埋設物（上下水道，ガス，電気，電話等）などのインフラ設備，コンクリート建築物，住宅など，長期耐久性を求められる製品がたくさんある。更新や取替えに莫大な費用がかかるので，できるだけ長もちさせたいニーズがある。

また，食品分野のロングライフ化は非常に重要な課題です。コンビニやスーパーで非常に多くの商品が期限切れで捨てられている。最近の包装材料の開発研究により，かなり食品の賞味期限が長くなったが，更なるロングライフ化の研究は非常に重要であり，バリア材料（EVOH，PVDC），多層共押出成形，ラミネート，蒸着，バリアコーティングによる賞味期限の延長が産業界でニーズの高いテーマである。

あるいは，医薬分野での長寿命化として，現在多くの医薬品が期限切れで，未使用のままで廃棄され，医療費に転嫁されている。現在，PTP（Press Through Pack）包装で，アルミの両面包装の研究が進められているが，片側は，錠剤を入れるスペースを確保するために，熱成形が必要である。しかし，アルミだけでは破れるので，アルミと樹脂の多層ラミネートフィルムが今後の主流になると予想されている。各種の輸液バッグ分野も同様である。この樹脂の熱成形による融着部のシール性が医薬品の長もちに欠かせない技術なのである。

2　プラスチックパイプの長もち設計

プラスチックパイプの長もち設計について，少し詳しく説明をする。ガス事業に使用されているプラスチック製品には，鋼管被覆樹脂，ガス用ポリエチレン（Polyethylene：PE）管[1)]，温水用樹脂管等，一般の日用品に比べて比較的製品寿命の長い製品が多い。製品寿命には二つの意味が含まれている。つまり，製品の販売が終了するまでの期間および製品が安全に使えなくなるまでの期間である。ガス事業に使用されているプラスチック製品はこの製品寿命の両方ともに非常に長いのが特徴である。特にガス用ポリエチレン管のような土中埋設されるインフラ設備は製品寿命が長い典型的な製品である。携帯電話やパソコン等は比較的製品サイクルが短く，新製品が発売されると既存製品は短期間に置き換わっていくが，ポリエチレン管の場合，新規の分岐取り出しや既設管との接合が必ず発生するので，新規ものと既設のものとの互換性を常に考慮しておかないといけない。したがって，製品が安全に使えなくなるまでの期間だけでなく，製品の販売が終了するまでの期間も長く保つことが必要である。

ポリエチレン管は一旦地中に埋設されると補修や取替えが非常に困難であるので，管の寿命は欧米諸国で最低でも数10年から100年間は必要と考えられる。また，既に埋設されて使用されている既設管いわゆるストックの量が非常に多いので，互換性が損なわれないように安易に設計仕様や寸法を変更することは望ましくない。現在，日本国内の総埋設管のポリエチレン管比率はまだ40%未満で，欧米並みの70～80%に達するのは今後30～50年間はかかると予想される。ガスが導管で供給されて，このエネルギーを利用する形態がいつまで続くか明らかではない。つまりガス事業の存続期間を100年間程度と見るか，今後の水素社会を考えてもっと長く見るかは明らかでないが，今後ポリエチレン管の導管網は非常に長期間使用されていくと考えられる。このポリエチレン管のネットワーク構築のために，安くて良質な製品を安定して長期間製造し，また使い続けることが製造者と使用者に求められている。また，ガス管の工事手順としては，舗装をカッター切りし，道路を掘削し，ポリエチレン管を埋設し，継手を融着し，ガスを流して，土砂を入れ替えて埋め戻して，舗装をやり直す一連の作業が実施される。仮に，ポリエチレン管の価格が1m当たり1000円とした場合，舗装割費，道路の掘削費，配管費，土砂入替費，埋戻費，舗装費等を合計すると，道路状態により変動するが1m当たり総工事費は5万～10万円かかると言われている。つまり，ポリエチレン管を地中に埋設して導管設備として内部にガスを流すと，管材料費の50～100倍高くなることになり，高品質で，耐久性に優れた材料が要求される理由がここにある。

3　温水用樹脂管の長もち設計

また，温水用樹脂管も住宅設備の一部ということで，長寿命化が望まれている。200年住宅ビジョンが平成19年5月自由民主党政務調査会より提言されて[2]，平成20年度から国土交通省にて「超長期住宅先導的モデル事業の提案の募集」が始まった。住宅設備の長寿命化に伴い，温水用樹脂管も30年間以上の耐久性が要求されている。温水用樹脂管としては，ポリブテン（Polybutylene：PB）管[3]や架橋ポリエチレン（Crosslinked Polyethylene：PEX）管[4]が給湯用や暖房用に広く普及しており，最近，非架橋ポリエチレン（Polyethylene Pipes for Raised Temperature：PERT）管[5]が注目されている。非架橋ポリエチレン管では架橋工程が不要であり，製品価格が架橋ポリエチレン管より，安価になる可能性がある。温水用配管は以前から銅管が使用され，接合方法はろう付けが主流であったが，施工性，経済性，断熱性等の観点から，この20年間でほとんど樹脂管に変わってきた。温水用樹脂管も主に床下や壁内部に配管されるので，長期に耐久性が要求される。万一補修や取替えが必要な場合には，容易に取替えが可能な更新性も合わせて要求される。更にガス用ポリエチレン管と比較して，使用温度が高いので，耐久寿命に関してはより厳しい条件であるといえる[6]。

4　長もちの科学のめざすところ

長もちの科学は工業製品の耐久性を上げて長もちされるための科学だけではなく，広く工業製品が設計通りの機能，耐久性を有することを確認することである。工業製品がその機能や外観に着目されることが多いが，故障せずに安心して使えることが前提になる。企業は工業製品を上市するに当たって，最低3ヶ月くらいは実機の耐久性評価を実施してきた。しかし，工業製品のリテンションタイムが短くなり，買い替えの周期が短くなってくると，開発品の設計や試作にかける期間が短くなり，最終開発品の実機での試験も短縮されている。また，世界中で日本の工業製品は，品質が良くて信頼性が高いと言われているが，今年，日本製品に少し陰りが見られる。かつては材料や機能に精通した技術者が各社の事業部毎にいたが，団塊世代が定年退職などに伴い，材料選定や設計上の安全率の取り方の間違いが出るなど，共通基礎技術の伝承がなされていないところが出てきている。同じ会社の製品でも事業部によって品質レベルが異なることが発生している。**図1**，**図2**に日本の工業製品を支える技術の概念図（現状）を示す。製品の不具合にたいしてはリコールの仕組みが

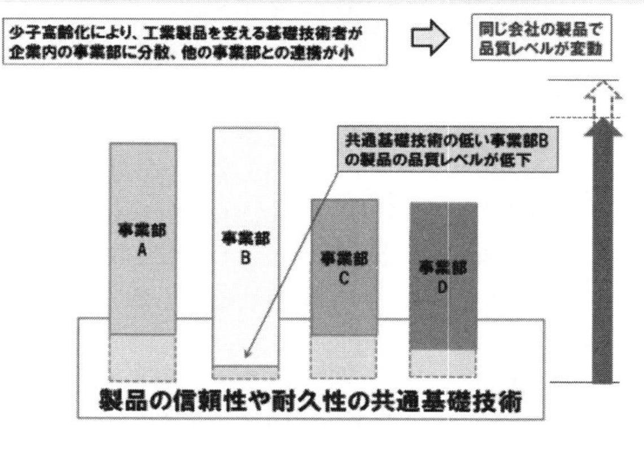

図1　日本の工業製品を支える技術の概念図（現状）[7]

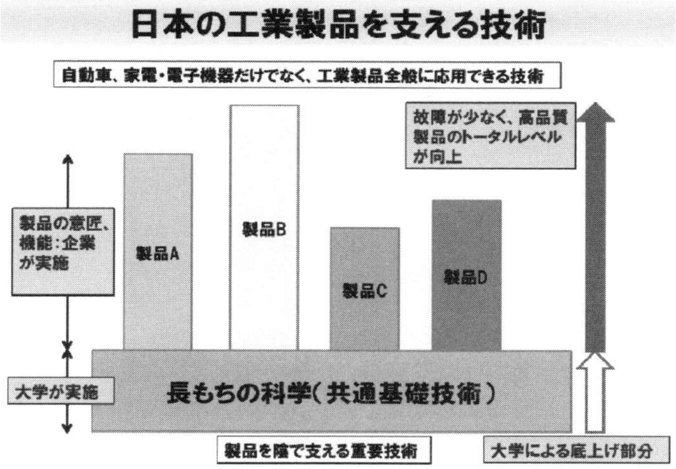

日本の工業製品を支える技術

自動車、家電・電子機器だけでなく、工業製品全般に応用できる技術

故障が少なく、高品質製品のトータルレベルが向上

製品の意匠、機能：企業が実施

製品A

製品B

製品C

製品D

大学が実施

長もちの科学（共通基礎技術）

製品を陰で支える重要技術

大学による底上げ部分

図２　日本の工業製品を支える技術の概念図（将来）[7]

あるが，取替え費用が多額になるので，できるだけ製品の不具合を発生させないようにし，製品の本来の性能や機能で消費者の注目を集めないといけない。そこで，京都工芸繊維大学の長もちの科学開発センターでは，工業製品の長もちの科学（共通基盤技術）を受けもち，あるいは会社の技術者を教育して，各社は製品の意匠や機能を競ってもらうことを目指している[7]。

図３には京都工芸繊維大学の「長もちの科学開発センター」にて実施している研究のフローを示す。長もちの科学は工業製品全般に応用できる技術であるが，陰で支える技術である。

消費者が，製品が故障したり，動かなくなったりすることをまったく意識せずに，一番望ましい。そのためには，工業製品の使用現場での劣化機構を調べることが重要となる。過去に，類似品で不具合が発生しているなら，劣化因子の特定や劣化メカニズムを解明する。設計通りの信頼性や耐久性を有することを確認する。インフラ設備のように，期待される実機の耐久年数が長い場合には，実機での耐久試験を長期間実施することが難しいので，劣化機構を反映した促進試験方法を考案して，規格値を求めることが必要である。また，各社でバラバラの促進試験方法では非効率なので，試験方法を標準化することが必要である。長もちの科学開発センターでは，企業のニーズに対応して，サポートしていく予定である。

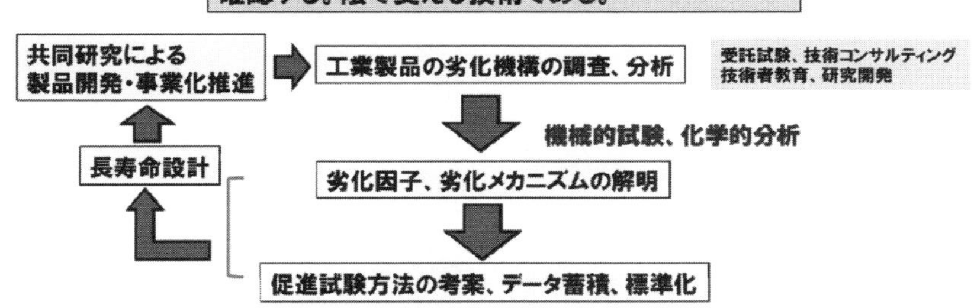

図３　長もちの科学開発センターで実施している研究のフロー

文　献

1) JIS K6774, ガス用ポリエチレン管 (1989).
2) 自由民主党政務調査会：200年住宅ビジョン (2007).
3) JIS K6778, ポリブテン管 (1999).
4) JIS K6769, 架橋ポリエチレン管 (1999).
5) ISO24033, Pipes made of raised temperature resistance polyethylene (PE-RT) -Effect of time and temperature on the expected strength, (2007).
6) 西村寛之：成形加工, 第20巻, 第11号, pp.790-796, (2008).
7) 京都工芸繊維大学 長もちの科学研究センター編：おもしろサイエンス「長もちの科学」, 日刊工業新聞社, (2015).

第1節　要求仕様

京都工芸繊維大学　西村　寛之

1　はじめに

工業製品は使用環境を考慮して，要求される仕様を具体的に定める必要がある。要求仕様には主に工業製品の機能性に関する項目と耐久性に関する項目がある。家電・電子機器は機能性に関する仕様が多く定められており，耐久性は10年間程度が目安であるが，橋梁や道路や埋設導管などのインフラ設備は一度設置すると，簡単には取り替えることが難しいので，長期間の耐久性が求められる。もちろん製品価格も仕様の重要な項目の1つでもある。日本のガス用ポリエチレン管の一般的な要求仕様を**表1**に示す。

要求仕様として，耐久年数が50年間以上と規定するのは簡単な様であるが，その中身をしっかり把握する必要がある。耐久年数が50年間以上だけでは，漠然とした要求仕様であり，ポリエチレン管や継手の設計には繋がらない。ポリエチレン管がどのような埋設環境に埋設されて，使用されるのか。ポリエチレン管に寿命がくるのはどんな状態になるのかを想定した上で，劣化要因を把握して，劣化加速試験を行って，耐久性を調べることが必要である。つまり，ポリエチレン管が寿命に達して，使用できなくなる状態を把握して，その状態を促進して評価する試験方法を確立して，その試験方法による規格値を設定していくことが必要となる。ポリエチレン管を事例にして少し詳しく記述する。

表1　ガス用ポリエチレン管の要求仕様

項目	ガス用途
耐久年数	50年間以上
最高使用温度（℃）	40
最高使用圧力（MPa）	0.3

2　ポリエチレン管の特性

ポリエチレン管は埋設環境下で土圧，輪荷重，地震，地盤変動および第3者工事による道路の掘り返しなどにより，比較的短期間にさまざまな外力を受ける場合があるので，それらの外力に対して十分な強度を有ることを確認する必要がある。ポリエチレン管には，土圧や輪荷重で管が潰れてしまわない程度の固さが必要であるが，引張試験をした場合，ポリエチレン管の降伏強度は約20 MPaで，従来の鋳鉄管の降伏強度が約300 MPaであるのと比べると，ポリエチレン管は，古い鋳鉄管のような固くて脆い材料とは反対に，柔らかくて延びやすい材料と言える。

また，ポリエチレン管は一旦地中に埋設されると補修や取替えが非常に困難であるので，管の寿命は欧米諸国では最低でも数10年から100年間は必要と考えられている。そこで，このような長期の埋設期間中にポリエチレン管に内圧や曲げ配管による拘束などにより応力が継続して負荷される場合にも，十分に耐える必要がある。更に，埋設工事後の埋め戻し時や土中の小石などのより管の表面に傷が付くことがあり，傷がき裂に成長し，割れていかないかどうか，つまり，クリープによるき裂の成長を調べ，管の寿命を予測することが重要である。

ポリエチレン管は，鋳鉄管よりも柔らかいので，「ポリエチレン管は割れにくい」という表現は誤解を招くが，正確に言うならば「ポリエチレン管に傷がついて，その傷を広げるような力が働いても，長期的に傷が深くなりにくく，管が破断しにくい」ということである。割れやすい，割れにくいを論ずるには，ポリエチレン樹脂の分子の高次構造に着目する必要がある。ポリエチレン樹脂は，溶融した樹脂が固化する時に分子が折りたたまれて結晶化するが，非晶質な部分は分子鎖内の分岐（タイ分子）が絡み合っていると言われている。結晶化の度合いは樹脂の密度と相関して，主に樹脂の降伏強度等と関連している。

一方非晶質な部分は主に樹脂の割れにくさと関連しており，長い高分子同士のタイ分子の絡み合いが良いほど長期性能が良いと言える。一般にポリエチレン管に比較的小さな力が長期間かかった場合には，樹脂の結晶部は変化せずに非晶質な部分であるタイ分子の絡み合いが徐々にほぐれていき，大きな変形を伴わずに「脆性破壊」が起こる。現在のポリエチレン管はこの脆性破壊が起こりにくい，「割れにくさ」を備えた樹脂から成形されている。ポリエチレン管に比較的大きな力が短期間に作用した場合には，樹脂の結晶部が大きく変形して「延性破壊」が起こる。引張試験での破壊はこの破壊様式による。**図１**には，外力を加えられた時のポリエチレン樹脂の結晶構造と非晶構造の変形を模式的に示した図と，熱間内圧クリープ試験にて管に内圧を負荷した場合に発生する「脆性破壊」と「延性破壊」という２つの破壊様式が示されている。比較的低応力が負荷された長時間の試験では「脆性破壊」が起こり，比較的高応力が負荷された短時間の試験では「延性破壊」が起こる[1)～4) 5)]。

3　ポリエチレン管の試験方法

ポリエチレン管の長期寿命を評価する場合，常温内圧クリープ試験や熱間内圧クリープ試験が従来より JIS 規格に規定されている。熱間内圧クリープ試験において，破壊を促進するために温度を上げた状態で破壊クリープ強度を求めると，**図２**に示されるようになる。温度 80 ℃にて，負荷応力と破壊までの時間との関係を調べると，ある応力域を境にして「延性破壊」から「脆性破壊」に移行することがわかる。埋設管の実際の破壊形態は，欧米での実績から，主に低応力が負荷された状態でのき裂の成長によるこの脆性破壊であると報告されている。温度 60 ℃では，高い応力域にて「延性破壊」を示す破断データが得られているが，「脆性破壊」は破断までの時間が長くかかるために得られていない。その脆性破壊が生じた試験片の破面を観察すると，**図３**のように同心円状のビーチマーク紋様が見られる。

同心円の中心部に顔料や充填物等のなかの不純物が介在し，これがき裂の起点となって，き裂が次第に進行していく状態がわかる[6)]。

20 ℃の常温下での破壊寿命を予測する方法の１つは，104 時間程度では脆性破壊は確認されていないが，104 時間までの常温内圧クリープ試験の延性破壊データを蓄積し，50 年間（4.38×10^5 時間）の強度を直線外挿により求めることである。もう１つの方法は，Larson-Miller が鋼のクリープ寿命について行ったアレニウスの式を適用することである。破壊強度は温度依存性を有するので，熱間内圧クリープ試験による任意の２つの高い温度レベルでの脆性破

延性破壊　　　　脆性破壊

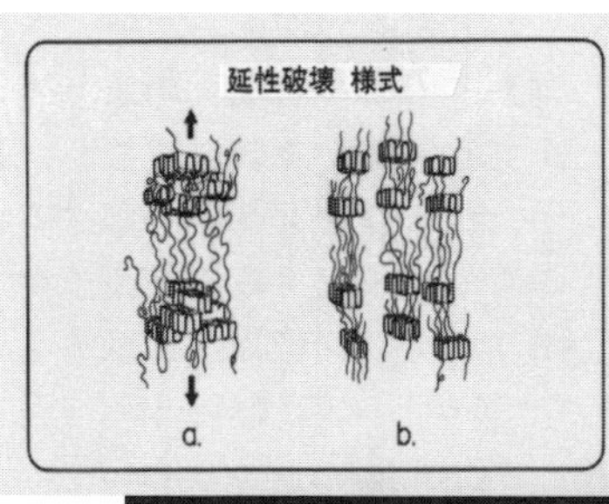

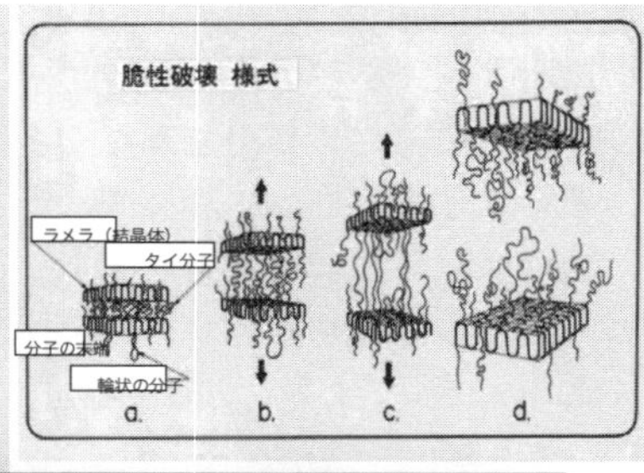

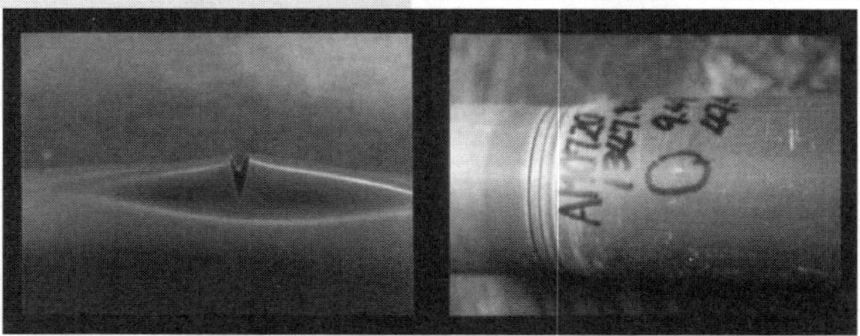

図１　ポリエチレン管の２つの破壊様式[5)]

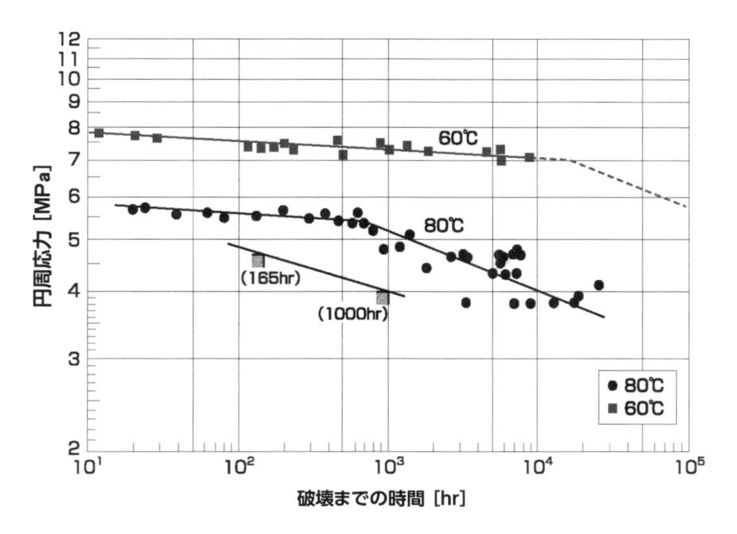

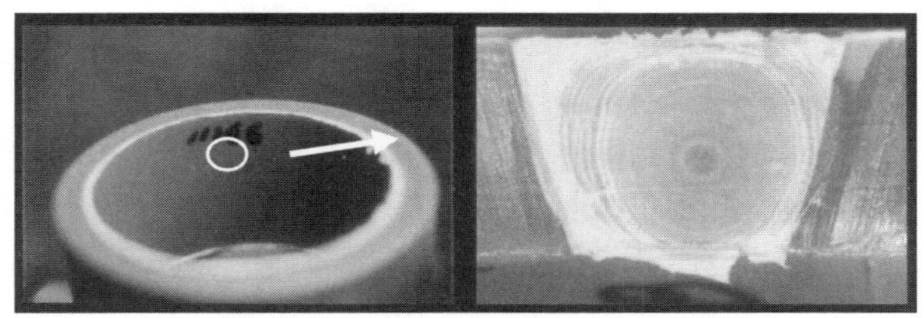

円周応力：3．76MPa　破壊までの時間：11166時間

図２　熱間内圧クリープ試験の結果と破断面の写真[6)]

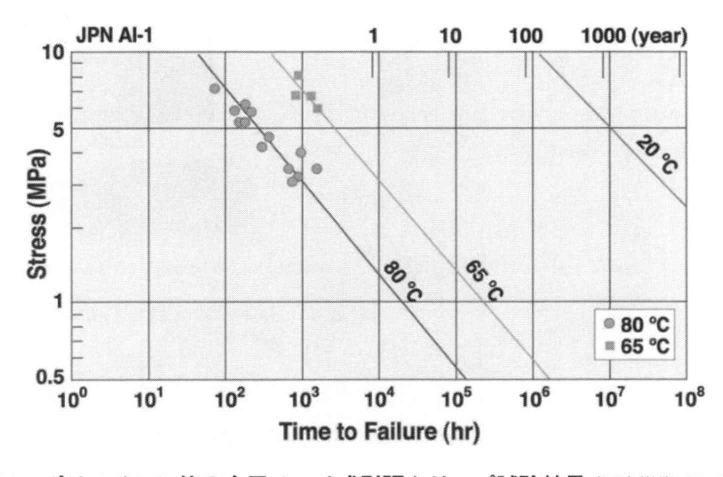

図３　ポリエチレン管の全周ノッチ式引張クリープ試験結果（国産樹脂 AI-1）[7)]

壊線図から常温下での破壊寿命を予測することができる。JIS K 6774 では，実際の熱間内圧クリープ試験の破断データから，80 ℃にて２つの管の円周応力 4.6 MPa と 4.0 MPa において，165 時間と 1000 時間経過しても破壊しないことと規定されている[1)]。

ポリエチレン管に傷がついた場合の「割れにくさ」の評価方法が検討されている。JIS K 6774 では，耐低速き裂成長性試験（slow crack growth resistance test）として，ノッチ式内圧クリープ試験，全周ノッチ式引張クリープ試験および全周ノッチ式引張疲労試験が規定されている。ノッチ式内圧クリープ試験は管の円周方向90°づつに4本のノッチを長手方向に入れて，内圧を負荷する試験である。全周ノッチ式引張クリープ試験は，管の長手方向から切り出した短冊状の試験片の中央部にカミソリによるノッチを全周に設けて，応力集中効果をもたせている[7]。

ポリエチレン管の表面に埋設時に傷がつき，埋設後不等沈下等で，曲げ歪が付加される場合，傷が成長して管を貫通するまでに何年かかるか，あるいは継手の形状が不連続である応力集中部でき裂が生成し，継手を貫通するまでに何年かかるかを予測することは重要である。全周ノッチ式引張クリープ試験法を用いて，寿命予測が行なわれてきた。角棒状の試験片の全周に鋭いかみそり傷を入れることは，ポリエチレン管の外面と内面の全周に傷が入っているのと同様で非常に厳しい応力集中状態を想定している。この試験片に引張荷重を付加し，温度を80℃，65℃に上げて，破壊するまでの時間が測定された。

図3に示されるように，20℃（常温）での国内のポリエチレン管のある銘柄の寿命は，次式で表すことができる。

$$\mathrm{Log}\ t = \frac{1}{T}(8610 - 946\log\sigma) - 20.14 \qquad (1)$$

ここで，t：破壊までの時間（hr），T：温度（K），σ：応力（MPa）

仮にポリエチレン管の内外面の全周に鋭い傷があり，不等沈下等で管に曲げ歪みが負荷されて表面の発生応力が5 MPa位であっても，常温（20℃）で使用した場合，千年の寿命があると言える。また，**図4**には米国のGRIにて報告されている低速き裂成長による差し込み接合（ソケット）継手の現場破壊事例を示す。き裂は継手内面の中央部で，管と継手の間から生成し，継手肉厚を貫通して外面に到達している。導入当初のポリエチレン管で，不完全な融着接合と過度な曲げ荷重が作用して埋設後15年～20年経過後に破壊している[8]。

ポリエチレン管が埋設された後，管周りの土砂を入れ替えていない場合，埋め戻し土の中の岩石が管に接触し，地盤の締め固めとともに，岩石がポリエチレン管表面に食い込む現象が発生している。このため，管の内面側に高い応力集中が起こり，き裂が発生し，内圧がドライビングフォースとなって，クリープき裂が成長し，管内面から管外面に達する[8]。**図5**にGTIにて報告された岩石の接触（Rock impingment）による現場破壊事例を示す。この岩石の接触（Rock impingment）がポリエチレン管の破壊を最も早める現象と言われている[9]。

図6には各種類のポリエチレン管の80℃における全周ノッチ式引張クリープ試験の結果を示す。図4および図5に示されたポリエチレン管はDupont社のALDYL'A'で米国にて1960年代後半から1970年代前半の初期に導入されたポリエチレン管（US C-1）に属しており，現在のJIS規格値を満足していない。JIS規格値は，ALDYL'A'の改良品（US C-2）クリープ強度の95％信頼区間の下限値より決められた。JPN CはUS C-1の技術導入品で，ほとんど導

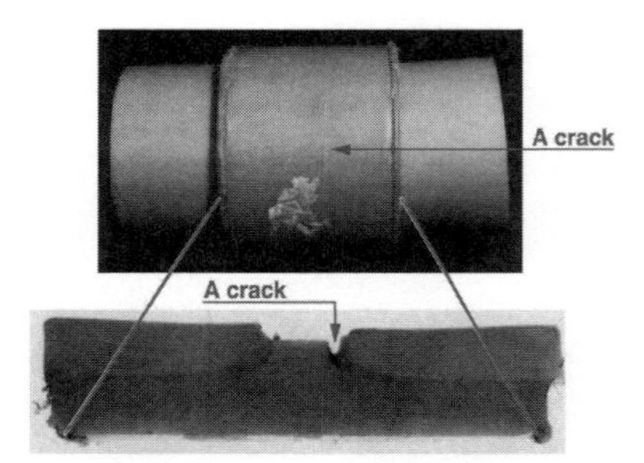

図4　GRIにて報告されたポリエチレン管の現場破壊事例[8]

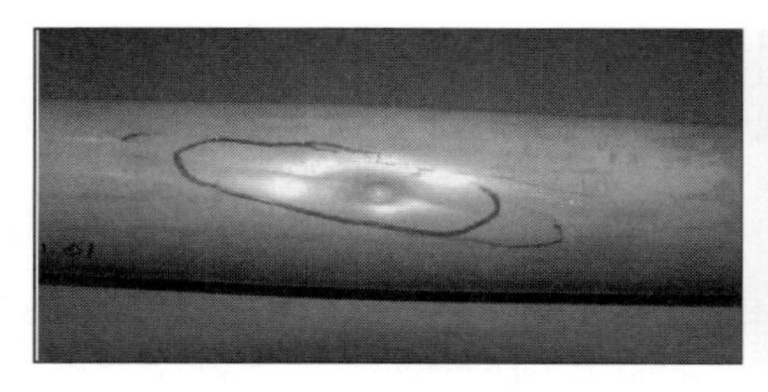
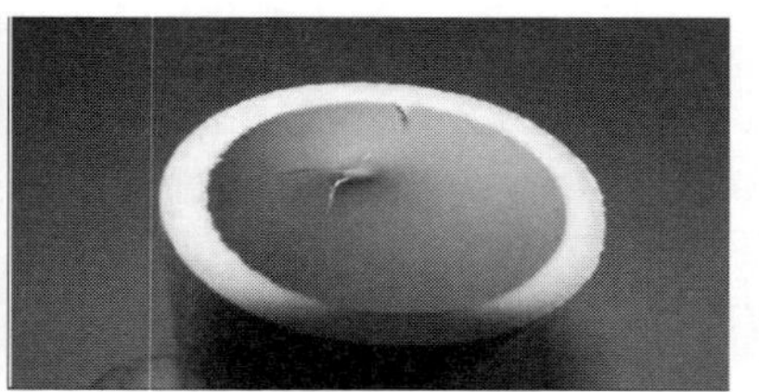

図5　GTIにて報告された岩石接触（Rock impingment）による現場破壊事例[9]

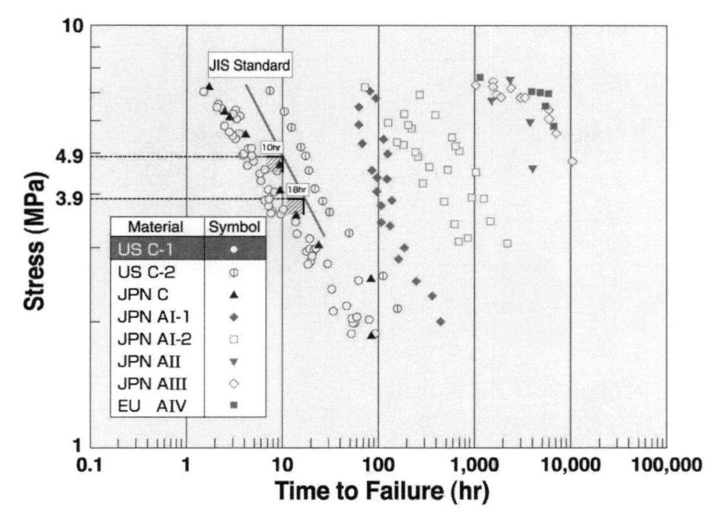

図６　全周ノッチ式引張クリープ試験の結果[7)]

入されずに改良が加えられた。現在，使用されている国内のポリエチレン管（JPN AI-1，2，AII，AIII）はUS C-1に比べて，十～数百倍破壊までの時間が長いので，非常に長寿命な「割れにくい」材料であると言える。EU AIVは欧州製の樹脂で，国内で製管され使用されている。

全周ノッチ式引張クリープ試験は，短冊状の試験片に全周に剃刀にてノッチを入れることにより，岩石の接触（Rock impingment）のような高い応力集中が発生する埋設環境を反映した試験であることがわかった。この試験方法にて，予測寿命が50年以上確保できると，ポリエチレン管の耐久年数が50年間以上という要求仕様を満足するといえる。

4　給湯用・暖房用樹脂管の要求仕様

次に，同じポリエチレン管あるいは架橋ポリエチレン管ではあるが，給湯用樹脂管や暖房用樹脂管の要求仕様について述べる。**表２**に給湯用樹脂管の一般的な要求仕様を示す。水道水が直接給湯機内のボイラーにて加温されるが，熱効率の向上ややけど対策で，給湯水の出湯温度の上限は60℃に制御されている。また，水圧は水道水の水圧がそのまま加温後も給湯管にかかるので，最大0.5 MPとなる。さらに，カランの急閉止により，1.5 MPa程度のウォーターハンマーが発生すると言われている。水道水中には滅菌用に塩素水が添加されている。大阪市では，お客様の水栓の出口で，残留塩素濃度0.1 ppmを確保するように塩素水が添加されているので，浄水場の出口では，1～2 ppmの残留塩素濃度になっていると言われている。そこで，給湯用樹脂管の耐塩素水性としては残留塩素濃度3 ppmが設定されている。給湯通路には銅やステンレスの熱交換器，真鍮製の金属継手などが使用されているので，給湯水中に微量ではあるが，金属イオンが存在する。耐金属イオン性として金属イオン濃度0.3 ppmが設定されている。もちろん飲料水として日本水道協会基準，食品衛法基準に合格することが必須となる。耐久年数30年間以上の使用積算時間は0.5時間／日×300日／年×30年＝13500時間が目安にされている。

表３に暖房用樹脂管の一般的な要求仕様を示す。一般に暖房用樹脂管の要求仕様は給湯用樹脂管の要

表２　給湯用樹脂管の一般的な要求仕様

項目	給湯用途
耐久年数	30年間以上 （使用積算時間：13500時間）
最高使用温度（℃）	60
最高使用圧力（MPa）	0.5
水撃圧力（MPa）	1.5
耐塩素水性（ppm）	3
耐金属イオン性（ppm）	0.3
衛生性	日本水道協会基準合格 食品衛生法基準合格

表３　暖房用樹脂管の一般的な要求仕様

項目	暖房用途
耐久年数	30年間以上 （使用積算時間：50000時間）
最高使用温度（℃）	85
使用圧力（MPa）	0.15
耐金属イオン性（ppm）	2

求仕様と異なるので，材料の銘柄も異なる。給湯用樹脂管は内圧が高いので，高密度ポリエチレン管が使用されているが，暖房用樹脂管は施工性を考慮して柔らかい中密度ポリエチレンが使用されている。また，暖房水も給湯暖房機内のボイラーにて給湯水とは別に加温されて，ポンプにて循環される。暖房用配管は室内の床暖房，浴室暖房乾燥機，食器乾燥機，室内暖房ファンコイルなどに接続されている。浴室暖房乾燥機には，高温の温水を供給する必要があるため，最高使用温度85℃に設定されている。使用圧力はポンプ圧の0.15 MPaと低い。暖房通路にも銅やステンレスの熱交換器，真鍮製の金属継手などが使用されているので，暖房水中は循環するので，給湯配管よりも高い濃度の金属イオンが存在する。耐金属イオン性として金属イオン濃度2 ppmが設定されている。また，耐久年数30年間以上の使用積算時間は8時間／日×120日／年×30年＝28800時間が目安にされてきたが，室内の使用機器の多様化や，使用時間の延長を考慮して，現在50000時間が設定されている[10)～12)]。

これらの給湯用ポリエチレン管や暖房用ポリエチレン管は，ガス用や水道用ポリエチレン管と破壊形態は同じであるといえるか。給湯用ポリエチレン管や暖房用ポリエチレン管は岩石の接触（Rock impingment）のような高い応力集中が発生する埋設環境ではない。耐久性を評価する促進試験方法は，給湯用ポリエチレン管や暖房用ポリエチレン管の破壊形態の即した方法でなければならない。

非架橋の暖房用ポリエチレン管（PE-RT：polyethylene of raised temperature resistance）の現場破壊事例や不具合事例が報告されているわけではないが，温水循環試験を実施した場合，高温環境下による酸化等により，管内面に変色した部位が生成し，変色部の内部に長手方向にき裂が発生した。

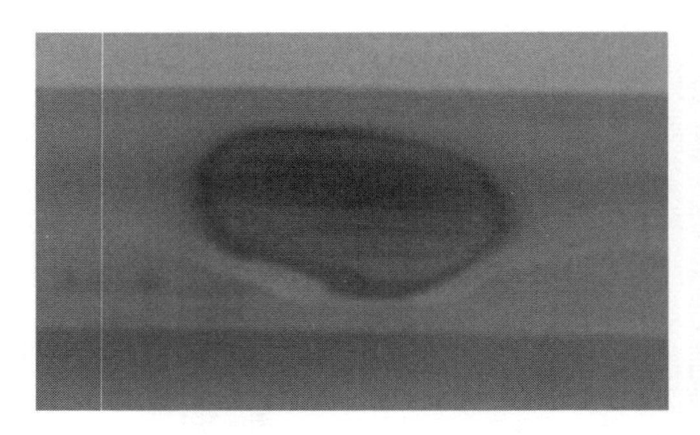

図７　温水循環試験後の変色・破断箇所

また，内圧により，き裂が管内面から管外面に成長し，破断に至ることが報告されている[13)]。**図７**に温度110℃，内圧0.25 MPaにて温水循環試験を実施後に，変色し，破断した箇所を示す。化学分析により，管内表面に酸化によりカルボニル基，カルボン酸が生成していることが確認された。

給湯用や暖房用ポリエチレン管は，ガス用や水道用ポリエチレン管と同様に静止水による熱間内圧クリープ試験が耐久性評価のために実施されてきた。ISO規格やJIS規格にも規定された試験方法であり，過去から多くの蓄積されたデータがある。**図８**に熱間内圧クリープ試験用の恒温槽と内部の試験サンプルを示す。熱間内圧クリープ試験を実施し，一定時

図８　熱間内圧クリープ試験用の恒温槽と内部の試験サンプル

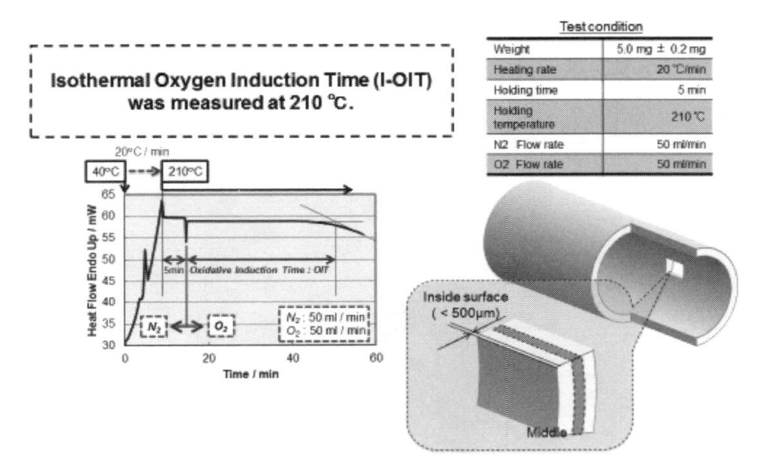

図 9　酸化誘導時間（OIT）の試験サンプルの切り出し方法と測定条件

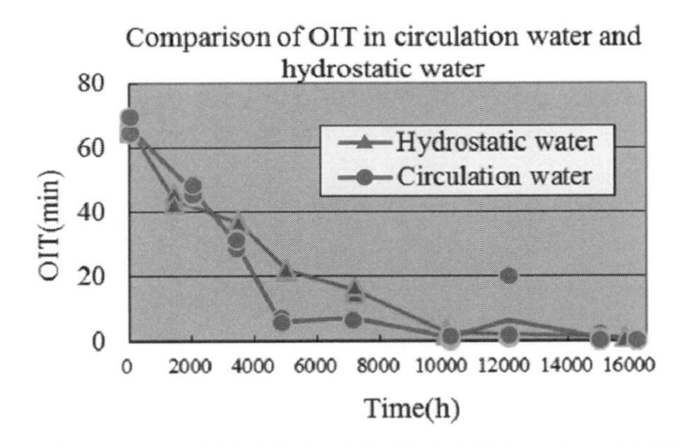

図 10　熱間内圧クリープ試験と温水循環試験を実施した時の OIT 値の比較[12)]

間経過後に試験サンプルを取り出し，管内面部や管中央部から，5 mg 程度切り出し示差走査熱量計（DSC）を用いて酸化誘導時間（OIT：Oxidation Induction Time）を測定することにより，樹脂の酸化を抑制するために添加された酸化防止剤の残量を間接的に調べることができる。一般に，温水が流れる管内面の OIT 値が管中央部や管外面に比べて一番低くなる。

図 10 には，熱間内圧クリープ試験と温水循環試験を実施した時の OIT 値の比較を示す。
両者ともに，試験時間とともに OIT 値は低下するが，温水循環試験の方が低下の程度が早い。これは温水循環試験の流水下で，酸化防止剤等の添加物が循環水中に溶出するためと考えられている。このため，実使用環境下を想定して，熱間内圧クリープ試験を実施するのは不十分で，温水の流動を考慮した温水循環試験が適切であることがわかった。そこで，熱交換器や金属継手から溶出する金属イオンの影響を考慮した銅イオン滴下機能付の温水循環試験装置が実用化されている（**図 11**）。この装置にて温水温度，内圧，銅イオン濃度を促進評価して，実使用環境での給湯用や暖房用ポリエチレン管が要求される耐久年数を満足するか調べることが要求仕様の適合性を判断することになる[14)]。

本稿では要求仕様の設定方法について，ガス用や水道用ポリエチレン管，給湯用や暖房用ポリエチレ

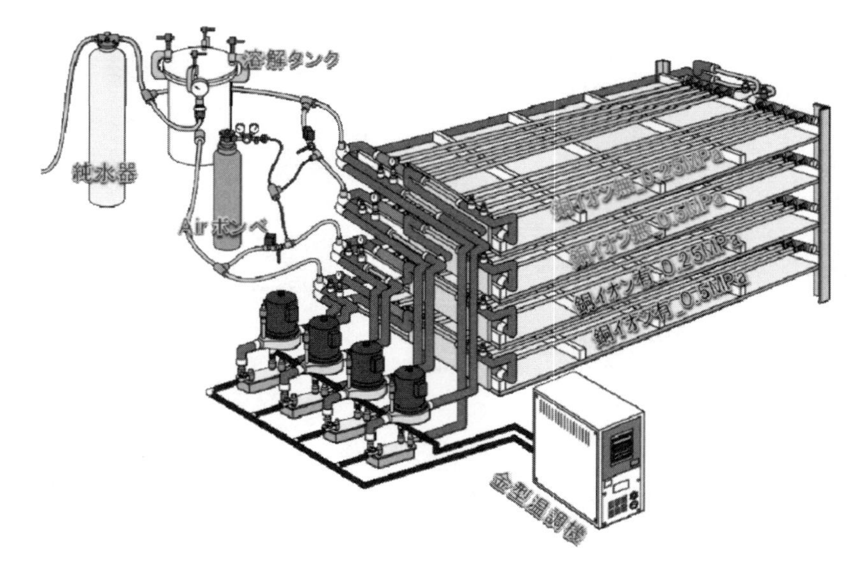

図11　銅イオン滴下機能付の温水循環試験装置[13)]

ン管を例に取って示した。要求仕様を設定するためには，その材料，部品，製品がどのような使用環境で，寿命を終えるのかを想定した上で，劣化因子を特定し，促進試験方法を確立して，規定値を決定しないといけない。具体的な事例は第Ⅱ編応用事例で示す。

文　献

1) JIS K 6774　ガス用ポリエチレン管

2) JIS K 6775-1　ガス用ポリエチレン管継手　第1部：ヒートフュージョン継手
JIS K 6775-2　ガス用ポリエチレン管継手　第2部：スピゴット継手
JIS K 6775-3　ガス用ポリエチレン管継手　第3部：エレクトロフュージョン継手

3) 日本ガス協会　編：ガス用ポリエチレン管技術資料

4) 配管・装置・プラント技術，40周年記念特集「配管技術発展史」三井化学，25 (2001).

5) 西村寛之，川口隆文：成形加工，第**17**巻，第4号，pp.258-263 (2005).

6) 西村寛之：ガス用ポリエチレン管の破壊機構に関する研究，博士論文 (1991).

7) N. Nishio and S. Iimura：Proc. Eighth Plastic Fuel Gas Pipe Symposium, New Orleans, 29 (1983).

8) A GRI report titled “Field Failure Reference Catalog for PE Gas Piping”, (1989).

9) Ernest Lever, A GTI report, Failure Modes of HDPE：Effects of Ageing Mechanism of Slow Crack Growth (SCG), (2011).

10) ISO 22391-2, Plastics piping systems for hot and cold water installations -- Polyethylene of raised temperature resistance (PE-RT) -- Part 2：Pipes (2009).

11) K.Igawa, Y.Higuchi, K.Yamada and H. Nishimura：*SPE-ANTEC Technical Papers*, **61**, pp.2076-2080 (2015).

12) 井川一久，本間秀和，福西佐季子，山田和志，西村寛之：温水用ポリエチレン管による熱間内圧クリープ試験の温度依存性と温水循環試験との比較評価，マテリアルライフ学会誌，第**27**巻，第3号 pp.63-69 (2015).

13) 井川一久，本間秀和，山田和志，西村寛之：温水用PE管の各種試験条件における耐久性評価，マテリアルライフ学会誌，第**27**巻，第3号 pp.70-76 (2015).

14) T.Fujii, K.Igawa, H.Honma, K.Yamada and H.Nishimura.：Comparison between Stress Rupture Test and Hot Water Circulation Test Considering Actual Operating Condition of PE Pipes for Hot Water Application, PPXVIII, Berlin (2016).

第2節　構造設計

京都工芸繊維大学　西村　寛之

1　はじめに

工業製品は，用途やニーズに合わせて，適正な構造を定める必要がある。特に，中間部品は最終製品の構成要素になるので，形状が制約される場合がある。しかし，使用される環境を十分考慮して，寸法形状（肉厚など）や材料を決定することが重要である。最終製品も中間部品の集合体であるので，中間部品のひとつ一つが最終製品の使用環境に適合していないといけない。ガス用ポリエチレン管を例に取って，構造設計について考えてみる。

2　ガス用ポリエチレン管の構造設計

ガス用ポリエチレン管の場合，土中埋設後に土圧，車荷重の外力あるいは配管時の曲げによる地盤から負荷される応力を受ける。また，管内は輸送するガスの内圧を受ける。また，ポリエチレン管は各種の継手と接合されているので，外力や内圧により発生する応力は均一ではなく，形状の不連続な箇所や肉厚の変化する部位にて応力集中が発生する。そこで，一般的にはFEM等の構造解析にて，応力集中度を試算して，肉厚の増加や応力集中度を低減する形状変更が検討される。ポリエチレン管の接合には融着接合が用いられている。ガス用ポリエチレン管には当初熱融着法にて管と管または管と継手を接合する方式が採用された。熱融着のための継手はヒートフュージョン（HF）継手と呼ばれている。また，近年継手の内面に埋め込まれた電熱線（ワイヤー）の発熱によって融着するエレクトロフュージョン（EF）継手いわゆる電気融着継手が普及して，HF継手に取って替わってきた。熱融着法による管と管の接合にはバット融着による突合せ接合が用いられ，管と継手の接合にはソケット形接合と，管と側面より分岐管を取り出すサドル形接合が用いられている。口径の大きい管と管の接合にはバット融着が効果的であるが，50 mm以下の小口径管では管の肉厚が薄く，管がコイル状に巻かれている場合があるので，ソケット融着が使用される。**図1**にソケット形EF継手の融着後の外観形状を示す。

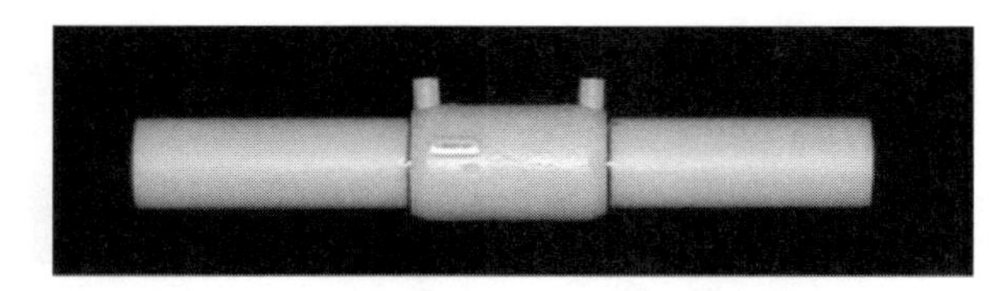

図1　ソケット形EF継手の融着後の外観

ポリエチレン管の長期性能評価には，一定の応力が長期間負荷された場合のクリープ強度を，試験時間を短縮して求める促進試験方法の確立が重要となる。**図2**に試験温度を60℃，80℃に変えた場合での管母材の熱間内圧クリープ試験の実測値と，管同士または管と継手を融着した場合の実測値がプロットされている。バット融着部のクリープ強度は管のクリープ強度とほぼ等しい値を示し，ビード部では応力集中しているにもかかわらず，管母材で破断するケースが見られた。ソケット形継手融着部の場合は継手融着部の応力集中が大きく，管母材やバット融着部に比べてクリープ強度が低下する。**図3**に熱間内圧クリープ試験後のバット融着部およびソケット形HF継手融着部の偏光顕微鏡写真を示す。いずれも応力集中度の高い内面側から，き裂が発生し，管肉厚あるいは継手肉厚を貫通していることがわかる。また，同じソケット形継手で，HF継手融着部とEF継手融着部を比較すると両者の強度はほぼ等しいが，両者ともに継手部の応力集中が大きく影響して，管母材に比べて両者のクリープ強度は低下する[1)～3)]。

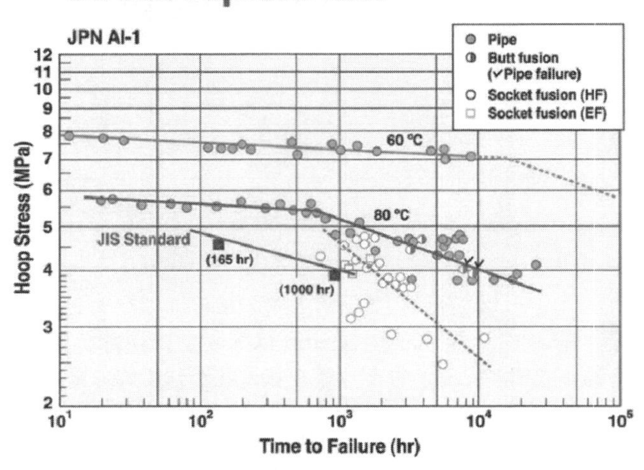

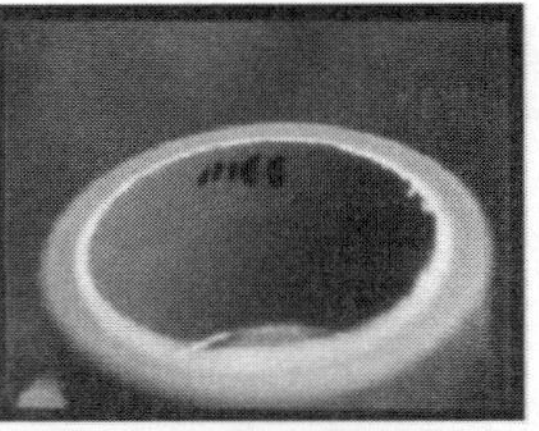

Hoop stress : 3.76 MPa
Time to failure : 11166 hr

図２　熱間内圧クリープ試験の結果と管破断部の断面観察[1)]

(Butt fusion)

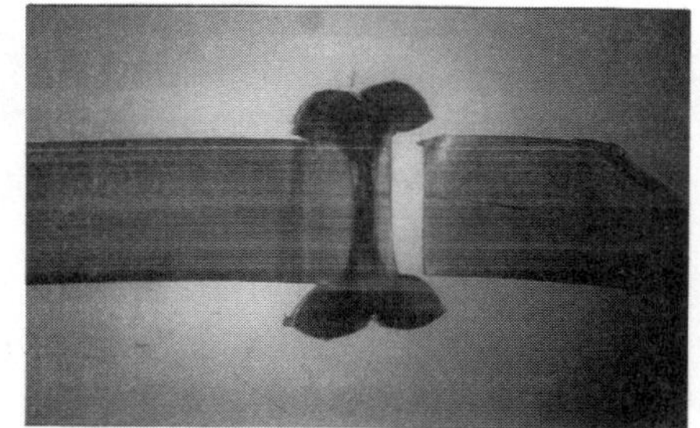

Temperature　80℃
Hoop stress　4.6 MPa
Time to failure　3423hr

(Socket fusion)

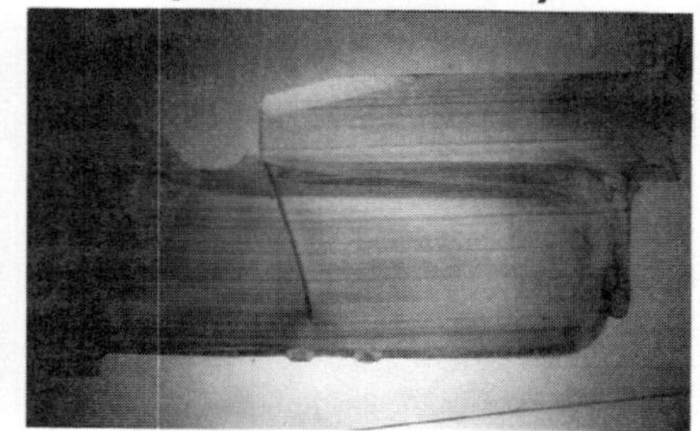

Temperature　80℃
Hoop stress　4.2 MPa
Time to failure　729hr

図３　熱間内圧クリープ試験後の破断部の偏光顕微鏡写真[1)]

3　熱間内圧クリープ試験後のき裂生成と成長

図４にソケット形継手のHF継手融着部とEF継手融着部の熱間内圧クリープ試験後のき裂生成と成長箇所の写真を示す。HF継手融着部の場合は，き裂が継手内径側の管と継手との融着コーナー部で生成し，溶融層を貫通して，継手母材の中を成長することがわかる。EF継手融着部の場合は，EF継手のワイヤーが内蔵されていないコールドゾーンに最も近いワイヤー近傍から，き裂が生成し，一部溶融層を貫通して継手母材の中を成長することがわかる。どちらの継手でもき裂の生成箇所は異なるが，継手母材の中をき裂が成長する速度により，長期寿命が決定されるので，き裂が成長しにくい樹脂を選定することが重要となる。管と同様に，継手に使用する樹脂の長期性能が大変重要である。

4　EF継手の構造設計

次に，融着界面からき裂が生成し，成長しないようなEF継手の構造設計の考え方を述べる。FE継手は，継手製造時に加熱用電熱線（ワイヤー）を継手内面に埋め込み，簡易な工具で継手と管を固定した後，コントローラーからその電熱線に所定の電気エネルギーを供給して発熱させることにより，継手内面と管外面を同時に溶融して接合するものである。エレクトロフュージョン継手の種類としては，電熱線入

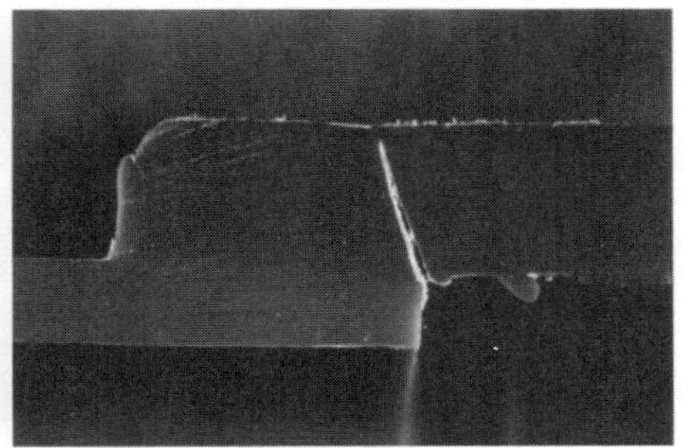

図４　熱間内圧クリープ試験後のき裂成形と成長箇所[1)]

り差し込み接合（ソケット）継手と電熱線入りサドル接合継手がある。**図５**に EF 継手の接合方法を示す。

管の表面をカンナがけ後，管外面と継手内面をアルコール拭きにて清掃して，固定治具にて管と継手をセットする。EF 継手の電熱線の端子にコネクターを接続後，コントローラーの通電をスタートさせる。コントローラーには，継手識別機能あるいは通電時間の自己制御機能が備えられているので，一般に作業者は通電開始のボタンを押すだけで，融着が終了する[4)]。

JIS K6775-1～3 に HF 継手や EF 継手等の接合部寸法が規定されている。**図６**に一例として差し込み接合の EF 継手の管挿入状態における各部寸法を示す。コールドゾーン長さ l_1 は融着時に溶融樹脂が外部へ流出し，電熱線の短絡，融着圧力の低下を防止するために必要な寸法で，ISO 規格や英国ガス仕様に従って 5 mm 以上とされている。また，電熱線部長さ l_2 は，「管引張強度×安全率≦融着部せん断強度」を基にして，実測値から決められている。

継手融着部の性能を評価するためには，①融着部のビードや継手の幾何学的形状変化部の応力集中や塑性拘束された継手近傍の管の強度，②融着界面およびその近傍の強度特性などを総括的に検討する必要がある。①の観点から，融着部の性能を調べるためには，応力解析などにより内圧や曲げなどが負荷された場合に発生する応力集中箇所において，設計上十分強度を有することを確認する必要がある。②の観点から，温度，時間，圧力等の融着条件の最適

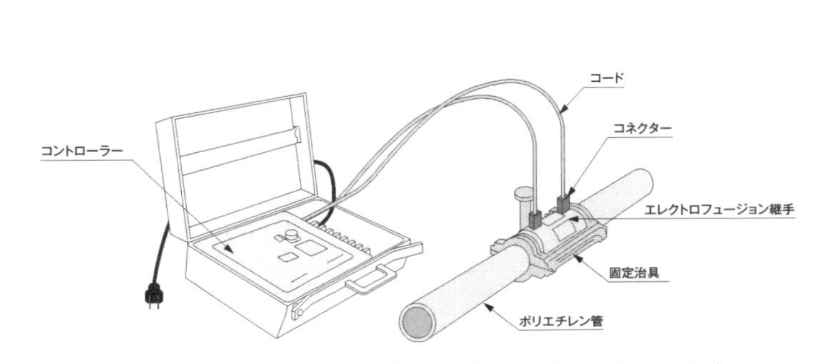

図５　エレクトロフュージョン（EF）継手の接合方法[3)]

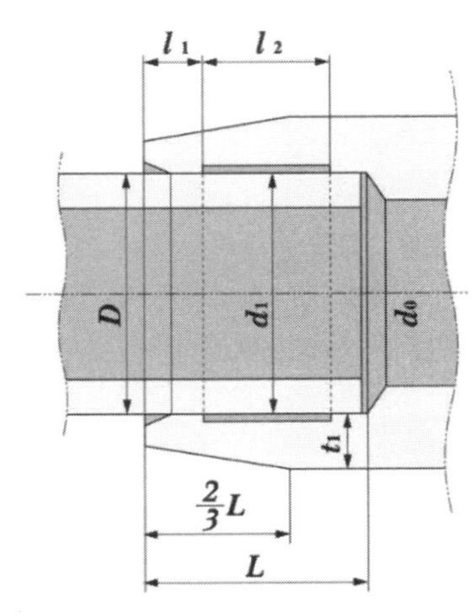

図６　エレクトロフュージョン（EF）継手の寸法[3)]

化が重要であるだけでなく，管の接合は多くの場合工事現場で行われるため，管の表面のカンナ掛け，アルコール拭き等の準備作業も施工品質を向上させるために重要な因子となる[4)5)]。

文　献

1) 西村寛之：ガス用ポリエチレン管の破壊機構に関する研究，博士論文 (1991).
2) 西村寛之：ガス用ポリエチレン管の融着部の信頼性，日本接着学会誌，Vol.**39**, No.12, pp.461-468 (2003).
3) 西村寛之，川口隆文：ガス用ポリエチレン管および継手融着部の長期性能評価方法，成形加工，Vol.17, No.**4**, pp.258-263 (2005).
4) A GRI report titled "Field Failure Reference Catalog for PE Gas Piping", (1989).
5) 日本ガス協会編：ガス用ポリエチレン管接合作業および教育・訓練マニュアル

第3節　プラスチック材料の選定

京都工芸繊維大学　西村　寛之

1　材料・部品選定の考え方

使用環境を考慮して，製品を構成する材料や部品を選定することが重要である。一つでも性能の劣る材料や部品が含まれていると，製品性能はこの最弱な材料や部品に支配されてしまうので，材料や部品の選定には，細心の注意が必要である。日本の伝統技術から受け継がれてきた，ここのきめ細かい配慮や緻密な技術の積み重ねが，日本製品の信頼性や高い耐久性を確保している所以である。

工業製品にはたくさんの部品が使用されている。エンジンで動く自動車には約10万個の部品が使われており，内エンジンが占める部品だけでも，1万以上になると言われている。ガスの給湯暖房機も，2～3万個の部品で構成されている。これらの部品が一つでも，故障すると，工業製品が機能しなくなる場合がある。そこで，これらの部品一つひとつに気配りされた材料選定や設計と，部品の品質評価が重要となる[1]。例えば，**図1**にガスメーターの圧力スイッチの構造と各部位の材質を示す。

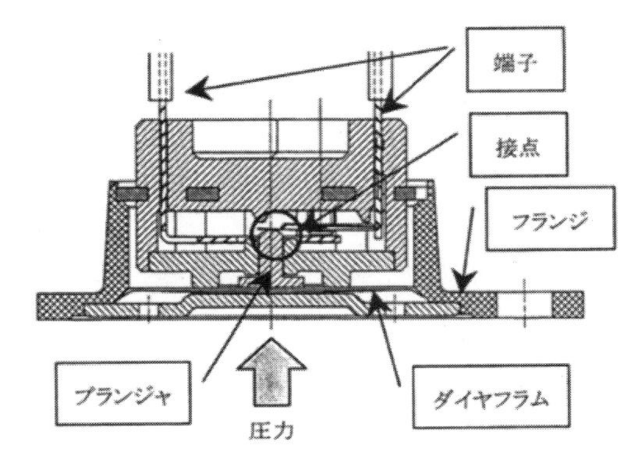

部位	材質
プランジャ	PBT樹脂
ダイヤフラム	SUS
フランジ	SUS
端子	リン青銅
接点	ベリリウム銅

図1　ガスメーターの圧力スイッチの構造と各部位の材質[2]

圧力スイッチの主な部品は，プランジャ，ダイヤフラム，フランジ，端子，接点などで，それらの材質は，それぞれPBT樹脂，SUS，SUS，リン青銅，ベリリウム銅と異なった材質である。圧力スイッチの動作特性と関連する機能劣化要因は，

・PBT樹脂製のプランジャの変形
・SUS製のダイヤフラムの腐食
・ベリリウム銅製の接点の腐食，接点導通不良

などいくつかの部位での機能劣化が考えられる。使用温度，ヒートショック，湿度などが劣化因子として重要であり，実際に実用化されるまでに，機能劣化要因を反映した多くの促進試験を実施して，屋外の過酷な使用環境で使用できるかどうかの確認がされてきた。

圧力スイッチ全体の品質を高めるためには，大多数の部位の機能を向上させても一つでも機能の低い部位があると，そこから壊れるので，すべての部位での機能劣化を調べて，品質の低い部位を作らず，部品一つひとつに気配りされた材料選定や設計を行い，性能や耐久性が揃った組み合わせにすることが必要である。日本の工業製品には，これら部品の一つひとつに気配りされた材料選定や設計を行い，性能や耐久性が揃った組み合わせがなされているためである。私たちの身近な家電・電子機器は，使い勝手や意匠性が重視されているが，壊れない，長もちするのを前提にして，製品設計されている。種々の使用環境を想定した数々の試験評価を行ってから，商品化されるのである。つまり，設計通りの機能，耐久性を有すことを確認し，陰で製品を支える技術が重要なのである。

汎用の温度センサーをあるメーカーから購入して，ある機器に設置する場合を例にとると，この温度センサーの一般的な性能はメーカーにて評価されているが，ある機器の設置環境で，所定の期間十分な性能が保持されるかは，購入者が自ら試験して，性能評価して，使用できるかどうかの判断をしなければいけない。もし，メーカーに性能保障してもらうなら，この温度センサーは非常に高価なものになってしまう。したがって，機器の材料や部品の選定には，設置環境を熟知した上で，十分な配慮が必要となってくる。そのためには，要求仕様を定めることが必要となる。実使用環境下で10年間使用できることというような抽象的な仕様ではなく，具体的に，想定される劣化要因を検討して，かつ，10年間もの耐久試験は実際には実施できないので，加速試験方法を考案して，決めないといけない。例としては－5℃～40℃の温度サイクル試験を1000回実施して，温度センサーの検出範囲が設定値±1%を維持できることなどである。この－5℃～40℃の温度サイクル試験の1000回が，10年間使用に相当するかどうかは，10年間の実機使用品の劣化の程度と，この加速試験後の劣化の程度が同様かどうかで判断される。

2　プラスチックの分類と機能・用途

自動車や家電・電子機器等には，プラスチックがたくさん使用されている。プラスチック材料は種類が多く，多様な用途に適用が可能で，大量に生産できるので，製品のコストダウンに貢献できる。プラスチックの特徴として，外観や着色による意匠性が優れている。複雑な形状を成形することが可能で，設計の自由度が大きい。流動性に優れた材料を用いると薄肉・軽量化が図れる。また，電気や熱の伝導率が低く，絶縁性や断熱性に優れている。また，金属に比べて，腐食しないし，透明なプラスチックも存在する。また，ガラスに比べて，耐衝撃性に優れている。**図2**にプラスチックの分類表を示す。

プラスチックは熱可塑性樹脂と熱硬化性樹脂に大別される。熱可塑性樹脂は汎用プラスチックとエンジニアリングプラスチックに分類される。汎用プラスチックは比較的安価で，使用量も多い。

汎用プラスチックの基本物性は，あまり高い値ではなく，熱変形温度：100℃未満，引張強さ：50 MPa未満，耐衝撃性：5 kgf.cm/cm^{2}未満である。エンジニアリングプラスチックはさらに汎用エンプラとスーパーエンプラに分けられる。なお，PVC，PMMA，PET，PCは4大透明樹脂と言われている。プラスチックは種類が多いので，適材適所に使用することが重要である。また，成形方法の選定が必要で，金型設計，成形条件の確定が重要となる。成形条件が確立できると大量製造によるコストダウン効果が大きい。

図3に熱硬化性プラスチックと熱可塑性プラスチックの相違を示す。熱可塑性プラスチックは流動性に優れた低分子量の主剤と硬化剤を反応させて，硬化による三次元の網目構造を形成させる。耐熱性や耐久性に優れた成形品が作れるが，形状の自由度が少なく，リサイクルにも適さない。一方，熱可塑性プラスチックは加熱して，溶融させて，成形する。成形品は再加熱により，溶融するので，リサイクルに適している。プラスチックの用途によって，求められる機械的性質も異なる。また，製造方法や成形方法も異なる。食品の包装容器は主にインフレーション成形やシート成形で製造される。衣料品の元になる繊維，織物，組物，不織布などは，押出成形や紡糸で作られる。自動車の内装部品はプレス成形，家電・電子機器，ガス機器等のプラスチック部品は射出成形で作られることが多い。

プラスチック材料に求められている性質としては，材料の力学特性のような機械的な性質以外に，比熱，熱伝導率，線膨張整数，熱転移点，軟化と硬化，熱分解等の熱的性質，絶縁抵抗，誘電率，絶縁破壊，耐アーク性等の電気的性質，また，透明樹脂では，屈折率，透明度，光沢，光弾性係数等の光学的性質がある。その他に，比重，比容積，粘度，拡散係数，音響的性質も用途によっては考慮する必要がある。

図4に便覧表から抜粋した代表的なプラスチック材料の特徴と各種性能の関係を示す。ポリエチレンとポリプロピレンは，広く利用されている汎用プラスチックであるが，耐衝撃性や耐摩耗性はポリエチレンがより優れて，機械加工性はポリプロピレンがより優れている。ポリプロピレンのガラス転移温度はポリエチレンに比べて高いので，低温用途で使用する場合は，耐衝撃性が低下しないか注意する必要がある。また，ポリスチレンは卵パック等の身近な食品容器に多数使用されているが，成形性や寸法安定性に優れているためである。発泡成形体としても良く利用されている。また，ポリアミドとポリアセ

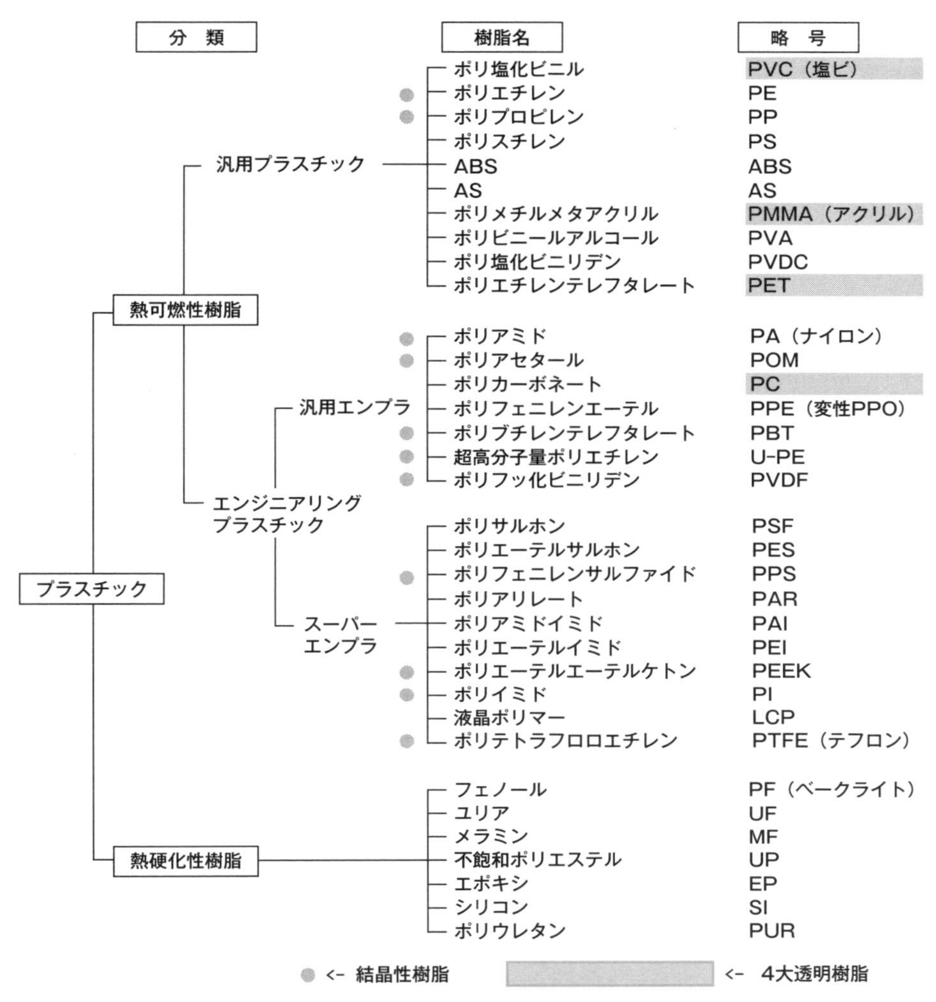

図２　プラスチックの分類表

タールは類似の性質を示す。ポリアセタールの分子には酸素が含まれているので，外部から酸素が供給されなくでも燃焼するので，燃えやすい材料である。寸法安定性に丸印の入っているプラスチックは外装部品に適している。耐薬品性の○印のないプラスチックは主に非結晶性の樹脂で酸，アルカリ，油，界面活性剤等の薬品に接する用途に使用する場合は注意を要する。耐衝撃性に○印のないプラスチックは落下時に破壊する場合があるので，ゴム成分を添加して使用されることが多い。このように便覧表をじっと注意深く眺めると，結構多くの情報が得られる[3]。

また，プラスチック材料は，単体で使用されるケースは珍しく，何か添加剤は含まれている。ガラス繊維強化樹脂は一般的に，広範囲に使用されている。炭素繊維強化樹脂も航空機用途やスポーツ用具に普及している。最近は環境配慮設計の観点から天然繊維強化樹脂も導入されている。インフレーションフィルムにはアンチブロッキング剤（SiO_2），射出成形品には光沢剤（$BaSO_4$，マイカ）のような無機充填材が添加されている。その他，成形品の耐久性を向上させるために，酸化防止剤，紫外線吸収剤が添加されている。難燃剤，離型剤，可塑剤，発泡剤等が添加される場合も多い。繊維強化材が添加されると，一般に弾性率や短期強度は上昇するが，破壊形態が複雑になり，繊維と樹脂の界面の接合技術が良くないと長期の耐久性が保持されない場合が生じる。また，添加剤を大量に入れると，プラスチック本来の性能が発現せずに，耐久性が低下する場合が生じる。

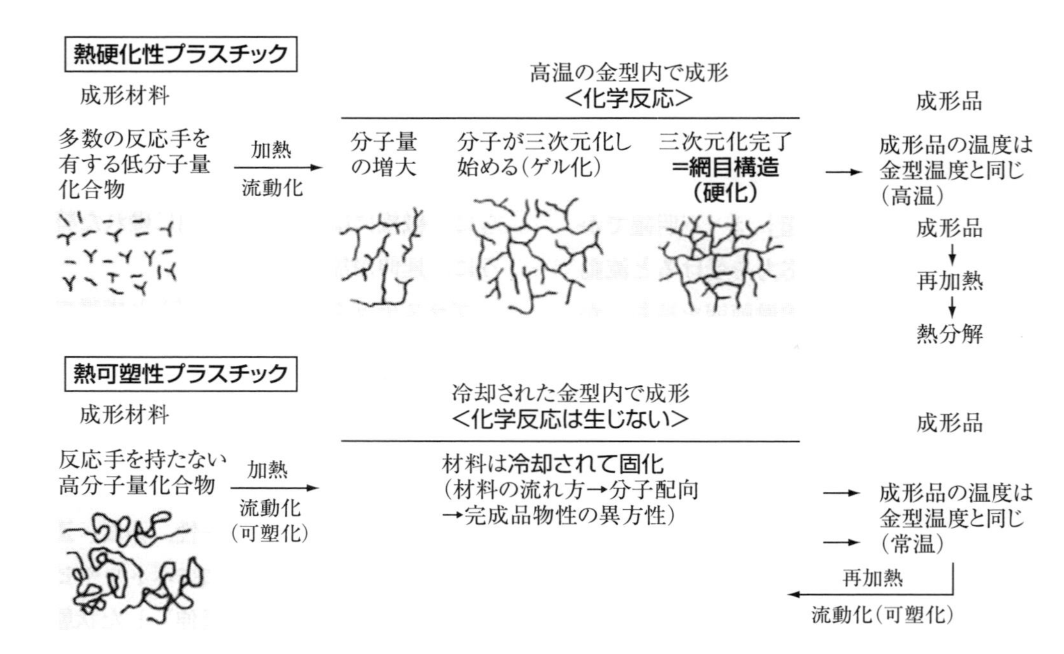

図3　熱硬化性プラスチックと熱可塑性プラスチックの相違

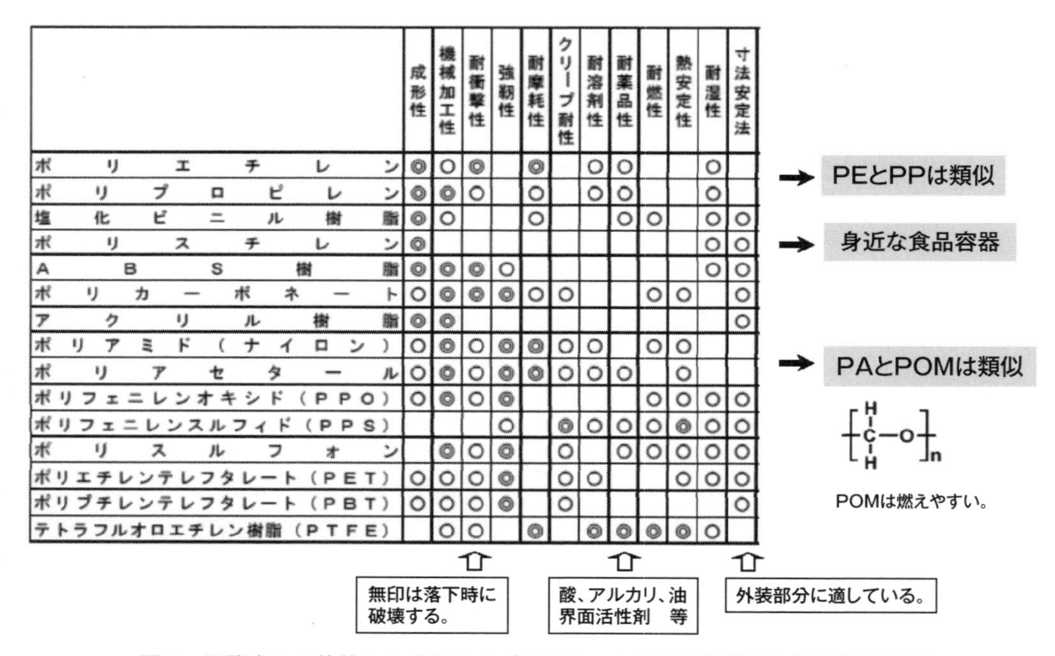

	成形性	機械加工性	耐衝撃性	強靭性	耐摩耗性	クリープ耐性	耐溶剤性	耐薬品性	耐燃性	熱安定性	耐湿性	寸法安定法
ポリエチレン	◎	○	◎		◎		○	○			○	
ポリプロピレン	◎	◎	○		○		○	○			○	
塩化ビニル樹脂	◎	○			○			○	○		○	○
ポリスチレン	◎										○	○
ABS樹脂	◎	◎	◎	○							○	○
ポリカーボネート	○	◎	◎	◎	○	○			○	○		○
アクリル樹脂	◎	◎										○
ポリアミド(ナイロン)	○	◎	○	◎	◎	○	○		○	○		
ポリアセタール	○	◎	○	◎	◎	○	○	○		○		
ポリフェニレンオキシド(PPO)	○	◎	○	◎					○	○	○	○
ポリフェニレンスルフィド(PPS)				○		◎	○	○	○	◎	○	○
ポリスルフォン		◎	○	◎		○		○	○	○	○	○
ポリエチレンテレフタレート(PET)	○	○	○	◎		○	○			○	○	○
ポリブチレンテレフタレート(PBT)	○	○	○	◎		○						○
テトラフルオロエチレン樹脂(PTFE)		○	○		◎		◎	◎	◎	◎	○	

図4　便覧表から抜粋した代表的なプラスチック材料の特徴と各種性能の関係

3　家電・電子機器，ガス機器用途

家電・電子機器は販売台数が非常に多いので，プラスチックの適用が進んでいる。ガス機器用途も，燃焼部はガス機器独自の設計であるが，外装部や内部の機構部品は家電機器と類似しており，家電機器の製造会社がガス機器も製造している場合もある。

まず，ハウジングと呼ばれる外装部品にプラスチックの特徴である電気絶縁性，断熱性，軽量性，複雑な形状成形性の面から使用されている。製品の外郭を形成するために，光沢，表面硬度や耐候性などの外観特性に加え，耐衝撃性，耐薬品性，形状安定性などが求められる。

次に，歯車やカムなどの構造部品，ガス機器ではポンプやバルブなどの機能部品である。一般的な機械的特性とともに，耐熱性や摺動特性が用途に応じて求められる。機械的特性と耐熱性に優れたPOM, PBT，PA，PPE，PPSなどのエンジニアリングプラスチックが一般的に使用される。材料特性として寸法安定性，耐熱性，耐クリープ性，耐摩耗性などが求められる。絶縁用途として，絶縁フィルムや電線の被覆にプラスチックが使用される。選定時には，耐熱性や耐トラッキング性に加えて，酸化防止剤や難燃剤のブリードアウトやシロキサンなどの低分子量成分の飛散など，電気的接点への影響評価が重要となる[4]。

4　プラスチックの一般用途とガス用途

4.1　汎用プラスチックの一般用途とガス用途（表1）

(1) ポリエチレン（PE）

PEは包装用フィルムとして，一般用途に多く使用されているが，化学的に安定で，軽量で，耐久性に優れているので，ガス用や水道用の埋設管に普及している。ただし，PEも重合触媒や重合方法により，分子量，分子量分布などの分子構造が異なる。ガス用や水道用ポリエチレンは，C2～C4の分岐を有し，多段重合により高分子量側に多くの分岐を有している。

(2) ポリプロピレン（PP）

比重が0.9と，汎用プラスチックの中で最も軽い。ゴム成分を添加して耐衝撃性を改良したグレードは自動車分野に多く利用されている。家電・電子機器分野では。換気扇，洗濯機のドラム，掃除機，

表１　汎用プラスチックの一般用途とガス用途

	樹脂名	一般用途	ガス用途	備考
汎用プラスチックス	ポリエチレン（PE）	一般容器やタンク類、食品容器、包装用フィルム、ごみ袋、電線被覆	ガス用PE管、温水用架橋PE管PLP銅管の防食層、電線被覆	・耐久性、耐薬品性 ・化学的安定
	ポリプロピレン（PP）	自動車バンパー、バッテリーケース、キャップ類、家電製品	PLP銅管の保護層	・絶縁性、耐薬品性 ・低温脆性 ・ヒンジ特性良
	ポリ塩化ビニル（PVC）	水道パイプ、雨どい、ホース、硬質・軟質フィルム、ビニル人形、シート、レザー、電線被覆、家具、テレビキャビネット、おもちゃ	フレキ管被覆、ELP管被覆、防食テープ、ガス警報器ケース、電線被覆、PVCフィッティング工法	・成形ノウハウ要 ・可塑剤で軟質か ・低温燃焼で、ダイオキシン発生 ・耐候性、難燃性
	ポリスチレン（PS）	コップ、各種容器、歯ブラシなどの日用品、プラスチック模型、透明ケース	床暖房マットの断熱材（発泡）	・耐熱性、耐衝撃性が低い。 ・透明
	AS樹脂	扇風機ファン、電話ケース	ガス機器のケーシング	・耐環境応力割れ
	ABS樹脂	家具、テレビキャビネット、おもちゃ、各種家庭用品	コンロのつまみ、ガス機器のケーシング	・AS樹脂の耐衝撃性の向上 ・耐環境応力割れ
	アクリル樹脂（PMMA）	レンズなどの光学製品、照明器具や外観カバー類、計器類のカバーなどの透明度を必要とする製品	メーターや計器類のカバー	・透明度高い
	ポリエチレンテレフタレート（PET）	ボトル、各種電機部品のスイッチ・リレー・コレクタ・コイルボビン等	開栓パック（廃PE＋廃PET）	・結晶性 ・耐熱性

ジャー炊飯器のハウジング，冷蔵庫内の部品に多く利用されている。特に水と接触する部品に多く使用されている。結晶性樹脂であるので，流動性や耐薬品性に優れている一方，成形収縮率が大きいので，板厚が大きく変化する成形品では，ボスやリブ部にひけやソリが発生しやすい。そのため，SiO_2，$BaSO_4$，マイカ等の粒子状の充填材を添加して，炊飯器やポットのハウジングにABS樹脂の代替として，使用されている。PPはヒンジ特性に優れることが特徴であるが，ガラス転移温度TgがPEに比べて高いので，低温環境で使用するときには脆性破壊が起こりやすい。また，銅などの金属と高温で接触する部位に使用する場合には，銅害による急速な酸化劣化に注意する必要がある。

(3) ポリ塩化ビニル（PVC）

PVCは低温で燃焼させるとダイオキシンが発生するということで，日用品やおもちゃなどの用途は利用が減少しているが，流動性，耐薬品性や耐候性に優れているので，住宅建材，ゴム成分を添加して水道管や排水管にも広く普及している。また，可塑剤を添加して，疲労強度や成形性を考慮して冷蔵庫のガスケットや洗濯機のドレーンホースにも使用されている。

(4) ポリスチレン（PS）

透明な一般用途（GP：General Purpose）PSと，ゴム成分を分散させて耐衝撃性を改良したHI（High Impact）PSと，S-(Syndiotactic) PSがある。GPPSは無味無臭の透明樹脂で成形性に優れているが，耐衝撃性，耐薬品性が劣る。HIPSは安価で，物性バランスに優れた材料として，家電機器のハウジングに多く利用されている。ABS樹脂に比較して，分散しているゴム粒子の大きさが大きいので，光沢や耐衝撃性に劣る。また，熱変形温度が90℃以下であるので，高温用途には適さない。S-PSは触媒により立体規則性を制御したPSで，一般のPSが非結晶性であるのに対して，S-PSは結晶性のプラスチックである。結晶構造により，耐薬品性が改善されて，エンジニアリングプラスチックに分類されるが，製造会社は日本に1社しかなく，価格も汎用エンプラ並みである。

(5) ABS樹脂

剛性，耐衝撃性，耐薬品性，外観特性のバランスに優れたプラスチックとして，家電・電子機器のハウジングに幅広く使用されている。ABS樹脂はポリマーアロイの実用化された最初の樹脂で，マトリックス相であるAS樹脂，分散相であるゴム粒子，ゴム粒子のグラウト相を変えることにより，広範な特性を有する材料を設計することができる。A成分（アクリロニトリル）は，耐熱性，耐薬品性，S成分（スチレン）は流動性，光沢，硬度，B成分（ゴム相）が耐衝撃性を担う。射出成形，押出成形，真空成形，粉末成形などあらゆる成形加工が可能で，メッキ，塗装，接着等の二次加工にも優れている。ゴム成分にポリブタジエンを使用するため，耐候性や耐熱性に一部難点があるが，ゴム成分をアクリル酸ゴム，塩素化ポリエチレン，エチレンプロピレンゴムに代えたAAS，ACS，AESは耐候性や耐熱性を付与した改良した樹脂である。

(6) ポリメチルメタクリレート（PMMA）

PMMAはビデオのパネルや液晶テレビの導光板，透明ケースなどの透明用途に利用されている。表面硬度が高く高級感があり，ガラスの代替として使用されている。

4.2　エンジニアリングプラスチックの一般用途とガス用途（表2）

(7) ナイロン（PA）

一般にナイロンと呼ばれ，分子構造からナイロン6，66，11，12，610，46，6Tなど多くの種類があるが，ナイロン6，66が繊維用途にも，成形用途にも多く利用されている。機械的特性としては耐衝撃性，耐摩耗性に優れている。また，ガラス繊維強化ナイロン6，66の熱変形温度はそれぞれ190℃，240℃で耐熱性を有するので，自動車のエンジン周りの部品に多く利用されている。耐薬品性，酸素バリアー性，自己消火性，耐アーク性にも優れているが，吸水性が大きく，吸水による形状変化や成形時の発泡や加水分解に注意しなければならない。成形時には必ず事前に乾燥させて，水分の含有率を下げておく必要がある。ガラス繊維を強化すると，強靭性，耐熱性，剛性に優れているので，自動車電装品，家電・電子機器のハウジングにも多く利用されている。

表２　エンジニアリングプラスチックの一般用途とガス用途

	樹脂名	一般用途	ガス用途	備考
汎用エンジニアリングプラスチック	ポリアミド(PA)(ナイロン)	多層フィルム、繊維、ホース、また歯車、軸受け、カムなどの摺動部品、機構部品	電飾基盤のコネクター	・吸湿性
	ポリカーボネート(PC)	コンピューター、OA機器類のハウジング、CD、DVD、ヘッドランプレンズ、カーブミラー等	ガス機器のハウジング、ヘルメット	・耐薬品性低い
	ポリアセタール(POM)(ジュラコン)	各種歯車、軸受け、カム、クリップ各種、AV機器、プリンター等のメカ部品、無給油軸受	ガスメーターギア、GMII継手のロックリング、風呂アダプター	・自己潤滑性 ・寸法収縮
	ポリブチレンテレフタレート(PBT)	電機部品・機械部品・精密機械部品	NIメーターの子機ケース、絶縁リング	・熱水、アルカリに弱い
スーパーエンプラ	ポリフェニレンサルファイド(PPS)	化学プラント、キャブレター、ピストンリング純水通路	給湯器のポンプ、電磁弁、器具化のヘッダーや差込継手	・充填剤でガス発生 ・耐熱性
	ポリテトラフルオロエチレン(PTFE)(テフロン)	ガスケット、パッキン、フライパンの表面加工	シールテープ、容器、炊飯器の内張り	・耐熱性 ・柔らかくて成型が困難
	ポリイミド(PI)	コインボビン、ICソケット、ピストンリング	基盤の絶縁シート	・耐熱性 ・絶縁性

(8) ポリカーボネート (PC)

非晶性プラスチックで，汎用エンプラの中で唯一の透明樹脂である。低温から高温まで広い温度範囲で高い靭性を示し，耐候性や難燃性にも優れているため，自動車のヘッドランプのカバーに使用されている。非晶性プラスチックであるので，成形収縮率，吸水率が小さく，高い寸法精度が求められる用途に向いている。ただし，有機系薬品，界面活性剤などによるソルベントクラックが発生しやすいので，このような薬品と接触する用途には注意を要する。透明性が要求されるケースやレンズ類，形状精度が要求されるケーシング，ハウジング，シャーシー類に多く使用されている。また，CD-ROM，カメラのボディ，列車の窓材，高速道路の遮音壁，カーブミラー，あるいはヘルメットなどにも使用されている。

(9) ポリアセタール (POM)

高結晶性のプラスチックで耐摩擦磨耗性，耐疲労性，弾性回復などの機械的特性および耐薬品性に優れている。高結晶性のために，成形加工後に大きな成形収縮を示し，長期間の間にも後結晶化が進行するので，寸法公差が厳しい用途や金属のインサート成形時には注意を要する。電子部品のスイッチ，機構部品のギア，カム，バルブ部品などの摺動部に広く用いられている。

(10) ポリブチレンテレフタレート (PBT)

PETと類似の分子構造を有するが，Tgが低いためにPETで問題となる射出成形時の固化特性に優れている。剛性，耐衝撃性，電気特性のバランスの取れた樹脂で，ガラス繊維強化による熱変形温度は210℃を超える。吸水率は低いが，分子構造にエステル結合を有するのでPETと同様に，高温下での耐熱水性，耐アルカリに劣る。自動車のワイヤーハーネスのコネクターや電装品ケース，電子部品のケースやハウジングなどに多く使用されている。

(11) ポリフェニレンエーテル (PPE)

一般的には成形性を改良するためスチレンとポリフェニレンエーテルとのアロイとして使用されているので，変性PPEと呼ばれる非晶性のプラスチックである。エンプラ中最も比重が軽く，難燃性，耐クリープ性に優れており，熱膨張が小さいので，高精度が要求されるOA機器のハウジングとして広く使用されている。耐熱水性にも優れているので，家電調理器具やガスの給湯暖房機器の温水通路の部品にも使用されている。ただし，スチレンの含有率が増えると，耐熱性や耐クリープ性が低下するので注意を要する。

(12) ポリフェニレンサルファイド (PPS)

PPSは剛性，耐熱性，耐薬品性，形状精度に優れたプラスチックで，家電機器の高温部や電子機器の精密部品，自動車の電装品に広く使われている。溶融粘度が低く流動性に優れているが，バリが出やすく，厚肉成形品では内部に巣やボイドが生成しやすい。また，射出成形時に金型内部に，イオウを含んだガスが生成しやすく，金型の腐食が起こりやすい。ガスの給湯暖房機器の温水通路の部品として，ガラス繊維強化PPSが最も多く使用されている。

(13) 液晶ポリマー (LCP)

LCPは，溶融状態で液晶性を示すため，高せん断領域で非常に低粘度となり流動性に優れているとともに，成形収縮率も小さい。この成形性と高い剛性を生かして，超薄型コネクタ，スピーカーの振動板，ピックアップシェルなどに使われている。

(14) ポリエーテルスルホン (PES)

PESは成形性に優れた非晶性のプラスチックである。非強化で形状精度が要求される部品や接着性が要求される部品に適用される。樹脂を有機溶剤に溶解したドープセメントで,「容易に接着することができる。耐薬品性にも優れているので，人工透析器などの医療用の機器にも使用されている。

(15) ポリエーテルエーテルケトン (PEEK)

成形材料として，ガラス繊維強化材で300℃を超える最も高い熱変形温度を示す。機械的特性，電気特性，化学的特性に優れている。高耐熱電子部品，高周波用高性能配線板，原子炉関連部材，宇宙航空用部材などの特殊な用途に使われている。

4.3　熱硬化性プラスチックの一般用途とガス用途 (表3)

熱硬化性プラスチックにも多くの種類があり，用途に応じて使い分けがされている。多くの種類のプ

表3　熱硬化性プラスチックの一般用途とガス用途

	樹脂名	一般用途	ガス用途	備考
熱硬化性プラスチックス	フェノール樹脂	電気・通信機器、機械部品、塗料、接着剤、カーボン材料	ガスメーターのバルブ、炭素繊維強化プラスチック、(排気トップ) 浸漬チューブのバインダー	・電気絶縁性 ・耐熱性
	ユリア樹脂	キャップ、ボタン、食器、木材接着剤、塗料	塗料、食器	・フェノール樹脂に類似 ・無色
	メラミン樹脂	化粧版、食器、電機部品、紙・繊維加工塗料	机の化粧板	・硬度大 ・耐水性 ・安価
	不飽和ポリエステル	ガラス繊維強化プラスチック、封入注型品	風呂浴槽、水槽	・低圧成形 ・ガラス繊維強化
	エポキシ樹脂	接着剤、塗料、電気絶縁材料、半導体封止材料、ガラス繊維強化プラスチック	シャトルライニング、銅管内面塗装、人工大理石	・金属、無機との接着性良好 ・電気絶縁性
	ケイ素樹脂	電気絶縁材料、潤滑油、離型剤、塗料	離型剤、シリコンゴム	・電気絶縁性 ・耐熱性
	ポリウレタン	緩衝材、断熱材、塗料、接着剤、人工皮革、弾性体、ローラー	基盤ポッティング、断熱材、メーターの塗装	・耐老化性 ・加水分解 ・対摩耗性
	ポリイミド	印刷回路基板、電気絶縁テープ、航空機・自動車部品、摺動部品	回路基板、地域連暖房配管の絶縁	・電気絶縁性 ・耐熱性

表 4　使用環境により求められる代表的な特性

耐光性、耐候性	光や紫外線による劣化、屋外での使用における天候劣化に対する抵抗性
耐熱性	熱劣化・熱変形・高温熱分解などの安定性
電気的耐久性	耐アーク性、耐トラッキング性などの電気的作用や絶縁性の低下
耐水性・耐湿性	吸水・吸湿による変形・物性低下・加水分解などの安定性
耐薬品性	薬液や活性ガスによる化学劣化に対する安定性
寸法安定性、耐クリープ性	成形収縮・後収縮などの寸法変化や荷重下でのクリープ変形や破壊に対する抵抗性
耐摩耗性	固体間の摺動による摩耗性
耐疲労性	繰り返し変形や振動による材料の疲労に対する抵抗性
耐生物性	バクテリアなどの微生物やシロアリなどの昆虫に対する抵抗性

ラスチックを使い分けるためには，樹脂の基本的な分子構造と特徴を理解しておくこととともに，部品や機器として，どのような環境で使用されるかを把握しておくことが重要である。使用される環境によって，求められる特性が異なる。

4.4　使用環境により求められる代表的な特性（表4）

（耐光性，耐候性）

屋外で使用される部材は光や紫外線，降雨や風による劣化評価を行う必要がある。この場合，実際使用される屋外にて暴露試験を使用期間実施するのが一番実用的であるが，使用期間が長い場合には，試験が終了するまで商品の販売を待たないといけない。もし，十分な耐久性を有しない場合は，また，設計や材料選定をやり直さないといけない。そこで，促進暴露試験が重要となる。促進暴露試験としては，サンシャイン（カーボンアーク）ウェザーメータ，キセノンウェザーメータなどが規格化されている。プラスチックが敏感に反応し，劣化する光の波長領域が材料の分子構造によって決まっている。促進暴露

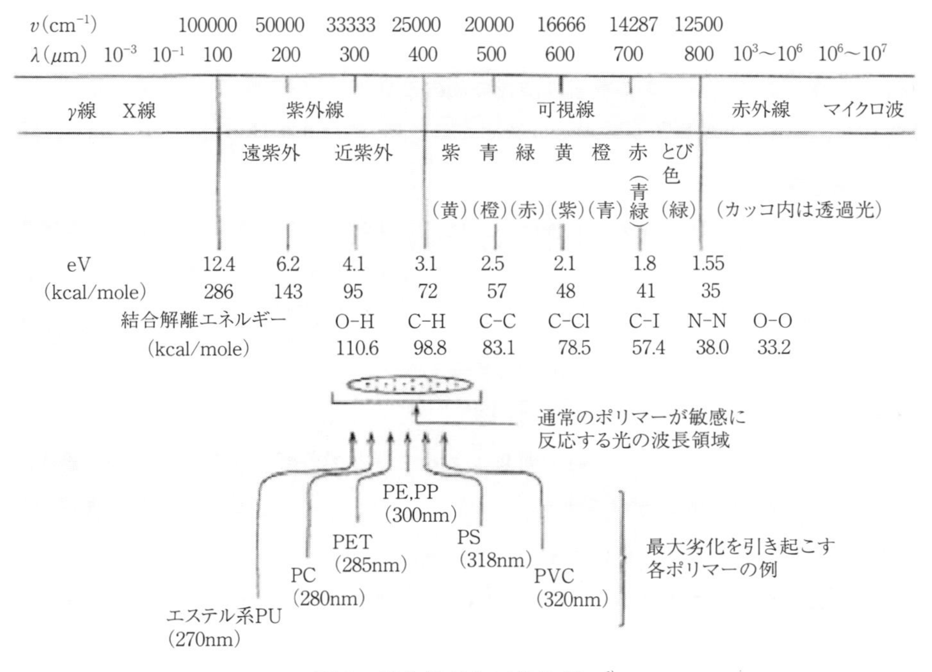

図 5　光と波長とエネルギー[6)]

試験と実屋外暴露試験の加速率は，プラスチックが受ける全放射エネルギーの比ではなく，プラスチックが敏感に反応し，劣化する光の波長領域内の放射エネルギーの比から求める必要がある（**図5**）。

光による紫外線劣化は，①ポリマーが紫外線を吸収する。②紫外線エネルギーによって，分子（水素原子）が切断され，ラジカルが発生する。③ラジカルが空気中の酸素と結合して，過酸化物を生成する。④この過酸化物が分解して，自動的に劣化を進行させる。③以降は熱劣化と同じ機構である。紫外線劣化には，温度，湿度などの要因が関係し，温度が高いほど，湿度が高いほど劣化が促進される。紫外線による劣化現象は次の通りである。

・色相が変わる。
・表面に亀裂が発生する。
・表面層の分子量が低下する。
・引張破断伸び，衝撃強度などが低下する

一方，屋外で使用するときの耐候性は，紫外線以外に雨や風の影響も加わるので，紫外線照射のみの場合より著しい劣化が起こる。耐候性劣化は次のように進行する。①太陽光線に曝される表面層から劣化が進行する。②劣化し脆くなった表面層は雨や風によって流されて，さらに下の層（劣化していない層）が表面に露出する。③露出した層が太陽光線に曝されて，②と同じプロセスで劣化する。④このような劣化を繰り返しながら，耐候劣化は内層へと進行する[3]。

（耐熱性）

プラスチックスの熱的性質には以下のような多くのパラメータがあるので，どのパラメータで耐熱性を議論するのか意思統一を図る必要がある。耐熱性も長時間使用する場合には低下するので，使用時間を明確にしておく必要がある。一般的に，荷重たわみ温度が長期の連続使用温度と正の相関が得られているので，汎用的に使用されている（**図6**）。

・ガラス転移温度Tg
・連続使用最高温度
・荷重たわみ温度
・短期使用最高温度
・軟化点
・融点Tm

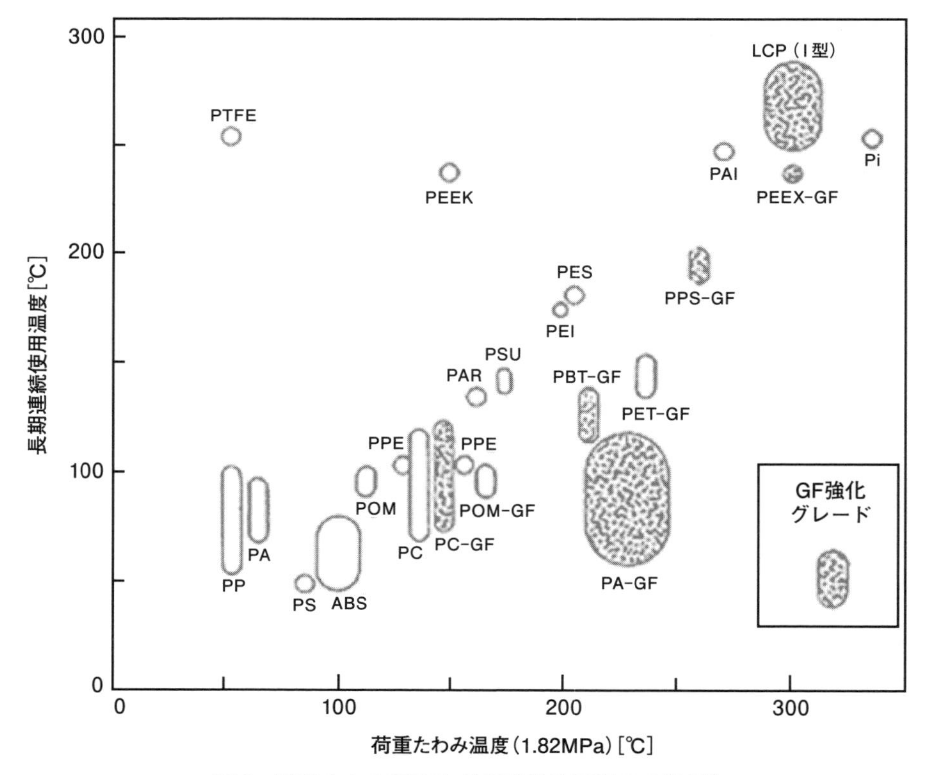

図6　荷重たわみ温度と長期連続使用温度の関係[3]

・熱分解温度

（電気的耐久性）

プラスチックは電気抵抗率が高く，絶縁性に優れている。長期間使用していると，アーク放電劣化やトラッキング劣化が発生する。アーク放電劣化はプラスチック中の微小なボイドや電極との間に部分的な小さな隙間などの空隙部に，一定限界以上の局所電圧がかかり，放電時のアークによりさらされた表面が分解・劣化して，表面に導電路が形成される。トラッキング劣化は絶縁体表面が塩分や塵埃などで汚染されて，しかも湿潤状態である時，表面電流によるジュール熱で部分的に乾燥して，高抵抗部が出現する。ここに高電界ができるために高熱を伴う微小発光（シンチレーション）を生じ，炭化導電路が形成され絶縁劣化する。

（耐水性，耐湿性）

PC，PET，PBT などのエステル結合を有するプラスチックでは吸湿した状態で成形すると加水分解を起こす。加水分解によって，分子量が低下すると，気泡などの外観不良以外に，機械的強度の低下が起こる。加水分解しない限界吸湿率は，大体 0.015～0.02％と言われているので，成形前には必ず除湿乾燥する必要がある。また，**図 7** に 30％ガラス繊維強化 PPS の耐水性評価の結果を示す。ガラス繊維強化 PPS は 80 ℃，100 ℃，120 ℃での 1 万時間の高温大気放置試験でも引張強度はほとんど低下しないで，結晶化の進展により，やや増加傾向にあるが，80 ℃，100 ℃，120 ℃での 1 万時間の温水浸漬試験では引張強度が低下することがわかった。ガラス繊維と樹脂の界面に温水が浸透するためと考えられる。

耐久性に優れた PPS を使用しても，ガラス繊維と樹脂の界面の接着性を上げないといけない。

（耐薬品性）

耐薬品性は，プラスチックの化学構造と関係する。

① 炭化水素結合 C-C
　多くの化学薬品に安定で，PP の第三級炭素原子に結合された水素原子は不安定である。

② エーテル結合 -O-
　C-C 結合に次いで耐薬品性に優れた結合である。

③ エステル結合 -COO-
　酸やアルカリに容易に加水分解する。

④ 酸アミド結合 -CONH-
　酸アミド結合を主鎖に持つポリアミドは，アルカリに強いが，酸には加水分解する。

⑤ ウレタン結合 R-NHCOO-
　酸やアルカリに容易に加水分解する。熱水によって結合が切れる。

⑥ 酸性基，塩基性基

フェノール性水酸基などの酸性基を持つポリマー

引張強度変化　PPS/SGF

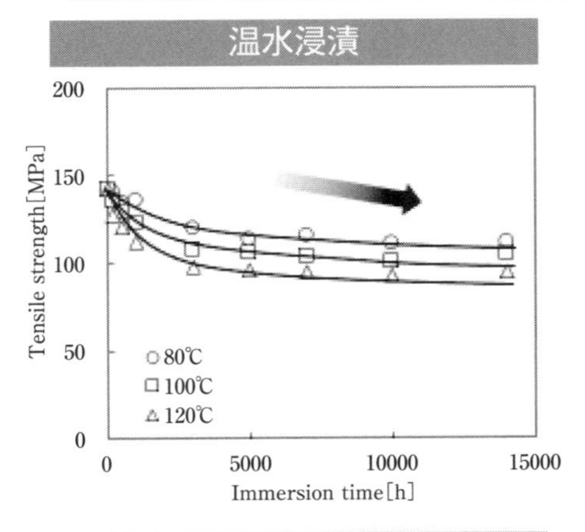

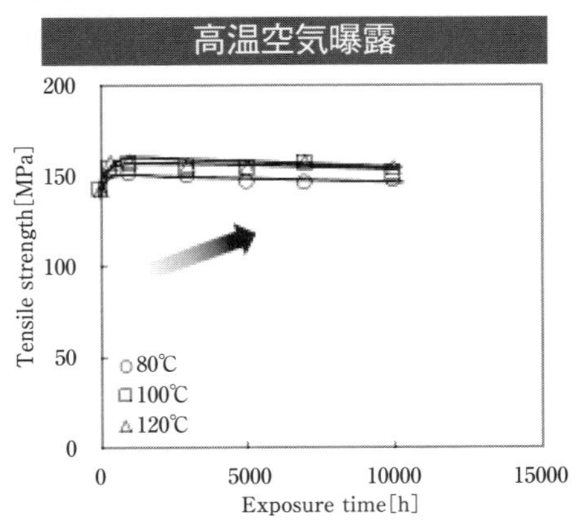

図 7　ガラス繊維強化 PPS の耐水性評価

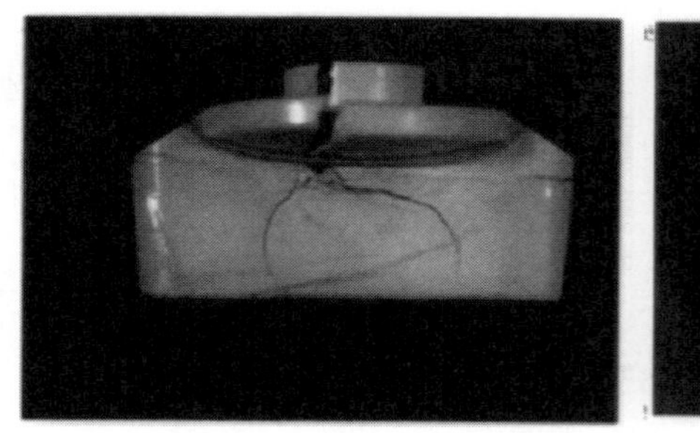
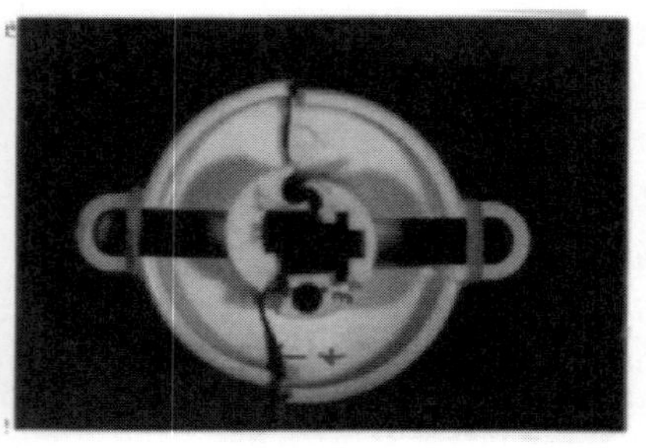

図8　テーブルコンロのつまみ（ABS）のソルベントクラック（常温）

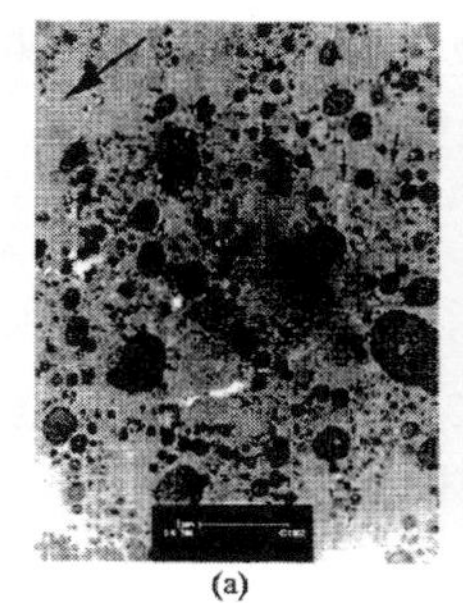

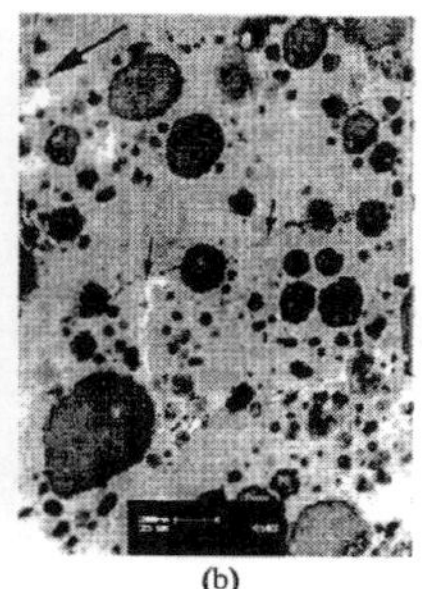

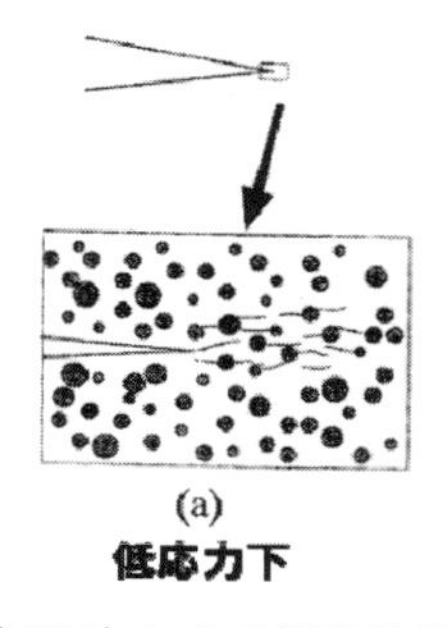

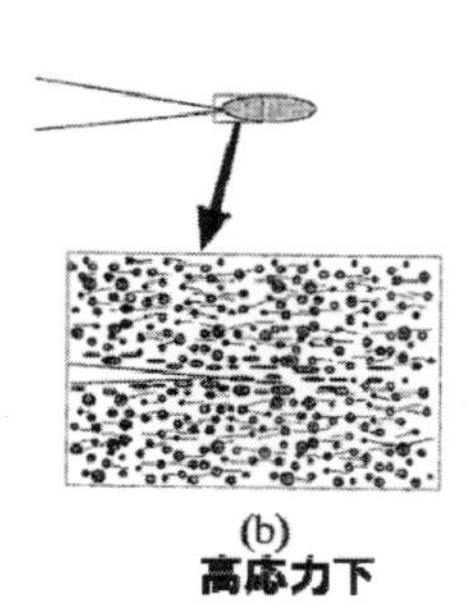

図9　透過型電子顕微鏡（TEM）による観察結果

は酸に強いが，アルカリに弱い。成形品に応力がかかっていている場合，残留応力等も含まれるので，放置された状態でも，溶剤等の化学薬品との接触により，ソルベントクラックが発生する。成形品の内部に溶剤が浸透し，プラスチックの分子間力が小さくなり，応力の存在する箇所で急速に応力が緩和してクラックが生成すると言われている。**図8**にガステーブルコンロのつまみに発生したソルベントクラックの不具合事例を示す。濃度の濃い洗剤（界面活性剤）で，頻繁に洗浄されるとソルベントクラックが発生しやすい[7)-9)]。

界面活性剤の浸透の様子を透過型電子顕微鏡（TEM）で観察すると（**図9**），人為的なき裂の先端付近から界面活性剤の浸透による微細なき裂が多数発生していることがわかる。ABS樹脂にはゴム成分が添加されて，き裂先端でのエネルギー吸収や塑性変形による鈍化を図られているが，界面活性剤の浸透によるき裂は非常に微細で，ゴム成分の効果がほとんどないことがわかる。また，低い応力下でも界面活性剤の浸透による微細なき裂の生成が早いこと

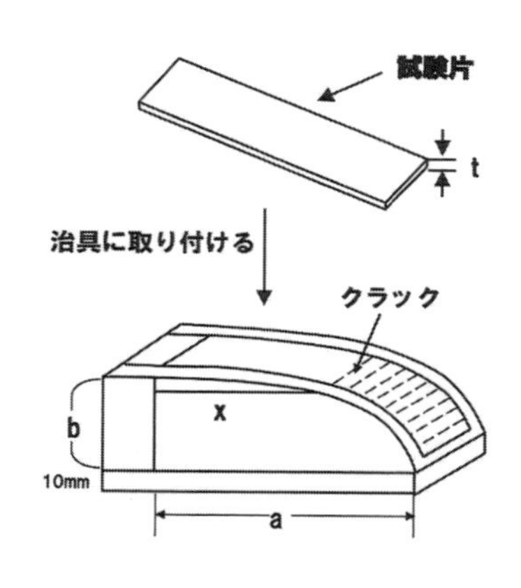

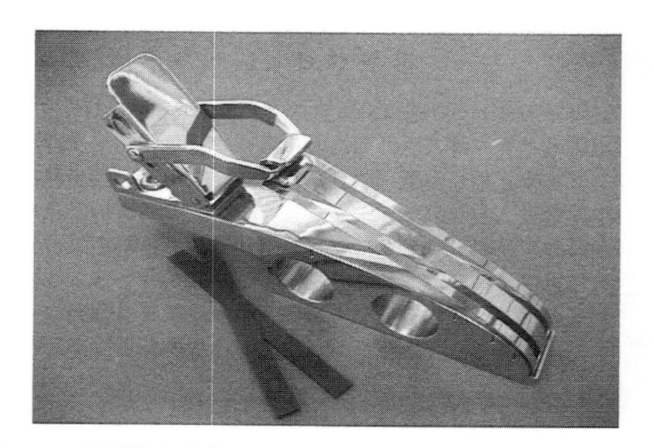

図10　1/4 楕円法と治具

がわかる[10]。プラスチック材料の耐薬品性を評価する手法として，1/4楕円法が良く知られている（**図10**）。この方法は楕円形状をした冶具に評価対象部材を装着することで，ひずみを連続的に変えることができる。冶具に装着した部材の表面に環境液を塗布することで，き裂が生成する限界ひずみを求めることができる。この方法が簡便で，1枚の試験板で限界ひずみを求めることができるので，家電。電子機器，ガス機器などに幅広く使用されている[11]。

文　献

1) おもしろサイエンス「長もちの科学」，日刊工業新聞社，(2015).
2) 小澤由規，博士論文，「ガスメーター部品の耐久性評価に関する研究」(2014).
3) 大阪市立工業研究所，プラスチック技術協会，共編：プラスチック読本，プラスチック・エージ(2009).
4) 第3回プラスチック成形加工，実践講座シリーズ（材料編）(2003).
5) 本間精一：設計者のためのプラスチックの強度特性，丸善出版(2012).
6) 大武義人：高分子材料の劣化と寿命予測，サイエンス＆テクノロジー(2009).
7) 大武義人：ゴム・プラスチック材料のトラブルと対策－劣化と材料選択，日刊工業新聞社(2008).
8) 大澤善次郎，成澤郁夫監修：高分子の寿命予測と長寿命化技術，エヌ・ティー・エス(2002).
9) 成澤郁夫：高分子材料強度のすべて，サイエンス＆テクノロジー(2012).
10) T.Kawaguchi,H.Nishimura,K.Kasahara.T.Kuriyama and I.Narisawa：“Environmental Stress Cracking (ESC) of Plastics Caused by Non- Ionic Surfactants”, *POLYMER ENGINEERING AND SCIENCE*, Vol. **43**, No. 2, 419-430 (2003).
11) 樋口裕思：1/4楕円法を用いた耐環境応力割れ性と溶解度パラメータ，成形加工(2014).

第4節　金属材料の選定

京都工芸繊維大学　久米　辰雄

1　はじめに

金属の利用は人類の文明を大きく変えた。現代文明は，金属，特に鉄によって支えられていると言ってもよい。

歴史を見ても長く続いた石器時代が終わり，農耕社会が出現したのも金属と大きな関係がある。本格的な農耕文明は，鍬，鋤などへの金属材料の使用により飛躍的に生産量が向上したことによるものである。石器に代わり青銅器が利用され，その後，圧倒的に軽くて強度のある鉄が文明社会の中心となった。特に，ローマ帝国が一大帝国を築きあげたのも優れた鉄剣製造技術と鉄製農具を広く普及させたためと言われている。ところが，これほど歴史を一変させた鉄ではあるが古代遺跡から発掘されるのは，鉄よりも青銅器のほうが圧倒的に多い。これは，青銅器と比較して鉄は，酸化腐食しやすいためである。それゆえ，金属，特に鉄を利用する際，最も重要なのは，腐食対策ともいえる。

さらに，19世紀以降のイギリスを発祥とした産業革命も鉄製品と製鉄技術の進化に支えられている。産業革命を支えた蒸気機関が発明され，蒸気船や蒸気機関車などにも鉄は利用され，レールや鉄橋等もほぼ同時に導入された。このため，人の移動や物資輸送も飛躍的に進化を遂げ，これらを支えたのは，鉄の製造法が進化し，一層強度の高い錬鉄や鋼（スチール）が大量に生産可能となったからである。

現在いたるところで利用されている鉄であるが，鉄は，針金や釘のように非常に柔らかい軟鉄と呼ばれるものからピアノ線のように強靭でしなやかなものや，自動車のクランクシャフトや機械工具のように非常に硬いものまで多種多様である。たとえば，高温で使用するボイラーや加熱炉などの機械の他，自動車，鉄道車両から日用品に至るまで鉄は，利用されており，腐食環境に強いステンレス鋼もその成分の大半は，鉄で構成されている。現在利用されている金属製品の95%以上が鉄製品である。このように鉄は様々な分野で利用されているが，わずかな炭素や，その他元素の含有量の違い，熱処理などの製造法の違いで大きく性状が異なる。それゆえ，その選定に注意を要する必要がある。特に回転機械や高張力下で利用するボルトやナット，構造物を構成するパイプやH型鋼等の鋼材は，その材料強度や疲労破壊，特に繰り返し疲労などについても熟知しておく必要がある。これらの事を熟知したうえで適切な材料を選定することが金属製品特に鉄製品の長もちにはもっとも重要なことである。

2　金属製品（鉄鋼製品）の長もちを左右する材料選定，決める要素

金属製品，なかでも鉄鋼製品は生活のあらゆるところで利用されており，その長もちを左右するのは，

①　鉄鋼製品素材そのものの適性
②　長もちのための防食加工等（塗装，皮膜処理）
③　適切な使用とメンテナンスがあげられる

鉄鋼製品は，成分の大半は鉄で占められているが，ほんのわずかの炭素の含有量の違いや，ニッケル，クロム，マンガン，タングステン，窒素，ケイ素などの添加元素の含有量の違いで特性が変化し，さらに，鉄製品は，含有成分は同じでも熱処理方法や鍛造，圧延などの加工方法の違いにより物理的強度，耐腐食性，高温特性が著しく異なる。それゆえ，金属製品特に鉄鋼製品の長もちは，その材料鋼種の選定が最も重要となる。

金属製品に要求されている特性を満足するかどうかを十分検討したうえで，素材を選定すべきである。

鋼種選定にあたって検討すべき事項は，以下の2項目である。

①　要求されている物理的性質を満足するか

イ）引張強度，曲げ強度は十分か・・・ワイヤ，ばね，ボルト，ナット等
ロ）十分な硬度を有し強大な外力に耐えるか・・・機械工具，シャフト，歯車等
ハ）耐摩耗性に優れているか・・・ベアリング，軸受，歯車，ドリル刃等
②　要求されている化学的特性を満足するか
イ）使用環境下で酸化腐食しないか（耐酸性，耐アルカリ性等）・・・化学プラント装置，食品機械等
ロ）高温環境下でも十分腐食減量しないか，強度は大丈夫か・・・ボイラ，タービン材料，燃焼器，工業炉材料等

このうち特に大切なものは，まず 要求される①の物理的特性を満たすかどうかである。物理的特性は鉄鋼製品の鋼種自身そのものの持つ強度や設計において，十分な応力に耐える肉厚や板厚等の確保など設計に大きく依存するためである。一方，②の化学的特性については，材料選定時に要求事項を満足したほうが良いが，防食加工（塗装，メッキ，皮膜処理，ライニング，溶射等）でカバーできるケースもあり，たとえば高温での使用が予想されるガスタービンの燃焼等などでは，その温度での強度が十分な素材であれば，金属にセラミック溶射して対応しているケースもある。また，化学装置などの強酸，強アルカリ環境下では，金メッキやプラスチックライニングで対応しているケースもある。通常の工業製品は，美観も含めて鉄鋼素材に塗装やメッキを施されているものも多く，使用条件や環境に合致している材料の中で最も経済的なものを選定することが重要である。特に鉄鋼製品に関する物理的強度は，含まれる炭素の含有率と熱処理の方法により大きく異なり，化学的特性は含まれるクロム，ニッケルなどの他の元素の含有率により，大きく異なる。

例えば，常温の空気中では，ほとんど錆びないと言われるステンレス鋼も鉄，クロム，ニッケルなどの合金であり，もともと単独の金属としてはどれも酸化しやすく錆びやすい。なぜ合金になれば錆びにくいのか，ステンレス鋼でも磁石にくっつくものとくっつかないものや，高温下，高圧下でも利用可能なものや，ごく低温域に適しているものなど，その種類も多様で，鋼種によって適性は大きく異なり，材料コストも千差万別である。金属材料の長もちに大きく影響を与える，物理的特性に関しても，材料にかかる応力と破壊の関係性で言えば，その材料に大きな静荷重がかかった場合に，大きな塑性変形をもたらす延性破壊の他に，ほとんど塑性変形せずに破壊される脆性破壊がある。それ以外に繰り返し応力による疲労破壊もあり，また化学的特性である酸化や腐食についても，全面腐食と局部腐食といったメカニズムの違いにより耐久性は大幅に異なる。

これらの違いは，もともとの金属の結晶格子や構造などの違いに起因しているため，金属の構造などの基本的事項についても最低限の基礎知識を持っていることが，金属製品の選定には重要である。

次項では，これら金属材料について正しく選定するための基礎となる項目について簡単に解説する。

3　金属に関する基礎知識

3.1　金属とは

金属とは，広辞苑第４版の定義では，「固体状態で金属光沢，展性，延性を持ち種々の機械的工作を施すことができ，かつ電気及び熱の良導体であることなどの性質を持つ物質の総称。常温，常圧下で不透明な固体（水銀のみ液体）」と記載されている。これらの性質を有する金属は，原子の化学的な結合面から定義すれば，特有の金属結合で説明される。**図１**に示した，元素の周期表において，アルカリ金属，遷移金属，ｐメタルと呼ばれる元素が金属に該当し，多数の元素が金属に属している。これら金属と呼ばれるものは，金属原子の最外殻の電子が単独の原子では決められた軌道の上をまわるが，多数の同種の原子が集まると，最外殻の電子は，他の原子の影響を受け，これら複数の原子の軌道を自由に行き来できるようになる。この結果，最外殻の電子が飛び出した原子はカチオン化し規則正しく並び，その間を無数の自由電子が動き回る自由電子の海を形成することになる。この自由電子の海と，カチオンがクーロン力で結びついている状態が金属である（**図２**参照）。

金属には軽く反応性に富んだアルカリ金属やアルカリ土類金属のようにｓ軌道の電子が共有されるｓメタルと呼ばれるものや，比較的柔らかく，融点が低いｐ軌道の電子が共有されるｐメタルの他，鉄に代表される固くて融点の高い遷移金属と呼ばれるｄメタルがある。この金属結合が延性や展性につながっている。

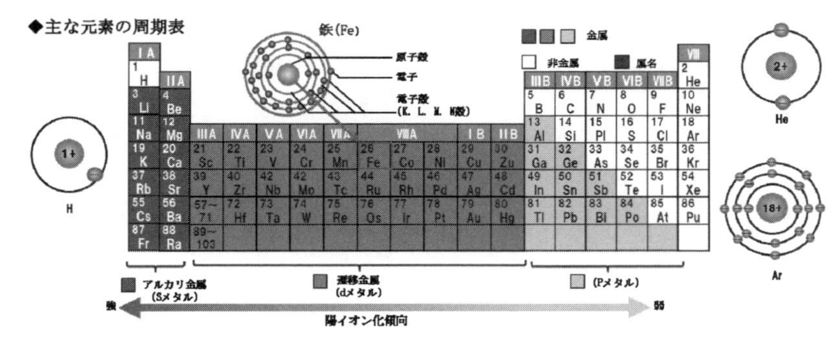

図１　元素の周期表と金属の関係

出所：化学ハンドブック，NIPPON STEEL MONTHLY 2006.10　モノづくりの原点　化学の世界 VOL.30 を参考に筆者作成

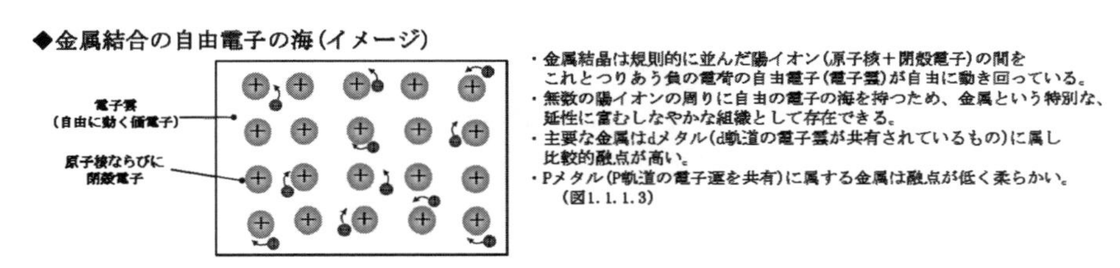

図２　金属結合の自由電子の海

出所：初級金属学 p15　北田正弘著 ㈱アグネ（1984）を参考に筆者作成

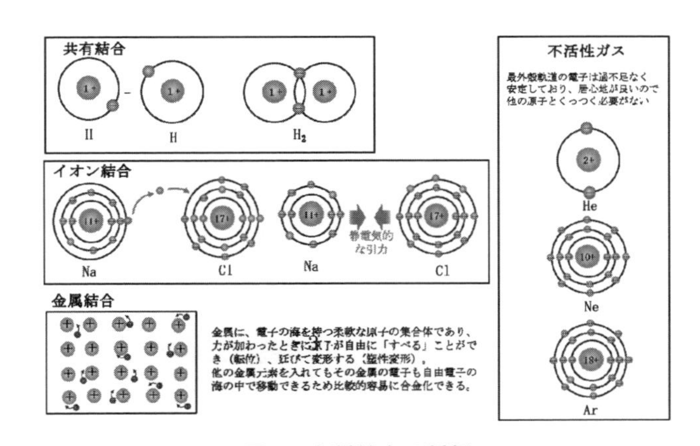

図３　各種結合の種類

出所：筆者作成

もう少し詳しく説明すると，元素が物質として存在する際，安定して存在できるためには，原子の最外殻の軌道に電子が満たされている状態をとる。図1に示すように，不活性ガスは原子単体で，最外殻の電子軌道が電子ですべて満たされており，安定しており，他の原子と反応せずに原子単体で存在できる。しかし，不活性ガス以外のすべての元素では，それぞれの陽子と同じ数の電子をもっているが，それぞれの最外殻の電子軌道はすべての電子で満たされていない。

このため，水素分子のように最外殻の電子をそれぞれの原子が共有することによって，最外殻軌道にどちらも満たされているような状態を作る共有結合（**図３参照**）や，最外殻の軌道に電子が余っているもの（アニオン）と，１つ足らないもの（カチオン）同士がそれぞれの最外殻電子軌道を充満させ，原子としては，プラス状態，マイナス状態となり静電気的に引き合う状態をつくるイオン結合（例：NaCl 等）

がある。

金属結合は，最外殻の自由電子が，隣の原子だけでなく，多数の原子の最外殻の電子雲にまたがり移動できるため，熱や電気を通しやすい性質が発現する。さらに最外殻の電子は，多数の原子間を自由に行き来し，1つの原子にとらわれないため，最外殻の電子と個々の陽子の結びつきは弱くなり，一定配列に並んだ原子の集合体は，最外殻の電子の影響を受けにくくなるため，力が加わったときに原子が自由に「すべる」ことができ（転位），延びて変形する（塑性変形）ことができる。

イオン結合は外力が加わり，原子位置がづれると，カチオン同士，アニオン同士の距離が近づき，同じイオン同士の反発するクーロン力が働くために壊れる。

金属結合をさらに詳しく説明すると，アルカリ金属のようにｓメタルと呼ばれるものは，最外殻電子軌道が陽子を中心とした球面上動くｓ軌道を共有する金属であり，ｐメタルは陽子を中心として，特殊な異方性を持った軌道を持つ軌道共有するのであり，さらに遷移金属と呼ばれるｄメタルは，もう少し複雑なｄ軌道を共有している。

いずれも，最外殻の電子雲が大きく，自由電子の運動量は大きいが，ｓ軌道よりもｐ軌道，ｐ軌道よりもｄ軌道のほうが軌道長も長く，電子の運動量も大きくなる傾向がある。最外殻の軌道が大きく電子の運動量の大きい軌道ほど，最外殻の自由電子は1つの原子核にある陽子から遠ざかるため，1つの原子だけに拘束されるのではなく，より多くの原子の電子雲を自由に移動でき，大きな塊の膨大な自由電子の海を形成し，その結果その大きな自由電子の海と，カチオン化した金属とのクーロン力により，多数の原子が強固に結び付くと考えられている。このように金属の電気や熱を伝えやすいのも，金属の硬さを決定しているのも，最外殻を共有して自由に移動する電子の影響といえる。また，金属が合金化しやすいのも，他の金属元素を入れても，他の金属の電子も共有化された自由電子の海の中で移動できるためである。また，金属は，高温にすると，原子間，陽子間の振動エネルギーが大きくなり，原子がばらばらになるため溶融する。しかし，再び温度が下がると原子間の運動エネルギーが小さくなり，元のように電子の海の中で原子の位置は固定され固まる性質がある。溶接はこの性質を生かし，溶接金属と母体金属を高温化させ原子間の振動エネルギーを

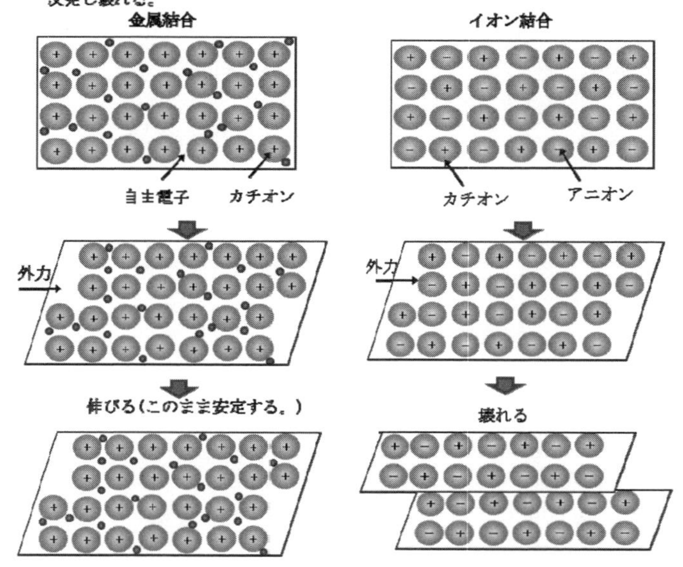

図4　金属結合の特徴

出所：筆者作成　参考　玉尾皓平 桜井 弘 福山秀敏監修：ニュートン別冊完全図解「周期表第2版」(2010)

大きくし，原子をバラバラにさせ，自由電子の海を共有化され，その後冷却とともに原子間振動も収まり，それぞれの原子が共有化された自由電子の海の中で近づいて固定されるというメカニズムを利用している。これらのs軌道，p軌道，d軌道のイメージを**図5**に示す。最高エネルギー準位の電子がD軌道をとる場合，自由電子が電子雲は異方性を持ち，比較的，隣の原子核の電子雲に拘束されやすいため，固く融点が高い。また，この電子軌道の形状が金属の結晶構造にも影響を与える。一般に遷移金属が，体心立方格子構造をとりやすいのは，この3d軌道に起因している。たとえば鉄は，図5に示したようにM核の3s軌道，3p軌道に電子を充足したのち，よりエネルギー順位の低いN核の4s軌道に電子2個を充足し，残りの6つの電子をM核の3d軌道の$3dt_{2g}$というxy,xz,yzという座標軸に大きく広がる異方性を持っ軌道に充足させている。この3d軌道の電子雲が隣の原子の3d軌道の3dtgの形態をとる電子雲と共有し，大きな自由電子の海となってつながっていくため，常温でのフェライト組織（アルファ鉄）の鉄は体心立方格子となっている。

このフェライト組織の体心立方格子のアルファ鉄は加熱されA3変態点（727℃共析鋼）以上の温度になると，鉄を構成する原子の持つ振動エネルギーが増大し，原子間距離が大きくなり，ガンマ鉄と呼ばれる面心立方格子をとるようになる。このガンマ鉄の単位格子の長さは，鉄の原子直径dとすれば$\sqrt{2}d$で，アルファ鉄の格子長さ$2/\sqrt{3}d$と比較し20％以上原子間距離が大きくなり，この格子の隙間に小さな炭素原子が入りこみやすくなる。

鉄鉱石などをコークスなどで溶融すると，高温状態の面心立方格子のガンマ鉄には多くの炭素原子が取り込まれる。

このガンマ鉄は温度が下がれば，鉄原子間距離が縮まり，元の体心立方格子のアルファ鉄に戻ろうとして炭素原子を格子内から排出する。しかし，ガンマ鉄を急冷すると，鉄原子と鉄原子の間に，炭素原子を吐き出すため，アルファ鉄の原子間の格子がひずむことになる。すなわち本来整然と並んでいたカチオンとしての鉄原子同士の間に微細な炭素原子が入り込み，結晶格子が歪み，格子が引っ掛かり，外力が加わった際スムーズに原子が滑らなくなる（転移しなくなる。）ため，金属組織は固くなる（**図6**参照）。一方でゆっくりと冷却すると，比較的整った元の体心立方格子の配列で原子が並んだ大きな結晶となり，結晶と結晶の粒界に炭素原子がまとまって排出することになるため，原子同士が滑りやすい，やわらかな元の体心立方格子のフェライト組織に戻る。

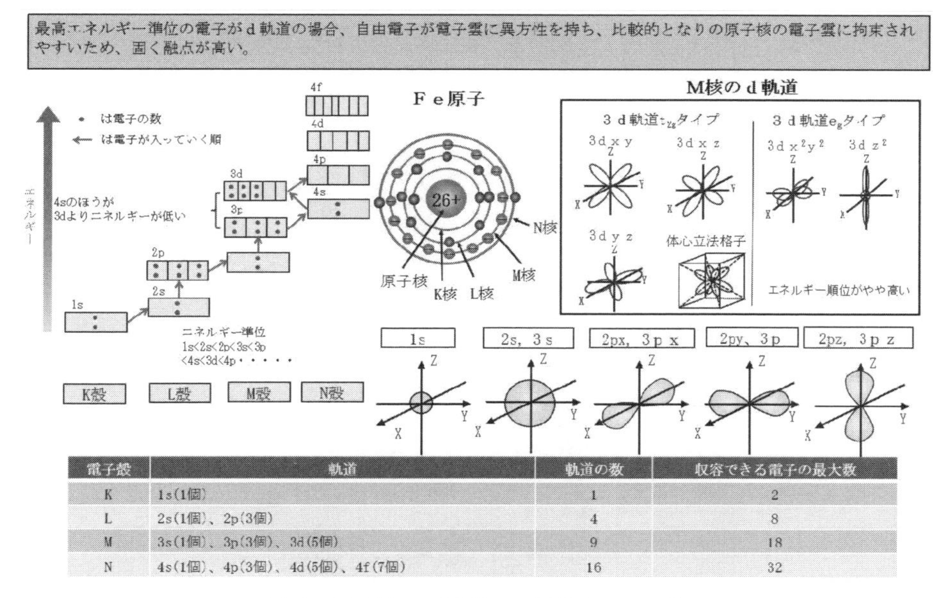

電子殻	軌道	軌道の数	収容できる電子の最大数
K	1s(1個)	1	2
L	2s(1個)、2p(3個)	4	8
M	3s(1個)、3p(3個)、3d(5個)	9	18
N	4s(1個)、4p(3個)、4d(5個)、4f(7個)	16	32

図5　S軌道，P軌道，d軌道のイメージ

出所：筆者作成　NIPPON STEEL MONTHLY 2006.10　モノづくりの原点　化学の世界VOL.30および
福田豊・海崎純男・北川進・伊藤翼編『詳説 無機化学』1996，講談社サイエンティフィックを参考に作成

金属，特に鉄を材料として選定する場合は，炭素の含有率や，熱処理の仕方などで，その強度や耐腐食性が大きく異なっているが，この，金属結合や電子軌道のことを十分理解しておくことが，使用環境にふさわしい金属材料の選定につながり，金属製品の長持ちにつながる。**図7**に体心立方格子をとるアルファ鉄と，面心立方格子をとるガンマ鉄の構造を示す。ステンレス鋼も基本は鋼と呼ばれるように50％以上が鉄でできており，ニッケル成分を含まないものは通常の鉄と同様，常温ではアルファ鉄の構造をとる。一方，磁石のくっつかないニッケルを多く含むオーステナイト系ステンレスは，常温まで冷却してもガンマ鉄構造をとる。

3.2　鉄や合金の強度が生まれる理由

金属，特に鉄製品は，さまざまな合金が作られており，鉄をベースとして，ほんのわずかな異種金属を添加するだけで鉄の性質は多く変わる。よく知られている強度が必要な際に選定される炭素鋼，クロム鋼も，この結晶格子の歪みが，強度を生み出している。歪みのメカニズムと添加元素については図6に示す。図6のように，金属の歪みを生み出すメカニズムとして，①結晶格子間に炭素や窒素といった小さな元素を侵入させる侵入型と，②原子径が鉄と異なる，ニッケル，クロム，シリカ，アルミニウム，タングステン，などの元素を添加し，一部鉄原子と置き換える置換型がある。

侵入型は鉄の結晶格子の間に侵入し，わずかな添加量で大きく格子が歪み，大きな圧縮応力が働くため，組織が強靭になる。置換型の場合，原子径が大きなものは格子が外向きに歪み，侵入型と同じ圧縮応力が働き，原子径が小さなものは内側に歪み引っ張り応力が発生する。侵入型は，比較的歪みが小さいため，添加する元素の量がやや多くなる。逆に展性や延性に優れる場合が多い。

このため，強度のみを要求される場合は，一般に炭素鋼が用いられたり，表面だけ硬度を高める場合など，窒化処理をした鋼が利用されることが多いのは，これらの原子の原子径がかなり異なり，ほんのわずかな侵入量で大きな力が発生するからである。ただし，使用環境により，腐食環境下や熱環境下では，侵入型の原子は抜けたり，酸素等と反応しやすいため，きびしい条件下では置換型の鋼種が選定される。利用される環境や，用途に応じて鋼種選定することが，金属製品の長持ちを考える上で大切である。

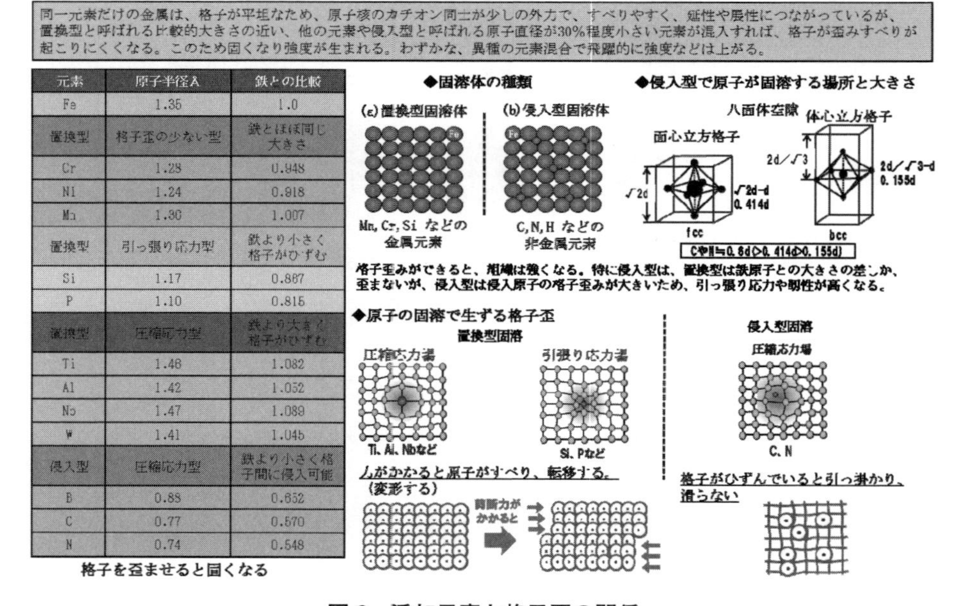

元素	原子半径Å	鉄との比較
Fe	1.35	1.0
置換型	格子歪の少ない型	鉄とほぼ同じ大きさ
Cr	1.28	0.948
Ni	1.24	0.918
Mn	1.36	1.007
置換型	引っ張り応力型	鉄より小さく格子がひずむ
Si	1.17	0.867
P	1.10	0.815
置換型	圧縮応力型	鉄より大きく格子がひずむ
Ti	1.46	1.082
Al	1.42	1.052
Nb	1.47	1.089
W	1.41	1.045
侵入型	圧縮応力型	鉄より小さく格子間に侵入可能
B	0.88	0.652
C	0.77	0.570
N	0.74	0.548

図6　添加元素と格子歪の関係

出所：筆者作成：参考　初級金属学 第3章　北田正弘著 ㈱アグネ (1984)　原子半径は化学ハンドブック第1版4刷 (1986)

金属は面心立方格子、体心立方格子、稠密六方格子などの形態をとる。体心立法格子をとるものは最外殻の電子が３ｄ軌道に由来しているものが多い。よって鉄、クロムタングステンモリブデンなどは３d軌道に合わせるように結晶ができるため、通常、常温時のα鉄は体心立方格子bcc型の結晶となる。ただし、鉄は911℃(カーボンゼロの場合のA3変態点)(共析鋼kf@3efは727℃で炭素の量によって変わる。)を超えるとγ鉄、面心立方格子fcc型の結晶となる。d軌道の電子が活発に運動し原子もより振動するため、原子間距離が大きくなり、電子の海が柔らかくなり、体心立方格子が解放され電子の海の間により多くの原子が入り込むため面心立方格子となる。これが鉄の多様な性質をもたらすこととなる。格子の構造により入り込む炭素原子の量が変わり、溶け込む炭素原子量で硬さなどが大きく変わる。

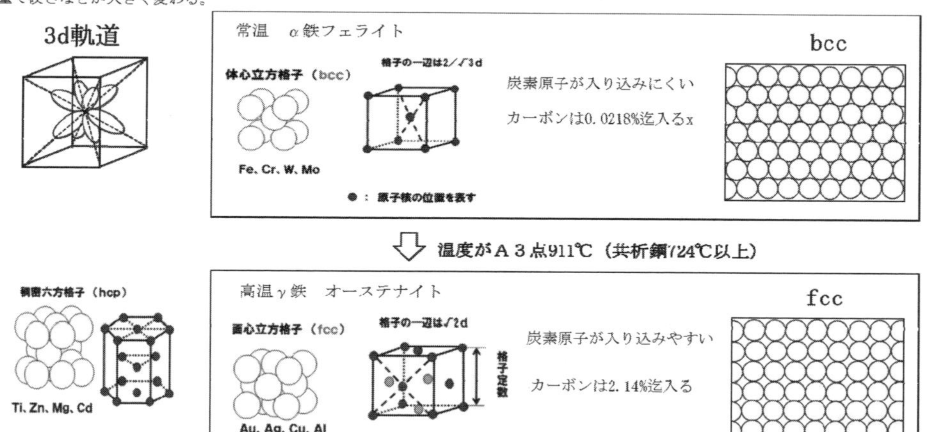

図７　アルファ鉄ガンマ鉄の結晶構造

出所：筆者作成：矢島悦次郎，市川理衛，古澤浩一著「若い技術者のための機会・金属材料　第10刷」丸善株式会社（1973）および村上陽太郎著「金属材料基礎学　第４刷」株式会社朝倉書店（1984）を参考

◆鉄の分類　　JIS G　0203　：2009　の鉄鋼用語に従う

分類	炭素量による分類	性質
純鉄	約0.02%以下	やわらかい
炭素鋼	0.02%～約2%以下	種類によって性質が変わり、用途が広い。
鋳鉄	約2.0%を超えるもの	非常に硬くてもろい

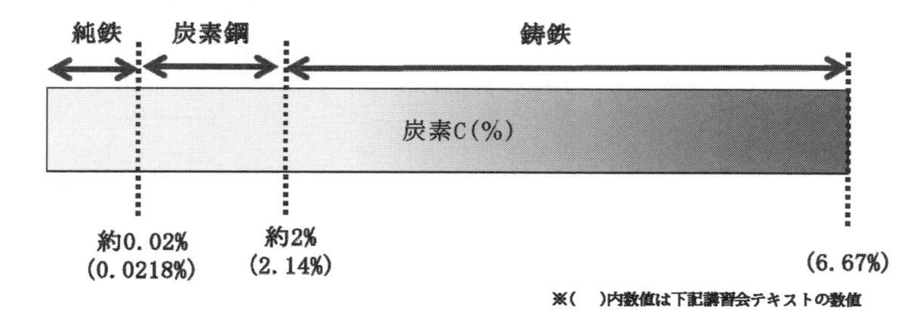

図８　含有炭素量による鉄の分類

出所：筆者作成：参考　JIS0203およびH26第年28回　熱処理技術者のための基礎講習会 テキスト「鋼材の生まれと鋼種の選び方」新日鐵住金株式会社　河野佳織講師　を参考に作成

3.3　多彩な性質を持つ鉄

鉄製品は大きくわけて①純鉄，②炭素鋼③鋳鉄の３種類に分類され，炭素の含有量が異なり，性質も大きく異なる。

なかでも炭素鋼は，炭素の含有率やその含有形態（組織の形態）により様々な性質を持ち，炭素の含有量が少ないものは純鉄に近く，自動車のボディのような延性に富んだ鋼板や釘，針金などに利用され，炭素量の多いものは歯車，シャフトなどに用いられ，また，適度な炭素量を含むものは，適度なしなやかさと強度を持つピアノ線などに利用されている。さらにクロムやニッケル等の元素を添加したステンレスも基本的には鉄を50%以上含有する鋼の一種で，耐腐食性や耐熱性などを大きく向上させたものである。

鉄鋼材料を利用用途やJISハンドブック鉄鋼Ⅰの規定等により分類したものを**図9**に示す。このように，炭素を含む鋼と呼ばれるものは，炭素の含有率や熱処理方法により，様々な種類があり，物性は大きく異なる。

3.4　鋼の熱処理方法と性質の違い

鋼はJIS G 0203の用語の定義では，用語番号1103で鋼とは「鉄を主成分として，一般に約2%以下の炭素と，その他の成分を含むもの」とされており，用語番号1104で炭素鋼として，「鉄と炭素の合金で炭素含有率が，通常0.02～約2%の範囲の鋼」とされている。鋼は炭素のわずかな炭素の含有率の違いや熱処理状態によりその組織は大きく異なる。**図10**に炭素の含有割合と熱処理条件により組織がどのように異なるかの概略を示す。

この炭素鋼の中で，共析鋼と呼ばれる炭素を0.765

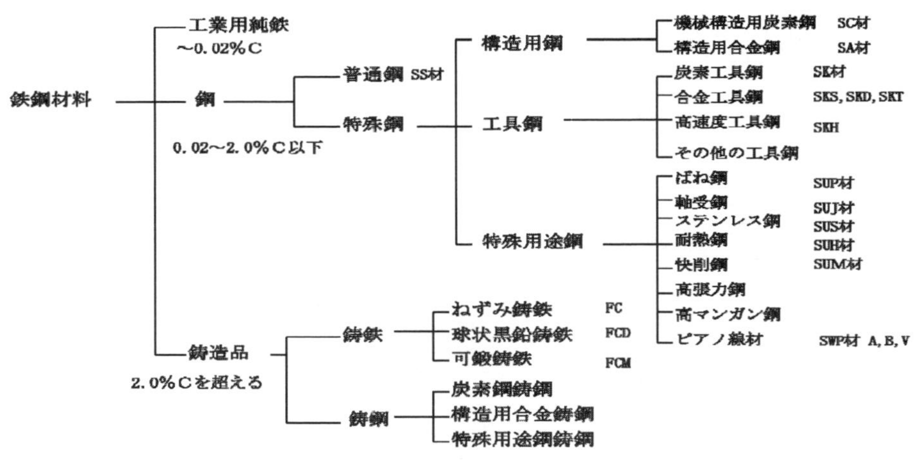

図9　鉄鋼材料の分類

出所：参考　ハンドブック鉄鋼Ⅰ 2009年を参考に筆者作成

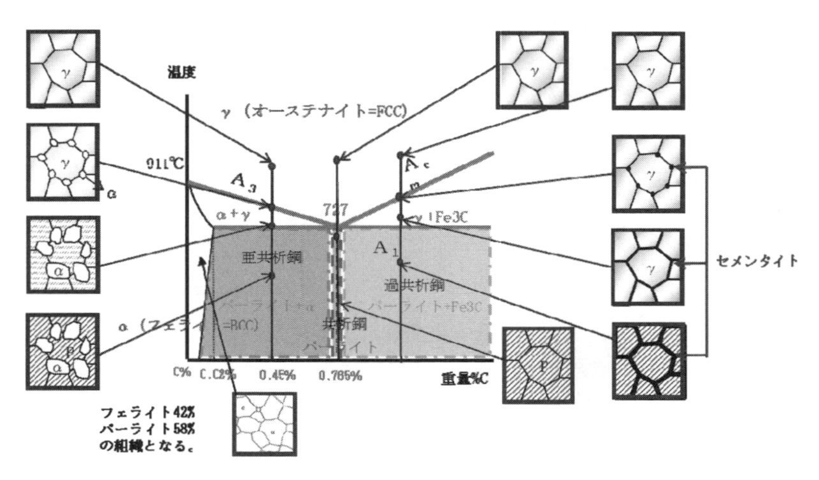

図10　鋼の炭素含有量と組織の違い

出所：筆者作成　参考　（社）日本熱処理技術協会，日本金属熱処理工業会編：新版熱処理技術入門2版5刷　株式会社大河出版（1990）
金属熱処理技術便覧増補改訂版11版　日刊工業新聞社（1977）
（社）日本熱処理技術協会九州支部：基礎教育セミナ「鉄鋼材料をうまく使うために」（2011）

%含有する鉄は，727℃以上では体心立方格子のガンマ鉄であるが温度を徐々に下げていくと，体心立方格子構造のアルファ鉄（フェライト組織）を形成していくが，面心立方格子のフェライト組織内に固溶できなかった炭素は，フェライト組織外に排出されセメンタイト（Fe_3C）といわれる固い性質として形成され，微細な層状のフェライトとセメンタイトを析出したパーライトという組織を形成する。共析鋼（炭素0.765%）の場合は100%パーライトという組織となるが炭素の含有量が0.765%以下の鋼の場合は，フェライトとパーライトとの混合となり，0.765%以上のものはパーライトとセメンタイトとの混合物となる。

パーライトは強靭でしなやかな特性を持つためピアノ線などに利用されているがこのしなやかさはフェライト組織に由来し，強靭さはセメンタイト組織に由来している。

また，A3点（共析鋼では727℃）から一気に急冷すれば，拡散が追いつかず，パーライト結晶構造にならず，フェライト組織の中に一部炭素を取り込んだままのマルテンサイトという非常に緻密で硬くて，もろい性状の組織となる。このマルテンサイトの状態の鋼は，ごく微細な結晶粒となっているため，結晶粒界の滑りがない非常に硬いがもろい性質となる。マルテンサイトの結晶歪みを取り除き，結晶粒をやや肥大化し，もろさを改善し，材料に粘りを与える。焼き戻しや焼きなまし処理が施されることも多い。

3.5　金属材料の劣化要因とメカニズム

もともと，貴金属以外の，鉄，アルミ，銅など日常使用されている金属は，自然環境下では酸化物の形態で存在することが大半で，金属の形態では存在しない。それ故，自然環境下で長時間使用すると大気中の酸素や水分等により酸化され元の酸化物に戻る。金属特に鉄は，強度が高いため，様々な工業製品に利用されているが，大きな外力がかかったり，繰り返し一定以上の応力がかかり続けると，突然破壊することがある。特に酸化が促進されると，材料強度は著しく低下し，急速に破壊される。しかし，使用される環境に合致した鋼種を選定し，利用環境にふさわしい，塗装，メッキ，表面処理などの防食対策を講じれば，かなり長期間利用が可能である。

金属製品を長期間，安全に利用するためには，金属の劣化の要因とメカニズムを知り，利用環境にふさわしい材料選定や防食方法を講じることが最も大切である。

金属の劣化の要因は，大きく分類すると**表1**に示す4つとなる。

このうち，①繰り返し疲労による劣化，②高温下による材質劣化，③クリープ劣化は，金属の組織の変化に伴う劣化で，組織内部が，応力，熱などの影響を受け劣化が進行するもので，腐食劣化とはメカ

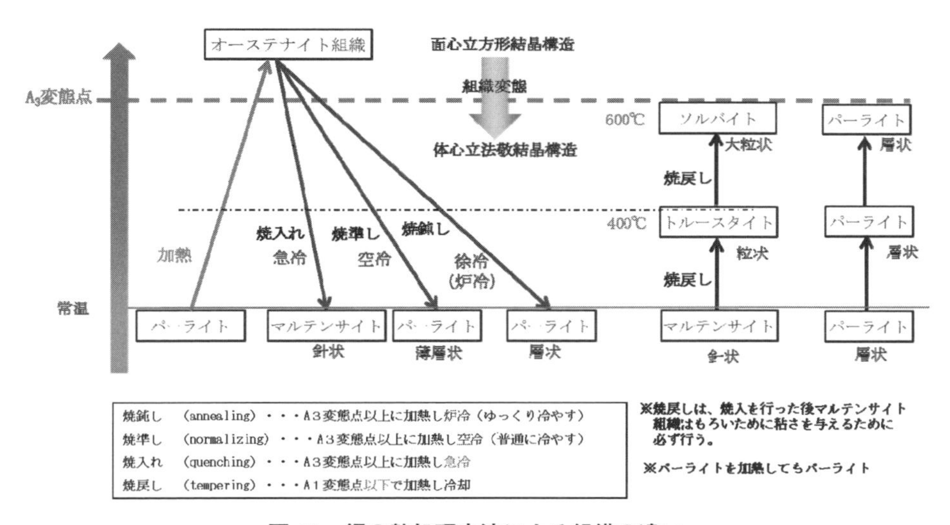

図11　鋼の熱処理方法による組織の違い

出所：筆者作成：参考　（社）日本熱処理技術協会，日本金属熱処理工業会編：新版熱処理技術入門2版5刷　株式会社大河出版（1990）
金属熱処理技術便覧増補改訂版11版　日刊工業新聞社（1977）
大和久重雄著 熱処理のおはなし　日本規格協会発行（1982）

ニズムが異なる。

一方腐食劣化は，腐食しにくい材料の選定や塗装，メッキなどを施すことによりかなり防止できる。**図 12** に，金属組織の変化に伴う劣化である①繰り返し疲労による劣化，②高温下による材質劣化，③クリープ劣化のイメージを示す。

図 12 に示したように，劣化のメカニズムのうち疲労劣化は，金属がある大きさ以上の力を繰り返し受け続けると金属原子間にすべり（転移）が発生し，そのすべりが徐々に成長拡大し破壊されるメカニズムである。金属，特に鉄は大きな力に耐えることができ，たとえはボルト・ナットや様々な鋼製品に利用されている SS400 という鋼種は，金属 1 mm^2 当たり 400 N（ニュートン），昔は SS41 と呼んでいたように約 41 kg の引っ張り応力まで破断せず，耐えることができる。

しかし，実際 300 N や 200 N の力がかかっている場合でも，繰り返しこれらの力がかかると破壊される。これが疲労破壊と呼ばれるものである。実際にこれらの力がかかった金属組織を顕微鏡で見れば，ごくわずかな微細なすべり線と呼ばれる筋が発生し，繰り返し応力がかかる回数が増えれば拡大し，すべり線の数も増加し，亀裂の大きさも大きくなる。これはすべり帯と呼ばれるもので結晶粒内に発生し，結晶粒界まで到達する。さらにすべり帯が大きくなると格子欠陥の多い，結晶粒界沿いに大きな亀裂を発生させ拡大し，応力がある一定回数以上かかると，すべり帯や結晶粒界に沿って金属組織は完全に破壊される。これが疲労破壊である。一方で，一定以下の応力であれば，何回応力がかかってもこのすべりが発生しない。この応力を疲労限界応力と呼び，これ以下で設計すれば，腐食などが発生するケースを除けば，ほぼ，寿命は無限大となる。特に応力が繰り返しかかる橋梁や鉄道のレールなどでは，この疲労限界を十分に考慮して設計することが肝要である。

また，熱設備などに金属，特に鋼を使用する際，溶接などにより熱の影響を受ける部位は，②材質劣化というメカニズムで劣化が進行し，金属組織がもろくなり破壊されることがある。鉄は高温下では体心立方格子のガンマ鉄となって結晶内に炭素分子を多くとりこむことができるが，温度が下がると面心立方格子のアルファ鉄となり，結晶粒内に炭素を取り込めなくなり，結晶粒界に排出されていく。ガンマ鉄状態から，急冷されたアルファ鉄は，微細に結

表 1　鋼の劣化要因

繰り返し疲労による劣化	弾性範囲内での繰り返しによる金属組織のすべりによる劣化，温度変化の繰り返しでも応力が発生し疲労劣化する。全く金属組織がミクロなレベルで傷つかない疲労限界以下の応力で設計する必要あり。
高温下における材料劣化	一般に鋼（スチール）は 0.02～2％の炭素を含んでおり，高温下で，炭素粒子が粒界面で肥大化することによる粒界破壊による劣化　ボイラ，火炉等高温化で長時間利用される機器では，材料劣化が起こりやすい。（475 脆性，シグマ脆性など）
クリープ劣化	高温化で，応力がかかっているところでは，応力のかかっている粒界に微小なボイド（格子欠陥）が発生し，ボイド成長による劣化　高温下で，圧力や荷重がかかる蒸気パイプや圧力容器などでは，クリープ性能に優れた鋼種を選択することが重要。
腐食による劣化	鋼は特に腐食に弱く，腐食により，十分な強度を持って設計されていても，加速的に組織が劣化し破壊されることが多い。使用環境に合わせた鋼種の選定や防食方法の採用が重要。

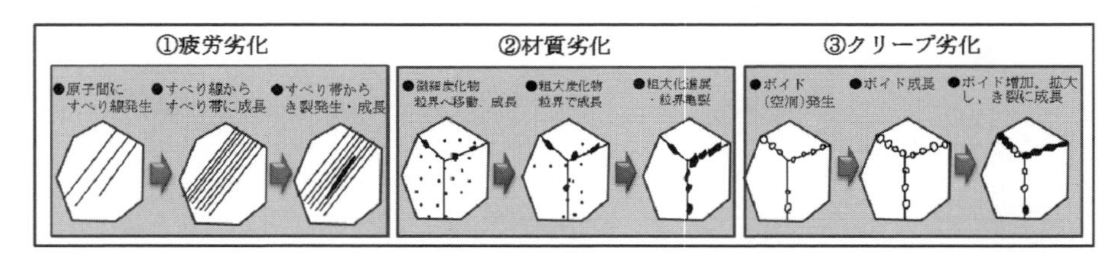

図 12　金属劣化のメカニズム

出所：筆者作成：参考　初級金属学第 3 章　北田正弘著　㈱アグネ（1986）
中部電力　技術解説　技術開発ニュース　金属はつかれる（1986）

晶粒子で，結晶格子の間に固溶した，炭素も入り組んだ形で緻密で強い組織となっているが，熱影響を受けると結晶が再度肥大化するとともに結晶格子間に固溶できなくなった微細な炭素粒子は，結晶粒界で肥大化する。結晶粒や，不均一で大きな結晶粒界は，非常にもろく，応力がかかったり，酸素や水素等が侵入するとこれらと反応し脱炭現象を起こし，金属組織は，破壊されやすくなる。

炭素鋼やステンレス鋼などを利用する際は注意が必要となる。特にステンレス鋼はこの炭素粒子にクロムが取り込まれ$Cr_{23}C_6$というで形で成長肥大化し，クロムの持つ防食効果が消失しやすくなる。ステンレス鋼の場合，フェライト系，析出系，二相系ステンレス鋼は，この影響を受けやすいため溶接には特に注意を要する。オーステナイト系のステンレスに例えばSUS304やSUS316等は，この影響を受けにくいとされ，高温下では，オーステナイト系のステンレス鋼が採用されるケースが多いが，使用条件が非常に厳しい場合はオーステナイト系ステンレスでもカーボン含有量の低い304Lや316LといったLowカーボン鋼種の選定が重要となる。さらに，高温下では，スチール製品やステンレス製品を利用する際はクリープ劣化による強度低下が発生する。材料劣化とよく似たメカニズムで，ある程度の高温下で，長時間利用する場合は，結晶粒界にあったボイドと呼ばれる格子欠陥が大きく成長し，亀裂となり破壊される現象である。

鉄，特に鋼は鉄と炭素などの合金であり，ほんのわずかな炭素の含有率や，ニッケルクロム，モリブデン，タングステンなどの配合でその性質を大きく変える。また，熱処理の状況によっても大きく機械的強度などの特性は変わる。この性質をうまく利用して鉄製品は様々な用途や環境下で利用されている。

4　鋼種の選定

4.1　鋼の種類と概要

前述したように，鋼（スチール）製品を選定する際には，ほんのわずかな，含有元素の違いや，加工方法の違いにより大きくその性能や耐久性が異なる。鋼製品は様々なところで利用されており，著しく硬い材質を要求される工具鋼や何万，何百万回の振動や回転に耐える軸受やばね，強大な張力に耐えるワイヤー，数100℃以上の高温下で使用される耐熱鋼の他，強酸，強アルカリで用いられる化学プラントなどありとあらゆる条件下で鋼は利用されている。もちろん大半のビルや橋梁などに用いられている鉄骨材や鉄筋なども鋼である。鋼は大半の成分は鉄であるが，それぞれの用途に合わせて，炭素やクロム，ニッケル，マンガン，モリブデン，リン，シリカ，硫黄，窒素など様々な元素が微量添加されている。これらのわずかな配合割合で，鉄の性質は大きく異なり，同じ元素配合でも，製品に仕上げる処理過程（熱処理方法）によってもその品質性能，耐久性は異なる。もちろん具体的な選定の際は，それぞれの鋼種についての深い知識が必要であるが，それぞれの鋼種についての特徴や違いを理解しておくことが大切であるため，ここではそれぞれの鋼種の概要について解説する。

通常，ビルや橋梁などに用いられる鋼板やH形鋼，パイプなどは，大半がSS材（Steel Structure）と呼ばれる普通鋼が用いられている。JISでは強度面での分類を主体としており，SS400（引っ張り強度が400 Nて破断）といった表記であらわされる。不純物である硫黄分やリンについては上限値のみが規定されており，カーボン分についても特に規定はない。これ以外に，構造用鋼として機械や高強度を必要とする構造用鋼としてSC材（例S45C：含有カーボン0.45 ± .03%）と呼ばれるカーボン含有量をコントロールし，強度を管理し，不純物（S硫黄，Pリン）もほぼゼロにしているものが用いられている（**表2**参照）。

さらに強度が必要な場合や，高温強度を要求される場合にはSC材をベースに，クロムやモリブデン，ニッケルなどを配合したSA材（Steel Aloy）と呼ばれるSCr（クロム鋼），SCM（クロムモリブデン鋼）SMn（マンガン鋼），SNCM（ニッケルクロムモリブデン鋼）などがある。これらは構造用鋼でも特殊鋼に分類される。歯車やシャフト，のこ刃，旋盤のバイト，タガネなど金属切削用の工具鋼の他，硬さが要求される工具鋼や耐摩耗性が求される軸受鋼や，ばねやピアノ線など高い引張強度に耐えるものや耐腐食性が要求されるステンレス鋼など様々な特殊用途鋼があり，それぞれJISで性状，組成等が規定されている。

幅広く大量に利用されている構造材は，特殊鋼の中で，工具に用いられるものは工具鋼と呼ばれ，JISでは，SK（Steel Kougu）と表記され，JIS G 4401：

表2　SS材とS-C材との比較

記号	正式名称	鋼種	JIS番号	数字の意味	熱処理	価格
SS	一般構造用圧延鋼材	SS330, SS400 SS490, SS540	G3101	引張強さ (N/mm^2)	原則不可	低
S-C	機械構造用炭素鋼鋼材	S10C～S58Cの20種類とS09CK S15CK, S20CK	G4051	炭素含有量 (×10^{-2}%)	適	高

出所：筆者作成　参考　JIS G 3101及びG4051

2009炭素工具鋼鋼材として11種類が規定されている。通常の構造材SC材と比較し，硬さと粘りが要求されるため，含有炭素分も0.6%から1.5%と高い高炭素鋼がベースとなっている。素材の状態では，パーライトや球状セメンタイトの状態で，工具として加工したのちは，A3点以上に焼き入れし，耐摩耗性や硬度が要求される場合は，焼き入れ後低温焼き戻し（180℃まで再加熱後空冷）処理を施し，強じん性が必要な場合は高温焼き戻しを行い，焼き戻しマルテンサイトと呼ばれる，歪みのない粒子状のマルテンサイト組織としている。通常の温度域で使用されるヤスリ，カミソリ，刃物，錐，斧，ゲージ，ぜんまい，刻印，のこぎり刃等などに利用されている。ただしこのSK材は200℃を超えると焼きが戻るため，機械工具等では，耐熱性や，耐摩耗性や耐衝撃性を改良するために，SK材に，W，Cr，Mo，Vなどを添加した合金工具鋼がJIS G 4404に規定されている。

JIS G 4404：2006に規定されているものにはSKS（Steel Kougu Special）,SKD（Steel Kougu Die），SKT（Steel Kougu Tanzou）などがあり，用途に応じて約30種規定されている。

これらのSKS材，SKD材，SKT材は，高温下での耐熱性，耐久性向上目的で，炭素の一部をクロムやタングステン，モリブデン，バナジウムなどの添加で硬度を上げており，SK材よりも硬く，耐熱性，耐衝撃性，耐摩耗性が改善されている。機械工具用途として切削工具用，耐衝撃工具用，冷間金型用，熱間金型用鋼材として利用されている。特に，SKS鋼は，切削用バイト，センタードリルや冷間引抜ダイスやタップなどの切削工具や，タガネ，ポンチなどの衝撃工具のほか，冷間金型に主に利用され，クロムやタングステン，バナジウム，ニッケルなどが用途に合わせて添加されている。SKD鋼は主に冷間金型や熱間金型に利用されている。文字通りダイス鋼と呼ばれるように，さらに固い金属の引き抜きダイスや，冷間金型に利用されている。冷間金型の場合は10%以上の鋼クロムとタングステンを主体としたSKD1やSKD2等の鋼種が用いられ，特に強度と耐摩耗性を向上させるためバナジウムを0.2～0.5%添加したSKD11やSKD12のほか，熱間での金型などには，高温下で劣化の少ないSKD4からSKD6などの鋼種のように強度安定性確保のためクロムの含有量を下げ，タングステンを5%～9%程度添加し代替したものや，さらなる高温下でも硬度や靱性を保つようにモリブデンを2.5%～3%添加したものも利用されている。

特に鍛造用では，加熱・冷却を頻繁に繰り返す熱間鍛造用の金型にはニッケルを加えたSKT3，SKT4，SKT6といった熱間亀裂が入りにくい材料が選定されている。さらに金属切削用ドリルなどには高速度鋼SKH（Steel Kougu High-speed）ハイスピード鋼，略してハイス鋼が利用されている。特に高速で穿孔する際，刃先は熱を持つためハイス鋼は600℃程度になっても硬度や靱性が低下しない。

この高速度鋼もJIS G 4403：2006高速度工具鋼鋼材では，主に硬度が要求される場合に利用されるタングステン系4種と，硬度とともに靱性を要求される場合に適したモリブデン系11種が規定されている。タングステン系はタングステンを11.5～19%含み，Coを4.5～11%添加してあり，耐摩耗性に優れ，切削性がよく，高速重切削，難切削材用工具として用いられるSKH2からSKH4とSKH10があり，モリブデン系はモリブタデンを3.2～10%含み，バナジウムを2.3～4.5%程度を添加させ，高硬度とともに，粘りと，靭性に優れているため，ドリルの刃先に利用しても，著しく硬く，切削時，熱を持っても，折損しにくい特性がある。モリブデン系にはSKH40からSKH59まで11種がある。

さらに特殊鋼の中には，ばね鋼（SUP：（Steel

Special Use Spring）や軸受鋼（SUJ：Steel Special Use Jikuuke）といった特殊な機能を要求される，特殊用途鋼がある。この特殊用途鋼にはそのほかにも高張力に耐えるピアノ線（SWP：Steel Wire Piano）や，切削しやすい快削鋼（SUM：Steel Special Use Machinability），高温で利用できる耐熱鋼（SUH：Steel Special Use Heat-Resistance），高温や腐食環境下で利用できるステンレス鋼（SUS：Steel Special Use Stainless）などがある。

特殊用途鋼として板ばねやコイルばね等に利用されるばね鋼（SUP）は，力が加わると弾性変形したのちに，元に戻る必要があり，高い弾性限界と疲労限界が要求されるため，大きな引張強さが必要となる。強さとともに，靭性も要求されるため焼入れした炭素鋼がベースとなる。炭素の含有量は0.56から0.64程度の亜共析鋼（パーライト主体でフェライトを一部含む組織）が用いられ，A3変態点以上に加熱された後，水焼き入れ等急冷され非常に硬いマルテンサイト組織を，460℃～540℃程度で焼き戻しし，トルースタイトやソルバイト組織へと調質したものが利用される。この焼き戻し過程で，残留応力を完全に取り除き，一定の硬度を維持しながら，靭性を持った組織とされる。JIS G 4801：2005ばね鋼鋼材には，SUP6からSUP13まで，8種類のばね鋼材が規定されており，標準組成や，焼き入れ，焼き戻し温度条件，満たすべき強度や硬度等の機械条件が記載されている。

同様に特殊用途鋼として，ボールベアリングやローラーベアリングに用いられる軸受鋼（SUJ）がある。軸受鋼に要求される性能は，高硬度，耐荷重，耐摩耗性，耐食性などが要求される。高硬度と耐摩耗性を確保するため，高炭素鋼（炭素の含有量0.95～1.10％程度）をベースにクロムを1％から1.6％程度添加したものが利用されており，高炭素クロム鋼材と呼ばれることもあり，JISではJIS G 4805：2008高炭素クロム軸受鋼鋼材として，SUJ2からSUJ5まで4種類規定されている。SUJ4とSUJ5は焼き入れ性の向上と高温下での耐摩耗性，耐荷重性を改善するためにモリブデンが0.1％～0.25％程度添加されている。

特殊用途鋼の中でもピアノ線（SWP）は，鋼としては特に強度の高い材料で，炭素含有量が0.60～0.95％で，冷間加工の炭素鋼線としては，最強の鋼材である。名称にピアノ線となっているが，工業製品としての利用はピアノよりもばね用途として利用されている。JIS G 3522：2014ピアノ線では，A種，B種，V種の3種類があり，用途として，A種，B種は，動的荷重を受けるばね用，V種は弁ばね又は，これに準じるばね用としており，A種とB種の違いは，B種の方が，同じ線径では約10％高い強度（引張強度）を持ち，耐久性を要求される特殊ばね等に利用される。一方A種は線径が0.08 mmから10 mm迄あるのに対して，B種では0.08 mmからMax7 mmまでしかなく，加工性もやや悪くなるため，用途に応じて使い分ける必要がある。V種は弁ばね用として利用を想定したもので，非常に高い強度，耐久性，疲労強度をもつ鋼線である。A種，B種は自動車のクラッチばね，ブレーキばねなどの重要部品や電気機器，電子部品，工作機械，建設機械などの部品ばね，計量器ばね，運動機器その他の高級ばねに使用されるのに対して，V種は特に厳しい使用環境となる自動車，船舶，農機具のエンジンやポンプなどの各種弁ばね用で，繰り返し作動回数の多い過酷な条件を想定した規格材で，エンジンでは吸気バルブと排気バルブが開閉するたびにこの弁ばねが作動し，1時間に数千回も繰り返し動荷重がかかるため，精密かつ強度が高いことが要求され，特に疲労限界が高く，耐久性が高いことが要求される。このため，より厳しい品質基準が設けられており，製品表面の微細な傷も，破断要因となり，原材料の線材表面にある微小な傷を，傷ごと剥ぎ取るシェービング工程（皮剥ぎ工程）をした後，熱処理をする。A種，B種と比較し，かなり高コストとなる。

一方，実際のピアノや楽器の弦に用いられる線材はJISで規定されているSWRS（Steel Wire Rod Spring）が素材として用いられることも多い。このSWRSはJIS G 3502ピアノ線材（2013年改訂）として規定されているが，このSWRSは，JIS3522で規定されているピアノ線や，オイルテンパー線，PC鋼線，PC鋼より線，ワイヤーロープなどの製造用の素材として用いられることも多く，JISでは5.5 mm～14 mmまで，やや径の大きい範囲で規定されており，SWRS62A SWRS62BからSWRS92A，SWRS92Bまで18種類規定されている。それぞれカーボンの含有量が0.6％～0.95％まで9段階に分類されており，B種はさらにA種と比較しマンガンの含有量が0.3％高く強度が高いものとなっている。実際のピアノに用いられているミュージックワイヤーの素材としてもこのSWRSが用いられており，最も炭素量が多く引っ張り強度の強いSWRS 82A，SWRS87A，SWRS92Aという0.80～0.95％の炭素を含有したものが用いられている。特にピアノや楽器の弦は，振動波形，音色に影響を与えるため，ミュージックワイヤーは，脱炭，不純物元素含有量を厳しく管理し，0.775 mmから，1.600 mmまで23種類の品種が製品としてラインアップされている。これ以外に特殊用途鋼として，多用されている鋼種にステンレス鋼SUSと耐熱鋼SUHがある。

ステンレス鋼（SUS：Steel Special Use Stainless）は文字どおり，錆びないスチールという意味で，耐腐食性に優れた鋼種である。特に耐腐食性を向上させるために添加されているクロムが鋼の表面にごく薄く強靭な酸化被膜を作るため，防食性に優れているが，一方で高温での耐熱性にも寄与している。特にクロムのほかにニッケルを添加したオーステナイト系のステンレス鋼はかなりの高温まで，その組成が安定しているため，耐熱鋼しても利用されることが多い。しかし，あまり腐食性を考慮しなくてもよく，耐熱性だけを要求される場合は，耐熱鋼（SUH：Steel Special Use Heat-resistance）のほうが安価で，強度も優れている場合もある。特にステンレス鋼や耐熱鋼は，強度も高く，耐熱性や耐腐食性に優れており，塗装やメッキが不要になるケースもあり様々な分野で多用されている。要求される性能に合わせて，様々なタイプのステンレス鋼，耐熱鋼があるため次項で詳しく述べる

4.2　ステンレス鋼について

生活に密着した金属製品として，鋼，特に耐食性に優れたステンレス製品が最近随所に見かけられる。20～30年前までは，ステンレス鋼は高価だったため流し台など，ごく一部の利用であったが，最近は，冷蔵庫や鍋，湯沸しポット，スプーン，フォークなど台所回りのほか，浴槽，洗濯槽，食洗機など様々な製品に利用されている。

これは，ステンレス鋼も需要が増えコストが相対的に低下したこと及び，高価なニッケルを使用しない，耐食性に優れた比較的安価な様々なフェライト系ステンレス鋼が開発され，樹脂や鉄の塗装製品，メッキ製品と比較し，傷がつきにくい，汚れにくい，水回りに強い，と圧倒的に長寿命である。さらに特殊用途では，硬く，錆びず，美観に優れ，切れ味も永続するため包丁やハサミなどに，マルテンサイト系のステンレス鋼が利用されている。さらに，オーステナイト系より安価な二相系ステンレスなども開発され大型構造物などに採用され始めている。これらは，使用環境や耐久性を考慮すると通常のスチール＋塗装やメッキより安価になることもあり採用が増加している。

ステンレス鋼は文字通り，Stain+Lessであり，さび，汚れがないという意味に由来する。ステンレス鋼は，基本的に鋼であることから鉄を50％以上含有

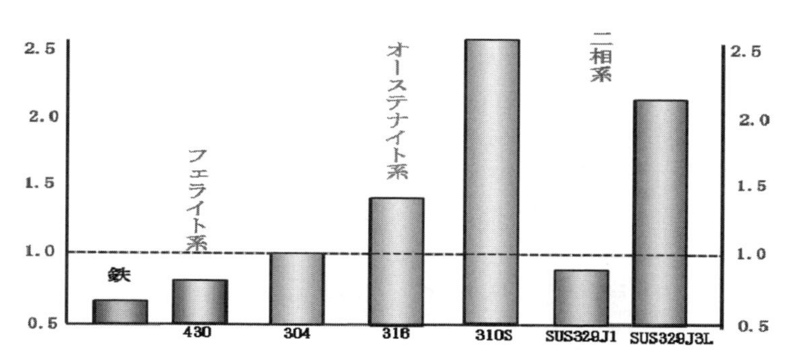

図13　各種ステンレス鋼の価格比較

ステンレスのコストはニッケルやモリブデン，タングステン，クロムその他の金属市況に影響を受けやすいため一概には言えないため，時期によっても相対コストは変わる。
ニッケルやモリブデンは価格変動が大きいため，特にSUS316やSUS316，SUS310S，SUS329J3Lなどは価格変動しやすい。表は2009年の各種データをもとに筆者が制作したもの
出所：筆者作成：参考　新日鐵技術第389号（2009）他各種メーカーヒアリング結果に基づき作成

する金属であり，日本ではJIS G 0203で「耐食性を向上させる目的でCr又はCrとNiを合金化させた合金鋼で，Cr含有量が約11%以上の鋼」と定義されており，国際標準として，WCO（World Customs Organiza-tion/世界税関機構）では，「Crを10.5%以上，Cを1.2%以下含む合金鋼」と定義されている。JIS規格では，例えばJIS G3448：一般配管用ステンレス鋼材管やJIS G4303ステンレス鋼材棒，JIS G4304熱間圧延ステンレス鋼材板および鋼帯，JIS G4313ばね用ステンレス鋼材帯など形状（板材，帯材，棒材，管材，線材）や製法（冷間圧延，熱間圧延）用途ごとに細かく分類，規定されており，それぞれ成分や物性，試験方法等についての規格が定められている。

特に**図14**に示したように鋼の成分中のクロム成分が10%を超えると，急激に耐食性が向上する性質があり，日本や世界では先に述べたような定義となっている。特にクロムが18%を超えるとほとんど常温では酸化しなくなる。よって厳しい耐食性を要求されるステンレス鋼はクロムが18%以上のものが多い。18-8ステンレスと呼ばれる18%のクロムと8%のニッケルを含むオーステナイト系のSUS304の利用が水回り製品では一般的であったが，耐食性は主にクロムによって左右されるため，使用条件に応じてニッケルを含まないフェライト系ステンレスSUS430の採用も増えている。特に業務用厨房の流し台はニッケルを含まない安価なSUS430が使用されるケースが多い。更にSUS304と同等もしくはそれ以上の展性，延性を持ち，耐粒界腐食性，耐孔食性を改善したニッケルを減少させて，マンガンや銅，窒素などに置き換えた安価な二相系ステンレスも登場している。

軽量化をはかり，メンテナンスを軽減する目的で，鉄道車両や大型のドームなどの屋根材などにも利用され始めている。

利用環境の厳しい産業分野，食品製造機械には主にSUS304や，316Lが利用され，とくに工業炉関係部品，特にバーナノズルなど使用環境が800℃を超える場合には，SUS310Sといった高温での耐食性に優れたオーステナイト系のステンレス鋼が利用されている。また，超低温下ではSUS304，SUS316Lなどのオーステナイト系のステンレス鋼が利用されて

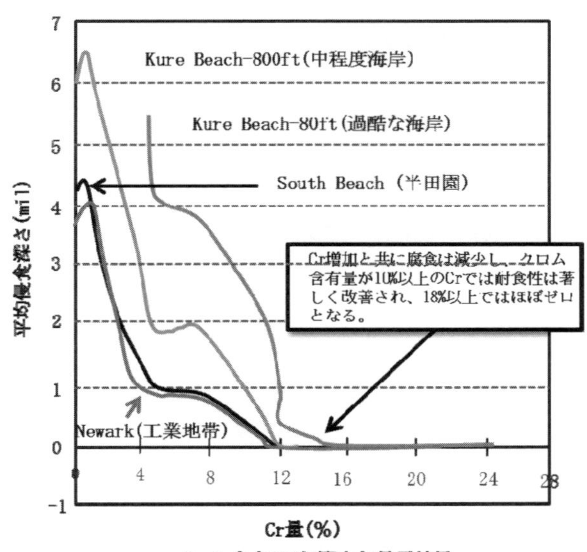

図14　クロム含有度と腐食速度の関係

出所：筆者作成：引用　（J.Schmitt G.X. ASTM Muilen STP454（1969）124）
参考　2005.11　NIPPON STEEL MONTHLY　モノづくりの原点　科学の世界Vol22 さびに負けない鋼ステンレス鋼　上（2006）　講習会資料　ものづくり基礎講座『金属の魅力をみなおそう 第五回ステンレス』東北大学金属材料研究所 正橋直哉氏（2012）他

おり，最近の水素関連プラントにもSUS316Lが低温脆性も少なく広く利用されている。

ある程度の高温下でかつ高強度，かつ靱性が要求される，シャフト，バルブ，タービンブレードなどの用途では析出硬化系ステンレスが利用されている。ステンレス鋼は一般の鋼と比較するとやや高価ではあるが，鉄が主成分で50％以上含まれているため，優れた物性と耐久性を持った材料としては，他の金属材料やセラミックと比較しても，非常に安価な素材といえる。

さらなる高温環境下や塩酸，硫酸などの強酸環境下で使用する場合は，ステンレスでも持たないケースもあり，鉄をほとんど含まず，ニッケルとクロムをベースとしたニクロムやインコネルなどの超合金と呼ばれる高ニッケル合金が利用されているが，ステンレスと比較するとかなり高価である。

ステンレス鋼も，一般鉄鋼材料と同様，様々な鋼種，組成のものがあり，利用される環境に合わせて適切に選択することが，長持ちの重要なポイントである。オーステナイト系，フェライト系，マルテンサイト系，二相系，析出硬化系ステンレスの代表鋼種と特徴，主要な製品例を示す。また，様々な鋼種にはいろいろな元素配合があり，それらの元素の含有による影響や効果を**表3**に示す。ステンレス鋼を選択する場合，そのミルシートなどから含有されている元素の種類や含有量をチェックすることも，ステンレス鋼の長持ちには大切である。

ステンレス鋼は，家庭用冷蔵庫，洗濯機，流し台，食器など水回りに関連した耐腐食性能が要求される製品や，耐熱，耐酸性が要求される化学プラント，工業炉などを中心に利用されてきたが，最近は大型の社会インフラ，特に，大型水門などのように高い耐食性が要求されるものや，空港やドーム球場のような美観を要求される大型建造物の屋根材や壁材の他，強度と軽量性が要求される電車の車両ボティなどに利用され始めている。

従来社会インフラは大量の鋼製品を使用するため，材料コストおよび溶接等の施工性に優れた安価なスチール＋防食めっき，塗装の仕様が一般的であったが，社会インフラも，最近，長寿命設計となっており，耐用年数を50年とした場合，大型水門，空港やドームなどの大型構造物の屋根材などにおいても，初期コストはかなり高くても，塗装のやり替え補修などのメンテナンスを考慮したLCC的観点から，ステンレス鋼が選されるケースもある。

大型水門のケースでは，単純な初期コスト面では，材料コストや溶接等現地施工コストを含めても鉄＋防食塗装の仕様と比較すればSUS304や二相系ステンレス製の水門は従来のスチール＋塗装仕様と比較し1.5倍，1.3倍程度高くなるが，50年間のメンテナンスコストを加味すれば，スチール＋塗装では10年に一度程度足場を組み塗装塗り替え作業が発生し，

表3　ステンレス鋼種の分類と特徴と製品例

種類／代表鋼種	組織・相構成	特徴	代表的な製品例
オーステナイト系／SUS304 SUS316, SUS310S	12～26%Cr鋼に6～22Niを添加し、室温でγ相を示す	最も多用される、深絞り可能 延性、強度、耐熱性、耐食性、加工性に優れる 非磁性、加工硬化、粒界腐食に優れる　溶接が簡単	流し台、家庭用品、 建築資材、自動車用部品、 各種プラント等
フェライト系／ SUS430等	Cを0.1%以下、Crを12%以上含む合金高温から室温までα相	深絞り可能 Niをほとんど含まず安価 加工性、耐酸化性、475℃脆性、 磁性体　溶接しにくい	冷蔵庫、洗濯機、食洗機 厨房用品、自動車部品、 温水器、電気器具部品、 各種プラント装置等
マルテンサイト系／ SUS410, SUS420等	13%～18%Cr合金にCを増量し高温γから急冷で作製微小なα相とセメンタイト相からなる強固なマルテンサイト相を形成する。	炭素を多く含み、焼き入れ 硬化可能 高強度、耐摩耗性、磁性体	はさみ、包丁、シャフト、 ボルト、バルブ、ノズル、 タービンブレード等
二相系／SUS329J３L	Cr, Niを調整しγとαの二相を持つ	優れた耐孔食性、耐粒界腐食性、耐応力腐食割れ性オーステナイト系を超える高い強度。 加工性が高く、磁性体	化学工業や石油化学工業、パルプ工業などのプラント装置
析出硬化系／SUS630	Al, Ti, Nb, Cu, B, Pを添加し析出強化させた合金	固溶化状態での冷間加工性が良好。 マルテンサイト系に比べ、靭性、耐食性、溶接性に優れる。 高強度、磁性体	スプリング、油圧機器部品、ポンプ、シャフト、ジェットエンジン部品、船外機のプロペラシャフト、航空機・ロケットなどの構造材

出所：筆者作成　参考　JISハンドブック2005　鉄鋼Ⅰ　参考7　JISステンレス鋼の用途，耐熱鋼の性質・用途

表4　ステンレス鋼の代表的添加元素と効果

元素	効果
C	強度を著しく向上させるが、過度の添加は結晶粒界にCr炭化物を析出し粒界腐食を起こす。
Si	鋼の耐酸化性が向上し耐熱性や電気伝導性が向上する。添加しすぎる脆くなるが、0.2～0.6%の範囲であれば、弾性限と引張強さが増加する。脱酸剤として使用される。
Mn	オーステナイト化元素で鋼の靭性（じん性）や引張強さを増加させる。Nと親和力があり、ステンレス鋼のNを取り込みやすくする。Mnを増やすことで引張強さを損なわずに高い靭性が得られる。機械的性質の向上についてはSiと、じん性についてはNiを似た効果を持つ。またSやとSeなどと化合物をつくり被削性を増し、赤熱脆性を防止する。
P	熱間加工性を害し機械的性質を劣化するが、オーステナイト鋼に適量を加えると熱間強度を増す。
S	切削性を向上させるが、熱間加工性や耐食性を害する。多いと赤熱脆性を起こすとされている。
CU	オーステナイト化を促進し、延性、靭性、加工性を向上させる。硫酸イオンに対して耐食性を改善する。
Ni	オーステナイト化を促進する元素で延性、靭性、加工性を向上させ、耐食性・熱間強度を増す。 オーステナイト・ステンレス鋼の基本元素。
Cr	不導体被膜を形成させる種元素で、12%以上加えると耐食性、耐酸化性が著しく増加し、熱間強度を増す。 ステンレス鋼の基本元素。
Mo	不導体被膜を強化し、耐食性を向上する。複合炭化物をつくり焼戻し抵抗性・熱間強度・耐クリープ性を増す。 硫酸イオンに対する耐食性を改善する。
V	Mo、Wと同様に、硬度、強度jを増す効果がある。他の添加元素、Mnと組み合わせて使われることが多く、さらに強力な硬度・強度が得られる。過度の添加は、靭性や硬化性が悪化する。焼戻し抵抗性を増し、二次硬化し靭性・強度を増す。耐クリープ性を改善する。
W	強力な炭化物をつくり、焼戻し抵抗性を増し、熱間硬さ・強度を増す。
B	微量添加で過時効を抑制し、耐クリープ性を増す。粒界に析出し熱間強度を増す。
Ti	強力なフェライト化元素で安定した炭化物をつくり、特にオーステナイト・ステンレス鋼の粒界腐食を防止する。 表面を硬化させ強度向上に効果があり、耐食性を向上させる。耐クリープ性改善効果がある。
Se	被削性を増し、耐食性を劣化させない。
Nb	靭性改善に寄与。オーステナイト・ステンレス鋼の粒界腐食を防止する。 耐クリープ性、熱間強度を増す。結晶粒を微細化する。
N	強力なオーステナイト化元素でオーステナイト鋼の耐力を上昇させる。高温強度や硬度を増す効果があるが低温の靭性を害する。
Al	析出硬化し表面硬化させる効果があり、強度を増す。 13Crステンレス鋼に添加しフェライトを増加させ、溶接割れを防止する。耐酸化性を増し、脱酸剤として使用される。

出所：筆者作成　参考　ウェブサイト　ステンレス鋼（SUS）専門サイト　susjis.info
「ステンレス条鋼製品の手引き」ステンレス協会（2013）

ステンレス鋼の表記

SUS2XX（Cr-Ni-Mn系）オーステナイト系
SUS3XX（Cr-Ni系）オーステナイト系
SUS4XX（Cr系）フェライト系
SUS4XX（Cr系）マルテンサイト系
SUS6XX（PH系）析出硬化系

溶体化処理：ステンレス鋼特に高温域で利用されるオーステナイト系ステンレスは400℃から600程度で粒界にクロムが集積する鋭敏化現象を避けるため，高温から一気に冷却し完全にクロムを組織内に固溶化する処理をいう。粒界腐食の危険性が低減する。

塗装塗り替えの足場コストや作業コストがかさむが，ステンレス製は，塗装メンテ作業が不要なため，ステンレス仕様のほうが逆に20%～30%ライフサイクルコストで優位となるケースなども報告されている。

表3に示したようにステンレス鋼も炭素鋼と同様，著しく硬いものから，延性，展性に富んだものなど様々なものがあり，大きくはオーステナイト系，フェライト系，二相系，析出硬化系などに分類されるが，さらに目的用途や製品に合わせて多種多様な品種が開発されている。

基本的に，SUSの表記の見方は上記の通りで末尾にLがつくものは極低炭素含有量のもの，Sがつくものは溶体化処理したもの，J1やJ2のようにJがつくものは日本で開発された固有種を表す。

オーステナイト系は，ニッケルを含み，延性，展性に優れ，高温環境下や過酷な条件下で利用されるものに利用され，フェライト系はニッケルを含まず安価で，常温環境や，高温でも応力のかからない部品等などに利用され，強度が要求される場合はマルテンサイト系や二相系のステンレス名とが利用される。

参考にJISハンドブック2005鉄鋼Ⅰに記載されている代表ステンレス鋼とその性質と用途を以下に示す。

表5　JISハンドブック2005鉄鋼Ⅰに記載されているステンレス鋼の種類と特徴

JISステンレス鋼の概略組成・性質・用途				
分類	鋼種		組成	性質／用途
オーステナイト系	SUS	201	17Cr-4.5Ni-6Mn-N	Ni節約鋼種、SUS301の代替鋼、冷間加工により磁性を持つ／鉄道車両
	SUS	202	18Cr-5Ni-8Mn-N	Ni節約鋼種、SUS302の代替鋼／料理道具
	SUS	301	17Cr-7Ni	冷間加工により高強度を得られる／鉄道車両、ベルトコンベア、ボルト・ナット、バネ
	SUS	301J1	17Cr-7.5Ni-0.1C	SUSよりストレッチ加工及び曲げ加工優れ、加工強度は、SUS304と301の中間／バネ、厨房用品、器物、建築、車両など
	SUS	302	18Cr-8Ni-0.1C	冷間加工により高強度を得られるが、伸びはSUS301よりやや劣る／建築物外装材
	SUS	302B	18Cr-8Ni-2.5Si-0.1C	SUS302より耐酸化成が優れ、900℃以下ではSUS310Sと同等の耐酸化性と強度を有する／自動車排ガス浄化装置、工業炉等高温装置材料
	SUS	303	18Cr-8Ni-高S	被削性、耐焼付性向上／自動車盤用として最適、ボルト・ナット
	SUS	303Se	18Cr-8Ni-Se	被削性、耐焼付性向上／自動車盤用として最適、リベット・ネジ
	SUS	304	18Cr-8Ni	ステンレス鋼・耐熱鋼として最も広く使用／食品設備、一般化学設備、原子力用
	SUS	304L	18Cr-9Ni-低C	SUS304の極低炭素鋼、耐粒界腐食性に優れ、溶接後処理なしで耐食性を保持
	SUS	304N1	18Cr-8Ni-N	SUS304にNに添加し、延性の低下を抑えながら強度を高め材料の厚さ減少の効果がある／構造用強度部材
	SUS	304N2	18Cr-8Ni-N-Nb	SUS304にNおよびNbを添加し、同上の特性を持たせた用途は、SUS304N1と同じ
	SUS	304LN	18Cr-8Ni-N-低C	SUS304LにNを添加し、同上の特性を持たせた用途は、SUS304N1に準ずるが、耐粒界腐食性に優れる
	SUS	305	18Cr-13Ni-0.1C	SUS304に比べ加工硬化性が低い／へら絞り、特殊引抜き、冷間圧造用
	SUS	305J1	18Cr-13Ni-低C	SUS304の低炭素鋼で加工硬化性がより低い用途は、SUS305と同じ
	SUS	309S	22Cr-12Ni	耐食性がSUS304より優れているが、実際は、耐熱鋼として使用されることが多い
	SUS	310S	25Cr-20Ni	耐酸化性がSUS309Sより優れているが、実際は、耐熱鋼として使用それることが多い
	SUS	316	18Cr-12Ni-2.5Mo	海水をはじめ各種媒質にSUS304より優れた耐食性がある／耐孔食材用
	SUS	316L	18Cr-12Ni-2.5Mo-低C	SUS316の極低炭素鋼／SUS316の性質に耐粒界腐食性を持たせたもの
	SUS	316N	18Cr-12Ni-2.5Mo-N	SUS316にNを添付し、延性の低下を抑えながら強度を高め、材料の厚さ減少効果がある／耐食性に優れた強度部材
	SUS	316LN	18Cr-12Ni-2.5Mo-N-低C	SUS316にNを添加し、同上の特性を持たせた用途は、316Nに準ずるが、耐粒界腐食性に優れる
	SUS	316J1	18Cr-12Ni-2Mo-2Cu	耐食性、耐孔食性がSUS316より優れている／耐硫酸用材料
	SUS	316J1L	18Cr-12Ni-2Mo-2Cu-低C	SUS316J1の低炭素鋼／SUS316J1に耐粒界腐食性を持たせたもの
	SUS	317	18Cr-12Ni-3.5Mo	耐孔食性がSUS316より優れている／染色設備材料等
	SUS	317L	18Cr-12Ni-3.5Mo-低C	SUS317の極低炭素鋼／SUS317に耐粒腐食性を持たせたもの
	SUS	317J1	18Cr-16Ni-5Mo	塩素イオンを含む液を取り扱う熱交換器、酢酸プラント、リン酸プラント、漂白装置など／SUS316L、SUS317Lが耐えない環境用
	SUS	836L	22Cr-25Ni-6Mo-0.2N-低C	SUS317Lより耐孔食性が優れ、パルプ製紙工業、海水熱交換器など
	SUS	890L	21Cr－24.5Ni－4.5Mo－1.5Cr極低C	耐海水性に優れ、各種海水使用機器などに使用
	SUS	321	18Cr-9Ni-Ti	SUS304にTiを添加し、耐粒界腐食性を高めたもの／装飾部品には推奨できない
	SUS	347	18Cr-9Ni-Nb	Nbを含み耐粒界腐食性を高めたもの
	SUS	384	16Cr-18Ni	SUS305より加工硬化度が低く、厳しい冷間圧造、冷間成形品用材
	SUS	XM7	18Cr-9Ni-3.5Cu	SUS304にCuを添付して、冷間加工性の向上を図った鋼種、冷間圧造用
	SUS	XM15J1	18Cr-13Ni-4Si	SUS304にNiをを増し、Siを添加し耐応力腐食割れ性を向上／塩素イオンを含む環境用
オーステナイト・フェライト系	SUS	329J1	25Cr-4.5Ni-2Mo	二相組織を持ち、耐酸性、耐孔食性に優れ、かつ高強度を持つ／排煙脱硫装置等
	SUS	329J3L	22Cr-6Ni-3Mo-N-低C	硫化水素、炭酸ガス、塩化物を含む環境に抵抗性がある／油田管、ケミカル・タンカー用材、各種化学装置等
	SUS	329J4L	25Cr-6Ni-3Mo-N-低C	高濃度塩化物、海水などの環境に対する耐孔食性に優れ、耐SCC性(対応力腐食割れ性)がある／海水熱交換機、製塩プラント

出所：筆者作成　JISハンドブック鋼鉄Ⅰ（2005）の参考7ステンレス鋼，耐熱鋼の性質・用途より抜粋

表５　JIS ハンドブック 2005 鉄鋼Ｉに記載されているステンレス鋼の種類と特徴(続き)

JISステンレス鋼の概略組成・性質・用途				
分類	鋼種		組成	性質／用途
フェライト系	SUS	405	13Cr-Al	高温からの冷却で著しい硬化を生じない／タービン材、焼入用部品、グラット材
	SUS	410L	13Cr-低C	SUS410SよりCを低くし、溶接部曲げ性、加工性、耐高温酸化性に優れる／自動車排ガス処理装置、ボイラ燃焼室、バーナーなど
	SUS	429	16Cr	SUS430の溶接性改良鋼種
	SUS	430	18Cr	耐食性の優れた汎用鋼種／建築内装用、オイルバーナー部品、家庭用器具、家電部品
	SUS	430F	18Cr-高S	SUS430に被削性を与えたもの／自動盤用、ボルト・ナット類
	SUS	430LX	18Cr-Ti又はNb-低C	SUS430にTi又はNbを添加、Cを低下し加工性、溶接性改良／温水タンク、給湯用、衛生器具、家庭用耐久機器、自転車リム
	SUS	434	18Cr-1Mo	SUS430の改良鋼の一種／SUS430より塩分に対して強く、自転車外装用としては使用
	SUS	436L	18Cr-1Mo-Ti Nb,Zr-極低(C,N)	SUS430のCとNを低下し、Ti,Nb又はZrを単独又は、複合添加し、加工性、成形性、溶接性を良くした／建築内外装、車両部品、厨房器具、給湯・給水器具
	SUS	444	19Cr-2Mo-Ti Nb,Zr-極低(C,N)	SUS436LよりMoを多くし、更に耐食性を高めた／貯湯槽、貯水槽、太陽熱温水器、熱交換器、食品機器、染色機械など、対応力腐食割れ用
	SUS	445J2	22Cr-2Mo-極低(C,N)	444よりCrを増やし、更に耐食性、耐性を高めた／温水器、屋根材
	SUS	447J1	30Cr-2Mo-極低(C,N)	高Cr-MoでC、Nを極度に低下し、耐食性に優れ／酢酸、乳酸などの有機酸関係プラント、苛性ソーダ製造プラント、ハロゲンイオンによる耐応力腐食割れ性、耐孔食性用途、公害防止機器
マルテンサイト系	SUS	403	13Cr-低Si	タービンブレード及び高応力部品として良好なステンレス鋼、耐熱鋼
	SUS	410	13Cr	良好な耐食性、機械加工性を持つ／一般用途、刃物類
	SUS	410S	13Cr-0.08C	SUS410の耐食性、成形性を向上させた鋼種
	SUS	410J1	13Cr-Mo	SUS410の耐食性をより向上させた高力鋼種／タービンブレード、高温用部品
	SUS	416	13Cr-高S	被削性がステンレス鋼中最良の鋼種／自動盤用
	SUS	420J1	13Cr-0.2C	焼入れ状態での硬さが高く13Crより耐食性が良好／タービンブレード
	SUS	420J2	13Cr-0.3C	SUS420J1より焼入れ後の硬さが高い鋼種／刃物、ノズル、弁座、バルブ、直尺など
	SUS	420F	13Cr-高S	SUS420J2の被削性改良鋼種
	SUS	420F2	13Cr-0.2C-Pb	SUS420J1の耐食性を劣化させないPb快削鋼
	SUS	429J1	17Cr-0.3C	耐摩耗性と耐食性の必要な用途に適する／オートバイブレーキ・ディスクなど
	SUS	431	16Cr-2Ni	Niを含むCr鋼、熱処理で高い機械的性質を持つ／SUS410、SUS430より耐食性良
	SUS	440A	18Cr-0.7C	焼入硬化性に優れ、硬くSUS440B、SUS440Cよりじん性が大きい／刃物、ケージ、ベアリング
	SUS	440B	18Cr-0.8C	SUS440Aより硬く、SUS440Cよりじん性が大きい／刃物、弁
	SUS	440C	18Cr-1C	全てのステンレス鋼、耐熱鋼中最高の硬さを持つ／ノズル、ベアリング
	SUS	440F	18Cr-1C-高S	SUS440Cの被削性を向上した鋼種／自動盤用
析出硬化系	SUS	630	17Cr-4Ni-4Cu-Nb	Cuの添加で析出硬化性を持たせた鋼種／シャフト類、タービン部品
	SUS	631	17Cr-7Ni-1Al	Alの添加で析出硬化性を持たせた鋼種／スプリング、ワッシャー、計器部品
	SUS	631J1	17Cr-8Ni-1Al	SUS631の伸線加工性を向上させた鋼種／線用、スプリングワイヤー
	SUS	632J1	15Cr-7Ni-1.5Si-0.7Cr-Ti	15Cr-7NiにSi,Cu,Tiを添加／冷間加工状態での加工性が良く、析出硬化後の耐疲労性に優れる。バネ用

出所：筆者作成　JIS ハンドブック鋼鉄Ｉ（2005）の参考７ステンレス鋼，耐熱鋼の性質・用途より抜粋

4.3 耐熱鋼（SUH：Steel Special Use Heat resistance）について

耐熱材料としてステンレス鋼SUSが利用されることが多く，実際JISでも耐熱鋼の中にSUSの鋼種も含まれているが，本来，耐熱用には耐熱鋼が用いられ，JISでも，JIS G4311において耐熱鋼棒，JIS G4312に耐熱鋼板の規定がある。この中で，それぞれ利用可能な鋼種が規定されているが，JIS G4311の耐熱鋼棒の中で，耐熱用途専用のものはSUH1や，SUH310等SUH○○という風に記載されている。SUH○○と記載されている耐熱鋼棒は，17種類あり，それ以外に耐熱鋼棒用途で利用可能な鋼種としてSUS304やSUS430等18種類のステンレス鋼が記載されている。同様にJIS G4312の耐熱鋼板の中で耐熱用途専用のものはSUH21や，SUH310等，SUH○○という風に記載されている。SUH○○と記載されている材料種は，耐熱鋼板では9種類ある。同様に耐熱鋼板用途で利用可能なステンレス鋼がSUS304やSUS310S等19種類記載されている。もともと，ステンレス鋼は常温下での耐酸化性能や耐食性に強い金属として開発されているが，他の材料と比較しても，耐熱性に優れているとともに，高温環境下でも耐食性がある材料である。このためJISでも耐熱鋼種の規定の中にステンレス鋼（SUS）が含まれているのである。これは高温下でも表面に形成される数10オングストロームレベルの薄いの酸化クロムの防食被膜が高温でも機能し，母材の酸化劣化を防止するため母材の強度が高温でも比較的保たれるからである。また，ニッケルを含有するオーステナイト系のステンレスは，常温でも面心立方格子を持ち，高温になっても相変化がないため，強度的にも安定している。これらの理由から数多くの鋼種のステンレス鋼（SUS）が耐熱鋼としても利用可能鋼種として規定されている。特に耐熱鋼（SUH）は耐熱性が要求される場合に用いられるケースが多く，21％以上の高クロム鋼種が多いため，400～500℃以下で強度が要求される場合は，ステンレス鋼SUSより優れた耐熱性能を持ち，コスト的にも安価なケースが多い。一方で400～500℃以上で長時間使用する部材で常に応力がかかる場合は，SUS系の耐熱鋼のほうが，高ニッケルのため，高温での粒界が安定しておりクリープ強度も高く，粒界へのクロムの移動も少なく材料劣化にも優れているため，やや高価でも採用されるケースが多い。JISハンドブック2005鉄鋼Ⅰの巻末参考7に記載されている。耐熱鋼の性質・用途を以下に記載する。

耐熱鋼SUHはエンジンタービンや自動車の排気管マフラーなどに幅広く利用されており，耐熱鋼としてのSUSは，工業炉，バーナおよび化学プラントなど高温で応力のかかる部分の素材として幅広く利用されている。

表6にJIS G4311に規程されている耐熱鋼棒の種類を，**表7**にJIS G4312に規程されている耐熱鋼板の種類を示す。

表6　JISハンドブック2005鉄鋼G4311耐熱鋼棒抜粋

種類の記号	分類	種類の記号	分類
SUH31	オーステナイト系	SUS304	オーステナイト系
SUH35		SUS309S	
SUH36		SUS310S	
SUH37		SUS316	
SUH38		SUS316Ti	
SUH309		SUS317	
SUH310		SUS321	
SUH330		SUS347	
SUH660		SUSXM15J1	
SUH661		SUS405	フェライト系
SUH446	フェライト系	SUS410L	
SUH1	マルテンサイト系	SUS430	
SUH3		SUS403	マルテンサイト系
SUH4		SUS410	
SUH11		SUS410J1	
SUH600		SUS431	
SUH616		SUS630	析出硬化系
		SUS631	

備考1．SUS記号のものは，JIS G 4303及び JIS G 4308による。
2．棒であることを記号で表す必要がある場合には，種類の記号の末尾に-B(熱間仕上鋼棒)または，-CB(冷間仕上鋼棒)を付記する。　例:SUH309-B
3．線材であることを記号で表す必要がある場合には，種類の記号の末尾に-WRを付記する。

出所：筆者作成　JISハンドブック鋼鉄Ⅰ（2005）のJIS G4311　耐熱鋼棒より抜粋引用

表7　JIS ハンドブック 2005 鉄鋼 G4312 耐熱鋼板抜粋

種類の記号	分類	種類の記号	分類
SUH309	オーステナイト系	SUS317	オーステナイト系
SUH310		SUS321	
SUH330		SUS347	
SUH660		SUSXM15J1	
SUH661		SUS405	フェライト系
SUH21	フェライト系	SUS410L	
SUH409		SUS430	
SUH446		SUS430J1L	
SUH302B	オーステナイト系	SUS436J1L	
SUH304		SUS403	マルテンサイト系
SUH309S		SUS410	
SUH310S		SUS630	析出硬化系
SUH316		SUS631	
SUH316Ti			

備考1．SUS記号のものは、JIS G 4303及び JIS G 4305による。
2．板であることを記号で表す必要がある場合には、種類の記号の末尾に-HP(熱間圧延鋼板)または、-CP(冷間圧延鋼棒)を付記する。　例:SUH309-HP
3．帯であることを記号で表す必要がある場合には、種類の記号の末尾に-HS(熱間圧延鋼帯)又は、-CS(冷間圧延鋼帯)を付記する。　例:SUH1[illegible]-WR

出所：筆者作成　JIS ハンドブック鋼鉄Ⅰ（2005）の JIS G4312　耐熱鋼板より抜粋引用

表8　JIS ハンドブック 2005 鉄鋼Ⅰ参考記載されている耐熱鋼の種類と特徴（SUH）

JIS耐熱鋼(SUH)の概略組成・性質・用途

分類	鋼種		組成	性質／用途
オーステナイト系	SUH	31	15Cr-14Ni-2Si-2.5W-0.4C	1150℃以下の耐酸化用／ガソリン及びディーゼルエンジン用排気弁
	SUH	35	21Cr-4Ni-9Mn-N-0.5C	高温強度を目的としたガソリン及びディーゼルエンジン用排気弁
	SUH	36	21Cr-4Ni-9Mn-N-高S-0.5C	高温強化を目的としたガソリン及びディーゼルエンジン用排気弁
	SUH	37	21Cr-11Ni-N-0.2C	耐酸化性を主としたガソリン及びディーゼルエンジン用排気弁
	SUH	38	20Cr-11Ni-2Mo-高P-B-0.3C	ガソリン及びディーゼルエンジン用排気弁／耐熱ボルト
	SUH	309	22Cr-12Ni-0.2C	980℃までの繰り返し加熱に耐える耐酸化鋼／加熱炉部品、重油バーナー
	SUH	310	25Cr-20Ni-0.2C	1035℃までの繰り返し加熱に耐える耐酸化鋼／炉部品、ノズル、燃焼室
	SUH	330	15Cr-35Ni-0.1C	耐浸炭窒化性が大きく、1035℃までの繰り返し加熱に耐える／炉材、石油分解装置
	SUH	660	15Cr-25Ni-1.5Mo-V-2Ti-Al-B-0.06C	700℃までのタービンローター、ボルト、ブレード、シャフト
	SUH	661	22Cr-20Ni-20Co-3Mo-2.5W-1Nb-N-0.1C	750℃までのタービンローター、ボルト、ブレード、シャフト
フェライト系	SUH	21	19Cr-3Al-0.8C	耐酸化性が優れた発熱材料／自動車排ガス浄化装置用材料に使用
	SUH	409	11Cr-Ti-0.08C	自動車排ガス浄化装置材料／マフラーなど
	SUH	409L	11Cr-Ti-0.03C	SUH409より溶接性良／自動車排ガス浄化装置用材料
	SUH	446	25Cr-N-0.2C	高温腐食に強く1082℃まで剥離しやすいスケールの発生がない／燃焼室
マルテンサイト系	SUH	1	9Cr-3Si-0.4C	750℃までの耐酸化用／ガソリン及びディーゼルエンジン吸気弁
	SUH	3	11Cr-2Si-1Mo-0.4C	高級吸気弁、低級排気弁、魚雷、ロケット部品、予燃焼室
	SUH	4	20Cr-1.5Ni-2Si-0.8C	耐摩耗性を主とした吸気／排気弁、弁座
	SUH	11	9Cr-1.5Si-0.5C	750℃までの耐酸化用／ガソリン及びディーゼルエンジン吸気弁、バーナーノズル
	SUH	600	12Cr-Mo-V-Nb-N-0.15C	蒸気タービンブレード、ディスク、ロータシャフト、ボルト
	SUH	616	12Cr-Ni-1Mo-1W-V-0.25C	高温構造部品、蒸気タービンブレード、ディスク、ローターシャフト、ボルト

出所：筆者作成　JIS ハンドブック鋼鉄Ⅰ（2005）の参考7ステンレス鋼，耐熱鋼の性質・用途より抜粋

耐熱鋼（SUH）についてもJISハンドブック2005の参考7に，主な性質と用途の一覧が記載されている。

同様に，耐熱鋼として利用されているSUS表記のもので，耐熱鋼棒や耐熱鋼板他特に高温でよく利用されているものは，ステンレス鋼（SUS）全般のリストの中に含まれているが，主要な耐熱用途に利用可能なものを抜粋したものを**表9**に示す。

5　鋼の長持ち利用

5.1　物理的長持ち―金属の疲労と設計

社会的インフラを金属材料で建設する場合，これまで述べてきたように材料選定も大切であるが，非常に長期にわたって利用されるため，物理的強度的に十分な設計が大切である。上記「3.5 金属材利用の劣化要因とメカニズム」の項でも述べたように，金属はある一定応力以上の力が加わると組織がすべり（転移）を起こし，変形し，やがて破壊される疲労破壊という現象が起こる。

この疲労破壊は，かかる応力の大きさと，繰り返して，応力がかかる回数に一定の関係性があり，ある応力以下になると何度繰り返し，応力をかけても破壊されない限界値があり，疲労限界応力と呼んでいるが，この疲労限界応力以下で社会インフラは設計すれば，腐食などが発生するケースを除けば，ほぼ，寿命は無限大となる。

表9　JISハンドブック2005鉄鋼Ｉ参考記載されている耐熱用途ステンレス鋼の種類と特徴（SUS）

JIS耐熱鋼(SUS)の概略組成・性質・用途				
分類	鋼種		組成	性質／用途
オーステナイト系	SUS	302B	18Cr-8Ni-2.5Si-0.1C	900℃以下では、SUS310Sと同等の耐酸化性と強度を有する／自動車排ガス浄化装置、工業炉など
	SUS	304	18Cr-8Ni-0.06C	汎用耐酸化鋼、870℃までの繰り返し加熱に耐える
	SUS	309S	22Cr-12Ni-0.06C	SUS304より耐酸化性に優れ<980℃までの繰り返し加熱に耐える／炉材
	SUS	310S	25Cr-20Ni-0.06C	SUS309より耐酸化性に優れ、1035℃までの繰り返し加熱に耐える／炉材、自動車排ガス浄化装置用材料
	SUS	316	18Cr-12Ni-2.5Mo-0.06C	高温において優れたクリープ強度を有する／熱交部品、高温耐食用ボルト類
	SUS	317	18Cr-12Ni-3.5Mo-0.06C	高温において優れたクリープ強度を有する／熱交部品
	SUS	321	18Cr-9Ni-Ti-0.06C	400～900℃の腐食条件で使われる部品／高温用溶接構造品
	SUS	347	18Cr-9Ni-Nb-0.06C	400～900℃の腐食条件で使われる部品／高温用溶接構造品
	SUS	XM15J1	18Cr-13Ni-4Si-0.06C	SUS310Sに匹敵する耐酸化性を有する／自動車排ガス浄化装置用材料
フェライト系	SUS	405	13Cr-Al-0.06C	焼入硬化が少ない／ガスタービンコンプレッサーブレード、焼きなまし箱、焼入れ用ラック
	SUS	410L	13Cr-低C	耐高温酸化性を要求される溶接用部材／自動車排ガス浄化装置、ボイラー燃焼室、バーナなど
	SUS	430	18Cr-0.1C	850℃以下の耐酸化用部品／放熱器、炉部品、オイルバーナ
	SUS	430J1L	18Cr-0.5Cu-Nb-極低C,N	SUS430より耐食性良／放熱部、炉部品
	SUS	436J1L	19Cr-0.5Mo-Nb-極低C,N	SUS430より溶接性、耐食性良／放熱器、バーナー
マルテンサイト系	SUS	403	13Cr-低Si-0.1C	高温高応力に耐える／タービンブレード、蒸気タービンノズル
	SUS	410	13Cr-0.1C	800℃以下の耐酸化用
	SUS	410J1	13Cr-Mo-0.15C	タービンブレード、高温高圧蒸気用機械部品
	SUS	431	16Cr-2Ni-0.15C	シャフト、ボルト、ナット、バネ
析出硬化系	SUS	630	17Cr-4Ni-4Cu-Nb-0.05C	ガスタービンコンプレッサーブレード、ガスタービンエンジン周り材料
	SUS	631	17Cr-7Ni-Al-0.07C	高温バネ、ベローズ、ダイヤフラム、ファスナー

出所：筆者作成　JISハンドブック鋼鉄Ｉ（2005）の参考7ステンレス鋼，耐熱鋼の性質・用途より抜粋

ただし，社会インフラは巨大なものが多く，この疲労限界以下での設計は，材料の肉厚等が増加し，建設コストもかなり上昇する。そこでこれまでは経済的寿命等を考慮して，疲労限界応力以上の荷重もその大きさごとに，荷重のかかる累積回数を考慮して，トータルで50年耐久があるように設計がなされてきた。

図15に疲労破壊のメカニズムと，疲労破壊を起こす応力の大きさと，繰り返し回数の関係を示す。

図15の左の図に示したように，引っ張り応力をかけると，ある応力までは，直線的に歪みが発生する。この応力を取り去れば元のように歪みはなくなる。この直線関係が成り立つ範囲の変形を弾性変形と呼び，この勾配をヤング率と呼ぶ。この勾配は横に寝ているほど低弾性率，縦に立っているほど高弾性率である。この直線関係の成り立つ限界値を弾性限度と呼ぶ。弾性限度を超えると，応力と歪みは，直線ではなくなり，ややカーブし始め，ある応力をピークに，大きな変形が始まり，応力値が変形に伴い，一旦やや減少に転じるポイントが発生する。このポイントを上降伏点と呼ぶ。このポイントが一般に言う降伏点である。その後，この降伏点前後で応力の上下を繰り返しながら大きく変形し，あるポイント（下降伏点）から再度，上昇をはじめ，応力増加につれて大きな永久歪みをともなう塑性変形をつづけ，さらに引っ張り続けると，最大応力を記録した後，再度応力値はやや減少し，変形を続け破断に至り，この最大応力値をその材料の引っ張り強さとして表し，破断するポイントを破断点と呼ぶ。この破断点までの変形を，伸びと呼び，破断時の材料の断面積と，元の材料の断面積で割って百分率で表したものを絞りと呼ぶ。

図15の右側に繰り返し回数と応力の関係を示している。材料にかかる，引っ張り応力が低下すれば，疲労破壊するまでの繰り返し回数は，ほぼ指数関数で反比例し，ある応力以下になると何度繰り返し応力をかけても，疲労破壊しなくなる。このポイントを疲労限界と呼ぶ。疲労限界前後での繰り返し応力回数は10^6回から10^7回と非常に大きい数字であるが，エンジンモータ等々の回転機器では，短時間に著しく，大きな回転数であり，たとえば新幹線の車軸，ボルトなどは，東京，大阪間を1往復するだけで約40～50万回回転しており，飛行機のジェットエンジンなどは1分間に1万回転以上しているし，自動車のエンジンやモーターなども1分間に1000～1600回転しているため，10^6から10^7回前後の数字は大きいとはいえ，タービンでは，100万回転は1.5時間，1000万回転は15時間でこの繰り返し回数の数字に達する。エンジン，モーター等でも連続で動けば，100万回転は1日前後，1000万回の回転数でも1週間で到達する。新幹線の車軸では2往復で100万回転に到達する。振動等が発生すれば，これだけの回数の繰り返し応力がかかるため，これら繰り返し応力のかかる頻度が高い製品の部材の設計を行う際は，この疲労限界以下の応力になるように材料選定や，部材の断面積，肉厚などを考慮して設計を行う必要がある。

ただし実際の設計においては，応力集中などもあり，部材の形状等によって，安全係数を見込まねばならず，社会インフラ等の大型構造物の場合は，使用する鋼材量も多く，安全係数をとりすぎると，さらに重量が大きくなり，材料の強度も上げなければ

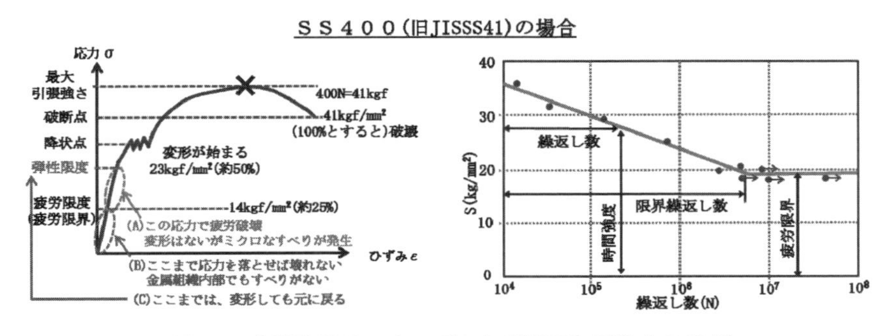

図15　疲労破壊のメカニズムと繰り返し回数との関係

出所：筆者作成：参考　「若い技術者のための機械金属材料」古沢浩一，市川理衛，矢島悦治郎共著　丸善株式会社（1973）
「金属疲労の基礎と疲労強度設計への応用」中村宏　堀川武　共著　コロナ社（2008）
「機械工学便覧（基礎編α3）」材料力学　日本機械学会編　丸善株式会社（2005）

ならない。従ってインフラコストは飛躍的に上昇する。

社会インフラ等では，耐久性に配慮しながら，コストミニマムな設計が要求されるため，疲労限界以上の応力が繰り返しかかっても，その耐用年数内に疲労破壊しなければよいという考え方で設計がなされる。**図 16** に示した炭素鋼 S-N 線図とマイナーの仮説に基づき，累積疲労損傷度という考え方を導入し，耐用年数内に，推定される応力ごとの想定繰り返し回数 ni と，その応力で破壊が生じる限界繰り返し回数 Ni との比 ni/Ni の合計が 1 以下であればよいという考えに立って設計される。以前は 60 年耐久年数で計算されていたが最近は 100 年を耐久年数として計算されている。

図 16 の打ち切り限界を考慮した累積疲労損傷度に示したように疲労限界以下の応力であれば，何度繰り返し応力がかかっても，疲労破壊には影響を与えないことから，インフラコストの無用な上昇を抑えるため，打ち切り限界として疲労限界以下の負荷は算入しない。疲労限界応力以上の実負荷の累積回数 ni と限界回数 Ni の比の合計 D が 1 以下となるように設計照査する。

この考え方は別に橋梁に限ったことではなく，高速回転機器の場合も，振動幅が小さい間はあまりダメージはないが，振動幅が大きくなり，加わる応力が大きくなれば，損傷リスクは一気に高まるため，常に許容される応力や振動幅に注意しながらメンテすることが大切である。橋梁でいえば，昔架橋された橋梁は耐用年数が 60 年でかつ設計の想定重量が大型トラックでも 20 トンであったものが最近は 25 トン級へと大型化し，ツアーバス等も豪華で，大型しているため地方の橋梁も設計当初の負荷想定以上の負荷がかかっており想定以上に劣化が早くなることも考えられるため，しっかりとしたメンテナンスが重要となる。

逆に言えば，材料選定や，厚みなどを考慮する際，疲労限界，打ち切り限界を考慮することは非常に重要であり，回転機器などの振動なども，過去の実績や経験から想定し，考慮に入れて，疲労限界以下となるような設計をすれば，飛躍的な長寿命化が可能になる。ただし，この材料にかかる負荷から，その負荷に対応する応力を検討する際は，それぞれの部材ごとに最も応力集中する部位での強度が十分であることが重要である。たとえば橋梁のガセットプレートなどのように，ボルト孔がある場合や，切欠き，急断面変化部では通常の無垢材の倍以上の応力が集中するため，それらを考慮した設計が重要となる。

図 17 と**図 18** に応力集中係数の考え方と板材や丸棒に孔がある場合やボルトや段付き軸などの断面急変部の応力集中しやすい位置での集中係数事例を示した。図に示したように素材幅や，丸棒直径に対して孔径の占める比率が高いほど平均応力 σ_0 は大きくなるが，逆に孔近傍の応力集中係数は小さくなる。逆に言えば小さな孔ほど孔の接線部分の応力集中は大きくなる。

段付き軸やボルトの谷の部分などの断面急変部に大きな応力集中が発生する。図に示したように断面急変部のところに R 面があれば R が大きく R/d の

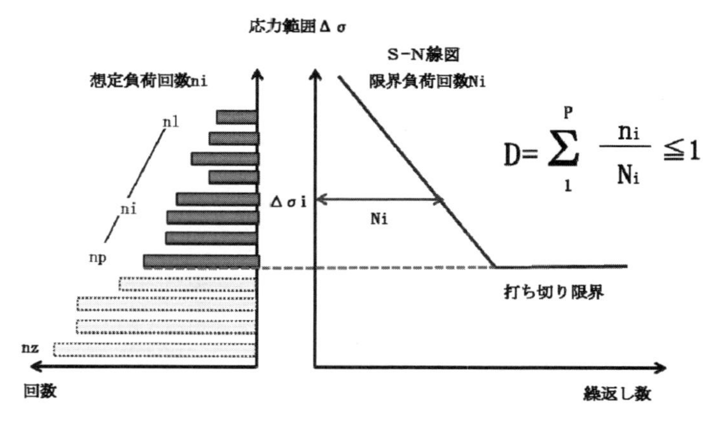

図 16　打ち切り限界を考慮した累積疲労損傷度

出所：筆者作成：参考　「既設構造物の延命化技術に関する研究報告書」第 1 篇 橋梁の現状と劣化の推定　国土交通省近畿地方整備局（2006）
「引用溶接構造物の疲労設計」石川敏之　金裕哲　溶接学会誌 79 巻（2010）第 4 号（2010）他

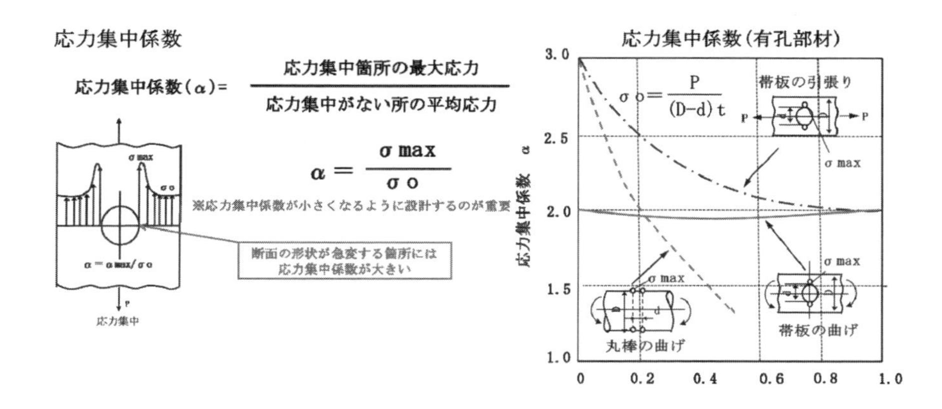

図 17　応力集中係数の定義と係数事例

出所：筆者作成　参考　日本機械学会編：「機械工学便覧」第4版9刷（社）日本機械学会発行（1967）
機械設計便覧編集委員会編　新版機械設計便覧　第3刷　丸善株式会社（1973）

応力集中係数(段付き軸)

(a)曲げ　(b)ねじり

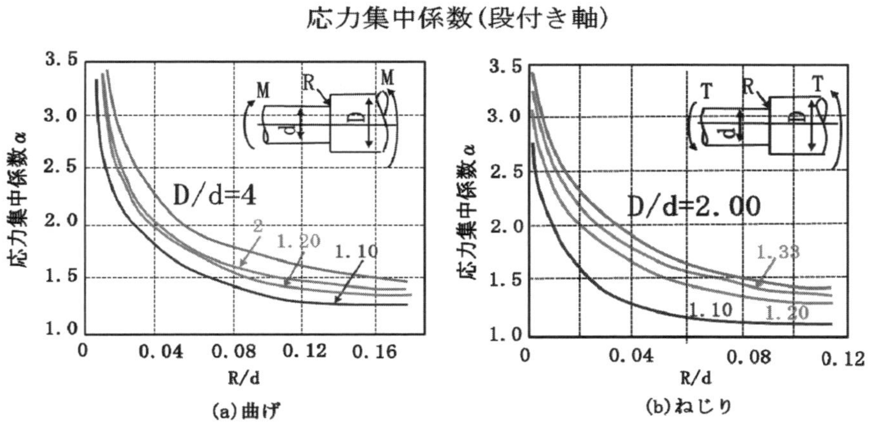

図 18　断面急変部の応力集中事例

出所：筆者作成　参考　日本機械学会編：「機械工学便覧」第4版9刷（社）日本機械学会発行（1967）
機械設計便覧編集委員会編　新版機械設計便覧　第3刷　丸善株式会社（1973）

比が大きくなれば，急激に応力集中係数は小さくなるので，必要に応じて断面急変部はR加工を行うことが望ましい。異径鋼の溶接の際は肉盛を十分取ることも必要である。

5.2　化学的長持ち

5.2.1　金属の腐食劣化と対策

金属製品として鉄やアルミを材料としたものが多用されているのは，ここまで述べてきたように安価で圧倒強度をもち，しかも自在な形状に加工しやすいためである。ところが，鉄やアルミなど工業製品として多用されている金属は，金，プラチナ，パラジウムなどの貴金属と異なり，自然界においては，金属状態として存在せず，酸化物や硫化物，塩化物などの形態で存在している。

たとえば鉄は，酸化物や硫化物などの形態で存在する鉄鉱石をコークスなどを用いて1000℃以上の高温下で加熱還元して初めて金属としての鉄となる。このため，金属状態の鉄は，常温下の自然界では，非常に不安定で空気中の酸素と水分の存在下では直ぐに表面から酸化され，酸化鉄（安定した状態）に戻ろうとする。これが湿食と呼ばれる現象で，一般的に錆びるという状態である。一方，鉄は高温下では直接空気中の酸素と反応して酸化腐食する。これを乾食と呼び，それぞれの酸化物はどちらも日本語では錆びと呼ばれているが，英語では高温下での酸化物をScale，常温下での酸化物をRustと呼び区別している。

金属鉄の常温下でも簡単に酸化するわかりやすい事例は，使い捨てカイロや食品などの酸化防止剤である。表面積の大きい鉄粉は空気と触れるとすぐに酸化が始まり発熱する。この原理を利用して使い捨てカイロではパッケージを開けて大気と触れるとすぐに酸化反応が始まり暖かくなり，食品の酸化防止剤は食品パッケージ内に存在する酸素を鉄粉が酸化作用として利用するため，パッケージ内の酸素がなくなり食品の酸化劣化が防止できる原理を利用したものである。

このように鉄は常温下でも酸素と水分によって簡単に酸化されるが，それ以外にも大気中には塩素イオン，硫酸イオン，亜硫酸イオンなどが存在し，腐食を促進する要因となっている。特に鉄は海の近くでは空気中に含まれる塩分の影響を受けやすく，沖縄や冬の北風が強い日本海側での鉄鋼構造物は腐食されやすいため，重防食が施されている。

工業製品に多用されている金属の長持ちを考える上で，その腐食のメカニズムや防食の基本的なメカニズムを理解し，最適な防食対策をすることが大切である。特に金属製の社会インフラは非常に長期間使用されるため，防食対策は必須である。一方通常の工業製品は，製品の物理的寿命が来る前に，機能的寿命（デザインや，機能が最新設備よりかなる劣る状態：例　スマートフォンやパソコンでいえば通信速度，処理速度やメモリ容量などが新製品では飛躍的に向上し，物理的寿命の前に買い替えられる。）や経済的寿命（物理的寿命は来ていないがLCC的に買い換えたほうが良い状態。：例　エアコンや冷蔵庫など新製品に買い変えたほうが，圧倒的に電気代が安くなり古いものを長持ちさせ使うより買い換えたほうがトータルで安くなる状態。）防食仕様も，それらの寿命を考慮して最適なものとなっている。

金属製の社会インフラは特に長期間利用されるため，その長持ちは重要で，特に化学的長持ち，特に防食は非常に重要である。防食が適切に行われ，メンテされていれば，社会的インフラはかなり長期間使用できるからである。

適切な強度を持って設計され，塗装や下地処理などの防食がなされている優れた事例として，フランス，パリのエッフェル塔やカンタル県のガラビ橋，ポルトガル，ポルト市のマリアピア橋が挙げられる。これらはすべてエッフェルが設計した鋼製のタワーや橋梁であるが，120年以上経った今も健在で現役として活躍している。これはエッフェルは早くから防食の重要性を認識しており，7年に1度塗装の塗り替えや補修を実施していることも長寿命に大いに影響している。同様に，日本でも1958年に建設された東京タワーは建設後，60年近くたっているが現役で使用されており，通常鉄塔の耐久年数が45年とされている中で，母材となる鉄骨は至って健在である。東京タワーも，しっかりとした設計とともに優れた防食塗装が施され，しかも5年に1度塗装の塗り替えが実施されていることが大きく影響している。ここで述べてきたように，金属製の社会インフラなどでは，しっかりした強度設計と，防食がなされていれば，かなり長持ち使用が可能であることを示している。特に化学的防食である塗装やメッキによる長持ちが社会インフラの長持ちの最重要な要素であることを示している。

エッフェル塔と東京タワーの比較を**表11**に示す。

5.2.2　金属の腐食のメカニズム

基本的に鉄は常温下では酸素だけではなく水分の影響を受けた湿食と呼ばれる腐食により，酸化されていく。通常大気中には水分が水蒸気という形で含まれており，この大気中に含まれる水蒸気の含有割合は，湿度と呼ばれており，大気中に含まれる湿度は気温により変動し，その気温での最大限の湿度を飽和湿度と呼ぶ。**図19**に示すように飽和湿度は気温上昇とともに増加し，水分は，気温15℃では，大気1 m^3 中に，水分は12.8 g，気温0℃でも4.85 g，気温35℃では39.5 gもの水分が含まれる可能性がある。実際はこれ以下であることも多く，実際の大気中の水蒸気量と飽和水分量との比を相対湿度と呼ぶ。通常湿度と呼ぶ場合はこの相対湿度を指すが，夏の雨天時は相対湿度は100％近くなることも多い。通常は50～60％前後が快適湿度とされており，快適な空調の効いた部屋でも，20℃で湿度50％とすれば8.5 g/m^3 程度の水分が含まれていることになる。

空気中の水分は，水素原子2個が酸素と結合している状態の物質であるが，金属と触れると，水素より標準電位の低い金属に対して反応し，H_2O を構成している水素がその金属と置換され，金属はその酸

表 11　エッフェル塔と東京タワーの比較一覧

	エッフェル塔	東京タワー
竣工年	1889年	1958年
設計者	ギュスターヴ・エッフェル 橋梁設計の第１人者	内藤多仲 タワー設計の日本の第１人者
建設目的	パリ万博のシンボル	テレビ放送に伴う電波塔集約
高さ	324m(完成当初は300.65m)	333m
鉄骨素材	錬鉄	スチール高層階は亜鉛メッキ鋼 低層階はスチール鉛丹塗装
仕様鋼材	7300トン	4000トン
塗装	MIOエポキシ塗料雲母状酸化鉄 推定膜厚　８０ミクロン エッフェルタワーブラウン ドイツランクセス社の雲母状酸化鉄顔料バイフェロックス使用重防食用下地塗料として重要視されており、耐水性、酸素透過が少なく耐酸、耐アルカリに優れた塗料。 塗り替え頻度　１回／７年 使用塗料　６０トン／回	高層階 下地塗装　ジンククロメート下地塗料　２５μ 中塗り　フタル酸系塗料　２０μ 上塗り　フタル酸系塗料　２０μ 低層階 鉛丹系さび止め　２５μ　＋２５μ　計５０μ 中塗り　フタル酸系塗料　２０μ 上塗り　フタル酸系塗料　２０μ 塗り替え頻度１回／５年 使用塗料　３４トン／回
耐風・耐震	耐風　６０m／s	耐風　９０m／s 関東大震災にも耐えるように設計 震災でもアンテナ先端が２度曲がっただけ

【東京タワー】
タワー設計の第1人者内藤多仲が設計。鉄塔は約90mの風速に耐え、関東大震災以上の地震にも耐えられる設計になっており、スカイツリーの強度にも勝るとも劣らない耐震性能があることが2011年の東日本大震災で証明された。
昭和34年の伊勢湾台風時52mの風の直撃を受けが展望台は90cm揺れただけでびくともしなかった。ただし東日本大震災時、先端のアンテナの角度が２度曲がった。

【エッフェル塔】
エッフェルが1900年に発表した「風荷重による形」「応力計算」の中でエッフェル塔設計にあたってすでに十分な強度を持たす強度解析を当時の図式力学を用いて設計している。
1879年のイギリスTay鉄橋が36mの横風を受けた落橋事故で多数の死傷者が出たことからエッフェルは単純荷重だけでなく耐風性能を加味した強度計算をすでにしていた。更に、エッフェルは、設計強度を維持するための塗装の重要性を認識していた。

出所：筆者作成　参考「長もちの科学（おもしろサイエンスシリーズ）」　京都工芸繊維大学編　日刊工業新聞社出版（2015）

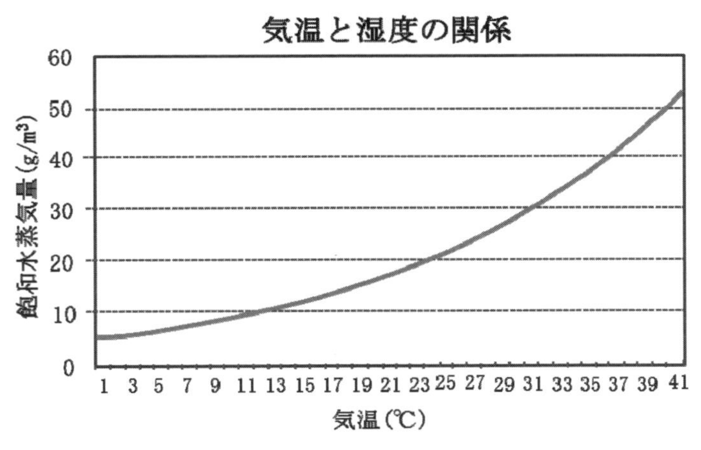

図 19　気温と飽和湿度の関係

出所：筆者作成　参考　理科年表　東京天文台編　丸善株式会社（1985）

素と結合する。これが湿食という現象である。湿食が起こるのは**表 12** で標準電極電位がマイナスのもので，これらの金属は常温でもの大気中でも酸化されやすく錆びやすい金属である。特にマイナスが大きい金属ほど錆びやすい。逆にプラス値が大きいものほど大気中では錆びにくい。このため，金，プラチナなどは常温の空気中では錆びない。

水分があると電位差による電気化学的反応によって，たとえば，鉄のように水素より標準電極電位の低い金属は局部電池を形成し，必ず陽極（anode）と陰極（cathode）が形成され，水溶液中に鉄が Fe++ イオンとなり溶け出す（アノード反応）ため，錆が形

表 12　水素に対する標準電極電位

金属	イオン	標準電極電位 E_0 [V] 25℃
Au	Au^{+}	+1.50
Pt	Pt^{++}	+1.20
Pd	Pd^{++}	+0.987
Ag	Ag^{+}	+0.799
Hg	Hg^{++}	+0.799
Cu	Cu^{++}	+0.337
H_2	H^{+}	0.000
Pb	Pb^{++}	−0.126
Sn	Sn^{++}	−0.136
Ni	Ni^{++}	−0.250
Co	Co^{++}	−0.277
Cd	Cd^{++}	−0.403
Fe	Fe^{++}	−0.440
Cr	Cr^{++}	−0.744
Zn	Zn^{++}	−0.763
Mn	Mn^{++}	−1.180
Ti	Ti^{++}	−1.630
Al	Al^{+++}	−1.662
Mg	Mg^{++}	−2.363
Na	Na^{+}	−2.714
K	K^{+}	−2.925

出所：筆者作成　参考　「金属防食技術便覧」新版　腐食防食協会編　日刊工業新聞社 (1981)
「改定腐食科学と防食技術」19 版　伊藤伍郎　株式会社コロナ社 (1984)
「長もちの科学（おもしろサイエンスシリーズ）」　京都工芸繊維大学編　日刊工業新聞社出版 (2015)

成される。金やプラチナなどは水素より電位が高いのでカソードとなり，プラスイオンとして溶け出さないため酸化されない。

水素より標準電極電位が高く，プラスである銅や銀などは，常温の大気中で全く錆びないかというと，そうではなく，錆びにくいものの酸化され錆びるケースもある。銀食器なども長時間，大気中に置いておけば，くすんで見えるのも，ごくわずかに表面が酸化されているからである。これは気温の変化等で，これら金属製品表面に，水蒸気が結露すると，その水分に大気中の酸素や二酸化炭素 CO_2 のほか，ごくわずかに含まれている亜硫酸ガス成分等や微量な塩分や塵灰成分が付着し，金属表面でイオン化し溶存するため腐食するためである。通常は，**図 20** の左図のミクロセル腐食という現象が起こり，全面から少しずつ酸化されるが，大きな埃付着がある場合や金属の隙間，異種金属などの接合部などではその部分に電位差が発生し急速に腐食が進行する。これが図 20 の右図のマクロセル腐食というものであり，腐食速度はミクロセルと比較し著しく大きい。

水分と酸素の共存下での酸化されやすさについては，**表 13** の金属のイオン化の自由エネルギー変化（Tomashov）を見れば理解しやすい。表の一列目は，水素発生に伴う腐食の際の自由エネルギー変化であり，二列目は酸素による腐食の自由エネルギー変化である。どちらもマイナスが大きいほど安定する。水の水素との置換反応の場合は先ほどの標準電位差と同じく，少なくとも銅は水素に対してプラスとなるため酸化されないが，酸素に対してはマイナスのため，溶存酸素がある場合は，銅や，水銀，銀などは自由エネルギー変化がマイナスであり，より安定する方向へ移行するため，これら金属も酸化さ

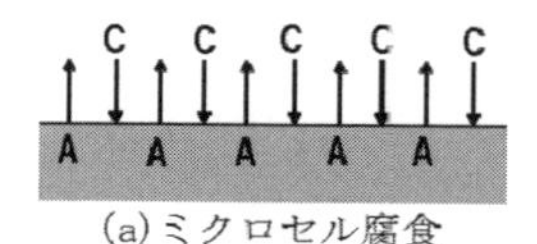

(a)ミクロセル腐食

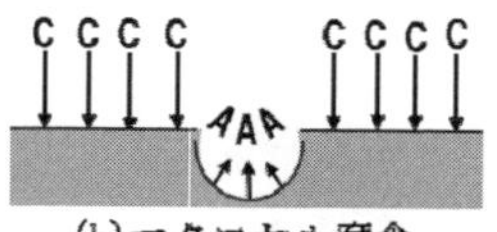

(b)マクロセル腐食

A：アノード　　C：カソード

図 20　ミクロセルモデルとマクロセルモデル

出所：筆者作成：参考　「基礎からわかる金属腐食」藤井哲雄　著　日刊工業新聞社　発行 (2011)
「金属の腐食損傷と防食技術」第 1 版　第 1 刷　小若正倫　著　株式会社アグネ (1983)

表 13　金属のイオン化の自由エネルギー変化（低温低圧）（Tomashov）

		自由エネルギー変化（ΔG）[kcal/g・atom]			
		水素発生による腐食（pH=0）	酸素還元による腐食（pH=7）		
活性金属	$K \rightleftarrows K^{+}$	-67.4	-86.2	水だけあれば腐食するもの	水と反応する
	$Ca \rightleftarrows Ca^{2+}$	-63.3	-85.1		
	$Na \rightleftarrows Na^{+}$	-62.5	-81.3		
	$Mg \rightleftarrows Mg^{2+}$	-54.6	-73.4		
	$Al \rightleftarrows Al^{3+}$	-38.4	-57.2		
	$Mn \rightleftarrows Mn^{2+}$	-27.1	-45.9		
	$Zn \rightleftarrows Zn^{2+}$	-17.9	-36.7		
	$Cr \rightleftarrows Cr^{3+}$	-17.1	-35.9		
	$Fe \rightleftarrows Fe^{2+}$	-11.6	-30.4		
	$Cd \rightleftarrows Cd^{3+}$	-9.2	-28.0		
	$Co \rightleftarrows Co^{2+}$	-6.4	-25.2		
	$Ni \rightleftarrows Ni^{2+}$	-5.7	-24.5		
	$Sn \rightleftarrows Sn^{2+}$	-3.13	-21.93		
	$Pb \rightleftarrows Pb^{2+}$	-2.90	-21.7		
	$H \rightleftarrows H^{+}$	±0.00	-18.8		
不活性金属	$Cu \rightleftarrows Cu^{2+}$	+7.78	-11.02	酸素が水と同時にあるときだけ腐食するもの	水と酸素があれば腐食する。酸化剤の存在下では腐食が早い
	$Hg \rightleftarrows Hg^{2+}$	+16.55	-2.25		
	$Ag \rightleftarrows Ag^{+}$	+16.76	-2.04		
	$O \rightleftarrows O^{2-}$	+18.8	±0.00		
貴金属	$Pd \rightleftarrows Pd^{2+}$	+22.75	+3.95	酸素と水があっても腐食しないもの	
	$Ir \rightleftarrows Ir^{3+}$	+23.06	+4.26		
	$Pt \rightleftarrows Pt^{2+}$	+27.4	+8.6		
	$Au \rightleftarrows Au^{3+}$	+34.5	+15.7		

出所：筆者作成　参考　「改定腐食科学と防食技術」19版　伊藤伍郎　株式会社コロナ社（1984）
「長もちの科学（おもしろサイエンスシリーズ）」　京都工芸繊維大学編　日刊工業新聞社出版（2015）

れることを示している。一方パラジウム，プラチナ，金などは酸素還元に対してもプラスのため溶存酸素があっても酸化されないことがわかる。金属は，水素に対してマイナスのエネルギー変化を持つものを活性金属，水素に対してはプラスであるが酸素還元に対してマイナスのものは不活性金属と呼ばれており，どちらに対してもプラスのものを貴金属と呼ぶ。

鉄を主成分とする鋼は，水分のあるところでは非常に酸化されやすい。ただし，これは鉄が，中性から酸性領域の範囲の環境下におかれた場合の話である。 鋼は，中性から酸性側においてはよく腐食し，アルカリ側ではあまり腐食しない。それ故，ボイラの蒸発管や鉄筋コンクリートなどにも普通の炭素鋼や鉄筋が利用されているのはどちらも，強アルカリ環境下で鋼が利用されているからである。

図 21 の鉄-水系の電位・pH 図を見れば，pH が 8.5 以上のアルカリ側になると鉄表面に $Fe(oH)_3$ 等の不働態（Pasivity）被膜が形成され内部の鉄は保護されるため酸化が進行しない。電位 E_H を強制的に下げ，不活態（Immunity）領域まで下げ，鉄をカソードとすれば鉄イオンとして水中に鉄イオンが流れ出さなくなり，あたかも鉄は金やプラチナのような貴金属のように腐食されなくなる。**図 21** からわかるように，通常，中性から酸性の水に鉄がさらされていると腐食するのは，腐食態領域に入っているからである。強制的に鉄 - 水の電位 EH を下げるか，ボイラの缶水のように強アルカリ側で管理すれば鉄は酸化されず長もちする。

この原理を利用して通常，ボイラーの蒸発管として，蒸気圧に耐える耐圧性能に優れ，コスト面でも安価な鋼管を用い，ボイラ缶水を pH を pH11.0 ～ pH 11.8 の間のアルカリ側で管理している。この範囲で pH 管理すると腐食速度がほぼゼロに近いため，蒸発管に鋼を使用しても長もちする（**図 22** 参照）。

鉄筋コンクリートの内部の補強材として一般の鉄筋が利用されているのもコンクリートの原料のセメントの主成分である水酸化カルシウムが強アルカリ性であるためコンクリート内部では，pH は 12 前後であり鉄筋はほとんど腐食が進行しないためである。

更に，電位を強制的に下げ，図 21 の不活態

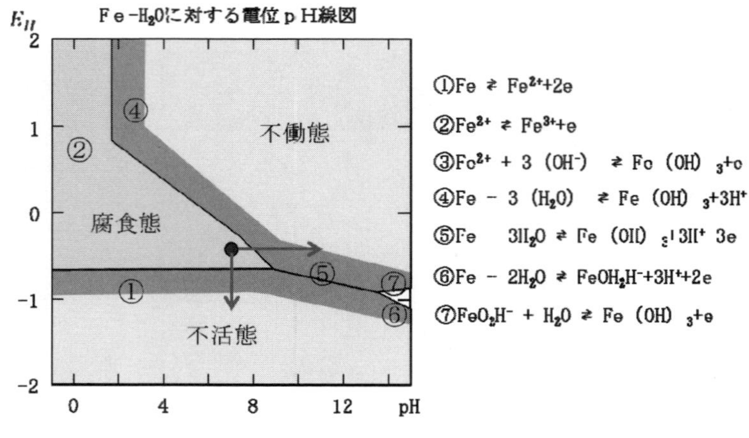

図 21　Pourbaix の鉄－水系の電位 pH 図

出所：筆者作成：参考　「金属防食技術便覧」新版　腐食防食協会編　日刊工業新聞社（1981）
「腐食と防食」第 1 版第 3 刷　岡本剛　井上勝也著　大日本図書出版（1975）
「改定腐食科学と防食技術」19 版　伊藤伍郎　株式会社コロナ社（1994）
「長もちの科学（おもしろサイエンスシリーズ）」京都工芸繊維大学編　日刊工業新聞社出版（2015）

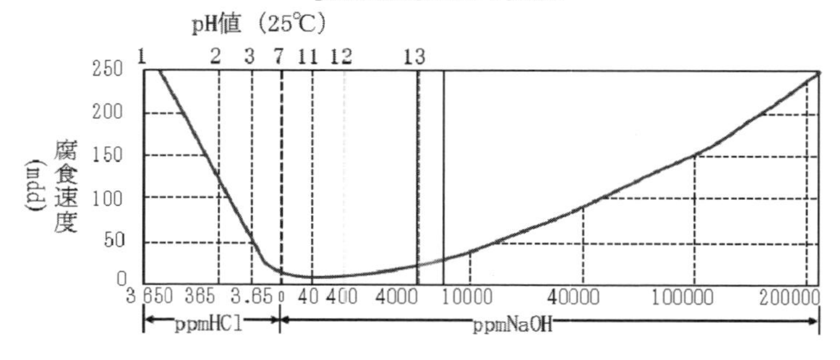

mdd=mg/dm²/day
=x 0.0365／7.87mm/y

この表からpH11前後で管理すれば10mddであれば、0.0464mm/yの腐食に相当　完全耐食のAランクは0.051mm/y以下とされておりクリア　20年で1mm程度の減肉

図 22　鋼の pH と腐食速度の関係

出所：筆者作成：参考　「金属の防腐損傷と防食技術」第 1 版第 1 刷　小若正倫　株式会社アグネ（1983）
"Corrosion and Corrosion Control" H.H.Uhlig 著 John Wiley & Sons Inc.（1971）

（Immunity）領域で鉄を使用すれば，全く腐食しない原理を利用する方法に電気防食法がある。地中埋設される水道管やガス管などの防食対策として，腐食環境にさらされやすい地域に埋設する場合は，鉄よりも腐食しやすいマグネシウムなどを接続する流電陽極法（犠牲陽極法）や外部から強制的に電流を流す外部電源法などにより鉄管側をカソードとする電気防食法が利用されている。

5.2.3　金属の腐食の形態

金属の腐食は，湿潤環境下で，その金属より電位の高い金属など接触した際の電池作用により金属がプラスイオンとなり，湿潤環境に溶出していくことによって進行する。その腐食形態はミクロセルという現象が起こり，全面から少しずつ酸化される全面腐食のケースと，大きな埃付着部分や隙間，異種金属などの接合部などではその部分に電位差が発生するマクロセルによる局部腐食現象によるものとの 2

種類があり，腐食速度は局部腐食の場合，全面腐食と比較し腐食速度が著しく大きい。

金属関係の便覧等に記載されている腐食速度(mm/y)は全面腐食の場合の値であり，応力がかかっているところや，溶接部などの熱影響を受けた部分や異種金属などが接触しているところなどで局所的に電池が形成され発生する局部腐食は，腐食速度がこの便覧の値よりも10倍から1000倍大きい。金属の長持ちを考える際は，全面腐食の速度を考慮しながら，その耐用年数に合う腐れしろの検討や，塗装やメッキなどの防食方法を選択するが，それ以上に大切なのは局部腐食を発生させないようにすることである。以下に腐食形態とその特徴や原因と対策等について，もう少し詳しく解説する。

6　全面腐食 (General Corrosion)

金属の全面腐食とは，「金属材料の表面全体が，腐食環境下でほぼ均一に錆びていく現象」ととらえれられることが多く，均一腐食(Uniform Corrosion)を指すことが多い。均一腐食は酸などの水溶液中での鋼の腐食のように，比較的寿命予測が容易な腐食形態で，設計時に腐れしろを見込むことや腐食速度を小さくするような管理，こまめな点検と補修などメンテナンスにより，長寿命化対策が可能な腐食である。

図23　全面腐食

出所：筆者作成

化学プラントやボイラなどの圧力容器は，腐食とともに強度も低下するため，JIS B8243やASME SEC Ⅷ　DIV1等にはこれら全面腐食を考慮した腐れしろの基準が記載されている。

適切な材質の選定と十分な腐れしろを確保していれば，十分想定される寿命を確保できる。

実際化学プラントで起きた，腐食事例で，最も多いのがこの全面腐食に関するものであり，適切な点検や補修は重要である。

7　局部腐食 (Local Corrosion)

金属の局部腐食には様々な形態のものがあり，①孔食(Pitting)，②隙間腐食(Crevice Corrosion)，③粒界腐食(Inter granular Corrosion)，④異種金属接触腐食(Galvanic Corrosion)，⑤応力腐食割れ

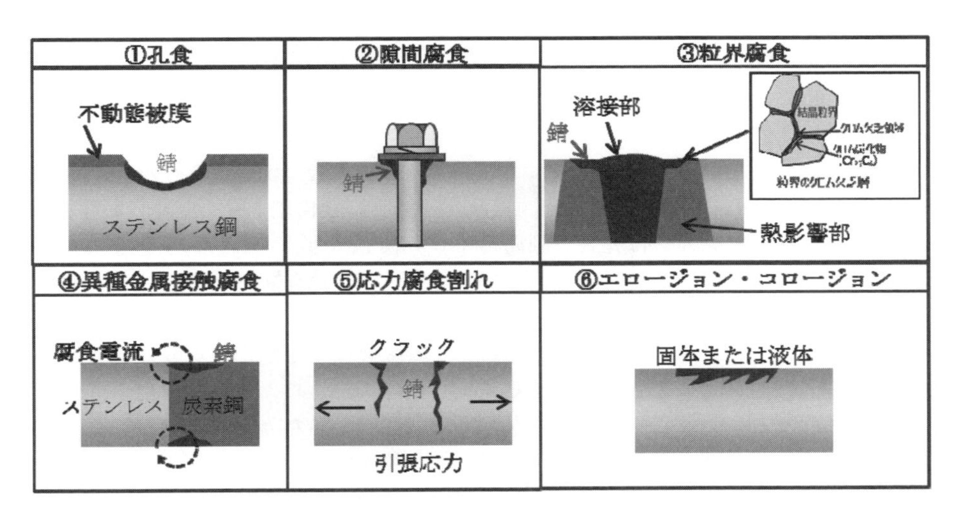

図24　各種局部腐食

出所：筆者作成　参考　「金属便覧」改定5版　日本金属学会編　丸善株式会社(1995)
「ステンレス鋼便覧」初版P688 長谷川正義監修　日刊工業新聞社(1978)
「改定腐食科学と防食技術」19版　伊藤伍郎　株式会社コロナ社(1994)

(Stress Corrosion Cracking)，⑥エロージョン・コロージョン（Erosion corrosion）の他，温度差，通気差腐食などもある。

いずれも局所的にきわめて短時間で腐食を進行させるなど，腐食が起きれば極めて深刻な被害を起こすものが多く注意を要する。特にステンレス鋼は全面腐食には強いが，局部腐食に弱いといわれている。塩化物イオン存在下では，腐食に強いステンレス鋼でも，この局部腐食により劣化することがある。

7.1　孔食（Pitting Corrosion）・隙間腐食（Crevice Corrosion）

孔食と隙間腐食は，どちらもメカニズム的にはよく似た現象で，ステンレス鋼，アルミ合金，チタンなど，本来，薄い不働態被膜を形成し，金属母材を保護するメカニズムが，金属表面や環境側の不均一性により，不働態皮膜が破壊され局部電池が形成され局所的に著しい速度で腐食が進行する現象である。

孔食は，スポット的に孔状または溝状の腐食が進行するもので，隙間腐食はフランジの接合部やパッキン下などの微小な隙間で，液体が滞留しているところに発生する。どちらも，塩化物イオンなどの存在下や異なる温度，異物付着などで発生しやすい。通常の全面腐食と比較し，10～1000倍腐食速度が高くなることもあり特に注意を必要とする。

海水など，塩化物存在下での金属材料としてステンレス鋼を選択することが多いが，この際，孔食や隙間腐食を起こしにくいステンレス鋼種を選定することが対策として重要である。ステンレス鋼の孔食耐久性に関しては，孔食指数（PRE: Pitting Resistance Equivalent）が提案されており，この指数が大きいほど良いとされている。

$$PRE = Cr + 3.3Mo + 30N - Mn \quad (1)$$

この式からわかるように，マンガンは孔食，隙間腐食に対しては悪影響があるとされ少ないほうが良く，クロム，モリブデン，窒素は多いほど，孔食，隙間腐食に強いとされている。タングステンが配合されている場合も孔食耐久性にプラスとされており効果はモリブデンの1/2程度といわれている。海水などで利用する際は，式（1）で定義されるPRE値が40以上のスーパーステンレス鋼SUS329J3LやSUS329J4Lなどの使用が望ましい。

一方で，フェライト系ステンレスでは窒素はフェライト組織への固溶量が少なく窒化クロムを粒界に析出させる要因となるため，孔食，隙間腐食が問題となるケースでは窒素を含有しないものを選定することが望ましい。鋼種でいえばSUS444やSUS447J1のように，高クロム，高マンガン系の鋼種が比較的適している。表面仕上げも重要で，鏡面仕上げのように表面が平滑なほど耐孔食性は上がる。

7.2　粒界腐食（Intergranuler Corrosion）

粒界腐食は，ステンレス鋼などの合金の結晶粒界に沿って腐食が著しく早く進行する現象で，結晶粒内はほとんど腐食していないにもかかわらず，短時間で金属強度が低下し破壊をもたらす。ステンレス鋼や鉄クロム系の合金ではクロムの含有率が12％を下回ると急速に腐食しやすくなるため，この鋭敏化の影響を受けやすく，腐食に強い17～18％以上クロムを含有するステンレス鋼でも溶接部は，熱影響を受けやすく，鋭敏化現象が起こり，$Cr_{23}C_6$というクロム炭化物が熱影響で析出し，結果として熱影響を受けた粒界近傍ではクロムの含有率が12％以下になることもあり急速に粒界から腐食する。この現象は，クロムと炭素の化合物が析出することが理由であるため，含有炭素量が低いほどこの影響を受けにくく，粒界腐食は発生しにくい。

ステンレス鋼の鋭敏化現象は，ごくわずかな炭素成分の含有量の差でも，大きく発生リスクが変わるため，SUS304やSUS316などのオーステナイト系ステンレスでも厳しい環境下で使用するものは，炭素含有率の低いSUS304LやSUS316Lを選択すると，粒界腐食は改善される。

図25の鋭敏化TTS（time-temperature-sensitization）曲線に示すように，SUS304でも炭素含有率が0.07％のものと，0.05％のもので粒界の鋭敏化が起こる時間は10倍以上長くなり，影響を受ける温度範囲も炭素量が低いほど小さくなる。更にSUS304Lのカーボン含有量が0.025％のものは，さらに鋭敏化を起こす時間は100倍以上時間が長くなる。要するに溶接等による熱影響を受ける時間が長くても，結晶粒界へのクロム炭化物析出が抑えられ，クロム欠乏領域がなくなり粒界腐食が抑えられる。

粒界腐食は，ステンレス鋼などの溶接部での発生が多発するため対策としては以下の項目がある。

① 素材選定時は，できるだけ炭素含有量の少ない素材を選定し，クロム炭化物を生じ難くする。

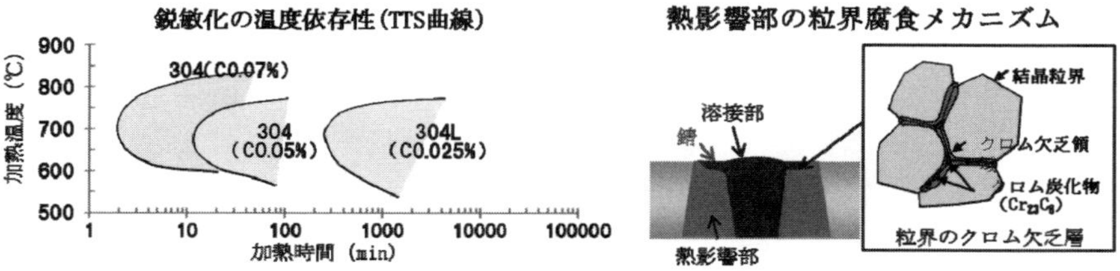

図 25　鋭敏化の温度依存性と熱影響部の粒界腐食メカニズム

出所：筆者作成　参考　：「金属便覧」改定5版　日本金属学会編　丸善株式会社 (1995)
「ステンレス鋼便覧」初版 P688 長谷川正義監修　日刊工業新聞社 (1978)
「改定腐食科学と防食技術」19 版　伊藤伍郎　株式会社コロナ社 (1994)

② クロム炭化物の生成を抑制する SUS321 や SUS347 等のニオブやチタンが添加されたものを選定する。

③ TTS 曲線を参考とし，クロム炭化物が析出する温度範囲を通過する時間をできるだけ短くするように溶接入熱を小さくして，クロム炭化物を生じ難くする。

④ 溶接後，再度熱処理できる場合は溶体化熱処理（1050 ℃以上に再加熱後急冷）を行って，クロム炭化物を再溶解させる。

7.3　接触腐食 (Galvanic corrosion)

異種金属接触腐食とは，自然電位が異なる 2 つの金属が電解質中で接触すると，両者の間に電池が形成されて，電位が低い（卑な）金属の腐食が接触していない状態の場合よりも腐食が進行する現象で，流電腐食，電食ともいわれる。異種金属が接触した場合の腐食の度合いは，問題とする環境での各金属の自然電位差が大きいほど腐食速度が速く，淡水よりも海水，ブラインなどの電気伝導度が大きい液体で起こりやすい。もちろん酸などでは腐食スピードが著しく速い。防止方法は以下の通り。

① 可能な限り同一金属材料を使用し異種金属を接触させない。異種金属の界面に水分を侵入させない。接触部分を絶縁シートや塗装により極力小さくするとともに，水分との接触を減らす。

② 自然電位の差の小さい金属の組み合わせを選ぶ。ステンレス鋼と銅は OK，ステンレス鋼と炭素鋼は不適。どうしてもステンレス鋼管と炭素鋼管を接続する際は絶縁スリーブ，絶縁ワッシャーの使用や絶縁コートフランジを使用する。

③ カソード / アノードの面積比を小さくする。ステンレス部品と炭素鋼部品が接触する場合，腐食しやすい炭素鋼だけを塗装するとカソード / アノード比が大きくなりアノード側の炭素鋼の腐食が促進されるため，炭素鋼部品とともにステンレス部品も塗装するか，炭素鋼部品は塗装せず，ステンレス部品のほうを塗装し，カソード / アノードの流体に接している面積比をできるだけ小さくする。このほうが炭素鋼部品の腐食速度が小さくなり，結果として長持ちする。

この異種金属接触腐食の原理を応用し，地中や海水中などの鋼管等を保護するのが犠牲陽極法という防食方法である。鋼管に，アルミニウム，亜鉛，マグネシウムなどを接続し，これらの金属を犠牲陽極として鋼管をカソード局として保護する防食方法である。

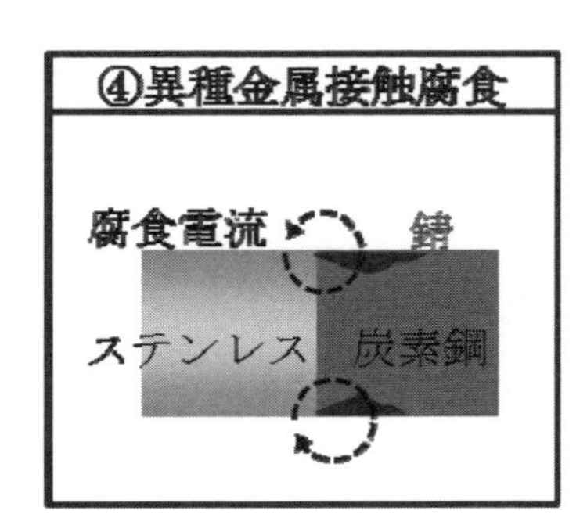

図 26　全面腐食

出所：筆者作成

7.4　応力腐食割れ (Stress corrosion cracking)

応力腐食割れは，純粋な単一元素の金属では発生せず，炭素鋼をはじめ，ステンレス鋼などの合金に，

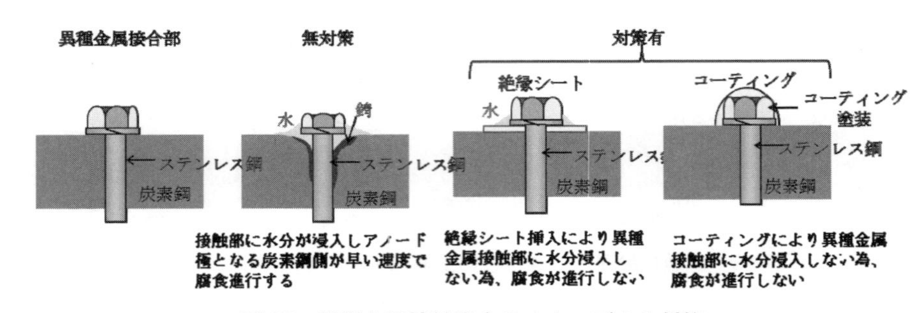

図 27　異種金属接触腐食のメカニズムと対策

出所：筆者作成　参考　：「金属便覧」改定５版　日本金属学会編　丸善株式会社（1995）
「ステンレス鋼便覧」初版 P688 長谷川正義監修　日刊工業新聞社（1978）
「改定腐食科学と防食技術」19 版　伊藤伍郎　株式会社コロナ社（1994）

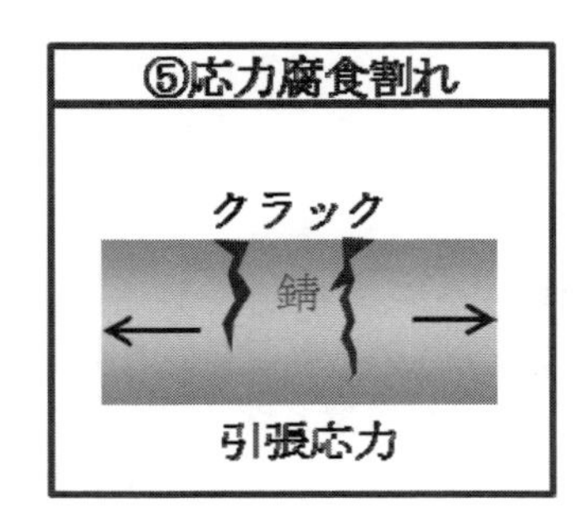

図 28　全面腐食

出所：筆者作成

引っ張り張力がかかった場合や熱影響を受けた場合等，残留応力を受ける合金が，腐食環境下で，著しく速いスピード腐食破壊されるものである。引っ張り応力がかかる場合，結晶粒界に応力が集中するとともに，結晶粒界は格子欠陥や不純物が多く，結果として粒界の電位が低下してアノード（酸化されやすい方向に電位がずれた状態）になることもあり腐食が進行し，この腐食部分に応力集中が起こり，加速的に亀裂が大きくなるメカニズムで，短時間で金属破壊をもたらす。残留応力が残っているケースなどでは結晶粒界だけでなく結晶粒内にも影響を及ぼし，割れを発生させることもある。

鋼では海水，高アルカリ，液体アンモニア等の環境下で，ステンレス鋼では水蒸気や海水などの塩化物の存在下で発生しやすい。塩分を含みやすい海岸近くの大気中でも応力腐食割れは進む。腐食速度は全面腐食と比較し 100 ～ 1000 倍早い。

対策としては

① 環境要因となる水分や塩化物の影響を遮断する。（塗装・メッキなどを行う）

② 粒界腐食割れと相まって発生することが多いため，同じ鋼種でも SUS304L や SUS316L などの粒界腐食を起こしにくい炭素含有率の低い鋼を選ぶ。

③ オーステナイト系ステンレス鋼の場合はできるだけ高いニッケル含有率の鋼種を選ぶ。残留応力が残りやすくても応力腐食割れを起こしやすいといわれているがオーステナイト系ステンレスでも高ニッケルのほうが応力腐食割れには強いため SUS304 のような 8%ニッケル鋼よりも SUS316 のような 12%ニッケル鋼や SUS310S のように 20%ニッケル鋼のほうが応力腐食割れには強い。

7.5　エロージョン・コロージョン (Erosion Corrosion)

エロージョンとは物理的摩耗による浸食作用のことで，コロージョンは，腐食のことであるが，エロージョン・コロージョンとは，流体の流速が早くなると，通常の静止水での腐食速度以上に腐食スピードが上がり，急速に腐食が進行する現象をいう。特にエロージョン（物理的浸食）が起こらない流速でも，腐食が促進され，さらにエロージョンが起こる流速に達するとエロージョンとコロ―ジョンの相乗効果により，激しく腐食浸食が進行し短時間に金属破壊が起こる現象を総じてエロージョン・コロージョンと呼ぶことが多い。

エロージョン・コロージョンによる金属の損傷速度（E/C 損傷速度）は接している流体の速度が大きくなるにつれ比例的に増大する。金属が水や蒸気などの流体と接している場合，金属表面は流体に含まれ酸素によって少しずつ酸化され金属表面には金属の酸化物などの被膜が生成する。金属表面に接触し

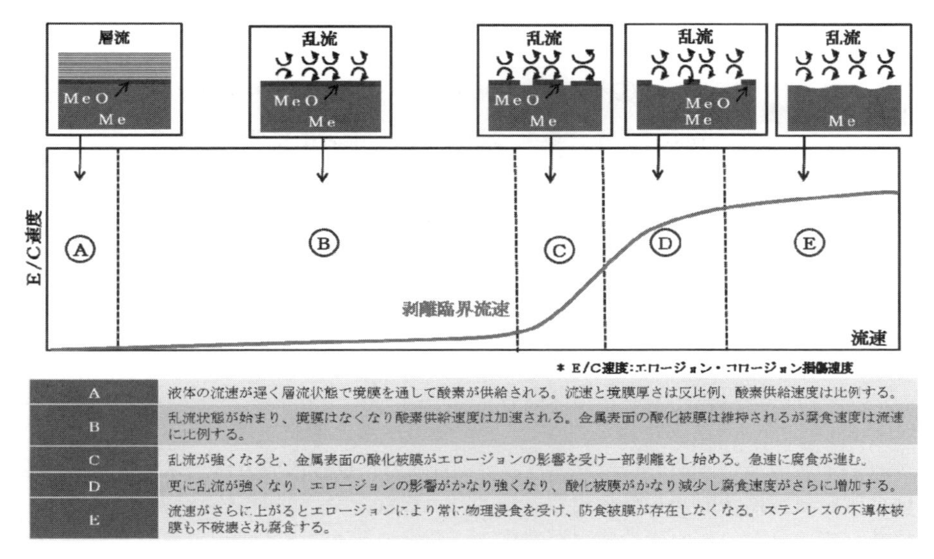

A	液体の流速が遅く層流状態で境膜を通して酸素が供給される。流速と境膜厚さは反比例、酸素供給速度は比例する。
B	乱流状態が始まり、境膜はなくなり酸素供給速度は加速される。金属表面の酸化被膜は維持されるが腐食速度は流速に比例する。
C	乱流が強くなると、金属表面の酸化被膜がエロージョンの影響を受け一部剥離をし始める。急速に腐食が進む。
D	更に乱流が強くなり、エロージョンの影響がかなり強くなり、酸化被膜がかなり減少し腐食速度がさらに増加する。
E	流速がさらに上がるとエロージョンにより常に物理浸食を受け、防食被膜が存在しなくなる。ステンレスの不導体被膜も不破壊され腐食する。

図 29　E/C 損傷速度の流速との関係

出所：筆者作成　参考引用　Barry. C. Syrett “Corrosion” Jone 1976, Vol.32, No.6, (1976)
柴田俊夫　炭素鋼配管の高温水中腐食機構　食材と環境　腐食防止協会 (2008)
宮坂松甫　腐食暴食講座 - 海水ポンプの腐食と対策技術 - 第2報
：海水腐食に及ぼす流れの影響　荏原時報 No221 (2008)

ている液体が流動を開始すれば液体の流速が小さな場合は層流と呼ばれ，金属に接している液体の界面に境膜という移動しない薄い膜が生成し，酸素はこの境膜を通して拡散して金属表面に達する。この境膜は流速に比例し薄くなるため，流体の流動速度（パイプの場合は管内流速）が上がると酸素の供給速度も上昇する。更に流体の流速が上がり，ある速度以上になると，この境膜はなくなり，金属表面で小さな渦巻く状態が発生する。この状態を乱流と呼ぶが乱流になると酸素供給速度は一気に上昇し腐食速度も，急速に大きくなる。このあたりまでを乱流腐食（Impingement attack）と呼ぶが，この範囲内では直接エロージョンは関係しない。更に流速が増加すると，流体と金属表面の酸化被膜が物理的摩耗により剥離し始める。酸化物は防食被膜として機能しているものも多く，この酸化物が脱落し始めるとさらに急速に酸化が促進される。この範囲の流速であれば強固な不働態被膜を持つステンレスはほとんど腐食されない。

この状態から流速が上がるとエロージョン・コロージョンと呼ばれる相乗効果かはじまり，物理的浸食と酸化が加速される。さらに流速が上がると，物理的浸食が腐食を上回るスピードで進行し始める。この領域になると，ステンレスのような不働態被膜も剥離され防食効果がなくなり，著しく早く損傷が進む。特に金属の曲り部や急拡大部などでは温度の関係で，金属表面で液体がその飽和蒸気圧以下になると蒸発するケースもあり気泡が発生する場合は金属表面に大きな衝撃が加わることがある。これをキャビテーション損傷（Cavitation Damage）と呼ぶ。高温の温水をポンプで吸引する際はキャビテーションが起こりやすいので注意を要する。

このエロージョン・コロージョンはポンプの部品，反応槽のインペラー，熱交換器や，オリフィス，バルブなどの急拡大部で負圧のできやすいところで起こりやすい腐食である。配管内部の溶接の肉盛部分や，曲がり部分など，渦が発生しやすい所は要注意である。特に温度が高い液体で，沸点に近いものはキャビテーションが発生しやすいので，材料選定や，ポンプの設置位置に工夫が必要である。

8　防食の基本的な考え方

貴金属以外の，鉄のような活性金属や，銅のような不活性金属は，本来腐食するものであり，酸化物のほうが安定しており，酸素に対して，自由エネルギーがマイナスのものは，自然に放置すれば，元の酸化物に戻る。これを極力防ぎ，遅くするのが防食

表 14　基本的な防食のメカニズム

A 酸化速度制御	①不働態皮膜の形成　　ステンレス合金化など ②酸化環境の制御　　インヒビターの添加　等
B 酸化駆動力(影響)制御	①金属と酸素・水との接触遮断　　塗装やメッキ ②酸化電位差の解消　電気防食

出所：筆者作成　参考「腐食と防食」第1版第3刷　岡本剛　井上勝也 著　大日本図書出版（1975）

であり，大別すると以下の2種類に集約される。

表 14 に示したとおり，防食にはA.酸化速度制御とB酸化駆動力制御の2つのタイプがある。

A.酸化速度制御の考え方は，金属的には卑で，本来酸化しやすい金属を何種類か配合し合金化し，表面は簡単に酸化されているが，その薄く強固な酸化被膜が内部金属と，酸素や水の接触を防ぐ，不働態化皮膜を形成し，酸素の透過や移動を抑制し内部の金属本体と接触を防ぐ，①不働態皮膜法と，水や腐食性液体中に，インヒビターと呼ばれる物質を微量添加し，金属表面に不活性な物質のごく薄い皮膜を形成するインヒビター法の他，ボイラーなどで給水中の溶存酸素をとるためにヒドラジン等の薬品添加や加温脱気，真空脱気法などにより，酸素を除去する方法やpH調整など様々な②酸化環境制御が考えられている。

B.酸化駆動力制御は，金属本体そのものや，腐食環境はそのままの状態で，金属そのものや使用環境はそのままで，金属本体を塗装やメッキを施し，酸素や水などと接触しにくくする方法である①金属と酸素・水との接触遮断方法と，金属がイオンになりにくくするために，標準電位をプラスにする電気防食法や，より酸化されやすい金属と接続し，犠牲陽極法などの②酸化電位差の解消がこの範疇に入る。

8.1　酸化速度制御

8.1.1　皮膜形成方法─ステンレス合金化等

これまで，鋼の選定，ステンレス鋼の項目や金属腐食のメカニズムのところでも説明してきたように，ステンレス鋼は鉄を50%以上含み，クロムやニッケル，モリブデン，マンガンなどの金属元素を配合した合金で，含有される，いづれの元素も，単独では水素よりも標準電極電位が水素よりも低く，金属のイオン化の自由エネルギー変化ΔＧも酸素や水素と比較しマイナスで，酸化され易く，錆びやすい金属であるがステンレス鋼として合金となった場合，常温では錆びない。

これは，ステンレス鋼の場合，**図 30** のように，ステンレス鋼の母材に含まれているクロムが，金属表面で通常の酸化物と比較してごく薄い10～30Å（0.001-0.003 μ）程度の安定した強固なスピネル状の不働態被膜を形成し，内部金属と酸素の接触を防いでいるためである。この被膜は自己再生性があり，外力等で不導態被膜が破損されても，内部金属のクロムが瞬時に補完して被膜を再形成し，酸化が進行しないためである。また，この不導態被膜の膜厚は

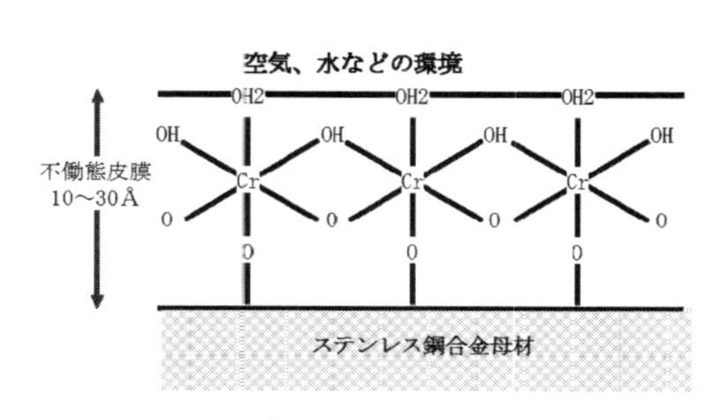

図 30　ステンレスの不働態皮膜

出所：筆者作成　参考引用　G. Okamoto：Corrosion Science. 13 (1973) .471
「ステンレス鋼便覧」初版 p686　長谷川正義監修　日刊工業新聞社（1978）
NIPPON STEEL MONTHLY　モノづくりの原点 科学の世界 VOL22 さびに負けない鋼 ステンレス鋼 上（2005）

可視光の波長の1/100以下の厚みのため，被膜として目視では認識できず，あたかも錆びていないように見えるためステンレス（Stainless）と呼ばれている。

図31に示したように，ステンレス鋼の場合，金属表面から侵入してきた酸素により母材の，鉄やクロムが酸化されていく。クロムの含有率が13%を超えると，ほぼ完全に金属表面に安定した酸化クロムの保護層が形成されるが，クロムの含有率が10%以下の場合は，酸化クロム層だけで保護されるのではなく一部酸化鉄の被膜に覆われた状態となる。こうなると安定した強固な保護被膜ではなくなるため，防食性能は低くなる。

もともとFe_3O_4もFeOと比較すると防食性の高い酸化被膜を作るため，防錆塗料などにFe_3O_4が配合されたりしているが，このFe_3O_4の酸化被膜と比較しても，酸化クロム被膜は，被膜内部での鉄やクロムの金属イオンの移動係数が10万倍以上小さいため，13%以上のクロムを含むステンレス鋼は圧倒的に防食性能が優れている。

さらに高温下では酸化被膜中の金属イオンの拡散係数が大きくなり，**図32**に示すように1000℃近くになれば23%以上のクロムの含有率がないと，常温

	クロム15%以上のFe-Cr合金	クロム10%以下のFe-Cr合金
酸化初期	Cr_2O_3　Fe酸化物　O_2 Fe-Cr合金	Cr_2O_3　Fe酸化物　O_2 Fe-Cr合金
酸化途中	Cr_2O_3 内部酸化物 Fe-Cr合金	Fe-Cr合金
酸化後期	Fe酸化物 Cr_2O_3 連続層 Fe-Cr合金	Fe酸化物　内部酸化層 Fe-Cr合金
	Cr_2O_3連続層が形成され、保護性の外部酸化層となる。	Cr_2O_3連続層は形成されず、Fe酸化物よりなる外層とFe、Cr酸化物よりなる内層を生ずる。

酸化物	自己拡散係数（$cm^2 \cdot S^{-1}$）
FeO	9×10^{-8}
Fe_3O_4	2×10^{-9}
α-Fe_2O_3	2×10^{-16}、O：8×10^{-14}
CoO	3×10^{-9}
NiO	1×10^{-11}
Cr_2O_3	3×10^{-14}
α-Al_2O_3	3×10^{-17}
$CoCr_2O_4$	Co：1.7×10^{-12}、Cr：1.9×10^{-12}
$NiCr_2O_4$	Ni：1.4×10^{-13}、Cr：2.8×10^{-13}
$NiAl_2O_4$	Ni：1×10^{-13}
SiO_2	O：1.3×10^{-18}、Siはこれより小さい。
MnO	1×10^{-10}（$PO_2=10^{-18}$atm）

図31　ステンレス鋼の防食被膜の生成メカニズム

出所：筆者作成　参考引用　"Oxid. Metals, 9 275"　I. G. Wright, B. A. Wilcox, R. I. Jaffee 著（1975）
「金属材料の高温酸化と高温腐食」　腐食防食協会編　丸善（1982）P65
「合金の高温酸化」　防食技術，26 389-400　新居和嘉　腐食防食協会編（1977）
「腐食防食講座―高温腐食の基礎と対策技術―」野口学　八鍬浩　エバラ時報 No252 2016.10（2016）
「ステンレス鋼の高温特性」菊池正夫　Sanyo Technical Report Vol.21（2014）

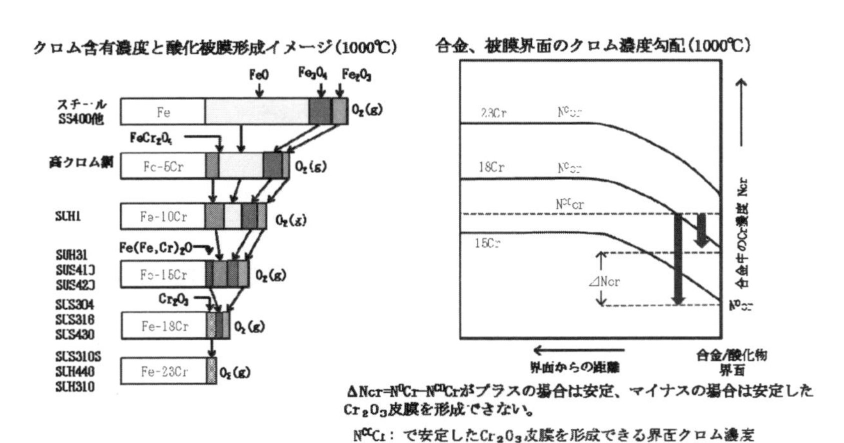

図32　高温下におけるステンレス鋼のクロム含有濃度と被膜形成イメージ

出所：筆者作成　参考引用　「合金の高温酸化」防食技術，26 389-400　新居和嘉　腐食防食協会編（1977）
「ステンレス鋼の高温特性」菊池正　山陽特殊製鋼技報第21巻（2014）
「金属材料の高温酸化と高温腐食」腐食防食協会編　丸善（1982）P65

時の13%クロム合金鋼のように安定した酸化クロムの不働態被膜で完全遮蔽することはできなくなる。図32の右図は，酸化物と合金母材の界面でのクロム濃度勾配を示している。

図32のように高温下での限界安定界面濃度 $N^{C0}Cr$ と界面での $N^{0}Cr$ の差 $\Delta N^{C0}Cr$ がプラスでなければ安定した不働態被膜はできない。このため，高温下ではSUS310Sのように25%クロムを含有した鋼種が利用されている。

鋼ではないがアルミニウムの場合も，アルマイトと呼ばれる不働態被膜による防食が一般的である。アルミニウムやアルミニウム合金の場合も，アルミニウム自身は，元素として鉄よりも酸化されやすく，空気に触れると極薄い10Å（0.1 μ）程度の極薄い Al_2O_3 の酸化被膜をつくり，この皮膜は，錆びにくい性質を持っている。しかも酸化物中のアルミイオンの移動速度は，ステンレス鋼の酸化クロム被膜中のクロムイオンの移動速度よりも格段と小さい。しかし，自然に生成されるごく薄い酸化被膜は，ステンレスのように酸化物がスピネル化していないため，環境の変化や，少しの傷などで酸化が促進され腐食することが多い。このため，通常利用されているアルミ製品ではアルマイトと呼ばれる，強制的にかなり分厚い強固な Al_2O_3 の酸化被膜層を形成したものが利用されている。

アルマイトの被膜厚さは20～30 μ（10^{-6}m）あり，自然酸化被膜20Å（10^{-10}m）と比較し1万倍以上分厚く，非常に強固な皮膜である。このためアルミ製の鍋ややかんのように，水に常時接触し，火にかけても酸化がほとんど進行しない。また，梅干しのような弱酸に対しては耐食性のある皮膜となっているため，弁当箱などにも利用されている。アルマイトは皮膜の厚さは，ほぼ半分～2/3程度まで，6角形の穴がたくさん開いており，この部分に染料を入れ封孔処理することによってさまざまなカラーの皮膜が形成できる。更に酸化物の皮膜が分厚いため，アルミ素材と比較し表面硬度が10～30倍以上硬く，傷つきにくく摩耗しにくい特徴がある。

8.1.2　酸化環境制御—インヒビター法

酸化速度制御方法として，インヒビターによる防食方法がある。この方法は，循環冷却水や冷媒配管などの腐食環境中にインヒビターと呼ばれる腐食を抑制する物質を少量添加することにより，金属表面にかなり薄い防食皮膜を形成し，金属の腐食速度を低減する方法である。様々なインヒビターがあるが，基本的には，アルマイト加工やクロメート加工などと同じように金属表面に薄い不働態酸化皮膜や，リン酸鉄，リン酸亜鉛皮膜のような化成皮膜処理と同じような耐食性のある皮膜を形成する手法であるが，インヒビター法は化成被膜処理や塗装メッキ被膜のようにμ単位の分厚い被膜を作るのではなく，常に一定量のインヒビターを投入することにより，ステンレスの不働態被膜同様，何十～何百Åという極薄

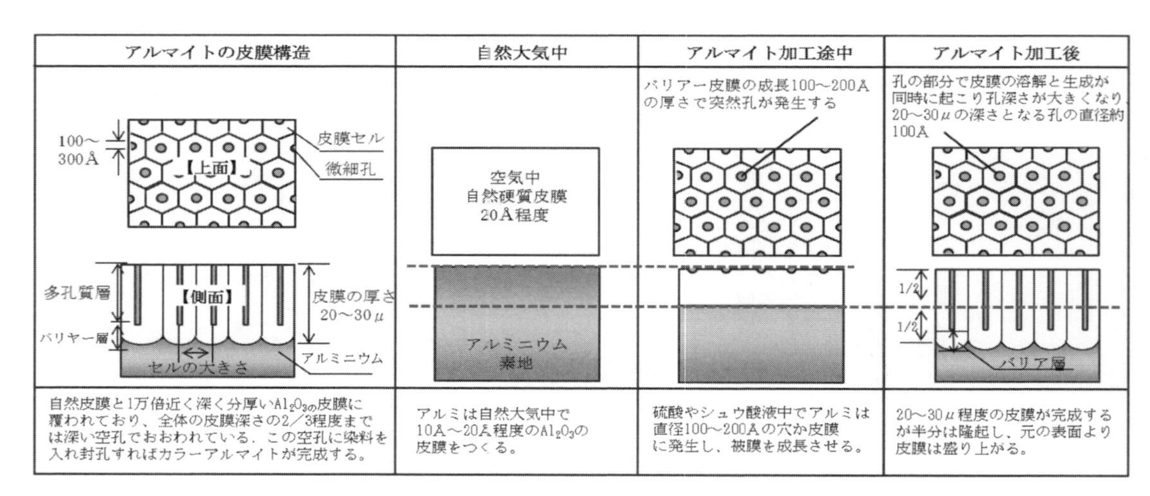

図33　アルマイトの構造と被膜生成過程

出所：筆者作成　参考　「金属便覧」改定5版 918 日本金属学会編　丸善株式会社（1995）
「金属表面技術便覧」改定新版 581-588（社）金属表面協会（1984）

表 15　インヒビターの分類

インヒビターの分類		代表的なインヒビター	皮膜の特長
酸化被膜型		クロム酸塩$Na_2Cr_2O_7$ 亜硝酸塩$NaNO_2$ モリブデン酸塩	・緻密、ごく薄い被膜（30～200Å）を形成し、金属との密着性・防食性良好 ・切削用エマルジョン、石油精製装置などに幅広く利用
沈澱皮膜型	水中イオン重合型 （水中のリン酸カルシウムイオンなどが重合し不溶性の塩として金属表面に沈殿するもの）	重合リン酸塩、 リン酸塩、ホスホン酸塩、リン酸亜鉛	・リン酸カルシウムやリン酸ナトリウムなどが重合し、金属表面に沈殿析出 ・比較的多孔質でやや厚膜でないと防食効果が出ない
	金属イオン型 （保護対象となる金属表面で金属と反応し不溶性の塩を金属表面に沈殿するもの）	チオグリコール酸類 ベンゾトリアゾール、 トリルトリアゾール等 燐酸ナトリウムNa_3PO_4	・直接金属と反応し､かなり緻密で薄膜を形成する。 ・防食性は良好
吸着皮膜型 （金属表面に吸着され被膜を形成するもの）		アミン類: シクロヘキシルアミンアニリン、 tert-ブチルスルファイド 界面活性剤類:デキストリン	硫酸などの強酸液中で金属表面が清浄な状態において、良好な吸着層が形成される。 通常の温水などの循環系においてスチール管表面のでは吸着層は形成されにくい。

出所：筆者作成　参考　「腐食と防食」 第1版第3刷　岡本剛　井上勝也 著　大日本図書出版 (1975)
「配管防食マニュアル」鹿島建設　栗田工業　共著　日本工業出版 (1987)
「防食技術便覧」 初版1刷　腐食防食協会 (1988)

い被膜を形成する方法である。このため化成処理被膜や塗装メッキの被膜より伝熱性能にも優れる。利用環境としては液体量があまり変化しない密閉系や液体量変化の極めて少ない場合に限られる。インヒビター法には，①酸化被膜型②沈殿皮膜型③吸着皮膜型があり，②の沈殿皮膜型には水中イオン型と金属イオン型があり，**表 15** に代表的なインヒビター法を示す。吸収式冷温水器の冷媒配管内やガスエンジンなどの密閉系の冷却水，空調機などの開放型の冷却水用など，腐食しやすい環境下での伝熱管などへの利用が多い。

8.2　酸化駆動力（影響）制御

8.2.1　金属と酸素・水との接触遮断―塗装やメッキ法

金属の腐食対策のうち酸化駆動力制御として最も簡単で一般的に行われている方法が塗装メッキ法である。鉄などの金属が常温で腐食するのは湿食によるもので，局部電池を形成し金属が水分中の水素イオンとも置換反応され，金属イオンなどとなって水溶液中に溶出していく現象であることはこれまで説明してきたが，この酸化駆動力となっているのは，水素と金属の標準電極電位差であり，この電位差を解消すれば腐食はなくなる。この最も簡単な方法は金属と水とを直接接触させないことであり，これが塗装およびメッキである。この金属と酸素・水の遮断には，塗装メッキのほかにもライニングやホーロー焼成，化成処理などもあるが，代表的なものは塗装，およびメッキである。化成処理は基本的には塗装の下地処理として利用されることが多い。

化成処理被膜は，被覆目的もあるが，母材より卑である金属成分を含み，犠牲陽極となるものや，安定した酸化物を配合し不働態被膜の機能を果たすものも多い。そのままでは空気や酸素と接触しているうちに剥離したり，完全遮蔽性の乏しいものもある。また，美観に優れないものも多く，通常の工業製品は化成被膜の上に美観も含めて塗装が施される。化成被膜は塗料による塗膜よりも金属との密着性がはるかに高いため，金属と塗料の密着性を向上させる目的もあり，通常，塗装される前には，下地処理として化成処理されることも多い。

化成処理されていない場合は，鉄より卑な亜鉛を含んだ無機や有機の防錆塗料やFe_3O_4など不働態被膜効果のある成分を配合した下地塗料が塗布される。その上に水分の透過性の低い塗料，有機系の樹脂を配合した塗料が塗布され，塗料は，乾燥すればあたかも薄いプラスチック膜で覆ったような被膜が完成する。ただし塗料は基本的には有機系の高分子被膜であるため，屋外や腐食環境の厳しいところでは，紫外線により劣化しやすい特徴があり，塗膜の高分子の隙間から水蒸気が塗膜内部に拡散していくのを防止するため紫外線劣化に強く，撥水性の高いフッ素系塗料やシリコン系塗料が上塗り塗料が塗布されることも多い。これらの塗料は分子間結合力が強く，紫外線劣化が少なく，撥水性も高い特徴がある他，汚れにも強いため，上塗り塗装は美観を付与する目的も含めて塗布されることも多い。

防錆性能を向上させる化成処理の代わりにメッキ処理されることも多い。屋外に多く見られる送電線の鉄塔などはSS400等のスチールに直接厚膜の溶融亜鉛メッキが施されている。溶融したメッキ層に鋼材を浸漬するだけで欠陥のない安定した防錆被覆が完成できる。亜鉛の犠牲陽極特性が働くため，海岸沿いや環境の厳しいエリアでの構造物は溶融亜鉛メッキが施されたスチールが使用されている。また，自動車のボディや部品などにも溶融亜鉛メッキが用いられるほか，これらは美観も必要なため上塗り塗料が塗布され，非常に薄い亜鉛皮膜の電気亜鉛メッキなどが施され塗装されることもある。このほか通常の鋼製製品に輝きや表面硬度を与える目的で，クロムメッキやニッケルメッキ，さらには高級感を出す目的で貴金属の金メッキや白金メッキなども行われることがある。メッキは鉄と亜鉛，クロムなどの保護被膜金属が直接金属結合で結合しているため鉄との結合力が強く剥離しにくい。

塗装やメッキは，複雑な形状であっても，大型構造物であっても簡単に防食でき，塗り直し補修も簡単で，金属製品を長期にわたって保護できる防食方法である。よって大半の金属製品は塗装メッキによる防食が適用される。

塗装・メッキの防食仕様，グレードは，その製品の寿命（耐用年数）で決定されるが，耐用年数にも，①物理的耐用年数，②機能的耐用年数，③経済的耐用年数などがあり，通常の家電製品や自動車などは②の機能的耐用年数で決定されることが多い。機能的耐用年数とは物理的耐用年数が経過する以前に，更新されたり買い換えられたりする期間で，通常の家電製品ては修理用の部品の在庫期間を７年としているケースが多く，製品の防食性能も７年程度を目安とすることも多い。インフラ設備の橋梁や体育館などの施設の場合も，都市の人口増加や交通量の増加で橋梁などは拡幅更新されるケースも多くこの場合も機能的寿命とされている。

一方で国道や，鉄道の橋梁，送電線の鉄塔などの強度設計は①物理的耐用年数をベースに設計されており，初めから50年耐久，最近では100年耐久を織り込んだ設計となっている。この場合塗装・メッキもできるだけ長寿命の使用となっているが，これまでは，環境の厳しい所では，5年程度で塗装のやり替えなどが行われきたが，最近では③の経済的耐用年数を考え，足場組み立てやメンテコスト化がかかる塗装仕様よりも，初期コストがかかっても，経済的長寿命でライフサイクルコスト面で優れている重防食仕様の塗装やメッキが施されている。

8.2.2　酸化電位差の解消—電気防食

水道管やガス管などの地下埋設管や鋼矢板岸壁や栈橋など港湾施設，港湾部や河川の橋脚や主要高速道路幹線道路の鉄筋コンクリートの鉄筋，海底パイプライン，船舶外板，プロペラ，バラストタンクなどの船舶関連設備，化学プラントや復水器，熱交換器など機器装置など非常に腐食環境の厳しいところで利用される金属構造物は，伝熱の関係上塗装が難しいものや，通常の塗装，メッキだけでは腐食しやすいもの，簡単には補修できないものが多い。地中埋設管である水道管やガス管などは様々な地層にわたって敷設されるため，局部電池を形成しやすい地層にも埋設される。特にニュータウンなどの大規模造成地などでは，地層を掘り起し，上部の地層と下層の地層が入り混じっているケースも多く，赤土層，ローム粘土層や泥炭，ピート層や植物などの腐食物の多い地層やなどでは酸性が強く，石灰層やシルト粘土層などはアルカリが強い地層もある。このため局部電池が形成されやすい。また，地中は常時水分にさらされ，電鉄の軌道の近くや，電気設備，避雷針などのある近くでは，地中に迷走電流が流れることもあり，地下埋設管に電流が流れ込み，流出する管部分で急速な腐食が発生しやすい。通常の塗装やメッキ以外に電気防食が施されるケースも多い。また，港湾施設岸壁の鋼矢板や，港湾部や河川の橋脚などは内部鉄筋の腐食も進行しているものも多く，補修が難しいものもある。こういったものに対して電気防食による長寿命化が図られている。①流電陽極法（犠牲陽極法）と②外部電源法の２つのタイプがある。

図34に示すように①流電陽極法は，鉄管などの被防食体よりも卑な金属（マグネシウム，亜鉛，アルミなど）を犠牲陽極として，被防食体と導線で結び，犠牲陽極側がアノード反応を起こし，金属イオンとして地中に流出し，鉄管側がアノード反応を起こさず鉄がプラスイオンとして流出することがないため保護されるものである。

一方②外部電源法は，電極として不溶性の耐食性の高い，高ケイ素鋳鉄電極や白金系電極などを直流

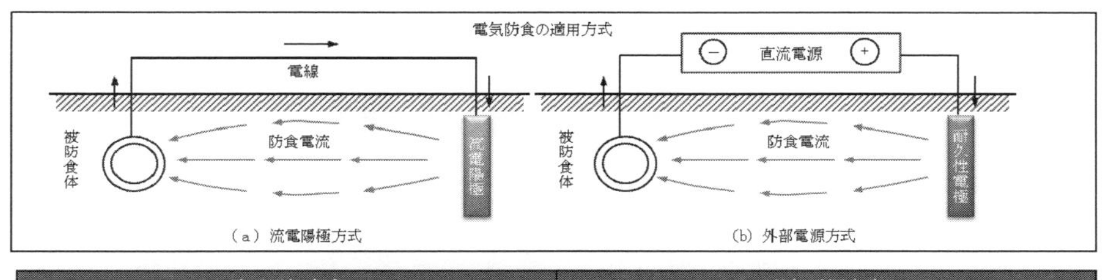

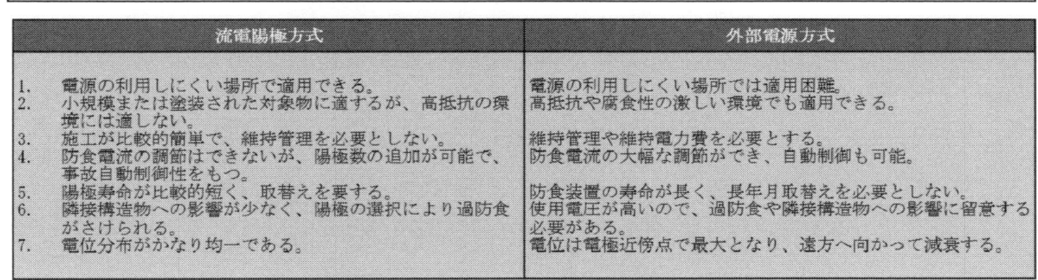

流電陽極方式	外部電源方式
1.　電源の利用しにくい場所で適用できる。	電源の利用しにくい場所では適用困難。
2.　小規模または塗装された対象物に適するが、高抵抗の環境には適しない。	高抵抗や腐食性の激しい環境でも適用できる。
3.　施工が比較的簡単で、維持管理を必要としない。	維持管理や維持電力費を必要とする。
4.　防食電流の調節はできないが、陽極数の追加が可能で、事故自動制御性をもつ。	防食電流の大幅な調節ができ、自動制御も可能。
5.　陽極寿命が比較的短く、取替えを要する。	防食装置の寿命が長く、長年月取替えを必要としない。
6.　隣接構造物への影響が少なく、陽極の選択により過防食がさけられる。	使用電圧が高いので、過防食や隣接構造物への影響に留意する必要がある。
7.　電位分布がかなり均一である。	電位は電極近傍点で最大となり、遠方へ向かって減衰する。

図 34　電気防食の種類と特徴

出所：筆者作成　参考　「防食技術便覧」初版１刷　腐食防食協会（1986）
「腐食と防食」第１版第３刷　岡本剛　井上勝也著　大日本図書出版（1975）
「配管防食マニュアル」鹿島建設　栗田工業共著　日本工業出版（1987）
「都市ガス工業概要Ⅰ（実務編）」（社）日本ガス協会（1985）

電源のプラス側に設置し，鉄管等の被防食体をマイナス側に接続するものである。通常交流電源を用い電気防食用のシリコン整流器など直流に変換利用する，この特徴は防食電流を任意に調整でき，電極が小型で耐久性が高い。広く利用されているのは，①の流電陽極法で，特定の電気設備も必要なくコストも安い。また，塗装管や被覆管でも利用でき，被覆が破壊された際に機能する。一方，防食範囲が広く特定しにくい場合や腐食性が著しく高い場合は電流が調整可能な②外部電源法が利用される。

地中へのガス管や水道管の防食などでは，流電陽極法が幅広く用いられており，特にマグネシウム電極が利用される。これは通常の土壌では，比抵抗が1500 Ω・cm 以上あり鉄に対して有効電位差が最も大きく取れるためである。一方海水のように比抵抗が小さい場合や，空中に設置される鉄筋コンクリートの防食にはマグネシウム電極の自己消費が激しくあまり用いられない。

高速道路の橋脚や港湾設備などの鉄筋コンクリートで塩害等により内部の鉄筋が劣化し始めているものについては，アルミや亜鉛が犠牲陽極材として用いられている。薄いシート状の犠牲陽極材で被覆したり，厚板パネル状の犠牲陽極材をアンカーボルトやリベットでコンクリード表面に固定し内部の鉄筋と導線などで連結したりし導通し橋脚外部から内部の鉄筋の腐食進行を防止する方法であり，塩害の激しい地域で20～30 年の延命が見込めるものとして2000 年以降，急速に普及し始めている。

海水に接する岸壁の鋼矢板や港湾設備等で常に海水のように比抵抗が500 Ω・cm 以下の環境で使用される鋼構造物の保護には，kg 当たりもっとも発生電力量が大きく，コスト的に優れたアルミ電極が一般的に多用される。船舶のバラストタンクなど，タンク内の水位が大きく低下する場合は，電極が空中にさらされる可能性があり，マグネシウム電極は発火の可能性があるため使用が禁止されており，アルミ電極も取り付け高さが 1.8 m 以下の制約があるため，通常亜鉛電極が用いられている。

表 16 に流電陽極法に用いられる陽極の種類や特徴をまとめた。

この表からもわかるように，土壌中や淡水中などで比抵抗が大きい場合は，鉄との有効電位差が大きく取れるマグネシウム電極が，広範囲の防食が可能なため多用され，海水中では，kg 当たり最も多い電気量が得られるアルミニウムが利用される。逆に海水中のように 1 mA/cm^2 の防食電流でも亜鉛は 11.8 kg/A/ 年かかるのに対しアルミは 5.4kg/A/ 年と半分以下の重量で済み，最も長寿命かつ経済的である。

具体的な流電陽極法の実施方法については，海洋構造物，コンクリート構造物，地中埋設管（ガス，水道）などそれぞれ関連団体から，**表 17** に示したよ

表 16　流電陽極法の各種陽極比較

		マグネシウム合金陽極 Mg-6Al-5Zn	マグネシウム合金陽極 純Mg,Mg-Mn	アルミ合金陽極 Al-Zn-In	亜鉛合金陽極 純Zn，Zn合金
陽極電位(V)(基準電極vs ＊1)		-1.45	-1.55	-1.05	-1.00
鉄との有効電位差(V)		0.65	0.75	0.25	0.20
理論発生電気量(Ah/kg)		2,210	2200	2700～2900	820
海水中 1mA/cm² ＊2	有効電気量(Ah/kg) 消耗量(kg/A/年)	1220 7.2	1100 8.0	2600 5.4	780 11.8
地中 0.05mA/cm² ＊2	有効電気量(Ah/kg) 消耗量(kg/A/年)	1110 7.9	880 10.0	1860＊3 4.7	550 16.5
適用環境 ＊4		淡水中・土壌中	土壌中,淡水中	海水中および比抵抗500Ω・cm以下の水中・土中	海水中および比抵抗1,000Ω・cm以下の水中・土中
標準使用事例		一般地中埋設管	一般地中埋設管	海洋構造物　鋼矢板	コンクリート構造物 船舶、バラストタンク他

＊1　基準電極SCE等　SCE: Saturated Calomel Electrode 基準電極として水銀と塩化水銀を用いる。甘汞電極、カロメル電極
＊2　腐食防食協会企画:流電陽極試験法(JSCE S-9301)　に規定されている陽極材料試験片に通電する電流密度
＊3　アルミニウム合金陽極を海底土中部で使用する場合の発生電気量(有効電気量)は、以前より１．８６０Ａ h/kgの値が設計値として採用されている。アルミニウム合金陽極を設置する環境によっては、有効電気量や有効電位差が変わることが考えられていることから、関係機関により、それらの性能を確認する目的で、試験を実施中である。今後、海底土中部にアルミニウム合金陽極を設置する場合は、その研究成果を陽極設計に採用することができる
＊4　汽水城、抵抗率変動城および高速流域など特殊な環境については、調査・試験によって適切な陽極を選定するのがよい

出所：筆者作成　参考　国土交通省，港湾の施設の技術上の基準・同解説（H 19. 4）改定　新旧対比表（2007）

うな，指針やガイドラインが発行されており．電気防食する際の判断基準や基準防食電電圧の考え方や照合電極の種類，防食方法などが記載されている。

表 17 からわかるように地中埋設管はガス管もLPG 管も水道管も，基本的に防食の技術基準や考え方はほぼ同じで，防食する場合に使用する照合電極や犠牲陽極の種類も同様で，飽和硫酸銅を用い，JIS H 6125 で指定されたマグネシウム合金電極が用いられ，理論上は－0.85V 以上，設計上は－1.0V 以上卑とすることなどが記載されているが，それぞれの防食対象によって，電気防食するかどうかの判断基準などが異なっている。よって具体的に防食を検討する際は，それぞれの協会や関連団体が発行しているガイドブックや指針を参考にすることが望ましい。

実際，地中埋設管については，ガス管も水道管も電気防食を施すかどうかの判断基準は，それぞれ防食する対象によって異なっているが，ベースとしての考え方はアメリカ規格協会とアメリカ水道協会による ANSI/AWWA C105/A21.5-2010 に規定されている評価方式を参考する。日本の場合も水道管はこの基準に準じている。

管を埋設する土壌の比抵抗が最も重要なファクターで比抵抗 1500（Ω・cm）以下は無条件で電気防食の導入が検討される。更に土壌の pH，バクテリア等による酸化還元電位，水分量，硫化物の存在などを考慮し，**表 19** に示すように各項目の合計点が 10 点を超える場合は，電気防食が必要とされている。

土壌の比抵抗と腐食性の関係について研究者によって見解はやや異なるが，いづれも比抵抗 1500（Ω・cm）は腐食はやや激しいとされており，500（Ω・cm）以下は特に激しいとされている。表 20 に土壌の比抵抗と腐食性の関係や埋設管の腐食度について示したが，土壌の腐食性と腐食度の関係の腐食度は全面腐食の場合のデータが，0125 mm/y であれば 8 年で 1 mm 腐食が進行することを意味する。これら比抵抗の小さい土壌中ではマクロセルを形成することも多く，その場合局所電池による最大孔食度は，この数値の平均で 5 倍，大きい場合は 20 ～ 30 倍の速度劣化することも多数報告されている。

8.3　流電陽極法（犠牲陽極法）による防食設計について

実際，ガス管，LPG 管，水道管などの地中埋設管に対してマグネシウム合金陽極により，流電防食を設計検討する際の判断基準は異なるが，基本的な対策の検討手順はほぼ同じである。

既存の埋設管に防食する場合は，実際の現地の比抵抗や管対地電圧や通電電圧，通電電離流などを測

表 17　各種流電陽極法に関する指針・ガイドラインと基準防食電位

環境	防食対象	基準名	基準防食電位（照合電極）			備　考	
			海水塩化銀	飽和甘こう	飽和硫酸銅	標準防食電流密度	
海洋	港湾施設	港湾施設の技術上の基準・同解説 運輸省港湾局監修 日本港湾協会発行(1999)	-0.78Vより卑	-0.77Vより卑 塗装併用 -0.80V～1.11V	-0.85Vより卑	海水　塗覆装なし 塗覆装あり 海水（高流速） 淡水（高流速）	0.05～0.15A/m² 0.02A/m² 0.15～.3A/m² 0.06A/m²
	海域における土木構造物	海域における土木構造物の電気防食設計指針(案)・同解説 建設省土木研究所発行(1991)		洗浄-0.77Vより卑 汚染-0.90Vより卑 高潮流-0.77Vより卑 塗装鋼 -0.77V～1.05V			
コンクリート	港湾構造物コンクリート	港湾構造物の維持補修マニュアル 沿岸開発技術研究センター発行(1999)	0.1Vシフト(24hr) または 0.78V˜-1.00V	-0.77Vより卑		塩化物なし 塩化物あり	0.001A/m² 0.005～.0.02A/m²
		沖縄総合事務局監修 コンクリート橋　塩害調査・塩害補修設計マニュアル(案) 沖縄建設弘差済会発行(1996)	0.1V～0.2Vシフト 過防食に注意				
土壌	危険物地下タンク	消防関係法規 危険物の規制に関する技術上の基準の細目を定める告示(1974)		-0.77Vより卑	-0.85Vより卑	中性土壌（不通気性） 中性土壌（通気性、湿潤 中性土壌（細菌繁殖） アスファルト塗装管 ポリエチレンライニング管	0.005～0.015A/m² 0.005～.0.02A/m² 0.4A/m² 0.001～0.01A/m² 0.00005～° 0.0002A/m²
	石油地下タンク	石油タンクの防食および腐食管理指針 HPIS G105-1989 日本高圧力技術協会(1990)		-0.77Vより卑	-0.85Vより卑		
	ガス埋設管	ガス導管防食ハンドブック(1993) 供内管腐食対策ガイドブック(1985) 本支管指針(設計編)(1999) 供給管・内管指針(設計編)(1999) 上記日本ガス協会発行 「埋設管測定器の測定マニュアル」 高圧ガス協会発行(2006)			理論上-0.85Vより卑 設計上-1.00Vより卑		
	水道埋設管	水道用塗覆鋼管の電気防食指針 WSP 050-95 日本水道鋼管協会発行(1995)			-0.85Vより卑 (設計上-1.00V) 既設のC/Sマクロセルの解消のみを目的とする場合は-0.6Vまたは、0.3Vシフト		

出所：筆者作成　参考　「電気防食における国内外の基準」材料と環境 49 515-519 2000 梶山文夫（2000）他　各種法規，指針，ガイドブック

表 18　マグネシウム系陽極の組成（JIS H 6125-1995）

種類	記号	化学成分　単位(%)								
		Al	Zn	Mn	Fe	Ni	Cu	Si	Ca	Mg
1種	MGA1	0.01 以下	0.03 以下	0.01 以下	0.002 以下	0.001 以下	0.001 以下	0.01 以下	—	99.95 以上
2種	MGA2	5.3 ˜6.7	2.5 ˜3.5	0.15 ˜0.6	0.003 以下	0.001 以下	0.02 以下	0.10 以下	—	残部
4種	MGA4	2.5 ˜3.5	0.6 ˜1.4	0.2 以上	0.005 以下	0.005 以下	0.05 以下	0.10 以下	0.04 以下	残部

出所：筆者作成　参考　JIS ハンドブック　JIS H 6125-1995

定し，できる限り，その測定値にもとづき設計する。新設の場合などはそれぞれの埋設するパイプがプラスチック被覆管やアスファルト二重巻覆装，亜鉛メッキ管などレベルに合わせて塗膜抵抗値，防食電流密度などが記載されており，これらを参考にして，計算する。以下に流電陽極法による防食設計のフローを記載する。このフローにより，実際利用するマグネシウム電極の重量や本数を決定する。

たとえば埋設管腐食測定器などを用いて，管の対地電圧や，通電電圧，管の実質抵抗値である通電変化R（通電電圧と管対地電圧の差を実測通電電流値で割ったもの）は簡単に測定可能である。一例として経済産業省 原子力安全・保安院高圧ガス保安協会発行（平成18年）の「埋設管腐食測定器」の測定マニュアルによる埋設管腐食測定器での測定事例を応用して説明すると通電変化Rは測定値として表示され，この値が10Ω未満なら腐食電流が流れやすい，もしくはマクロセルが形成されている判断とされて

表 19　土壌の腐食性評価 (ANSI/AWWA C105/A21.5-2010)

項目	測定結果	点数	項目	測定結果	点数
比抵抗（Ω・cm）	<1500	10	酸化還元電位（Redox電位）(mV)	>100	0
	1500〜1800	8		50〜100	3.5
	1800〜2100	5		0〜50	4
	2100〜2500	2		<0	5
	2500〜3000	1	水分	排水悪く常に湿潤	2
	>3000	0		排水良く一般的に湿っている	1
pH値	0〜2	5		排水良く一般的に乾燥している	0
	2〜4	3	硫化物	検出	3.5
	4〜6.5	0		痕跡	2
	6.5〜7.5	0		なし	0
	7.5〜8.5	0			
	>8.5	3			

備考：pH が 6.5〜7.5 の場合で硫化物が存在し，かつ酸化還元電位が低い場合は 3 点を追加する。
出所：筆者作成　参考　アメリカ規格協会とアメリカ水道協会による ANSI/AWWA C105/A21.5-2010

表 20　土壌の比抵抗と腐食性，鋼管の腐食度

土壌の腐食性と抵抗率の関係

腐食性	抵抗率[Ω・cm]				
	F.O. Waters	L.M. Applegate	V.A. Pritula	E.R. Shepard	Romanoff
激しい	0〜900	0〜1,000	0〜500	0〜500	<700
やや激しい	900〜2,300	1,000〜5,000	500〜1,000	500~1,000	700〜2,000
中	2,300〜5,000	5,000〜10,000	1,000〜2,000	定め難い	2,000〜5,000
小	5,000〜10,000	10,000〜100,000	2,000〜10,000		>5,000
きわめて小	>10,000	>100,000	>10,000		

土壌の腐食性と腐食度

腐食性	Rosenqvist
	腐食度(mm/y)
激しい	>0.125
やや激しい	0.04〜0.125
中	0.01〜0.04
小	0.0025〜0.01
きわめて小	<0.0025

出所：筆者作成　出典：「電食・土壌腐食ハンドブック」電気学会電食防止研究委員会編　コロナ社 (1977)

おり，電気防食を施す目安となっている。

更に，この埋設管腐食測定器では，管の対地電圧や通電電圧 V1 (mV)，通電電流 A1 (mA) は簡単に計測表示されるので，これらの測定値から防食電流密度や所要防食電流値を簡単に計算できる。

この測定器の測定値をベースに犠牲陽極としての，マネシウム電極の所要数量は簡単に計算できる。その計算方法を以下に説明する。

通電前の V1 と 1.5V (1500 mV) 設定後の試験電流値 A1 や通電変化 R は自動的に測定器に表示される。

高圧ガス保安協会発行の ANSI/AWWA C105/A21.5-2010 マニュアル (2006 年) では LPG 埋設管の場合は通電変化が 10 Ω以上は防食対象ではないが，これは平成 8 年以降，国の指導により，都市ガス配管や LPG 配管，水道管などには，ポリエチレン，塩化ビニルなどの塗覆層のない管の埋設を禁止

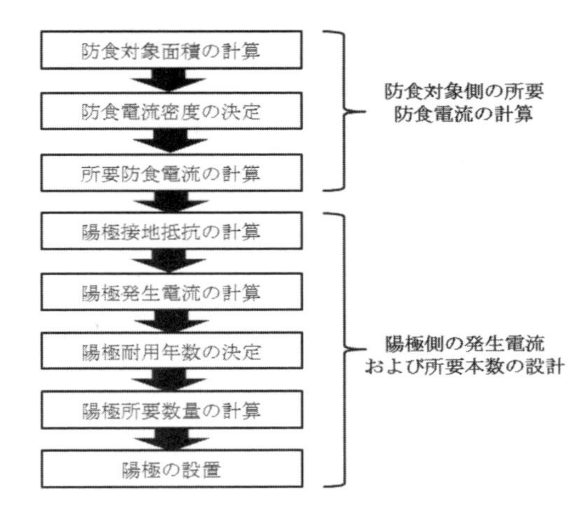

図 35　流電陽極法による防食設計のフロー図

出所：筆者作成　引用「電気防食報（流電陽極方式）」福田敬祐氏論文（2009）

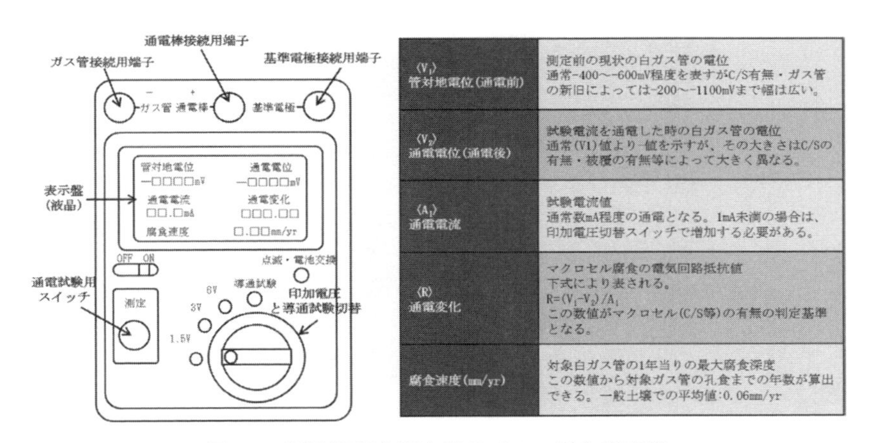

(V_1) 管対地電位（通電前）	測定前の現状の白ガス管の電位 通常-400～-600mV程度を表すがC/S有無・ガス管の新旧によっては-200～-1100mVまで幅は広い。
(V_2) 通電電位（通電後）	試験電流を通電した時の白ガス管の電位 通常(V1)値より-値を示すが、その大きさはC/Sの有無・被覆の有無等によって大きく異なる。
(A_1) 通電電流	試験電流値 通常数mA程度の通電となる。1mA未満の場合は、印加電圧切替スイッチで増加する必要がある。
(R) 通電変化	マクロセル腐食の電気回路抵抗値 下式により表される。 $R=(V_1-V_2)/A_1$ この数値がマクロセル(C/S等)の有無の判定基準となる。
腐食速度(mm/yr)	対象白ガス管の1年当りの最大腐食深度 この数値から対象ガス管の孔食までの年数が算出できる。一般土壌での平均値:0.06mm/yr

図 36　埋設管腐食測定器のイメージと測定値

出所：筆者作成　参考引用　「埋設管腐食測定器」の測定マニュアル　経済産業省 原子力安全・保安院　高圧ガス保安協会発行（2006）

しており，それ以前の亜鉛メッキ管などでも順次ポリエチレン管やポリエチレン被覆管などに入れ替え更新が進んでいるため，現在ポリエチレン等のプラスチック被覆のない鋼管が新規に埋設されている可能性はほとんどない。他の用途等で亜鉛メッキ管や炭素鋼管（JISG3444）などを埋設する場合もこの指針の通電変化 10 Ωの判断基準に従えばよいが，亜鉛メッキ管や，黒管など既存埋設管などは，埋設管腐食測定器で腐食速度（mm/y）を参考として，土壌腐食ハンドブック（1977）や ANSI/AWWA C105/A21.5-2010 等に従い，その管が埋設された年月日などから使用年数により残存管厚さや，現在の腐食速度を考慮して防食の必要性を判断する必要がある。

ここでは，経済産業省 原子力安全・保安院高圧ガス保安協会発行（平成 18 年）の「埋設管腐食測定器」の測定マニュアルによる埋設管腐食測定器の使用に基づき犠牲陽極によるマグネシウム電極の接地容量を計算する事例を紹介する。腐食環境の厳しい，エリアでの埋設ガス管 40A（外径 D＝0.0486 m），対象防食区間 L＝15 m（絶縁継手の間）の防食について検討するための測定ケースの例を示す。埋設管腐食測定器の印加電圧は通常よく利用される印加電圧 1.5V を用いて測定した場合について解説する。測定値として，印加電圧 1.5V 設定し通電すると通電前 V1＝－550（mV），通電後，通電電圧 V2＝－750（mV），その際の通電電流 A1＝20.5（mA），通電変化 R=9.75（Ω），裸の炭素鋼管の全面腐食する腐食速度＋0.063（mm/y）などが表示される（腐食速度

0.06 mm/y は防食が必要)。

表示された　通電変化 R＝9.75 なので，経済産業省 原子力安全・保安院高圧ガス保安協会発行の「埋設管腐食測定器」の測定マニュアルの判断基準に従えは通電変化 R が 10 Ω未満なので電気防食が必要となる。

$$通電変化 R＝(V_1－V_2)/A＝(－550(－750))/20.5 ＝9.75 \quad R＝9.75\ \Omega$$

防食に必要な所要防食電流 I (mA) は埋設管腐食測定器の測定値 V1 (mV)，V2 (mV)，A1 (mV) を用いると次式で簡単に計算できる。

$$所要防食電流値\ I＝\frac{設計防食電圧Vd－管対地電圧V1}{(通電電圧V2－管対地電圧V1)/通電電流A1}$$

$$＝\frac{-1000-(-550)}{(-750-(-550))/20.5}＝46.2\text{mA}$$

ガスパイプ 40A (外径 D＝0.0486 m) 対象防食区間 L＝15 m (絶縁継手と絶縁継手の間) とする。

必要な防食電流は，ガス管，水道管など様々な埋設管の設計指針に沿って，設計時のガス管電位－1.0V＝－1000 mV と設定すると　I＝46.2 mA＝iA なので防食電流密度 i は 46.2/2.29=20.2 mA となる。

防食電流密度　i＝ec/ω　ec＝V1＝550.0 mV パイプの塗膜抵抗ωは ec＝550＝iωなので塗膜抵抗ωは 27.2 Ω・m^2 となる。管の接地抵抗 Rp (Ω) は

Rp＝ω/A＝27.2/2.29＝11.9

マグネシウム陽極の防食電位＝－1550 mV とすれば

設計防食電位ΔE＝－1000 mV (各協会推奨設計値)，ec＝V1＝550 mV　管路の対地電位＝－1000－(550)＝－450 mV となり

ΔE＝I＊(Rp＋Rmg)　Rmg＝rmg/N の 2 式に所数値を代入すると

N：必要マグネシウム電極本数rmg：マグネシウム電極 1 本の接地抵抗，Rmg：マグネシウム電極群の接地抵抗

rmg＝ρ/Lm＊f_{il}　ρ：設置環境土壌の比抵抗，Lm：マグネシウム電極長さ cm　f_{il}：マグネシウム電極の形状係数 (通常 0.4)，Ia＝マグネシウム電極 1 個あたりの電流量，Y＝設計耐用年数 (30 年と仮定)，C：陽極消耗率 (通常 8.0 (kg/A・年) を利用する。)，ρ：土壌比抵抗［Ω・cm］　L：陽極長さ (＝100cm＝1m) 土壌の比抵抗 ρ＝1000 Ω・cm＝10 Ω・m とすると

△E＝I＊(Rp＋Rmg)＝46.2＊(11.9＋Rmg)＝1000Rmg＝9.75　N＝rmg/Rmg＝(ρ/100＊0.4)/9.75＝ρ390＝10/390＝2.56

となり，理論上 2.56 個以上，実際は 3 個でよいことになる。マグネシウム電極 1 本あたり必要な電流値 Ia は

Ia＝I/N＝46.2/3＝15.4 となり，30 年間防食に必要なマグネシウム容量 Wa (kg) は

Wa＝Ia＊Y＊C＝(15.4/1000)＊30＊8＝3.7 kg

となる。製品群の中で 3.7 kg 以上の電極を選定する。**表 21** に示す代表マグネシウム陽極製品事例の型式 9S を選定し，3 個設置すると 30 年間防食可能となる。

もし新規埋設する場合で，測定値が利用できない場合は，各種便覧やガイドブックに電気防食のための埋設管の防食電流密度 i や各種被覆管の塗膜抵抗ωなどの記載があるので，それらを参考にすれば，必要防食電流 I (mA) やマグネシウム陽極の接地容量を計算できる。**表 22** に代表的な埋設管の防食電流密度 i や各種被覆管の塗膜抵抗ωを記載する。

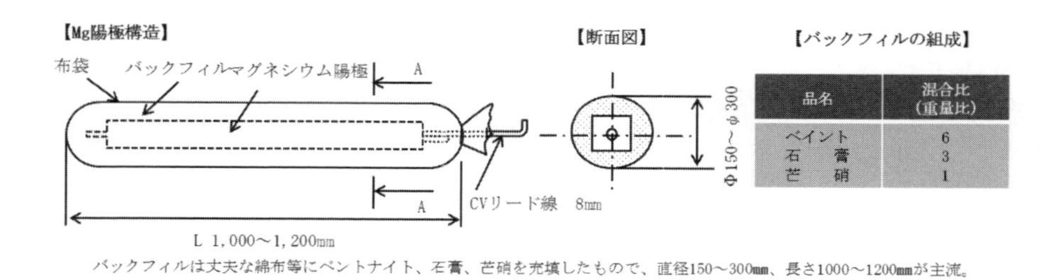

図 37　マグネシウム陽極イメージ

出所：筆者作成　参考引用：埋設管保安高度化技術 保安専門技術者研修テキスト」高圧ガス保安協会　経済産業省 H18 年委託事業 (2006)

表 21　陽極法に用いられるマグネシウム陽極の製品例

型式	陽極本体		製品（バックフィル付）		
	概略寸法 m/m	標準体重 Kg	長さ m/m	口径　φm/m	標準体重 kg
5S	36x45x700	2.0	1,000	200	32.0
7S	44x45x700	3.0	1,000	200	33.0
9S	52x62x700	4.0	1,000	200	33.0
11S	62x65x700	5.0	1,000	200	34.0
13S	69x70x700	6.0	1,000	200	34.0
15S	72x78x700	7.0	1,000	200	35.0
17S	75x85x700	8.0	1,000	200	35.0
MG-4	32x34x1000	2.1	1,200	150	24.0
MG-5	35x41x1,000	3.0	1,200	150	24.0
MG-7	43x44x1,000	3.8	1,200	150	24.0
MG-9	45x53x1,000	5.2	1,200	150	25.0
A-42M100B	35x30x1,000	2.08	1,200	150	26.0
A-49M100B	41x35x1,000	3.01	1,200	150	27.0
A-63M100B	53x45x1,000	4.72	1,200	150	27.0
TG-5SB	36x45x700	2.3	1,000	200	38.0
TG-9SB	52x62x700	4.3	1,000	200	39.0
TG-17SB	75x85x700	8.3	1,000	200	40.0
TG-32SB	101x110x700	14.6	1,000	200	430

出所：筆者作成　参考引用：「埋設管保安高度化技術 保安専門技術者研修テキスト」高圧ガス保安協会
経済産業省 H14 委託事業（2002）

表 22　標準防食電流密度と塗膜抵抗例

埋設管の防食電流密度（例）

塗覆装	防食電流密度（mA/m^2）
亜鉛メッキ アスファルト一重巻覆装	5～50
アスファルト二重巻覆装	0.1～1
プラスチック被覆	0.05～0.2

設計上の塗膜抵抗（例）

塗覆装	塗膜抵抗（$\Omega \cdot m^2$）
亜鉛メッキ アスファルト一重巻覆装	10～100
アスファルト二重巻覆装	500～2,500
プラスチック被覆	2,500～10,000

出所：筆者作成　参考引用：「本支管指針（設計編）」JGA 指 -201-98　ガス工作物等技術調査委員会編（社）日本ガス協会（1998）

8.4　外部電源法による防食設計について

外部電源法は，地中の土壌が複雑に入り組んでおり比抵抗がバラつく場合や，橋梁のコンクリート中の鉄金の防食，海水中の構造物など比抵抗が小さく腐食の激しい環境などに用いられることが多い。外部に電源を設置し，防食電流を供給するが，電流を流す陽極側は，通電性がよく，腐食しにくい黒鉛，磁性酸化鉄，珪素鋳鉄，フェライト，白金等の難溶性のもが主に使用されている。

外部電源法には，浅埋電極法と深埋電極法があり，浅埋電極法は防食ターゲットが特定されており，周りに他埋設物等がない土壌中や，海水中など利用される。比較的防食範囲が狭いところで，かつ，流電陽極法（犠牲陽極法）が適用できないような，陽極の消耗が激しい土壌や，水中，海水中の電気防食に用いられる。

浅埋電極法は地表面下数 m の位置に電極を分散設置するため，浅埋設物への干渉が問題となり，他埋設物への干渉があまり問題とならない局部的な場所で防食に適用するのが一般的である。

深埋電極法は，大規模な地下埋設物や広範囲の埋設ガス管，水道管の防食に向いており，地表面下数

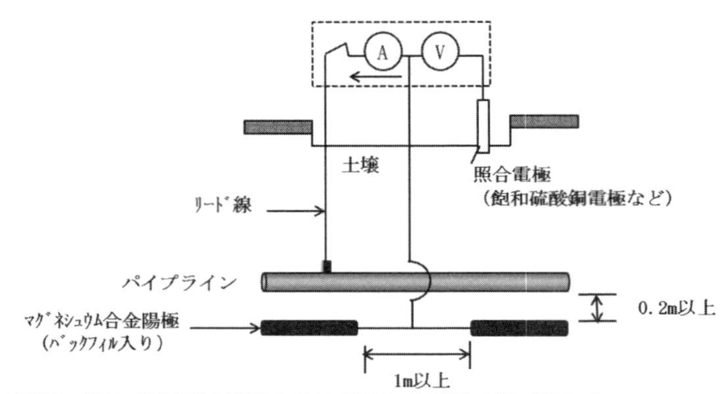

水平設置：　深さ１mほど（公道は土被り1.2m以上）の溝を掘ってその底に水平に一列に並べる。
被防食管との短絡防止のため被防食管からは0.2m以上離す。　マグネシウム陽極間は相互干渉を防ぐため1m以上離す。
垂直設置：　数mの間隔で掘った径250mm深さ３m～５mほどの孔の中に一本ずつ（又は数本連結して）垂直に挿入して設置するものとする。

図 38　地中埋設管のマグネシウム合金による防食方法

出所：筆者作成　参考：「本支管指針（設計編）」JGA-201-98　ガス工作物等技術調査委員会編　（社）日本ガス協会（1998）
「供内管腐食対策ガイドライン」S60.11（社）日本ガス協会（1985）

10～120 m 程度の位置に電極を設置するもので，外電の最大の欠点である他埋設物への干渉を軽微に抑えることが可能であり，他埋設物が輻輳する都市部での大規模な管路の防食に適している。

外部電源法は，交流電源を用いるが，防食には直流が必要なため，直流変換のためのシリコン整流器が必要である。電源電圧は最高 60V（「電気設備に関する技術基準」第 248 条に定められた「電気防食施設」の使用最高電圧）まで印加できるようになっており，これを上回るものを設置することはできないが，かなり広範囲の電気防食が可能なため，大規模埋設管の防食や大規模構造物の防食に適している。実際の管路の防食電圧は，各種指針で水道管，ガス管は 850（mV），設計防食電圧は 1000（mV）となるように電圧調整できる。この方法は大電流を流すことが可能であり，最高電圧も電気 60V までの電圧を印加することができるので，大規模な埋設管の防食に適している。ただし過大な電流は被覆塗膜を損傷する可能性もあるため，あくまで，管末での管対地電圧が－500（mV）から－600（mV）になるように調整することが大切である。

基本的に腐食が激しいところでの防食が多いため，標準値を用いた計算によるものと実際，合わないことも多く，流電陽極法の項で示した，埋設管腐食測定器等により実際の管対地電圧値 V1（mV）や通電電流 A2（mA），通電後電圧 V2 などを測定し，実測値に基づき設計することが望ましい。所要電流決定の際，設計防食電圧 Vd は 1000 mV として設計するが，計算された所要電流値であっても，最も腐食の危険性の高い位置や，管路の通電接続部から遠いところでは，設置後通電分極が進むため，防食電源設置後は，十分管末でも防食に必要な電位が保てるよう電流調整することも大切である。

$$\text{所要防食電流値 I} = \frac{\text{設計防食電圧Vd}-\text{管対地電圧V1}}{(\text{通電電圧V2}-\text{管対地電圧V1})/\text{通電電流A1}}$$

8.5　電極数の決め方

測定値による所要防食電流値が判明すれば，N＝I/Ic で，標準の珪素鋳鉄電極の 1 個当たりの電流値 Ic は 2A なので　N＝I/Ic＝I/2 で計算できる。また，新規で測定が難しい場合は，各種便覧に腐食の激しい地中や，淡水中，海水中の鋼の防食電流密度 i が記載されており，その電流密度と防食面積の掛け算で所要防食電流 I は計算できる。ただし海水でも，淡水と交るところや，海流の激しいところで必要な電流密度が異なるため，それぞれの条件に合う，防食電流密度 i を便覧等で選定し安全係数と，防食対象面積 A をかけることによっても決定できる。

たとえば所要電流値 I は海水の場合などは，海域の流速によって防食電流密度が変わるため，便覧等の防食電流密度 i を参考に安全を見て決定し，防食対象面積 A をかけることで決定できる。海洋の構造物の場合，0.15A/m^2 程度の防食電流密度化が必要で，安全係数を 30％増しで考えて 1.3 を乗じる。防

食対象面積が200 m^2 とすると所要防食電流は

I＝i＊A＝0.15＊1.3＊200＝39（A）

となり，珪素鋳鉄電極の標準通電量は2Aなので電極数Nは　N＝39/2＝19.5となり　珪素鋳鉄電極を20個必要となる。

Y：電極寿命　Q：陽極の有効電気容量

I＝NQ/Yの関係式から，Y＝NQ/Iとなり珪素鋳鉄電極の代表値Q＝50を適用すれば

Y＝20＊50/30＝33.3となり，極の消耗寿命は33年となり，交換目安となる。

文　献

1) 北田正弘：初級金属学，アグネ（1984）.
2) 玉尾皓平，桜井弘，福山秀敏監修：ニュートン別冊 完全図解「周期表第2版」（2010）.
3) 伊藤叡 監修：特集 NIPPON STEEL MONTHLY, モノづくりの原点，科学の世界 Vol.30（2006）.
4) 福田豊，海崎純男，北川進，伊藤翼編：『詳説 無機化学』，講談社サイエンティフィク（1996）.
5) 矢島悦次郎，市川理衛，古沢浩一：若い技術者のための機械・金属材料，第10刷，丸善（1973）.
6) 村上陽太郎：金属材料基礎学，第4刷，朝倉書店（1984）.
7) 化学ハンドブック編纂委員会編集：化学ハンドブック第1版第4刷（1986）.
8) 日本規格協会：JISハンドブック鉄鋼Ⅰ,（2009）.
9) 河野佳織：テキスト H26，第28回熱処理技術者のための基礎講習会テキスト，「鋼材の生まれｓ鋼種の選び方」（2014）.
10)（社）日本熱処理技術協会，日本金属熱処理工業会編：新版熱処理技術入門2版5刷，大河出版（1990）.
11) 金属熱処理技術便覧編集委員会編：金属熱処理技術便覧増補改訂版，11版，日刊工業新聞社（1977）.
12)（社）日本熱処理技術協会九州支部：テキスト 基礎教育セミナ「鉄鋼材料をうまく使うために」（2011）.
13) 大和久重雄：「熱処理のおはなし」，日本規格協会（1982）.
14) 中村宏，堀川武：「金属疲労の基礎と疲労強度設計への応用」，コロナ社（2008）.
15) 日本機械学会編：「機械工学便覧」第4版9刷，日本機械学会発行（1967）.
16) 機械設計便覧編集委員会編：新版機械設計便覧，第3刷，丸善（1973）.
17) 東京天文台編：理科年表，丸善（1985）.
18) N.D.Tomashov：Theory of Corrosion and Protection of materials, MacmillanCo.N.Y.（1965）.
19) 腐食防食協会編：腐食防食データブック，丸善（1995）.
20) 須永寿夫：ステンレス鋼の損傷とその防止，日刊工業新聞社（1977）.
21) 鹿島建設・栗田工業共著：配管防食マニュアル，pp.32，日本工業出版（1988）.
22) 伊藤伍郎：改定腐食科学と防食技術，19版，pp.36-46，コロナ社（1994）.
23) 小若正倫：「金属の腐食損傷と防食技術」，第1版第1刷，アグネ（1983）.
24) H.H.Uhlig：“Corrosion and Corrosion Control”, John Wiley & Sons Inc.（1971）.
25) 石原只雄：金属の腐食事例と各種防食対策，テクノタイムス（1993）.
26) 岡本剛，井上勝也：「腐食と防食」第1版，大日本図書出版（1975）.
27) C.Barry, Syrett：論文“Corrosion”, Vol.32,（6）（1976）.
28) 柴田俊夫：論文 炭素鋼配管の高温水中腐食機構，材料と環境，腐食防食協会（2008）.
29) 宮坂松甫：特集 腐食防食講座—海水ポンプの腐食と対策技術—第2報海水腐食に及ぼす流れの影響，荏原時報 No221（2008）.
30) G.Okamoto：論文 Corrosion Science, 13, 471（1973）.
31) 長谷川正義監修：「ステンレス鋼便覧」初版，pp.686，日刊工業新聞社（1978）.
32) 平松博之監修：特集 NIPPON STEEL MONTHLY, 2005.11，モノづくりの原点，科学の世界 Vol 22 さびに負けない鋼　ステンレス鋼　上（2006）
33) 日本金属学会編：「金属便覧」改定5版，918，丸善（1995）.
34)（社）金属表面協会編：「金属表面技術便覧」改定新版，581-588（1984）.
35) I.G.Wright, B.A.Wilcox, R.I.Jaffee：論文“Oxid. Metals, 9 275”（1975）.
36) 腐食防食協会編：「金属材料の高温酸化と高温腐食」，丸善（1982）.
37) 新居和嘉：論文「合金の高温酸化」，防食技術，腐食防食協会編，26，389-400（1977）.
38) 野口学，八鍬浩：特集「腐食防食講座—高温腐食の基礎と対策技術—」，エバラ時報 No.252（2016）.
39) 菊池正夫：論文「ステンレス鋼の高温特性」，山陽特殊鋼技報，Vol.21（2014）.

40) 腐食防食協会編：「防食技術便覧」初版1刷，日刊工業新聞社 (1986).
41) 梶山文夫：論文「電気防食における国内外の基準」，材料と環境，49，515-519 (2000).
42) 国土交通省：港湾の施設の技術上の基準・同解説 (H19.4)，改定 新旧対比表 (2007).
43) アメリカ規格協会：ANSI/AWWA C105/A21. (5-2010).
44) 日本規格協会：JIS ハンドブック JIS H 6125 (1995).
45) 電気学会電食防止研究委員会編：「電食・土壌腐食ハンドブック」，コロナ社 (1977).
46) 福田敬祐：論文「電気防食法 (流電陽極方式) 配管技術」増刊号 (2009).
47) 高圧ガス保安協会：「埋設管腐食測定器」の測定マニュアル (2006).
48) 高圧ガス保安協会：「埋設管保安高度化技術 保安専門技術者研修テキスト」経済産業省 H14 年委託事業 (2002).
49) ガス工作物等技術調査委員会編 :「本支管指針 (設計編)」JGA 指 -201-98，日本ガス協会 (1998).
50) 日本ガス協会：「供内管腐食対策ガイドライン」S60.11，日本ガス協会 (1985).
51) (一社) 日本ダクタイル鉄管協会：「埋設管の腐食原因とその防食について」(2001).

第2章　耐久性評価技術

京都工芸繊維大学　**西村　寛之**

1　はじめに

道路，橋梁，鉄道，地下埋設物（上下水道，ガス，電気，電話等）などのインフラ設備，コンクリート建築物，住宅などの寿命は，何十年以上である。実際に建設して，耐久性を調べてから，販売するわけにはいかない。より短時間で，加速試験により，耐久性を評価する必要がある。万一，不具合が発生したら，修理や取替が困難なので，慎重に評価することが必要となる。故障モードを十分に調べて，劣化の影響因子を予測して，加速試験法を確立していくことが必要である。**図1**に長期耐久性評価を行う上で，いくつかに分類される対象を示す。

工業製品を長もちさせるための設計方法と長期耐久性を評価する技術は，以下のようにいくつかに分類される。

① 工業製品が主に単一材料で構成されて，使用寿命に達した現場使用品や市場不具合品が入手できる場合
② 工業製品が主に単一材料で構成されて，使用寿命までは達していないが，現場使用品や市場回収品が入手できる場合
③ 工業製品が主に単一材料で構成されて，比較的長い期間，機能性の維持が求められる場合
④ 工業製品が複数の材料から構成されており，使用環境に応じて，複数の故障モードを有し，使用寿命までは達していないが，現場使用品や市場回収品が入手できる場合
⑤ 工業製品が複数の材料から構成されており，使用環境に応じて，複数の故障モードを有し，新規用途で，現場使用品や市場回収品が入手できない場合

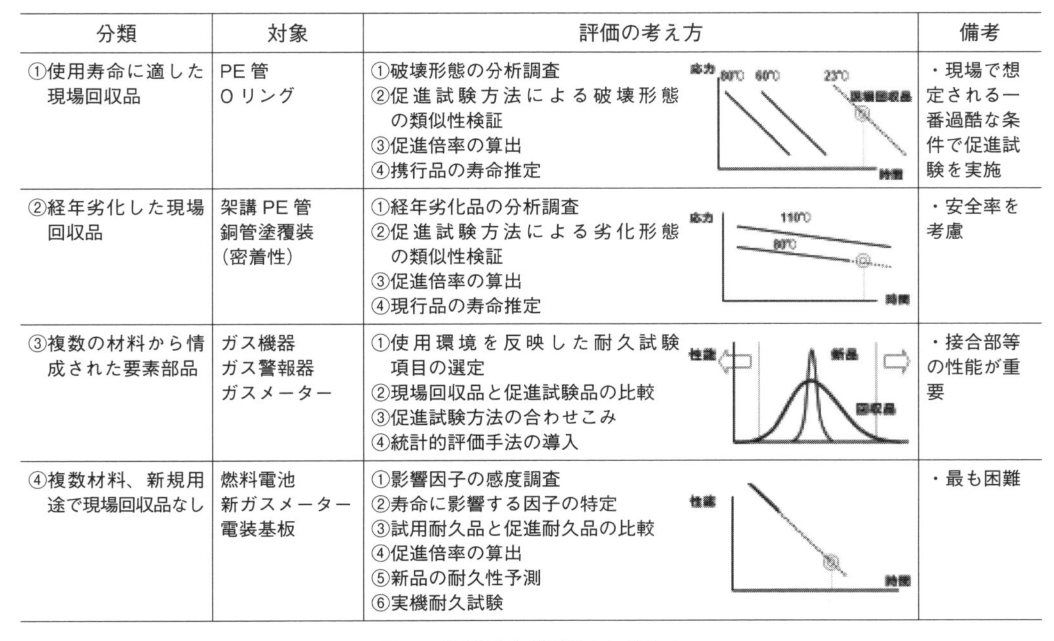

分類	対象	評価の考え方	備考
①使用寿命に適した現場回収品	PE管 Oリング	①破壊形態の分析調査 ②促進試験方法による破壊形態の類似性検証 ③促進倍率の算出 ④携行品の寿命推定	・現場で想定される一番過酷な条件で促進試験を実施
②経年劣化した現場回収品	架講PE管 銅管塗覆装（密着性）	①経年劣化品の分析調査 ②促進試験方法による劣化形態の類似性検証 ③促進倍率の算出 ④現行品の寿命推定	・安全率を考慮
③複数の材料から情成された要素部品	ガス機器 ガス警報器 ガスメーター	①使用環境を反映した耐久試験項目の選定 ②現場回収品と促進試験品の比較 ③促進試験方法の合わせこみ ④統計的評価手法の導入	・接合部等の性能が重要
④複数材料、新規用途で現場回収品なし	燃料電池 新ガスメーター 電装基板	①影響因子の感度調査 ②寿命に影響する因子の特定 ③試用耐久品と促進耐久品の比較 ④促進倍率の算出 ⑤新品の耐久性予測 ⑥実機耐久試験	・最も困難

図1　長期耐久性評価の考え方

2　工業製品の耐久性および機能性評価技術

ここで，分類される構造材料や部品，機能材料の代表的な工業製品を事例にして，設計・耐久性評価技術および設計・機能性評価技術について述べる。①のガス用や水道用のポリエチレン管やシール用のOリングおよびパッキン類は主に単一材料で構成されており，導入されてから30年以上経過しているので，初期に導入されて使用寿命に達した現場回収品や市場不具合品が入手できる。この場合，現場回収品や市場不具合品の分析調査から，破壊形態や劣化因子を特定することが比較的容易である。そこで，現場で想定される一番過酷な条件で加速試験を実施し，実使用環境下での寿命線図を求める。現場回収品や市場不具合品の実測値が予測される寿命線図上に乗るかどうかを検証することができる。

米国で初期に導入されたポリエチレン管を例にとる（**図2**）。米国では埋め戻し時に，ポリエチレン管近傍の土砂を入れ替えないので，地盤の安定とともに，岩石の接触（rock impingment）により，管の内面にき裂が発生して，内圧によりクリープき裂が管内面から管外面に成長することが報告されている[1]。

そこで，管から長手方向に短冊状の試験片を切り出して，全周に剃刀でノッチを入れる全周ノッチ式引張試験方法を考案して，JIS規格化やISO規格化がされた[2)3)]。この促進試験方法にて，米国の初期に導入されたポリエチレン管を80℃，65℃にて試験した応力と破断までの時間の線図から，実使用環境下の20℃での寿命線図を求めた。破壊事例の実測値をプロットすると，予測される寿命線図上に乗ることがわかった。全周ノッチ式引張試験方法が現場で想定される一番過酷な条件での加速試験方法として有効であることがわかる。**図3**に全周ノッチ式引張試験方法および米国の初期に導入されたポリエチレン管の試験結果を示す。また，日本で初期に導入されたポリエチレン管の全周ノッチ式引張試験結果を**図4**に示す。米国の初期に導入されたポリエチレン

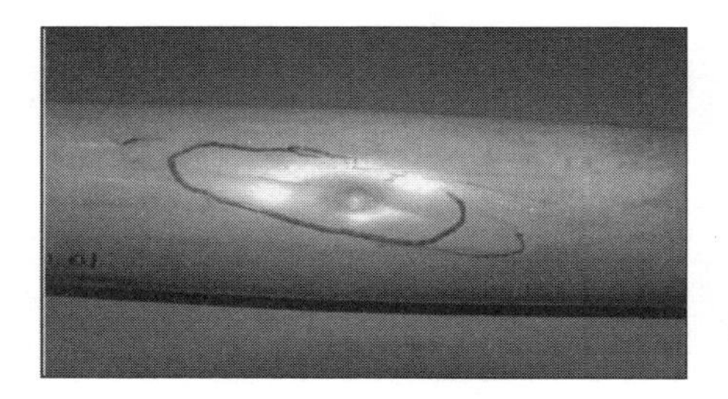

図2　米国の初期に導入されたポリエチレン管の破壊事例

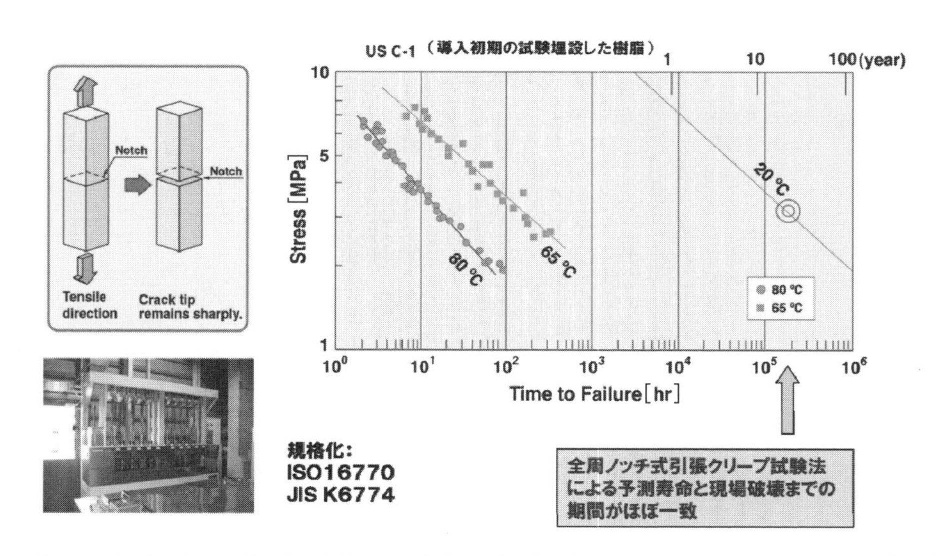

図3　全周ノッチ式引張試験方法および米国の初期に導入されたポリエチレン管の試験結果

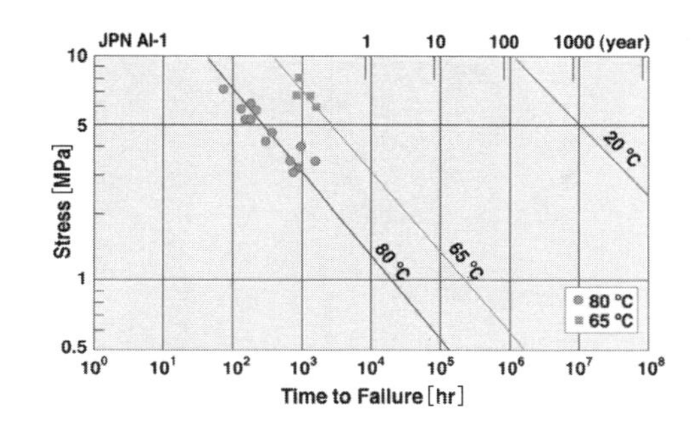

寿命予測式
log t = 1/T(8610-946logσ)-20.14
where t is time to failure (hr), T is temperature (K), and σ is stress (MPa).

図４　日本で初期に導入されたポリエチレン管の全周ノッチ式引張試験結果

管と同様に 80 ℃，65 ℃にて試験した応力と破断までの時間の線図から，実使用環境下の 20 ℃での寿命線図を求めた。さらに，温度，応力，破断までの時間の関係を示す寿命式を求めることができる。実使用環境下の 20 ℃で，応力 5 MPa での予測寿命は 1000 年以上にあり，米国の初期に導入されたポリエチレン管に比べて十分な実用性能を有していることがわかる。

3　O リングおよびパッキン類の耐久性評価技術

シール用の O リングおよびパッキン類についても同様の評価ができる。O リングを治具に装着して，各種温度 80 ℃，100 ℃，120 ℃，150 ℃にて加速して圧縮永久歪試験を実施する（**図 5**）。実使用環境下の 40 ℃の寿命線図を求める。80 ℃，約 7700 時間および 40 ℃，約 3300 時間にて実使用の給湯器の温水通路から回収された O リングの圧縮永久歪値をプロットすると，加速して圧縮永久歪試験から求めた寿命線図とほぼ一致することがわかる。この圧縮永久歪試験は，実使用の O リングのシール性を評価するのに有用であることがわかる。一般に，圧縮永久歪値が 100%になると，O リングの弾性がなくなり，シール性が損なわれるが，安全率，ハウジング側の平滑度，O リングのパーティングラインの存在を考慮して，温水通路では，圧縮永久歪値 80%を限界値，ガス通路では圧縮永久歪値 50%を限界値として運用されている。

②の工業製品が主に単一材料で構成されて，使用寿命までは達していないが，現場使用品や市場回収品が入手できる場合も，①と同様の運用ができる。温水用架橋ポリエチレン管，埋設鋼管の塗覆装，ガスエンジンの潤滑油など，不具合が発生しているわけではないが，市場回収品が入手できる場合は，その経年劣化の程度が，加速試験方法から求めた予測線上に乗るかどうかを調べることにより，加速試験方法の有用性を評価するとことができる。③の工業製品が主に単一材料で構成されて，比較的長い期間，機能性の維持が求められる場合も，②と同様の運用ができる。機能性を評価する試験方法と，機能の耐久性を評価する使用環境を考慮した加速試験方法を規定する必要がある。

④の工業製品が複数の材料から構成されており，使用環境に応じて，複数の故障モードを有し，使用寿命までは達していないが，現場使用品や市場回収品が入手できる場合は，実際の工業製品は大半がこの分類に属すると思われる。工業製品が複数の材料から構成されているために，故障モードは１つではない。発生する故障モード毎に加速試験方法を確立していく必要がある。工業製品を製造販売する場合や社内に設置する場合，初期故障，偶発故障，経年故障などすべての故障を低く抑えるためには，使用環境を想定した加速試験方法の確立が重要である。たとえば，自動車のインテリア部品の場合，車内 10 年間の使用期間が温度 60 ℃，湿度 80%の加速試験で何時間に相当するのかを見極めないといけない。ただ，これは自動車メーカーのノウハウで，なかなかデータは開示されない。前述したように，現場使用品や不具合回収品を分析調査して，加速試験結果

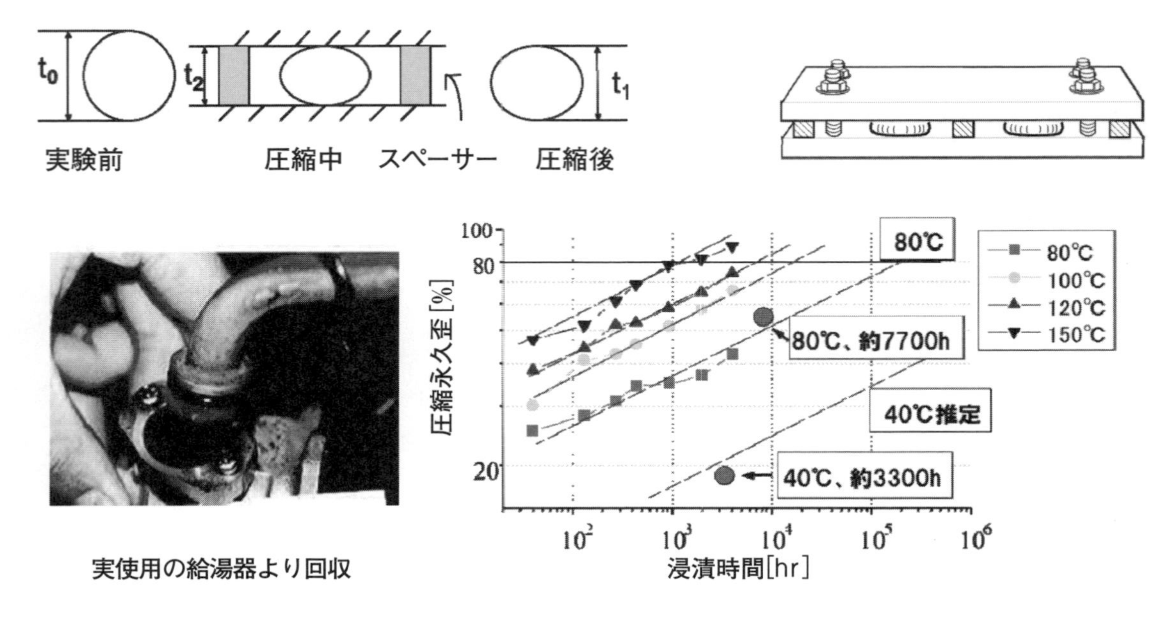

図５　圧縮永久歪試験方法および試験結果

との対応を見ていくことである。

4　ガスメーターの機能部品の促進劣化試験

表１にガスメーターの機能部品の促進劣化試験項目と試験内容を示す。ガスメーターの導入以降，種々の不具合を分析調査し，製品の改良を積み重ねて，この試験内容で運用されている。家電・電子機器等の一般の売り渡しの工業製品は，１年間の無料修理，２年以降は有料修理で，運用されているが，ガスメーターは，ガス事業者の設備で，計量器でもあるので，故障率をより低く抑えることが求められている。この促進劣化試験項目を特定して，加速試験方法の内容を定めることが「長もちの科学」そのものなのである。詳しい内容は，「第Ⅱ編応用事例第３章複数の材料から構成される部品に記載する。

⑤の工業製品が複数の材料から構成されており，使用環境に応じて，複数の故障モードを有し，新規用途で，現場使用品や市場回収品が入手できない場合が一番難しい。一方，新製品開発で，最も求められているものでもある。燃料電池，超音波式ガスメーター，新規の太陽電池などが相当する。

この場合，現場使用品や市場回収品が入手できないので，開発品の環境因子の感度調査を行う。使用環境を考慮して，温度，湿度，ヒートショック，ヒートサイクル，結露などの環境因子に一番感度が高くて，影響を受けやすいのかをまず調べる。寿命に影響を与える因子の絞り込みが重要である。絞り込みができない場合は，すべての因子について検討

表１　ガスメーターの機能部品の促進劣化試験項目と試験内容

No.	促進劣化試験項目	試験内容
1	高温使用信頼性	70 ℃にて性能確認
2	高温放置	70 ℃×96 時間
3	熱加速耐久	80 ℃×114 日
4	低温使用信頼性	−20 ℃にて性能確認
5	低温放置	−20 ℃×1000 時間
6	耐湿性	40 ℃，湿度 95%×1000 時間
7	ヒートショック１	−20 ℃⇔70 ℃×300 サイクル
8	ヒートショック２	−40 ℃⇔80 ℃×600 サイクル
9	結露試験	−20 ℃→40 ℃湿度 95% にて確認
10	繰り返し耐久１	0 Pa⇔6 kPa×100 万回
12	繰り返し耐久２	−10 kPa⇔15 kPa×15 万回
13	電気的寿命	3.3 V を印加して 0 Pa⇔2 kPa×5 万回
14	（耐応力腐食）＊１	（NaCl 水＋NaNO3 水）×96 時間煮沸
15	耐腐食ガス	H2S＋SO2，40 ℃，湿度 75%×96 時間

しなければならない。次に，影響を与える因子に着目して，加速試験方法を検討し，試験を実施する。得られた加速試験の実測値と，開発途中で試作された試作品の耐久試験結果と比較して，加速試験の妥当性を検証する。まだ，最終の開発品の耐久試験は実施されていないかもしれないが，開発途中の試作品の耐久試験を実施する場合が多いので，両者を比較することは意味がある。得られた寿命予測線図の妥当性が検証できた場合，得られた寿命予測線図から，実使用環境下での寿命を予測する。実機の開発品の耐久試験をある程度の期間実施後に，販売される場合や，もし故障した場合，個別に対応できるように数量を限定して販売される場合がある。いずれにしても，実機の耐久試験を継続して実施し，促進試験結果との対応を調べていくことが必要となる。

文　献

1) E. Lever：Gas Technology Institute, 'REDUCING OPERATIONAL RISK IN VINTAGE PLASTIC DISTRIBUTION SYSTEMS', PPXVIII (2016).
2) JIJ K6774，ガス用ポリエチレン管
3) ISO 16770 (2004)，Plastics-Determination of environmental stress cracking (ESC) of polyethylene-Full-notch creep test (FNCT).

第1節　シール性評価

京都工芸繊維大学　堀田　透

1　シールとは

シール（seal）は捺印・密封する（液体が漏れることを止める）という意味がある。『JISB0116・パッキン及びガスケット用語』によると，シールとは液体の漏れまたは外部からの異物の侵入を防止するために用いる装置の総称となっている。

シールは，航空機・自動車・産業機械からガス機器・電気機器・給湯器・水道設備等の我々が日常に身の回りで使用しているものの機能を維持するために重要な役割を果たしている。シールなしではこれらの機械や機器は機能を十分に発揮出来ない（使用出来ないことには産業活動から我々の日常生活までが止まってしまう可能性がある）。

シール部材（材料）としては，金属（金属ガスケットは過去から広く使用されているが，銅・アルミニウム・黄銅で金属の中では柔らかいものが多い）・樹脂そしてゴムや，最近は熱可塑性エラストマーと柔らかさを持った部材を使用して各種機器をシールしたり，隙間を埋めるために使用されてきた。

その中でゴムは最も柔らかく，ゴム自身が有している弾性によりシール個所で加える圧縮に対して反力を生じることで，シール性をより確実に高めることが出来る素材である。このゴム特有の性質を生かしたシール部材として上記で述べた様な種々の用途に使用されている。そして，ゴム部材としてはＯリングでの使用例が一番多いとされている。

ここでは，このゴム部材のＯリングのシール性について述べることとする。

2　シールの分類とゴムＯリング

密封装置といわれるシールを分類して，ゴムＯリングまでを辿ることとする。シールを分類するとまず，パッキン（運動用シール）とガスケット（固定用シール）に分けられる。ゴムＯリングはこの両方に存在する。

まず，パッキン（運動用シール）は，接触型シールと非接触型シールに分かれており，Ｏリングは接触型シールのセルフシール・スクイズパッキンに属する。セルフシールとは，Ｏリング溝内に装着されることでシール面圧（Po）が発生する。実際の使用時に片側から流体・気体等の圧力（P1）が加わると，Ｏリングはかかった圧力と反対側に押しつけられ（柔らかいゴム素材であることで変形を生じ）溝壁に密着し接触面圧が増加して（P2）となる。この面圧関係で P2＞P1 となる状況では流体・気体等の圧力（P1）での漏れ防止が保たれる。

ガスケット（固定用シール）は，非金属ガスケットと金属ガスケットに分かれる。当然ながら非金属ガスケットのＯリングに属することとなる。

ゴム材料としてはＯリングに属する以外でも，パッキン（運動用シール）ではオイルシールやリップパッキン，ダイヤフラムに，ガスケット（固定用シール）ではゴムガスケット，ゴム薄膜金属ガスケット等に使用されている。これらのゴム材料としては各種の使用環境（環境温度・接触流体等）に対応するために各種ゴム原料（ポリマー）が選定されているが，詳しくは第Ⅱ編第２章第２節で述べる。

3　シール性（ゴムＯリング）評価

3.1　圧縮永久歪性

加硫ゴムの弾性に関する特性である圧縮永久歪性は，加硫ゴムが圧縮を受けた際に示すクリープ（ゴムに一定外力をかけると，荷重のために内部構造の変化が起こり，変形が生じる）・応力緩和現象（ゴムに一定の変形を加え続けると，その変形応力が徐々に減少する）とともに，加硫ゴムの流動性（変形）を表すものである。圧縮による外力を受けて変形する場合，外力を取り除くと弾性変形限界内分は戻るが，弾性変形限界を越えた分は変形は戻らず，圧縮永久歪として残留する（この圧縮永久歪が次項で述べる圧縮永久歪試験で求める圧縮永久歪率である）。

ゴムシール性は，製品としては継続的にシールすることを求められており，ゴムシール部分（製品例として，ゴムＯリング）に圧縮を加えた際に発生する反力（ゴム弾性により生じている：これはゴム弾性変形内でと考える）を利用している。しかし，継続的な使用において，この反力はゴムの劣化（化学的・物理的）によって減少するとされているが，これが圧縮永久歪率が大きくなっていく主原因である。熱による化学的劣化では大きく影響する。

継続的に使用されている製品のゴムシール性を考える場合に，上記の残留した圧縮永久歪がゴムシール性が低下する部分（反力の減少に相当）であると考える。ゴムシール性を評価する際には，そのゴムの圧縮永久歪性（各条件での圧縮永久歪試験における圧縮永久歪率）を指標としてきている。一般的に，各条件での圧縮永久歪試験による圧縮永久歪率が70～80％になった時を寿命とする考え方が，過去からなされて来た。

3.2　圧縮永久歪試験

圧縮永久歪試験は，JISK6262（ISO：815）で定ひずみ式が規定されている。以下に，その詳細を説明する。

2枚かそれ以上の枚数の平行・平滑に仕上げたクロムメッキを施した金属板間に規定形状（直径：29±0.50 mm・厚さ：12.5±0.5 mm）のゴム試験片（規定金型にて加硫して作成している）をセット（なるべく治具中央部に）して，常温～規定温度で規定時間放置後，ゴム試験片を治具から取り出し30分間室温に放冷後，試験片の厚さを測定して，圧縮永久歪率を算出するとされている。圧縮率は25％が標準（スペーサー厚さは9.4 mm）で，過去からの使用実績においてＯリング等のパッキンの圧縮率は20～30％が最もシール性能を発揮するとされていることからも妥当であると考える。

温度は，常温から40・55・70・80・100℃～と高温領域とされており，通常はゴム材料それぞれの耐熱限界温度及び製品の実用環境温度付近で行われる。圧縮永久歪試験装置の例は**図1～図3**を参照されたい。

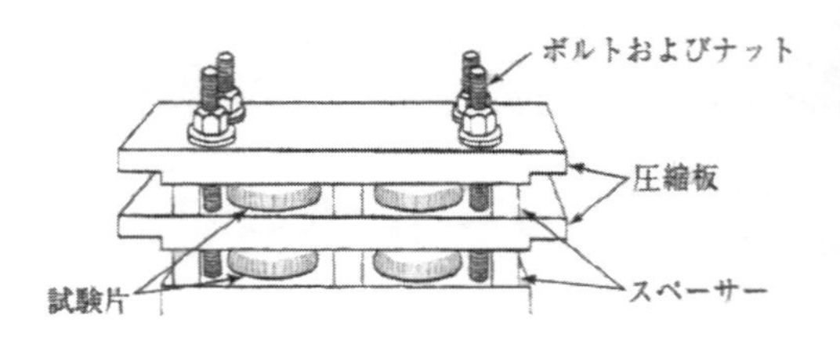

図1　圧縮永久歪治具を用いた加硫ゴム物性試験

ﾃｽﾄﾋﾟｰｽ（直径：29.0 mm・厚さ：12.5 mm）
ｽﾍﾟｰｻｰ厚さ：9.4 mm使用で圧縮率25％
圧縮永久歪治具を使用

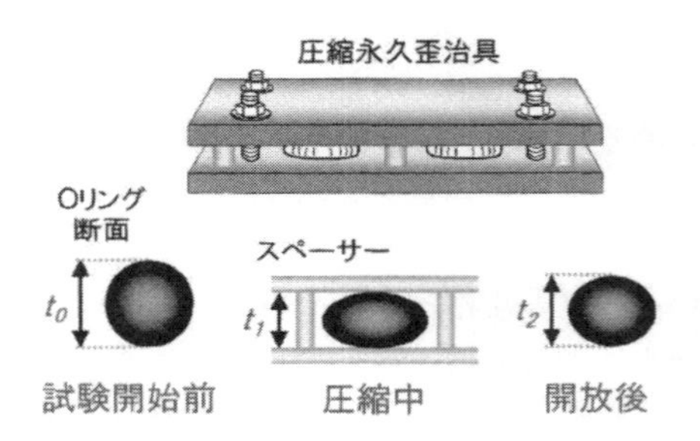

図2　圧縮永久歪治具を用いたＯリングによるテスト

ﾃｽﾄﾋﾟｰｽ（JISB2401・P12：直径：2.4 mm）
ｽﾍﾟｰｻｰ厚さ：1.8 mm使用で圧縮率25％

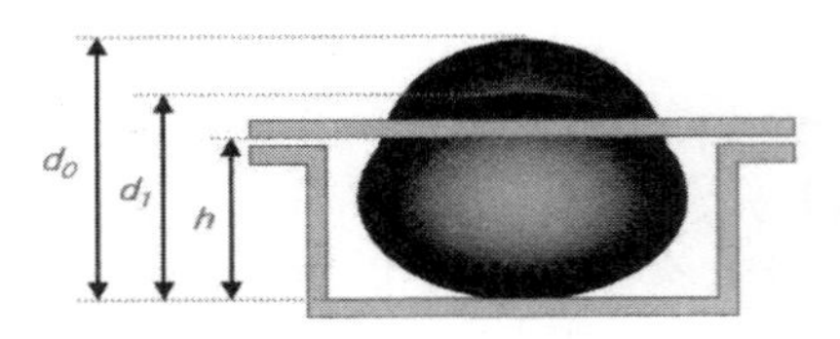

図3　製品取りつけケースに装着されたＯリング

ﾃｽﾄﾋﾟｰｽ（JISB2401・P12：直径：2.4 mm）
溝深さ：1.8 mm使用で圧縮率25％
溝幅：3.2 mm使用で充填率約80％

以下、JISK6262に規定された圧縮永久歪試験及び製品（Ｏリング）を試験片とする圧縮永久歪試験を報告する。また，**表1**に3方式（1）～（3）で同一ゴム材料を使用し，テストピースおよび製品を異なった圧縮永久歪治具を用いて圧縮永久歪試験を行った結果を示す。

（1）はJISK6262に準ずる加硫ゴム物性試験で行っている。テストピースは専用の円柱状のものを使用する。

（2）（3）は実際に製品として使用するＯリングを

表１　各圧縮永久歪試験（100℃・72時間）における圧縮永久歪率

圧縮永久歪試験方法	圧縮永久歪率（%）
(1) JISK6262に準じた圧縮永久歪試験	19
(2) 実際使用するＯリングを圧縮永久歪治具で試験	29
(3) 実際使用するＯリングを製品取り付けケース装着して試験	24

（出典：藤倉ゴム工業㈱・技術資料）

テストピースとする。

(1) (2) は圧縮永久歪治具を使用，(3) は充填率80％となる様に溝幅を3.2 mmのケースを使用。JISB2401・2012に準じたゴム材料（NBR-70-1）を使用し作成しテストピース・Ｏリングを (1)・(2) の圧縮永久歪治具及び (3) の製品取り付けケースに圧縮（圧縮25％）100℃・72時間の圧縮永久歪試験を実施した結果を表１に示す。

表１の圧縮永久歪試験による圧縮永久歪率を比較すると，JISK6262の加硫ゴム試験方法に準じた (1) が最も小さく，次が (3) で (2) が一番大きくなっている（ゴムシールで実際に製品として使用する条件に一番近い試験方法は (3) と思われる）。

同じゴム材料を使用した圧縮永久歪試験で圧縮永久歪率が違う原因を考えると，(1) のJISK6262に準じた試験でのテストピースは直径29.0 mm・厚さ12.5 mmとゴム重量は (2)・(3) の製品（Ｏリング）に比較して大きく，圧縮永久歪試験で治具から受ける圧縮面積も大きいことで，テストピースの変形が小さくなっている。これに対し (2)・(3) はP12のＯリングなので，同じ圧縮率（25％）を小さい面で受けて変形量は大きくなっている。この変形量の差によって数値が大きくなったと考える。

さらには (2) と (3) の違いは，(2) の場合は圧縮された時にＯリングは内径及び外径側ともフリーであるために変形は圧縮に対してそのまま発生するが，(3) の場合はケースに装着されており充填率80％で圧縮していることで一部ケースに接触して変形が (2) よりも小さくなっている。この状況により (2) と (3) では，内外径とも変形を生じる (2) の圧縮永久歪率が大きくなっているものと考える。

(2) の方法（Ｏリングをフリー状態で圧縮永久歪試験する）をゴム原料を製造されているポリマーメーカー・カタログではJISK6262の方法と併せて載せられている例がいくつかある。これは一番厳しい条件（Ｏリングをフリー状態で圧縮する）下での材料評価であり，材料物性情報としては重要であると考える。

3.3　圧縮永久歪性に影響を及ぼすゴム材料特性

JISK6262の規定では，圧縮永久歪試験を行う際の試験条件を常温・高温・低温で行うとしている（高温はゴム材料の耐熱性，低温は耐寒性により影響が異なってくると考える）。しかし，製品を使用する環境条件はこれに限らずに様々な条件があり，その条件の違いによるゴムシール性評価の方法も考慮すべきです。以下に耐熱性を含めその他の特性とシール性評価について述べる。

3.3.1　耐熱性

JISK6262で規定している試験条件では高温（40～250℃）での圧縮永久歪試験を規定している。各種ゴム材料は，それぞれの持つ特性（化学構造）によって耐熱温度が決まっているので，限界温度付近で長時間おかれると熱酸化劣化を生じて最終的にはゴム弾性が低下し，シール性低下して漏れ等の不具合を発生する。

前にも述べたように，耐熱性（熱酸化劣化）において圧縮永久歪率が70～80％に至る時点をゴムシール性の寿命とする考え方が一般にされているが，まさにこれに当てはまるものであり，高温領域の圧縮永久歪率が70～80％に至る時間からアレニウス則を用いて，常温領域での寿命予測を行っている。

3.3.2　その他の特性（耐油性・耐水性等）

製品を使用する環境条件は耐熱性に限らずに様々な条件があることは，すでに述べているが，自動車部品のシールの場合にはガソリン・軽油・アルコール（燃料），各種潤滑油，ブレーキ油等の多彩な油や給湯器周りでは塩素水・高温水等の水に対する耐性（ゴムの膨潤や抽出）が求められ，熱酸化劣化（耐熱性）とは異なったゴムの化学的応力緩和（ゴムの膨潤・抽出による劣化で熱酸化劣化とは異なる）としてゴムに影響を及ぼす。

ゴムにシール部分で各種オイルや高温水が接触・浸漬することで，ゴムはまず膨潤現象を呈しゴム内部にオイルや水が浸入し軟化を起こし，ゴム弾性の低下により圧縮永久歪率が増大し，シール性が低下する。水（高温の塩素水）の場合は膨潤と塩素によるゴム中に含まれている補強剤・カーボンブラックへの反応により，最終的には製品表面からゴム分が脱離する黒粉現象を発生して，圧縮永久歪率の増大を生じていく（当然ながらシール性低下）。熱以外にも，ゴムの圧縮永久歪率を増大させ，シール性低下を起こす要因がいくつも存在していると考える。

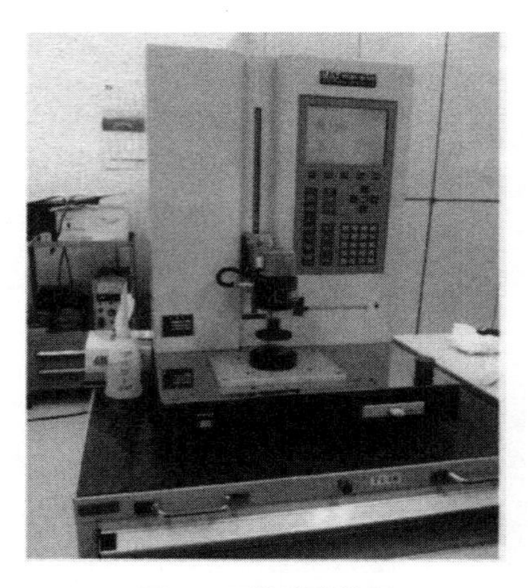

図4　圧縮試験装置

（圧縮試験（容量 1 kN）。日本計測システム社製）

3.4　新しいシール性評価方法（圧縮反力測定方法による）

前項で述べている様に，ゴム材料の圧縮永久歪性がシール性評価の指標として一般的には用いられてきたが，耐熱性（熱酸化劣化）以外の環境条件では必ずしも当てはまらない場合もあり，ゴムＯリングを圧縮したときの反力荷重値を測定することでシール性評価を行う方法が最近提案されている。この方法においては，上記 3.3.2 のその他の特性による劣化を含めての評価が可能となる。

前述したように，シールはゴム弾性（ゴムＯリングを定圧縮してセットした際に発生する反発力）をもって確立している。この圧縮時の反発力（反力荷重値）を初期から各環境条件劣化後まで測定することで，定量的シール性評価の指標とする方法である。具体的には，Ｏリングをロードセル上に置き圧縮を定めた圧縮率まで行い，その際の反力荷重値を測定してやるやり方である。試験機としては，ゴムダンベル片を引張試験しているストロブラフ（自動引張試験機）を使用し，ロードセルを引張から圧縮に変更して行う。

正確な圧縮反力荷重値を求める試験装置として以下の装置が，すでに市販されている（**図4**）。

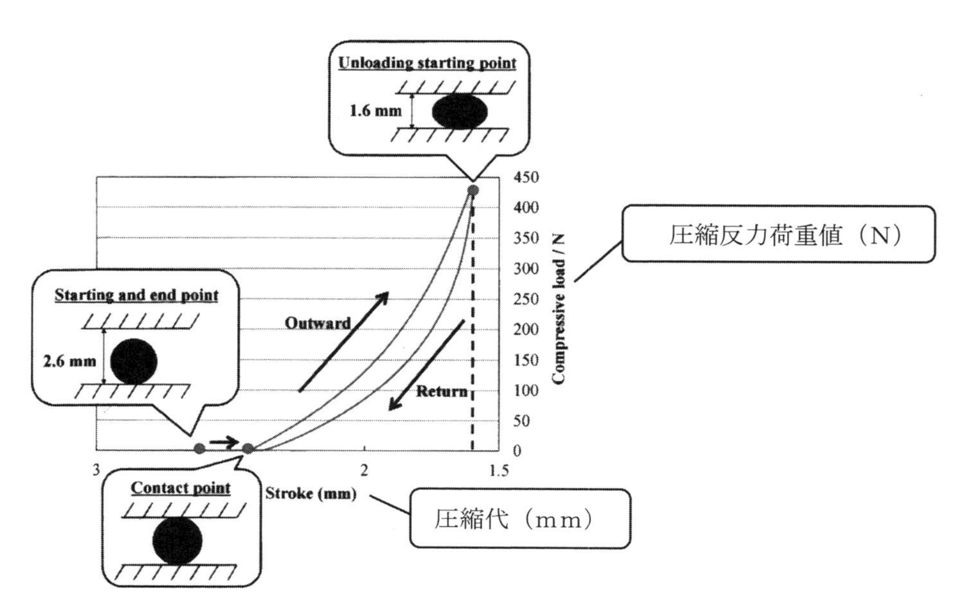

図5　Ｏリングの圧縮－圧縮反力荷重値

以下に，この圧縮装置を使用してP12（直径2.4 mm）ゴムＯリングを圧縮率0%から約35%（直径2.4 mmのＯリングを1.6 mmまで）圧縮した時の圧縮反力荷重値（Compresive/ 単位：N）のグラフが**図５**である。行き（Outward）と戻り（Ruturn）では線図が異なるが，これは圧縮（行き：Outward）によりゴム材料内部に応力緩和が生じたことで戻り（Ruturn）の荷重値が下がった結果であると考える（この線図の荷重値・傾きはゴム材料によって異なる)。

このＯリングの圧縮反力荷重値をもってシール性評価を行う場合では，未使用品に対して各環境条件を与えられたことで劣化が進行してシール性に不具合（通常では漏れ発生）を生じる時点を見つけることが必要となる。この圧縮反力荷重値測定方法は、最近の試みであり，ここからの手法はまだ検討段階である。各環境条件で劣化したサンプルによる漏れ測定により漏れを生じたものの圧縮反力荷重値を測定することや市場で漏れを生じた現品を回収して圧縮反力荷重値を測定することで，その値（漏れ等の不具合を生じる限界値とすることが出来るか）を特定することが可能になると考える。

当然のことであるが，実際に製品として使用しているＯリングをもっての圧縮反力荷重値を測定して評価を行うこととなるために，影響を及ぼす全ての環境条件を受けたものでの評価となり，耐久性に対してより実用に即した試験評価となると考える。

第2節　機能性コーティング膜の評価

京都工芸繊維大学　川崎　真一

1　機能性コーティング膜について

機能性コーティング膜とは，金属，樹脂，ガラスなどの上に基材の撥水・撥油，非粘着，防汚，帯電防止や導電，防食や防錆，耐熱や遮熱，反射防止，耐候，ガスバリア，抗菌・抗カビ，木材防腐・防虫，意匠性などの各種の機能を付与するコーティングを施した膜のことである。これらの機能性コーティング膜は，調理器具，住宅，ディスプレイ，スマートフォン，家電，自動車，輸送機器，大型建造物，文化財をはじめ，食品包装，飲料容器，カード類から，プラントや生産機器など，様々なところに適用されており，現代の生活や社会では不可欠のものになっている。

撥水・撥油，非粘着コーティング，防汚コーティングについては，フッ素樹脂やシリコーン樹脂が用いられ，お手入れ性に優れたレンジコンロの焼き網や天板，フライパン，屋外の建築物や航空機，また，最近では，指紋が付着しにくい薄膜コーティングがスマートフォンの表面ガラスなどに使用されている。防汚については，撥水・撥油だけでなく，酸化チタンなどの光触媒やシリカなどのゾル-ゲル法による親水コーティングも適用されており，基材に付着した汚れが親水により浮いて流されることで，建材，ガラスや，衛生機器などへの応用も多くなってきている。

帯電防止や導電などのコーティングには，カーボンブラックやカーボンナノチューブなどのカーボン，銀，銅，ニッケルなどの金属粉，酸化錫などの導電性顔料を導入することで機能を発現しており静電気を防止するためのスマートフォンなどの部材をはじめとする情報通信機器部品，それらを製造する設備や工場に適用されている。また，導電性顔料を高濃度にすることによる高周波の電磁波シールド用途として，通信機器，音響機器，医療機器などにも用いられている。

防食や防錆については，いわゆる鉄を守る錆止め塗料が多く，鉄表面に不動態層を形成する鉛化合物，クロム酸化合物などを含有する塗料が以前は用いられてきたが，鉛やクロムの環境問題から，鉄より電気化学的に腐食しやすく鉄のアノード反応を抑制する亜鉛を多く含む下地塗料を用いるコーティングが主力となっており，橋梁，鉄塔，船舶や鉄道車両などに用いられている。

耐熱や遮熱について，耐熱に関しては，超高温用途では，シリカ，アルミナ，炭酸カルシウム，硫酸バリウム，マイカ（雲母）などの鉱物質やセラミックスの粉末を多く含むコーティングが用いられ，厨房機器，マフラー，焼却炉やボイラなどの金属の保護や着色用途として適用されている。遮熱については，熱線である赤外線を反射する酸化チタンや酸化コバルトなどの白色顔料やアルミニウムなどの金属粉による太陽熱反射コーティングが夏場の空調運転付加抑制のために屋根材や窓ガラスなどの表面に塗られることが多くなってきている。

反射防止については，テレビやスマートフォンなどの液晶パネルや有機ELパネル等のディスプレイの映り込み防止のために用いられるものが多く，基材であるPETフィルムより屈折率の小さなフッ素樹脂やシリコーン樹脂系の化合物を含むコーティング層を形成して光を制御して反射を防止している。スマートフォンのレンズなどの精密な反射防止が要求される系では精密成形されたレンズ表面上に低屈折層と高屈折層を交互に複数形成して高度な反射防止機能を発現させている。

耐候コーティングについては，アクリルシリコン樹脂，シリコーン樹脂にシリカなどの無機成分を配合したものやフッ素樹脂を用いたものなどがあり，紫外線吸収剤なども配合して，雨水，紫外線などによる基材の劣化，白亜化（チョーキング），変色や光沢の低下をおさえるもので，外装建材，自動車，鉄道車両などに用いられている。

ガスバリアについては，温めることのできる茶飲料や発泡性があるビールなど，通常のPETボトルではガス成分が蒸散することで適用できなかったものが，PETボトル内面にDLC（ダイヤモンドライクカーボン）コーティング層とすることで，ガスバリア性をもたせることで，容器としての用途を拡大している。

抗菌・抗カビについては，樹脂成分に薬剤として，抗菌では銀などの無機系薬剤やリン酸アンモニウム塩などの有機系薬剤を配合し，抗カビについては，ハロゲン，フェノール，イミダゾールなどを配合したものコーティングして機能を発現させ，内装建材，車両内装シート，文具，食品トレイなどに利用されている。

木材防腐・防虫について，木材防腐では，古くは石炭を乾留した際に得られるクレオソート油が用いられていたが，最近では，硫黄や窒素を含む有機系の薬剤で安全性を考慮して配合された塗料が，外装，ウッドデッキなどの屋外で使用される木質建材の保護に使用されている。防虫としては，ヒラタキクイムシやカミキリムシなどの木材害虫に対して効力のあるピレスロイド系，ネオニコチノイド系を配合した塗料などが用いられている。

意匠性に関しては，フレーク状の顔料を多層にして光干渉膜を形成することで，光の入射角によって色が変化するコーティングで，玉虫やモルフォ蝶を模して，着色ではなく構造色と呼ばれ，自動車，家電製品，携帯電話，腕時計，スポーツ用品などに用いられる用になってきている。

以上，機能性コーティングとして，主な機能，成分，用途についてまとめたが，上記以外にも各種の機能を有するコーティングが日進月歩で開発され，製品化されており，コーティングによる機能付与は今後もますます広がる傾向にある。

2　機能性コーティングとしてのフッ素樹脂コーティング

機能性コーティングは基材の表面を処理して下地を作り，その上にコーティング液を塗布して溶剤などを留去してコーティング膜を形成し，表面を仕上げて完成させる。ここでは，撥水・撥油，非粘着，防汚などの機能を有するフッ素樹脂コーティングについて述べる。

フッ素はその価電子の軌道（2p）がきわめて低く，電子を引きつける能力に長けていることから，原子核のまわりに電子が存在しており，あらゆる元素のなかで最も高い電気陰性度をもち，ハロゲン元素のなかで最も小さい原子半径であり，電子が揺らぎにくい性質を持っている。そのためフッ素は分子間力が弱く，表面張力と関係する表面自由エネルギーが小さくなる。

次に，フッ素樹脂について，例えば，PTFEのC-F結合の場合は454 KJ/molと極めて大きく，耐熱性，耐薬品性，耐候性等に加え，非粘着性，滑り性などのユニークな優れた特性を有し，C-F結合の極性は大きいが結合距離が短いことから分極率が低くフッ素樹脂の屈折率，誘電率，誘電正接はいずれも樹脂のなかでは最も小さい値を示す。これらの特性を有していることから，家電，自動車，航空機，工業機械，半導体，情報通信機器の多くの部品として幅広く使用されている。また，過酷な使用条件でも長期間使用できることによりメンテナンスの頻度を下げられるため，化学プラントや半導体製造ラインなどの生産工程の部材としても様々な用途で使用されている。

フッ素樹脂は，用途に応じて構造の異なる各種フッ素樹脂が用いられており，構造や特長を以下に示す（**表1**）。

3　フッ素樹脂コーティングの加工法

次にフッ素樹脂コーティングの一般的なコーティング加工の手順を示す。フッ素樹脂コーティングについて，基材としては主に金属を用いる場合が多い。非粘着の用途などに用いる場合は，基材の金属としては，炭素鋼，ステンレス，アルミなどが用いられる場合が多く，金属表面の酸化層や油分を除去するために，脱脂，研磨，ブラスト，溶射などの処理を施しコーティング膜の足場を形成する。ブラストについては，セラミックスなどの微粒子を高速で吹き付け，金属表面の酸化層などを除くとともに，表面を荒らすことで，上に付くコーティング膜の密着性を高める役割も果たす。また，溶射は，金属やセラミックスの溶融物を基材に吹き付け，急冷することで，溶射膜層を表面に形成することで，凹凸によるコーティング膜の密着性向上に加え，下地として硬

表１　フッ素樹脂の構造と特徴

名称	構造式	接触角（°）	融点（℃）	連続使用温度（℃）	特徴
PTFE	$-(-CF_2-CF_2-)_n-$	110	327	260	耐熱性，耐薬品性，電気特性，非粘着性，自己潤滑性に優れる。加工は切削となる。
FEP	$-(-CF_2-CF_2-CF_2-CF(CF_3)-)_n-$	114	270	200	PTFEに比べ若干，耐熱性に劣るが，他の物性は同等である。
PFA	$-(-CF_2-CF_2-CF_2-CF(CRf)-)_n-$ $Rf = C_3F_7, C_4F_9$ etc.	115	310	260	PTFEに匹敵する特長を有し，溶融成形が可能である。
ETFE	$-(-CF_2-CF_2-CF_2-CF_2-)_n-$	96	270	150	耐薬品性，機械強度，電気絶縁性，耐放射線性に優れる。
ECTFE	$-(-CF_2-CF_2-CF_2-CF(Cl)-)_n-$	94	220	150	耐薬品性，防炎性，表面平滑性，硬度に優れる。

度を持たせることで，耐久性を高めることもできる。その後，下地とフッ素樹脂コーティング膜層の間で密着層となるプライマー処理を行う。プライマーも用途や機能に応じて選択することになり，エンジニアリングプラスチックスなどの耐熱性のプライマーが広く使われている。プライマーには主として以下に示すものが用いられる。

・ポリアミドイミド（PAI）
　フライパンなど調理器具用途によく使用される
・ポリエーテルサルホン（PES）
　PAIとともに一般用途でよく使用される
・ポリフェニレンスルフィド（PPS）
　吸水性が低く，耐有機溶剤性に優れる
・ポリイミド（PI）
　耐熱性が要求される場合に使用される
・ポリエーテルエーテルケトン（PEEK）
　硬さ，耐食性が要求される場合に使用される

基材との密着層であるプライマー層を形成後，フッ素樹脂コーティングを施すにあたり，フッ素樹脂の種類により，エアスプレーガンによるディスパージョン塗料の塗装や，静電ガンによる粉体塗料の塗装によりコーティングし，加熱処理することで，フッ素樹脂膜層を形成する（**図１**）。ここでも，機能や耐久性を高めるために多層にコートする場合もある。その後，最終の仕上げとしては，最上部のコーティング膜層の表面をバフなどの研磨布を用いて研磨することで，平滑面とすることが多い。

これらのスキームをまとめると，**図２**のようになる。

図１　フッ素樹脂コーティングの構造[6)]

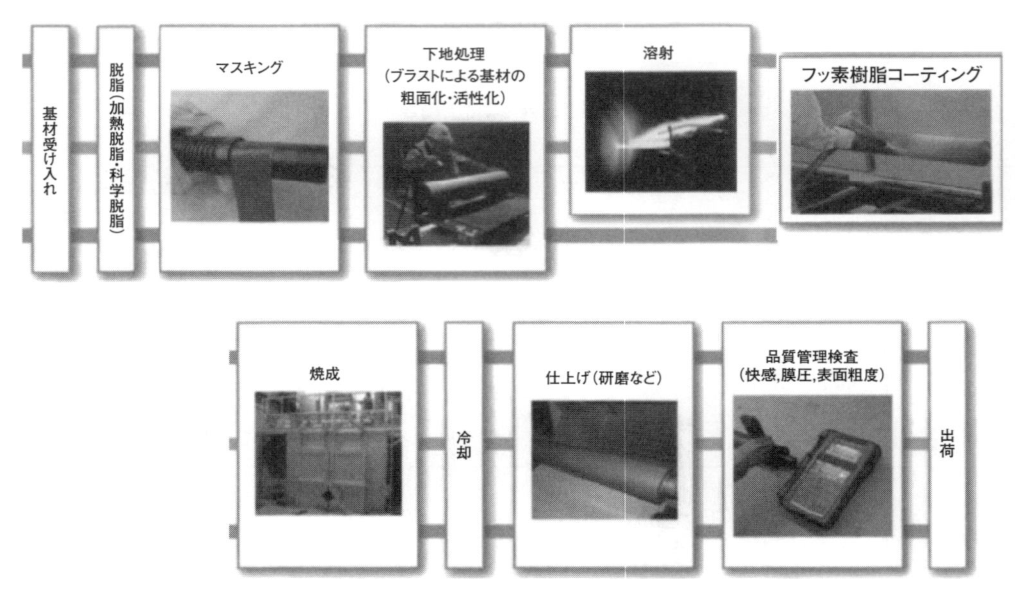

図２　フッ素樹脂コーティング加工の工程[6)]

上記に示す工程によりフッ素樹脂コーティングが得られ，次に示す日常生活から工業生産工程に至るまで，幅広く様々な用途に用いられている（**図３**）。

・**PTFE**：食品やゴムの非粘着，不織布やフィルムのすべり性用途

フライパン

コンロ焼き網

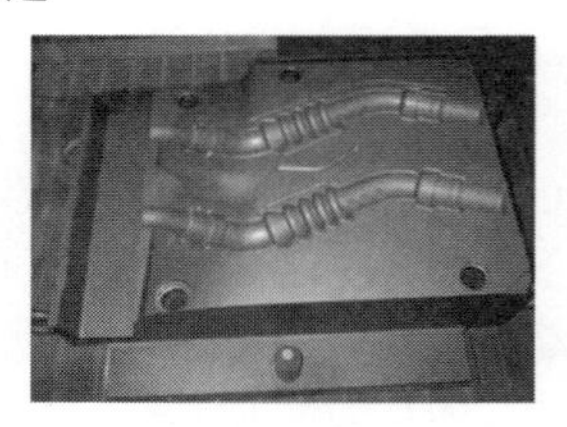

ゴム部品を成型する金型

・**PFA**：食品，パルプ，インク等の非粘着用途

炊飯釜

大型製紙ローラー

印刷機械用インクパン

・FEP：食品やゴムの非粘着用途

チーズ用ホッパー

ゴムタイヤの金型

・ETFE，ECTFE：腐食性ガスや液体に対する耐食

液晶・半導体工場の排気ダクト内面

ケミカルタンクの内面

図３　フッ素樹脂コーティングの加工例[6)]

4　フッ素樹脂コーティング膜の評価方法

フッ素樹脂コーティング膜の評価方法として，機能性評価と耐久性評価に分けて述べることにする。機能評価として，フッ素樹脂コーティングの代表的な撥水・撥油性については，接触角を用いることが多い（**図４**）。接触角は，下記に示すとおり，水や油などの液滴をコーティング膜表面に形成することで，コーティング膜と液滴の角度を測定することで，評価する。撥水性の場合は，水滴との角度となり，その角度が大きいほど撥水性が大きいと評価する。

接触角と表面張力はヤングの式で示される。

$$\gamma \mathrm{LG} \cos \theta + \gamma \mathrm{SL} = \gamma \mathrm{SG}$$

θ ：接触角

$\gamma \mathrm{LG}$：液体・気体界面にはたらく表面張力

$\gamma \mathrm{SL}$：固体・液体界面にはたらく表面張力

$\gamma \mathrm{SG}$：固体・気体界面にはたらく表面張力

また，表面構造をハスの葉のような微細な凹凸とすることで，接触角を大きくすることができる。これは，次に示すCassieモデルで説明されることが多い（**図５**）。凹凸による複合表面で，接触角が$\theta 1$になる素材１と$\theta 2$になる素材２とする場合，素材１での表面張力を$\gamma \mathrm{SG},1$，素材２での表面張力を$\gamma \mathrm{SG},2$，素材１と液体の界面にはたらく界面張力を$\gamma \mathrm{SL},1$，素材２と液体の界面にはたらく界面張力を

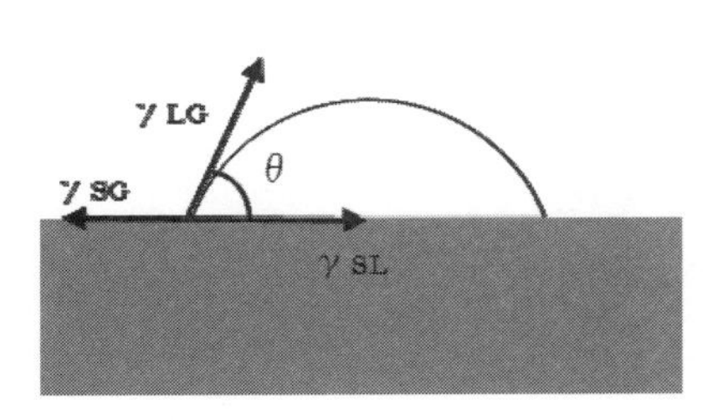

図４　フッ素樹脂コーティングの構造

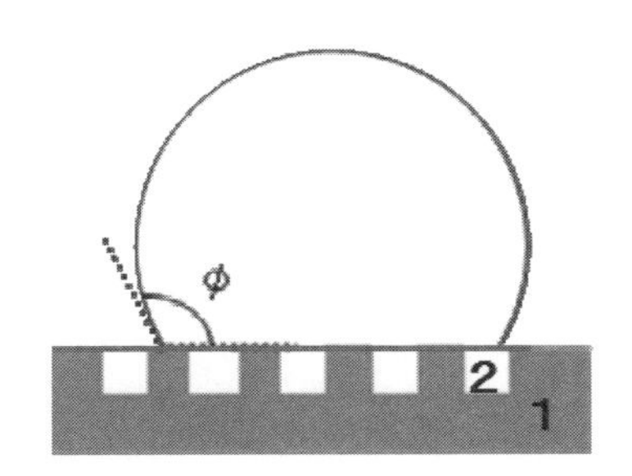

図５　Cassieモデル

撥水

処理なし	処理1	処理2	処理3	処理4
79°	113°	119°	98°	112°

撥油

処理なし	処理1	処理2	処理3	処理4
58°	110°	105°	69°	68°

図6　表面処理の違いによる撥水および撥油の特性[7)]

$\gamma SL,2$ とし，複合面における両素材の表面積比を $f1 : f2$ $(f1+f2=1)$ とする。
このとき，複合面としての表面張力 γSG，
液体との界面張力 γSL は，

$$\gamma SG = f1\,\gamma SG,1 + f2\,\gamma SG,2$$

となる。
複合面上の接触角 ϕ は，Cassie の式

$$\cos\phi = f1\cos\theta 1 + f2\cos\theta 2$$

であらわされられる。
素材2が空気の場合，$\theta 2 = 180°$ なので，

$$\cos\phi = f1\cos\theta 1 - f2\cos(180°) = f1\cos\theta 1 + f1 - 1$$

となる。
この式より，$\theta 1 > 90°$ のとき，$\phi > \theta 1$ であり，凹凸をつけることで，$\theta 1 > 90°$ であるフッ素樹脂コーティングの接触角を大きくすることができる。

接触角は水で評価される場合が多いが，実用途では水以外の油に対する撥油性も要求される。**図6**は光学レンズに用いる表面コーティングの各種表面処理の撥水と撥油の接触角を測定したものであり，表面処理によっては，水では接触角が高い場合でも油の接触角は低い場合もあるので，要求されえる液滴に応じた測定が必要である。

接触角の測定については，接触角測定器（**図7**）を用いられ，簡便な測定法として，静的接触角を測定する場合が多い。その中でも液滴の半径と高さを求めて接触角を計算する $\theta/2$ 法が一般的であり，それ以外に，液滴端点近辺を球の一部とみなす接線法や液滴の輪郭形状が真円または楕円の一部をなすと仮定するカーブフィッティング法が用いられる。

静的接触角は，液滴が固体上で静止していることが前提であり，速やかに平衡状態に達し，あまり液滴の経時変化のない場合，あるいは着滴後の一定時間後の比較としては有効である。しかしながら，塗布時などの表面での液体と固体の界面が動いている場合はなど，静的では評価が困難な場合では，液滴の界面が動くことを前提とした動的な評価が必要で

図7　接触角測定器

ある。動的な接触角測定として，経時的に静的接触角を測定する液滴法（経時変化）や固体表面に接した液滴を，膨らませたり，吸い込んだりする拡張収縮法が用いられる。その他，簡便には，滑落法（転落法）として転落角で評価する（**図８**）。

これは，

$\theta\beta$：前進角

$\theta\gamma$：後退角

α　：転落角

とした場合の転落角 α で評価する。

撥水・撥油特性の評価である接触角や転落角以外について，コーティング膜の基本的な特性としては，次にあげる評価を行う。

⑴表面粗さ測定

触針でコーティング膜表面をスキャンして，断面曲線を得る。平均高さ Ra は，粗さ曲線を中心線で折り返した面積を基準長さで割って算出する。最大高さ Rz は，断面曲線の山と谷の最大値を測定する（**図９**）。

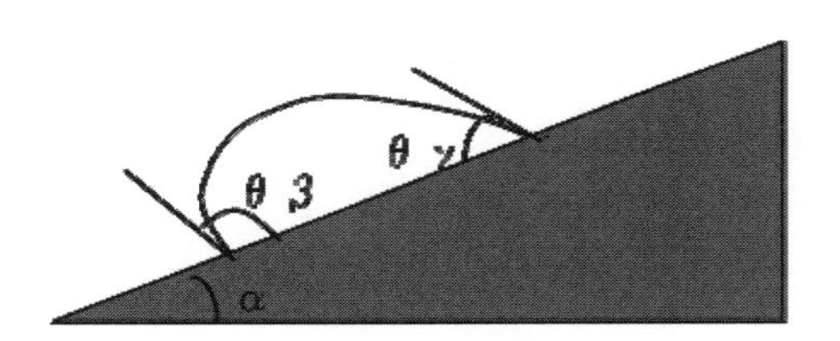

図８　転落角の測定

⑵テープ剥離荷重測定

各種粘着テープなどの剥離強度・粘着力を剥離角を 90° などの一定に保って測定することにより，剥離荷重を測定し，表面コーティングの非粘着性を評価する（**図 10**）。

⑶鉛筆硬度の測定

鉛筆硬度試験は，塗装の皮膜の硬さを測定し塗装皮膜が規定の硬度を有するかを確認する試験で，鉛筆の先端に荷重 750g がかかるようにして，鉛筆の角度は 45° として硬度を測定する（**図 11**）。

⑷摩擦係数測定器

摩擦係数の測定は，試料の上にボール圧子を乗せて，垂直荷重 100 g をかけてスライドさせ，サンプル間の静摩擦係数及び動摩擦係数をゲージにより読み取ることで，測定する（**図 12**）。

⑸摺動試験

スライドテーブルに固定した試験片の上部に羊毛フェルトを置き 1 kg の加重をかけて，スライドテー

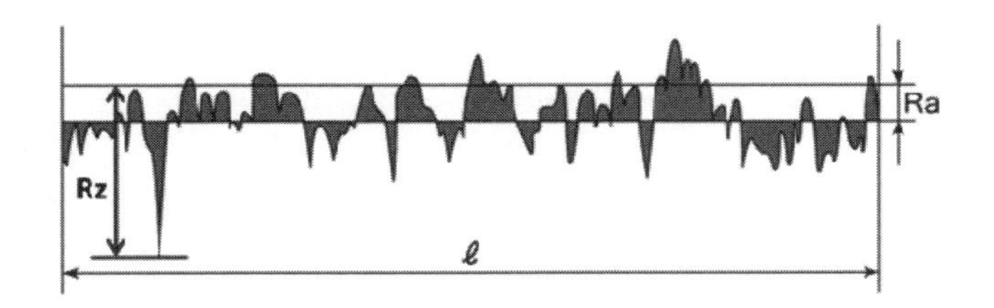

図９　表面粗さ測定とデータ例

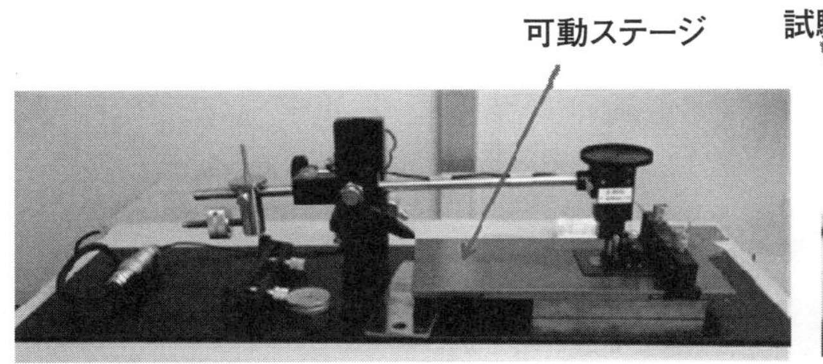

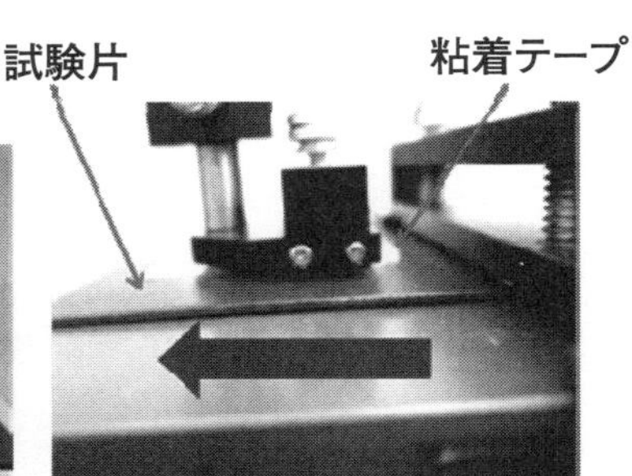

図 10　テープ剥離荷重測定器

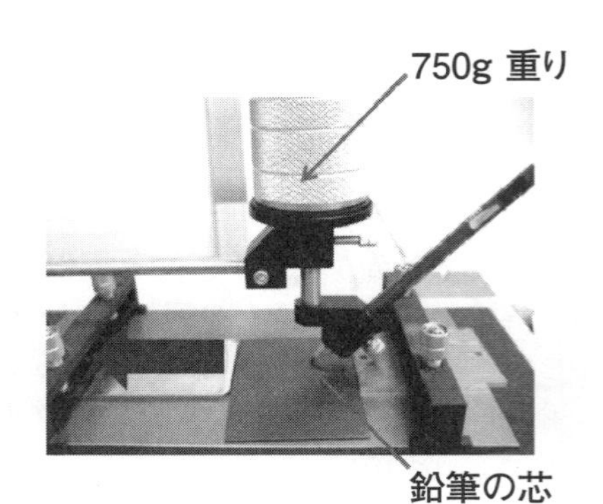

図 11　鉛筆硬度測定器

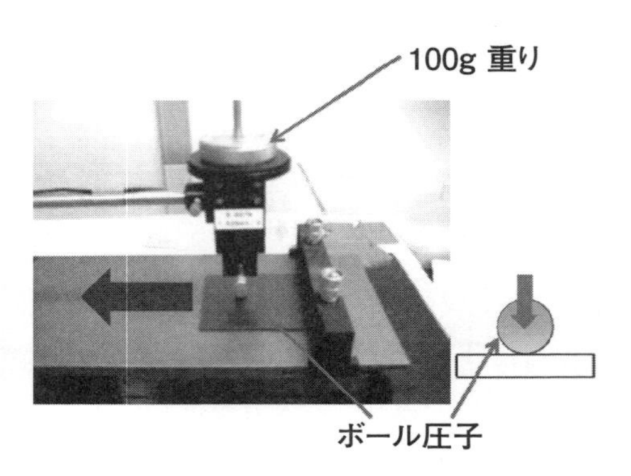

図 12　摩擦係数測定器

ブルを左右に移動させることにより，試験片と羊毛フェルトと摺動させ，数千回や数万回の摺動の試験後に表面粗さや接触角などの各種表面コーティング特性の測定を行い，耐久性を評価する（**図 13**）。

そのほか，耐熱性は恒温乾燥器，恒湿性は恒温恒湿器，耐候性は風雨，高温多湿や太陽光を模したサンシャインウェザーメーター，耐薬品性は酸，アルカリ，有機溶剤などへの浸漬や半浸漬を数百から数千時間行った後に，接触角やテープ剥離荷重などの測定により評価する。

ここでは，機能性コーティング膜として，非粘着や撥水・撥油の機能を有するフッ素コーティング膜の特性や耐久性の評価について記した。

その他の各種の機能性コーティング膜については，発現する機能に応じた特性や耐久性を評価してそれぞれの用途に適用する。ただ，評価法については，機能性コーティングの進化と共に特性も向上しており，必要に応じた改良は必要である。

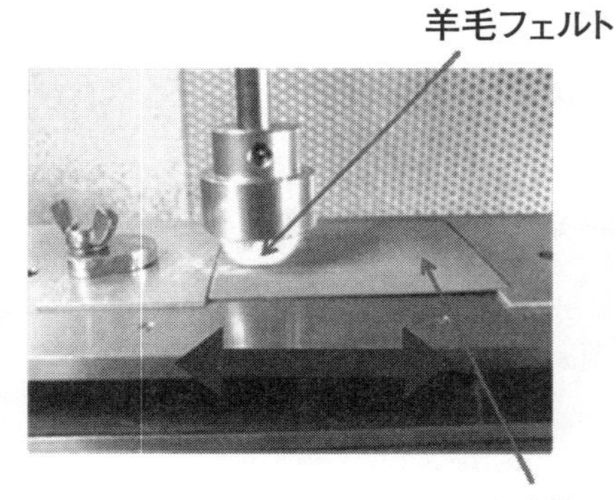

図 13　摺動試験装置

文　献

1) 中道俊彦監修：特殊機能コーティングの新展開，pp.3-14，シーエムシー出版（2007）.
2) 鹿毛剛：日本包装学会誌，**19**（6），pp.493-502（2009）.
3) 澤田英夫監修：フッ素樹脂の最新動向，pp.104-118，シーエムシー出版（2013）.
4) 矢澤哲夫監修：最新高機能コーティングの技術・材料・評価，pp.216-226，シーエムシー出版（2015）.
5) 村田貴士，浅井希編集：エレクトロニクス・エネルギー分野における超撥水・超親水化技術，pp.10-16，pp.363-367，技術情報協会（2012）.
6) 複合表面処理加工　奈良表面加工センター　カタログ（大阪ガスケミカル）.
7) 加藤真理子，伊吹日出彦，安田理恵，伊藤浩志：成形加工，**26**（1），34-39（2014）.

第3節　合成繊維の形状設計と機能性評価

京都工芸繊維大学　近藤　義和

1　人類の安全な生活を維持し，科学技術発展の礎

「衣食住」とは人間生活を営む基本事項を示す言葉であり，日本以外でも同様のことを言われているようである。現代の人間の祖先の誕生は20万年前の新人類の発生と言われるが，その当時は温暖期で，必ずしも衣服がなくても死なない程度の生活が出来たかもしれない。その間でも生きる為には動物や植物を厳しい自然の中で捕獲・採取して生活をしてきた。狩猟や日常活動において，常に外界から身体が受ける傷は絶え間なくあったと思われる。こうした中で，人間はいかにして外界の脅威から身を守るかを考えて，手短かな植物の葉や皮や動物の皮や毛皮を着用したということは容易に考えることができる。つまり，衣服の第一の目的は外部（自然環境，外敵）から自分の身を守ることである。一説では約７万年前に起きたトバ火山の大爆発に伴う気温の低下がおき，寒さを防ぐ為に衣服を手に入れたと言われる[1]。

このように人間が衣服を手に入れたことが，他の動物との知的な根本的・決定的な違いであり，衣服を手に入れたことにより，動物や自然環境の変化という外界の脅威や暑さ・寒さ，降雨・降雪等の環境変化を克服し，原始社会では小さく弱い存在であった人間が安定した生活を送ることができ，自然界の中で秀でた存在になることを助けた一つの要因である。文明の進んだ現代においても，他の動物，例えば犬や猫が，人間の助けによらず，暑い日や寒い日に，避暑服や防寒着を身につけていることを見たことはない。当初より，人間は身近にある色々な材料を組み合わせて，衣服にしたり，住居にしたりした。これが，衣服の本質であり，大きな特徴である。例えば，木の皮や葉を集め並べる為に，細くした木の皮や草の茎，動物の皮や内臓などを使ったと思われる。これは古代人類の知恵である。衣服に使えそうなものを選定し，より好ましい形に変えて使っていった。硬いものは叩いて柔らかくし，形を整える為に，切ったり，つないだりした。正に，ここに，工夫があり，その作業をするための，道具とか機械をつくる手工芸から科学・技術の誕生・発展につながった。

人類は長い期間の中で，より快適な，安全な，丈夫な衣服を手に入れてきた。この中で科学・技術が発展してきたと言っても過言ではない。また，衣服を身につけることによって，他人とは異なる自己主張ができ，衣服は最も人間に近いところにあり，肉体的及び精神的な安全・安心，快適さ，自己主張を人間に与えるものである。この過程によって人類は他の動物とは全く異なる科学技術・倫理観を手に入れたことにつながる。英国の産業革命でも蒸気機関の発明により繊維製造業の大幅な生産性アップに貢献できた。

この衣服の持つ意味・重要性は近代・現代そして未来においても何ら変わることなく，人間の生活・社会と大きくかかわりをもっている。近代では，衣服の持つ社会的意味合い（自己主張，他との区別，ファッション性，など）を拡大している。未来においては，他人や社会とのコミュニケーションツール，健康管理，ハンディキャップを持つ人間でも自分の意のままに活動できる能力を与えるロボットスーツ等多くの可能性を有し，ますます人間の生活を豊かに，安全にしていくものと思われる。人間の基本的願望，或はわがまま（安全でいたい，快適でいたい，自己主張をしたい，等など）が繊維の発展に大いに寄与してきたし，今後の繊維の進化発展（常時健康管理をしたい，通信したい，楽をしたい，超人的なパワーを得たいなど，様々な人類の欲望を満足させる）の源と言える。

産業用繊維も同様に人間に肉体的，精神的な安全・安心，快適さ，自己主張を人間に与えるもので

あり，道具・機械・装置（例えば，風車のブレード等のエネルギー創製関連，自動車・航空機・車いすなどの交通手段の発展，宇宙服・宇宙テント，潜水服，消防服等のニューフロンティア開発の必須アイテム，繊維補強パイプ，アスベスト代替・コンクリートの補強等シビル・エンジニアリング（civil engineering）における技術革新，半導体・液晶用のメッシュ，医療分野ではウェアラブル機器によって人体の健康を常時モニタリング・外部との情報交換の新規なツール，等）などで，今後も多くの革新技術が検討され，人類生活を側面的にあるいは全面的により快適に，自由に，安全にしていくものと思われる。つまり，繊維・衣服のもつ意味は，衣服の発明当初から人間の安全，快適な生活を助けていくことにあり，今後も変わらないものである。

繊維，衣服，あるいは布地の基本的な構造，有り様は太古の時代から現在それから未来にわたって殆ど変わりないが，そこに使われる材料や機能（快適性，安全性）は材料開発，製造技術の革新に対応しながら，時代毎のニーズや科学技術に応じたものに変わっている。こういう意味で「繊維」は日々変化しながら人類の生活には欠かせないものとなっている。

2　現代の繊維産業

日本の繊維産業は，明治以降富国強兵策の中心施策として大いに発展し，英国を抜いて世界一の繊維立国の地位を築き，第二次世界大戦後までの長い間，日本の産業の中心にあった。しかし，産業の多様化や中国を初めとする新興国の復興と共に，繊維産業は海外にシフトして，国内の繊維産業の空洞化が進んだ。**図1**に近年の化学繊維生産量の推移を示す。1970年までは日本は米国と並ぶ生産国であったが，それ以降は種々の貿易交渉の材料にされ生産を減少してきた。代わりに，中国やインド・パキスタン及びASEAN諸国での生産が急増している。しかし，繊維産業は世界では今後も成長産業である。例えば，**図2**は世界の人口増加と繊維生産高の推移を示す。2015年時点で天然繊維が約3000万トン，化合成繊維が約5000万トンであり，人口1人当たり平均で12～13 kgとなるが人口の増加より大きい繊維生産の増加率を示している。つまり，1人当たりの繊維消費量は時代と共に増えることを示しており，今後，世界的な人口増加や経済発展と共に益々繊維の需要は大きくなる。**図3**では一人当たりの国民所得（GDP）と繊維消費量との相関を示す。GDPの対数と繊維消費量が正の一次相関を示す。即ち，図2，3は今後世界の人口増加と所得が伸びれば更に加速度

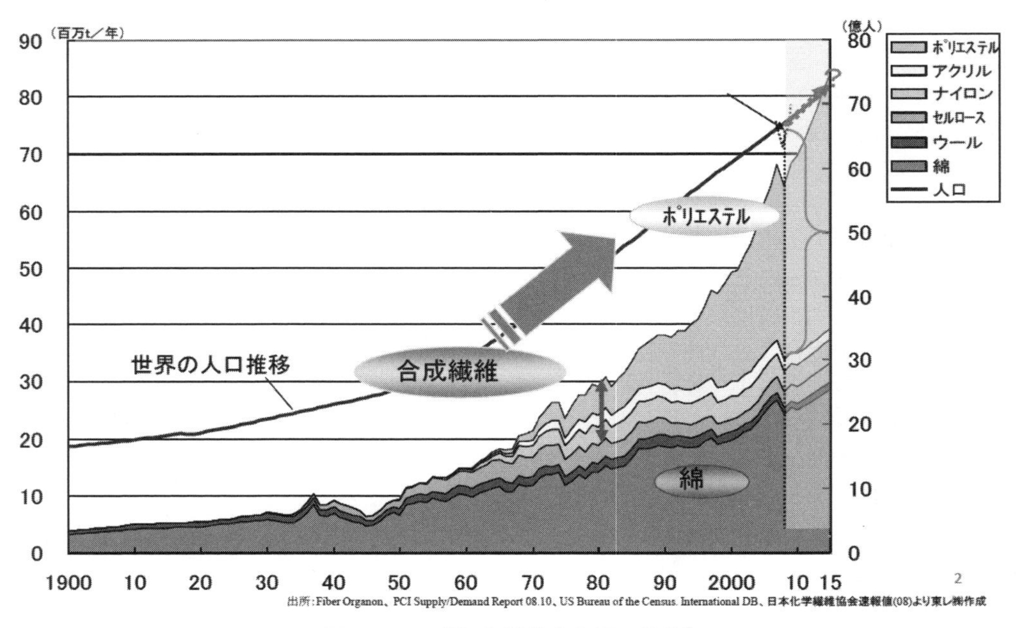

図1　人口増加と繊維生産額の推移[2)]

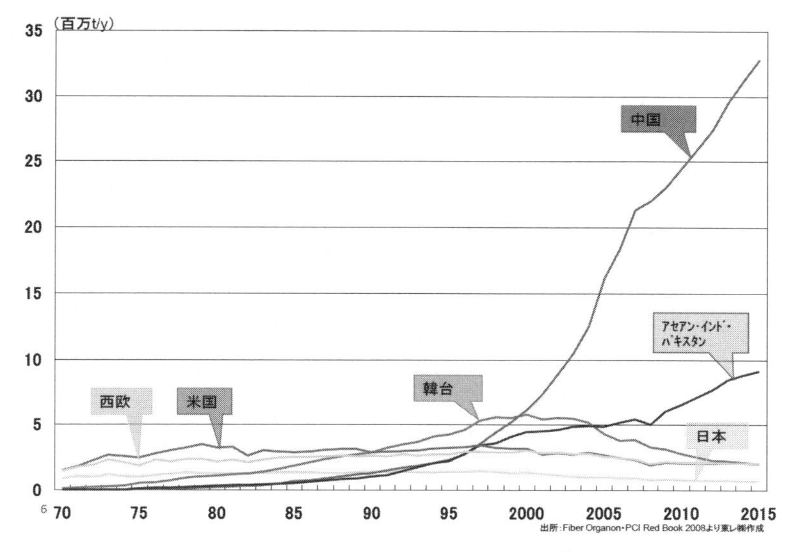

図２　主要国の繊維生産量の推移[2)]

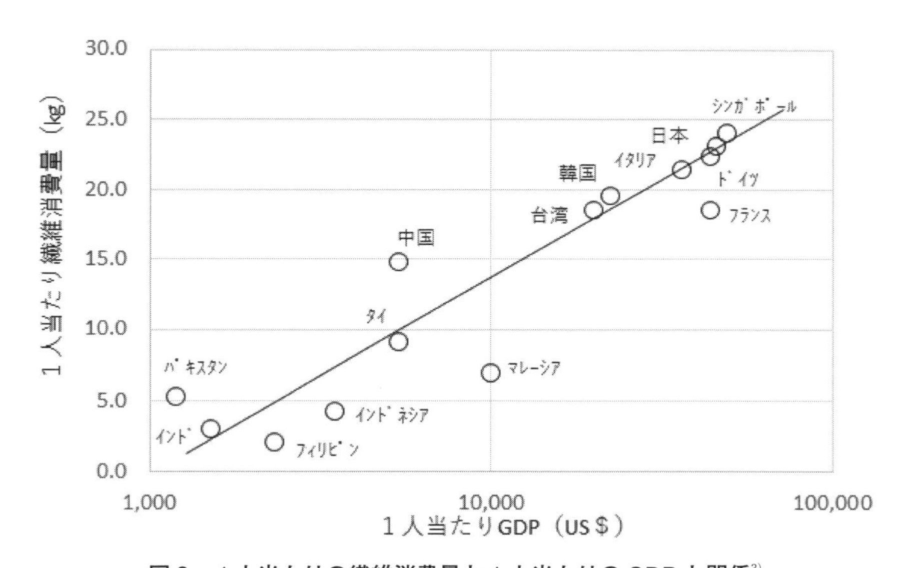

図３　１人当たりの繊維消費量と１人当たりの GDP と関係[3)]

的に繊維生産量が増えていくことを示す。しかし，繊維の生産には川上の化学産業，川中の繊維製造・加工・縫製産業，川下のアパレル・販売業の垂直及び水平統合的な総合的繊維産業の技術体系，及び材料供給体制（サプライチェーン）が必要であるが，日本ではそのサプライチェーンを形成しており，それぞれの技術蓄積・ノウハウがあり，新興国にマネのできない品質・高機能繊維製品を製造できる基盤がまだ残っている。こうした産業資産を過去の技術・ノウハウの蓄積，人材が残っている時間に今後の世界の繊維産業の発展や，更に高機能繊維，産業用特殊繊維等の多方面での未来型繊維産業の発展に活かしていかなければならない。

3　繊維の種類：すべての場合にマッチする多様な原料・形状・構造

3.1　繊維の特徴

繊維の発生の由来からして，如何に人類の生活を楽に豊かに安全にするかということが，第一であり，それに向けて，様々な材料を選定し，製造方法も工夫・改善を行ってきた。したがって，時代毎の目的・用途，科学技術に応じて多種多様な繊維が作られてきたと言える。

現在の繊維は原料別に分けると，天然繊維（Natural fibres）と化学繊維（Chemical fiber，或は合成繊維，Man-made fibres）に分類できる。前者は，天然の材料（例えば，綿，絹，羊毛，セルロース，など）を使ったものであり，後者は人工的に製造した化学原料より製造したナイロン，ポリエステル，アクリル，塩ビ，ポリビニルアルコール繊維，等である。パルプなどの天然原料を使って化学的に処理したアセチル化セルロースを繊維化したもの等は半合成繊維と呼ばれることもある。これら，天然繊維及び化学繊維は，原料が有機物か無機物かによって，有機繊維，無機繊維に分けることができる。

表1には，代表的な繊維の主要な物性を示す。いずれの繊維も単独でも，また他の繊維との組み合わせにても使用される。例えば，強くて汗をよく吸って，なお乾燥し易い繊維を造りたい場合は，ポリエステル長繊維と綿との混合使いが適当であり，肌触りがソフトで光沢に優れたシャツなどを造りたいときは，ナイロン長繊維やシルク，レーヨン繊維が使用される。

表2，**表3**にはJIS（日本工業規格）で定義されている天然繊維，化学繊維（合成繊維）の代表的なものを示す。用途別には，衣料用繊維と非衣料用繊維（産業用繊維）に分けられる。それぞれ，多くの種類に分類される。いずれも代表的な値であり，製造方法や条件あるいは繊度（繊維の大きさ）や形態（捲縮の有無）などによっても変わる。つまり，繊維は天然繊維から合成繊維まで材料も多種多様で，かつ，形状・色，物性も極めて多様であるので，どこにどう使うかによって，最適の繊維を選択でき，繊維の有する可能性は非常に大きい。

3.2　繊維の特徴

繊維の起源には天然由来の繊維しかなかった。天然繊維は表に示す様に，極めて多種多様であり，人類は工夫して，それを年代，地域，季節ごとに選択・最適化して使ってきた。それらの天然繊維は断面形状，長さともまちまちである。例えば，**図4**にはその一例を示すが，天然繊維はどこをとっても形状や表面状態は同じではなく，物性はそれによって異なり，着心地に影響する風合いも変化する。

一方，ポリエステルは均一でスムースな表面をしており，どこをとっても全く同じである。天然繊維のこうした多様性を人類は長い年月を経て選択し最適化して使ってきた。現代の繊維産業には，人類の長い期間の創意・工夫が蓄積されているとも言える。天然繊維は多種多様な形態を持っているから，人体により優しく，暖かく，フィットしてきたとも言える。化学（合成）繊維は基本的にポリマー溶液あるいは融液をノズルから押し出して凝固あるいは固化し

表1　代表的な繊維の主要物性[4)]

種別	繊維種類	比重	強度(MPa)	弾性率(GPa)	破断伸度(%)
汎用繊維	ナイロン繊維	1.1	1,040	9	20.0
	ポリエステル繊維	1.4	1,100	15	13.0
	ポリプロピレン繊維	0.9	ND	ND	ND
	PVA 繊維	1.3	ND	ND	ND
スーパー繊維	P-アラミド繊維	1.4	2,900	95	3.5
	PBO 繊維	1.5	5,800	180	3.5
	超高分子量ポリエチレン繊維	1.0	4,000	95	4.0
	ポリアリレート繊維	1.4	3,400	75	3.9
無機繊維	炭素繊維	1.8	3,600	400	1.7
	ガラス繊維	2.6	3,400	78	4.0
	ポロン繊維	2.5	3,600	400	0.8
	ステンレス繊維	7.9	2,400	180	1.5
	Si-C 繊維	2.4	3,000	190	1.5
	アルミナ繊維	3.4	1,800	300	1.0

表２　JIS にみる天然繊維（JIS L0204-1（1988））

		分類	定義	英語表記
動物繊維		絹	蚕から吐出された繊維	Silk
		野蚕絹	山蚕から吐出された繊維	Tasar, Muga, Eri
		アナヘ	アナヘ蚕から吐出された繊維	Anaphe
		バイサス	軟体動物（二枚貝）	Byssus, Sea silk
		羊毛	羊，ラムの毛から作った繊維	Wool
		アルパカ	アルパカ（ラマ科）の毛から作った繊維	Alpaca
		アンゴラ	アンゴラウサギの毛から作った繊維	Angora
		カシミヤ	カシミヤヤギの毛から作った繊維	Cashmere
		らくだ	らくだの毛から作った繊維	Camel
		ガナコ	ガナコ（ラマ科）の毛から作った繊維	Guanaco
		ラマ	ラマの毛から作った繊維	Lama
		モヘヤ	アンゴラヤギの毛から作った繊維	Mohair
		ビキューナ	ビキューナの毛から作った繊維	Vicuna
		ヤク	ヤクの毛から作った繊維	Yak
		牛毛	雄牛の毛から作った繊維	Cow
		ビーバー	ビーバーの毛から作った繊維	Beaver
		鹿	鹿の毛から作った繊維	Deer
		ヤギ	ヤギの毛から作った繊維	Coat
		馬毛	馬の毛から作った繊維	Horse
		兎毛	兎の毛から作った繊維	Rabbit
		野兎毛	野兎の毛から作った繊維	Hare
		かわうそ	かわうその毛から作った繊維	Otter
		ヌートリア	ヌートリア（沼狸）の毛から作った繊維	Nutria
		アザラシ	アザラシの毛から作った繊維	Seal
		じゃこうねずみ	じゃこうねずみの毛から作った繊維	Muskrat
		トナカイ	トナカイの毛から作った繊維	Reindeer
		ミンク	ミンクの毛から作った繊維	Mink
		テン	テンの毛から作った繊維	Marten
		黒テン	黒テンの毛から作った繊維	Sable
		いたち	いたちの毛から作った繊維	Weasel
		熊	熊の毛から作った繊維	Bear
		おこじょ	おこじょ（イタチ科）の毛から作った繊維	Herrmine
		アーティック狐	アーティック狐の毛から作った繊維	Articfox
植物繊維	種子性	綿	綿の種子から採取された繊維	Cotton
		アクンド	アクンドの種子から採取された繊維	Akund
		カポック	カポックの種子から採取された繊維	Kapok
	靭皮性	大麻	大麻の茎から採取された繊維	HEMP
		えにしだ	えにしだの茎から採取された繊維	Broom
		黄麻	黄麻の茎から採取された繊維	Jute
		ケナフ	ケナフの茎から採取された繊維	Kenaf
		亜麻	亜麻の茎から採取された繊維	Flax
		ラミー	胡麻の茎から採取された繊維	Ramie
		ロセール	ロセールの茎から採取された繊維	Roselle
		インド麻	インド麻の茎から採取された繊維	Sunn
		ぼんてんか	ウレナの茎から採取された繊維	Urena
		いちび	いちびの茎から採取された繊維	Abutilon
		パンガ	パンガの茎から採取された繊維	Punga
		黄色パシクルモン	黄色パシクルモンの茎から採取された繊維	Bluish dogbane
	葉脈性	マニラ麻	マニラ麻の葉から作った繊維	Abaca
		アフリカハガネヤ	アフリカハガネヤの葉から作った繊維	Alfa
		アロエ	アロエの葉から作った繊維	Aloe
		フィキュー	フィキューの葉から作った繊維	Fique
		ヘネケン	ヘネケンの葉から作った繊維	Henequen
		マゲイ	マゲイの葉から作った繊維	Maguey
		ニュウサイラン	ニュウサイランの葉から作った繊維	Phormiumu
		サイザル麻	サイザル麻の葉から作った繊維	Sisal
		タムピコ	タムピコの葉から作った繊維	Tampico

	果実	ココヤシ	ココナッツヤシの外皮から作った繊維	Coir
	鉱物繊維	石綿繊維	繊維状天然ケイ素	Asbestos
		岩綿	玄武岩，鉄炉スラグなどに石灰などを混合し，高温で溶解・細化した繊維	Rockwool

表3　JIS にみる繊維（化学繊維 JIS L0204-2（2001））

大分類	中分類	繊維名	内容
半合成繊維	セルロース系	レーヨン（Viscose,Rayon）	ビスコース法で製造されたセルロース繊維。
		ポリノジック（Polynosic）	平均重合度が 450 以上の結晶化度が高いレーヨンの一般名称。
		モダル（Modal）	高強度及び湿潤時高弾性率のセルロース繊維。
		リヨセル（Lyocell）	有機溶剤紡糸法で得られるセルロース繊維。
		キュプラ（Cupro）	銅アンモニア法で製造されたセルロース繊維。
		アセテート（Acetate）	水酸基の 74 %-92 %が酢酸化されている酢酸セルロース繊維。エステル化度は 2.22-2.76 未満。
		トリアセテート（Triacetate）	水酸基の 92 %以上が酢酸化されている酢酸セルロース繊維。エステル化度は 2.76-3.00 以下。
	タンパク系	プロミックス（Promix）	たんぱく質を質量比で 30 %-60 %含み，その他ビニルアルコール単位を含む長鎖状合成高分子から成る繊維。
	藻類系	アルギン酸繊維（Alginate fiber）	アルギン酸の金属塩から成る繊維。
	ゴム系	ゴム糸（Rubber）	天然又は合成のポリイソプレン又は 1 種以上のビニルモノマーと共重合し合成されるジエン共重合物から成る繊維繊維。
合成繊維	ビニル系	ビニロン（Vinylon）	ビニルアルコール単位を質量比で 65 %以上含む長鎖状合成高分子から成る繊維。
		ビニラール（Vinylal）	アセタール化の水準の異なるポリビニルアルコールの長鎖状合成高分子から成る繊維。
		ポリ塩化ビニル（Polyvinyl-chloride）	塩化ビニル単位を主成分として形成された長鎖状合成高分子から成る繊維。
		ポリクラール（Poly chlarl）	塩化ビニル単位を質量比で 35-65 %含み，その他ビニルアルコール単位を含む長鎖状合成高分子から成る繊維。
		ビニリデン（Poly vinylidene chloride）	塩化ビニリデン単位を主成分として形成された長鎖状合成高分子から成る繊維。
		ふっ素系繊維（Fluoro fiber）	脂肪族フルオロカーボン単量体の繰返しで構成する長鎖状合成高分子から成る繊維。
	アクリル系	アクリル（Acrylic）	アクリロニトリル基の繰返し単位が質量比で 85 %以上含む長鎖状合成高分子から成る繊維。
		アクリル系（Mod-acrylic）	アクリロニトリル基の繰返し単位が質量比で 35-85 %含む長鎖状合成高分子から成る繊維。
	ポリアミド系	ナイロン（Nylon，Polyamide）	アミド結合の 85 %以上が脂肪族又は環状脂肪族単位である長鎖状合成高分子から成る繊維。
		アラミド（Aramid）	2 個のベンゼン環に直接結合しているアミド又はイミド結合が質量比で 85 %以上で，イミド結合がある場合は，その数がアミド結合の数を超えない長鎖状合成高分子から成る繊維。
	ポリイミド系	ポリイミド（Poly imide）	イミド基単量体の繰返しをもつ長鎖状合成高分子から成る繊維。
	ポリエステル系	ポリエチレンテレフタレート（PET：Poly-ethylene terephthalate）	テレフタル酸とエチレングリコールとのエステル単位を質量比で 85 %以上含む長鎖状合成高分子から成る繊維。

		ポリトリメチレンテレフタレート（PTT：poly trimethylene terephthalate）	テレフタル酸と1，3プロパンジオールとのエステル単位を質量比で85％以上含む長鎖状合成高分子から成る繊維。
		ポリブチレンテレフタレート（PBT：poly-butylene-terephthalate）	テレフタル酸と1，4ブタンジオールとのエステル単位を質量比で85％以上含む長鎖状合成高分子から成る繊維。
		ポリ乳酸（PLA:poly lactic acid）	乳酸エステル単位を質量比で50％以上含む長鎖状合成高分子から成る繊維。生分解性る。
	ポリオレフィン系	ポリエチレン（PE：polyethylene）	置換基のない飽和脂肪族炭化水素で構成する高分子で，長鎖状合成高分子から成る繊維。
		ポリプロピレン（PP：poly propylene）	2個当たり1個の炭素原子にメチル基の側鎖がある飽和脂肪族炭化水素で構成する高分子で，立体規則性があり，他に置換基のない長鎖状合成高分子から成る繊維。
	ポリウレタン系	ポリウレタン（poly urethane）	ポリウレタンセグメントを質量比で85％以上含み，3倍伸長後，張力を除くとすぐ元の長さに戻る長鎖状合成高分子から成る繊維。
無機繊維	炭素系	炭素繊維（carbon fiber）	有機繊維のプレカーサーを加熱炭素化処理し得られる質量比90％以上が炭素の繊維。
	ガラス系	ガラス繊維（glass fiber）	溶融ガラスを延伸して得られるテキスタイル形状の繊維。
	金属系	金属繊維（metal fiber）	金属から得られる繊維．

て一様な連続した繊維を効率よく作ることができる。ただこうした均一な連続繊維は形態的に多様な天然繊維と比べて，単調で肌触りも冷たく硬い（solid）感じがする。こうした均一性は強度や弾性率，寸法安定性を重視する産業用には好ましいものであるが，人間が直接接触する衣服，寝装品，家庭用品ではやや官能性に欠けるために，合成繊維の改良は天然線のいいところ（不均一性，多様性）をまねて開発されてきた。例えば，シルクライク，コットンライク，ウールライク，麻ライクのように，新規繊維には天然繊維が冠としてかぶせられ，商品のコンセプト・特徴を示した。その一例を**図５**に示すが，その形状は図５に示した天然繊維の多様性に比べると天と地ほどの差がある。まだまだ，人知は自然の創造には遠く及ばない。

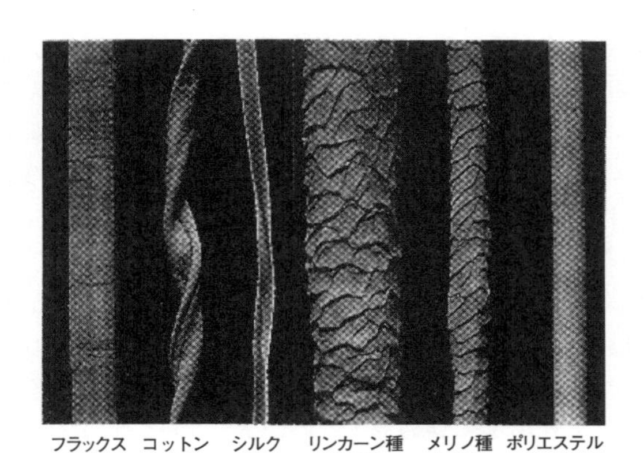

図４　各種天然繊維の形状とポリエステル（PET）繊維の形状[5]

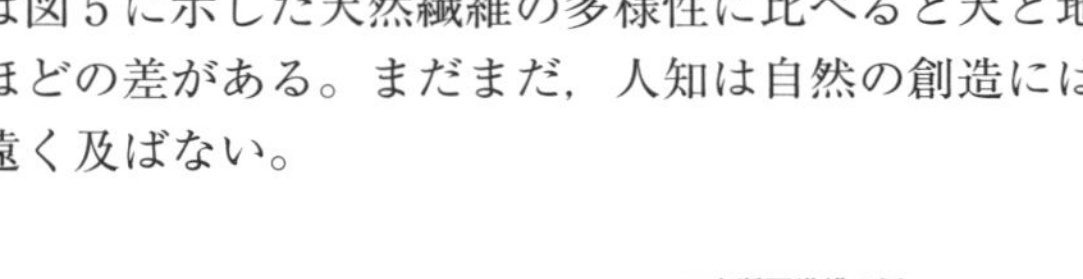
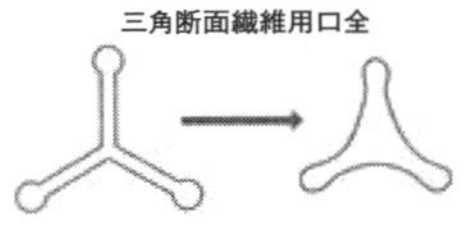

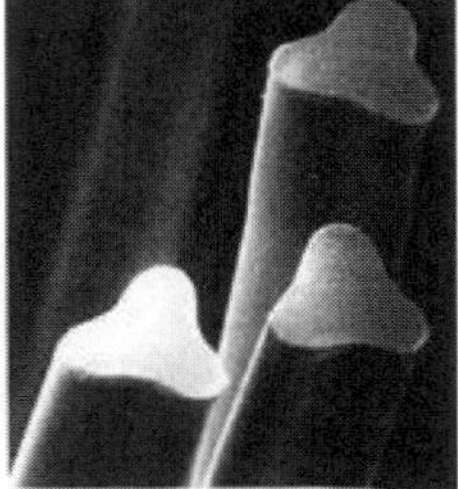

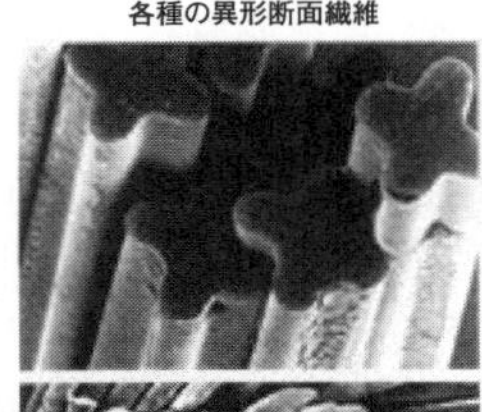

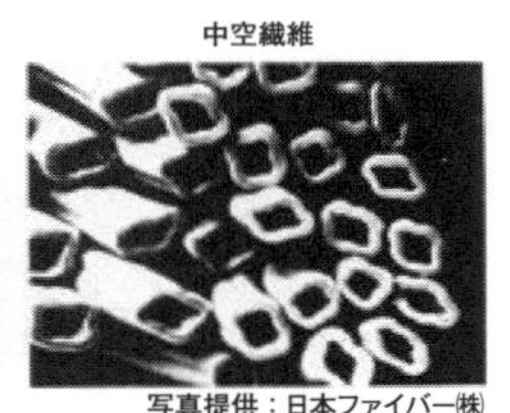

図５　繊維の断面形状を改良した合成繊維[6]

繊維の形態的には，１本の繊維の長さが実質的に無限長である長繊維（フィラメント：filament），一定の長さに切断した短繊維（ステープル：staple）に分類できる。直径のサイズはナノオーダー（nm）のセルロースナノファイバーやカーボンナノファイバーからミクロンオーダー（μm）の一般的な繊維，それ以上のミリメートルサイズ（mm）の例えば光ファイバー，漁網や釣り糸，金属繊維等がある。最も一般的な繊維はミクロンオーダーの直径を持つ繊維である。通常の合成繊維の直径形状はスムースな丸（○）断面であるが，各種機能・風合い発現の為に，断面形状，表面形状，長さ方向での不均一性を与えて，軽量性，吸湿・速乾性，光沢，肌触り，染色性などの改良に取り組んだ。その例は特許を初め多くの文献にでているが，一例を前図５に示す。例えば，光沢を抑える為に，断面形状を異形にしたり，表面に凹凸（プルーブ）を造ったり，中空にしたりする。風合いを改善（例えば，さらっとする）では皮膚との摩擦を低減する為に，表面に凹凸を形成したり，断面形状を変えたりする。軽量化では繊維断面形状を変えて如何に空気層をつくるかであるが，染色性や耐摩耗性などを劣化させないような，空隙・表面構造の作り方に各社の工夫がある。こうした工夫はコンポジットの補強繊維でも重要であり，例えば，繊維強化コンクリート用の繊維ではセメント中での分散性と補強効果を増加する為に独特の繊維断面や繊維表面が工夫されている。例えば，セメントと良く混合し強化効果を発現する為に，繊維断面や扁平や非円形にしたり，エンボスを形成した表面形状を付与しているものもある。

繊維断面形状は，化学繊維（合成繊維）では紡糸口金の形状工夫により，任意の形状（例えば，丸断面，扁平断面，中空断面，中実断面，など）に紡糸することができる。又，同様に口金の工夫により，複数のポリマー成分の組み合わせからなる複合繊維，或は長さ方向への形状・大きさに変化のある繊維，表面凹凸を有する繊維，ヘリックス状の捲縮繊維（クリンプ繊維），非捲縮繊維，導電性材料，磁性材料，香料，抗菌材，紫外線吸収剤，防虫剤，難燃剤等の高機能剤を繊維中に練り込んだ機能性繊維等，材料，用途に応じて極めて多様で多機能の繊維を製造できる。また，製造した繊維の組み合わせ（複合繊維，交織，交編，等）や繊維と他の樹脂との複合による繊維強化複合材料等，極めて多くの分野に重要な材料を提供できている。こうした形状，機能の幅広さは他の材料にはない繊維の持つ大きな特徴である。

繊維製造技術のすごいところは，直径数μm～10.μm程度の微小な繊維を毎分数百m～数千mという高速で製造し，複合繊維であればその複合形状や比率の安定化を行う必要がある。しかも繊維の直径のばらつきを数％の幅に制御することであり，このためには，ポリマー分子量（粘度）や分子量分布，紡糸時の粘度，口金の設計，引き取り装置の安定化等，多くの技術が必要であり，それを制御する技能が要求される。こうした意味で，科学技術（材料技術，製造技術，制御技術・計測技術，性能評価技術・風合い評価技術）を牽引し先端技術を取り込んできたと言える。

3.3　化学（合成）繊維の製造法

製造法には，化学繊維（合成繊維）では固形物（ポリマー，金属，セラミック等）を紡糸口金（spinning nozzle）を通して細長くして製造する為に，細くする手法で分類すると溶融紡糸（製糸）（melt-spinning），溶液紡糸（solution-spinning）があり，それぞれ原料の性質に応じて採用される（**図６**）。例えば，ポリエステルやポリアミドの様に加熱溶融性があり安定した融液を形成する繊維ではポリマーを加熱溶融する溶融紡糸法が採用されるが，ポリアクリロニトリルやポリビニルアルコール或いは酢酸セルロースの様に加熱しても溶融しないものや加熱によって分解しやすい材料では，それらを溶剤に溶解して，その溶液を加熱空気中（乾式紡糸：dry spinning）や溶剤水溶液中（湿式紡糸：wet spinning）等に紡出して，脱溶剤する方法がとられる。防糸法によって，性能，形態の独特の繊維が得られる。得られる繊維の形態によって，フィラメント（長繊維：filament）及びステープル（短繊維：staple）がある。ガラス繊維及び炭素繊維も同様の工程にて製造される。現代のすべての繊維はこれらの組み合わせあるいは応用で製造されている。ただ，得られた繊維はこのまま使用されることもあるが（例えば，長繊維使用の複合材料（FRP：fiber reinforced plastics）や短繊維を樹脂やセメントに混合して使用する複合材料（FRTP：fiber reinforced thermo-plastics）など），一般的には長繊維や短繊維を製造した後，織物や編み物を製造し，それらの布を精練，染色及び後加工するなどの長く人手のかか

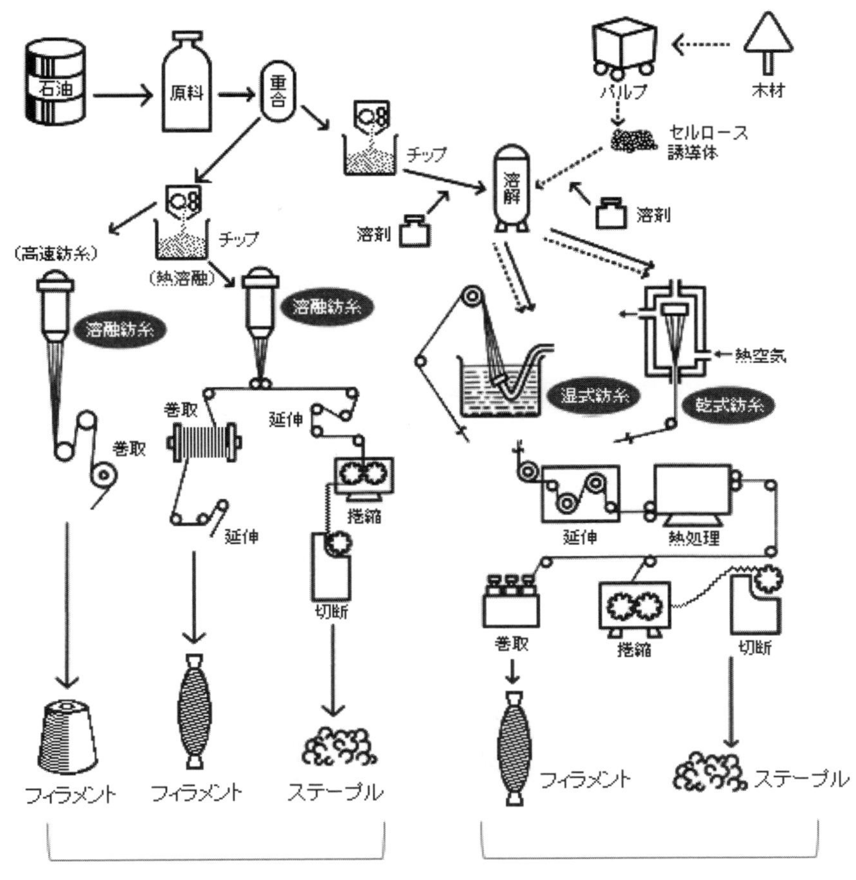

図６　合成繊維の紡糸方法（日本化学繊維協会 HP より）[7)]

る後次処理工程が必要となり，そうして漸く縫製や他の製品に使用する繊維製品が得られる。

通常の繊維では紡糸して繊維を得た後に，繊維製品にする為に，織物工程や編み物工程という非常に工程の長い製造工程が必要となる。そこで産業用繊維分野ではこうした後工程をなくした繊維材料の製造方法も開発されており，例えば，紡出後，半固化の状態で高圧・高速の空気流の力で繊維同士を絡み合い（交絡：エンタングルメント）を形成させれば，スパンボンド（spun-bounded fabric）となる（**図7**）。スパンボンドは低コストでパフォーマンスに優れ衣料分野や幅広い産業繊維で使用されている重要な技術である。フラッシュ紡糸（**図8**）は，更に合理化した繊維材料（不織布）の製造方法で，紡糸口金内の圧力を有機溶剤ガスで加圧して，そのガス圧を利用して口金より一気にポリマーを微細繊維状（0.01～1 dTex 程度）に噴き出すと同時にお互いに交絡させ，メッシュ状や不織布状の繊維構造物を一気に製造する。口金から噴き出すときにポリマーに延伸が生じ，強度を発現させる。使用するポリマーは溶融可能なポリマーであれば制限はされないが，実用的にはポリプロピレン（PP）が一般的で，高強度で高耐水性の封筒用紙や防草シートなど人工紙材料などに利用されている。また，ポリウレタン（PU）を使用したものは高弾性を有する不織布が得られ，伸縮性のあるパップ材基材などに利用される。

また，スプリットヤーンという押し出しフィルムを長さ方向に細長くカットしたテープ状フィルムも荷造りひも，農業用の網目状構造物などの産業用材料として広範に利用されている。

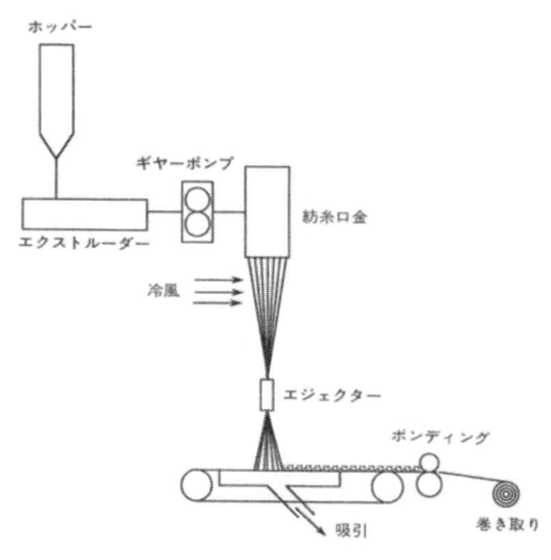

図7　スパンボンドプロセスの一例[8)]

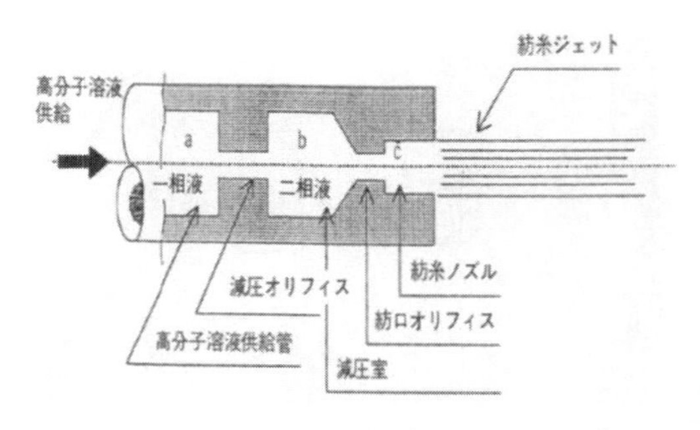

図8　フラッシュ紡糸プロセスの一例[9)]

3.4　多成分系繊維

天然繊維は構成成分や形態が極めて多様であり，それが生体としての機能や力学的強度と柔軟性及び寿命をつかさどっている。例えば，**図9**には綿繊維の一次構造（セルロース分子）から高次構造を示す。1本の綿の繊維の内部は多くの異なる成分と構造を有することがわかる。この事により，タフネス，吸湿・放湿性，独特の感触を発揮する。一方，化学（合成）繊維は，単一成分からなる単純な繊維（single component fiber）が多い。例えば，ポリエチレン繊維，ポリエステル繊維，ナイロン繊維，ケ

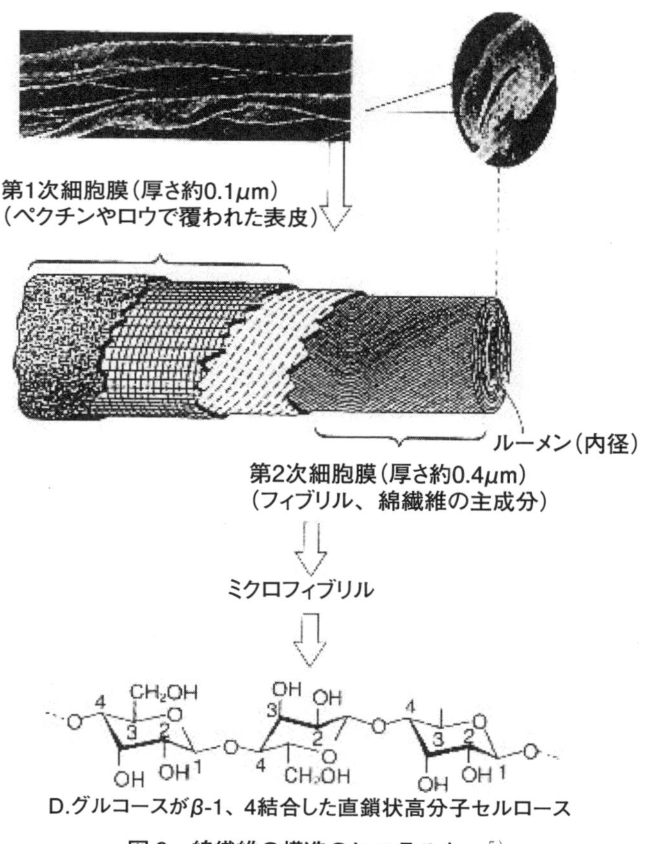

図9　綿繊維の構造のヒエラルキー[5)]

ブラー，炭素繊維，などである。これは他成分となじみがない場合が多く，多成分繊維を造った場合は，構造的欠陥が生じて強度や伸度など主要な物性の低下を招く場合が多い。１本の繊維で，複数の機能を持たせる為には多成分を使用しなければならない。そこで，原料段階でのブレンド（ポリマーブレンド）或いは紡糸直前の口金部分での複合化が行われている。こうした手法では，性質の異なる多成分系繊維（multi components fiber）を使用して１本の繊維を製造することができ，得られた繊維は複数の異なる機能を有することになる。

図 10 に口金で複合した繊維（複合繊維：conjugated fiber）の断面の一例を示す。複合が同心円状になる系，芯成分に多数の島成分を含む多島繊維，サイドバイサイド型繊維，くさび型繊維，平板状繊維，等，極めて多種の組み合わせを有する複合繊維が開発されている。こうした複合繊維の機能は，熱融着性，捲縮発現性，異染色性，マイクロファイバー，ワピングクロス性，分割性，強度と柔軟性を兼備した繊維等，従来の単一成分の繊維では到底発現できない，高機能，複合機能の繊維を提供することができ，衣料分野や産業分野に幅広く活用されている。こうした複合繊維は溶融紡糸では口金の工夫次第で比較的自由に製造できるが，溶液紡糸ではポリマー溶液の粘度が低く，異種ポリマーの溶剤が異なる場合が多いので必ずしも多くの開発が行われてはいないが，必要に応じて開発される。紡糸融液或いは紡糸溶液中に多成分を混合させるポリマーブレンドは溶融紡糸，溶液紡糸共に一般的であり，多くの機能の発現に利用されている。複合繊維は日本の強い部分であり，多くの高機能・高性能繊維の開発に必要な技術であるので，今後も用途・要求に応じた複合繊維が開発されるものと思われる。

4　繊維の特徴

4.1　材料的多様性

繊維の特徴は「多様性」にある。例えば，前述の表２に示す様に，繊維材料は年代・地域・製法・用途に応じて極めて多種多様である。つまり，あらゆる用途に必要とされる最適な繊維形状，材料を選定することができる。例えば，マトリックスに熱硬化性樹脂を使った炭素繊維複合材料の場合でも，航空機などの軽量・高強度材料，高耐久・高信頼性材料への用途の場合は，フィラメントワインディング法（長繊維炭素繊維）複合材料（CFRP）が使用されるが，自動車の外板や部材については，溶融成型可能な熱可塑性樹脂をマトリックスに使った生産性（生産速度）に優れた炭素短繊維複合材料（CFRTP）が多用される（**図 11**）。

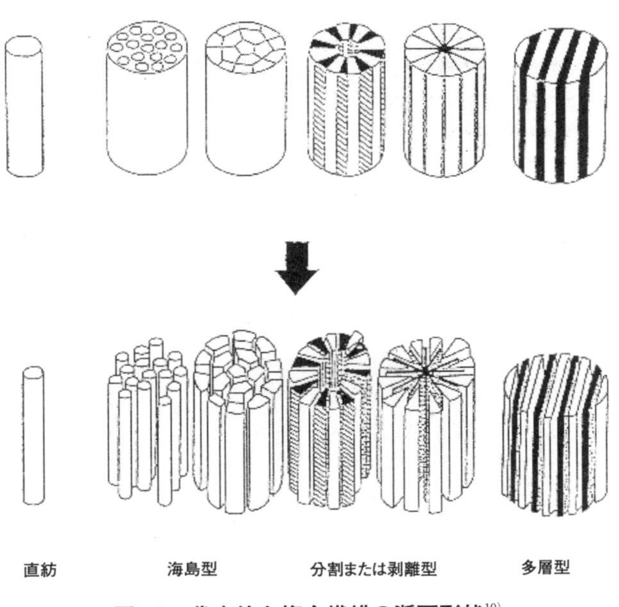

図 10　代表的な複合繊維の断面形状[10)]

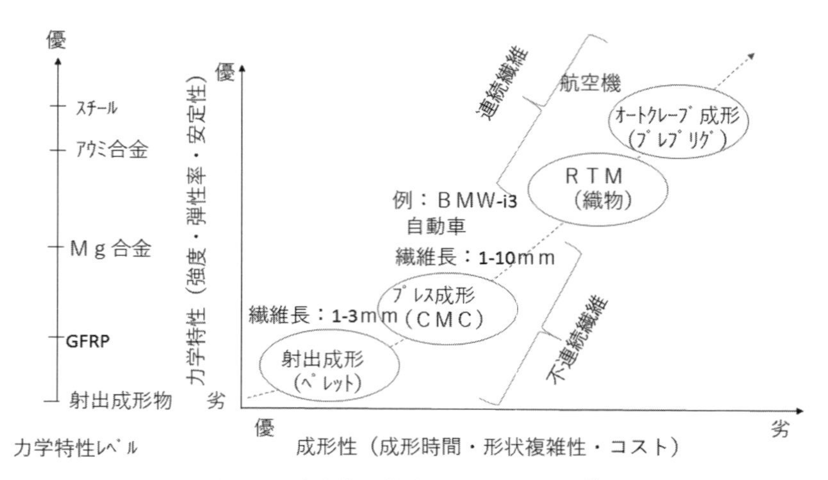

図11　綿繊維の構造のヒエラルキー[11)]

小さな部材や繊維の補強や透明性を損なわない補強には光の波長よりずっと小さいナノファイバー（例えば，セルロースナノファイバー，カーボンナノファイバー，カーボンナノチューブ等）を補強繊維として用いた複合材料（ナノコンポジット複合材料）が利用できる。この図でわかるように，繊維の種類を選べば，どんな複合材料も可能である。性能や用途及び製造方法によって，最適な繊維材料，形状，使用方法を最適化し，マトリックス樹脂を最適化することによって，コスト・パフォーマンスに優れた複合材料を開発することができる。つまり，繊維材料とマトリックス樹脂との組み合わせは千差万別である。合目的で最適な組み合わせを選定できる特徴がある。これは，他の材料（金属，セラミック）にはない大きな特徴である。例えば，**図12**に示す様に，ある目的の為に複合材料を製造したい場合，ファクターとしては強化材料（有機材料か無機材料か，サイズはどうか，使用状況での性能，耐久性，はどうかなど），マトリックス材料（有機材料か無機材料か，サイズはどうか，使用状況での性能，耐久性，はどうかなど）及び製造方法（ノウハウ，装置，コスト・生産性，など）などを考えていく必要があり，その多数の技術情報の収集と設計思想をインプットすれば，ある程度絞り込んだ材料や製造方法を提供することができるようになることを期待する。

医用繊維材料，例えば人工腎臓においても，例えば血液に接するところに使用するものについては，人体に害となる成分を発生するものは使用できないことは勿論であるが，抗血栓性，使用目的での分離機能などを有する中空繊維が用いられる。海水淡水化には水分子は通すがナトリウムイオン（Na+）は通さない空孔（ポア）を有する逆浸透性中空繊維が用いられる。こうした多種多様な目的・用途に適用できるという特徴は他の金属・ガラスなどの材料では不可能なことであり，幅広いウィンドウを有する繊維材料の大きな優位性である。

繊維は目的である人類の生活を豊かに，安全に，快適にする為に，使用するポリマー，繊維の形状，繊維物性等を最適化して製造されている。衣料・衣服に限って言えば，将来は，エレクトロスピング法，3Dプリンターや三次元織機・編機などの先端技術を使って個々人ごとに特徴ある繊維，衣料をデザイン化，カスタマイズ化して製造・使用するようになると思われる。そうなると，少なくとも個人の着る衣

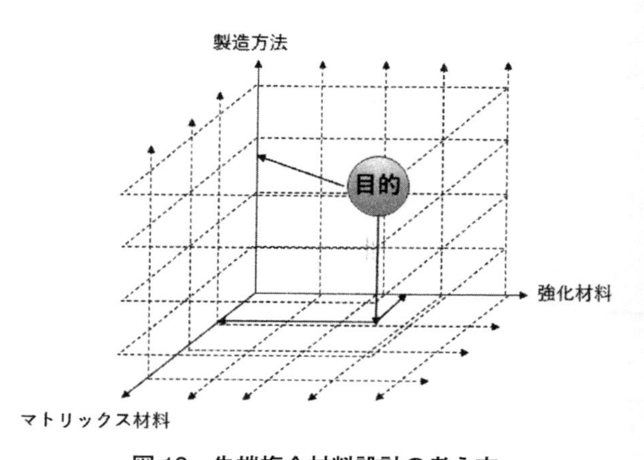

図12　先端複合材料設計の考え方

服や繊維製品は従来のような，製造工程でなく，個人ごとにつくることも夢の話ではないと思われる。

現在，先端的には，身体機能のハンデキャップを補うような衣服（ロボットスーツ等），身体の情報を常時採取し，問題がある場合はそのままの情報が医療機関に伝達されるような情報端末（ウエアラブル端末）と人間とのインターフェイスとなる繊維・衣服（e-テキスタイル）など，人類の生活をより自由に，快適に，安全にする繊維製品が開発されようとしている。

近年は，ナノテクノロジーの深耕と共に，より微小な繊維材料の開発研究が行われ，従来の定義にはない新たな繊維がコンポジットの強化材料として利用されるようになってきた。例えば，パルプ等から製造されるセルロースナノファイバー（CeNF），炭素原子を含む有機化合物のCVD（Chemical Vapor Deposition）法等によるカーボンナノファイバー（CNF）或はカーボンナノチューブ（CNT）などである。これらのナノファイバーの直径は通常が高々数百 nm 以下であり，1 nm 以下のものも多い。肉眼でとても見ることはできなかったために，以前は認識も利用もされていなかったが，材料科学・工学の発展と共に新規先端材料として注目を集めている。また，無機繊維でもナノサイズの繊維材料が同様にナノコンポジットの強化繊維として注目されている。例えば，イモゴライトナノチューブ，アルミナナノチューブ，シリカナノチューブ，ヒドロキシアパタイトナノチューブ，シリコンカーバイトナノチューブ，等々多くの繊維状無機材料を用いたナノファイバー，ナノチューブが製造されている。こうしたナノ繊維材料は，高耐熱，高剛性，或いは生体親和性等を活かして，今後も必要に応じて益々開発されていくものと思われる。

4.2　物性・構造の多様性

天然繊維でも合成繊維でも，材料を構成する構造の多様性（例えば，分子量，結晶化度，分子配向性，複合化，混合・添加物，他：**図13**参照），形状・着色性の多様性（長繊維，短繊維，直径の大小，多様な断面形状，多様な表面形状，他），物性の多様性（例えば，融点，ガラス転移点，粘弾性，成形性，他），成形加工方法の多様性，等々によって，他の材料（例えば，金属，セラミック，木材，コンクリート，等）と比べて大きな特徴であり，こういう多様性が可能なことが，繊維材料が有史以前から人類生活の安全性，快適性，認識性，などへ貢献し，日々進化している理由である。材料的な観点からの代表的な特徴は，軽量で強い，伸び縮みする（伸縮性），タフで長持ちする，加工・着色しやすい，等である。これらの特徴はすべて上述した繊維材料の多様性から発現するものである。つまり繊維製品は二次元の繊維を縦横に組み合わせて，長さ方向の極めて大きい強さ・張りと横方向に存在する空隙による外力の吸収・ソフトさ・柔らかさの双方を兼ね備えた極めて優れた材料と言える。

繊維の特徴は，細長い形状である為に，軽く柔軟で曲がり易い，比表面積が大きい，繊維内部及び繊維間での空隙が存在する，等であるが，こういう特徴は成形体はもちろんのことフィルムやシートでも到底発現できないユニークなものであり，繊維が広

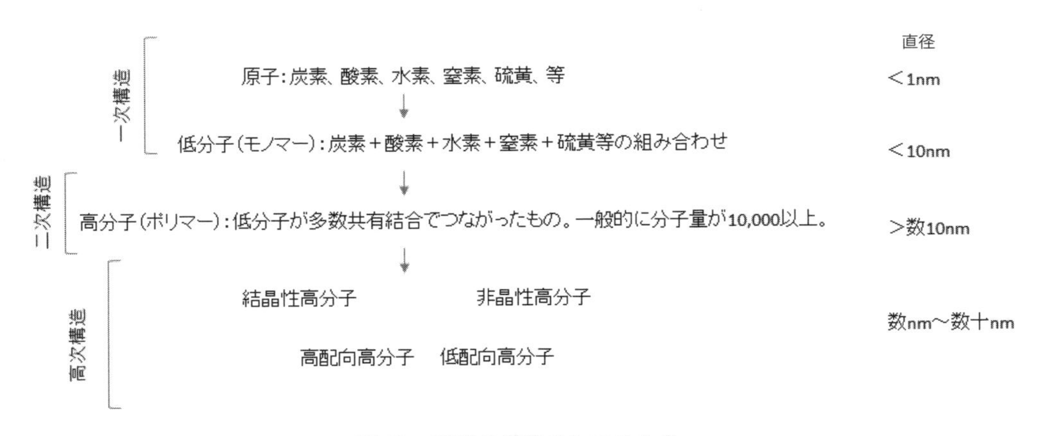

図13　繊維の構造のヒエラルキー

範囲で使用される理由の１つである。

繊維の特徴や多様性・進化が科学技術の発展に繋がり，科学技術の発展が更に繊維材料の進化・発展に寄与しているというお互いに相補的な関係にある。繊維材料は，今後も，人類生活の安全性，快適性に貢献する為に，上記多様性或いは更に発展した多様性によって，新規繊維が開発されるものと思う。

4.3　繊維のミクロ構造のヒエラルキーと繊維物性

繊維を構成するポリマー分子は，その一次構造（原子の共有結合によるつながり）からして直径の何十倍～何千倍，或はそれ以上もある長さを特徴とする（高アスペクト比）。つまり，材料特有の単位分子（モノマー）が共有結合でつながった高分子（ポリマー）を形成している。その為に，長さ方向と横方向への強さの異方性，柔軟性，耐衝撃性，弾性等繊維独特の特徴を発現する。この「細長いもの」という繊維の特徴はディメンジョンが大きくなっても変わりない。それによって大きい繊維でも上述の特徴を有する。また，共有結合の特徴は，繊維構造物を繊維軸方向に延伸することによって繊維軸を一定方向に並べる（配向）させることができる。繊維の強度や弾性率は共有結合によって連結しているポリマー鎖が長さ方向に配向（配列）することによって大きくなる。

表４には，ポリエチレン，ポリエスエル，ナイロン，その他の主要な汎用ポリマーの理論強度，弾性率と市販されている繊維の実強度，弾性率の比較及び論文に発表されているデータを示す。いずれのポリマーの理論強度は18～32 Gpaであるが実強度は3～7 Gpaと1/5～1/6程度である。弾性率はポリエチレン，ナイロン，ポリエステルでは理論値に近い値や1/2程度まで達成している。

これは，繊維中の微小なボイドやポリマー分子鎖の均一性や配向の均一性が乏しいことによるものであり，これを解決する為に，PPTA（ポリパラフェニレンテレフタルアミド）のように剛直なポリマー鎖によって分子自体が完全配向した構造のポリマーを開発したり，超高分子量ポリエチレンを溶剤で希釈して延伸した場合，各分子の絡み合いが少なく各分子が配向しやすいような延伸法を採用している。**図14**は表４の数字を相関図示したものであるが，強度，弾性率共に，理論値には及ばない。特に，強度においてはほぼ全ての繊維で，理論強度の10％以下にしか実繊維の強度は達していない。弾性率についてもほぼ同様の傾向を示すが，一部の繊維（例えば，POM（ポリオキシメチレン）やPPTAでは理論弾性率の50～70％と善戦していると言える。これは，製法上の工夫（POMでは延伸過程を高圧液体中で行い延伸に伴うボイドの発生を極力抑えたこと及びPPTAでは分子設計時点で伸び切り鎖の分子構造を設計したこと）により理論値に比較的近づいたものである。しかし，それでも理論値の1/2～3/4程

表４　各種ポリマーの理論強度と高性能繊維の到達レベル[12)]

ポリマー種		理論強度① 結合強さ[2)]		理論強度② 熱力学的[4)]		高性能繊維を含む市販繊維の強度	報文・特許等の報告例	結晶弾性率[2)]		高性能繊維を含む市販繊維の弾性率 (g/d)	報文・特許等の報告例
		g/d	GPa	g/d	GPa	(g/d)	(g/d)[5)]	g/d	GPa		(g/d)
通常PE	屈曲鎖	372	32	80	6.9	9.0		2775	240	100	860
UHMwPE	屈曲鎖					30-40	72			1000-2000	2697
ナイロン6	屈曲鎖	316	32	66	6.7	9.5	9.8	1406	142	50	187
アラミド	剛直鎖	235	30	–	–	18-28		1500	183	400-1100	
PET	屈曲鎖	232	28	41	5.0	9.5	15.5[7)]	1023	125	160	285[7)]
全芳香族ポリエステル	剛直鎖	–	–	–	–	23				560	
POM	屈曲鎖	264	33	–	–	11.7		424	53	310	–400
PVA	屈曲鎖	236	27	51	5.9	11-17[6)]	44[6)]	2251	255	230-387[6)]	1040[6)]
PP	屈曲鎖	218	18	32	2.7	9.0	18	423	34	120	489
PAN	屈曲鎖	196	20	–	–	5-14	23[7)]	833	86	85	268[7)]
PVC	屈曲鎖	169	21	28	3.6	4.0		–	–	45	

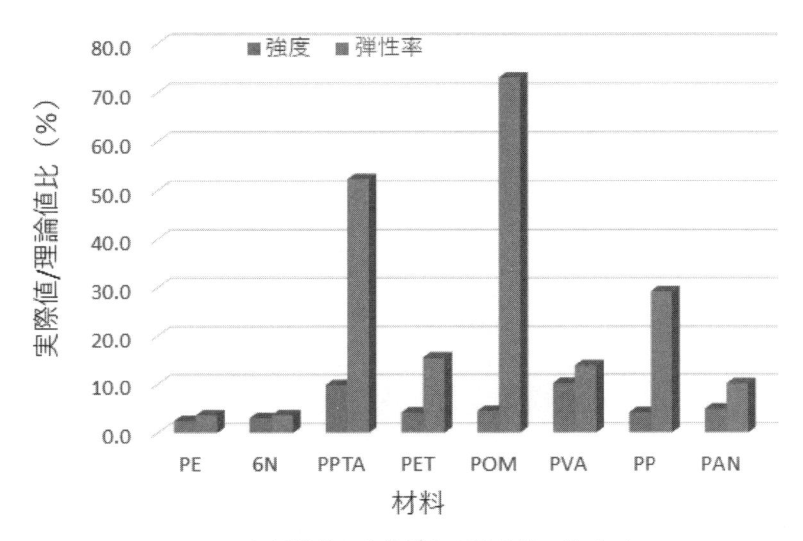

図 14　各種繊維の実物性と理論物性の比（%）

度である。

しかしながら，この方法で製造したとしても前図に示すような理論値には到達していない。理論値に如何に近づけるかは繊維科学分野での大きな技術課題である。理論強度に到達しない理由は多々考えられるが，例えば，**図 15** に示す様に，結晶間やフィブリル間に多くの欠陥を有することや分子の配向や結晶化が十分でないことも一因である。欠陥は繊維製造中に発生したり，分子末端が空隙になったり，或いは異物を含むことによって発生する。この空隙が一定の大きさ以上になれば，外力によってその空隙が拡大し，ついには切断する。例えば，ボイドが 1 nm 以上であれば，繰り返し応力の負荷でボイドが大きくなり，強度低下が進行する[13]。分子の配向を完全にするには延伸条件の最適化及び後処理の最適化にかかっている。繊維製造時の欠陥（空孔：ボイド）の形成は，ガラス転移点（Tg）付近で外力をかけて延伸することによって，伸びやすい非晶部と伸びにくい結晶部との間が伸びて分子オーダーの空隙がおきることによる。この内部にボイドができることは延伸繊維或いはフィルムが白化することから容易に理解できる。延伸時の白化は，延伸温度や延伸

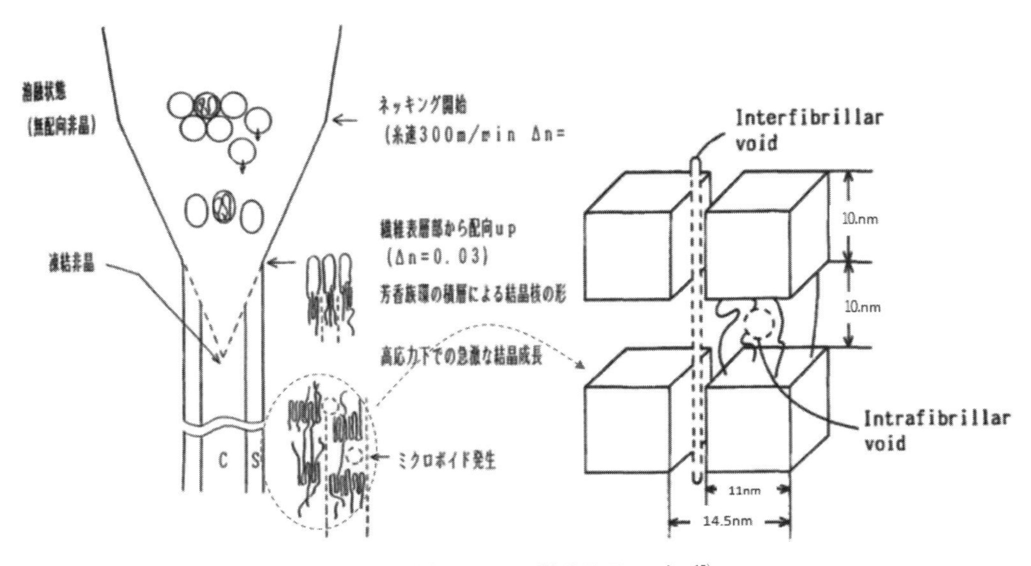

図 15　紡糸における構造発見モデル[15]

速度によって発現するが，白化を防ぐ為に延伸温度を上げたり，延伸速度を低下させると繊維強度の向上は期待されない。したがって，繊維物性のアップには非常に限定された延伸条件やポリマー物性を検討する必要がある。こうした，相矛盾する課題を解決する一手段として，例えば，延伸時の内部構造でのボイド形成を生じさせないように，延伸時に外力（圧力）をかければ（加圧延伸），高延伸倍率でも空隙が起きず，強度の向上が期待できる。この応用は，ポリアセタール（PA）で延伸時に外部から高圧をかけることによって繊維内部に空隙（欠陥）がなく，透明で高強力糸を製造することに利用されている[14]。

図 16には，研究室レベルであるが，UHMWPE フィルムの膨潤フィルムを 300 倍まで延伸して，強度は 50～60 GPa，弾性率は 150～200 GPa と理論値と同等か 80 %程度までの物性が得れている。この場合，ドライゲル状態の UMHWPE を 300 倍延伸ということで，実用的なスケールになるかは不明であるが，1 つの方向を示すものである。例えば，分子量 1,000,000 の UHMWPE の分子 1 本 1 本が完全に伸長した場合，その長さは約 7,000 nm の長さになる。紡糸時の UHMWPE 中での結晶サイズ（長周期）が例えば，10 nm とすると，約 700 倍の延伸比で真っ直ぐの伸び切り鎖構造（extended chain structure）が得られるので，この研究を更に進めることは大きな意義がある。UHMwPE で最適な延伸がかかって分子鎖が配向・結晶化するモデルは，**図 17**に示す。極めて延伸しにくい超高分子量のポリエチレン分子鎖を解きほぐし，1 本 1 本，絡み合うことなく，切断せずに延伸倍率を上げることができれば，理論通りの高強度，高弾性の繊維が得られることを示す。

ポリエチレンは，側鎖や芳香環がなく分子が比較的に直線に並びやすいが，どうしても耐熱性が低い。そこで，より耐熱性の高いポリエステルについて現状の 1 GPa 以下の強度を 2 GPa にするための国家プロジェクトがもたれ，分子構造，延伸・熱処理方式及び実用化に移すための広範な研究がなされ，1.7 GPa 程度の繊維強度を達成できたということである（**図 18**）。しかし，これでも理論強度の 10 %以下であり，理論強度を達成することが如何に困難か理解できる。ポリエステルはポリエチレンと異なり，多数の芳香環やエステル結合（-COO-）を含み延伸しても分子鎖が配向しにくいこと，及び，図 15 に示しているが延伸過程で配向によって，ベンゼン環同士が積層して結晶化しやすく，そうなると分子を配向させることが困難になる。つまり，ポリエステルでは分子の配向と配向に伴い生じる結晶化を抑えてより完全に配向させなければならないという二律背反的なことを実現する必要がある。その他の繊維材料，例えばナイロン，ポリエステルではこうした高強度繊維をつくる手段は確立されておらす，紡糸・延伸工程をどう改良するかが検討されている。鞠谷らは NEDO プロジェクトの成果として，ポリマーの設計（Mw，Mw 分布）や延伸方法の工夫により PET にて 1.7 GPa と現行の約 2 倍の強度を得たが，図 18 に示すようにそれでも理論値の高々 10 %程度であり，更に分子設計・紡糸延伸法・後処理法を工夫する必要がある。繊維材料の特徴は軽量性，賦形の自由度，他の樹脂との任意の複合化であり，大きなポテンシャルを持つ。もし，強度が現行の 4 倍に

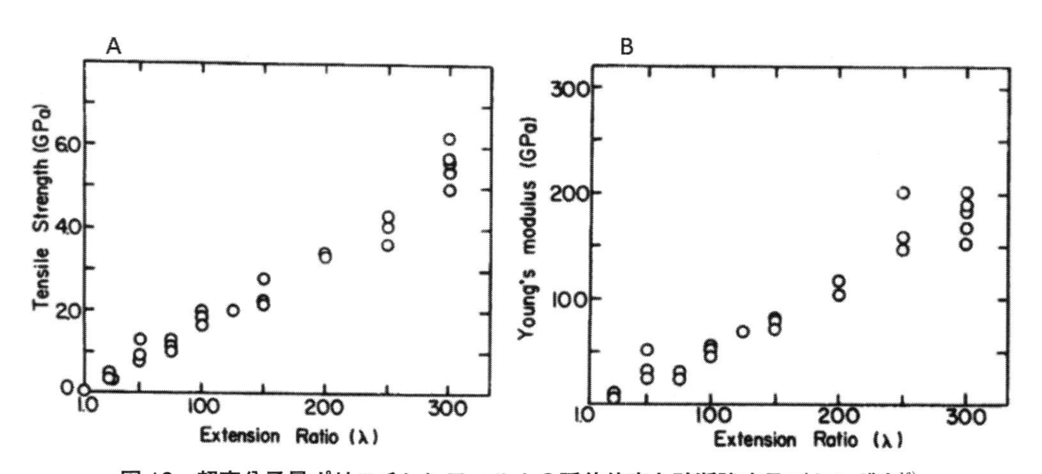

図 16　超高分子量ポリエチレンフィルムの延伸倍率と破断強度及びヤング率[16]

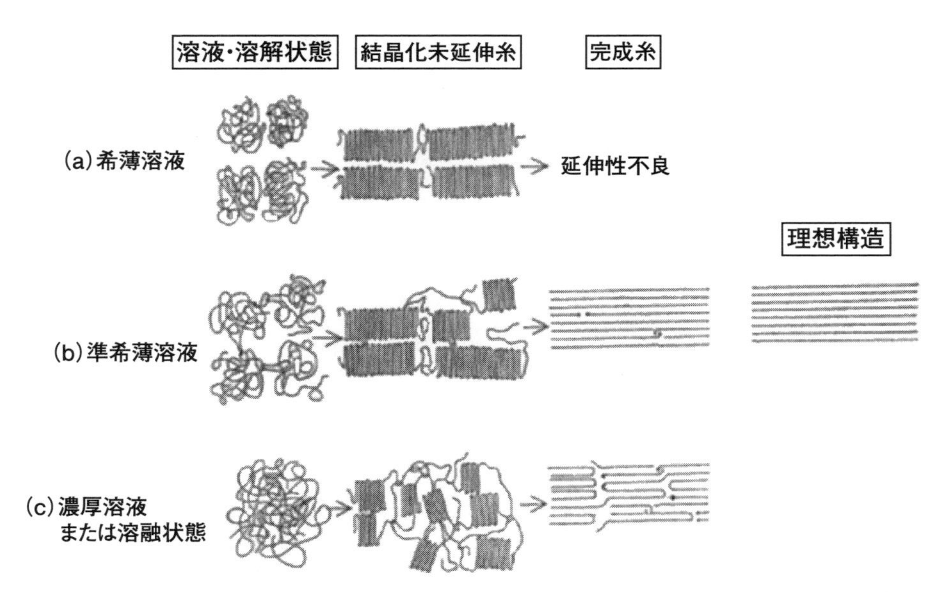

図17　超高分子量ポリエチレン（UHMW-PE）の紡糸条件と分子構造の発見モデル[12)]

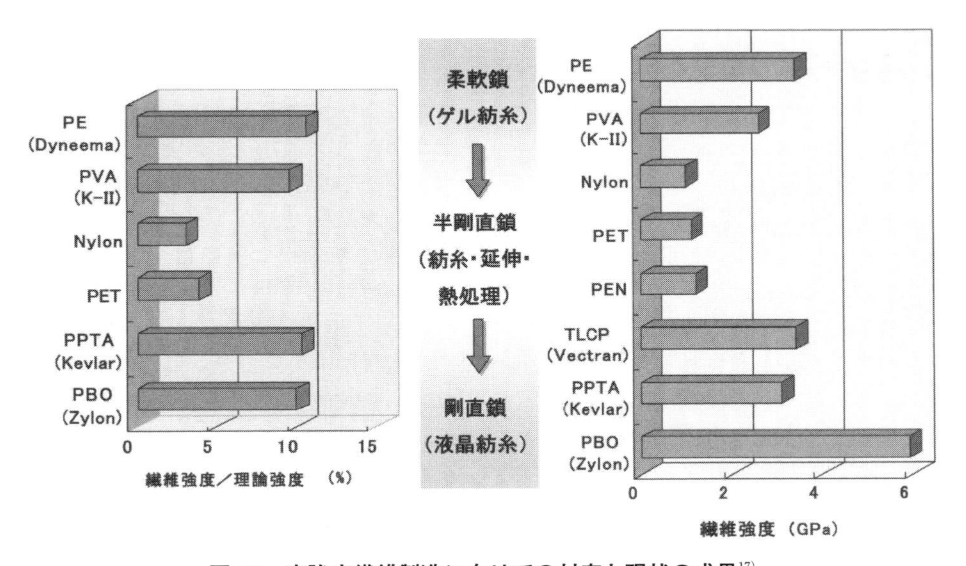

図18　高強度繊維製造に向けての対応と現状の成果[17)]

なれば，繊維材料の使用量が1/4となり，できた製品の重量や厚みが1/4となり，宇宙・航空機，自動車等への大きな技術革新となり，LCA的にも使用性能的にも大きなメリットがある。

汎用ポリマー，特にポリエステルやナイロンでは理論的に困難かもしれない。ただ，理論値に近づける方法は極めて明確である。分子配向を完全にし，結晶化度を上げるという極めて原理的なことを実現すればよい。その1つとして，全芳香族系ポリアミドの一種であるPPTAやPBOのような分子構造事態が真っ直ぐ剛直で曲がりようのないポリマーを利用することである。こうしたポリマーは液晶性を壊さないように繊維化する必要がある為に，特殊溶剤に溶解して液晶性を維持させながら繊維化（液晶紡糸：**図19**）する。また，紡糸浴で一旦凝固すると殆ど延伸が出来ないために，紡糸段階で如何に高配向

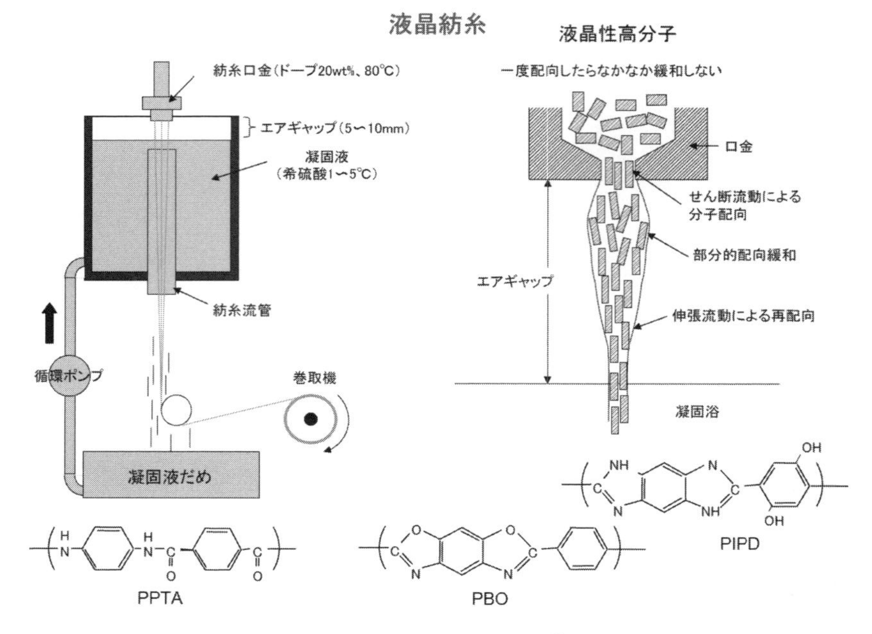

図 19　液晶紡糸の一例[19)]

を発現するかが重要である。PPTA や PBO 等の液晶性高分子は液晶紡糸される。液晶性高分子は分子内凝集力が大きく汎用の溶剤には溶解しないので，硫酸等の強酸を用いて溶解する。紡糸では液晶性高分子の分子配向を繊維軸方向に効果的に並べる為に，紡糸口金内部でせん断応力をかけて吐出寸前まで分子配向状態を保ち，凝固浴に吐出させて・凝固させる。脱溶剤後は分子間で芳香族環同士の積層が生じ，非常に安定した繊維構造が形成される為に，その後の延伸が困難であり，こうした液晶性高分子繊維の物性向上には，液晶性高分子の分子設計（分子構造，分子量）や溶剤，凝固時の分子配向アップが重要である。

前述の表 4 には弾性率及び強度の理論値と実際の最高値を示す。弾性率は PPTA や PBO の様な剛直で伸び切りの分子が開発されてかなり理論値に近づいたが，強度についてはまだ理論値に比べて高々 10 %であり，更にその改善が期待される。弾性率は微小変形での変形抵抗を表し，繊維の多少の欠陥の影響はないが，強度は変形が最大限での値であり，もし繊維に欠陥や構造的に弱いところがあると，強度は大きくならない。これは，繊維断面及び長さ方向に分布する微小な欠陥（空隙，密度さ，分子鎖の配列など）によって，破壊が生じていることを示す。

例えば，**図 20** は生成した炭素繊維の断面構造を示す。一次構造は極めて理想的に炭素原子が SP2 結合で繋がれ二次元方向に発展した規則的な結晶性グラフェン構造を示す。こうした構造が三次元的に発達した炭素繊維であれば実際の強度も理論的な値になるはずであるが，実際はずっと小さい値（理論値（180 GPa の 4 %以下（7 GPa）））でしかない。この原因は図 20 に示される多くの欠陥によるものである。繊維中の欠陥は徐々に改善されてきているが，なお，5.3 nm 程度の欠陥があり，繊維表面よりも内部に多く分布するとされており[18)]，それが強度の低下を引き起こしている。欠陥の生成は現在の製法上不可避である。

つまり，前駆体（例えば，PAN 繊維を炭化による不融化し，次いで，更に高温として結晶化（黒鉛化）する。この黒鉛化工程で三次元的にボイドのないグラファイトの積層体をつくれば，理想的な炭素繊維になるが，実際は，重量比で約 50%の減少があり，また，黒鉛化行程で炭素原子の移動が十分でなく，近傍（ミクロ的には）では黒鉛化構造を形成するが長距離（マクロ的には）での黒鉛化構造を形成できないためである。したがって，最終的に三次元的に規則的な黒鉛化構造を持たせる為に根本的に原料，製造方法・条件を検討する必要がある。欠陥のない炭素

炭素繊維構造; グラファイト構造

炭素繊維の構造モデル

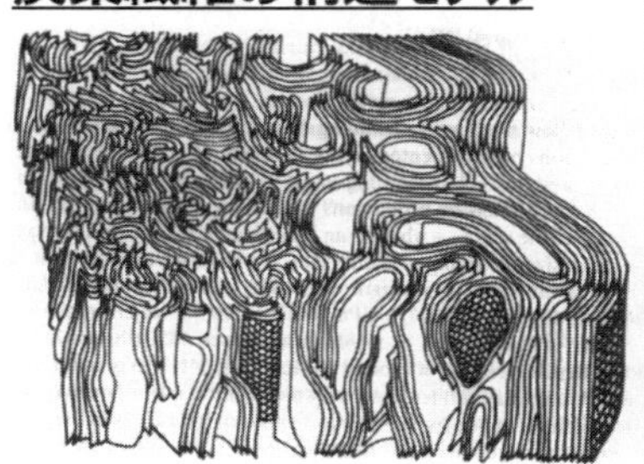

炭素繊維は、黒鉛結晶と乱層黒鉛の混合構造を有している

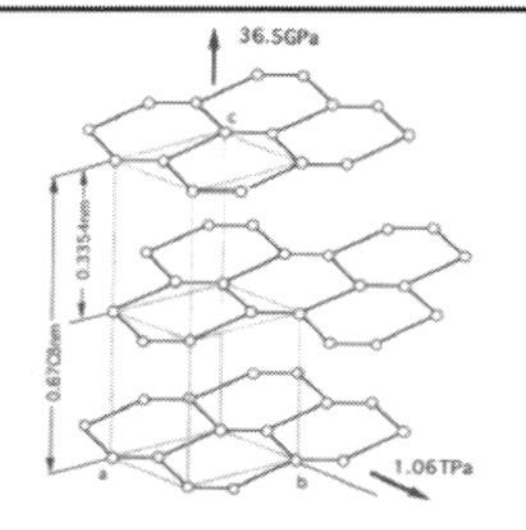

黒鉛結晶構造

黒鉛の弾性率；
炭素網面に平行；1060GPa
炭素網面に垂直； 36.5GPa
（van der Waals 力）

乱層黒鉛構造

①不規則な格子構造
②大きな層間隔
③C原子の欠落

炭素繊維の強度： 欠陥点支配の脆性材料。
理論黒鉛結晶強度（網面方向）180GPa→PAN系CF最高強度7GPa 4%にも至らず。

図 20　炭素繊維の基本構造（一次構造）及び繊維構造（高次構造）[20]

繊維は環状グラフェンからなるカーボンナノチューブ（CNT）であり，引張弾性率は 1,000 Gpa（=1 TPa）に達し，この値は鋼鉄や有機繊維の最高値の 4～5 倍であり幅広い用途や製品の革新が期待できる。この値までは無理にしても，理論値の 30～50 %程度（50～100 GPa）まで行って欲しいものである。そうすると，期待される用途は益々広がり，且つ製品の革新もおこることが予想される。

先端繊維材料として CNT，CNF の様なカーボンナノ材料はベンゼン環が二次元方向に欠陥なく連続したグラフェンシートが筒状に丸まったものであり，完全結晶の炭素材料である。したがって，理想的な高強度材料，高弾性材料として注目されているが，直径が数 nm～数百 nm で長さも精々数 mm 程度であるので，従来の繊維の様にそれだけでは高強度，高弾性繊維にはなりえない。しかし，**図 21** に示すように，最近は基板に垂直に生成させた CNT（super growth CNT）を端面から徐々に解きほぐして，CNT 同士に撚りをかけて，CNT 同士の van der Waal's 力で CNT 繊維を密着させてあたかも CNT 紡績糸のようにして，CNT のみからなる高強度・高弾性繊維を得る試みもなされている。この場合，CNT の繊維軸方向への配向の低下及び紡績糸の為に繊維繊維間の結合が van der Waal's 力にのみ依存しており，CNT 繊維自体の性能を示すかは不明であり，長さ方向の品質のばらつきや長期的な耐久性が懸念される。しかし，ナノサイズの CNT を実用サイズの高強度・高弾性繊維材料として利用できる可能性を示したものであり，この技術が他の技術要素を利用することによって，更に高性能材料になることが期待される。

5　今後の繊維について期待するもの

繊維はその目的である人類の生活を豊かに，安全に，快適にする為に，多くの可能性を有する。そのニーズに対応する為に繊維は非常に多様性を持つ。使用するポリマー，繊維の形状，繊維物性，製造方法，他の先進技術との融合や新しい性能の発現など，目的に応じて，また，材料開発，技術開発に応じて，更に多様に発展するポテンシャルを有する。繊維は 21 世紀に入って，従来の天然繊維を代替するというシンプルなものから，人間個々人に適用する繊維，先端複合材料，情報の受発信，ナノテクノロジー材料，医療材料，エネルギー材料，インフラ強化材料，電子デバイス，光電デバイス（透明導電材）の材料等，その用途は大きく展開している。更に，人間に関するいくつかの技術を融合した新分野でも繊維は

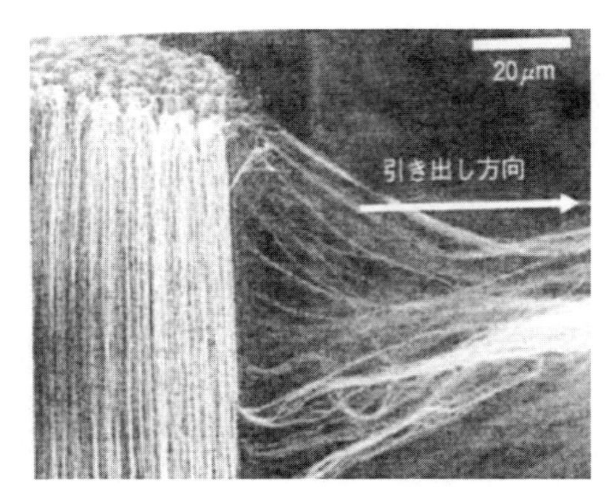

図21　CNTからの紡績糸（連続糸）の製造方法[21)]

重要な役目をする。例えば，ハンデキャップのある人の生活を支援するロボットスーツや高齢化社会での介護用品などは，繊維工学は勿論であるが，機械工学，情報工学，センサー・デバイス工学，システム工学等が融合・複合化して，真に役立つ製品ができる。

繊維にはこうした目的・分野で使われる為に，上述した多様性の中から最適な材料，形状，物性，等の要件を自動的にピックアップするようなデータベースと最適化する情報技術が必要である。最適化されたデータは，エレクトロスピニングと３Ｄプリンターを組み合わせたような装置によって必要とする個人に最適な形状，性能に作りあげるようになる。また，医療用であれば，病院でもこうした技術によって，個人にカスタマイズさせた創傷被覆材や細胞・組織培養剤（scaffold），人工血管，人工皮膚，人工毛髪，等の人工臓器，血圧計，心電計，体温計などの診断機が容易に製造できるようになる。

また，繊維の寿命評価については，繊維の多様性故に一概には困難である。繊維中に微小欠陥による破壊についても，例えば，炭素繊維の様に硬く伸びの小さい材料とゴムやポリウレタンの様に非常に柔軟で伸びやすい繊維，或いは非晶性材料と結晶性材料，或いはポリマー分子の運動性，例えば，ガラス転移点（Tg）以上や以下では破壊を生じる臨界の欠陥サイズは大きくなるし，破壊の機構も異なる。或いは，直径が数nmのセルロースナノファイバーと直径が数μmのアセテート繊維では材料は同じであるが，当然に破壊を引き起こす欠陥サイズは異なる。また，丸断面の繊維と平べったい断面を有するフラットヤーンでも大きく異なる。また，機能性繊維ではそれぞれの機能の何が重要かを見てその効果の持続性を調べる必要がある。しかし，その機能の必要性や臨界性は用途や繊維の形状によっても大きく異なる。生分解繊維でも自然界で使用する場合と体内に埋め込んで使用する場合でも，その評価は異なる。

つまり繊維の特徴は多様性であると最初に述べたが，その多様性の故に寿命評価は非常に複雑で多様である。材料・形状や目的・用途に応じて評価法を設定する必要がある。

文　献

1) Kittler, R., Kayser, M., Stoneking：Current Biology 13, 1414-1417 (2003).
2) 経済産業省編：「繊維産業の動向について（主に化学繊維産業）」（平成22年2月）.（http://www.meti.go.jp/committee/materials2/downloadfiles/g100225b06j.pdf）
3) 片岡進：「繊維産業の現状及び今後の展開について」（平成25年1月17日）のデータを図示化（http://www.meti.go.jp/policy/mono_info_service/mono/fiber/pdf/130117seisaku.pdf）
4) 松尾達樹編：「テクニカルテキスタイルのフロンティアを求めて」，78（繊維社，2014年9月26日）の表2.5を編集
5) 繊維学会編：やさしい繊維の基礎知識（2008年4月10日，日刊工業新聞社）
6) 日本繊維技術士センター編：繊維の種類と加工が一番わかる，技術評論社，(2012).
7) 日本化学繊維協会HP：http://www.jcfa.gr.jp/fiber/high/list.html
8) 繊維学会編：「最新の紡糸技術」，高分子刊行会，119 (1992).
9) 繊維学会編：「最新の紡糸技術」，高分子刊行会，224，(1992).
10) 次世代繊維科学の調査研究会編：新繊維科学：ニューフロンティアへの挑戦，通商産業調査会出版部（平成7年8月）.
11) 岸輝雄：「革新的新構造材料等研究開発について（NEDOプロジェクト）」(2015).
12) 安田浩他：繊維学会誌，Vol.47, 595-601 (1991).
13) 小林治樹他：Photon Factory Activity Report 2013

#31 (2014).
14) 石田慎一：繊維学会誌, Vol.43, 143-147 (1987).
15) 石崎舜三他：繊維学会誌, Vol.45, 234 (1989).
16) M.Matsuo et al.：繊維学会誌, Vol.40, 275-284 (1984).
17) 鞠谷雄士：「高強度繊維の開発」, 機能材料, 23, 5, (2003).
18) 増永啓康他：フロンティアソフトマター開発専用ビームライン産学連合体, 第3回研究発表会, (2014).
19) 繊維学会編：「最新の紡糸技術」, (高分子刊行会, 155 (1992).
20) 三菱レイヨン (株)：「PAN系炭素繊維の現状と将来」(炭素繊維協会, 第29回複合材料セミナー資料 (2016.2.23開催))
21) 喜多幸司：加工技術, Vol.45 (No.11), 17-22 (2010).
22) 通産省生活産業局編：繊維ビジョン, 通商産業調査会 (1999年6月).
23) 次世代繊維科学の調査研究委員会編：新繊維科学, 通商産業調査会 (平成7年8月).
24) 東レレサーチ (株)：機能性繊維の現状と応用展開 (東レリサーチセンター研究調査部門, (1997).
25) 日本繊維技術士センター編：繊維の種類と加工が一番わかる, 技術評論社 (2012).
26) 繊維学会編：やさしい繊維の基礎知識, (日刊工業新聞社) (2008).
27) 日本化学繊維協会HP：http://www.jcfa.gr.jp/fiber/high/list.html

第1節　非破壊検査技術

京都工芸繊維大学　町田　邦郎

1　はじめに

非破壊検査とはその名の通り，ものを壊さずに製品の健全性を評価して修理や部品交換の必要性を判定し，工業製品を長持ちさせる技術である。非破壊検査で用いる「きず」と「欠陥」という言葉はJISで明確に定義されており[1]，検出された単なる不連続部を「きず」(有害，無害は問わない）といい，有害と判定されたものを「欠陥」と呼ぶ。有害，無害の判定基準は設計仕様書などで規定されたものであるため,「きず」は単なる不連続部を指す物理的な意味を持ち,「欠陥」は機能が失われる基準値を超えた「きず」を指す工学的な意味を持つと言える。ここでは破壊や故障の原因となる不連続部を「きず」と呼ぶことにする。

工業製品が使用される環境は多種多様である。例えば荷重，振動，衝撃，電磁気などの物理的環境，そして熱，紫外線，水，薬品，放射線などの化学的環境，そしてこれらが複合的に作用するのが実使用環境である。この間に材料劣化や構造劣化に伴い様々な欠陥が製品に発生し，本来の機能が失われて故障へとつながる。この欠陥を事前に検出して安全対策を提示し，信頼性を確保するのが非破壊検査技術である。人間にとっての健康診断と同じである。製品を長持ちさせることで資源の有効利用，廃棄物削減など，環境保全を重視する社会的要求に応える技術である。

2　物性変化と非破壊検査

本来均質であるべき部分に不連続なきずが発生すると材料物性が変化する。この変化をとらえてきず発生の有無とその大きさを評価するのが非破壊検査である。変化する物性としては例えば弾性波，電磁気，熱，放射線などがあり，非破壊検査の基礎は物性評価技術であるといえる。

材料内に入射した弾性波はきずや不連続部で反射，回折，散乱，干渉などを起こすため，波形や音速，減衰，周波数変化などを測定することで材料内に何が起きたのかを知ることができる。弾性波を利用した検査法は測定が簡便なことから，超音波法や打音法などがよく使われている。特に超音波は波長が短く指向性，直進性が高く，距離分解能も高いため微小きずの検出に優れているという特徴がある。最も広く使われている非破壊検査法の１つである。

電磁気的な物性は非破壊検査の対象となるきずや不連続部ばかりでなく，様々な外因，例えば温度などの影響を受けやすいため，検出精度を高めるには他の手法を併用することが望ましい。導電材料中に発生させた渦電流がきずの存在でゆがみ，この変化を誘導起電力として検出する過流探傷法，磁性材料にしか適用できないが透磁率変化や漏えい磁束の変化を検出してきずを検出する方法，レーダー法とも呼ばれるマイクロ波法はコンクリート中の鉄筋位置検出や土中の埋設物調査などが主な適用例である。

熱物性変化を利用した代表例にサーモグラフィー法がある。内部にきずがあるとその部分の熱伝導率が変化して表面温度分布が不均一になることを利用している。

X線はα線，β線，γ線，中性子線と同じ放射線の一種であり，波長が極めて小さく透過力が非常に強い性質を持つ。しかし透過中に次第に吸収され，密度が高い重元素ほど，そして厚さが厚いほど減衰量が大きくなる。このコントラストの濃淡を撮影したのがX線透過法である。一方，中性子線は水素などの軽原素によく吸収される特徴があるため水分や含水素物の検出に利用され，X線検査を補完する非破壊検査法である。

3　疲労破壊の支配要因

製品や機器は長期間使用している間に初期の性能が次第に低下し，ついには故障，やがて破壊が起こる。故障発生の割合を故障率といい，時間経過に伴う故障率変化を故障率曲線という。**図1**に示すように，故障率曲線はその形からバスタブ曲線とも呼ばれる。この曲線は3つに分けられ，初期故障期，偶発故障期，摩耗故障期と言われている。比較的高い故障率を示す初期故障期は設計不良，製造不良，材料欠陥など不慣れな要因が根底にあると言われている。不良対策によって故障率が低くなる偶発故障期を経たのち故障率が急激に高くなる摩耗故障期に入る。摩耗故障は摩耗，疲労，劣化などが原因であり，製品寿命が迫っている兆候である。

静的破壊応力よりも低い応力であっても，これが繰り返し作用すると破壊する現象を疲労破壊といい，破壊するまでの時間を疲労寿命という。疲労破壊は微小なきずの発生とそれの成長で起こる現象であるから，微小きずが発生するまでの時間 Ni，成長して破壊するまでの時間 Ng の和が疲労寿命 Nf（＝Ni＋Ng）となる。実際の製品や機器についてみると，材料には製造時から少なからずきずが存在しており，また使用中に溶接などの接合部，摺動部で新たなきずが発生したりさびや薬品などによる腐食孔も発生する。これらのきずが起点となって使用中に成長拡大し，ついには機器の故障や破壊に至る現象が疲労のメカニズムである。

破壊とは材料全体がひとしく損傷を受けて起こるものではなく，極めて局所的に発生する現象である。即ち，きずのある最も弱い部分に被害が集中して破損が起こり，それが全体の機能喪失として現れるものである（最弱リングモデル）[2)]。従って，材料の破壊応力（強度）はきずの大きさや形状，存在位置によって決まるものであり，確率的な意味合いを持つ。これを模式的に表したものが**図2**である。(a) は材料自身の寸法が小さいと大きなきずが存在する確率的は低くなることを表し，(b) はきずの寸法が小さいほど強度は上がることを示している。航空機の機体やスポーツ用品に使われている高強度材料の代表

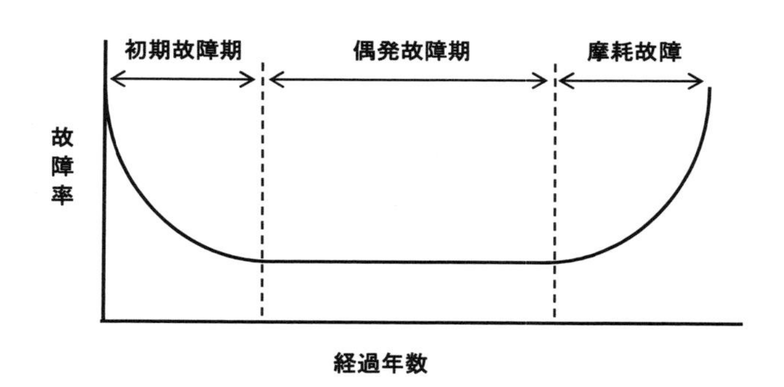

図1　故障率曲線

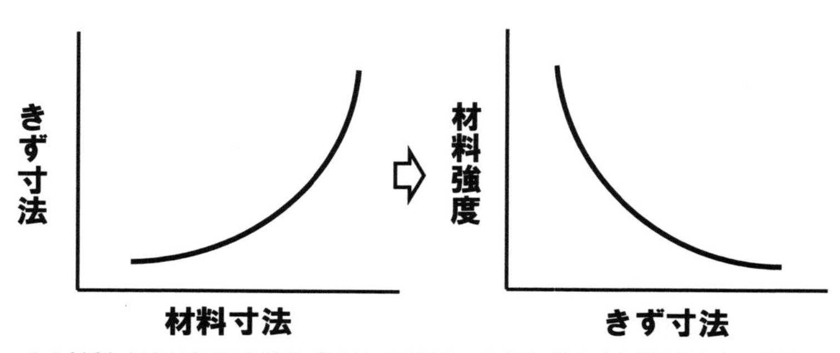

(a)材料寸法と存在するきず寸法の関係　(b)きず寸法と材料強度の関係

図2　最弱リングモデルの説明図

（材料寸法が小さいほど含まれるきず寸法は小さく、きず寸法が小さいほど材料要度は大きくなる）

であるカーボン繊維やガラス繊維，ウィスカーなどは材料を極細化してきずの大きさを極小化し，高強度化を実現した好例である。

4　寿命予測

上述したように，疲労寿命とはきずの発生から成長そして破壊するまでの時間である。したがって，使用期間中にきずの寸法が分かれば残りの寿命を予測できるはずである。寿命予測法としてはマイナー則がよく知られているが、ここではきずに着目して、破壊力学に基づく亀裂成長速度と疲労寿命の関係から導かれる方法について述べる[3]。変動する疲労応力$\Delta\sigma$に伴う応力拡大係数変動Δkと亀裂進展速度da/dNの間には次の関係がある（パリス則）。

$$da/dN = C(\Delta K)^n$$

a＝亀裂長さ，N＝繰り返し数，$\Delta k = \Delta\sigma\sqrt{\pi}$，C＝材料定数，n＝一般に2～8

この関係を表す模式図を**図３**に，金属材料の実測例を**図４**に，樹脂材料の実測例を**図５**[4]に示す。初期きず寸法をa1，破壊する限界きず寸法をacとすれば残存寿命Nrは上式を積分した次式から求められる。

$$Nr = \int_{a1}^{ac} \frac{da}{C(\Delta K)^n}$$

初期きずa1を何らかの非破壊検査法で評価できれば寿命予測は可能であることが分かる。

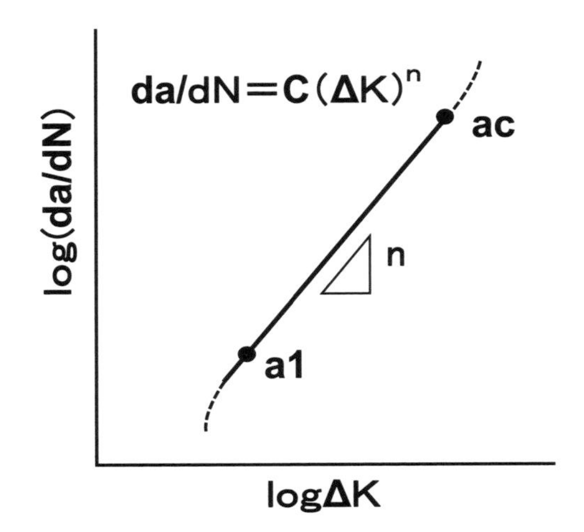

図３　疲労亀裂成長速度の模式図

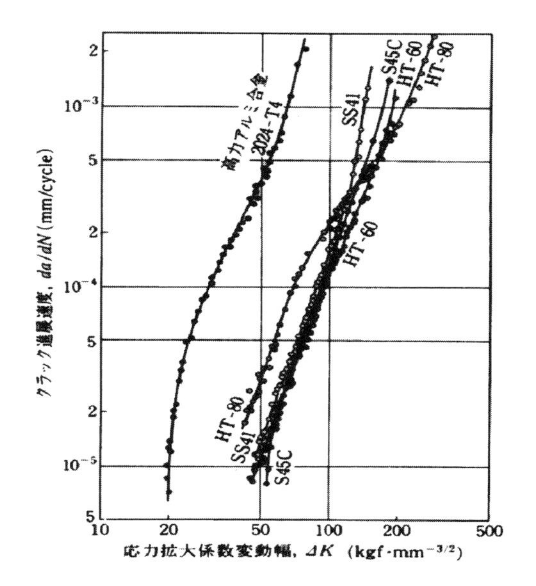

図４　金属材料の疲労亀裂成長速度例[3]

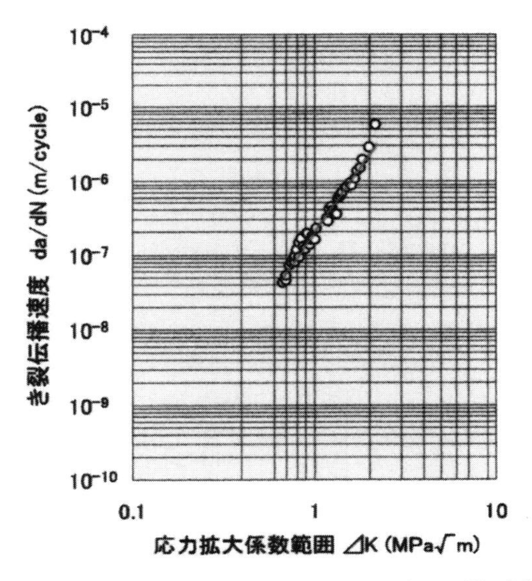

図５　樹脂材料の疲労亀裂成長速度例（ABS樹脂）[4]

5　非破壊検査と予防保全

機械・設備は，長期間使用している間に経年損傷を起こし，正常な運転が難しくなったり設計寿命前に故障したりする。経年損傷は大きく２つに分けられ，材料自身の疲労や摩耗による機械的損傷と高温高圧や薬品による腐食が原因の化学的損傷がある。また二つが複合して作用して起こる応力腐食割れなどもよく知られている。これら機器の安全性を確保

表1　各種きずと非破壊検査法のまとめ

各種きず	非破壊検査法	キーワード
ひび 亀裂 ボイド 剥離 繊維破断	内視鏡 （ビデオスコープ，ファイバースコープ）	可視光，肉眼
	超音波	反射，透過，音速，減衰，周波数， A スコープ，B スコープ，C スコープ
	AE （アコースティックエミッション）	AE センサー，リングダウンカウント，振幅， 持続時間，位置評定
	放射線	X 線，γ 線，中性子線，吸収，コントラスト
	渦電流	導電性材料，コイル，電磁誘導，渦電流
	マイクロ波	レーダー，ミリ波，反射，透過
	漏えい磁束	磁性材料，磁化，透磁率，漏えい磁束， 磁粉法，ホール素子
	浸透探傷，蛍光探傷	染色剤，蛍光剤，前処理，浸透処理，洗浄処理， 現像処理，ブラックライト
	サーモグラフィー	熱伝導，表面温度分布
	ホログラフィー （レーザー，超音波）	物体光，参照光，ホログラム，干渉縞， 二重露光法，シェアログラフィー
厚さ 減肉	超音波	反射，音速
	マイクロ波	コンクリート厚さ
さび 腐食	内視鏡	可視光，肉眼
	超音波	反射，音速
	テラヘルツ波	開発中
異物 埋設物	超音波	析出物，混入異物
	マイクロ波	コンクリート中の鉄筋，上下水道管， ガス管，遺跡，資源探査
繊維配向	マイクロ波	GFRP，CFRP，反射率，透過率，偏波成分
水分 水	マイクロ波	穀物の水分測定，電子レンジ，雨雲レーダー
	中性子線	重元素は透過，軽元素には吸収，水素や水分， 水素化合物の検出，接着剤検査
摩擦 摩耗	内視鏡	肉眼
	超音波，AE	異音モニター，溶接モニター，軸受
漏れ	超音波，AE	漏れに伴って発生する超音波を検出
	ヘリウム検査	トレーサーガスにヘリウムを使用し，イオン化したヘリウムイオンのみをコレクタで集めることによりヘリウムを検知
	水素検査	水素 5%＋窒素 95%の工業用混合ガスを使用， 酸化スズ系半導体式センサで水素を検出
	アンモニア検査	アンモニアガスを用い，試験体表面に塗布した検知剤が化学反応を起こし，黄色から青色に変化することを利用
	ハロゲン検査	フロンなどのハロゲン系ガスをトレーサーガスとして用い， ハロゲンガスセンサーで検出する。環境問題で使用禁止の方向
	水没	水没させた試験体からの気体の漏れを検出
	水圧	試験体に水を注入し水漏れを検出
	石鹸水	石鹸水を塗布して漏れを検出
	加圧放置，真空放置	圧力，真空度の変化を検出，漏れ個所の特定は不可

しながら長寿命化を図るには，定期点検によって経年損傷を早期に検出して適切な処置を施すことが必要である。即ち (B) で述べた様に，摩耗故障期に入る時期を遅らせたり，また摩耗故障期に入ってしまった機器の故障率を極力抑えることが保全の目的である。

機器の保全方法には事後保全と予防保全がある。事後保全とは故障や破損のたびに修理や部品交換を行う処置であり，突発的な事故発生で機器の停止期間が長くなる，修理期間が長期化する，大規模化する，多額の費用が発生するなどの問題点がある。従って適用できるのは簡単な修理で済む場合に限定される。一方，予防保全とは定期的に点検，修理，部品交換を行う保全方法で，突発事故の低減，修理期間の短縮，保全費用の均一化といったメリットがある。予防保全には点検，修理，部品交換を一定間隔で行う時間基準保全（TBM：Time Based Maintenance）と，連続測定，連続監視で行う状態基準保全（CBM：Condition Based maintenance）がある。時間基準保全は，例えば半年とか１年ごとに行うため修理計画を立てやすく，また状態基準保全は故障の前兆が早期検出できることから事前対策を立てやすいといった効果がある。

予防保全を実施するに当たり，その中核をなすのは非破壊検査である。経年損傷を確認するには破壊試験が最も確実であるが現実的ではない。経年損傷の原因を明確にしておけば，非破壊検査により機械や設備を破壊することなく故障の兆候を検出することができる。多様な経年損傷に対応するため様々な非破壊検査手法が確立されており，検出対象を明確にしながら最適な非破壊検査法を選択することが重要である。

非破壊検査法に関する優れた成書[5)～7)]は多数出版されているので詳細な手法はそちらを見ていただくこととして，ここでは検出の対象となる様々なきずに対する主な非破壊検査法を**表１**にまとめた。

文　献

1) JIS Z 2300 2003
2) A.Kelly 著，村上陽太郎訳：「複合材料」，丸善，(1971 年 3 月).
3) 岡村弘之：「線形破壊力学入門」，倍風館，(1976 年 5 月).
4) 旭化成プラスチック HP
5) 石井勇五郎編：「新版非破壊検査工学」，産報出版，(1993 年 8 月).
6) 日本非破壊検査協会偏：「新 非破壊検査便覧」，日刊工業新聞社，(1992 年 10 月).
7) 金原勲編：「高分子系複合材料の非破壊試験・評価ハンドブック」，日本規格協会，(1995 年 3 月).

第2節　CAE (Computer Aided Engineering) 技術

京都工芸繊維大学　東川　芳晃

1　はじめに

現在CAE (Computer Aided Engineering：計算機支援工学) 技術は，家電，OA，自動車，航空機産業をはじめとして，あらゆる産業分野で，製品開発や製品設計のツールとして活用されている。製品の小型化・軽量化が進み，開発期間の短縮，開発コストの低減が至上命令であり，かつ製品の性能・品質の向上と信頼性の確保のために，CAE技術は，現在のものづくりの現場において，必須のエンジニアリングツールである。

CAEは，“製品の設計・開発において，工学的手法を用いた解析・シミュレーションをコンピュータが支援すること及びそのエンジニアリングツール”を指す。CAEという用語とそのコンセプトは，米国のSDRC (Structural Dynamics Research Corporation) 社が1980年に，新規製品の開発・設計を推進・支援する統合的なコンピュータ・システムの構築が，企業における真の戦略的システムと成り得る事を提唱したときにはじまる[1),2)]。SDRC社は，設計作業におけるコンピュータ利用によるエンジニアリング作業 (CAE) の活用とその総合的なシステム化により，従来試作，試験，評価，修正の繰り返しで実施していた新規製品開発を，仮想試作・仮想試験に置き換えることで新規製品開発の期間短縮とコスト低減が図れることを提唱した。

CAE技術はSDRC社 (Dr. Jason R. Lemon) が提唱して36年経過した現在，コンピュータの驚異的な進歩と低価格化，ならびに各種ソフトウェア（有限要素法による構造解析等のソルバー，プリプロセッサー，ポストプロセッサー）や3Dモデルを表示できるグラフィック端末など，CAE解析に必要なツールの開発が進んだことにより，当初のCAEのコンセプト，すなわち，各企業の製品開発に対する競争力アップの戦略システムとして，今やほとんどの物づくり現場において，製品開発の期間短縮，効率化のための設計，解析，評価の必須ツールとして用いられている。

現在，各種産業分野でのCAE技術の活用事例ならびにその活用効果は，たとえば，各ハードベンダーやソフトベンダーが開催するユーザー会やセミナー，日本機械学会計算力学講演会のフォーラム[3)]や，NPO法人CAE懇話会が関西，関東他，各地区で開催しているCAE懇話会[4)]等で紹介されている。

2　製造業の新製品開発プロセスの進展について

日本の製造業における新製品の設計・開発プロセス進展のフローを**図1**[5)]に示す。新規製品開発プロセスは，従来，試作品の試験・評価・修正を人間が試行錯誤で実施してきた。この製品開発プロセスは，CAEを活用することにより，実際に試作する前に，仮想試作品を計算機シミュレーションによって評価し，不具合を修正し，最適化することが可能となった。その結果，CAEは，新規製品の開発期間の短縮，性能・品質の信頼性の向上，およびコスト低減に対して多大の効果を上げるツールとして活用されるようになった。

しかしながら，計算機上で仮想試作品の性能の解析・評価と修正を繰り返し，最適化を行うのは人間の手作業であり，作業者・設計者の知識・経験やスキルに大きく依存するという問題があった。この問題の解決手段として登場したのが，CAO (Computer Aided Optimization：計算機支援最適化) 技術[6),7)]である。CAOはコンピュータを利用した設計の自動化，最適化，統合化技術である。CAO技術と従来のCAE技術を統合することにより，人間に代わってコンピュータソフト (CAOソルバー) が，繰り返し計算を自動で実行し最適化を行う。各

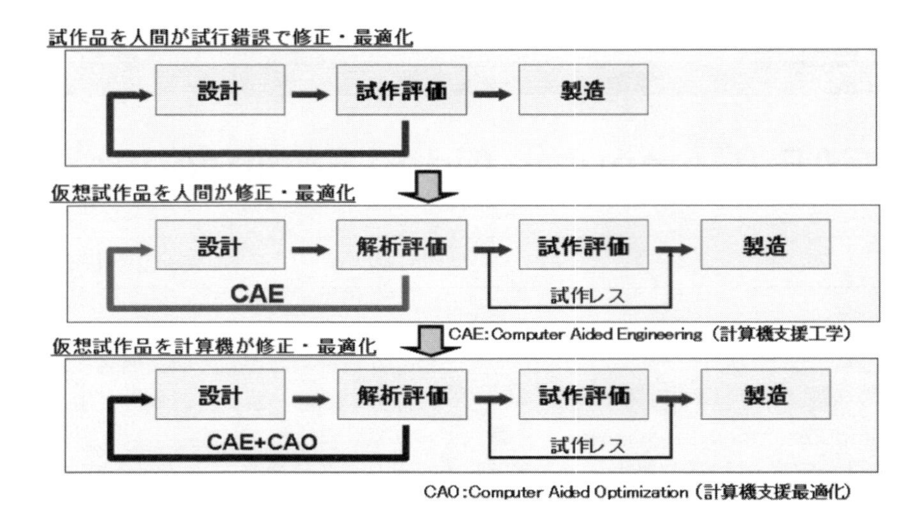

図１　新製品設計・開発プロセスの進展[5]

種CAE解析ソフトウェアを統合することにより，実際の製品の総合的な性能最適化（複合領域の最適化）[8]が可能となった。その結果，人間が手作業で行うCAE解析の繰り返し作業は自動化され，作業者の知識，経験，スキルの違いによる設計品質への影響がなくなり，製品開発期間のさらなる短縮，効率化，そして製品の品質・性能や信頼性の向上を図ることが可能となった。

もともと，有限要素法などのCAE解析ソフトと最適化ソフトを組み合わせた最適化検討は，1980年頃の自動車の軽量化検討において始まった[9]。その後のCAE解析技術と最適化ソフト両面の進歩により，このCAOを用いた最適設計技術は大きく進歩した。そして，1990年代後半には実用的な汎用のCAO支援ソフト[10]も上市され，CAO技術は各種製造業において急速に普及していった。

次に，具体的な事例を紹介する。

①CAE技術を，製品開発に対する競争力アップの戦略システムとして活用し，素晴らしい成果をあげた一例として，マツダの高性能の内燃機関SKYACTIVの開発がある[11]。SKYACTIVは，従来の延長線上の開発手法では実現が困難であったとされる。大型高性能の計算機の採用と，数値解析と実験解析を併用して，極めて高精度のCAE技術を活用して実現できたそうである。マツダは，SKYACTIVエンジン（SKYACTIV-G及びSKYACTIV-D）の開発に際して，構想設計，詳細設計の各段階で実用的に使えるモデルの開発を進め，実験と計算モデル（CAE）をうまく組み合わせた「モデルベース開発」（MBD：Model Based Development）（**図２**）[12]という開発手法を活用して，従来に比べてはるかに高度に燃焼をコントロールして出力，燃費ともに高い性能を実現したとしている。SKYACTIV-Gは，内燃機関の効率化を徹底的に追求して開発された，世界１の高圧縮比のガソリンエンジンであり，ハイブリッド並みの低燃費を実現している[13]。一方，SKYACTIV-Dは世界１の低圧縮比のディーゼルエンジンであり，相反する関係にあった燃費とエミッションを飛躍的に向上させた。このエンジンは，卓越した走行性能を実現した上で，より厳しい排出ガス規制にNOx後処理なしで適合し，前モデルより燃費を約20％向上したとしている[14]。

②プラスチック自動車部品メーカにおいても，CAE技術は製品開発に活用されている。たとえば，あるティアワンのプラスチック自動車部品メーカのホームページには[15]，製品設計の流れの説明で，“CADを基軸としたデジタル開発で，高品質で，短納期を実現しており，CAE解析を構想設計，詳細設計の段階で活用している”とアピールしている。性能評価では，剛性・熱変形解析，振動解析，衝撃解析，空調解析，また加工性検証として樹脂流動解析，ブロー成形解析を実施していることが紹介されている。

③別のティアワンのプラスチック自動車部品メーカのホームページ[16]では，製品開発の流れとして，“開発・設計→予測技術→計測技術→評価技術”を紹介し，予測技術の説明として，“開発段階でバン

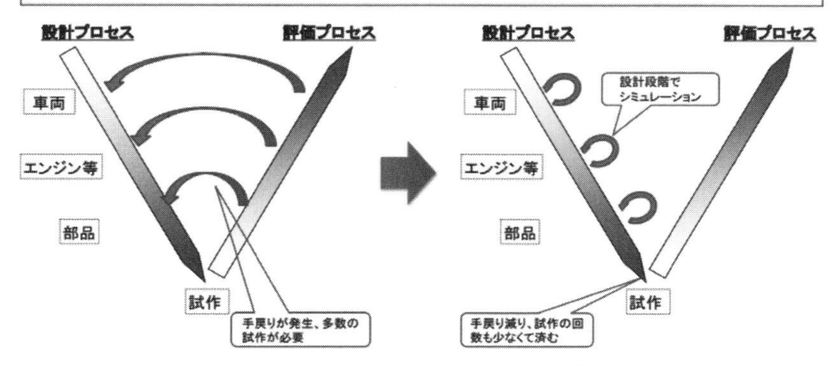

図２　モデルベース開発の進展[12)]

出典："IoT による，ものづくりの変革" 経済産業省　製造産業局　平成 27 年 4 月　資料 6-4,P.10

パー，インストルメントパネル，ドアトリムなどの大型 ASSY 製品の強度・衝撃性の予測を CAE 解析で行っています。また流動解析によってウェルドの発生位置，型締め力，製品のソリなどを事前予測することで，開発期間の短縮，開発費用の低減を実現しています。" と紹介している。

④自動車の軽量化と低コスト化のため，従来の鋼板バックドアから，国内で初めて自動車用樹脂バックドアモジュール（第 1 世代）を開発し，2001 年に量産化した日立化成㈱は，第 2 世代のバックドアモジュール（インナーパネルの射出成形化とアウターパネルの PP 材化）を 2004 年に量産化しており，第 2 世代のバックドアモジュール開発においては，第 1 世代の製品開発の時より CAE 解析技術を強化，活用し，開発期間の短縮，開発工数の低減を図ることができたことを紹介している。そして，第 1 世代から第 2 世代に進むにつれ，CAE 解析工数が増えるので設計工数は増大するが，全体の開発工数は短縮したと述べている（**図 3**）[17)]。

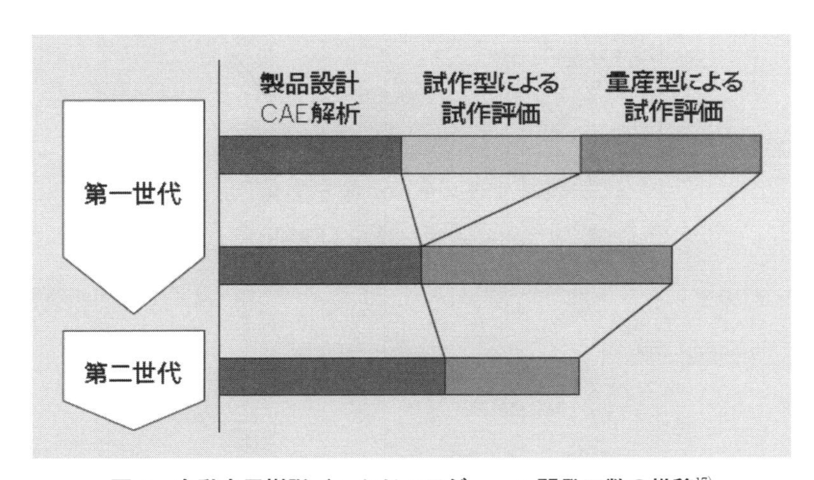

図３　自動車用樹脂バックドアモジュール開発工数の推移[17)]

出典：日立化成テクニカルレポート，No.44，p.24 (2005)

3　プラスチックCAE技術の進展[18)]

プラスチックは現在，自動車，家電，AV機器等をはじめとして，日常生活のあらゆるところで使用されている。このプラスチックの新製品開発・設計プロセスの進展は図1と同様の過程をたどってきた。プラスチック製品開発で使用されるCAE技術は，成形加工CAEを核にCAEシステムが構築されており，通常プラスチックCAEと呼んでいる。

プラスチックCAEは，高分子材料専用に開発された各種成形加工CAEと，従来から金属材料用に開発されてきたメカニカルCAEとから構成されており，製品・金型設計，成形加工さらに成形履歴を考慮した成形品の性能評価等，各段階で使用される。

プラスチックCAEシステムの一例を**図4**[18)]に示す。

3.1　メカニカルCAE

メカニカルCAEは，静的，動的な機械的特性を評価する有限要素法[19)]（FEM：Finite Element Method）を用いた構造解析や衝撃解析，振動解析，疲労解析等のCAEソルバーがある。しかし，これらは一般的に金属材料の解析を対象としており，粘弾性の特性を示す高分子材料に適用するためには，利用技術の開発が必要となる。衝撃解析技術については，現在工業的には樹脂部品の耐衝撃特性の評価に活用されているが，解析用の材料モデルの開発や，歪み速度依存性の物性測定技術開発など，今なお解析技術の開発研究が行われている[20)]。

3.2　成形加工CAE

成形加工CAEは，射出成形，ブロー成形，押出成形ほか各種成形加工専用のソフトウェアが開発されている[21)]。これらのソフトウェアを用いて，成形過程における高分子材料の溶融，流動，冷却，固化の状態変化を伴う賦形過程の挙動や履歴，さらには，これら賦形履歴をもとに成形後の製品の外観や品質，性能を予測することができる。

従来から，プラスチックは生き物であると言われ，射出成形品の開発においては，製品設計，金型設計，成形条件設定は，熟練の技術者／技能者の経験と勘に基づき，試作・評価の繰り返しによって行われてきた。製品の性能・品質に大きく影響を及ぼす金型内の賦形過程（成形過程）が，ブラックボックスであることが原因の一つである。

このプラスチック成形加工の世界に，1970年代後半，ブレークスルーの技術（すなわちCAE技術）が登場した。オーストラリアのベンチャー企業（Moldflow Pty.Ltd）より，射出成形の金型設計，成形条件設定に利用できる，商用の金型内樹脂流動解析ソフトウェアMoldflowがリリースされた[22)]。当時，射出成形の金型内樹脂流動解析ソフトとしては，米国のコーネル大学において，コンソーシアムで開発されていたC-MOLD[23)]や，ドイツのアーヘン工科大学のIKVで開発が行われていた，CADMOULD[24)]など，大学が中心になって開発していたが，一企業が商用ソフトとして開発し，実際の工業的に利用できる商用ソフトとして実用化されたのは，Moldflow

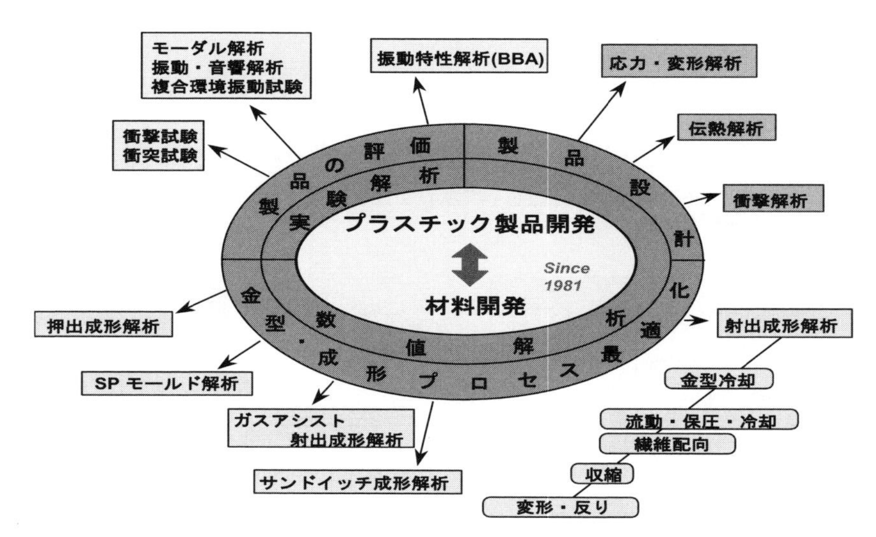

図4　プラスチックCAEシステムの一例[18)]

が世界で最初である。

金型設計の際に，コンピュータを用いて射出成形解析ソフトにより，金型内の流動挙動をシミュレートして，その結果に基づいて金型を製作することができるようになった[25]。従来の経験と勘による試行錯誤の金型設計から，CAEを活用した金型設計へと，金型設計技術が大きく進歩することになった。開発当初のソフトウェアは，シミュレーション手法他，色々と課題があり，現在のソフトウェアの技術レベルと比べると比較にならないが，射出成形解析ソフトを活用することによって，金型設計や製品開発の期間短縮や，成形品の不良率を減少させるといった効果が期待できるとして，射出成形の産業界に受け入れられ使用されはじめた[26]。成形加工CAEは，射出成形のCAEソフトが工業的に活用され普及していく中で，徐々に，射出成形以外の，ブロー成形のCAEソフト[27]や押出成形などの商用のCAEソフトが開発され，上市されていった。樹脂の押出成形解析に活用できる汎用の粘弾性流体解析ソフトウェアPolyflow[28]が商用ソフトとして日本でリリースされたのは，Moldflowが上市された後，約10年後である。このソフトウェアは，ベルギーのルーヴァン・カトリック大学で開発され，Polyflow社（ベルギー）から商用ソフトとして販売された。

3.3　プラスチックCAE技術の進展

プラスチックCAEは，1970年代後半から1980年代の第1世代（黎明期・発展期），1990年代の第2世代（成熟期），2000年代の第3世代（第2発展期）を経て，現在は，第4世代（第3発展期）に入っていると思われる。

プラスチックCAEの発展過程を**図5〜図8**に示

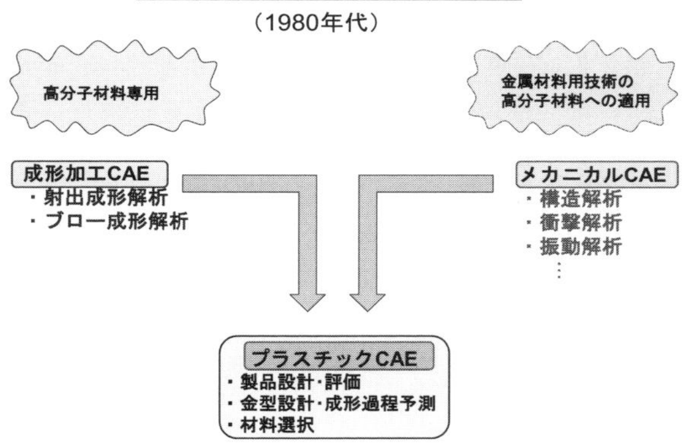

図５　第１世代プラスチックCAE[18]

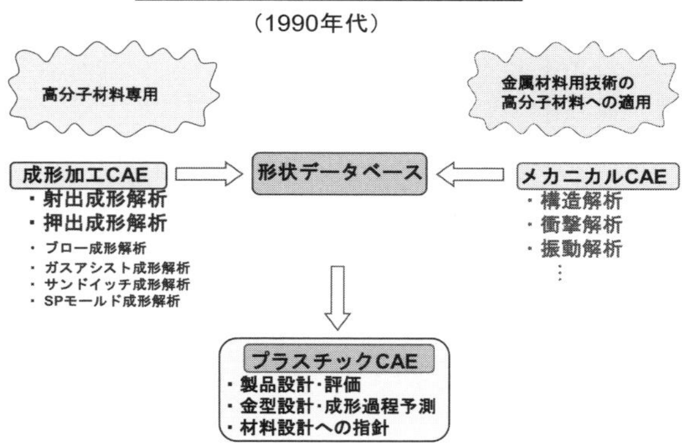

図６　第２世代プラスチックCAE[18]

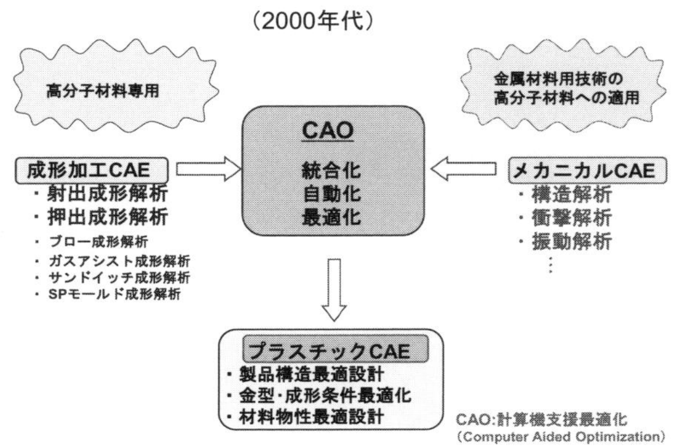

図７　第３世代プラスチックCAE[18]

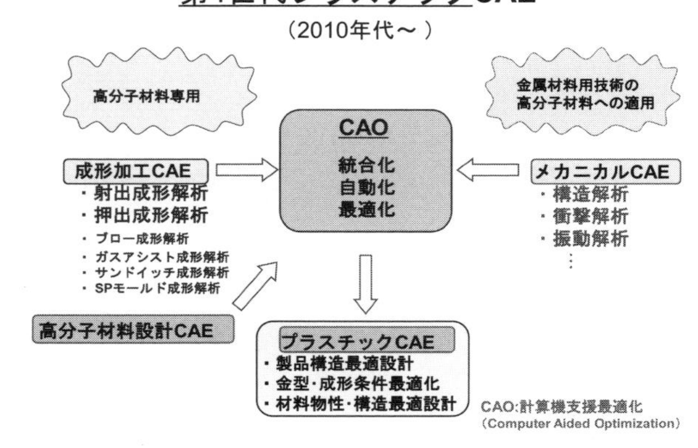

図８　第４世代プラスチックCAE[18]

す[18]。

第1世代（図5）は，成形加工CAEとメカニカルCAEはそれぞれ別々の形状モデルを作成し解析する必要があった。1990年代の第2世代（図6）は，有限要素法（FEM）を用いた成形加工CAE技術が実用化され，メカニカルCAEと共通の形状データベースを用いた解析が可能となった[29]。また押出成形解析技術をはじめ，主要な成形加工CAE技術は第2世代でほぼ出揃い[30]，その後，画期的なブレークスルーの技術はあまり出ていない。しかしながら，他のソフトウェアとの練成解析機能や新たな解析機能などが追加され，各CAE解析ソフトウェアは，現在まで徐々にではあるが着実に改良され，技術的な進歩がみられる。

第3世代（図7）は，CAO技術をプラットフォームとしたCAEの自動化，最適化，統合化の時代である[31]。種々の最適化支援ソフトウェア（CAO）が上市され，本ソフトウェアをプラットフォームにし，各種解析（CAE）ソフトウェアと統合することにより，プラスチック製品の構造最適化，金型や成形条件の最適化，そして射出成形品の設計仕様を満たす材料物性の最適化も一部では，可能となった。さらに，人手によるCAE技術の作業では，現実的に非常に難しいと言える製品構造と材料物性の同時最適化についても，CAE技術と，全自動のモデル作成・修正技術およびCAO技術を組み合わせることにより，一部ではあるが可能となった[33]。

第3世代のプラスチックCAE技術の一例を**図9**[32]に示す。

また，第3世代のプラスチックCAEの活用事例を**図10**[5]に示す。自動車内装部品の安全規制（米国のFMVSSの201U）には，車室内の乗員保護の評価方法が規定されており，車室内における乗員頭部の二次衝突に対して，HIC（d）値（Head Injury Criterion／頭部損傷臨界値）が1000以下になるような緩衝性能を有する構造が求められている。本事例は，自動車の射出成形部品であるピラートリムの裏リブ構造と材料物性の同時最適化により，頭部衝突時の衝撃緩衝能力を限りなく向上させHIC（d）値を低減させた結果を示したものである[33]。ピラートリムの衝撃吸収能力に対するリブ構造と材料物性の同時最適化のイメージを**図11**[5]に示す。

なお，後述する特許文献には，多数の第3世代のプラスチックCAE技術が提案されている。たとえば，No.D8，No.D12，No.L5，No.L7，No.Q3，No.R11，No.T2等である。

第4世代（図8）は，第3世代の技術と，現在開発途上にある高分子材料設計CAE技術との統合により，材料物性を介して分子構造から製品物性を予測する技術と考えている。また，逆解析により，製品物性から最適な分子構造を予測することができる可能性のある技術でもある。

第4世代プラスチックCAE技術を用いた製品設計，材料設計のフロー（概念図）を**図12**[5]に示す。

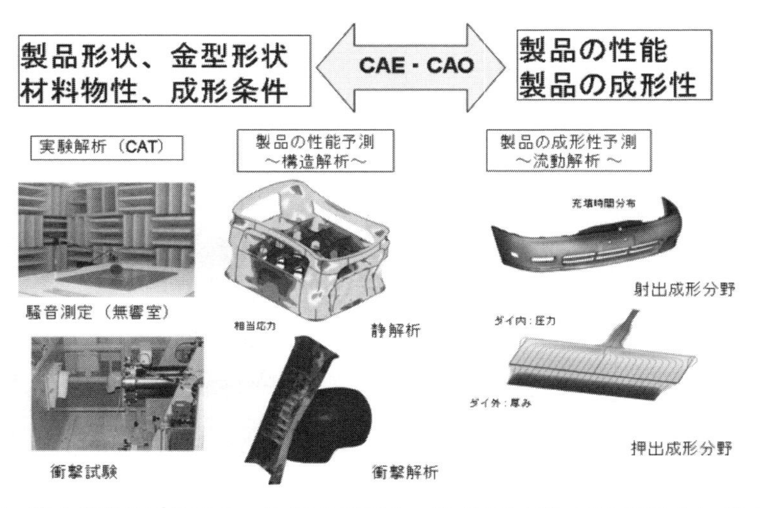

図9　第3世代のプラスチックCAE技術の一例（射出成形CAE技術がメイン）[32]

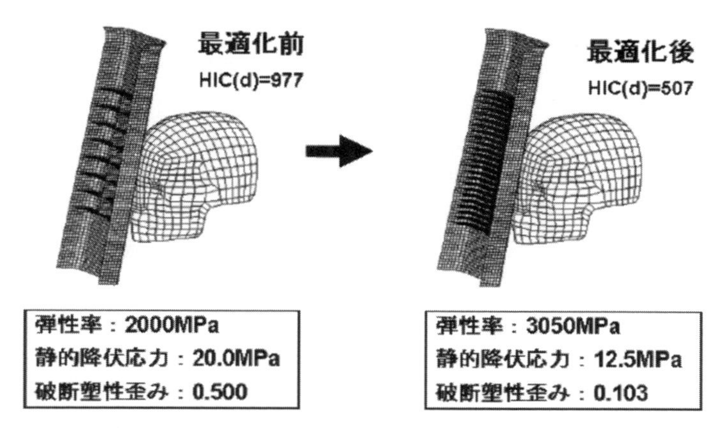

図 10　リブ構造と材料物性の最適化前と最適化後の HIC（d）値の比較[5]

（HIC（d）値：Head Injury Criterion/ 頭部損傷臨界値）

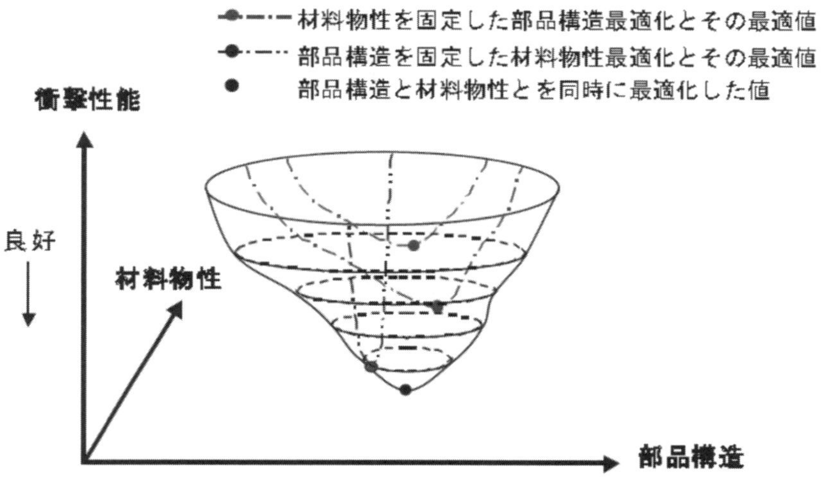

材料物性を固定した部品構造最適化とその最適値
部品構造を固定した材料物性最適化とその最適値
部品構造と材料物性とを同時に最適化した値
衝撃性能
良好
材料物性
部品構造

図 11　製品形状と材料物性の同時最適化のイメージ図[5]

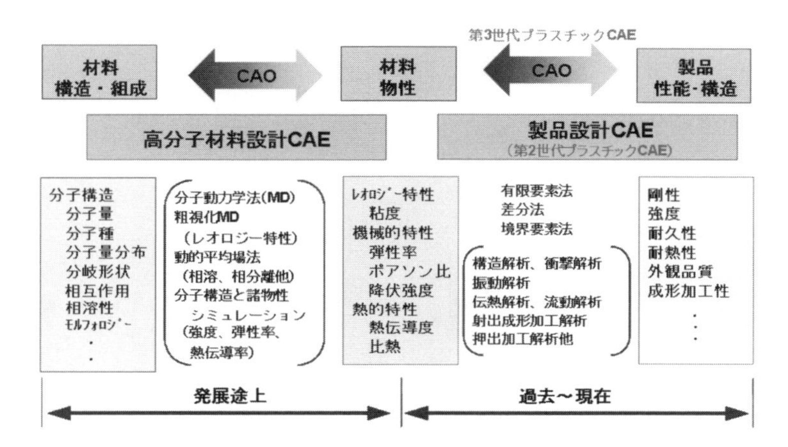

図 12　第 4 世代プラスチック CAE 技術を用いた製品設計，材料設計のフロー（イメージ図）[5]

現在，メカニカルCAEの解析ソフトとして，マルチスケールやマルチフィジックスのCAEソフトウェアが上市されている。高分子関係が扱える実用的なマルチスケールやマルチフィジックスのソフトウェアもいずれ商用ソフトとして登場すると思われる。たとえば，ベルギー国のe-Xstream engineering社（2003設立）から販売されている繊維強化複合材料や構造材料用に特化した非線形マルチスケール材料モデリングソフトウエアはDigimat[34]は，第4世代のCAE技術を構成するソフトウェアの一つとして活用されていくのではないかと思われる。

日本で開発されたソフトウェアとしては，たとえば，高分子材料設計CAEを目的として土井らにより2002年に開発されたOCTAシステム[35]や，増渕によって2002年に開発され機能アップ検討が行われている高分子レオロジーシミュレータNAPLES[36]がある。これらは，第4世代のプラスチックCAE技術のコア技術の一つであり，今後産業界で実用化が進むと思われる。

材料と成形の双方の要因を考慮したマルチスケールシミュレーションの事例[37]を**図13～図15**に示す。射出成形解析には，PLANETS「MoldStudio3D」[38]を用い，材料の貯蔵／損失弾性率の周波数依存性の予測は，NAPLESを用いている。分子量の異なるポリスチレン（サンプル1,Mn＝112,000，サンプル2,Mn＝271,000）を用いて，射出成形における分子配向に起因する反り変形の検討した例である。サンプル1では，金型温度の影響が支配的で，分子 配向を考慮しようがしまいが，反り変形の方向は変化しない。一方，分子量の大きいサンプル2は，分子配向を考慮した場合としない場合で，反り変形の方向が反対になり，分子配向の影響に左右されている結果を示している[37]。分子量分布を有する高分子材料の詳細な構造まで考慮した計算は，現状の計算機能力から考えて，困難であり実用的ではないが，高分子の分子量や構造が材料物性，成形加工性に対してどのように影響しているかを検討し，材料開発等の参考にできることを本事例は示唆しているといえる。

第4世代の技術が，実際に産業界で広く活用されるようになるには，まだかなりの期間を要すると思

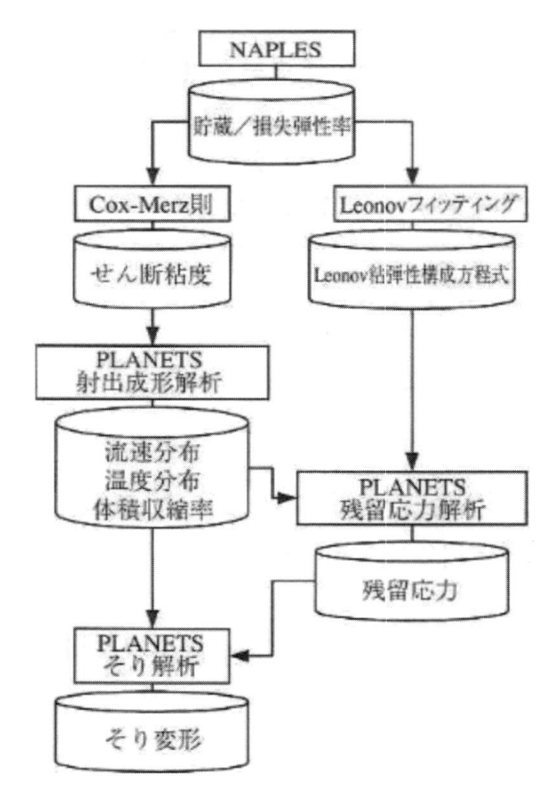

図13　射出成形におけるマルチスケールシミュレーションフローチャート[37]

出典：成形加工，Vol.19.No.6，p.352（2007）

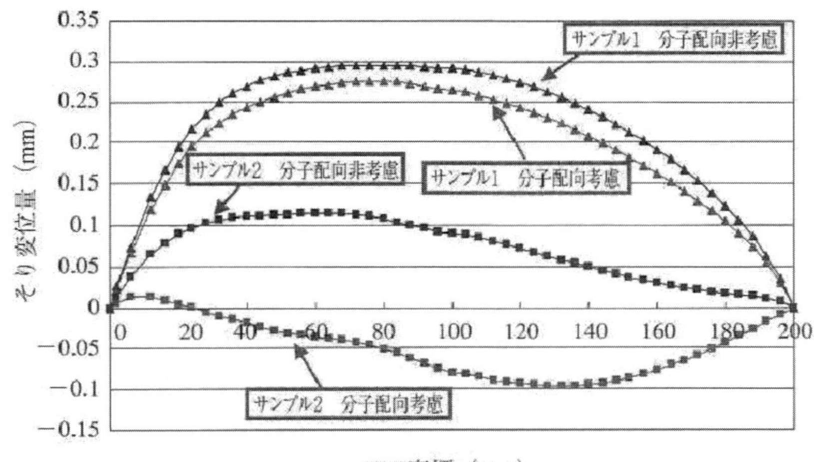

図 14　反り変形量の予測結果[37)]

出典：成形加工，Vol.19. No.6，p.153 (2007)

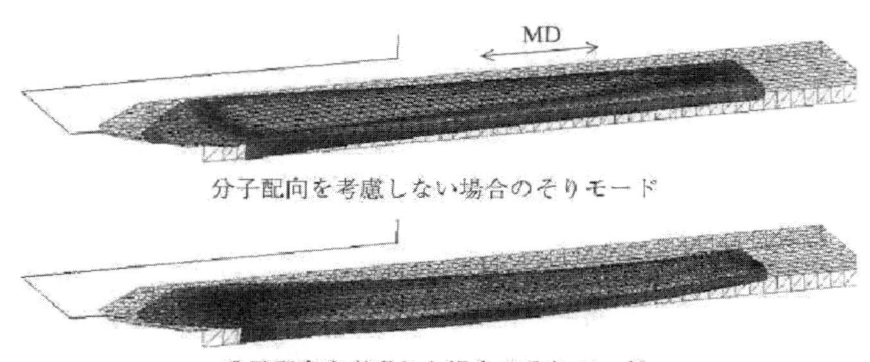

図 15　サンプル２におけるそり変形量予測結果　分子配向の影響の検討[37)]

出典：成形加工，Vol.19. No.6，p.153 (2007)

われるが，技術は着実に進歩している。

4　射出成形 CAE 技術の進展

樹脂射出成形品の品質・性能は，製品デザインと材料と成形加工の３要素が，互いに複雑に関係し影響を与えている。製品設計，材料選定，金型設計，成形条件の選定においては，各要素の相互の関係を十分に考慮する必要があり，前述した第３世代のCAOとCAEの統合技術は非常に有効であると考える。

一般に，製品仕様を満たす製品デザインと材料が決定した後に，金型設計する場合が多い。その場合には，成形過程に起因する様々な不良現象，たとえば，成形品の外観不良，形状・寸法精度不良，成形品の熱変形や，強度，耐久性などの物性低下といった諸々の成形不良現象の予測や対策検討に，射出成形 CAE が活用されている。CAE による事前検討の結果，問題解決が困難な場合には，製品デザインや材料などの再検討が行われる。具体的な諸々の成形不良対策技術や，製品性能向上に対する CAE 技術については，次項の各企業から特許出願され提案されている特許文献事例にて紹介する。

射出成形 CAE の技術は，商用の射出成形解析ソフトウェアが市場に登場して以来，家電メーカや自動車メーカ，成形加工メーカ，金型メーカ等は，自社の製品の設計・開発に活用し，樹脂メーカなどは顧客製品開発支援など樹脂拡販の支援技術として活用してきた。これらの企業においては，現在に至るまで，企業の技術者，研究者たちが，企業間競争に勝つというミッションを達成するため，CAE活用技術向上に努め，新規技術の開発を行ってきたと思われる。

自社内利用のためにソフトウェアを開発した企業や，社内利用とともに商用のソフトウェアとして販売する企業（たとえば東レ㈱の3D TIMON），また，商用ソフトを用いて，射出成形不良現象の対策技術を開発し活用する企業など，さまざまである。これらの射出成形CAEに関する開発技術については，各企業から特許出願されており，開発技術の動向を知ることができる。企業においては通常，このような成形加工技術については，学会発表や論文発表よりも，特許出願が常に優先される。企業で開発された射出CAEの具体的な技術内容，技術進歩の状況を把握にするには，特許文献を調査が非常に有効である。

なお，本稿では割愛したが，射出成形CAEの解析プログラムに関しては，たとえば松岡[39)40)]や中野[41)]の報文を参考にされたい。

5　特許文献による射出成形CAE技術の進展の具体例紹介

射出成形CAEおよび関連のメカニカルCAEに関する出願特許技術について調査した結果を紹介する。特許調査は，独立行政法人工業所有権情報・研修館がインターネット上で公開しているプラットフォームJ-Plats Patサービス[42)]を利用した。抽出特許文献132件について，技術の目的別にAからTまで20項目に分類した。

さらに，この20項目に分類した特許文献の技術について，各項目につき少なくとも1件を含む計40件について，具体的な技術内容（図）を紹介した。

①抽出特許の技術分野・技術項目と特許文献No.および，具体的な技術内容を紹介した特許文献No.の一覧表を**表1**に示す。

② 20項目に分類した抽出特許の，特許公開番号，公開日，発明の名称，出願人，および技術の要約（課題，目的と解決手段）を記載した一覧表を**表2～表21**に示す。

③具体的な40件の技術内容を**表22～表61**に示す。

6　おわりに

本稿では，CAE技術，プラスチックCAE技術の進展の過程について概説するとともに今後のプラスチックCAE技術について展望した。そして，各企業から特許出願されている，射出成形CAE技術について，132件の特許文献を抽出し，さらにその技術を20項目に分類して，その技術内容を紹介した。特許文献から，射出成形CAE技術の進展状況を把握することができる。各企業が射出成形製品開発のために，色々知恵を絞って先行技術の問題点を，新規性と進歩性のある手段により解決し，プラスチック製品の品質，性能向上およびCAE技術の向上を図ってきたことが推測できる。これらの各企業から提案されている技術は，工業製品の一部品として使用されるプラスチック製品の高品質で長もちさせるために必要な，射出成形品の不良現象の予測と対策が数多く提案されている。射出成形CAE技術は，今後も新たな技術が提案され特許出願され，射出成形のものづくりに活用されていくと考える。本稿で紹介した特許文献の技術が，新たな特許出願技術を創出する参考となり，プラスチック製品のさらなる高品質化や成形加工技術の高度化に繋がることを期待している。

SDRC社のDr. Jason R. Lemonによって提唱されたCAEのコンセプトは，センサー技術とコンピュータの著しい進歩により，ここにきて，新たな進化・発展を遂げようとしている。最後に，以下補足したい（内容については，経済産業省の2015年版ものづくり白書を，引用・参考にした）[43)]。

現在，AI（Artificial Intelligence：人工知能）やIoT（Internet of Things：モノのインターネット）が注目を集めている。ものづくりの世界でもIoTや，ビッグデータ解析を通じた大きな変革が起きつつある。ドイツでは第4次産業革命とも称されるインダストリー4.0を，世界における自動車産業の競争力アップのため国策として進めている。アメリカでは，航空機産業に力を入れているGEが中心になって，インダストリアル・インターネットを推進している。GEは，ビッグデータマネージメントに力を入れ，その中核ソフトであるPredix[44)]を開発し他社への提供も発表している。

ドイツが進めているインダストリー4.0の狙いの一つは，ものづくりにおける生産性の向上であり，

表１　抽出特許の技術分野・技術項目と特許文献 No. および具体的な技術内容を紹介した特許文献 No. 一覧表

技術分野		技術項目		特許文献No.	件数	具体的な技術内容を紹介した特許文献No.
射出成形CAE	高分子材料物性予測	A	CAE解析に使用する材料物性予測技術	A1～A7	7	A4
	射出成形機の成形条件制御	B	射出成形機の成形条件設定・制御技術	B1～B4	4	B1,B2,B3
	射出成形過程で生成する不良現象の予測と対策	C	射出成形品の寸法・形状予測と対策技術（収縮率・反り・変形他）	C1～C17	17	C1,C3,C4,C5,C7,C11,,C17
		D	ウェルドラインの生成予測と対策技術	D1～D13	13	D1,D8,D12
		E	ウェルドラインの強度予測と対策技術	E1～E8	8	E2,E8
		F	2次ウェルドの生成予測と対策技術	F1～F6	6	F5
		G	フローマークの生成予測と対策技術	G1～G4	4	G1,G2
		H	ヤケ、ジェッティングの生成予測と対策技術	H1～H4	4	H2
		I	ボイド（空洞）の生成予測と対策技術	I1～I4	4	I1,I4
		J	バリの生成と対策技術	J1～J6	6	J3
		K	金型離型不良の予測と対策技術	K1～K2	2	K2
	金型設計	L	射出成形金型設計技術	L1～L8	8	L5,L7
		M	射出成形金型冷却解析技術	M1～M5	5	M2
	射出成形全般	N	インサート物のある射出成形解析技術	N1～N2	2	N2
		O	複合材料（フィラー、繊維材含有）の射出成形解析および製品物性予測技術	O1～O9	9	O5,O8
		P	発泡射出成形解析	P1～P2	2	P1,P2
メカニカルCAE	製品、射出成形品	Q	製品の衝撃解析技術	Q1～Q14	14	Q3
	成形品使用時の不良現象	R	製品の熱変形、クリープ変形予測と対策技術	R1～R12	12	R1,R3,R10, R12
		S	製品のクリープ破壊、寿命推定技術	S1～S3	3	S3
	構造物（全般）	T	構造物最適化設計システム	T1～T2	2	T1,T2
合計					132	40件

表2　CAE解析に使用する材料物性予測技術

特許文献No.	特許公開番号（公開日）	発明の名称	出願人	要約	
				課題・目的	解決手段
A1	特開平2-128140（平2.5.16）	疲労寿命の予測方法	日本電気株式会社	応力-破断回数曲線の作成のためには、従来法では多大な労力と時間が必要であるという欠点があるため、一定応力および一定歪み条件下の疲労試験における破断寿命を短時間の引張り試験により予測する	疲労試験中の応力・歪みによるリサージュ図形の面積の時間変化から、エネルギー損失の増加量を求め、その累積値を3次のスプライン関数に基づいて外装することにより、前もって引張り試験により求めておいた、破断エネルギーに達するまでの繰り返し回数の予測を行い、材料の破断寿命を求めることを特徴とする疲労寿命の予測方法
A2	特開平09-311114（平9.12.2）特許第3835853号（平18.8.4）	熱的非平衡状態における結晶性材料の物性予測方法	株式会社プラメディア（サイバネットシステム株式会社）	結晶性材料の熱的非平衡状態におけるPVT特性を予測する。	結晶性材料を溶融状態から凝固状態にまで冷却したときのPVT特性は、溶融状態での線形変化領域、結晶化過度状態の非線形変化領域、および凝固状態での線形変化領域に分けられる。この結晶化過渡状態での挙動を、熱容量の温度に対する変化、熱的平衡状態でのPVT特性、顕微鏡等による結晶サイズおよび生成頻度の測定に基づき結晶化パラメータを求め、該結晶化パラメータを用いて熱的非平衡状態の結晶化挙動を解析的に求め、熱的非平衡状態におけるPVT特性を予測する。
A3	特開2005-131879（平17.5.26）	樹脂粘度特性試験システム、その方法、及びそのプログラム	株式会社東洋精機製作所 株式会社プラメディア	流動解析による仮想試験によって成形機による樹脂成形試験を代替し、樹脂材料試験と同時に仮想成形試験を実施することができ、溶融樹脂の粘度特性を評価するための試験を短時間かつ低コストで行うことができる樹脂粘度特性試験システム、その方法、及びそのプログラムを提供する。	溶融樹脂の粘度特性を測定する樹脂粘度測定装置1と、該樹脂粘度測定装置1により測定された粘度特性を使用して溶融樹脂の流動解析を行う樹脂流動解析装置2とからなる。
A4	特開2005-241443（平17.9.8）	熱的非平衡状態における高分子材料の流動物性予測方法	株式会社プラメディア	高分子材料の溶液又は溶触状態における流動物性の効果的な予測。	(I)高分子材料の流動実験を材料試験機を用いて実施する流動実験工程と、(II)連続体力学及び数値解析手法に基づき高分子材料の流動解析を行う流動解析工程と、(III)前記高分子材料の流動実験を前記流動解析工程で用いる構成方程式中の複数の物性パラメータを最適化計算プログラムによって最も精度良く前記流動実験を計算的に再現できるように算出するパラメータ算出工程とを含んでなる熱的非平衡状態における高分子材料の流動物性予測方法。
A5	特表2006-52335（平18.10.12）	加工される材料の性質を予測する装置および方法	モルドフロウ アイルランド リミテッド	不十分な構造解析構成モデル（＝材料物性）の使用によって、プラスチック部品の製造および解析では、大きな安全係数が必要となり、過大な量の材料が使用され、および／または製品／部品の性能の不満足な予測を生む結果とっている。従って、物性が最終製品の構造解析において正確に用いられるように、工業製品を製作するために加工されている材料の物性を正確に予測する方法が求められている。	材料の加工履歴をシミュレーションし、材料の二相構成記述を用いて加工されている材料の形態をキャラクタリゼーションし、さらにこの形態キャラクタリゼーションを用いて加工の任意の段階における材料の物性の値を予測することによって、加工される材料の物性を予測する装置および方法を提供する。物性値は、加工される部品の構造解析、部品の設計、および／または部品を製造するプロセスの設計において用いられる。1つの実施形態において、流れを特徴付けるために、プロセス記述において使用される粘度を予測する工程を包含する。
A6	特開2009-180520（平21.8.13）特許第4927767号（平24.2.17）	有機液体浸漬状態での高分子材料のクリープ破壊寿命予測方法	ポリプラスチックス株式会社	有機液体浸漬状態での高分子材料のクリープ破壊寿命を効率的且つ実用十分な精度で予測する方法を提供する。	有機液体に浸漬した高分子材料のクリープ破壊寿命を予測するに際し、大気中における高分子材料クリープ破壊寿命試験と、無応力作用下における有機液体飽和膨潤高分子材料での引張り試験と、無処理高分子材料での引張り試験の結果をもとに破壊寿命を予測する、クリープ破壊寿命予測方法。
A7	特開2010-250824（平22.11.4）特許第5373689号（平25.9.27）	コンピュータ支援工学解析においてクロノ･レオロジー材料の経時変化効果のシミュレーションを可能にする方法およびシステム	リバーモア ソフトウェア テクノロジー コーポレーション	コンピュータ支援工学（CAE）解析においてクロノ･レオロジー材料の材料経時変化効果のシミュレーションを可能にする。	一の面では、1セットの材料特性試験が関心のあるクロノ･レオロジー材料に対して行なわれる(602)。それぞれの試験では、各試料の予め定義した一定の歪みを維持することによって、一連のリラクセーション試験データを得る(604)。1セットの第1および第2時間依存材料経時変化効果パラメータは、一連のリラクセーション試験データを複数の材料特性試験のうちのそれぞれのペア間でシフトさせて一致させることによって、決定される。その後、クロノ･レオロジー材料構造方程式を構成しているCAE解析アプリケーションモジュールと連携して、1セットの第1および第2時間依存材料経時変化効果パラメータが、少なくとも部分的にクロノ･レオロジー材料を含んでいる工学構造体のCAE解析を行う(608)。

表３　射出成形機の成形条件設定・制御技術

特許文献No.	特許公開番号（公開日）	発明の名称	出願人	要約	
				課題・目的	解決手段
B1	特開平05-084797（平5.4.6） 特許第3107606号（平12.9.8）	射出成形機の成形条件設定システム	マツダ株式会社	流動解析により求められた射出条件を、成形機毎に異なる実機の成形機の特性に合わせて、自動的に調整する射出成形機の成形条件設定システムを提供する	射出成形の流動解析により理論的に最適な射出条件を求める一方、実機の成形機の特性を計測し、この計測により求められた実機の成形機の各特性に応じて、流動解析により求められた射出条件を実機の成形機の射出条件に変換することによって、流動解析により求められた最適射出条件に基づいて成形機の成形条件を設定する。
B2	特開平08-001744（平8.1.9） 特許第3538896号（平16.4.2）	射出成形機の制御方法	宇部興産株式会社	品質のよい成形品を安定して得るために、射出工程時に金型内の溶融物の動的挙動を表現する数式を正確に表わし、高精度な指令値を算出することにより所望する射出工程を実現する。	金型内での溶融物の動的挙動を流動解析より得られる数式P(t)、Q(t)などで表現するとともに、その他の動的挙動を表わすf(t)と連立して指令値U(t)を求める。また、前記P(t)、Q(t)を金型内での溶融物の動的挙動と等価の動的挙動を示す等価円筒に置換して表現し指令値U(t)を算出する。
B3	特開平09-052269（平9.2.25） 特許第3018957号（平12.1.7）	射出成形機の最適成形条件設定システム	株式会社新潟鉄工所	熟練技能を持たない素人が射出成形機の最適成形条件を決定することが可能な射出成形機の最適成形条件設定システムを提供する。	射出成形機(C)の運転に必要な射出側条件と型締側条件の全てに対する最適値を自動計算するための樹脂流動条件最適化手段(A)、運転条件作成手段(B)を設ける。必要に応じて、さらに、成形監視手段(G)、金型設計手段(D)、成形条件修正手段(E)、不良現象識別手段(F)を付加する。
B4	特開2008-191830（平20.8.21）	樹脂流動解析プログラム、樹脂流動解析装置、及び樹脂流動解析方法	住友重機械工業株式会社	微細な形状の転写が要求される射出成形において、適切な成形条件の導出を支援することのできる樹脂流動解析プログラム、樹脂流動解析装置、及び樹脂流動解析方法の提供を目的とする。	射出成形機における成形条件を入力させ、記憶装置に記憶する成形条件入力手順と、解析空間を規定する解析空間情報を入力させ、記憶装置に記憶する解析空間情報入力手順と、前記解析空間を複数の微小空間に分割する解析空間分割手順と、複数の前記微小空間のそれぞれに空気、又は樹脂のいずれかの物質を配置する物質配置手順と、前記成形条件に基づいて、複数の前記微小空間のそれぞれについて、当該微小空間に配置されている物質に関して圧縮性流体の運動方程式を質量保存及びエネルギ保存式と共に解き、当該微小空間の物質の状態を示す情報の値を算出する解析手順とをコンピュータに実行させることにより上記課題を解決する。

表４　射出成形品の寸法・形状予測と対策技術（収縮率・反り・変形他）

特許文献No.	特許公開番号（公開日）	発明の名称	出願人	要約	
				課題 ・目的	解決手段
C1	特開昭62-34282（昭62..2.14）	成形プロセスシミュレーシヨンシステム	株式会社日立製作所	従来は試行錯誤的にプラスチック成形品や成形金型の開発・設計を行なう必要があった。そこで、成形プロセスに伴なうひけ、そり、成形収縮などのプラスチック成形品の成形形状歪を算定し、成形材料や金型構造、成形条件等が成形形状歪に与える影響を、実機の製作に先き立ち評価し、適正条件を選定してプラスチック成形品の開発・設計に要する期間や費用を減少しうるプラスチック成形プロセスシミュレーションシステムを提供する.	射出成形法や圧縮成形法で用いる成形材料、金型構造、成形条件等を評価する成形プロセスシミュレーションシステムにおいて、少くとも、成形材料の温度変化を算出する第1の手段と、該第1の手段から算出された成形材料中の溶融もしくは軟化状態の相のつながりが断たれる時点から成形品が室温一様になるまでに至る成形材料の温度変化を用いて熱応力歪を算定する第2の手段と、該第2の手段の演算で設定する初期時刻と熱荷重時刻を更新する第3の手段と、前記第2の手段から算出される変位を累積する第4の手段を具備し、前記第2の手段から算出される変位を繰返し累積して、成形品のひけ、そり、成形収縮などの成形形状歪を算定する
C2	特開平2-258222（平2.10.19）	成形プロセススミュレーション方法およびその装置	株式会社日立製作所	射出成形プロセスに伴う反り、成形収縮不均一等の成形品の形状歪を算定し、成形品の形状、金型構造、成形条件、成形材料等が形状歪みに与える影響を、金型製作に先だって評価し、適正条件を選定して、成形品の開発、設計に要する期間および費用を減少しうる成形プロセスシミュレーション方法およびその装置を提供する。	金型構造、成形条件、成形材料等を評価する成形プロセスシミュレーションにおいて、少なくとも、成形プロセス中の成形材料の温度変化と圧力変化とを算出し、算出された成形材料の温度分布を初期値として成形材料の流動以後の温度変化を算出し、その成形材料の温度変化から、成形材料の溶融相のつながりが断たれる時点を算出し、その溶融相のつながりが断たれる時点における成形品の温度分布を用いて熱応力歪を算出し、この熱応力歪に係る変位から、反り、成形収縮不均一など成形品の形状歪を算定する。
C3	特開平2-258229（平2.10.19）	成形プロセスシミュレーション方法およびその装置	株式会社日立製作所	射出成形プロセスに伴う反り、成形収縮不均一等の成形品の形状歪を算定し、成形品の形状、金型構造、成形条件、成形材料等が形状歪みに与える影響を、金型製作に先だって評価し、適正条件を選定して、成形品の開発、設計に要する期間および費用を減少しうる成形プロセスシミュレーション方法およびその装置を提供する。	金型構造、成形条件、成形材料等を評価する成形プロセスシミュレーションにおいて、少なくとも、成形プロセス中の成形材料の温度変化と圧力変化とを算出し、算出された成形材料の温度分布を初期値として成形材料の流動以後の温度変化を算出し、その成形材料の温度変化から、成形材料の溶融相のつながりが断たれる時点を算出し、その溶融相のつながりが断たれる時点における成形品の温度分布を用いて熱応力歪を算出し、この熱応力歪に係る変位から、反り、成形収縮不均一など成形品の形状歪を算定する。
C4	特開平3-224712（平3.10.3）	射出成形プロセスシミュレーション方法およびその装置	株式会社日立製作所	射出成形品の「そり」や、不均一収縮を算定する際、必要になる注入流動解析－保圧解析－熱応力歪解析中における保圧解析に関しては、厳密な解析を行うことなく簡略的に保圧条件を算出することで、成形プロセスに伴う「そり」、不均一収縮などの成形品の形状歪を算定し、成形品の形状、金型構造、成形条件、成形材料等が形状歪みに与える影響を、金型製作に先だって評価し、適正条件を選定して、成形品の開発、設計に要する期間および費用を減少しうる成形プロセスシミュレーション方法およびその装置を提供する。	樹脂成形条件、成形品形状、成形材料および金型構造等の評価を行なう射出成形プロセスシミュレーション方法において、注入流動解析により、少なくとも注入段階における成形材料の温度変化と圧力変化を算出した後、温度解析により、前記注入段階以後の成形材料の温度変化を算出し、該温度変化から成形材料の溶融相のつながりが断たれる時点を算出し、該時点における成形材料の温度分布と、前記注入流動解析から求めた注入段階終了時における成形材料の圧力分布を用いて成形品の熱応力歪を算出し、該熱応力歪に係る変位量から成形品の形状歪を算定する
C5	特開平5-169506（平5.7.9）	成形過程シミュレーション方法及びその装置	積水化学工業株式会社	不適切な成形条件の予測及びその状態での変形不良の予測を行うことにより、事前にその対策を行うことを可能とした成形過程シミュレーション方法及びその装置を提供する	金型構造、成形条件、成形材料等を評価する成形過程シミュレーションにおいて、少なくとも成形過程中の成形材料の温度変化、圧力、比容積変化を算出して、その成形品各部が金型壁面より離れる時点を算出し、その時点の成形品の温度分布を初期値とし、大気と成形品との熱移動の計算を行い、成形品全体の温度が大気温度になるまで各時間毎の成形品の温度分布を算出し、この各時間毎の成形品の温度分布データを用いて各時間毎の熱応力歪を算出し、その熱応力歪による変形から成形品の反り、ひけ等の形状変化を算出する

C6	特開平06-055597 (平6.3.1)	射出成形プロセスシミュレーション方法及びその装置	積水化学工業株式会社	射出成形品の反り、ひけ、肉厚変動等の成形不良を予測し、材料、成形条件、製品、金型構造等の良否の評価が行える射出成形プロセスシミュレーション方法及びその装置を提供する。	充填解析、保圧流動解析、冷却解析を順次行って、射出成形プロセス中の成形材料の圧力、温度変化、比容積変化を計算することにより、成形品が変形を開始する時点の各部の温度分布を算出する圧力・温度・比容積算出部12と、この圧力・温度・比容積算出部12により算出された成形品各部の変形開始時点の温度分布データを含む前記圧力、温度変化、比容積変化を用いて三次元熱応力歪シミュレーションを行って、成形品の反り、ひけ、肉厚変動等の形状変形量の算出を行う三次元熱応力歪算出部15とを備えた構成とする。
C7	特開平07-186228 (平7.7.25)	射出成形品の変形量予測方法及びその装置	キヤノン株式会社	射出成形品のそり変形をより高い精度で予測できるようにすることにあり、例えば、プラスチック樹脂の異方性挙動が薄肉の成形品においてより高精度なそり予測を達成する。	有限要素法により定式化された基礎式により金型内における溶融樹脂の充填、保圧、冷却の各過程の挙動を予測するとともに、前記各過程の予測中に求めた体積収縮率を異方性収縮に基づき、板厚、面内方向の収縮率を予測するシミュレーションシステムにおいて、ε Z：板厚方向の収縮率、ε P：面内方向の収縮率、eV：体積収縮率、A，B：収縮係数として、ε Z ＝A＋B・eV 、ε P ＝(eV －ε Z）／2の各計算式に基づいて収縮率を算出してそり変形の予測を行なう。
C8	特開平08-230008 (平8.9.10)	射出成形品のそり変形予測方法及びその装置	キヤノン株式会社	成形品が薄肉である場合であっても、正確なそり予測ができる射出成形品のそり変形予測方法及びその装置の提供。	有限要素法により定式化された基礎式により充填、保圧、冷却過程の金型内でのプラスチック樹脂の挙動を予測し、その後のプラスチック成形品のそり変形を予測する射出成形品のそり変形予測方法であって、特に、異方性挙動が顕著な薄肉成形品において、【数1】(収縮異方性の式) ε z＝A＋B・evε p＝(ev－ε z）／2ε z:板厚方向の収縮率、 ε p:面内方向の収縮率ev:体積収縮率、 A，B:収縮係数の関係式を計算に導入して、面内の収縮率を求め、そり変形の予測を行なう。
C9	特開平09-262887 (平9.10.7)	結晶性樹脂成形品における成形収縮過程シミュレーション方法およびその装置	東レ株式会社	結晶性樹脂の成形過程における結晶化を考慮して比容積および収縮率の変化を予測する収縮過程シミュレーション方法およびその装置を提供する。	結晶性樹脂成形品における収縮過程シミュレーションにおいて少なくとも成形過程の樹脂温度、圧力、結晶化度のデータを入力するデータ入力部と任意の結晶化度における樹脂のPVT特性を求めるPVT特性解析部と、この両者から成形時の結晶化挙動に従った樹脂のPVT曲線と樹脂の比容積を算出するPVT曲線算出部と比容積算出部と、さらに収縮率を予測する収縮率算出部を備え、成形過程の比容積、収縮率の変化を算出する事を特徴とする構成とする。
C10	特開平11-224275 (平11.8.17)	成形品の設計方法	松下電工株式会社	成形品の内部要因だけでなく、外因による変形が生じても、変形後の寸法を許容範囲内に収める。	成形品の成形後の内部要因による反りを予測して該予測値をもとに反り変形後の寸法が商品寸法公差L1内に入る第1の金型寸法範囲M1を求める。また、熱などの外因がもたらす変形を予測して該予測値をもとに外因変形後の寸法が変形許容範囲L2内に入る第2の金型寸法範囲M2を求める。第1の金型寸法範囲M1と第2の金型寸法範囲M2との共通部分M3を金型寸法とする。外因による変形も見込んだ上での設計であるために、外因による変形が生じても、変形後の寸法を許容範囲内に収めることができる。
C11	特開2000-289076 (平12.10.17)	樹脂成形シミュレーション方法	株式会社プラメディア 出光興産株式会社	成形過程における樹脂の物理的挙動の予測精度を向上させる。	データを入力する入力部1と、樹脂の射出成形過程における金型内の伝熱現象をシミュレートして、金型の温度分布を計算する金型冷却解析部2と、計算された金型の温度分布に基づいて、金型温度と界面熱伝達率との相関関係マップを参照して界面熱伝達率を計算する熱伝達率計算部3と、充填開始から離型までの溶融樹脂の挙動をシミュレートし、樹脂圧力及び樹脂温度の経時変化を計算する充填保圧冷却解析部4と、射出成形品が常温になるまでの応力及び歪をシミュレートし、そり変形及び収縮変形を予測するそり解析部5と、計算された金型温度分布，樹脂圧力及び樹脂温度の経時変化，射出成形品のそり変形及び収縮変形をCRT等から出力する出力部6と、を含んで成形シミュレーション装置を構成することで、成形過程における樹脂の物理的挙動の予測精度を向上させる。
C12	特開2000-313035 (平12.11.14)	射出成形プロセスシミュレーション方法、装置およびその結果を用いた樹脂成形品の製造方法	帝人株式会社	射出成形プロセスシミュレーションにおいて、成形品の形状予測精度及び体積収縮率予測精度の向上を課題とし、特に肉厚の厚い部分と薄い部分の共存する成形品について良好な形状予測精度及び体積収縮率予測精度を達成することのできる射出成形プロセスシミュレーション方法を提供する。	充填解析、保圧流動解析及び冷却解析を行い、射出成形プロセス中の成形材料の温度変化、圧力変化及び比容積変化を計算し、金型構造、成形条件及び成形材料を評価する射出成形プロセスシミュレーション方法において、成形品肉厚及び金型温度の関数として定式化された状態量近似式を用いるとともに、該状態量近似式に成形品肉厚毎に用意されたパラメータセットを用いることを特徴とする射出成形プロセスシミュレーション方法。

C13	特開2001-293748 (平13.10.23)	射出成形プロセスシミュレーション装置および形状精度予測方法	キヤノン株式会社	成形時の温度および圧力因子の影響を、樹脂の粘弾性的な性質や成形品と金型の接触面での型拘束などの影響を考慮して、成形品形状を求めることができる形状精度予測方法を提供する	樹脂の粘弾性的特性および型拘束を考慮した構造解析では、解析時間刻みΔ t毎の成形品の任意の場所における温度Tnを求め(S33、S34)、PVT状態方程式から時刻t＝t＋Δ tでの比容積Vnを得る(S35)。樹脂の等方性収縮を仮定し、時間刻みΔ tでの比容積変化(Vn－V0)から線膨張係数α nを計算する(S36)。この線膨張係数α nにより、温度変化Δ Tに対する熱収縮歪みを求め(S37)、接触を含む粘弾性解析を実施して応力分布を求める(S38)。さらに、応力分布から静水圧分布Pnを計算し(S39)、次ステップでのPVT状態方程式での比容積の計算での圧力Pとして用いる。
C14	特開2003-103565 (平15.4.9) 特許第3889587号 (平18.12.8)	樹脂成形品の収縮率予測方法	サンアロマー株式会社 日産自動車株式会社	精度の高い樹脂成形品の収縮率予測方法を提供する。	平板を実際に射出成形して収縮率を求める段階(S1)と、予測したい樹脂成形品のシミュレーションによる流動解析を行う段階(S2)と、平板から計測された収縮率と流動解析の結果における流動方向から、流動方向ベクトルのうち当該ベクトルの予測したい収縮方向成分の収縮率を求める段階(S4～6)と、求めた収縮率から、全体の収縮率の予測値を求める段階(S7)と、を有することを特徴とする樹脂成形品の収縮率予測方法。
C15	特開2008-200859 (平20.9.4) 特許第5134259号 (平24.11.16)	そり変形解析方法およびそのプログラムならびにそり変形解析装置	東レ (東レエンジニアリング株式会社)	射出成形工程における成形品の収縮率および、そり変形量を簡便に精度良く予測する方法および装置を提供すること。	成形品のそり変形を解析するために(1)分岐部位における基盤部と分岐体とのなす角度、分岐部位における面内方向収縮率の肉厚方向平均値などから求められる分岐構造そり変形量と、(2)分岐部位における基盤部および分岐体の面内方向収縮率の面内方向および肉厚方向分布などから求められるバイメタルそり変形量とに基づいて総そり変形量を算出する。
C16	特開2012-096488 (平24.5.24)	液晶ポリマー射出成形品の熱間反り変形予測方法	パナソニック株式会社	液晶ポリマー射出成形品の熱間反り変形を予測する。	液晶ポリマーにより形成された材料特性データ取得用成形品を用いて、成形時の流動・固化によるせん断応力の積分値および分子配向状態と、線膨張係数の異方性との関係を、材料特性データとして取得する第1工程と、射出成形品の流動・固化時に対象部位に生じる配向とせん断応力のデータを取得する第2工程と、材料特性データおよび射出成形品の対象部位における配向とせん断応力の積分値のデータから、対象部位の線膨張係数異方性データを換算する第3工程と、射出成形品の有限要素法モデルにて、換算された線膨張係数異方性データをマッピングする第4工程と、有限要素法モデルの構造解析を行って、温度を変化させた際に生じる膨張・収縮を計算する第5工程とを実施して、射出成形品の対象部位に生じる反り変形を予測する。
C17	特開 2014-100879 (平26.6.5)	液晶ポリマー射出成形品の熱間反り解析方法	パナソニック株式会社	液晶ポリマー射出成形品の熱間反り解析方法において、3次元配向分布を有する射出成形品に生じる反り変形を精度良く予測して、反り変形を抑制可能とする。	フィラーを含む射出成形品内のフィラーの3次元配向のデータをX線CTによる3次元画像から取得する(第1工程)。フィラーを含まない参照試料のせん断応力の積分値、分子配向状態(配向、配向度)、および線膨張係数のデータを互いに関連づけて取得する(第2工程)。射出成形品について、せん断応力の積分値および分子配向状態のデータを取得する(第3工程)。各データに基づいて射出成形品についての線膨張係数のデータを決定し(第4工程)、決定した線膨張係数とフィラーの3次元配向の各データに基づいて均質化法を用いてフィラーを考慮した線膨張係数を求める(第5工程)。この係数を用いて、構造解析(第6, 7工程)により、射出成形品の熱間反りを求める。

表５　ウェルドラインの生成予測と対策技術

特許文献No.	特許公開番号（公開日）	発明の名称	出願人	要約	
				課題・目的	解決手段
D1	特開平7-1529（平7.1.6）	射出成形品のウェルドライン強弱予測方法	トヨタ自動車株式会社	射出成形時に発生するウェルドラインの外観上の強弱をシミュレートする。	成形キャビティを複数の要素に分割し流動解析によりウェルドラインを共有する要素を求め、一のウェルド要素の流動ベクトルとそのウェルド要素に隣接する他のウェルド要素の流動ベクトルの角度の和を求めて、その最大値を一のウェルド要素の合流角とする。全てのウェルド要素について合流角を計算し、得られたそれぞれの合流角を比較することでウェルドラインの強弱を判定する予測方法。実際に成形することなくウェルドラインの強弱を予測できるので、金型の製作や調整に要する工数を削減できる。
D2	特開平9-019953（平9.1.21）	合成樹脂射出成型用金型の流動解析の評価方法及び設計方法	カルソニック株式会社	ウェルドラインが目立たない合成樹脂製品を得る為の金型の設計に要するコストの低減及び時間の短縮を図る。	流動解析ソフトウェアをインストールしたコンピュータにより、ウェルド位置と固化層の厚さとを求める。求められたウェルド位置に於ける固化層の厚さが所定値以下の場合に、目立つウェルドラインが形成されないとして、計算した条件で実際に金型を製作する。
D3	特開平10-128818（平10.5.19）特許第3652819号（平17.3.4）	成形品のウェルドライン長さ予測方法	電気化学工業株式会社	成形品のウェルドライン長さについて、樹脂材料あるいは成形条件による違いを容易かつ確実に予測する方法を提供する。	成形品形状について行われる溶融樹脂の流動解析において、溶融樹脂の流動会合角または流動合流角を算出し、前記算出された流動会合角または流動合流角を基準値と比較することによってその中からウェルドライン発生予想部を選択し、ウェルドライン発生予想部における“べき指数”が予め樹脂ごとに計測された設定値以上のところをウェルドラインと定義するウェルドライン長さ予測方法。また、前記“べき指数”を予め求めておいた関数を用いて補正消失基準角に置き換え、その補正消失基準角を流動会合角または流動合流角と比較することによりウェルドラインの位置を決定するウェルドライン長さ予測方法。
D4	特開平11-077782（平11.3.23）	成形品のウェルドの予測方法	株式会社豊田中央研究所	成形型のキャビティ内で成形材料が平行して流れる部分でも、厚肉形状の3次元成形品でも、ウェルドを高い精度で予測する。	次の工程を有する成形品のウェルドの予測方法。成形材料の流動解析工程：成形型のキャビティを多数の要素に分割し、各要素における成形材料の速度ベクトルを求める。マーカ粒子の移動工程：上記の速度ベクトルに基づいて、各要素に配置したマーカ粒子を成形材料の流動方向と逆向きに移動させる。要素の属性の決定工程：各マーカ粒子が最初に所属していた要素の属性を、マーカ粒子が特定のゲートまたはキャビティの特定の部分を通過したか否かにより決定する。成形品のウェルドの検出工程：属性が変化する要素界面を成形品のウェルドとして検出する。
D5	特開平11-192643（平11.7.21）	射出成形品およびその製造方法	株式会社日立製作所	プラスチック射出成形品において、携帯電話のように穴つき突起部を有する製品について、ウエルド発生を防止できる金型構造、成形条件を提供する。	樹脂流動解析により、ウェルドが発生すると予測される部分にウエルドを防止するための乱流を発生する補助ゲートから樹脂を注入するタイミングはウェルドを形成する直前とし、タイミングは樹脂流動解析により求める。乱流を発生する補助ゲートは千鳥状に配置するのがよい。補助ゲートから注入する樹脂は微量のため、バルブゲートを用いて制御する。
D6	特開2001-277308（平13.10.9）	成形品のウェルドラインの発生位置予測方法ならびにバルブゲートの開閉時間最適化方法ならびに記憶媒体	キャノン株式会社	ウェルドラインの発生位置を確実に予測することが可能な成形品のウエルドラインの発生位置予測方法及び装置を提供する。	バルブゲートを用いた成形装置により成形される成形品の形状を微小要素に分割し、前記成形品の成形プロセスの流動シミュレーションを行い前記成形品に発生するウェルドラインの発生位置を予測し、前記バルブゲートに関する条件を入力し、前記バルブゲートの開閉の切り換えに応じて前記バルブゲート部の節点を持つ成形品部要素とランナ部要素との接続状況を変更する。
D7	特開2002-200662（平14.7.16）特許第4603153号（平22.10.8）	ウェルドライン予測方法およびその装置	東レ株式会社	成形型に溶融材料を流し込む充填工程中に発生するウェルドライン生成現象を正確に把握し、ウェルドラインを容易にかつ迅速に検討する解析方法及び装置ならびにそのような解析手法を実現するコンピ ュータプログラムを記憶した記憶媒体を提供する。	流動解析用の解析形状モデルを基に流動解析を実施し、前記流動解析結果から流動ベクトル及びウェルドラインの発生起点を求め、前記発生起点に仮想粒子を発生させ、前記仮想粒子が前記流動ベクトルに沿って移動した軌跡をウェルドラインとするウェルドライン予測を実行する解析を行う。
D8	特開2002-192589（平14.7.10）	射出成形品の設計パラメータ決定方法及びその装置	東レ株式会社	射出成形品のウェルド位置を所望の位置に容易に設定することを可能にする射出成形品の設計パラメータ決定方法および装置を提供する。	成形品の形状および成形条件に関する設計パラメータ、設計パラメータの制約条件、ウェルド形成位置に関する目的関数、ウェルド形成位置が適正となる場合の目的関数の目的条件をそれぞれ設定すると共に、成形品の形状を複数の微小要素に分割した計算用モデルを作成し、成形条件および計算用モデルを用いた目的関数の解析値の算出と、設計パラメータの変更とを、ウェルド形成位置が適正であると判定されるまで繰り返す。

D9	特開2002-192589（平14.7.10）	射出成形品の設計パラメータ決定方法及びその装置	東レ株式会社	射出成形品のウェルド位置を所望の位置に容易に設定することを可能にする射出成形品の設計パラメータ決定方法および装置を提供する。	成形品の形状および成形条件に関する設計パラメータ、設計パラメータの制約条件、ウェルド形成位置に関する目的関数、ウェルド形成位置が適正となる場合の目的関数の目的条件をそれぞれ設定すると共に、成形品の形状を複数の微小要素に分割した計算用モデルを作成し、成形条件および計算用モデルを用いた目的関数の解析値の算出と、設計パラメータの変更とを、ウェルド形成位置が適正であると判定されるまで繰り返す。
D10	特開2002-321265（平14.11.5）	ウェルドライン予測方法およびその装置	東レ株式会社	成形型に溶融材料を流し込む充填工程中に発生するウェルドライン生成現象を正確に把握し、ウェルドラインを容易にかつ迅速に検討する解析方法及び装置ならびにそのような解析手法を実現するコンピ　ュータプログラムを記憶した記憶媒体を提供する。	流動解析用の解析形状モデルを基に流動解析を実施し、前記流動解析結果に基づいて物体の回転解析を実施し、前記物体の回転解析によって得られた溶融材料の配向ベクトルと前記流動解析によって得られた流線ベクトルの角度を評価することによって、ウェルドライン予測を実行する解析を行う。
D11	特開2003-154550（平15.5.27）	成形品および成形品の設計方法ならびにウエルドラインの長さの予測方法	豊田合成株式会社	本発明は、開口部を有する成形品のウエルドラインを無くすか最短にして、またウェルドラインの長さを予測する。	ゲートから注入されかつ分流した溶融材料が最初に合流する箇所を、開口部のコーナーとなるように溶融材料の流れをゲート位置の変更などにより調整する。コーナーで合流する溶融材料の会合角は、コーナーの角度を最小角度とし、合流位置が外側に向かうにつれて大きくなる。そして、会合角が135°を越えると、ウェルドラインが消失する。溶融樹脂が合流する会合角は、コーナーの角度から開始するから、溶融樹脂が合流してウェルドラインを生じない135°の会合角を越えるまでの距離が短く、つまりウェルドラインを短くできる。
D12	特開2005-007859（平17.1.13） 特許第4443282号（平22.1.22）	金型の設計方法、金型、射出成形品の製造方法及びプログラム	住友化学株式会社	樹脂製品を射出成形する際に、型締力やウェルド発生をより良くコントロールすることができるような金型の設計方法及び射出成形品の製造方法を提供する。	キャビティCVへの複数の樹脂流入路G1, G2, G3, Rを有する金型を用いて射出成形を行なう場合に、好適な射出成形条件を得ることを目的として、樹脂流入路の配置、形状、及び／又は寸法に関する金型設計パラメータを、射出成形過程を計算する数値解析手法と計算機支援による最適化手法の組み合わせにより事前に求める。これにより、人手による試行錯誤を繰り返すことなく、金型設計パラメータを迅速に正確に算出することができる。
D13	特開2011-101967（平23.5.26）	射出成形用金型の製造方法	小島プレス工業株式会社	ウェルドラインのない樹脂成形品の安定的な射出成形を可能とした射出成形用金型の有利な製造方法を提供する。	ウェルドライン発生キャビティ部分58の予測位置から決定した加熱手段54の埋設概略位置に、収容部60の形成可能領域が確保されているものの、収容部60が未だ形成されていない予備成形用金型を作製した後、この予備成形用金型を用いた予備成形を行って、予備成形品のウェルドライン発生位置からウェルドライン発生キャビティ部分58の正確な位置を見つけ出し、その後、収容部60の形成可能領域のうち、ウェルドライン発生キャビティ部分58の正確な位置に最も近い位置に収容部60を形成し、更に、この収容部60内に加熱手段54を収容するようにした。なお、予備成形は、流動解析にて実施する。

表６　ウェルドラインの強度予測と対策技術

特許文献No.	特許公開番号（公開日）	発明の名称	出願人	要約	
				課題・目的	解決手段
E1	特開平7-68616（平7.3.14）	ウェルド面の算出方法	三井石油化学工業株式会社	ウェルド面の強度を上げる対策の一つとして、ウェルド面積を大きくすることが知られている.ウェルド面積を大きくする上述する方法を実施した場合、ウェルド面の強度がどの程度になるのかを知るうえで、ウェルド面の形状を流動解析ソフトにより把握する。	ウェルド面の両側に圧力差を生じさせて、ウェルド面を平面から食い込ませた状態に変形させる方法を実施し、ウェルド形成後の樹脂流動速度分布を射出流動解析ソフトにより求め、求めた樹脂流動速度と、ウェルド形成後充填が完了するまでの時間との積よりウェルド面の変形寸法を算出する。
E2	特開平7-205241（平7.8.8）特許第2882（平11.2.5）	溶融材料流動解析による成形品の品質判断方法	宇部興産株式会社	高品質の成形品を得る方法を提供する。	目的とする成形品の流動解析からウェルドラインの流速合流角または会合角を求め，この流速合流角または会合角と，あらかじめ求めておいたウェルドラインの流速合流角または会合角とウェルド部強度との相関因子により，成形品の品質を定量的に予測し，また，良否を判断する。
E3	特開平8-224762（平8.9.3）	射出成形品、その製造方法、及びその金型	株式会社日立製作所	溶融樹脂相互が合流する合流部全体におけるウエルドの発生を抑える。	射出成形品は、相対する方向Fから流れてきた溶融樹脂相互の合流部3を含む合流部領域18を有し、この合流部領域18は、溶融樹脂の主流動方向Fに対して垂直な方向Vの成形品の一方の端部である第1側面15から他方の端部である第2側面16まで、第1側面15から第2側面16に向かうに連れて肉厚が次第に薄くなっている。
E4	特開2000-343575（平12.6.20）	ウェルド補強方法	東洋紡績株式会社	短繊維強化熱可塑性樹脂の射出成形品におけるウェルド部の強度を、特別な装置を必要とせずに大幅に向上させる。	特定の連続繊維強化熱可塑性樹脂複合材料をインサート成形する。インサートする部位は流動解析により予め決定する。。
E5	特開2005-169909（平17.6.30）	樹脂成形品衝撃解析方法	富士通テン株式会社	樹脂流動解析と衝撃解析を適切に連携させることを可能とした樹脂成形品の衝撃解析方法を提供する。	本発明に係る衝撃解析方法では、樹脂成形品のCADデータを取得するステップ、CADデータに基づいて樹脂流動解析を行いウェルドが発生する位置情報を求めるステップ、ウエルドが発生する位置情報を利用して樹脂成形品の衝撃解析を行うステップと、を有することを特徴とする。樹脂流動解析によってよって得たウェルド位置を衝撃解析に利用することができるので、正確な衝撃解析を行うことが可能となった。
E6	特開2008-021056（平20.1.31）	樹脂成形品の強度評価プログラム及びこの強度評価プログラムを搭載した装置	積水化学工業株式会社	ウェルドを有する樹脂成形品において、ウェルド部分がウェルド以外の部分よりも弱いことを考慮した強度CAE評価を可能にする。その際、強度CAEをやり直すことなく、安全率などを考慮してウェルドの弱さ具合を種々に変更可能とする。	本発明の強度評価プログラムは、ウェルドを有する樹脂成形品の強度評価プログラムであって、強度CAEの出力である応力もしくは歪の数値情報を読み取るステップと、樹脂流動CAEの出力であるウェルド位置を示す数値情報を読み取るステップと、前記2つの数値情報を、元の応力もしくは歪の数値情報に対してウェルド近辺の応力もしくは歪を高くするように演算するステップと、前記演算結果の数値情報を分布図などの図として表示するステップと、をコンピュータに実行させることを特徴としている
E7	特開2010-69653（平22.4.2）特許第5235573号（平25.4.5）	強度解析方法、強度解析装置及び強度解析プログラム	三菱電機株式会社	射出成形によりウェルドが発生する部材の構造解析について、より短い時間で計算することができる構造解析方法を提供する。	射出形成される部材を複数の強度を評価する強度解析方法であって、部材の形状を示す形状情報を取得するステップと、形状情報に基づいて部材を複数の要素に分割し、分割した各要素を示す要素情報を生成するステップと、要素情報が示す各要素を用いて、材料を金型に流し込むゲートから熱が伝わる場合の熱解析を行うことによって部材の各要素の熱特性値を算出し、当該熱特性値を含む熱特性情報を生成するステップと、各要素の熱特性値が所定の条件を満たすか否かを判断し、所定の条件を満たす要素をウェルドが発生するウェルド位置として特定するステップと、ウェルド位置を参照して、部材の強度をウェルドの影響を考慮した強度に変換するステップとを含む。
E8	特開2010-69654（平22.4.2）特許第5264380（平25.5.10）	構造解析方法、構造解析装置、構造解析プログラム、構造解析のための物性値算出方法、構造解析のための物性値算出装置および構造解析のための物性値算出プログラム	三菱電機株式会社	繊維状物質を含む材料を用いて射出成形した部材の構造解析について、短い時間で精度良く計算することができる構造解析方法を提供する。	細長い繊維状物質を含む材料を用いて射出成形される部材の構造解析をする方法であって、部材の形状を示す形状情報を取得する形状取得ステップと、部材の形状全体を複数の要素に分割し、分割した各要素を示す要素情報を生成する要素分割ステップ（S2）と、要素情報が示す各要素を用いて、材料を流し込む金型のゲートに対応する部分に熱源があるとして熱解析を行うことによって部材の熱特性を示す熱特性値を算出して、それを含む熱特性情報を生成する熱解析ステップ（S3）と、構造解析するための物性値を示す物性情報に熱特性情報を変換する変換ステップ（S4）と、物性情報と各要素を示す情報とを用いて部材の構造解析をする構造解析ステップ（S5）とを含む。また、ウェルド発生位置については、熱解析により、ウェルド位置の特定と、ウェルド強度倍率をかけることにより、ウェルド部強度が算出される。

表7　2次ウェルドの生成予測と対策技術

特許文献No.	特許公開番号（公開日）	発明の名称	出願人	要約	
				課題・目的	解決手段
F1	特開2000-343575（平12.12.12）	樹脂の流動解析方法	日産自動車株式会社	樹脂成型品の表面に発生する微少な凹凸の位置とその高さまたは深さを予測することのできる、樹脂の流動解析方法を提案する。	本解析方法は、電子計算機による樹脂の射出成型における流動解析に際し、少なくとも一つの射出ゲートから金型内部へ樹脂を射出する解析モデルを用い、前記各ゲートから射出された流動樹脂が相互に接触するときに、当該接触部に生じるウェルドライン上に複数の仮想粒子を生成し、当該仮想粒子の移動経路を求めてその移動距離を算出することにより、前記流動樹脂の一方が他方の流動樹脂内へ侵入した潜り込み距離を求め、前記潜り込み距離から成型品の表面に生じる凹凸の発生位置を予測する。
F2	特開2005-074786（平17.3.24）特許第4052207号（平19.12.14）	成形品質予測方法、成形品質予測装置および成形品質予測プログラム	トヨタ自動車株式会社	樹脂の射出成形における成形品質を予測する。	成形品形状のシェルメッシュによる流動解析を行い、前記流動解析結果からウェルド発生部周辺の節点における樹脂流速の絶対値を時間積分した内部ウェルド移動量を抽出する。前記内部ウェルド移動量に基づいて成形品のウェルド不具合を予測する。
F3	特開2005-144860（平17.6.9）特許第4168915号（平20.8.15）	射出成形条件設定方法	トヨタ自動車株式会社	2次ウェルドの発生が抑制された成形品を容易且つ低コストで製造するための射出成形条件の設定方法および射出成形方法を提供する。	複数のゲートを持つ成形型を用い各々のゲートに成形材料を注入して成形品を形成する射出成形方法において、異なるゲート同士から成形型内部に注入された成形材料同士が合流する合流面に対して対称となる位置において、成形材料同士が合流した時点から成形型内部に成形材料が充填されるまでの間の各々の成形材料の内圧を略等圧にする。また、この内圧を演算手段で予想して略等圧であると判断される成形条件を設定する。
F4	特開2008-001088（平20.1.10）	2次ウェルドライン予測方法および装置、そのプログラム、記憶媒体およびそれらを用いた成形品の製造方法	東レエンジニアリング株式会社	成形型に溶融材料を流し込む充填及び充填完了後に任意の圧力を掛けて冷却による製品の収縮を抑える保圧までの一連の工程中に発生する2次ウェルドライン生成現象を正確に把握し、2次ウェルドラインを容易にかつ迅速に検討する解析方法及び装置ならびにそのような解析手法を実現するコンピュ　ータプログラムを記憶した記憶媒体を提供する。	流動解析用の解析形状モデルを基に流動解析を実施し、前記流動解析結果から流動ベクトル及び1次ウェルドラインを求め、前記1次ウェルドラインを発生起点に2次ウェルドライン仮想粒子を発生させ、前記2次ウェルドライン仮想粒子が前記流動ベクトルによって移動した2次ウェルドライン仮想粒子分布の形態を2次ウェルドラインとする2次ウェルドライン予測を実行する解析を行う。ただし、2次ウェルドライン仮想粒子発生位置は、流動ベクトルに応じて移動させる。
F5	特開2008-207440（平20.9.11）特許第4807280号（平23.8.26）	射出成形品の品質予測装置、方法およびプログラム	トヨタ自動車株式会社	樹脂の射出成形における成形品について、シェルメッシュの流動解析の結果から、ウェルド界面形状を推定して、成形品の品質を予測する。	本発明は樹脂の射出成形において発生するウェルドラインの内部のウェルド界面形状を推定する方法として具現化される。その方法は、シェルメッシュの流動解析を行う工程と、流動解析の結果から、ウェルドラインの位置を抽出する工程と、流動解析の結果から、ウェルドラインの周辺での樹脂の流れ方向に沿った移動量の経時的変化を推定する工程と、流動解析の結果から、ウェルドラインの周辺での樹脂の流動層厚みの経時的変化を推定する工程と、ウェルドラインの周辺での樹脂の流れ方向に沿った移動量の経時的変化と、ウェルドラインの周辺での樹脂の流動層厚みの経時的変化に基いて、ウェルド界面形状を推定する工程を備えている。
F6	特開2011-201108（平23.10.13）特許第5573276号（平26.7.11）	樹脂成型品の流動解析方法、流動解析装置及び流動解析プログラム	マツダ株式会社	樹脂成形品表面から微小量突出する2次ウエルドラインの突出高さを予測でき、高い精度の品質評価を可能にできる樹脂成形品の流動解析方法、流動解析装置及び流動解析プログラム等を提供する。	メッシュモデルを用いて成形型のキャビティ内の溶融樹脂を流動解析して成形品表面から微小量突出する2次ウエルドラインの発生を予測する樹脂成型品の流動解析方法であって、成形工程初期に発生する1次ウエルドラインの発生位置を演算する1次ウエルドライン作成工程と、前記演算された1次ウエルドライン発生位置に基づいて、前記樹脂成型品の板厚方向の平均繊維配向度と、前記溶融樹脂の体積収縮率とを用いて2次ウエルドラインの突出高さを演算する2次ウエルド指数差演算工程と、を備えている。

表８　フローマークの生成予測と対策技術

特許文献No.	特許公開番号（公開日）	発明の名称	出願人	要約	
				課題 ・目的	解決手段
G1	特開平07-024893（平7.1.27）特許第3255758号（平13.11.30）	射出成形品に於けるフローマークの発生予測評価方法	東レ株式会社、他計19社と東京大学	射出成形品の外観不良のうち成形品の上下面に現れるフローマークの発生を数値解析により評価し、成形条件や金型形状および樹脂物性の適正化検討を可能とする。	樹脂流路形状6を微小要素5に分割し、金型内における溶融材料の流動解析を実施し、各微小要素5を流動先端が通過する際のせん断応力値τ fを求める。この値を材料の臨界せん断応力値τ crと比較し、臨界値を越える値が発生する部分以降でフローマーク発生の可能性が高いものと評価する。続いて成形条件や金型形状および樹脂物性を変更して流動解析を繰り返し、フローマーク発生に関する各条件の適正化検討を行う。
G2	特開平11-291313（平11.10.26）	熱可塑性樹脂射出成形品のフローマーク予測方法	三菱樹脂株式会社	熱可塑性樹脂の射出成形品あるいは金型形状を設計するにあたり、表面不良として問題にされるフローマークが生じるか否か、あるいは発生する場合にはその場所や大きさの評価を行うために有用なフローマーク予測方法を提供する。	単純形状の平板においてフローフロント速度（RF）と固化層成長速度に関係する係数（a）との比（RF ／a）と、フローマークの大きさとの相関データを実測によって作成しておき、目的とされる成形品について成形条件、成形品形状および成形樹脂特性を含む成形諸元に基づく解析によってフローフロント速度（RF）と固化層成長速度係数（a）を求め、求められたフローフロント速度（RF）および固化層成長速度係数（a）と、前記の相関データとから複雑形状の射出成形品のフローマーク位置およびその大きさを予測することを特徴とする熱可塑性樹脂射出成形品のフローマーク予測方法。
G3	特開2006-168190（平18.6.29）	射出成形シミュレーション方法、射出成形シミュレーション装置および射出成形シミュレーションプログラム	オリンパス株式会社	射出成形シミュレーション結果から得られた充填終了時点における溶融材料温度分布を観察することにより、流動先端の後に流れてくる溶融材料の流動における異常流動による不連続な分布を抽出することが可能である事を見出し、フローマーク状の外観不良を効率的かつ確実に予測、評価、表示することが可能な射出成形シミュレーション方法、装置およびプログラムを提供すること。	成形品の形状を微小要素に分割した計算モデルを作成し、シミュレーション条件に基づいて、上記作成された計算モデルの各微小要素における溶融材料の温度を算出し、上記算出された各微小要素における上記溶融材料の温度に基づいて、金型への上記溶融材料の充填が完了した際の上記溶融材料の温度分布を算出し、上記算出された温度分布に基づいて、フローマークが発生すると予測する。
G4	特開2008-105260（平20.5.8）	ポリプロピレン系アロイ射出成形品のフローマークの予測方法	宇部興産株式会社	フローマークの発生がすくない最適な結晶性樹脂の特性評価方法を提供する。	ポリプロピレン系アロイ射出成形品のフローマークの予測方法において、溶融樹脂の法線応力とせん断応力のバランスを評価することを特徴とするフローマーク発生の予測方法、また、σ n<σ sならばフローマークの発生と予測する上記のフローマーク発生の予測方法に関する。（但し、σ nおよびσ eそれぞれ溶融樹脂の法線応力およびせん断応力）

表9　ヤケ，ジェッティングの生成予測と対策技術

特許文献No.	特許公開番号（公開日）	発明の名称	出願人	要約	
				課題・目的	解決手段
H1	特開平05-329904（平5.12.14）	射出成形用金型の流動解析評価システム	積水化学工業株式会社	射出成形時に発生するヤケを防止するためのスプル寸法を評価する射出成形用金型の流動解析評価システムを提供する。	樹脂流速、スプル径、スプル長を各パラメータとしてそれぞれ樹脂充填解析を行うことにより、圧力、温度等の分布を算出する充填解析部11と、その解析結果に基づき、樹脂流量を一定として各パラメータ毎のヤケを表す指標値の算出を行うとともに、この算出した各パラメータ毎の指標値に基づき、ヤケの発生限界より安全率を見込んだ値を達成する組み合わせを求める指標算出部12と、この求められた各組み合わせを達成する各パラメータの関係をグラフ表示する表示部13とを備えた構成とする。
H2	特開平05-329905（平5.12.14）特許第3236069号（平13.9.28）	射出成形用金型の流動解析評価システム	積水化学工業株式会社	射出成形時に発生する外観不良であるヤケを防止するために、樹脂流路寸法を科学的計算に基づいて定量的に評価を行う射出成形用金型の流動解析評価システムを提供する。	樹脂流量、ゲート径等を各パラメータとして樹脂充填解析を行うことにより、圧力、温度等の分布を算出する充填解析部11と、この充填解析部11での解析結果に基づき、スプル径、ランナー径、ゲート径の初期条件下での各部位の指標値（最大温度）の算出を行う指標算出部12と、この指標算出部12による初期解析結果に基づき、前記各部位の径を変化させることによるその部位の指標値の変化を算出し、その変化量が所定量以下となる適性指標値を求めて前記初期解析結果の各部位の指標値と置き換える指標判断部13と、この指標判断部13により求められた各部位の適性指標値をグラフ表示する表示部14とを備えた構成とする。
H3	特開平06-126798（平6.5.10）特許第3201847 号（平13.6.22）	射出成形品の外観不良評価方法	積水化学工業株式会社	科学的計算に基づいたメラ発生の定量的な評価を可能とした射出成形品の外観不良評価方法を提供する。	射出成形品の充填解析、保圧流動解析、樹脂冷却解析を順次行って、射出成形プロセス中の成形材料の温度変化、圧力、比容積変化を計算し、この計算結果に基づいて成形品の型内離型時若しくは取り出し時の温度分布を算出し、この算出した分布温度から外気温度になるまでの熱収縮分及び結晶化領域における結晶化速度を考慮した結晶収縮分を累積して前記射出成形品の端部における内面側と外面側の収縮量評価指標値（M内，M外）を算出し、この内面側及び外面側の収縮量評価指標値（M内，M外）と予め設定された不良発生基準値（M0）及び収縮量評価基準値（a，b）とから外観不良の評価を行う。
H4	特開2010-247430（平22.11.4）	ジェッティング現象の発生の有無を判定する方法	ポリプラスチックス株式会社	最適な成形条件を決定するために、ジェッティング現象の発生の有無を正確に判定する方法を提供する。	複数の成形条件での、前記プラスチック成形用金型のキャビティ内の所定の位置における前記溶融樹脂材料のせん断応力を流動解析により算出するせん断応力導出工程と、それぞれの前記成形条件で前記樹脂材料を実際に射出成形しジェッティング現象の発生の有無を確認する確認工程と、前記確認工程の結果から、ジェッティング現象が発生する場合のせん断応力の最小値と、ジェッティング現象が発生しない場合のせん断応力の最大値と、の間のせん断応力を、ジェッティング現象の発生の有無を判定するための閾値として求める閾値導出工程と、を備える方法で判定する。

表10　ボイド（空洞）の生成予測と対策技術

特許文献No.	特許公開番号（公開日）	発明の名称	出願人	要約	
				課題・目的	解決手段
I1	特開平05-337999（平5.12.21）	溶融材料の型充填時に生じるボイドの挙動を解析する方法	トヨタ自動車株式会社株式会社豊田中央研究所	溶融材料を型に充填して成形する際に、気泡が溶融材料中に巻き込まれて発生するボイドの挙動を計算機でシミュレーションできるようにする。	有限要素法を用いて型内の速度ベクトルを空間位置と時間の2つのパラメータに対して算出する。ボイド発生位置を設定する。設定されたボイド発生位置で所定時間にトレース粒子を発生させる。発生したトレース粒子を空間－時間－速度の関係に基づいてトレースする。以上の処理をプログラム化する。ボイドの流線，流脈線が得られる。またボイドの逆流線も得られる。これからボイドの挙動が理解されやすくなる。
I2	特開2000-211005（平12.8.2）	射出成形品の欠陥予測・評価方法及び欠陥予測・評価装置	株式会社日立製作所	溶融材料の流動解析結果に基づいて、成形品の欠陥を予測し、溶融材料の型内への充填挙動の良否を評価する射出成形品の欠陥予測・評価方法を提供する。	溶融材料の射出成形における流動解析を行う際、充填解析部21で、射出成形品の形状データ、物性データ等を基に数値解析法を用いて金型内に溶融材料が充填される過程をシミュレーションし、溶融材料の変動挙動及び金型内の未充填部の圧力変動を数値解析し、該数値解析で得られた充填挙動のデータを、所定の時間間隔で出力する。出力されたデータを基に、圧力変動算出部22で、各微小要素のガス圧力値及びガス圧力最大値を算出する。算出されたガス圧力値及びガス圧力最大値に基づいて、欠陥予測部24で、射出成形品に発生する欠陥発生位置を予測し、充填挙動評価部25で、溶融材料の充填挙動の良否を評価する。
I3	特開2004-276311（平16.10.7）	樹脂成形品のボイド不良予測方法、樹脂成形品のボイド不良予測ソフトウェアおよび記録媒体	株式会社デンソー	樹脂成形品のボイド不良を簡単に且つ適切に予測する。	三 次元CADソフトウェアにより樹脂成形品の製品形状をコンピュータ上で作成し、成形条 件を入力し、樹脂物性を入力した後に、樹脂成形ソフトウェアにより流動解析、保圧解析 および冷却解析を行ってメッシュ1個あたりの比容積をコンピュータ上で算出し、算出さ れたメッシュ1個あたりの比容積、メッシュ1個あたりの体積およびメッシュの個数に基 づいて樹脂成形品の質量または樹脂成形品の平均密度をコンピュータ上で算出し、算出さ れた樹脂成形品の質量または樹脂成形品の平均密度に基づいて（例えば閾値と比較する）樹脂成形品のボイド不良を 予測する。
I4	特開2010-137439（平22.6.24）特許第5359238号（平25.9.13）	ボイド発生予測方法およびその装置	日産自動車株式会社	射出成形品に発生するボイドを、短時間で予測するボイド発生予測方法を提供する。	金型内の流体が流れる流路の大きさが変化する段差部102を通過する流体110のレイノルズ数と段差部102から流体が飛び出すときの飛び出し角度θ 1との関係を求めておき、ボイドの発生予測を行う成形品を作る金型内の段差部を通過する流体のレイノルズ数を、上記で求めた関係に当てはめることで被予測金型の段差部での飛び出し角度θ 1を求める。飛び出し角度θ 1が段差部壁面103の角度θ 2より小さい場合にボイドが発生すると予測する。

表11　バリの発生予測と対策技術

特許文献No.	特許公開番号（公開日）	発明の名称	出願人	要約	
				課題 ・目的	解決手段
J1	特開平07-276460（平7.10.24）	金型設計の評価方法	松下電工株式会社	金型設計段階でバリの発生を予測する。	樹脂粘度と樹脂圧力と金型における金型部品間の隙間量とのバリ発生に関する相関データを実測によって作成しておく。成形条件や成形品形状、成形材料である樹脂の特性、金型設計データ、型締め圧等に基づく解析によってキャビティ内での樹脂圧力及び樹脂粘度と、隣合う金型部品ごとの型境界部での変形量とを求める。上記変形量から求められる金型部品間の隙間量と上記の樹脂圧力及び樹脂粘度から、上記相関データを基にバリの発生の予測を行う。金型設計段階において、バリ発生の有無を予測できるために設計段階で対策を施すことができる。
J2	特開平11-048300（平11.2.23）特許第3395589号（平15.2.7）	射出成形機の成形条件設定方法	宇部興産株式会社	樹脂流動解析で得られた成形条件をもとに、実成形で最適成形条件を迅速、簡便、容易に設定する射出成形機の成形条件設定法を提供する。	金型キャビティ形状を数学的に定義した金型モデルを作成し、溶融樹脂を流した時の流動解析を行い、射出、保圧プロファイルからなる最適条件を算出し、この射出プロファイルより短いストロークで成形テストを行い、目視による外観品質判定を行い、不良項目があれば修正プログラムで修正し、第1次ステージの射出ストローク調整を完了する。さらに、同様の工程を繰返し、不良項目がなくなるまで成形テストを行い、第2次ステージの成形条件調整を完了し、第1次と第2次ステージの調整を完了した後の最終成形条件を最適条件として生産工程における成形条件とする。
J3	特開2000-176982（平12.6.27）	射出成形用バリ発生予測方法	日産自動車株式会社	樹脂内圧による局所的な金型の変形に起因するバリの発生を予測する。	射出成形樹脂流動解析により金型内への樹脂射出中の時間経過に沿う解析ステップ毎に求めた金型内樹脂内圧分布と、その金型への型締め力とを外力として、前記金型間の合わせ面に接触要素を用いたその金型の変形構造解析を前記解析ステップ毎に行って、前記金型の合わせ面の局所的な開きに関する情報を求めることでバリの発生を予測するものである。
J4	特開2005-169766（平17.6.30）	金型最適化装置、金型最適化プログラム、及び、金型最適化制御プログラム	トヨタ自動車株式会社	樹脂の射出成形に用いる金型の仕様は、従来、設計者による成形シミュレーションのトライアンドエラーで決定されていた。	初期設定あるいは変更された板厚、樹脂充填ゲート配置、ゲートサイズに基づいて（S12）、流動解析を含む成形シミュレーションを行う（S14）。そして、成形シミュレーションの結果に対し、必要に応じてデータ変換を行い（S16）、成形品質評価を実施する（S18）。成形品質評価においては、ウエルドやエアトラップに関する成形制約条件を満たすか否かが判定される。最適化処理を終了しない場合には、最適化アルゴリズムに従って演算が行われ（S22）、この成形制約条件を満たし、かつ、成形体の重量を最小にするような金型仕様を探索するため、設定条件が変更される（S12）。以上の過程を所定回数あるいは収束条件を満たすまで反復して金型仕様を決定する。
J5	特開2006-181736（平18.7.13）	射出成形用金型及びその製造方法	関東自動車工業株式会社	金型製作前に成形時の金型の撓み量を予測して金型を設計して、金型完成後は金型自体を変更することなくシム及び隙間の配置の微調整で成形時の金型の撓みを低減する射出成形用金型の製造方法を提供する。	金型設計時に、設計した金型13，14の成形時の予測撓み量を解析し、その解析結果に基づいて、射出成形機の取付板と金型の間におけるシム16及び受圧プレート17による隙間の配置を仮決定して金型の設計を修正し、仮決定されたシム及び隙間を配置した際の修正金型の予測撓み量を再び解析し、その予測撓み量が所定値以下になるまで第二及び第三の段階を繰り返してシム及び隙間の配置を本決定して金型の設計を修正し、本決定されたシム及び隙間の配置に対応した金型を製作し、製作した金型により実際に成形品を成形して実際に生ずるバリを参照して、シム及び隙間の配置を微調整する。
J6	特開2012-86379（平24.5.10）	射出成形用金型の調整方法及び金型装置	トヨタ自動車東日本株式会社（関東自動車工業株式会社）	射出成形時の金属の撓みによって発生するバリの抑制を簡単に行い、その効果を持続させる。	固定金型105及び可動金型106は、射出成形装置の型締め部に互いに対向して配置される第1の取付板103及び第2の取付板104に取り付けられ、互いに対向している。射出成形装置101では、型締めによりキャビティCが形成され、このキャビティC内に溶融樹脂を射出して成形品が成形される。第1の取付板103において固定金型105が取り付けられた面とは反対側の外側面103aには、プレート111が配置される。成形品MDにバリが生じないように成形時の予測撓み量を解析し、その撓み量が最小となるよう、プレート111の大きさ、厚さ、位置を決定し配置する。

表 12　金型離型不良の予測と対策技術

特許文献No.	特許公開番号（公開日）	発明の名称	出願人	要約	
				課題 ・目的	解決手段
K1	特開平07-009522（平7.1.13）	金型設計方法	積水化学工業株式会社	離型不良を防止できる金型の設計方法を提供することを目的としている。	射出成形プロセスにおける充填解析、保圧流動解析、冷却解析を順次行って、射出成形プロセス中の成形材料の温度変化、圧力、比容積変化を計算し、この計算結果に基づいて成形品の各部が変形を開始する時点の樹脂の状態量を算出し、この算出結果に基づいて離型時から成形品が温度、寸法的に安定するまでの熱歪みシミュレーションを行うことにより、金型外での成形品の寸法、温度変化挙動を算出し、その算出結果に基づいて、最終製品の反り、ひけ、肉厚変動等の形状変形量を算出する射出成形プロセスシミュレーション方法を用いて、製品部にかかる応力分布を求め、この応力分布と、製品が金型に接触している部分の面積と、製品と金型の間の摩擦係数から、型開き時までの離型抵抗を予測し、離型抵抗の分布から突出しピンの位置および本数を決定するようにした。
K2	特開2014-213525（平26.11.17）特許第5929822号（平28.5.13）	射出成形金型設計方法、金型設計システム、金型設計プログラム及び金型設計プログラムを記憶したコンピュータ読み取り可能な記憶媒体	マツダ株式会社	射出成形の離型時の成形品の塑性変形を防止するため、成形品の接触荷重の解析に基づき、必要最小限のエジェクタ位置の決定を精度良く且つ効率的にできるようにする。	射出成形金型設計方法は、コンピュータが、金型における射出成形後の成形品の所定値以上の接触荷重が生じる部分を特定するステップと、部分における接触荷重の総和と、部分から予め設定されたエジェクタ位置までの距離との積に基づき離型抵抗値を演算するステップと、各部分の前記離型抵抗値が予め設定された基準値以下であるかを判定するステップとを備えている。

表 13　射出成形金型設計技術

特許文献 No.	特許公開番号（公開日）	発明の名称	出願人	要約	
				課題　・目的	解決手段
L1	特開平07-241879 (平7.9.19)	射出成形装置	積水化学工業株式会社	成形品の形状に制限されることなく、また、新たに金型の改良を必要とすることなく、繊維配向による成形品の変形を防止することができる射出成形装置を提供する。	キャビティに連通する複数のゲート部を備えた移動側金型を有し、その各ゲート部の開閉を行うためのゲート開閉手段と、そのゲート開閉手段を駆動制御するための情報を算出する解析・演算手段を有し、その解析・演算手段は、キャビティ内を流れる樹脂内の繊維配向によって生じる成形品の変形が最小となるように、各ゲート部のうちいずれのゲート部を開閉するかのゲート選択情報と、その選択されたゲート部での開閉の度合いおよびその開閉のタイミングとを求める。
L2	特開平07-276434 (平7.10.24)	射出成形装置	積水化学工業株式会社	成形品の形状に制限されることなく、また、新たに金型の改良を必要とすることなく、繊維配向による成形品の変形や強度の低下を防止することができる射出成形装置を提供する。	各ゲート部直下のキャビティ内に、各ゲート部の直下から平板流領域に至る拡散領域を流れる樹脂材料の厚みを調整するための厚み調整手段を備え、かつ、その厚み調整手段を駆動制御するための情報を算出する解析・演算手段を有するとともに、その解析・演算手段は、キャビティ内を流れる樹脂内の繊維配向によって生じる成形品の変形が最小となるように、樹脂材料の厚みを求める。
L3	特開平10-278085 (平10.10.20)	射出成形プロセスにおける温度履歴予測装置及び方法	キヤノン株式会社	金型内部を微小要素に分割することなく、金型表面を要素分割して、成形プロセス中の成形品、金型の温度履歴を予測し、計算時間も短縮させる	段階1では金型、成形品、冷却管の形状の寸法、材料物性、境界条件、成形条件を入力する。段階2では、入力情報を元に、後続する各段階3、4、6で用いる要件を作成する。段階3では成形品表面から金型へ逃げる1サイクル平均の熱流速を算出する。段階4では各要素毎に温度および熱流速を算出する。段階5では、成形品から冷却管までの温度の熱の伝わり方の最も悪い部分を代表点として選び、その代表点の関係が1次元モデルと等価になるような距離及び等価熱伝達率を算出する。段階6は成形品および金型のサイクリックな温度履歴を計算し、段階7は等価一次元モデルでの解析6によって計算された結果を出力する。
L4	特開平11-224275 (平11.8.17)	成形品の設計方法	松下電工株式会社	成形品の内部要因だけでなく、外因による変形が生じても、変形後の寸法を許容範囲内に収める。	成形品の成形後の内部要因による反りを予測して該予測値をもとに反り変形後の寸法が商品寸法公差L1内に入る第1の金型寸法範囲M1を求める。また、熱などの外因がもたらす変形を予測して該予測値をもとに外因変形後の寸法が変形許容範囲L2内に入る第2の金型寸法範囲M2を求める。第1の金型寸法範囲M1と第2の金型寸法範囲M2との共通部分M3を金型寸法とする。外因による変形も見込んだ上での設計であるために、外因による変形が生じても、変形後の寸法を許容範囲内に収めることができる。
L5	特開2002-108956 (平14.4.12)	射出金型の設計支援装置および射出金型の設計情報作成プログラムを記録した記録媒体	積水化学工業株式会社 、エンジニアス・ジャパン株式会社 、株式会社プラメディア 、エムエスシーソフトウェア株式会社	各種データの入力作業を対話型とすることで、解析の専門家でなくても、簡単にかつミスなく、射出金型の解析および設計を可能とする。	対話型制御部6は、画面表示プログラム格納部3に格納されたプログラムに従い、表示部1に、射出金型の解析タイプ選択画面、モデル選択画面、、ゲート数決定画面、ゲート領域指定画面、材料物性指定画面、成形条件設定画面、最適化条件設定画面、最適化計算手法設定画面からなる各種設計情報入力画面を順次表示させる処理を実行し、その入力画面中に入力された設計情報をファイル格納部62の設計情報ファイル部62aに蓄積する処理を実行し、設計情報ファイル部62aに蓄積された設計情報に基づき、解析計算処理部4により実行された射出金型の解析結果を解析結果ファイル部62bに蓄積する処理を実行する。

L6	特開2004-160912 （平16.6.10）	光学素子およびその製造装置	キヤノン株式会社	本発明は、レーザービームプリンターやデジタル複写機等の画像形成装置に使用される光走査装置の走査レンズ（fθ 光学系）などを対象とし、射出成形法におけるプロセス解析の適用により光学性能を高めた光学素子および光学素子製造装置、そして金型の設計、成形条件などを最適化する光学性能予測方法に関する。	本装置は、形状を定義して有限要素法解析で使用するための要素分割を行って解析モデルを作成する形状定義部、金型と樹脂の伝熱解析を含み、充填保圧冷却過程の解析を行う流動解析部、樹脂のクリープ、応力緩和などの粘弾性的な性質と樹脂冷却時の金型と成形品との間の型拘束を考慮した構造解析を行う構造解析部、および前記構造解析より得られた成形品の残留応力結果を利用して屈折率解析を行う光学性能解析部から構成される。
L7	特開2005-169766 （平17.6.30）	金型最適化装置、金型最適化プログラム、及び、金型最適化制御プログラム	トヨタ自動車株式会社	樹脂の射出成形に用いる金型の仕様は、従来、設計者による成形シミュレーションのトライアンドエラーで決定されていた。	初期設定あるいは変更された板厚、樹脂充填ゲート配置、ゲートサイズに基づいて（S12）、流動解析を含む成形シミュレーションを行う（S14）。そして、成形シミュレーションの結果に対し、必要に応じてデータ変換を行い（S16）、成形品質評価を実施する（S18）。成形品質評価においては、ウエルドやエアトラップに関する成形制約条件を満たすか否かが判定される。最適化処理を終了しない場合には、最適化アルゴリズムに従って演算が行われ（S22）、この成形制約条件を満たし、かつ、成形体の重量を最小にするような金型仕様を探索するため、設定条件が変更される（S12）。以上の過程を所定回数あるいは収束条件を満たすまで反復して金型仕様を決定する。
L8	特開2010-005893 （平22.1.14）	ゲート位置決定装置、ゲート位置の決定方法、および、コンピュータを位置決定装置として機能させるためのプログラム	シャープ株式会社	樹脂注入ゲートの位置を短時間で決定するためのゲート決定装置を提供する。	ゲート位置決定装置１００は、解析条件の入力を受ける入力部１０１と、出力部１０２と、ゲート位置決定部１１０と、記憶部１４０とを備える。ゲート位置決定部１１０は、流動解析部１２０と、ゲート位置改善部１３０とを備える。流動解析部１２０は、モデル読込部１２１と、解析条件設定部１２２と、成形品の形状を微小要素に分割することにより解析モデルを生成する解析モデル生成部１２３と、解析条件にしたがって解析を実行する樹脂流動解析部１２４とを含む。ゲート位置改善部１３０は、解析の結果を読み込む解析結果読込部１３１と、その結果に基づいてゲート位置の移動方向を決定する移動方向決定部１３２と、当該移動方向に基づいてゲート位置の移動量を決定する移動量決定部１３３と、表示部１３４とを含む。

表 14　射出成形金型冷却解析

特許文献No.	特許公開番号（公開日）	発明の名称	出願人	要約	
				課題・目的	解決手段
M1	特開平05-245894（平5.9.24）	射出成形における金型冷却水流量の決定方法	積水化学工業株式会社	金型成形される樹脂成形品の温度分布を均一化し、もって成形品の変形不良の発生を防止することができる冷却水流量を、成形品生産開始前に決定する方法を提供する。	成形品モデルと冷却管モデルを作成し、このモデルを用いて、境界要素法等による冷却解析シミュレーションを行って、成形品モデルの温度分布を求め、この温度分布の最大と最小との温度差が、許容値以下でないときには、温度分布の最大値となる部位に最も近い系統の冷却水流量を多くして、再度、冷却解析を行うといった手順を順次繰り返す。このような手順により、成形品モデルの温度分布を全体にわたって、ほぼ均一とすることができる冷却水流量を、各系統の冷却管ごとにそれぞれ決定することができる。
M2	特開平06-285940（平6.10.11）	射出成形金型冷却解析における判定システム	マツダ株式会社	近年では、金型の設計段階において、流動解析により得られた金型内の樹脂温分布、冷却回路の配管データ等を基にコンピュータによる冷却解析を行い、金型内の冷却配管の性能を調べる方法が知られている。そして、コンピュータによる冷却解析結果を基に、設計者が冷却能力の不足や、過剰な冷却回路の設計等を判断し、冷却回路や、冷却水温の変更を決定するようになっている。コンュータを用いて正確に冷却解析を行ったにもかかわらず、解析結果の判定は、設計者の経験に頼って行われる	射出成形金型の冷却解析結果から、金型の平均型温、最高型温、および型温のバラツキを算出し（S3）、予め設定された基準に基づいて各々データの良否を判定し（S4）、さらに、判定結果にNGがある場合には、冷却回路の変更、冷却水温の変更等の対策を決定する（S5）。（効果として 不良箇所の見落としや、過剰な冷却回路の設計等を防ぐことができ、過不足のない冷却回路を設計することができるので、金型全面において、その温度を均一に保持することが可能になり、成形品の品質向上を図ることが可能になる。）
M3	特開平08-132507（平8.5.28）	成形金型の冷却構造設計支援システム	積水化学工業株式会社	従来、金型冷却解析システムと保圧解析システムの解析結果を用いて目標成形サイクルでの製品取出しの可否判定を行う方法などは確定しておらず、この判定などは評価者に依存する部分が多い。また上述のような解析システムは各々個別に使用され、互いに関連付けて利用されておらず、目標金型温度を見きわめて金型の冷却構造を必要最小限する設計することなどは行われていない。そこで目標金型温度を見きわめて金型の冷却構造を必要最小限する設計を支援する技術を確立する。	成形テストと共に金型冷却解析システムと保圧解析システムとを有効に関連付けて使用し、類似成形品の成形テストによる限界成形サイクルを取得プし、金型冷却解析部1によって成形テストにおける金型温度分布を算出し、保圧解析部2によって成形テストによる製品取出し時の製品温度分布を算出し、製品品温度分布より目標固化率を設定する。保圧解析部2によって設計成形品の製品取出し時の製品温度分布を算出して設計成形品の固化率を算出し、この固化率と目標固化率とを比較し、設計成形品の固化率が目標固化率に等しくなる金型温度を検出して目標金型温度を設定する。金型冷却解析部1によって設計成形品の金型温度分布を算出してこの金型温度と目標金型温度とを比較し、前記最高値が前記目標金型温度より高い場合にはその最高温度部分の冷却設計仕様を変更する。
M4	特開平10-029233（平10.2.3）	射出成形における金型冷却管の配設位置および管径の決定方法	株式会社リコー	本発明は、実際に樹脂成形品を成形金型から取り出すときに変形するのを防止して樹脂成形品の品質を向上させることができる射出成形における金型冷却管の配設位置および管径の決定方法を提供するものである	シミュレーション装置1によりゲート2を中心として軸対称となる樹脂成形品3のモデルを作成するとともに複数の冷却管4a～7bからなる冷却管モデルを作成し、これらのモデルを用いて冷却シミュレーションを行なうことにより樹脂成形品3の冷却後における樹脂成形品3の温度分布を求め、この温度分布がゲート2を中心として対称になるとともに同心円上の各点で均一になるように冷却管4a～7bの位置および管径を決定する冷却解析を行なう
M5	特開2000-289076（平12.10.17）	樹脂成形シミュレーション方法	株式会社プラメディアリサーチ 出光興産株式会社	金型と樹脂との界面における熱伝達は不明確であり、従来の樹脂成形シミュレーションでは、熱伝達率hとして一定値が用いられていた。しかしながら、熱伝達率hを一定値にすると、冷却過程における樹脂の物理的挙動を高精度に予測できないという問題点がある。そこで金型温度と熱伝達率との間に相関関係があることに着目し、成形過程における樹脂の物理的挙動の予測精度を向上させる。	データを入力する入力部1と、樹脂の射出成形過程における金型内の伝熱現象をシミュレートして、金型の温度分布を計算する金型冷却解析部2と、計算された金型の温度分布に基づいて、金型温度と界面熱伝達率との相関関係マップを参照して界面熱伝達率を計算する熱伝達率計算部3と、充填開始から離型までの溶融樹脂の挙動をシミュレートし、樹脂圧力及び樹脂温度の経時変化を計算する充填保圧冷却解析部4と、射出成形品が常温になるまでの応力及び歪をシミュレートし、そり変形及び収縮変形を予測するそり解析部5と、計算された金型温度分布，樹脂圧力及び樹脂温度の経時変化，射出成形品のそり変形及び収縮変形をCRT等から出力する出力部6と、を含んで成形シミュレーション装置を構成することで、成形過程における樹脂の物理的挙動の予測精度を向上させる

表 15　インサート物のある射出成形解析技術

特許文献No.	特許公開番号（公開日）	発明の名称	出願人	要約	
				課題 ・目的	解決手段
N1	特開2003-112349 (平15.4.15)	射出成形解析方法、射出成形解析装置および射出成形解析プログラム	東レエンジニアリング株式会社	インサート物を有する成形品を射出成形 で製造する過程における流動解析を正確に、容易にかつ迅速に行なうことのできる解析方 法及び装置ならびにそのような解析方法を実現するコンピュータプログラムを提供する	インサート物を有する成形品を射出成形で製造する過程における流動解析を行なうに際して、インサート物の初期形状データおよび流動物の流路の初期形状データを設定する初期解析形状データ設定工程と、前記流路における流動物の流動解析を実行する流動解析工程と、前記流動解析工程により求められた流動によって生じる流動 によるインサート物の変形状態を解析するインサート物変形解析工程 を有することを特徴とする射出成形解析方法
N2	特開2010-005936 (平22.1.14)	射出成形インサート成形品の損傷予測方法、および装置	東レ株式会社	射出材料の熱や圧力もしくはせん断応力によって発生する射出材料充填工程におけるインサート物の損傷を定量的に予測する方法および装置を提供すること。	インサート物の初期形状データおよびインサート物と金型とにより形成される成形空間部の初期形状データを設定する初期解析形状データ設定工程と、前記インサート成形品の成形工程における前記インサート物の温度、および前記射出材料の圧力もしくはせん断応力を求める解析工程118と、該解析工程において求められた前記インサート物の温度解析値、および前記射出材料の圧力解析値もしくはせん断応力解析値から前記成形工程における前記インサート物の負荷値を算出する負荷値算出工程119と、前記インサート物の前記負荷値と損傷予測基準値を比較する比較工程120とを有することを特徴とする射出成形インサート成形品の損傷予測方法。

表16　複合材料（フィラー、繊維材含有）の射出成形解析および製品物性予測技術

特許文献No.	特許公開番号（公開日）	発明の名称	出願人	要約	
				課題・目的	解決手段
O1	特開平07-241879 (平7.9.19)	射出成形装置	積水化学工業株式会社	成形品の形状に制限されることなく、また、新たに金型の改良を必要とすることなく、繊維配向による成形品の変形を防止することができる射出成形装置を提供する。	キャビティに連通する複数のゲート部を備えた移動側金型を有し、その各ゲート部の開閉を行うためのゲート開閉手段と、そのゲート開閉手段を駆動制御するための情報を算出する解析・演算手段を有し、その解析・演算手段は、キャビティ内を流れる樹脂内の繊維配向によって生じる成形品の変形が最小となるように、各ゲート部のうちいずれのゲート部を開閉するかのゲート選択情報と、その選択されたゲート部での開閉の度合いおよびその開閉のタイミングとを求める。
O2	特開2002-052560 (平14.2.19) 特許第4544556号 (平22.7.9)	射出成形品製造パラメータ決定支援システム	東レエンジニアリング株式会社	射出成形解析で得られる線維強化材料物性およびそり変形を構造解析で使用する材料物性に適用することで構造解析を精度良く行い、射出成形解析結果と構造解析結果を使用して製造パラメータ決定支援システムを提供すること。	射出成形解析を実施することで得られる局所的材料物性と成形時のそり変形形状を構造解析用データに設定する。射出成形解析と構造解析で得られた解析結果を同時に評価しつつ自動的に製造パラメータの選定を行う。
O3	特開2002-273772 (平14.9.25) 特許第4574880号 (平22.8.27)	射出成形品の構造強度シミュレーション方法及び装置	東レエンジニアリング株式会社	異方性物性をもつ、最終の、繊維強化樹脂射出成形品の機械的強度が要求性能を満足するように成形条件および製品形状を迅速に決定することを可能にする射出成形品の構造強度シミュレーション方法及び装置を提供する。	(1) 成形品の形状を複数の微小要素に分割した計算用モデルを作成する計算用モデル作成工程と、(2) 成形品の成形条件を設定する成形条件設定工程と、(3) 計算用モデルを用いて成形品を成形条件で射出成形したときの各微小要素の異方性物性データを算出する物性解析工程と、(4) 計算用モデルを用いて成形品に荷重を負荷した場合の破壊予想位置の応力方向を求める構造解析工程と、(5) 破壊予想位置における応力方向と異方性物性データに基づく最大強度方向とのなす角度が最小となるか否かを判定する判定工程とを含み、判定工程において角度が最小と判定されるまで(2) ～(5) の工程を繰り返し、その判定条件を満たす成形条件を探索する。
O4	特開2005-283539 (平17.10.13) 特許第4381202 号 (平21.10.2)	フィラー樹脂組成物の解析方法，解析プログラム，解析プログラムを記録した記録媒体	株式会社マーレフィルターシステムズ	フィラー樹脂組成物を良好な精度で3次元的に強度解析すると共に、その強度解析に要する計算の手間を削減する。	フィラー樹脂組成物を2次元のCAE流動解析することにより、メッシュ状で複数のシェル要素に分割された2D流動モデルを構成し、複数のシェル要素毎に配向方向データを得る（流動解析処理手順11）。また、前記のフィラー樹脂組成物に関してフィラーが充填されていないと仮定し、3次元のCAE構造解析を行うことにより、メッシュ状で複数のソリッド要素に分割された非フィラー3D構造モデルを構成する（構造解析処理手順12）。そして、前記の各配向方向データ等を異方性物性値に変換して前記の非フィラー3D構造モデルに投影させてマッピング処理し（マッピング処理手順3）、得られた3Dマッピングモデルに基づいて強度解析を行う。
O5	特開2006-272928 (平18.10.12) 特許第4592471号 (平22.9.24)	射出成型品の形状予測方法、形状予測装置、形状予測プログラム及び記憶媒体	富士通株式会社	繊維強化樹脂を用いた射出成型品の形状予測精度を高度に保ち、且つ効率的に構造解析を行い得る形状予測方法、装置、プログラム及び媒体を提供する。	本発明に係る 流動解析により繊維強化樹脂を材料とする射出成型品の繊維配向データを求め、その繊維配向データを構造解析用の繊維配向データに変換し、この構造解析用に変換された繊維配向データを用いて構造解析を行うことにより、繊維強化樹脂を考慮した構造解析が可能となり、形状予測の精度向上、データ処理時間の短縮化を達成する。
O6	特開2008-120089 (平20.5.29) 特許第4540702号 (平22.7.2)	データ変換器、流動解析器、構造解析器、データ変換プログラム、流動解析プログラム、構造解析プログラム及びデータ変換方法	富士通株式会社	繊維強化樹脂を用いた射出成型品の形状予測精度を高度に保ち、且つ効率的な構造解析の実施に使用されるデータ変換器、流動解析器、構造解析器、データ変換プログラム、流動解析プログラム、構造解析プログラム及びデータ変換方法を提供する。	樹脂流動解析要素1～Ef4の各要素ごとにベクトルV1～V4を求め、4個の樹脂流動解析要素Ef1～Ef4と1個の構造解析要素Esとのマッチングを行う。次に、各要素Ef1～Ef4における各ベクトルV1～V4の平均値Nnを求め、そのベクトルV0を構造解析要素E0の各節点節点N1～N4のそれぞれに分配し、処理対象要素E0に隣接する要素が存在する場合は、共有する節点Ncom上の合成ベクトルを求め、それを各共有節点Ncomに付与する。
O7	特開2013-082096 (平25.5.9)	繊維強化樹脂射出成形品の固有振動数の推定方法	宇部興産株式会社	射出成形によって得られる繊維強化樹脂射出成形品の固有振動数を理論モード解析によって推定できる解析方法を提供する。	繊維強化樹脂射出成形品の固有振動数の推定方法であって、前記推定方法が、前記繊維強化樹脂射出成形品の樹脂流動解析を実行して、前記繊維強化樹脂射出成形品の弾性パラメータ及び繊維配向パラメータを算出するステップI、前記ステップIで算出した弾性パラメータ及び繊維配向パラメータを、前記繊維強化樹脂射出成形品の理論モード解析に導入して、前記理論モード解析を実行して、固有振動数の算出値を得るステップIIを含む繊維強化樹脂射出成形品の固有振動数の推定方法。

O8	特開2014-226871（平26.12.8）	フィラー挙動シミュレーション方法および複合材料の物性解析方法	東レエンジニアリング株式会社	従来手法では、フィラー長の変化やフィラー含有率の変化、フィラーの曲 がり変形が考慮できないことから、特に薄肉化やフィラーの長尺化が進むにつれて、従来 のフィラー配向解析では十分な精度での解析が困難になる。このような実状に鑑み、キャビティの薄肉化やフィラーの長尺化が進んでも、フィラー長の変化やフィラー含有率の変化、フィラーの曲がり変形を考慮することで、複合材料の物性を精度良く予測できるフィラー挙動シミュレーション方法および複合材料の物性解析方法を提供する	流体中を移動するフィラーの任意時刻における位置、方向、形状を解析するフィラー挙動シミュレーション方法であって、前記流体の速度分布を解析する流動解析工程と、前記流体中の所定の位置に、少なくとも一つ以上の連続する数値解析要素で定義されたフィラーを、少なくとも一つ以上、所定の時刻に発生させるフィラー定義工程と、前記流体の速度分布を用いてフィラーの位置、方向、形状を解析するフィラー挙動解析工程を有することを特徴とする、フィラー挙動シミュレーション方法が提供される。
O9	特開 2014-100879（平26.6.5）	液晶ポリマー射出成形品の熱間反り解析方法	パナソニック株式会社	液晶ポリマー射出成形品の熱間反り解析方法において、3次元配向分布を有する射出成形品に生じる反り変形を精度良く予測して、反り変形を抑制可能とする。	フィラーを含む射出成形品内のフィラーの3次元配向のデータをX線CTによる3次元画像から取得する（第1工程）。フィラーを含まない参照試料のせん断応力の積分値、分子配向状態（配向、配向度）、および線膨張係数のデータを互いに関連づけて取得する（第2工程）。射出成形品について、せん断応力の積分値および分子配向状態のデータを取得する（第3工程）。各データに基づいて射出成形品についての線膨張係数のデータを決定し（第4工程）、決定した線膨張係数とフィラーの3次元配向の各データに基づいて均質化法を用いてフィラーを考慮した線膨張係数を求める（第5工程）。この係数を用いて、構造解析（第6，7工程）により、射出成形品の熱間反りを求める。
O9	特開2015-189117（平27.11.2）	樹脂の流動固化挙動の解析方法	パナソニック株式会社	固化現象に関する実時間測定に基づく温度分布の解析ができ、射出成形時の高速現象に適用でき、不透明な樹脂や薄肉成形に適用できる樹脂の流動固化挙動の解析方法を提供する。さらに、解析対象成形品についてフィラーを考慮した異方性を有する線膨張係数または弾性率のデータを数値計算によって求める。	基礎工程で樹脂の誘電率の温度依存性のデータε（T）を取得し、第1工程で金型内に設けた対向電極間で流動固化する樹脂の各時刻tにおける静電容量Cm（t）を測定する。第2工程で複数の計算条件J（i），i＝1～nのもとで、電極間を流動固化する各時刻における樹脂の温度分布T（i，t）を算出し、第3工程ではデータε（T）により温度分布T（i，t）を誘電率分布ε（i，t）に変換する。第4工程では誘電率分布ε（i，t）による静電容量Cc（i，t）を算出し、第5工程では経時変化する静電容量Cm（t）の時間スケールに整合する時間スケールを有する静電容量Cc（i，t）の決定を通して樹脂の温度分布T（i，t）が決定される。　さらに第5工程で決定された温度分布の経時変化を与える前記時間スケールのもとで、前記金型内で成形される前記樹脂に作用した剪断応力の積算値である剪断歪エネルギの分布を数値計算によって求める第6工程と、 前記金型を用いて成形された成形品について、その成形品内の前記樹脂の分子配向の分布を測定によって求める第7工程と、前記成形品についての異方性を有する線膨張係数または弾性率のデータを決定する第8工程と、 前記樹脂に繊維状のフィラーを含めて前記第1工程の金型を用いて成形された解析対象成形品における前記フィラーの3次元配向のデータを取得する第9工程と、 前記第8工程によって決定された前記線膨張係数または前記弾性率のデータおよび前記第9工程によって取得された前記フィラーの3次元配向のデータを用いて、前記解析対象成形品についてフィラーを考慮した異方性を有する線膨張係数または弾性率のデータを数値計算によって求める（第10工程）。

表 17　発泡射出成形解析

特許文献No.	特許公開番号（公開日）	発明の名称	出願人	要約 課題・目的	要約 解決手段
P1	特開2008-143111（平20.6.26）特許4807246号（平23.8.26）	ガス溶解度予測方法並びに発泡性樹脂の流動解析方法及びプログラム	トヨタ自動車株式会社	発泡剤又は気体を添加した発泡性樹脂を金型内へ射出して、発泡体である成形品を得る発泡射出成形法を用いた成形加工において、金型の設計段階で、金型内に射出される発泡性樹脂の流体解析を行うために最適な発泡性樹脂のガス溶解度を予測し、より精度の高い発泡性樹脂の流動解析を行う。	金型内へ射出された発泡性樹脂のガス溶解度を、溶解度式(I)：　C＝α（t）×A(T)×P＋β（t）［Cは発泡性樹脂のガス溶解度、tは発泡性樹脂が金型内に射出されてからの時間、Tは発泡性樹脂の温度、Pは発泡性樹脂の圧力、α（t）は時間tの関数、A(T)は発泡性樹脂及び該発泡性樹脂に溶解しているガスの関係により定まる温度Tの関数、β（t）は時間tの関数を表す］を用いて求める。この発泡性樹脂のガス溶解度を用いて算出した粘度を成形条件データとして、CAEシステムにて発泡射出成形シミュレーションを行う。
P2	特開2008-093860（平20.4.24）特許第4765883号（平23.6.24）	発泡射出成形品の品質予測システム、プログラム、及び方法	トヨタ自動車株式会社	発泡射出成形法により成形される樹脂成形品の品質をシミュレーションの段階で予測する、樹脂成形品の品質予測技術を提案する。	発泡性樹脂を金型内のキャビティに射出して充填したのち、該キャビティの一部を拡大させて発泡させることにて得られる発泡射出成形品の表面品質を予測する品質予測システムにおいて、キャビティへの樹脂充填完了時の樹脂圧力、樹脂温度、並びに樹脂へのガス溶解度と、キャビティの一部を拡大させるときの膨張量との、各物理量を少なくとも変数として含む、成形品の表面品質の評価基準値を算出する回帰式を設定する。そして、成形品の表面上の或第一点と或第二点との間について発泡射出成形シミュレーションにより得られた前記各物理量を前記回帰式に代入して、評価基準値を算出し、該評価基準値に基づいて、成形品の表面品質の良否を判定する。

表 18　製品の衝撃解析技術

特許文献No.	特許公開番号（公開日）	発明の名称	出願人	要約	
				課題　・目的	解決手段
Q1	特開平7-200531 (平7.8.4)	衝撃解析システム	株式会社日立製作所	線形過渡応答解析で構造物の衝突力を評価する方法は設計者が構造物の衝突部のモデル化を行い、計算を行わなければならず、手間のかかるものであり、この従来技術に対し、、衝突現象をモデル化し、衝突現象をコンピュータ上で実現して強度評価を効率良く実行できる衝撃解析システムを提供する	衝突現象のモデルを接触状態のデータベースを設けることによりアイコンで選択できるようにして、物理量を与えて生成する。そのばね定数をヘルツの接触理論公式を用いて求める。このモデルで過渡解析を行い、変位及び応力を求める。衝突モデルを簡単に選択することができて、その衝突モデルを用いて衝突によって生じる変位及び衝撃応力を求めることが可能となった。
Q2	特開2002-63220 (平14.2.28) 特許第4568974号 (平22.8.20)	FEM最適解法による解析システム及び方法並びに記録媒体	日本電気株式会社	陽解法を動解析、特に携帯電子機器の落下解析に用いると、挙動（各部の変形）および反力（衝撃力）が、実際の現象と大きくかけ離れるという問題を解消すること。	モデルのメッシュサイズと、ヤング率と、密度とを基に、陽解法における解析時間間隔△tex、陰解法における解析時間間隔△timを比較することにより、最適解法を選択、解析する。
Q3	特開 2002-296164 （平14.10.9） 特許第4927263号 （平24..2.17）	樹脂成形品の衝撃解析方法及び設計方法	住友化学株式会社	樹脂成形品の衝撃特性を精度良く予測することができる衝撃解析方法及び設計方法を提供する。	樹脂材料の機械的特性を示す物性値を設定し、任意の形状の樹脂成形品の衝撃特性を評価する樹脂成形品の衝撃解析方法であって、前記設定される物性値のうち、破壊判定値については、所定形状の樹脂成形品を用いた実地試験結果と、この所定形状の樹脂成形品について破壊判定値をパラメータとして行った衝撃解析から得られた衝撃特性評価結果とを比較して、両者の変形挙動が一致する場合の破壊判定値を採用する。
Q4	特開2002-358335 （平14.12.13） 特許第4720964 (平23.4.15)	FEM解析方法、プログラム、およびシステム	日本電気株式会社	メッシュサイズが非常に小さい電子機器等の落下衝撃解析における、FEM解析による解析精度と解析時間の短縮を図る。	最適解法の選択と解析手段102において以下の処理が実施される。まず、実行する解析が衝撃解析か否かをチェックし（ステップA1）、衝撃解析と判断されると最小メッシュサイズを検索し（ステップA5）、次いで最小メッシュサイズで簡易解析モデルを作成する（ステップA6）。次に、陰解法と陽解法による簡易モデルでの予備解析を行う（ステップA7）。次に、ステップA7での予備解析予備解析の結果同志、あるいはこれらの解析結果と実験結果、または厳密解とを比較することにより、陰解法と陽解法とのいずれか最適な解析手法を選択する（ステップA8）。
Q5	特開2003-72496 （平15.3. 12）	衝撃吸収構造体の設計方法	住友化学工業株式会社	例えば自動車用の内装部品のような樹脂成形品やその他の衝撃吸収部材の衝撃吸収特性、特に頭部傷害値を精度良く予測し、それにより、より高い衝撃吸収性能を有する衝撃吸収構造体を提供することができるような衝撃吸収構造体の設計方法を提供する。	衝突体を所定の速度で衝撃吸収構造体に衝突させ、衝突体に内装したセンサの測定値に基づいて人体に負荷される傷害値を求める衝撃吸収試験にて衝撃吸収能力を評価することにより前記衝撃吸収構造体の衝撃特性を向上させる衝撃吸収構造体の設計方法において、前記衝撃吸収構造体の変形挙動を所定の力学的モデルを用いて解析し、前記衝撃吸収構造体が運動エネルギーを吸収するパターンを設計変数とし、前記傷害値を目的関数として最小化する最適化手法により前記衝撃吸収構造体の衝撃吸収特性を決定する。
Q6	特開2003-279455 （平15.10. 2）	衝撃解析用物性の取得方法および装置	東レ株式会社	汎用性の高い面衝撃試験を使用して衝撃解析用物性データを取得可能にする衝撃解析用物性の取得方法及び装置を提供する。	試験片の衝撃解析条件を初期条件として設定する工程(1) と、試験片の衝撃解析用物性の仮定値を設定する工程(2) と、該仮定値に基づいて面衝撃解析を行い反力およびエネルギー値を算出する工程(3) と、前記反力およびエネルギー値を初期条件と略同一条件で面衝撃試験を行って得た反力およびエネルギー値と比較し、解析値と試験値との差異を数値化する工程(4) と、数値化した差異が所定の許容範囲に縮小されたか否かを判定する工程(5) とからなり、前記工程(2) の衝撃解析用物性の仮定値を修正しながら前記工程(5) の判定で上記差異が許容範囲内に縮小するまで工程(2) ～(5) を繰り返すことを特徴とする。
Q7	特開2003-97623 （平15.4. 3）	衝撃吸収部品	住友化学株式会社	車室内の充分な空間と視認性を確保しつつ、充分な人体保護機能を有するように、小さい変形量で十分な衝撃吸収能力を持つ衝撃吸収部品を提供する。	自動車の構造部材と、前記構造部材から車室内方に配置される樹脂製の内装材との間に配置される樹脂製の衝撃吸収部品であって、高剛性脆性破壊部と、低剛性延性破壊部とを並列的に配置して構成した。高剛性脆性破壊部は、「単位変形量での反発力が大きく、小さい変形量で破壊に至る部分」と定義でき、また、低剛性延性破壊部は、「単位変形量での反発力が小さく、大きい変形量で破壊に至る部分」と定義できる。

Q8	特開2004-58453（平16.2.26）特許第3848602号（平18.9.1）	樹脂成形品の設計支援装置および方法	株式会社日立製作所	熱硬化樹脂を用いた樹脂成形品の強度を精度よく予測する。	流動解析部13は、3次元流動解析に用いる第1の3次元ソリッド要素毎に、熱硬化性樹脂の熱硬化時の弾性率と歪み成分を算出する。残留歪み（応力）推定部14は、3次元強度解析に用いる第2の3次元ソリッド要素各々および第1の3次元ソリッド要素各々の対応関係と、流動解析部13により第1の3次元ソリッド要素毎に求めた弾性率および歪み成分とを用いて、第2の3次元ソリッド要素各々に、弾性率および歪み成分を設定し、第2の3次元ソリッド要素各々の熱収縮後の残留歪みを計算する。強度解析部15は、第2の3次元ソリッド要素各々に、残留歪み（応力）推定部14により求めた残留歪み（応力）を設定して、樹脂成形品の強度を解析する。
Q9	特開2005-169909（平17.6.30）	樹脂成形品衝撃解析方法	富士通テン株式会社	樹脂流動解析と衝撃解析を適切に連携させることを可能とした樹脂成形品の衝撃解析方法を提供することを目的とする。	本発明に係る衝撃解析方法では、樹脂成形品のCADデータを取得するステップ、CADデータに基づいて樹脂流動解析を行いウエルドが発生する位置情報を求めるステップ、ウエルドが発生する位置情報を利用して樹脂成形品の衝撃解析を行うステップと、を有することを特徴とする。樹脂流動解析によってよって得たウエルド位置を衝撃解析に利用することができるので、正確な衝撃解析を行うことが可能となった。
Q10	特開2005-337784（平17.12.8）	衝撃シミュレーションにおける破壊判定方法	旭化成ケミカルズ株式会社	樹脂製品の衝撃シミュレーションの実施に際し必要とされる樹脂材料が破壊する歪みの値を、実製品の歪み速度に合わせた引張試験を行わなくても算出できること、2～3回の少ない衝撃シミュレーションだけで破壊に至る実験条件の予想を算出できること。	数種類の引張速度を変えた引張試験結果より、歪み速度と破壊歪みの関係方程式1を求め、その方程式1に任意の歪み速度を代入して破壊歪みを予測し、また数種類の実験条件を変えた製品の衝撃シミュレーション結果より得た最大歪み個所の歪み速度を方程式1に代入して得られる破壊歪みとその時の実験条件の関係方程式2を求め、また衝撃シミュレーション結果より得た最大歪みと実験条件の関係方程式3を求め、方程式2と方程式3の交差する点が破壊発生条件と破壊歪みであると判断することを特徴とする。
Q11	特開2006-308569（平18.11.9）特許第4703453（平23.3.18）	衝撃解析方法	住友化学株式会社	樹脂部品の複雑な変形過程の衝撃解析を精度よく実現する衝撃解析方法を提供する。	この衝撃解析方法は、解析プログラムに樹脂材料の機械的特性を示す物性値を設定し、樹脂成形体の衝撃特性および破壊挙動を評価するものである。そして、樹脂成形体の破壊を判定するための破壊判定法として、延性破壊条件式を用いて破壊判定を行うことを特徴とする。延性破壊条件式に応力多軸度を考慮することができる延性破壊条件式を用いるようにしてもよい。また、樹脂特有の粘弾性に対処するために、延性破壊条件式に歪み速度依存性を考慮するようにしてもよい。
Q12	特開2010-071734（平22.4.2）　特許第5210100号(平25.3.1)	衝撃破壊予測方法	ポリプラスチック株式会社	樹脂成形品に衝撃が加わる場合の、より正確な衝撃破壊予測方法を提供する。	樹脂成形品（を構成する樹脂試験片）を用い、破断歪み－歪み速度の関係式導出工程と、前記樹脂成形品における所定の部分の経時的な発生歪みをシミュレーションする第1のシミュレーションと、前記樹脂成形品における所定の部分の経時的な歪み速度をシミュレーションし、前記経時的な歪み速度を、前記関係式に代入することによって、経時的な破断歪みをシミュレーションする第2のシミュレーションと、前記第1及び第2のシミュレーション結果を用いて、経時的に前記発生歪みと前記破断歪みとを比較し、前記発生歪みが前記破断歪みを超える場合に、前記樹脂成形品の破壊を判定する比較判定工程と、を備える方法で予測を行う。
Q13	特開2014-199219（平26.10.23）	繊維強化樹脂の衝撃解析方法	三菱化学株式会社 三菱レイヨン株式会社	炭素繊維、硝子繊維及びミネラル強化材系繊維からなる群より選ばれる少なくとも1種により強化された繊維強化樹脂のCAEシステムを用いた衝撃解析において、実験値との整合性の高い解析方法を提供することを課題とする。	繊維強化樹脂、繊維強化樹脂に衝撃を与えるためのインパクター、及び繊維強化樹脂を支持するための支持台を含む衝撃試験モデルを作成するモデル化工程、繊維強化樹脂の強度に関する物性値を設定する設定工程、並びに衝撃試験モデルを解析プログラムに入力して衝撃解析を行う解析工程、を含む繊維強化樹脂の衝撃解析方法において、支持台の強度に関する物性値を設定することにより、実験値との整合性の高い衝撃解析を行うことができる。
Q14	特開2014-209116（平26.11.6）	耐衝撃性繊維強化樹脂の選定方法	三菱化学株式会社 三菱レイヨン株式会社	耐衝撃性に優れる繊維強化樹脂を正確かつ効率的に選定することができる方法を提供することを課題とする。	繊維強化樹脂、繊維強化樹脂に衝撃を与えるためのインパクター、及び繊維強化樹脂を支持するための支持台を含む衝撃試験モデルを解析プログラムに入力し、繊維強化樹脂及び支持台の強度に関する物性値を設定して、繊維強化樹脂の衝撃解析を行う衝撃解析工程を含み、衝撃解析工程によって得られた結果に関して、下記の条件1を満たす繊維強化樹脂を耐衝撃性に優れる繊維強化樹脂として選定するにより、耐衝撃性に優れる繊維強化樹脂を正確かつ効率的に選定することができる。 （条件1） インパクターと繊維強化樹脂との接触時間Tmの範囲内において、インパクターの加速度Aが最大となる最大加速度時刻T（AMAX）とインパクターが衝突した位置の繊維強化樹脂の変位量が最大となる最大変位時刻T（ΔZMAX）がずれていること。

表 19　製品の熱変形・クリープ変形予測と対策技術

特許文献No.	特許公開番号（公開日）	発明の名称	出願人	要約	
				課題 ・目的	解決手段
R1	特開平10-166056（平10.6.23）特許第2920372 号（平11.4.30）	エイジフォーミング成形方法	川崎重工業株式会社	エイジフォーミングのスプリングバック量を高精度に予測する方法を提供する。（エイジフォーミングとは、材料に応力を加えて一定基準面に沿って変形させておいて、この状態で長時間高温に曝すエイジング処理を行い、発生する応力緩和現象を利用して成形する方法である。）	成形品の材料に関するクリープ試験を行ってクリープ則を求めた後、有限要素法によってクリープ解析を行って、エイジフォーミング中に生ずる応力緩和量を求めることによって成形品のスプリングバック量を予測する。
R2	特開平11-166884（平11.6.22）	樹脂製品の曲げクリープ特性の解析方法	関東自動車工業株式会社	有限要素法によりナッティングの式dε cr／dt＝Aσ ntm（ε crは歪、σ は応力、tは時間経過、A、n、mは材質により規定される定数）を基に精度良く樹脂製品のクリープ特性を解析する周知のクリープ特性の解析方法において、曲げクリープ特性を精度良く解析可能にする。	樹脂製品と同一材質のテストピースについて圧縮荷重を変化させて一軸圧縮クリープ試験を行うことにより、所定の加熱温度に対する定数A、n、mを算出し中央部への所定の荷重に対する両端固定の曲げクリープ試験を行うことにより、曲げクリープを同一材質のテストピースについて実測する。このテストピースに生じる所定の応力に対するクリープを式を基に解析する。解析したクリープに乗算することにより、所定の荷重に対応する実測曲げクリープに一致させる補正係数Cを算出する。脂製品モデルの所望の要素に所定の加熱温度下で生じる曲げクリープを定数Aに補正係数Cを乗算して解析する。
R3	特開2001-153772（平13.6.8）特許第3669886号（平17.4.22）	樹脂成形品のクリープ特性解析方法	トヨタ自動車株式会社関東自動車工業株式会社	様々な形状、締結条件を有する実際の樹脂成形品について高い精度でクリープ特性を解析できる樹脂成形品のクリープ特性解析方法を提供する。	解析対象物体の各部位の主応力値を読み、この主応力値から各部位の静水圧応力σ mを算出する。このσ mが正の場合には応力状態が引張応力と判断し、負の場合には応力状態が圧縮応力と判断する。各部位の応力状態に応じて、引張特性値あるいは圧縮特性値を与え、これに基づいて所定時間におけるクリープを計算する。以上の方法により、各部位に応力状態に応じた特性値を使用して、高精度のクリープ特性の解析が行える。
R4	特開2002-148232（平14.5.22）特許第4144685号（平20.6.27）	射出成形品の熱変形解析方法	関東自動車工業株式会社トヨタ自動車株式会社株式会社グランドポリマー	射出成形品の形状或は成形条件の変更に対して容易に対応でき、しかも高精度に加熱収縮特性を含めた熱変形を解析可能にする射出成形品の熱変形解析方法を提供する。	射出成形品を所定温度まで昇温する際の射出成形品の弾塑性変形を射出成形品の弾塑性変形特性に基づいて計算する昇温時変形計算ステップS2と、射出成形品を所定温度に所定時間置いたときの射出成形品のクリープ変形を射出成形品のクリープ特性に基づいて計算するクリープ変形計算ステップS3と、射出成形品を所定温度から降温する際の射出成形品の弾塑性変形を射出成形品の弾塑性変形特性に基づいて計算する降温時変形計算ステップS4とを備える。このステップS4に、射出成形品を金型から取り出した時点の型出し温度に対応する射出成形品の熱収縮率を基に射出成形品の熱収縮変形を解析する計算を組み込む。
R5	特開2004-058453（平16.2.26）特許第3848602号（平18.9.1）	樹脂成形品の設計支援装置および方法	株式会社日立製作所	熱硬化樹脂を用いた樹脂成形品の強度を精度よく予測する。	流動解析部は、3次元流動解析に用いる第1の3次元ソリッド要素毎に、熱硬化性樹脂の熱硬化時の弾性率と歪み成分を算出する。残留歪み（応力）推定部は、3次元強度解析に用いる第2の3次元ソリッド要素各々および第1の3次元ソリッド要素各々の対応関係と、流動解析部により第1の3次元ソリッド要素毎に求めた弾性率および歪み成分とを用いて、第2の3次元ソリッド要素各々に、弾性率および歪み成分を設定し、第2の3次元ソリッド要素各々の熱収縮後の残留歪みを計算する。強度解析部は、第2の3次元ソリッド要素各々に、残留歪み（応力）推定部により求めた残留歪み（応力）を設定して、樹脂成形品の強度を解析する。
R6	特開2004-167686（平16.6.17）特許第4052453号（平19.12.14）	樹脂成形品の剛性構造決定方法	関東自動車工業株式会社トヨタ自動車東日本株式会社	樹脂成形品の意匠性の保持及び軽量化を前提にして熱クリープ変形を抑制するのに最適な剛性パラメータを有限要素法により解析した結果を参考にして、最適剛性構造を決定可能にする樹脂成形品の剛性構造決定方法を提供する。	樹脂成形品のモデルに対して、その樹脂原料の物性及び拘束条件を入力条件として所定の加熱温度下での所定時間経過後のクリープ変形を解析し、その解析結果に対応するように、所定の温度下で強制的に弾塑性変形させせた場合に、モデルの各要素に生じる反力を物性及び拘束条件を入力条件として非線形解析する。この反力の解析結果、モデル形状、ヤング率、拘束条件、最大許容応力σ a等を入力とする最適化構造解析により、各要素の可変の剛性パラメータを最大許容応力σ aを越えない範囲で軽量化目的で最適に制御する。板厚等を決定する参考データとして、最適制御された剛性パラメータもしくはそのファクタの分布データを作成する。

R7	特開2005-144881 (平17.6.9) 特許第4052468号 (平19.12.14)	樹脂成形品の剛性構造決定方法	関東自動車工業株式会社 トヨタ自動車東日本株式会社	樹脂成形品の意匠性の保持及び軽量化を前提にして熱クリープ変形を抑制するのに最適な剛性パラメータを有限要素法により解析した結果を参考にして、非変位及び変位許容の拘束点で拘束される樹脂成形品の剛性構造決定方法を提供する。	樹脂成形品のモデルに対して変位許容の拘束点については置換した非線形ばねによる拘束条件を含めて入力条件としてクリープ変形を解析し、許容変位量を発生させる荷重を基にばね定数を算出すると共に、クリープ変形の解析結果に対応するように、モデルの各要素に生じる反力を線形解析する。反力の解析結果、モデル形状、物性の少なくともヤング率、非変位の拘束条件及びばね定数を有するばねによる拘束条件、最大許容応力等を入力とする最適化構造解析により、各要素の剛性パラメータを最大許容応力を越えない範囲において軽量化目的で最適に制御し、剛性パラメータの分布データを作成する。
R8	特開2007-071674 (平19.3.22)	樹脂成形部品の変形解析方法	関東自動車工業株式会社	成形変形解析，塗装変形解析及び耐熱変形解析を連携させて、変形解析結果の解析精度を向上させるようにした樹脂成形部品の変形解析方法を提供する。	樹脂成形部品の設計形状モデルから成形変形解析を行ない、成形変形の変形モデルを計算する第一の段階と、第一の段階による成形変形の変形モデルを初期形状モデルとして塗装変形解析を行ない、塗装変形の変形モデルを計算する第二の段階と、第二の段階による塗装変形の変形モデルを初期形状モデルとして耐熱変形解析を行なう第三の段階とを含むように、樹脂成形部品の変形解析方法を構成する。
R9	特開2008-21217 (平20.1.31) 特許第4590377号 (平22.9.17)	樹脂成形品の剛性最適化解析方法並びに剛性最適化解析プログラム及びその記録媒体	関東自動車工業株式会社 トヨタ自動車東日本株式会社	樹脂成形品の軽量化を前提にして目標にする熱変形量及び荷重変形量に応じて入力すべき重み付け率a，bを予め決定可能にする樹脂成形品の剛性最適化解析方を提供する。	任意の第1の重み付け率a，bに対する密度分布データを暫定的に作成し、このデータを基に剛性分布を規定したモデルについて第1の熱変形量及び荷重変形量を解析し、任意の第2の重み付け率a，bに対する暫定的な密度分布データを基に第2の熱変形量及び荷重変形量を解析し、第1、第2の熱変形量を基にaを変数とする熱変形量用一次関数データを作成し、第1、第2の荷重変形量を基にbを変数とする荷重変形量用一次関数データを作成し、熱変形量用一次関数を基に目標熱変形量を満足するaの下限値を決定し、荷重変形量用一次関数データを基に目標荷重変形量を満足するbの下限値を決定して、これらの下限値で決定される範囲でa，bを設定して剛性最適化解析を行わせる。
R10	特開2008-276662 (平20.11.13) 特許第4592104 号 (平22.9.24)	樹脂成形品の剛性構造決定方法及び装置	関東自動車工業株式会社 トヨタ自動車東日本株式会社	樹脂成形品のクリープ変形の解析結果を基に、変位を許容する拘束部位を等価的に線形ばねと見なして位相最適化解析を行う剛性構造決定方法において、線形ばね定数を高精度に設定可能にする。	クリープ変形の解析結果（S1）のうち特定の比較対象部位の変位量を目標変位量として設定すると共に、複数個所の変位許容の拘束点に対して想定される線形ばね定数範囲を分割した複数段階の暫定線形ばね定数を設定し、それぞれ設定される暫定線形ばね定数の組合わせを順に指定して（S2）、その都度クリープ変形の解析結果に相当するようにモデルを変形させた際に生じる反力を解析して、この反力を荷重とするモデルの変位量を解析し（S3）、比較対象部位の解析された変位量と所属の目標変位量との解析結果とを照合して、近似したb組合わせの暫定線形ばね定数を複数個所の変位許容の拘束点に対する線形ばね定数とする（S4）。
R11	特開2009-142718 (平21.7.2) 特許第4844933号 (平23.10.21)	被塗装樹脂成形部品の塗装治具の設計方法	関東自動車工業株式会社 トヨタ自動車東日本株式会社	ワークの塗面の面精度を向上させて品質の安定性を向上させると共に、完成品の形状精度を向上させる被塗装樹脂成形部品の塗装治具の設計方法を提供する。	塗装対象の樹脂成形部品の意図しない成形変形及び保管変形をCAEによって算出し、この結果に対し、塗装時の熱膨張点を塗装治具によって接触支持する接触条件を追加していくことによって熱変形を所定の範囲に収め、第一の塗装治具の接触条件を求める面歪評価工程101と、塗装時に塗装治具によって接触支持して塗装した結果塗装変形した形状が所要の形状に近付くように接触条件を選択し、第二の塗装治具の接触条件を求める比較工程201と、それら独立に割り出した接触条件を元に実験計画法によって最良の接触条件を導出する形状決定工程301と、を含み、その結果を塗装治具の設計に反映させる。
R12	特開2012-226630 (平24.11.15) 特許第5220161号 (平25.3.15)	設計支援装置および剛性構造決定方法	トヨタ自動車東日本株式会社	軽量化を前提とした剛性構造を高精度に得ることができ、かつ解析にかかる時間を短縮する。	メッシュ状の要素に分割されたモデルの各要素を、クリープ変形による変形量に基づき、複数のグループのいずれかに仕分ける処理と、前記仕分けられたグループごとに、剛性パラメータを線形解析する処理と、前記グループごとに求められた剛性パラメータを、そのグループに属する各要素に付与すると共に、各要素に生じる反力と、拘束条件とに基づき線形解析し、前記モデルの変形量を求める処理と、前記線形解析により求められた前記モデルの変形量と前記クリープ変形により求められた変形量が所定の許容範囲内で一致するように、各要素の剛性パラメータを最適値に調整する処理と、全ての要素について最適値に調整された剛性パラメータを用いて位相最適化処理を行う処理を行う。

表 20　製品のクリープ破壊，寿命推定技術

特許文献No.	特許公開番号（公開日）	発明の名称	出願人	要約	
				課題 ・目的	解決手段
S1	特開2002-202230（平14.7.19）	合成樹脂材料の長期性能の簡易評価方法およびその方法を用いた成形品の材料設計方法並びに品質管理方法	日本ポリオレフィン株式会社	短時間で、かつ、少量のサンプルで長期性能を簡単に評価し得る方法またはパイプなどの長期性能を必要とする成形品の材料設計方法並びに品質を簡易に管理する方法。	合成樹脂材料からなる試験片について、複数のクリープ試験応力にて引張クリープ曲線を測定し、該引張クリープ曲線のクリープ変位量が急激に増大し始める時間またはクリープ変位量が急激に増大し始める前に破断した時間と、そのクリープ試験応力との関係によって前記合成樹脂材料からなる成形品の長期耐延性破壊性能及び／又は長期耐脆性破壊性能を評価する。
S2	特開2007-078646（平19.3.29）特許第4694327号（平23.3.4）	金属インサート樹脂成形品のクリープ破壊寿命の推定方法、材料選定方法、設計方法及び製造方法	ポリプラスチックス株式会社	金属インサート樹脂成形品のクリープ破壊寿命を正確に推定する方法を提供する。	下記(1)～(4)の過程からなる金属インサート樹脂成形品の樹脂部分のクリープ破壊寿命推定方法。(1)金属インサート樹脂成形品の樹脂部分の初期発生応力σ (0)を見積もる。(2)t時間後の発生応力σ (t)を見積もる。(3)経過時間を短い時間間隔の区間(t1,t2,t3,…,ti,…)に分割し、区間tiの平均発生応力σ iから、その区間のダメージ量Diを算出する。(4)ダメージ量Diをt=0（本発明で、初期のことを示す。）より累積し、ダメージ量Diの累積値（累積損傷度）が1を越える時点の時間(te)を求める。
S3	特開2010-249532（平22.11.4）特許第5226593号（平25.3.22）	応力集中部を有する樹脂成形品における、応力集中部に発生している応力の予測方法、及びクリープ破壊寿命予測方法	ポリプラスチックス株式会社	応力集中部を備えるような樹脂成形品の場合でも、どの程度の荷重がかかると、どの程度の応力が応力集中部に発生し、どの程度の時間で破壊するかを予測する方法を提供する。	形状的な応力集中部を備える樹脂成形品に対して所定の一定荷重を加えた場合に解析により得られる応力集中部での解析応力と、所定の破壊時間での上記解析応力を同様の破壊時間での形状的な応力集中部を備えない樹脂試験片での解析応力に近づけるための補正係数との間の相関関係を求める。

表 21　構造物最適化設計システム

特許文献No.	特許公開番号（公開日）	発明の名称	出願人	要約	
				課題 ・目的	解決手段
T1	特開平10-207926（平10.8.7）特許第3313040号（平14.5.31）	構造物等の設計支援システム	日本発條株式会社	構造物を設計する際などに有効に活用できる情報を能率良く得ることができる設計支援方法を提供する。	解析対象に基いて設定された設計要因と水準に関するデータを上記設計要因と水準に応じて選択された直交表の列と行に配置する直交表割り付けステップS10と、上記直交表に配置された各行ごとのデータについて構造解析を行う構造解析ステップS20と、構造解析ステップS20の結果に基いて分散分析を行う分散分析ステップS30と、上記分散分析に基いて解析対象の性質を表わす特性値に対し効果の大きい設計要因と次数成分を抽出するとともにそれらに基いて直交関数による推定式を作成する推定式作成ステップS31と、この推定式作成ステップS31を実施したのちに数理的最適化計算方法に基いて目的とする最適化計算を行う最適化設計プロセスS4を具備している。
T2	国際公開番号（WO2004/095320）（平16.11.4）	最適形状の設計方法及び設計システム	旭化成ケミカルズ株式会社	構造物の最適形状を容易且つ的確に設計することが可能な最適形状の設計方法及びこれを用いた最適形状の設計システムを提供することを可能にすること	構成は、CAD部2bにより定義された構造物のCADデータMと、CAE構造解析部2dにより検出された力学的応答量と、製作可否判断部2cにより判断された製作可否情報と、コスト算出部2fにより検出された製作コスト情報との相関関係を検出し、該相関関係に基づいて力学的応答量が構造物の設計条件を満足し、且つ製作可能で、且つ最小製作コストとなるように構造物の最適形状が検出されるまで構造物のCADデータMを変更し、その変更したCADデータMに基づいて前記相関関係を更新し、その更新された相関関係に基づいて構造物の最適形状を検出する最適化制御部2aを設けて構成したことを特徴とする。

表 22　特許文献　No.A4（一部抜粋）

公開番号（公開日）	特開2005-241443(平17.9.8)	出願番号（出願日）	特願2004-051775（平16.2.26)
発明の名称	熱的非平衡状態における高分子材料の流動物性予測方法		
出願人	株式会社プラメディア		
発明者	小山　清人、増渕　雄一、江原　賢二、長竹　渉、多田　健一		
技術内容	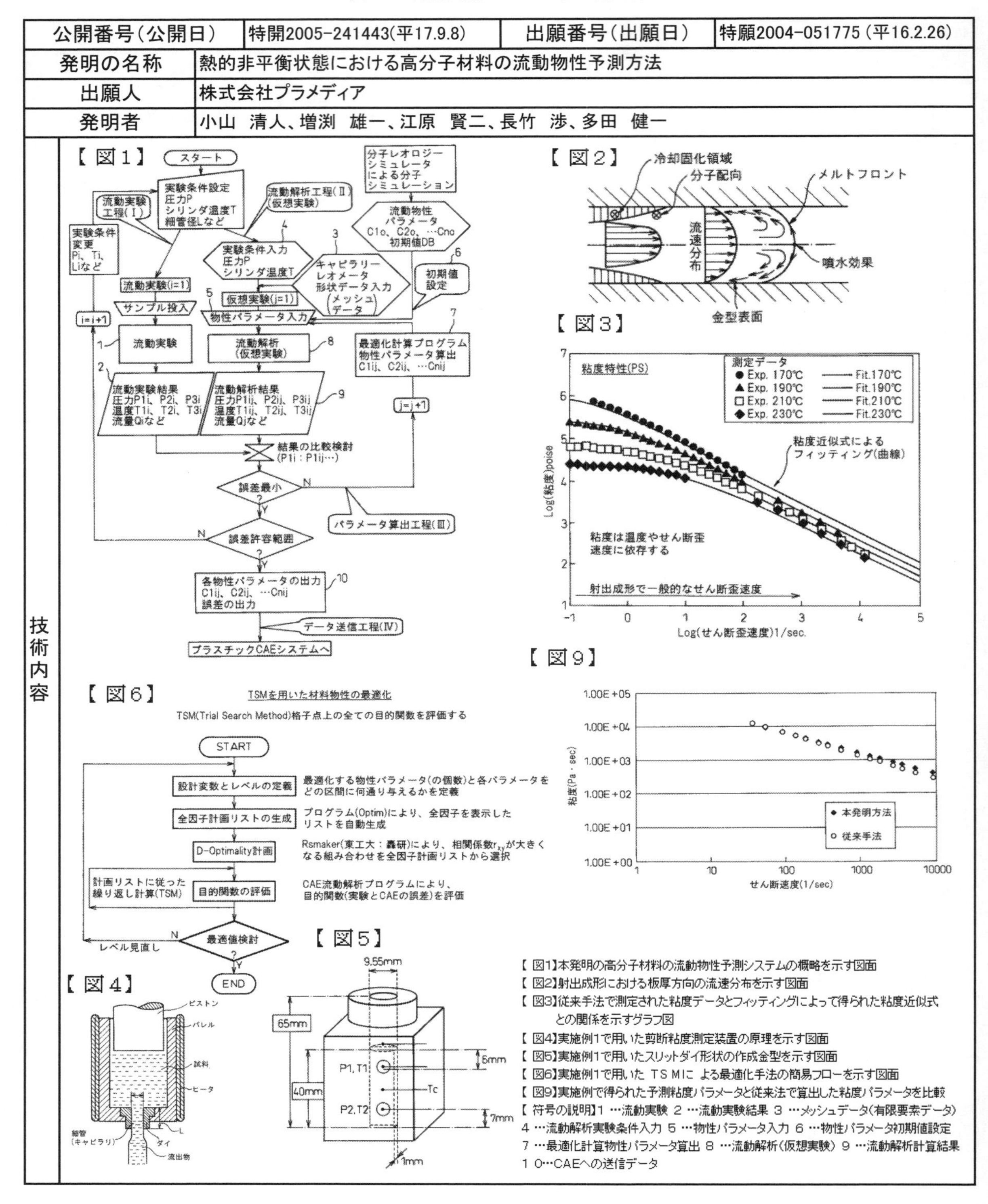		

【図1】本発明の高分子材料の流動物性予測システムの概略を示す図面
【図2】射出成形における板厚方向の流速分布を示す図面
【図3】従来手法で測定された粘度データとフィッティングによって得られた粘度近似式との関係を示すグラフ図
【図4】実施例1で用いた剪断粘度測定装置の原理を示す図面
【図5】実施例1で用いたスリットダイ形状の作成金型を示す図面
【図6】実施例1で用いたＴＳＭによる最適化手法の簡易フローを示す図面
【図9】実施例で得られた予測粘度パラメータと従来法で算出した粘度パラメータを比較
【符号の説明】１…流動実験　２…流動実験結果　３…メッシュデータ(有限要素データ)　４…流動解析実験条件入力　５…物性パラメータ入力　６…物性パラメータ初期値設定　７…最適化計算物性パラメータ算出　８…流動解析(仮想実験)　９…流動解析計算結果　１０…CAEへの送信データ

表 23　特許文献　No.B1（一部抜粋）

公開番号（公開日）	特開平5-084797（平5.4.6）	出願番号（出願日）	特願平3-251305（平3.9.30）
発明の名称	射出成形機の成形条件設定システム		
出願人	マツダ株式会社		
発明者	市川　真治		

技術内容

【図１】

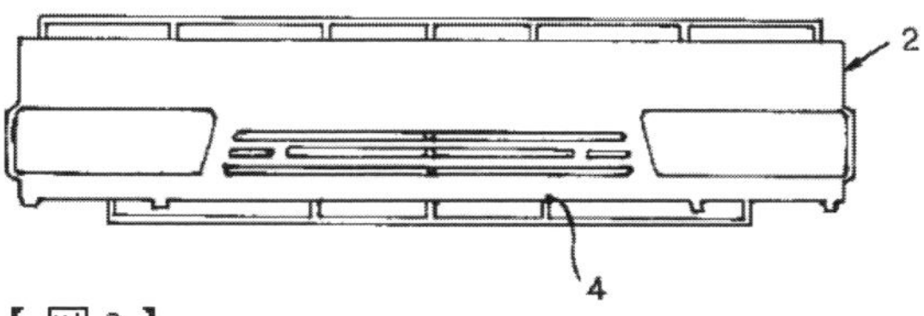

2

4

【図２】

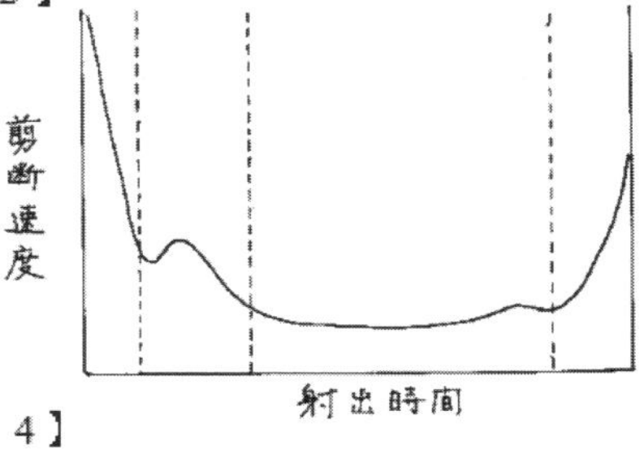

剪断速度

射出時間

【図３】

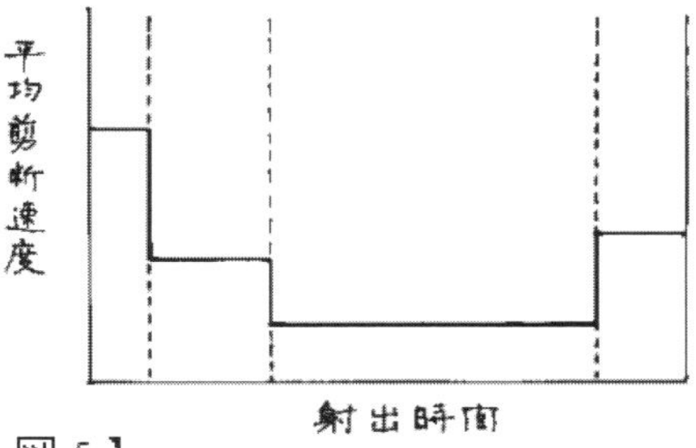

平均剪断速度

射出時間

【図４】

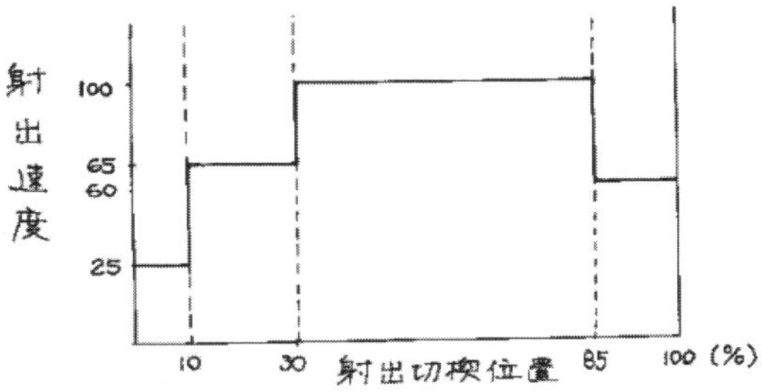

射出速度

100

65

60

25

10　30　射出切換位置　85　100（%）

【図５】

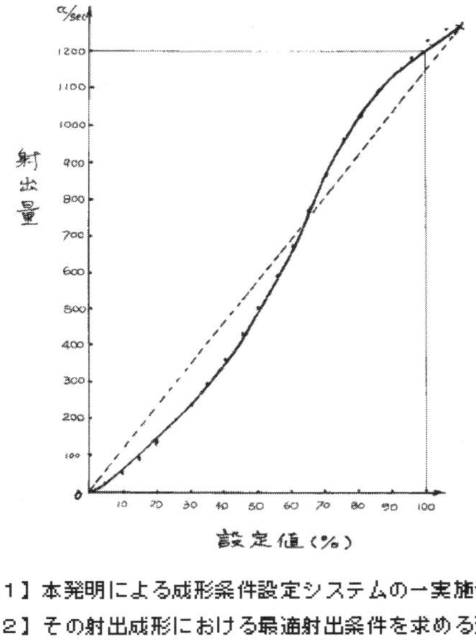

cc/sec

1200

1100

1000

900

800

700

600

500

400

300

200

100

0

射出量

10　20　30　40　50　60　70　80　90　100

設定値（%）

【図６】

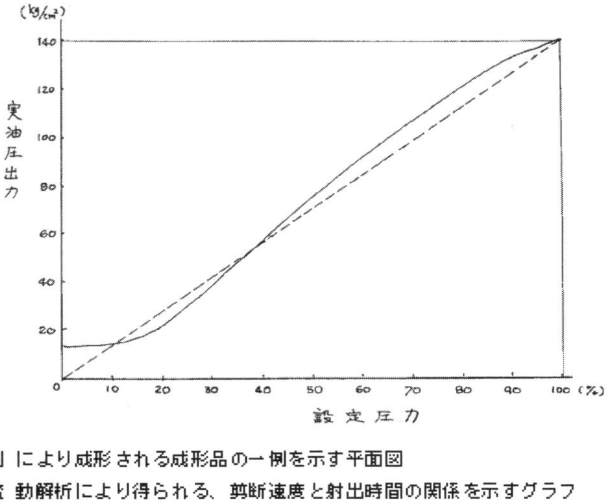

（kg/cm²）

140

120

100

80

60

40

20

0

実油圧出力

10　20　30　40　50　60　70　80　90　100（%）

設定圧力

【図１】本発明による成形条件設定システムの一実施例 により成形される成形品の一例を示す平面図

【図２】その射出成形における最適射出条件を求める流 動解析により得られる、剪断速度と射出時間の関係を示すグラフ

【図３】さらにそのグラフから得られる平均剪断速度と 射出時間の関係を示すグラフ

【図４】さらにそのグラフから得られる射出速度と射出 時間の関係を示すグラフ

【図５】実際の射出成形機において測定された射出速度 と射出量の関係を示すグラフ

【図６】実際の射出成形機において測定された射出圧力 と実際の油圧出力との関係を示すグラフ

表 24　特許文献　No.B2（一部抜粋）

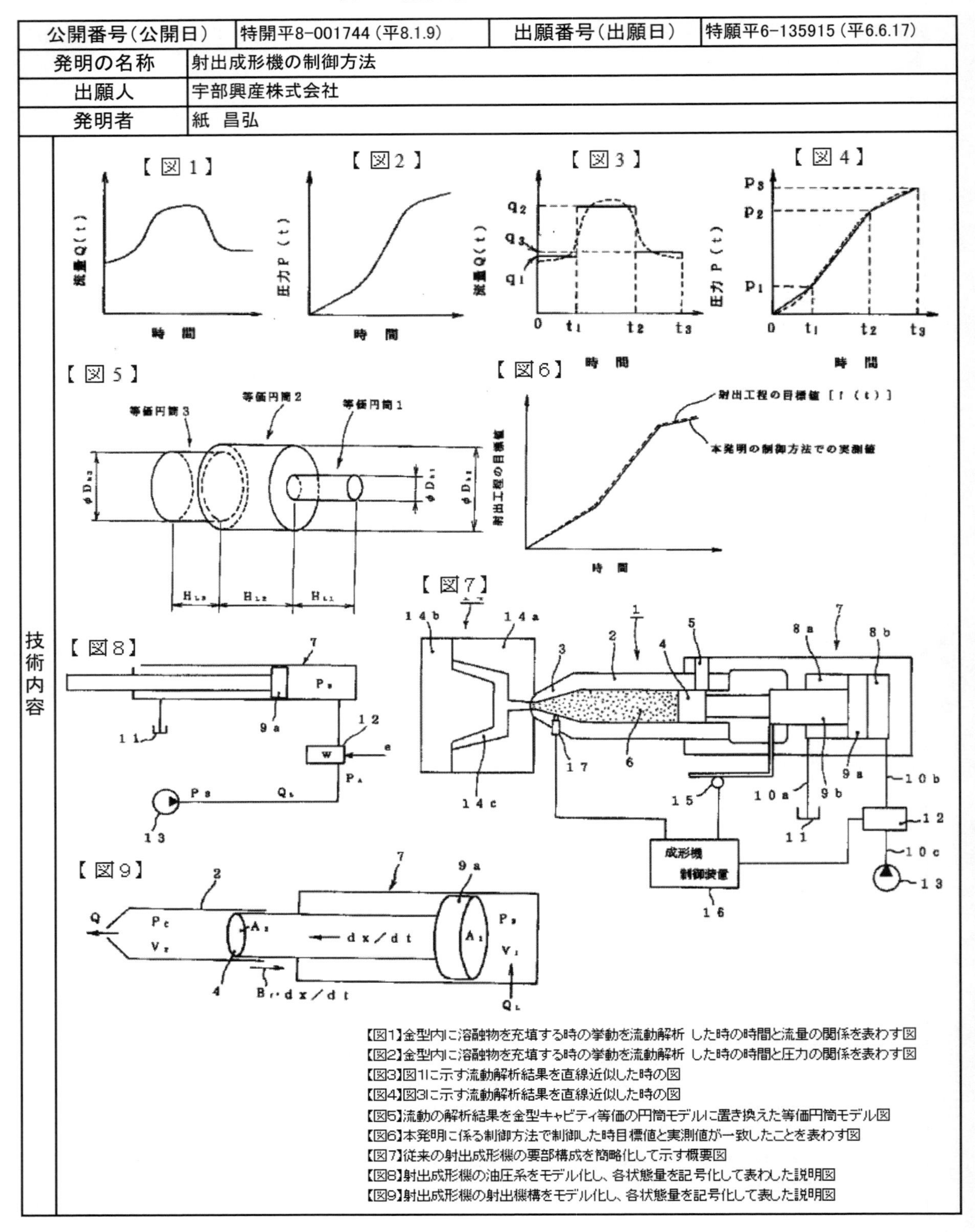

公開番号（公開日）	特開平8-001744（平8.1.9）	出願番号（出願日）	特願平6-135915（平6.6.17）
発明の名称	射出成形機の制御方法		
出願人	宇部興産株式会社		
発明者	紙　昌弘		
技術内容			

【図1】金型内に溶融物を充填する時の挙動を流動解析 した時の時間と流量の関係を表わす図
【図2】金型内に溶融物を充填する時の挙動を流動解析 した時の時間と圧力の関係を表わす図
【図3】図1に示す流動解析結果を直線近似した時の図
【図4】図3に示す流動解析結果を直線近似した時の図
【図5】流動の解析結果を金型キャビティ等価の円筒モデルに置き換えた等価円筒モデル図
【図6】本発明に係る制御方法で制御した時目標値と実測値が一致したことを表わす図
【図7】従来の射出成形機の要部構成を簡略化して示す概要図
【図8】射出成形機の油圧系をモデル化し、各状態量を記号化して表わした説明図
【図9】射出成形機の射出機構をモデル化し、各状態量を記号化して表した説明図

表 25　特許文献　No.B3（一部抜粋）

公開番号（公開日）	特開平9-052269（平9.2.25）	出願番号（出願日）	特願平7-251655（平7.9.28）
発明の名称	射出成形機の最適成形条件設定システム		
出願人	株式会社新潟鉄工所		
発明者	三好　洋二、折田　浩春、早川　憲司、今井　純、大関　公英		

技術内容

【図５】

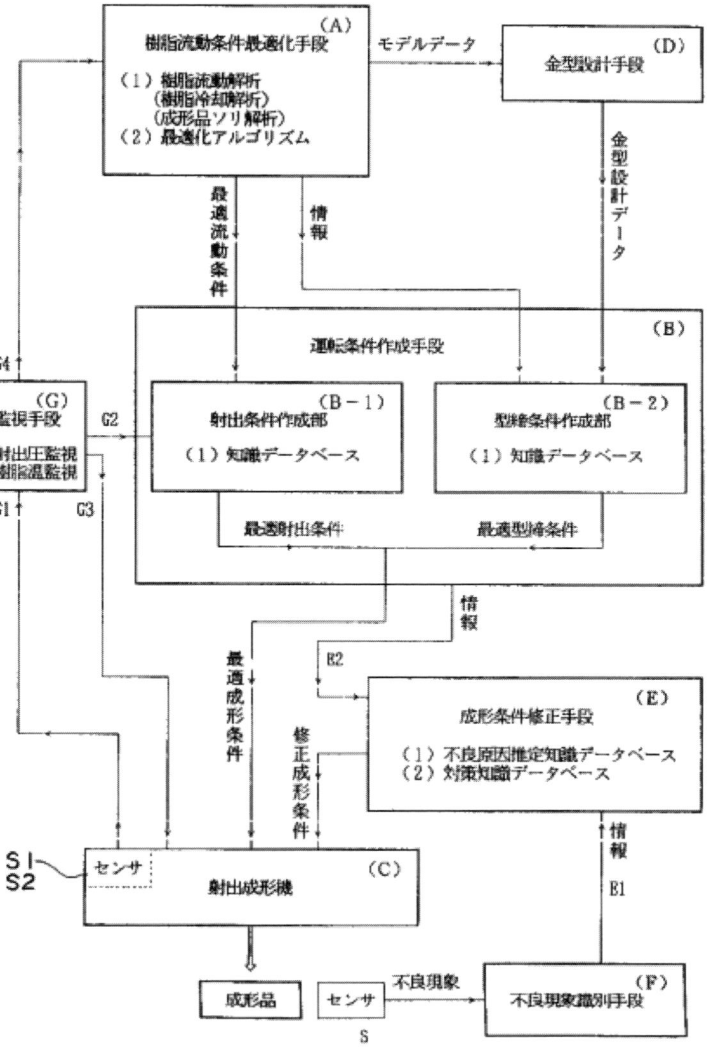

(A) 樹脂流動条件最適化手段
（１）樹脂流動解析
（樹脂冷却解析）
（成形品ソリ解析）
（２）最適化アルゴリズム
モデルデータ
(D) 金型設計手段
金型設計データ
最適流動条件
情報
(B) 運転条件作成手段
(B－1) 射出条件作成部
（１）知識データベース
(B－2) 型締条件作成部
（１）知識データベース
最適射出条件
最適型締条件
(G) 成形監視手段
（１）射出圧監視
（２）樹脂温監視
G4
G2
G1
G3
情報
E2
最適成形条件
修正成形条件
(E) 成形条件修正手段
（１）不良原因推定知識データベース
（２）対策知識データベース
情報
E1
S1
S2
センサ
(C) 射出成形機
成形品
センサ
S
不良現象
(F) 不良現象識別手段

【図５】本発明に係わる射出成形機の最適成形条件システムに、
成形監視手段(G)、金型設計手段(D)、成形条件修正手段(E)、
不良現象識別手段(F)を更に付加したブロック図

【符号の説明】

(A) 樹脂流動条件最適化手段，(B) 運転条件作成手段，
(B－1) 射出条件作成部，(B－2) 型締条件作成部，
(C) 射出成形機，(D) 金型設計手段，(E) 成形条件修正手段
(F) 不良現象識別手段，(G) 成形監視手段，
(S1)樹脂圧センサー，(S2) 樹脂温度センサー

表26　特許文献　No.C1（一部抜粋）

公開番号（公開日）	特開昭62-34282（昭62..2.14）	出願番号（出願日）	特願昭60-174857（昭60.8.8）
発明の名称	成形プロセスシミュレーションシステム		
出願人	株式会社日立製作所		
発明者	丸山　照法、坂田　信二		
技術内容	（下図参照）		

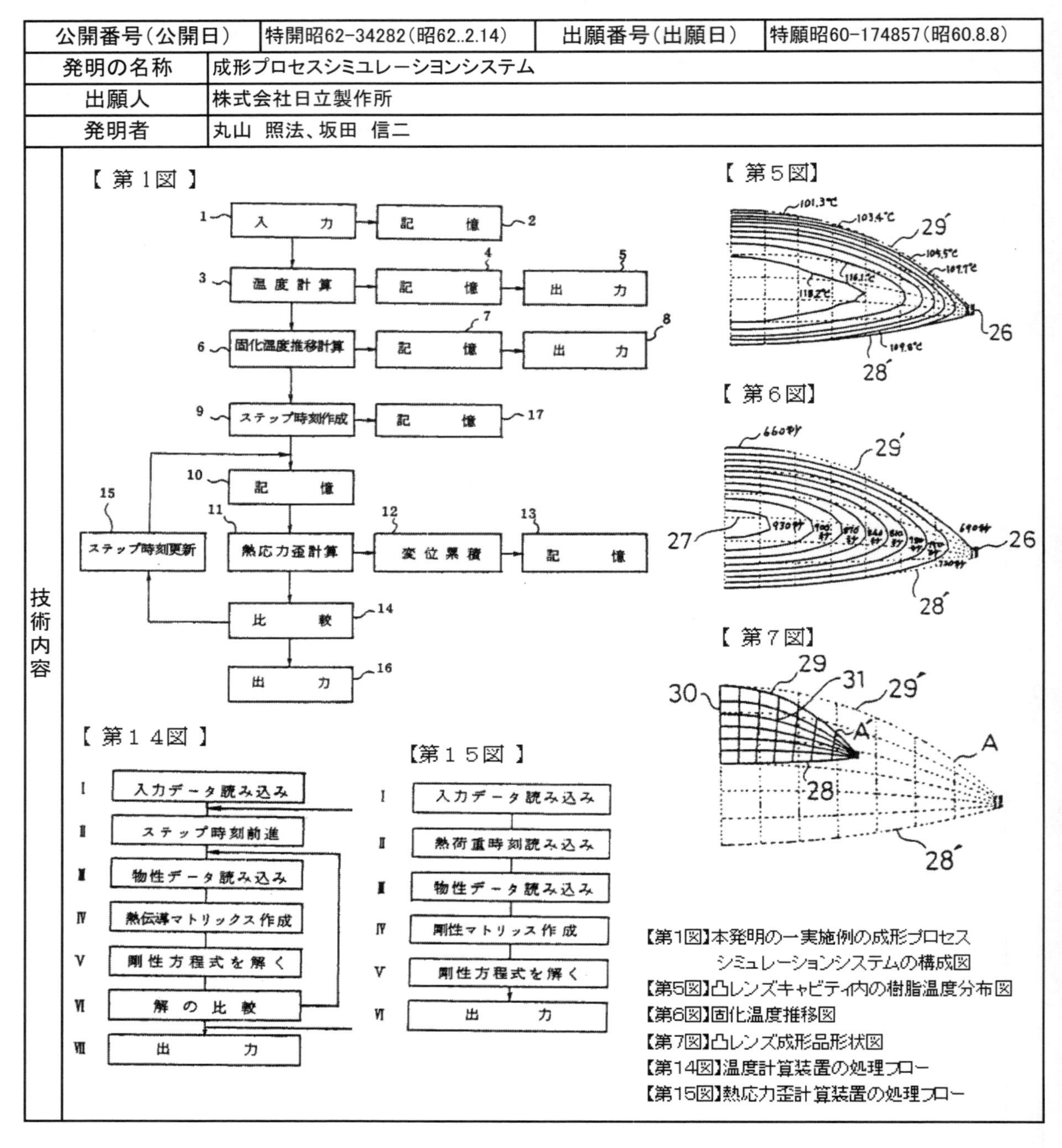

【第1図】本発明の一実施例の成形プロセスシミュレーションシステムの構成図
【第5図】凸レンズキャビティ内の樹脂温度分布図
【第6図】固化温度推移図
【第7図】凸レンズ成形品形状図
【第14図】温度計算装置の処理フロー
【第15図】熱応力歪計算装置の処理フロー

表 27　特許文献　No.C3（一部抜粋）

公開番号（公開日）	特開平2-258229（平2.10.19）	出願番号（出願日）	特願平1-78075（平1.3.31）
発明の名称	成形プロセスシミュレーション方法およびその装置		
出願人	株式会社日立製作所		
発明者	丸山　照法、村中　昌幸、寒河江　勝彦、吉井　正樹		
技術内容	【第1図】【第2図】【第3図】【第4図】【第5図】【第12図】【第13図】		

【第1図】

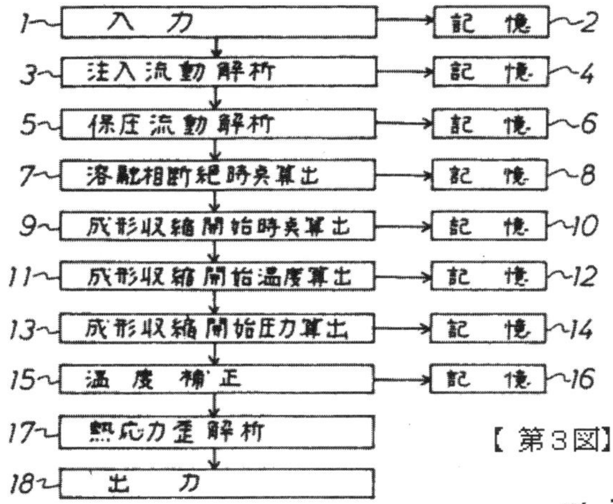

【第2図】

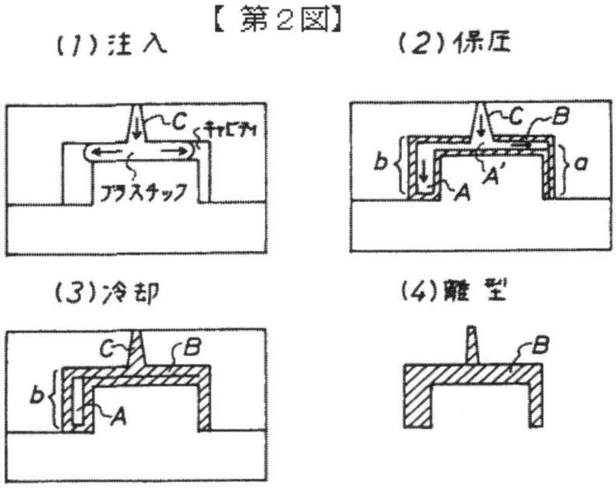

【第3図】

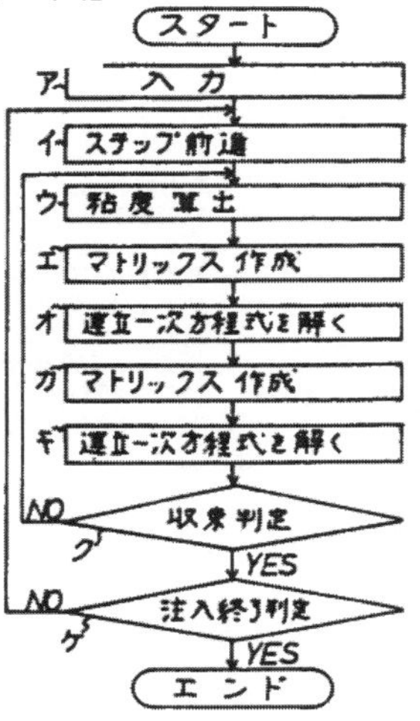

【第4図】

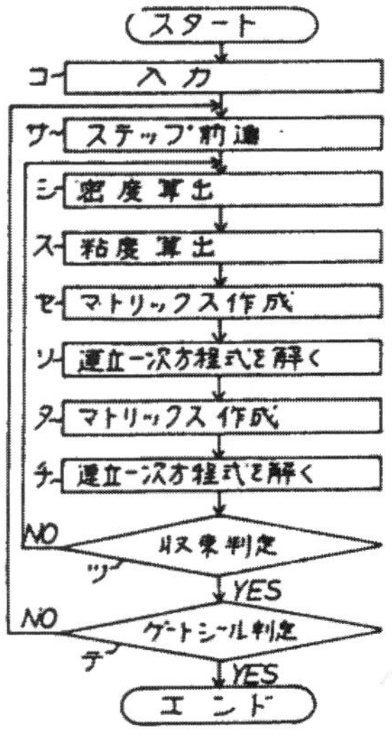

【第5図】

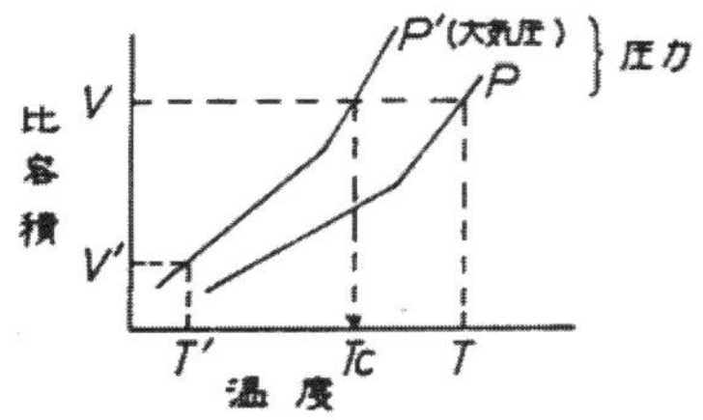

【第１２図】

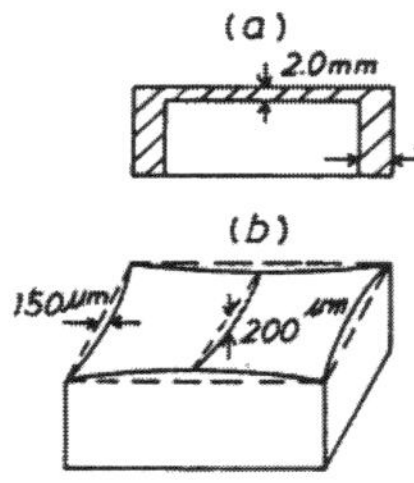

【第１３図】

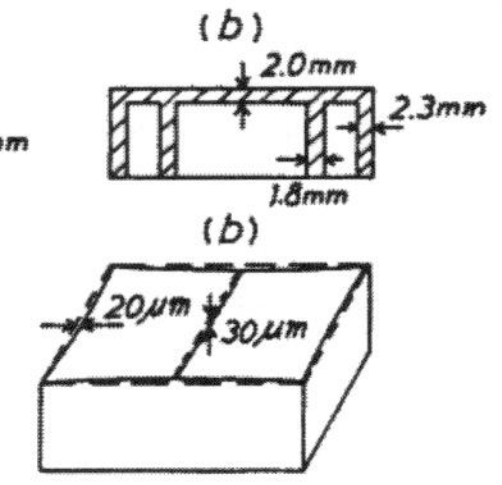

【第1図】本発明の一実施例に係る成形プロセス
　　　　シミュレーション系の構成を示すブロック図
【第2図】射出成形プロセス模式図
【第3図】注入段階の流動解析装置の処理を示すフローチャート
【第4図】保圧段階の流動解析装置の処理を示すフローチャート
【第5図】樹脂の圧力、比容積、温度の関係を示す線図
【第12図】ポリカーボ樹脂製の箱形状の射出成形品の反りを示す説明図
【第13 図】第 12 図の箱形状を 2 重壁としたときの反りを示す説明図

表 28　特許文献　No.C4（一部抜粋）

公開番号（公開日）	特開平3-224712（平3.10.3）	出願番号（出願日）	特願平2-019014（平2.1.31）
発明の名称	射出成形プロセスシミュレーション方法およびその装置		
出願人	株式会社日立製作所		
発明者	丸山　照法、佐久間　利治、日部　恒、村中　昌幸、寒河江　勝彦		
技術内容	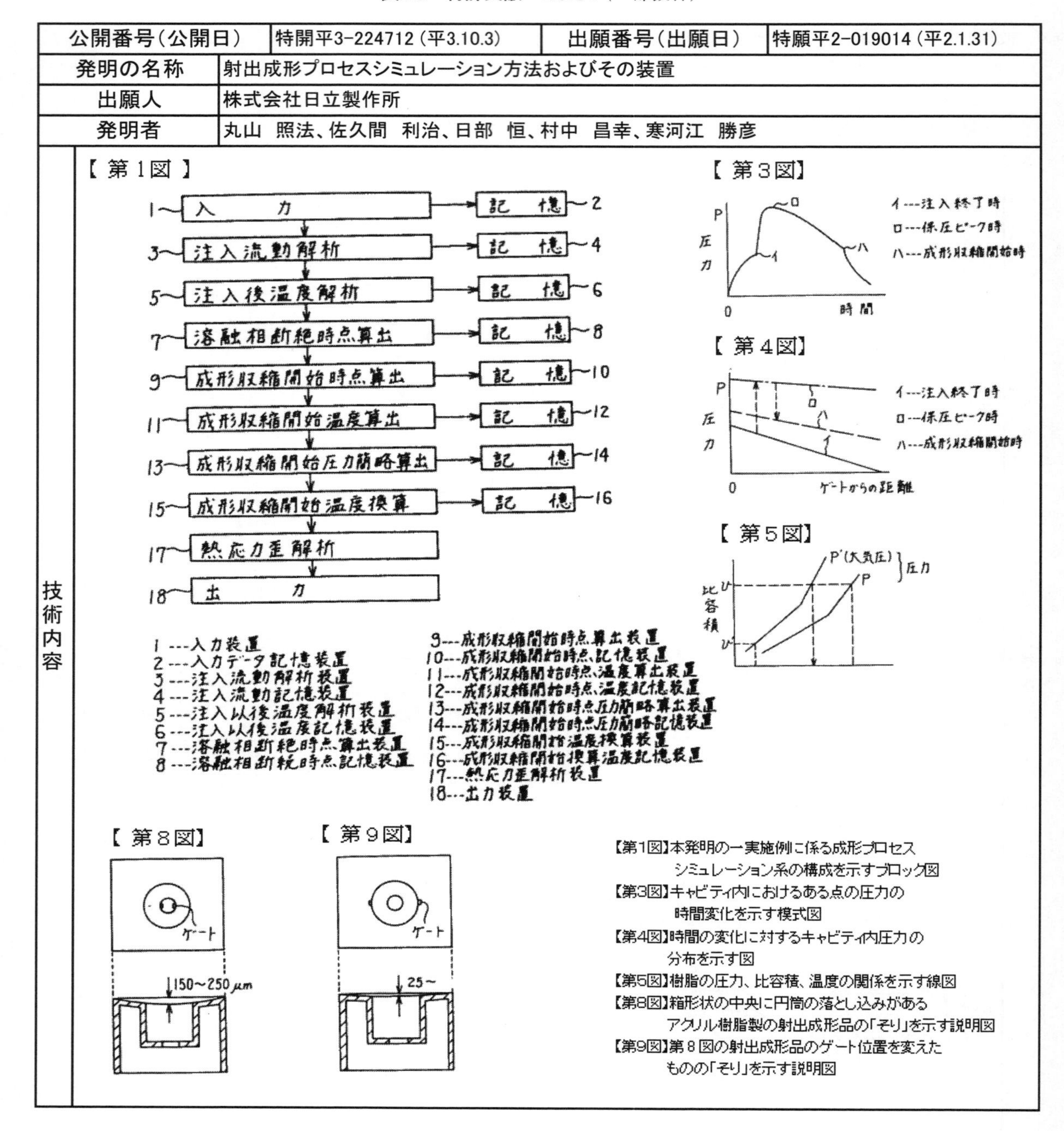		

【第1図】本発明の一実施例に係る成形プロセスシミュレーション系の構成を示すブロック図
【第3図】キャビティ内におけるある点の圧力の時間変化を示す模式図
【第4図】時間の変化に対するキャビティ内圧力の分布を示す図
【第5図】樹脂の圧力、比容積、温度の関係を示す線図
【第8図】箱形状の中央に円筒の落とし込みがあるアクリル樹脂製の射出成形品の「そり」を示す説明図
【第9図】第８図の射出成形品のゲート位置を変えたものの「そり」を示す説明図

表 29　特許文献　No.C5（一部抜粋）

公開番号（公開日）	特開平5-169506(平5.7.9)	出願番号（出願日）	特願平3-344458(平3.12.26)
発明の名称	成形過程シミュレーション方法及びその装置		
出願人	積水化学工業株式会社		
発明者	原田 浩次		

技術内容

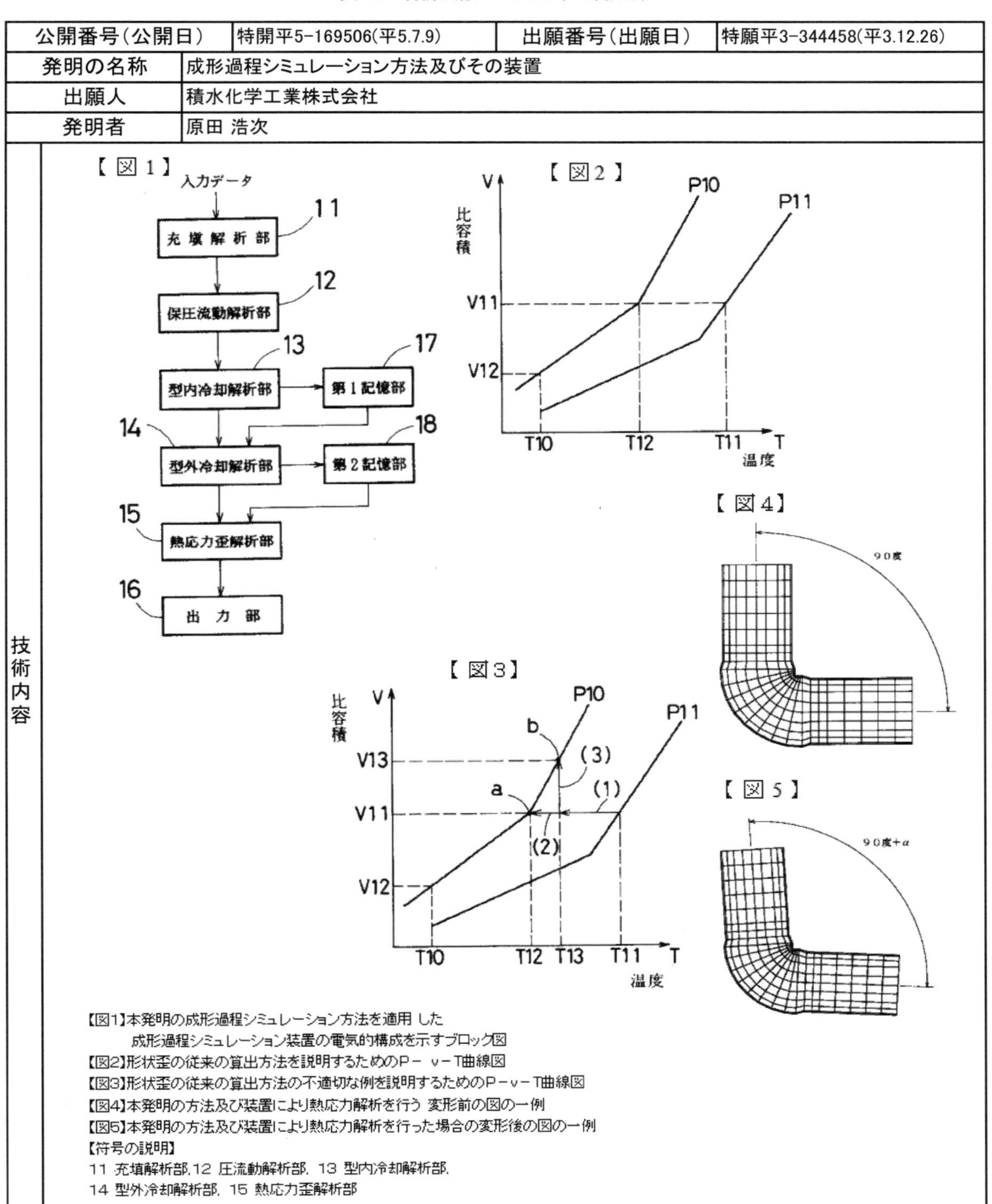

【図1】本発明の成形過程シミュレーション方法を適用した
　成形過程シミュレーション装置の電気的構成を示すブロック図
【図2】形状歪の従来の算出方法を説明するためのP－v－T曲線図
【図3】形状歪の従来の算出方法の不適切な例を説明するためのP－v－T曲線図
【図4】本発明の方法及び装置により熱応力解析を行う変形前の図の一例
【図5】本発明の方法及び装置により熱応力解析を行った場合の変形後の図の一例
【符号の説明】
11 充填解析部, 12 圧流動解析部, 13 型内冷却解析部,
14 型外冷却解析部, 15 熱応力歪解析部

表 30　特許文献　No.C7（一部抜粋）

公開番号（公開日）	特開平7-186228（平7.7.25）	出願番号（出願日）	特願平5-330757（平5.12.27）
発明の名称	射出成形品の変形量予測方法及びその装置		
出願人	キヤノン株式会社		
発明者	斎藤　真樹、森永　寿一、山縣　弘明		

技術内容

【図1】

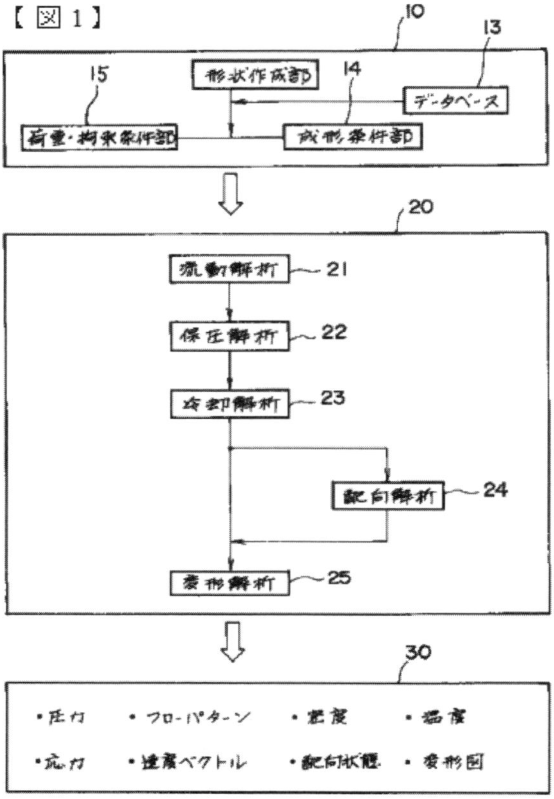
10
13
14
15
形状作成部
データベース
荷重・拘束条件部
成形条件部
20
流動解析
21
保圧解析
22
冷却解析
23
配向解析
24
変形解析
25
30
・圧力
・フローパターン
・密度
・温度
・応力
・速度ベクトル
・配向状態
・変形図

【図2】

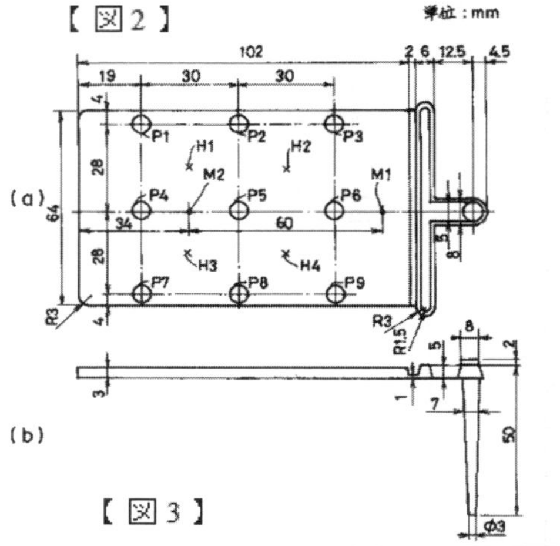
単位：mm
102
30
30
19
(a)
(b)
P1
P2
P3
P4
P5
P6
P7
P8
P9
H1
H2
H3
H4
M1
M2
64
34
60
φ3

【図3】

測定点	板厚方向収縮率	流れ方向収縮率	直角方向収縮率
H1	1.50 3.64 1.51	0.27 0.24 1.51	0.56 0.64 1.51
H2	1.33 3.51 1.47	0.12 0.24 1.47	0.49 0.66 1.47
H3	1.27 3.64 1.51	0.13 0.24 1.51	0.56 0.64 1.51
H4	1.07 3.51 1.47	0.20 0.24 1.47	0.66 0.66 1.47

上段：実測値、中段：解析値（異方性収縮）、下段：解析値（等方性収縮）

【図5】

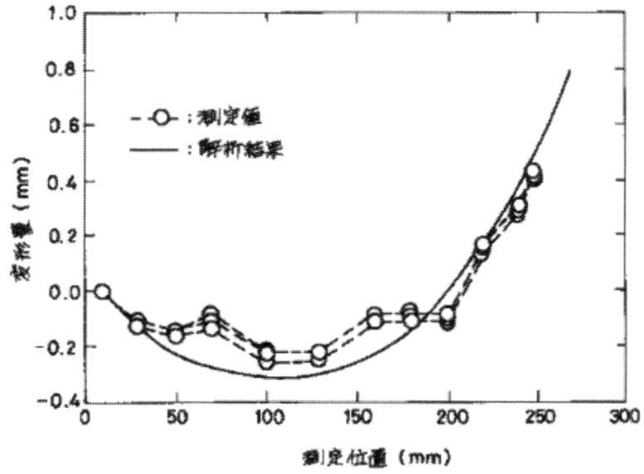
-○-：測定値
——：解析結果
変形量（mm）
測定位置（mm）
1.0
0.8
0.6
0.4
0.2
0.0
-0.2
-0.4
0
50
100
150
200
250
300

【図1】実施例の射出成形品の変形量予測方法及びその装置概略構成図

【図2】（a）、は平板形状試験片の平面図
（b）、は平板形状試験片の正面図

【図3】図2の平板形状試験片のH1～H4の各位置における収縮率を比較した比較表。
上段には実測値、中段には異方性収縮による予測解析値、下段に等方性収縮による予測解析値を夫々示した比較表

【図5】定着排紙ガイドの測定位置に直交する変形量の実測値と解析結果の比較表

【符号の説明】10 入力部、20 演算部、30 出力部

表 31　特許文献　No.C11（一部抜粋）

公開番号（公開日）	特開2000-289076（平12.10.17）	出願番号（出願日）	特願平11-096895（平11.4.2）
発明の名称	樹脂成形シミュレーション方法		
出願人	株式会社プラメディア 、株式会社トクヤマ		
発明者	多田　和美、中村　靖夫		
技術内容	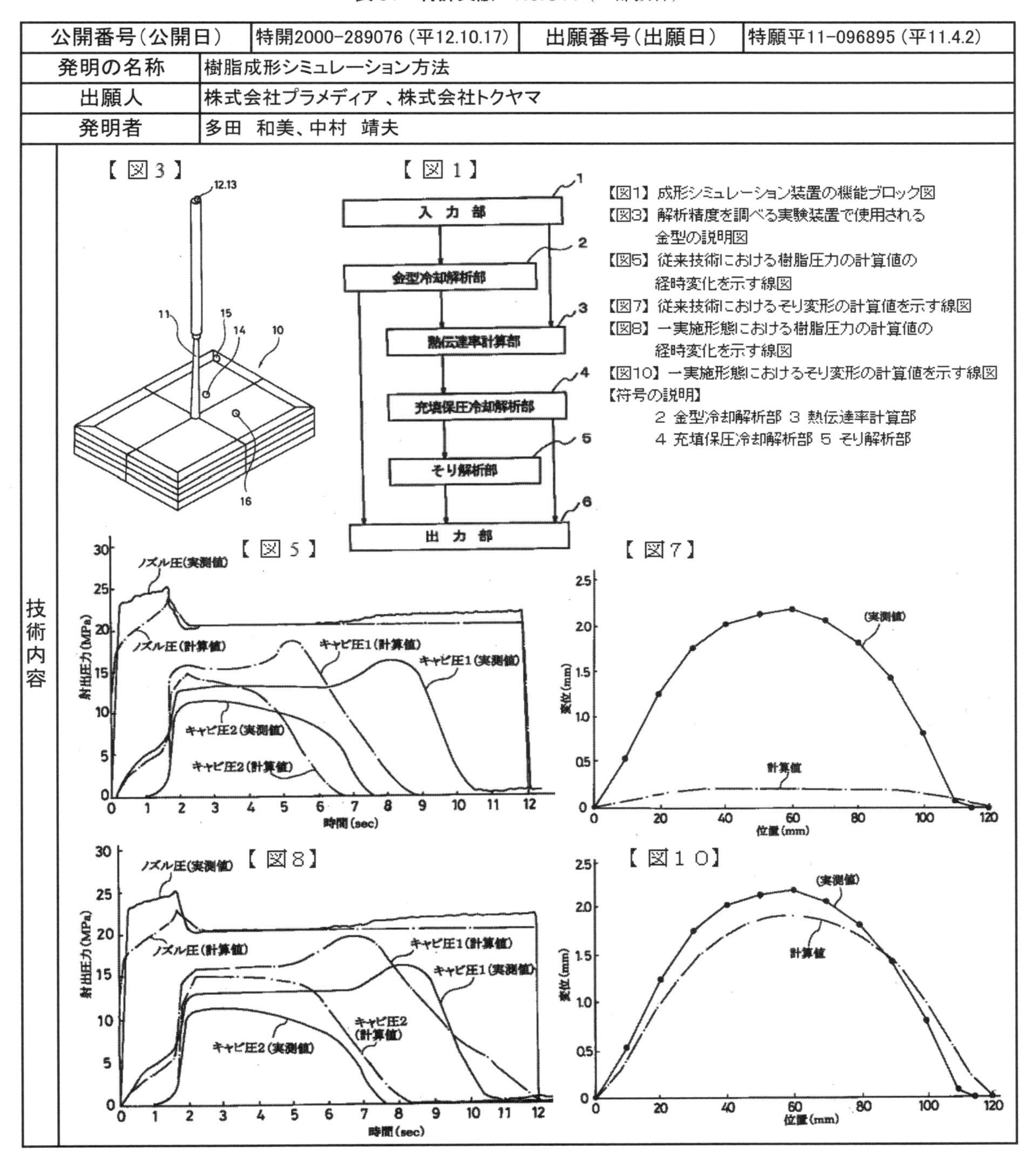		

表 32　特許文献　No.C17（一部抜粋）

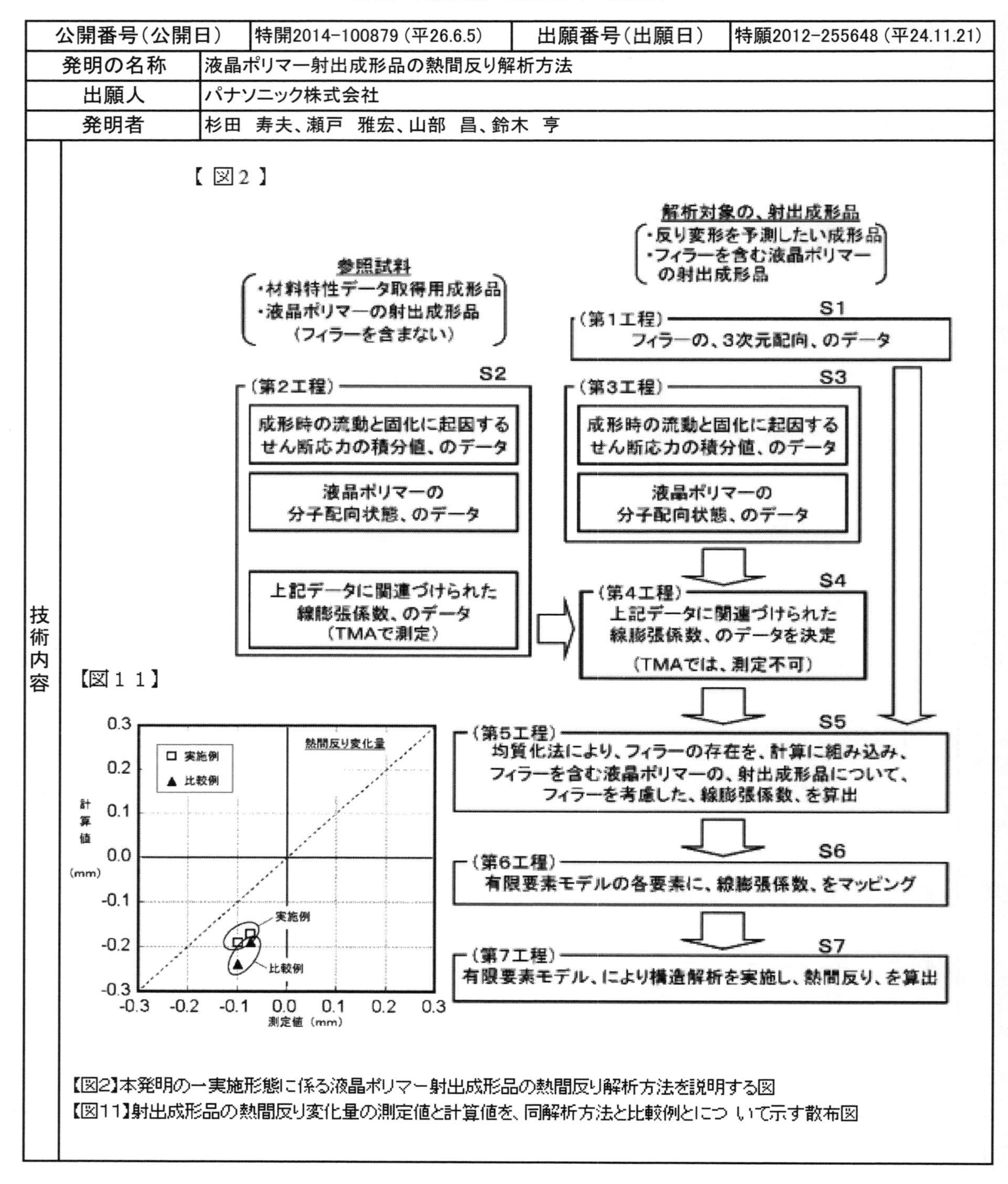

公開番号（公開日）	特開2014-100879（平26.6.5）	出願番号（出願日）	特願2012-255648（平24.11.21）
発明の名称	液晶ポリマー射出成形品の熱間反り解析方法		
出願人	パナソニック株式会社		
発明者	杉田　寿夫、瀬戸　雅宏、山部　昌、鈴木　亨		
技術内容	【図2】【図11】		

【図2】本発明の一実施形態に係る液晶ポリマー射出成形品の熱間反り解析方法を説明する図

【図11】射出成形品の熱間反り変化量の測定値と計算値を、同解析方法と比較例とについて示す散布図

表 33　特許文献　No.D1（一部抜粋）

公開番号（公開日）	特開平07-001529（平7.1.6）	出願番号（出願日）	特願 平05-142287（平5.6.14）
発明の名称	射出成形品のウェルドライン強弱予測方法		
出願人	トヨタ自動車株式会社		
発明者	足立　達彦、久保田　依秀		
技術内容	【図１】【図２】【図３】【図４】【図５】【図６】		

【図１】

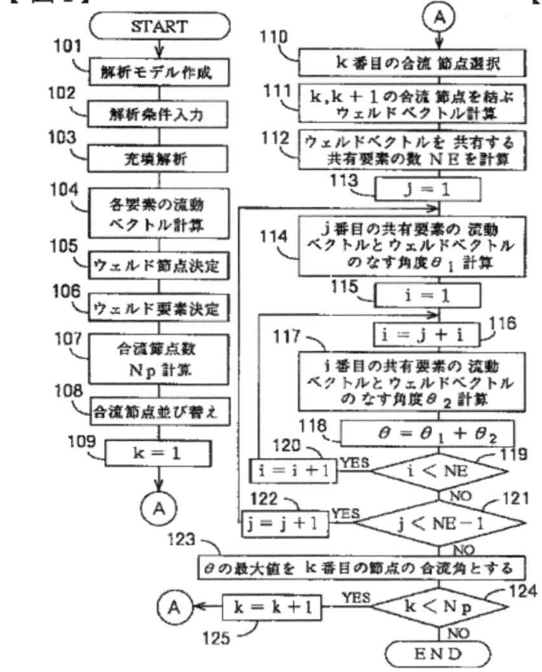

【図２】

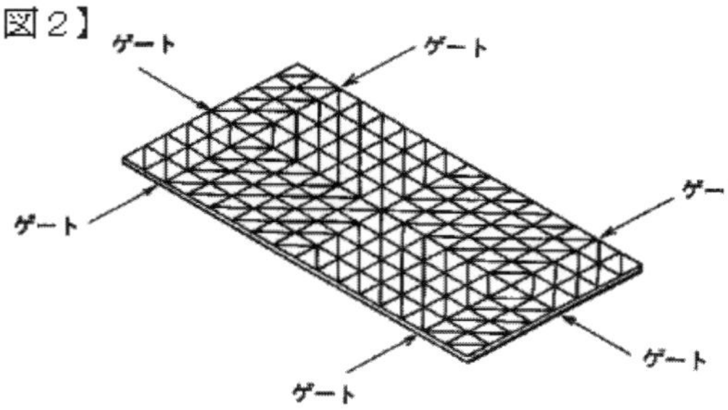

【図３】

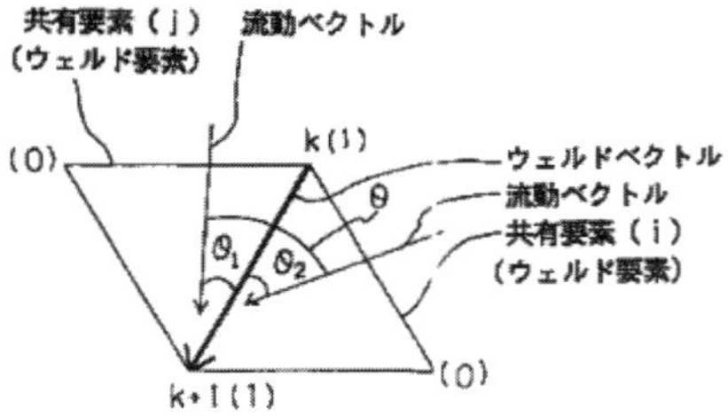

【図４】

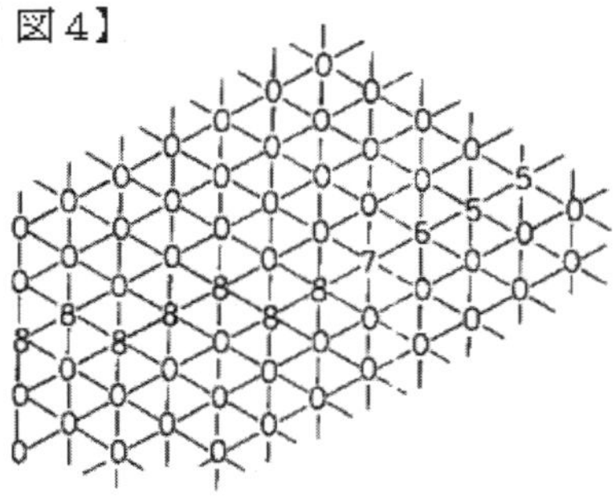

【図５】

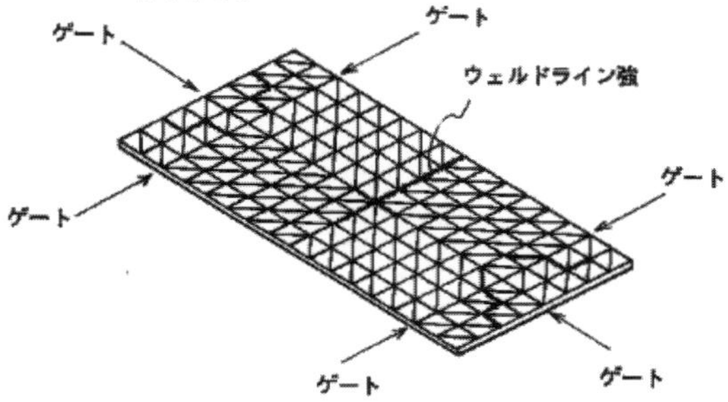

【図６】

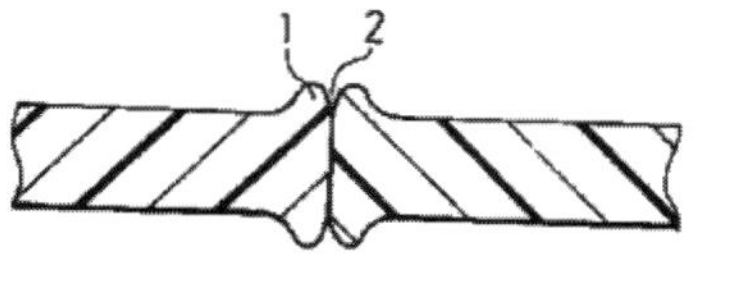

【図１】本発明の一実施例の予測方法のフローチャート
【図２】本発明の一実施例の予測方法におけるゲート位置と要素分割例を示す斜視図
【図３】本発明の一実施例の予測方法において共有要素と合流角を求める方法を示す説明図
【図４】本発明の一実施例の予測方法で得られた結果の説明図
【図５】本発明の一実施例の予測方法で得られた結果のグラフィックディスプレイ上の表示例を示す説明図
【図６】ウェルドラインの断面図である。
【符号の説明】　１：盛り上がり部　２：溝部

表 34　特許文献　No.D8（一部抜粋）

公開番号（公開日）	特開2002-192589（平14.7.10）	出願番号（出願日）	特願2000-397960（平12.12.27）
発明の名称	射出成形品の設計パラメータ決定方法およびその装置		
出願人	東レエンジニアリング株式会社		
発明者	大川　彰人		

技術内容

【図1】

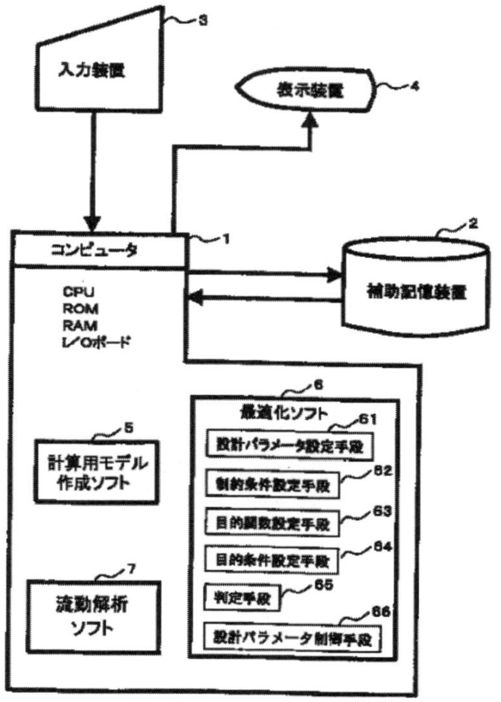

入力装置 3
表示装置 4
コンピュータ 1
CPU
ROM
RAM
I/Oポード
補助記憶装置 2
最適化ソフト 6
設計パラメータ設定手段 61
制約条件設定手段 62
目的関数設定手段 63
目的条件設定手段 64
判定手段 65
設計パラメータ制御手段 66
計算用モデル作成ソフト 5
流動解析ソフト 7

【図2】

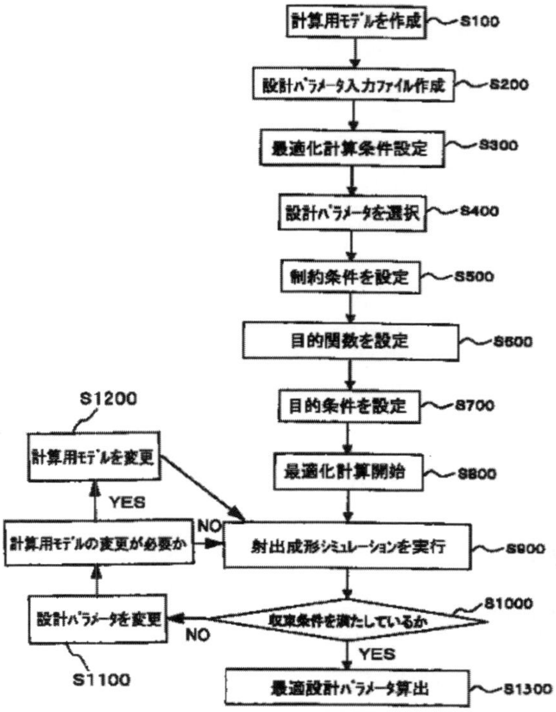

計算用モデルを作成 S100
設計パラメータ入力ファイル作成 S200
最適化計算条件設定 S300
設計パラメータを選択 S400
制約条件を設定 S500
目的関数を設定 S600
目的条件を設定 S700
最適化計算開始 S800
射出成形シミュレーションを実行 S900
収束条件を満たしているか S1000
NO
設計パラメータを変更 S1100
計算用モデルの変更が必要か
YES
計算用モデルを変更 S1200
NO
YES
最適設計パラメータ算出 S1300

【図3】

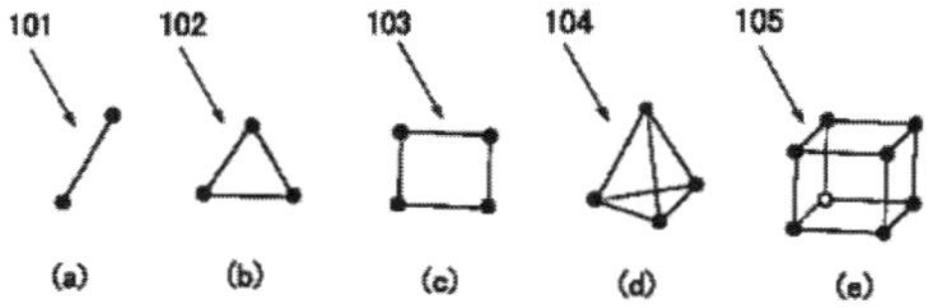

101 102 103 104 105
(a) (b) (c) (d) (e)

【図4】

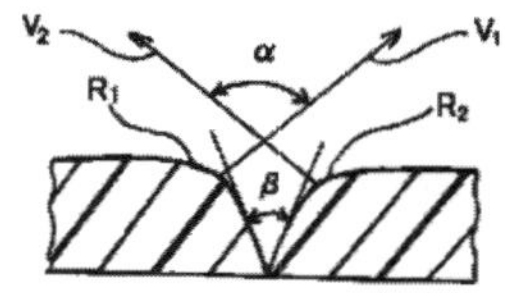

V_2 V_1 α R_1 R_2 β

【図5】

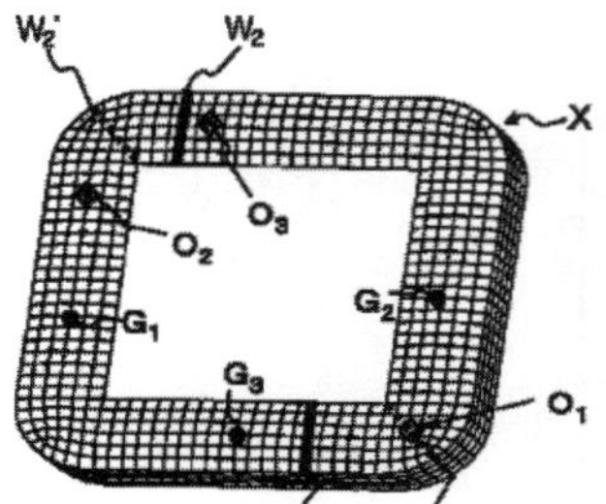

W_2' W_2 X O_2 O_3 G_1 G_2 G_3 O_1 W_1 W_1'

【図1】本発明の実施形態からなる射出成形品の設計パラメータ決定装置のハードウェア構成を示すブロック図
【図2】本発明の射出成形品の設計パラメータ決定方法の一例を示すフローチャート
【図3】計算用モデルにおける要素を示す図
【図4】樹脂流動先端の会合角を示す説明図
【図5】枠型成形品を示す説明図
【符号の説明】
1 コンピュータ，2 補助記憶装置，3 入力装置，4 表示装置，
5 計算用モデル作成ソフト，6 最適化ソフト，7 流動解析ソフト，
61 設計パラメータ設定手段，62 制約条件設定手段，
63 目的関数設定手段 64 目的条件設定手段
65 判定手段 66 設計パラメータ制御手段

表 35　特許文献　No.D12（一部抜粋）

公開番号（公開日）	特開 2005-007859（平17.1.13）	出願番号（出願日）	特願2004-103462（平16.3.31）
発明の名称	金型の設計方法、金型、射出成形品の製造方法及びプログラム		
出願人	住友化学株式会社		
発明者	永岡　真一、広田　知生、東川　芳晃		

技術内容

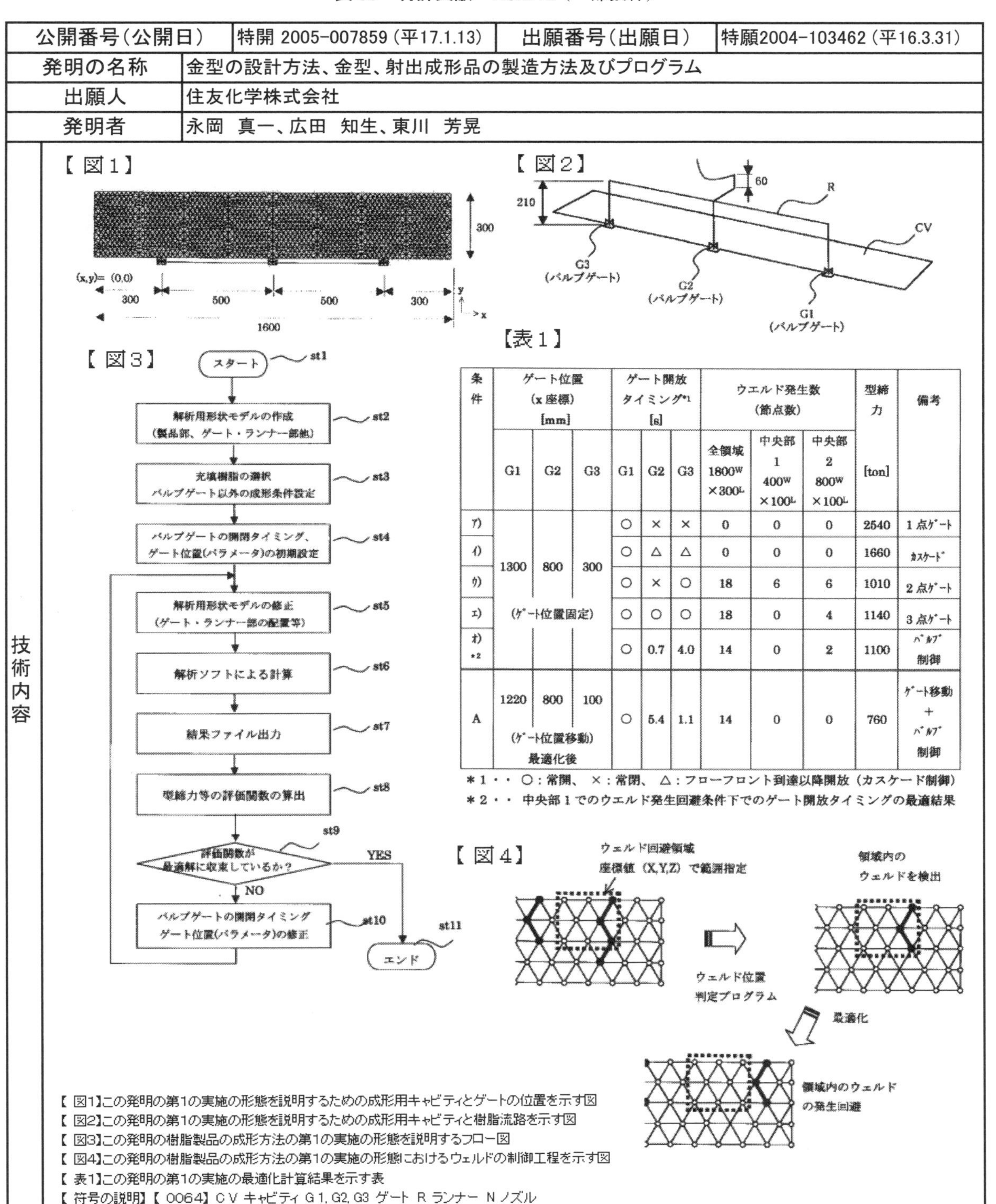

【表１】

条件	ゲート位置（x座標）[mm] G1	G2	G3	ゲート開放タイミング*1 [s] G1	G2	G3	ウエルド発生数（節点数） 全領域 1800W×300L	中央部1 400W×100L	中央部2 800W×100L	型締力 [ton]	備考
ｱ)	1300	800	300	○	×	×	0	0	0	2540	1点ｹﾞｰﾄ
ｲ)	(ｹﾞｰﾄ位置固定)			○	△	△	0	0	0	1660	ｶｽｹｰﾄﾞ
ｳ)				○	×	○	18	6	6	1010	2点ｹﾞｰﾄ
ｴ)				○	○	○	18	0	4	1140	3点ｹﾞｰﾄ
ｵ) *2				○	0.7	4.0	14	0	2	1100	ﾊﾞﾙﾌﾞ制御
A	1220	800	100	○	5.4	1.1	14	0	0	760	ｹﾞｰﾄ移動＋ﾊﾞﾙﾌﾞ制御
	(ｹﾞｰﾄ位置移動)最適化後										

＊1・・○：常開、×：常閉、△：フローフロント到達以降開放（カスケード制御）
＊2・・中央部1でのウエルド発生回避条件下でのゲート開放タイミングの最適結果

【図1】この発明の第1の実施の形態を説明するための成形用キャビティとゲートの位置を示す図
【図2】この発明の第1の実施の形態を説明するための成形用キャビティと樹脂流路を示す図
【図3】この発明の樹脂製品の成形方法の第1の実施の形態を説明するフロー図
【図4】この発明の樹脂製品の成形方法の第1の実施の形態におけるウェルドの制御工程を示す図
【表1】この発明の第1の実施の最適化計算結果を示す表
【符号の説明】【0064】ＣＶ キャビティ Ｇ１, Ｇ2, Ｇ3 ゲート Ｒ ランナー Ｎ ノズル

表 36　特許文献　No.E2（一部抜粋）

公開番号（公開日）	特開平07-205241（平7.8.8）	出願番号（出願日）	特願平03-250109（平3.6.26）
発明の名称	溶融材料流動解析による成形品の品質判断方法		
出願人	宇部興産株式会社		
発明者	石田　敏和、安沢　孝久		
技術内容	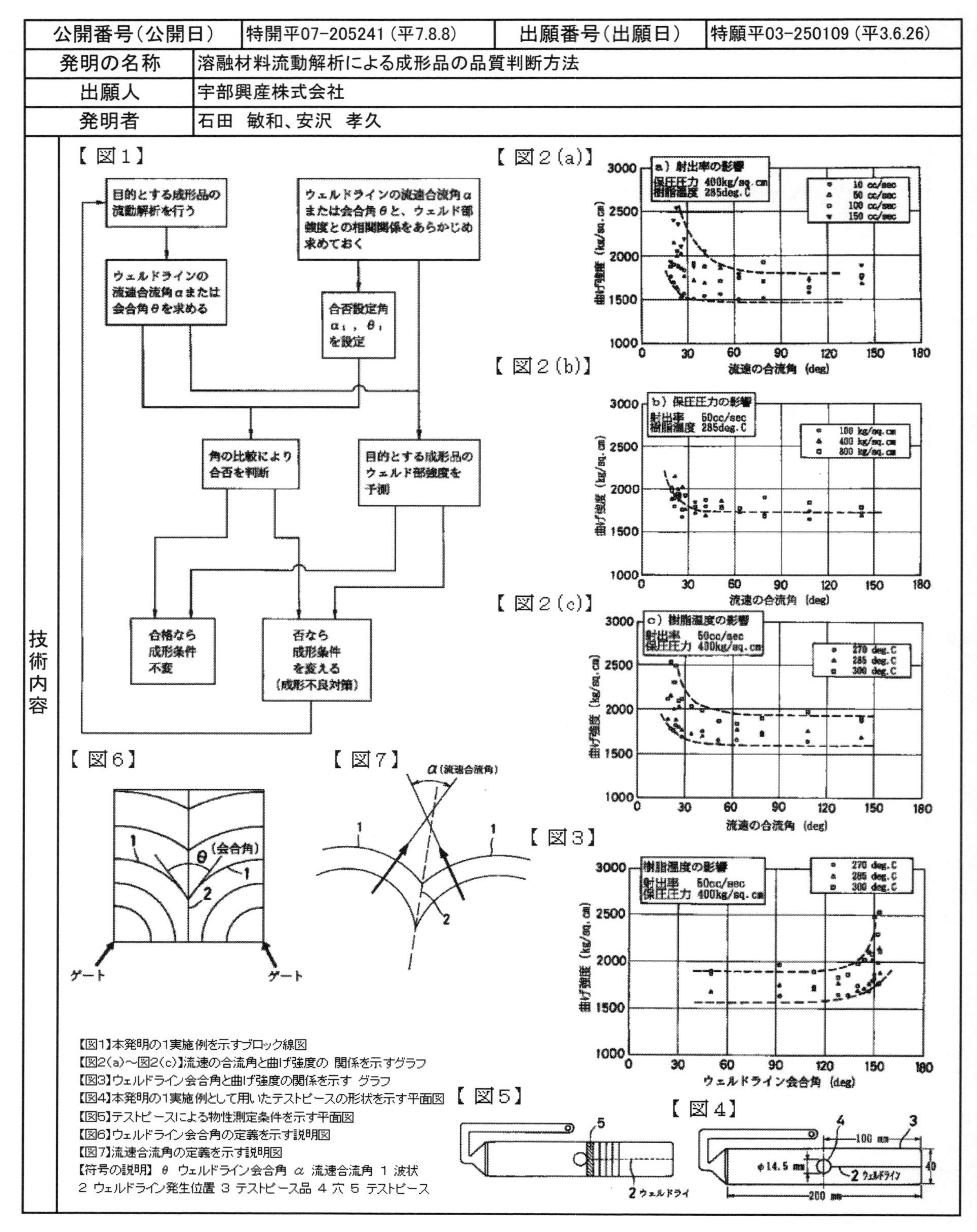		

【図1】本発明の1実施例を示すブロック線図
【図2(a)～図2(c)】流速の合流角と曲げ強度の 関係を示すグラフ
【図3】ウェルドライン会合角と曲げ強度の関係を示す グラフ
【図4】本発明の1実施例として用いたテストピースの形状を示す平面図
【図5】テストピースによる物性測定条件を示す平面図
【図6】ウェルドライン会合角の定義を示す説明図
【図7】流速合流角の定義を示す説明図
【符号の説明】 θ ウェルドライン会合角 α 流速合流角 1 波状 2 ウェルドライン発生位置 3 テストピース品 4 穴 5 テストピース

表 37　特許文献　No.E8（一部抜粋）

公開番号（公開日）	特開2010-069654（平22.4.2）	出願番号（出願日）	特願 2008-237570（平20.9.17）
発明の名称	構造解析方法		
出願人	三菱電機株式会社		
発明者	大石　智子、坂本　博夫、越前谷　大介、青木　普道		
技術内容	（下図参照）		

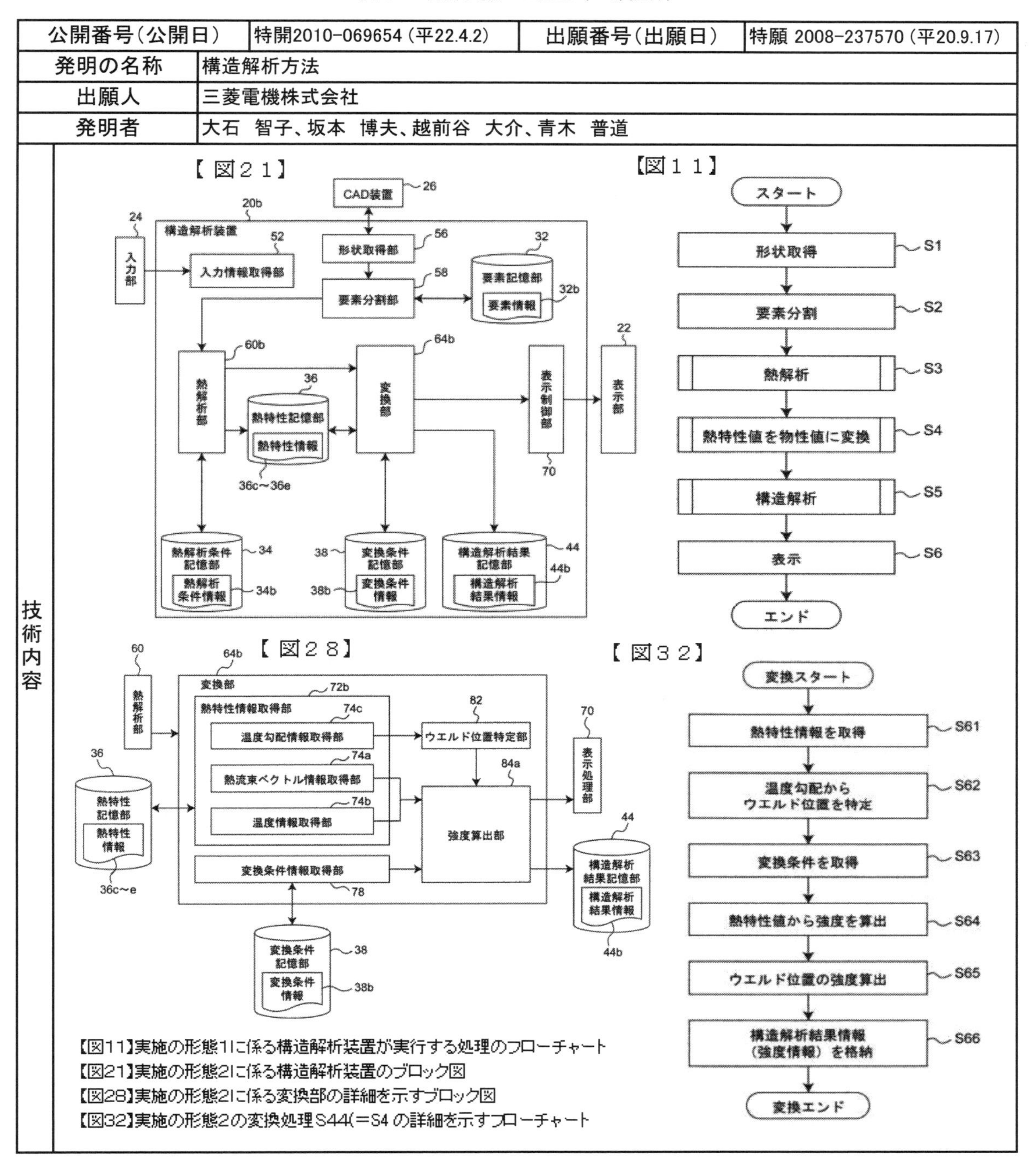

【図11】実施の形態1に係る構造解析装置が実行する処理のフローチャート
【図21】実施の形態2に係る構造解析装置のブロック図
【図28】実施の形態2に係る変換部の詳細を示すブロック図
【図32】実施の形態2の変換処理S44(＝S4の詳細を示すフローチャート

表 38　特許文献　No.F5（一部抜粋）

	特開2008-207440（平20.9.11）	出願番号（出願日）	特願2007-045997（平19.2.26）
発明の名称	射出成形品の品質予測装置、方法およびプログラム		
出願人	トヨタ自動車株式会社		
発明者	吉永　誠、高原　忠良		
技術内容	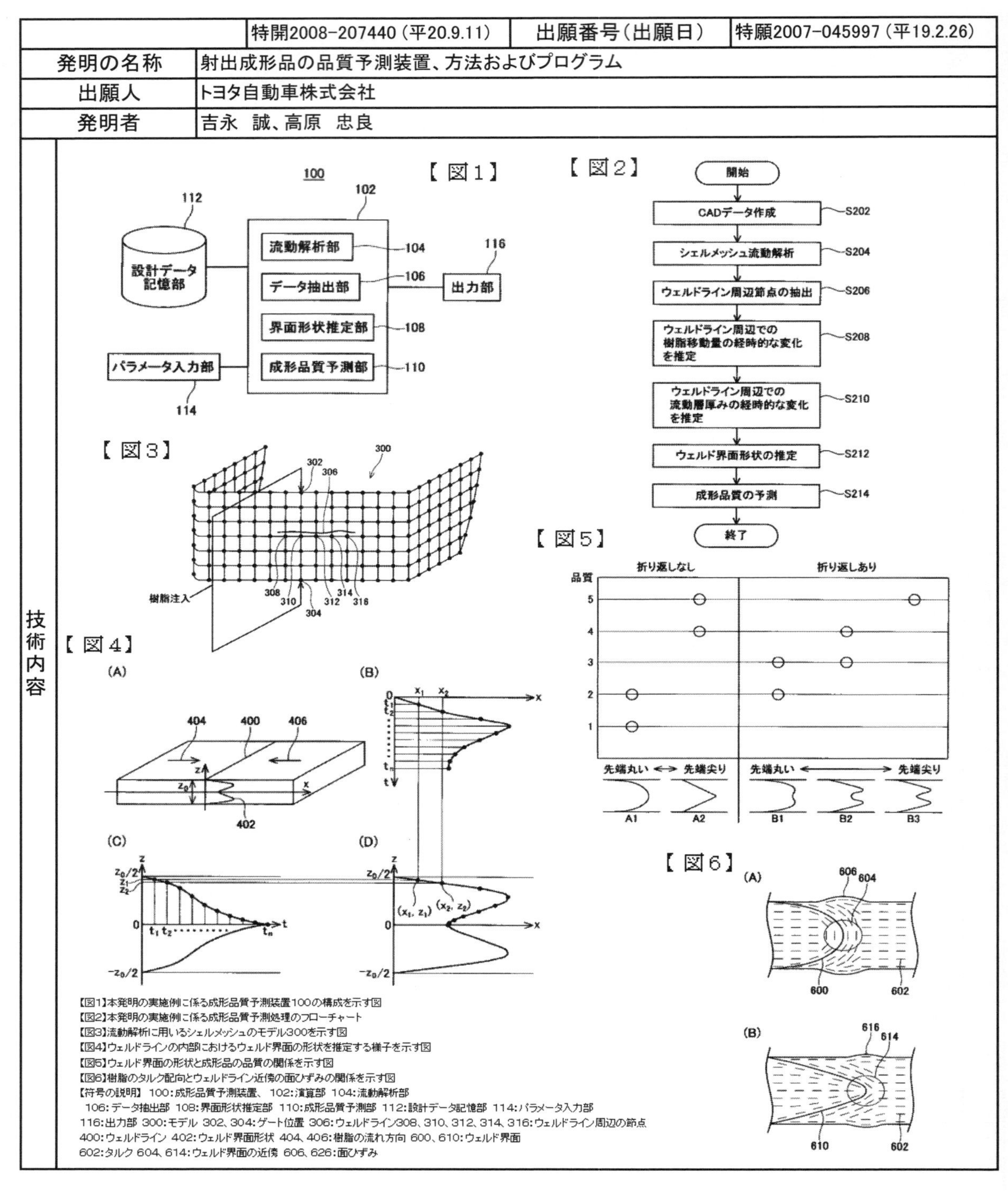		

【図1】本発明の実施例に係る成形品質予測装置100の構成を示す図
【図2】本発明の実施例に係る成形品質予測処理のフローチャート
【図3】流動解析に用いるシェルメッシュのモデル300を示す図
【図4】ウェルドラインの内部におけるウェルド界面の形状を推定する様子を示す図
【図5】ウェルド界面の形状と成形品の品質の関係を示す図
【図6】樹脂のタルク配向とウェルドライン近傍の面ひずみの関係を示す図
【符号の説明】 100:成形品質予測装置、 102:演算部 104:流動解析部
106:データ抽出部 108:界面形状推定部 110:成形品質予測部 112:設計データ記憶部 114:パラメータ入力部
116:出力部 300:モデル 302、304:ゲート位置 306:ウェルドライン308、310、312、314、316:ウェルドライン周辺の節点
400:ウェルドライン 402:ウェルド界面形状 404、406:樹脂の流れ方向 600、610:ウェルド界面
602:タルク 604、614:ウェルド界面の近傍 606、626:面ひずみ

表 39　特許文献　No.G1（一部抜粋）

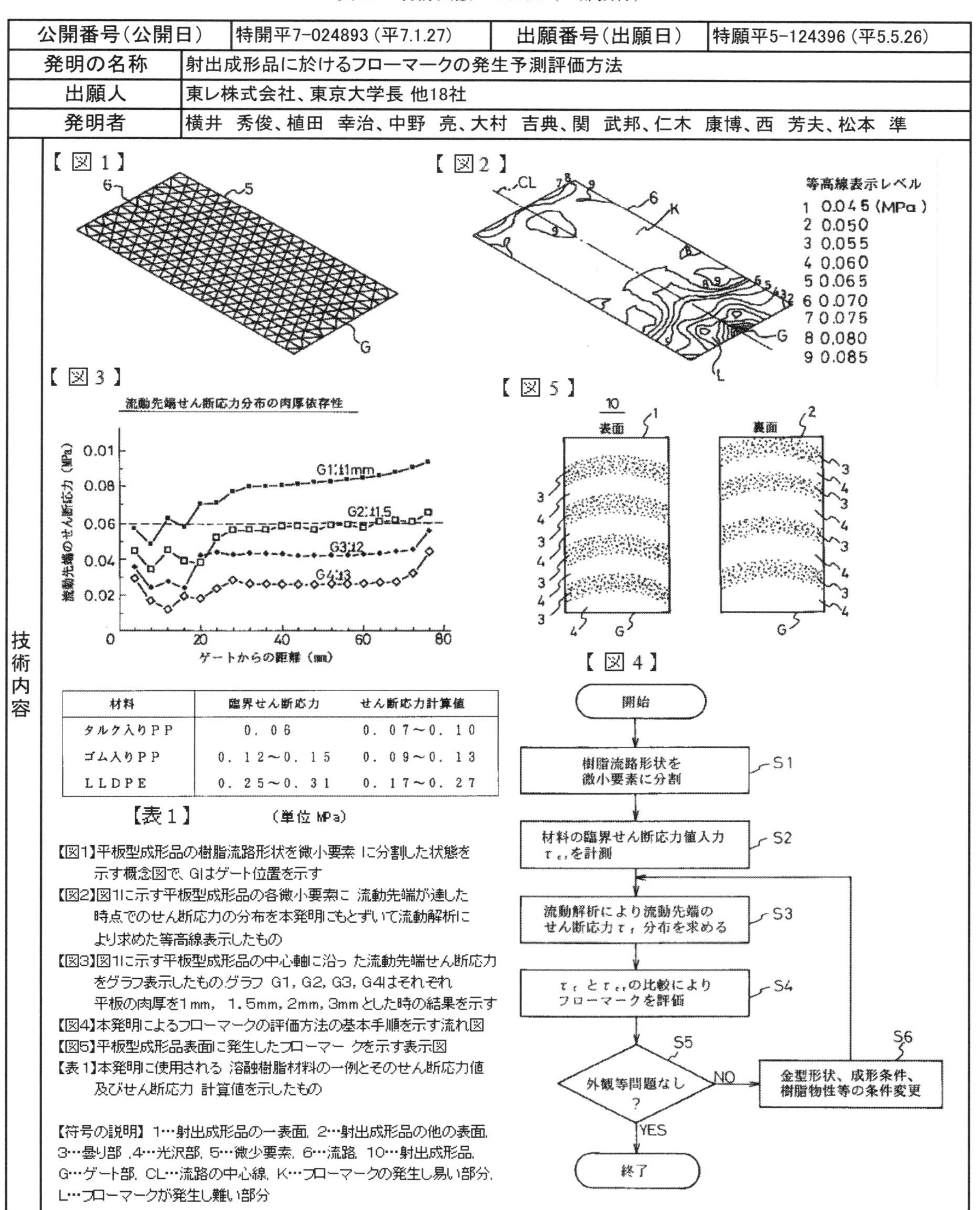

公開番号（公開日）	特開平7-024893（平7.1.27）	出願番号（出願日）	特願平5-124396（平5.5.26）
発明の名称	射出成形品に於けるフローマークの発生予測評価方法		
出願人	東レ株式会社、東京大学長 他18社		
発明者	横井　秀俊、植田　幸治、中野　亮、大村　吉典、関　武邦、仁木　康博、西　芳夫、松本　準		

技術内容

材料	臨界せん断応力	せん断応力計算値
タルク入りＰＰ	０．０６	０．０７～０．１０
ゴム入りＰＰ	０．１２～０．１５	０．０９～０．１３
ＬＬＤＰＥ	０．２５～０．３１	０．１７～０．２７

【表１】　（単位 MPa）

【図1】平板型成形品の樹脂流路形状を微小要素 に分割した状態を示す概念図で、Gはゲート位置を示す
【図2】図1に示す平板型成形品の各微小要素に 流動先端が達した時点でのせん断応力の分布を本発明にもとずいて流動解析により求めた等高線表示したもの
【図3】図1に示す平板型成形品の中心軸に沿っ た流動先端せん断応力をグラフ表示したもの.グラフ G1, G2, G3, G4はそれぞれ平板の肉厚を1mm, 1.5mm, 2mm, 3mmとした時の結果を示す
【図4】本発明によるフローマークの評価方法の基本手順を示す流れ図
【図5】平板型成形品表面に発生したフローマー クを示す表示図
【表 1】本発明に使用される 溶融樹脂材料の一例とそのせん断応力値及びせん断応力 計算値を示したもの

【符号の説明】 1…射出成形品の一表面, 2…射出成形品の他の表面, 3…曇り部 ,4…光沢部, 5…微少要素, 6…流路, 10…射出成形品, G…ゲート部, CL…流路の中心線, K…フローマークの発生し易い部分, L…フローマークが発生し難い部分

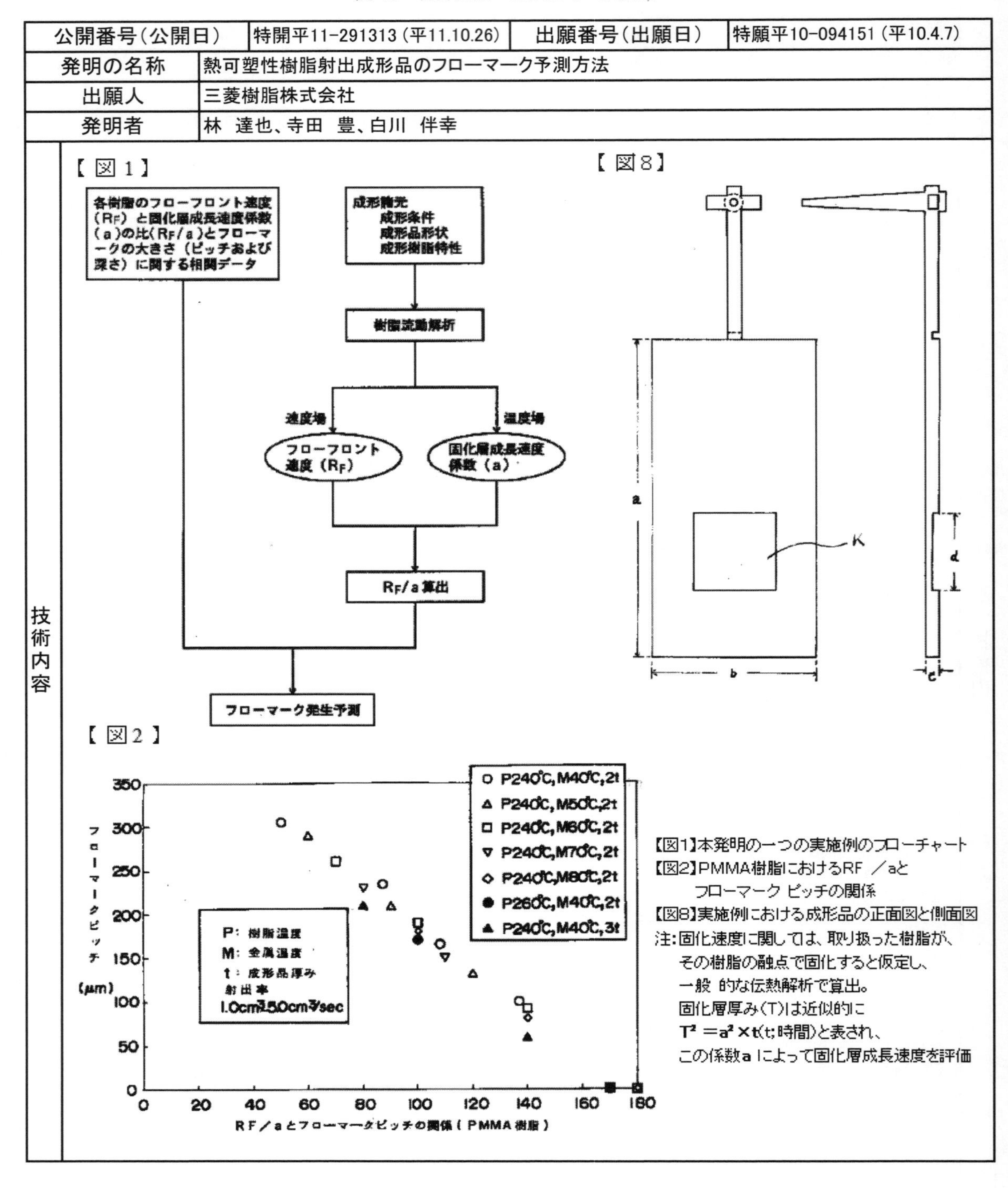

表 40　特許文献　No.G2（一部抜粋）

公開番号(公開日)	特開平11-291313（平11.10.26）	出願番号(出願日)	特願平10-094151（平10.4.7）
発明の名称	熱可塑性樹脂射出成形品のフローマーク予測方法		
出願人	三菱樹脂株式会社		
発明者	林　達也、寺田　豊、白川　伴幸		
技術内容	【図1】【図8】【図2】（図参照）		

【図1】本発明の一つの実施例のフローチャート
【図2】PMMA樹脂におけるRF ／aと
　フローマーク ピッチの関係
【図8】実施例における成形品の正面図と側面図
注：固化速度に関しては、取り扱った樹脂が、
　その樹脂の融点で固化すると仮定し、
　一般 的な伝熱解析で算出。
　固化層厚み(T)は近似的に
　$T^2 = a^2 \times t$（t;時間）と表され、
　この係数a によって固化層成長速度を評価

表 41　特許文献　No.H2（一部抜粋）

公開番号（公開日）	特開平5-329905（平5.12.14）	出願番号（出願日）	特願平4-140670（平4.6.1）
発明の名称	射出成形用金型の流動解析評価システム		
出願人	積水化学工業株式会社		
発明者	伊藤　義一		
技術内容	（下図参照）		

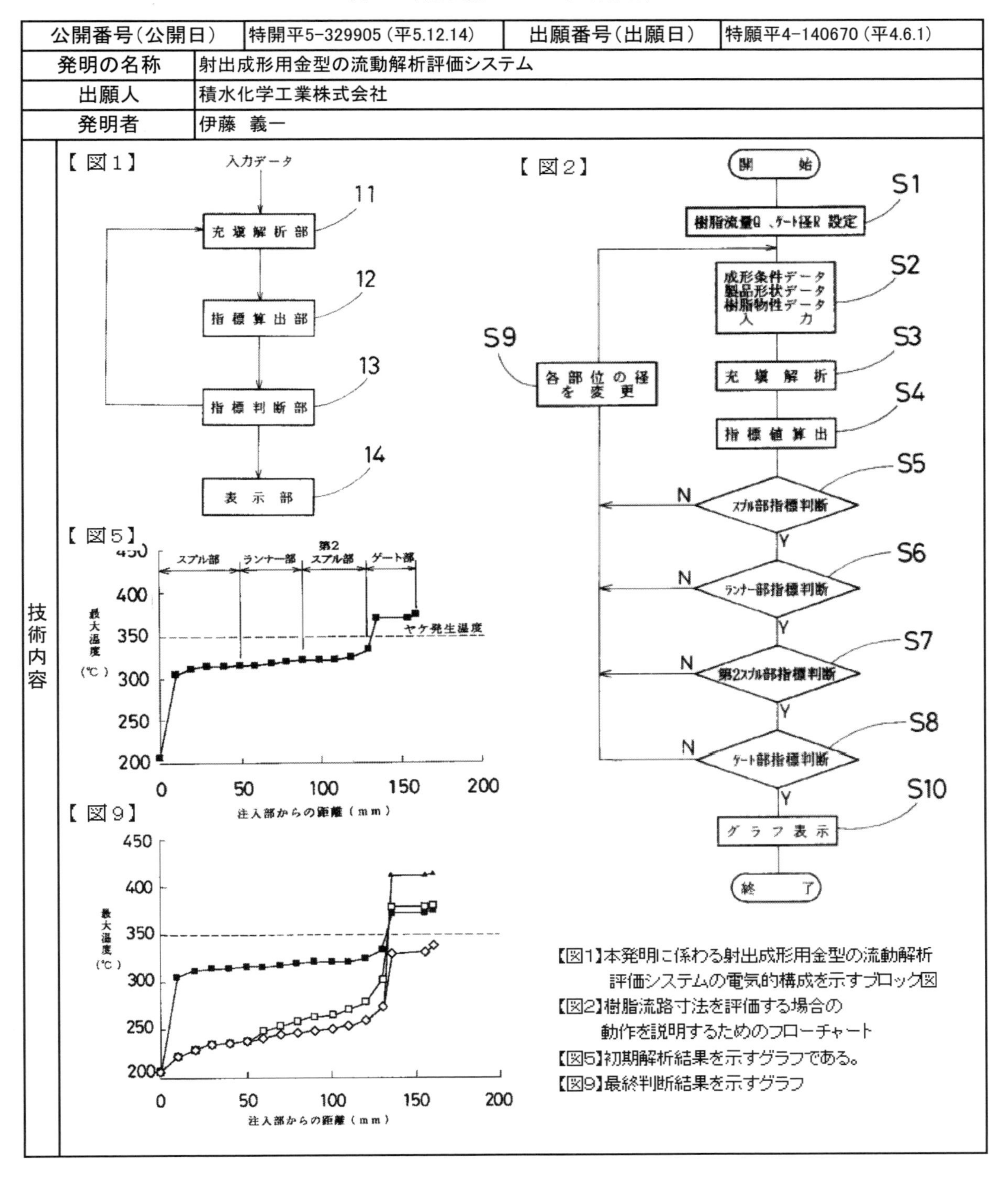

【図１】本発明に係わる射出成形用金型の流動解析評価システムの電気的構成を示すブロック図
【図２】樹脂流路寸法を評価する場合の動作を説明するためのフローチャート
【図５】初期解析結果を示すグラフである。
【図９】最終判断結果を示すグラフ

表 42　特許文献　No.I2（一部抜粋）

公開番号（公開日）	特開2000−211005（平12.8.2）	出願番号（出願日）	特願平11−018860（平11.1.27）
発明の名称	射出成形品の欠陥予測・評価方法及び欠陥予測・評価装置		
出願人	株式会社日立製作所		
発明者	高橋　勇、鶴田　国之		
技術内容	（下記の図及び説明）		

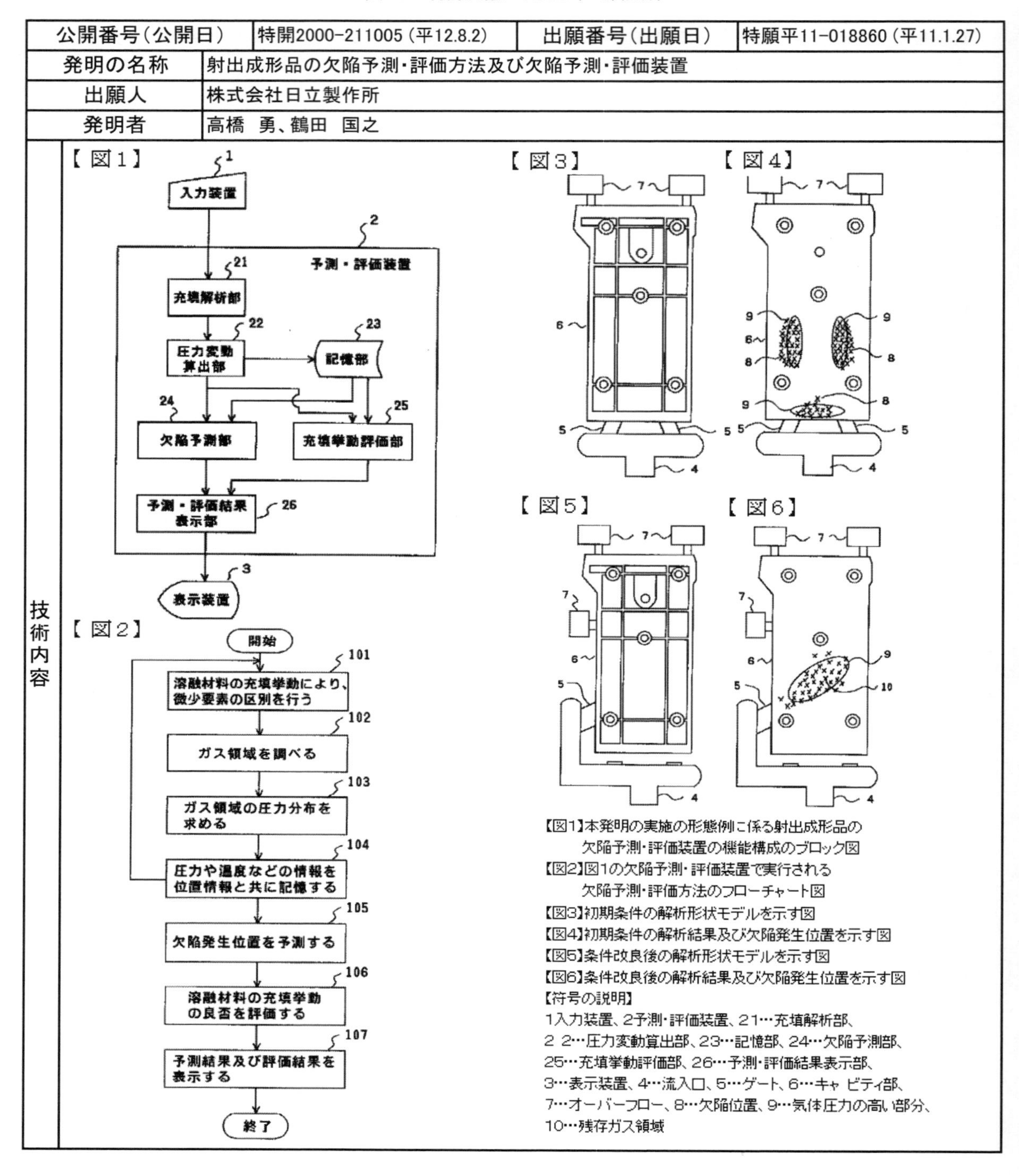

【図1】本発明の実施の形態例に係る射出成形品の欠陥予測・評価装置の機能構成のブロック図
【図2】図1の欠陥予測・評価装置で実行される欠陥予測・評価方法のフローチャート図
【図3】初期条件の解析形状モデルを示す図
【図4】初期条件の解析結果及び欠陥発生位置を示す図
【図5】条件改良後の解析形状モデルを示す図
【図6】条件改良後の解析結果及び欠陥発生位置を示す図
【符号の説明】
1入力装置、2予測・評価装置、21…充填解析部、2 2…圧力変動算出部、23…記憶部、24…欠陥予測部、25…充填挙動評価部、26…予測・評価結果表示部、3…表示装置、4…流入口、5…ゲート、6…キャ ビティ部、7…オーバーフロー、8…欠陥位置、9…気体圧力の高い部分、10…残存ガス領域

表 43　特許文献　No.I4（一部抜粋）

公開番号（公開日）	特開2010-137439（平22.6.24）	出願番号（出願日）	特願2008-315767（平20.12.11）
発明の名称	ボイド発生予測方法およびその装置		
出願人	日産自動車株式会社		
発明者	高橋　英彦、畠山　知浩		

技術内容

【図１】

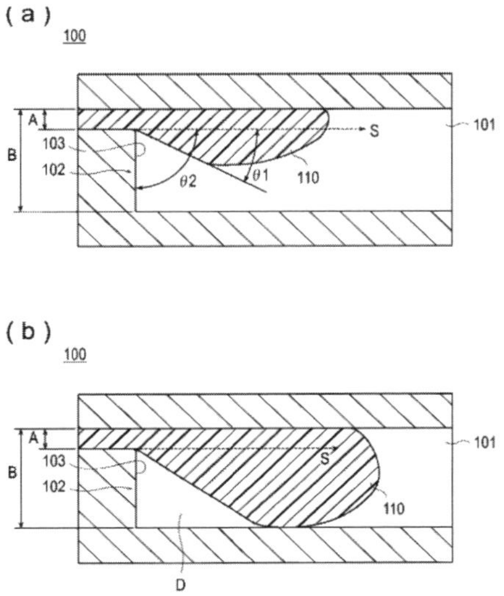

【図２】

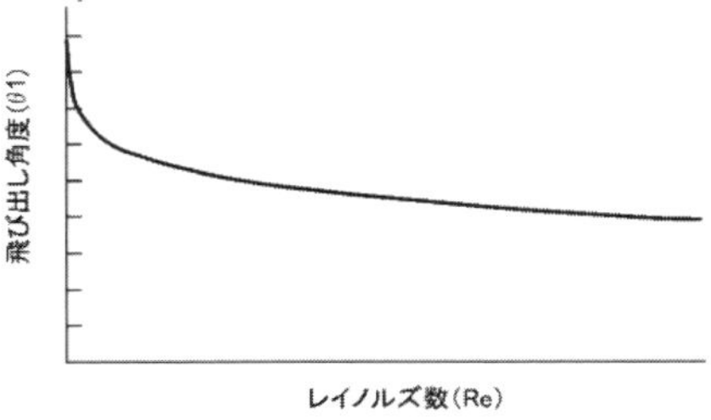

【図４】

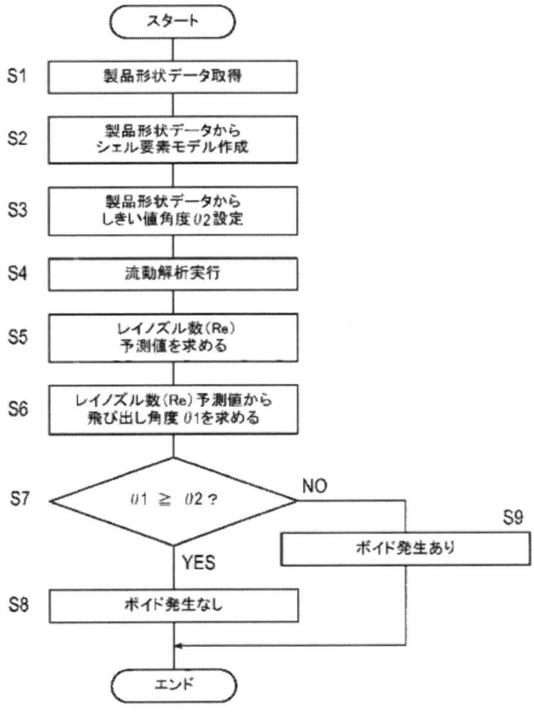

【図７】

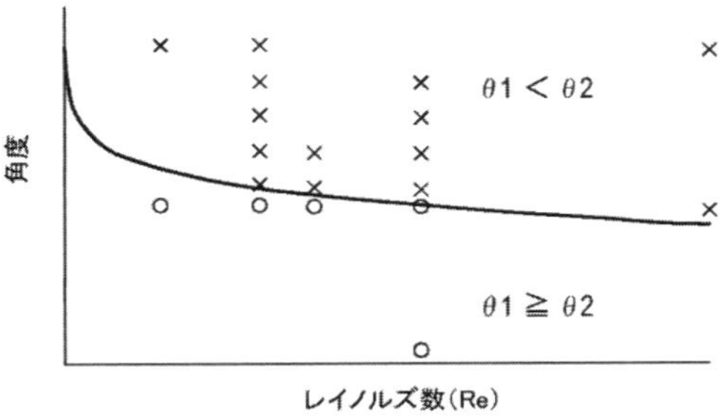

【図１】３次元方向のボイド発生を説明する説明図

【図２】実験により得られた飛び出し角度とレイノルズ数の関係を示すグラフ

【図４】ボイド予測方法の手順を示すフローチャート

【図７】レイノルズ数と流体飛び出し角度の関係を示す線に、ボイド発生有無の結果を重ねたグラフ

【符号の説明】

１００ 金型，１０１ キャビティ，１０２ 段差部，１０３ 壁面，１１０ 流体，

表44　特許文献　No.J3（一部抜粋）

公開番号（公開日）	特開2000-176982（平12.6.27）	出願番号（出願日）	特願平10-360562（平10.12.18）
発明の名称	射出成形用バリ発生予測方法		
出願人	日産自動車株式会社		
発明者	石島　守		

技術内容

【図1】

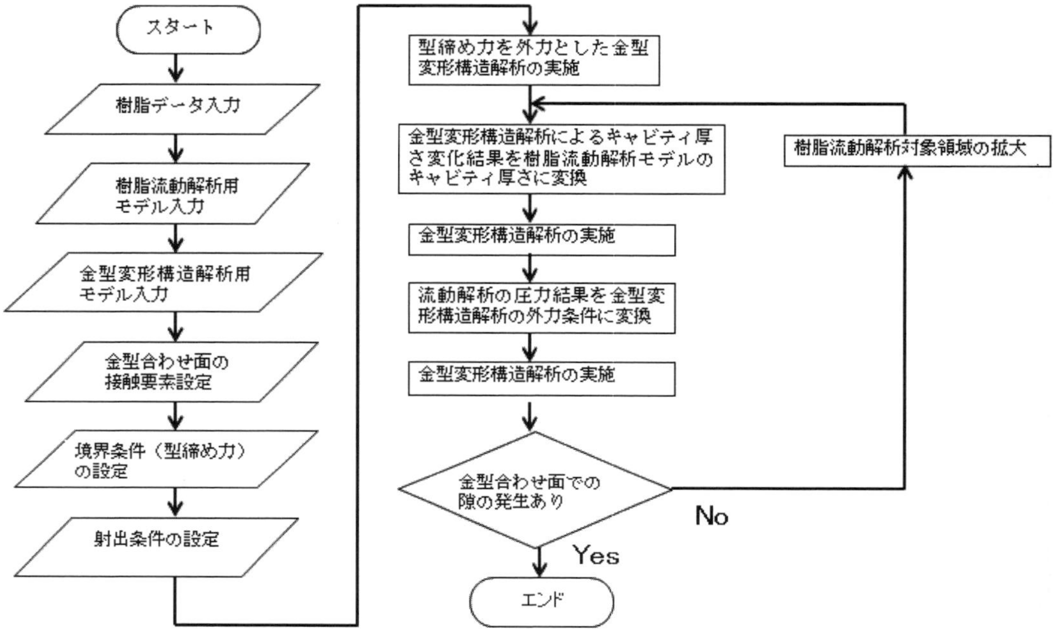

スタート
樹脂データ入力
樹脂流動解析用モデル入力
金型変形構造解析用モデル入力
金型合わせ面の接触要素設定
境界条件（型締め力）の設定
射出条件の設定
型締め力を外力とした金型変形構造解析の実施
金型変形構造解析によるキャビティ厚さ変化結果を樹脂流動解析モデルのキャビティ厚さに変換
金型変形構造解析の実施
流動解析の圧力結果を金型変形構造解析の外力条件に変換
金型変形構造解析の実施
金型合わせ面での隙の発生あり
No
樹脂流動解析対象領域の拡大
Yes
エンド

【図2】

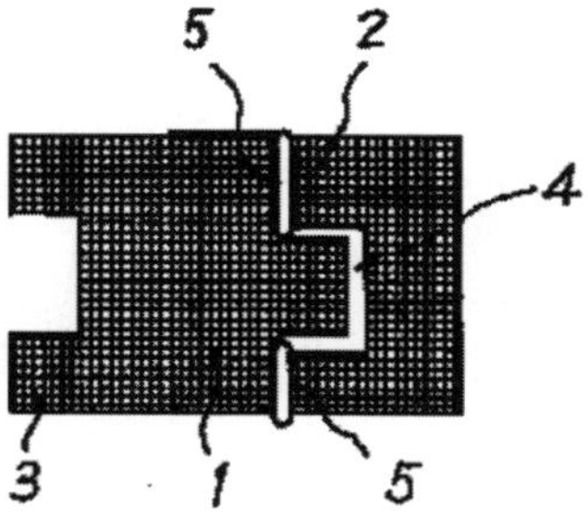

5　2　4　3　1　5

【図3】

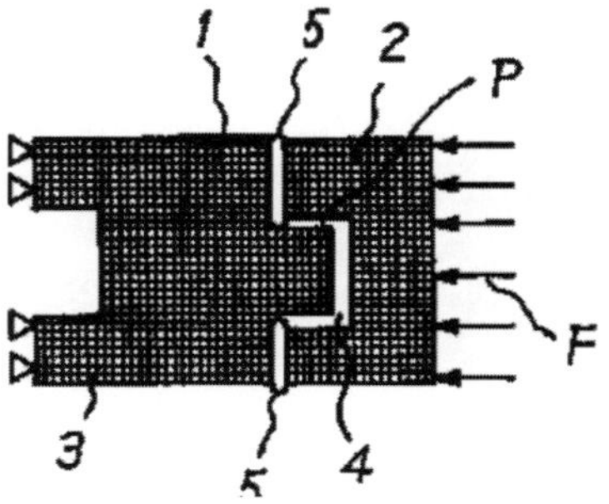

1　5　2　P　F　3　5　4

【図1】この発明の射出成形用バリ発生予測方法の一実施例の実施手順を示すフローチャート
【図2】上記実施例の方法に用いる金型変形構造解析モデルを模式的に示す断面図
【図3】上記実施例の方法において金型の変形構造解析モデルに加わる外力を示す説明図
【符号の説明】

1 コア側金型，2 キャビティ側金型，3 コアホルダ，4 キャビティ，5 接触要素，
P 樹脂内圧，F 型締め力

表 45　特許文献　No.K2（一部抜粋）

公開番号（公開日）	特開2014−213525（平26.11.17）	出願番号（出願日）	特願2013−092583（平25.4.25）
発明の名称	射出成形金型設計方法、金型設計システム、金型設計プログラム及び金型設計プログラムを記憶したコンピュータ読み取り可能な記憶媒体		
出願人	マツダ株式会社		
発明者	鈴木　広之、岩本　道尚、古川　智司、志水　克教		

【図１】

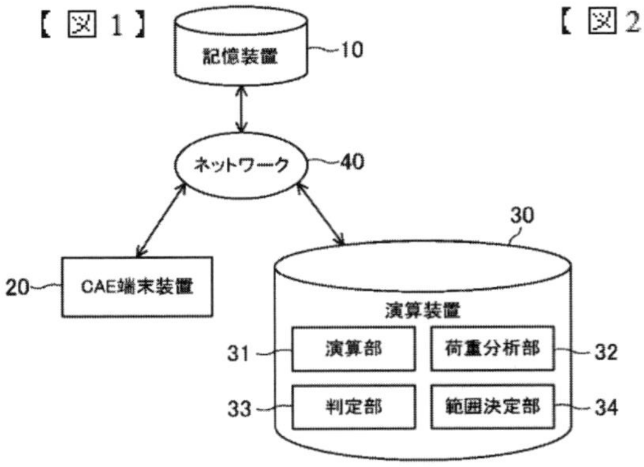

【図２】

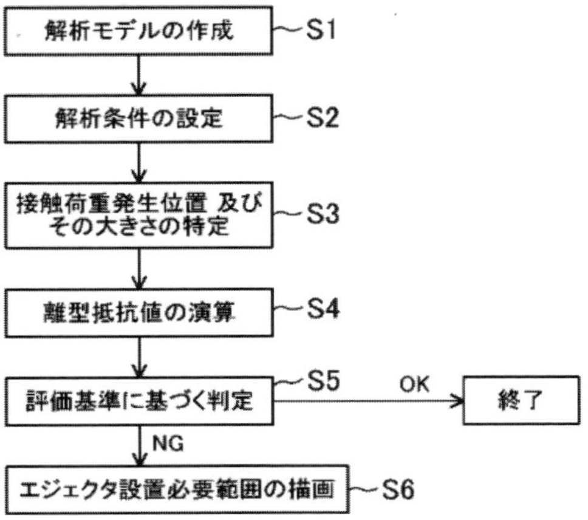

【図３】

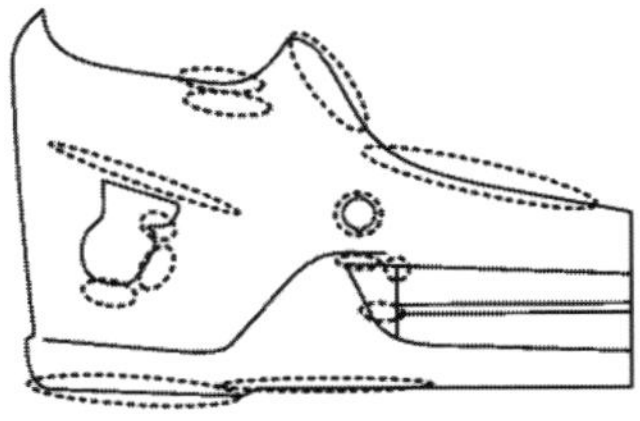

【図４】

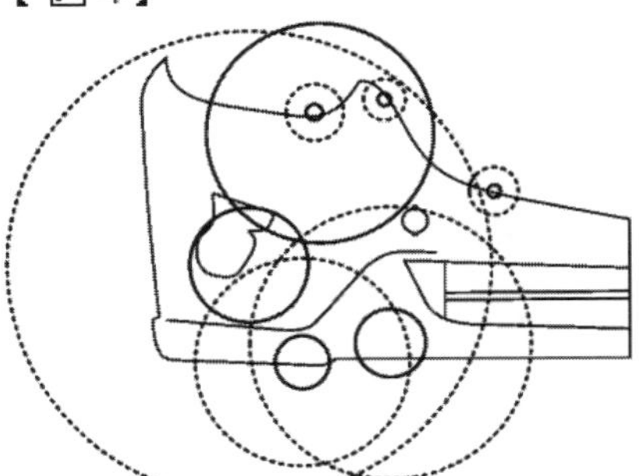

【図５】

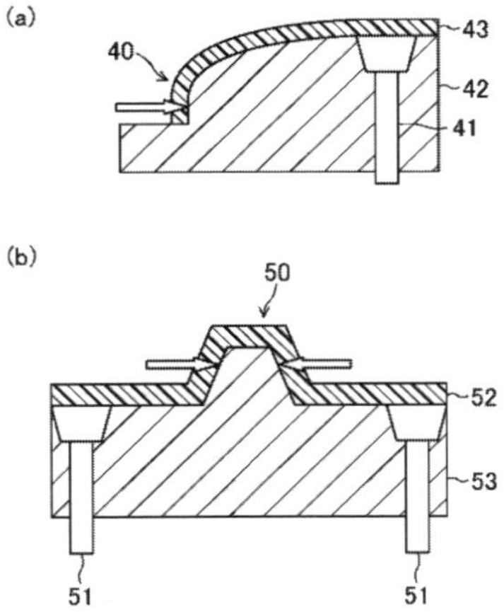

【図1】本発明の実施形態に係るCAEシステムを示すブロック図である。
【図2】本発明の実施形態に係る金型設計方法を示すフローチャート図である。
【図3】CAE端末装置による金型における成形品の接触荷重発生部分の表示例を示す図 である。
【図4】CAE端末装置による金型における追加エジェクタ位置の範囲の表示例を示す図 である。
【図5】(a)及び(b)はエジェクタ位置における成形品を突き出す様子を示す図であり、(a)は片側突き出しを示し、(b)は両側突き出しを示している。
【符号の説明】10 記憶装置, 20 CAE端末装置, 30 演算装置, 31 演算部, 32 荷重分析部, 33 判定部, 34 範囲決定部

表46　特許文献　No.L5（一部抜粋）

公開番号（公開日）	特開2002-108956（平14.4.12）	出願番号（出願日）	特願2000-296158（平12.9.28）
発明の名称	射出金型の設計支援装置および射出金型の設計情報作成プログラムを記録した記録媒体		
出願人	積水化学工業株式会社、エンジニアス・ジャパン株式会社 、株式会社プラメディア 、エムエスシーソフトウェア株式会社		
発明者	川崎　真一、西浦　光一、伊藤　義一、工藤　啓治、宮田　悟志、多田　和美、鈴切　善博		
技術内容	【図3】【図1】【図20】		

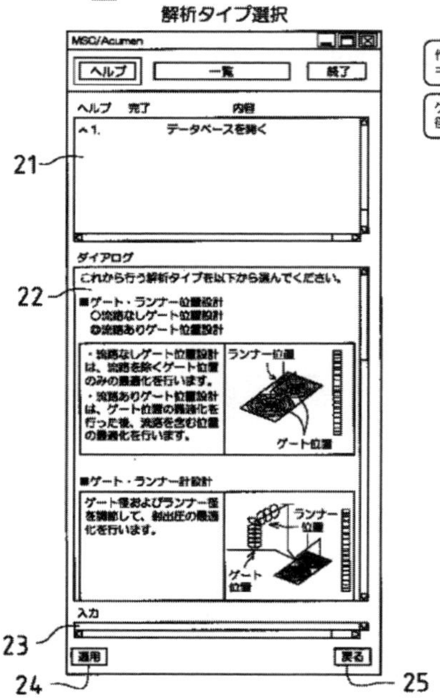

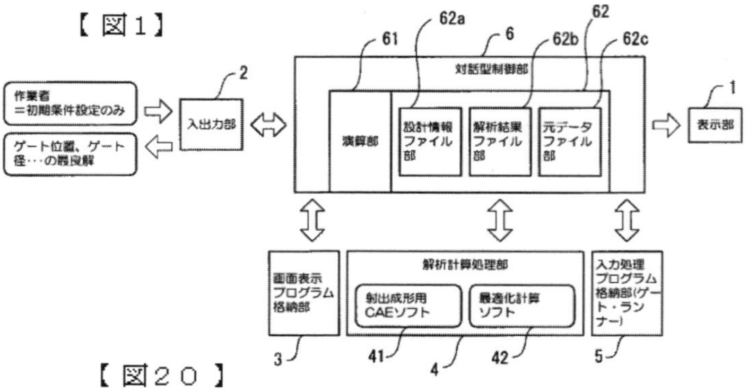

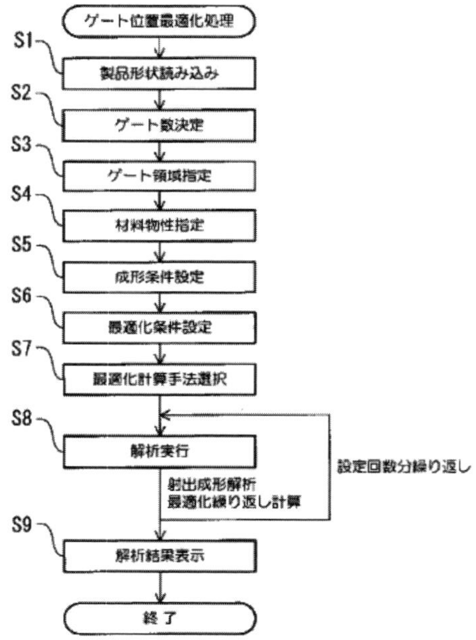

【図1】本発明に係わる射出金型の設計支援装置のシステム構成を概念的に示したブロック図
【図3】解析タイプ選択画面例を示す説明図
【図20】図2ないし図19を用いて説明した射出金型の解析設計手順の流れを示すフローチャート
【符号の説明】 1 表示部 2 入出力部 3 画面表示プログラム格納部 4 解析計算処理部
5 入力処理プログラム格納部 6 対話型制御部 61 演算部 62 ファイル格納部
62a 設計情報ファイル部 62b 解析結果ファイル部 62c 元データファイル部

表 47　特許文献　No.L7（一部抜粋）

公開番号（公開日）	特開2005-169766（平17.6.30）	出願番号（出願日）	特願2003-411506（平15.12.10）
発明の名称	金型最適化装置、金型最適化プログラム、及び、金型最適化制御プログラム		
出願人	トヨタ自動車株式会社		
発明者	吉永　誠、高原　忠良		

技術内容

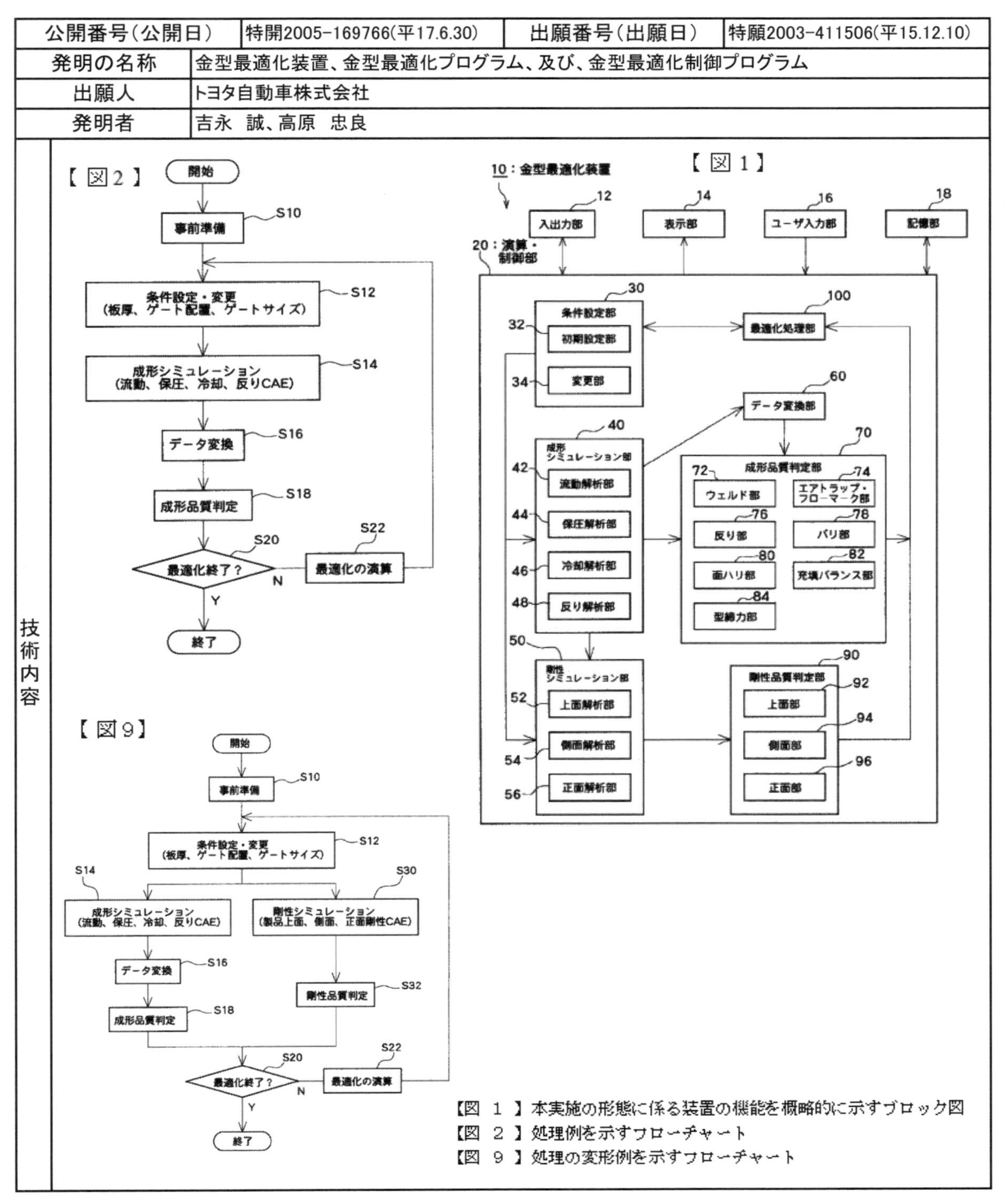

【図　１　】本実施の形態に係る装置の機能を概略的に示すブロック図
【図　２　】処理例を示すフローチャート
【図　９　】処理の変形例を示すフローチャート

表 48　特許文献　No.M2（一部抜粋）

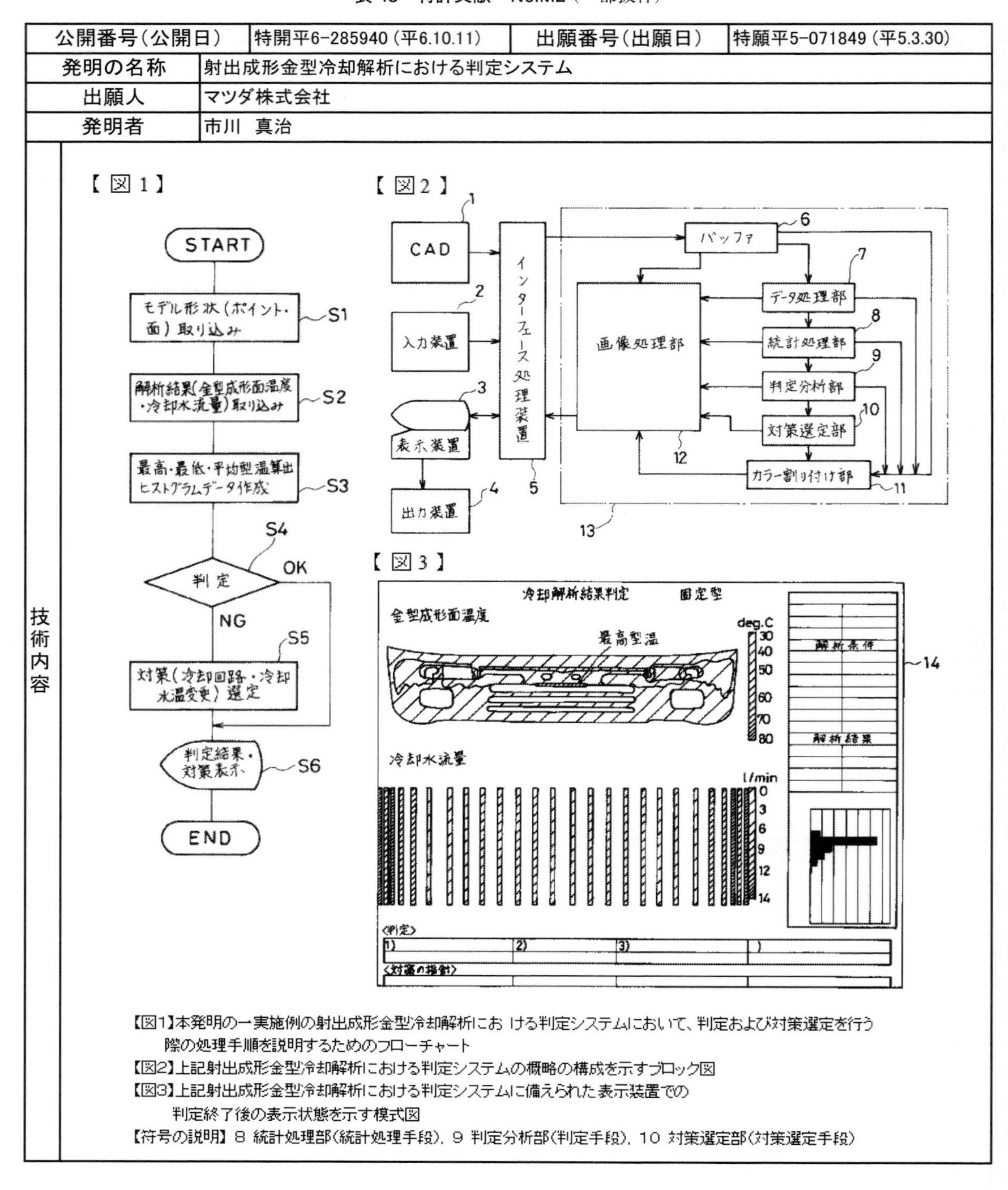

公開番号（公開日）	特開平6-285940（平6.10.11）	出願番号（出願日）	特願平5-071849（平5.3.30）
発明の名称	射出成形金型冷却解析における判定システム		
出願人	マツダ株式会社		
発明者	市川　真治		

技術内容

【図1】本発明の一実施例の射出成形金型冷却解析における判定システムにおいて、判定および対策選定を行う際の処理手順を説明するためのフローチャート
【図2】上記射出成形金型冷却解析における判定システムの概略の構成を示すブロック図
【図3】上記射出成形金型冷却解析における判定システムに備えられた表示装置での判定終了後の表示状態を示す模式図
【符号の説明】８ 統計処理部（統計処理手段），９ 判定分析部（判定手段），１０ 対策選定部（対策選定手段）

表 49　特許文献　No.N2（一部抜粋）

公開番号（公開日）	特開2010−005936（平22.1.14）	出願番号（出願日）	特願2008−168293（平20.6.27）
発明の名称	射出成形インサート成形品の損傷予測方法、および装置		
出願人	東レ株式会社		
発明者	光畑　晴彦、澤田　聡、長田　俊一		

技術内容

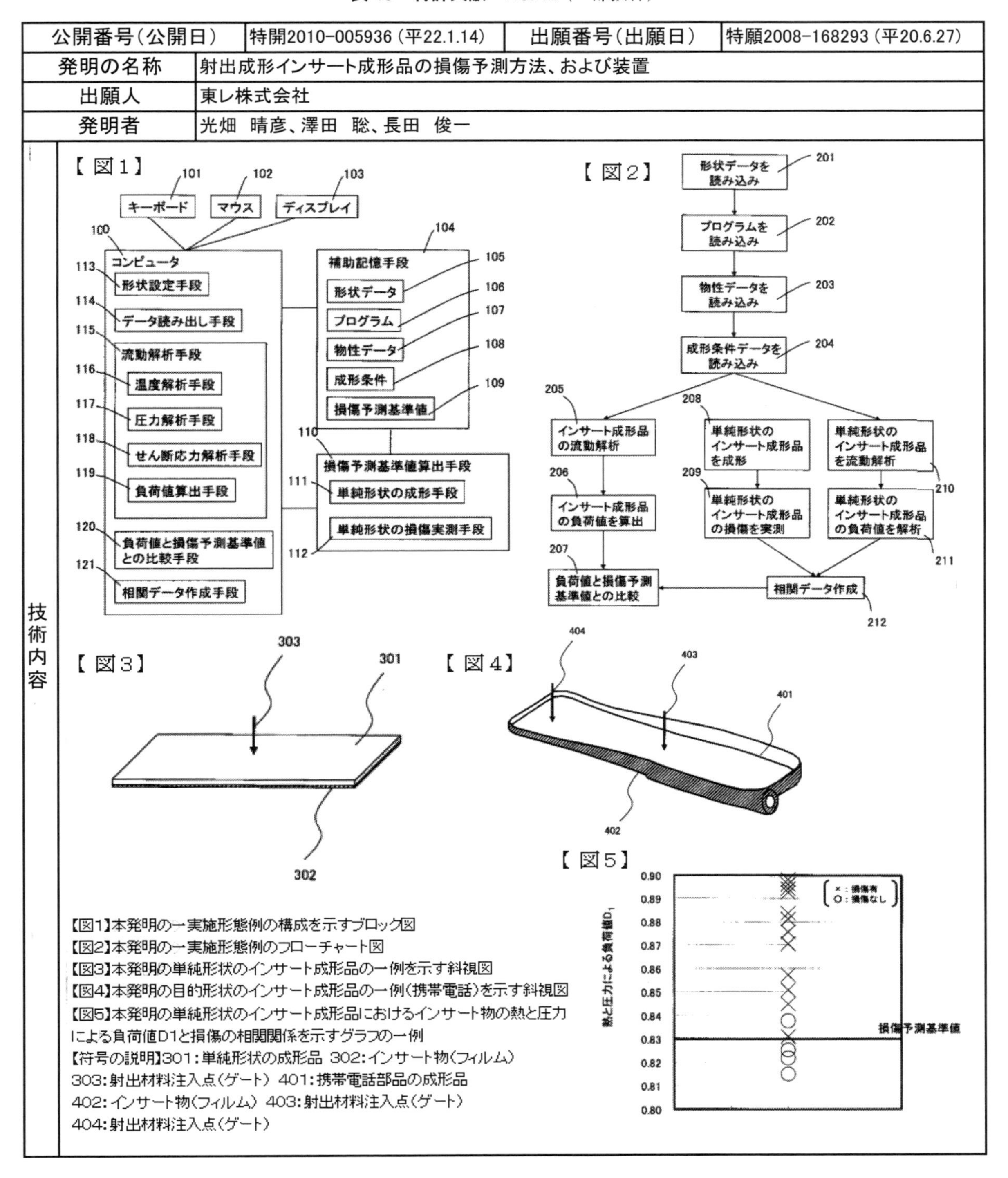

【図1】本発明の一実施形態例の構成を示すブロック図
【図2】本発明の一実施形態例のフローチャート図
【図3】本発明の単純形状のインサート成形品の一例を示す斜視図
【図4】本発明の目的形状のインサート成形品の一例（携帯電話）を示す斜視図
【図5】本発明の単純形状のインサート成形品におけるインサート物の熱と圧力による負荷値D1と損傷の相関関係を示すグラフの一例
【符号の説明】301：単純形状の成形品　302：インサート物（フィルム）
303：射出材料注入点（ゲート）　401：携帯電話部品の成形品
402：インサート物（フィルム）　403：射出材料注入点（ゲート）
404：射出材料注入点（ゲート）

表 50　特許文献　No.O5（一部抜粋）

公開番号（公開日）	特開2006-272928（平18.10.12）	出願番号（出願日）	特願2005-100089（平17.3.30）
発明の名称	射出成型品の形状予測方法、形状予測装置、形状予測プログラム及び記憶媒体		
出願人	富士通株式会社		
発明者	井手　正敏		
技術内容	（下図参照）		

技術内容

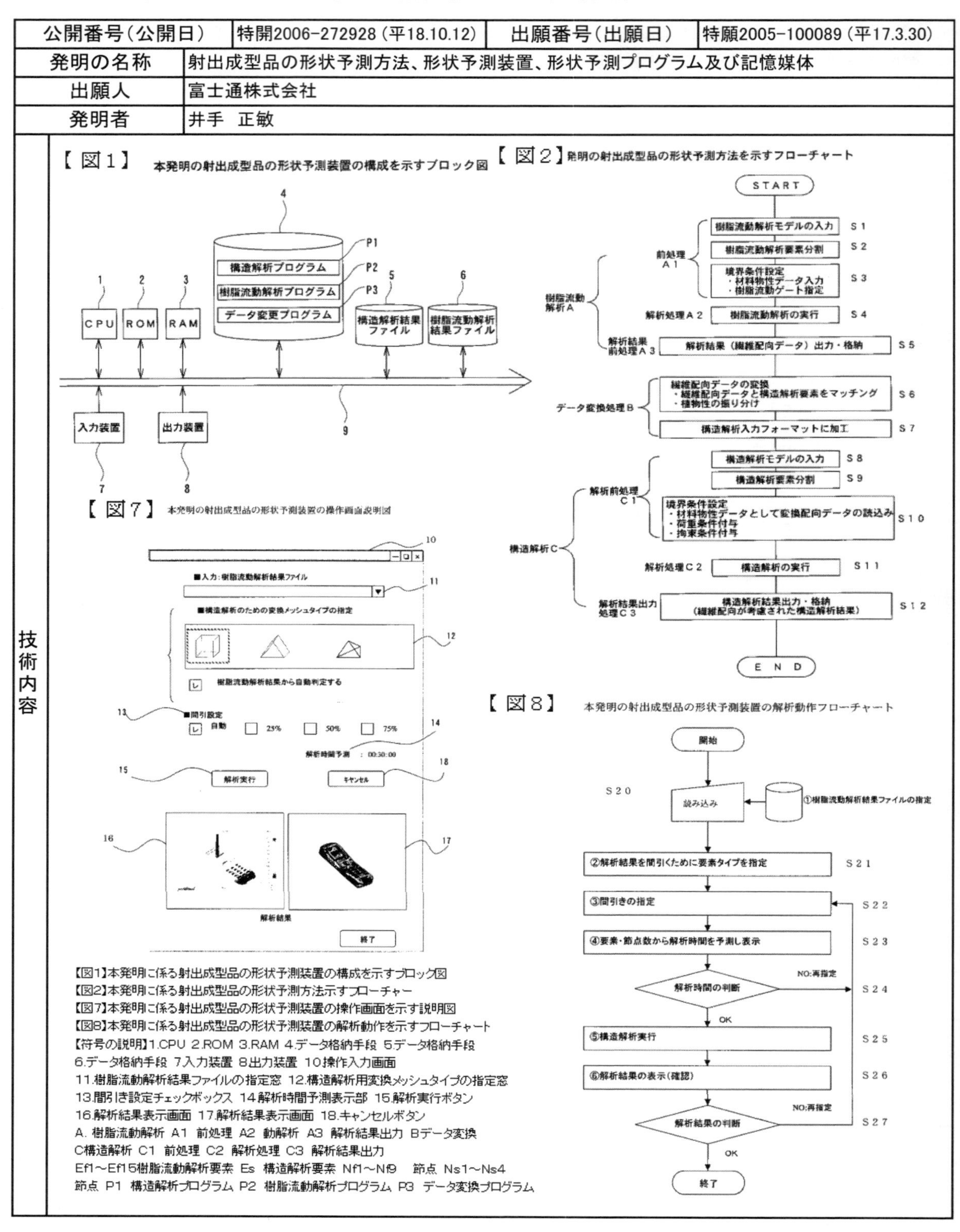

【図1】本発明に係る射出成型品の形状予測装置の構成を示すブロック図
【図2】本発明に係る射出成型品の形状予測方法示すフローチャー
【図7】本発明に係る射出成型品の形状予測装置の操作画面を示す説明図
【図8】本発明に係る射出成型品の形状予測装置の解析動作を示すフローチャート
【符号の説明】1.CPU 2.ROM 3.RAM 4.データ格納手段 5.データ格納手段
6.データ格納手段 7.入力装置 8.出力装置 10.操作入力画面
11.樹脂流動解析結果ファイルの指定窓 12.構造解析用変換メッシュタイプの指定窓
13.間引き設定チェックボックス 14.解析時間予測表示部 15.解析実行ボタン
16.解析結果表示画面 17.解析結果表示画面 18.キャンセルボタン
A. 樹脂流動解析 A1 前処理 A2 動解析 A3 解析結果出力 Bデータ変換
C構造解析 C1 前処理 C2 解析処理 C3 解析結果出力
Ef1～Ef15樹脂流動解析要素 Es 構造解析要素 Nf1～Nf9 節点 Ns1～Ns4
節点 P1 構造解析プログラム P2 樹脂流動解析プログラム P3 データ変換プログラム

表 51　特許文献　No.O8（一部抜粋）

公開番号（公開日）	特開2014−226871（平26.12.8）	出願番号（出願日）	特願2013−109568（平25.5.24）
発明の名称	フィラー挙動シミュレーション方法および複合材料の物性解析方法		
出願人	東レエンジニアリング株式会社		
発明者	中野　亮		
技術内容			

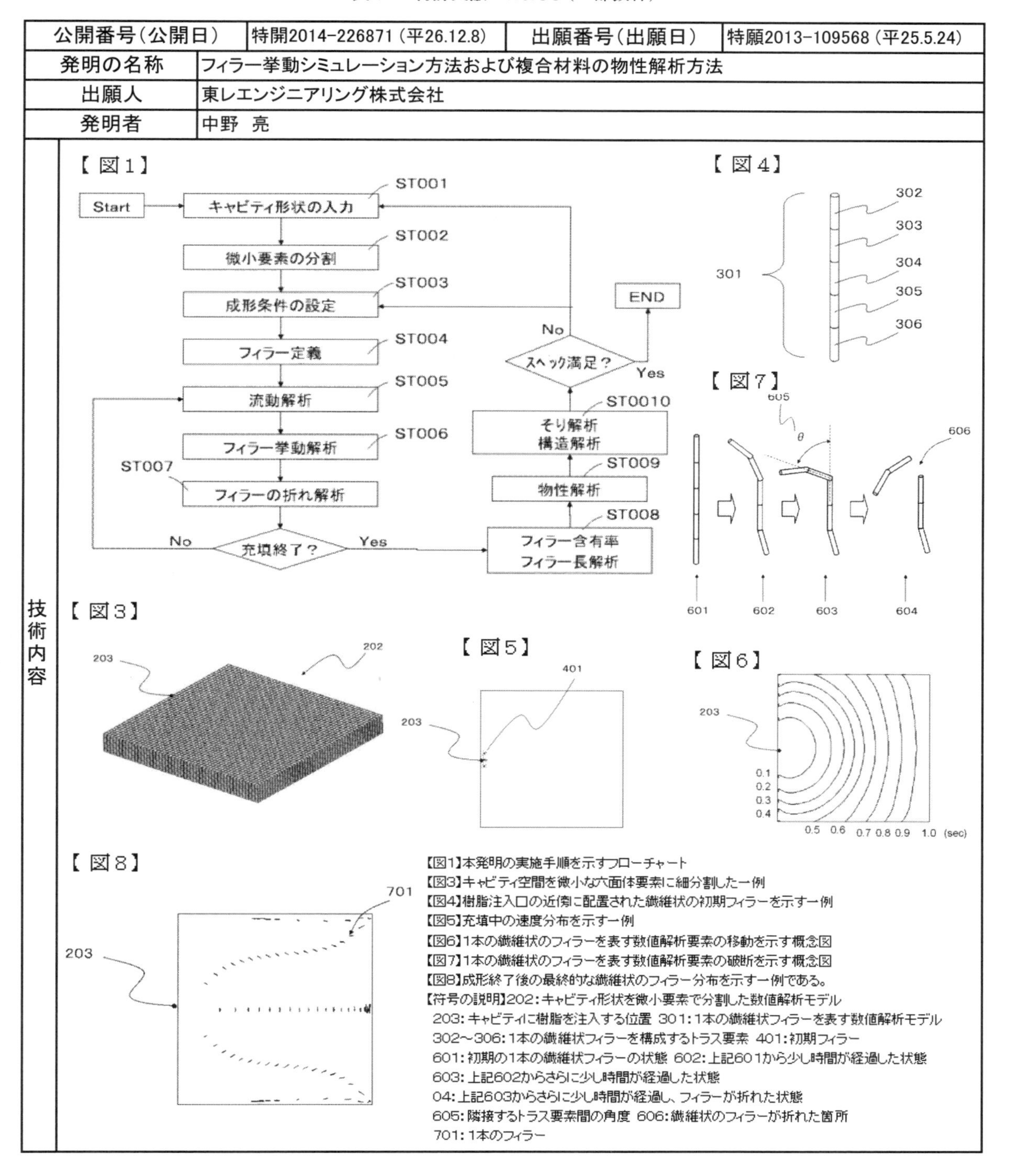

【図1】本発明の実施手順を示すフローチャート
【図3】キャビティ空間を微小な六面体要素に細分割した一例
【図4】樹脂注入口の近傍に配置された繊維状の初期フィラーを示す一例
【図5】充填中の速度分布を示す一例
【図6】1本の繊維状のフィラーを表す数値解析要素の移動を示す概念図
【図7】1本の繊維状のフィラーを表す数値解析要素の破断を示す概念図
【図8】成形終了後の最終的な繊維状のフィラー分布を示す一例である。
【符号の説明】202：キャビティ形状を微小要素で分割した数値解析モデル
203：キャビティに樹脂を注入する位置　301：1本の繊維状フィラーを表す数値解析モデル
302〜306：1本の繊維状フィラーを構成するトラス要素　401：初期フィラー
601：初期の1本の繊維状フィラーの状態　602：上記601から少し時間が経過した状態
603：上記602からさらに少し時間が経過した状態
04：上記603からさらに少し時間が経過し、フィラーが折れた状態
605：隣接するトラス要素間の角度　606：繊維状のフィラーが折れた箇所
701：1本のフィラー

表 52　特許文献　No.P1（一部抜粋）

公開番号(公開日)	特願2008-143111（平20.6.26）	出願番号(出願日)	特願2006-335141（平18.12.12）
発明の名称	ガス溶解度予測方法並びに発泡性樹脂の流動解析方法及びプログラム		
出願人	トヨタ自動車株式会社		
発明者	吉永　誠		

技術内容

【図1】

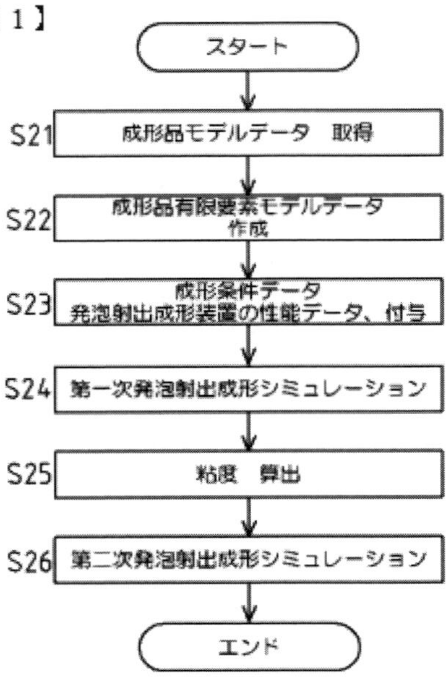

スタート
S21 成形品モデルデータ　取得
S22 成形品有限要素モデルデータ作成
S23 成形条件データ 発泡射出成形装置の性能データ、付与
S24 第一次発泡射出成形シミュレーション
S25 粘度　算出
S26 第二次発泡射出成形シミュレーション
エンド

【図2】

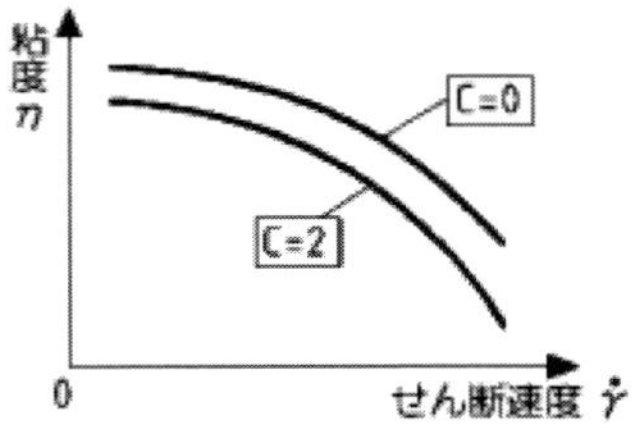

粘度 η
C=0
C=2
0
せん断速度 $\dot{\gamma}$

【図3】

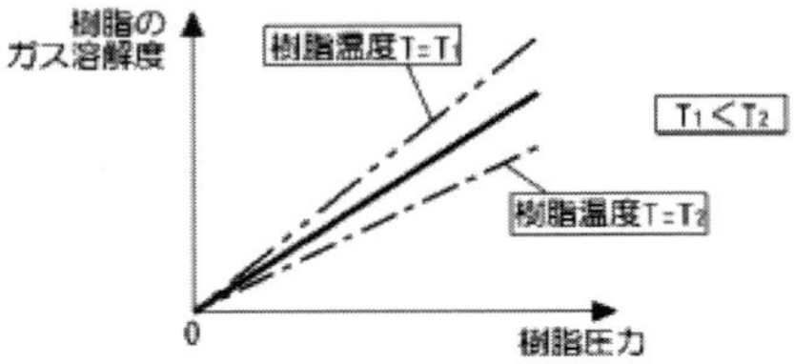

樹脂のガス溶解度
樹脂温度T=T1
$T_1 < T_2$
樹脂温度T=T2
0
樹脂圧力

【図4】

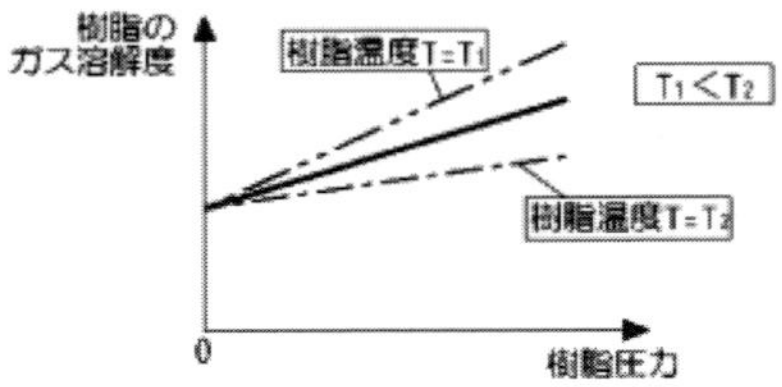

樹脂のガス溶解度
樹脂温度T=T1
$T_1 < T_2$
樹脂温度T=T2
0
樹脂圧力

【図5】

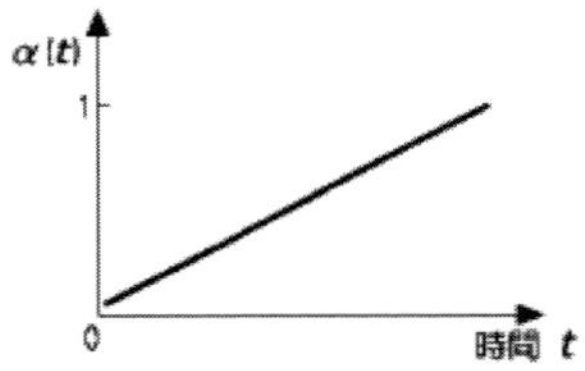

$\alpha(t)$
1
0
時間 t

【図6】

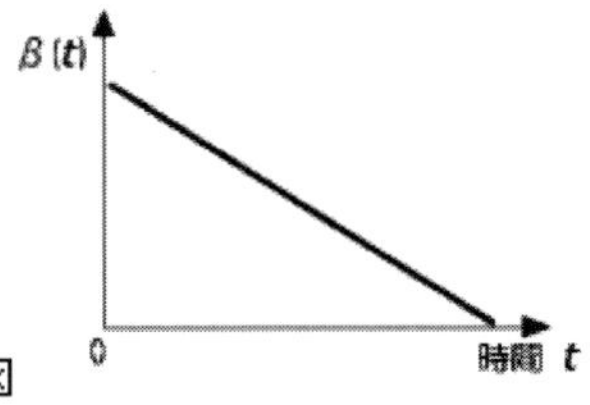

$\beta(t)$
0
時間 t

【図1】本発明の一実施例に係る発泡射出成形シミュレーション方法の流れ図
【図2】発泡性樹脂の粘度とせん断速度との関係を示す図
【図3】ヘンリーの法則に基づく樹脂のガス溶解度を示す図
【図4】本実施例に係る修正溶解度式に基づく樹脂のガス溶解度を示す図
【図5】溶解度低下第一変数 α と時間の関係を示す図
【図6】溶解度低下第二変数 β と時間の関係を示す図

表 53　特許文献　No.P2（一部抜粋）

公開番号（公開日）	特開2008−093860（平20.4.24）	出願番号（出願日）	特願2006−275457（平18.10.6）
発明の名称	発泡射出成形品の品質予測システム、プログラム、及び方法		
出願人	トヨタ自動車株式会社		
発明者	吉永 誠		
技術内容	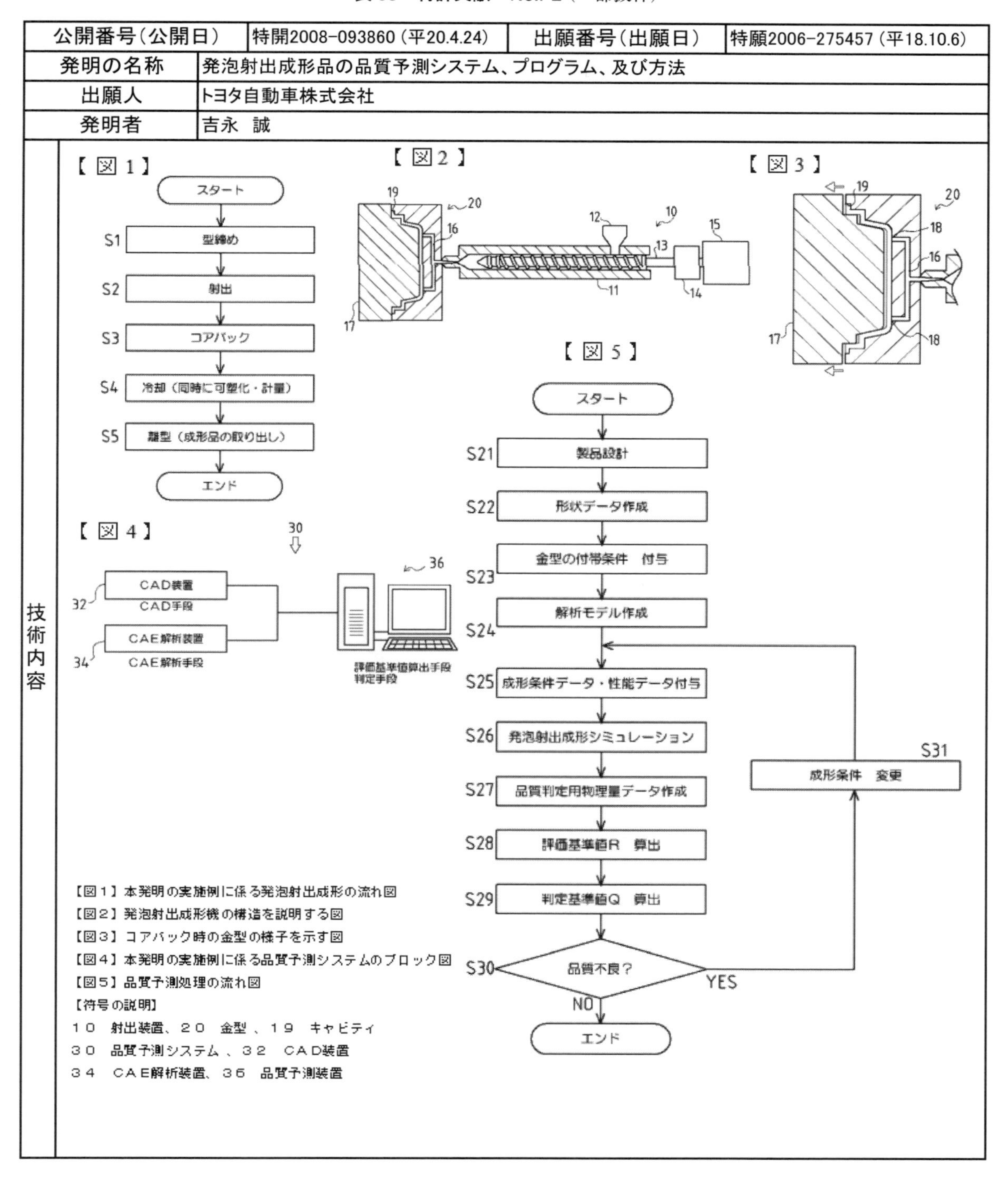		

【図１】本発明の実施例に係る発泡射出成形の流れ図
【図２】発泡射出成形機の構造を説明する図
【図３】コアバック時の金型の様子を示す図
【図４】本発明の実施例に係る品質予測システムのブロック図
【図５】品質予測処理の流れ図
【符号の説明】
１０　射出装置、２０　金型、１９　キャビティ
３０　品質予測システム、３２　ＣＡＤ装置
３４　ＣＡＥ解析装置、３６　品質予測装置

表 54　特許文献　No.Q3（一部抜粋）

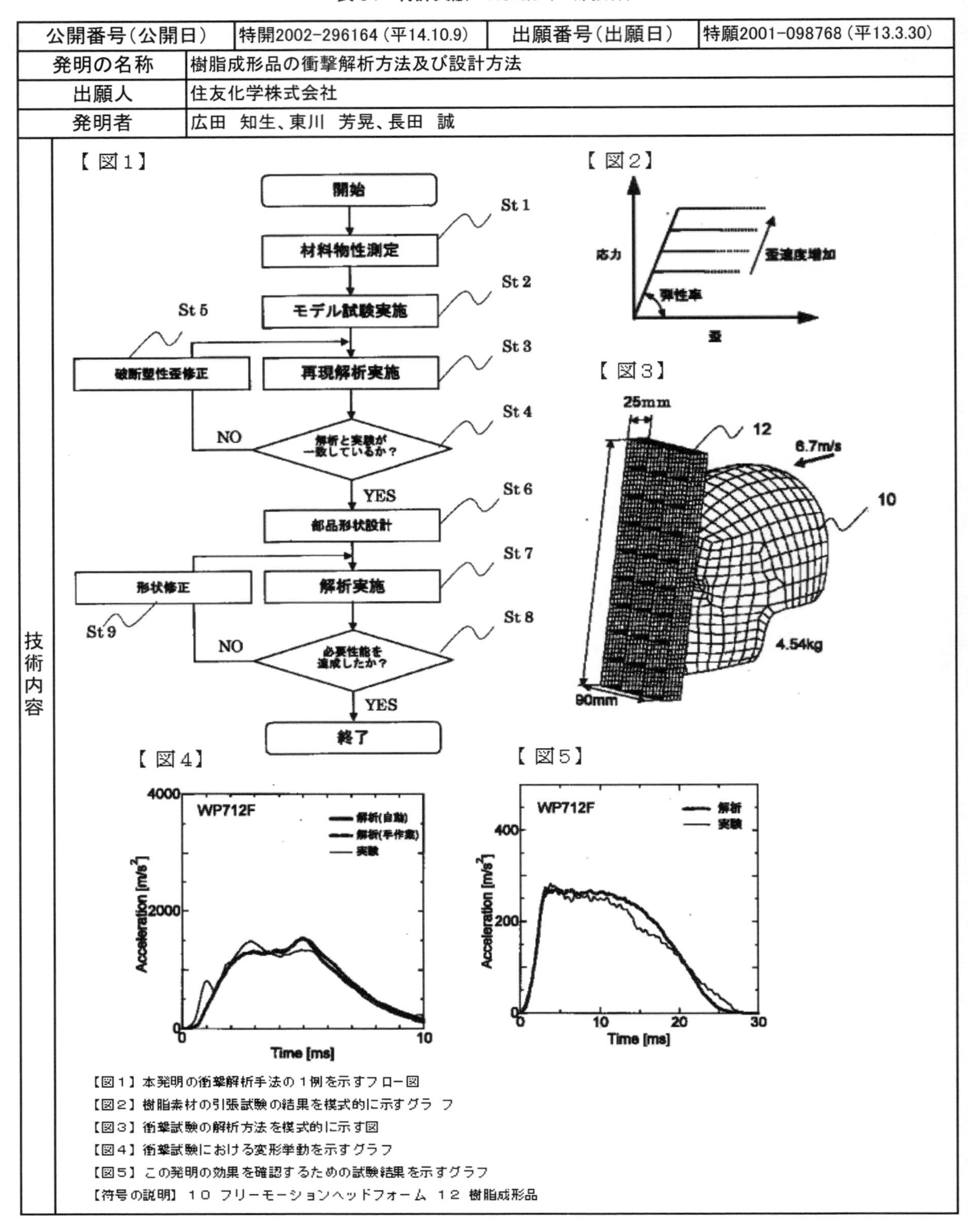

公開番号（公開日）	特開2002-296164（平14.10.9）	出願番号（出願日）	特願2001-098768（平13.3.30）
発明の名称	樹脂成形品の衝撃解析方法及び設計方法		
出願人	住友化学株式会社		
発明者	広田　知生、東川　芳晃、長田　誠		

技術内容

【図１】本発明の衝撃解析手法の１例を示すフロー図

【図２】樹脂素材の引張試験の結果を模式的に示すグラフ

【図３】衝撃試験の解析方法を模式的に示す図

【図４】衝撃試験における変形挙動を示すグラフ

【図５】この発明の効果を確認するための試験結果を示すグラフ

【符号の説明】１０　フリーモーションヘッドフォーム　１２　樹脂成形品

表 55　特許文献　No.R1（一部抜粋）

公開番号（公開日）	特開平09-306112（平9.11.7）	出願番号（出願日）	特願平09-306112（平9.11.7）
発明の名称	エイジフォーミング成形方法		
出願人	川崎重工業株式会社		
発明者	藤原　英世、猪股　晃、奥　康生、飯尾　真也		
技術内容	（下図参照）		

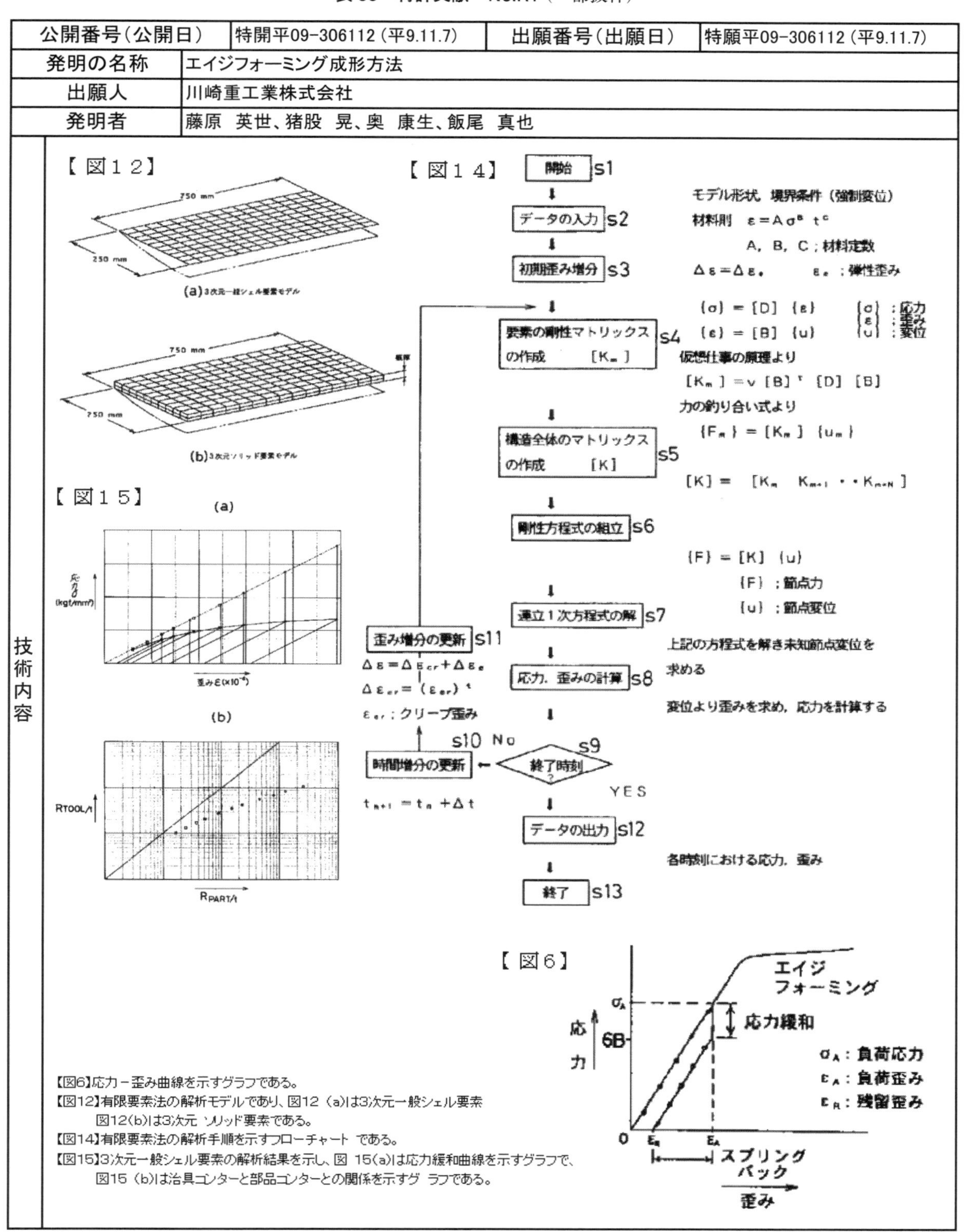

【図6】応力－歪み曲線を示すグラフである。
【図12】有限要素法の解析モデルであり、図12（a）は3次元一般シェル要素
図12（b）は3次元 ソリッド要素である。
【図14】有限要素法の解析手順を示すフローチャート である。
【図15】3次元一般シェル要素の解析結果を示し、図 15（a）は応力緩和曲線を示すグラフで、
図15（b）は治具コンターと部品コンターとの関係を示すグ ラフである。

表 56　特許文献　No.R3（一部抜粋）

公開番号（公開日）	特開2001−153772（平13.6.8）	出願番号（出願日）	特願平11−337068（平11.11.29）
発明の名称	樹脂成形品のクリープ特性解析方法		
出願人	トヨタ自動車株式会社 、関東自動車工業株式会社		
発明者	高原　忠良、陳　俊、杉本　好央		

技術内容

【図1】

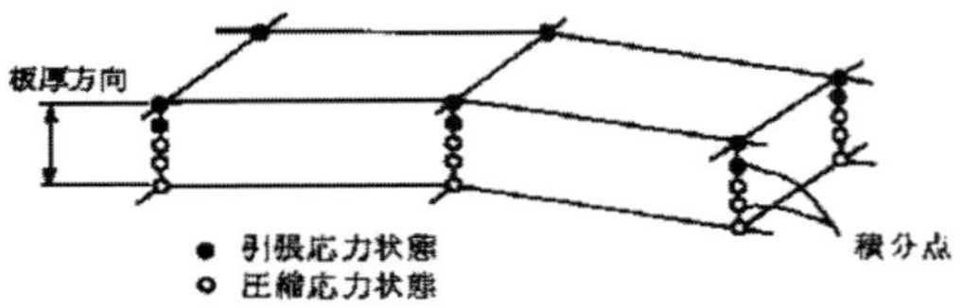
板厚方向
積分点
● 引張応力状態
○ 圧縮応力状態

【図2】

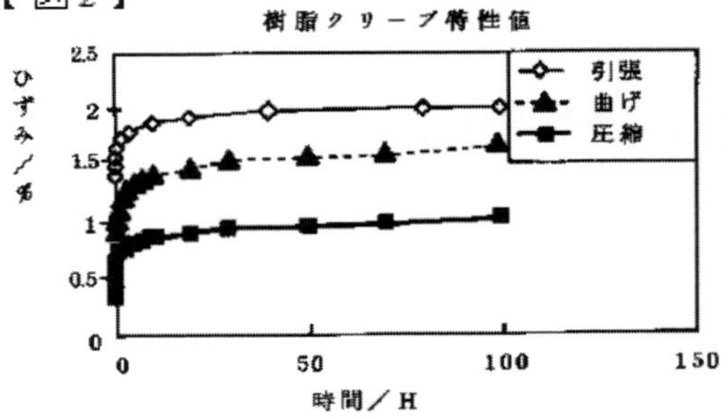
樹脂クリープ特性値
ひずみ／％
2.5
2
1.5
1
0.5
0
0
50
100
150
時間／H
引張
曲げ
圧縮

【図3】

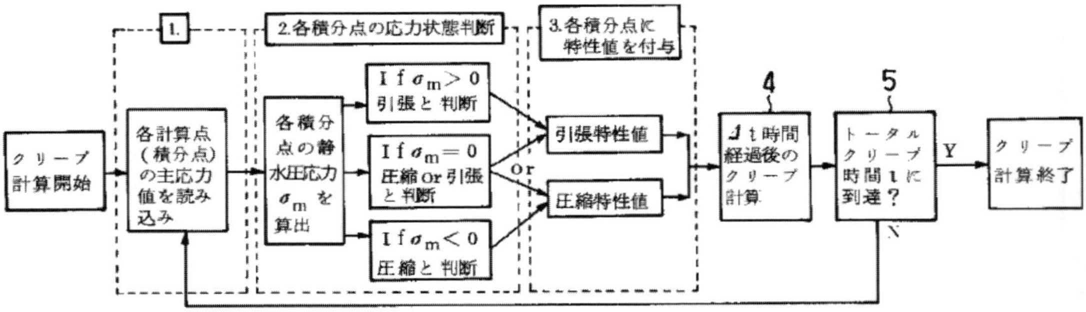
1.
2.各積分点の応力状態判断
3.各積分点に特性値を付与
クリープ計算開始
各計算点（積分点）の主応力値を読み込み
各積分点の静水圧応力σm を算出
I f σm＞0 引張と判断
I f σm＝0 圧縮 or 引張と判断
I f σm＜0 圧縮と判断
or
引張特性値
圧縮特性値
4
Δt 時間経過後のクリープ計算
5
トータルクリープ時間tに到達？
Y
N
クリープ計算終了

【図4】

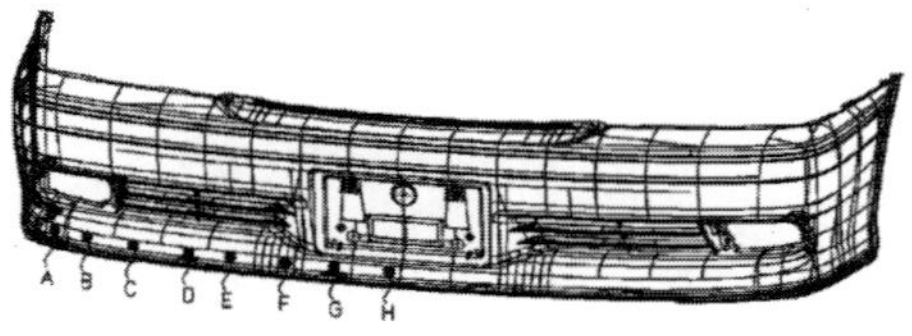
A
B
C
D
E
F
G
H

【図5】

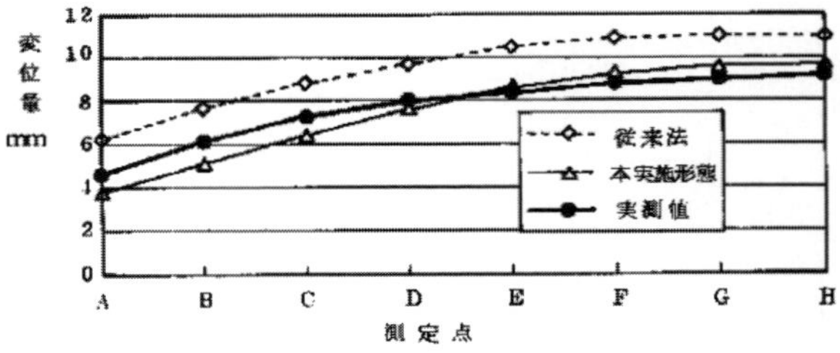
変位量 mm
12
10
8
6
4
2
0
A
B
C
D
E
F
G
H
測定点
従来法
本実施形態
実測値

【図1】　クリープ特性の解析対象の例を示す
【図2】　樹脂成形品のクリープ特性値の例を示す
【図3】　本発明に係る樹脂成形品のクリープ特性解析方法の一実施形態を示す
【図4】　図3に示されたクリープ特性の解析方法の検証に使用した樹脂製バンパを示す
【図5】　図4に示された樹脂製バンパのクリープ特性の解析結果を示す

表 57　特許文献　No.R10（一部抜粋）

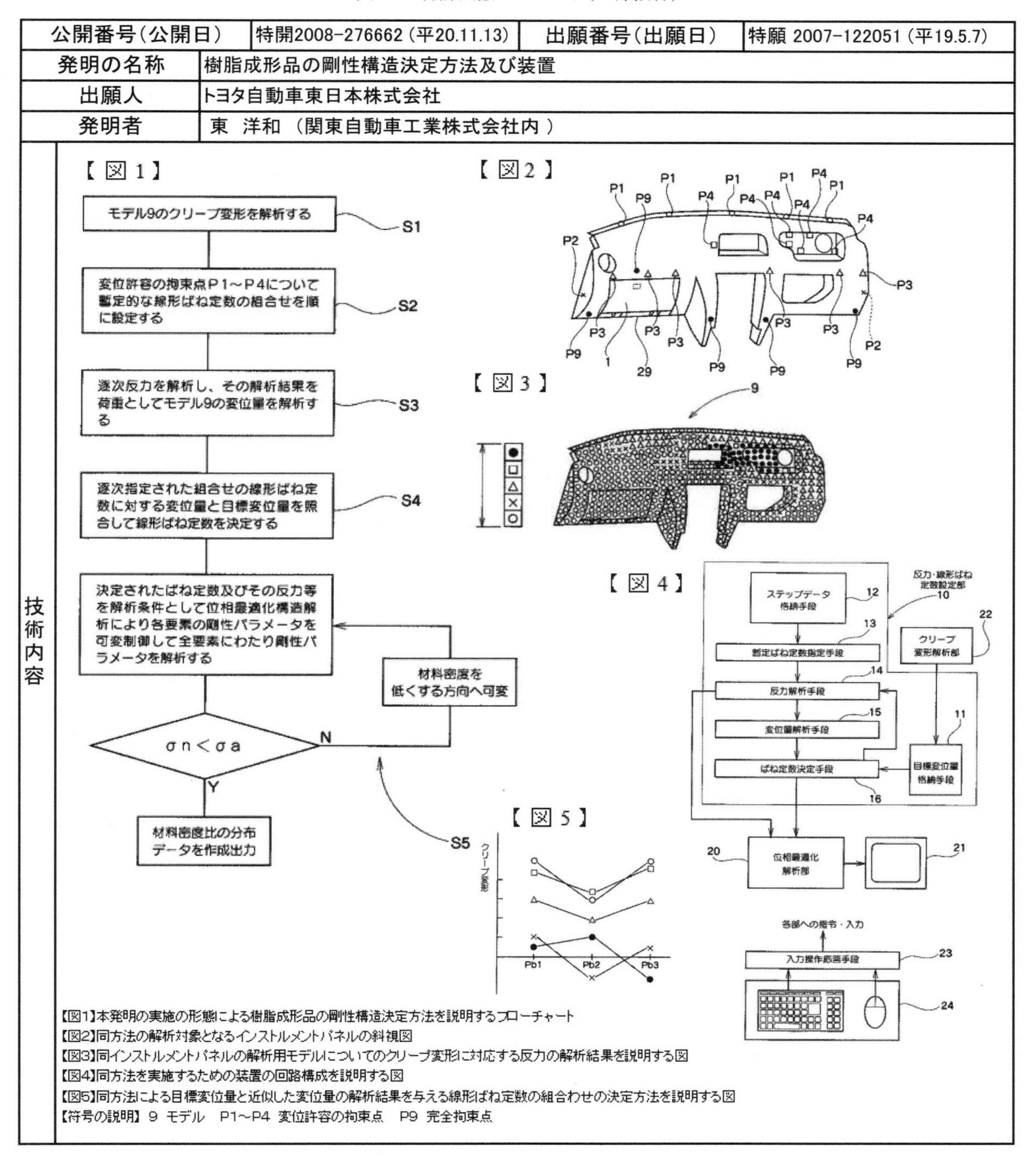

公開番号（公開日）	特開2008-276662（平20.11.13）	出願番号（出願日）	特願 2007-122051（平19.5.7）
発明の名称	樹脂成形品の剛性構造決定方法及び装置		
出願人	トヨタ自動車東日本株式会社		
発明者	東　洋和（関東自動車工業株式会社内）		
技術内容	【図1】【図2】【図3】【図4】【図5】		

【図1】本発明の実施の形態による樹脂成形品の剛性構造決定方法を説明するフローチャート
【図2】同方法の解析対象となるインストルメントパネルの斜視図
【図3】同インストルメントパネルの解析用モデルについてのクリープ変形に対応する反力の解析結果を説明する図
【図4】同方法を実施するための装置の回路構成を説明する図
【図5】同方法による目標変位量と近似した変位量の解析結果を与える線形ばね定数の組合わせの決定方法を説明する図
【符号の説明】９　モデル　P1～P4　変位許容の拘束点　P9　完全拘束点

表 58　特許文献　No.R12（一部抜粋）

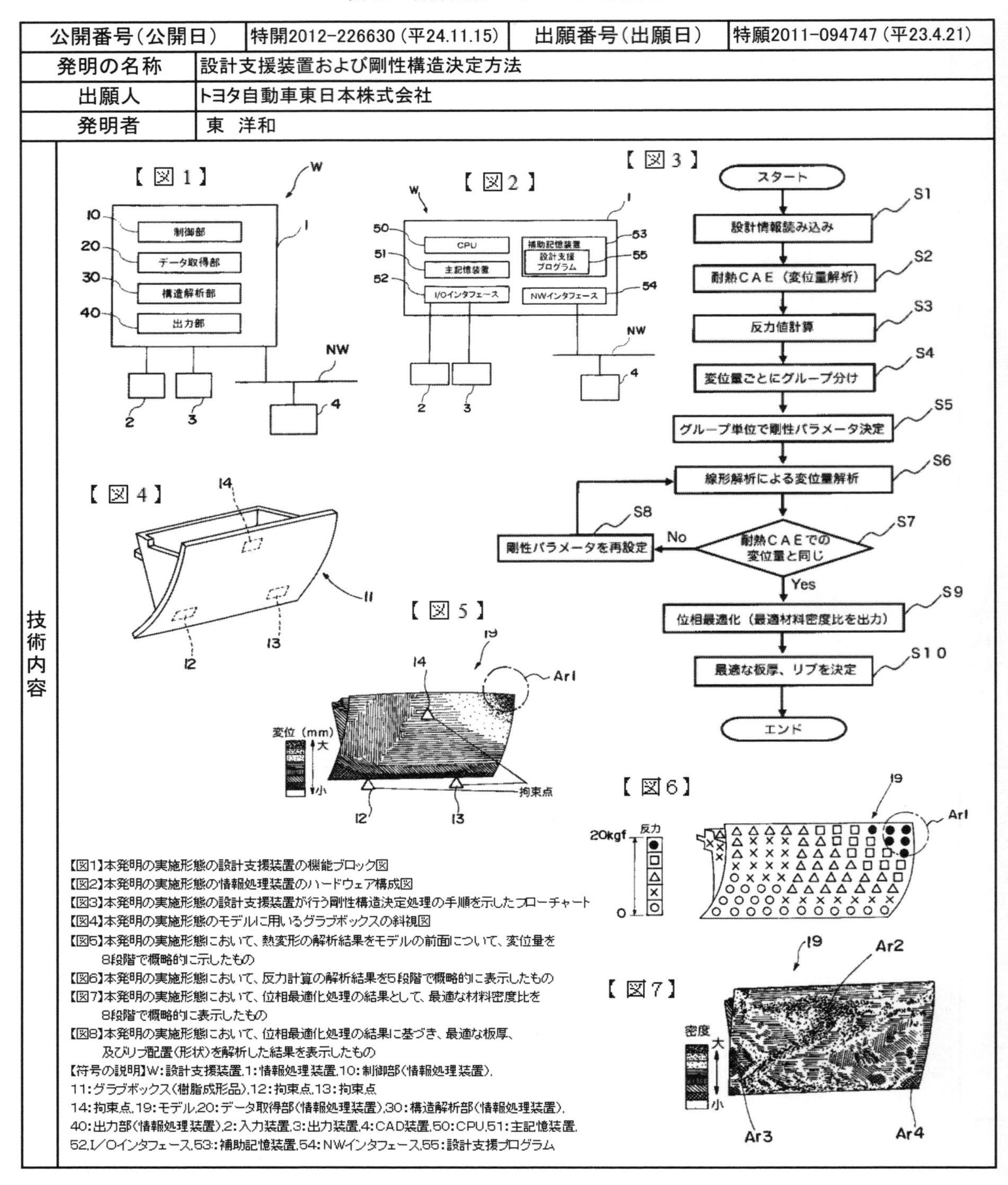

公開番号（公開日）	特開2012-226630（平24.11.15）	出願番号（出願日）	特願2011-094747（平23.4.21）
発明の名称	設計支援装置および剛性構造決定方法		
出願人	トヨタ自動車東日本株式会社		
発明者	東　洋和		
技術内容	下記		

【図1】本発明の実施形態の設計支援装置の機能ブロック図
【図2】本発明の実施形態の情報処理装置のハードウェア構成図
【図3】本発明の実施形態の設計支援装置が行う剛性構造決定処理の手順を示したフローチャート
【図4】本発明の実施形態のモデルに用いるグラブボックスの斜視図
【図5】本発明の実施形態において、熱変形の解析結果をモデルの前面について、変位量を8段階で概略的に示したもの
【図6】本発明の実施形態において、反力計算の解析結果を5段階で概略的に表示したもの
【図7】本発明の実施形態において、位相最適化処理の結果として、最適な材料密度比を8段階で概略的に表示したもの
【図8】本発明の実施形態において、位相最適化処理の結果に基づき、最適な板厚、及びリブ配置（形状）を解析した結果を表示したもの
【符号の説明】W：設計支援装置，1：情報処理装置，10：制御部（情報処理装置），11：グラブボックス（樹脂成形品），12：拘束点，13：拘束点
14：拘束点，19：モデル，20：データ取得部（情報処理装置），30：構造解析部（情報処理装置），40：出力部（情報処理装置），2：入力装置，3：出力装置，4：CAD装置，50：CPU，51：主記憶装置，52，I／Oインタフェース，53：：補助記憶装置，54：NWインタフェース，55：設計支援プログラム

表 59　特許文献　No.S3（一部抜粋）

公開番号（公開日）	特開2010-249532（平22.11.4）	出願番号（出願日）	特願2009-096123（平21.4.10）
発明の名称	応力集中部を有する樹脂成形品における、応力集中部に発生している応力の予測方法、及びクリープ破壊寿命予測方法		
出願人	ポリプラスチックス株式会社		
発明者	藤田　容史、奥泉　了		
技術内容	【図1】【図2】【図3】【図4】【図5】【図6】【図7】【図8】【図9】 【図1】両側に切り欠きのある形状的な応力集中部を備える樹脂試験片を示す図 【図2】形状的な応力集中部を備えない樹脂試験片を示す図 【図3】片側に切り欠きのある形状的な応力集中部を備える樹脂試験片を示す図 【図4】応力集中部を備えるL字型の樹脂試験片を示す図 【図5】基準相関関係導出工程で得られた発生応力と破壊時間との関係、及び第一相関関係算出工程で得られる解析応力と破壊時間との関係を示す図 【図6】補正係数と解析応力との関係を示す図 【図7】曲率半径がR1、R2、R3での補正係数と解析応力との関係を示す図 【図8】近似式の定数部分と曲率半径との間の相関関係を示す図 【図9】応力集中係数と曲率半径との関係を示す図		

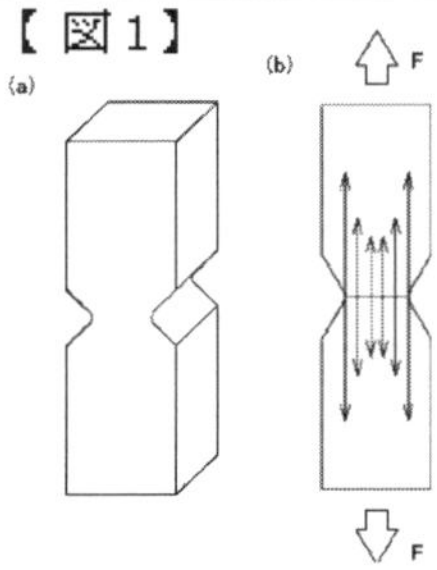

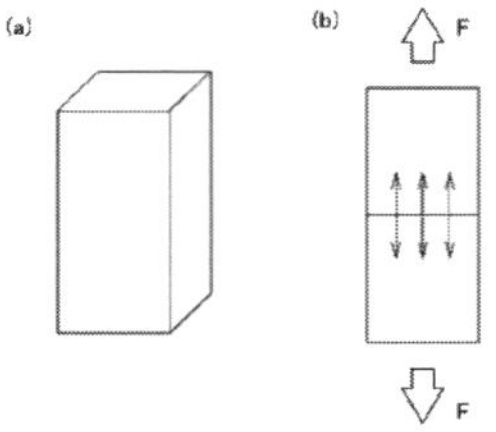

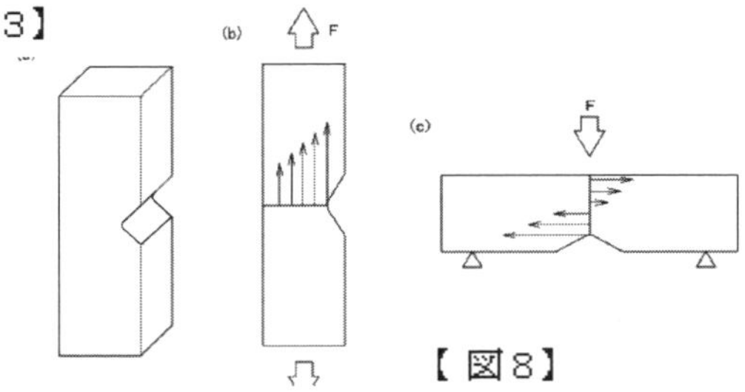

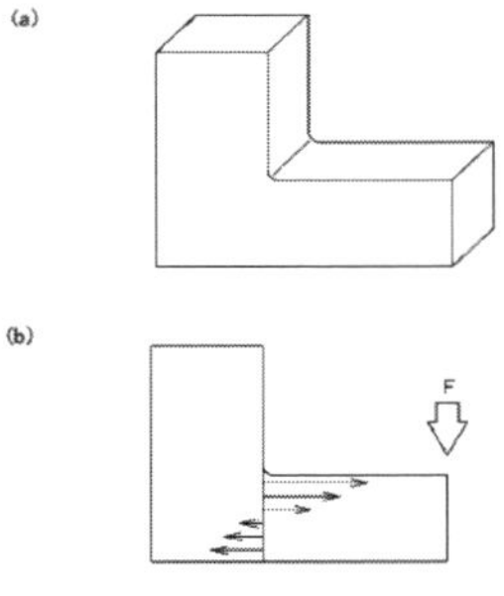

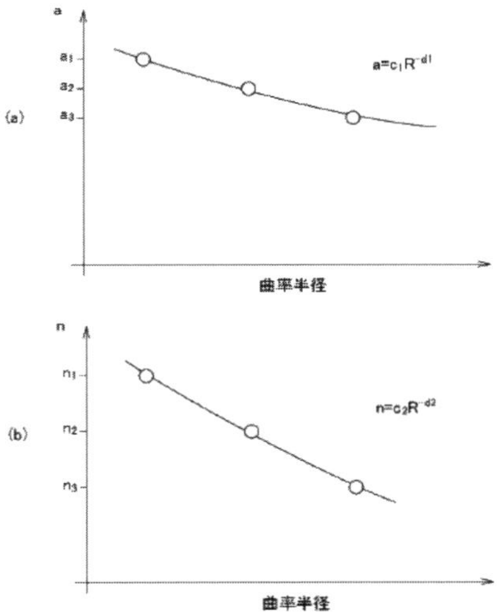

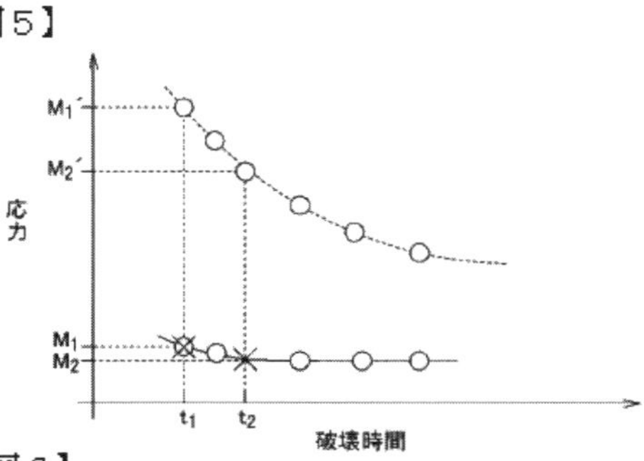

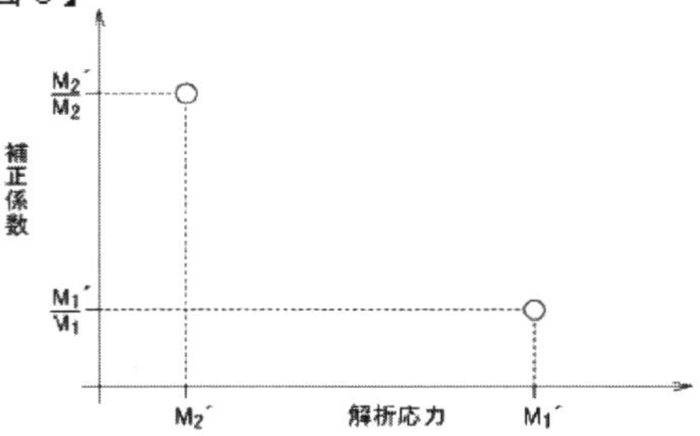

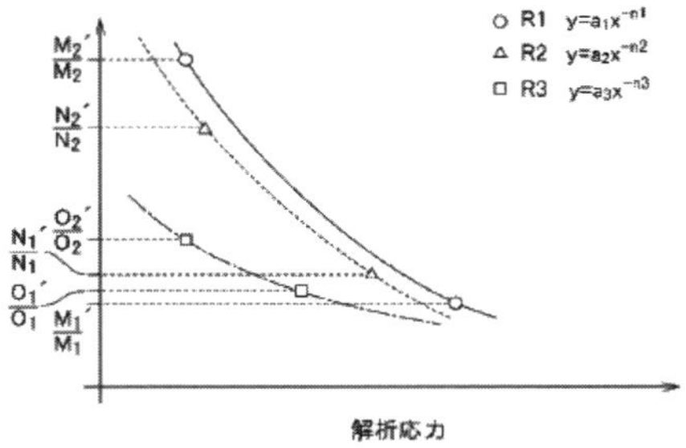

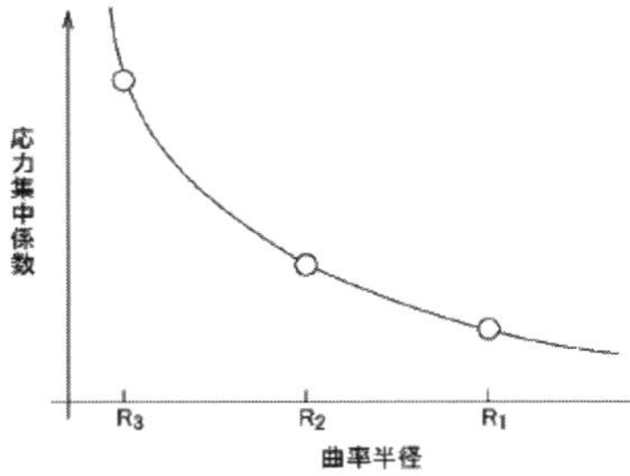

表 60　特許文献　No.T1（一部抜粋）

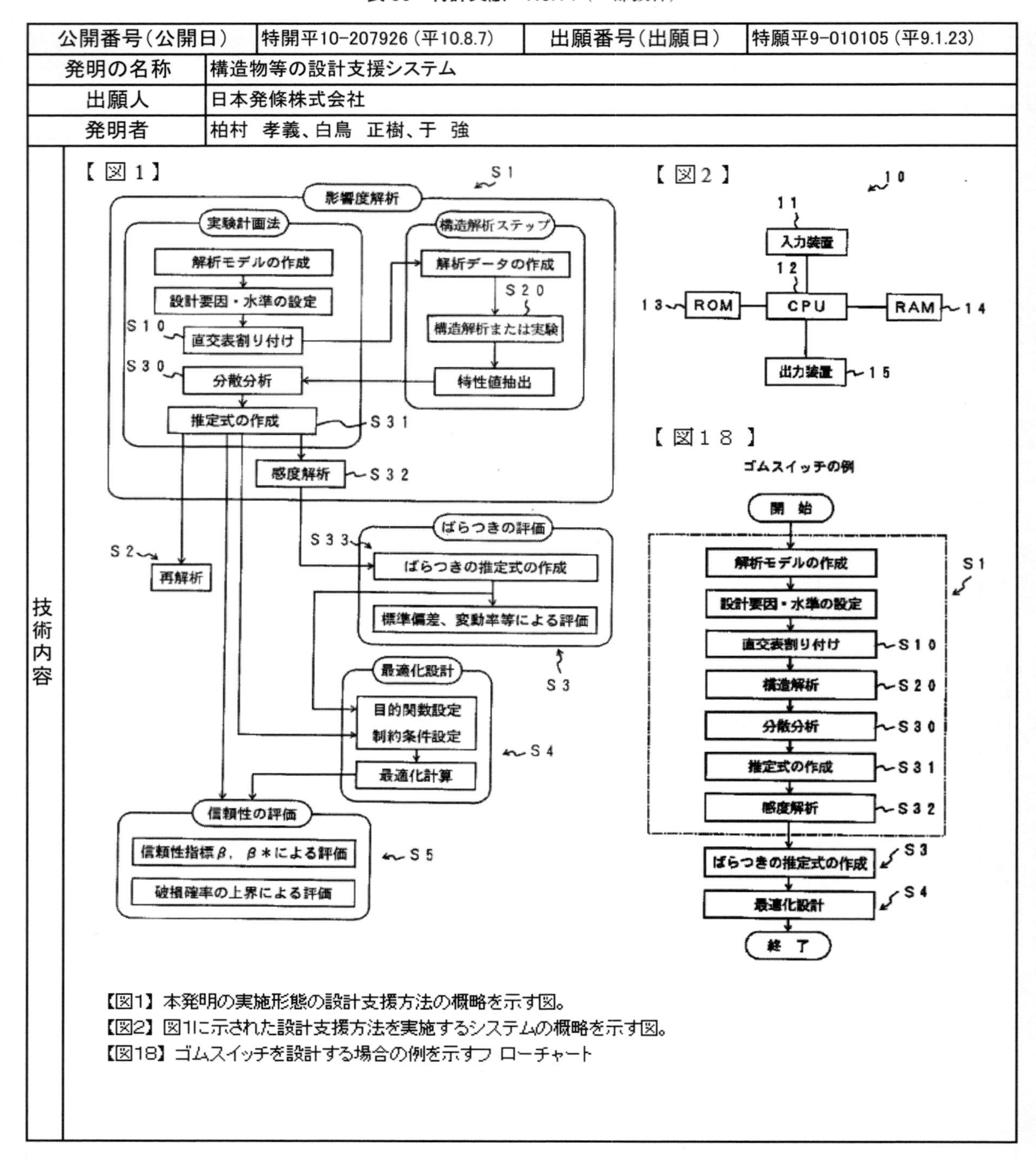

公開番号（公開日）	特開平10-207926（平10.8.7）	出願番号（出願日）	特願平9-010105（平9.1.23）
発明の名称	構造物等の設計支援システム		
出願人	日本発條株式会社		
発明者	柏村　孝義、白鳥　正樹、于　強		
技術内容	【図1】【図2】【図18】（下記）		

【図1】本発明の実施形態の設計支援方法の概略を示す図。
【図2】図1に示された設計支援方法を実施するシステムの概略を示す図。
【図18】ゴムスイッチを設計する場合の例を示すフ ローチャート

表 61　特許文献　No.T2（一部抜粋）

公開番号（公開日）	国際公開番号(WO2004/095320) 国際公開日(平16.11.4) 再公表日(平	出願番号（出願日）	特願特許2004−571067（平15.4.18）
発明の名称	構造物形状の設計システム		
出願人	旭化成ケミカルズ株式会社		
発明者	佐々木　貴徳、山本　敏治、深沢　義人		
技術内容	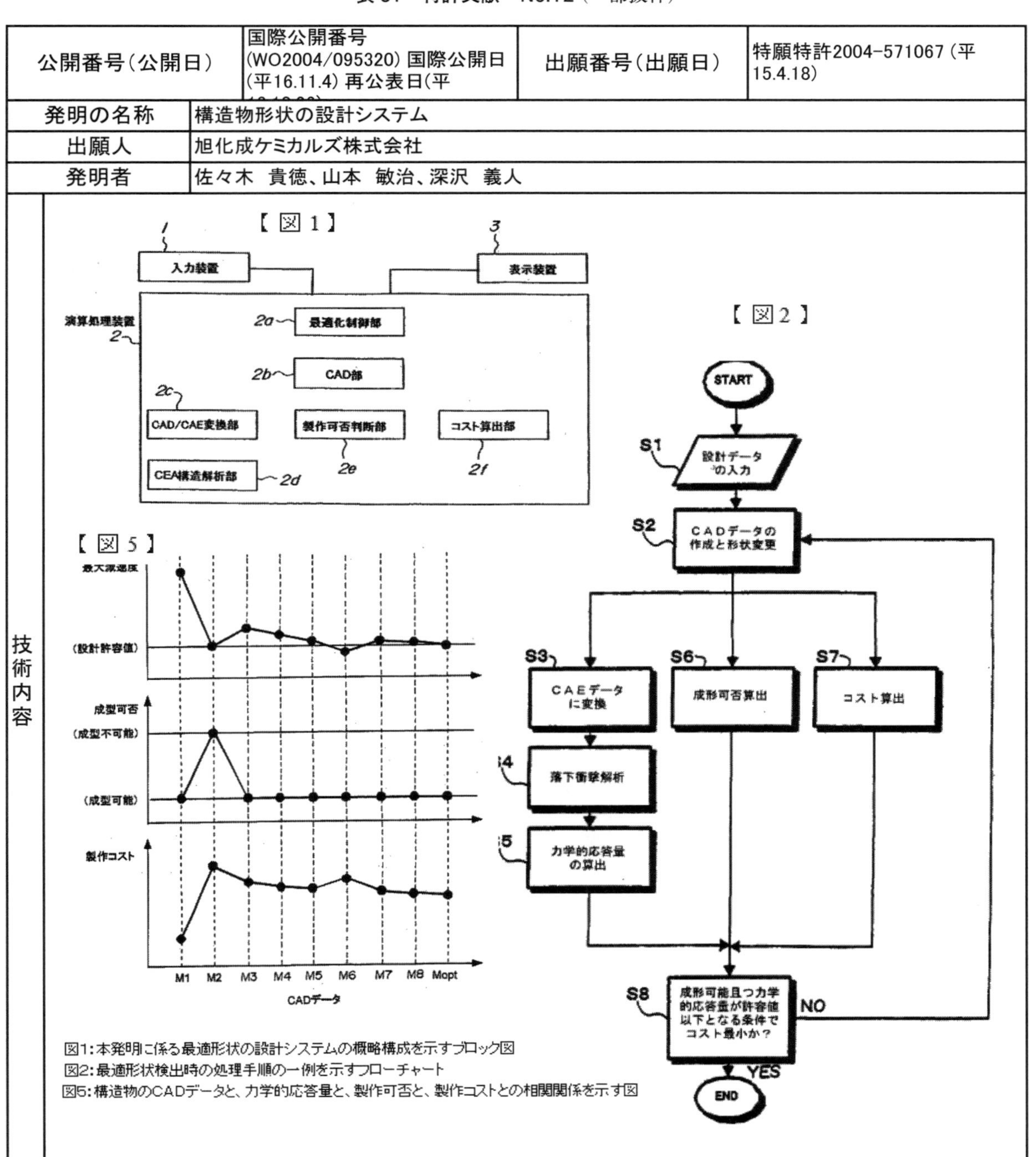		

図1：本発明に係る最適形状の設計システムの概略構成を示すブロック図
図2：最適形状検出時の処理手順の一例を示すフローチャート
図5：構造物のCADデータと、力学的応答量と、製作可否と、製作コストとの相関関係を示す図

世界の中での製造業の競争力の強化である。中核をなす技術は，サイバーフィジカルシステムという概念である。製品や製造工程にかかるあらゆる情報をコンピュータ上の仮想空間上にデジタル情報として再現し，実際の製品や製造工程の状況をリアルタイムで把握し，それらの情報を統合し，最適な生産を実行するシステムを構築することである。本システムを構築するのに必要なツールが，ものづくり現場で必要となる，製品のライフサイクル管理を行うPLM Product Lifecycle Management）ツールの活用である。PLM ツール[45]は，製品の設計から生産，保守までのライフサイクル情報を，デジタル上で管理するツールであるPLMを構成するソフトウェアとしては，CAD（Computer Aided Design），CAM（Computer Aided Manufacturing），CAE，PDM（Product Data Management），DMU（Digital Mock-Up：デジタルモックアップ）等が含まれる。

ドイツや米国において進行中のIoTの活用は，日本の製造業に大きなインパクトを与えており，今後の日本のものづくりにおいても大きな技術革新が進むと思われる。

ただ，その中にあっても，本稿の特許文献で紹介した，製品開発に対する，製品の品質・性能向上や，成形加工技術の向上に対する，個々の課題解決を行う技術開発の積み重ねが重要である。CAE技術は今後ますます重要な役割を果たしていくと考える。AI技術も，近い将来，プラスチックCAEの第3世代，第4世代の技術にとりいれられ，大きく技術的な進歩を促すと思われる。

文　献

1) 相澤龍彦，前川佳徳偏：CAE—新製品開発・設計支援　コンピュータ・ツール—，p.3，共立出版（1988）.
2) Jason R. Lemon：*CAD-Fachgespräch*, GI-10. Jahrestagung, Saarbrücke.pp161-183 Springer Berlin Heidelberg（1980）.
3) http://www.jsme.or.jp/cmd/index-j.html（2016.11.21 参照）.
4) http://www.cae21.org/　（2016.11.21 参照）.
5) スーパーコンピューティング技術産業応用協議会偏：産業界におけるコンピュータ・シミュレーション，pp.156-178，アドバンスソフト出版事業部（2010）.
6) P. Y. Papalamros and D. J. Wide："Principles of Optimal Design"，pp.40-42 Cambridge University Press,（2000）.
7) 日経メカニカル：1994.6.27，P36（1994）.
8) 山川宏編："最適設計ハンドブック"，p.80 朝倉書店，（2003）.
9) 山川宏編："最適設計ハンドブック"，p.297 朝倉書店，（2003）.
10) CAO フロンティア'99資料：Engineous Japan Inc.（1999.11.30）.
11) 横畑英明，佐藤圭峰，和田好隆，田所正，小林謙太，植木義治：マツダ技法，No.31，pp.55-.59（2013）.
12) http://www.nisc.go.jp/conference/cs/kenkyu/dai01/pdf/01shiryou0604.pdf　（2016.11.20 参照）."IoTによる，ものづくりの変革" 経済産業省　製造産業局　平成27年4月　資料6-4，P.10
13) 富澤和廣，松尾佳朋，大槻健，室谷満幸，後藤剛，上月正志：マツダ技法，No.29，pp.8-13（2011）.
14) 森永真一，詫間修治，西村博幸：マツダ技法，No.30，pp.9-13（2012）.
15) http://www.daikyonishikawa.co.jp/jp/technology/flow.html（2016.11.05 参照）.
16) http://www.suiryo.co.jp/3_03_cae.html（2016.11.05 参照）.
17) 岩田輝彦，入口剛典，渡辺健二，鈴木繁生：日立化成テクニカルレポート，No.44，pp.21-24（2005）.
18) 東川芳晃："次世代ポリオレフィン総合研究"，Vol.3 pp.142-149，日本ポリオレフィン総合研究会編（2009）.
19) たとえば，Jacob Fish, Belytschko，山田貴博（監訳），永井学志（訳），松井和己（訳）：有限要素法，丸善株式会社（2008）．/小寺秀俊監修，CAE懇話会関西解析塾テキスト編集グループ著：塾長秘伝有限要素法の学び方—設計現場に必要なCAEの基礎知識—，日刊工業新聞社（2011）.
20) 筒渕雅明，廣田知生，丹羽康仁，島崎泰：住友化学，2011-Ⅱ，pp.26-36（2011）.
21) Charles L.Tucker Ⅲ（Ed.）：CAE, Computer Aided Engineering for Polymer Processing, Hanser Publishers（1989）.
22) 佐久間新：プラスチックス，Vol.**32**，No.3，pp.51-57（1981）．/Colin Austin：プラスチックス，Vol.**33**, No.12，pp.33-36（1982）．/笹谷一志：プラスチック成形技術，Vol.**19**，No.8，pp.33-36（2003）.
23) K.K.Wang：*Plastics World*，Vol.**40**，No.5，p.41

(1982). ／中村健：プラスチックスエージ，Vol.**42**, No.11，pp.116-121 (1996).
24) 木村博：プラスチック加工技術，Vol.**14**，No.6, pp.13-17 (1987).
25) たとえば，Ernest C. Bernhart (Ed.)：CAE, Computer Aided Engineering for Injection Molding, Hanser Publishers (1983). ／Louis T. Manzione (著)，天野修 (訳)：射出成形用 CAE (Applications of Computer Aided Engineering in Injection Molding, 工業調査会 (1989).
26) 桝井捷平，東川芳晃，左海登志雄，菊地利注，臼井信裕，住友化学，1984-Ⅱ，pp.70 (1984).
27) 田中太，中野亮，田中豊喜：プラスチックス，Vol.42，No.11，pp.245-252 (1991)，谷藤真一郎，渡辺一彦，江原賢二：プラスチック成形技術，Vol.**10**, No.8，pp.9-13 (1993).
28) 杉山一久：化学工学会秋季大会研究発表講演要旨集, Vol.25th，Pt.1，pp.132 (1992). ／冨増浩太，富田晋平，湯川浩：ポリファイル，Vol.**45**，No.1，pp.43-48 (2008).
29) 長田誠，菊地利注，中村之人，東川芳晃，原孚尚，住友化学，1992-Ⅱ，pp.68 (1992).
30) 東川芳晃，東賢一，筒渕雅明，榧木毅，下條盛康，住友化学，1995-Ⅰ，pp.75 (1995).
31) 東川芳晃，広田知生，永岡真一，住友化学，2004-Ⅱ pp.15 (2004).
32) 東川芳晃：“プラスチック製品設計，成形加工へのCAE・CAO の適用”，日本機械学会計算力学講演会論文集 (CD-ROM) Vol.23rd.pp.ROMBUNNOF2-4 (2010 年 9 月 22 日).
33) Y.Togawa and T.Hirota：SAE Technical Paper Series 2005-01-1682 (2005).
34) たとえば，一之瀬規世：ポリファイル，Vol.**47**，No.1, pp.41-45 (2010)，／http://www.e-xstream.com/ (2016.12.14 参照)，／ http://cae.jsol.co.jp/product/material/digimat/ (2016.11.30 参 照)，／ http://www.mscsoftware.com/product/digimat (2016.11.30 参照)
35) たとえば，OCTA ホームページ http://octa.jp/，土井正男：日本化学会情報化学部会誌，Vol.**20**，No.3, pp.64-66 (2002).
36) たとえば，増渕雄一：日本化学会情報化学部会誌 Vol.**20**，No.3，pp.88-89 (2002)，増渕雄一：成形加工，Vol.**18**，No.7，pp.489-495 (2002).
37) 斎藤圭一，多田和美，谷藤眞一郎，増渕雄一：成形加工，Vol.**19**.No.6，pp.350-354 (2007).
38) 多田和美：プラスチックスエージ，Vol.**51**No.11, pp.77 (2005).
39) 松岡孝明，高畠淳一，井上良徳，高橋秀郎：高分子論文集，Vol.**48**，No.3，pp.137-144 (1991).
40) 松岡孝明，井上良徳，高畠淳一：高分子論 集，Vol.**48**，No.3，pp.151-157 (1991).
41) 中野亮：成形加工　Vol.**17**，No.10，pp.675-683 (2005).
42) https://www.j-platpat.inpit.go.jp/web/all/top/BTmTopPage
(独立行政法人工業所有権情報・研修館が提供する特許情報プラットフォーム J-Plat Pat)
43) http://www.meti.go.jp/report/whitepaper/mono/2015/honbun_pdf/
経済産業省　2015 年版　ものづくり白書 (PDF 版) (2016 年 12 月 1 日参照).
44) たとえば，https://www.ge.com/digital/predix, http://it.impressbm.co.jp/articles/-/11775
(2016 年 12 月 1 日参照).
45) https://www.plm.automation.siemens.com/ja_jp/
(2016 年 12 月 1 日参照).

第3節　高分子材料の化学発光(ケミルミネッセンス)

京都工芸繊維大学　細田　覚

1　はじめに

化学発光法は日本では食品や生化学分野での研究が先行し，ビールや油脂などの酸化劣化に関する品質管理や受け入れ検査などで実用評価方法として採用されている[1]。また医学分野でも装置開発当初から化学発光の応用についての研究が盛んであり，血中過酸化物測定や生体試料の発光と病気との関係が調べられてきた[2][3]。高感度蛍光検出を利用したがんなどの病理診断[4]への応用や，ヒトの皮膚からの超微弱発光（10〜50 cps）と老化との関係[5]などについても報告されている。一方，高分子材料分野でも基礎研究，応用研究が盛んに行われるようになり，実用的にも劣化評価法としての採用事例が増大しつつある。発光機構解明をさらに進展させ，ほかにないその高感度性を生かして，迅速な評価法としてさらなる普及が期待される。ここでは高分子材料や製品の劣化に関する因子を分類するとともに，各劣化因子と高分子の化学発光との関係について述べ，化学発光の高分子材料の劣化判定への利用法について解説する。高分子材料の化学発光については既に多くの総説があるが，筆者らのものを含め，いくつか最後に挙げたので参照されたい[6)-10)]。

2　高分子のライフサイクルと劣化要因

多くの高分子材料はまず，原料製造工程での高温・剪断という洗礼を受けて誕生し，それ以降，種々の加工工程を経て，製品として使用され，その寿命を終えるまでの間に，各種の劣化要因に晒される（図1）。最近では1回のライフサイクルでは寿命終了とはならず，再使用やリサイクル工程に回され，さらに長く劣化条件下に置かれるようになっている。劣化要因は様々であるが，一般には高温での酸化劣

◆高分子材料の典型的なライフサイクル

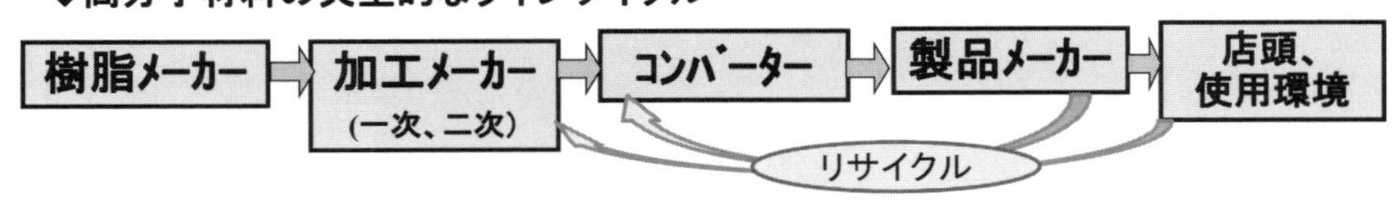

◆高分子材料が各工程で受ける劣化要因

樹脂メーカー	加工メーカー	コンバーター	製品メーカー	店頭、使用環境
・熱 ・剪断	・熱 ・酸素 ・剪断 ・延伸 ・コロナ、プラズマ	・光 ・溶剤 ・延伸 ・熱 ・酸素 ・電磁波	・熱 ・酸素	・光 ・熱 ・機械的外力 ・放射線 ・電気 ・環境剤

◆製品劣化の例

樹脂メーカー	加工メーカー	コンバーター	製品メーカー	店頭、使用環境
原料中のゲル・ぶつ	ﾌｨｯｼｭｱｲ、ぶつ、臭気、着色	欠点、ぶつ 黄変 臭気 印刷・塗装ムラ	異物・欠点 シール不良 臭気	性能・機能の低下 着色・退色 表面荒れ 臭気

図1　高分子製品のライフサイクルと求められる安定性

化，紫外線劣化，機械的剪断力による劣化などが主なものである。その他，使用環境や用途によっては，放射線暴露下や高電圧の印加状態で長期間使用される場合もある。これら劣化要因は，いずれも高分子材料の分子鎖切断や異種結合の生成を伴い，その結果として，高分子製品中にゲルなどの異物を生成し，着色・退色や臭気の発生，そして最終的には製品の物性低下をもたらす。高分子材料・製品の安定性評価は種々の方法で行われているが，一般には長時間を要し，材料や酸化防止剤の開発にとっては安定性の評価が律速になることが多い。したがってより短時間で正確に評価可能な手法の開発が望まれている。

3　ケミルミネッセンスの原理

化学発光は化学反応によって発光が誘起される現象の総称であり，本来，発光体の種類（生物か化学合成物質かなど）を問わないが，蛍など生体の発光を生物発光として別に分類している。また発光を誘起する外的因子が機械的な力，電磁波などであっても，それらが引き起こす分子鎖切断やその後の化学反応が発光源として関与する場合は，これらも化学発光に分類する。**図2**の反応座標において，通常の発熱反応は反応前のA＋Bが活性化エネルギー⊿Eを持つ遷移状態を経て，⊿Hの熱を放出して，安定なC＋Dに至るものである。一部は，⊿Eより小さい⊿E* の活性化エネルギーの遷移状態を経て，励起状態C*＋Dに進み，C* がhνのエネルギーの光を放って基底状態に落ちる。この光が化学発光である。

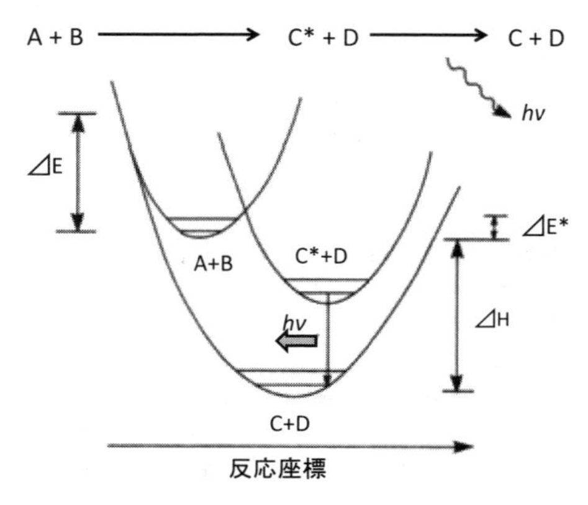

図2　化学発光の反応座標

$f_{CL} = f_C \cdot f_{E^*} \cdot f_F$

f_{CL}；化学発光の量子収率，f_C；生成物の化学反応収率，

f_{E^*}；励起状態分子の生成収率，f_F；励起分子の蛍光量子収率

発光の量子収率（f）は一般に低く，通常の化学反応では 10^{-8} レベルで，発光は微弱なために目には見えないが，蛍の発光は $f=0.88$ と非常に高く，夜空に発光を目で追うことができる。ルミノール反応（$f=0.01$）など，f の高い反応は分析化学の分野では既に応用され，クロマトグラムなどの検出器に用いられている。

10^{-13} W以下のレベルの光では，高電子増倍管の光電面から発する電気信号は測定系の分解可能な時間内でパルス状に計測されるようになる。このような状態を単一光電子事象（single photo-electron event；SPE）と呼ぶが，この状態では光電子増倍管からのパルス数は入射光強度に比例する。これを利用して光子を計測する方法がシングルフォトンカウンティング（SPC）法であり，最近の発光計測装置は高感度の増倍管を利用して，SPC方式を採用している。後述のように光電子増倍管の代わりに，微弱光の二次元検出のデバイスとしての高感度CCDカメラやマイクロチャンネルプレートアレイ（MCP）の貢献は大きい。MCPを数枚重ねて用いることで，荷電粒子を 10^6 倍に増幅できることから，試料中での発光位置を特定できる。

4　化学発光測定技術

4.1　基本技術の進歩

化学発光の測定装置の概略を**図3**に示す。加熱や雰囲気置換（酸素，窒素，アルゴン，空気など）が可能な試料室に入れた試料からの発光を上部にある高感度の光電子増倍管（PMT）や高感度CCDカメ

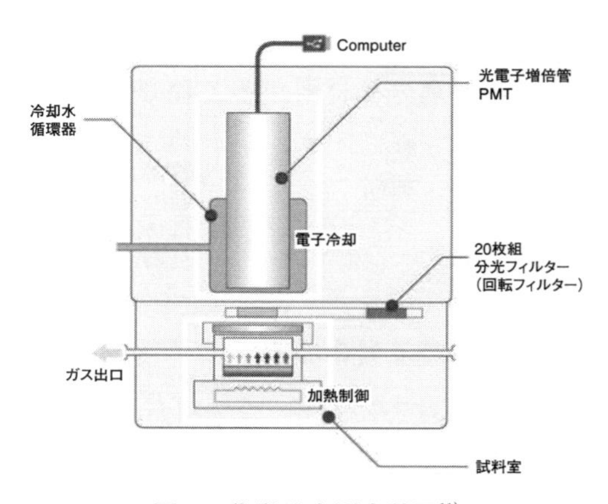

図3　化学発光測定装置[11]

（東北電子産業㈱提供）

ラで受け（図ではPMTのみ描かれている），検出したフォトンを電気的に処理して発光強度として計数される。検出素子は低温で感度が上昇するのでマイナス温度に冷却されている。

化学発光の検出素子は当初，フォトンを受けたPMTに流れる電流値をアナログ的に測定していたが，1980年代には，高感度のPMTの出現により，SPC方式で発光を計測できるようになった。さらに高感度CCDやMCPによる二次元検出器も開発され，試料からの化学発光を画像として捉えることができるようになった。この技術により，試料の酸化部位の特定や試料間の酸化されやすさの差異なども二次元的に捉えることが可能である。

化学発光種の特定のためには発光スペクトルの測定が有用である。一般的には図３にも示すように，多数枚の波長カットフィルターを使ってスペクトルを得られるが，若干，時間が必要であり，酸化反応が速く進む系では工夫が必要となる。一方，回折格子とCCDカメラとの組み合わせにより，リアルタイムで試料からの発光スペクトルを測定するシステムも開発されている[11]。さらに，サバール板偏光干渉光学系とCCDエリアイメージセンサーとを組み合わせたマルチチャンネルフーリエ変換分光方式による分光測定装置が開発された[12]。検出波長域は350～900 nmで，ポリプロピレンなど，樹脂の酸化劣化についての測定例が報告されている[13]。

4.2　高分子材料の化学発光測定技術

高分子材料で化学発光が測定されてから50数年経つが，これまでに発表された主な技術的イベントを**表１**に年代順に挙げた。1961年にAshby[14]がポリプロピレン（PP）の加熱下での発光を初めて測定してから，ポリエチレン（PE）やポリスチレンなどの汎用樹脂の測定例[15) 16]が報告されているが，いずれも検出器がアナログ式で，感度が低いものであった。1970年代に入ると，検出器の発展により，シングルフォトン計測（SPC）による測定が可能になり，感度が格段に上がった[17]。この間に内藤ら[18]はポリマーブレンドの相状態と化学発光との関連を調べるなど，酸化劣化評価とは異なる種類の研究を行っている。さらには，機械的外力下での発光（ストレス誘起発光）がエポキシ樹脂[19]やポリアミド[20]で測定された。1980年代にはPP，PEなどのガンマ線[21]やUV照射による酸化に基づく発光[22]や，PE絶縁ケーブルの電気ストレス下での発光[23]なども測定されるようになった。また1989年に平松ら[24]は樹脂フィルムを透過してきた過酸化物による発光を二次元検出し，初めて化学発光を画像化することに成功した。この頃から二次元検出器としてCCDやMCPが使われるようになり，1990年代以降は，これらの技術による発光のイメージングが一般的に行われるようになった。Flemingら[25]によってポリブタジエンシートのイメージングにより酸化劣化部位の特定が初めて報告されている。筆者らも同様の検出器を用いて，種々の高分子材料の熱酸化時や，機械的，電気的ストレス下での発光のイメージングを行った（**図４**）[26) 27]。山田らはポリカーボネートやポリプロピレンの安定剤による酸化速度の違いをイメージングすることに成功している（**図５**）[10]。

Ceinaら[28) 29]はポリプロピレンの熱酸化過程で，酸化部位が次々と試料中を伝染して拡がっていくという“infection機構”を提唱した。Blakeyらはこの機構をさらに深く検証するために，加熱中の試料のイメージング測定とスペクトル測定[30]を行い，酸化のメカニズムを分子論レベルで解明しようとした。酸化部位が試料中の未酸化部分に伝染していく間は，発光種は脂肪族カルボニルによるもので，変化しないが，試料全体に酸化が行き渡った後の過剰酸化領域では，スペクトルは長波長にシフトしていく。これは酸化反応により既に生成している共役二重結合が関与した発光種による発光としている。谷池らは100試料を同時にイメージング測定できる装置を開発[31]，それぞれの試料の酸化誘導時間を測定し，酸化防止剤のスクリーニングなどに有効であることを示した。各試料はチムニーを立てた試料室に入れられ，雰囲気ガスの流路も工夫して，上記の試料間のinfectionによる酸化が起こらないようにしている。

また酸化時の発光強度測定のみならず，他の測定技術と組み合わせた技術開発例も多い。例えば，装置内にUV光源を備え，チョッパーを用いることでUV光が受光素子に直接入らないタイミングでUVによる光酸化による化学発光を捉えるシステムも報告されている[32]。DSCとの組合せにより，加熱時の試料の熱の出入りを測定し，化学発光強度との関係を調べることも可能である[33]。同様に装置内に延伸機や電圧印加装置を備えて，試料に機械的ストレスや電気的ストレスを加えながら，発光を計測する技術なども開発されている。また加熱酸化時の発光強

表1　化学発光の高分子材料への応用（測定材料と測定技術の推移）

年代	研究者	材料	技術・分野
1961	Ashby	PP	熱酸化　(アナログ方式)
1964	Shard, Russel	PE, PP, PS,等	熱酸化　(アナログ方式)
1965	Reich, Stivala	PP，等	熱酸化　(アナログ方式)
1976	Mendenhall	PBd (r.t.)	熱酸化　(SPC方式，以下同じ)
1979	Naito, Kwey	PS/PVME, PBd/PS	ブレンド相溶性
1981	Richardson	ｴﾎﾟｷｼ樹脂	機械ストレス誘起発光　(SICL)
1982	George	PA6,6繊維	SICL
1985	Yoshii	PP	γ線照射後の試料からの発光
1986	Osawa	PS, 等	UV照射後の試料からの発光
1987	Bamji	PE絶縁ｹｰﾌﾞﾙ	電気ストレス印加時の発光
1989	Hiramatsu	PS, PMMA	イメージング (ﾌｨﾙﾑ透過過酸化物)　(CCD)
1992	Fleming, Craig	OH化PBd	熱酸化イメージング　(MCP, CCD)
1993	Hosoda, Kihara, Seki	PA6，SBS，等	SICL　イメージング　(MCP, CCD)
1993	Gromek, Derrick	絹	UV照射とCL測定との組合わせ
1993	Scheirs, Billingham	N-ﾋﾞﾆﾙﾋﾟﾛﾘﾄﾞﾝ	DSCとCL測定との組合わせ
1995	Celina	PP	不均一酸化（infection）機構提唱、ｲﾒｰｼﾞﾝｸﾞ
1997	Osawa	i-PP, s-PP	熱酸化。syndio-PPがiso-PPよりも安定。
1999	Tiemblo	i-PP	CL強度とCLｽﾍﾟｸﾄﾙの同時測定。infection酸化機構。
1999	Ahlblad	EPDM	Infection酸化機構提案。低分子酸化物同定
2001	Blakey, George	PP	FT-IR発光ｽﾍﾟｸﾄﾙとCL強度の同時測定。発光機構。
2003	Hamskog	PP	ｲﾒｰｼﾞﾝｸﾞ（24試料同時測定）
2006	Gijsman	PP	酸素吸収とCLｲﾒｰｼﾞﾝｸﾞ同時測定
2006	Celina	PP	Dual試料室による試料間の酸化伝染確認
2008	Millington	Silk, cotton, PA6	In-situで光照射／光誘起CL
2012	Hironiawa,　Yano	γ線EPDM、PP	ﾌｰﾘｴ変換CL(2008年発表）による高分子の測定
2015	Aratani,　Terano Taniike	PP	100試料同時測定ｲﾒｰｼﾞﾝｸﾞ（酸化防止剤、OIT）

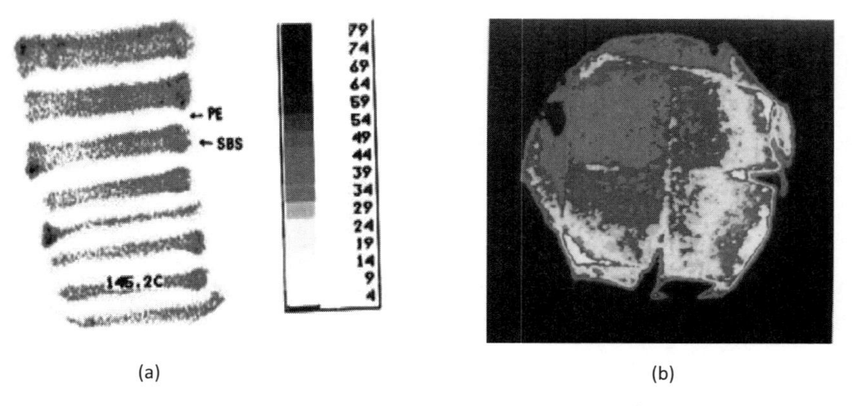

図4　高分子材料の化学発光イメージング[26)]

雰囲気：空気中。
(a) ポリエチレン (PE) / スチレン－ブタジエントリブロック共重合体 (SBS) 積層シート。各層の厚さは 100 μm，測定温度；145 ℃
(b) ナイロン 6 シート (2 cm×2 cm；室温で数回，中央で折り目が直行するように折り曲げたもの)。測定温度；100 ℃。

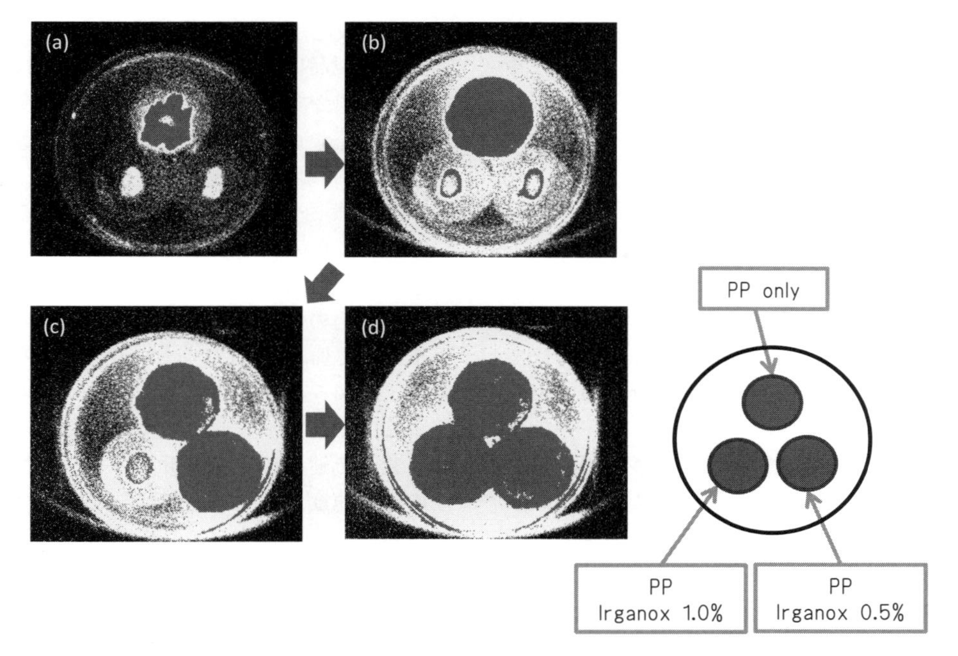

図５　ポリプロピレンの酸化反応のイメージング[10)]

試料；PP 原料と Irganox1010 をそれぞれ 0.5%，1.0% 添加した PP
測定条件；酸素雰囲気，200 ℃ (時間の経過は (a) → (b) → (c) → (d) の順
(図 10 の発光経時変化参照)

度の経時変化とその時の発光スペクトル[34)]や赤外発光スペクトル[35)]を同時に測定する技術も開発されている。

5　高分子材料の化学発光スキーム

高分子材料の劣化要因としては，前述のように種々のものがある。熱と光による劣化はその最も典型的なものであるが，その他にも，放射線，機械的外力，電気的ストレスなどが挙げられる。これらの外的要因に基づき，その内部では分子鎖の切断，水素引抜きなどが起き，アルキルラジカル (R·) を生じる。これは容易に空気中の酸素と反応して過酸化ラジカル (ROO·) を生成する。ROO· とポリマー (R) や ROO· どうしの反応などが連鎖的に起こるが，なかでも ROO· どうしの２分子停止反応は，他の反応に比べて小さな活性化エネルギー (12 kJ/mol) と大きな発熱 (462 kJ/mol) を伴い，励起状態のカルボニルを生成しうる。炭化水素ポリマーの自動酸化時に一重項酸素や励起カルボニルが検出されており，この一重項酸素や励起状態のカルボニルが基底状態に遷移する時に発する光が化学発光の原因とする説 (Russell 機構) が現在では最も有力となっている。**図６**に，George らの素反応モデル[36)]に従って高分子材料の化学発光過程を簡略化して示した。この図からわかるように，UV 吸収剤やラジカル補足能を持つ酸化防止剤が作用すれば，結果的に R・の生成濃度を減少させる。また過酸化物分解作用を持つ安定剤が作用すれば ROO· 濃度を減らす。これらは励起カルボニル濃度の減少をもたらし，化

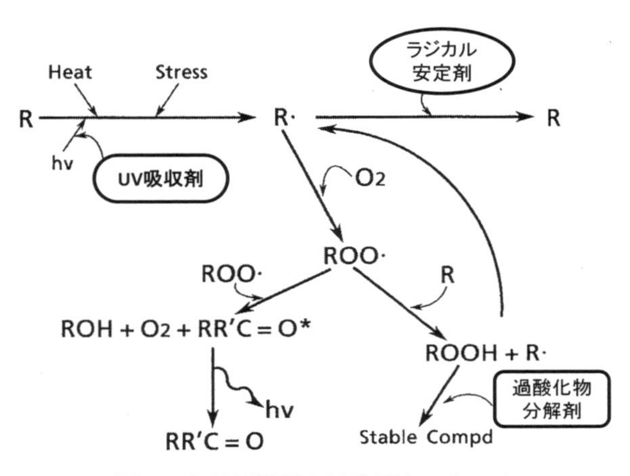

図６　高分子材料の酸化反応スキーム

学発光強度を弱める結果になる。このことから，化学発光強度を測定することで，樹脂本来の安定性や安定剤の効果が評価できることになる。

6　高分子の耐久性評価法としての化学発光

高分子の安定性（耐久性）には，図1に示す高分子のライフサイクルの中で，大きく分けてプロセス安定性とサービス安定性の2種類がある。前者は，高分子が製造されるところから製品になるまでの間の種々の加工工程で熱や剪断力，高エネルギー線などによる劣化に対する安定性である。多くの場合，高分子は溶融状態での剪断や延伸力を受ける結果，分子鎖切断によるラジカルの発生と，その後の酸素との反応による過酸化ラジカルの発生が劣化の開始点となる。加工工程で劣化要因に晒されている時間は数十秒から数分程度になり，この間の劣化を極力避けるための処方が施される。一方，サービス安定性は高分子製品が実際に使用される環境下で求められる耐久性である。屋外使用による紫外線劣化，放射線暴露下での使用による放射線劣化，機械的外力や電圧印加による劣化などに対する数年から数十年レベルの長期耐久性が求められ，一般に高度な安定剤処方が施される。

この中で，機械的外力による高分子の変形については，結晶性高分子のタイ分子の切断や，歪みに伴う分子摩擦による発熱を伴い，これらの結果，空気中であれば，分子鎖切断→ラジカル生成→過酸化ラジカル生成→化学発光，という過程をたどるものと考えられる。また非晶性高分子において，破断による新しい表面形成による発光が見られることがある。クラックの伸展中に，極めて小さな空間に高濃度でエネルギーが蓄積されることによる発光で，絶縁物質では表面形成時に＋/－に分離した電荷の再結合によるものと考えられている（Fracto-Emission）。電圧印加による発光では，電界により加速された注入電子による高分子鎖の切断とラジカル発生から酸化による化学発光の場合と，電界により励起した物質のエネルギーを光として放出するエレクトロルミネッセンスの場合がある。ここでは，上述の各劣化要因に対して，化学発光の劣化評価法としての利用方法について述べる。

6.1　熱酸化

高分子製品は空気中で徐々に酸化され，長期間のうちに品質が劣化していくが，その速度は一般にきわめて遅く，通常の測定法では検出が難しい。したがって高温のオーブンなどに入れて劣化を促進させて，機械強度や色相の変化を評価することが一般的に行われている。これらの従来の評価指標と、酸化反応に伴う微弱発光との関係を調べることが、化学発光の活用のための基礎検討として重要である。

空気中で加温下，PP などの化学発光を経時で測定すると，図5のように初期にピーク強度に達した後，減衰し，やがて一定値を示す。筆者らは発光強度の時間変化を速度論的に解析し，ピーク強度，ピーク後の減衰速度，平衡状態強度などがそれぞれ劣化機構において意味するところを明らかにし，これらの速度論的パラメーターが高分子材料の酸化劣化の評価に利用できることを明らかにした[37)38)]。**図7**の素反応モデルに従えば，発光強度 I_{CL} は ROO・の2分子停止反応と発光効率（f）の積に比例すると考えられる。ここに［ROO・］は過酸化ラジカル濃度，k_b は2分子停止反応速度である。

$$I_{CL} = f k_b [\mathrm{ROO\cdot}]^2 \tag{1}$$

R_i を ROO・の生成速度とすると次式が成立する。試料が一定温度で加熱され，平衡状態にあるとすると，

$$d[\mathrm{ROO\cdot}]/dt = R_i - k_b [\mathrm{ROO\cdot}]^2 \tag{2}$$

ROO・の生成速度とその2分子停止による消滅速度が等しくなり，式(1)，(2)より式(3)が導かれる。ここで I_s は平衡状態での発光強度である。つまり平衡状態の発光強度を測定することによって材料の酸化速度に関する指標を得ることができる。**図8**に PP 試料について示すように，I_s は安定剤の濃度の増大とともに低下し，安定剤の種類による性能差をも反映する。また**図9**に示すように，I_s はギアオーブンライフ（τ_{GO}）の逆数とも良い相関関係を示し（I_s が小さいものほど τ_{GO} が長い），試料の空気中での酸化に対する安定性の評価指標となりうる。

$$I_s = f k_b [\mathrm{ROO\cdot}]^2 = f R_i \tag{3}$$

試料中の安定剤消費による枯渇によって，それまで保っていた自動酸化のバランスが崩れたり，高濃度に蓄積されたハイドロパーオキシド（ROOH）が過飽和になり，分解が始まると，急激に発光強度が増

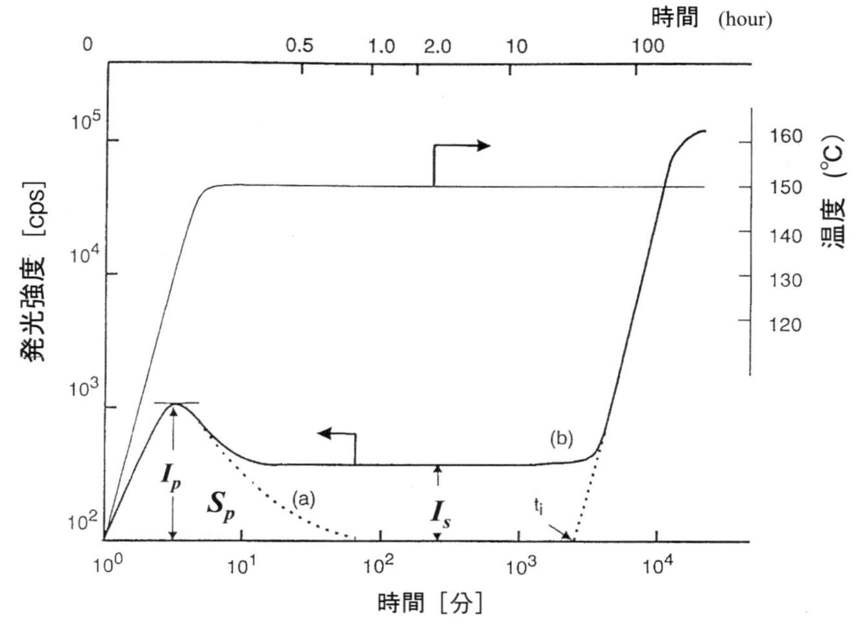

図７　加熱下での典型的な化学発光の経時変化[7)]

試料；PP シート，測定雰囲気；(a) アルゴン中，(b) 空気中

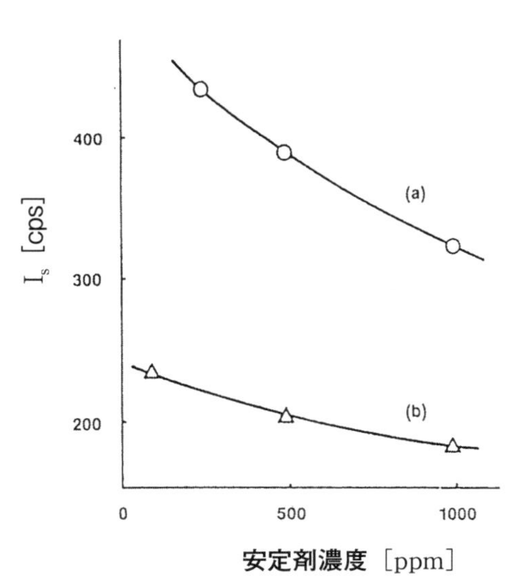

図８　化学発光の平衡強度(I_s)と安定剤濃度[37) 38)]

試料；ポリプロピレン，
安定剤；(a) フェノール系 PH-1，(b) フェノール系 PH-2

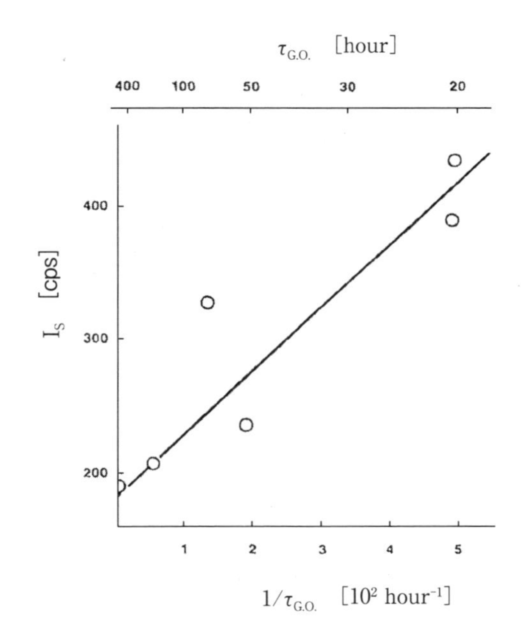

図９　平衡発光強度とギアオーブンライフ($\tau_{g.o.}$)との関係[37) 38)]

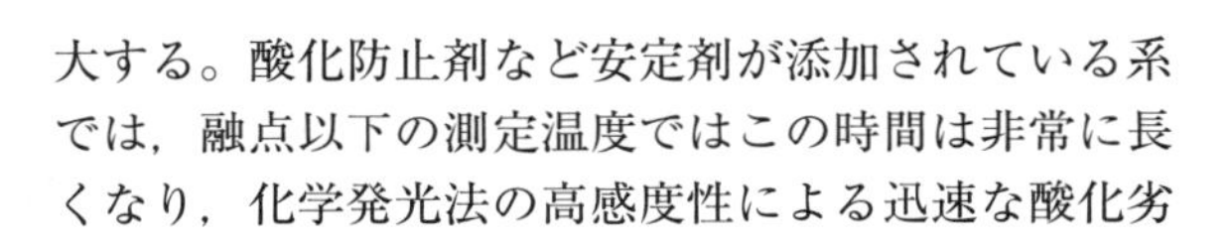

大する。酸化防止剤など安定剤が添加されている系では，融点以下の測定温度ではこの時間は非常に長くなり，化学発光法の高感度性による迅速な酸化劣化の検知という優位性を十分に活かせる指標ではないが，従来から行われている DSC の酸化誘導時間（OIT）による判定にならい，この急激に強度が立ち

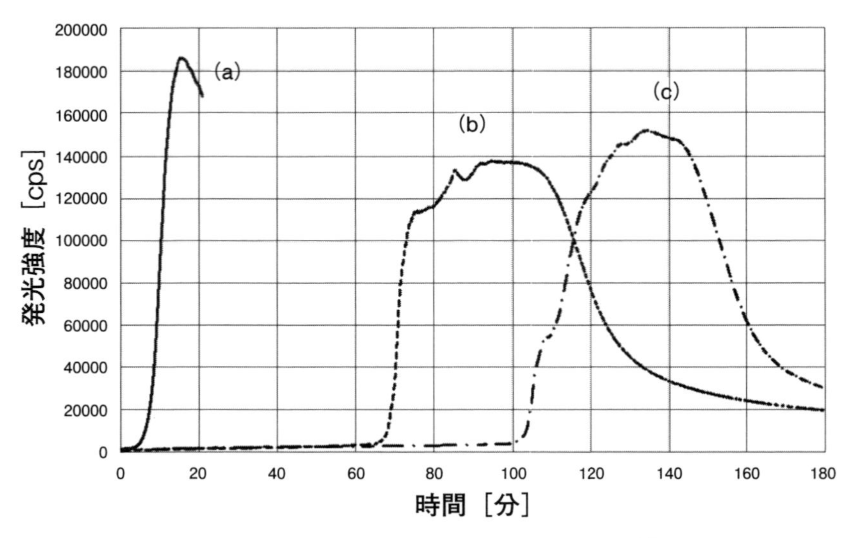

図 10　酸化反応に伴う化学発光の経時変化[11)]

(a) 原料ポリプロピレン，(b) Irganox1010；0.5％添加 PP，(c) Irganox1010；1.0％添加 PP
測定条件；酸素雰囲気，温度；200 ℃

上がる時間を化学発光法の OIT として、材料の安定性や酸化防止剤の性能評価に用いることもある。**図 10** には，反応を促進するために溶融状態（200 ℃）で，酸素 100％の雰囲気中でポリプロピレンの酸化発光を測定した例を示す。このような条件であれば，比較的短時間の測定で，酸化防止剤濃度の増大とともに，発光の立ち上がり時間が遅れていくことがわかる。ポリプロピレンの融点以下で測定温度を数点変えて，この立ち上がり時間を測定し，常温へ外挿することで，常温において材料の急速な酸化が始まる時間（一種の材料寿命と考える）を予測することもできる[39)]。

不活性ガス中では $R_i=0$ であるから，(2)式は $d[\mathrm{ROO\cdot}]/dt=-k_b[\mathrm{ROO\cdot}]^2$ となり，次式が得られる。ここに C_0 は過酸化ラジカルの初期濃度である。つまり CL 強度の逆数の平方根が時間に比例し，傾きが過酸化ラジカルの 2 分子停止反応の起こりやすさを，切片と傾きから測定前の試料の過酸化物濃度（C_0）に関係する指標が得られる。

$$1/\sqrt{I_{CL}}=t\sqrt{k_b/f}+1/(C_0\sqrt{fk_b}) \tag{4}$$

すなわち，C_0 が大きいほど測定前の試料の酸化度が進んでいることを表し，化学発光の時間変化曲線の初期ピーク強度や面積を測定することで，試料のそれまでの酸化劣化度を判定できることになる。**図 11** に押出機を複数回通して劣化させたポリプロピレンの窒素中での化学発光強度を示す[10)]。窒素中であり，測定中の酸化は起こっていないと考えられ，発光は試料が測定前に有していた過酸化物の反応に基づく。同図から押出し回数が増えるにつれて酸化劣化が進んでいることがわかる。

また空気中で加熱酸化させたポリエチレンのアルゴン中での化学発光強度を**図 12** に示す。加熱時間とともに試料中の過酸化物が増えていることがわかる。同試料の(4)式によるプロットの傾きから求めた CL 強度減衰速度は**表 2** に示すように，加熱時間が長いものほど遅い。各試料の NMR による非晶部のプロトンのスピン－スピン緩和時間（T_2）は加熱時間が長いものほど短く（運動性が悪い），**図 13** のように，発光の減衰速度と非晶部の T_2 との間に直線関係が見られる。この結果から，加熱下での架橋による分子運動性の低下により，過酸化物の 2 分子停止反応が遅くなっているものと考えられる[38)]。

試料に過酸化物分解型の安定剤が含まれている場合，過酸化物の分解速度定数を k'_d とすると，(2)式は(5)式のように表される。不活性ガス中（$R_i=0$）で k'_d の異なる場合をシミュレーションすると，発光強度の 2 乗根の逆数の時間に対するプロットが直線になり，過酸化物分解能の高いものほど傾きが大きくなる。リン系やイオウ系の過酸化物分解剤を含むポリプロピレンについての測定例を**図 14** に示す。

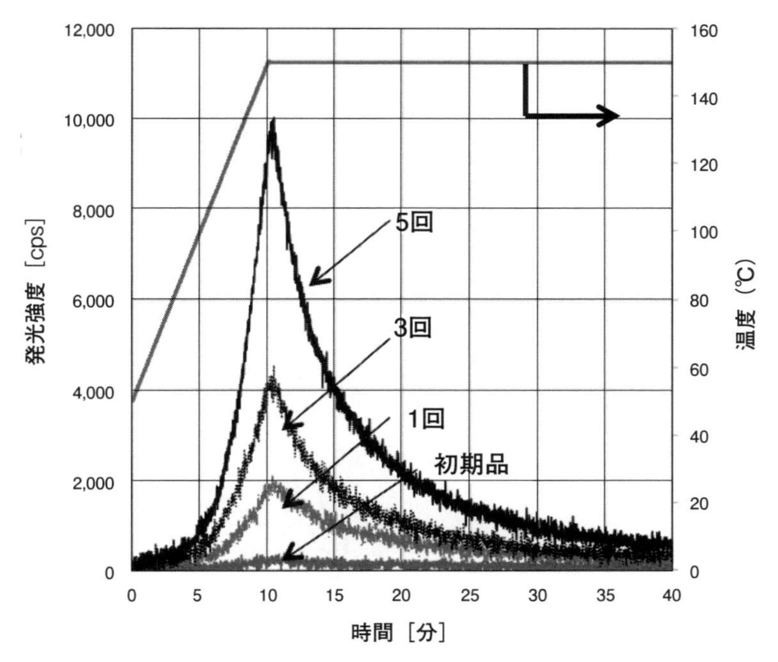

図 11　押出混練で劣化させたポリプロピレンの化学発光強度[9)]

押し出し温度；300 ℃，押出し回数；1 回～ 5 回
測窒素中，温度；150 ℃

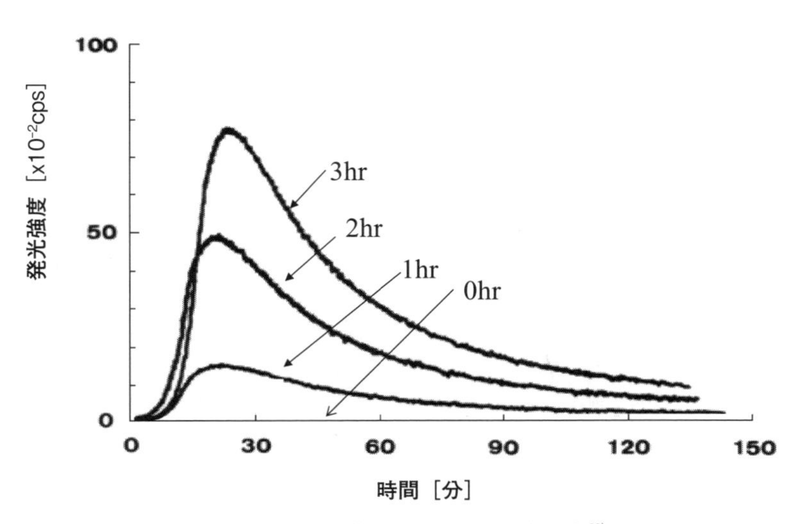

図 12　熱酸化ポリエチレンの化学発光[38)]

試料：空気中 200 ℃で加熱した PE シート（時間：1，2，3hr）
CL 測定条件：90 ℃，アルゴン雰囲気

$$d[\mathrm{ROO\cdot}]/dt = R_i - k_b[\mathrm{ROO\cdot}]^2 - k'_d[\mathrm{ROO\cdot}] \quad (5)$$

上述のようにポリエチレンやポリプロピレンではほとんどの場合に不活性ガス中での発光強度は２次式で整理できることから，過酸化ラジカルの２分子停止反応が律速と考えられている。一方，SEBS ブロックポリマーでは，１次反応式による解析が実験結果に合致すると報告されており[40)]，ブロックコポリマーが相分離したナノ空間にトラップされた過酸化ラジカルの単分子分解が起こっていると考えられている。

表2　酸化ポリエチレンの化学発光の減衰速度[38]

加熱時間 (hr)	減衰速度 $(k_b/f)^{0.5}$ $cps^{0.5}\cdot s^{-1}$
0	2.13
1	1.51
2	1.03
3	0.83

試料；空気中加熱酸化ポリエチレンシート
化学発光測定条件；90℃、アルゴン中

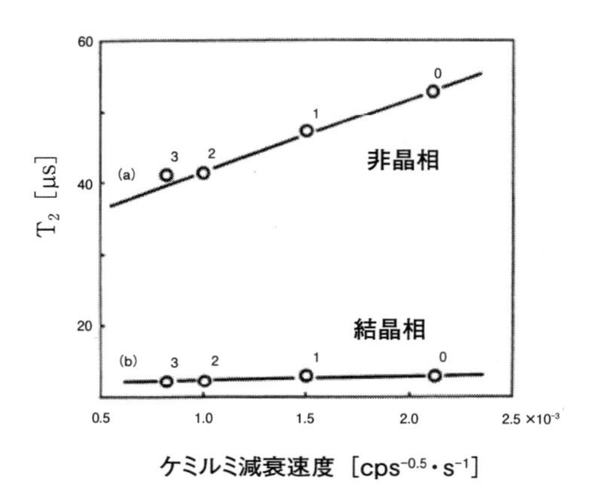

図13　熱酸化ポリエチレンの発光減衰速度とNMR横緩和時間 (T_2)[38]

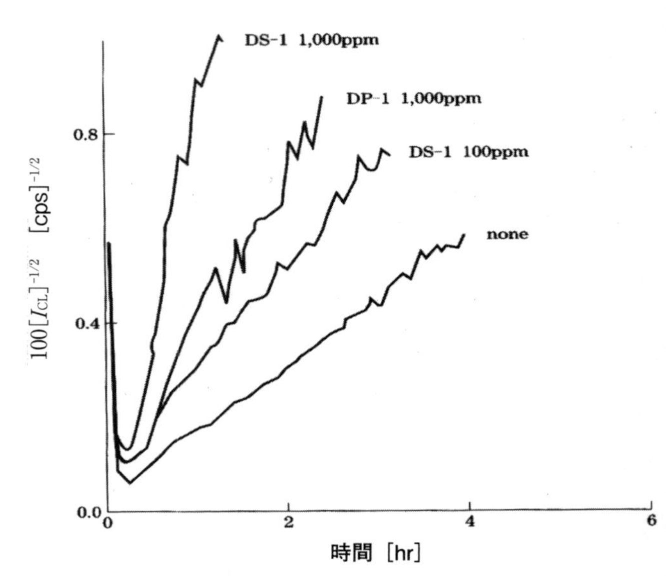

図14　過酸化物分解剤を含むポリプロピレンの発光強度の2次プロット[38]

試料；PPシート (DS-1；イオウ系分解剤，DP-1；リン系分解剤)
測定；150℃，アルゴン雰囲気

6.2　光酸化

高分子製品の耐候性や耐光性はサービス安定性に関する重要な実用性能の1つである。評価法としては，屋外暴露試験など長時間の耐候試験による場合が多く，より短時間で評価できる方法が望まれる。高分子製品が太陽光に晒され，UV領域の光が主結合であるC-HやC-Cの結合解離エネルギー以上のエネルギーを持っていても，これらの結合の最大吸収波長は太陽光の最短波長よりも短いことから，実際には高分子の分解は起こりにくい。ただし，高分子製品中には重合で生じた末端二重結合や加工時の酸化によるカルボニル基などが存在し，これらがUV領域の光を吸収してNorrish型と呼ばれる反応で分子鎖切断が起こり，劣化が進行するとされている。また触媒残渣などの金属化合物が共存すると光劣化を促進することがある。したがって，図6のスキームからも化学発光強度の測定が光酸化劣化の評価法として有用である可能性がある。筆者らは紫外線による室温での酸化反応速度を化学発光法により評価する方法を開発し，各種光安定剤を処方した低密度ポリエチレンの耐光性評価に応用できることを明らかにした[41]。**図15**に測定の概略を示した。まず，試料に所定時間，室温でUV光照射を行い，試料の光誘起酸化反応を起こす。次に試料中に含まれる添加剤や不純物からの蛍光・燐光を消光する時間を置き，その後，化学発光強度の経時変化を測定する。

I_0を光酸化反応によるCL強度，R_{uv}を光による酸化反応速度とすると，定常状態の反応速度と発光強度は(6)式で表される。室温では熱酸化を無視できることから，発光がUV照射により生じた過酸化ラジカルの2分子停止に基づくと仮定すると，照射後の発光の減衰強度を測定することにより，上記(4)式と同様の取り扱いができ，I_0を求めることが出来る。PEについての測定例を**図16**に示す。発光強度の減衰過程の2次プロットは直線関係を示し，発光が過酸化ラジカルの2分子停止反応に基づいていると考

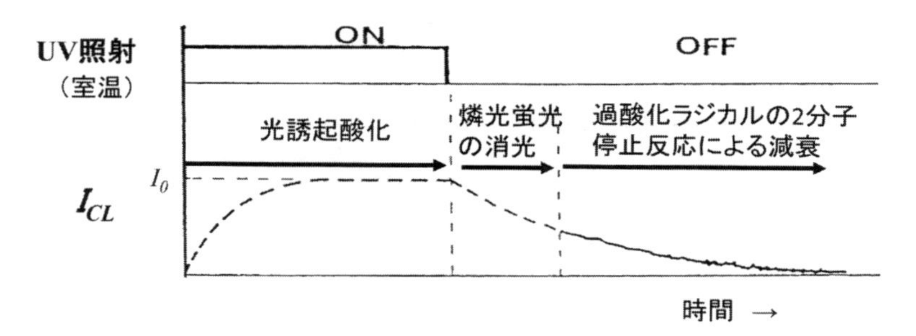

図 15　光誘起化学発光の測定スキーム

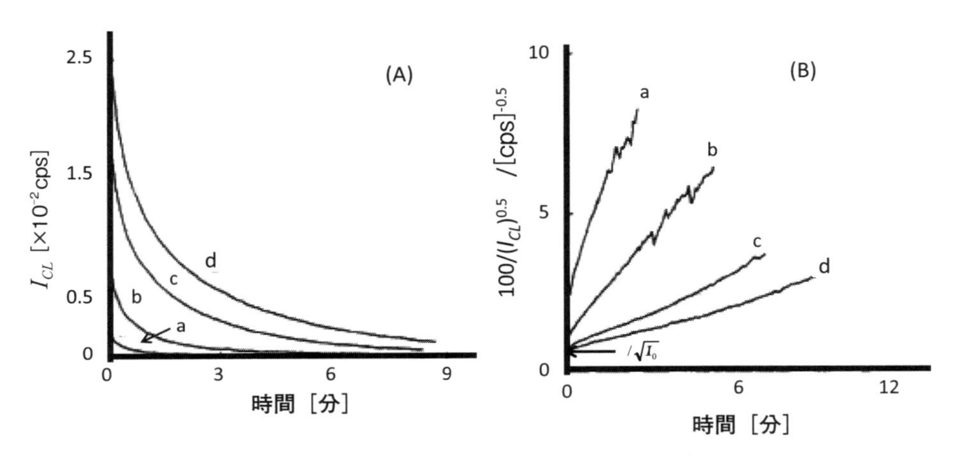

図 16　UV 照射時間と発光強度との関係[41)]

(A) UV 照射後の発光の減衰曲線，(B) 減衰曲線の二次プロット
測定；空気中，室温
照射時間；a;15 秒，b;30 秒，c;60 秒，d;120 秒。UV 波長；254 nm

えられる。

$$I_0 = f \cdot R_{UV} \tag{6}$$

$$1/\sqrt{I_{CL}} = \sqrt{k_b f}\, t + 1/\sqrt{I_0} \tag{7}$$

また**図 17** に示すようにポリエチレンフィルムの数ヶ月から１年間の屋外展張による耐候性評価結果（引張り試験の伸び残率）と展張前のフィルムの CL 強度 I_0 とが良い相関を持つことがわかる[41)]。

ここまで述べてきたように光誘起酸化による発光強度が２次反応を仮定した解析結果に合致する系はポリエチレンのみならず，ポリプロピレンでも報告されており[42)]，多くの系で律速段階が２分子停止反応であることが示唆されている。しかしながら，光酸化させたポリプロピレンやポリアミドなどの融点までの測定（40～140 ℃）では，単純な二次速度論が適用できない場合が報告されている。これらについては，結晶部にトラップされて反応に関与しない過

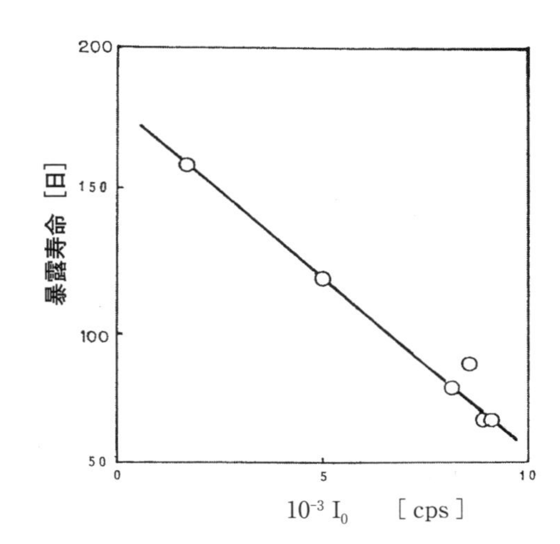

図 17　発光強度 (I_0) と屋外暴露寿命との関係[41)]

試料：LLDPE フィルム。寿命はフィルム伸びが半減する期間（日）

酸化物が存在するためと考え，それを除いた2次反応で整理できる場合や，3級過酸化ラジカルの単分子分解が律速として整理できる場合がある[43)-45)]。

6.3　溶融高分子へのせん断力

熱可塑性樹脂では押出し機からダイス出口までの過程でせん断流動や伸長流動状態で押し出され，フィルムやシートなどに成形される。Büche[46)]によれば高分子の溶融体の混練や溶液攪拌時のせん断力は，絡み合いを通して分子鎖の中心に最も大きな引っ張り応力を負荷し，確率的に分子はその中央から切断される（ただし酸化分解を伴う場合はランダムな切断が並行して起こる）。剪断速度が速いほど，また分子量が大きいほど分子鎖切断の確率は高くなる。分子鎖切断に伴うラジカルの発生は，その後速やかに空気中では過酸化ラジカルの生成と，その2分子停止反応を引き起こし，結果として化学発光をもたらす。分子量の異なる高密度ポリエチレンを窒素雰囲気下で所定時間，溶融混練してせん断を与えた後，空気中に取り出した試料について窒素雰囲気下で加熱して化学発光測定を行った。**図18**に示すように分子量の高いものほど強い発光強度を示すことがわかった。上述のように，この手法で測定前に試料に含まれていた過酸化ラジカル濃度（C_0）を評価することができる。一方，混練後の試料の分子量測定から平均分子鎖切断回数を求めたところ，切断回数とケミルミパラメーター（測定前に試料が有していた過酸化物濃度に比例する指標；$f \cdot C_0$）との間には強い相関があることがわかった（**図19**）[47)]。この結果は窒素雰囲気下でのせん断力によりポリエチレン

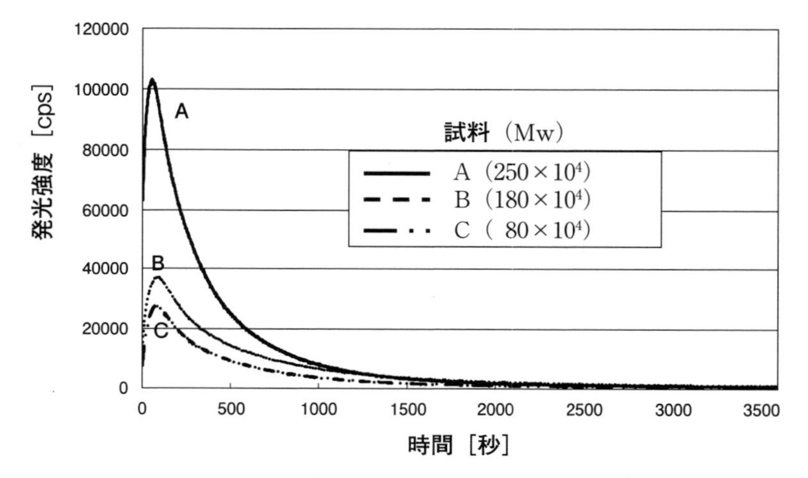

図18　せん断劣化後の試料のケミルミ測定[47)]

測定温度；100℃，雰囲気；窒素中

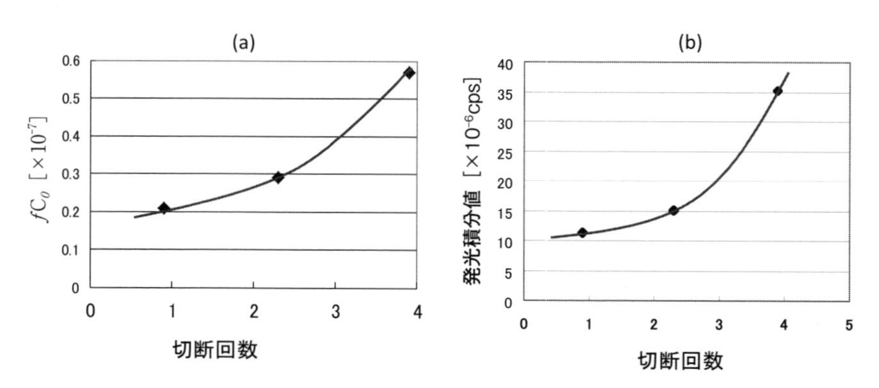

図19　ポリエチレンのせん断場における分子鎖切断と化学発光[47)]

分子鎖切断回数と（a）初期過酸化物濃度，（b）発光積分強度との関係。
試料は図18に同じ。

の分子鎖中央からの切断が起こり，Bücheの理論の予測どおり，切断回数は分子量が大きいほど多いことがわかる。このように発光強度測定が，高分子材料加工時の剪断による分子鎖切断による劣化の指標となりうることを示唆している。

溶融時の押出しによって，どの程度の劣化が起こるかについては，化学発光を評価手段として利用する試みが増えている。Hamskogら[48]は，各種添加剤を含むポリプロピレンの複数回の押出しと空気オーブンエージングとを組み合わせて劣化させた試料について，リサイクル性を伸び，着色などとともに発光強度から判定し，化学発光法がリサイクル性の指標として有効としている。また山田ら[9]はポリプロピレンやポリカーボネートの押出しリサイクル性（酸化劣化度）を機械物性などの変化が出ない早期に化学発光強度で評価できることを報告している。

6.4　固体状態で機械的外力

結晶性高分子に外力がかかると非晶部に存在するタイ分子に応力が集中する結果，タイ分子鎖の切断が起こり，発生したアルキルラジカルが酸素と反応して過酸化ラジカルが生成する。その後は既述の過程により化学発光が観測されることになる。筆者らは光学ボックス中に光電子増倍管，延伸機，ロードセルなどを設置して，任意の温度と速度で試料を一軸延伸しながら発光強度を測定できる装置（**図20**）を作製し[49]，種々の樹脂について応力誘起発光（SICL）を測定した[26) 49) 50]。例えばナイロン6の除冷シートを室温で延伸すると発光が観測され[26]，応力の増大に伴って発光強度が増加する。温度Tで分子

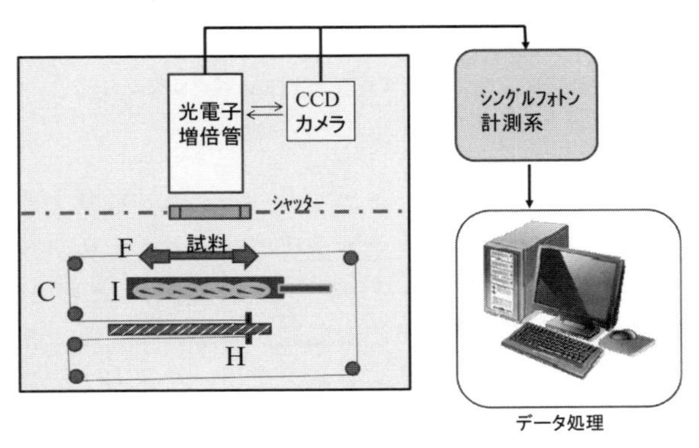

図20　機械的ストレス誘起発光の計測装置（オプティカルボックス）

C；延伸機，F；試料チャック，H；ロードセル，I；ヒーター

鎖切断に基づくフリーラジカルの生成速度RはZhurkovの式(8)で表される。ここにn_cは分子鎖数，ω_0は結合の基準振動数，U_0は主鎖の結合強度，σは結合にかかる力，βは切断の活性化体積である。

$$R = n_c \omega_0 \exp\{-(U_0 - \beta\sigma)RT\} \qquad (8)$$

この式からわかるように結合にかかる力の増大とともに切断確率は増大し，ラジカル生成速度が増大する。ここで試料にかかる応力が分子鎖への平均的応力とみなし，アルキルラジカルと酸素との反応は速いことから応力下での発光強度が，アルキルラジカルの生成速度に比例しているとすると，発光強度は式(9)のように表される。ここにI_tはトータルの発光量子収率を含む定数，I'は応力以外の要因による発光である。

$$I_{CL} = I_t \exp(\beta\sigma - U_0) + I' \qquad (9)$$

発光強度の応力に対する実験値は**図21**に示すように，(9)式と良い一致を示し，本条件下での発光は，応力負荷分子鎖切断 ⇒ ラジカル生成 ⇒ 酸化反応 ⇒ 化学発光，というプロセスによるものと思われる。

一方Jacobsonら[51]はチャンバー内に延伸機と光電子増倍管と赤外センサーを備え，延伸中の試料温度を測定しながらポリプロピレンやポリアミド66の化学発光測定を行い，後者の場合，試料に予め含まれる不安定過酸化物が延伸に伴う試料の断熱加熱により分解することによるSICLの影響が大きいとした。

ポリブタジエンゴムで強度を改良した高衝撃ポリスチレン（HIPS）では**図22**に示すように，一軸延伸に伴い多段階型の応力－発光強度の関係を示し[49) 50]，前述の結晶性高分子のタイ分子鎖切断に起因する発光とは機構を異にすると推測される。透過型電子顕微鏡による延伸体のモルホロジー観察から，初期の応力増加部分（Ⅰ）では，微小なクレーズがゴム粒子の周囲に発生し始める段階であり，変形率（ε）10～20%の発光が急増する領域（Ⅱ）では，多くのゴム粒子の周りからクレーズが発生し，その数が著しく増大する。その後のε＝20～30%の領域ではクレーズが伸展し，クラックへの成長が観測される。したがって，HIPS延伸時の発光は，クレーズ発生に伴う分子鎖切断，またはクラックによる新しい表面形成に基づくもの（Fracto Emission），あるいはその両者と推定される。いずれにせよ，発光がゴム/PSマトリックス界面付近のクレーズ発生と成長過程に

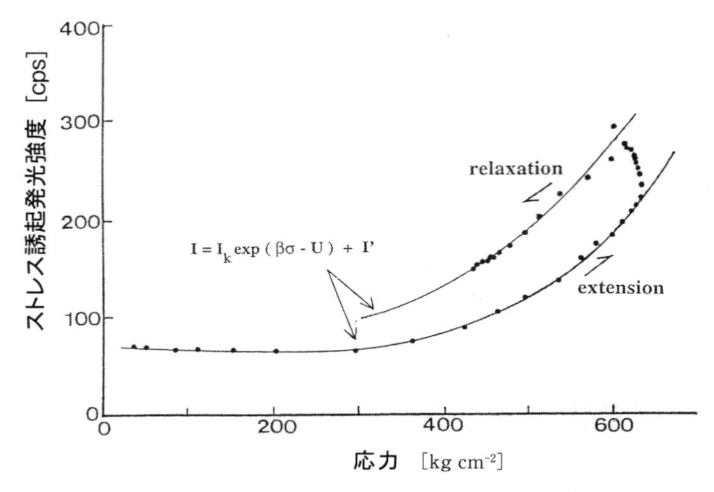

図 21　PA6（徐冷シート）の応力誘起発光[26)]

黒点；実験値，実線；理論式

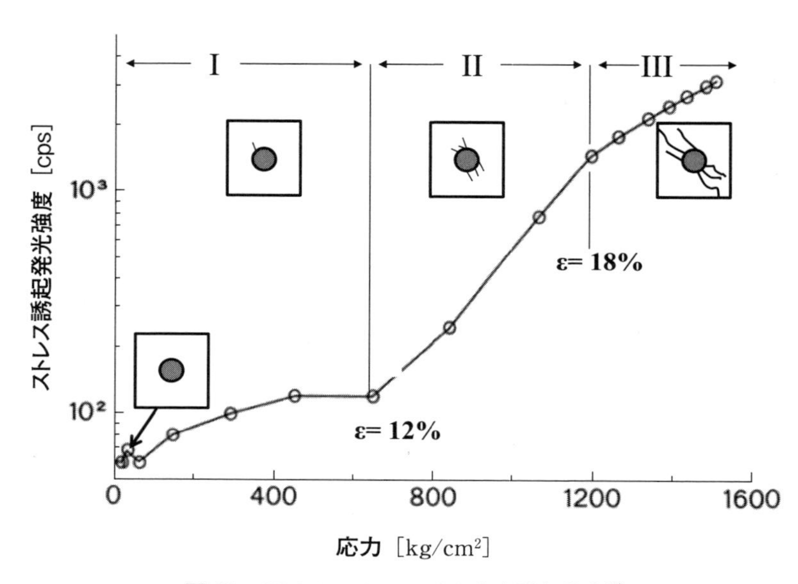

図 22　PPE/HIPS アロイの応力誘起発光[49)]

延伸速度＝2.5 mm/min，室温，図中の模式図は HIPS のゴム粒子とその周辺に発生したクレーズを表す（TEM 観察結果から）。

対応したものであることは明確である。その他の透明樹脂としては，ビスフェノール A ポリカーボネート（PC）についても延伸下での発光を測定した[27)]。この場合は変形に伴いパルス状のかなり強い発光が観測される。おそらく試料破断の前のクラック発生に伴う Fracto Emission によるものと推測される。

6.5　電気的ストレス

高電圧ケーブルにおける電気トリーや配電ケーブルにおける水トリーによるケーブルの事故は甚大な被害をもたらすため，電力業界では種々の耐久テストを行っているが，トリー発生機構の解明とともに，有効なトリー劣化検出法の開発が望まれている。絶縁層に架橋低密度ポリエチレンを用いた電力ケーブルが多く，その高次構造との関係や電荷注入時の構造変化など絶縁破壊機構に関する基礎的な研究も多くなされている。Bamji ら[52)]は電圧印加時の電界発光がトリー発生や部分放電現象よりも早い時期に見られることから，電界劣化の予兆現象であるとした。彼らは部分放電と電界発光とは波長や強度が異なっており，電界発光が部分放電よりも 10^3～10^4 ほど感度が高いとした[53]。神永ら[54]は電気的ストレス下でのポリエチレンの発光開始電界が，実際の破壊電圧よりもかなり低く，電気劣化の閾値とみなせることを見出し，電界発光測定がケーブルの寿命予測の手段となりうるとしている。今までに報告されているケーブルの電界劣化機構[55]の概略は次のようなものである。

電界がある閾値以上になると電極から電荷の注入が始まる。この過程で電荷の一部はポリエチレンの自由体積（free volume）内で加速されて，分子鎖切断に十分なエネルギーを得ることができる（～10 eV）。この加速された電荷がポリマー鎖と衝突して発生したラジカルは酸素と容易に反応して過酸化ラジカルを生成する。分子鎖切断が繰り返されることによってケーブル中に空隙を生じ，部分放電によるトリー発生のきっかけとなる。トリー発生電圧はポリエチレンの結晶化度が高く，ラメラ晶厚みが厚いほど高くなる（より安定になる）ことや，交流電圧印加では，トリーは球晶界面に沿って走り，インパルス電圧では球晶内のラメラ晶に沿って走るなど，高次構造との関係も調べられている[56,57]。筆者らもポリエチレン試料にステップ的に電圧をかけていくと，ある電圧以上で発光が観測され，電圧の増加とともに発光強度も増し，印加を停止すると発光しなくなることを見出した[49]。発光開始電圧はインパルス破壊電圧よりもずっと低く，実際のケーブル破壊が起こるよりも前の前駆現象としての発光と解釈できる。

7　他の手法との比較

高分子材料について，劣化の進行度（構造や物性の変化程度）と解析手法との関係を**図 23** に示す。化学発光法では材料の酸化反応によって生成した過酸化ラジカルの化学反応に基づくことから，材料の酸化の初期段階を高感度に捉えられる。より酸化反応が進んで生成したカルボニル基などの含酸素官能基を検出する赤外・ラマン分光法や，さらに進んで分子鎖切断が起こり，色相や力学的強度の変化を起こす段階での変化を指標とする物理的評価法に比べて，化学発光法は顕著に検出感度が高い。空気中で加熱時間を変えて酸化劣化させた PP 試料で，赤外分光では何の変化も見られない試料でも，既に化学発光強度の増大が検出される[58]。赤外分光では長時間の加熱品でようやくカルボニル領域に新たな吸収が現れることが報告されている。

押出機での押出し回数を１回から５回まで変えて，劣化度を変化させた PP（図 11 参照）では，化学発光法では１回目の押出し品から，原料に比べて発光の増大が認められ，押出し回数の増加とともに発光強度も増大する[9]。一方で，**図 24** に示すように引張り弾性率，曲げ試験での降伏強度，シャルピー衝撃強度など力学物性では顕著な変化は認められない[59,60]。このことからも化学発光が機械的性質の変化が見られるよりもずっと早い段階での劣化を把握できることがわかる。

8　おわりに

生物は生体内での反応が制御され，生命現象を維持していくための情報源として光エネルギーを使い，一方で，体内の反応を逆に光に変換して，生物発光により外部へ情報を発信している。本稿では，高分子材料が外部からの各種の刺激に対して発する微弱光を情報源として，劣化の評価法として利用する方法や可能性について述べた。高分子は刺激に対して，自ら光を放って，現在の秩序や機能の状態を知らせ

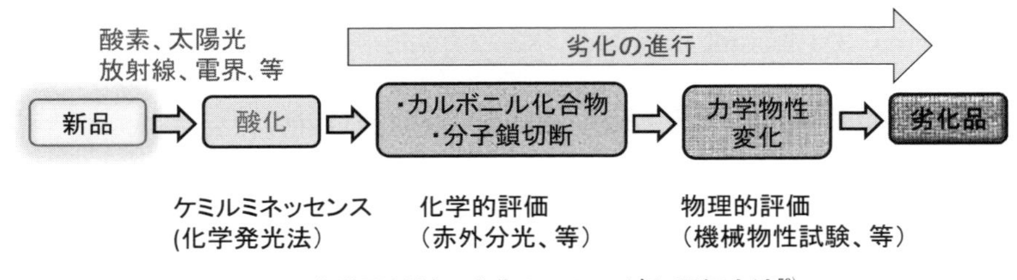

図 23　高分子材料の劣化のステージと評価方法[59]

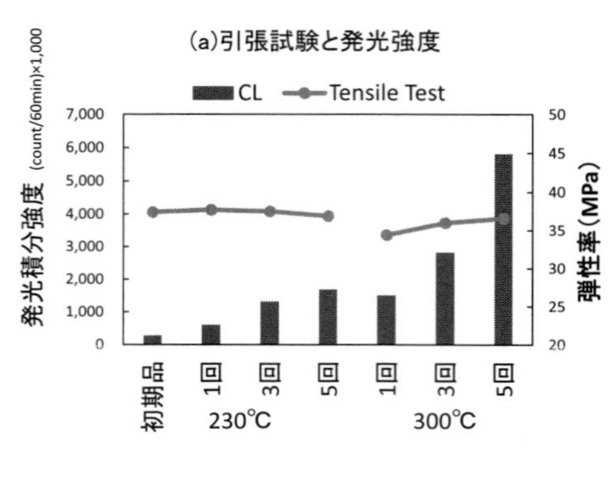

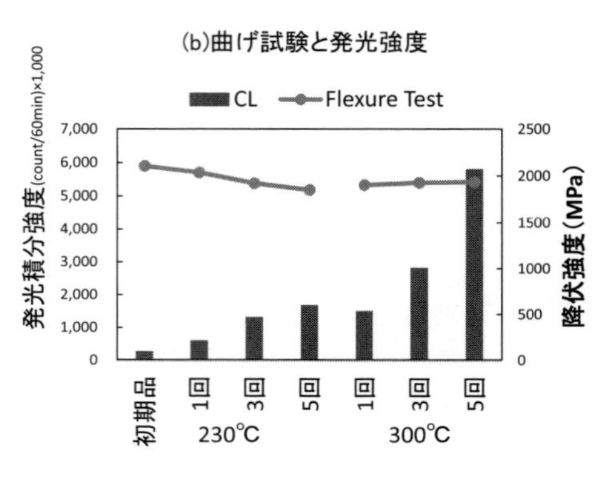

図 24　押出回数を変えたポリプロピレンの化学発光と機械的性質[59) 60)]

試料；230 ℃、および 300 ℃で押出したポリプロピレン。押出し回数；1 ～ 5 回。
測定；窒素雰囲気，温度；150 ℃

ているのである。高分子の化学発光に関して基礎的な研究はかなり進んだと思われるが，この微弱発光を新しい情報源として，さらに広い分野で積極的に活用していくことで，材料の耐久性についての高感度で迅速な評価法として普及していくとともに，新しい応用の世界が開けるのではないかと期待している。

文　献

1) H. Kaneda, et al., : *J. Food, Sci.*, **55**, 1361 (1990).
2) 依田，後藤：東北電子産業レポート，15 (1983).
3) 依田，後藤：東北電子産業レポート，25 (1985).
4) 森：第 3 回ケミルミネッセンス研究会要旨集 p25 (2007 年 10 月，東京).
5) Y. Gabe, O. Osanai. and Y. Takema : *Skin Research Tech.*, **20**, 315 (2014).
6) 大澤：防錆管理，**33**，1 (1989).
7) 細田，木原，関：住化誌，1993-Ⅱ，86 (1993).
8) S. Hosoda, H. Kihara and Y. Seki : *Adv.Chem. Ser.*, **249**, 197 (1996).
9) 山田，佐藤，熊谷，佐藤，今野，椎野，森：科学と工業，**88**，250 (2014).
10) 山田：ポリファイル，36 (2014).
11) 東北電子産業 HP (http://www.tei-c.com/products/clana/index.html)
12) K. Tsukino, T. Satoh, H. Ishii and M. Nakata : *Chem. Phys.Lett.*, **457**, 444 (2008).
13) A. Yano, H. Ishii, C. Satoh, N. Akai, T. Hironiwa, K. Millington and M. Nakata : *ibid*, **591**, 259 (2014).
14) G. Ashby : *J. Polym. Sci.*, L, 99 (1961).
15) M. Schard and C. Russel : *J. Polym. Sci.*, **8**, 985 (1964).
16) L. Reich and S. Stivara : *Autooxidation of Hydrocarbons & Polyolefins*; Marcel Dekker, New York (1969).
17) G. Mendenhall, T. Stanford and R. Nathan : Final Report NASA CR 137856 (1976).
18) T. Naito and T. Kwei : *J. Polym. Sci., Polym. Phys. Ed.*, **17**, 2935 (1979).
19) S. Monaco, J. Richardson, et al., : *Ind. Eng. Chem. Pros. Res. Dev.*, **21**, 546 (1982).
20) A. George : *Polym. Degrad. Stab.*, **1**, 217 (1979).
21) F. Yoshii, T. Sasaki, K. Makuuchi and N. Tamura : *J. Appl. Polym. Sci.*, **30**, 3339 (1985).
22) J. Sen, F. Konoma and Z. Osawa : *Polym. Photochem.*, **7**, 469 (1986).
23) S. Bamji, A. Bulinski and J. Densley : *J. Appl. Phys.*, **61**, 694 (1987).
24) M. Hiramatsu, H. Muraki and T. Ito : *J. Polym. Sci., Polym. Lett.*, **28**, 133 (1990).
25) R. Fleming and A. Craig : *Polym. Degrad. Stab.*, **37**, 173 (1992).
26) S. Hosoda, Y. Seki and H. Kihara : *Polymer*, **34**, 4602 (1993).
27) S. Hosoda, Y. Seki and H. Kihara : *Polymeric Material Encyclopedia*, Ed. J. Salamone, CRC, 7992 (1996).

28) M. Celina, G. George, D. Lacey and N. Billingham：*Polym. Degrad. Stab.*, **47**, 311 (1995).
29) M. Celina, R. Clough and G. Jones：*ibid*, **91**, 1036 (2006).
30) I. Blakey, N. Billingham and G. George：*Polym. Degrad. Stab.*, **92**, 2102 (2007).
31) N.Aratani, I. Katada, K. Nakayama, M. Terano and T. Taniike：*Polym. Degrad. Stab.*, **121**, 340 (2015).
32) J. Gromek and M. Debrick：*Polym. Degrad. Stab.*, **39**, 261 (1993).
33) J. Scheirs, S. Bigger, E. Then and N. Billingham：*J. Polym. Sci., Polym. Phys. Ed.*, **31**, 287 (1993).
34) P. Tiemblo, J. Manuel, G. Teyssdre, F. Massines and C. Laurent：*Polym. Degrad. Stab.*, **65**, 113 (1999).
35) I. Blakey and G. George：*Macromolecules*, **34**, 1873 (2001).
36) G. George, G. Egglestone and S. Riddell：*J. Appl. Polym. Sci.*, **27**, 3999 (1982).
37) S. Hosoda and H. Kihara：*ANTEC*, **'88**, 941 (1988).
38) H. Kihara and S. Hosoda：*Polymer J.*, **22**, 763 (1990).
39) 清水，石見，内田，新井：マテリアルライフ学会誌，**29** (1)，6-11 (2017).
40) C. Peinado, T. Corrales, M. Casas, F. Catalina, V. Quiteria and M. Parellada：*Polym. Degrad. Stab.*, **91**, 862 (2006).
41) H. Kihara, T. Yabe and S. Hosoda：*Polym. Bull.*, **29**, 369 (1992).
42) N. Billigham and M. Grigg：*Polym. Degrad. Stab.*, **83**, 441 (2004).
43) A. Margolin and V. Shlyapintokh：*Polym. Degrad. Stab.*, **66**, 279 (1999).
44) K. Millington, C. Deledicque, M. Jones and G. Maurdev：*Polym. Degrad. Stab.*, **93**, 640 (2008).
45) K. Millington and G. Maurdev：*Polymer J.*, **41**, 1085 (2009).
46) F. Büche："Physical Properties of Polymers" (John Wiley, 1962).
47) (a) 細田，野末：第３回ケミルミネッセンス研究会 (2007 年 10 月 26 日)，(b) 細田：「透明樹脂・フィルムへの機能付与と応用技術」，技術情報協会，pp.568 (2014).
48) M. Hamskog, M. Klugel, D. Forsstrom, B. Terselius and P. Gijsman：*Polym. Degrad. Stab.*, **86**, 557 (2004).
49) 木原，細田：高分子学会，**38**，1195 (1989).
50) H. Kihara, Y. Seki and S. Hosoda：*POLYMER* **91**, 329 (1991).
51) K. Jacobson, G. Farnert, B. Stenberg, B. Terselius and T. Reitberger：*Polym. Test.*, **18**, 523 (1999).
52) S. Bamji：*IEEE Electrical Inslation Magazine*, **15**, 9 (1999).
53) S. Bamji, A. Bulinski and R. Densley：*J. Appl. Phys.*, **63**, 5841 (1988).
54) 神永：博士論文，第６章，95 (1997).
55) 内田，浅井，清水：電学論 *A*，**111**-A，1007 (1991).
56) S. Rasikawan and N. Shimizu：電学論 *A*，**112**-A，604 (1992).
57) 山北，有安：電学論 *A*，**110**-A，817 (1990).
58) 大図，高橋，岡村，藤原，大橋，野中：第 11 回高分子分析討論会要旨集，p159 (2006).
59) 東北電子産カタログデータ
60) 平成 25 年度戦略的基盤技術高度化支援事業研究成果等報告書 (平成 26 年３月，委託者：東北経済産業局)

第Ⅱ編　応用事例

第１章　構造部材（インフラ設備）
第２章　機能部材

第1節　鉄系，コンクリート構造物の設計・耐久性評価技術

京都工芸繊維大学　久米　辰雄

1　はじめに

長もち設計，耐久性評価をする対象の重要な素材は，金属とコンクリートである。なぜなら，今，長もちが最も必要とされているのは橋梁，上下水道，道路，トンネル，鉄道，ガス管，送電線などの社会インフラ設備であり，これらを支えている主要な素材が鉄とコンクリートだからである。もちろんプラスチックや銅，アルミなども利用されているが，鉄とコンクリートは，圧倒的強度を持ち，かつ安価で，施工，加工が容易という特徴を持っているからである。これらの理由により，鉄を主体とした鋼製品は，社会インフラ以外にも自動車，家電製品の他，日用品等，幅広い工業製品に最もたくさん利用されている。一方，コンクリートもセメントを原料として，道路や鉄道の高架橋，橋梁，トンネル，ダム，堤防の他，上下水の送水管や貯槽などのインフラ設備をはじめ，あらゆるプラントの基礎や構造物（原発の格納容器も含む），杭，電信柱，鉄道の枕木の他，ビル，住宅等の材料として多用されている。

公共インフラは，1950年以降の高度成長期に飛躍的に整備されており，特に東京オリンピックや大阪万博に合わせて，東海道新幹線や名神高速，東名高速などが整備され，同時に全国に鉄道，道路網の整備，鉄筋コンクリート製のニュータウンや工業団地なども建設され，これに合わせて上下水道，送電線鉄塔，ガス管など様々なインフラ設備が整備された。建設当初，インフラ設備は50年程度の耐用年数があるとされ，しばらくの間は，その寿命や長もちについて検討しなくても支障がなかったが，これらの設備も寿命と言われる50年を経過したものが急増し，その劣化に伴い橋脚やトンネルなども一部崩落事故なども発生し始めている。それゆえ，インフラ設備の長寿命化や耐久性評価の重要性についてスポットライトが当たり始めている。

一般的に製品の長寿命化とそのコストは，トレードオフの関係にあることも多く長寿命化を見越して高級材料を使用したり，安全率を大幅に見込めば寿命を飛躍的に伸ばすことは可能である。しかし，実際，一般の工業製品の場合，必要以上に寿命を延ばしても無意味であることが多い。例えば家電製品や自動車を例にあげると，パソコンやスマートフォンなどに代表されるように処理能力や通信速度といった性能が短期間に飛躍的に向上する製品，自動車，エアコン，テレビ，洗濯機等，耐久消費財と呼ばれる製品でもデザイン，省エネ性能，稼働部品の耐久性の関係等で買い替え周期が5～10年前後の製品が多く，必要以上に長もち設計するよりも買い替え周期を意識した，コスト最適な設計をするほうが良い製品が多い。

一方で，社会インフラは長期間利用するものであり，できる限りの長寿命化が望ましいが，そのコストは国民の税金や公共料金で賄われており，高コストになればその負担も飛躍的に増大するため，コストを意識したうえでの長寿命設計が求められる。本稿では，主として構造材料（社会インフラ設備）について，寿命（耐用年数）の考え方，定義の他，具体的長寿命化を図るうえで最も主要な金属材料（鉄材料）とコンクリート材料にスポットを当て，長もち設計，材料選定，施工管理等を含めて耐久性評価について解説する。

2　構造材料（インフラ設備）の長もちについて―寿命（耐用年数）の定義と長寿命化の考え方

1950年以降，日本の戦後の高度成長期に建設された橋梁，トンネル，道路や鉄道の高架橋，ダム，下水，上水道，ガス埋設管，送電鉄塔など日本の国土を形成するインフラ設備が，建設当時の想定寿命50

表1　圧倒的に安い鉄とコンクリート
（1トンあたりの材料の価格（1994年5月当時））

材料	米ドル / トン	倍率
工業ダイヤモンド	9×10^8	10,000,000
白金	2.25×10^7	250,000
金	8.4×10^6	93,300
炭素繊維強化プラスチック (CFRP) (母材のコスト70%，繊維のコスト30%と仮定)	120,000	1,333
ガラス繊維強化プラスチック (母材のコスト60%，繊維コスト40%と仮定)	4,500	50
ステンレス鋼	3,150	35
天然ゴム	2,250	25
アルミニウム合金，加工材 (薄板，棒材)	1,800	20
ガラス	1,800	20
木質合板	1,500	16.7
ポリプロピレン	1,050	11.6
ポリエチレン，低密度	975	10.8
鋼，薄板，棒材	525	5.8
鉄，鋳造材	300	3.3
鉄筋コンクリート (梁材，柱，スラブ)	270	3
セメント	90	1

出所：金属材料活用事典　㈱産業調査会事典出版センター 1999 発行　鈴木朝夫氏 P48-49 参考に作成

年を超えはじめた。2010年代に入って，その老朽化対策が喫緊の課題と認識され始めた一方で，日本の負債総額が1000兆円を超え，毎年の日本の国家予算も，その赤字国債の償還費の増大と少子高齢化に伴う社会保障費の増加により，毎年大幅な歳出超過に陥っている。公共事業費の歳出は年々抑制され，社会インフラの新設・更新費用などの予算が今後ますます減少していく傾向にあることや，社会インフラ整備をこれまで支えてきた建設業者数の大幅減少と少子高齢化による現場作業に従事する従業者数が今後とも減少し続けることも大きな課題となりつつある。

このため，これまでのような社会インフラが老朽化してから更新したり大規模修繕する対症療法的な事後保全ではなく，日常の点検をこまめにすることで，損傷が軽度なうちに修繕ができる。予防保全的手法により，結果として社会インフラの一層の長寿命化と低コスト化を図る維持管理や修繕方法にシフトし始め，社会インフラに関しての「ストックマネージメント」や「アセットマネージメント」という手法が導入され始めている。「ストックマネージメント」は社会インフラそのもののLCCを最小化しようというものであり，「アセットマネージメント」は，資金や人材などを含めてその社会インフラのLCCを最小化しようという概念も入るため，PFI手法の導入による資金や人材コストの低減なども含めた広義のLCC評価を行うものとされている。

もともと，社会インフラの寿命は50年程度とされているが，これは寿命イコール耐用年数と考え方を採用したものである。しかも，社会インフラの寿命の耐用年数は経済的耐用年数がベースとなっており，実際の物理的な寿命はうまく維持管理すれば，まだまだ伸ばせるという考え方に立っている。

耐用年数の定義は，施設または，設備の使用が不可能もしくは，不適当となり対象施設の全部または，一部を再建設あるいは，取り替えるまでに要した期間をいう。耐用年数には①物理的耐用年数，②経済的耐用年数，③機能的耐用年数の3種類の耐用年数があるとされている。

①　物理的耐用年数

物理的耐用年数は，施設が使用されることに

よって減耗し通常の維持補修では使用不可能になるまでの年数

② 機能的耐用年数
物理的耐用年数が経過する以前に，施設に対する需要量が当初予定された限界を超える，あるいは需要の質的水準が施設の質的水準を超える等により機能不足を生じるために更新せざるを得なくなるまでの年数

③ 経済的耐用年数
既存の施設の維持管理費が，施設を更新する費用及び更新後の新施設の維持管理費を上回るため，更新する方が経済的になるまでの年数

それぞれの耐用年数の寿命の定義について橋梁で説明すれば，橋梁の物理的寿命は，昔のもので50年，現在建設されるものは，100年とされている。鋼橋の場合は，鋼の疲労による強度低下や腐食進展による劣化が主要因とされている。鉄筋コンクリート橋の場合は，塩害やアルカリｊによりコンクリートが劣化し，橋桁や床版，橋台，橋脚などにひび割れと内部の鉄筋の腐食，コンクリート剥落などにより物理的寿命が来るものを物理的耐用年数と呼ぶ。

また，機能的寿命は，交通量増加による混雑緩和のための拡幅，荷重増による支間不足解消，歩道者や自転車の増加による幅員不足，都市計画による導線変更，道路拡幅に伴う架け替えの必要性が生じ結果として更新されるが，このケースなどは，機能的耐用年数とされる。上下水管やガス管なども人口増加に伴う需要増大に伴う供給量アップのための入れ替えも実際は多く，機能的寿命の考え方に立って入れ替えられるものも多い。

更に，実際に社会インフラの寿命想定の根拠として一番多いのが③経済的耐用年数である。致命的な物理的損傷ではないが，ある程度の劣化が進み建設初期と比較し，維持，修繕コストが漸増ししていき，最新技術採用により更新したほうが良いと想定される寿命や耐震補強を加味したメンテ実施より，新規更新したほうが良いケースが経済的耐久年数である。

一般に，社会インフラの大半の寿命の考え方は，この経済的寿命によるものであり，今後多くの社会インフラが寿命を迎えるという考え方も，この経済的耐用年数に基づいた寿命を前提とした考え方に立脚している。大半の社会構造物の寿命は40～50年と言われている所以は，もともと昭和40年3月31日に公布された大蔵省の「減価償却資産の耐用年数等に関する省令」（最終改正平成28年3月31日財務省例第27号）に基づいて寿命や耐用年数をベースとしているからである。橋梁でいえば，鉄道と一般橋梁で耐用年数は異なり，さらに金属製橋梁（鋼橋）と鉄筋コンクリートでも耐用年数は異なっている。この大蔵省令ができた当時と比較し現在は，製品品質そのものや，塗装めっき技術も飛躍的に向上しているほか，設計，施工，メンテナンスなどを含めた品質管理も向上しているため，実際の寿命は，かなり長くなると考えれる。

実際の橋梁の事例では，1930年に建設され，戦前日本最大の支間長104 mを誇っていた国道１号線の大阪の大川にかかる桜宮橋（通称銀橋）は，一部補修や適切なメンテナンスにより，今も現役で86年も現役を務めている。海峡を渡る長大橋として，北九州市の若松区と戸畑区にかけられた若戸大橋も建設後54年が経過しているが，現役である。コンクリートでは，東海道新幹線も1964年開業であり50年以上経過してもその大半が健全である。

鉄塔の事例では，スカイツリーができるまで自立型鉄塔として日本一の高さを誇ってきた東京タワーも1958年の竣工で既に58年経過し，2011年の東日本大震災を受けてもタワー本体は，ビクともしない上，構造をささえている鋼材は，いたって健全である。これは母材の鋼材を保護するために５年に１回塗装をしっかりやりかえているからであり，適切な

表２　大蔵省令耐用年数抜粋

施設種類	耐用年数	施設種類	耐用年数
一般金属製橋梁	45	鉄道トンネル(コンクリート)	30
鉄道用金属橋梁	40	一般トンネル(コンクリート)	30
一般橋梁(鉄筋コンクリート)	60	上水道、護岸等(鉄筋コンクリート)	50
鉄道用橋梁(鉄筋コンクリート)	50	下水道(鉄筋コンクリート)	35
鉄道用トンネル(鉄筋コンクリート)	60	下水道(コンクリート)	15

設計，施工管理，メンテナンスさえすれば，社会インフラは物理的な長寿命化は可能である。東京タワーは設計当初，関東一円に電波を届ける目的で333 m の高さで設計されていたが，送信エリアの拡大や首都圏に 200 m を超える高層ビルが立ち並び，テレビの地上デジタル波化に伴い，遠方でのテレビ放送用の一部電波の送受信に支障が懸念され始め，東京タワーの約 2 倍の高さを誇る 634 m のスカイツリーに電波塔としての役割を引き渡している。現在は，主に観光資源としての活用が主となり電波塔としては，一部ローカル FM 放送と緊急時の予備放送等としての役割にとどまっており，テレビ放送という観点からは機能的寿命が来たと言える。同じタワーでいえばフランスのパリのエッフェル塔は，1889 年に建設され，すでに建設後 127 年も経過しているが，やはり適切な設計とメンテナンスのおかげで，母材は至って健全である。東京と異なりパリは歴史的エリアで高層ビルが立ち並ばないため，電波塔としても現役である。

特にエッフェルが設計した橋梁はフランスのガラビ橋やポルトガルのマリアピア橋は，建設後 130 年が経過していてもなお健全である。これは，もともとエッフェルの設計は，当時合理的で鉄橋もタワーも少ない材料で高強度を誇るトラス構造を採用し，十分な設計強度を持ち要求される機能も建設当時とあまり変わっていないため，適切にメンテされていれば半永久的に使用可能と考えられている。このように社会インフラでも，もともとその重要性などから，十分な設計強度や安全率をとり，適切なメンテを実施すれば，ほぼ無限に利用できるものも多い。一方で地方の鋼路橋などでは，1 日の通行車両台数が少ないものなどは，経済寿命を考慮して 50 年前後を想定し，設計，建設されるものもある。

「アセットマネジメント」や「ストックマネジメント」は，それぞれの設計思想や利用状況に合わせて，現存する社会インフラをいかにライフサイクルを伸ばしながら低コストで維持管理し，効率的，効果的に運用しようという考え方であり，一般的に言われる経済的寿命を適切な検査，メンテナンスの実施により実際の物理的寿命を延ばそうというものである。

さらに，最近は，素材性能が向上するとともに，コストダウンも進んでいるため，初期設計段階で，「ストックマネジメント」の考え方を導入し，ライフサイクルコスト（LCC）を考慮した選択がなされることも増えている。たとえば，河川の水門を例にあげると，従来は，強度が高く，コストの安いスチールを主要母材として採用し，重防食仕様の塗装がなされ，数年～ 10 年に一度塗装のやり替えメンテすることが標準であったが，ステンレス鋼などのコストダウンと性能向上により，比較的高価なニッケルなどの比率を低減しながらごく微量のタングステンやモリブデン等を添加した低コストステンレス鋼なども登場してきた。河川等の水門では従来のスチール＋重防食塗料の仕様から，初期コストはやや高いものの，まったく塗装メンテが不要となり，100 年寿命で見れば，ライフサイクルコスト（LCC）的に有利なステンレス製の水門の採用なども現実化している。また，長大橋では，使用する金属材料が多大なため従来通り，スチール＋塗装が標準仕様であるが，その塗装については塗料や防食技術そのものが大きく進化しており，従来の 50 年設計から 100 年以上の設計に変化している。

防食塗料については，高機能塗料が続々と開発され，従来，鉄橋や長大橋は，フタール酸系塗料やポリウレタン系塗料が上塗り塗料として採用され，5 ～ 10 年ごとに塗装やり替えのメンテがなされてきた。最近では，LCC 的評価により，塗装の塗り替え等の足場や作業の人件費等を考慮して初期コストはかなり高いが，長期間メンテの不要なフッ素系塗料が採用され始めている。1997 年に建設された東京湾のアクアラインや 1998 年に建設された明石大橋で検証を進め，最近の長大橋を含めた大型の鋼路橋では，機械的強度の設計は 100 年以上を見込んでおり，フッ素系塗料が採用され，20 ～ 30 年に一度の再塗装のものが標準になりつつある。LCC 的にフッ素系塗料による塗装のほうがトータルで安価で，重防食を必要とする長大橋では標準塗装とすることが，2005 年に発刊された「鋼道路橋塗装・防食便覧」にも記載されている。さらに，防食塗料は進化しておりフッ素系塗料や亜鉛リッチな下地塗料も厚膜塗装が可能となってきており，従来の 25 年の塗り替えから 50 年に一度の塗り替えで良い塗装法も開発されている。スカイツリーでは，「鋼道路橋塗装・防食便覧」の重防食仕様である C-5 系塗装をベースとして，さらに改良化した厚膜塗装可能な塗料により，50 年間塗装メンテ不要の仕様で仕上げられている。

このように，昨今の技術革新に伴い最近の社会インフラは 100 年設計が標準になりつつあり，100 年を想定しLCC面でも，低コストな仕様に変化しつつある。たとえば，道路橋に関しては，欧州ではイギリスやドイツなどで1980年代から限界状態設計法が導入され，構造物の重要部材がの一部が破壊されたり，変形したりする終局限界状態を設定したり，ひび割れや振動が過大となり，実用使用不可能となる使用限界状態を設定し，どのように荷重が作用しても構造物がこの限界状態を超えない設計を行う方法をとり，設計耐用年数は，100年とし，この終局限界状態での安全係数を3.5，使用限界状態での安全係数を1.5とり設計されている。この指針がEU全体の指針となっている。また，アメリカでも道路橋については1990年代から，AASHTO（American Association of state Highway and Transportation office）というスタンダードで75年設計が標準となっている。

日本では，道路橋示方書が，昭和46年に制定され，約40年以上にわたり利用されており，これら終局限界状態を想定した限界状態設計法はとらず，従来の許容応力度設計法を採用しているものの，道路に関する設計指針は逐次，改定がなされており，最近では東日本大震災などをうけ，平成24年に2月に耐震性基準も見直されている。橋の重要度区分に応じて，耐震性能を3ランクに分け細かく設計基準が見直されており，事実上，100年耐久となっている。また，道路橋示方書が策定される以前も，鋼道路橋設計示方書や鋼道路製作示方書などが昭和14年に制定されており，以降これらの示方書をベースに様々な安全に関する指針が改定されているため，うまく維持管理さえすれば，一般的にいわれている社会インフラ50年寿命を大幅に伸ばすことも可能である。このように，社会インフラの物理的寿命を延ばす技術やメンテナンス方法は，着実に確立されつつある。

一方で，社会インフラは，高度な長寿命化を図り物理的寿命を延ばしても，その間に機能的寿命も来るケースも多い。社会インフラは，一旦建設，設置すれば更新には，莫大な作業と費用がかかるため，単なる物理的寿命だけではなく機能的寿命考慮した長もち設計も重要となる。社会インフラの長もちを考える上では，物理的寿命の長もちも重要であるが，機能的長持ちを考慮したうえで最適な物理的寿命を考える必要がある。

たとえば，社会インフラでいえば，橋梁や鉄道のレール，上下水管，ガス管などに金属，特に鋼（スチール）や鋳鉄製品が多用されているが，物理的寿命のみを考えれば，強度的に十分余裕を見た肉厚を持ったステンレス鋼を使用すれば，半ば永久に長持ちさせることも可能である。しかし，莫大な投資が必要となるため，LCC的に考えて，最も経済的な設計を行うことが肝要で，さらにその社会インフラが要求されている機能的寿命も考慮したうえで，最も長持ちする設計が要求される。

先に述べた，東京タワーも50年前には，世界でも有数の高さを誇る電波塔であったが，東京に高層ビル群が立ち並び，さらにテレビがデジタル化されるとは想定されておらず，テレビ放送用の電波塔としては広域デジタル波放送局として役目が果たせなくなりつつあり，スカイツリーにその役割を引き継いでいる。ある意味，機能的寿命が来たといってもよい。また，昭和30年代から昭和40年に建てられた，若年世代の憧れであったニュータウンも，住環境が恵まれなかった当時は，3階建や5階建でエレベーターなし，4畳半が主体の2DKや3DKでも充分であったが，現在では，子供を抱える世帯には狭くなり，妊婦や高齢者にはエレベータのない住居棟は不人気となっている。これも50年で，機能的寿命が来ているといえる。

また，阪神大震災以降，東日本大震災，新潟沖地震，熊本地震など従来の想定を超えた規模の地震が全国で発生しており，耐震基準が見直されている。その基準を満たさないビルもあり，設計時の物理的寿命は満たしていても，最近の耐震基準に満たないために建て替えられるケースも多い。道路橋についても，実際，物理的寿命よりも，人口増加や，通行車両増加により，架け替えられるケースや，新耐震基準に合致しないために架け替えられるケースも多い。

以下の項で，機能的長持ちの重要性について，橋梁を例に詳しく解説する。

3　構造材料（インフラ設備）の長もちについて―機能的寿命の長もち

3.1　橋梁の長もち―機能的長もちの重要性について

図1に，この10～20年間の間で架け替えられた橋梁の架け替え理由を示したが，架け替え理由のうち，老朽化に伴う物理的寿命よりも，道路線形変更，河川改修などの改良工事に伴うものや，機能的に交

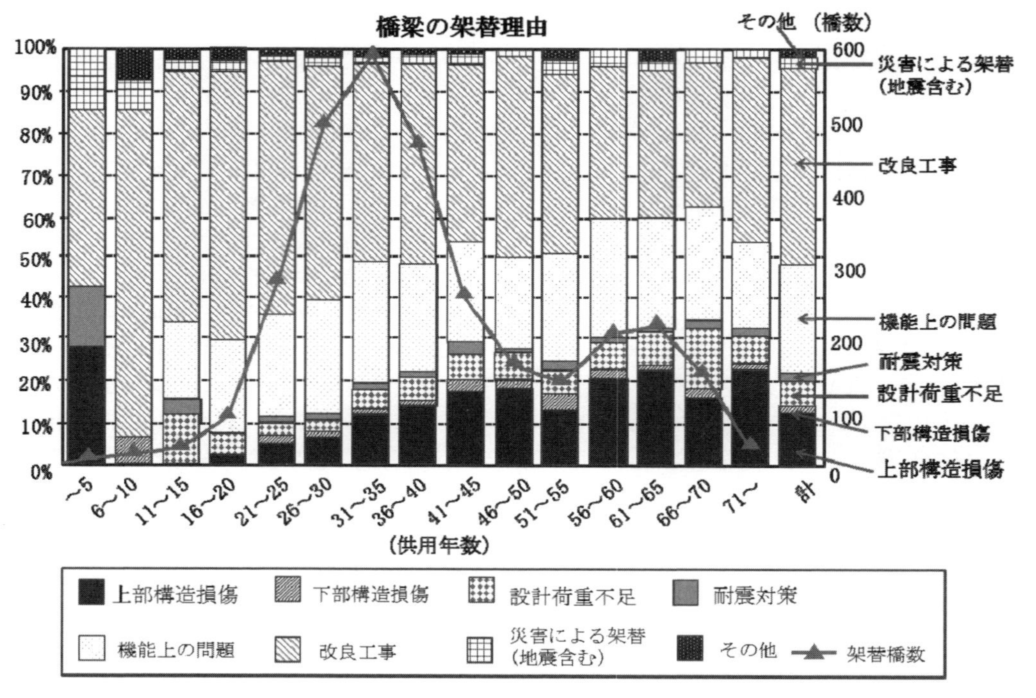

図１　橋梁の架替理由内訳

（注）架替理由のうち「機能上の問題」は，「幅員狭小」，「交通混雑」，「支間不足」及び「桁下空間不足」を表す。
また，架替理由のうち「改良工事」は，「道路線形改良」，「河川改修」及び「都市計画」を表す。
（出所）日本の社会資本 2012　平成 24 年 11 月内閣府政策統括官（経済社会システム担当）をベースに著者作成

通量の増加に伴う橋梁の拡幅のために架け替えられたり，交通量の増加と車両の大型化に伴う初期設計通りでは，設計荷重不足となり，急速に繰り返し疲労劣化する危険性により架け替えられるなどのケースが際立って多い。いずれも，設計当初の物理的寿命による架け替えというより，時代ニーズに合わず，架け替えされているケースが多い。広義でいう機能的寿命により架け替えられている。また，昨今続発する巨大地震により損傷，劣化を受けたり，損傷劣化は受けていないものの，改定強化された耐震基準に合わないため架け替えられているものもある。

実際，物理的劣化に伴う入れ替えは架橋後 20 年以上のものが増加傾向にあり，上部構造損傷や下部構造損傷が主に老朽化に伴う物理的寿命による架け替えと考えられるものもあるが，その比率は低い。物理的寿命は来ていないが，架橋後５年以内の上部構造損傷や下部構造損傷は阪神淡路大震災など，当時の設計基準を超えた想定外の応力を受けたものや，昨今の想定外の大雨による河川氾濫や増水に伴う倒木や流木等による橋梁の上部構造被害や，洪水に増水による橋台，橋脚そのものへのダメージの他，これらを支え得ている地盤そのものが洗掘され橋脚そのものが倒壊破壊されたケース等の物理的損傷によって架け替えられているものもある。

このように，橋梁など社会インフラは，物理的寿命だけを考えて長持ち設計しても，機能的寿命が来て架け替える場合も多いため，設計においては，十分機能的寿命を考慮して LCC 的にベストな設計をすることが肝要である。

たとえば橋梁のように社会的インフラは初期コストが膨大なため，できるだけコストミニマムで検討することが大切である。橋梁単体で見れば，河川の横断幅のもっとも狭いところに，短い橋梁をかければ，高さも抑えられ，物理的寿命の長い設計がしやすく，かなりのコスト低減につながるが，逆に豪雨による増水時は，河川狭窄部ほど水面が上昇し，流速も上がるため，橋梁は破壊されやすくなるとともに，橋梁自身が一層の堤防決壊やさらなる洪水被害の引き金になり，地域で見れば，良くない設計となるケースも多い。特に河川がカーブしているところや河川幅が狭い所に，最も経済的に建設できたとしても，大雨増水時，橋脚等が河川流速の影響をまともに受け，流木等の衝突被害も大きくなるとともに，上流側の河川氾濫の原因となることもあり，必ずしも河川幅の狭いところに架橋するのがベストと言えないケースも多い。

逆のケースもある。背後に急峻な山間部を抱えるエリアにおいては，大雨が降れば短期的一気に河川の水量が増加し，どこに架橋しても，水害の影響をうける可能性が高い場合で，集落を結ぶために橋梁は必要だが，交通量がごく少ない場合などは，低コストが最優先され，大雨時に河川が異常増水リスクがあっても，河川幅が最も狭小な部分できるだけ高さの低い安価な橋が建設されるケースもある。

この場合は，木造の流れ橋やコンクリート製のシンプルな沈下橋などが架橋されこともある。流れ橋は，上部はワイヤーで連結されており洪水時，橋は流されるが，橋が原因で堤防決壊などを起こさないように工夫されており，洪水が収まればワイヤーを手繰り寄せ，橋梁材料を回収して元どうり短期間で復旧できるものであり，沈下橋は洪水時橋梁すべてが水面下に沈下する，流木等が橋の防護柵などに引っかからず，せき止め効果による河川流速が増大しないため，さらなる橋脚の倒壊や堤防決壊を防ぐというものである。これらの橋梁は，狭小部に設置されるためデメリットとしては，洪水時や破壊されればしばらく利用できないが，メリットとしてはかなり大規模な増水が起こっても，破壊されないし，仮に破壊されても，短期間で低コストで復旧できるというメリットがある。このように橋梁を架橋する場合，設置環境や利用状況などを踏まえ，地域全体としてのライフサイクルコストを考慮して，ベストな架橋がなされる。橋梁の長寿命化は，単に橋梁そのものの，物理的長寿命化だけではなく，機能的長寿命化もよく考慮したうえで，検討することが重要である。橋梁を計画する際に検討すべき項目は以下の９項目とされている。

表３　橋梁設計計画時の検討すべき基本事項

橋梁を設計計画する際に検討すべき基本的事項	
①	決定路線の線形に基づき、橋梁の最適位置を検討すること。
②	橋梁計画の外部的諸条件（関係機関協議など）を満たすこと。
③	構造上安定で経済的なものであること。
④	施工が確実で容易であること。
⑤	耐久性が有り、維持管理上優れていること。
⑥	走行上の安定性、快適性を考えること。
⑦	周囲の景観に対し、美観的調和を図ること。
⑧	環境に及ぼす影響について配慮すること。
⑨	土木構造物標準設計の活用を図ること。

これまでも，この９項目については計画段階で，それなりに検討はされていたが，それでも実際，物理的寿命の前に機能的寿命により橋梁の架け替えが行われているケースが多いのも実態である。特に，

① 決定路線の線形に基づき橋梁の最適位置を検討すること

② 橋梁計画の外部的諸条件（関係機関協議）を満たすこと（河川改修計画，都市計画等将来の可能性の検討）

③ 環境に及ぼす影響について配慮することなどは，機能的寿命を長持ちさせる上で最も大切である。

これらを十分認識したうえで橋梁の建設位置，橋梁の種類，工法，安全率などを決定し，機能的寿命を確保して初めて，物理的寿命の長もちの検討が始まると言える。次項では橋梁の機能的長もちについて解説する。

3.2　橋梁の長もち―機能的長もち（機能的長寿命化，機能的耐久性の向上）の考え方について

橋梁の機能的長もちを考えるうえで最も大切なのは①決定路線の線形に基づき橋梁の最適位置を検討することであり，どの位置に，どのような線形で設置するのかという点を十分に考慮しておくことが大切である。本来，道路計画の決定路線に基づく線形に従い，橋梁の最適位置を検討する場合，最も重要視されるのは以下の２項目である。

① 最大縦断勾配や最小縦断曲率半径，最小平面曲率半径等，道路や鉄道の線形に関する制限値を全て満たすこと

② 必ず通らねばならない地点（既設の駅，交差点等）及び必ず避けなければならない支障物件の位置を踏まえた架橋計画とすること

しかし，機能的長もちを考慮すれば上記二項目だけではなく架橋する当該河川の水利条件も考慮する必要性がある。少なくとも狭窄部や湾曲部に新設の

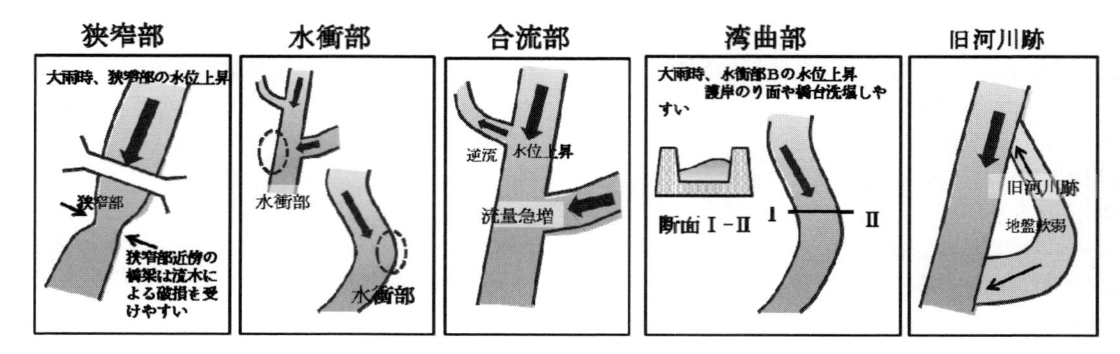

図2　河川の流況が変化するヶ所および旧河川跡

ウェブサイト　ジュニア防災教室—自然災害をまなぶ　Ⅱ大雨，災害　21. 河川堤防の破堤が起こりやすい個所　を参考に筆者作成

橋脚や橋台が設置されれば，豪雨による洪水時，狭窄部の流速上昇が発生し，自らの橋脚や既存に併設されている鉄道や道路などの橋脚，橋台に多大なダメージを与え得るからである。それ故以下の7項目を考慮した設計が，機能的寿命の長もちに重要となる。

① 狭窄部，水衝部，合流部，湾曲部等河川流況が変化する区間を避けること
② 河床変動が大きい区間（河床勾配の変化点）を避けること
③ 橋梁の方向は洪水時の流行に対して直角とすること
④ 既設横断構造物（橋梁，堰，伏越，床止工等）に近接しないこと
⑤ 新堤防近傍（築造後3年以内），旧破堤地点，旧河川跡やを避けること
⑥ 河川環境管理基本計画との整合を図ること
⑦ 他の横断工作物およびそれ以外の既設工作物に悪影響を与えないこと

特に①，②，③は，想定を超える集中豪雨を考慮すれば，いづれもが豪雨による河川増水時，予測できないような複雑な流れを起こし，橋脚基礎部分や河床の洗堀を起こし倒壊したり，流速増加，増水，流木や倒壊家屋などの影響により，上部構造物（路床版等）が損傷，流失するケースもある。特に④は，従来，道路計画や河川横断の立地条件等から，既存橋脚に近接して設置されるケースも多く実際既存の橋脚では，近接して鉄道道路などが，架橋されているケースもあるが，豪雨による増水時それぞれの橋

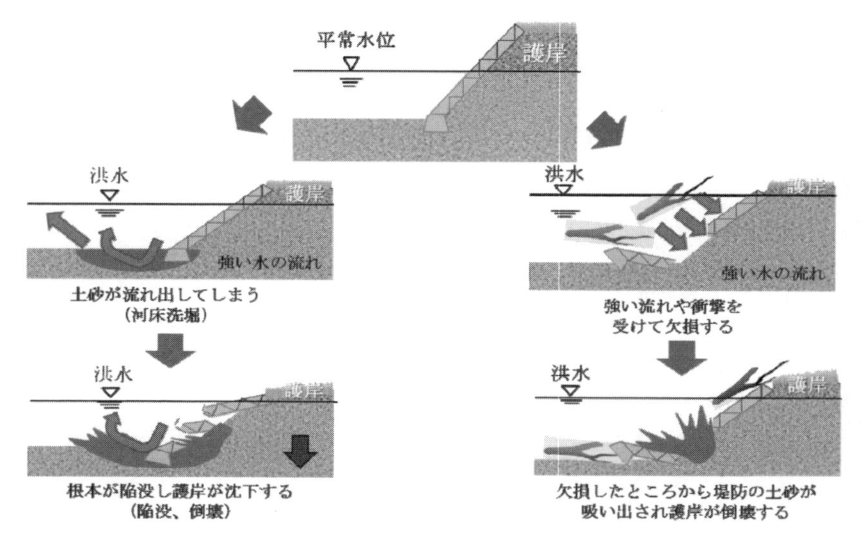

図3　流況変化地点や旧河川跡等での洗掘メカニズム

出所：河川護岸維持管理マニュアル案（一社）建設コンサルタンツ協会近畿支部　公共土木施設の維持管理に関する研究委員会 2012.6.6 を参考に筆者が作成

脚等の影響で，お互いが損傷を受けやすくなるため，避けた方が良いと言える。

また，⑤の項目は，新堤防近傍への架橋は，橋梁の基礎地盤と堤防とのなじみが浅く，洪水時の堤防の状況も不明のため極力避けるという考え方である。旧破堤地点，旧河川跡は明らかに基礎地盤が脆弱であったり，流路上問題のある地点なので避けるべき地点とされている。⑥，⑦は，架橋後10年から20年程度で河川改修計画等により，橋梁の架け替えが発生しないようするためである。特に豪雨時，増水しやすい川においては湾曲部外側や，合流する地点近傍は水衝部となりやすく，堤防や橋台，橋脚が破壊されやすいため，十分な配慮が必要である。

しかし，諸条件を勘案したうえでも，どうしてもこれら地点に建設せざるを得ない場合は，橋梁の種類や全長，支間長決定にもこれらを考慮し，十分な安全性を確保されることを確認したうえで，橋台の位置や構造，橋脚の数や位置を適切に決定することが重要となる。橋梁の長もちは，単なる橋梁自体の物理的強度や防食性能の向上だけでなく，機能面や経済面も踏まえて様々な要素をトータルで判断して，長持ちとなるように計画することが大切である。上下水道や，ガス管埋設などの場合も，検討項目は異なるが，設置環境や他の埋設管の状況，都市計画，道路改修などを様々な事情を勘案して，LCC的にベストな長もち設計をすることが肝要である。

4　構造材料（インフラ設備）の長もちについて―物理的寿命の長もち

社会的インフラである，建造物，橋梁，鉄塔，電波塔，鉄道，ガス管，水道管などの物理的寿命（ここで言う，物理的寿命は，機能的劣化と区別するもので，機械的な物理的劣化と，腐食などによる化学的劣化による損傷が原因で，強度的に実用に耐えなくなる寿命を言う。）を伸ばす工夫がなされ始めている。先にも述べたように，現在新規に建設される道路橋や上下水道などは，基本的な設計は物理的には100年耐久となっているが，既に建設後数十年たっているものは，50年耐久をベースに設計されている。しかも昭和30年代から50年代にかけての日本は高度成長期で，社会インフラが大量に導入され大小合わせれば，既に70万橋以上の橋梁があり，これらが逐次，設計寿命とされていた50年を超えることになる。国土交通省の資料によると2021年には設計寿命とされる50年を超える橋梁は主要なものだけでも50,000橋を超えると推定されている。一方で，人口減少に伴い，国や地方も，税収が減少していくことが想定され，これら高度成長期に導入された膨大な社会インフラの物理的寿命の長持ちは非常に重要となっている。社会インフラの物理的寿命の長持ちを考える際，大切なのはこれまで述べてきた①設計要因のほか，②品質管理や施工要因，更には③維持管理要因がある。

社会インフラ全般に，昭和30年代から50年代にかけての高度成長期に大量に導入されたされているが，社会インフラが大量に導入されたため，その施工管理も完ぺきといえないものもあり，施工不良や材料の品質管理上の問題で設計寿命以前に劣化が進むケースも多い。この時期以降，低コスト化と工期短縮の目的で，鋼橋などでは，リベット接合からボルト接合や溶接接合に仕様変更が行われことに伴い，ボルトの締め付けトルク不足や，溶接不良などによる施工管理上の問題が多く発生しているほか，コンクリート構造物では，トンネルや橋脚などで，川砂が不足し，海砂を利用したため，設計寿命が来る前に，コンクリート内部の鉄筋が海砂の塩分の影響で，想定以上の速さで腐食が進み天井崩落や橋脚損壊などが発生している。特にコンクリートは，セメント，細骨材，粗骨材，混和剤，水などの様々な原料を生コンクリート工場で配合し，混練開始した時点から現場で打設するまでの間に，短時間に時々刻々品質が変化する性質があり，打設する現場の気温や湿度によっても，完成時の強度が大きく異なる性質を持っている。それ故，コンクリート構造物は，①の設計要因よりも②の品質管理や施工管理要因のほうが物理的寿命に大きな影響を与え，当初の想定設計寿命を大きく左右する。地中埋設するガス管，上下水道管なども，埋設する地盤の透水性のほか，埋戻しの際の埋め戻し材の締固めによっても管にかかる土圧や上部の車両荷重による土圧なども影響を受けるため，施工要因が寿命に影響を与えることもある。社会インフラは，物理的寿命として長寿命設計されていても，施工要因，品質管理要因により，劣化しているものも多いのが実体で，施工管理，品質管理は非常に重要な要因である。

また，高度成長期に設計された橋梁では，建設後近隣に工業団地，ごみ焼却場，産廃処分場，ゴルフ場なども建設されることにより，想定以上の大型車の通行増加や交通量の増加により設計時の想定を超える負荷がかかり，橋梁の疲労が進んでいるケースや，近年増加する激しい地震などの影響なども受け，想定以上にダメージを受けているケースもある。社会インフラは，軽微なダメージを受けても，適切な維持管理，メンテナンスを受けていれば，長寿命使用できるケースも多い。逆に言えば維持管理不足により，致命的なダメージを受けるケースもある。

たとえば，強度的には十分な強度を持って設計されていても，予期せぬ損傷や，腐食が進行すれば，設計時の期待した物理的寿命をまっとうできないことも多い。

次項では，社会的インフラの大半を占める，金属（特に鋼）とコンクリートについての物理的長持ちについて説明する。

4.1　構造材料（インフラ設備）の長もちについて—物理的寿命の長もち—金属（鋼）の長もち

社会的インフラとして金属特に鋼は，橋梁，送電線用鉄塔，鉄道の電線用架線柱，ガス管，水道管のほか，ビル，体育館等の鉄骨など様々なところで利用されている。特に社会インフラとしての金属の物理的寿命の長持ちについては①設計要因②品質管理，施工要因③維持管理要因があり，なかでも，②品質管理，施工要因と③の維持管理要因が非常に大切である。金属（鋼）は社会インフラだけでなく，日常に利用されている製品のありとあらゆるところで利用されているため，第1章の長もち設計，耐久性評価技術の基礎編1で詳しく述べているのでここでは，社会インフラとして利用される鋼に的を絞って物理的長持ちについて解説する。特に設計要因という面では，物理的強度，応力集中，疲労破壊などを参考にしながら，適切な安全率を考慮して設計されているため，設計要因で社会インフラの物理的寿命が影響を受けることは少ない。一方で金属（特に鋼）は，第1章でも詳しく述べたように，ほんのわずかな炭素や添加されている元素の含有率，熱処理状況などによってその性質は大きく異なる。また，コンクリートと比較すると圧倒的に軽量で強靭であるが，逆に言えば，板厚や長さなどの寸法公差が，応力にも大きく影響を及ぼす。しかも，金属は設置される環境の影響を受けやすく，たとえば大気中では，水分，酸性ガス，塩分の影響などによって，急速に腐食が進行する。土壌中や水中でも，周辺環境のpHなどの影響を受け急速に腐食が進む危険性があることを第1章で述べてきた。このため塗装やメッキなどの防食が大切であるが，社会インフラの設置環境は，一般の金属製品や生産設備や機械と比較し，塗装の最大の大敵である太陽光（紫外線に特に塗装は弱い。）にさらされ，海岸線に近いところに設置されるケースも多く，塩害を受けやすく，暴風雨にさらされ，たとえば寒冷地の橋梁などでは凍結防止剤などの薬品の影響もうけるといった非常に苛酷な環境にさらされる。さらに，生産機械と比較すると点検頻度やメンテナンス作業の頻度も低い。また，鋼製の社会インフラは，部材の接合箇所が極めて多く，ボルトや溶接によって接続されているが，ボルトの締め付けトルク不足や，溶接欠陥が一か所でもあれば，そこに応力集中して，社会インフラ全体が破壊されることもある。それ故，鋼製の社会インフラは②品質管理や施工管理のほか③適切なメンテナンスが，物理的寿命に大きく影響する。一例として，頻繁に繰り返し荷重がかかり，風雨にさらされる過酷な環境下にある，鋼路橋を例に物理的寿命について説明する。

橋梁には様々な種類があり，土台はコンクリート製が大半であるが，上部構造の構造物の種類により，桁橋，アーチ橋，トラス橋，ラーメン橋，斜張橋，吊り橋などに分類され，上部構造が鋼製のものを鋼橋と呼んでいる。最近では桁橋，ラーメン橋などでは，コンクリート製のものも増加しているが，大半の橋梁は鋼製である。**図4**に代表的な鋼路橋である，桁橋とアーチ橋について示す。

床版部分は，鋼とコンクリートによる合成床版，PCコンクリート床版のほか，RCコンクリート床版などが主流であるがいずれもひっぱり力を強化するため，鉄筋や，鋼製ワイヤなどで，補強されている。これ以外にも，軽量化目的で，鋼製床版なども用いられている。これら床版や荷重を支えているのは大半が鋼製上部構造である。長大橋では，斜張橋，吊り橋など上部構造以外にも，強靭な鋼製のワイヤロープにより路床版を含む上部構造や車両等の荷重を吊り上げ支えているものもある。鉄道の橋梁に多く見られるアーチ橋や比較的長いスパンにかかる力を低い高さの構造で支える三角構造を多用したトラス橋は，列車のような長く連続した荷重支えるのに向いており，線路や橋桁などの重量を少ない鋼材量

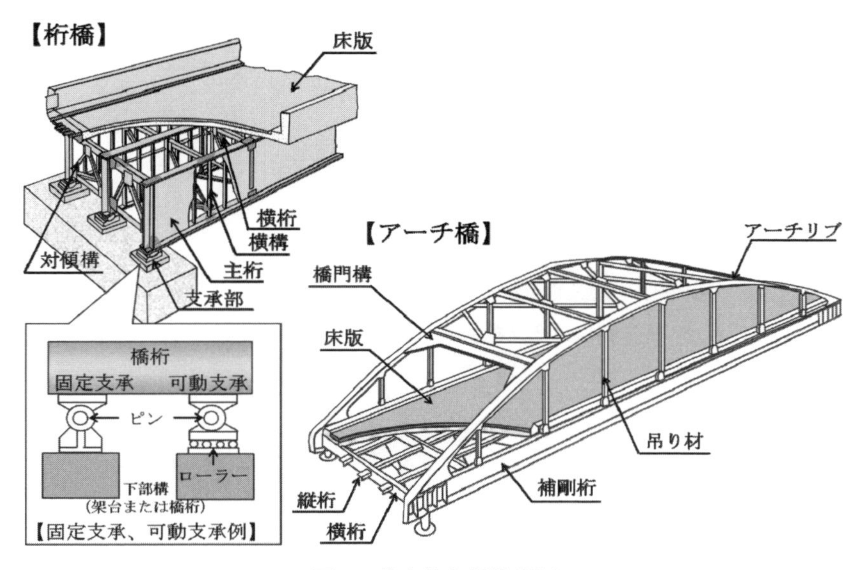

図4　代表的な鋼路橋例

出所：橋梁定期点検要項　平成26年6月　国土交通省　道路局　国道・防災課（2014）鋼橋の損傷と点検・診断（点検・診断に関する長鎖報告書）社）日本橋梁建設協会発行2000）を参考に筆者作成

で支えるよう工夫されており，圧縮応力や引っ張り応力を縦横にうまく組み合わせて橋台や地盤に伝えるものであり，古くからこれら構造の橋の多くが鉄で作られていたため，これらの橋は鉄橋と呼ばれ親しまれてきた。長い橋は橋桁の気温差による伸びやたわみなどの吸収の他，落橋防止などのために，支承部と呼ばれる回転やスライドできる固定支承や稼働支承などが用いられているが，これらも大半が金属製である（最近は地震の振動対策からゴム製支承も利用されている）。金属製の支承部は，錆びたり摩耗したりすれば，橋梁全体が崩落したりする危険性もあり，鋼橋では大切な役割を果たしている部材の1つである。

鋼路橋は，古いものでも，物理的寿命として50年は安全に使用できるように応力計算され設計されている。機能的寿命のところでも説明したが橋梁は，最近では100年の物理的耐久性を持つような設計がなされている。ただし，応力計算はあくまでも荷重に対しての耐久性であり，腐食など他の要因が働き，構造材料が損傷を受ければこの物理的寿命は維持できない。

たとえば，落橋事故として最も有名な事例の1つである，アメリカのミネソタ州ミネアポリスの高速道路でミシシッピ川に架橋された全長581.3 mの鋼路橋のうち，鋼製トラス324 mの部分が崩落した事故のケースでは，建設されたのが1967年で，2007年に崩落しており，建設後40年での崩落であり，転落した車両は50台以上，死者13名に上る重大事故であった。このケースでは，本来50年以上の物理的寿命を持って設計されており，平均的なトラック荷重も1台当たり36.3トンまでは安全とされ，許可された超重量車両も72.2トンまでは許容できる設計となっていた。この活荷重負荷は現在でも十分な荷重設計とされている。しかし，荷重設計上では，考慮しなくてもよいトラス結合部分の鋼製ガセットプレートの板厚が薄かったことや，凍結防止剤や，鳥のフン害等によりガセットプレートが腐食していた等の要因の他，事故当日，床版補修のため，片側4車線のうち2車線が通行止めとされ，工事車両や建設機材のほか，コンクリート用の骨材などの建設資材が合計260トン以上も運び込まれていたことや，夕刻の交通ラッシュと車線規制により，隙間もないぐらいの車の渋滞が発生しており，想定以上の荷重がかかっていたことなどの複合要因で事故となっている。設計上ではトラスの主要構成鋼材などは十分な安全を見込んで50年耐久は十分なはずてあったが，力学計算上ではトラス本体だけの強度が問題となり，ガセットプレートの板厚は物的寿命の設計計算には関係していないが，実際，ガセットプレートが腐食したり，亀裂が入ると，本体のトラスに偏荷重がかかり，想定以上の負荷がかかることになり，物理的寿命に大きく影響を与えたことが事故の原因

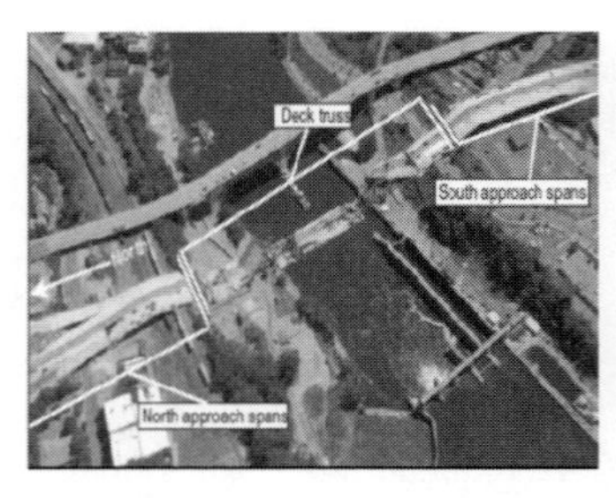

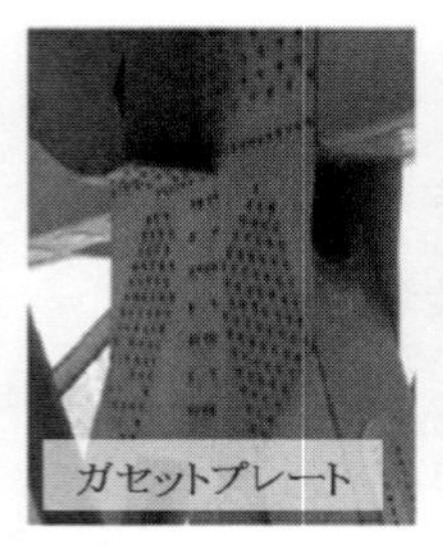

図5　アメリカミネアポリス鋼製トラス橋崩落事故と問題となったガセットプレート、支承部

出所　アメリカ交通安全局の公開レポート
“ Highway Accident Report：Collapse of I-35W Highway Bridge Mineapolis, August 1.2007 ”

となっている。

このため日本では，ガセットプレートについても道路橋示方書に板厚に関する規定があり，この基準では最低 29 mm 以上のがセットプレートを使用すべきところ，実際アメリカのこの鋼橋では 13 mm のものが使用されており，落橋していない部分のガセットプレートも湾曲変形が見つかるなど，品質管理や施工要因にも問題があったことが判明している。また，落橋部分のガセットプレートや金属製の支承部なども，凍結防止剤として酢酸カリウムが利用されていた影響や，ハトなどの糞害により，腐食や，亀裂の進行が見られ，ほんの 1 か所から始まった破壊により，他部分の健全部へ過大な応力が共振現象などにより伝達され 324 m もの広範囲にわたる破壊につながったと推定されている。適切にメンテナンスされ，ガセットプレートが補強されていたり，支承部が円滑に稼働していれば，事故は起こらなかったとアメリカの National Transport Safty Board は報告している。このように，社会的インフラ，特に金属（鋼製）の物理的寿命は，①設計要因だけでなく，②品質管理や施工要因，③維持管理要因に大きく影響を受けることが多い。

日本の道路示方書は，設計面ではかなり完璧な仕様書となっているので，この示方書に基づき設計すれば，物理的寿命は基本的には 100 年耐久がある。しかし，アメリカのミネアポリスの高速道路の落橋例にみられるように，品質管理や施工管理が不十分であれば，これらの設計寿命は期待できない。第Ｉ編第 1 章第 4 節「金属材料の選定」で述べたように，社会インフラのうち大半が鋼製品であり，鋼製品は鉄を大半の主成分として 0.02％～ 2％程度の炭素の含有率やクロム，モリブデン，ニッケル，タングステンなどのその他の元素成分のほんのわずかな組成の違いや，熱処理状況によってその物理的強度や腐食性などが大きく異なることになる。このため，物理的寿命は，設計要素も大切であるが，材料の生産ロットのばらつきを含む品質管理も重要である。特に，接合部の溶接の肉盛過多や不足，溶接溶け込み不良，溶接ガスが溶接金属内に残留するブローホールや，スラグ巻き込み，アンダーカットやオーバーラップなど適正なスピードで溶接しなければ，様々な欠陥が溶接金属内部や周辺部に残り，その結果，強度不足や応力集中などに起因するトラブルが発生する可能性が高くなる。また，ボルトの締め付けトルク不足によるボルトの離脱，塗装欠陥による腐食の進行なども施工管理要因による劣化の進行により，設計寿命以前に破壊されるケースも多い。メンテナンスを適切に行い，早期にこれらの欠陥を発見し，適切に修理，修復すれば，物理的寿命を左右するほどの致命傷にはならないケースも多い。特に金属材料の選定の項でも述べたが，応力集中や局所腐食が発生すれば金属は急速に破壊される性質があるので，損傷が進行してから事後保全するのではなく，きめ細かな点検やメンテナンスによる予防保全が重要である。

特にボルトの締め付けトルク不足や，溶接欠陥などの施工管理要因が主要因で橋梁崩落に至った有名な事例の 1 つに 1979 年に韓国のソウルの漢江にかかる聖水大橋の崩落事故がある。この橋は，全長 1160 m 幅 19.4 m の 4 車線の鋼橋であるが，1979 年の 10 月に完成したが 15 年後 1994 年 10 月に中央部分 50 m が崩落し，死傷も多数出る大事故となったケースである。このケースは，②の施工管理要因や，③のメンテナンス要因が事故に大きく影響している。このケースは建設後 15 年と短い間で崩落しており，①の設計要因にも問題があったとされている。当時韓国は，高度成長期で，橋梁を通過する車両台数が設計時と比較し，大幅増加したことや輸送用トラックも大型化したことや，過積載トラックも多く，設計裕度が少なかったことも崩落原因の１つとされている。しかし，崩落の大きな要因は，接合部の溶接不良部分が，凍結防止剤などの影響をうけ腐食が進み，亀裂となり，応力集中を起こしたことのほかに，ボルトの締め付けトルク不足や腐食などにより，ガセット部でかなりの本数のボルトが抜け落ちていたことで，その部分から一気に亀裂が拡大し，崩落に至ったことが判明している。こまめな点検と，時代に合わせた補修，補強などの適切なメンテナンスが行われていれば，防げた事例である。

社会インフラは，金属と鉄筋コンクリートをベースにし，長寿命を期待されているという共通項目も多いが，次章以降では，社会インフラ設備で最も利用されているコンクリートについて基本的な劣化要因やその対策などについて解説する。

4.2　構造材料（インフラ設備）の長もちについて 物理的寿命の長もち―コンクリートの長もち

コンクリートは，建造物，ダム，トンネル，下水管，橋梁の橋台，鉄道や高速道路等の高架，鋼路橋，コンクリート橋の床版など，あらゆる社会インフラを支える構造物で，圧倒的に高い圧縮強度を持ち，本来コンクリートの弱点とされた引っ張り応力を内部に配した鉄筋で補う構造になっている。また，RC コンクリート（鉄筋コンクリート）は，現場で自在に製作することも可能で，あらゆる社会インフラとして利用されている。特に圧縮強度が圧倒的に高いため，様々な建造物等の土台部分に使用されている。鉄筋で補強されたRCコンクリートといえども，鉄筋間のコンクリートの部分は引っ張り応力に弱く，靱性がないため，大きな地震や大きなたわみ荷重などがかかれば，ひび割れを起こし，このひび割れから水分や空気中の CO_2 等により鉄筋が腐食劣化するという問題があり，どうしても厚肉で軽量化が図りにくいという問題もあった。しかし，最近では，コンクリート内部に引っ張り応力をかけたワイヤケーブルで補強することにより，有害な引っ張りひずみを発生しにくくし，もし仮に，コンクリートにひび割れを発生しても，緊張した内部PC鋼線製のワイヤケーブルによりひびが広がらず内部の鋼線も腐食しにくいという改良がなされたPCコンクリートが登場した。引張荷重や剪断力に対して圧倒的に耐力が高く鋼と比較してもたわみが少なく，振動も少ないメリットがあるため，ビルや橋梁などでも採用されている。

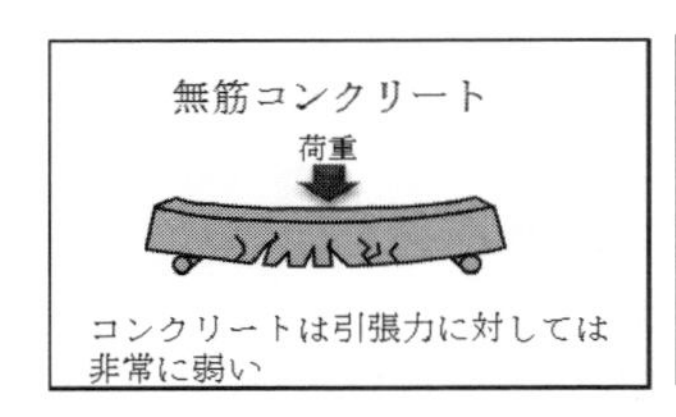

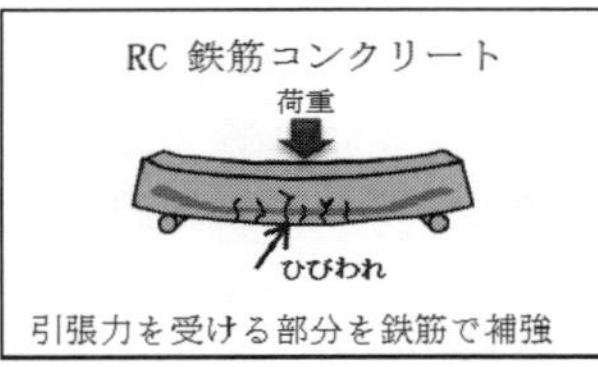

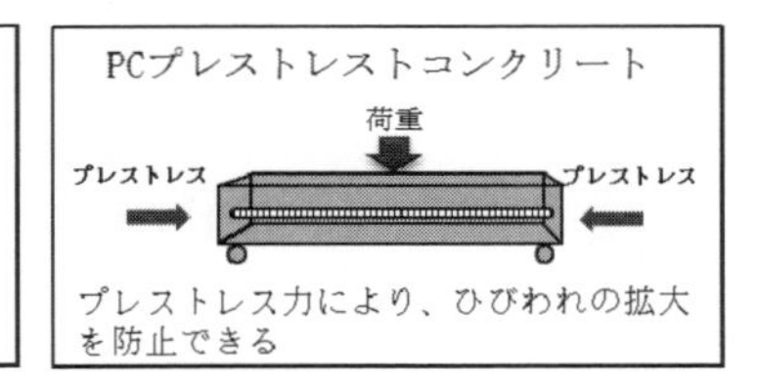

図６　コンクリートの種類（RCコンクリートとPCコンクリート）

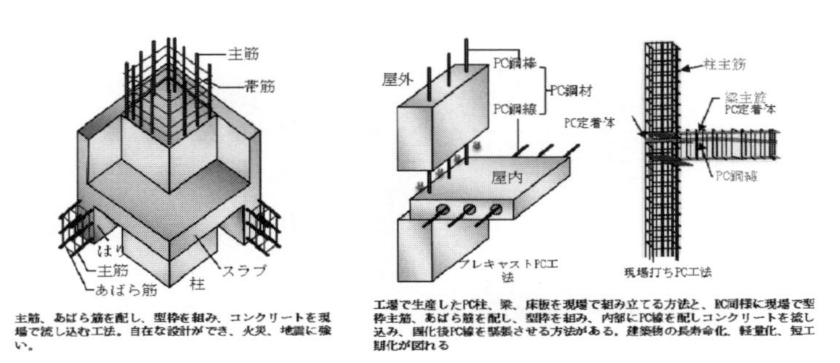

図７　RCコンクリートとPCコンクリートの構造と施工方法

筆者作成

PC コンクリートは，強度が高く，軽量化が図れ，現地製造だけでなく，大きな部材として工場でも製造きるため，現場工事の工期が短くなり，現地ではクレーンでつりさげ組み立てることが可能になり，施工コストの低減も図れるメリットもある。

PC コンクリートは，軽量で強度が高いため，柱のスパンを大きく取れ，ビル内のオフィス空間を広く取れることや荷重が小さくなるため高層ビル建設に向いている。また，従来の現場打設の RC コンクリートは，気温や湿度などの現場作業環境の影響を受け，品質のばらつきを生じるが，PC コンクリートは，ばらつきが少ないことも大きなメリットとなっている。

コンクリートの寿命については，大蔵省令耐用年数抜粋を見れば，鉄筋補強のないトンネルなどでは 30 年，鉄筋補強のある RC コンクリート製のトンネルや橋梁の経済的寿命は 50 ～ 60 年とされている。もともと昭和 40 年に制定されたものであるが，実際 RC コンクリートの現状を見れば，適正にメンテを行いながら経済的寿命 50 ～ 60 年は妥当なところといえる。コンクリートの劣化に関しては，鋼の主要な劣化要因である，繰り返し疲労や局所腐食による急速な劣化などは少ないが，コンクリート固有の塩害劣化，中性化劣化，アルカリ骨材反応劣化などの劣化要因や，鉄筋で補強していることによる，鉄筋の酸化劣化などの問題もあり通常物理的寿命は，50 ～ 60 年と考えられている。先の 3.1 の鋼橋の例にも示したが，鋼橋といっても鋼製は上部構造であって，橋を支えている下部構造の橋台は大半がコンクリート製であり，鉄道，高速道路などの高架橋などもそのほとんどがコンクリート製である。更に鋼橋であっても上部構造の路床版はコンクリートが用いられているものが大半である。最近では上部構造も溶接やボルト止めがなく支承部も金属不使用のゴム支承を使用したコンクリート製のアーチ橋や桁橋など上部構造にもコンクリート製のものが利用され始めている。コンクリート桁やコンクリート床版そのものを利用したコンクリート橋は，耐震性にもすぐれ，点検やメンテナンスが少なく済み，施工性にも優れている。コンクリート床版そのものを桁橋としたコンクリート橋は，版厚が薄く軽量なため，桁高さが制約されるような場所での橋梁に向いており，施工性に優れ，版自重があまり大きくならない範囲の単純支間に換算して 25 m 程度以下の比較的小支間の橋に採用されている。また，全長や支間長の長い橋梁には地震などの振動に強く強度に優れた，より多くの PC 鋼線を内蔵した T 桁，箱桁と呼ばれるコンクリート桁が用いられている。更に桁だけでなく，アーチ橋のアーチ部分もコンクリート製のアーチを採用した上部構造のコンクリート橋も増加している。更に橋台と桁が一体となった支承部不要なラーメン構造のコンクリート橋も出現している。

コンクリートは，社会インフラを支える重要な材料であり，その物理的寿命の長持ちに影響を与えるのは金属の物理的寿命の長持ち同様①設計要因②品質管理，施工要因③メンテナンス要因の 3 つがある。

コンクリート構造物は様々な社会インフラの土台や骨格として幅広く普及しており，耐荷重，耐震性など①の設計要因に起因するコンクリート厚さ，内部の鉄筋の配筋方法などは，物理的寿命の長持ちに影響する重要な要因の 1 つであるが，コンクリートの物理的寿命に最も影響を与えるのは②の品質管理や施工管理要因である。

また，コンクリート構造物を設計する際，設計者は特に，コンクリート素材そのものを熟知し，コンクリート構造物の耐荷重や，耐震性を決める際，現

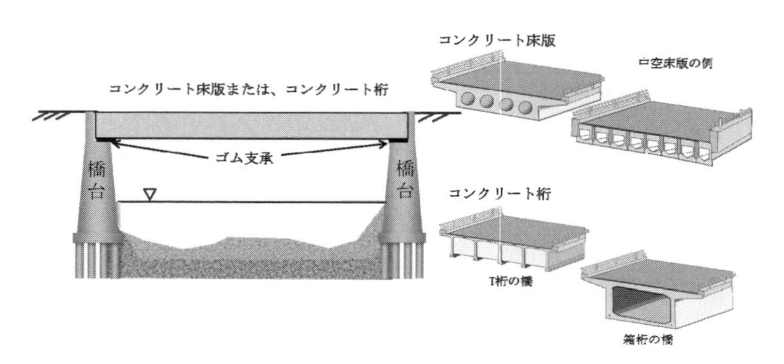

図 8　上部構造もコンクリート製のコンクリート桁橋

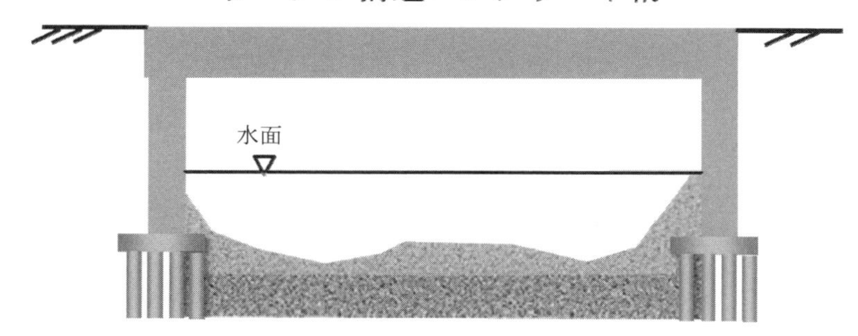

図９　橋台・桁一体型ラーメン構造コンクリート橋

出所：平成24年度自治体支援講習会資料「橋梁の基礎知識と点検のポイント」国土交通省　中国地方整備局
中国技術事務所を参考に筆者作成

場で打設したコンクリートが必要な強度が発現するような性状のものを選び，生コンクリート製造業者とその品質について協議して選定する必要がある。鋼でいえばSS400は，最大引張強度が1 mm^2 当たり400 Nまであり，降伏限界がこの1/2程度あったのと同様に，生コンクリートに関してはレディミクストコンクリート JIS A5308で様々な特性が規定されている。コンクリート製造業者が荷卸し地点で，保証する強度（呼び強度たとえば30 N/mm^2 まで圧縮荷重に耐える。）の他，作業性（ワーカビリティ）を表すスランプ値などが規定されおり，このJIS 5308を参考にコンクリートを選定し，コンクリートに関する要求仕様仕様書を作成する必要がある。

コンクリートは，金属のように，ほぼ単一素材でできているのではなく①セメント②細骨材③粗骨材④混和剤⑤水⑥空気などによって構成されており，しかも，その粗骨材として利用される砕石や細骨材として利用される川砂などは，それぞれの採取される地域等で粒径や硬さなどが大きく異なる。さらに，これらの骨材とセメントを結合させるために大量の水が添加され，セメントの水和反応によりすべての部材が結合する。添加されるわずかな空気の量もコンクリートの強度に影響を与える。

コンクリートはこれらの成分を配合した時点から，その物理的特性は時々刻々，変化し始め，性状が著しく変化するという特徴があるため，現場で施工するRCコンクリートの場合，生コンクリート会社で混練開始された時点から現場までの輸送時間を含め，打設までのため時間が大きくコンクリート品質を左右する。

JIS A5308では生コン会社での練り混ぜから，現場到着まで1.5時間を限度するとされており，土木学会によるコンクリート標準示方書または，日本建築学会のコンクリートに関する規定JASS5も限度は同じで，外気温25℃を超える場合は生コン会社での練り混ぜ開始から，運搬時間を含めて打設完了まで1.5時間，外気温25℃以下で2時間が限度とされている。よって生コン会社のロケーションや道路事情，さらには現場での打設開始時間や完了時間など，厳しいスケジュール管理が要求される。現場で打設されるコンクリートは，その設計強度発現までに要する養生時間も外気温や湿度によって大きく異なるため夏場や冬場などの季節などの影響を大きく受ける。特に外気温が4℃以下と低い場合は特殊な混和剤を添加した寒中コンクリートを使用したり，外気温が35度を超えるコンクリートの打設を行う場合は暑中コンクリートを使用すべきことが土木学会によるコンクリート標準示方書などには規定されている。

コンクリートの物的的寿命の長持ちに最も影響を与えるのは，②品質管理や施工管理であり，①の設計要因にもこのコンクリート品質や，施工管理が影響するため，次項ではもう少し詳しく，コンクリートに関する品質や施工管理について述べる。

4.3　コンクリートの長もち―コンクリートの品質

コンクリート材料はコンクリート構造物の建設を請負った会社がフレッシュコンクリート（生コンクリート）製造会社に必要な仕方配合表や要求仕様書を提示し，生コンメーカーはその仕様に合わせてJISで規定されている品質のコンクリートを製造し，建設現場へ配送する。特にコンクリートの品質を左右するのは，①フレッシュコンクリートの性状その

表4　コンクリートの種類 JIS A5308 2014

コンクリートの種類①	粗骨材の最大寸法(mm) ②	スランプ又はスランプフロー※(cm) ③	呼び強度④													
			18	21	24	27	30	33	36	40	42	45	50	55	60	曲げ 4.5
普通コンクリート	20　25	8　10　12　15　18	○	○	○	○	○	○	○	○	○	○	−	−	−	−
		21	−	○	○	○	○	○	○	○	○	○	−	−	−	−
	40	5　8　10　12　15	○	○	○	○	○	−	−	−	−	−	−	−	−	−
軽量コンクリート	15	8　10　12　15　18　21	○	○	○	○	○	○	○	○	−	−	−	−	−	−
舗装コンクリート	20　25　40	2.5　6.5	−	−	−	−	−	−	−	−	−	−	−	−	−	○
高強度コンクリート	20　25	10　15　18	−	−	−	−	−	−	−	−	−	−	○	−	−	−
		50　60	−	−	−	−	−	−	−	−	−	−	○	○	○	−

※荷卸し地点での値であり，50cm 及び 60cm はスランプフロー値である。

ものや②コンクリート製造方法③運搬④打設・養生などの施工管理などがあり，これらすべてが鉄筋コンクリート構造物の長もちに多大な影響を与える。生コンクリート（レディミクストコンクリート）の種類について JIS A5308 では**表 4** のように分類している。

粗骨材は鉄筋間隔との相性や，かぶり深さの関係で最大寸法 20 mm が選ばれることが多いが，経済性からは 25 mm が選ばれることもある。ダム等の巨大構造物や，無筋コンクリートの場合は 40 mm が選定されることが多い。スランプ値は現場での作業性を表す数値で通常は 8 cm 程度のものが選定される。呼び強度はコンクリートが養生後発現する圧縮強度（N/mm^2）を表している。配合強度は呼び強度の 85 %ぐらいなので，安全率を見込んで選定する必要がある。

スランプまたはスランプフローは，高さ 30 cm 上

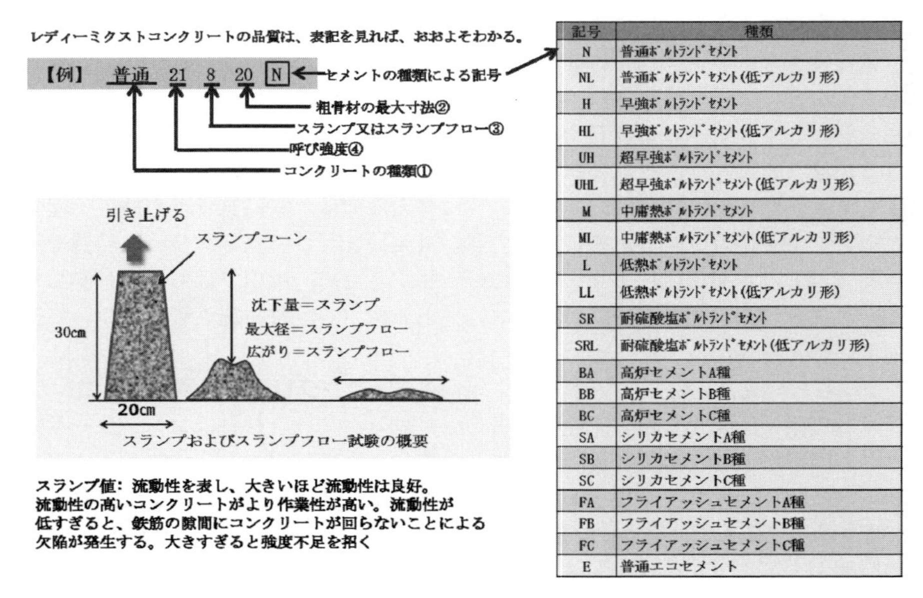

記号	種類
N	普通ﾎﾟﾙﾄﾗﾝﾄﾞｾﾒﾝﾄ
NL	普通ﾎﾟﾙﾄﾗﾝﾄﾞｾﾒﾝﾄ(低アルカリ形)
H	早強ﾎﾟﾙﾄﾗﾝﾄﾞｾﾒﾝﾄ
HL	早強ﾎﾟﾙﾄﾗﾝﾄﾞｾﾒﾝﾄ(低アルカリ形)
UH	超早強ﾎﾟﾙﾄﾗﾝﾄﾞｾﾒﾝﾄ
UHL	超早強ﾎﾟﾙﾄﾗﾝﾄﾞｾﾒﾝﾄ(低アルカリ形)
M	中庸熱ﾎﾟﾙﾄﾗﾝﾄﾞｾﾒﾝﾄ
ML	中庸熱ﾎﾟﾙﾄﾗﾝﾄﾞｾﾒﾝﾄ(低アルカリ形)
L	低熱ﾎﾟﾙﾄﾗﾝﾄﾞｾﾒﾝﾄ
LL	低熱ﾎﾟﾙﾄﾗﾝﾄﾞｾﾒﾝﾄ(低アルカリ形)
SR	耐硫酸塩ﾎﾟﾙﾄﾗﾝﾄﾞｾﾒﾝﾄ
SRL	耐硫酸塩ﾎﾟﾙﾄﾗﾝﾄﾞｾﾒﾝﾄ(低アルカリ形)
BA	高炉セメントA種
BB	高炉セメントB種
BC	高炉セメントC種
SA	シリカセメントA種
SB	シリカセメントB種
SC	シリカセメントC種
FA	フライアッシュセメントA種
FB	フライアッシュセメントB種
FC	フライアッシュセメントC種
E	普通エコセメント

図 10　コンクリートの表記と品質

出所：JIS A5308 に基づき筆者作成

面直径 10 cm，下面直径 20 cm のカップに生コンクリートを入れ，カップを引き抜く試験で，その沈下量（スランプフローは広がり）を示す数値で，コンクリートの柔らかさや作業性（ワーカビリティ）を表すものである。スランプ値が大きいほど流動性は，良く，作業性を改善し，複雑に鉄筋を配している構造物の場合は，鉄筋の背後などにもコンクリートがスムーズに行き渡るため，比較的大きい数値が選ばれる。一方，スランプ値は水セメント比と密接に関係し，水セメント比が大きいほどスランプ値は大きくなるが，水セメント比はコンクリート強度に関係し，水セメント比が大きいほど強度は下がる。この為，ダムや橋梁の橋台などシンプルな構造で，強度が要求される場合はスランプ値は小さな数値のものが利用される。通常土木系一般でスランプ値は 8～12 cm，道路舗装では 2.5 cm，ダムなどでは 2～5 cm 水中構造物では 13～18 cm が標準とされ，建築系では，鉄筋が多く 15～18 cm のものがよく利用されている。

JIS A5308 ではレディミクストコンクリートの製品の表記についても規定しており，表記でその製品の品質がおおよそわかるようになっている。

コンクリートの品質は，目的構造物の種類，必要強度，環境耐久性の確保と良好な施工性（ワーカビリティー）が得られる範囲で極力，単位水量を少なくするよう，これを定めなければならないとされている。（土木学会コンクリート標準仕方書施工編）。このため，コンクリート構造物の設計，建設を請け負った会社は，コンクリート構造物の種類や設置環境などに応じで，工事請負者はコンクリートの品質について，生コンクリート会社と協議しながら示方配合表や要求仕様書を作成し，生コンクリート製造業者に提示して発注する必要性があり，請負業者は，施工現場で，コンクリート品質について，この示方配合表と生コンクリート製造会社の納入実績表を照らし合わせて許容範囲かどうか確認し，実際にスランプ値，空気量，圧縮強度，単位水量などを確認検査する必要がある。示方配合表に記載される代表的な項目は以下の通り（**表５**）。

コンクリートの品質に最も重要な影響を与えるのは，水セメント比である。通常，コンクリートに配合される骨材の強度は，セメントと水で構成されるセメントペーストより高いため，コンクリートの強度は，このセメントペーストの強度に左右され，水セメント比に逆比例的に影響を受ける。すなわち，コンクリートの強度は，水セメント比（単位水量と単位セメント量の比率％）で決定される。先にも述べたが，水の配合は多いほど現場での作業性（ワーカビリィティ）がよくスランプ値も大きくなるが，コンクリートの強度は低下する。水密性を要求されるものや断面が薄いものは低いほどよいとされており，橋梁の路床版など，断面が薄く常に水環境にさらされ水密性が要求される状況に近いため 40％～ 45％程度の水セメント比のものが利用される。

一方でコンクリート品質は，ワーカビリィティと呼ばれる作業性が重要で，特にコンクリートは流し込んで成型するため，流動性を示すスランプ値も大切である。鉄道・高速道路の架橋など断面の大きいものは，コンクリートの作業性（ワーカビリティ）も要求される。コンクリート内部での均質性や強度の問題から，スランプ値が高いものが利用され，このスランプ値は水セメント比が影響し最大水セメント比 55％のものも利用されている。トンネルの側壁等では最大水セメント比 60％のものが利用されている。水セメント比は大きいほど柔らかく作業性は良いが，水和反応後の余剰水も多くこの余剰水分は蒸発乾燥するがこの際，コンクリートは収縮ひび割れを発生する。更に，水が多いと作業性は良いが，打設後の骨材分離（大きな粗骨材の沈下）やコンクリート表面に水が浮き出るブリーディングという現象が生じ，この影響で粗骨材下面や水平鉄筋下面に空隙が発生する欠陥なども生じやすくなる。また水が少なすぎると，打ちかさねを行った際，最初に打ち込んだコンクリートとあとで打ち込んだコンクリートの継ぎ目のコンクリートの一体性がなくなり，接着性の悪いコールドジョイントという欠陥が発生しや

表５　示方配合表

粗骨材の最大寸法（mm）	スランプの範囲（cm）	水セメント比 w/c（%）	空気量の範囲（%）	細骨材率 S/a（%）	単位量（kg/m^3）					
					水 W	セメント C	混和材 F	細骨材 S	粗骨材 G	混和剤 A

コンクリート標準示方書　H11　を参考に作成

すくなる。実際過去の，コンクリートの劣化事例を見ても，このコールドジョイントに起因した劣化も多い。土木学会のコンクリート標準示方書でも，所要の強度，耐久性，水密性および作業に適するワーカビリティーをもつ範囲内で，単位水量をできるだけ少なくするように定めなければならないとしている。

粗骨材に関しては，最大寸法は20～25 mmのものが，鉄筋の間隔や，表面から鉄筋のかぶりなどの寸法を考慮して多く利用される。ダムや道路橋高架など断面が大きいものは，経済性から最大寸法40 mmの粗骨材も利用される。ただし同じ粗骨材の最大寸法でも角張った砕石などは，丸まった形状の川砂利と比較し，内部の空隙が発生しやすく，これを防止するためには，より多くのセメントペーストが必要となる。粒径の良い川砂利は内部空隙が減少するだけでなく，スランプ値も大きくなる傾向があるため，丸い形状の粗骨材ほど良いとされている。

生コンクリートには，空気も必要で，特に微小なエントレインドエアと呼ばれる数10ミクロンから100ミクロン程度の独立気泡は，ワーカビリティを改善でき，細骨材の比率を下げ，水の配合量を減少できる効果があり，かつ，寒冷地などでの耐凍害性が向上するといわれている。このため，通常4.5%から7%程度の空気が添加される。ただし100ミクロン以上の比較的大きな気泡はエントラップエアと呼ばれ，コンクリートの品質改善にはあまり効果がなく耐凍害改善も200～300ミクロン以上の気泡は効果がないと言われている。この為，微細な独立気泡を作るためにAE（エアエントレインド）添加材は，混和剤として添加されことが多い。このコンクリートのことをAEコンクリート呼んでいる。

また，細骨材率とは，全骨材中の粗骨材の容積比率で大きくなると結果として，粗骨材が減り，その分セメントペーストの量が増える。ワーカビリティーは改善されるが単純に細骨材だけを増やせば，スランプ値が下がるため，必要な単位水量も増え，水セメント比が大きくなるため，コンクリートの強

表6　コンクリート標準示方書

粗骨材の最大寸法（mm）	粗骨材容積単位（%）	AEコンクリート				
		空気量（%）	AE剤を用いる場合		AE減水剤を用いる場合	
			細骨材率 s/a（%）	単位水量 W（kg）	細骨材率 s/a（%）	単位水量 W（kg）
15	58	7.0	47	180	48	170
20	62	6.0	44	175	45	165
25	67	5.0	42	170	43	160
40	72	4.5	39	165	40	155

出所：土木学会　コンクリート標準示方書　H11　施工編　P170より引用
条件：骨材として普通の粒度の砂（粗粒率2.80程度）よび砕石を用い，水セメント比率0.55程度，スランプ8 cm但し，上記条件と異なる場合は，次表にて修正する。

表7　コンクリート補正表

区分	s/aの補正（%）	Wの補正（kg）
砂の粗粒率が0.1だけ大きい（小さい）ごとに	0.5だけ大きく（小さく）する	補正しない
スランプが1cmだけ大きい（小さい）ごとに	補正しない	1.2%だけ大きく（小さく）する
空気量が1%だけ多き（小さい）ごとに	0.5～1だけ小さく（大きく）する	3%だけ小さく（大きく）する
水セメント比が0.05大きい（小さい）ごとに	1だけ大きく（小さく）する	補正しない
s/aが1%大きい（小さい）ごとに	－	1.5kgだけ大きく（小さく）する
川砂利を用いる場合	3～5だけ大きくする	9～15kgだけ大きくする

出所：土木学会　コンクリート標準示方書　H11　施工編　P171より引用

度は小さくなり，耐久性や水密性も低下する。標準的なAEコンクリートの最大粗骨材における配合例がH11年のコンクリート標準示方書に記載されており，これをベースに最適な現場に必要なコンクリートの配合示方表を補正計算で作成する。

ここまで述べてきたようにコンクリート構造物の物理的寿命の長持ちを考える際は，コンクリート品質についての十分な理解が必要で，設計，施工，メンテナンスすべてにわたって，コンクリート品質に影響を与える項目についての知識が要求される。特にコンクリートは引っ張り応力を鉄筋で補強しており，鉄筋は塩分や塩化物により急速に腐食が進行するため，その塩化物の含有量も制限されている。添加する水が河川水の場合でも，細骨材，粗骨材などにも塩化物が含まれることもあり，特に海砂を利用する際は，十分な洗浄を行い，基準値以下とすることが大切である。コンクリート品質に影響を与える項目とその考え方を次表に示す。

コンクリートの品質は，コンクリート構造物の物理的寿命に大きく影響するため，その品質管理は厳格に行わなければならない。特にコンクリートは生き物で，混練してから時々刻々，その品質が変化するため，製造会社で混練開始してから，ミキサー車等で施工現場に配送し，待機時間も含めて荷卸しするまでは製造会社がその品質に責任を負う。このため，荷卸し時に，製造会社と施工請負会社は，両社で施工請負業者が生コンクリートを発注する際に作成した仕方配合表や要求仕様書の指定事項と実際の生コンクリート納入表を確認し，実際スランプ値等の値を確認検査して受け入れる。先に述べたように土木学会によるコンクリート標準示方書では，外気温25℃を超える場合は生コン会社での練り混ぜ開始から，運搬時間を含めて打設完了まで1.5時間，外気温25℃以下で2時間が限度とされているため，施工請負会社（建設会社）は荷卸し以降の品質の責任を負うことになる。そのため，施工請負会社は，納入書に記載された納入時刻により混練開始時間を確認し，打設まで残された時間を確認し速やかに打設完了する必要がある。輸送時間がぎりぎりの場合や，現地で急激に外気温が変化した場合など，打設までの時間が短くなることも考慮しなくてはならず，速やかに，コンクリートの品質確認を行う必要がある。

現場での受け入れ時の品質検査に関しては，土木学会の「コンクリート標準示方書」（「施工編」：検査標準）などでは，コンクリート構造物の建設会社（生コンクリートの発注者）はレディーミクストコンクリートの受け入れ荷卸し時に，受入者側の責任の下に実施し，受入側の専門技術者は，荷卸し時においてコンクリートが良好なワーカビリティーを有することを目視によって確認しワーカビリティーが適切でないと判定されたコンクリートは，打ち込んではならないとしている。更に納入書による単位水量，

表８　コンクリート品質に影響を与える項目

項目	内容
粗骨材	大きいほうが，経済的。ダム等の大型構造物では断面が大きいものや，無鉄筋コンクリートは40 mm，通常は，鉄筋のかぶり深さ，鉄筋間隔の塔の制限で20 mmや25 mmのものが一般的。
スランプ	通常5～12 cm（高性能AE減水剤使用の場合：12～18 cm），大断面の場合：3～10 cm（高性能AE減水剤使用：8～15 cm），8 cm前後が標準。大きいほど作業性はいいが，スランプ値は小さいほど，水密性向上，高強度化，高耐久性を可能にするため，AE剤やAE脱水剤を添加し少水量でスランプ値を高めるケースも多い。
水セメント比	原則，65％以下。水密性が要求される場合は55％以下。強度が必要な場合はさらに低下させ40～45％前後のケースも多い。
空気量	4～7％程度でAE剤（Air Entrain剤）を添加し微細気泡としている。添加空気による微細気泡は，コンクリートの流動性を向上させ，添加水量を減少できる。AE剤による添加空気は，自由水は通さないが水蒸気を通すため，耐水性が上がり，養生時，水分が，速やかに抜け，長期強度も上がり，凍結防止や乾燥時のひび割れも防止でき強度も上がる。
細骨材率	水密性を要求される場合は0.3 mm以下の細骨材が，多いほど良い。粗骨材が小さいと細骨材率は大きくなる。
混和剤	AE減水剤はセメントkgあたり10 cc（シーシー）程度。補助混和剤は数PPM程度。
その他	その他鉄筋保護のため，塩化物量は03 kg/m³以下　水添加量はコンクリート粗骨材により上限値は変化。155～185 kg/m³以下。セメント添加量は270 kg/m³以下が標準で細骨材率によって調整。

出所：コンクリート標準示方書H11　施工編を参考に筆者作成

アルカリ量，運搬時間の確認（**図 11** 参照）のほか，受け入れ時の品質検査として，コンクリート温度，スランプ値。空気量や塩化物含有量について品質検査を行い，検査の結果，不合格と判定されたコンクリートはこれを用いてはならないとしている。

レディミクストコンクリートの配合から運搬，荷渡しまでにおける，コンクリート品質に関する必要な検査やチェック項目，責任範囲を図 11 に示す。

輸送時間が長くなり，スランプ値が基準値以下となっても，決してスランプ値改善するため再加水してはならず，打設しては施工してはならない。これは，設計強度低下や養生後の乾燥収縮によるひび割れなどを起こさないためである。

受け入れ検査での各許容値は JIS A5308 や土木学会のコンクリート示方書において，スランプ値，空気量，塩化物量について以下のよう基準が記載されている。

・スランプ値，空気量の許容値

空気量は表の値以外に指定した場合も ± 1.5％以内。

・塩化物量

レディミクストコンクリートの塩化物量は，荷卸し地点で 0.30 kg/m³ 以下でならなくてはならない。ただし購入者の承諾を受けた場合は 0.60 kg/m³ 以下とすることができる。

これらのことを参考に，現場では，荷渡し，受け入れ時に，発注時に指示した示方配合表どおりか，打設に当たり十分な品質が確保できているか，生コンクリート製造会社のレディミトクスコンクリート

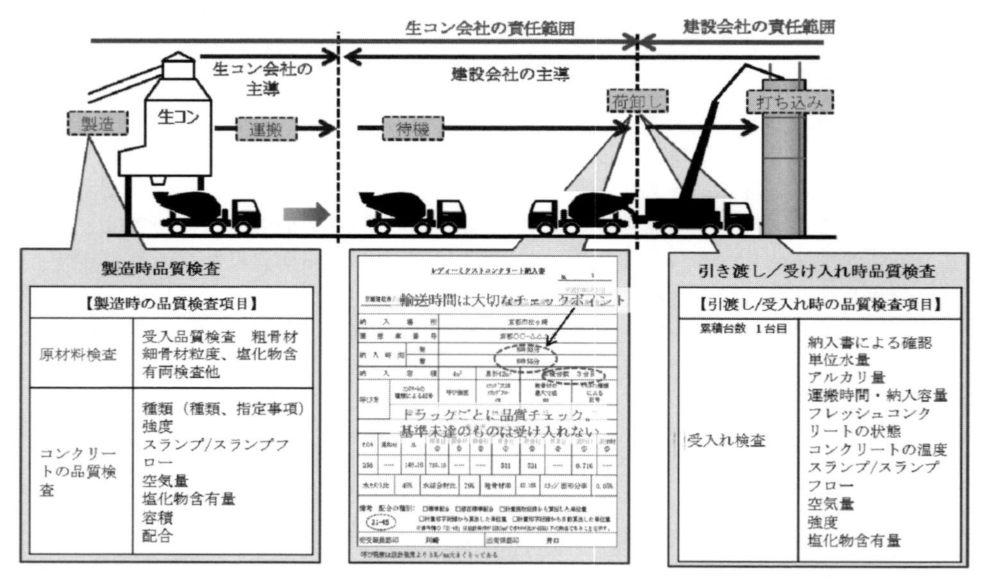

図 11　製造時の品質管理と荷卸し受け渡し時の品質検査

出所：JIS A5308 を参考に筆者作成

表 9　コンクリート物質値（スランプ値，空気量）の許容範囲

スランプの許容差 単位：cm

スランプ	スランプの許容差
2.5	± 1.0
5 及び 6.5	± 1.5
8 以上 18 以下	± 2.5
21	± 1.5

空気量の許容差 単位％

コンクリートの種類	空気量	空気量の許容差
普通コンクリート	4.5	± 1.5
軽量コンクリート	5.0	
舗装コンクリート	4.5	

出所：JIS A 5308 より引用

レディーミクストコンクリート納入書

No.　3

平成27年3月18日

京織建設株式会社　殿

製造会社名・工場名　株式会社西村生コン

納入場所		京都市松ヶ崎			
運搬車番号		京都○○-△△△△			
納入時刻	発	8時30分			
	着	8時55分			
納入容積		4m³	累計12m³	累積台数　３台目	
呼び方	コンクリートの種類による記号	呼び強度	スランプ又はスランプフロー cm	粗骨材の最大寸法 mm	セメントの種類による記号
	普通	24	10.0	25	N

配合表　kg/m³

セメント	混和材	水	細骨材①	細骨材②	細骨材③	粗骨材①	粗骨材②	粗骨材③	混和材①	混和材②
358	---	146.16	720.12	---	---	531	531	---	0.716	---

水セメント比	45%	水結合材比	29%	粗骨材率	40.15%	スラッジ固形分率	0.05%

備考　配合の種別：□標準配合　□修正標準配合　□計量読取記録から算出した単位量　□計量印字記録から算出した単位量　□計量印字記録から自動算出した単位量

21-45

※備考欄の「21-45」は設計条件が21N/mm²で水セメント比が45%以下の発注であることを示す。

荷受職員認印	川崎	出荷係認印	井口

図 12　納入表　イメージ図　（実物でなく，著者が配合計算し作成）

呼び強度は設計強度より 3N ／ mm 大きくとってある

出所：JIS A5308　の配合報告書の書式を参考に筆者作成

納入表や配合報告書をチェックし，実際にスランプ値，空気量，圧縮強度，単位水量などを許容範囲内にあるか確認検査することがコンクリート構造物の設計寿命通りの性能を発揮できるかどうかを左右するので大切な作業である。

4.4　コンクリートの長もち―コンクリートの施工管理（打設・養生）

コンクリート構造物の物理的寿命の長持ちに関しては施工要因（打設・養生）も大いに影響する。品質管理がなされたコンクリートを用い，適切に打設養生されたコンクリートは，大蔵省令に定められているように，無筋のコンクリートで 30 年，鉄筋コンクリートで 50 年～ 60 年の耐久性がある。しかし，いくら，品質管理された生コンクリートを利用していても，施工管理，打設や養生が不適切であれば期待された物理的寿命は得られない。

コンクリート構造物の設計強度を正しく発現できるかどうかは，打設・養生などの施工次第といってもよい。

特に，生コンクリートは，生コン会社での練り混ぜ開始から，運搬時間を含めて打設完了まで外気温 25 ℃以上で 1.5 時間，外気温 25 ℃未満でで 2 時間が限度とされており，製造工場を出てから時々刻々その性状変化が起こるとともに，打設作業は溶接やボルト締めなどのようにやり直しがきかない。そのため，施工については，生コンクリートの配車計画を含めて綿密な施工管理が要求される。先のコンクリート品質のところでも少しふれたが，社会インフラは，巨大なものが多く，大量のコンクリート打設が必要となる。この際，一度に打設できないため，打ちかさね，打継ぎなどが必要となるが，コンクリートの継ぎ目部分での密着性不良であるコールドジョイントという欠陥が発生する可能性がある。1999 年の山陽新幹線福岡トンネルのコンクリート崩落事故もコールドジョイントが原因とされている。

また，コンクリート構造物は，生コンクリートが適切な打設，養生を経て初めて，所定の設計強度や，形状となるため，コンクリートを支える型枠や，支保工などの形状や表面状態もコンクリート構造物の物理的寿命に大きく影響を与える。特に木製の型枠表面が乾燥している場合は，接触している生コンクリートから水分を吸収するため，コンクリートの水和反応が十分進まなくなり，強度不足や乾燥が進行し，ひび割れの原因となるため型枠表面は清浄で湿潤状態を保つことが重要である。また，コンクリートを打設する際，生コンクリートの吐出口の高さは1.5 m以下としないと骨材とペーストが分離し，コンクリートがまめ板状態になりやすく，強度不足を招く。

コンクリートの1回あたりの打設は40～50 cm以下とし，内部振動機（バイブレータ等）で締固めを十分行うことも大切である。2層目を打ちかさねる場合は，第1層を打ち込んだ後2時間以内とし，第1層中にバイブレータの先端を10 cm程度挿入し第1層の締固めを行いながら第2層との接合を緊密にすることも重要である。

更に，コンクリート打設後，しばらくたった層に打ち継ぐ場合は，既にあるコンクリート表面を十分清掃し，レイタンスと呼ばれるコンクリート上面に浮かび上がった微粒子層や剥離骨材や汚れなどを除去する必要がある。

養生期間は養生する外気温によっても異なり，日平均気温が5 ℃以上や10 ℃以上，15 ℃以上で養生期間が短くなる。普通ポルトランドセメント，早強ポルトランドセメント，超早強ポルトランドセメントなどで養生期間が異なる。また，日平均気温が25 ℃を超えると予想される場合は暑中コンクリートを使用し，日平均気温が4 ℃未満となることが予想される冬季などでは寒中コンクリートを使用する。

気温が高く，暑中コンクリートを利用する場合，水和反応が速く，コールドジョイントの発生や，急速な乾燥に伴うひび割れの発生も起こりやすいので，AE減水材を利用し乾燥を防ぐことが重要である。更に，①打設箇所のコンクリート表面の乾燥を防ぐため，日射，風等を遮る日よけ，風よけ等の措置を講ずる②養生マットまたは水密シートなどで覆い水分逸散を防ぐ③連続または継続的に散水または噴霧を行い水を供給する④被膜養生剤の塗布により，水分の逸散を防ぐ方法などの措置をとるなど適切に養生を行う。35 ℃を超える可能性がある場合は暑中コンクートでも品質は保証されないため極力打設を避けることが望ましい。

また寒中コンクリートを使用する場合でも，特に凍害にが起こることのないように，AEコンクリートを標準とし，エントレインドエアにより水分凍結によるひび割れを防止するとともに，保温等により養生期間はコンクリート温度を5 ℃以上に維持することが必要。練り混ぜ時や打設時のコンクリートや温度は**表10**に示すように最低温度を維持することが大切である。

4.5　コンクリートの長もち―コンクリートの劣化とメンテナンス

先に述べてきたように，大蔵省令に示されているように，コンクリートの経済的寿命は，無筋のコンクリートで30年，鉄筋コンクリートで50年～60年とされている。これは適正な品質管理をし，適切な施工・養生を行っても平均的な寿命は50～60年と考えられており，コンクリート造りの構造物であっても劣化は進行し，適切なメンテナンスを行わなければ，物理的寿命が来ることを示している。物理的寿命の長持ちのためには，劣化要因を熟知し，劣化要因が社会インフラに対して，致命的劣化をもたらす前に，適切なメンテナンスを行うことが重要である。

日本の代表的なコンクリート製の社会インフラである，鉄道の高架，橋梁，鉄筋集合住宅，学校，役所，プールや体育館，競技場などの公共施設の多くは，1996年の東京オリンピック前後に急速に整備されており，既に建設されてから50年過ぎているものや，今後数年で，次々と経済的寿命とされる50～60年を迎えるものが多い。これらのコンクリート製の社会インフラも少子高齢化のため，すべてを建て替える財政力がなくなってきており，適切な点検や補

表10　寒中コンクリート施工時のコンクリート温度の標準

断　面		薄い場合	普通の場合	厚い場合
打込むときのコンクリート最低温度（℃）		13	7～10	5
練り混ぜた時のコンクリートの最低温度（℃）	気温-1℃以上	16	10～13	7
	気温-1℃～-8℃	19	13～16	10
	気温-18℃以下	21	16～19	13

出所：平成28年度　北海道開発局　道路設計要領　第3集　橋梁　寒中コンクリートより引用

表 11　寒中コンクリートの養生期間の目安

<table>
<tr><th colspan="2" rowspan="2">断面
セメントの種類
構造物の露出状態　養生温度</th><th colspan="3">普通の場合</th></tr>
<tr><th>普通ポルトランドセメント</th><th>早強ポルトランドセメント
普通ポルトランドセメント
+
促進剤</th><th>混合セメントB種</th></tr>
<tr><td rowspan="2">(1)連続してあるいは、しばし水で飽和される部分</td><td>5℃</td><td>9日</td><td>5日</td><td>12日</td></tr>
<tr><td>10℃</td><td>7日</td><td>4日</td><td>9日</td></tr>
<tr><td rowspan="2">(2)普通の露出状態にあり(1)に属さない場合</td><td>5℃</td><td>4日</td><td>3日</td><td>5日</td></tr>
<tr><td>10℃</td><td>3日</td><td>2日</td><td>4日</td></tr>
</table>

出所：平成 28 年度　北海道開発局　道路設計要領　第３集　橋梁　第４章　寒中コンクリートより引用

表 12　打設養生時の注意ポイント一覧

<table>
<tr><td>打設時</td><td>①型枠・支保工（木製，金属製）十分な強度があるか。数回，数 10 回再使用できるか，その際，雑物（モルタル，型枠内の木片，鉄片等）が付着せず，表面は清浄でコンクリートの水分を吸収しない湿潤状態に管理。所要強度になるまで取り外してはならない。
②コンクリートの打設作業に際して，シュート，ポンプ配管，バケット，ホッパー等の吐出口と打込み面までの高さは，材料分離しないよう 1.5 m 以下に管理
③コンクリートの打設は，著しい材料分離が生じないよう１層回あたり 40 cm～50 cm 以下とし，内部欠陥防止のため内部振動機等で締め固める。２層目はコールドジョイントができないよう，打重ね時間間隔は，外気温 25 ℃未満の場合は 150 分以内，25 ℃以上の場合は 120 分以内に打設。新旧コンクリートの施工継目は適切な処理を行う。</td></tr>
<tr><td>養生時</td><td>①養生期間は，十分硬化していないとコンクリートに振動衝撃，荷重を与えるとひび割れや損傷を与える為工期に支障のない限り長くとることが望ましいが，コンクリート標準仕方書では，無筋，鉄筋コンクリートの場合標準養生期間は以下のとおりとしている。気温が 4 ℃以下の場合寒中コンクリートを使用し，保温等の措置を講ずる。日平均気温が 25℃を越え 35 ℃未満の場合は，暑中コンクリートを使用し，常に乾燥を防止するともに遅延材などの添加などとともに速やかな打設を行う。
【養生期間の標準】
<table><tr><th>日平均気温</th><th>普通ﾎﾟﾙﾄﾗﾝﾄﾞｾﾒﾝﾄ</th><th>混合セメントB種</th><th>早強ﾎﾟﾙﾄﾗﾝﾄﾞｾﾒﾝﾄ</th></tr><tr><td>15℃以上</td><td>5日以上</td><td>7日以上</td><td>3日以上</td></tr><tr><td>10℃以上</td><td>7日以上</td><td>9日以上</td><td>4日以上</td></tr><tr><td>5℃以上</td><td>9日以上</td><td>12日以上</td><td>5日以上</td></tr></table></td></tr>
</table>

出所：コンクリート標準示方書（施工編）　平成 11 年，日本建設学会 JASS5 を参考に筆者作成

修などのメンテナンスにより，物理的寿命の延命化を図ることが喫緊の課題である。ここではコンクリートの主要な劣化要因についてもう少し詳しく解説する。

コンクリートの劣化の要因は大きく分けて①初期欠陥と②材料経年劣化の２つに分類される。

①初期欠陥は正しいコンクリート品質のものを採用し，適切な施工を行えば防げるものである。しかし，コンクリート製の社会インフラ構造物は巨大で，一部で，初期欠陥が起こるケースもあり，施工後すぐに見つかるものが大半なので，すぐにその部分を改修すれば大きな劣化や破壊につながることは少な

表 13　初期欠陥の種類と劣化への影響

<table>
<tr><th colspan="3">初期欠陥の種類</th><th>初期欠陥の概略</th><th>影響</th></tr>
<tr><td colspan="3">コールドジョイント</td><td>コンクリートの打ち重ね、打継ぎ部分の密着生不良による、不連続接合部分。</td><td>コンクリートジョイント発生部位は、強度が低下しており、この部分から水分、CO_2、塩分が侵入しやすくなり中性化、塩害等の劣化を誘発することがある。</td></tr>
<tr><td colspan="3">内部欠陥（空洞等）</td><td>コンクリートとモルタル、岩盤基礎などの界面やコンクリート内部のスランプ不足等により鉄筋、粗骨材等の裏面へコンクリートの回り込み不足等により生じる空洞など様の内部欠陥。</td><td>コンクリート内部の空洞等の欠陥は耐力の低下によるひび割れの誘発、更には中性化、塩害など劣化を誘発する要因となる。</td></tr>
<tr><td colspan="3">ブリーディング
・レイタンス等</td><td>水セメント比の大きいコンクリートや、過度のバイブレーションによる締固め等により、コンクリートの水分が分離して表面に流れ出すブリーディングにより、内部まで水の通り道ができたり、ブリーデインクに伴いレイタンスという微細な細骨材がコンクリート表面に露出するケース。</td><td>ひび割れの原因や、凍害の原因となる。</td></tr>
<tr><td colspan="3">豆板</td><td>コンクリート打設時、材料の分離、締め固め不足、型枠下端からのセメントペーストの漏れなどにより粗骨材が多く集まって不良部分が生じる欠陥。</td><td>空隙が多くなり、水密性が悪くコンクリートの中性化や塩害などを誘発しやすい。</td></tr>
<tr><td rowspan="4">ひび割れ</td><td colspan="2">乾燥収縮ひび割れ</td><td>コンクリートが乾燥する際に、体積減少するが、急速な乾燥はひび割れを発生する。</td><td rowspan="4">乾燥収縮ひび割れなど、施工に由来する初期欠陥は、小さいものが多く、コンクリートの強度に直接影響しないが、ひび割れ面から侵入する水分、空気、塩分、CO_2の浸入により鉄筋腐食やコンクリートの中性化を加速しやすいため、早期に補修を行う必要がある。</td></tr>
<tr><td rowspan="2">熱膨張
ひび割れ</td><td>硬化熱</td><td>水和反応熱により内部温度が上昇してコンクリートが反応が進み自己収縮等により、ひび割れを生じる。水セメント比が小さいコンクリートや大型構造物など分厚い部材ほど熱の発散が悪く、ひび割れを起こす危険性が高い。</td></tr>
<tr><td>日射</td><td>養生期間や完成後、直射日光を長時間受け続けると、壁面温度が高くなりひび割れを生じる。</td></tr>
<tr><td colspan="2">沈下ひび割れ</td><td>ブリージングにともなってコンクリートが沈下するが、水平鉄筋付近は、コンクリートが拘束されるので、周囲と沈下量の差でひび割れが生じる。</td></tr>
</table>

出所：農水省ウェブサイト「農業水利施設の長寿命化の手引き」 H27 年 11 月
　　　および参考資料「コンクリートの主要な劣化と特徴，劣化要因の推定手法」を参考に筆者作成

い。ただし放置すれば，材料劣化を加速し耐久性に大きく影響し，設計時の物理的寿命が期待できなくなるため放置しないことが大切である。

コンクリート構造物の経年劣化に関しては，基本的なコンクリートの劣化としては，ひび割れが拡大によるコンクリートの剥落や内部鉄筋の酸化による強度不足などによる劣化がある。複合して発生するケースが多い。コンクリート構造物は内部の鉄筋と，コンクリート部分から構成されており，それぞれの材料の経年劣化が引き金となり，大きなひび割れ劣化に至り，コンクリート構造物の物理的寿命を短くすることがある。

鉄筋，またはコンクリート部分のいづれかの劣化が，他方の劣化を加速し，複合してコンクリート構造物の物理的寿命を短くする。コンクリートの細孔部や微小ひび割れから，酸素や水分，塩分などが内部に拡散し，内部の鉄筋の腐食酸化し，鉄筋の酸化膨張によるひび割れ加速し劣化する鉄筋腐食先行ケースや，アルカリ骨材反応や凍害，化学腐食などの要因でコンクリートのひび割れが先行し，そのひび割れ部から水分やCO_2，酸素，塩分などが侵入し，鉄筋の酸化が加速し，その酸化膨張により，さらにコンクリートのひび割れが加速されるというコンクリートひび割れ先行ケースなど様々な劣化メカニズムがあり，結果として設計時のコンクリート構造物としての圧縮応力や引っ張り応力に耐えれなくなり，大きな損傷劣化が進行し，ひいては破壊につながる。

様々な材料の経年劣化要因が複合してひび割れが進行し，ひいては，コンクリート構造物が大きく損傷するような劣化につながる場合多い。

材料の経年劣化によるひび割れの種類と経年化する原因の一覧を**表 13** に取りまとめた。

これらのメカニズムをよく理解し，こまめな点検，メンテナンスをを行いこれらの劣化進行を抑えれば，コンクリート構造物の物理的寿命はかなり伸ばせることが可能である。

これら材料の経年劣化要因でも化学的劣化は，ごくまれな設置環境下でしか発生せず，疲労に伴う経年劣化は適切な設計がなされていれば発生しにくい。

コンクリート製社会的インフラ全体の劣化や寿命に影響を与える材料の経年劣化の主要な要因は，①塩害②中性化劣化③アルカリ骨材反応劣化④凍害劣化であり，以下にこれらの劣化要因と対策などを解説する。

①塩害劣化

表 14　材料の経年劣化による耐久性に対する影響

ひび割れの種類		ひび割れの原因となる材料の経年劣化		影響
ひび割れ	鉄筋腐食先行型	塩害	塩分を含む海砂を細骨材として使用する場合、真水洗浄を行うが、それでも砂のひび割れや細孔内部には塩分が残留している。材料由来の塩分やコンクリートの微小ひび割れ部から風や雨水により海水成分の飛沫や、融雪材などの塩分が侵入し、鉄筋腐食を起し、ひび割れを発生させる。中性化や凍害などのひび割れなど相まって塩害は加速される。塩分総量規制施行により材料由来の塩害は減少したが、海岸付近や融雪材使用地域のコンクリート構造物では外部要因による塩害被害を受けやすい。	コンクリート中の鉄筋は、セメントの強アルカリ成分により、鉄筋表面に不導体被膜を形成し保護されているが、塩素イオンが存在すれば、不導体被膜は破壊され鉄筋腐食は加速される。（第1章金属の長持ちの項参照） 鉄は酸化物になると約2.5倍の体積膨張を起こし、コンクリートのひび割れを促進し、このひび割れから水分や空気CO_2がさらに侵入しセメントが中性化する。（PHが9を下回ると急速に不導体被膜機能は低下）　コンクリートが強アルカリを保っている場合は、塩素イオンが侵入しても鉄筋はあまり酸化されないが中性化すると一気に腐食が進む。
		中性化	水セメント比が過大な場合や鉄筋被りが少ない場合に、コンクリートが中性化しやすく、鉄筋は酸化され易くなり腐食を起しひび割れに至る。一般に塩害を伴って品質の低下を起こす。	アルカリ性のコンクリートがpH9以下に下がると鉄筋の不導体被膜が破壊され酸化が一気に加速され体積膨張でひび割れが加速しコンクリート崩落等をもたらす。更に鉄筋自身の酸化により引張り、強度不足しコンクリート崩落の加速につながる。
	ひび割れ先行型	アルカリ骨材反応	コンクリートに含まれている骨材(粗骨材・細骨材)とセメント中に含まれているアルカリ金属イオンとが反応し、そこに水が入って膨張する現象。オパール、フリント等のシリカ系の骨材やドロマイト系の骨材は反応しやすく、石英系骨材では反応は起こらない。	1970年以降のコンクリート構造物では反応性骨材が規制対象となったため、あまり大きな問題発生していない。
		凍害	コンクリート中の毛細管や内部に存在する空洞などに水が浸入し、その水が凍結することにより体積膨張をおこしコンクリートにひび割れを発生する。水セメント比が大きいコンクリート等でブリーディングを起こしたり、空気添加の際の気泡の大きなエントラップトエアが多い場合発生しやすい。	寒冷地における建造物でコンクリート表面を有機系ポリマーや無機系コーティング剤等で防水被履していない場合に発生しやすい。
		化学的腐食	セメント分が化学反応を起して劣化するもので、一般には特殊条件に置かれているコンクリートに起こる。	温泉水、化学工場や食品加工場の廃液など、特殊な条件の場合にのみ問題となる。
		疲労	繰返し荷重によって部材が疲労し、ひび割れ、剥離、崩落にいたる現象。橋梁等の床版などで発生しやすい。	設計が十分であればひび割れは発生しない。たわみ部分等にひび割れが集中しやすく放置すればコンクリート剥離、崩落につながる。

出所：農水省ウェブサイト「農業水利施設の長寿命化の手引き」 H27 年 11 月
　　　および参考資料「コンクリートの主要な劣化と特徴，劣化要因の推定手法」を参考に筆者作成

鉄筋コンクリートは特に塩害に弱く，塩害は急速にコンクリートを劣化させる。塩害のもとになる塩分の由来要因は，内部要因と外部要因に分けられる。

1) 内部要因　・骨材（海砂を利用）・添加水にも塩分含有・その他添加剤（混和剤等）中の塩分・セメント

2) 外部要因　・海中や河川の基礎へのナトリウム拡散（特に満ち引きの多いエリアのコンクリート基礎などは、満潮時は塩分と水分，干潮時酸素と CO_2 にさらされる）
　・海辺の潮風　海岸近くの大気にはナトリウム分多し。
　・寒冷地の融雪剤

特に大きな河川が少なく川砂利の入手が難しい西日本では，1960 年代から 1986 年までに建設されたコンクリート構造物では，粗骨材，細骨材として海砂が利用されていたこともあり，コンクリート構造物の塩害による損傷が多数みられた。更に，産業廃棄物減量のため，ごみ等の焼却灰などがセメント原

表 15　コンクリート中の塩化物総量規制値と普通ポルトランドセメント中の塩化物規制値

	基準	基準値
コンクリート中の塩化物総量	国土交通省通達 （昭和61年 6月） ※土木構造物	(1)鉄筋コンクリート部材、ポストテンション方式のプレストレスコンクリート部材(シース内のグラウトを除く）および用心鉄筋を有する無筋コンクリート部材における許容塩化物量は、0.60kg/m³(Cℓ⁻重量）とする。 (2)プレテンション方式のプレストレス方式のプレストレスコンクリート部材、シース内のグラウトおよびオートクレーブ養生を行う製品における許容塩化物量は、0.30kg/m³(Cℓ⁻重量）とする。 (3)アルミナセメントを用いる場合、電食のおそれのある場合等は、試験結果等から適宜を定めるものとし、特に資料が無い場合は、0.30kg/m³(Cℓ⁻重量)とする。
	JIS A　5308 （昭和61年10月）	0.30Kg/m³以下
ポルトランドセメントの塩素量	国土交通省通達 （平成2年 2月）	0.02%以下
	JIS R 5210 （平成4年 7月）	

出所：国土交通省　通達　および　JIS A 5308　JIS R 5210

料にリサイクルされ始め，セメント成分中の塩素濃度が高くなる傾向があったため，国土交通省では，塩害によるコンクリート構造物の早期劣化を防止するため，コンクリート中の塩分総量規制や普通ポルトランドセメントの塩素量に対する規制を行い，コンクリートに関するJIS規格も，JIS A 5308に「コンクリート中の塩分総量規制」を盛り込み，JIS R 5210に「ポルトランドセメントの塩素量」についての規制値を盛り込むなどの改定をおこなっている。

このため，近年，骨材や添加水，添加剤，セメントなどの内部要因に起因した塩害は激減している。

・塩害のメカニズム

内部要因や外部要因等でコンクリート中に存在・浸入した塩分が，内部の空孔部分や含有水部などにより，塩化物イオンとして，コンクリート内部で移動拡散し，鉄筋部分で，一定濃度以上の塩化物イオン量になると鉄筋の不働態被膜が破壊され，局部電池（マクロセル）が形成され，鉄筋腐食が始まる。

鉄筋の酸化腐食が進行すると鉄さびは元の鉄金属の2.5倍に体積が大きく膨張するため，その応力で，コンクリートにひび割れ，はく離が生じる。

ひび割れやはく離箇所を通じて塩化物イオンや水，酸素の侵入が加速され，鉄筋腐食も一層加速される。

結果として，コンクリートのひび割れや剥離が加速され，構造物そのものが崩落する危険にさらされる。これらのメカニズムを**図13**に示す。

・塩害腐食対策措置

1986年までに設置されたコンクリート構造物において，当時海砂や塩分を含む河川水などを使用した，可能性のあるものや，ひび割れが進行し，ひび割れ部から錆汁などが流出しているものはコンクリートに含有している塩分濃度を計測し，塩分濃度が基準値の0.3 kg/m^{3}を超えているものは，塩害を進行させないために，コンクリート内部の塩素イオン分を除去する電気化学的脱塩工法などの対策措置が取られ始めている。

1965年に国道1号線の西湘バイパスの一部として建設された小余綾高架橋は神奈川県の湘南海岸に近く塩害をうけやすい立地にあり，完成後約40年たった時点でひび割れ部等からコンクリート内部に塩化物が浸透しており，延命化策として2005年にこの電気化学的脱塩工法が採用されている。

基本的には，コンクリート橋の内部鉄筋保護のために用いられる外部電源法の原理を用いたもので，補修対象のコンクリート部分の外面に電解液で湿潤状態にしたセルロースファイバーをコンクリート外面に装着し，外部電極にチタンメッシュ陽極を設置し通常の電防食の約100倍程度の直流電流を流し，内部の鉄筋等を陰極とし塩素イオンを外部のセルロースファイバー側へ泳動させ吸収回収させる。

電気化学的脱塩方法による塩害対策措置の手順を**図14**に示す。

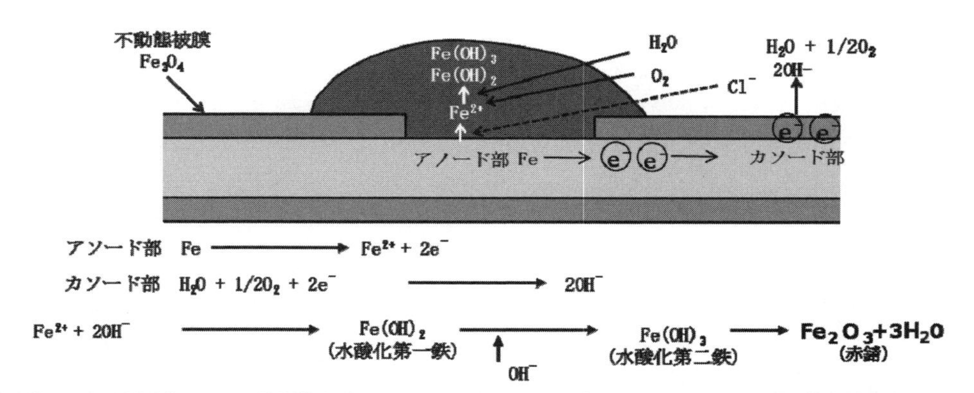

・鉄筋は強アルカリ性環境下では不働態被膜（ Fe_2O_3 、γ-Fe_2O_3）を形成しているが、この不導態被膜が破壊されると、破壊された部分と健全部分との間で、局部電池が発生し、鉄筋は腐食され易い状態となる。
・不働態皮膜の無い鉄筋表面には水分や空気中の酸素が供給され、酸化物の内部へ次々と移動して行き、鉄本体でのアノード反応（酸化反応）が急速に進行し、鉄が陽イオン化し、発生した電子がカソード部へ移動し、水酸化鉄を赤鋳の発生を加速する。
・アノード・カソード反応が進行し、鋳（$Fe(OH)_2$）が生成、析出しさらに $Fe(OH)_3$ を経て、赤錆Fe_2O_3 を生成する
これらの酸化物は鉄と比較し体積が約2.5倍あり、コンクリート部分を圧迫し、大きなひび割れにつながっていく。

図13　塩害の腐食メカニズム

出所：腐食と防食大日本図書㈱（昭和46年），改定腐食の科学と防食技術㈱コロナ社　1994年などの文献を参考に筆者作成

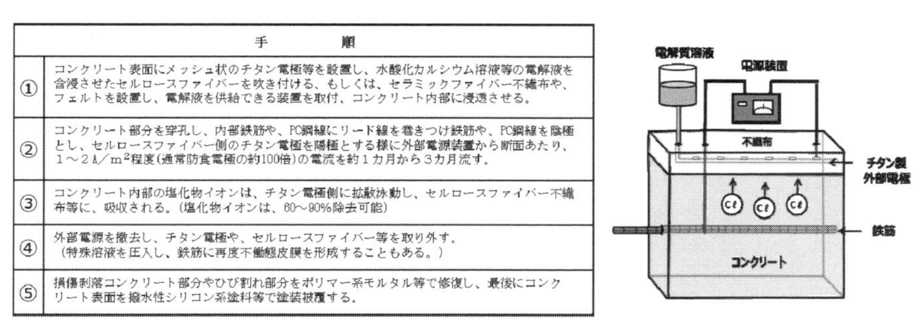

	手　　順
①	コンクリート表面にメッシュ状のチタン電極等を設置し、水酸化カルシウム溶液等の電解液を含浸させたセルロースファイバーを吹き付ける、もしくは、セラミックファイバー不織布や、フェルトを設置し、電解液を供給できる装置を取付、コンクリート内部に浸透させる。
②	コンクリート部分を穿孔し、内部鉄筋や、PC鋼線にリード線を巻きつけ鉄筋や、PC鋼線を陰極とし、セルロースファイバー側のチタン電極を陽極とする様に外部電源装置から断面あたり、１～２A／m²程度(通常防食電極の約100倍)の電流を約１カ月から３カ月流す。
③	コンクリート内部の塩化物イオンは、チタン電極側に拡散泳動し、セルロースファイバー不織布等に、吸収される。(塩化物イオンは、60～90%除去可能)
④	外部電源を撤去し、チタン電極や、セルロースファイバー等を取り外す。（特殊溶液を圧入し、鉄筋に再度不働態皮膜を形成することもある。）
⑤	損傷剥落コンクリート部分やひび割れ部分をポリマー系モルタル等で修復し、最後にコンクリート表面を撥水性シリコン系塗料等で塗装被覆する。

図 14　塩害対策措置

出所：国土交通省のホームページ掲載の PC 橋梁における塩害対策事例「小余綾高架橋における電気化学的脱塩工法の適用」関東地方整備局　横浜国道事務所　末吉　史郎氏発表原稿を参考に筆者作成

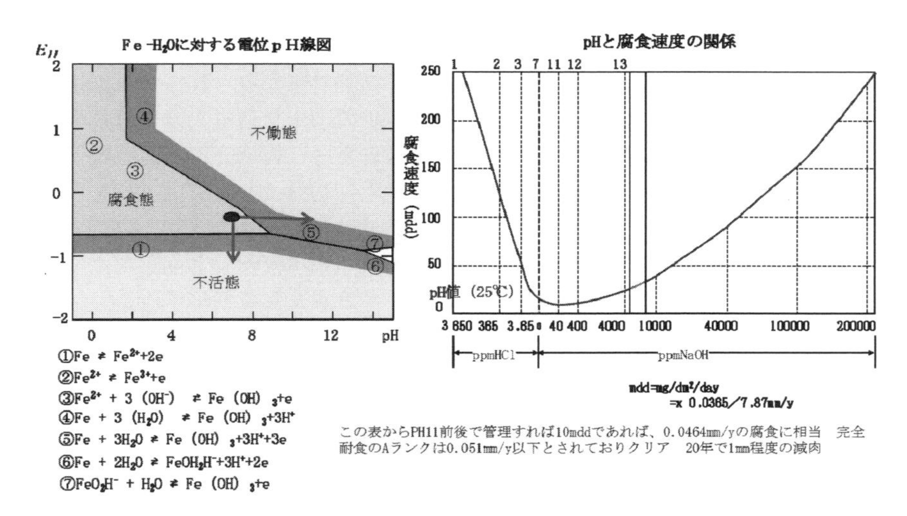

図 15　鉄筋の不動態被膜形成範囲

出所：腐食と防食大日本図書㈱（昭和 48 年），改定腐食の科学と防食技術㈱コロナ社　1994 年などの文献を参考に筆者作成

②　中性化劣化

鉄筋コンクリートを構成しているセメントペーストの主成分は水酸化カルシウムであり，コンクリート内部の鉄筋は，この水酸化カルシウムの影響で鉄筋表面に不導態防食被膜を形成し保護されている。

しかし，ひび割れ部分や内部の空孔部分から，CO_2 や水分が侵入拡散していき，水酸化カルシウム成分と反応し炭酸カルシウムとなり，鉄筋の周囲のセメントペーストが中性化される劣化現象を言う。鉄筋は周囲が中性領域になると安定した不導態被膜を形成し続けることが難しくなり特に塩化物イオンが存在すれば，不導態被膜が破壊され，鉄筋が酸化膨張し，コンクリートの剥落などにつながる。コンクリートの中性化に影響する因子としては，水セメント比，セメントと骨材の種類，混和材料などが挙げられ，特に水セメント比が大きいほど中性化は進行しやすく，水セメント比が小さく，粗骨材の多い密実なコンクリートほど中性化の進行は遅い。

環境条件として，二酸化炭素濃度が高いほど湿度が低く温度が高いほど中性化速度は速くなる。

・補修，補強措置

ひび割れが大きく，コンクリートの中性化が想定される場合は，点検時，フェノールフタレン溶液を含浸させ，その変色程度で中性化の進行を判断する。赤色にならない部分は，pH8.2 以下なので中性化が進んでいる。赤紫色から濃いピンク色の場合は十分アルカリ性が確保されているが，ピンク色が薄い場合は pH9 を割り込んでいる可能性があると判断でき

①ひび割れが浅く，損傷が少ない場合	表面被覆エポキシ系樹脂やシリコン系樹脂による塗装
②ひび割れが進行している場合	ひび割れ部にセメント系，ポリマーセメント系，樹脂系充填剤を注入補修し，更に表面被覆
③ひび割れが進行し，中性化している場合	中性化部分除去および再アルカリ化剤注入 除去部分やひび割れ部をセメント，ポリマーセメント等で補修し，さらに表面被覆

る。ひび割れが比較的深くても，コンクリート表層に近い位置まで赤い紫色であれば中性化は進んでいないと判断できる。

③　アルカリ骨材反応劣化

アルカリ骨材反応とは，コンクリート中の粗骨材，細骨材など骨材中にアルカリ成分と反応しやすい，反応性鉱物（非石英質系のシリカ鉱物（トリジマイト，クリストバライト）や非晶質のシリカガラス，潜晶質あるいは微晶質の石英やドロマイト系の $CaMg(CO_3)_2$ 成分が含有される鉱石や酸化物）が含まれることがあり，これらの骨材が，コンクリート中に含まれるアルカリ成分と反応し，シリカゲル状の吸水性物質に変化し，ひび割れ等から水を取り込み膨潤することによりコンクリートが劣化する現象を言い，コンクリート構造物の耐久性を大幅に下げる原因となる。アルカリ骨材反応には，アルカリシリカ反応（ASR），アルカリ炭酸塩反応のほぼ２種類に分類されるが，実際のコンクリートで発生しているアルカリ骨材反応による損傷の大半がアルカリシリカ反応（ASR）なので，対策はほぼアルカリシリカを防止するものであり，アルカリ骨材反応とアルカリシリカ反応は同一視されている。

主なアルカリ骨材反応を起こす反応性鉱物を含有するものとして，安山岩，玄武岩，流紋岩，チャート，砂岩，粘板岩，片麻岩など幅広い鉱物があるが，これらの岩種であっても有害な反応性鉱物を含有しないケースも多く，仮に含有していても，その比率が低ければ問題がないとされている。

反応性鉱物として，有害性の有無の判定は，JIS A 1145 骨材のアルカリシリカ反応性試験方法（化学法）または，JIS A 1146 骨材のアルカリシリカ反応性試験方法（モルタルバー法）によって評価される。JIS A 1145 骨材のアルカリシリカ反応性試験方法（化学法）は，サンプル骨材を破砕し，80℃に熱したアルカリ溶液と反応させアルカリの減少量と骨材溶解量で判断する方法で短時間で評価できる。JIS A 1146 骨材のアルカリシリカ反応性試験方法（モルタルバー法）は，実際サンプル骨材を粉砕したセメント，水を所定の条件で，一定の大きさのモルタルバーを作成し，所定の温度，湿度条件下で６か月間放置し，膨張量を測定するもので，モルタルバーの膨張率が 0.1％未満であれば無害と判定される。

無害でないものは，できるだけ使用しないほうが良いが，アルカリ骨材反応抑制対策が確立されており，抑制対策が取られていれば使用は可能である。H14 年の国土交通省大臣官房技術審議官通達や国土交通省官房技術調査課長通達などでは，アルカリ骨材反応抑制対策として，①コンクリート中のアルカリ総量は $3.0\ kg/m^3$ 以下に抑制②抑制効果のあるセメントの使用③安全とみられる骨材の使用のいづれか１つを確認して使用することとされ，特に土木構造物に関しては①と②を優先することが記載されている。

図 11 にアルカリ骨材反応（アルカリ－シリカ骨材反応：ASR）のメカニズムとその対策を示す。

コンクリート製社会インフラで，国土交通省関連以外の農業用水路などでは，1990 年代以前のものは，アルカリ骨材反応鉱物を含み，アルカリ総量も H14 年の規制値を超えているものもあるが，アルカリ骨材反応による劣化損傷はひび割れ等から侵入した水分により加速されるため，亜硝酸リチウムなどの注入によりアルカリ骨材反応を阻止したり，水との接触防止のため，コンクリート外面に撥水性塗料を塗布することなどにより，アルカリ骨材反応による劣化の進行を抑制する方策をとり物理的寿命の長持ち化が図られている。

④　凍害劣化

コンクリートの凍害とは，コンクリート構造物コンクリートの骨材，セメントペースト部など細孔中に含まれる水分（自由水）が氷点下で表層に近い部分から凍結し，水の凍結膨張（約９％体積膨張）に伴い，さらに内部にある自由水をより内部へ移動圧迫する。この膨張圧や水分の移動圧などによって，コンクリートは，膨張し，場合によっては微小ひび割

●アルカリ－シリカ骨材反応（ASR）
非晶質のシリカ酸化物等が水酸化ナトリウムや水酸化カリウムと反応しアルカリシリカゲルとなり
ひび割れ等から侵入した水分を吸収し膨潤する現象

反応式例　$nSiO_2 + Na_2(OH)_2 \rightarrow Na_2O \cdot nSiO_2 + H_2O$

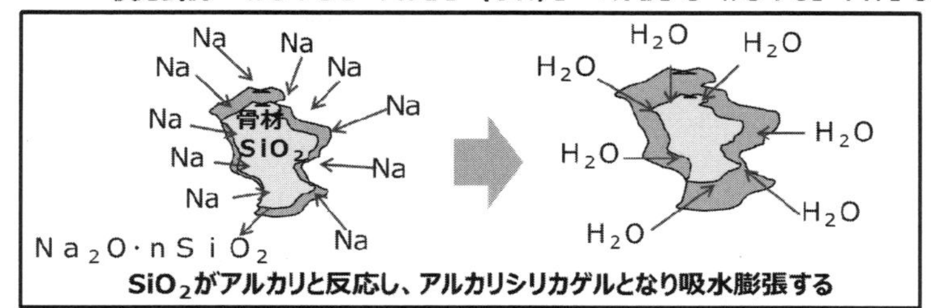

●対策
・新規建設の場合
　①コンクリート中のアルカリ総量を3.0kg/m3以下とする。
　②アルカリシリカ反応抑制効果のある混合セメントなどを使用する
　　高炉セメントB種若しくはC種B種若しくはC種、フライアッシュセメントB種若しくはC種、
　　高炉セメント微粉末又フライアッシュを抑制効果があると確認された単位量で使用
　③反応性鉱物を含まない鉱石を採用する。
　※土木構造物の場合は、①②を優先する。

・すでに高濃度のアルカリ成分を含み、反応性鉱物の含有量が高いコンクリートの場合の反応抑止対策
　①リチウムイオン投入によりアルカリ骨材反応を阻止する。　亜硝酸リチウム液の圧入
　②水との接触を遮断する　　撥水性シリコン系塗料の塗布

図16　アルカリ骨材反応のメカニズムと抑制対策
出所：農水省ホームページ掲載　PDF「アルカリ骨材反応」「アルカリシリカ反応」を参考に筆者作成

れを発生する。その後温度上昇により氷結部は融解するが膨張ひずみや微小ひび割れは残留し，この部分にさらに自由水が導入され再度凍結すると，より大きな膨張ひずみやひび割れを発生する。この凍結融解を繰り返すうちにセメントペースト部や骨材との界面などで大きなひび割れやポップアウト（表層部分のコンクリートが円錐，皿状の欠落すること）などを発生し，ひいては鉄筋腐食なども加速し，コンクリート構造物の著しい強度低下を招く，コンクリートの劣化現象をさす。緯度の高い北海道や東北地方や，高度の高い山間部（四国や九州なども高地は含まれる）などの寒冷地において発生しやすい。通常，塩害劣化やASR劣化などと複合で劣化が加速する。寒冷地等に設置されるコンクリート構造物で鉄筋の被り深さの浅いものは特に注意を必要とする。

凍害を引き起こす要因は①環境要因（寒冷地で気温の変化が激しいところ）②コンクリート品質要因③設計施工要因が挙げられる。すなわちコンクリートの表層に近いセメントペーストや骨材に存在する毛細管や空隙から侵入した自由水が寒冷地などで凍結，融解を繰り返し，その膨張圧でひび割れを発生し，コンクリートが表層から剥落，鉄筋腐食というメカニズムをとるため，これらのメカニズムを引き起こす要因を少しでも取り除けば凍害は緩和される。

①環境要因として，寒冷地という絶対条件は変更できないケースが多いが，気温変化の繰り返しが大きいところほど凍害を受けやすく，また，水分の供給源が多いほど凍害を受けやすい。日射の影響を受けにくい構造にするほか橋梁など適切な排水システムなど採用や，撥水性塗料の塗布などにより，コンクリート表面が長時間ぬれた状態を防ぎ，水の供給要因を立つことも大切である。

②コンクリート品質要因では，水セメント比が大きいほど凍害の影響を受けやすく，水セメント比の小さな緻密な配合とすることや，使用骨材も凝灰岩や軟質の砂岩など吸水率が高い骨材は耐凍害性が劣り，ポップアウトを起こしやすいとされているので，凍害を受けやすい寒冷地でコンクリート構造物を建設する際は，吸水率の低いもの（3.0～3.5％以下）を採用すると凍害リスクは低下するといわれている。凍害を受けにくい骨材かどうかの判定はJIS A 1122で規定されており，硫酸ナトリウムを使用する試験方法と評価基準が適用される。

更にコンクリート品質面で凍害対策として効果が高いとされているのはAEコンクリートを採用し，微細空気を添加すること良いとされており，特に気

泡間隔係数が200～250ミクロン以下の独立した微細気泡であるエントレインドエアが凍害防止に効果的とされているため，添加空気の微細化ができるAE添加剤の添加も重要である。

③設計施工要因

設計施工要因としては，設計面では寒冷地では表面に撥水性の塗装を施すことを標準としたり，鉄筋の被り深さを十分取ることなども大切である。更に排水機能を充実させ，コンクリート表面が常に水に接触しない構造とすることなどが大切である。

また，施工面では打設の際うち重ね，打継ぎの際コールドジョイントを作らないこと，十分な湿潤養生を行い，急激な表面乾燥や部リーディング等による初期微小ひび割れを防ぐことも大切である。

新設ではなく，建設後かなり経過したコンクリート構造物でも点検と適切なメンテナンスにより，凍害の進展を防止し物理的寿命を延ばすことが可能である。

凍害は，比較的表面に近い，浅いところで発生し，時間をかけて内部へ進展していき，軽微な損傷から重度な損傷へと発展する。一般に次のような4段階で凍害は進行するといわれている。

①潜伏期　0.2 mm程度のひび割れの発生が生じるが大きな外見変化が見られない状態

②進展期　0.2～0.3 mmのひび割れが深さ10 mmまで達する進展期Ⅰ（水分の滲出が見られる）及び，0.3 mm以上のひび割れが深さ20 mm程度まで達する進展期Ⅱ（かなりの水分滲出と水酸化カルシウムの白華現象も発生）この段階までは強度低下等は見られない状態。

③加速期　ひび割れがさらに大きくなり深さ30 mm程度に到達する加速期（かなりの水分や錆び汁滲出と白華現象の増加）この段階でひび割れは拡大し，コンクリート表面は荒れ根美観が損なわれるとともに内部鉄筋も腐食，強度低下も発生している状態。

④劣化期　微々割れが大きく深くなり深さ30 mm以上，鉄筋の被り以上の深さまで到達し，コンクリートの浮き上がり，剥落なども多くなり，鉄筋腐食もコンクリート構造物としての後世や耐荷重性能も著しく低下している状態。

このうち，潜伏期や進展期であれば，塩害同様，撥水性塗料で塗装を行う等の表面被覆やひび割れ部にセメント系，ポリマーセメント系，樹脂系充填剤を注入補修し，更に表面被覆などの措置を施すことにより，凍害の進展はかなり防止できる。

5　おわりに

ここまで述べてきたように，社会的インフラの大半は鉄（鋼）とコンクリートでできている。最近は鋼もコンクリートも品質改良や施工管理なども向上し，物理的な設計寿命は100年もしくはそれ以上となっている。物理的設計寿命はかなり延びているので大切なのは，機能的寿命も最大化することが重要である。更に高度成長期に建設された社会インフラはもともと経済的寿命や物理的寿命が50年として設計されており，大半が50年を迎えようとしている。しかし，最近は，点検や補修技術も向上し，適切に点検，補修すれば，経済的寿命や物理的寿命をかなり伸ばせることも可能となってきた。本書が社会的インフラの長持ちに少しでも役立てれば，幸いである。

文　献

1) 鈴木朝夫：金属材料活用事典，産業調査会事典出版センター（1999）.
2) 内閣府：「日本の社会資本2012」（2012）.
3) ウェブサイト　ジュニア防災教室―自然災害をまなぶ　Ⅱ大雨，災害21. 河川堤防の破堤が起こりやすい個所.
4) 河川護岸維持管理マニュアル案（一社）建設コンサルタンツ協会近畿支部（2012）.
5) 橋梁定期点検要領　平成26年6月　国土交通省　道路局　国道・防災課　（2014）.
6) 鋼橋の損傷と点検・診断（点検・診断に関する調査報告書）社）日本橋梁建設協会発行　（2000）.
7) “Highway Accident Report：Collapse of I-35W Highway Bridge Mineapolis, August 1.2007” (2007).
8) 自治体支援講習会資料「橋梁の基礎知識と点検のポイント」国土交通省中国地方整備局中国技術事務所（2012）.
9) JIS A 5308　レディミクストコンクリート　日本規格協会（2014）.
10) JIS R 5210　ポルトランドセメント　日本規格協会（1992）.
11) JIS A 1145 骨材のアルカリシリカ反応性試験方法

(化学法) 日本規格協会 (2014).
12)「コンクリート標準示方書施工編」H11 年　土木学会 (1999).
13)「アルカリ骨材反応抑制対策にについて」国土交通省大臣官房技術審議官通達 (2002).
14) (一社) コンクリートメンテナンス協会ンクリート構造物の補修・補強に関するフォーラム.
15)「コンクリートの劣化と補修工法選定の考え方」江良和徳講演資料 (2013).
16) (一財) 建材試験センター 建材試験情報コンクリートの基礎講座 (2007 年 6 月) (2013 年 9 月) 真野孝次 (2007) (2013).
17) 平成 28 年度 北海道開発局道路設計要領 第 3 集 橋梁 第 4 章 寒中コンクリート (2016).
18) 建築工事標準仕様書・同解説　JASS5　鉄筋コンクリート工事　日本建築学会　(2015).
19) 農水省ホームページより「農業水利施設の長寿命化の手引き」H27 年 11 月　および参考資料「コンクリートの主要な劣化と特徴, 劣化要因の推定手法」(2015).
20) 岡本剛, 井上勝也：腐食と防食, 大日本図書㈱, (1971).
21) 伊藤伍郎：標準金属講座 16「改定腐食の科学と防食技術」, コロナ社 (1996).
22) 国土交通省ホームペジより　PC 橋梁における塩害対策事例.
23) 末吉史郎：「小余綾高架橋における電気化学的脱塩工法の適用」関東地方整備局横浜国道事務所

第2節　ポリエチレン管の設計・耐久性評価技術

大阪ガス株式会社　樋口　裕思

1　はじめに

ガス用ポリエチレン管（以下PE管と略す）は，1979年にJIS規格が制定され，1982年にガス事業法の技術基準に規定されてはじめて使用が認められた。その後，実用化埋設を開始し，年々使用量が増加してきている。2015年には，**図1**に示すように都市ガス事業者と簡易ガス事業者の本支供給管の累計延長は約98000 kmに達している。

ガス導管に要求される性能には，短期性能，長期性能，地盤変動に対する追従性，接合性などが挙げられる。現在実際に使用されているガス用ポリエチレン材料には，中密度と呼ばれる種類のポリエチレンが用いられている。中密度ポリエチレンは，高密度ポリエチレンと低密度ポリエチレンの中間に位置し，高密度ポリエチレンの持つ剛性，高強度と低密度ポリエチレンの持つ長期性能特性，地盤変動追従性，接合性というそれぞれの長所を同時に兼ね備えた材料である。

日本で導入しているガス用PE管はPE80というグレードで呼ばれているが，水道管で採用されているPE管はPE100というグレードである。PE100はPE80より高強度であり，同じ肉厚の場合耐圧性能が大きい。このことから，PE100は高い水圧が要求される水道管に適した材料であると言える。

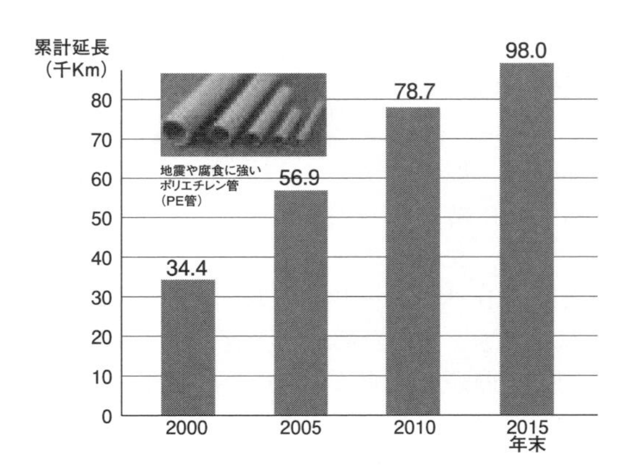

図1　全国におけるPE管延長

（出典：ガス協会HP
http://www.gas.or.jp/gasfacts_j/#target/page no=7
都市ガスの現況2016　日本ガス協会　P6）

PE管の長期性能は導入当時から比較すると，ポリエチレン樹脂の製造方法に関する技術の向上により大幅に向上されてきている。その寿命は半永久的であると言ってもよい。PE管の長期性能は，次の3つの観点から評価される。低速亀裂成長抵抗性（SCG），耐候性，化学的安定性である。耐候性については，PE管に酸化防止剤や紫外線吸収剤が添加されており，耐候性試験がJIS規格で規定されている。化学的安定性ついては，ポリエチレンが化学的に極めて安定であり，一部の有機溶剤以外に侵されることはない。SCGは，高分子材料が常温においても一定応力レベルで低速の亀裂成長によって破壊が起きる現象である。通常「クリープ」と呼ばれている。

本稿では，SCGを評価する試験方法を紹介する。はじめに，力学的な性能評価方法について紹介する。これら方法は，管または管からの切り出し試験片を用いたクリープ破壊強度や疲労強度を調べる方法である。次に，上記のような機械的な力学試験を行わずに，パイプに成形する前の樹脂（ペレット）の分子構造解析を行うことによって，PE管の性能を評価予測できるシステムについて紹介する。

2　力学的な性能評価方法

力学的な性能評価方法としては，まずPE管の先駆的な導入普及が実施された欧米で開発された熱間内圧クリープ試験がある。日本ではその後，管からの切り出した短冊状の試験片を用いた，全周ノッチ式引張クリープ試験，全周ノッチ式引張疲労試験などが開発された。**図2**に各方法の特徴をまとめた。

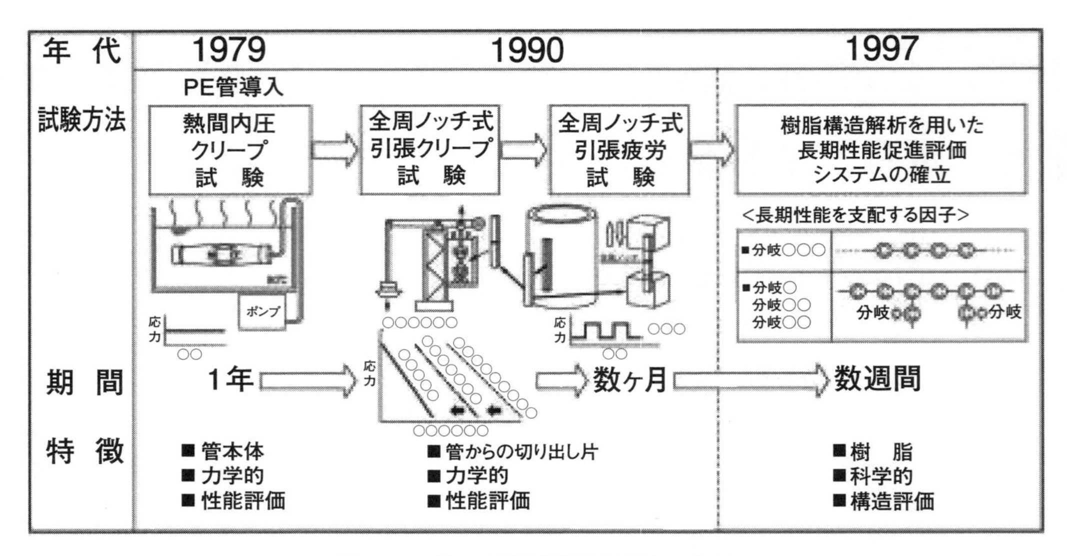

図2　PE管の長期性能評価方法の変遷

将来的にガス管が高性能化し複合管になった場合でもその耐久性の評価を可能にするリング形状（管の輪切り形状）のクリープおよび疲労試験が開発されてきている。各方法について以下に簡単に述べる。

2.1　熱間内圧クリープ試験

熱間内圧クリープ試験は，管の両端を塞ぎ，高温水中（普通は，80 ℃や60 ℃）で静的圧力を継続して付加させることにより管のクリープ強度を評価する試験である（図2参照）。欧米で開発されたSCGを評価する最も標準的な試験である。管の破壊形態は，高応力付加で短時間で破壊する延性破壊領域と，低応力付加で長時間で破壊する脆性破壊領域に分けられる。脆性破壊領域のデータを取るためには約1年程度必要である。試験結果から，20 ℃で内部に水圧をかけた場合の50年間の平均耐力（長期静水圧強度）を求め，その強度の97.5 %下方信頼限界値から最小要求強度（MRS）を求める。この評価方法については，ISO TR 9080で規定されている。日本では，1998年に改訂されたJIS K 6774に，ISOに基づいた評価方法が採用され，ガス用PE管としてMRSが8.0 MPaと，10.0 MPaの管が規定されている。

2.2　全周ノッチ式引張クリープ試験

全周ノッチ式引張クリープ試験は，管から切り出した短冊状の試験片の中央部全周にノッチを挿入し，高温（普通は，80 ℃や60 ℃）促進でクリープ試験を実施する，SCGを評価する試験である（図2参照）。試験片寸法，ノッチ深さは各管の口径によって決まっており，試験方法はJIS K 6774附属書5に規定されている。この試験方法は，東京ガスが中心となって開発された方法である。ノッチを挿入することにより応力集中効果が現れるため，クリープ破壊を加速することが出来る。従って熱間内圧クリープ試験との相関性があり，熱間内圧クリープ試験を促進できるという特徴がある。熱間内圧クリープ試験と同様な手法を用いて，20 ℃での長期性能が推算されている。

2.3　全周ノッチ式引張疲労試験

全周ノッチ式引張疲労試験は，0.5 HZの矩形波を試験片に付加させることにより疲労モードを実施させる，SCGを評価する試験である（図2参照）。試験片形状は，引張クリープ試験と同じであり，試験方法はJIS K 6774附属書6に規定されている。この試験方法は，大阪ガスが中心となって開発した方法である。クリープモードと疲労モードを交互に付加した試験状態となるため，引張クリープ試験よりも短時間で破断が発生する。そのため促進試験として利用されている。主に樹脂や管のロット毎の品質管理方法として用いられている。

2.4　リング引張クリープ・疲労試験

上記2.2と2.3で示した全周ノッチ式引張クリープ

および疲労試験は，管の長手方向から切り出した短冊試験片を用いて評価を行うが，リング引張クリープ・疲労試験は管を輪切りした試験片を用いて評価を行うことを特徴としている。**図３**にリングと短冊の試験片形状を示す。全周ノッチ式引張クリープおよび疲労試験と同様に，試験片の全周にノッチを挿入しクリープや疲労モードを負荷する。ガス管に要求される耐圧仕様が大きくなった場合，将来的には複合管が導入されることが想定される。これらの試験方法は，複合管に対してもその耐久性の評価が可能な試験方法となり得る。リング引張クリープと疲労試験強度は，それぞれ全周ノッチ式引張クリープと疲労試験強度と同等であることがPE管において確認できている。

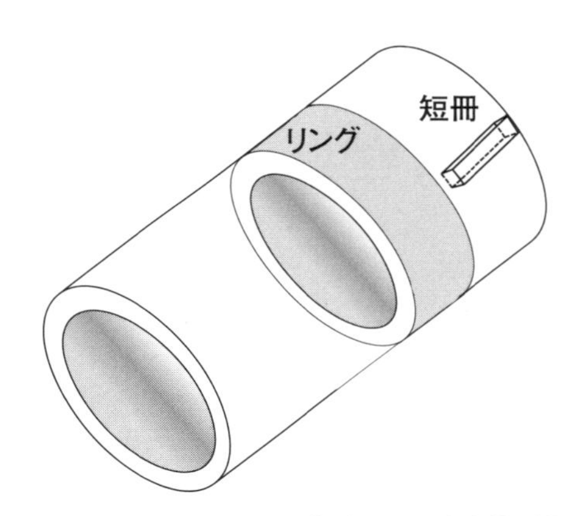

図３　管からの、リングと短冊の試験片形状

３　樹脂構造解析を用いた性能評価方法

上述の力学的な促進試験では，結果が得られるまでに少なくとも数ヶ月の期間が必要であった。ロット毎の品質管理や新樹脂採用の可否判断など迅速な判断が要求される場面では，より短い期間で管の性能が評価できる方法が望まれていた。そこで，評価の視点を従来と変え，化学的な樹脂構造解析による管性能評価方法を確立した。

３.１　特徴

図２に示すように従来の評価方法は，管本体や管からの切り出し試験片を用いた力学的な性能評価試験であったのに対して，この評価方法では管ではなく，管を構成する樹脂を評価対象としている。そして，樹脂に化学的なアプローチを施す構造解析評価試験であることを特徴としている。

３.２　構成

この評価方法の構成を**図４**に示す。管の長期性能が，管を構成する樹脂自身の分子構造に起因することに着目し，管の長期性能に影響を及ぼすと考えられる因子を探すため分子構造解析を行った。次に，当社がこれまでに蓄積したガス用PE管の莫大な管の長期性能評価結果のデータベース（上記に紹介した力学的なSCG性能評価試験結果）を基に，力学的な管の長期性能結果とその管の原材料である各樹脂の分子構造因子との関連性を調べた。その結果，次

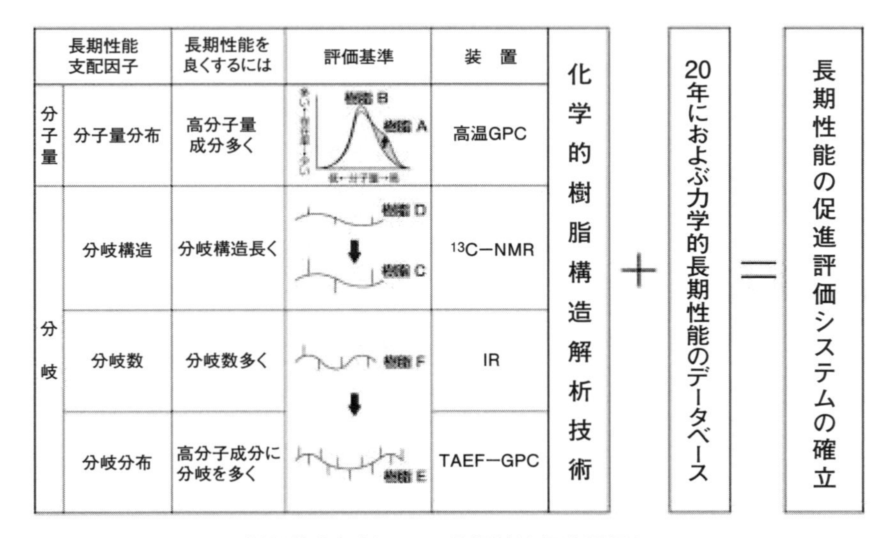

	長期性能支配因子	長期性能を良くするには	評価基準	装置
分子量	分子量分布	高分子量成分多く	樹脂B 樹脂A	高温GPC
分岐	分岐構造	分岐構造長く	樹脂D ↓ 樹脂C	^{13}C−NMR
	分岐数	分岐数多く	樹脂F ↓	IR
	分岐分布	高分子成分に分岐を多く	樹脂E	TAEF−GPC

図４　樹脂構造解析による長期性能促進評価システム

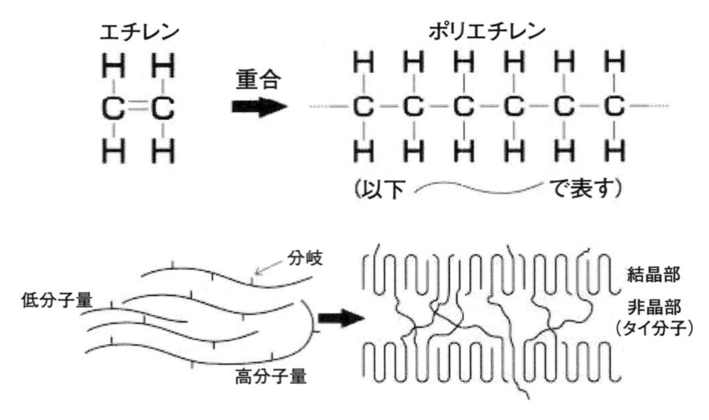

図5　ポリエチレンの分子構造

の3つの分子構造因子が力学的な管の長期性能評価結果に大きな影響を及ぼす因子であることが判明した。すなわち，分子量，分岐，添加剤組成である。分子量については，分子量分布を，分岐に関しては，分岐構造，分岐数，分岐分布を，添加剤組成については，特定の酸化防止剤2種類を，管性能に影響を及ぼす重要な因子として抽出した。以下に，各分子構造因子が及ぼす影響を説明する。

3.3　ポリエチレンの分子構造について

ポリエチレンはエチレンが重合した高分子体である。**図5**にポリエチレンのイメージ図を示す。重合するエチレンの数には分布があるため，分子の長さ（分子量）が異なるものの混合体である。すなわち分子量分布をもつ。また，ガス用ポリエチレンは，α-オレフィンを共重合させることにより分岐構造（図5における「分岐」で示された部分）を持たせている。この分岐の長さ（分岐構造）及び数（分岐数）は樹脂によって異なる。分岐は，ポリエチレンが結晶構造を形成する際の阻害因子となり，非晶部（タイ分子）を発生させる。この非晶部の強度が長期性能に深く関係してきている。

3.4　分子量分布と長期性能

図4に2種類の樹脂（樹脂A，B）の分子量分布を，**図6**にその樹脂を管にした場合の全周ノッチ式引張疲労試験の結果を示す。高分子量成分の多い樹脂Aは，高分子成分の少ない樹脂Bと比較して疲労強度が優れている。これは，高分子量成分が多いと，分子同士の絡み合いが増えるためであると考えられる。

3.5　分岐構造，分岐数と長期性能

図4に分岐構造（長さ）の異なる2種類の樹脂（樹脂C，D）を，図6にその樹脂を管にした場合の全周ノッチ引張疲労試験結果を示す。分岐が長い樹脂Cは，分岐の短い樹脂Dと比較して疲労強度が優れていることがわかる。長いオレフィンは，効率的に結晶構造を乱し，より多くのタイ分子の発生を促している。

3.6　分岐数，分岐分布と長期性能

図4に分岐数と分岐の分布の異なる2種類の樹脂（樹脂E，F）を，図6にその樹脂を管にした場合の全周ノッチ引張疲労試験結果を示す。分岐が高分子領域で多い樹脂Eは，分岐が高分子領域で少ない樹脂Fと比較して疲労強度が優れていることがわかる。これは，分岐数，分岐分布がともに分子の絡み合いに関与しているためである。

3.7　分子構造因子と長期性能との相関

上記で述べたように，樹脂構造因子は明らかに管

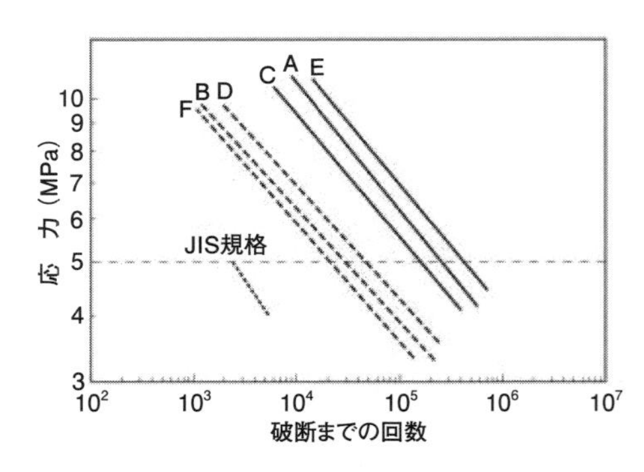

図6　全周ノッチ式引張疲労試験（実測）

の長期性能と密接な相関をもつ。この評価システムでは，ガス用PE管の莫大な管の長期性能評価結果のデータベースを基に，各樹脂構造因子を力学的な管性能結果と結びつけられている。各分子構造因子を数値化し，力学的性能評価の3試験（熱間内圧クリープ試験，全周ノッチ式引張クリープ試験，全周ノッチ式引張疲労試験）の結果と合うようにマトリックスを決定した。実施例を**図7**に示す。4種類の樹脂の全周ノッチ式引張疲労強度（実測）（応力5MPa）と，このマトリックスを用いて推定した予測値である。相応の一致が確認できた。同様な結果は，熱間内圧クリープ強度と全周ノッチ式引張クリープ強度でも確認できている。

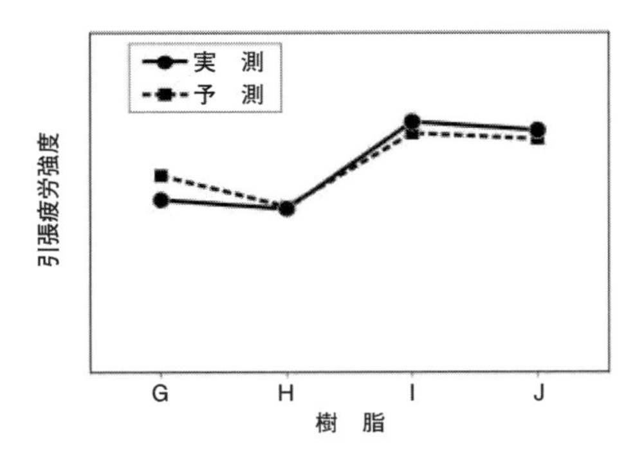

図7　全周ノッチ式引張疲労強度（実測と予測）

以上のことから，このマトリックスを用いることにより，力学的なデータベースの無い樹脂についても，樹脂構造解析から容易に管の長期性能評価試験の結果を予想出来るようになった。

4　まとめ

以上のように，ガス用ポリエチレン管の耐久性を評価する手法として，力学的な性能評価方法と，分析化学的な樹脂構造解析方法という性能評価システムがあり，それらの概要を簡単に説明した。高性能な耐久性に優れたPE管が開発とともに，新たな評価方法を開発するニーズは継続され続けている。

前述したように，現在導入されているガス用PE管の寿命は半永久的である。樹脂メーカーやパイプメーカーが異なってもそれは変わらない。ここで紹介した評価方法は，半永久的寿命をもつPE管の品質管理，性能維持などのために開発されてきた方法である。樹脂メーカーにしても，パイプメーカーにしても，ガス会社にしても，個々の管の樹脂組成，長期性能を把握しておくことは重要なことであると考えている。

第3節　管路更生工法「SPR工法」の開発

日本ノーディックテクノロジー株式会社　藤井　重樹

1　はじめに

我々の生活は歴史的に言えば上水道の普及により，劇的に向上した。女性は重労働である水仕事から解放され社会参画が可能となり，安全な水道水が乳幼児死亡率を大幅に改善した。しかし戦後の急激な経済成長は，環境に大きな負荷をもたらし，1960年代初頭，水質汚濁により「死の川」となる所が出てきた。その後，都市環境や公共用水域の水質の改善に絶大な効果を発揮する下水道の整備促進が求められるようになった。これを受け全国各地で下水道の整備が行われ，現在では**図4**に示すように地球11.5周分に相当する総延長46万kmに及ぶ下水管路が建設された。これにより我が国の各地の水質は飛躍的に改善した。現在はその老朽化が深刻な社会問題となっている。

図1　老朽化したヒューム管

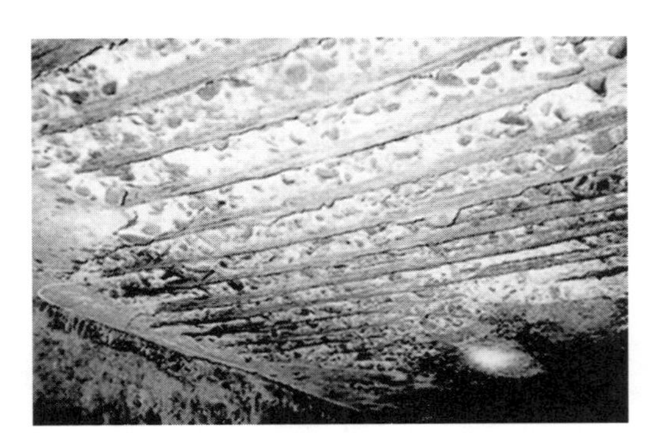

図2　鉄筋の露出

下水管の老朽化は下水の流れを阻害し臭気や浸水の発生を招くほか，道路下に埋設されていることから破損すると周囲の土砂が下水管に流入して道路陥没事故に繋がる。因みに全国で下水道管に起因した道路陥没が年間3500箇所以上発生している（**図5**）。総延長46万kmのうち老朽管と定義されている埋設後50年以上を経過した管が1万キロメートル以上，道路陥没が急増する30年以上を経過（図4）した管を含めると8万4千キロメートルとなり，今後老朽管の比率は高まっていく。老朽化すると陥没のリスクが急激に高まる（**図6**）。

老朽化した下水管は，掘り起こして新管に入れ替える必要があるが，下水管が埋設されている道路下には水道管やガス管など多くの埋設物が存在している。これに加えて下水管の埋設位置が深く，また規模も大きいことから入れ替え工事を行う際には，市民生活や道路交通等への影響をできる限り抑制する必要がある。そして下水道は受け身施設であること

図3　下水道老朽化による道路陥没

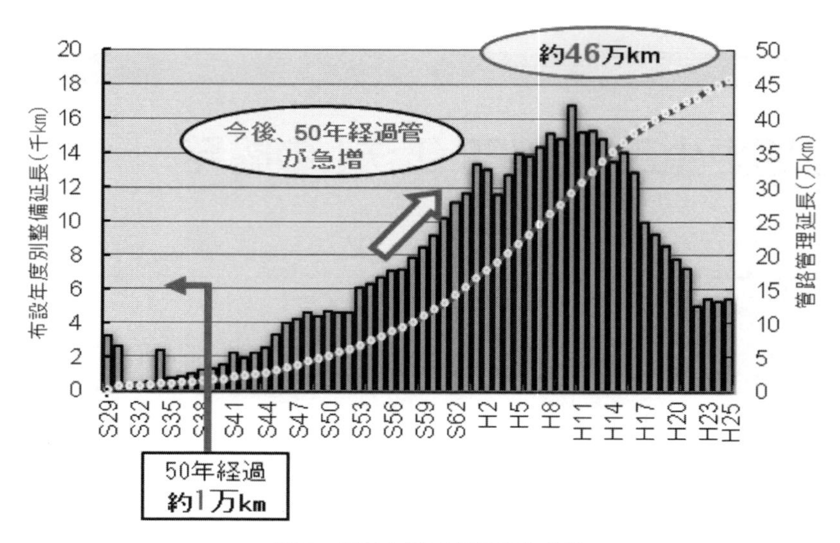

図４　経過年数と陥没発生件数

から水道やガス管等のように供用を停止することができない課題がある。

その為，使用を中断し道路を掘り起こすことなく管路を更新することが自治体から強く要望されていた。本技術はこのような背景の下で，下水管路を使用したままの状況でその内側に新しい管路を布設するという管路更生工法を世界で初めて開発・実用化し，既設管の有効利用により上の社会的要請に応えたものである。

SPR 工法は，更生工法において複合管という新しい概念を打ち立て，国内外に広く実用化した。そして，この技術を実現するために，施工法，新規材料，設計法等の一連の技術開発を 30 年前に今日的なオープンイノベーション的手法により実施，実用化後も新規事業開拓や現場からの課題に対応するために継続的に技術の改善，開発を行ってきたことに特徴がある。この技術の普及により国内外において社会インフラの老朽化対策に貢献したことが評価され，平成 24 年度の大河内賞大河内記念賞を受賞している。本文では，開発した施工システム，使用材料，構造設計法などについて記述するものである。

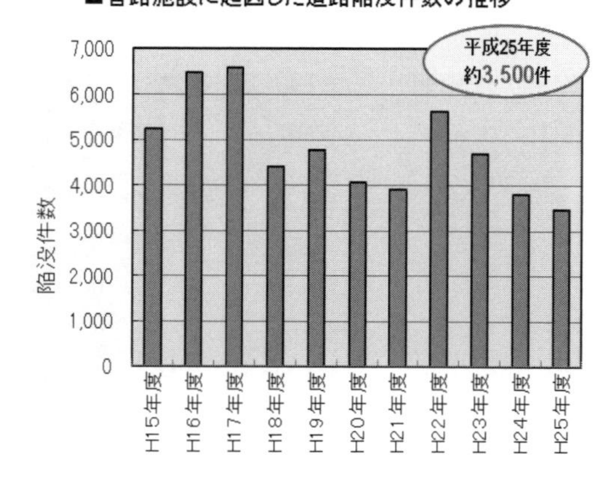

図５　年度別道路陥没件数

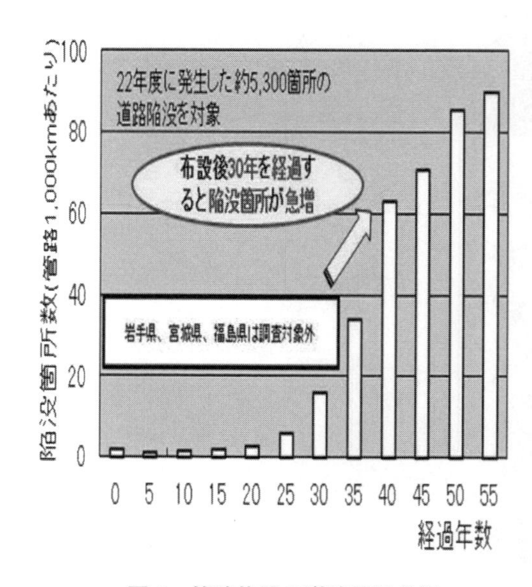

図６　管路施設の道路陥没件数

2　開発目標

積水化学工業株式会社，東京都下水道サービス株式会社，足立建設工業株式会社の三社は，このテーマに挑戦すべくコンソーシアムを組み共同開発を開始した。1980年代のことである。共同開発にあたっては，下水道管理者である東京都下水道局との協議や調整を行った結果，下水道の特性や施工環境などを勘案して下記の開発目標を設定し取り組んだ。

① 非開削で施工できること：施工（作業や資器材の搬入）の全てをϕ 60 cmのマンホール口から行えること
② 下水を供用しながら施工できること：供用中の下水を止めることなく流しながら行えること
③ 流下能力を確保すること：更生し断面縮小しても流下能力を低下させないこと
④ 更生後も強度を確保すること：更生後も新管と同等以上の強度を確保
⑤ 安価なコストとすること：開削工法と同等以下のコストで施工可能とすること

3　SPR工法概要

前記した開発目標の全てクリアーしたのがSPR工法（Spirally Pipe Renewal Method）である。本工法の基本システムは，**図７**に模式的に示すように特殊塩化ビニル樹脂で製作した帯状部材（プロファイル）をマンホール口から下水管内に供給し，マンホール内に分割搬入した製管機により更生管を形成する。製管後，この形成した更生管と既設管との隙間に裏込め材（特殊モルタル）を充填することにより既設管と更生管とを一体化，再生する技術である。SPR工法は既設管，更生管そして裏込め材とが一体となった構造体であることから更生後の管を複合管（**図８**）と呼んでいる。

以下に，開発目標を達成することを可能とした個々の技術，コアテクノロジーを紹介する。

3.1　製管機

開発目標①は，製管機（装置）をϕ 60 cmの開口部から搬入できるように小型化，分割構造とし，マンホール内に搬入の後に組み立て固定できる構造とした。また，製管機はプロファイルのオス部とメス部とを嵌合できるように嵌合ローラーの駆動力と圧着力とが確実に作用するように工夫があり，この嵌合により所定の口径に製管された更生管が下水管路内前方に連続して押し出されていく仕組みを考案した（**図９**）。開発目標②は，製管機を中空構造とすることで製管作業時にも更生管内に下水が流れ，製管

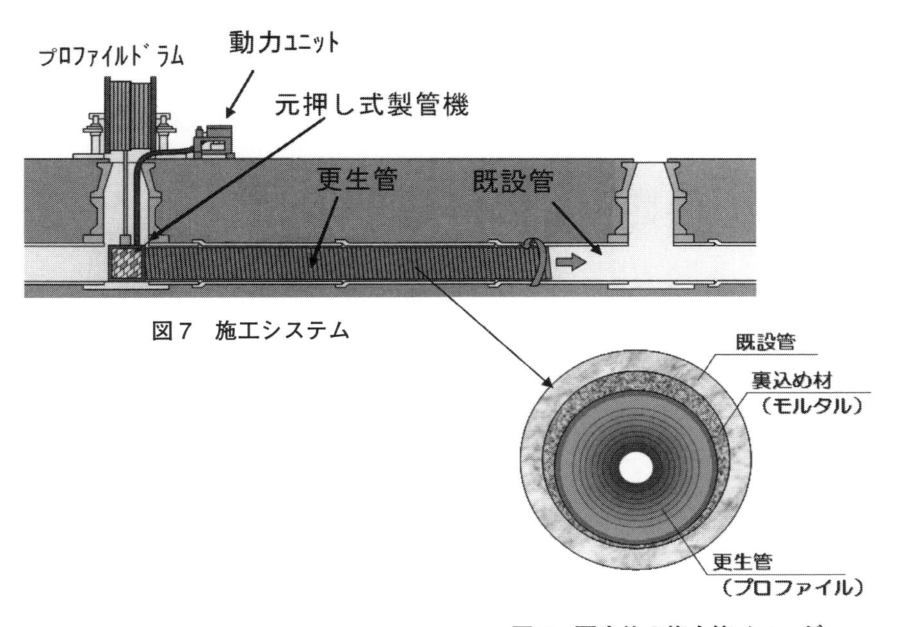

図７　施工システム

図８　更生後の複合管イメージ

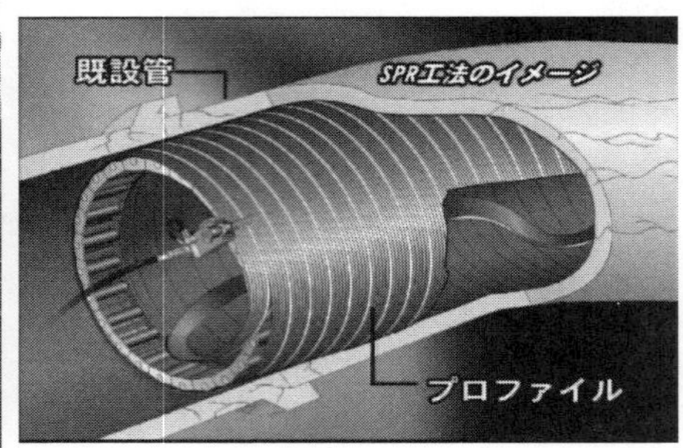

図 9　製管機（自走式）

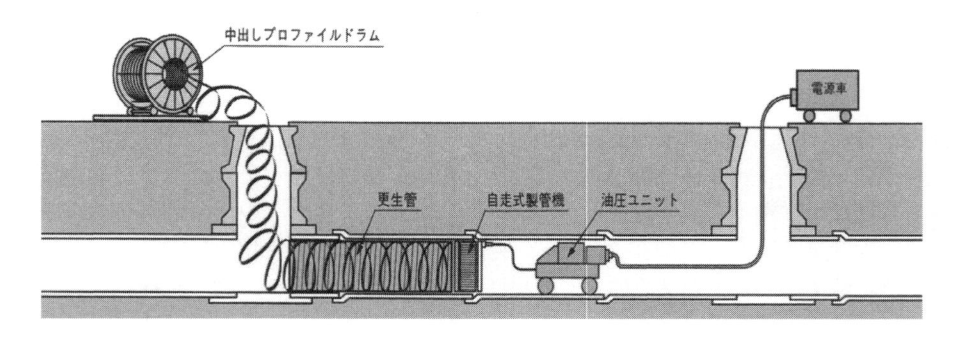

図 10　施工図

機は油圧駆動，防水仕様としているため下水供用中も問題ない構造になっている。製管機は当初，元押し式と呼ばれるマンホール底部に設置して，製管したパイプを下水管内に送り込んでいくタイプからスタートし，その後，製管機が回転しながら既設管内面に管を作っていく自走式と呼ばれるものが追加された。この技術により円形以外も，より長距離にも対応する技術となった。

3.2　更生材料（プロファイル）

開発目標③は製管に耐え，耐食性も水理特性も優れたプロファイルの開発である。塩化ビニル製であることから水の流れ易さを示す粗度係数が 0.010 とコンクリート管（0.013）などと比べて小さいため，断面縮小しても流下能力の低下を補い流下量を確保できる。物性的には施工時の衝撃や屈曲などに柔軟に対応でき，かつ高い強度を有する材料特性が必要である。そこで開発したのが，**図 11** に示す構造の樹脂である。衝撃吸収能力の高いゴム（コアシェル）を硬質塩化ビニル（PVC）に均一に分散させ化学的に結合（グラフト）させた材料である。これにより，**図 12** に示すように，柔軟性と強度を両立した材料を実現することが出来た。

プロファイルの形状としては，下水管は高い水密性が要求されることから，**図 13** に示すようにプロファイルのオスとメスの嵌合部は高い精度の構造が求められる。この異形押出成形技術として高精度長尺異形断面押出成形技術の開発を行った。

3.3　裏込め材料

開発目標④は，既設管と更生管との狭い隙間に充填出来る流動性，一体化することで新管と同等以上の耐荷力を確保できる強度を有する裏込め材の開発である。裏込め材は所定の強度とともに既設管との

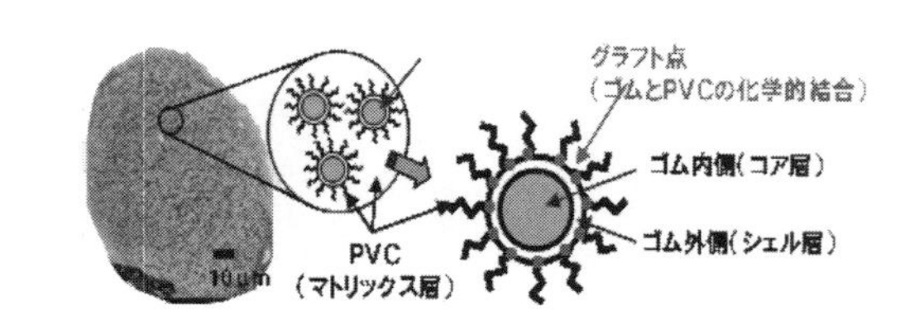

図 11　樹脂構造

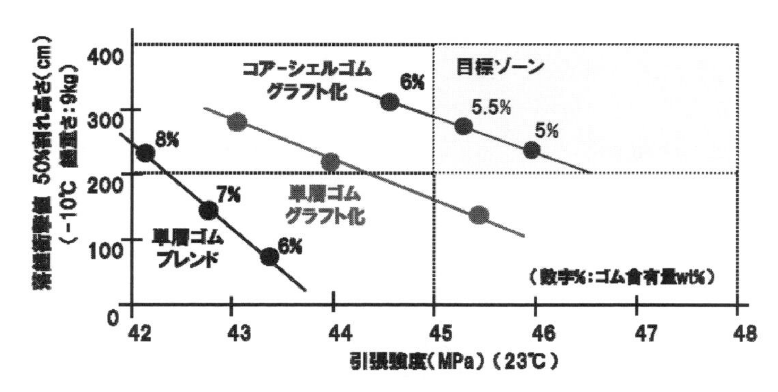

図 12　樹脂の引張強度と衝撃強さ

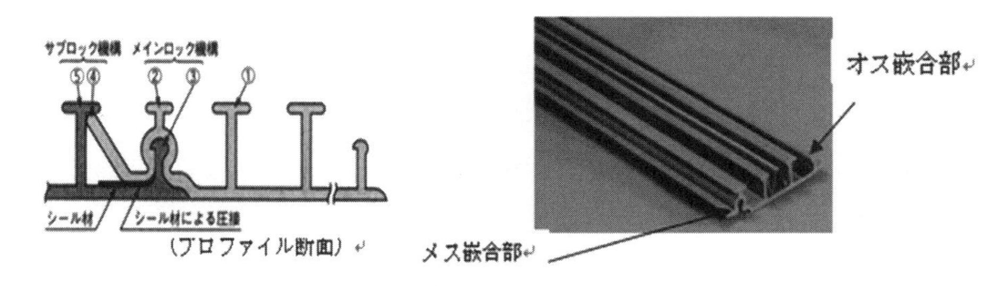

図 13　プロファイルの形状と嵌合部

表 1　プロファイル物性値

性質	項目	単位	物性値
物理的性質	比重	—	1.43
	硬度	ロックウェル　R	120
	吸水率	mg/cm^2	0.04～0.06
機械的性質	引張強さ	kgf/cm^2 {MPa}	400 {39.2}
	曲げ強さ	kgf/cm^2 {MPa}	700 {68.6}
	圧縮強さ	kgf/cm^2 {MPa}	660 {64.7}
	剪断強さ	kgf/cm^2 {MPa}	400 {39.2}
	引張破断時最大伸び	%	50～150
	縦弾性係数	kgf/cm^2 {MPa}	2.4×10^4 {2350}
	ボアソン比	—	0.38
熱的性質	綿膨張係数	℃$^{-1}$	7×10^{-5}
	比熱	cal/℃・m・h {J/℃・g}	0.2～0.5 {0.8～2.0}
	熱伝導率	kcal/℃・m・h {w/m・k}	0.11～0.14 {0.13～0.16}
	加工温度	℃	130
	軟化温度（針入度法）	℃	80
	燃焼性	—	自己消化性
	熱接着（溶接）温度	℃	175～180
電気的性質	体積固有抵抗	Ω cm	10^{15} 以上
	耐電圧	KV/mm	40 以上
	誘導体力率	(20℃ 1 kc)	0.02
	誘電率	(20℃ 1 kc)	3.2

付着力，硬化時の収縮の抑制，さらには注入時の流動性や残留した下水に対して材料分離が生じにくいなどの特性を与える必要がある。普通ポルトランドセメントに軽量骨材やアクリル系エマルジョン等を配合したレジン系の特殊モルタルを開発した。

4　SPR 工法の進化

SPR 工法の基本システム及び開発目標の達成技術などを前項で述べたが，本工法の特徴は事業を進める中で発生した課題やニーズに継続的に技術開発を行い対応したことがあげられる。すなわち，技術の進化とこれによる適応範囲の拡大を図ってきたことである。開発当初の技術は，**図 14** の①に示すように，マンホール内で更生管を製管し押し出していく元押式であったが，更生管径が大きく，長距離化するにつれ既設管と更生管との摩擦により施工の限界が生じた。そこで，図 14 の②下段に示す製管機自体が既設管内を移動しながら更生管を製管できる自走式製管方式を考案した。この技術により，長距離化，大口径化はもとより，矩形，楕円，馬蹄形等の非円形断面にも対応できるようになった。図及び写真に断面形状と管内での作業状況を示す。また，特殊な事例としては，曲線部の施工への対応として特殊なプロファイルの開発なども行うなど，下水管にとどまらず農業用管路などにも採用されるようになっている。下記に老朽化した下水管を SPR 工法で更生した例を示す。

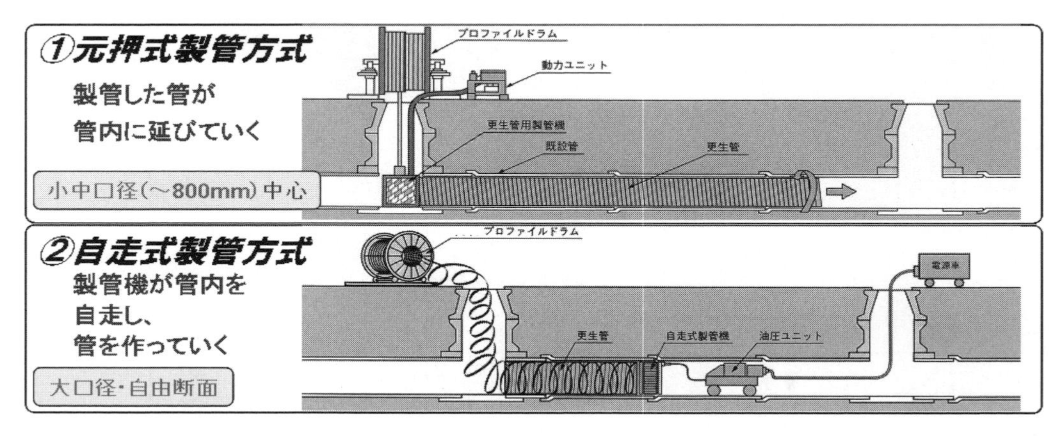

図 14　元押式製管機と自走式製管機

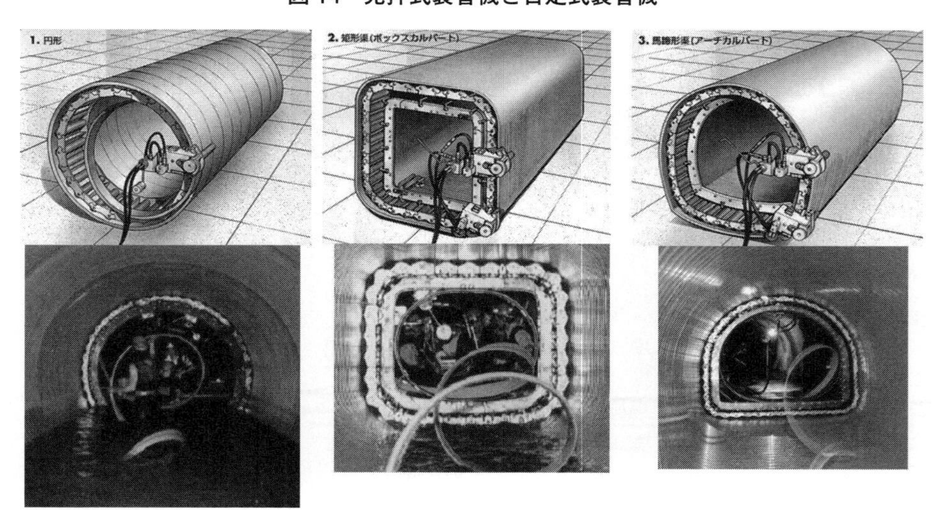

図 15　非円形断面とその製管作業状況

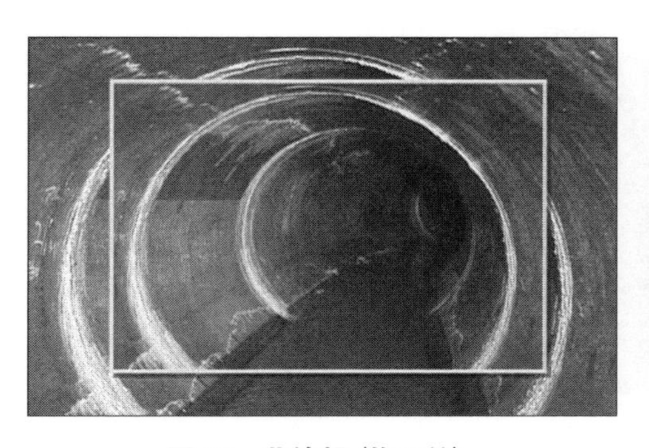

図 16　曲線部（施工前）

図 17　曲線部（施工後）

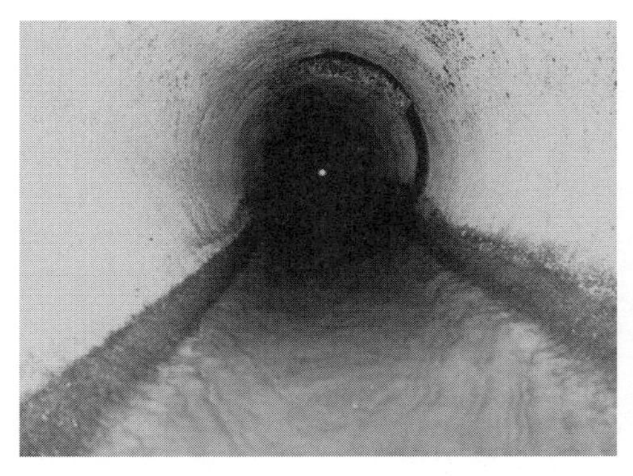

図 18　取付管部（施工前）

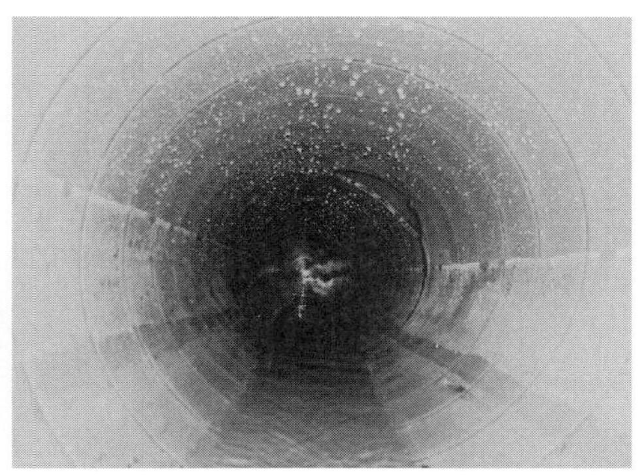

図 19　取付管部（施工後）

図 20　ロサンゼルス下水道（施工前）

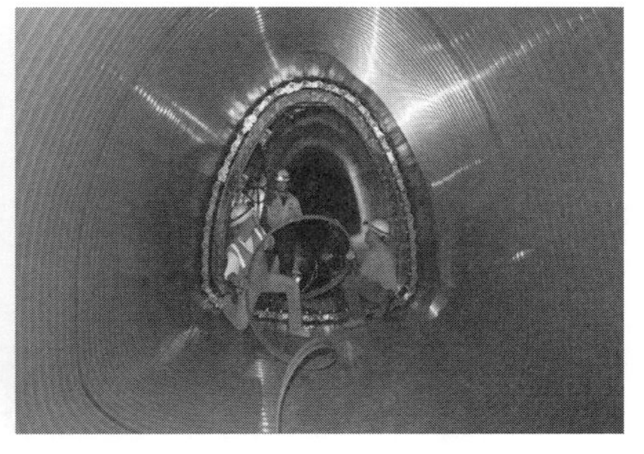

図 21　ロサンゼルス下水道（施工後）

5　SPR 更生管の性能

5.1　更生管の強度

更生した管の強度がどの程度あるかを，**図 22** に示す圧縮試験で確認した。サンプルはヒューム管の新管と破壊したヒューム管に SPR 工法で更生した管を準備した。

図 23 はその結果である。更生前というのが，ヒューム管の新管であり，更生後が破壊したヒューム管を SPR 工法で更生した圧縮強度を示している。グラフの結果に示す通り SPR 工法で更生することにより，新管より高い強度に復元することが確認出来た。更生管が既設管と一体となり強度復元した事を示している。

5.2　耐震性評価

SPR 工法による耐震性を下記の方法で検証した。まずヒューム管 2 本を既設管として SPRI 法にて更

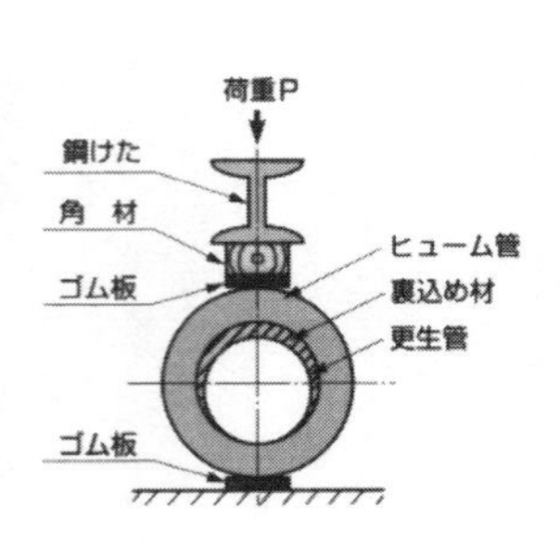

図 22　圧縮強度試験

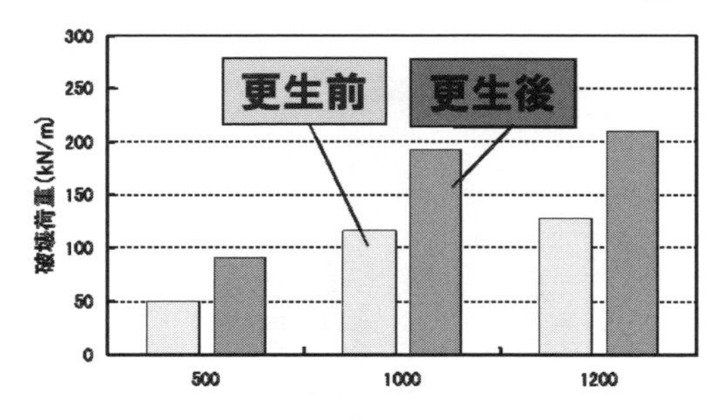

図 23　破壊強度結果

生する。これを地震時想定される継手部の曲がり角度までジャッキで強制的に引き抜きかつ曲げる。その後，管内に水圧をかけ漏水の有無，内面の SPR プロファイルに異常がないか等を確認した。

結果は，地震動や液状化で想定される変位に対して柔軟に追従し漏水，プロファイル部材の破損が無いことが確認された。阪神淡路大震災，中越地震，東日本大震災においても SPR 工法で更生された管路に破損等がないことが実証されており，国交省事業においても耐震化工法として採用されている。

図 25　地震時継手追従試験（写真）

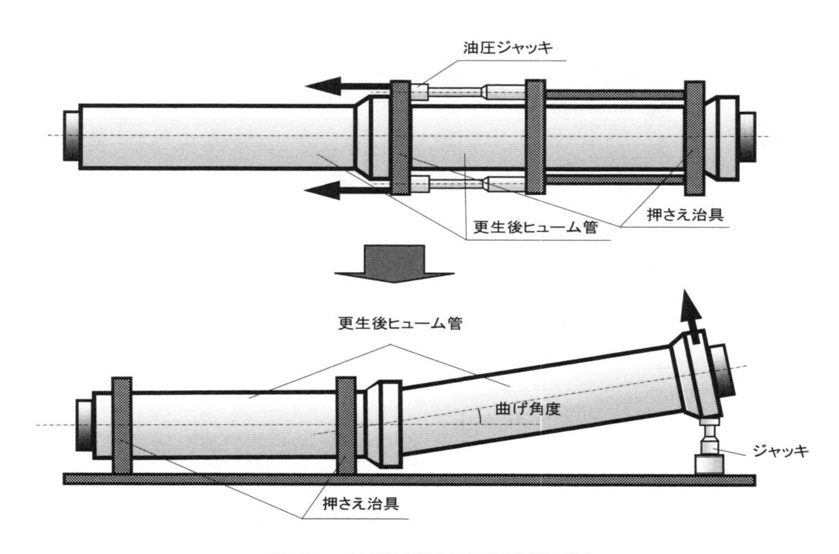

図 24　地震時継手変位追従試験

6　SPR 工法の設計法

6.1　更生管の設計

更生管の設計方法で一番特徴的なところは，既設管の老朽具合等が現場毎に異なる事である。現場毎に現場の状態を考慮した強度解析で安全性を確認する必要がある。管きょ更生工法のガイドラインでは，

① 設計荷重において「新たなひび割れが発生しないこと」（使用限界状態）

② 更生管の最大耐力（終局限界状態）

の 2 つの限界状態について検討を行なうものとされている。この為，適切なモデル化と計算条件の設定が必要になる。SPR 工法では，より広範囲をカバーし最大耐力を評価可能とするため，線形梁バネモデル（線形フレーム解析）に加え，FEM 解析技術を開発している。

6.2　解析技術の開発

6.2.1　ひび割れメカニズム

コンクリートの部分は引張応力が限界を超えるとひび割れが発生する。そのひび割れは，ひび割れ部分が開口しながら奥へと進行していく。ひび割れ周辺の力学状態は**図 26** に示す通りである。

6.2.2　既設管と更生管の挙動メカニズム

既設管（多くはヒューム管）の内側に更生管が形成され，その隙間を裏込め材で充填する。荷重がかかると，これらは一体挙動する。応力が発生するメカニズムを**図 27** に示す。

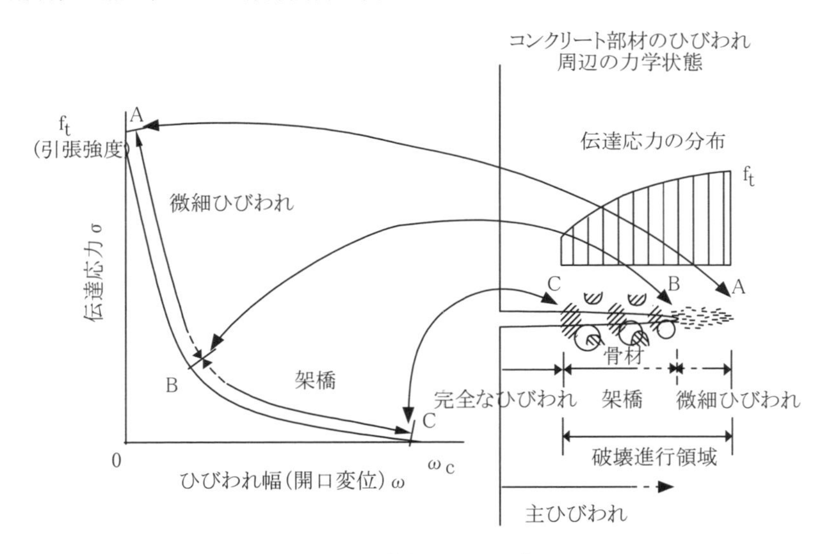

図 26　ひび割れメカニズム

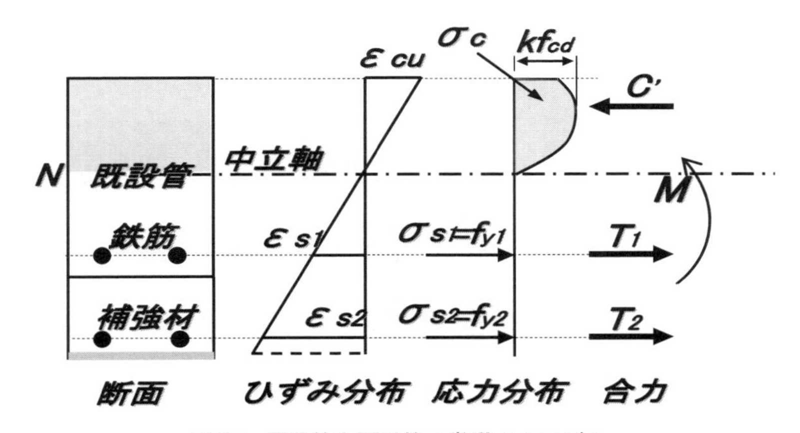

図 27　既設管と更正管の挙動メカニズム

6.2.3　更生管専用解析ソフト（SPRana）の開発

ひび割れメカニズムと既設管と更生管の挙動メカニズムを取入れ，FEM専用解析ソフトを開発した。これにより更生した後の管の挙動をより最大耐力を適正に解析出来，安全性の検証が可能になった。

6.3　更生管専用解析ソフト（SPRana）の特徴

6.3.1　モデル化

構造解析を行う際には複合管の実挙動を適切にモデル化した解析手法が求められるが，非線形FEM解析では**図29**に示すように，既設管や各部材を個別に設定することができる為，線形フレーム解析に比べてモデル化が容易である。一方，**図30**に示す線形フレーム解析のような複合断面の単純化や剛性を等価とする計算を行う場合には，既設管や更生材を平均化する必要があるが，既設管および更生材の強度とヤング係数の仮定方法などは決められていないため，設計者によって結果が異なるという課題がある。

6.3.2　実規模実験と解析結果

表2に示す23ケースの外圧試験について解析結果と実験地の検証を実施した。

実験に基づき劣化状況をモデル化した結果，SPR工法における非線形FEM解析は，**図31**に示すように実験値と比較して，ひびわれ発生荷重と最大荷重に関して15%以内の精度で解析を行うことができることが実証された。

6.3.3　解析精度

複合管の外圧試験を行うと，**図32**に示すようにひび割れ発生までは荷重と変位はほぼ直線的な比例関係にあるが，ひび割れの発生後は，荷重の増分に対して変形が大きくなることがわかる。

実験による実挙動と解析結果を比較した場合，線形フレーム解析では荷重と変位が直線的な比例関係にあると仮定して計算するので，ひび割れ発生後の塑性領域（ひび割れ発生から破壊まで）の挙動を正確に解析することが難しい。一方，SPR工法で採用している非線形FEM解析では，複合管に負荷される弾性域を超える塑性域の荷重に対し，その変形挙動を忠実に解析することができる。

6.3.4　解析結果（例）

(1) ひび割れ解析

SPR工法における非線形FEM解析では，**図33**に示すように解析ソフト上でひび割れの発生及び進展を照査できる。使用限界状態（設計荷重時）と終局限界状態（最大荷重時）のひび割れ解析結果を添付しているが，ひび割れ図は，色の濃い箇所ほどひび割れが進展していることを示しており，使用限界状態でひび割れが発生していないことと，終局限界状態

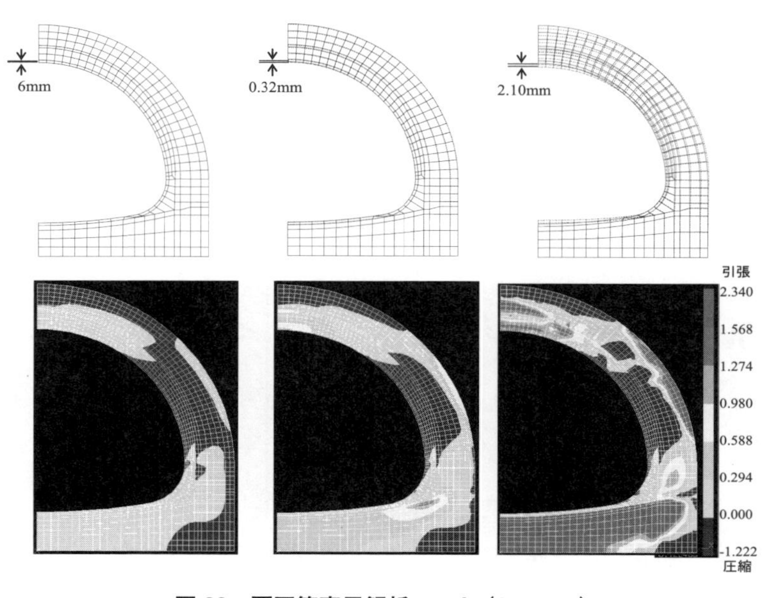

図28　更正管専用解析ソフト（SPRana）

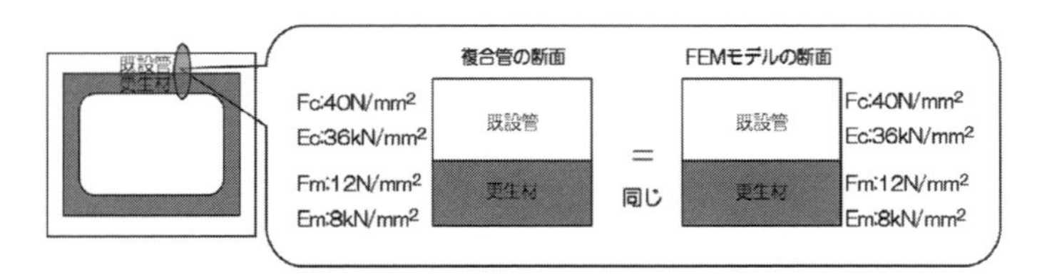

図29　非線形ＦＥＭ解析

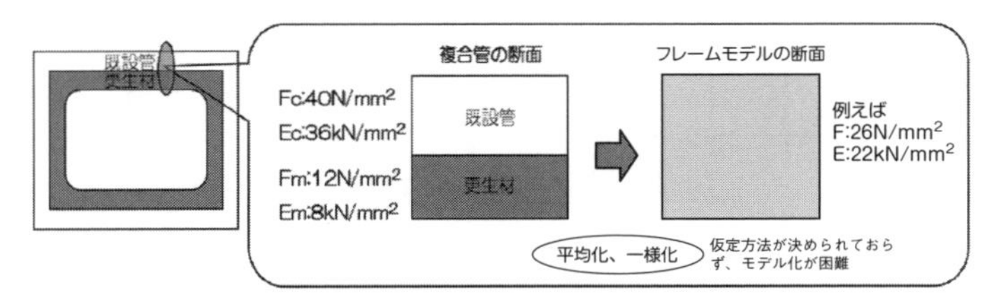

図30　線形フレーム解析

表2　ＳＰＲ更生管の外圧試験概略と解析ケース

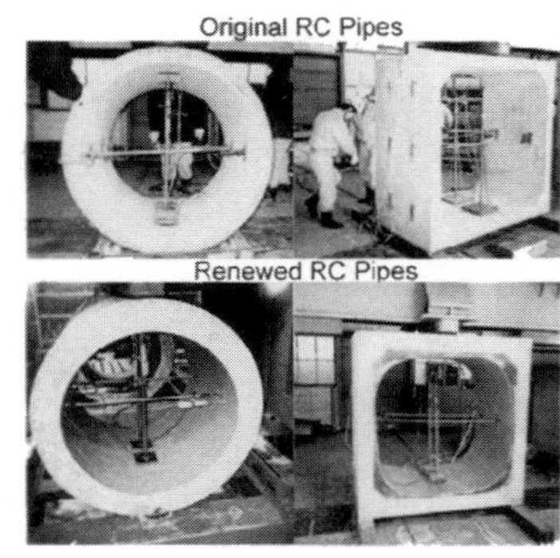

ケース	対象管	想定劣化状況	管種別
1	短形管 1500 mm×1500 mm	無し （標準復鉄筋断面）	原管
2			複合管
3			二層構造管
4		減肉断面 （かぶり欠損）	原管
5			複合管
6		減肉内筋欠落断面	原管
7			複合管
8		無し （標準復鉄筋断面）	原管
9			複合管（ハートSPR）
10		破壊（四つ切管）	破壊更正管（ハートSPR）
11	短形管 2500 mm×2500 mm	無し（標準復鉄筋断面）	原管
12		減肉内筋欠落断面	原管
13			二層構造管
14	短形管 3500 mm×2500 mm	無し（標準復鉄筋断面）	原管
15		減肉内筋欠落断面	原管
16			二層構造管
17	円形管 φ 1000 mm	無し （標準復鉄筋断面）	原管
18			更正管
19			更正管（補強スチール無し）
20			更正管（管底付け）
21			二層構造管
22	円形管 φ 1100 mm	無し（標準復鉄筋断面）	原管
23		破壊（四つ切管）	破壊更正管（ハートSPR）

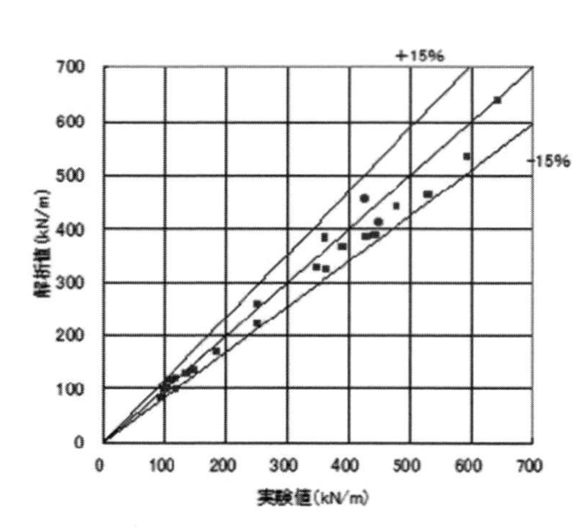

図 31　最大荷重に関する解析値と実験値の比較

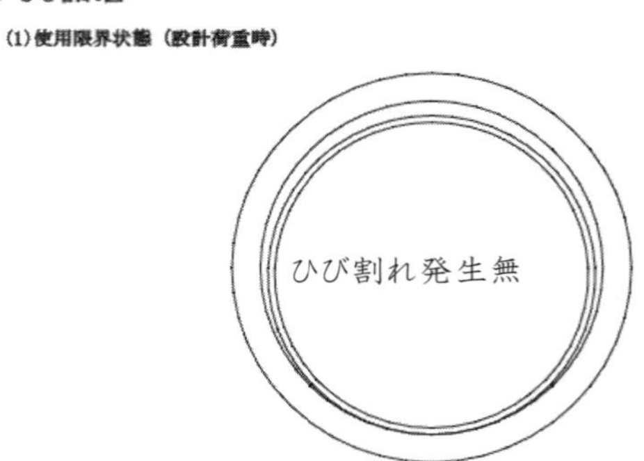

図 33　ＳＰＲ工法の常時構造計算書
(ひび割れ解析結果例)

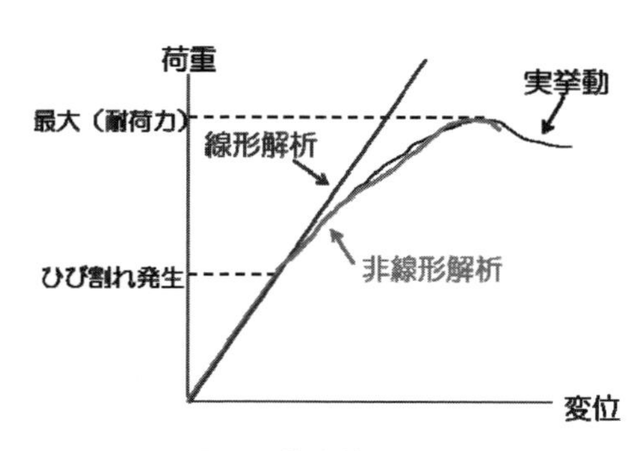

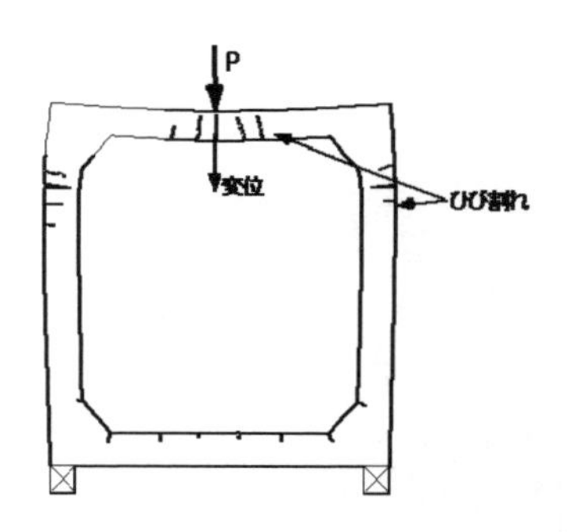

図 32　複合管の外圧試験における荷重－変位関係の模式図

におけるひび割れの進展を目で確認することができる。

(2) 荷重試験との比較

図 34 は，開発した解析手法で求めた荷重と変位の関係を実験値と併せて示したもので，両者は良好な整合を示す結果を得ている。

(3) 耐震解析

SPR 専用設計ソフトを耐震設計にも応用した例を下記（**図 35**）に示す。更生管の補強効果がレベル 2 の地震動に対して効果を発揮することが確認出来た。

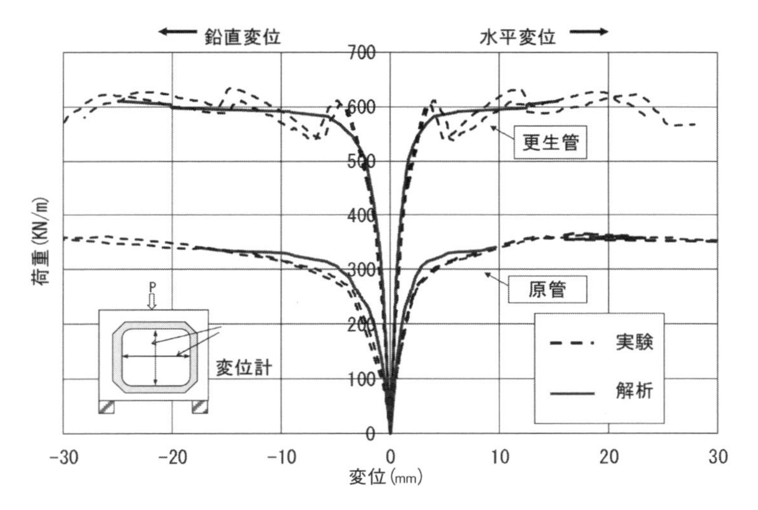

図 34　外圧試験における実験値と解析値

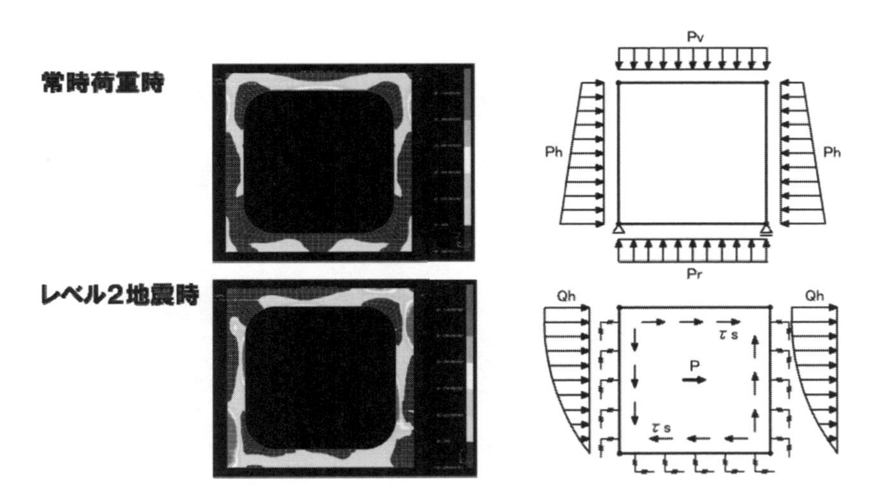

図 35　耐震性解析結果

7　耐久性評価

更生管の耐久性は，更生管を構成する各部材の各々耐久性能を評価することにより想定できる。SPR 工法の更生管は内面が「硬質塩化ビニル管」相当，SPR 裏込め材は既設管とプロファイルの間に密封された状態で裏込めされる。これにより通常の新設管を用いた管渠と同等以上の耐久性能が確保できると考えられる。

7.1　プロファイルの耐薬品性

表3　プロファイルの耐薬品性

薬品名		温度℃ 20	40	60
酸				
塩酸	30%	◎	◎	○
硫酸	90%	◎	◎	○
	96%	◎	○	△
	98%	○	△	×
発煙硫酸	10%	×		
硝酸	20～50%	◎	◎	○
	50～60%	◎	○	△
	70%	△	△	×
	95%	×		
混酸				
$H2SO_4+HNO_3$+aq				
	57：28：15	◎	○	×
	15：20：65	◎	◎	○
	50：33：17	◎	○	×
	48：49：3	◎	○	×
	50：50	○	×	×
	10：20：70	○	◎	×
	11：87：2	○	×	×
クロム酸	10%	◎	◎	△
	50%	◎	○	×
混酸				
(25% CrO_3+20% H_2SO_4+aq)		○	○	○
(34～40% CrO_3+20% H_2SO_4+aq)				
		◎	◎	○
塩素酸	1%			
弗化水素酸	40%	◎	◎	○
	68%	◎	○	◎
硅弗素酸	30%以上	○	△	
燐酸	30%以上	◎	◎	○
	30%以下	◎	◎	○
砒酸	80%以下	◎	○	○
硼酸	稀薄液	◎	◎	○
	冷飽和液	◎	◎	○
次亜鉛素酸		◎	◎	○
過塩素酸	10%以下	◎	◎	○
塩素水		◎	△	×
クロールスルフォン酸	100%	△	×	×
シアン酸		◎	◎	◎
酢酸	20%以下	◎	◎	○
	25～60%	◎	◎	○
	85～95%	◎	◎	
	95%以上	○	×	×
氷酢酸		○	×	×
酢（市販）		○		
蟻酸	50%以下	◎	○	△
	100%	○	△	×
	濃厚	○	△	×
蓚酸	稀薄	◎	◎	
	冷飽和	◎	◎	
乳酸	(1% ap)	◎	◎	
乳酸	50%	◎	◎	◎
酪酸	20%	◎	○	△
	濃厚	×		
クロール醋酸	100%	×		
ステアリン酸	100%	◎	◎	◎
ピクリン酸	10%	×		
クエン酸	10%	◎	◎	○
	冷飽和	◎	◎	○
アジピン酸	冷飽和	◎	◎	○
リンゴ酸	1%	◎		

薬品名		温度℃ 20	40	60
ヤシ実脂肪酸	100%	◎	◎	◎
脂肪酸（一般）		◎	◎	○
チグリコール酸	18%	◎	◎	○
酒石酸	10%	◎	◎	◎
	冷飽和	◎	◎	◎
アルカリ				
苛性ソーダ	40%以下	◎	◎	○
	40～60%	◎	◎	○
苛性カリ	40%以下	◎	◎	○
	40～60%	◎	◎	○
苛性カリソーダ	40%以下	◎	◎	○
	50～60%	◎	◎	◎
アンモニア	飽和	◎	◎	○
	稀薄	◎	◎	○
	乾 100%	◎	◎	◎
水酸化カルシウム		◎	◎	◎
塩類				
硫酸－塩化アルミ				
塩化－硝酸－硝酸アンモン				
塩化－硫酸銅塩化－硫酸ニッケル第二				
塩化錫，硫酸－塩化亜鉛				
	稀薄	◎	◎	○
	飽和	◎	◎	◎
弗化アンモン	2%	◎		
硝酸カルシウム	50%	◎	◎	
硝酸銀	8%以下	◎	◎	○
	10%	◎	◎	
塩化－硫酸－硝酸				
硫化アンモン		◎	◎	○
塩化カルシウム		◎	◎	◎
重クロム酸カリ	5%	◎	◎	○
重クロム酸カリ	40%	◎		
過塩素酸カリ	1%	◎	○	
過マンガン酸カリ	6%以下	◎	○	○
	18%	◎		
過硫酸カリ	稀薄	◎	◎	○
	冷飽和	◎	◎	○
塩化・硫化				
二酸化ソーダ	稀薄	◎	◎	○
	冷飽和	◎	◎	△
塩素酸ソーダ	稀薄	◎	◎	○
	冷飽和	◎	◎	
亜硫酸ソーダ		◎	◎	
炭酸，重炭酸ソーダ				
トリ燐酸ソーダ				
硫酸ソーダ				
塩化マグネシウム				
	稀薄	◎	◎	○
	冷飽和	◎	◎	◎
過酸化水素	30%	◎	◎	○
	40%	○	○	
有機薬品				
プロパン	液状	◎	○	
アセトン	100%	×		
メチルアルコール	100%	◎	○	△
エチルアルコール		◎	◎	○

薬品名		温度℃ 20	40	60
アニリン	100%	×		
ベンゼン	100%	×		
四塩化炭素		×		
クロロホルム		×		
酢酸エチル		×		
エチルエーテル		×		
ホルマリン		◎	◎	○
フェノール	5%	◎	○	△
二硫化炭素		×		
トリクロロエチレン		×		
アセトアルデヒド	40%	○	△	×
酢酸ブチル		×		
グリセリン	各濃度	◎	◎	◎
油脂肪		◎	◎	◎
粗石油		○	△	△
四エチル鉛	100%	◎		
グリコース	冷飽和	◎	○	○
アリルアルコール	90%	○	△	×
ベンジン	100%	◎	○	△
ブタンヂオール	10%以下	◎	○	
	60%	×		
ブチルアセチメル	100%	×		
クロールメチル	100%	×		
酢酸エステル	100%	×		
グリコール	市販品	◎	◎	◎
ココナット油アルコール				
	100%	◎	◎	◎
クレゾール石けん液	90%	△		×
ヂエチレングリコール		◎	◎	
ガス				
クロールガス乾	100%	○	○	
湿	10%	◎	◎	
クロールガス	60gr/m^3	◎		
	10gr/m^3	◎		
	5gr/m^3	◎		
廃気ガス				
弗化水素含有	trce	◎	◎	◎
含炭酸ガス	各濃度	◎	◎	◎
含ニトレーゼ	trce	○		×
含 SO_3 (Cleum)	高濃度	◎		
	低濃度	◎		
含塩酸	各濃度	◎	◎	◎
含塩酸	湿少	◎	◎	◎
含亜硫酸ガス	僅少	◎	◎	◎
亜硫酸ガス	乾	◎	◎	◎
	湿	◎	◎	◎
アンモニアガス	100%	◎	◎	◎
ブロム蒸気	僅少	○		
炭酸ガス	100%	◎	◎	◎
	湿	◎	◎	◎
ニトローゼガス湿空気中濃		○		
酸素	各濃度	◎	◎	◎
硫化水素	乾 100%	◎	◎	◎
	湿	◎	◎	○

◎：侵されない　○：大体侵されぬとみなしてよい　△やや侵されるが使用可能　×：使用できない

7.2　プロファイルの耐摩耗性

SPR 工法のプロファイルは硬質塩化ビニル管と同材質である。摩耗特性については，「(財)国土開発技術研究センター，下水道用硬質塩化ビニル管の道路下埋設に関する研究報告書」に報告されている，硬質塩化ビニル管の耐摩耗性能試験結果を参考にして評価できる。硬質塩化ビニル管の摩耗量は，遠心力鉄筋コンクリート管の摩耗量と比べて 24%，陶管と比べて 33%であり，遠心力鉄筋コンクリート管及び陶管より耐摩耗性能が優れていると結論づけられる。

管の一般的な耐用年数である 50 年間で生じるプロファイルの摩耗量は，同材質である硬質塩化ビニル管（ϕ 250）の砂粒輸送試験から評価した。単位時間当たりの摩耗量を与える相関式中の摩耗係数 a を用い，東京都における年間降水量観測記録に基づいた試算を実施している。東京都の過去の降水量観測記録に基づく推定摩耗量の試算結果を示す。50 年後のプロファイル部材（硬質塩化ビニル管と同質材料）の推定摩耗量は 0.46 mm と算定され，それに対して SPR 工法で用いるプロファイルの肉厚はタイプに応じて 2.6～4.6 mm であることから，更生管の耐用年数の間で生じる摩耗に対する安全性は十分確保できると考えられる（**表 4**）。

7.3　裏込め材の耐久性

材料としてのポルトランドセメントとはポリマーの２成分を用いて骨材を結合したコンクリート又はモルタルである。ポリマーの混入量は，セメントに対して，重量で 5%～25%が通常である。セメントモルタルやコンクリートに混和されたポリマーデイスパージョンは，セメントの水和反応によって徐々に水を取られ，ポリマーの微粒子が凝集してゲルとなり，さらに水和反応の進行や乾燥に伴い固形の膜状に変化する。その結果，セメント水和物が膜状のポリマーで覆われ，組織がきわめて緻密になって水密性が増すうえ。水酸化カルシウムの溶出抑制効果が加わり，侵食性の化学物質に対する抵抗性が相当に改善される。

7.4　SPR 工法複合管の耐久性

繰り返し外圧荷重に対する耐久性を実験により確認する。以下試験内容について述べる。更生管が公道下で 50 年間にわたり強度を保持するには，車両荷重を想定した外圧を繰り返し加えて強度低下しないか否かを知る必要がある。そこで外圧荷重を設定し，SPR 複合管 ϕ 1100，長さ 1000 mm を供試体として繰り返し外圧試験を行い，その後，静的外圧試験を行った。

7.4.1　試験条件

供試体：ひび割れしたヒューム管（ϕ 内径：1000）に更生管（内径：ϕ 900）を挿入し，空隙に SPR 裏込め材を充填した SPR 複合管供試体長さ：1 m 加振周波数：5 Hz 荷重制御：上限値 2270 kg，下限値 500 kgf，繰り返し回数：200 万回

7.4.2　試験結果

繰り返し外圧疲労試験（**図 36**）の前後の供試体について静的外圧試験を行った結果，外圧強さに変化は認められず，A-1 規格値に対して約２倍の破壊荷重を示した。また，200 万回繰り返し外圧載荷終了時の変位は約 0.38～0.5 mm，歪みの値は 400～500 μm 程度であり，初期の値と比較してほとんど変化がなく，その値も十分小さい値を示した。

7.4.3　考察

① 繰り返し外圧試験終了後の破壊荷重試験による評価結果から，SPR 複合管は繰り返し荷重を加えた場合でも，強度的に低下することがなく当初の性能を維持できることを確認した。

表 4　プロファイルの耐摩耗性試験結果

管種	摩耗					
	１時間後		２時間後		３時間後	
	量（mm）	率（%）	量（mm）	率（%）	量（mm）	率（%）
硬質塩化ビニル管	0.004	0.06	0.009	0.12	0.013	0.18
遠心力鉄筋コンクリート管	0.065	0.25	0.136	0.50	0.204	0.75
陶管	0.039	0.18	0.077	0.37	0.116	0.55

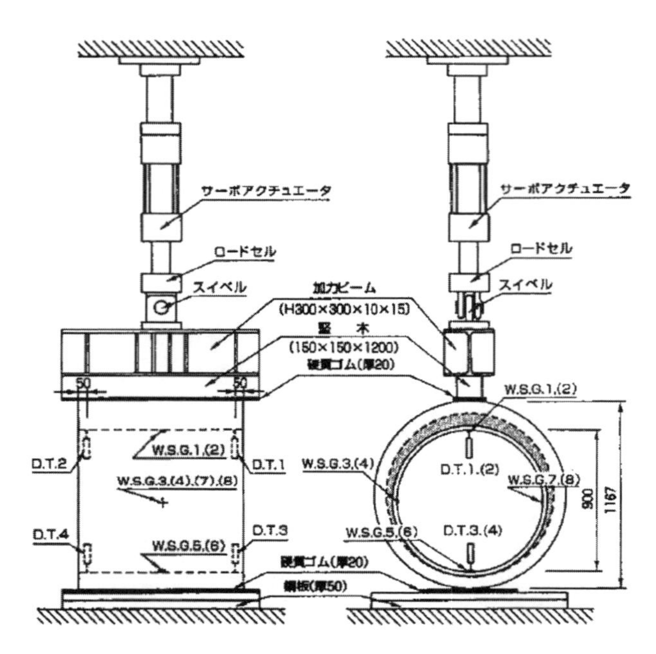

図 36　繰り返し外圧疲労試験

② 繰り返し外圧試験中に，歪みや変位量に変化が見られなかったことから，200 万回相当の振動に対しては，強度に影響を与えるひび割れやその進行等は発生しないと考えられる。従って，SPR 工法は，200 万回程度の繰り返し荷重を受ける間，継続して十分な強度を維持できると考えられる。

7.5　外圧による完全破壊圧時の更生管内部の耐久性

SPR 複合管の完全破壊試験を行うことにより確認する。この試験は，SPR 複合管に外圧を作用させ破壊に至らせた後，更に荷重をかけ，外管のヒューム管が 完全に破壊するまで荷重をかけた時，内管の更生管に異常が生じるかその挙動を観察した（**図 37**）。

7.5.1　試験方法

JIS A 5303「遠心力鉄筋コンクリート管」に準拠して破壊に至った原管を更生した SPR 複合管の外圧強度試験を行い，破壊強さを測定した後，更に外圧を作用させる。この際，外管のヒューム管を完全破壊させて，内管の更生管の嵌合部における異常の有無，裏込め材との付着切れ位置等を観察する。

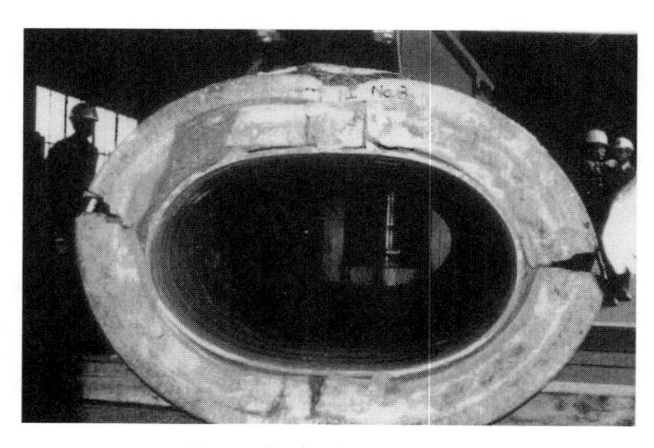

図 37　管（更生管）の状況

7.5.2　供試体

原管Ｂ形外圧１種管（呼び径 1000 mm）を破壊させた原管に更生管 910 mm を挿入し，間隙を SPR 裏込め材で充填一体化した SPR 複合管。

7.5.3　試験結果

荷重をかけるに従い管軸方向のクラックが増長し鉄筋が切れ，破断に至った。外管（ヒューム管）の破断の増長に伴い，更生管のたわみが進行するが，右図に示すように更生管は割れずプロファイルの嵌合部が離脱することもなかった。更生管の内径は 910 mm であったが，終局で 670 mm までたわみ，たわみ率 26％で更生管には異常は生じなかった。このことより，プロファイルの嵌合部は強固であり，25％を越えるたわみでも嵌合部が離脱しないことが確認された。

7.5.4　考察

ヒューム管が完全破壊した状態でも更生管には異常は生じなかった。更生管はプロファイルを嵌合した管であるが，嵌合強度が高く，管のたわみが 25％越えても問題がないと考えられる。SPR 裏込め材の付着力が高く，ヒューム管内壁に付着していることが観察された。地震などにより大きな地震動が管軸方向に作用した場合にはヒューム管が破壊しても SPR 複合管の場合にはプロファイル頂部と裏込め材層が縁切れし，更生管自体が単独で挙動すると考えられる。従って，外管のヒューム管が破壊しても，流下機能を損なわないものと考えられる。

7.5.5　結 論

既設管及び更生材料のそれぞれの耐久性について検討を進めた結果，①更生管内面では，硬質塩化ビニル管としての実績及びプロファイルの耐薬品性・耐磨耗性より，②裏込め材については，充填環境及び一般的特性により，③複合管については，繰り返し外圧に対する耐久性及び完全破壊時の更生管の耐久性より，それぞれ 50 年相当の耐久性を見込むことができる。これらのことから，トータルとして，SPR 複合管は約 50 年の耐久性をもつものとして問題ないものと考える。従って，既設管を SPR 工法により更生することで，新管敷設と同等の資産価値を新たに確保できるものと考える。

7.6　追跡調査対象幹線

東京都（区部）では，耐用年数 50 年を超えた老朽下水道幹線管渠（昭和 30 年代以前に整備）が 47 幹線・延長約 120 km ある。これらの管渠は，水路に蓋掛けしたものや水路敷を利用して布設したものが多く老朽化が進んでいる。東京都で実施している下水道幹線管渠の老朽化対策は，平成 25 年度末までに延長約 48 km が完了している。今回，自由断面 SPR 工法を実用化した平成 10 年度以降平成 18 年度までに更生工事を施工し概ね 10 年経過した 8 幹線・延長 4,970 m（対象の約 55％）について追跡調査を行った。

7.6.1　管渠内目視調査

調査対象とした銭瓶幹線等（総延長 4,970 m）のいずれについても，経年による汚れ等はあるものの，更生管の破損，クラック，プロファイルの嵌合部の外れやズレ等の損傷，目地漏水，切傷，摩耗や削傷，変色等の劣化現象は全く見られなかった。また，流入管，取付管口についても障害となる変化，損傷はなかった。

7.6.2　劣化度調査

SPR 更生材の劣化度を調査するため，裏込め材及びプロファイルについて，コアを採取し，必要とする試験を行った（**図 38**）。施工後 10 年前後経過した SPR 裏込め材の圧縮強度は，いずれも施工時の設計基準強度（2 号：12N，3 号：35N）を超えており，現在も十分な耐荷力が認められた。また，中性化試験においても，その兆候を示すものはなかった。

プロファイルの基本物性である引張強度は，施工時のレベルを維持しており，下水環境での影響を受ける耐薬品性試験において，全ての試験液に対して良好な結果であった。また，表面部材とスチール補強材についての厚み測定や引張試験結果も全て良好な結果であった。

施工後 10 年前後経過した SPR 複合管（自由断面 SPR 工法）の追跡調査の結果，自由断面 SPR 工法で施工した更生管の管渠内状況及び SPR 裏込め材の強度試験，プロファイル及びスチール補強材の物性試験において，十分な品質及び安全性を確保していることを確認した。

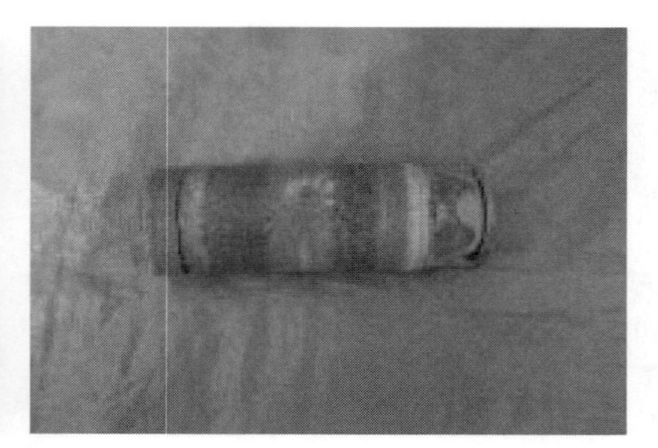

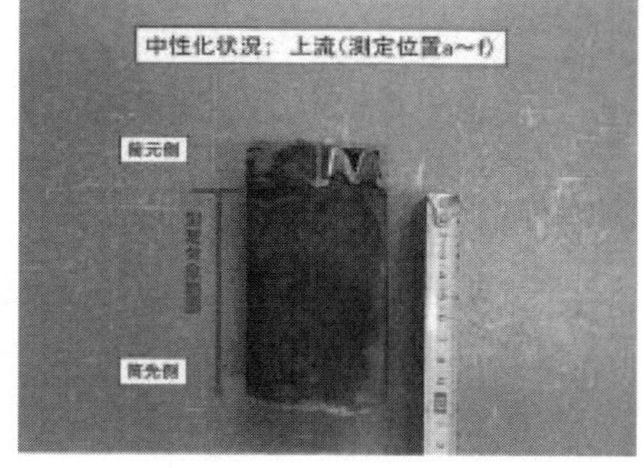

図 38　ＳＰＲ工法の管路内面のコア抜き調査

8　SPR 工法のメリット

本工法は非開削で下水を流したまま施工できるので（図 39），周辺住民や周辺交通への影響を最小限にできる。道路陥没事故の低減，管路の耐震性の向上にも貢献している。阪神 / 中越 / 東日本等の震災でも被害ゼロと耐震性を実証した。又，開削に比べ管路布設代えに比べコストは約半分であり，廃棄物，CO2 の排出量の低減にも貢献している（図 40）。本工法は今や全国 47 都道府県に普及，これまでに総計 900 km の老朽管が再生した。最近では米国，ロシア，ドイツ，ポーランド，韓国など 13 か国で施工実績がある（図 41）。我が国が目指す水ビジネスの国際展開の先兵として活躍している。また水道，工業，農業用管路など他の用途にも拡がりを見せている。本工法は劣化管路が今後さらに増え続けるとい

流水中でも下水を止めずに施工可能

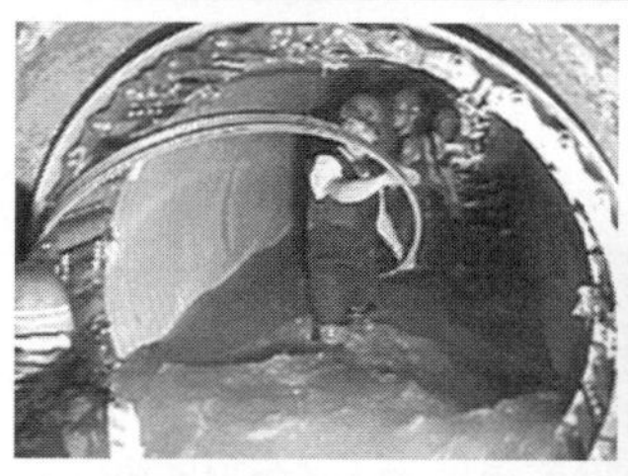

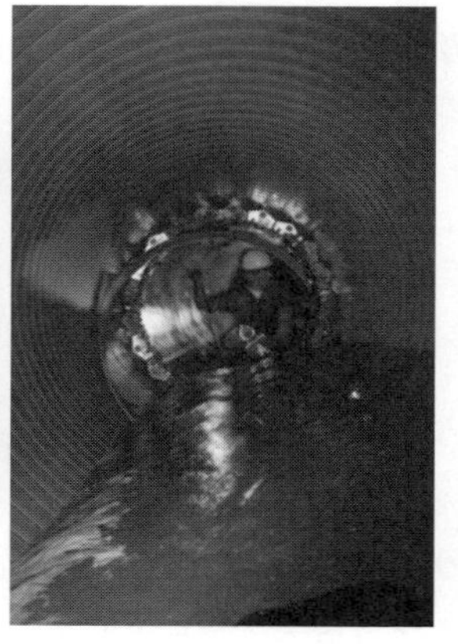

図 39　下水供用下での施工

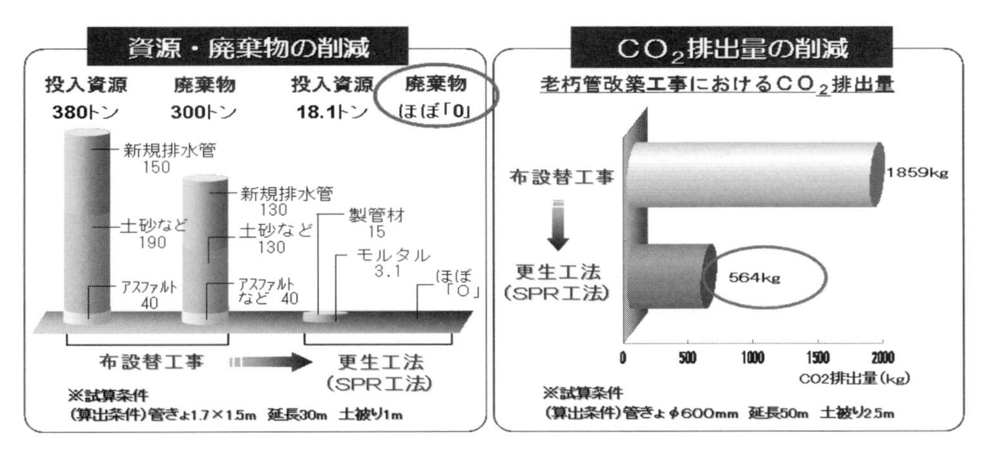

図 40　環境への貢献（当社試算）

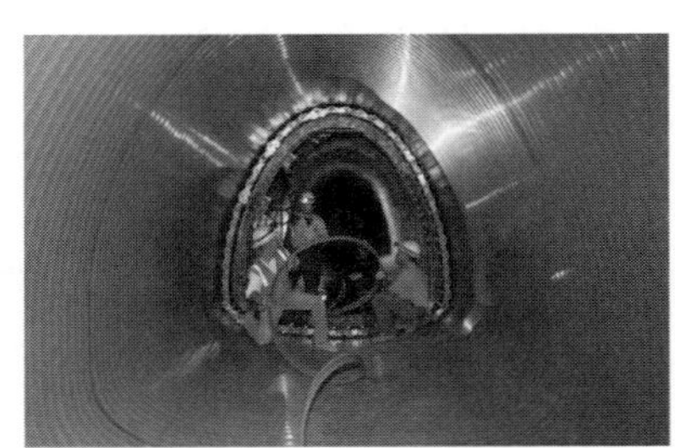

ロシア連邦　シベリア鉄道軌道下　4150mm×3750mm　馬蹄形

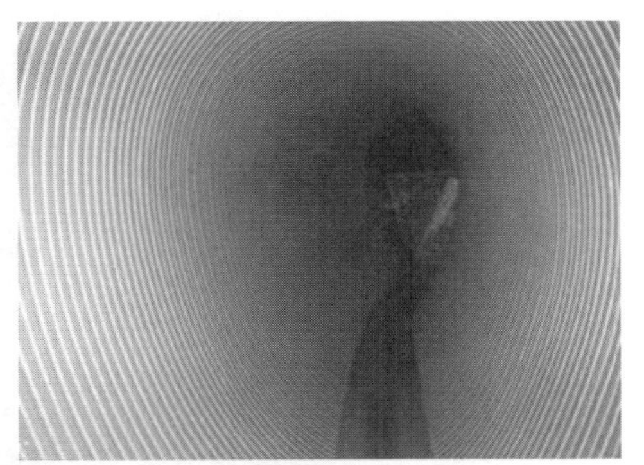

ドイツ　ミュンヘン　幅1000mm×高さ1500mm　卵形管

図 41　ロシア、ドイツでの施工

う社会問題の克服に大きく貢献でき，日本発のインフラ再生技術としてより一層の海外展開も期待できるものである。

9　新たな展開 ―下水熱利用システムへの利用例―

この地球には多くの再生可能エネルギーが存在している。ソーラーパネル，風力による発電は世界中で利用されている。身近にある再生可能エネルギーとして下水熱がある。この身近なエネルギーをもっと積極的に活用し省エネと環境負荷低減に貢献したいと考えた。資源エネルギー庁において，再生可能エネルギーとは「太陽光や太陽熱，水力，風力，バイオマス，地熱などのエネルギーは，一度利用しても比較的短期間に再生が可能であり，資源が枯渇しないエネルギー」[2]と定義されており，石油等に代わるクリーンなエネルギーとして，政府はさらなる導入・普及を促進するとされている。これはSPR工法の下水熱利用システムへの展開例である。

下水温度は外気温度に比べて年間を通して変動幅が小さいという特性がある（**図42**）。この外気との温度差に注目して空調などのエネルギー源としての利用が実施されている。

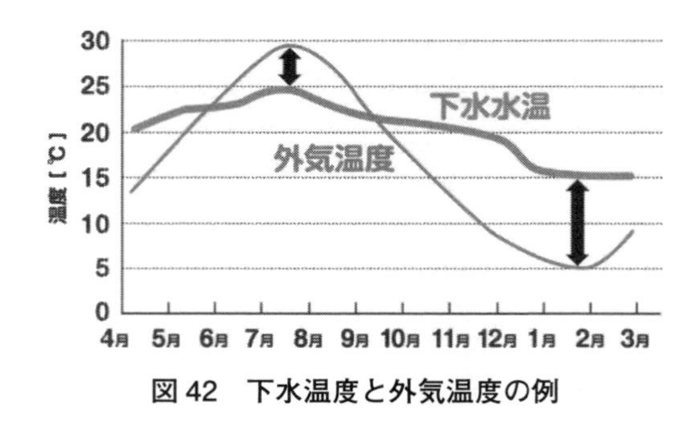

図42　下水温度と外気温度の例

現状では下水処理場近傍での利用が中心であり，離れた場所で熱回収するためには新たに下水管路などを設置せねばならず建設コストが増大する懸念があるが，最近では老朽化対策として下水管路を更生する際に使用する更生部材に熱交換器を埋め込んで熱回収する技術が開発した。これにより熱需要のある都市部の建物近傍からの熱回収が可能となる（**図43**）。

この熱回収技術に期待される特徴は，①更生工事と同時に施工することにより建設コストの縮減が図れる，②更生部材に埋め込まれる熱回収管が下水に直接接触する構造のため熱回収性能が高い，③熱回収管がポリエチレン樹脂製であるため耐食性，耐久性に優れるなどが挙げられる。

大阪，仙台，新潟，豊田等で施工実績を重ねてい

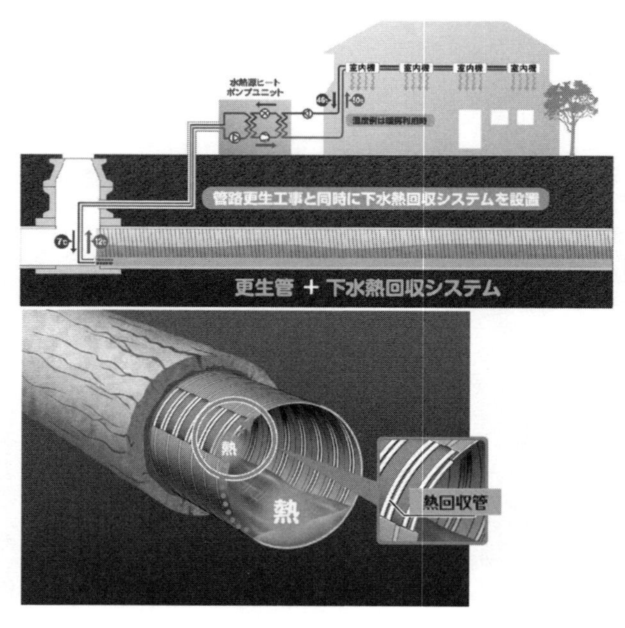

図43　下水熱回収システム

るが，下水熱システムの利用を普及・拡大させるためには，一層の熱回収効率の向上と熱利用システムを構築するためのコスト低減が非常に重要である。ポリエチレン樹脂製熱回収管は耐食性，耐久性に優れることからシステム全体の長寿命化，ひいては低コスト化に寄与できる。今後さらに効率的な熱エネルギー利用の実現に向け，熱回収システムおよび熱回収管の開発に取り組んでいく所存である。

10　おわりに

本工法は，特殊塩化ビニル樹脂の帯状部材で作ったプロファイルを既設管の内側にスパイラル状に布設し，旧管とのすき間に特殊モルタルを詰めることによって管路を再生させる方法である。この工法で使われるプロファイルは，はめ合わせのみで水漏れを完全に防ぐ形状精度が要求され，また，湾曲した管路にも布設できるよう伸縮可能部分を含む不均一厚さの断面構造であることも要求されるが，押出成形のダイ流路形状や制御方式を含む多くの工夫の総合的組合せによってそれに応える性能を達成できる生産技術を開発している。布設施工においては，ロボットによる管路の劣化状況の自動診断法，人が入れない細い管路での元押式工法と自走式工法を開発し，さらに250ミリメートルの小口径から6000ミリメートルの大口径をカバーする管路，円形以外の断面をもつ管路，湾曲している管路にも使える工法となっている。本工法は，既設管を有効利用でき，地面を掘り起こす必要がなく，下水を流したまま施工できるので，周辺住民や周辺交通への影響を最小限にくい止めることができる。さらに，道路陥没事故の低減，管路の耐震性の向上にも貢献している。国内で既に700キロメートルにこの工法が使われ，施工高で管路更正工法の約30パーセントのシェアを獲得している。海外でのこの工法の実績も，ここ数年急速に伸びてきており，ドイツ，アメリカ合衆国での規格化にも成功している。

文　献

1) 国交省ホームページ
2) 財団法人日本下水道協会：管きょ更生工法における設計・施工管理ガイドライン（案）
3) 日本SPR工法協会：SPR工法の耐久性について，（平成13年1月）.
4) 日本SPR工法協会：非線形FEMの優位性，説明要点
5) ㈶国土開発技術研究センター：下水道用硬質塩化ビニル管の道路下埋設に関する研究報告書
6) 高橋良文，秋元栄器，北山康，埴原強：海外からの技術導入を経て海外展開へ～老朽下水道管渠更生工法の開発と適用拡大への取組み～，pp56-59，土木学会誌(2005,12).
7) 大迫健一，小岩三郎，北橋直機，秋元栄器，中津井邦喜：SPR工法の更生技術と耐荷力評価法，土木学会，コンクリート構造物の補強設計に関するシンポジウム論文集，Ⅱ-135-Ⅱ-144 (1998).
8) 中野雅章，師自海，中谷浩平：老朽下水道管渠の更生設計における非線形FEM解析の適用，平成20年度建設コンサルタント業務・研究発表会論文集，pp73-76, (2008).
9) 地中熱利用促進協会ホームページ http://www.pwa-hp.com/

第4節　FRP構造物の設計・耐久性評価技術

京都工芸繊維大学　藤井　善通

1　はじめに

FRP（Fiber reinforced Plastic）とは，その名の通りプラスチックの剛性や強度を高めるために繊維状の異種の強化材を添加して，プラスチック単体では実現しない構造物を作ろうとする人工物のことをいう。しかし，自然界の生物体（動物，植物）は適所に異種の材料を使って構造体を形成しており，自然から学ばなければならないことも多い。ここではFRPと呼んでいるが，FRPのことを複合材料（Composites）ともいう。

動物は骨と筋肉でその構造を支え，大きな荷重のかかるところは太く大きな骨で支えている。木材も同様で，硬い繊維状のセルロースをリグニンという接着剤でつなぎ合わせた構造を取っている。

ここで取り扱うFRP構造物とは，身近なバスタブからヨット，モーターボート，航空機，自動車，ガスボンベなどであるが，コンピュータ，スマホ，家電製品の多くはFRPがなければ実現できていない製品といえる。

構造物は剛性すなわち変形を少なくすることを目的とする剛性設計法と，破壊を防止して安全に使用することを目的とする強度設計法とがある。それは初期の特性を基にした考え方であるが，使用環境や使用時間を考慮し，時間とともに変化する（劣化する，疲労することを）ことを前提とした寿命設計とがある。この使用環境や使用時間を設計にどのように織り込むかが，安全性とコストとの兼ね合いで非常に重要でかつ難しい問題でもある。

2　用途事例

2.1　航空機

FRP（ここではCFRP）がその比強度・比剛性の高さから**図1**に示すように航空機にFRPが使われ始めている。航空機の設計要領は詳細が必ずしも明らかになっていないが**図2**に示すように[1]，サンプルのクーポン試験からエレメント試験，そしてコンポーネント試験とデータを積み上げて，その安全性を確認しながら設計製造されている。この手法は金属材料で積み上げられてきた方法で，必ずしもFRPに適合した方法ではないと考える。FRPは素材とな

図1　ボーイング878

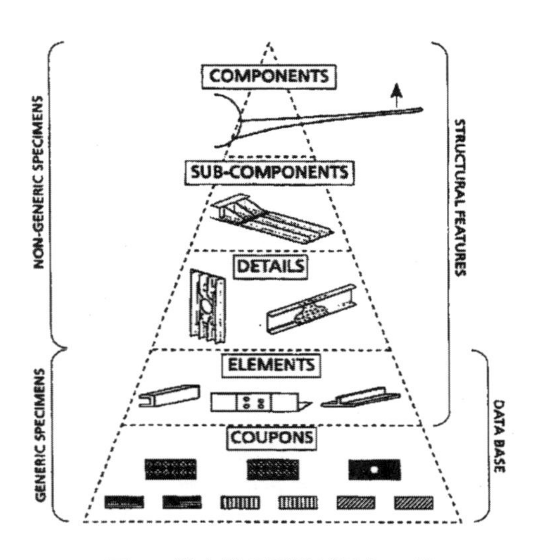

図2　航空機の試験ピラミッド

る繊維と樹脂を組み合わせて成形するが，この素材から一度にコンポーネントを成形することになり，FRP の性能は製造工程に委ねられていると考えるからである。

いかに軽く作るかというコンセプトからいかに安く作るかというところに課題が変化してきている。素材のコストもさることながら最近では製造コストをいかに低減するかが課題とされている。

航空機ではこのピラミッド（図 2）のため古くて信頼性のある材料を使わなければならないため，急速に進化してきている材料の進歩を生産中の機体に取り入れることができないでいる。

長もちの観点からは Hot-Wet 環境での FRP の変質と靭性の変化及び 20 年といわれる寿命経過後の非破壊的評価手法の確立が次の課題と考える。

2.2　船舶

ヨットやモーターボート，小型漁船のほとんどは FRP（主として GFRP）で作られている（**図 3**）。耐水性，軽量性，生産性から選択されて，20 年使用後も劣化が認められないケースも報告されている[2)3)]。長もちの観点からは，寿命経過後の経済的廃棄方法，および使用中の非破壊的評価が課題と考える。

2.3　橋梁

図 4 に示す事例は，2000 年 3 月に沖縄伊計平良川ロードパークに設置され日本初の FRP 橋で，軽量（コンクリート計画重量比 1/14）で工期が短い（工場組立，現地据え付け）と言う選定理由とともに強度部材として用いられた[4)5)]。FRP 構造物の最大のメリットは錆びないことにあり，海洋構造物への適用が期待される。これに引き続き土木学会より FRP 橋梁，FRP 歩道橋設計・施工指針（案），FRP 部材の接合および鋼と FRP の接着接合に関する先端技術という書籍が相次いで出版され，土木分野からの研究が活発になっている[6)-8)]。

図 3　FRP 製ヨット

2.4　耐食機器

化学プラントでは薬品を使用する用途で耐食材料として FRP が用いられている。化学薬品取り扱い機器としてタンク，パイプ，ポンプ，送風気，水処理，排気ガス処理などが用いられている。

プラントに用いられた有機材料（FRP を含む）寿命を 213 件のアンケート調査をもとに回答を統計的に評価した資料が 2009 年にまとめられている[9)10)]。**図 5** に結果の一部を引用して示す。これを見ると，5 年以下の非常に短期寿命の場合も 100 件弱示されている反面，10 年をピークに 30 年以上の寿命を持っている事例も報告されている。ここで面白いのは，ユーザーの期待寿命が**図 6** に示されており，10 年，20 年，25 年にピークを示す回答が得られておりユーザーのおおよその寿命に対する期待値が読み取れる。

同様の調査が 1992 年に化学プラントへの耐食 FRP の実績調査として青木らにより報告[11)]されている。それによると，566 件の回答から，損傷ピークは 5～10 年にあるが，実使用中ピークも 5～10 年にあり，使用年数が長くなると損傷発生率が低下し，初期故障を切り抜けた機器が長期間使われているのかもしれないと記述している。1999 年の調査結果はこの推定を裏付けしている。さらに，化学プラントメインプロセスへの適用可能性を調査した報告書[12)]がある。

2.5　圧力容器

炭酸ガス低減対策で，自動車での水素ガス圧力容器の鋼鉄製圧力容器が主流であったが，アルミライナー CFRP 補強の圧力容器が重量半減を目指した取り組みが続いている。ここでは，おおよそ充填回数 1 万回，使用寿命 15 年，破壊圧力に対する使用圧力 30% という規制で開発が進んでいる[13)]が，成形方法，途中の非破壊検査方法などの研究がさらなる軽量化を実現させると考える。

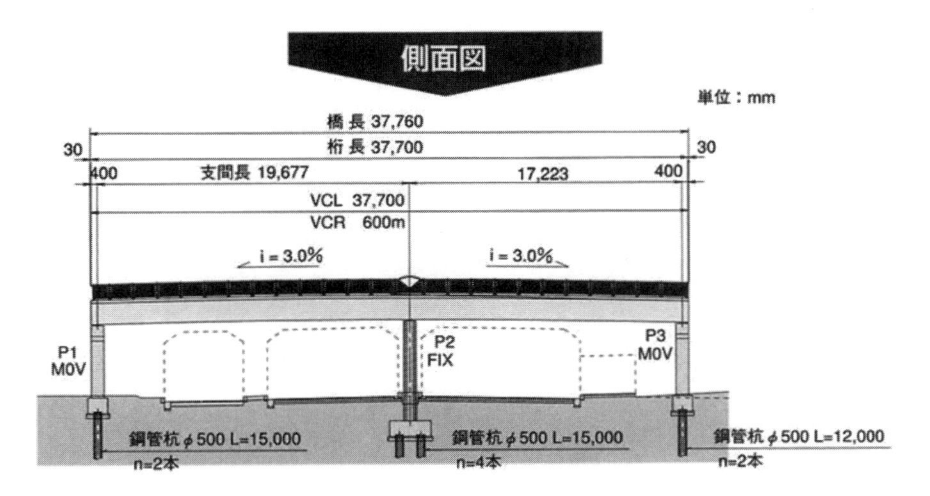

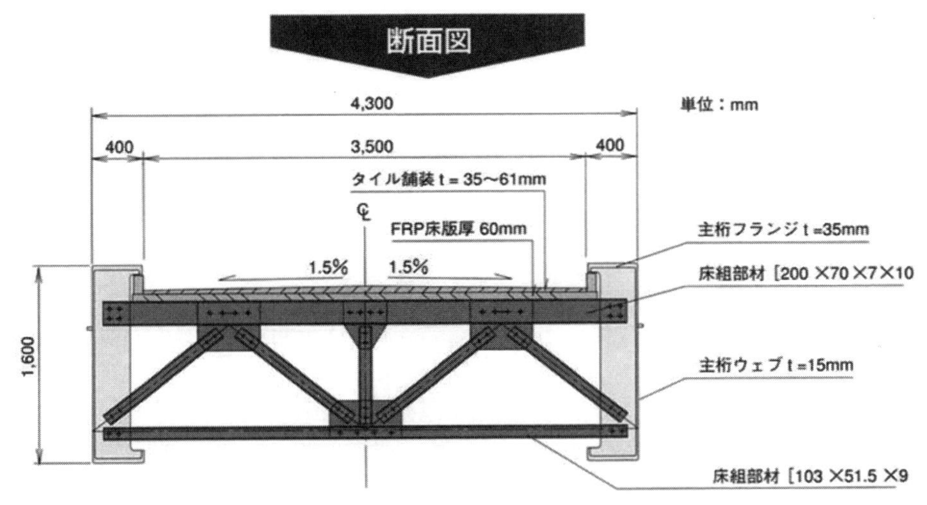

図４　沖縄 FRP 歩道橋

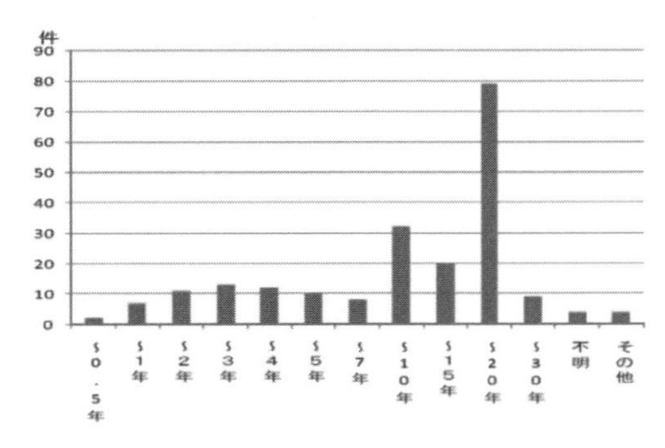

図５　化学プラントでの実績

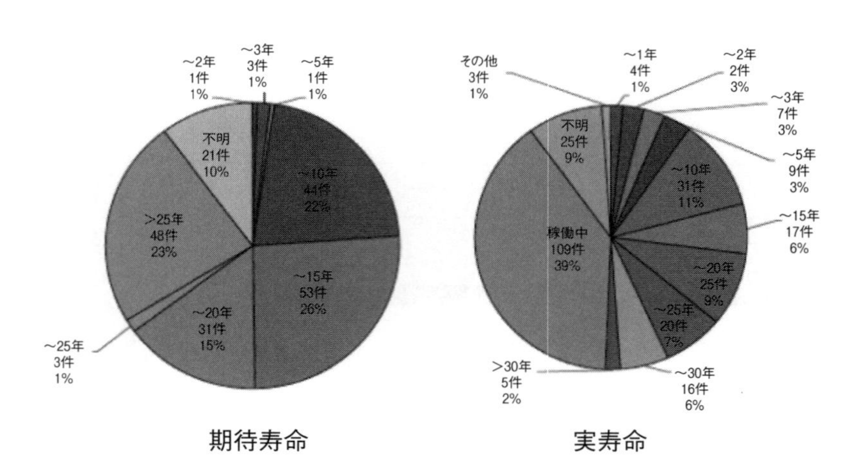

図6　化学プラントでの寿命

3　FRPの力学的設計

FRPはマトリクス樹脂の強度に対して，ガラス繊維はおおよそ40倍，カーボン繊維で40から80倍程度で，弾性率ではマトリクス樹脂に対してガラス繊維は20倍，カーボン繊維で60～70倍の異種材料の混合物といえる。

FRPの剛性設計では次の複合則を用いて説明される。

$$Ec = \alpha Ef \cdot Vf + Em \cdot Vf$$

ここで，

Ec：複合材料の弾性率
Ef：繊維の弾性率
Em：マトリックスの弾性率
Vf：繊維の体積含有量
Vm：マトリックスの体積含有量
α：形状係数（応力方向に向いている繊維の割合）

すなわち，強化繊維（**表1**）とマトリックス樹脂のそれぞれの弾性率と体積含有量および繊維の方向で弾性率が変わるということになる。

FRPとすると繊維の方向に対しては効力を発揮するが繊維と直角方向ではむしろ欠陥として作用する場合が多い。すなわち強度や弾性率に異方性がある材料であることに注意が必要である。と同時にこの異方性を生かし主応力方向に繊維を配した設計をすることでFRPの特徴を出すことができる。またベニヤ板が繊維方向をクロスして異方性を薄めているように，FRPでも一方向繊維の層を0°・90°・±45°

表1　強化繊維の特性

繊維のタイプ	引張強さ(Mpa)	引張弾性率(Gpa)	伸び(%)	密度(g/cm^3)
T300	3530	230	1.5	1.76
T400H	4410	250	2.1	1.80
T800H	5490	294	1.9	1.81
T1000	7060	294	2.4	1.82
M40	2740	392	0.6	1.81
M50	2450	490	0.5	1.91
M65J	3620	637	0.6	1.97
E Glass	3450	72	4.8	2.54
S Glass	4590	86	5.7	2.48

（強化プラスチック協会「FRP構造設計便覧」より筆者作成）

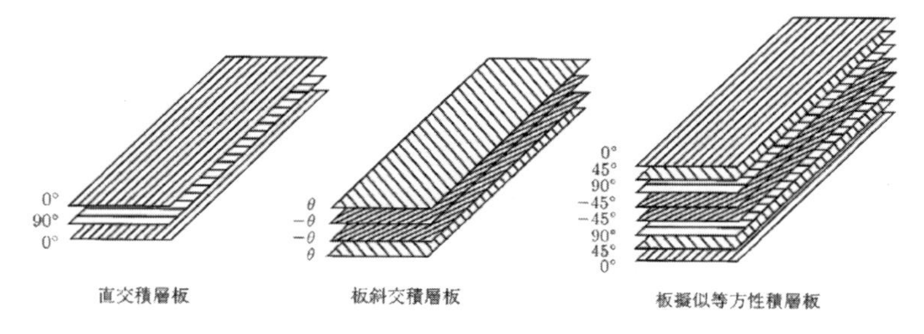

図7　FRPの積層構成

に積層するか，あるいは繊維をランダム配向して等方向性の層を形成する場合がある（**図7**）。一般にFRPはこのような一方向繊維の組み合わせによる積層構造をとっている。つまり一様な力が作用しても，その応力は各層で異なることを意味している。したがって，その破壊様相は複雑なものとなる。

設計では，最弱層での破壊が生じない応力レベルを求め，それ以下の応力値（許容応力）以下で設計される。

熱可塑性樹脂をマトリックスとするいわゆるFRTP（Fiber reinforced Thermo-Plastic）ではその成形性保持のため短繊維が強化繊維として用いられるが，繊維の方向性を制御することが難しい。

長もちの観点からは，FRPとは上述のマトリックス樹脂，強化繊維とともに界面が存在し，これら3者の応力，あるいは環境剤への影響が異なり（劣化速度が材料ごとに異なる），その耐久性の把握に課題がある。すなわち，マトリックス樹脂の劣化，界面の劣化，そして繊維の劣化と主体となる劣化によってその破壊様相および寿命が異なると考えられる。

つまり，製品としての寿命が来た時には容易に壊すことができ，寿命までの時間が推定できることが，製品設計に重要と考えられるが，現状は廃棄段階になってもその強度が維持され，廃棄処理に問題をきたしているケースも散見される。反対に想定外の問題で，意外と寿命が早く来てしまって事故となるケースも見られる。

4　耐久性評価

長もちの観点から，FRPの耐久性を評価することは，非常に重要と考えられるが，その評価方法として確立したものはない。すなわち個別用途に応じた検討，実績評価の中で材料評価の検討がされているのが実情である。金属材料から転換した機器では，金属での規定が適用されているが，必ずしも複合材料に適した方法ではないと思われる場合も散見される。

概要として①力学的評価（疲労，クリープ），②環境剤の影響（浸漬・暴露など化学的影響），③それらの複合的評価，が行われている。

複合材料としては，損傷開始とその進展，そして破壊に至るプロセスが長い材料だけにその過程を評価する方法の研究と，そのメカニズムの研究が課題と考える。特に環境条件により，繊維，樹脂，界面それぞれに作用する大きさが異なり，それらが寿命に影響すると考えられるので，それらの研究が待たれる。

FRPの強度，剛性は繊維の含有量とその配向で決まるが，耐久性は樹脂の特性が重要な役割を持っていると考える。例えば，CFRPの数千本のストランド一軸引張クリープにおいて，破壊直前に約100本程度のつかみ周りの繊維が切れることで，全体の破壊に至ることが知られている。すなわち一軸引張においてFRPを掴み切れていない，繊維の荷重をマトリックスが次の繊維に伝達ができていないことを意味している[13]。また，一軸引張などで時間-温度換算則が適用できる[14]ということは，マトリックス樹脂の温度による特性変化が耐久性に影響を与えていることを示している。マトリクス樹脂が耐久性に影響を与えているとすると，複合材料に（FRP）の耐久性に適したマトリックス樹脂の開発研究が重要と考えられる。

5　FRPの設計の現状

表2はFRP水槽の設計で用いられるハンドレイアップ成形品の許容応力を示したものである[15]。設

表 2　FRP の強度と許容応力

破壊強さの種類	静的（常温での）特性値（MPa）	耐用 15 年間を考えたときの限界値（MPa）	許容応力値（MPa）	
			短期荷重を含む場合 $\left(\times \frac{1}{2.20}\right)$	長期荷重のみの場合※ $\left(\times \frac{1}{1.5 \times 2.20}\right)$
引張強さ	98	（×0.7）69	31.4	20.9
曲げ強さ	157	（×0.6）94	42.3	28.5
面内せん段強さ	59	（×0.7）41	18.6	12.4
面外（眉間）せん断強さ	20	（×0.7）14	6.36	4.24
打ち抜きせん断強さ	69	（×0.7）41	18.6	12.4
面圧強さ	157	（×0.7）110	50.0	33.3

注）※静水圧や固定荷重など常時作用する長期荷重のみの場合はクリープを考えて（1/1.5）倍とする

計の許容値が長期荷重の場合，強度の約 1/5 程度となっており，これ以下の応力で設計しなければならないということを意味している。これらは実績などを加味して決められたものと考えるが，筆者の主張は，長期の使用で FRP に何が起こり，なぜこのような設計値にしなければならないかの裏付け研究がないため，安全を過剰に見て，FRP 本来の強化した効果を薄めていると考える。それは FRP が設計とは別に成形段階でその強度・耐久性に影響を与える要素が多く，それらが長期の使用での寿命に影響を与えているのではないかと考えるからである。長もちの観点からの研究が待たれる。

文　献

1）石川，邉：先端複合材料工学，培風館
2）千秋，桜井，吹上：第 42 回 FRP 総合講演会 C-19 p.150（1997）.
3）木村，辻野，波入，金山：第 35 回 FRP 総合講演会，8，p.33（1990）.
4）伊計平良川ロードパーク，パンフレット，沖縄土木建築部中部土木事務所（2000）.
5）建設省土木研究所他　編：繊維強化プラスチックの土木構造材料への適用に関する共同研究報告書（I）一次構造材料としての FRP の適用事例調査，共同研究報告書，第 210 号（1998）.
6）土木学会：FRP 橋梁　（2004）.
7）土木学会：FRP 歩道橋設計・施工指針（案）（2011）.
8）土木学会：FRP 部材の接合および鋼と FRP の接着接合に関する先端技術（2013）.
9）化学工学会：化学装置材料委員会 2009 年国内化学工場への有機材料使用実績アンケート資料
10）化学工学会：化学装置材料委員会 1999 年国内化学工場への有機材料使用実績アンケート資料
11）青木，佐藤：第 37 回 FRP 総合講演会，A-18，p.76（1992）.
12）繊維強化プラスチックの化学プラントメインプロセスへの適用可能性に関する調査研究報告書，エンジニアリング振興協会（1992）.
13）竹花：圧力技術，**35**（1）15-20（1997）.
14）小林，中田，宮野：JCCM-7，1C02（2016）.
15）FRP 構造設計便覧：強化プラスチック協会 p.222（1994）.

第5節　導管の設計・耐震化技術

京都工芸繊維大学　西村　寛之

1　はじめに

ポリエチレン管は軽量で，可とう性を有し，比較的容易に融着接合ができ，安価で施工性に優れているという理由で，上水道用やガス用に多く利用されている[1]。1995年に発生した阪神淡路大震災において，比較的小口径のネジ接合の鋼管にて多くの破損が発生したが，ポリエチレン管には破損が見られなかった。この大震災の後に，ポリエチレン管はガス用や上水道用に普及が急速に促進していった。

表1に阪神淡路大震災によるガス用の低圧パイプラインの被害状況を示す。被害はスピゴット継手やメカニカル継手を有する鋳鉄管およびメカニカル継手（SGM）を有する鋼管でも少量発生したが，比較的小口径のネジ接合の鋼管である支管，供給管，内管に集中していたことがわかる。ポリエチレン管では破損が見られなかった[2]。

実際に地盤変動が激しかった道路のポリエチレン管も地上から調査された。**図1**に供給管の引き込み部の写真を示す。家屋が倒壊し，道路と家屋の境界に，大きな段差が生じていて，供給管の埋設位置を示す標識シートが地表面に上がってきていたが，ポリエチレン管に異常は認められなかった。**図2**にポリエチレン管の露出部の写真を示す。ブロック塀が倒壊して，塀に沿っていたガスメーターが倒れたが，接続されていたポリエチレン管は露出しても，異常は認められなかった。

2　ポリエチレン管の高速引張試験

阪神淡路大震災にて測定された地震の規模を表す加速度，速度，変位の実測値を**図3**に示す。地震での最大変位は27.10 cm，最高速度は104.47 kine，約1 m/s，加速度は847.66 gal であった。地盤の変位は27.10 cm であったが，地中に埋設された管は，地震時に多少はすべりが発生するが，継手を有する管は

表1　阪神淡路大震災によるガス用の低圧パイプラインの被害状況[3,4]

			Main pipes	Branch pipes	Service pipes	House pipes before meter	House pipes after meter	In total
Steel pipes	Welded joints		0	–	–	0	0	0
	Flange joints		–	–	–	0	0	0
	Mechanical joints	Dresser	–	–	–	–	–	–
		SGM	–	156	106	59	13	334
		LA	–	–	–	–	–	–
	Screw joints		–	4,451	6,045	3,906	11,805	25,487
	Total of joints		0	4,607	6,151	3,965	11,098	25,821
	Pipe body		0	0	0	0	0	0
Cast-iron pipes	Mechanical joints (GM)		76	–	5	3	1	85
	Gas type spigot joints		439	–	28	7	1	475
	Spigot joints		34	–	–	0	0	34
	Total of joints		549	–	33	10	2	594
	Pipe body		34	–	0	2	0	36
PE pipes			0	0	0	0	0	0
Flexible Pipes	Mechanical joints		–	–	–	–	8	8
	Pipe body		–	–	–	–	0	0
Total of joints			549	4,607	6,184	3,975	11,108	26,423
Total of pipe body			34	0	0	2	0	36
In total			583	4,607	6,184	3,977	11,108	26,459

Note：The dash (–) in the table shows that is not in use.

図１　ポリエチレン管の引き込み部の写真[3)]

（出典：Plastics, Vol. 27, 9, 430-435 (1998).）

図２　ポリエチレン管の露出部の写真

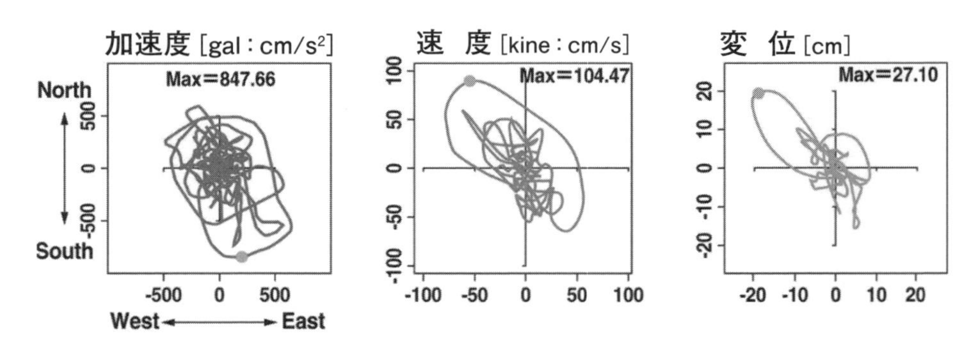

図３　阪神淡路大震災時の加速度，速度，変位の実測値

（出典：日本建築学会）

地盤からの拘束を受ける。そこで，呼び径 50 mm の継手を有する管の高速引張試験を，地震時を想定した速度 1 m/s で環境温度 23 ℃および −5 ℃にて実施して，継手間の管の変位量を調べた。継手間のポリエチレン管の長さは施工上認められている最も短い長さに設定し，呼び径 50 mm の最小単管長さ 24 cm 付近で実施した。万一，地震が発生した場合，継手が拘束されておりこの単管長さのポリエチレン管のみが伸びると仮定した。

図４に継手の形状を，**図５**に高速引張試験の実施前後の継手を有する管の状態を示す。破断は継手と継手の間の管にて発生する。ポリエチレン管は可とう性を有するので，鉄系の配管に比べて継手と継手の間の管の伸び量が多い。**図６**に高速引張試験の結果を示す。

環境温度 −5 ℃では常温に比べて降伏応力が高くなるが，地震の場合，降伏応力は重要ではなく，破断までの伸び量が重要となる。単管長さは長くなるほど，破断までの伸び量が増加する。呼び径 50 mm の管の最小単管長さ 24 cm にて，破断までの伸び量は 9 cm 以上が確保されており，日本ガス協会が定めている中低圧管の耐震設計指針である水平方向変位吸収量 5 cm 以上，垂直方向変位吸収量 2.5 cm 以上を満足している。

3　ポリエチレン管の地震による変形部の評価

ポリエチレン管が地震等の地盤変動により変形した場合，直ちに取り替えるのが望ましいが，ガスや水道の復旧を急ぐことが求められる場合もあり，計画的に効率的に取り替えを行うことも重要であり，

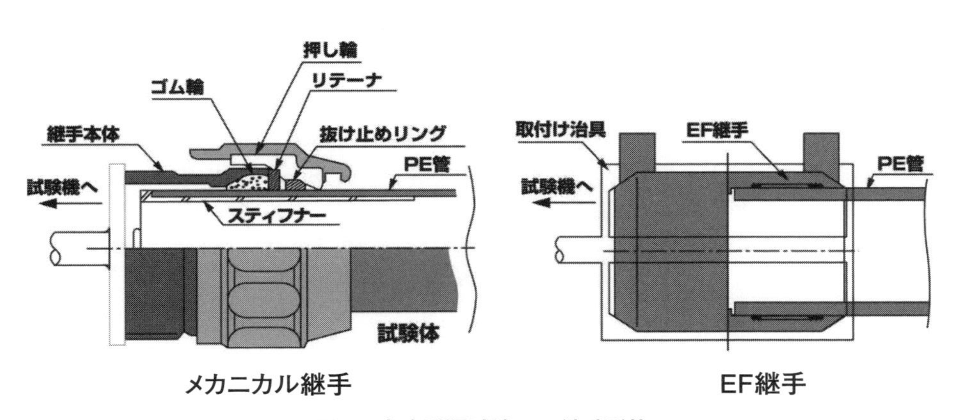

図４　高速引張試験での継手形状

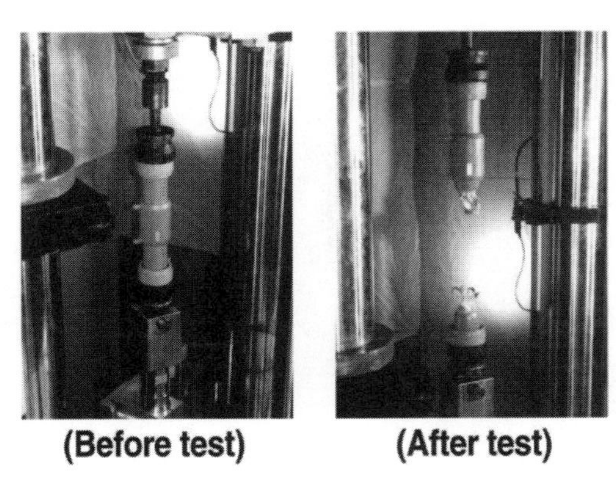

図５　高速引張試験の実施前後の継手を有する管

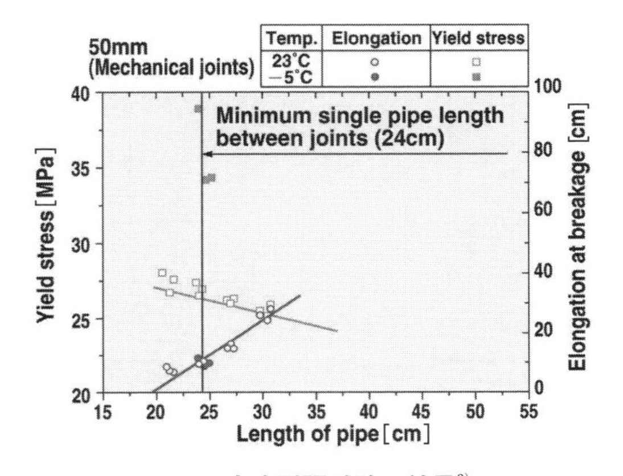

図６　高速引張試験の結果[3)]

（出典：Plastics, Vol. 27, 9, 430-435 (1998).）

地震により変形したポリエチレン管の耐久性を評価することが求められた。そこで，実験室レベルであるが，ポリエチレン管から試験片を切り出して，引張試験機にて 0，25，50，75，100％の引張ひずみを与えた試験片を再度，200mm/min にて引張試験を実施して，引張ひずみを受けた試験片の引張特性を比較評価した。

図 7 に引張ひずみを受けた試験片の引張試験結果を示す。引張ひずみを受けた試験片の降伏応力は引張ひずみの増加に伴って，多少低下し，引張ひずみ 100％を受けた試験片の降伏応力は 17 MPa 程度であったが，引張ひずみ 100％を受けた試験片の破断までの伸びは 700％以上あり，破断までの伸びは引張ひずみを受けていない試験片とほぼ同等であることがわかった。また，**図 8** に引張ひずみ 0，100％を受けた試験片の透過型電子顕微鏡写真を示す。引張ひずみ 100％を受けた試験片は引張方向にポリエチレン分子のラメラが配向している様子が観察された。

実管引張りにて，引張ひずみ 0，15，25，35，50％を前もって付与したポリエチレン管を用意して，90 ℃，80 ℃にて，熱間内圧クリープ試験を実施した。引張ひずみを 50％付与すると，管がネッキングして，ネッキング部の肉厚が薄くなっているために，熱間内圧クリープ試験でも早期に破断することがわかった。ただし，引張ひずみが 35％以下では，脆性破壊が発生する 2〜4 MPa の応力域にて，10000 時間以上経過しても破断が起こらなかった。

4　ポリエチレン管などの耐震性評価

図 11 に引張ひずみを付与したポリエチレン管の熱間内圧クリープ試験から予測した残存寿命を示す。温度 90 ℃，80 ℃の破断データから，50％の引張ひずみを付与したポリエチレン管の熱間内圧クリープ試験から予測した 23 ℃の残存寿命を内圧 4 bar での ISO 規格で規定されている寿命式や東京ガスにて提案されている寿命式で表すと，応力 5 bar が負荷されても残存寿命は数十年から 100 年を有することがわかった。

ポリエチレン管は表面が平滑であるので，地盤の拘束を受けにくい。地震が発生した場合，地盤の変動に追従せずに，滑りが起こりやすいと言われている。ただし，継手部有する管は地盤の拘束を受けやすく，地盤の変動に追従して，大きな変形を起こりやすい。日本ガス協会が定めている中低圧管の耐震設計指針である水平方向変位吸収量 5 cm 以上を満足するために，ポリエチレン管，ステンレスフレキシブル管のように，管自体で変形吸収量が確保でき

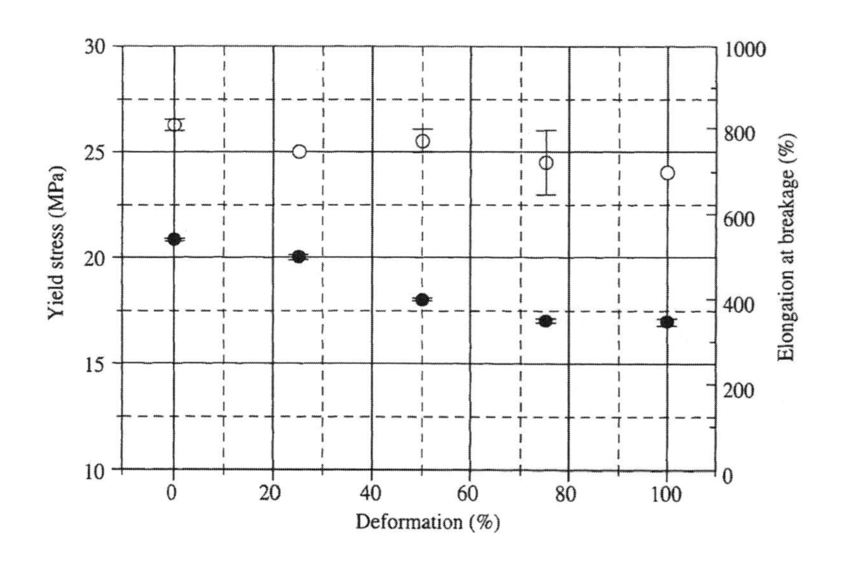

(●) yield stress; (○) elongation at break

図 7　引張ひずみを受けた試験片の引張試験結果[3)]

（出典：Plastics, Vol. 27, 9, 430-435 (1998).）

a
b
Tensile direction

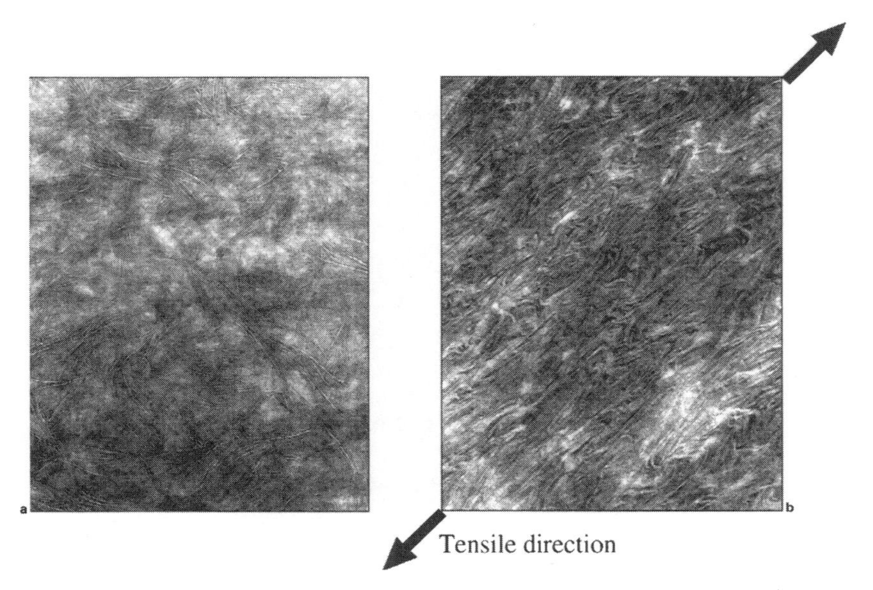

図８　引張ひずみ０，100％を受けた試験片の透過型電子顕微鏡写真[3)]

（出典：Plastics, Vol. 27, 9, 430-435 (1998).）

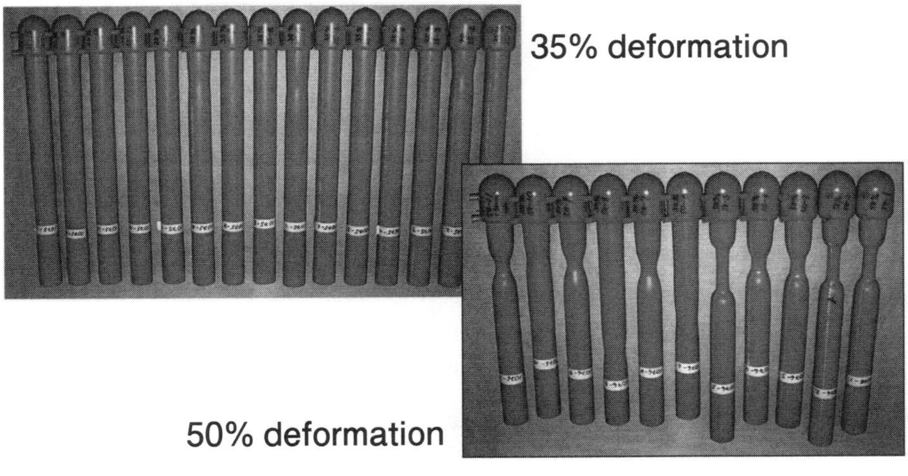

35% deformation
50% deformation

図９　熱間内圧クリープ試験用に引張ひずみを付与したポリエチレン管[4)]

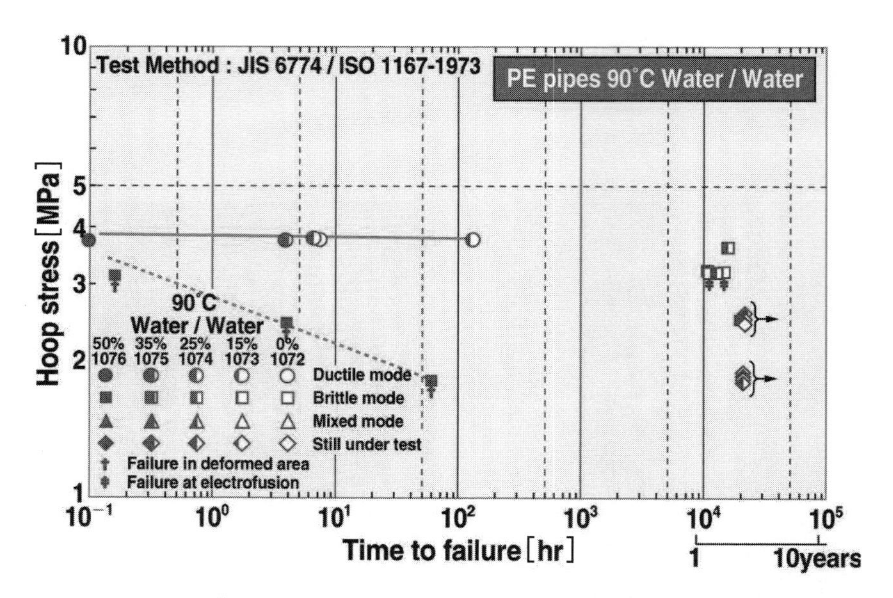

図 10　引張ひずみを付与したポリエチレン管の熱間内圧クリープ試験結果[4)]

（出典：3R international, Vol.40, 18-20 (2001).）

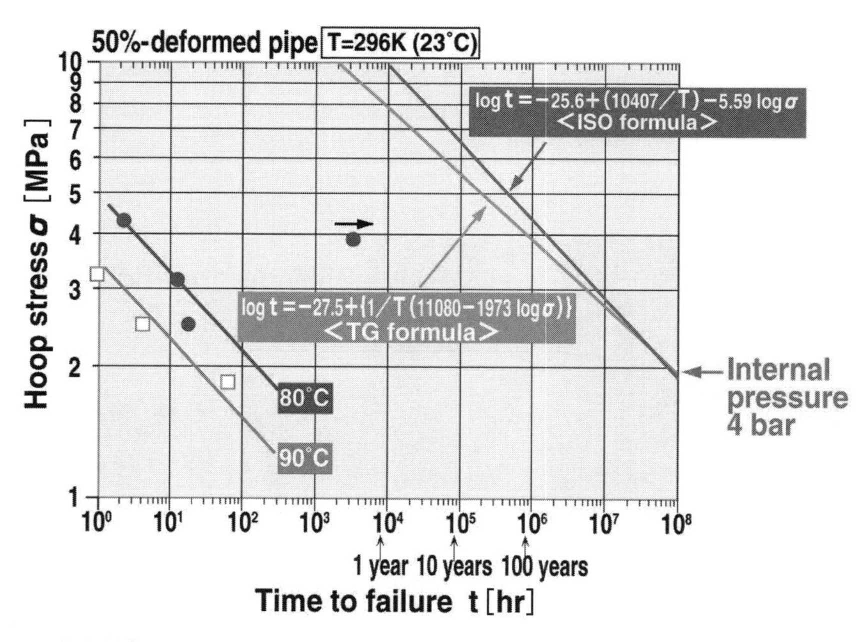

図 11　引張ひずみを付与したポリエチレン管の熱間内圧クリープ試験から予測した残存寿命

る場合は，そのまま配管すれば良いが，ネジ接合の鋼管のように変形吸収量が確保できない場合は，**図 12** に示すように家庭にガス管を引き込む場合，供給管の官民境界部（A 部）にて，エルボ継手を使用して（エルエル返し），機械的に変形吸収量を確保することが求められている。また，内管の土中埋設部から家屋の壁貫通部でもエルボ継手を使用して（エルエル返し），機械的に変形吸収量を確保することが求められている[5)]。

表 2 は，1993 年に発生した釧路沖地震と 1995 年

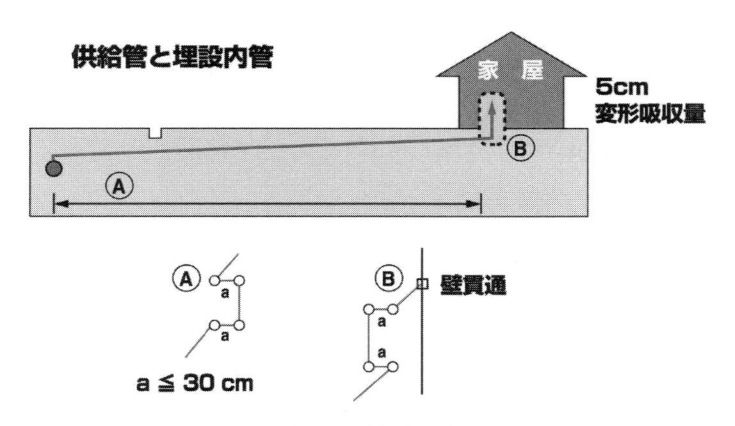

図 12　供給管および内管の変形吸収方法

に発生した阪神淡路大震災の時に，被害があったガス管を全数調査して，ガス管の変形量や継手部等から破断したときの変位量から，地盤の移動した長さ（変位）を推定して分類したものである。なお，全継手個数は，配管延長から，継手管の平均長さを除して求められた。地盤変動によるガス管の変位量は 3 cm 以下が大半であるが，前述の呼び径 50 mm のポリエチレン管の最小単管長さでの高速引張試験の破断長さ 9 cm 以上の発生確率は，0.0313％であった。耐震性を有するメカニカル継手の鋼管や鋳鉄管，ポリエチレン管が更に普及すれば，大都市部にて阪神淡路大震災規模の地震が発生しても，地中埋設管の被害は軽微であると考えられる[3]。

実際は地盤の変化とともに地盤拘束力で配管系が把持され，すべりながら管が引っ張られる現象が起こる。表面がなめらかなポリエチレン管の場合，地盤拘束力は低くすべりが発生する。耐震設計指針に規定されている変位吸収量：5 cm，管の長さが継手間の最小単管長さで，管のすべりがないとしても，破断までの変位量はこの指針を満足していると言える。ガス地震対策検討会設備対策分科会の報告書によると，管の変位 9 cm 以上の発生確率は 0.0313％であるので，5 m 毎に継手が存在するとして，最小単管長さでの配管確率を 0.05 として，

管破断個数＝PE 継手総数

×最小単管長さでの配管確率×0.000313

≒ 10000km/5m×0.05×0.000313

≒ 31

大都市部にて阪神淡路大震災規模の大地震が発生しても，PE 管の被害は軽微であると考えられる。

2011 年に発生した東日本大地震では，水道用の PVC 管にも被害が発生していた。被害の大半は TS 継手（接着継手）を有する古い PVC－U 管（可塑剤無添加 PVC 管）であった。RR 継手（ラバーリング

表 2　釧路沖地震と阪神淡路大震災の時の地盤変動によるガス管の変位量[5]

Name of earthquake	Area		Length of ground subsidence (cm)												
			3 or less	3-4	4-5	5-6	6-7	7-8	8-9	9-10	10-11	11-12	12-13	13or more	In total
The Great Hanshin-Awaji Earthquake	Total Supply suspension area	Number of joints	706312	2844	279	164	39	138	13	13	15	1	81	125	710024
		Cumulative percentage of occurrence	99.4772	0.4005	0.0393	0.0231	0.0055	0.0194	0.0016	0.0018	0.0021	0.0001	0.0114	0.0176	100
		Percentage of occurrence	99.4772	99.8778	99.170	99.9456	99.9456	99.9651	99.9669	99.9687	99.9708	99.9710	99.9824	100	
The off-Kushiro Earthquake	Total Supply suspension area	Number of joints	5358	15	3	1	1	1	1						5381
		Cumulative percentage of occurrence	99.5726	0.2973	0.0558	0.0188	0.0188	0.0186	0.0186						100
		Percentage of occurrence	99.5726	99.8699	99.9257	99.9442	99.9623	99.9814	100						

Note：The number of joints was obtained by dividing the total Iength of branch pipes by the distance between screw joints.

（出典：Japan Gas Association, pp.347-385 (1982).）

のメカニカル継手）あるいはRRロング継手を有するHI－PVC管（耐衝撃性PVC管）には被害が見られなかった。PVC－U管の場合，PE管と比較して，破断伸び量が小さいので，HI－PVC管に取り替えられている。また，RR継手あるいはRRロング継手のようにラバーリングのメカニカル継手が使用されている[6)7)]。

文　献

1) Japan Gas Association and Polyethylene Gas Pipes Association：'The new age ofpipelines', Revised edition, pp.6-11 (1996).
2) Gas Utility Newspaper：'A report by the gas-related aseismic measurement committee', pp.51-167 (1996).
3) H. Nishimura, H. Maeba, T. Ishikawa and H. Ueda：Plastics, Rubber and Composites Processing and Applications, **27**, No.9, pp.430-435 (1998).
4) H. Nishimura, T. Ishikawa and H. Ueda：3R international, Vol.40, 18-20 (2001).
5) Japan Gas Association：'Guidelines for aseismic designs of gas pipelines', pp.347-385 (1982).
6) Corporation lifeline engineering laboratory：'The report about the damage of pipes for water supply in the Great East Japan Earthquake' (2011).
7) Y. Goto and H. Nishimura："Evaluation of Earthquake Damage of PVC Pipes for Water Distribution in Japan", Plastics Pipes XVIII, (2016).

第1節　機能性フィルム・シートの設計と評価技術

KT Polymer　金井　俊孝

1　はじめに

包装用フィルムや容器として，レジ袋，ごみ袋だけでなく，お菓子，おむすび，繊維の包装，PETボトルやカップ麺などのシュリンクフィルム，レトルトパウチ，詰め替え用パウチ，電子レンジで温めるだけの食品用フィルムがある。最近では金属缶代替のプラスチック缶が出始め，ガラス瓶代替としてワイン，日本酒，焼酎，ウイスキーなどの酒類もバリアPETボトルで販売されている。

さらに，包装分野では食品包装だけでなく，携帯電話からEV車用電池パッケージ，医薬品包装に至るまで，膨大な量の包装フィルム・容器が使用され，日常生活する上で，なくてはならない存在になっている。日本の核家族化が進み，高年齢化，一人暮らし，食事にかける時間の短縮化などの環境の変化で，食生活の様式も大きく様変わりし，それに伴い，包装用プラスチックフィルムの使用量も多くなっている。これにはプラスチック材料を使用し，高度できめ細かな技術開発が長年にわたって，行われてきたためである。

特に，プラスチックフィルム・容器は食品の内容物の保護だけでなく，食品の酸化による劣化防止や賞味期間を長くする（Long Life）機能も果たす目的で，さらに重要な意味を持っている。また，最近では電子材料である有機EL，LCD，太陽電池などは微量の水分の存在により，ダメージを受け，寿命が大幅に短くなるため，電子部材の保護もフィルムの機能として，重要になってきている。

そこで，本稿では，機能性包装フィルムおよび容器を題材に，食品，飲料，医療品，IT機器などの包装フィルム，特に包装により内容物を長持ちさせるために，バリア性を高めた食品包装フィルム・容器，電子レンジ用耐熱容器，薬品包装，電池パッケージ，ディスプレイ用フィルムなどを取り上げた。また，フィルムの製造に欠かせないフィルム成形機や評価技術についても概観した。

2　包装・容器の出荷動向およびフィルムの生産動向

内容物を長もちさせる包装用フィルムであるバリアフィルムの開発により，食品の賞味期間のLong life化が可能になった。ガラス瓶代替のバリアPET容器（日本酒，焼酎，ワイン，炭酸飲料等），新鮮生醤油の包装容器などは，バリア層として，例えば，酸素バリア層となるEVOH層を共押出層に挿入，蒸着やコーティング層の付与，酸素吸収層（アクティブバリア）を設ける工夫等がなされている。

フィルムの中でも製造能力の高い二軸延伸フィルムは，1900年代は欧米や日本がフィルム製造の中心であったが，現在は中国を中心に東南アジアに製造基地がシフトし，大きく様変わりしている。PETフィルムも従来は記録用磁気テープが大きな割合を占めていたが，現在では包装用，光学フィルム用や太陽電池のバックシートなどにシフトしている。

2014年の日本の包装・容器の出荷統計実績を**図1**および**表1**に示した[1]。表に示されたように，全体の出荷金額は5兆6,453億円，その内，プラスチック製品は1兆6,260億円，全体の出荷数量は1,838万トン，その内，プラスチック製品の数量は347万トンとなっており，最近の3年間では，日本での包装・容器分野での金額や出荷量に大きな変化はない。

コスト面で2000年代初期から日本の円高の問題もあって，世界の包装分野の生産は東南アジアでの製造が増えている傾向にあるが，日本のフィルム・容器の研究開発力は依然として優位な立場にある。

プラスチックフィルムは用途別に見るとプラスチック全体の約35％を占め，非常に大きな割合となっている。その中でも，二軸延伸ポリプロピレン

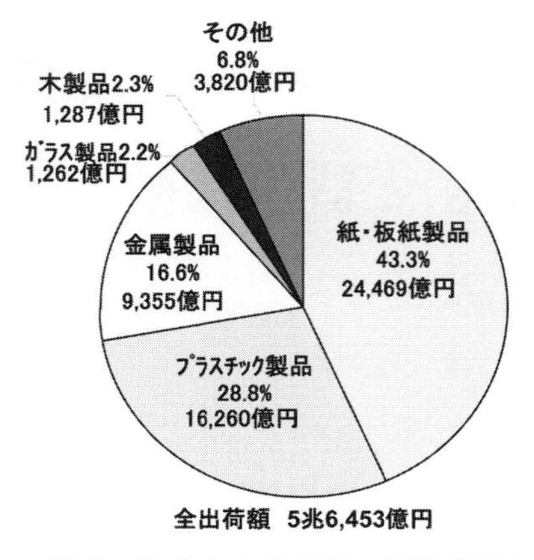

図1　平成24年度包装・容器出荷金額

フィルム（BOPP）は包装フィルム用途を中心として，2013年の実績では，世界のBOPPの製造能力は1,152万トン，BOPETの製造能力は660万トン，全体では1,945万トンになっている（**図2**）[2)]。

最近，機能性フィルム・シートとして，活発に研究開発が進められている興味ある高機能フィルムのテーマの一覧表を**表2**に示す。

表1　平成24年包装・容器出荷数量

	出荷金額		出荷数量	
	出荷金額（億円）	構成比（%）	出荷数量（千トン）	構成比（%）
紙・板紙製品	24,469	43.3	11,429	62.2
プラスチック製品	16,260	28.8	3,467	18.9
金属製品	9,355	16.6	1,600	8.7
ガラス製品	1,262	2.2	1,286	7.0
木製品	1,287	2.3	596	3.2
その他	3,820	6.8	注）	
包装・容器　合計	56,453	100	18,378	100

注）数量単位が異なり，合計値に加算せず

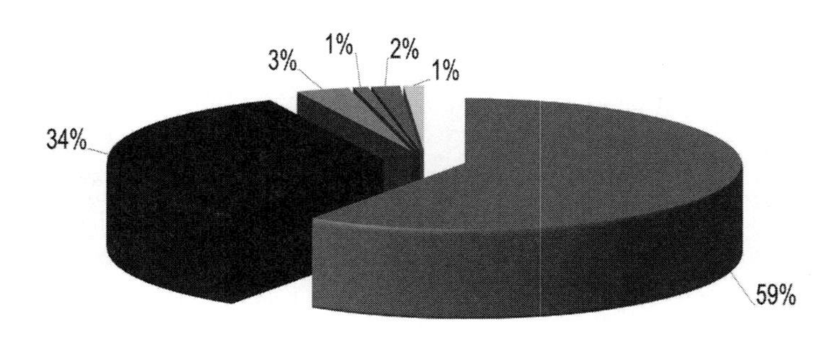

Raw material	PP	PET	PS	PVC	PA	Others	Total
x1000 tpa	11.520	6.600	603	170	322	230	19.450

図2　二軸延伸フィルムの世界の生産能力

表２　高機能フィルムテーマ

	高機能フィルム	用途	要求特性	生産上の課題
液晶用フィルム	偏光，位相差	大型ＴＶ	高透明	厚み均一性
	視野拡大，反射	パソコン	寸法精度	コーティング
	プリズム，拡散	携帯電話	低残留応力	転写性
	プロテクト，離型	ＰＤＡ	低位相差	配向均一性
表示用フィルム	有機ＥＬ用バリア	照明，ＴＶ，携帯	耐熱・高透明	良表面外観
	導電性フィルム	タッチパネル	薄膜，低異物	低異物
	電子ペーパー	電子書籍	ハイバリヤー	低ボーイング
				表面処理技術
電池関係	バックシート	太陽電池	耐光性，耐熱，反射性，低吸水	
	封止材シート		耐光性，耐熱，低温封止，低吸水	
	セパレーター	Ｌｉイオン電池	均一孔径，融点，自己修復	
	ソフトパッケージフィルム		高強度，ヒートシール，深絞り	
	超薄膜フィルム	大容量コンデンサー	薄膜，ＢＤＶ，凹凸	連続性形成
環境対応	ＰＬＡ，生分解性	ゴミ袋，農業資材	加工性，生分解	厚み均一性
食品包装	ハイバリア	長期保存食品	ハイバリア	加工安定性
	レトルトフィルム	レトルト食品	易裂性，衝撃，ボイル特性	
透明フィルムシート	高透明フィルム	化粧品，文具，加飾	高透明，剛性	急冷，結晶制御

3　機能性包装用・医療用・IT 用フィルム・シート

3.1　包装用延伸フィルム

食品，タバコ，繊維包装などに多く使用されているポリオレフィン樹脂のフィルムの研究開発が行われている。例えば，PP では高速化が進行し，最近の二軸延伸機は有効幅 8 m 幅，巻取速度約 500 m/min が中心になっており，1 機で 3 万トン / 年の生産量に達しており（**図 3，表 3**）[2]，今後は包装用途として，更なる高速化による高生産性やコンデンサフィルムに代表されるような薄膜・均一化・高次構造制御による表面凹凸制御技術，セパレータなどの均一で微細な孔径制御されたフィルムの開発などが

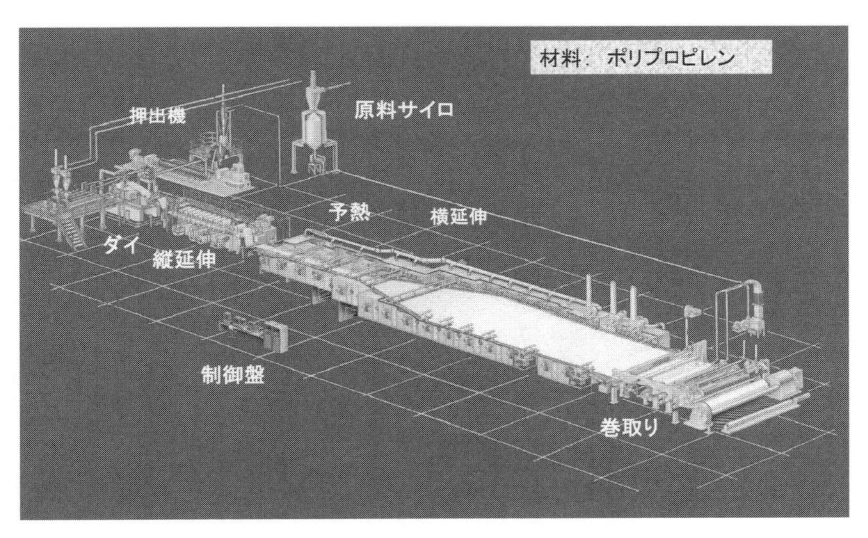

図３　二軸延伸 PP フィルム製造装置の概略図

表３　主な樹脂の二軸延伸フィルムの製造能力

Line Types		PP		PET				PA
		Capacitor	Packaging	Capacitor	Packaging	Industrial/Optical		Packaging
						Medium	Thick	
Max.Line Width	m	5,8	10,4	5,7	8,7	5,8	5,8	6,6
Thickness Range	μm	3-12	4-60	3-12	8-125	2,0-250	50-400	12-30
Max Production speed	m/min	280	525	330	500	325	150	200
Max. Output	kg/h	600	7600	1100	4250	3600	3600	1350

注目されている。また，バリア性を有する樹脂を共押出したBOPPフィルムの開発も行なわれている。

また，最近ではPPだけでなく，直鎖状低密度ポリエチレン（LLDPE）の二軸延伸フィルムではチューブラー延伸法（**図４**）による高強度なシュリンクフィルムが製造されている。これは密度の異なる樹脂のブレンドで組成分布を広げることにより，延伸可能な温度範囲が狭いLLDPEの延伸性を改良し，突刺強度や衝撃強度の高いシュリンクフィルムが開発されている[3)4)]。

これらポリオレフィン樹脂の延伸フィルムは，お菓子，麺類，タバコなどの一般包装やシュリンクフィルムを中心に，幅広く利用されているが，拡販するにはコストも重要な因子になっている。

さらに，生産性の高い逐次二軸延伸テンター法で，PPやPETだけでなく，PA6やLLDPEの延伸フィルムが生産されている。LLDPEの延伸フィルムは未延伸の溶融キャストフィルムと比較し，薄膜化30％でも，衝撃強度が高く，引張特性も高いため，PEフィルムとしてだけではなく，PEシーラントとして展開されている。

同時二軸延伸テンター法は，逐次二軸延伸では水素結合が強く，結晶化速度が速く延伸しにくいPA6やEVOHなどのフィルムの生産に利用されている。

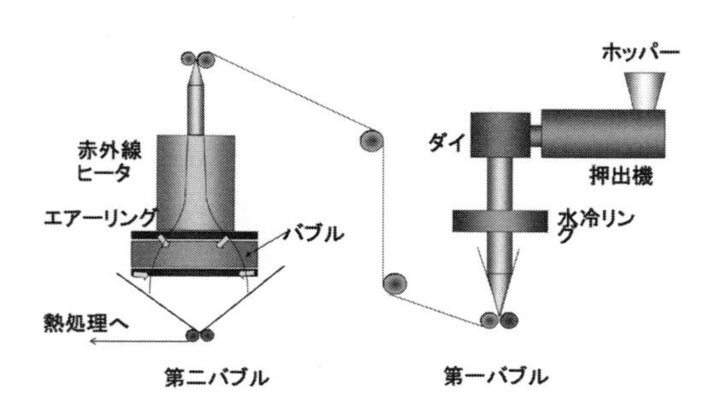

図４　チューブラー延伸フィルム装置の概念図

また，PETボトル用シュリンクフィルムでも，低融点の共重合PETなどを利用し，逐次二軸延伸の製造方法を工夫することにより，MDとTDの物性バランスを保ちながら，MDにシュリンクし易いPETフィルムが開発されている[5)]。

3.2　バリアフィルム

バリア性能を有するフィルムは，長年食品包装を中心に要望されてきたフィルムである。食品の長期保存，医薬品を安全に長期保護できるシート，有機ELや電池パッケージなどに代表される電子・工業用途での高度なバリア性フィルムはその代表例である。

バリアフィルムには，パッシブバリアとアクティブバリアある。パッシブバリアは包装内部に侵入してくる酸素等を遮断する包装技法であり，一方アクティブバリアは積極的に酸素等のガスを吸収し，取り除くタイプの包装技法である。

ハイバリア性樹脂と呼ばれるPVA・PVDC・PANは，どれも融点と分解点が接近しているため，熱溶融加工に難点があった。この点をもっとも有利に克服して実用化されたのがエチレンとビニルアルコールの共重合体EVOHである。多層フィルムのバリア層として，最初の応用分野である食品包装市場への導入から始まった用途は，医薬品や非食品包装など中身の多様化や，対象ガスの種類も酸素だけでなく二酸化炭素や匂い成分・有機蒸気などと種類も増し，さらには包装以外の自動車（ガソリンタンク）・建材・地球環境関連などの分野にも広く応用範囲を拡大している。EVOHの二軸延伸フィルムはラ

表４　EVOH の酸素ガスバリア

素材	酸素ガスバリア性 (25℃，65%RH)
EVOH	1.0～3.5
PVDC	3.0～18
延伸 PET	50
延伸ナイロン６	40
LDPE	8250
HDPE	3000
延伸 PP	3000
ポリスチレン	7000

（単位：cc.20 μm/m^2・day・atm）

ミネート基材としても利用されている。**表４**に，EVOH と他の樹脂の酸素バリア性の比較，**表５**に EVOH のエチレン共重合比率と酸素バリア性能およびフィルム物性の関係を示した[6)]。EVOH は他の樹脂よりも酸素バリア性が優れており，またエチレン共重合比率が低いほど，酸素バリア性が優れていることがわかる。

また，親水性の粘土と水溶性バインダを混合し，プラスチックフィルム表面に薄いコーティングや印刷によるガスバリア層の塗工により，酸素バリア性を高めることが可能になっている。

さらに，水蒸気バリア性を持たせた技術としては，粘土の層間イオンをアンモニウムカチオンに交換し，アスペクト比の高い（約 3,200）粘土を用い，さらに余剰イオンを低減させた（8 ppm 以下）ペーストを PEN フィルムに 0.7 マイクロメートルの厚さで塗布し，180℃で２時間熱処理することにより，$6x10^{-5}$ g/m^{2}day の水蒸気バリア性を実現した例が報告されている[7)]。

3.3　易裂性・バリアフィルム[8)]

易裂性フィルムは各社から上市されている。その中の一例として，易裂性ナイロンフィルムは PA6 にバリア性を有する MXD6 をブレンドすると，ダイス内で MXD6 の縦方向に配向したドメインを形成し，その後延伸することにより，高強度と直線カット性を有する延伸フィルムが開発されている（**図５**）[8)]。易裂性ナイロンフィルムを使用することにより，易裂性と高強度を単層のフィルムで満足できるために，２層構成のラミ・製袋品で目的を達成することが可能となっている。これにより，ラミネート層数を減らすことができコストメリットもあり，かつバリア性も付与することができる。

3.4　コート，蒸着―PVDC コート（K- コート），PVA コート，防曇性（冷凍食品）

PVDC コートは K- コートと呼ばれ，二軸延伸 PP，二軸延伸ナイロンフィルムなどの種々なフィルムの表面コートに広く使用されている。環境問題で，脱塩素化が進んでいるため，他の方法でのバリア化も進んでいる。

アルミ蒸着フィルムはガスバリア性に優れており，バリア性を要求される分野に広く用いられている。ただし，透明性が要求される分野にはシリカ（SiOx）やアルミナ（Al_2O_3）をコートしたフィルムが幅広く使用されている。また，PVA コートした BOPP も販売されている。ただし，高湿度下ではガスバリア性は低下する。

表５　エバール樹脂の主な銘柄と性質

項目	単位	測定法、条件	L171B	F171B	H171B	E105B	G156B
エチレン共重合比率	mol%	—	27	32	38	44	48
密度	g/cm3	ISO 1133-3	1.20	1.19	1.17	1.14	1.12
融点	℃	ISO 11357	191	183	172	165	160
ガラス転移温度	℃	ISO 11357	60	57	53	53	50
破断点強度	MPa	ISO 527	50	34	27	29	22
破断点伸度	%	ISO 527	13	15	15	11	14
ヤング率	MPa	ISO 527	3000	2700	2400	2300	2300
酸素透過度 (25℃，65%RH)	cc.20 μm/m^2 ・day・atm	ISO 14663-2	0.2	0.4	0.7	1.5	3.2

機械特性は射出成形品で測定，条件：23℃・50%RH，エバールはクラレの EVOH の商標名

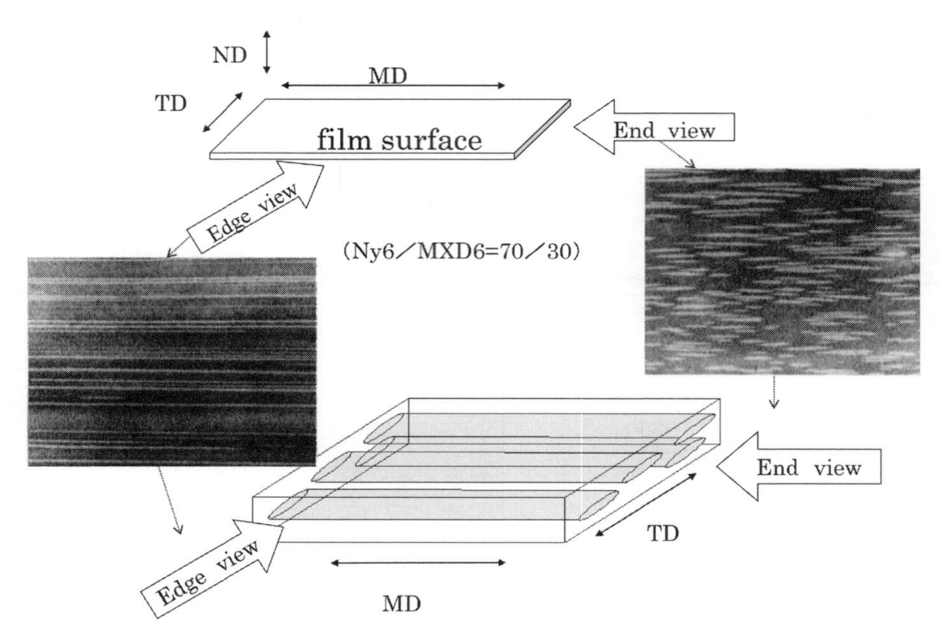

図5　易裂性 PA6 延伸フィルムの透過型電子顕微鏡観察（TEM）

防曇性の付与は野菜や果物などの包装には重要である。フィルム表面に水滴がつくと，商品の外観が悪くなり，腐敗にも繋がるため，脂肪酸エステルなどの表面活性剤が使用されている。樹脂の結晶化度や添加剤の量により防曇性能が変化し，また単層よりも多層構成の方が防曇性能に優れているという結果が報告されている[9]。

3.5　チャック袋―易開封性，再利用

易開封性があり，再利用が可能なチャック袋も，多く利用されるようになった。パッケージ開封後も簡単に再密封でき，必要量に応じ内容物を無駄なく使う事が可能である。用途に合わせて，PE 系や PP 系フィルムに利用可能で，異形押出，共押出の押出技術を利用し，汎用ジッパーから，特殊・多層ジッパーまで幅広く供給されている[10]。

3.6　医療用フィルム

医薬品包装には還元鉄と塩化ナトリウム触媒を樹脂にブレンドした酸素吸収バリア材（例：オキシガード®）フィルムやアルミラミネートフィルムが使用されている。医薬品の点滴剤には，アミノ酸製剤，高カロリー栄養剤，酸素の影響で変質してしまう薬剤などがある。食品のプラスチック容器の場合，パッシブガスバリア材やアクティブバリア材と複合化する方法が一般に適用されている。

しかし，医薬品包装の場合，薬事法の関係で，使用できる材料に制約がある。このため，ポリエチレン製輸液ボトルを両面アルミ箔構成の外装パウチに入れ，脱酸素剤を封入する方法やアクティブバリア機能をもつ外装パウチを適用する方法が採用されている。このアクティブバリア外装パウチの構成は，一方が PET/ アルミ箔 / オキシガードフィルム / シール層であり，他方は PET/ パッシブバリア層 / シール層で，透明多層フィルムが用いられている[11]。

今後，錠剤の PTP 包装はバリア性でさらに厳しい要求が求められており，**図6**で示した Al・ONY ラミネート / オキシキャッチ層 / シール層からなる多層シートなどが検討されている。

3.7　電池用ソフトパッケージ―電気自動車用・モバイル用 Li イオン電池ソフトパッケージ―

Li イオン電池の全体の市場規模は 1 兆 6,700 億円（2012 年）である。モバイルパソコン，スマートフォンやタブレット端末などに代表されるスマートデバイスの台頭による小型 LIB の需要に加え，自動車の電装化の進展・普及に伴う大型 LIB の需要増大が期待され，将来的に大きく伸びが期待できる分野であり，注目されている。HIS　Automotive の予測では EV 車の世界販売台数が 2015 年に 35 万台だっ

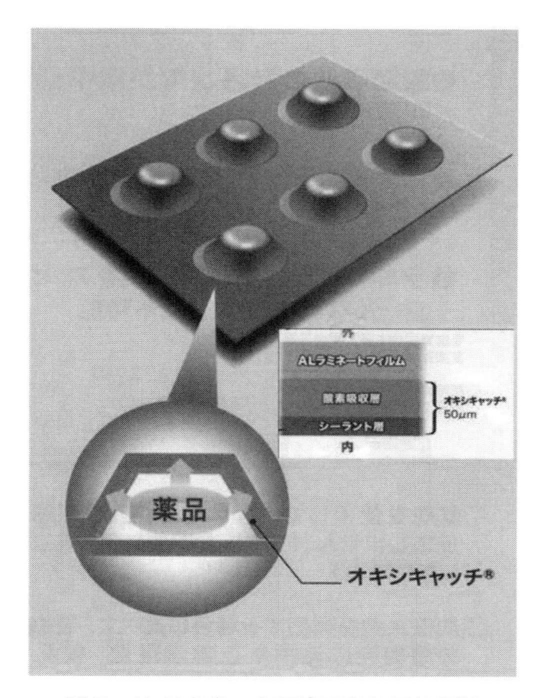

図６　ALラミネート酸素吸収ＰＴＰ包装

た台数が2025年に256万台に急増すると見込んでおり，素材企業の投資が活発化している。

その内，ハイバリア性が要求されるLIB包材向けアルミラミネートフィルムの市場規模は，年々増加し，2015年に250億円程度で，今後電気自動車（EV車）が本格化すれば急激な需要量になると期待されている。

ラミネートフィルムとして，Nylon25 μm/AL40 μm/PP50 μmのフィルム構成であるが，薄肉・軽量化の要望が強く，年々薄肉化傾向にある。PPのヒートシール層の構成やシール条件にノウハウがある[12)]。PPは内部の圧力に強いが，長時間の圧力には弱い。PPのシール性は安全面からも非常に重要であり，またナイロンフィルムは，バリア層としてのAL層に対し，強度・熱成形性を付与し，変形追随性を持たせ深絞り性を向上させる機能を付与することであり，フィルムのすべての方向での伸び，強度の均一性が必要である。

国際的な企業間での競争が激化しており，水面下では，大きな資本をかけての開発競争が激化しているようである。

今後のラミネートフィルム（**図７**）は，EV車以外に，スマートフォンやタブレット端末などのモバイル機器，ノートパソコン，電気自転車，ゲーム機，ロボット，ロケット，電動工具等は着実に成長している。

3.8　IT・ディスプレイ用フィルム

液晶ディスプレイ（LCD）が開発され，携帯電話，ノートパソコンなどのモバイル機器に幅広く応用され，TVではさらに高視野角フィルムの開発により，どの方向からでも良く見えるようになり，ブラウン管からプラスチック製の光学フィルム部材からなる液晶ディスプレイに切り替わり，さらに薄型になっ

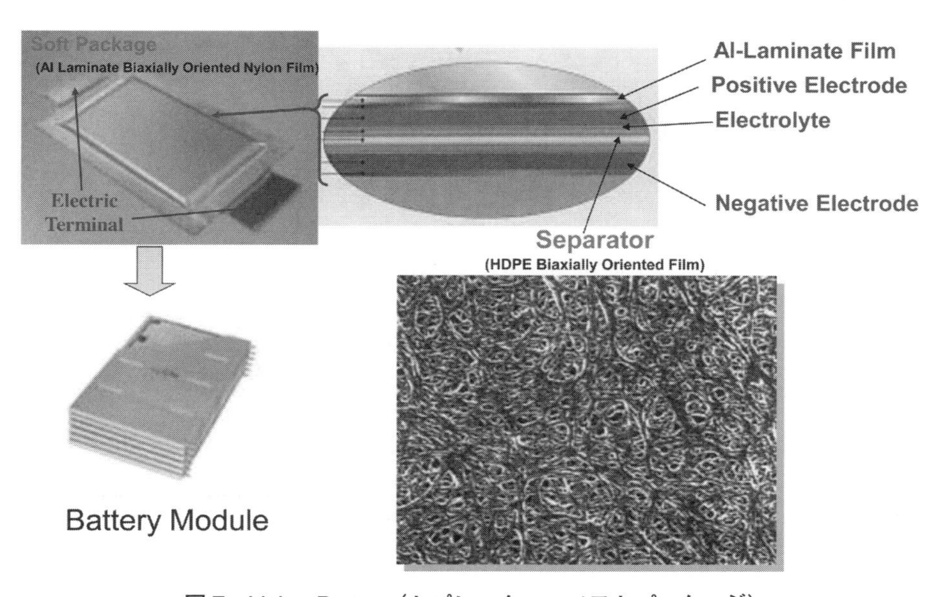

図７　Li-ion Battery（セパレーター，ソフトパッケージ）

たことにより大型の画面で大量生産により低コストで，入手できるようになった。LCDは使用しているプラスチックの光学部材により，光の導光，反射，拡散，プリズム効果，偏光，視野拡大，反射抑制技術などを巧みに制御している（**図8**）。

Apple社は2018年発売のスマートホンi-Phone8に有機ELディスプレイを使用することが報道されている[13]が，この場合にはLCD以上にハイバリア性能が要求される。

スマートフォンの技術を牽引するアップルが有機

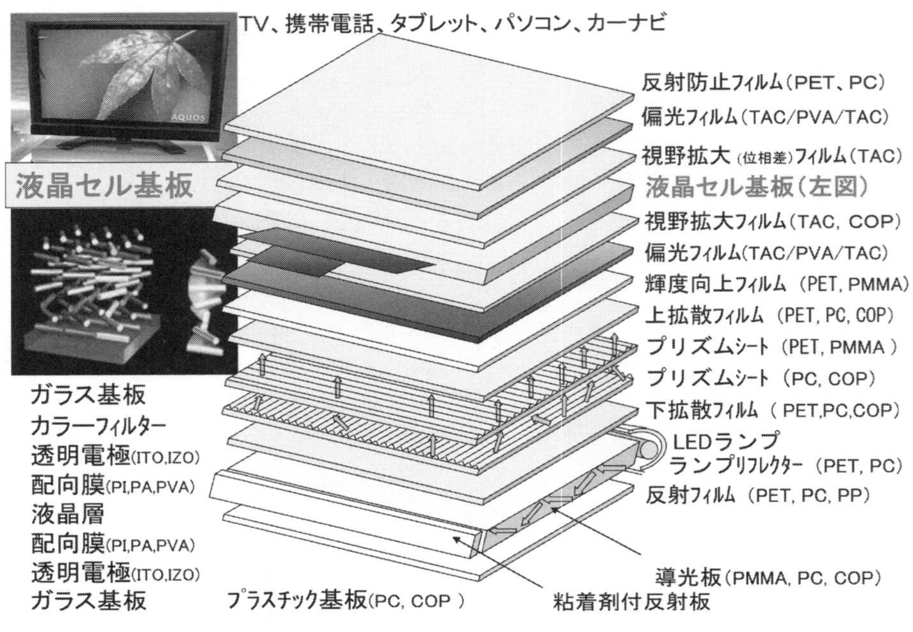

図8　LCDフィルムの構成

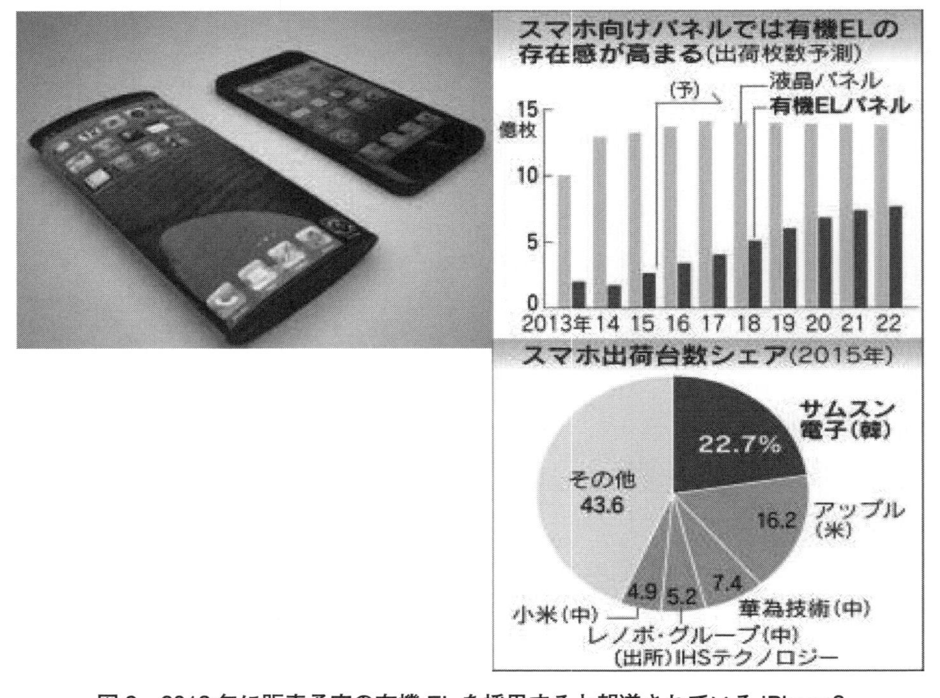

図9　2018年に販売予定の有機ELを採用すると報道されているiPhone8

ELを採用することで，パネル産業の世界市場の勢力図が変化する可能性が高い（**図9**）。

現状，有機ELの寿命はLCDに比較して短い欠点はあるが，スマホの使用期間はTVに比較して短く，長所として色鮮やかで，素早い動きもくっきり映し出す鮮明な画像とバックライトが不要なため薄く，軽く，そして光源を常時，光らせておく必要がなく，消費電力も抑えられ，曲げやすい特徴がある[14]（**図10**）。従来からスマートフォンに要望されてきた超高精細で，薄くて，軽く，そして電池の消費量の抑制が可能になる。

今後，薄さ，軽さ，そしてフレキシビリティをもつ有機ELディスプレイにするには，実用に供する防湿性の非常に高いバリア膜の開発も重要である。

さらに，大量生産で低コスト化が進めば，自発光の有機ELのため，液晶ディスプレイのようなLEDバックライトが不要で，軽量に作ることができ，最低限のサポートで天井から吊るすことができる大きな宣伝広告表示用への応用[14]（**図11**）やデザイン性にメリットがある有機ELの面照明分野も本格化する可能性が現実味を帯びてくる。

図11　天井から吊るす事ができる大型の有機ELディスプレイ

3.9　有機無機ハイブリッド超バリアフィルム

有機ELのディスプレイ・照明用途への最新技術

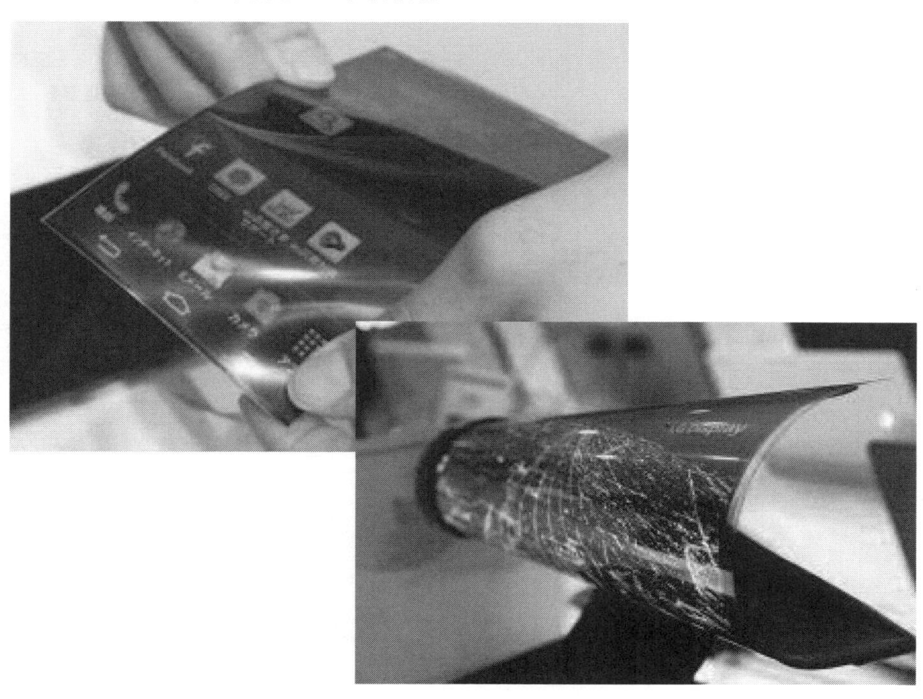

図10　フレキシブルな有機ELディスプレイ

動向も見逃せない。低消費電力，高輝度，部材の削減可能，超薄型軽量化可能などの特徴を生かした将来ディスプレイや面光源の特性を生かした照明分野に，広く活用できる非常に高いポテンシャルを持っている。

Sonyから2007年に有機ELの11インチTVが上市され，有機ELパネルの最薄部の厚さが3 mmに薄肉化したTVも開発された[15]が，有機ELのTVの大型化を断念した。

一方で，韓国のSamsungやLGは有機EL用の量産工場を建設し，高精細，薄い，軽い，割れないことを特徴とし，携帯電話分野で採用している。LGは2015年に日本で65インチの画面中央部がくぼんだ曲面型デザインの有機ELテレビを発売した。大型化しても視野角に問題がなく，自由に形状を変えられる有機ELの特性を活かして曲面ディスプレイを採用している。視聴位置から目に届く映像情報が均等となり，映像に包み込まれるような臨場感あふれる映像を満喫できる（**図12**）[16]。有機EL分野は，スマートフォン，タブレットPC，4 KTVに，軽量化，フレキシブルや透明性を特徴とした用途に重点を置いた戦略で展開されている。

また，Samsung Mobile Displayもフレキシブルのディスプレイとして，水蒸気バリア性10^{-5} g/m^2/dayを達成し，長期間Dark Spotができない無機多層ハイバリア構造のプラスチック材料を開発済であることを発表している。10^{-6} g/m^2/dayレベルの超ハイバリアフィルムが実用化されれば，フレキシブル分野も有機ELの特徴を生かした分野になる。

富士フィルムでは多層塗布技術で，有機・無機のハイブリッド構造によるハイバリアフレキシブルフィルムを開発し，優れた屈曲性（ϕ10 mm×100万回の曲げ回数の繰り返し屈曲試験での水蒸気透過性に変化無）と高バリア10^{-6} g/m^2/dayで有機EL用にも適用可能なレベルのバリアフィルムを開発している[17]。

東レもバリア材の開発を行っており，シンプルな単層のバリア層で10^{-4} g/m^2/dayのバリア性を達成している。500回の繰り返しの折り曲げにも品質の保持が可能で，基材の上に塗布によるコーティング層を設けるタイプである。また，電子ペーパー用CNT透明導電性フィルムは2層構造により，CNT同士の凝集を防止し，CNTの分散性を飛躍的に向上させ，ナノオーダーのCNTを独立に分散できる構造にすることで，透明性90％を達成し，0.00044 Ω・cmの導電性を達成し，高透明導電性フィルムへの用途展開を行っている。CNTの電顕の分散状態の写真から，CNTの外径は1.5〜2.0 nmでかつ分散性が良好である。

具体的な用途として，例えば面照明，携帯電話，自動車用ディスプレイ，デジカメ，TVなどの適用例を挙げられる。有機ELの材料は低分子材料が主流になってきており，また蛍光から燐光へと移ってきている。

ソニーから小さく巻ける有機TFT駆動有機ELディスプレイで極めて柔軟性が高く，厚さ80 μm，精細度121 ppiの4.1型フルカラーディスプレイの開発に成功したとの発表が新聞や同社のHPのホームページで発表されている（**図13**）[18]。

図12　LG社が発表した有機ELの大型TV

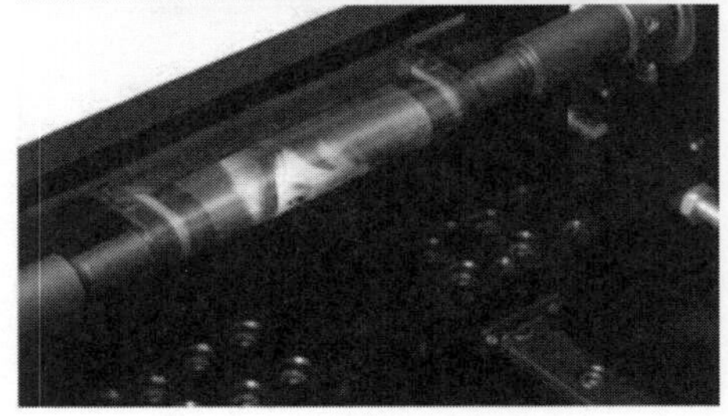

図13　フレキシブル有機ELディスプレイ

曲率半径4 mmで巻き取りながら写真を表示（動画表示も可能）

3.10　太陽電池用フィルム・シート

3.10.1　封止材

太陽電池の封止材として95%がEVAである。EVAはエチレンと酢酸ビニル（VA）の共重合体で，VA量で融点，柔軟性，バリア性等が変化する。太陽電池の封止材としては，VA25-33%，MFR4-30の範囲で，有機過酸化物の架橋剤とSiカップリン材が添加されている。現在，製品サイズは1800 mm幅，4.5 mm厚が主流で，一般にはシート成形ラインで，製造されている[19]。

融点70℃のEVAが一般的で，押出成形時には低温成形でシート成形（450 μm）し，Si太陽電池セルの封止時に高温下155℃で100%架橋剤を消費させ，架橋反応を起こし，3次元架橋構造にして耐熱性を付与するとともに，Siカップリングさせて，ガラスとの密着性を付与する。耐候性を付与するため，UV吸収剤も添加し，成形時の酸化防止剤も添加されるのが一般的である。

長年使用しても黄変せずに透明性を維持することが重要で，水蒸気バリア性，100℃以上の耐湿熱，耐熱性や冬の環境下での耐寒性，絶縁性も重要事項で，EVAはVA含量によっても値段が異なるが，ポリオレフィンの約2倍の低コストということもあり，長年広く使用されて，最近急成長を続けている。

太陽光のエネルギーをすべての波長で有効利用できないため発光効率が低下するが，波長変換するため，封止材に蛍光剤を添加することにより，発電効率が12.93%→13.17%に向上する結果が得られ，そのデータの信頼性の確認と開発品の上市に向け検討されている[19]。

EVAの代替材料の検討も行われており，架橋反応，反応による透明性の維持，耐寒性なども考慮した検討も行われている。

3.10.2　太陽電池用バックシート

LCDの反射フィルムの技術を太陽光の半導体パネルの下に設置し（**図14**），反射効率を上げるフィルムが開発販売されている。原理的には微細多孔のPET延伸フィルムである。封止樹脂と一体接合されるので，耐候性，水蒸気・ガスバリア性，電気絶縁性，接着性等の特性が重要であり，種々な機能を満足させるために多層フィルム構成になっている[20]。

3.10.3　有機薄膜太陽電池

最近ではシリコン系だけでなく，フラーレン誘導体を利用した有機薄膜太陽電池のエネルギー変換効率も10%のレベルに達し，現実味を帯びてきている。有機化合物を利用しているために，軽量かつフレキブルな太陽電池ができる。印刷技術を応用して太陽電池ができるため，簡単なプロセスで太陽電池ができる[21]（**図15**）。

モバイル・自動車・窓ガラス・建材などにも応用

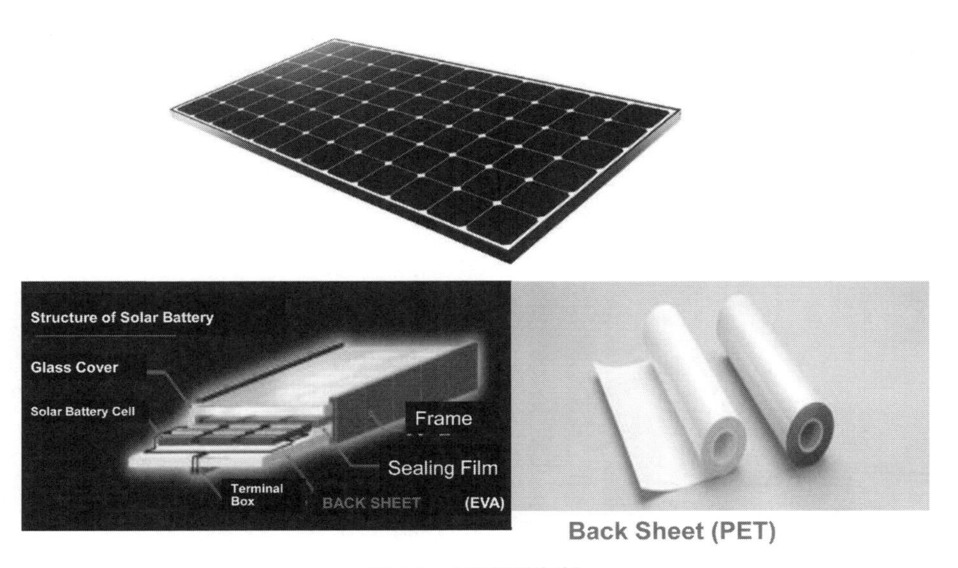

図14　太陽電池部材

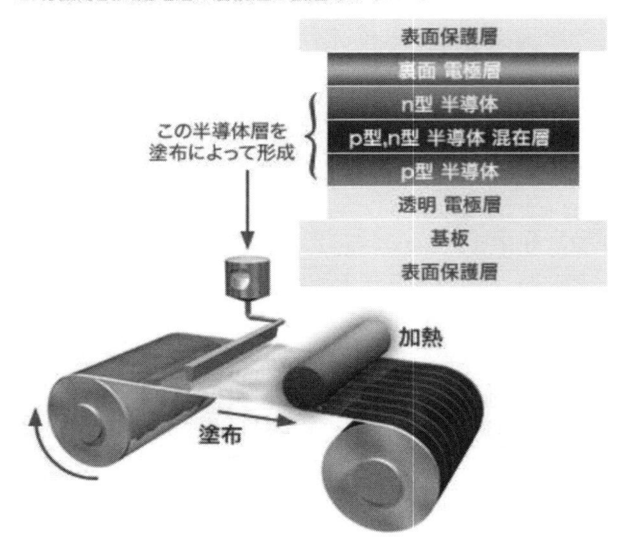

図 15　有機薄膜太陽電池[21)]

可能であるため，従来にない太陽電池分野の活用が可能である。今後は長寿命で，高効率な有機薄膜太陽電池の開発が期待され，薄膜でフレキシブルな電池にするには，バリア性，特に水蒸気バリア性や耐候性の優れた基材も必要となる[21)]（図 16）。

3.11　ウェアラブルデバイス用フィルム

コンピューターの小型化，軽量化に伴い，スマートフォンの普及によるモバイルネットの環境整備が整い，身につけて利用するウェアラブルデバイスが注目を集めている。例えば，Apple Watch などに代表される腕時計デバイス，メガネ型デバイス，衣服に埋め込み型デバイスなどが開発されている。

薄くて良く伸びる特徴を生かして，肌着の裏地に貼って心拍数などを測れるフィルム状の素材を開発し，体の状態がわかるスポーツウェアや医療分野での利用などが想定されている。肌に接する部分で筋肉の微弱な電気信号をとらえ，スマートフォンなどにデータを送って表示する。心拍数のほか，呼吸数や汗のかき具合など，メンタルトレーニングや居眠り運転の防止などへの応用展開が期待される。

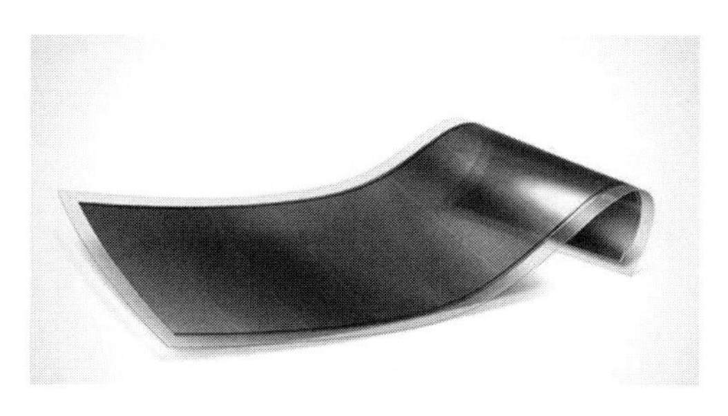

図 16　フレキシブル有機薄膜太陽電池[21)]

最近，東京大学 染谷 隆夫教授らのグループから発表された超柔軟な有機 LED の研究も興味深い。超柔軟な有機光センサーを貼るだけで血中酸素濃度や脈拍の計測が可能となる皮膚がディスプレイになる[22)]。

この超柔軟有機 LED は，すべての素子の厚みの合計が 3 μm しかないため，皮膚のように複雑な形状をした曲面に追従するように貼り付けることができ，実際に，肌に直接貼りつけたディスプレイやインディケーターを大気中で安定に動作させることができるという。極薄の高分子フィルム上に有機 LED と有機光検出器を集積化し，皮膚に直接貼り付けることによって，装着感なく血中酸素濃度や脈拍数の計測に成功している。開発のポイントは，水や酸素の透過率の低い保護膜を極薄の高分子基板上に形成する技術で，貼るだけで簡単に運動中の血中酸素濃度や脈拍数をモニターして，皮膚のディスプレイに表示できるようになった結果，ヘルスケア，医療，福祉，スポーツ，ファッションなど多方面への応用が期待される[22)]（図 17）。

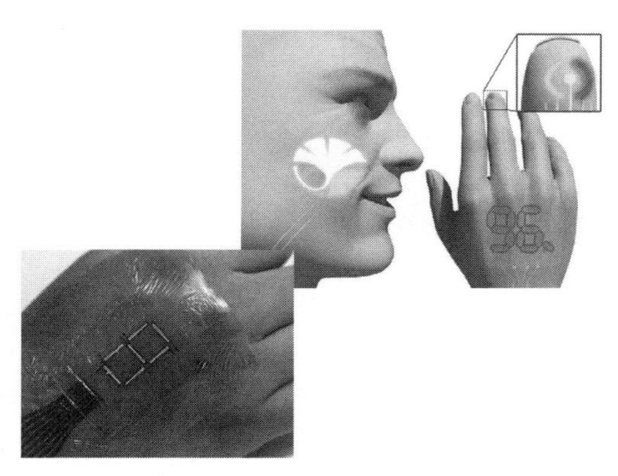

図 17　東京大学染谷 隆夫教授らのグループから発表された超柔軟な有機 LED（素子の厚み 3 μm）

4　機能性包装用プラスチックボトル・容器・缶

4.1　ハイバリア PET ボトル

PET ボトルは利便性，軽量性，コスト面から飲料・食品容器として急速に普及し，現在総容器に占める割合が 50% 以上に達している。その反面，スチール缶・アルミ缶やガラス壜と比較するとガスバリア性が低く，酸素の侵入・炭酸ガスの損失による内容物の品質に影響を受けやすい欠点をもっている。

例えば，ボトル内部にアセチレンガスを供給し，高周波電源（6～13.56 MHz）電力にて原料ガスをプラズマ化し，ボトル内面に 10～30 nm の薄膜を蒸着した非結晶炭素薄膜 DLC（Diamond Like Carbon）によりコーティングされたボトルは，通常の PET ボトルに比べ酸素，炭酸ガスに対するガスバリア性が 10 倍以上となり，品質の劣化を防ぎ，従来より長期間の保存が可能であると報告されている。また，DLC 膜の安全性は既に FDA（米国連邦食品医薬品局）の認可を平成 14 年 1 月に取得，膜成分の製品への影響に問題ないことを確認し，ボトルのリサイクル性についても高い評価を得ている[23]。

この DLC 膜コーティング装置の実用化により，炭酸飲料，茶系飲料等の清涼飲料，ビール，ワイン，焼酎等のアルコール飲料など，酸素・炭酸ガスの高バリア性を必要とする内容物の PET ボトル詰め用途に広がっている。

また，PET ボトルの内面にシリカ（SiOx）をプラズマ CVD 法で蒸着させることにより，高い酸素バリア性を実現させた無色透明のペットボトルが開発され，国内のワインボトルに初採用されている[24]。

図 18 に内面にバリア性を持たせたお酒の PET ボトルの例を示す[24,25]。

現在，アルコール飲料・炭酸飲料を中心に PET ボトルに置き換わる可能性のある製品は世界で年間 5000 億本以上と言われ，装置市場としても極めて大規模となる。さらに，飲料製品に限らず，各種調味料用容器，医療用容器，化粧品等，非飲料業界への応用も可能であり，用途の拡大が期待される。

4.2　炭酸飲料用 PET ボトルの軽量化

飲料用 PET ボトルの中で軽量化が難しい耐圧ボトルに対して，ポリマークレイナノコンポジット（PoCla）を飲料用に改質し，PET をマトリックス層，中間層に PET と PoCla のブレンド層にすることで，透明性・ガスバリア性・層間接着性の両立，成形面から割れやすい底部を単層の PET にして改善し，強度向上による軽量化ボトルを開発している（図 19）。透明性・衛生性・リサイクル適性に優れたボトルであり，20% 以上の軽量化を実現している[26]。

4.3　高透明 PP シートおよび電子レンジ容器

従来，結晶性樹脂は高透明性を有する分野には不得意とされてきたが，PP でも，シート成形で両面を

図 18　内面にバリア性を持たせたお酒の PET ボトルの例

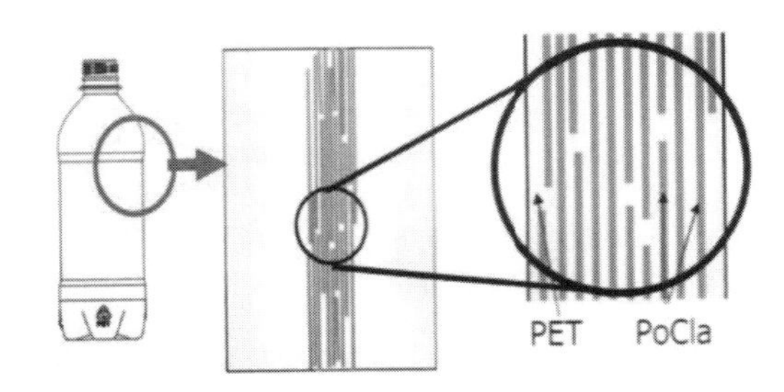

図 19　炭酸飲料水用軽量化 PET ボトルの中間層の構造

急冷した後，熱処理を行うことにより，球晶サイズを小さくし，かつ球晶とマトリックスの屈折率をほぼ等しくすることにより，高透明化が可能である[27)]。また，表面に低粘度の樹脂を流すことにより，剪断応力を下げ，配向結晶化を抑制[28)]し，さらに屈折率の等しい第三成分を添加して球晶生成を抑えることにより，透明性が向上し，**図20**に示すようにPPでもガラスライクなシートが得られている[29)]。この高透明PPシートは電子レンジでの耐熱性もあり，熱成形性も良いため，コンビニ弁当のような電子レンジ用食品容器や医薬品のPTP包装にも応用されている（**図21**）。最近ではコンビニ弁当の賞味期限を伸ばすために，ヒートシール層を追加し，本体容器とヒートシールし，内部にチッソガスを充填することで，食品の廃棄を減少させる用途が増えてきている。

また，電子レンジ容器として，冷凍保存したご飯を電子レンジで温める容器，電子レンジで簡単にオムライスができる調理専用容器，即席ラーメン用電子レンジ調理器，パスタ容器，飲茶，お餅用など，多くの電子レンジ調理用容器が販売されている。

図20　高透明PPシート

図21　食品容器・蓋・PTP包装

4.4　鮮度保持の醤油容器

ヤマサ醤油が2009年8月に発売した醤油容器（**図22**）[30)31)]は，柔らかなフィルム製の二重袋構造の容器（PID/Pouch in dispenser）で，特殊な薄いフィルムの注ぎ口により，容器から醤油を注ぎ出すと袋はしぼむが，逆止弁のおかげで内部に空気が入りにくい。したがって醤油の酸化を防ぐことができ，開封後，何度注いでも中に空気が入りにくく，酸化を防いで常温でも長期間鮮度を保つことができる。この鮮度パックは，新潟県三条市の悠心と共同開発している。

折り返しストッパー付きで，ストッパーを使うことで不意に倒れても中身が出にくく，また，見た目もスマートかつコンパクトとなったことで卓上などでも扱いやすく，ごみの量も減少させる。現在の醤油容器は少しずつ進化している。

キッコーマンは2012年7月，新たな容器「やわらか密封ボトル」を採用した商品を発売した（**図23**）[32)]。この醤油ボトルは二重構造になっていて，柔軟性と剛性を併せ持った外部容器の内側にフィルム製の袋を収め，袋の中に醤油を充填している。外部容器を押すと，注ぎ口から醤油が出て，押す力を弱めると外部容器と内部袋の隙間に外気が流入し，外部容器は元の形状に戻る。吉野工業所と共同開発している。

この容器の内部袋の材質は，多層構造でバリア層と酸素捕捉層があると推定される。

4.5　PVDC系高バリア容器

旭化成ケミカルズ㈱からはPVDC-アクリル酸エステル共重合体フィルムをチューブラー延伸で成形し，製膜プロセスの改良により，高バリア性と深絞り比（容器の間口/容器の深さ：～0.9）の成形性を有するフィルムを開発し，アルミ箔やSiOx蒸着では難しかった食品包装分野，医薬品分野への展開が報告されている。**図24**には成形品の一例を示している[33)]。

4.6　金属缶代替プラスチック容器

㈱明治屋は，ホリカフーズ㈱，東洋製罐㈱と共同開発しコンビーフ用スマートカップを開発している。スマートカップは遮光性の高い4層の多層構造の容器で，中間層に酸素吸収層，その外層にバリア層（EVOH），内側・外層にポリエチレンやポリプロピレンを積層している（**図25**）[34)]。この構成により，外層側からの透過酸素はバリア層で遮断し，遮断し切

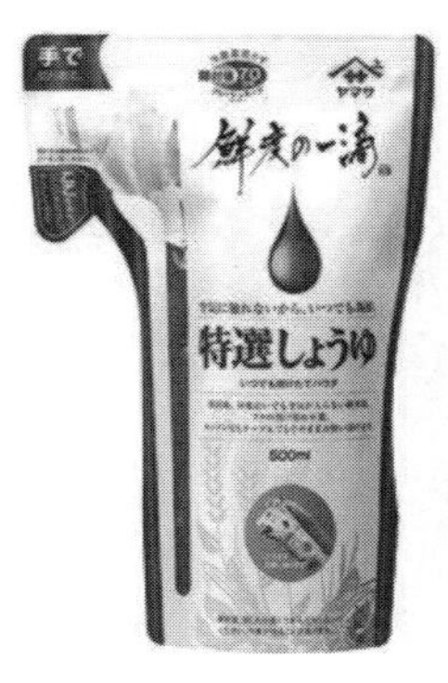

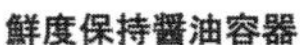
鮮度保持醤油容器

鮮度保持容器PID
(Pouch In Dispenser)

図 22　鮮度保持容器

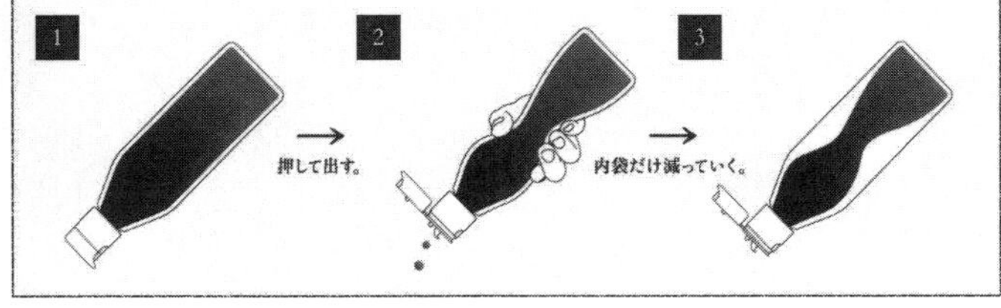

図 23　二重構造やわらか密封ボトル

れなかった酸素も酸素吸収層で吸収することが可能である。また，容器内の残存酸素は内面側から酸素吸収層で吸収することで，長期保存が可能になった。また，従来の金属缶と比較し，開封が容易，蓋を剥がすと電子レンジでの加熱が可能，廃棄が容易，軽量化などのメリットがある。

以上，バリア性を有する機能性フィルム・シートにより，内容物の食品・医薬品・IT 部品の劣化が抑制され，Long life 化が可能となり，我々が生活する上で必要不可欠になっている。次項では，これらの機能性フィルムの製造方法や製造機械，評価機について紹介する。

図 24　深絞り可能で高バリアな塩化ビニリデン－アクリル酸エステル共重合体成形品

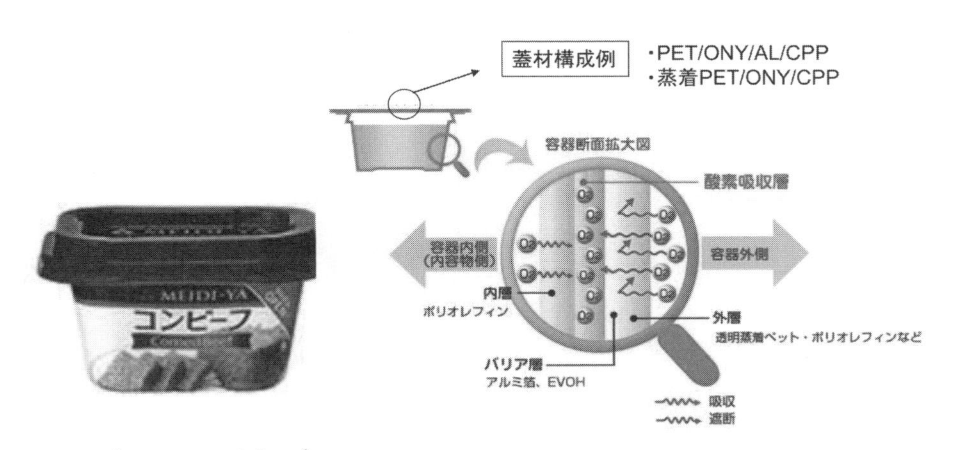

コンビーフ スマートカップ　　オキシガードの機能性原理

図 25　スマートカップとオキシガードの原理

5　二軸延伸機/二軸延伸評価用試験機

フィルムには未延伸フィルムと延伸フィルムがある。未延伸フィルムはTダイキャスト法やインフレーション法があり，延伸フィルムにはテンター法二軸延伸（逐次二軸，同時二軸）とチューブラー延伸法がある。汎用のフィルム成形機は他の専門書[2)35)]を参照していただき，ここでは常電導同時二軸延伸機（LISIM）と二軸延伸評価試験機について簡単に紹介する。

5.1　二軸延伸機

最初に述べたように，二軸延伸フィルムは非常に多く生産されている。世界の二軸延伸機のトップメーカーであるBruckner社は，ボーイングなしでフィルムが製造できるリニアーモータによる同時二軸延伸機LISIMの販売を展開している（**図26**）[2)]。光軸や幅方向の収縮ムラが発生しにくく，製品の歩留まりや高品質で均質なフィルム用に適している。

LISIMは縦/横のレールパターンを任意に変更可能な同時二軸延伸機で，光学用途&電子材料用途をターゲットに東南アジアを中心に販売展開中である。通常の逐次二軸延伸機よりも高価格であるため，高付加価値分野の光学・電子材料フィルム用途に展開されている。光学用としてボーイングを抑えるため，自由に延伸時のレールパターンやチャック間隔を変更して，TDの延伸時のレール形状およびMDのチャック間隔変更により両方向の延伸で類似した延伸挙動が可能であり，延伸終了時のMDチャック間隔を狭める事で，ボーイングを低減している。また，熱処理ゾーンでMDおよびTDの弛緩率を同時に変更可能である。

LISIMでは縦延伸ロールがなく，均一温度上昇が可能なため，スベリやキズが発生しにくい。PPでも縦に強いあるいは横に強い，さらにどの軸にも均一な延伸を制御可能である。

電子材料用，特に薄膜フィルムにも適しており，PET0.5 μmのコンデンサフィルムの成形が可能で，PPでも2 μmレベルの薄膜も破断なく連続成形できると報告されている。

従来，逐次二軸延伸フィルムではできない微細な配向制御を必要とするLCDフィルム，光学フィルム，コンデンサー，セパレータ，粘着・接着フィルム分野および超薄膜，超厚物延伸フィルム，ボーイングを抑えた低収縮BONYフィルムなどの開発への展開が進められている。

食品分野やIT分野でも，PA6系で熱収縮が少なく，ボーイングもほとんどない二軸フィルムが製造可能としている。

また，EVOH層を含む共押出PP//EVOHによる多層バリア二軸延伸フィルム，難燃性フィルム，PLA延伸フィルムなどのテーマでの研究開発も行われている。

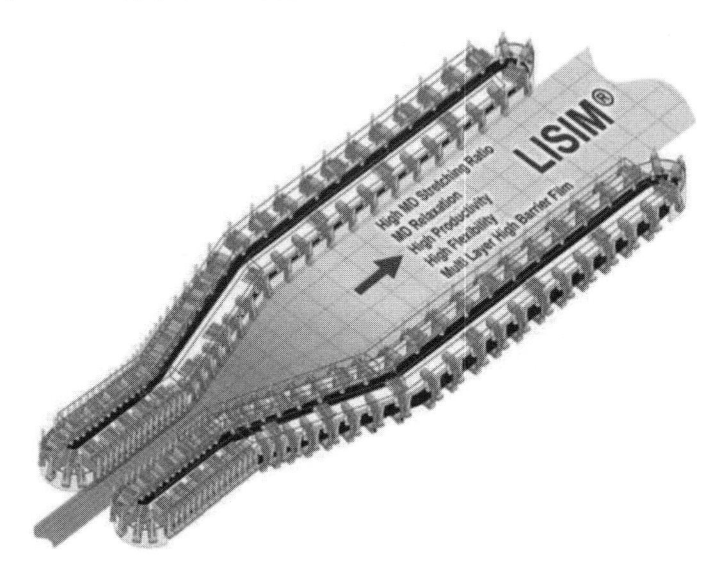

図26　常電導同時二軸延伸機（LISM）

5.2 多層ダイスと共押出成形

バリア層をフィルム中に配置するために，共押出技術も進んでいる。Ｔダイではマルチマニホールドやフィードブロックダイ（**図 27**）[36]が一般に使用されている。前者はダイス出口手前で樹脂が合流するため，各層の厚み分布に優れるが，構造上から層数は最大５層までが主流で，層数が多くなる場合には適さない。EVOH をバリア層として使用する場合，両表層にポリオレフィンを使用する場合，接着層が必要なため，５層になる。一方，後者は多くの層でも多層化が可能であるが，合流してからダイス出口までの流路が長く，粘度差の大きな樹脂を流すと包み込み効果などにより，厚み精度が悪化する場合がある。

また，インフレーション成形の多層ダイは**図 28**[37]に示されたような形状のダイスが一般的に使用されており，ダイスを出てから MD および TD の両方向に応力がかかるために，バランスのとれたフィルム成形が可能であるが，スパイラルダイが一般に使用されるために TD 方向の偏肉精度がＴダイのマルチマニフォールドダイに比較して，悪い傾向にある。接着層が必要な場合にはさらに接着層をバリア樹脂の両側に配置する必要があり，層数が増える。

5.3 ラミネーション

プラスチック，紙，アルミニウム箔など，各種のフィルム状物質は相互に長所と短所がある。おのおのの欠点を補うために異種のフィルムを貼り合わせて用途に適応させるのがラミネートの目的である。このためには，複数のフィルム状基材を接着剤を用いて貼り合わせる方法と押出機，Ｔダイを用いて溶融樹脂をフィルム状に押し出しながら各種基材に圧着しラミネート製品を得る方法がある。

前者には，さらにいくつもの方法がある。その方法とは湿式状態で行うウェットラミネーション，一つの基材上の接着剤を乾燥後基材と圧着させるドライラミネーション，固形接着剤を溶融状態で塗布するホットメルトラミネーションがある。

後者には，押出ラミネート法と共押出法があるが，共押出法は 5.2 で述べたダイスを用いた多層フィルム成形法である。押出ラミネート法では，ポリプロピレンなどの樹脂を押出機，Ｔダイによりフラットなフィルム状に押出し，押出直後に加圧ニップロールで，基材に圧着，冷却して製品を得る（表 6）。

押出用樹脂は低密度ポリエチレンがもっとも多く，エチレン－酢酸ビニル共重合体，アイオノマー，エチレン－アクリル酸エステル共重合体，ポリプロピレンなども使われ，基材は紙，セロハン，アルミニウム箔，ポリプロピレンフィルムなどが主なものである。バリア性を持たせるために，EVOH や AL とラミネートすることにより，フィルムにバリア性を付与することが可能である。両者の接着性を高めるため，通常基材に前処理を行う。セロハン，アルミニウム箔などはアンカーコート処理，紙などにはコロナ処理が行われる。

ラミネーションの加工法と課題について，松本氏が分類した**表 6** を参照されたい[38]。

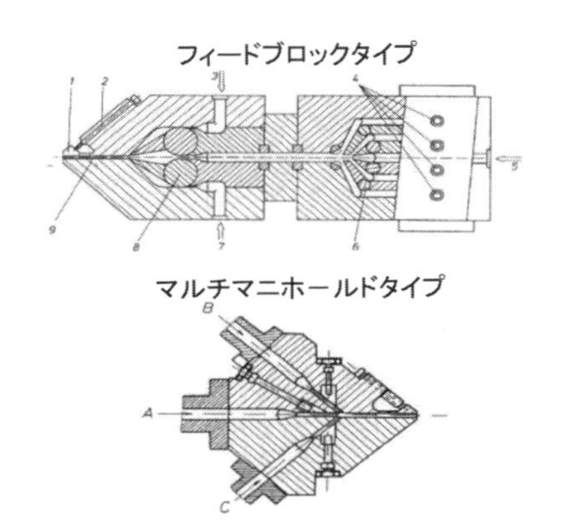

図 27　フラットダイ用の多層ダイの構造

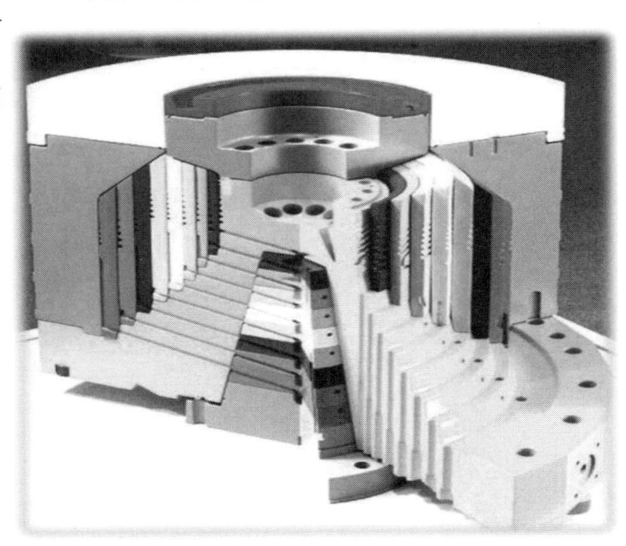

図 28　9 層のスパイラルダイスの構造

(Gloucester Engineering Inc.)

表6　ラミネーション7つの加工法と課題

ラミネーション加工方法	構成例	課題
1）サーマルラミネーション 加工スピード（VS）：60 ～ 70m/min	A　C　B 紙/接着性フィルム/不織布	・耐熱材料に限られる ・加工速度に限度がある
2）ホットメルトラミネーション VS：100 ～ 150m/min	A　C　B セロハンor紙/接着剤/AL AL：アルミニウム箔 C：ホットメルト接着剤	・接着剤の加温装置が必要である ・冷却装置が必要である ・接着力・耐熱性は劣る ・塗布量は10～30g/m^2
3）ノンソルベントラミネーション VS：150 ～ 200m/min	A　C　B ONY/接着剤/PE ONY：二軸延伸ナイロンフィルム PE：ポリエチレンフィルム C：無溶剤型接着剤	・接着剤溶融温度管理 ・接着剤塗工量管理0.7～2.0g/m^2 ・初期接着力が小さい（トンネリングの発生） ・エージング管理 ・接着剤洗浄技術
4）ウエットラミネーション VS：100 ～ 250m/min	A　C　B AL/接着剤/紙 C：ウエット型接着剤	・片側材料が多孔質であること ・高乾燥熱量を要す ・接着剤塗工量管理2～3g/m^{2}dry
5）ドライラミネーション VS：100 ～ 250m/min	A　C　B ONY/接着剤/CPP CPP：無延伸ポリプロピレンフィルム C：溶剤型接着剤	・残留溶剤管理 ・エージング管理 ・接着剤塗工量管理　2.0～4.0g/m^2 ・溶剤排出処理 ・労働作業環境管理
6）押出コーティング・ラミネーション シングルラミネーター タンデムラミネーター VS：80 ～ 250m/min	A　C　B OPP/AC/PE/CPP OPP：二軸延伸ポリプロピレンフィルム AC：アンカーコーティング剤（下塗剤） PE：ポリエチレン樹脂 ―――――― A　C　B　C セロハン/AC/PE/AL/PE	・高温加工技術と管理 ・樹脂交換洗浄技術 ・厚みコントロール技術 ・接着力工場技術 ・AC剤選択技術
7）共押出成形ラミネーション 共押出タンデムラミネーター VS：80 ～ 200m/min	A　C　B　C PET/AC/PE/AL/IO/PE PET：ポリエチレンテレフタレート IO：アイオノマー樹脂	・層間接着技術 ・厚みコントロール技術 ・加工温度技術と管理 ・樹脂交換洗浄技術 ・AC剤選択技術

5.4　二軸延伸試験機による評価技術

従来，オプトレオメータによる一軸延伸評価（図29）を応力歪曲線と高次構造変化（図30）の観点から評価してきたが，最近，我々とエトー㈱との共同取組みにより，迅速に二軸延伸性が評価可能で，同時に延伸中の高次構造変化の観察が可能な延伸機を

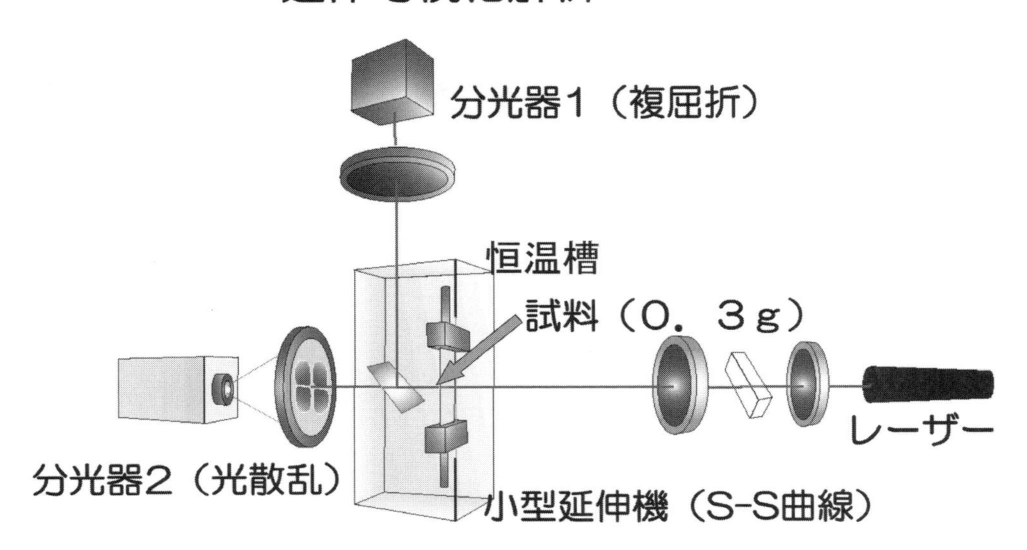

図 29　一軸引張試験装置

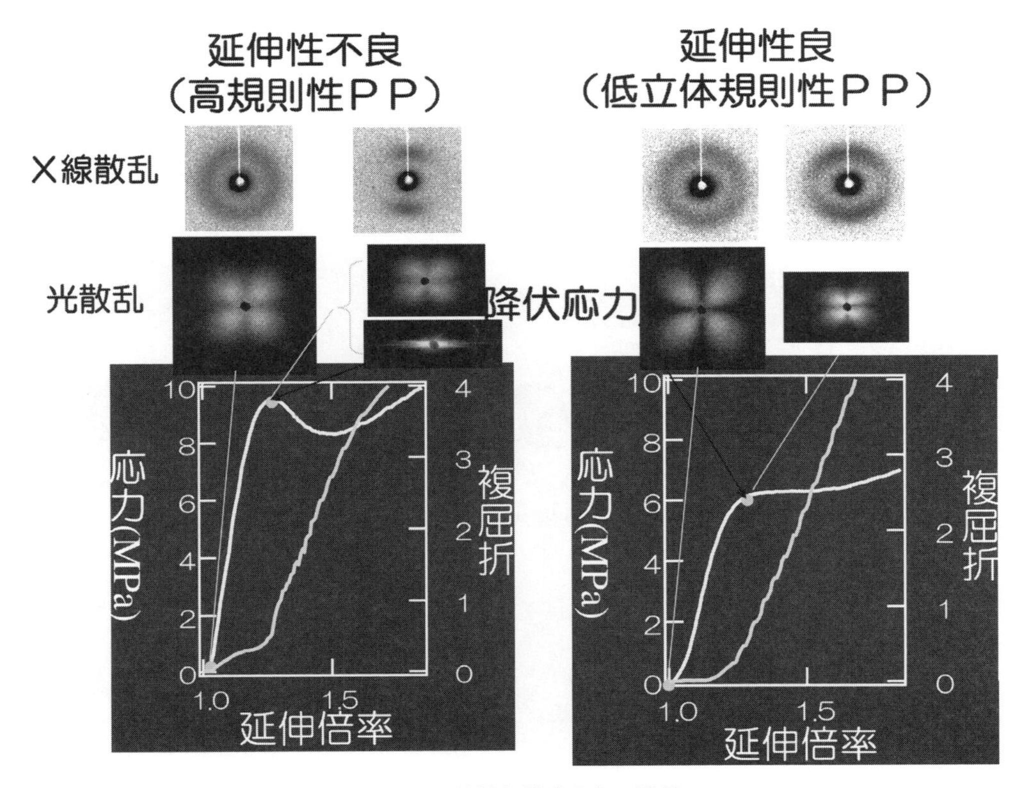

図 30　延伸性と構造変化の関係

開発した[39)-42)]。この二軸延伸試験機は**図31**に示したように，延伸中のS-S曲線が採取できるだけでなく，3軸の屈折率が評価できるように2つの光弾性変調器（PEM）を有する光学系，球晶構造の変化を観察できる光散乱装置を取り付け（**図32**），さらに延伸したフィルムの位相差分布を迅速に評価可能な

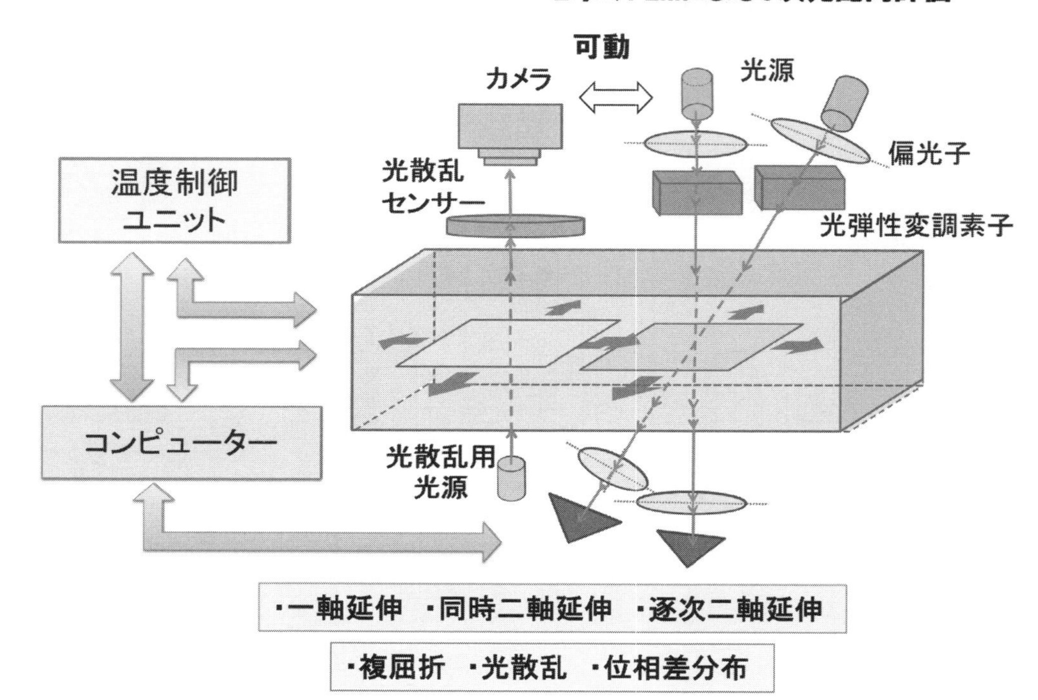

図31　二軸延伸フィルム試験機

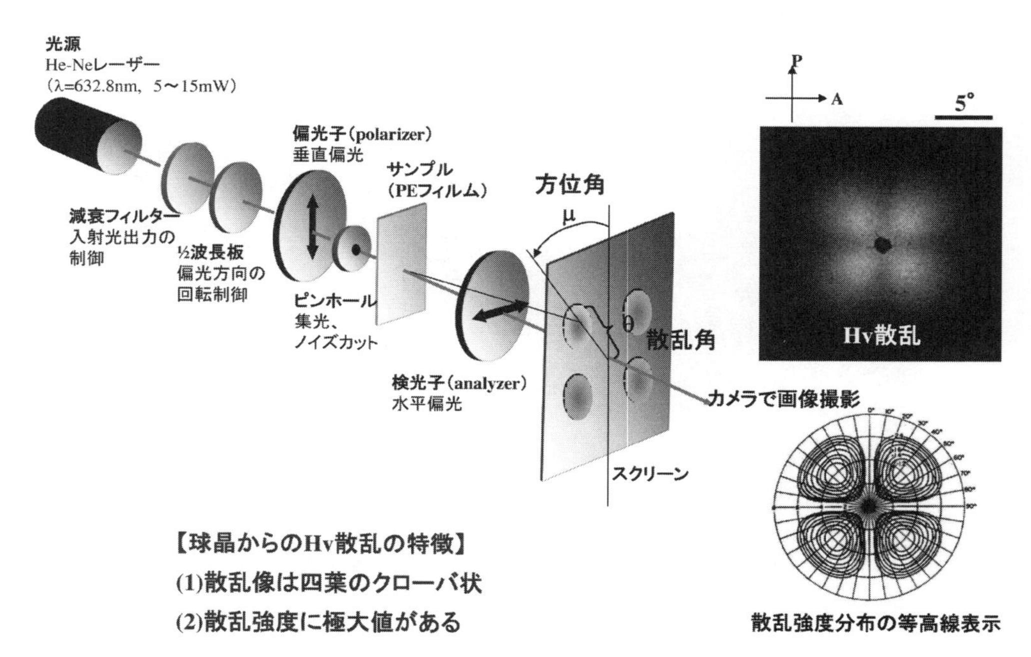

図32　In-situで取り付けた光散乱装置

設備を一体化し，かつ任意な多段延伸や延伸後の緩和を任意に制御できる仕様になっており，短時間に大量の情報がin-situで評価できる。

結晶化速度を抑制できる超低立体規則性PP（LMPP）[43]を通常のPPにブレンドした系での二軸延伸の結果の一例を紹介する。標準サンプルに超低立体規則性PP，および超立体規則かつ超低分子量サンプルを少量添加してPPの結晶化速度を遅くした系などのサンプル（**図33**）を用いて，縦延伸後のTD延伸過程の高次構造変化を観察し，定量的な延伸性への影響を測定した。

L1は標準的な低立体規則性PPで，L2はL1よりもさらに立体規則性の低い超低立体規則性LMPP，L3はL1と比較して立体規則性は同じで分子量が約2倍高いLMPPを用いた。ブレンドするLMPPの立体規則性や分子量の違いが延伸性や高次構造にどのように影響するのかを調査するためL2，L3をL1の比較として用いた。

横軸に面倍率，縦軸にTDの公称応力をとった。赤線のAの挙動は降伏値が高く，Aと比較するとA/L1（L1ブレンドサンプル），A/L2（L2ブレンドサンプル）は降伏応力値が約30%低減され，延伸後期の応力も大きい結果となっている（図33）。

A/L3（L3ブレンドサンプル）の降伏応力値はほぼ変わらないが，分子量が大きいLMPPのため，分子鎖同士の絡み合いで延伸後期の応力が大きくなることがわかる。L1，L2のブレンドは破断防止効果があり，偏肉精度の向上も期待できることが考えられる。

PP延伸において，MD5倍，TD6倍の逐次二軸延伸では，MD延伸過程ではMDの屈折率Nxが大きく，TD延伸後期でTDの屈折率NyがNxより大きくなり，最終的にNyの配向が少し強くなっている（**図34**）。厚み方向の屈折率Nzは面延伸倍率が大きくなると小さくなる。

PPの二軸延伸の適用例を挙げると，超低立体規則性PP（LMPP）の微量ブレンドによりPPの結晶化速度を遅くすると，MD延伸からTD延伸に移行時の屈折率の不安定領域が抑制され，変動幅が小さく，変動の領域も短くなる。LMPPのブレンドはネック延伸を弱め，不安定領域を狭くして，偏肉精度を向上させていることが評価できる。また，光散乱がin-situ測定できるため，球晶の変形や崩壊などの高次構造変化も同時にわかる。延伸終了時の位相差分布が観察できるため，光学均一性や偏肉精度も同時に測定結果として得られる。S-S曲線，三次元配向，球晶構造変化とも合わせて評価することで，樹脂性状，延伸中の構造変化や偏肉精度などの関係も評価できる[39]。

オートクレーブなどの少量サンプルでも二軸延伸性能が評価でき，かつ延伸条件の影響，延伸間の緩和時間の影響や多段延伸効果が評価できる。さらに，樹脂違いによる同時二軸や逐次二軸延伸の適用性の判断にも，構造面と延伸性の面から評価可能である。

この二軸延伸試験機を用いて，PP[39]，PE[40]，PA6[41)42]等の延伸性改良のための樹脂デザインや延伸条件などが報告されている。今後の二軸延伸フィ

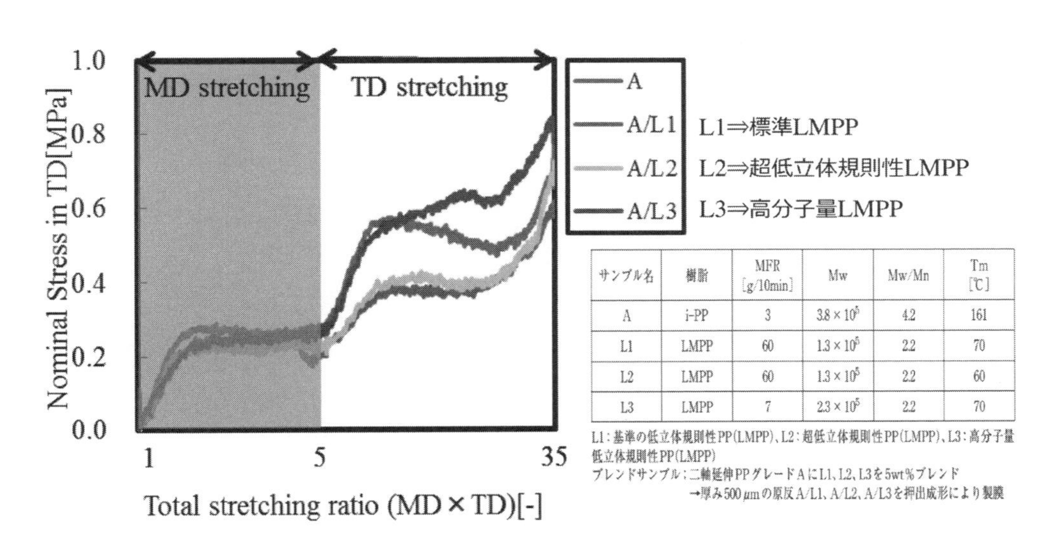

サンプル名	樹脂	MFR [g/10min]	Mw	Mw/Mn	Tm [℃]
A	i-PP	3	3.8×10^5	4.2	161
L1	LMPP	60	1.3×10^5	2.2	70
L2	LMPP	60	1.3×10^5	2.2	60
L3	LMPP	7	2.3×10^5	2.2	70

L1：基準の低立体規則性PP(LMPP)、L2：超低立体規則性PP(LMPP)、L3：高分子量低立体規則性PP(LMPP)
ブレンドサンプル：二軸延伸PPグレードAにL1、L2、L3を5wt%ブレンド
→厚み500 μmの原反A/L1、A/L2、A/L3を押出成形により製膜

図33　公称応力－面倍率曲線（延伸温度159℃）

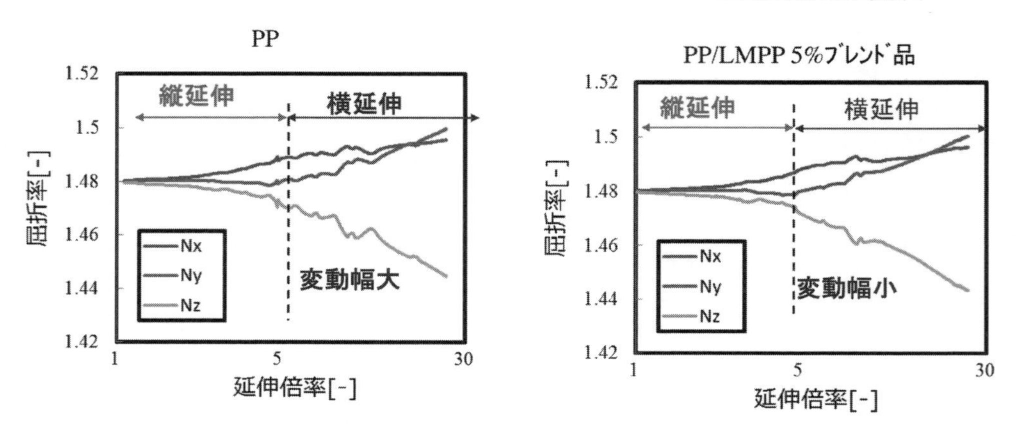

図 34　3 次元屈折率（超低立体規則性 PP 添加有無の比較）

ルムの樹脂設計や延伸条件を探索する上で，有力な評価手段になると期待される。

5.5　バリア性の評価技術

今まで述べてきたバリア性を要求される包装材料で，食品用包装フィルムでの酸素ガス透過度，水蒸気透過度（透湿度）はそれぞれ 10 cc/（m^2･day･MPa），1 g/（m^2･day）程度であるが，ガラス基板のガスバリア性は，水蒸気透過度で 10^{-3}～10^{-6} g/（m^2･day）と言われている[44]。電子デバイス応用，特に有機 EL 用基板としてはガラス並みのガスバリア性が要求されている。各部材に要求されるバリア性要求特性について，**図 35** に示した[45]。

超バリア性が要求される状況下，バリア性の評価も益々重要になってきている。MOCON 社では，それに伴いいろいろなガス，水蒸気透過度の測定装置

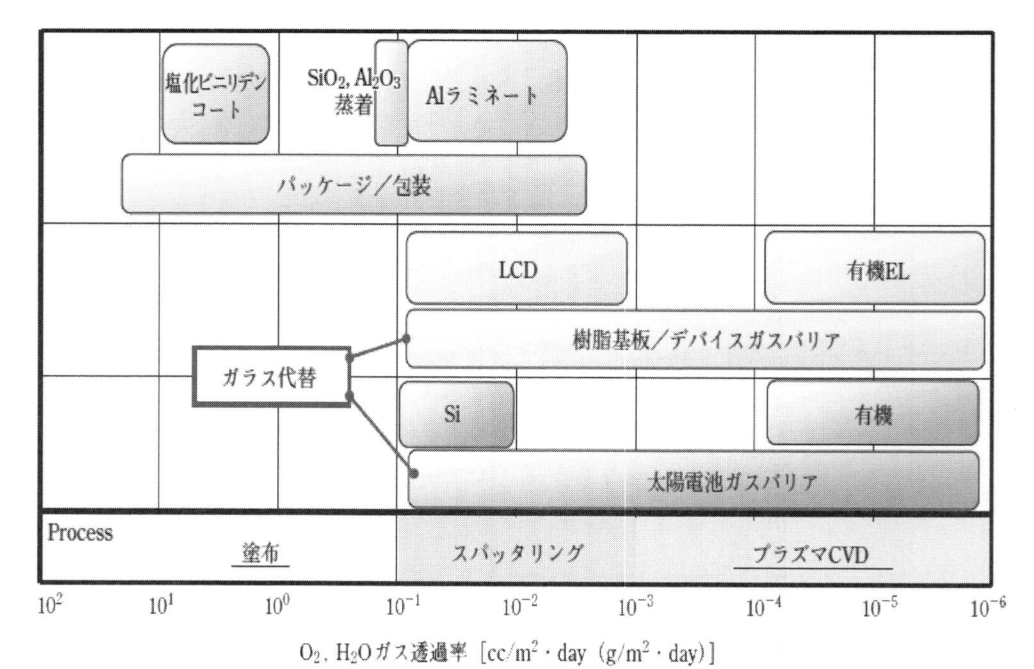

図 35　バリア性要求特性[38]

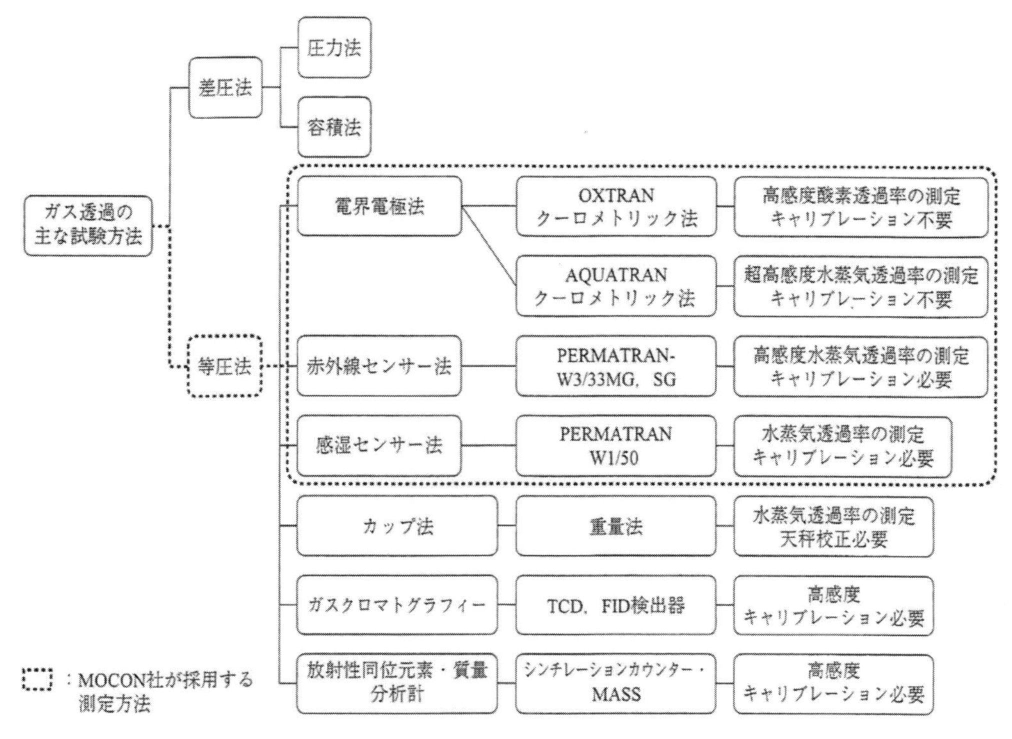

図 36　ガスバリア試験法の分類

表 7　ガスバリア試験の規格一覧表

透過物	等圧法			差圧法－圧力法		
	JIS	ASTM	ISO	JIS	ASTM	ISO
ガス	K7126-2 (K7126B)	D3985	15105-2	K7126-1 (K7126A) (Z1707)	D1434M D1434V*	15105-1 (2556)
水蒸気限定	K7129A K7129B Z0208	F1249 E96 F372	15106-1 15106-2 15106-3 2528	K7129C		15106-4

カッコ内は改正前の規格番号を表す。＊は容積法である。

が開発されている。その詳細はプラスチックエージ社の記事を参考にされたい[46]。その記事の一部であるガスバリア試験法の分類およびガスバリア試験の規格一覧表を**図 36** および**表 7** に示す[46]。

6　今後の包装フィルム・容器

食品の長期寿命化は，コンビニエンスストアやスーパマーケットなどからの要望が高い。また，電子レンジ使用可能な透明フィルム・シートで，金属缶に近いレベルまでバリア性を達成できれば，賞味期限を長く伸ばせ，無駄を減少でき，食品，弁当，飲料分野など各種包装や容器への展開が期待できる。キーワードとして，ハイバリア，脱酸素，多層構造など，従来の技術を革新する必要がある。

例えば，低コストでバリア性が達成出来る共押出(PO//EVOH/PA6//PO：ハイバリア EVOH 材，逐次二軸延伸，アクティブバリア層を含む）二軸延伸フィルムが製造されれば，金属缶やガラスボトル分野を含めた幅広い包装用フィルム・ボトルに展開できる。

PP，PET の二軸延伸フィルムはほとんどが逐次二軸延伸機で成形され，その生産能力はそれぞれ1,152万トン／年，660万トン／年に達している。PP，PETフィルムは食品包装を主体に幅広く使用されており，食品の長期寿命の観点からバリア性を要求する用途は多い。世界最大手の延伸機械メーカーであるブルックナー社では同時二軸延伸機LISIMで共押出ハイバリア二軸延伸フィルムの開発が行なわれている。同時二軸延伸あるいはチューブラー延伸では延伸性に問題がないが，コストの面ではPP用延伸機のほとんどが，MD延伸後，TD延伸を行なう逐次二軸延伸のため，ハイバリアである低エチレンEVOHの延伸は配向結晶化が進み易く，水素結合が強固になるため，偏肉精度の悪化やネック延伸が起こりやすく，均一延伸が難しいのが現状である。

将来的に，バイバリアEVOH/AD/PPの共押出の後，逐次二軸延伸ができれば，低コスト，ハイバリア，高透明，電子レンジ可能などの観点から多くの応用展開ができる可能性があり，低エチレンEVOHでも延伸し易い逐次二軸延伸性グレードの開発を望みたい。低温シーラントが必要な場合には逐次二軸延伸PEグレードの開発により，オレフィン層に酸素吸収剤を入れたPP/AD/EVOH/AD/PEで偏肉精度の優れた逐次二軸延伸フィルムが製造可能になれば，今後食品の長寿命，低コストの透明フィルムが製造できる。

容器の観点からも深絞りの優れた熱成形グレードが可能であれば，さらなる用途展開が期待できる。

このような開発は，まず小スケール，少量サンプルでの二軸延伸試験機での検討を行い，延伸性の評価，延伸メカニズムの研究，延伸性の動的な観察などを含めた研究により，効率的で短期間の開発研究で，早期の開発が必要と考えている。

ハイバリア性能という観点では，IT分野で有機EL用の有機・無機積層構造を有した透明バリアフィルムをはじめとして，液晶ディスプレイ，太陽電池などの分野でバリア性の向上検討が積極的に行なわれており，分野は異なるがバリア技術としては共通技術である。

7　おわりに

日本が先行している材料技術，多層，発泡，コーティング，蒸着等の高い技術レベルを向上させ，機能性フィルム開発に競争力のある更なる技術の発展が期待される。それを達成するための包装製品設計，材料・素材の開発，押出機，多層化技術，冷却，延伸機などの成形加工技術，評価・分析技術とCAE解析技術を磨き上げていく努力が必要と感じている。

文　献

1) 日本包装技術協会ホームページ，平成24年日本の包装産業出荷統計
2) J.Breil：Chapter 7 in Polymer Processing Advances, T.Kanai and G.A. Campbell (Eds.) Hanser Publications (2014).
3) H.Uehara, K.Sakauchi, T.Kanai and T.Yamada：*Int. Polym. Process*, **19** (2), 163-171 (2004).
4) H.Uehara, K.Sakauchi, T.Kanai and T.Yamada：*Int. Polym. Process*, **19** (2), 172-179 (2004).
5) 春田雅幸，向山幸伸，多保田規，伊藤勝也，野々村千里：成形加工，Vol.**22** (3) 160-167 (2010).
6) 羽田泰彦：機能性包装フィルム・容器の開発と応用（監修：金井俊孝），EVOHを用いたバリア包装材料，p161-168，シーエムシー出版 (2015年3月).
7) 特開2011-213111，層状無機化合物のナノシートを含有するガスバリアシート，旭化成
8) M.Takashige and T.Kanai：*Int. Polym. Process*, **20** (1), 100-105 (2005).
9) 井坂勤：包装技術，**32** (9)，52 (1994).
10) 出光ユニテック㈱ホームページ　ジッパーテープ
11) 葛良忠彦：フィルムの機能性向上と成形加工・分析・評価技術Ⅱ（監修：金井俊孝）第6章第2節 p164-175，Andtech出版 (2013年1月).
12) 奥下正隆：成形加工，**22** (6)，279-286 (2010).
13) 日本経済新聞社　ホームページ (2016年6月13日).
14) LG Newsroom ホームページ (2015年11月).
15) 帯川崇：有機ELディスプレイのTVへの応用展開 プラスチック成形加工学会第101回講演会 (2007).
16) LG社有機ELテレビのホームページ (2015).
17) 鈴木信也：成形加工，**27** (2)，61 (2015).
18) Sonyホームページ技術開発情報，ペンほどの太さに巻き取れる有機TFT駆動有機ELディプレイを開発，(2010年5月26日).
19) 瀬川正志：高分子学会フィルム研究会第45回講座

(2009).
20) 小山松 敦：高分子学会第46回フィルム研究会講座(2010).
21) 有機薄膜太陽電池　三菱ケミカルホールディングスホームページから引用
22) 米国「Science Advances」誌オンライン速報版2016年4月15日（米国時間）.
23) 村田正義：PETボトルのバリア膜に関する業界動向（平成26年5月15日）.
24) 凸版印刷㈱付ニュースリリース（2011年7月1日）.
25) 白鶴酒造㈱ホームページニュースリリース（2011年07月08日）.
26) 平山由紀子，菊池淳，中谷豊彦，吉川雅之，勝田秀彦：成形加工，Vol. **25** (10) 473-475 (2013).
27) A.Funaki, T.Kanai, Y.Saito and T.Yamada：Polym. Eng. *Sci.*, **50** (12) 2356-2365 (2010).
28) 船木章，蔵谷祥太，山田敏郎，金井俊孝：成形加工，Vol. **23** (5) 229-235 (2011).
29) A.Funaki, K.Kondo and T.Kanai：*Polym.Eng. Sci.*, **51** (6) 1066-1077 (2011).
30) ヤマサ醤油㈱ホームページ　商品情報
31) ㈱悠心ホームページ　製品紹介
32) キッコーマン㈱ホームページ　商品情報
33) 平田領子，高木直樹：要旨集p423-424，成形加工シンポジア(2013).
34) 久保典昭：食品と開発，**49** (7) 21-23 (2014).
35) T.Kanai, G.A. Campbell (Eds.)：Polymer Processing, Hanser Publications (1999).
36) W.Michaeli：Extrusion Dies for Plastics and Rubber, Hanser, p218-219 Munich (1992)
37) K.Xiao, M.Zatloukal：T.Kanai, G.A.Campbell (Eds.), Chapter 3　P81 in Polymer Processing Advances, Hanser Publications (2014).
38) 松本宏一：フィルム成形のプロセス技術，（監修：金井俊孝）Andtech (2016年3月).
39) T.Kanai, S.Ohno, T.Yamada and T.Takebe：Improvement of Polypropylene Biaxial Stretchability by Crystallization Control, AWPP-2014 Proceedings (2014).
40) 平松吉孝，山田敏郎，武部智明，金井俊孝：要旨集p221-222, 成形加工シンポジア(2012).
41) 奥山佳宗，中山夏実，山田敏郎，高重真男，金井俊孝：要旨集p113-114, 成形加工シンポジア(2012).
42) T.Kanai：T.Kanai, G.A.Campbell (Eds.) Chapter 8 in Polymer Processing Advances, Hanser Publications (2014).
43) 武部智明，南　裕，金井俊孝：成形加工　**21** (4) 202-207 (2009).
44) 原大治：東ソー研究・技術報告　第**57**巻39-44 (2013).
45) 森孝博，後藤良孝，竹村千代子，平林和彦：KONICA MINOLTA TECHNOLOGY REPORT Vol.11 (2014).
46) 神田孝重：プラスチックエージ，Vol.**62** (9) 66-70 (2016).

第2節　ゴムシールの設計・耐久性評価

京都工芸繊維大学　堀田　透

1　ゴムOリングの設計

1.1　JIS B 2401 に準ずる

ゴム O リングは JIS B 2401 において，種類（使用用途）・材料の識別及び各種加硫ゴム物理試験における物性値，基準寸法及び許容差，ハウジング形状及び寸法が定められており，ゴム O リングを製造・販売している各メーカーのカタログでもこれらに準じて作成されている。

JIS B 2401 は 2012 年度に改定がなされている。O リングに用いる材料の種類と硬さ違い品が追加され，物理的性質の試験項目も追加され，大きな変更となっている。以下に材料を中心として各項目について解説をする。

1.2　O リングに用いる材料

O リングに用いる材料については，種類・識別記号・物理性質（試験項目・規格値）が定められている。2012 年度に変更がったため，その前後について表 1～4 に示す。

1.3　2012 年度の主な変更点

以下に，2012 年度版に行った際の各材料の変更（新規で追加されたものもある）点について，それぞれに対して述べる。

① 1 種 A は NBR の硬度 70 で耐鉱物油（潤滑油）用で，最も耐油性汎用 O リングとして一番多く使用されてきた。常態値・伸び以外ほぼ変更なしで，NBR-70-1 となっている。耐

表 1　Oリングに用いる材料の物理的性質とその試験方法①（改定前）

	1 種 A	1 種 B	2 種		
	NBR・70	NBR・90	NBR70		
	アクリロニトリルブタジエンゴム	アクリロニトリルブタジエンゴム	アクリロニトリルブタジエンゴム		
	耐鉱物油	耐鉱物油	耐ガソリン		
常態値					
引張強度 kg/cm2	100 以上	150 以上	100 以上		
伸び　%	200 以上	100 以上	200 以上		
引張応力 kg/cm2	28 以上	－	28 以上		

（引張応力は 100%伸長時のもの）

表 2　Oリングに用いる材料の物理的性質とその試験方法①（改定後）

JISB 2401-2012	NBR			HNBR	
	NBR・70・1	NBR・90	NBR・70・2	HNBR・70	HNBR・90
	アクリロニトリルブタジエンゴム	アクリロニトリルブタジエンゴム	アクリロニトリルブタジエンゴム	水素化ニトリルゴム	水素化ニトリルゴム
	一般用		燃料用	（強度・耐熱改良用）	
常態値					
引張強度 MPa	10 以上	14 以上	10 以上	16 以上	16 以上
伸び　%	250 以上	100 以上	200 以上	180 以上	100 以上
引張応力 MPa	2.5 以上	－	2.5 以上	2.5 以上	－

表3　Oリングに用いる材料の物理的性質とその試験方法② (改定前)

＊ JASOF404

4種D		3種		4種C	(4種E)＊
FKM・70		SBR・70		VMQ・70	ACM・70
フッ素ゴム		スチレンブタジエンゴム		シリコーンゴム	アルリルゴム
耐熱用		耐動植物油用		耐熱用	(耐熱用)
100以上		100以上		35以上	80以上
200以上		150以上		60以上	100以上
20以上		28以上		−	−

表4　Oリングに用いる材料の物理的性質とその試験方法② (改定後)

FKM		EPDM		VMQ	ACM
FKM・70	FKM・90	EPDM・70	EPDM・90	VMQ・70	ACM・70
フッ素ゴム		エチレンプロピレンゴム		シリコーンゴム	アクリルゴム
耐熱用		耐ブレーキ油用		耐熱用	耐熱用
10以上	10以上	10以上	10以上	3.5以上	6以上
170以上	80以上	150以上	80以上	60以上	100以上
2.0以上	−	−	−	−	−

熱性・耐油性圧縮永久歪性とも変更がない。

② 1種BはNBRの硬度90で耐鉱物油(潤滑油)用ですが，高硬度で圧力の高い個所での変形防止でも使用実績がある。これも変更なしで，NBR-90となっている。耐熱性・耐油性・圧縮永久歪性とも変更がない。

③ 2種はNBRの硬度70で耐ガソリン(燃料油)用で，自動車の燃料系に使用されきた。これも変更なしで，NBR-70-2となっている。

④ JISB2401-2012で新設されたHNBR(水素化ニトリルゴム)は，NBR(アクリロニトリルブタジエンゴム)のブタジエンユニット中の二重結合を水素化することで作られる。水素添加で二重結合をなくし(硫黄架橋品は架橋に関与する程度を残す)，耐サワ－ガソリン(劣化ガソリン)性・耐オゾン性が大きく改良され，耐熱性も向上ししており，耐熱性では架橋系を硫黄から過酸化物に変更することで150℃まで耐熱上限温度を上昇することが可能となっている。2012年度版HNBRの耐熱性の老化試験温度及び圧縮永久歪試験温度は150℃となっており，HNBR-70とHNBR-90材料ともに過酸化物架橋系で対応することが望ましいと考える。さらに，水素添加により分子構造が樹脂(ポリエチレン)に類似してきて，機械的強度(引張強度)が上昇したことで，常態値の引張強度がNBRの10MPaから16MPaへと上昇している。

⑤ HNBR-90の硬度90が追加となっているが，最近の高圧気体燃料(CNG：25MPa・水素ガス：75MPa)への対応では，高硬度の材料が使用されているためと考える。

⑥ 4種Dは耐熱用でFKM(フッ素ゴム)硬度70品が過去から使用されており，ほぼ変更なしで，FKM-70となっている。1種・2種と同様に，耐熱性・耐油性・圧縮永久歪性も変更が無い。高硬度品のFKM-90が追加されている。高硬度品ではいずれも破断伸びが80%(100%をきっており，数値的に2倍に伸びないこととなる)と低下している。この状態では，Oリングのケースへの装着時にやりにくい状況になることが予想され，注意を要すると考える。

⑦ 3種は耐動植物油用(当初ブレーキ液には亜麻仁油等が使用されていたとのことで)でSBR(スチレンブタジエンゴム)となっていたが，ブレーキ部品環境の温度上昇により耐熱性がワンランク上で耐ブレーキ液性を有する

EPDM（エチレンプロピレンゴム）に変更された。さらに，ブレーキ液も合成油となり，最近はさらなる耐熱性向上により自動車部品メーカーからの耐熱性・圧縮永久歪性試験の温度要求が150℃（JISより高い）に上がっている。しかし，今回の改定での耐熱性・圧縮永久歪性試験の温度は100℃のままとなった。高圧対応としてEPDM-90の高硬度品（硬度90）が追加される。

⑧　4種CはVMQ（シリコーンゴム）の硬度70で耐熱用ですが，耐熱性・耐油性・圧縮永久歪性には変更がない。

⑨　4種EはJIS B 2401では規定されていなかったが、JASO F404でACM（アクリルゴム）を載せたカタログがあり，実際にもACMは，Oリングとしての使用も一般的であることから追加されたと考える。耐熱性・耐油性の条件としては，HNBRと同一条件（水準）である。

⑩　最近，給湯器・風呂・温水便座・温水暖房・食器洗浄機等と水まわりのゴムシール部品の使用が広がり，それとともに環境条件が厳しくなっている。環境温度では，常温～40℃から60～80さらに90℃の要求も出て来ている。材料としては，EPDM・FKMであるが，高温・塩素水条件下では使用する配合剤（架橋剤を含めた）ですでに対応しているものがある（EPDMカーボンブラック材料の黒粉現象とFKM架橋促進助剤による高温水での膨潤大現象である）。これら水まわりシールのOリングはかなり大量に使用されているので，JIS B 2401の次回の材料追加の候補にされるのではと考える。

1.4　Oリングの種類

運動用（P），固定用（G），真空フランジ用（V）にISO一般工業用（F）とISO精密機器用（S）の2点が追加されている。なお今回ここで取り上げているシール性評価の試験・耐久性評価においては，運動用：Pサイズを使用している。

1.5　Oリングを装着するハウジングの形状・寸法

JIS B 2401-2：2012に準じたOリングのハウジングの形状・寸法からP12Oリング（バックアップリング未使用）を使用した時の圧縮（つぶし）率・充填率について下記に示す（**表5**）。

上記の結果からして充填率（それぞれのケースがあることでJISでは触れられていないと考える）は別として，圧縮率の中央値よりJIS K 6262の圧縮永久歪試験における試験条件の圧縮率・25％は現状に即した数値と考える。

1.6　最近の継手製品（ワンタッチ継手）における傾向

現在施工しやすさ面からと考えるが，業務用及び家庭用とも継手製品においては，ワンタッチ継手が多く使用されている（興味ある方は，ワンタッチ継手で検索をかけていただければ，各社の製品が御覧になれます）。この部品内部にはゴムOリングが装着されています。

ワンタッチ継手では通常は，配管を差し込む（挿

表5　P12 Oリングに対するケース寸法と圧縮率・充填率

（単位：mm）

	最大	最小	
溝幅 3.2＋0.250	3.45	3.2	ケース溝面積： 最大　6.3835 (mm^2) 最小　5.6000 (mm^2)
溝深さ 1.8 ± 0.05	1.85	1.75	
Oリング経 2.4 ± 0.09	2.49	2.31	Oリング断面積： 最大　4.867 (mm^2) 最小　4.189 (mm^2)
圧縮幅 （つぶし代）	0.74	0.46	充填率 最大　86.9（%） 最小　65.6（%） 中央値　75.3（%）
	中央値：0.60		
圧縮率（%） （つぶし率）	29.7	19.9	
	中央値：24.8		

・圧縮率（中央値：24.8%）と充填率（中央値：75.3%）は過去からいわれている妥当なレベルにあると考える。

入する）場合が多く，圧縮率が大きいと差し込む際に力がそれだけ必要となる。前項で述べましたが，圧縮率25%が一般的となっておりますが，ワンタッチ継手では設計上25%の圧縮率とすると差し込みにくくなるとされており，ワンタッチ継手での圧縮率は25%以下で15%台と言われており，現在その実証評価が行われているとのことである。

2　ゴムシールの耐久性評価

ゴムシール性の耐久性（寿命）予測として圧縮永久歪試験の結果からアレニウス則により求める従来方法と新しい圧縮反力荷重値測定法からの寿命予測の考え方について述べる。

2.1　圧縮永久歪試験結果からのアレニウス則による寿命予測

ゴム・樹脂製品の耐久性（寿命）を通常使用環境下で測定することはかなりの長時間を要し不可能である。高温で加速劣化試験を行った結果からアレニウス則により，通常使用環境（温度）での製品の耐久性（寿命）予測が行われている。ゴムシールの耐久性予測においても以下の圧縮永久歪試験で圧縮永久歪率80%をシール寿命と仮定して行った実例を示す（**図1**）。

図1ではJIS B 2401：NBR-70-1（一般用NBRで旧1種A）の最も広くOリングとして使用されている（硬度70）材料で製品（P12サイズのOリング）を試験片とした100・120・150℃での長期（1,000 hrまで）圧縮永久歪試験（圧縮率25%）の結果をグラフにした。1,000 hrで一般的に圧縮永久歪率80%に達していないので，それぞれの直線を延長して圧縮永久歪率が80%となる時間を150℃-280 hr，120℃-1,400 hr・100℃-3,400 hrそれぞれ寿命時間として読み取る。

図2では，100・120・150℃の絶対温度の逆数である2.68・2.54・2・36×10^{-3}と寿命時間をプロットして直線を引き，延長して低温域である40℃（3.2×10^{-3}）での寿命時間をグラフから求めると92,000 hrとなり，アレニウスプロットにより40℃での寿命時間を92,000 hr（約10.5年）と予測した。

上記の様にアレニウス則は反応速度論に基づいた活性化エネルギー（熱）を含む式で表される。実例の上記の長期圧縮永久歪試験結果（熱のみ）からシール寿命予測を行うことは過去からも行われいる。

しかし，環境条件に熱以外のもの（油・水等）が加わった場合では活性化エネルギー（熱）のみによる寿命予測には無理が生ずると考える。Oリングのシール寿命を考える際には，そのOリングの圧縮反力荷重値を評価することにより定量的寿命を求められないかとの考え方である。この方法によると，熱以外の環境条件である油・水等による浸漬されたものでの影響を含めた劣化状態の把握が可能となると考える。次項に実例を述べる。

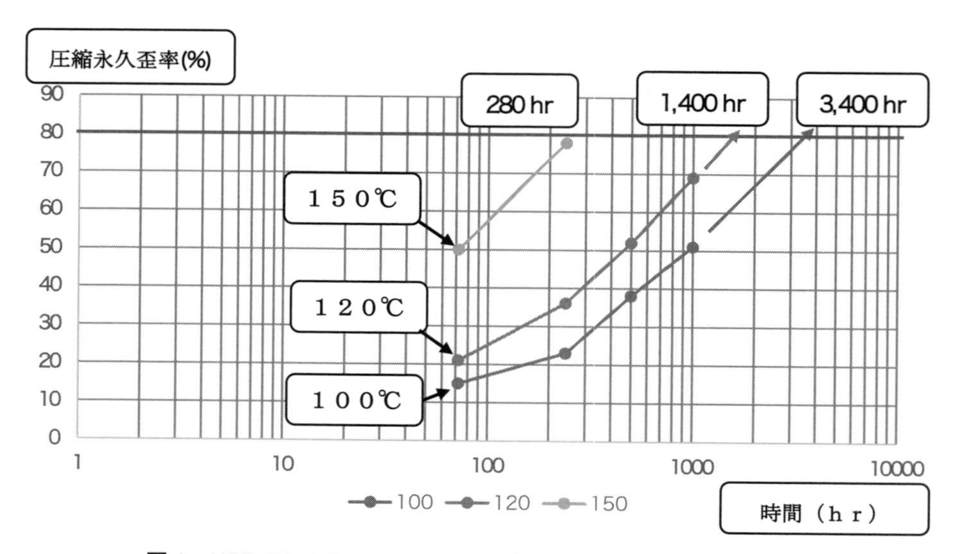

図1　NBR-70-1の100・120・150℃による長期圧縮永久歪試験

（出典：藤倉ゴム工業㈱・技術資料）

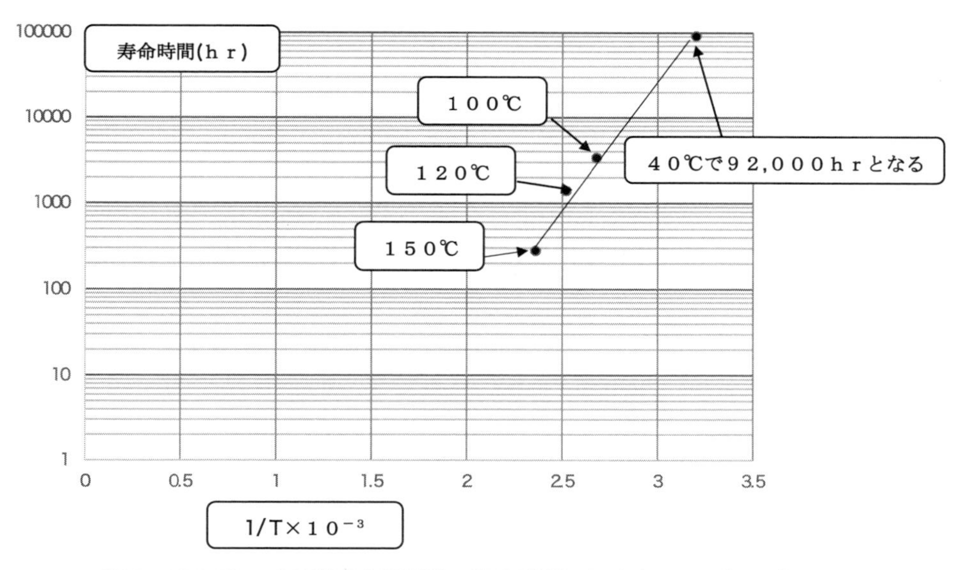

図２　NBR70･1 の圧縮永久歪試験・寿命時間におけるアレニウスプロット

（出典：藤倉ゴム工業㈱・技術資料）

2.2　圧縮反力測定方法による

ここでは，第Ⅰ編第３章第１節（I-3-1）で示した圧縮反力測定方法によるＯリングの新しいシール性評価について，実際の塩素水浸漬下の長期劣化（熱と塩素水の複合劣化要因）サンプルの測定結果からとなる。

以下にＯリングの長期圧縮塩素水浸漬における圧縮永久歪率とその時点での圧縮反力荷重値の両方の測定結果を示し，考察を行う。

Ｏリングの長期圧縮は，I-3-1 の図２で示した圧縮永久歪治具で 25％圧縮し，長期（250～5,000 hr）塩素水浸漬して圧縮永久歪率を測定する。さらに，Ｏリングの圧縮反力荷重値を I-3-1 に示した圧縮試験装置で測定，図５で示したグラフより Outward 曲線の圧縮代 1.92 mm（圧縮率 20％）の圧縮反力荷重値（単位：N）を読み取る。

2.2.1　ゴム材料について

ここで長期浸漬試験を行った製品は，給湯器・温水暖房器・温水便座等のシール部品に使用されているゴムＯリングで，現在一般的に最も多く使用されている EPDM（エチレンプロピレンゴム）とより高温対応の FKM（フッ素ゴム）の２種類を選定している。

①　EPDM 通常品	補強性のカーボンブラック配合品
②　EPDM 対策品	塩素水で黒粉現象を発生しないノンカーボンブラック配合品
③　FKM 通常品	ポリオール架橋で架橋促進助剤の金属酸化物配合品
④　FKM 高温水対策品	金属酸化物を含まず高温水で膨潤大にならない配合品

最近の市場で発生している黒粉現象（EPDM 材料においては，水道水中の残留塩素により EPDM に配合されているカーボンブラックが活性点となりゴムが劣化し，最終的には表面から黒い微粒子状で析出する。これを黒粉現象とよんでいる）の対策品として，補強剤のカーボンブラックをシリカに代替えしたノンカーボンブラック品が使用されている。一方 FKM では，浸漬水が 80 ℃以上の高温水で膨潤が急激に大きくなる（この原因は，FKM に配合されている金属酸化物類が吸水性が高いために，高温水で膨潤大となる）ことで，金属酸化物を含まない高温水対策品が存在する。EPDM・FKM ともそれぞれ通常品と対策品で，合計４点のサンプルにて長期塩素水浸漬を行った。

2.2.2　浸漬条件及び測定について

浸漬条件は，90 ℃の塩素水（50 ppm・次亜塩素酸水溶液）でＯリングを圧縮（25％）した治具を浸漬して，250～5,000 hr 後の圧縮永久歪率を測定後に圧縮反力荷重値を測定する。Ｏリングの圧縮治具の平板には，Ｏリング内径側にも塩素水が接触する様に上下 ϕ ３程度の穴を開けてある。浸漬液は，３日毎に新液に交換する。

2.2.3　長期浸漬試験結果

(1) 圧縮反力荷重値測定

表 6 に EPDM・FKM ①〜④ O リングでの未浸漬品と長期圧縮塩素水浸漬品の圧縮反力荷重値を示す。250〜5,000 hr のカッコ内数値は未浸漬品に対する変化率（単位%）である。

① EPDM 通常品は，500 hr で表面に黒粉現象が発生して 3,000 hr で急激に圧縮反力荷重値が低下し，表面からゴムが脱落している状態が促進しています。

② EPDM 対策品は，5,000 hr でも表面状態に変化なく，圧縮反力荷重値低下は小さい。

③ FKM 通常品は，250 hr で膨潤による寸法変化大で外径が大きくなり，500 hr 以降拡大し，3,000 hr で平衡に達している模様です。圧縮反力荷重値低下も大きい。

④ FKM 高温水対策品が一番小さく，5,000 hr でも表面状態に変化は出ていない。

それぞれの未浸漬品での圧縮反力荷重値はゴム材料の内容（違い）を表すもので，ゴム材料としての破断強度・圧縮永久歪性・架橋の種類と架橋度合等で大小が変化する。

図 3 に EPDM・FKMO リングでの長期圧縮塩素水浸漬の圧縮反力荷重値の未浸漬品に対する変化率推移を示す。

(2) 圧縮永久歪試験（圧縮永久歪率）

図 4 に EPDM・FKM ①〜④ O リングでの長期塩素水浸漬の圧縮永久歪試験（25%圧縮）における圧縮永久歪率の推移を示す。

① EPDM 通常品が黒粉現象による劣化が 500 hr で始まり，時間経過とともに大きくなり，ゴム脱離現象も発生する。圧縮永久歪率が 4 点中で一番大きい。

② EPDM 対策品（ノンカーボンブラック品）は改良されて表面状態変わらず，圧縮永久歪率は 3,000 時間以降で一番小さくなっている。

③ FKM 通常品は高温水での膨潤大で，急激に圧縮永久歪率大きくなっている。さらに寸法も膨潤により大きくなっている。

④ FKM 高温水対策品は水で膨潤する配合剤えを含まないことで圧縮永久歪率小さく、② EPDM 対策品と同等レベルにである。表面状態も 5,000 時間時点で変らず，寸法も大きくなっていない。

・① EPDM 通常品・③ FKM 通常品に対して②

表 6　EPDM・FKMO リングでの未浸漬品と長期圧縮塩素水浸漬品の圧縮反力荷重値

（カッコ内数値は未浸漬品に対する変化率・単位：%）

	未浸漬品	250 hr	500 hr	1,000 hr	3,000 hr	5,000 hr
①　EPDM 通常品	74	61 (−18)	56 (−26)	52 (−30)	33 (−55)	11 (−85)
②　EPDM 対策品	98	98 (0)	93 (−5)	90 (−8)	83 (−15)	80 (−18)
③　FKM 通常品	132	112 (−15)	92 (−30)	68 (−48)	47 (−64)	41 (−69)
④　FKM 高温水対策品	76	76 (0)	76 (0)	74 (−3)	72 (−5)	64 (−12)

（出典：藤倉ゴム工業㈱・技術資料）

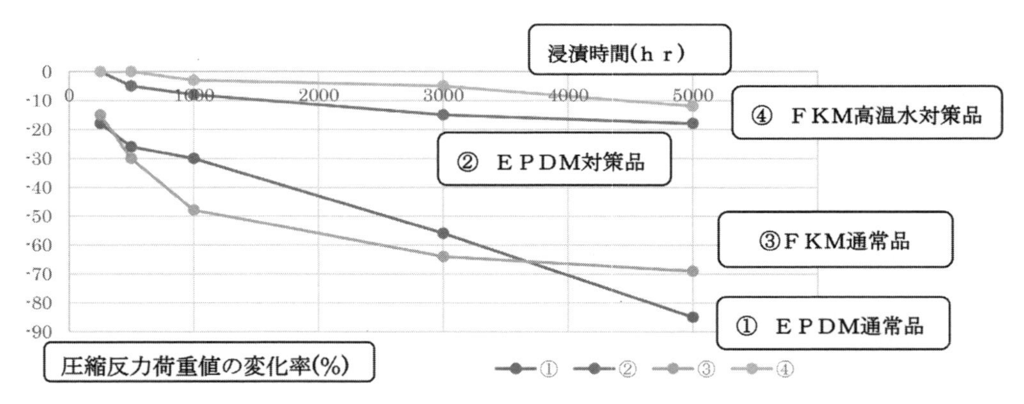

図 3　EPDM・FKMO リングでの長期圧縮塩素水浸漬の圧縮反力荷重値の変化率推移

（出典：藤倉ゴム工業㈱・技術資料）

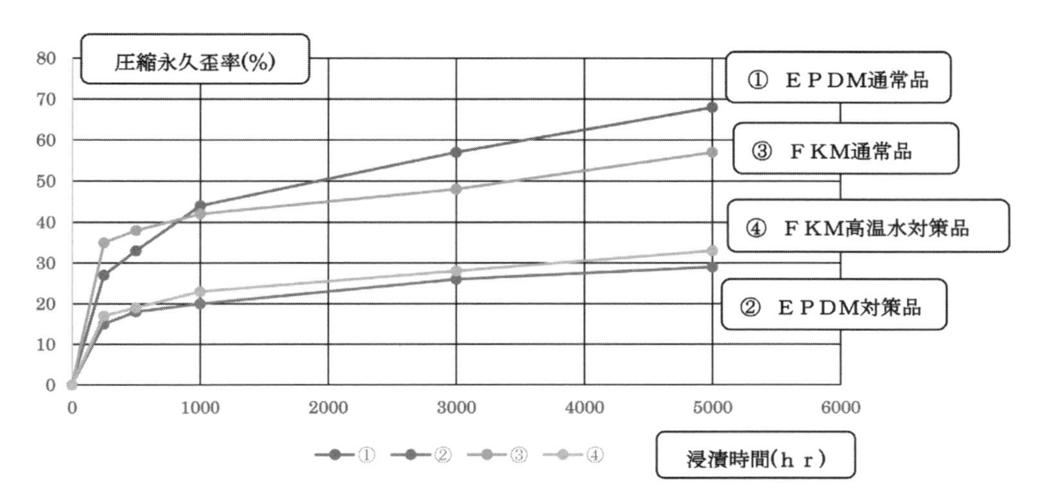

図４　EPDM･FKMO リングでの長期圧縮塩素水浸漬の圧縮永久歪試験（25％圧縮）

（出典：藤倉ゴム工業㈱・技術資料）

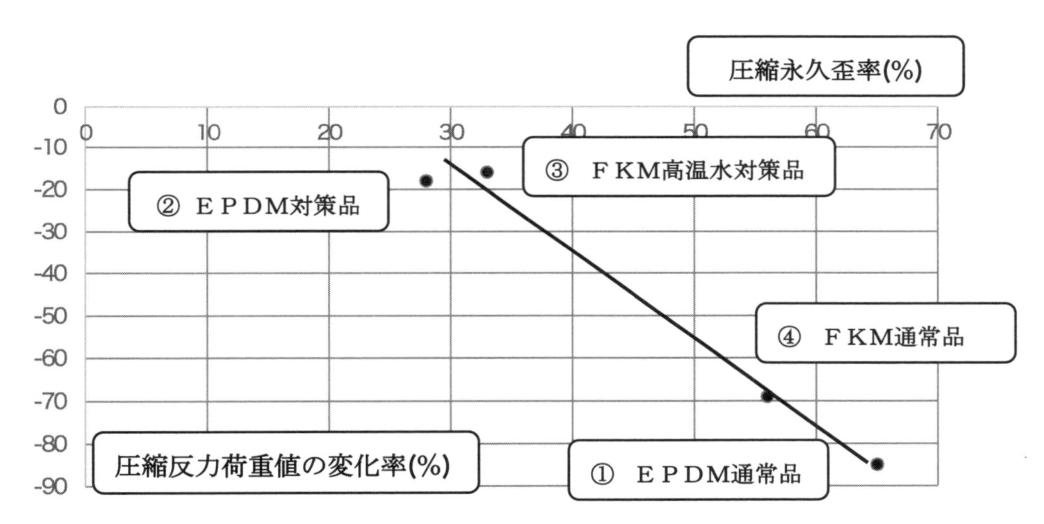

図５　EPDM・FKMO リングの長期塩素水浸漬時の圧縮永久歪率と圧縮反力荷重値変化率の関係

（出典：藤倉ゴム工業㈱・技術資料）

EPDM 対策品・④ FKM 高温水対策品とも改良がなされている。

(3) O リングの長期圧縮永久歪試験における圧縮永久歪率と圧縮反力荷重値変化率の関係

図５に EPDM・FKM ①～④の O リングを圧縮して長期塩素水浸漬（90 ℃・50 ppm・5,000 hr）した際の圧縮永久歪率と圧縮反力荷重値変化率の関係を示す。

図５の４点の相関係数を求めると－0.9902 で相関関係にあり，圧縮永久歪率と圧縮反力荷重値変化率では，塩素水浸漬による劣化に対して同じ傾向をとると考える。

O リングの圧縮反力荷重値を測定して，それがシール性の指標と出来ないかとの検討は最近の取り組みであり，測定結果を集積し始めている。EPDM 通常品で市場にて漏れ発生したとして回収されてきた部品から O リングを取り出して圧縮反力荷重値を測定したところ，変化率が－75％で図３でみると約 4500 時間に相当する（圧縮永久歪率は 62％で，図４でみると約 4000 時間に相当する）結果であった。

3　おわりに

実際の市場不具合回収品での測定結果は，今のところこれ１点のみであるが，圧縮率や詳細の使用環境条件は不明とのことである（一般的に市場回収品では，その正確は使用履歴の把握が困難であるのが現状です）。不具合発生時点でのＯリングの圧縮反力荷重値と圧縮永久歪率と使用履歴を知ることが，製品寿命予測には不可欠であり，何点かの測定値と使用履歴を母集団（最長・最短そして平均）として捉えることがベストと考える。

シール性の評価としては，漏れ等の不具合発生時点での圧縮反力荷重値がポイントであり，重要と考える。これに対して未使用状態での圧縮反力荷重値を設計値とすると，設計値から不具合発生時点の値までの差を各使用条件の基での安全率と見なすことが出来ると考える。

不具合品や定期的な市場回収品（未不具合品含めて）による圧縮反力荷重値及び圧縮永久歪試率の測定とそれらの製品の使用状態（環境条件）の把握こそが製品寿命予測につながる。その把握に要する労力に対しては，多くの方々の協力と費用が必要となるが，今後，是非これを促進していきたいと考えているところである。

文　献

1) 新ゴム技術入門：日本ゴム協会編，P.458～459 (1975).
2) JIS 使い方シリーズ・ゴム材料選択のポイント：國澤新太郎他，P.77～79 日本規格協会 (1979).
3) JIS 使い方シリーズ・密封装置選定のポイント：岩根孝夫他，P.163～165 日本規格協会 (1989).
4) ゴム試験法｛第３版｝：日本ゴム協会編，P.230～232 丸善 (2006).
5) 高分子の寿命と予測・ゴムでの実践を通して：深堀美英，P.159～162 技報堂出版 (2013).

第3節　ガスメーター部品の設計と耐久性評価技術

京都工芸繊維大学　西村　寛之

1　はじめに

工業製品は一般に複数の材料から構成されており，使用環境に応じて，複数の故障モードを有する。故障がどんな使用環境によって発生したのか見極めて，劣化機構を加速評価する試験方法を確立しないといけない。今回，使用寿命までは達していないが，現場使用品や市場回収品が入手できる場合の事例として，ガスメーターの部品について解説する。ガスメーターは計量法で規定される特定計量器であるため，家庭用を主とする16号以下のガスメーターの場合，設置後10年以内に全数回収されて検定が行われる。ガスメーターの部品はこの10年間，屋外の設置環境で故障せずにメンテナンスもなしで機能しなければならない。また，ガスメーターは計量器であるので，計量法の規定により検定を受け，これに合格したものでなければ使用できない。このような厳しい使用環境での耐久性評価技術が蓄積されてきた[1]。

2　ガスメーターの要求仕様

2.1　家庭用ガスメーターの計量範囲

ガスメーターは計量法上の計量機能に加えて，ガス事業法で定められる保安機能を備える必要がある。保安機能の１つはガスメーターより下流側の内管（灯内内管）でのガス微小漏れを検出するものであり，30日間連続して3 L/hの微小ガス流量を検知し続けた場合には，ガスメーターはガス漏洩の疑い有りと判定して警報表示する。また，大流量側の保安機能として，ガスメーターより下流側のガス栓の誤開放やゴム管外れを検出するため，過大なガス流量（ガスメーターの使用最大流量の２倍）を検知した場合には，ガスメーターはガス漏洩の疑い有りと判定して速やかにガス遮断および警報表示する機能がある。6号のガスメーターであれば，3 L/h～12000 L/hがガス流量の計量範囲であり，4000倍の広いレンジアビリティが必要となる。**図１**に家庭用ガスメーターの計量範囲を示す。図中のQ maxはガスメーターの使用最大流量である。日本の家庭用ガスメーターは一般にマイコンメーターと呼ばれて，3 L/hの微小ガス流量の検知と過大なガス流量（ガスメーターの使用最大流量の２倍）の検知を行う機能を有している。

2.2　ガスメーターの検定交差と使用交差

計量器自体の有する誤差を器差といい，次の式において表される。ここで，Eは器差（%），Iは被検定ガスメーターの指示量（L），Qは基準器の指示量（L）である。

$$E=\frac{I-Q}{Q}\times 100\ (\%) \qquad (1)$$

この器差の計量法上の許容範囲が“公差”と呼ばれ，

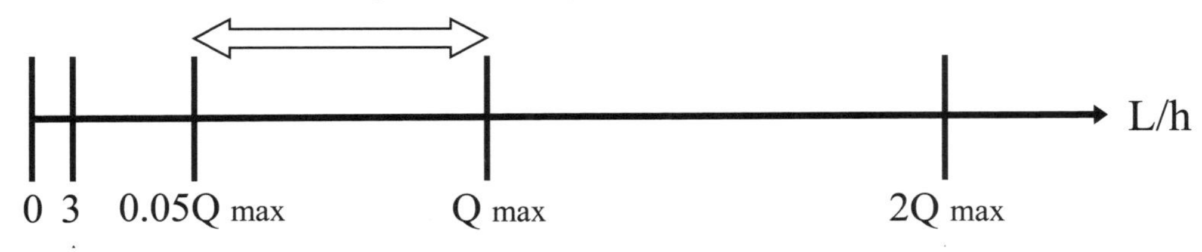

図１　ガスメーターの計量範囲[2]

検定を受ける際の許容器差を“検定公差”，需要家に取りつけて使用中のガスメーターの許容器差を“使用公差”という。家庭用を主とする16号以下のガスメーターは検定を受けた翌月1日から起算して10年間が検定有効期限であり，その期間中は器差が使用公差から外れることは許容されない。ガスメーターの検定交差および使用公差を**図2**に示す。ガスメーターは計量器として高い計量精度が求められている。

2.3　ガスメーターの設置環境

ガスメーターは計量法に規定される特定計量器であり，検定有効期間ごとに交換される。家庭用を主とする16号以下のガスメーターの場合，検定を受けた翌月1日から起算して10年間が検定の有効期限であり，その10年間はメンテナンスフリーで，しかも直射日光や雨水に晒される屋外で使用されることが多い。そのため，ガスメーターは−10℃～60℃の広い温度範囲で前述の計量性能を満たす必要があり，厳しい設置環境下で長期間高い信頼性を維持しなければならない。直射日光や雨水に晒される屋外環境で，リチウム一次電池のみによる計測で，10年間メンテナンスフリーの使用条件で，家電・電子機器の一般的な故障率の10分の1を維持している。

2.4　脈動下での計量精度

ガスメーター下流側では，多種多様なガス設備・機器が使用される。ガスエンジンなどにより発生する脈動下においても，ガスメーターは前述の計量性能を満たす必要がある。脈動とはガス流路内の圧力変動や振動であり，ガスの流れが脈打つように周期的かつ断続的に動いていることを示す。

3　マイコンメーターの構造と機能

日本ではガス供給の保安確保のため，圧力スイッチ，遮断弁，感震器，コントローラなどを膜式ガスメーターに搭載し，24時間ガスの使用状況を監視，異常時にはガス供給を遮断する機能を具備したマイコンメーターが1987年に開発されて導入され，現在ではその普及率がほぼ100％に達している。マイコンメーターの構造と搭載部品について**図3**に示す。

マイコンメーターの保安機能は，圧力スイッチなどの各機能部品により担保される。以下に，感震器やコントローラの動作原理について述べる。

3.1　感震器

感震器は，震度5以上の地震波の振動によって内蔵スイッチの接点がON，OFFすることで動作する。感震器はガスメーターに加わる全ての振動を感知するが，その出力信号をマイコンで判定して地震波のみを区別している。また，感震器は内部に自己水平構造を持ち，姿勢特性として正規取付状態に対

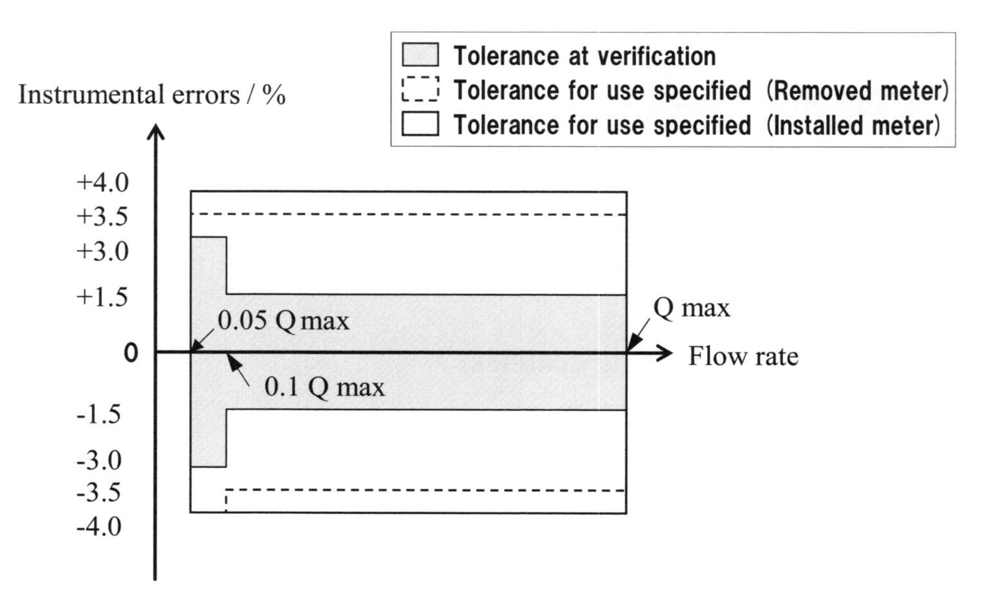

図2　ガスメーターの検定公差と使用公差[2)]

図３　マイコンメーターの構造と搭載部品[2)]

して取付面が±5°以内で傾斜した状態でもその感度特性を維持することができる。感震器の動作原理を**図４**に示す。

3.2　コントローラ

コントローラはプリント基板上にマイクロコンピューター，流量センサー，表示ランプ（赤色LED），リチウム一次電池を配し，遮断弁，圧力スイッチ，感震器と配線接続している。マイクロコンピューターのワンチップ化，LED表示の工夫などによる低消費電力化の結果，リチウム一次電池１本でコントローラの10年駆動を実現している。コントローラが異常時と判定する事象を述べる。次の場合に，ガス供給を遮断するとともに，上ケース正面の中央に設けられた表示ランプによる警報表示を行い，ガスに関わる事故を未然に防止している。

(1) 合計流量オーバー遮断

コントローラに予め設定した定格値を超えて大流量が流れた場合，ガス栓の誤開放やゴム管外れなどの異常と判定し，約１分以内にガス供給を遮断する。

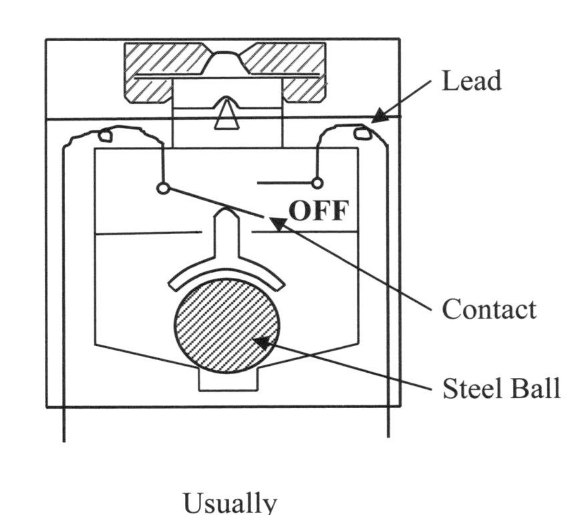

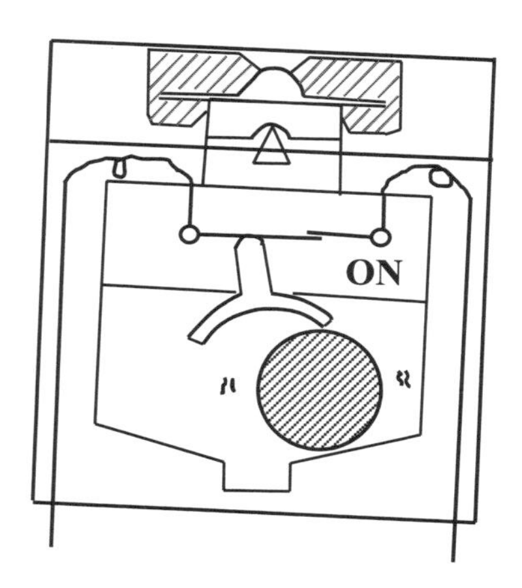

図４　感震器の動作原理[2)]

(2) 個別流量オーバー遮断

ガスメーターを流れるガス流量が増加し，その増加量がガスメーターの使用最大流量と比べて異常に大きい値であった場合，合計流量オーバー遮断と同様，ガス栓の誤開放やゴム管外れなどの異常と判定し，約1分以内にガス供給を遮断する。

(3) 継続使用時間オーバー遮断

コントローラに予め記憶させている各種ガス機器のガス消費量区分に応じた通常の連続使用時間に比べて，実際のガス連続使用時間が異常に長い場合，ガス漏れやガス機器の消し忘れなどの異常と判定してガス供給を遮断する。

(4) 感震遮断

マイコンメーター搭載の感震器のON，OFF信号をコントローラで読み取り，約200ガル（震度5相当）以上の地震発生と判定した場合にガス供給を遮断する。

(5) 圧力低下遮断

マイコンメーター搭載の圧力スイッチの出力信号がコントローラに入力（ガスメーター内の圧力が約0.3 kPa以下に低下）された場合，ガス供給支障と判定してガス供給を遮断する。

次の場合に，上ケース正面の中央に設けられた表示ランプによる警報表示を行い，ガスに関わる事故を未然に防止している。

(6) 内管漏洩検知警報

30日間連続してガスの流れが認められる場合，パイロットなどの連続点火か内管漏洩の疑い有りと判定して警報表示を行う。

ガスメーターは計量法で規定される特定計量器であるため，家庭用を主とする16号以下のガスメーターの場合，ガスメーターは設置後10年以内に全数回収される。その後，地球環境保全と資源有効利用の観点から，ガスメーターは一部部品を修理・交換された後にリユースされているが，圧力スイッチや遮断弁などの保安部品は全て新品に取替えられて，使用済み品は廃棄処理されていた。保安部品の部品リユースが実現すれば，全国で約2900万台のガスメーター搭載部品がリユース対象となり，新品の製造と比べて，コストダウンや大幅なCO2排出量の抑制効果が期待される。

一般的に，部品リユースは使用履歴が不明で，リユース時の性能担保が困難であり，費用がかかるなどの理由からほとんど行われていないが，圧力スイッチなどの保安部品は，

① 設置後10年以内に全数回収され，回収品の市場経過年数が均一である。
② 同一規格の単体製品である。
③ 設置場所は個人の住宅内であるが，メーターの所有者はガス事業者であり，維持管理も全てガス事業者が行う。
④ 回収ルートが確立している。

などの特徴を有しており，リサイクルカメラや複写機などの部品リユースの成功事例と共通点が多く，部品リユースに適した部品と考えられる。

一方で，保安部品は人命に関わるものであり，リユース品でも新品と同等の品質が要求されるため，リユース後10年間の性能担保が可能なリユース時の検査手法が必要とされていた。ガスメーター用圧力スイッチや遮断弁の部品リユースを導入するにあたり，リユース後10年間の性能担保を目的として，リユース時に実施する選別検査の合格基準の明確化を行った。

4　圧力スイッチ

4.1　圧力スイッチの基本特性

日本ではガス供給の保安確保のため，24時間ガスの使用状況を監視，異常時にはガス供給を遮断する機能を具備したマイコンメーターが広く普及している。圧力スイッチはマイコンメーターに搭載される保安部品の1つであり，ガスの供給圧力低下を検知するセンサーである，圧力スイッチの構造および作動原理を**図5**に示す。正常時は，ガスの供給圧力により圧力スイッチ内部のダイヤフラムが上方に押し上げられて，連動しているプランジャが接点を押し上げ，圧力スイッチを“オフ”状態に保つ。ガスの供給圧力が規定値より低下した場合，ダイヤフラムが下がるため，プランジャも下がり，圧力スイッチは“オン”状態になる。圧力スイッチの機能劣化要因としては，ステンレス鋼製ダイヤフラムの腐食，樹脂製プランジャの変形，接点導通不良などが考えら

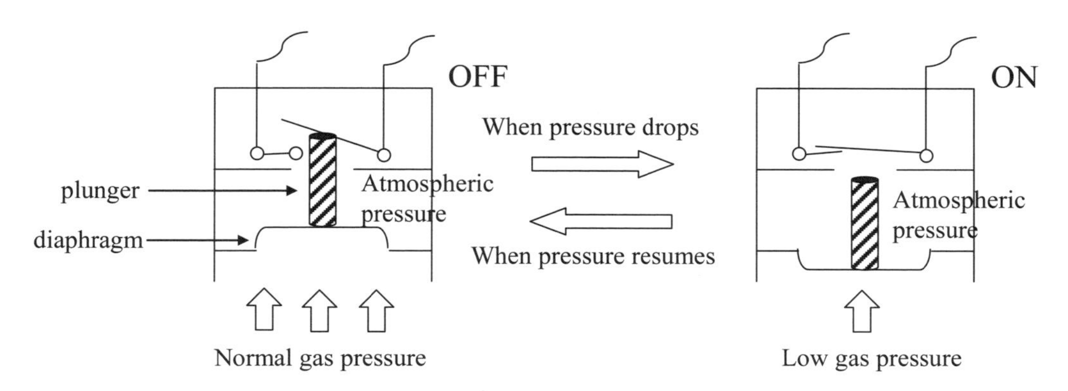

Gas supply pressure pushes diaphragm upward, keeping sensor inactivated.

Diaphragm sinks down, activating sensor.

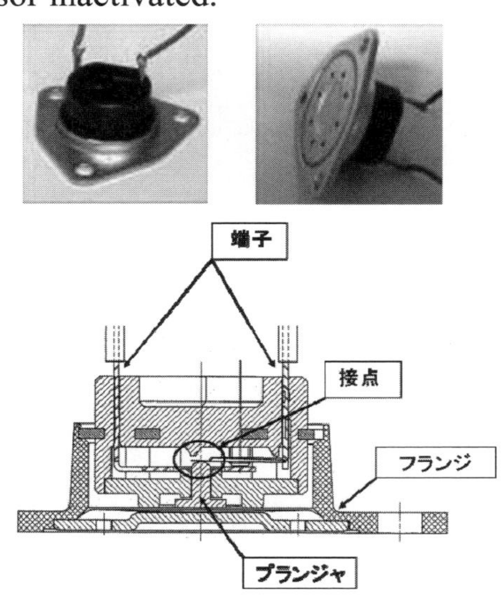

図５　圧力スイッチの構造と作動原理[2)]
（出典：学位論文「ガスメーター部品の耐久性評価に関する研究」，(2014)）

れる。

圧力スイッチの部品リユースを導入するには，ガスメーターの検定満期回収後さらに10年使用後（計20年使用後）においても，**表１**に示す圧力スイッチの要求性能を満たす必要がある。特に，ガス工作物の技術上の基準を定める省令第50条およびガス工作物技術基準の解釈例第112条に規定される「供給圧力0.2 kPa（20.4 mmH_2Oに相当）未満でガスを速やかに遮断する機能と関連する作動オン圧下限が最重要と考えられる。

4.2　圧力スイッチのリユース評価の考え方

リユース時の性能担保のため，統計的手法の概念に基づき，10年使用品（1回検定満期回収品）を作動オン圧で選別検査することで，さらに10年使用後（計20年使用品（2回検定満期品）に相当）の作動オン圧下限が設計規格外（作動オン圧が0.2 kPa未満）になる出現確率を，10年使用品と同等になるように試みた。なお，20年使用品については，10年使用品を10年相当の促進劣化試験にかけることで模擬的に再現した。設計規格外になる出現確率は，圧力スイッチの作動オン圧の測定値の累積確率を最も近似できる分布関数を用いて算出した。圧力スイッチの

表1　圧力スイッチの要求性能[2)]

要求性能評価項目		設計規格値
動作特性	オフ圧　下限	0.5 kPa
	オフ圧　上限	0.7 kPa
	オン圧　下限	0.2 kPa 未満
	オン圧　上限	0.4 kPa
接触抵抗		1 Ω以下
絶縁抵抗		10 MΩ以上
耐電圧		250 V で，1 mA
外観		異常なきこと
気密性（18 kPa 印加時）		5×10－4 atm・cc/s 以下

（出典：学位論文「ガスメーター部品の耐久性評価に関する研究」，(2014)）

リユース評価の考え方を**図6**に示す。

(1) 新品の作動オン圧（$P_{ON}0$）を測定する。測定値は分布を持つので，最も精度良く近似可能な分布関数を用いて，作動オン圧下限が設計規格外になる累積確率（$q_{ON}0$）を算出する。

(2) 10年使用品の作動オン圧（$P_{ON}1$）を測定する。測定値は分布を持つので，最も精度良く近似可能な分布関数を用いて，作動オン圧下限が設計規格外になる累積確率（$q_{ON}1$）を算出する。

(3) 新品の促進劣化試験後の作動オン圧（$P_{ON}1$-1）を測定する。測定値は分布を持つので，最も精度良く近似可能な分布関数を用いて，作動オン圧下限が設計規格外になる累積確率（$q_{ON}1$-1）を算出する。

(4) 10年使用品の促進劣化試験後の作動オン圧（$P_{ON}2$）を測定する。測定値は分布を持つので，最も精度良く近似可能な分布関数を用いて，作動オン圧下限が設計規格外になる累積確率（$q_{ON}2$）を算出する。

(5) 10年使用品の作動オン圧が選別基準より低いものを排除した後，促進劣化試験後の作動オン圧（$P_{ON}2$-2）を測定する。測定値は分布を持つので，最も精度良く近似可能な分布関数を用いて，作動オン圧下限が設計規格外になる累積確率（$q_{ON}2$-2）を算出する。

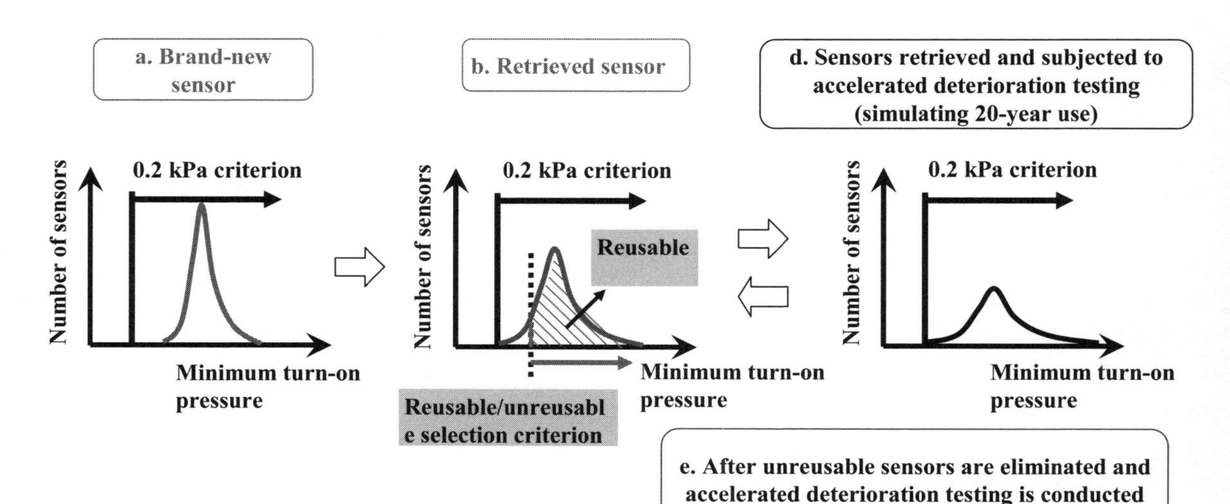

図6　圧力スイッチの10年間リユース評価の考え方[2)]
（出典：学位論文「ガスメーター部品の耐久性評価に関する研究」，(2014)）

この取り組みでは，$P_{ON}1 = P_{ON}1\text{-}1$，$q_{ON}1 = q_{ON}1\text{-}1$となる促進劣化試験条件を，ガスメーター設置後の使用環境を考慮して，如何に精度良く設定するかが重要になる。本研究では，作動オン圧の測定値について，新品の促進劣化試験後と10年使用品とが類似の確率分布を示した場合，その促進劣化試験が10年間の使用履歴を適切に反映させた条件と判断した。次に，10年使用品に促進劣化試験をかけたものは，さらに10年使用後の劣化状態を反映したもの（20年使用品に相当）といえる。そこで，10年使用品がさらに10年使用後も表2.3.1に示す要求性能を保持できるように，$P_{ON}1 = P_{ON}2\text{-}2$，$q_{ON}1 = q_{ON}2\text{-}2$となる10年使用品の作動オン圧の選別基準（リユース時に実施する選別検査の合格基準）を検証した。

5　作動オン圧

5.1　作動オン圧の測定

COSMO（株）製のプレッシャーコントローラーPC-4660を用いて，圧力スイッチの作動オン圧（mmH_2O）を測定した。測定方法は，最初に圧力スイッチのダイヤフラムに100 mmH_2Oを印加して接点を“オフ”状態にし，ダイヤフラムへの印加圧力を100 mmH_2Oから毎秒約0.7 mmH_2O減圧し，接点が“オン”状態になる圧力を求め，その値を作動オン圧とした。

5.2　促進劣化試験

ガスメーターは，検定有効期間の10年間はメンテナンスフリーで，屋外で使用されることが多い。ガスメーター設置環境下での10年間の使用履歴を適切に反映させるためには，外部からの熱，ヒートショック，湿度，腐食性ガスなど様々な劣化要因を考慮する必要がある。過去に設置されて発生した故障や不具合を調査分析して，劣化要因を絞り込まれた。各劣化要因の相互作用は考えずに，各々が独立要因として計14項目の促進劣化試験を設定し，各試験項目N50で実施した。10年間の使用履歴を想定した促進劣化試験項目の一覧を**表2**に示す。実際には，14項目の促進劣化試験項目は，独立要因ではなく，相互に影響しあっている場合があり，複合した場合の影響を調べることも必要となる。耐応力腐食については，圧力スイッチを溶液中で煮沸するため，促進劣化試験後は要求性能評価項目（表2.3.1）のうち気密性のみの確認とした。促進劣化試験の具体的な試験条件は，事業者がこれまでに取り組んだ故障や不具合を調査分析，再現試験結果等の研究成果をもとに決定されたものである。

この表2の促進劣化試験項目と試験内容を決定することが『長もちの科学』そのものと言える。この促

表２　促進劣化試験項目と試験内容[3)]

No.	促進劣化試験項目	試験内容
1	高温使用信頼性	70 ℃にて性能確認
2	高温放置	70 ℃×96 時間
3	熱加速耐久	80 ℃×114 日
4	低温使用信頼性	−20 ℃にて性能確認
5	低温放置	−20 ℃×1000 時間
6	耐湿性	40 ℃，湿度 95%×1000 時間
7	ヒートショック１	−20 ℃⇔70 ℃×300 サイクル
8	ヒートショック２	−40 ℃⇔80 ℃×600 サイクル
9	結露試験	−20 ℃→40 ℃，湿度 95% にて確認
10	繰り返し耐久１	0 Pa⇔6 kPa×100 万回
12	繰り返し耐久２	−10 kPa⇔15 kPa×15 万回
13	電気的寿命	3.3 V を印加して 0 Pa⇔2 kPa×5 万回
14	（耐応力腐食）＊１	（NaCl 水＋NaNO3 水）×96 時間煮沸
15	耐腐食ガス	H2S＋SO2，40 ℃，湿度 75%×96 時間

（出典：International Gas Research Conference 2008, pp.254-258 (2008)）

進劣化試験項目と試験内容は，現在ガスメーターの圧力スイッチなどの電子部品に適用されているが，部品の構造や使用材料が変われば，見直して変更する必要がある。

部品の構造や使用材料が変われば，新たな故障モードが出現する可能性があるためである。また，試験時間や回数が必ずしも10年間の耐久寿命と相関しているとは限らない。試験時間は1000時間であるが，実際の部品の故障発生までの時間が3000時間とすると，仕様変更等にて，新しい部品の故障発生までの時間が2000時間に低下すれば，この促進劣化試験の条件は満足するが，10年間の耐久性があるとは言えない。そこで，これらの促進劣化試験項目で，故障が発生するまでの時間や回数の絶対値を求めておくことが重要である。特に，部品の設計変更や仕様変更をされる場合は，故障が発生するまで促進劣化試験を実施することが必要である。この促進劣化試験方法を選定すること，およびその試験内容や規格値を設定することが一番重要になる。自動車や家電・電子機器の部品も同様に使用環境を考慮して，更に部品の構成材料を加味して，過去の故障や不具合を基に促進劣化試験項目，試験内容や規格値が設定されている。耐久性評価のための試験装置はお金を出せば購入することができるが，これらはノウハウであるので，公開される場合は少ない。部品の製造者や使用者が自ら技術データを蓄積して確立する必要がある。表2の促進劣化試験項目にヒートショック1およびヒートショック2が規定されている。より厳しいヒートショック2だけで良いように思われるが，故障モードが異なるという理由で，2つの促進劣化試験項目が規定されている[3)4)]。

5.3　作動オン圧の累積分布関数の推定

限られた評価サンプルから母集団（圧力スイッチの検定満期回収品全体：約700万個）を推定するため，圧力スイッチの測定値の累積確率を最も近似できる分布関数を求めた。分布関数には，代表的な寿命分布モデルとして，正規分布，対数正規分布，指数分布，ワイブル分布，ガンベル分布を検討した。具体的には，圧力スイッチの作動オン圧の測定値について，各々の累積分布関数の確率プロットを作図し，最小二乗法により直線近似の決定係数 R^2 を算出した。決定係数 R^2 は直線回帰の当てはまりの精度をみる尺度であり，その値が1に近いほど相関が高いことを示すものである。各々の累積分布関数から算出した係数値を比較して，最適な分布関数を考察した。

確率プロットの作図には，MICROSOFT社のEXCELを用いた。各々の累積分布関数について，直線化のための軸変換式を**表3**に示す。表中の Φ^{-1} は標準正規分布の分布関数の逆関数を示し，EXCELのNORMSINV関数により容易に求めることが可能である。測定値xに対する累積分布関数F（x）は，次の式(2)による平均ランク法

$$F(xi) = I/(n+1) \tag{2}$$

を用いた。ここで，nはサンプル数，iは作動オン圧の測定値を小さな値から並べた際の順位である。

試験の評価手順としては，10年使用品入手サンプル700個の表1に示される圧力スイッチの要求性能値をすべて測定し，作動オン圧の測定値を統計処理した。次に，10年使用品700個について，表2に示す14項目の促進劣化試験をN50で実施し，促進劣化試験後のN50について表1に示される圧力スイッチの要求性能値を再度すべて測定した。その後，気密性のみを確認した耐応力腐食を除く13項目（計650個＝13項目×各50個）について，作動オン圧の測定値を統計処理した。また，新品については，数

表3　累積分布関数について，直線化のための軸変換式[2)]

	The vertical axis	The horizontal axis
Normal distribution	$\Phi^{-1}/(F(x))$	x
Log-normal distribution	$\Phi^{-1}/(F(x))$	ln x
Exponential distribution	$-\ln(1-F(x))$	x
Weibull distribution	$\ln\ln[1/(1-F(x))]$	ln x
Gumbel distribution	$-\ln(-\ln F(x))$	x

（出典：学位論文「ガスメーター部品の耐久性評価に関する研究」，(2014)）

年前に軽微な仕様変更（樹脂のグレード変更等）が適用されていたことから，現在の新品では新たにデータを取得せずに10年前の新品の保管データ100個を分析対象とし，作動オン圧の測定値を統計処理した。10年使用品を想定した新品の促進劣化試験については，新品（現行品）に対して表2に示す5項目（No.3，No.5，No.6，No.7，No.8）の促進劣化試験をN50で実施し，促進劣化試験後のN50について表1に示される圧力スイッチの要求性能値をすべて測定し，作動オン圧の測定値を統計処理した。

5.4　作動オン圧の累積確率分布関数の推定結果

作動オン圧の測定結果は，10年使用品700個は平均値27.5 mmH₂O，標準偏差3.8 mmH₂Oであり，それらの促進劣化試験後650個は平均値28.0 mmH₂O，標準偏差4.9 mmH₂Oであった。10年使用品700個およびそれらの促進劣化試験後650個について，作動オン圧の測定値を統計処理した結果を**図７**に示す。なお，10年使用品の促進劣化試験後については，13項目の劣化要因は独立したものと仮定して，合計650個の測定値を１つの累積分布関数で表した。統計処理の結果，確率プロットから算出した決定係数R^2の比較により，10年使用品およびそれらの促進劣化試験後ともに，測定値の累積確率を最も近似できる分布関数は，対数正規分布であることがわかった。

10年前の新品の保管データ100個および新品の促進劣化試験後250個についても，測定された作動オン圧の累積確率を対数正規分布で精度良く近似できることがわかった。新品の作動オン圧の累積分布を**図８**に示し，新品の促進劣化試験後の作動オン圧の累積分布を**図９**に示す。図中には，測定値の自然対数の平均，標準偏差からEXCELのLOGNORMDISTの関数で求めた対数正規分布の累積分布を計算値として示した。対数正規分布の累積分布曲線上に測定値

Retrieved sensor

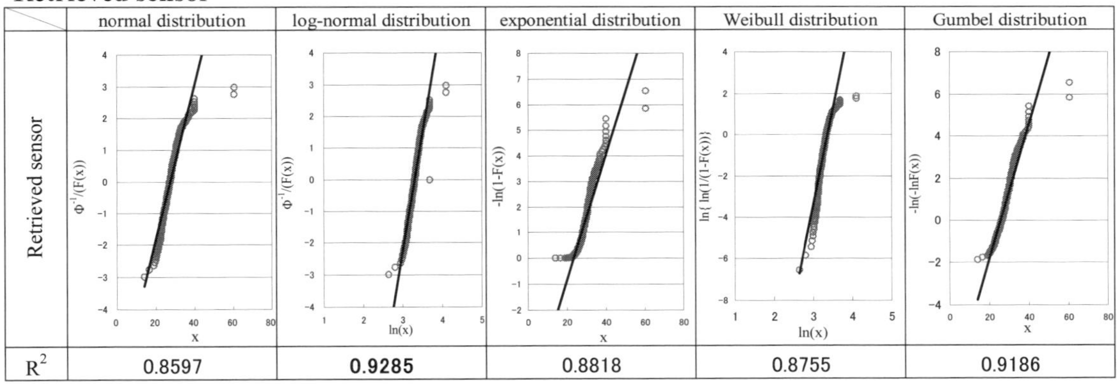

Sensors retrieved and subjected to accelerated deterioration testing

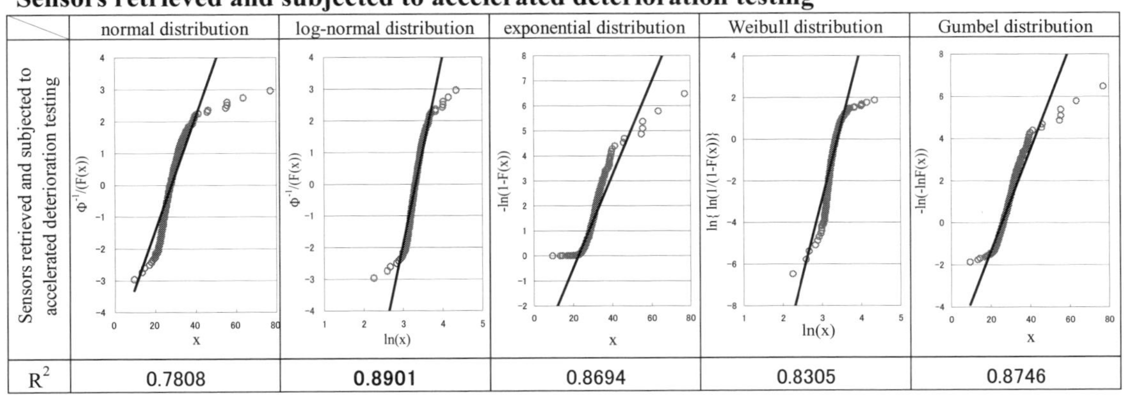

図７　作動オン圧の統計処理結果[2)]

（出典：学位論文「ガスメーター部品の耐久性評価に関する研究」，(2014)）

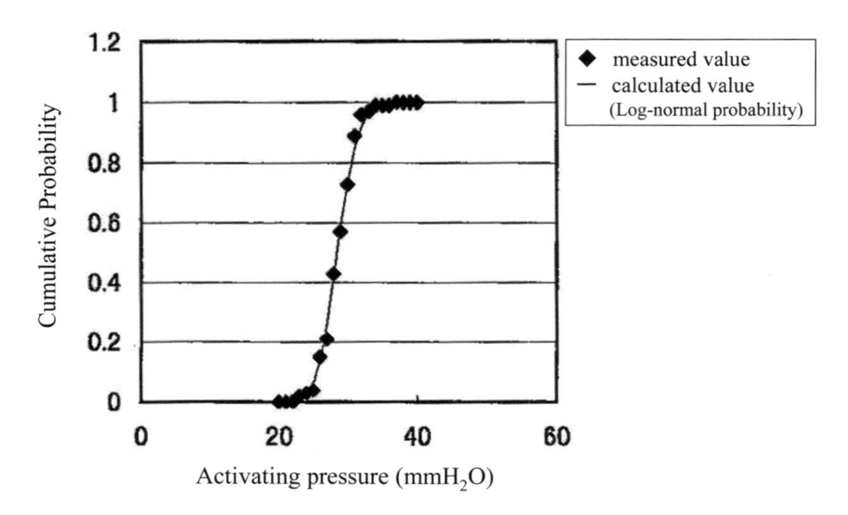

図 8　新品の作動オン圧の累積分布[2)]

（出典：学位論文「ガスメーター部品の耐久性評価に関する研究」,（2014））

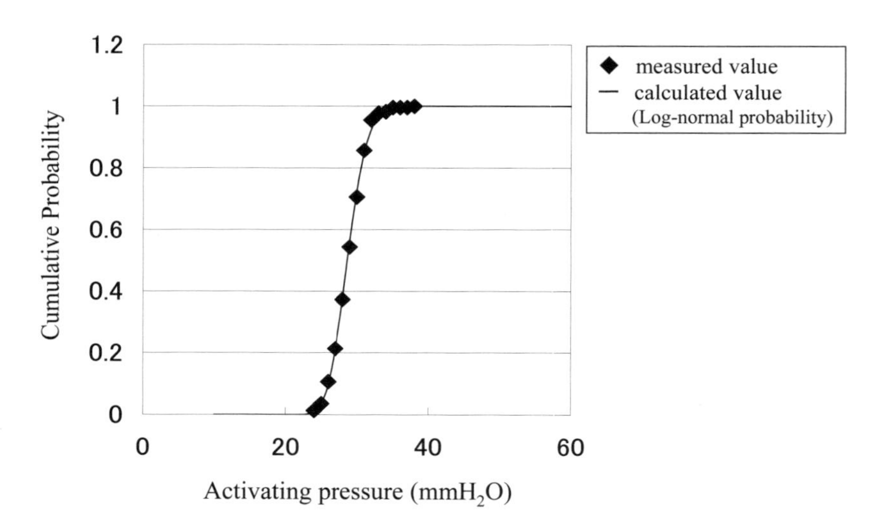

図 9　新品の促進劣化試験後の作動オン圧の累積分布[2)]

（出典：学位論文「ガスメーター部品の耐久性評価に関する研究」,（2014））

がプロットされており，新品および新品の促進劣化試験後の作動オン圧は対数正規分布になると考えられる。また，新品に対して実施した促進劣化試験は表 2 の主要項目のみではあるが，新品の促進劣化試験後と 10 年使用品とが類似の確率分布を示すことが確認できた。

5.5　作動オン圧下限の設計規格外確率の算出

新品 100 個，10 年使用品 700 個，10 年使用品の促進劣化試験後 650 個について，作動オン圧下限が設計規格外（作動オン圧が 0.2 kPa 未満）になる累積確率を，測定値を最も近似可能な対数正規分布を用いて算出した。**図 10** に新品，10 年使用品，10 年使用品の促進劣化試験後（20 年使用相当品）を a，b，d に各々の算出結果を示す。10 年使用品をそのままもう 10 年間使用すると，作動オン圧下限の設計規格外の累積確率は倍増すると予想され，リユース時の性能担保が困難になることがわかる。そこで，作動オン圧下限の設計規格外の累積確率が 10 年使用品 ≒ 10 年使用品の促進劣化後（20 年使用品に相当）となるように，リユース時に実施する選別検査の合格基準を調べた。具体的には，10 年使用品において作動オン圧下限の要求性能値を 0.2 kPa よりも 0.03 kPa（3.1 mmH_2O に相当）高く設定し，その値（リユース

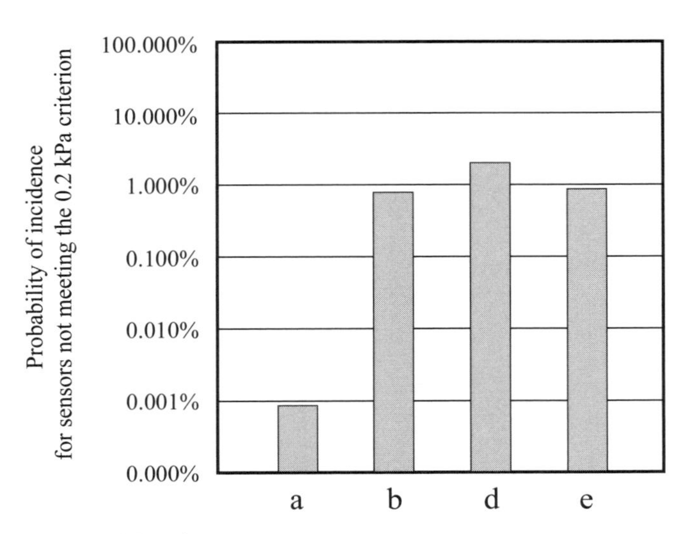

a) Brand-new sensor
b) Retrieved sensor
d) Sensors retrieved and subjected to accelerated deterioration testing
e) After unreusable sensors are eliminated and accelerated deterioration testing is conducted

図 10　新品の作動オン圧下限 0.2 kPa の設計規格外の累積確率[2)]
（出典：学位論文「ガスメーター部品の耐久性評価に関する研究」，(2014)）

時に実施する選別検査の合格基準）よりも作動オン圧が低いものを 10 年使用品から排除した後に促進劣化試験を実施すれば，10 年使用品の促進劣化試験後（選別試験後，20 年使用品に相当）の作動オン圧下限の設計規格外の累積確率は，10 年使用品にほぼ等しくなることがわかった。選別検査後の算出結果を図 10 の e に示す。なお，作動オン圧下限のリユース時に実施する選別検査の合格基準を更に高くしていくと，20 年使用品の母集団の規格外確率は低下していくが，圧力スイッチの廃棄率が大きくなりリユースできる数量が減り，コストダウン効果が減少する。今回設定した検査基準においては，10 年使用品 650 個のうち検査合格品は 609 個であり，検査不合格率は 6%と予測された。なお，図 10 において，新品の作動オン圧下限の設計規格外の累積確率を記載しているが，この値は 10 年前の保管データ 100 個から対数正規分布を用いて算出したものである。実際には，圧力スイッチの製造時には製造会社による品質検査があるため，出荷時に設計規格外品が市場に出ることはない。

ガスメーター用圧力スイッチの部品リユース後の性能担保のため，リユース時に実施する選別検査の合格基準の明確化を行った。その結果，選別検査時の作動オン圧の要求性能値を 0.23 kPa に設定することで，リユース後 10 年間の性能担保が可能であることが明らかになった。表 2 の 13 項目の劣化要因は独立したものと仮定して，評価を実施したが，表 2 に示す 5 項目（No.3，No.5，No.6，No.7，No.8）が必ずしも独立であるとは言えないので，高温放置後，低温放置したり，湿度の影響を付加したり，ヒートショックを与えたりして，各々の劣化要因の相互作用を見極めることも重要となる。表 2 の試験内容や規格値を設定することが一番重要であると述べたが，各々の劣化要因の相互作用がある場合は，個々の試験内容の規格値を満足したからと言って，安心できない。たとえば，少し吸湿性のある樹脂成形品の場合，No.6 の耐湿性試験を 100 時間（規格値の 1000 時間の 10 分の 1）しか実施しなくても，No.3 の熱加速耐久試験は 103 日（規格値の 114 日の 10 分の 9）よりもずっと少ない日数しか満足しないような非線形性が見られる場合がある。

これらの一連の取り組みにより，ガスメーターにリユースされた圧力スイッチの搭載が開始されてリユースされた圧力スイッチの累積台数はガスメーター組立て製造会社の記録に記載されている分だけでも，現在までに約 300 万台に達している。リユースの運用を開始してから10年以上が経過したが，現在圧力スイッチの廃棄率は，外観不良やリード線切断不良等を含めて約5%以下で推移しており，当初導入時の予測値（6%）とほぼ一致しており，研究してきた促進劣化試験方法と統計的手法の有用性が実証されたと言える。

6　遮断弁

6.1　遮断弁の基本特性

日本ではガス供給の保安確保のため，24時間ガスの使用状況を監視，異常時にはガス供給を遮断する機能を具備したマイコン機能を有するガスメーターが広く普及している。ガスメーターには，圧力スイッチの他に，遮断弁が使用されている。遮断弁はマイコンメーターの保安部品の1つであり，異常時にガスメーター内部のガス流路を遮断する機能を有する。ガス事業法では，ガスメーターはガスが流入している状態において，災害の発生のおそれのある大きな地震動，過大なガスの流量又は異常なガス圧力の低下を検知した場合に，ガスを速やかに遮断する機能を有するものでなければならないと規定されており（政省令第50条：ガス遮断機能を有するガスメーター），その遮断機能を具現化するのが遮断弁である。ガスメーター用途で主に使用されるソレノイド方式遮断弁は，弁体を有した鉄心を永久磁石の磁束で常時自己保持することで，弁を開放状態にしている。異常時には，電磁石への通電で発生させた磁界で永久磁石の磁束を打消し，内蔵のスプリング力で弁体を動かしてガス流路を遮断する機構になっている。遮断弁の機能劣化要因としては，鉄心の摺動摩耗やバネ定数の変化による作動電圧の変化，弁ゴムの硬度変化による気密性能の低下などが考えられる。ガスメーター用遮断弁の構造を**図11**に示す。

遮断弁の部品リユースが可能かどうかを判断するには，ガスメーターの検定満期回収後（10年使用後）の促進劣化試験後（20年使用相当品）においても，**表4**に示す遮断弁の要求性能を満たす必要がある。特に，遮断弁はガスメーター搭載のリチウム一次電池を駆動源としており，その作動電圧は電池電圧以下であることが求められる。作動電圧上限1.20Vが最重要である。

6.2　遮断弁のリユース評価の考え方

圧力スイッチと同様に，遮断弁のリユース後10年間の性能担保のため，統計的手法の概念に基づき，10年使用品（1回検定満期回収品）を作動電圧で選別検査することで，さらに10年使用後（計20年使用品（2回検定満期品）に相当）の作動電圧が設計規格外になる出現確率を，10年使用品と同等になるように試みた。なお，20年使用品については，10年使用品を10年相当の促進劣化試験にかけることで模擬的に再現した。設計規格外になる出現確率は，遮断弁の作動電圧の測定値の累積確率を最も近似できる

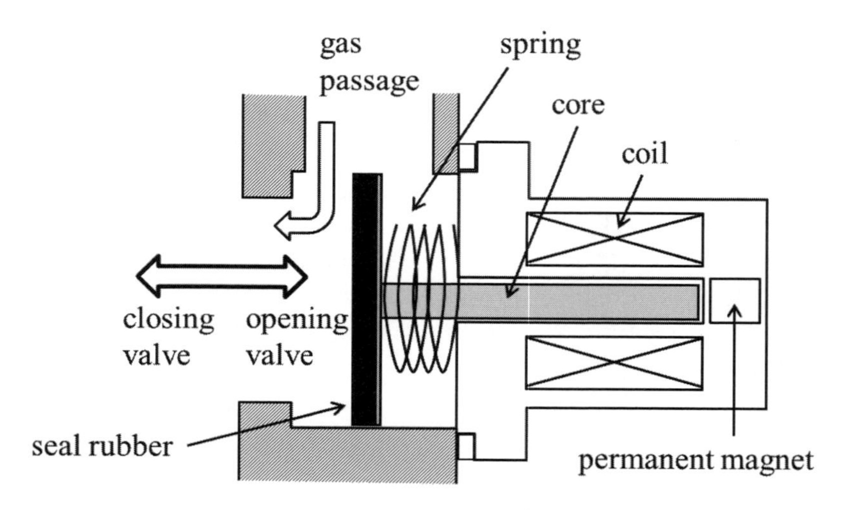

図11　遮断弁の構造[2)]
（出典：学位論文「ガスメーター部品の耐久性評価に関する研究」，(2014)）

表４　遮断弁の要求性能[2)]

Performance requirements	
Performance characteristics	Minimum operating voltage
	Minimum operating voltage (1.20 V)
Electrical characteristics	Contact resistance
	Insulation resistance
	Dielectric strength
Hermetic	
Visual inspection	

（出典：学位論文「ガスメーター部品の耐久性評価に関する研究」,（2014））

分布関数を用いて算出した。遮断弁のリユース評価の考え方を**図12**に示す。

6.3　作動電圧の測定

遮断弁の作動電圧は，遮断弁の設置個所近傍に取り付けた音センサを用いて測定した。測定方法は，遮断弁をマイコンメーターに取り付け，最初に弁を開放状態にし，遮断弁への印加電圧を0.50 Vから毎秒0.01 V昇圧し，弁が閉止状態になる電圧を求め，その値を作動電圧とした。弁が閉止状態になる電圧は，弁がガス流路を遮断する時に生ずる衝突音を音センサで感知し，その出力を昇圧回路に帰還して求めた。音センサは，周波数範囲が500 Hz～1 kHzのものを用いた。

6.4　弁ゴムの気密性の測定

COSMO㈱製のエアリークテスタLS-1841を用いて，弁ゴムの気密性を測定した。測定方法は，遮断弁をマイコンメーターに取り付け，遮断弁の閉弁状態でメーター上流側に420 mmH_2Oの空気を120秒

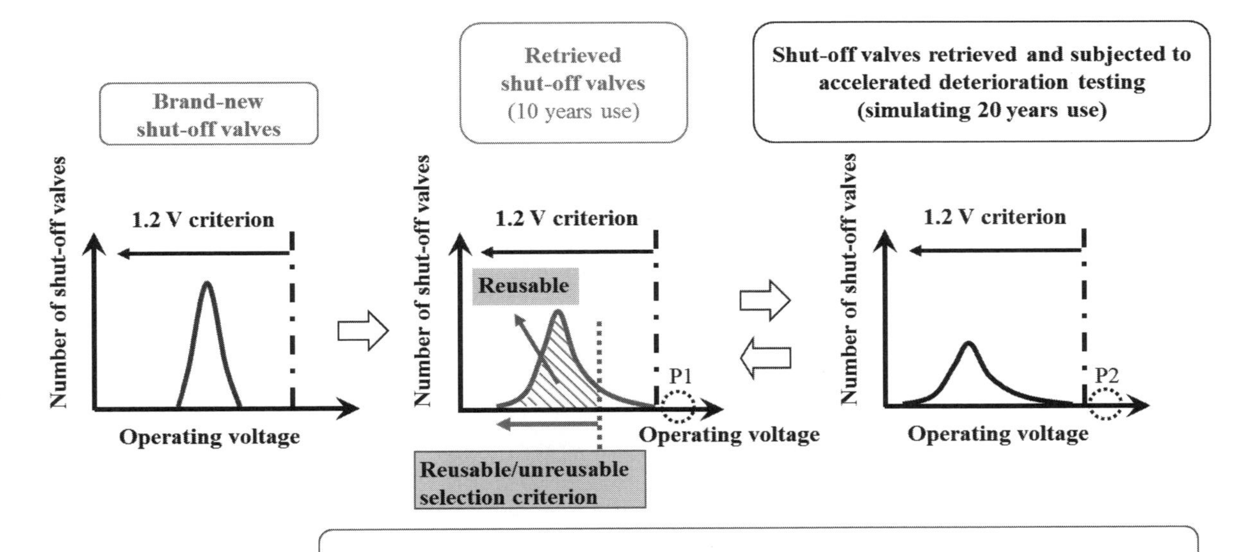

図12　遮断弁のリユース評価の考え方[2)]
（出典：学位論文「ガスメーター部品の耐久性評価に関する研究」,（2014））

印加した後，メーター下流側において30秒の検出時間で漏れ量を測定した。

6.5　促進劣化試験

ガスメーターは，検定有効期間の10年間はメンテナンスフリーで，屋外で使用されることが多い。ガスメーター設置環境下での10年間の遮断弁の使用履歴を適切に反映させるためには，繰返し作動による摩耗劣化，熱や湿度による材料劣化など様々な劣化要因を考慮する必要がある。ここでも，各劣化要因の相互作用は考えず，各々が独立要因として計6項目の促進劣化試験を設定し，各試験項目N80で実施した。10年間の使用履歴を想定した促進劣化試験項目の一覧を**表5**に示す。促進劣化試験の試験条件は，事業者が長年使用してきた実績，不具合の事例の分析調査，再現試験の結果などのこれまでに取り組んだ研究成果をもとに決定されている。遮断弁の使用材料と構造が異なるので，表2に示される圧力スイッチの促進劣化試験項目や試験内容と同じものも含まれるが，基本的には異なる。

6.6　作動電圧の累積分布関数の推定

限られた評価サンプルから母集団（遮断弁の検定満期回収品全体：約700万個）を推定するため，遮断弁の作動電圧の測定値の累積確率を最も近似できる分布関数を求めた。圧力センサーと同様に分布関数には，代表的な寿命分布モデルとして，正規分布，対数正規分布，指数分布，ワイブル分布，ガンベル分布を検討した。具体的には，遮断弁の作動電圧の測定値について，各々の累積分布関数の確率プロットを作図し，最小二乗法により直線近似の決定係数R^2を算出した。決定係数R^2は直線回帰の当てはまりの精度をみる尺度であり，その値が1に近いほど相関が高いことを示すものである。各々の累積分布関数から算出した係数値を比較して，最適な分布関数を考察した。

確率プロットの作図には，MICROSOFT社のEXCELを用いた。各々の累積分布関数について，直線化のための軸変換式を**表6**に示す。同表のΦ^{-1}は標準正規分布の分布関数の逆関数を示し，EXCELのNORMSINV関数により容易に求めることが可能である。測定値xに対する累積分布関数F（x）は，次の式(3)による平均ランク法

$$F(x_i) = i/(n+1) \qquad (3)$$

を用いた。ここで，nはサンプル数，iは作動電圧の

表5　促進劣化試験項目と試験条件[2)]

No.	Accelerated deterioration test items	Test conditions
1	Repetitive use durability	9000 times operation
2	Accelerated thermal deterioration	80 ℃，2736 h
3	Accelerated humidity deterioration	40 ℃，95% RH，1000 h
4	Thermal shock resistance	Δ120 ℃，600 cycle
5	Composite temperature / humidity cyclic test	JIS C 0028，10 cycle
6	Condensation test	−20 ℃→ 40 ℃，95% RH

（出典：学位論文「ガスメーター部品の耐久性評価に関する研究」，(2014)）

表6　標準正規分布の分布関数の逆関数[2)]

	The vertical axis	The horizontal axis
Normal distribution	$\Phi^{-1}/(F(x))$	x
Log-normal distribution	$\Phi^{-1}/(F(x))$	ln x
Exponential distribution	$-\ln(1-F(x))$	x
Weibull distribution	$\ln\ln[1/(1-F(x))]$	ln x
Gumbel distribution	$-\ln(-\ln F(x))$	x

（出典：学位論文「ガスメーター部品の耐久性評価に関する研究」，(2014)）

測定値を小さな値から並べた際の順位である。試験の評価手順としては，10年使用品480個の要求性能値を測定し，作動電圧の測定値を統計処理した。次に，10年使用品480個について，表5に示す6項目の促進劣化試験をN 80で実施し，促進劣化試験後の要求性能値を測定した。その後，作動電圧の測定値を統計処理した。比較対象として，新品100個の要求性能値を測定し，作動電圧の測定値を統計処理した。なお，過去10年間に遮断弁の仕様変更がされていないことから，新品は現在入手可能なものを試験対象とした。

6.7　遮断弁の劣化主要因の推定

遮断弁の作動電圧を測定した結果は，10年使用品480個は平均値0.92 V，標準偏差0.06 V，最大値1.10 V，最小値0.74 V，それらの促進劣化試験後480個は平均値0.93 V，標準偏差0.08 V，最大値1.12 V，最小値0.62 V，新品100個は平均値0.97 V，標準偏差0.05 V，最大値1.10 V，最小値0.84 Vであった。新品と比較して10年使用品は，作動電圧の最小値が小さく，分布が作動電圧値の小さい側に広がっていることがわかった。その傾向は10年使用品の促進劣化試験後でより顕著となっており，実施した促進劣化試験は遮断弁の経年劣化を有効に促進していると考えられる。

遮断弁の弁ゴムの気密性能低下を調べるため，420 mmH_2O 加圧時の内部漏れ量を測定した結果は，10年使用品480個は平均値0.02 mL/min，標準偏差0.02 mL/min，最大値0.12 mL/min，最小値0.00 mL/min，それらの促進劣化試験後480個は平均値0.02 mL/min，標準偏差0.02 mL/min，最大値0.09 mL/min，最小値0.00 mL/min，新品100個は平均値0.03 mL/min，標準偏差0.02 mL/min，最大値0.09 mL/min，最小値0.00 mL/minであった。各試料間で内部漏れ量に値の差異はなく，弁ゴムの経年劣化に伴う顕著な気密性低下は確認されなかった。遮断弁の弁ゴムの劣化は律速でないことが分かった。

ガスメーター用遮断弁の部品リユースの評価パラメーターには，遮断弁の経年劣化を定量化可能であり，表4の最重要特性に関連する作動電圧が適すると考えられる。10年使用品480個およびそれらの促進劣化試験後480個，新品100個について，作動電圧の測定値を統計処理した結果を**図13**に示す。なお，促進劣化試験後については，6項目の劣化要因は独立したものと仮定して，合計480個の測定値を1つの累積分布関数で表した。統計処理した結果，確率プロットから算出した決定係数 R^2 の比較により，10年使用品480個および新品100個の作動電圧の測定値の累積確率を最も近似できる分布関数は正規分布であることがわかった。一方，10年使用品の促進劣化試験後480個については，最適な分布関数はワイブル分布であることがわかった。また，6項目の促進劣化試験後の各80個について，作動電圧の測定値を統計処理した結果を**図14**に示す。各促進劣化試験後の最適な分布関数は，繰返し耐久後は全体480個と同じワイブル分布であるが，他の5項目の促進劣化試験後は全て正規分布であった。このことから，遮断弁の機能劣化の主要因は繰返し作動によるものと考えられ，その結果として作動電圧の分布が値の小さい側に広がり，最適な分布関数が正規分布からワイブル分布に変化したと考えられる。

新品，10年使用品，10年使用品の繰返し耐久後に対して，遮断弁を分解し取り出した鉄心を外観観察した結果を**図15**に示す。鉄心の摺動部において，新品では確認されない摺動痕が，10年使用品およびその繰返し耐久後で確認された。その程度は，10年使用品の繰返し耐久後がより顕著であった。なお，10年使用品およびその繰返し耐久後で摺動痕が生じていない鉄心の個所は，バネが添設されており，鉄心と鉄心のガイドパイプが摺動しない個所である。

遮断弁の作動電圧は，新品と比較して10年使用品の値が低下しており，その傾向を実施した促進劣化試験により再現することができた。また，遮断弁の機能劣化の主要因は，繰返し作動による鉄心の摺動摩耗であることを示唆する試験結果が得られた。

6.8　作動電圧の設計規格外確率の算出

新品100個，10年使用品480個，10年使用品の促進劣化試験後480個について，遮断弁の作動電圧上限が設計規格外（作動電圧が1.20 V以上）となる累積確率を，各々の最適な分布関数を用いて算出した結果を**図16**に示す。同図の新品，10年使用品，10年使用品の促進劣化試験後（20年使用相当品）のa，b，cの比較から，遮断弁の使用年数が増加するに従って，遮断弁の作動電圧の値は低下傾向にあり，作動電圧上限が設計規格外となる発生リスクは減少することがわかった。遮断弁の機能劣化の主要因は，繰返し作動による鉄心の摺動摩耗であると思われる

Brand-new shut-off valves

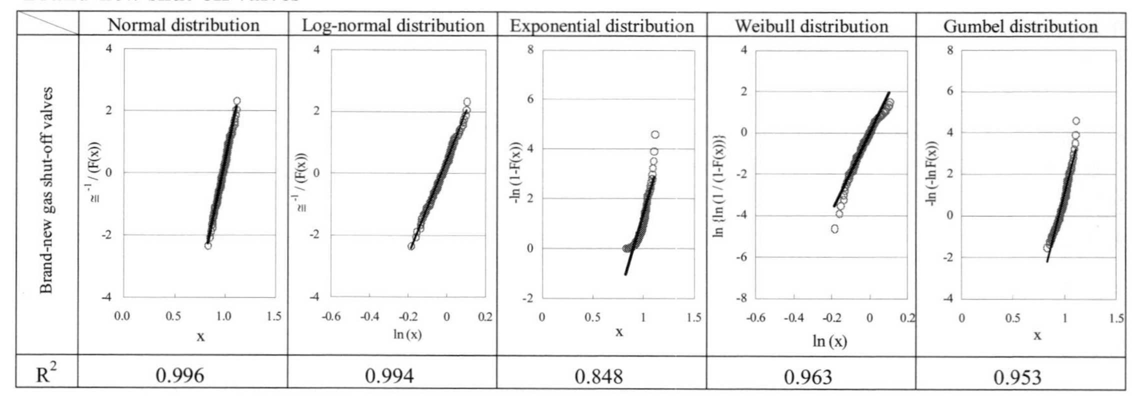

Retrieved shut-off valves

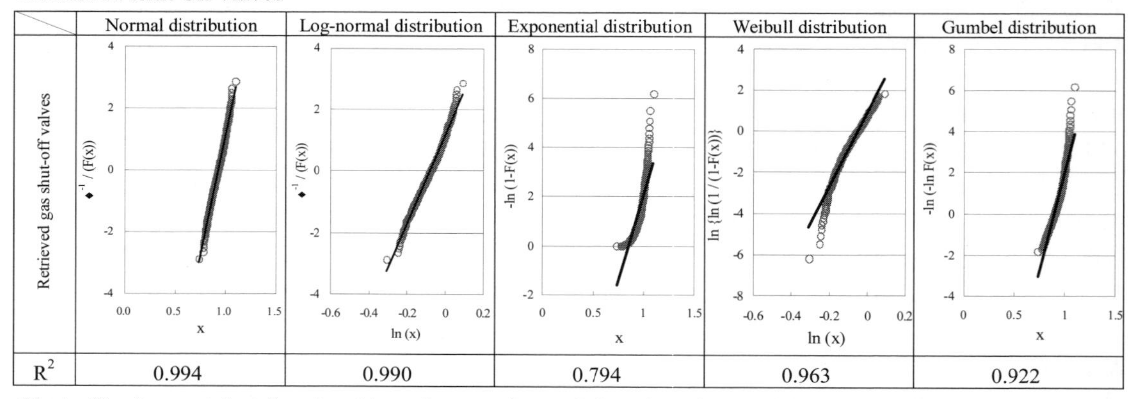

Shut-off valves retrieved and subjected to accelerated deterioration testing

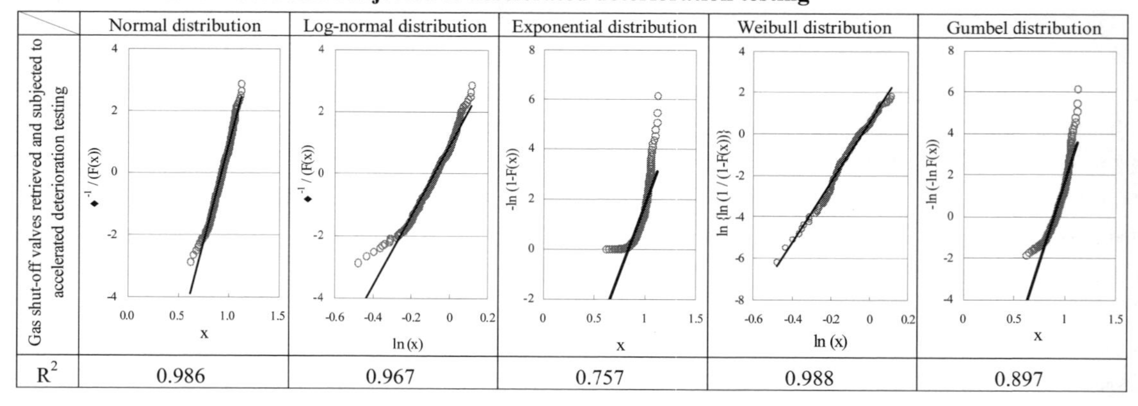

図 13　作動電圧の測定値の統計処理結果[2)]

（出典：学位論文「ガスメーター部品の耐久性評価に関する研究」，(2014)）

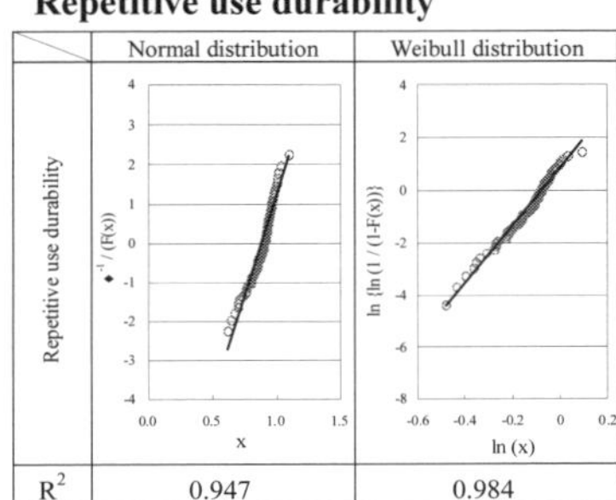

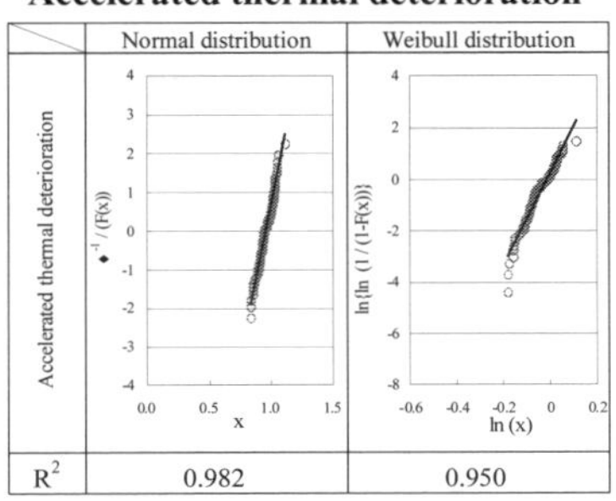

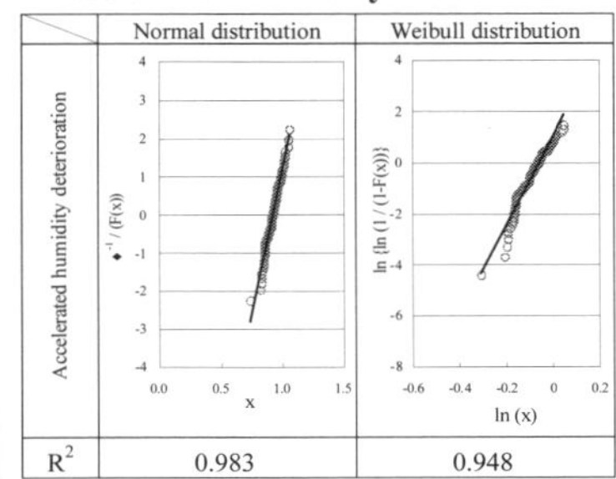

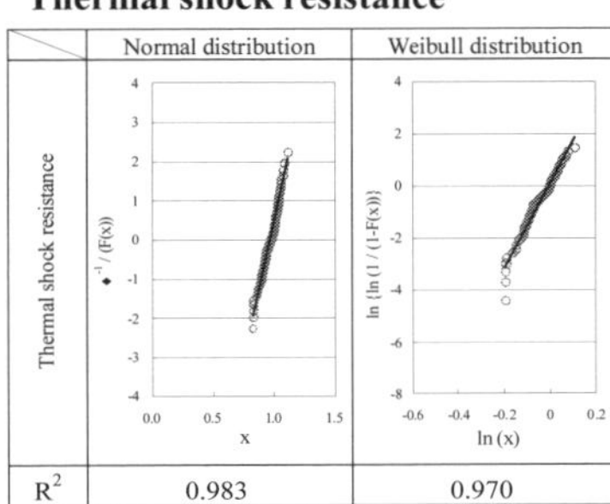

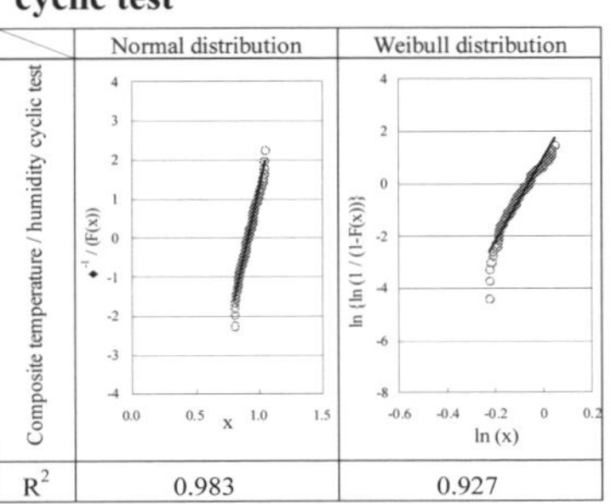

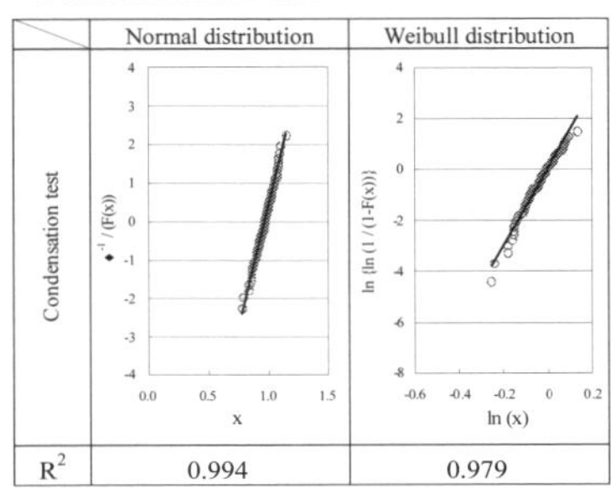

図 14　6項目の加速劣化試験後の作動電圧の測定値の統計処理結果[2)]

（出典：学位論文「ガスメーター部品の耐久性評価に関する研究」，(2014)）

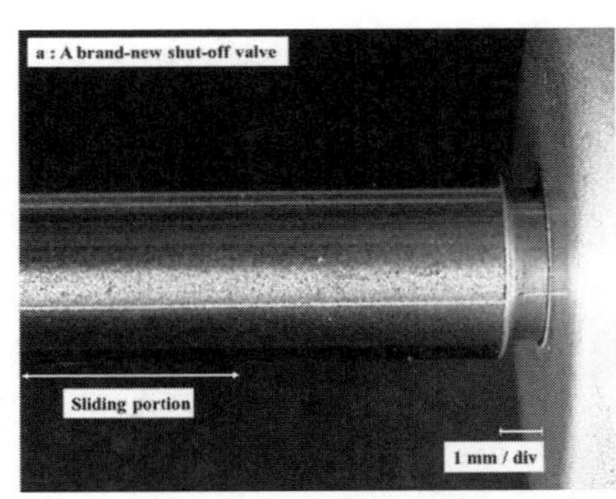

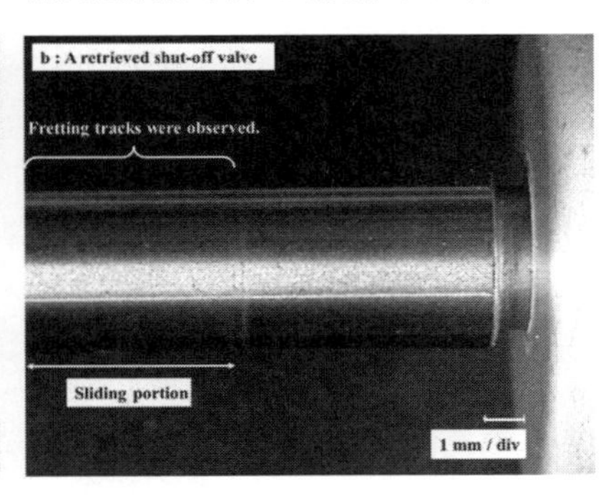

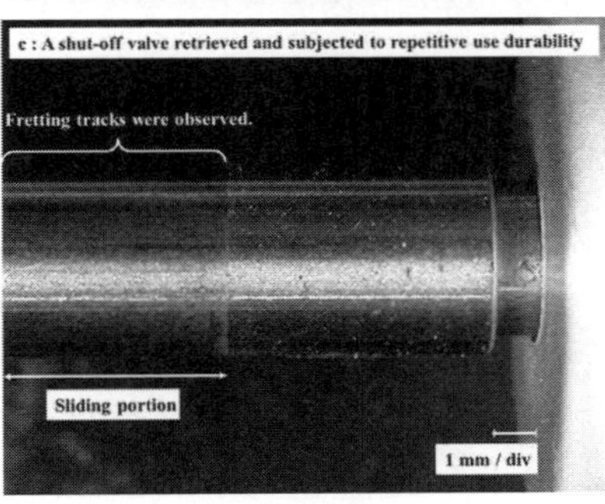

a : A brand-new shut-off valve
b : A retrieved shut-off valve
c : A shut-off valve retrieved and subjected to repetitive use durability

図 15　遮断弁を分解し取り出した鉄心を外観観察結果[2)]

（出典：学位論文「ガスメーター部品の耐久性評価に関する研究」，(2014)）

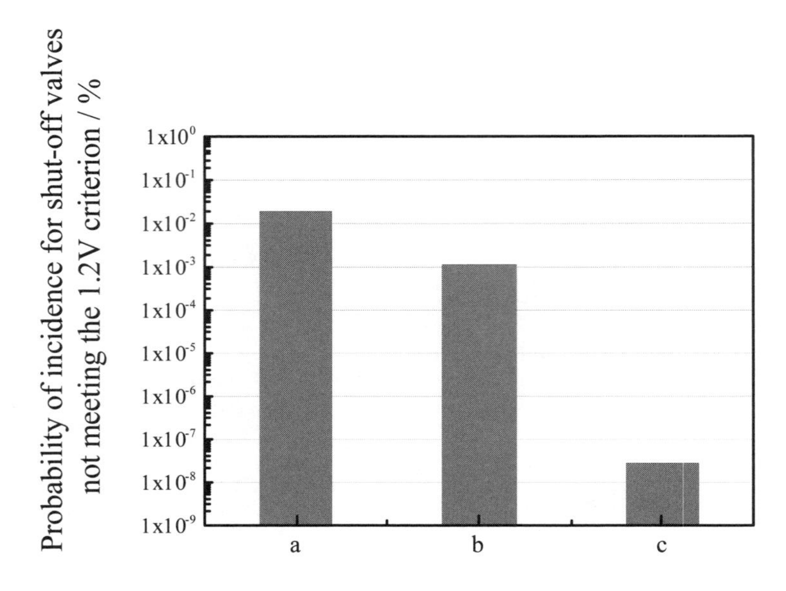

a : Brand-new shut-off valves
b : Retrieved shut-off valves
c : Shut-off valves retrieved and subjected to accelerated deterioration testing

図 16　遮断弁の作動電圧上限が設計規格外（作動電圧が 1.20 V 以上）となる累積確率[2)]
（出典：学位論文「ガスメーター部品の耐久性評価に関する研究」，(2014)）

ので，作動電圧値が過度に低くなるのは望ましくない。

今回の評価対象とした 10 年使用品 480 個の作動電圧の最大値が 1.10 V であることを考慮すると，部品リユースの選別検査時の作動電圧上限の要求性能値を 1.20 V よりも 0.10 V 低く設定することで，遮断弁のリユース後 10 年間の性能担保は可能と考えられる。なお，図 16 の a の値は，新品 100 個の測定値から正規分布を用いて算出したものである。実際には，遮断弁の製造時には製造会社による品質検査があるため，出荷時に設計規格外が市場にでることはない。

ガスメーター用遮断弁の部品リユース後の性能担保のため，リユース時に実施する選別検査の合格基準の明確化を行った。その結果，遮断弁の機能劣化の主要因は，繰返し作動による可動部位の摺動摩耗であることを示唆する試験結果が得られた。また，選別検査時の作動電圧の要求性能値を 1.10 V に設定することで，リユース後 10 年間の性能担保が可能であることが明らかになった。研究してきた促進劣化試験および統計的手法が圧力スイッチだけではなくガスメーター用遮断弁にも適用できたことで，その汎用性が実証されたといえる。これにより，ガスメーターの設置環境の多様さ故に 10 年経過後の劣化度合いが使用環境により大きく異なるため，全数のリユースが困難である機能部品に対して，リユース後 10 年間の性能担保が可能なリユース時の検査手法が確立したものと考えられる[5)6)]。

ガスメーターの機能部品であるメーター膜，感震器，コントローラなども同様に，促進劣化試験項目，試験内容や規格値が設定されている[7)8)]。

文　献

1) 日本ガス協会，マイコンメーター普及型 V3 (1〜16号) 技術資料，pp.4-72 (2002).
2) 小澤由規，学位論文「ガスメーター部品の耐久性評価に関する研究」，(2014).
3) 小澤由規，川口隆文，山口秀樹，40th 信頼性・保全性シンポジウム発表法文集，pp.149 (2010).
4) Y. Ozawa, H. Nishimura, T. Kawaguchi, H. Yamaguchi, International Gas Research Conference 2008, pp.254 (2008).
5) 小澤由規，浅田昭治，西村寛之，"ガスメーター部品のリユース評価"，マテリアルライフ学会誌，Vol.**25**, (1)，pp.12-18 (2013).
6) 小澤由規，浅田昭治，西村寛之，"ガスメーター用遮断弁のリユース評価"，マテリアルライフ学会誌，Vol.**26**, (1)，pp.1-7 (2014).
7) 小澤由規，山口秀樹，浅田昭治，西村寛之，"ガスメーター用ダイヤフラムの長期信頼性評価"，日本ゴム協会誌，Vol.**86**, (7)，pp.227-233 (2013).
8) 小澤由規，浅田昭治，西村寛之，"ガスメーター用バルブシートのシール剤の耐久性評価"，マテリアルライフ学会誌，Vol.**26**, (3)，pp.42-49 (2015).

第4節　機能性コーティング膜の応用

京都工芸繊維大学　川崎　真一

1　はじめに

機能性コーティング膜は，撥水・撥油，非粘着，防汚，帯電防止や導電，防食や防錆，耐熱や遮熱，反射防止，耐候，ガスバリア，抗菌・抗カビ，木材防腐・防虫，意匠性などの各種の機能を付与するコーティングを施した膜で，様々なところに適用されており，現代の生活や社会では不可欠のものになっている。ここでは，非粘着，木材防腐の機能付与に関し，長もちの観点から，耐久性が要求される用途への応用について述べる。

2　非粘着コーティング

2.1　非粘着フッ素樹脂コーティング

フッ素樹脂コーティングの例として，非粘着性に耐摩耗性を付与したフッ素樹脂コーティングを示す（図1）。非粘着性については，PFA，PTFE，FEPなどのフッ素樹脂を用い，基材との間に高耐熱のエンジニアリングプラスチックのボンドプライマー層を用いることで，基材との密着性を高めている。耐熱性としては，PFAとPTFEを用いる場合は，260℃，FEPを用いる場合は200℃までの連続使用が可能である。耐腐食性にも優れており，酸やアルカリ，塩水や刺激性の高い化学薬品にも耐性を有するコーティング膜を形成することができる。基材としては，アルミ，鉄，ステンレス，セラミックス等が適しており，配合によってはゴム基材へのコーティングも可能である。また，基材とボンドプライマー層の間に溶射による強化膜を導入することで，耐摩耗性を増すことで耐久性を高めることができる。

応用としては接着剤を用いる工程などに適用されており，接着剤を入れて硬化させたのちの硬化物を成形型から簡便に取り出すことができる（図2）。

下地ではなく，フッ素樹脂コーティング層に金属やセラミックスを複合して表面硬度を高めることで，摩耗が低減され，耐摩耗性を格段に向上させることができる。耐摩耗性について，摺動試験において，通常のフッ素コーティングのみでは，摺動回数が増えるとコーティング膜表面が削れ，コーティング膜層の重量が減少するが，フッ素樹脂に金属やセラミックスを複合することで，重量減少が抑制されており，耐摩耗性が高いことがわかる（図3）。

これらの耐久性を高めたフッ素コーティングとして，各種大型ロール，ケミカルタンク，ガイドローラーや樹脂金型などの非粘着性に加え，耐摩耗などの耐久性が要求される用途に実用されている（図4）。

下地強化膜なし

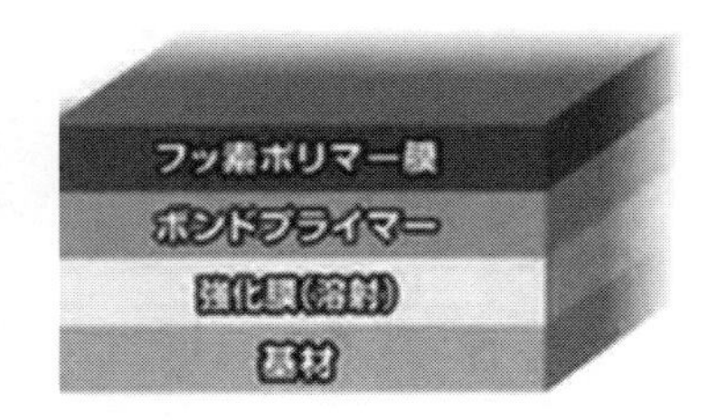

下地強化膜あり

図1　非粘着フッ素コーティングの構成[1)]

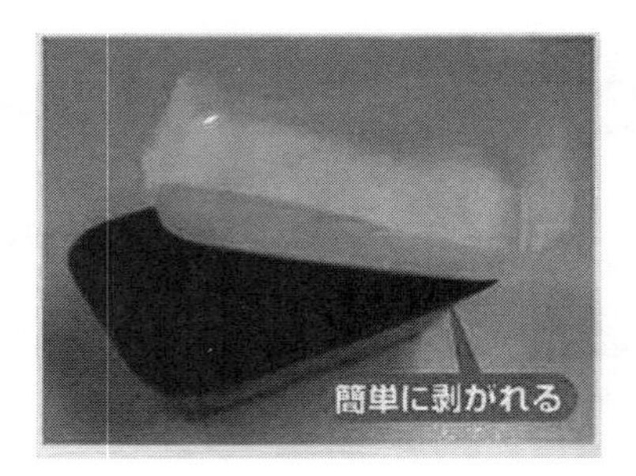

図２　接着剤用途でのフッ素樹脂コーティング[1)]

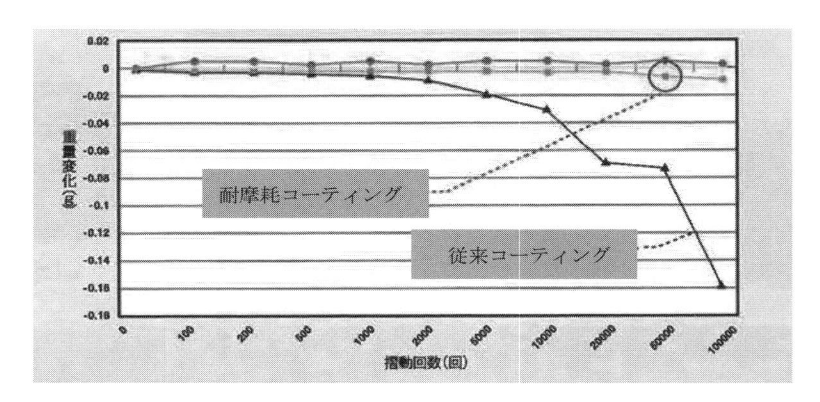

図３　フッ素樹脂コーティングと摺動性[1)]

図４　非粘着フッ素樹脂コーティングの用途例[1)]

2.2　非粘着低温焼成フッ素コーティング

フッ素樹脂を膜とするための硬化や焼成温度が通常は300℃以上と高いために樹脂等への基材にコーティング層を形成することができない。そこで，フッ素樹脂にアクリル樹脂やエポキシ樹脂をバインダー樹脂として配合し，200℃以下の低温で膜形成可能なフッ素樹脂コーティングも開発されている。

ここでは，フッ素樹脂にエポキシ樹脂を加えメラミンで硬化したコーティング膜の特長について示す。

焼成温度とコーティング膜の組成の関係を**図５**に示す。コーティング表面のフッ素樹脂成分とエポキシ樹脂成分の比を赤外吸収スペクトルで測定したところ，焼成温度を高くするにつれてフッ素樹脂成分が表面に，エポキシ樹脂成分が基材側に移動し，模式的には**図６**で示す構造となっていく。これは，焼成温度を高くすることで，コーティング膜のテープ剥離荷重が低くなり非粘着性が向上していることからも示される（**図７**）。

次に，コーティング膜の焼成温度と摩擦係数の相関をみると，**図８**のとおり静摩擦係数はほぼ一定であるが，**図９**に示すように動摩擦係数は焼成温度とともに増加する傾向にあった。エポキシ樹脂は弾性率が高く硬く，フッ素樹脂は弾性率が低く柔らかいことから，**図10**に模式的に示すとおり，エポキシ樹脂では摩擦係数測定時のボール圧子との接触面が変形しにくく，フッ素樹脂ではボール圧子との接触面が変形しやすい。そこで，焼成温度が高いほど，コーティング膜表面にフッ素樹脂の割合が多くなるために，焼成温度により動摩擦係数が変化したと考えられる。

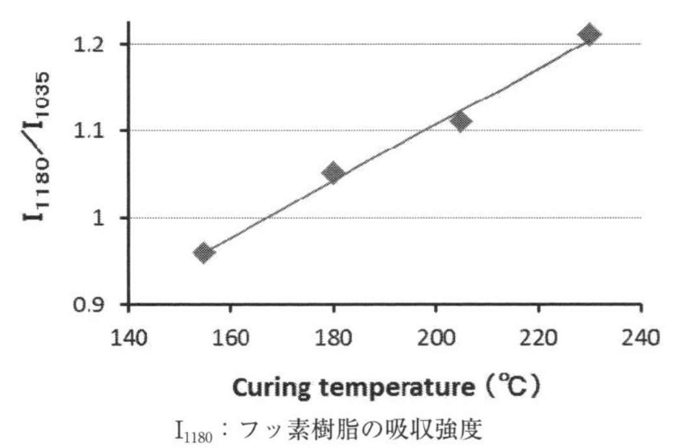

I_{1180}：フッ素樹脂の吸収強度
I_{1035}：エポキシ樹脂の吸収強度

図５　焼成温度とフッ素樹脂組成

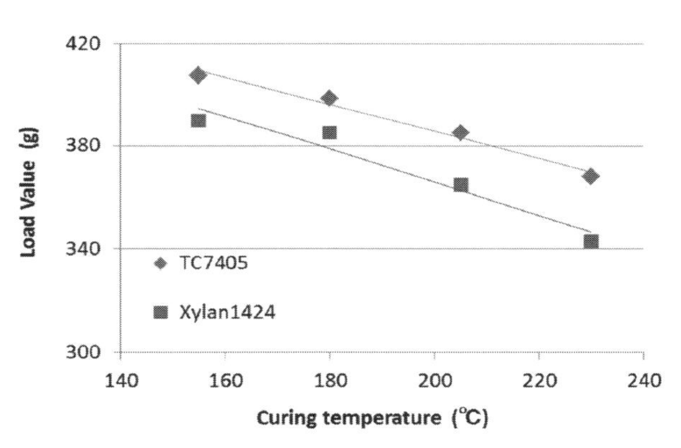

図７　焼成温度とテープ剥離荷重[2)]

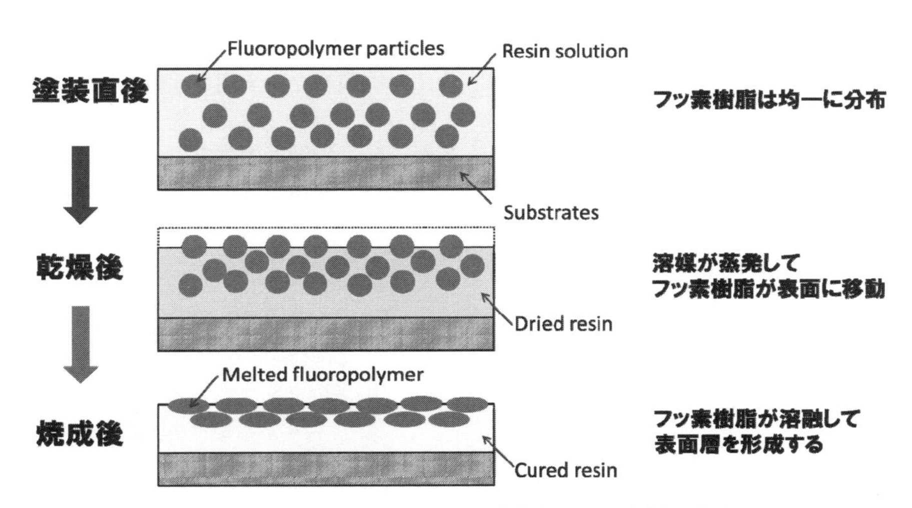

図６　焼成によるコーティング膜中のフッ素樹脂成分

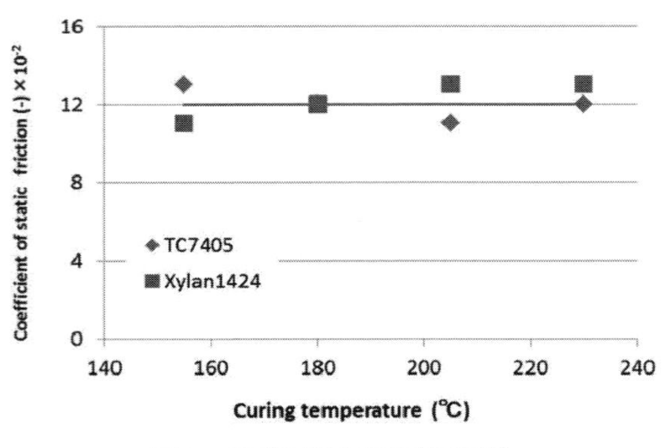

図8　焼成温度と静摩擦係数[2)]

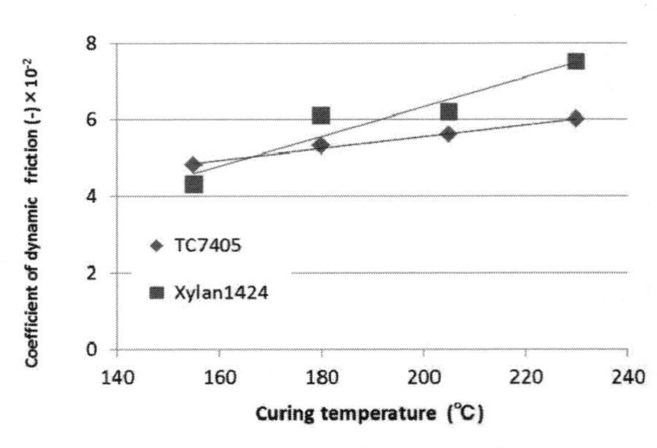

図9　焼成温度と動摩擦係数[2)]

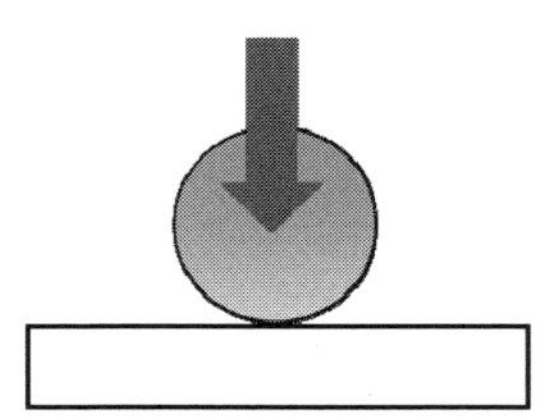

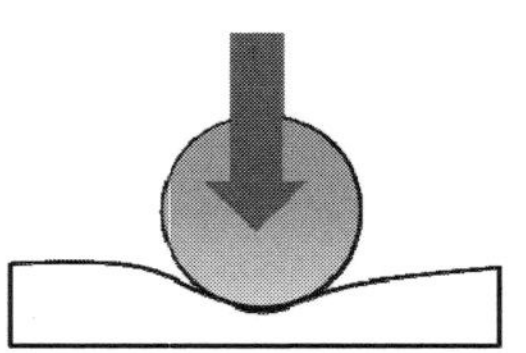

図10　ボール圧子と接触面の変形

2.3　非粘着耐摩耗シリコーンコーティング

フッ素樹脂以外に非粘着性を有するコーティングとしてはシリコーンコーティングがあり，金属やセラミックスの溶射膜を基材との間に導入することで，耐摩耗性を高めることができる（**図11**）。また，溶射膜の凹凸の上にシリコーンコーティング層とすることで，表面に微細な形状の凹凸構造とあわせて非粘着性を大きく高めることができる。

基材にシリコーンコーティングを施すことで，粘着剤や粘着テープの張り付きを抑止することができ，粘着テープなどの製造の工程でのローラーへの張り付きがなく，生産性の向上に寄与している（**図12**）。

コーティング下地に溶射膜を用いることで，硬度が高く，ステンレスの10倍程度の硬さを有する高硬度なコーティング膜を形成することができる。シリコーン樹脂を用いることから耐熱性はフッ素樹脂コーティングに比べてはやや低く，連続使用温度は200℃程度である。溶射膜層によりコーティング表層は微粒子状の凹凸の形状になっており，非粘着性が格段に高まっており，また，この凹凸とシリコーン樹脂によるノンスリップ性やグリップ性を持たせることができる。コーティング例としては，金属やセラミックスの溶射膜に100 μm程度のシリコーン樹脂層を形成し，平均高さRaは平均4～12 μmとすることで，高機能なシリコーン膜とすることができる。用途として，粘着剤や粘着テープを扱うローラーやプレート部材，また，高耐久の非粘着コーティング膜をフッ素樹脂より低温で形成することができることから，最近，需要が拡大している金属に代わる軽量の炭素繊維を用いたCFRPロールの非粘着用途にも適用されている（**図13**）。

図11　非粘着耐摩耗シリコーンコーティングの構成[1)]

非コーティング品

シリコーンコーティング品

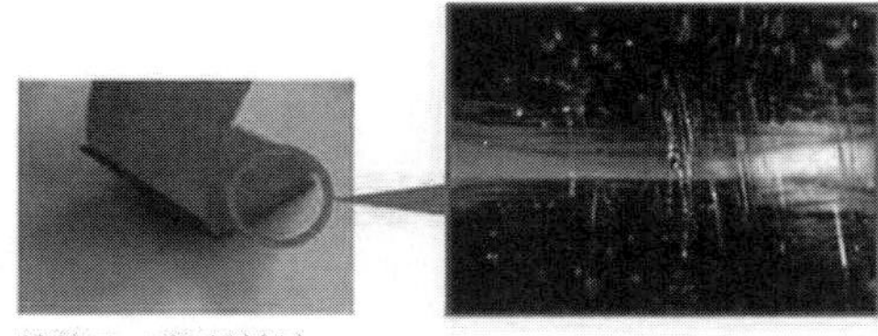

粘着テープに基材が
張付く。

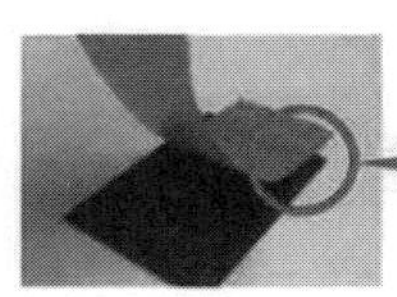

粘着テープに基材が
全く付着しない。

業務用の糊や樹脂などが
固まったあとでも簡単に
剥がすことができます。

粘着テープ上にローラーを
転がします。

未コーティングローラーには
粘着テープが張付き巻きつきます。

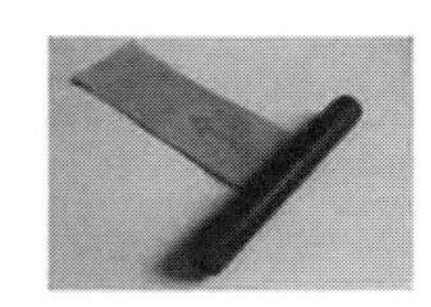

粘着テープ上にローラーを
転がします。

コーティングローラーには
粘着テープが巻きつきません。

図 12　非粘着耐摩耗シリコーンコーティングの粘着テープ製造工程への応用[1)]

CFRPロール

各種プレート

粘着テープ製造ローラー

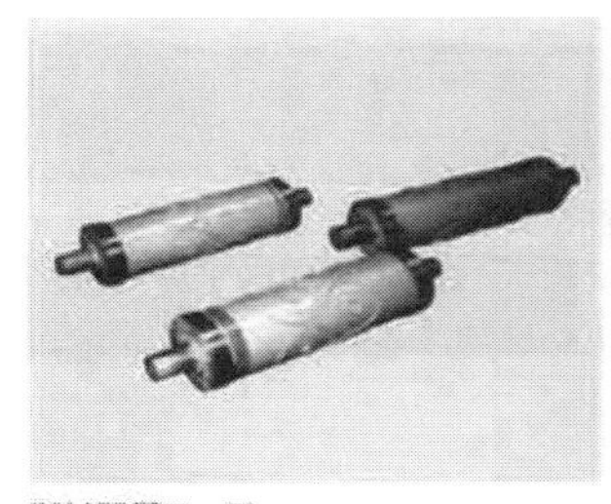

衛材関係ローラー

粘性素材 押し出しブロック

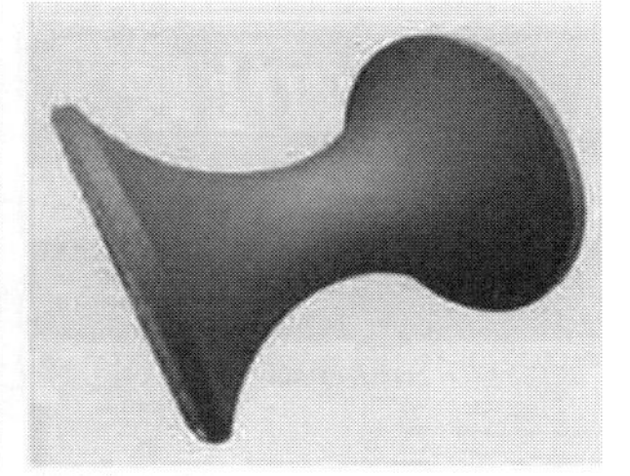

ガイドローラー

図 13　非粘着耐摩耗シリコーンコーティングの応用例[1)]

2.4　非粘着セラミック系コーティング

通常，金属などの基材の上にセラミックスの溶射により，高硬度なセラミックスコーティングを形成するが，セラミックス溶射のみでは表面の凹凸を利用した非粘着性にとどまり，高い非粘着性を持たせることは難しい。最近では，特殊シリコーン樹脂に触媒などを用いて低温で硬化させることにより，シリコーン樹脂に匹敵する非粘着性とフッ素樹脂を遥かに凌駕する高硬度を実現する高耐久性のセラミック系コーティングも実用化されている。特長としては，**表1**に示すとおり，セラミック系コーティング（シリセラコート 8011）では，フッ素樹脂コートより硬質で非粘着性に優れた滑らかな皮膜が得られ，低温で処理可能なため（100～250℃），熱による基材変形の抑制にも効果的である。

テープ剥離試験の摺動回数と剥離性の関係（**図14**）からの耐久性について，セラミックス系コーティング（シリセラコート 8011）は，摺動回数が増えてもテープ剥離性が落ちず，耐久性にも優れている。また，低温での膜形成が可能であることから，アルミやCFRPなどが基材のロールの高耐久非粘着表面コーティングとして応用されている（**図15**）。

表1　非粘着コーティングの特性[3)]

	シリセラコート 8011	フッ素コート（PTFE）	シリコンコート（PC）
皮膜耐熱温度	300℃	260℃	200℃
非粘着性能耐熱温度	200℃	200℃	150℃
非粘着（テープ剥離性）＊1	0 g	143 g	0 g
撥水性（水の接触角）	100°	120°	110°
滑り性	○	○	×
標準膜厚（μm）	30～50	30～50	溶射込 100～200
皮膜硬度	9 H	2 H	溶射皮膜に準ずる
処理温度（℃）	100～250	380～420	200

＊1：HEIDON Type38 試験機を用いたテープの剥離強度を測定

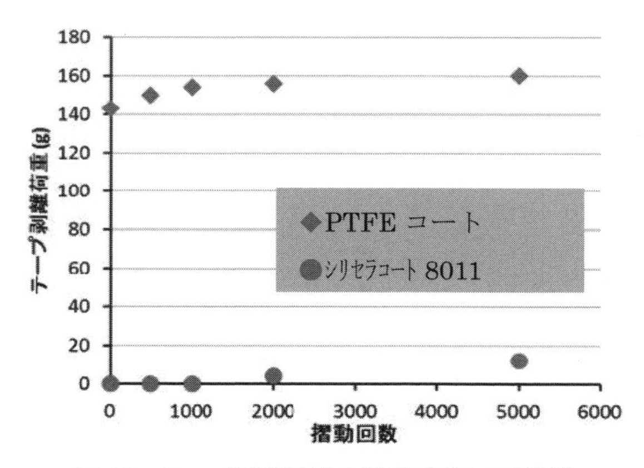

図14　テープ剥離試験の摺動回数と剥離性[3)]

図15　非粘着セラミック系コーティングの応用[3)]

3　木材の劣化と保護コーティング

ここでは，機能性コーティングとして，木材を保護するコーティングについて解説する。木材について，特に屋外における劣化因子として，太陽光，雨や水分，夏の暑さなどの気象条件に以外にも，カビや腐朽菌などの微生物，ヒラタキクイムシやカミキリムシなどの木材害虫などの生物的な要因がある。さらには，塩や砂塵，近年では酸性雨や窒素酸化物などの大気汚染物質などの化学的な要因が劣化をもたらす。これらの要因により，放置しておくと，変色や風化，カビ汚染や腐朽，割れや反りといった木材の劣化がみられることになる。

腐朽菌やカビ，太陽光や雨，害虫などにより，下記の**図 16** に示すような木材の劣化がみられる。

木材を屋外に放置したときの外観変化は**図 17** に示すとおりであり，いわゆる日焼けがみられ，鮮やかさがなくなり黒ずんだ外観となる。

これらの木材の劣化を防止するために木材保護塗料を木材にコーティングしている。日本建築学会の定める「建築工事標準仕様書・同解説 JASS18 塗装工事」で木材保護塗料塗り（WP）が設定されており，2010 年度版の「公共建築工事標準仕様書」「公共建築改修工事標準仕様書」「木造建築工事標準仕様書」でも各省庁統一基準として WP が設定されている。これらによると，木材保護塗料は，「樹脂及び着色顔料のほかに，防腐，防かび，防虫効果を有する薬剤を含むことを特徴とする既調合の半透明塗料」と定義され，日本建築学会材料規格を満たしたものが，木材保護塗料として使用可能となる。

具体的には，木材保護塗料として，以下の規格を満たす必要がある。

・器の中での状態

　かき混ぜたとき，堅い塊がなくて一様になるも

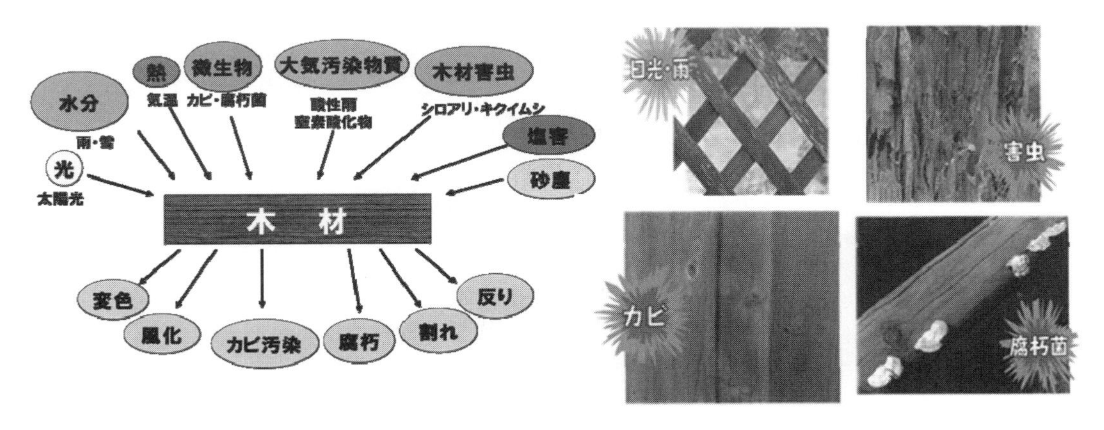

図 16　木材の使用環境と劣化

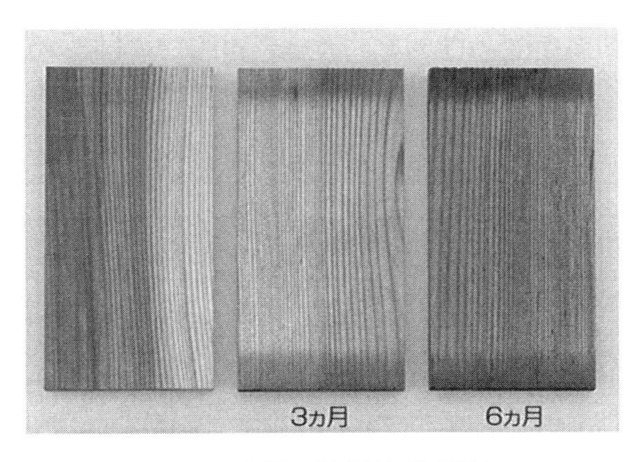

図 17　木材の屋外放置と外観

のとする。

・塗装作業性

塗装作業に支障があってはならない。

・乾燥時間

16 hr 以内

・塗膜の外観

塗膜の外観が正常であるものとする。

・促進耐候性

480 時間の照射で，ふくれ・割れ・はがれがなく，色の変化の程度が見本品と比べて大きくないものとする。

・かび抵抗性

試験体の接種した部分に菌糸の発育が認められないこと。

次に，木材保護塗料による木材の保護に関し，木材保護塗料（キシラデコール）を塗布した場合の防腐性能を**図 18** に示す。

防虫性能として，ヒラタキクイムシなどよりはるかに大型の木材害虫であるイエカミキリでの性能評価では，木材保護塗料を用いることで長期にわたり害虫の食害からまもることができる（**図 19**）。

防カビ性能についても効果は明らかである。**図 20** に示すように，実大物件において，無塗装では 4 か月経過後ではカビの発生がみられ外観も黒ずんでいるが，木材保護塗料によりカビの発生を抑制できていることがわかる。

屋外暴露に対する耐候性については，無塗装では，色調の変化が大きいが，塗装することで付与される撥水や紫外線吸収などの効果により，木材の劣化進行を防ぎ，色調変化をおさえることができる（**図 21**）。ただ，塗料によっても木材保護性能，特に耐久性については，性能差があるため，塗料選定には

図 18　木材保護塗料による防腐効果

薬　剤	検体数	食害の有無		備　考
		4週目	3年目	
キシラデコール	40	0／40	0／40	食害数／総数
無処理	10	10／10	10／10	

図 19　木材保護塗料による防虫効果

実績などを踏まえ十分留意する必要がある。

また，木材の塗装には，他の基材には見られない特有の現象がある。例えば，木材に含まれるタンニンなどと漆喰，モルタル，コンクリートなどのアルカリ成分とが反応して褐色に着色する場合があり，アルカリ汚染と呼ばれている。汚染初期には希薄な次亜塩素酸の塗布により除去できる。また，塗装面にヤニ成分の染み出しがある場合は，塗料用シンナーで除去することが一般的である。

最後に**図 22** に木材保護塗料により木造構造物の長もちに貢献している施工事例を示す。なお，図 16～図 22 については，文献[4)5)]の Xyladecor® のカタログおよびホームページから引用した。

以上，機能性コーティングとして，非粘着と木質保護に関する耐久性が要求される応用について述べてきた。耐久性が高い機能性コーティングは基材を長期に保護して部材の長もちにつながり，環境保護の観点からもこれからますます重要となるものであり，今後のさらなる普及と広がりに期待したい。

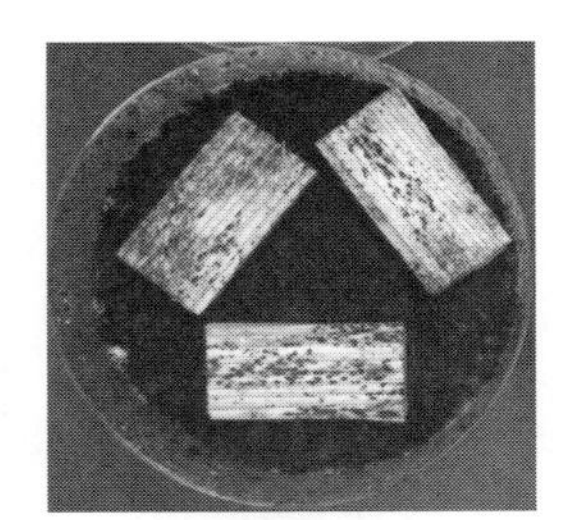

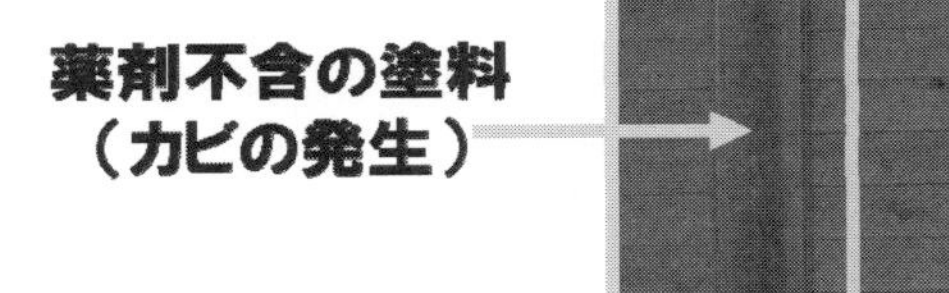

図 20　木材保護塗料による防カビ効果

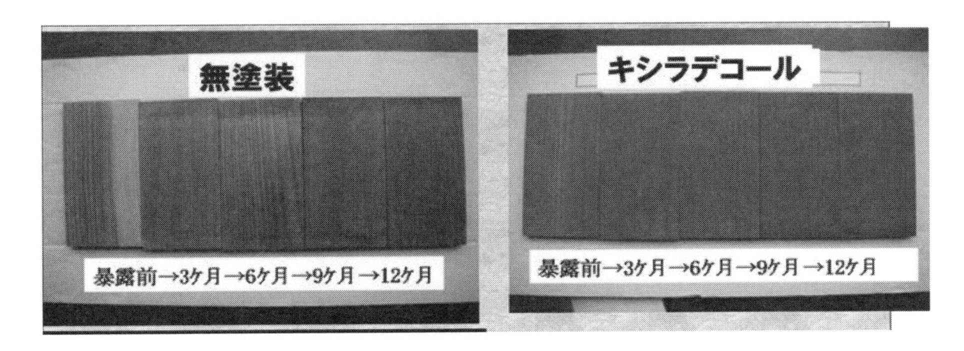

図 21　木材保護塗料と屋外暴露

京都府　宇治橋

岐阜県　飛騨高山の町並み

秋田県　角館武家屋敷

青森県　八甲田ホテル

図 22　木材保護塗料の執行例

文　献

1) 複合表面処理加工　奈良表面加工センター　カタログ（大阪ガスケミカル）.

2) 松好弘明，川崎真一，山田和志，西村寛之：ネットワークポリマー，**36** (1)，29-37 (2015).

3) シリセラコート 8011 カタログ（大阪ガスケミカル）.

4) Xyladecor® カタログ（大阪ガスケミカル）.

5) Xyladecor® ホームページ http://www.xyladecor.jp/（大阪ガスケミカル）.

第5節　合成繊維の設計と機能性評価技術

京都工芸繊維大学　近藤　義和

1　繊維の特徴と評価技術

繊維材料は第Ⅰ編第３章で述べたように,「多様性」が特徴である。これは, 材料的, 形状的, 物性・機能的, 製品形状的, 等, すべての面で制限なく, 活かせ, 設計にも自由度の大きいことを示す。こうした意味で, 人間生活や環境保全に有用な様々な製品を作り出すことができる。身の回りの品々は勿論であるが, 先端的な自動車, 航空機, 建造物にも重要な材料であり, 今後も性能の向上や新機能の付与と共に新たな製品への展開や, 全く新規な用途の開発もなされようとしている。一方, 耐久性評価に関しては, 繊維材料の多様性の故に, 様々な観点からの評価が必要となる。ただ, 繊維材料の工業的利用は, 繊維単独で使用されるよりも, 他の材料と組み合わせて使用される場合が多いので, 繊維単独での評価及び他の材料との関係での評価を行う必要がある。本稿では, 繊維の多様性及びその代表的な応用例を述べていく。

2　繊維の多様性について

2.1　形状の多様性と繊維の特徴

先ず, 形態の多様性として**図１, ２**に示す。小さい方では分子オーダーの数ナノメートル (nm) オーダーのセルロースナノファイバー (CeNF) やカーボンナノチューブ (CNT) から大きいものでは数ミリメートル (mm) ～数センチメートル (cm) のプラスチックファイバーや金属繊維があり, それぞれの用途に適用されている。繊維の比重や径に応じて, 他の物性例えば, 比表面積 SA (m^2/g) が変わる。図１には連続繊維と仮定した場合, 繊維の径と比表面積との関係を示す。比表面積 SA は表面が重要な機能を発現する用途, 例えば, 吸着材, 活性炭繊維, ワイピングクロス, フィルター材などでは特に重要な要素となり, 繊維径 (r) を調整することによって任意に性能を設計できる。これは天然繊維では困難で合成繊維の優位な点である。

多様な形状の繊維が製造可能であり, その物性も

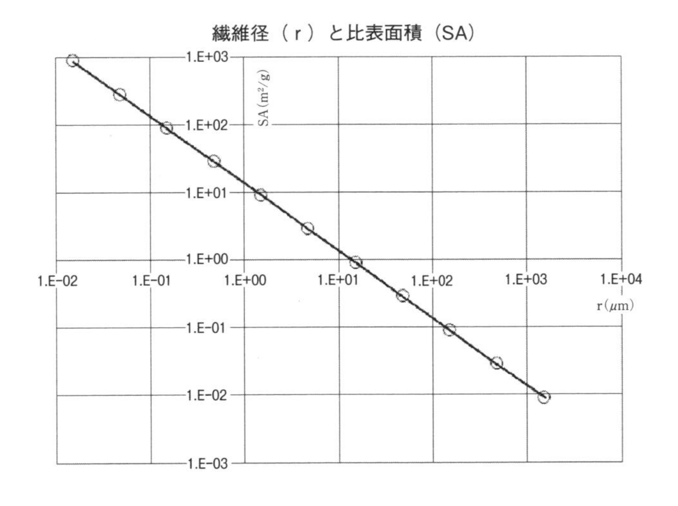

図１　繊維の径と比表面積（計算値）

繊維形状にて大きく変化する。例えば，フィルターに使用する場合，繊維径がろ過対象物と大きさが同等程度以下であればより効果的なろ過性能が得られる。図2には，各種繊維の大きさと他の材料との大きさの比較を行うが，極めて多くの物質に対応できることがわかる。必要に応じて，紡糸した繊維を後処理にて更に多数の細い繊維に分割することができ（分割繊維），更に微細化が可能であり，今後のスペシャリティ繊維（特殊機能・性能繊維）の用途・用法は益々拡大することが期待される。例えば，100の微細繊維に分割可能な繊維であれば，比表面積は図1に示すように，100倍に増加する。繊維材料の有する多様性は，そのもの自体での可能性，及び他の材料との組み合わせでの使われ方の可能性を著しく大きくする。こうした繊維の特徴及び先端技術を結び付けて，**図3，4**に示すような様々な可能性や開発目標を設定することができる[1)]。

さらに，繊維はフレキシブルな一次元材料であり，つまり繊維および繊維構造物の特徴は，任意に変更可能な直径，断面形状，組成，物性および表面形状であり，それらを組み合わせせることにより，格段に多様な繊維構造物が得られる。

繊維材料の本来の目的は，人間の安全を守り，快適な生活をすることである。その意味での様々な先端技術（例えば，エネルギー，情報通信，バイオ）を取り込んで，更にその用途・機能・価値を広げることが期待される。

2.2　力学的物性の多様性

繊維の力学物性は繊維軸方向（一次元方向）にポリマー鎖が配向しており，繊維軸方向に強度・弾性率が高いという特徴があるが，それは材料の選定，材料の物性（例えば，結晶化度，分子量，コンフォメーション）の最適化，繊維の製造方法（紡糸方法・延伸条件・後処理条件）によって広範囲の調整が可能である。つまり，柔軟な材料から硬い材料まで，材料，製造条件，形状の最適化によって任意の物性を付与できる。**図5**は多様な繊維の力学物性の代表として強度及び弾性率を示す。繊維科学分野では繊維の断面積の単位のTex（テックス）は繊維関連のISO単位（ISO 2947 1973，JIS L 0101）であり，汎用繊維にはこのTexの1/10のdTex（デシテックスが使用される。TEXは繊維1000 m当たりの質量（G）にて表される。D（デシ）はその1/10を示す。

繊維では製造法（特に，延伸倍率・延伸温度，後処理条件）によって，物性の調整ができることが特徴であり，延伸倍率を上げて，後処理をしないと，高弾性・高強度化するが破断伸度が小さくなりもろくなる。一方，延伸倍率は高いが後処理を十分行うと，適度の伸度と耐熱性が発現し，バランスのとれ

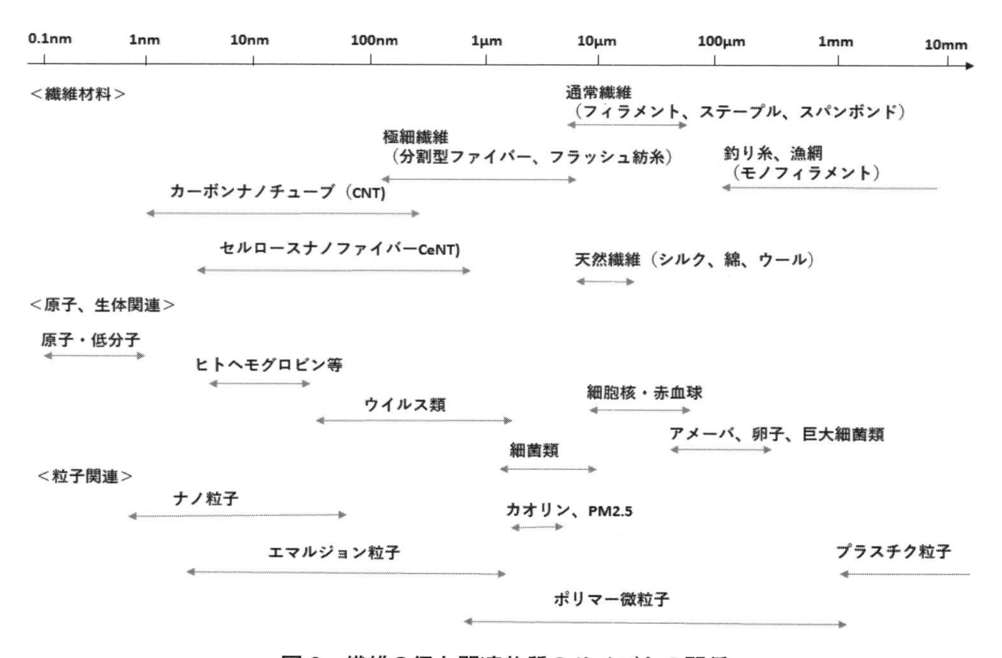

図2　繊維の径と関連物質のサイズとの関係

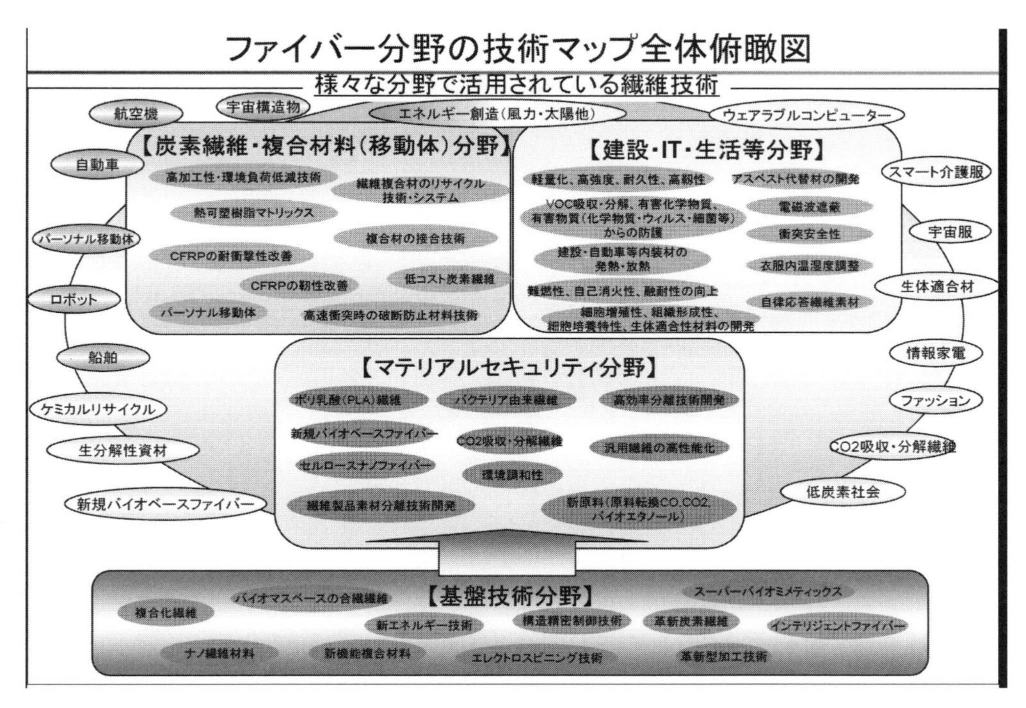

図３　ファイバー分野の技術マップ全体俯瞰図（経済産業省：技術戦略マップ 2010 より）[1)]

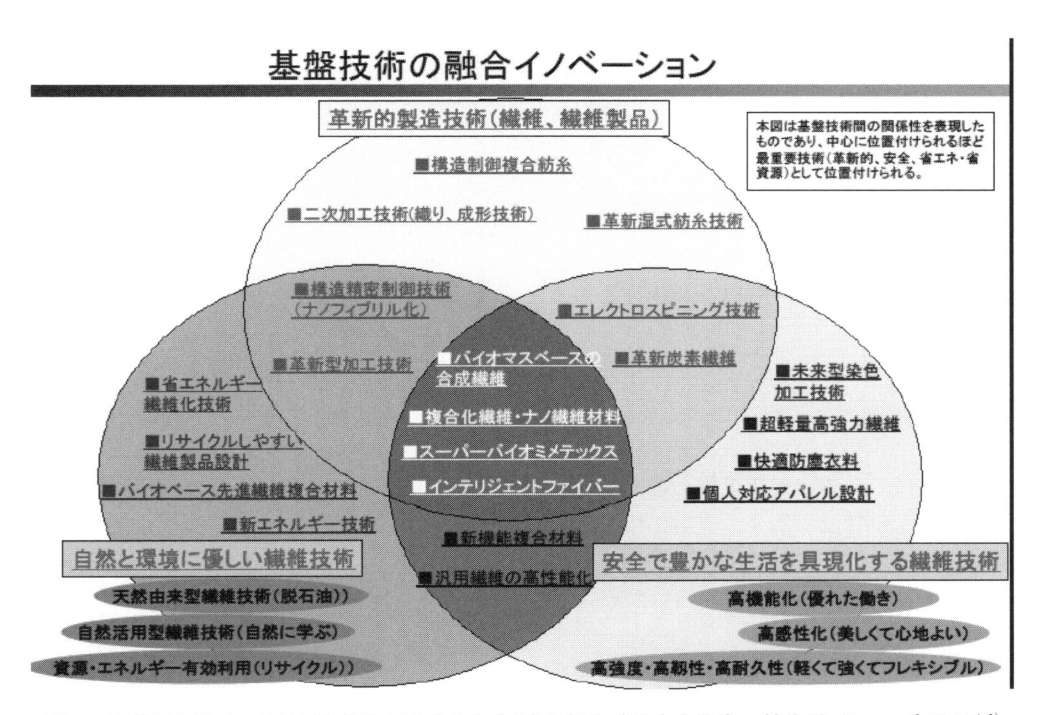

図４　繊維産業における基盤技術の融合と新領域の創生（経済産業省：技術戦略マップ 2010）[1)]

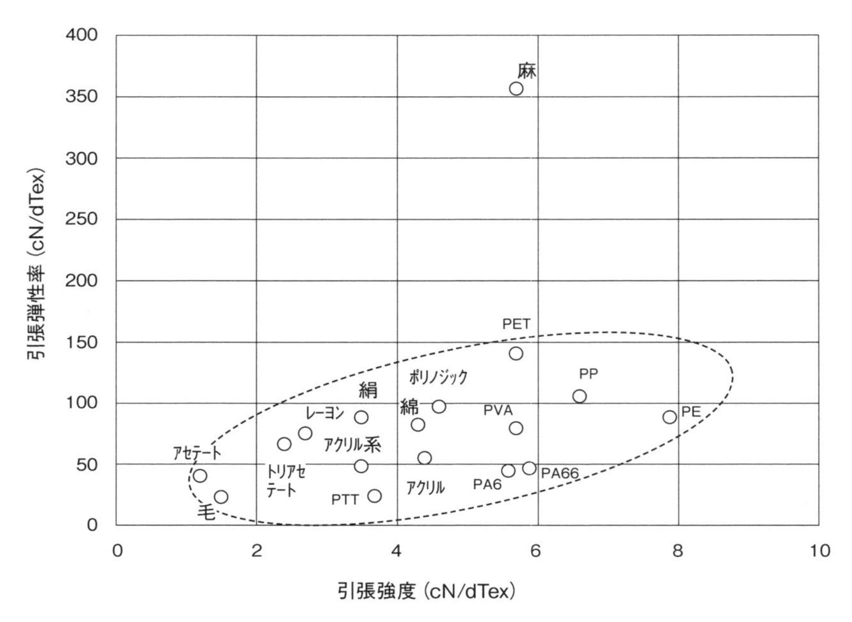

図 5　代表的な天然繊維及び合成繊維の強度・弾性率の分布[2)]

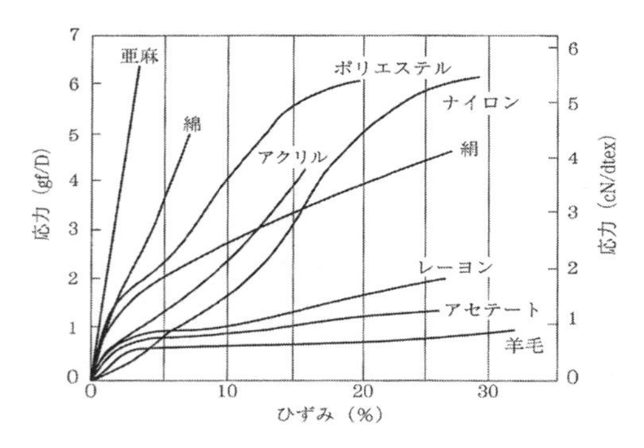

図 6　天然繊維と合成繊維の SS 曲線[3)]

た繊維になる。

図 6 には，天然繊維と人造繊維の SS 曲線（ストレス‐ストレインカーブ）を示す。この SS 曲線から，色々な情報が得られる。天然繊維の麻や綿は高弾性率，低破断伸度が特徴であり，衣服に用いた場合は，張りがありサラッとしている（ドライ感）特徴がある。破断挙動は，この SS 曲線からわかるように，脆性破壊を示す。

一方，絹（シルク）は中弾性率・高破断伸度であり，非常にスムースなしっとりした肌触りが特徴である。羊毛は繊維が捲縮（クリンプ）を有しており，そのために暖かく弾性率が低いことが特徴であり，それぞれの繊維の特徴がよくあらわされている。これらの天然繊維は繊維特有の物性を有する。合成繊維では熱可塑性の PET では伸度が大きく，伸度と共に強度もスムーズな上昇を示す。この過程で，PET（ポリエステル）中の分子の引き延ばしやスライディングや結晶からの分子の引き延ばし（unfolding）が生じていることが SS の挙動からわかる。つまり典型的な延性破壊挙動を示す。合成繊維では形状や製造条件が任意に設定でき，天然繊維の特徴を任意に再現できる特徴がある。ナイロンでは分子間で水素結合（＝NH…O＝C）が形成され，強度や靭性が優れる。

一方，**図 7** に示す様に，PPTA（p‐ポリフェニレンテレフタルアミド）やベクトラン等の高性能繊維では殆ど直線的な SS カーブを示し破断伸度も小さい。

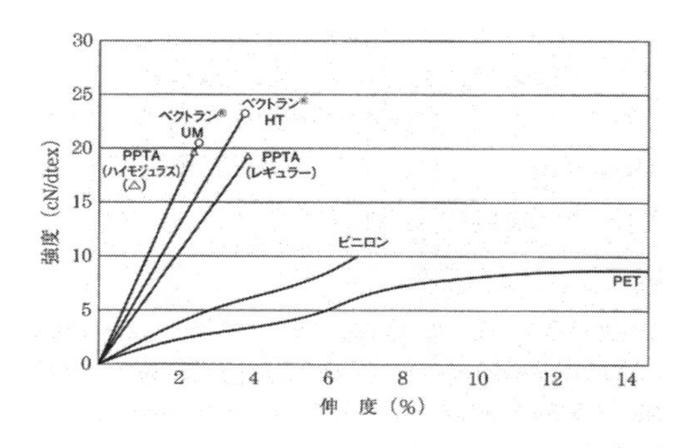

図 7　高性能繊維及び通常繊維の SS 曲線[4)]

こうした高性能繊維は天然繊維よりも強い脆性破壊挙動を示し，材料として使用する場合は，こうした低伸度による破壊を起こさないような使い方をすべきである。詰まり，通常折り曲げを行い柔軟性が必要な製品にはPETやPVA（ポリビニルアルコール）の様なSS曲線を持つ繊維材料が好ましく，一方，直線的な高強度・高弾性が必要な用途（例えば炭素繊維複合材料，コンクリート耐震補強材料など）には，炭素繊維，PPTA等の繊維材料が使用される。

合成繊維では天然繊維では不可能であった材料，形状を任意に最適化でき，用途・製法に応じた性能を有する繊維を得ることができる[5]。これは，他の金属材料，セラミック材料，樹脂材料にない繊維の大きな特徴・優位点である。特に，高強度・高弾性繊維の開発は，従来金属材料が主として使用されていた航空機や自動車用にプラスチック複合材料（FRP）等に多用化されるようになり，軽量化，高性能化や燃料消費量を低下させる地球環境への大きな貢献が期待される。また，コンクリート構造物に張り付けて，コンクリートの耐震性を飛躍的に高めて，安価にその場作業で建造物の寿命を延ばすこともできるようになった。また，高機能・高性能繊維，例えば，ナノファイバー・マイクロファイバー化による大きな比表面積，抗菌性，抗血栓性，導電性，紫外線吸収性，静電気発生性，圧電性，等，多くの機能付与が可能であり，医療用材料，情報端末材料等，将来の生活に大きくかかわる新規製品開発に貢献できる材料である。

3　高機能性繊維

高機能繊維（functional fiber）は通常の繊維に特別な機能（function）を付与した繊維群を指し，日本化学繊維協会においても，多くの資料をまとめている[5]。例えば，**表1**に示すようなものが代表的なものである。ここでは強度や弾性率或いは耐熱性といった物性に優れた繊維を高性能繊維（high performance fiber）として区別する。高機能繊維は日本が先行して開発したものであり，優位性がある分野である。市場は，汎用繊維が縮小を続ける国内市場において，過去5年間は成長を続けており，今後更に多様な商品開発や新市場が開発されていくものと思われる。機能を付与し，その効果を発揮させる為の工夫も様々検討されている。繊維表面は基本

表1　機能性繊維の市場規模（単位：百万円）[9]

機能	2008年（実績）	2013年（予測）
吸汗・速乾性	19,750	22,380
透湿・防水性	11,100	12,250
蓄熱・発熱保温	9,250	20,200
抗菌防臭・制菌	12,000	11,940
弾性	68,200	62,100
アレルギー対策	2,050	1,600
清涼感	1,310	1,900
消臭性	2,960	2,980
防汚性	3,600	3,610
制電・導電性	2,570	2,620
形態安定性	5,700	8.85
生分解性	1,300	2,310
ウィルス対策	1,600	2,380
紫外線遮蔽	1,980	2,150
電磁波シールド	8,700	6,500

的に疎水性であり，親水性材料は付着しにくいが，疎水性材料は付着しやすく，耐久性も優れる。従って，何らかの機能を繊維に付与する場合は，繊維中への混合（練り込み）や表面へのコーティング或いは繊維分子の構造の一部に共重合させる方法などが用いられる。

用途は一般衣料用にも産業用にも医療用にも使用される。この中の多くは，一般衣料や家庭用資材，今後，更に新たな機能が付与されれば，新たな市場を開拓することが期待される。高機能繊維の国際規格には**表 2** に一例を示すが日本発の規格が多数採用されている。

機能性繊維の多くは衣料用，家庭資材用，寝装用繊維，医療用繊維であるが，他の用途，例えば，自動車や航空機の内装用，登山や寒冷地用の衣料，或いは熱帯地方等，蚊や細菌の多い地域の寝具，衣服としても極めて有効である。例えば，マラリア蚊の多数生息するアフリカで蚊の嫌いな薬剤（ペルメトリン及びピペロニルブトキシド）を練りこんだ蚊帳（LLIN：Long-Lasting Insecticidal Net）がマラリアの予防に大いに役立っている[6]。これも繊維の柔軟で賦形性の自由度の大きさと比表面積の大きさをうまく利用した開発例である。こうした機能を繊維に付与する為には，薬功のある成分を繊維に練り込んだり，表面に付着する方法があるが，薬剤の移行（マイグレーション）で薬剤が飛散したり，薬剤によって人体に害を与えたりする可能性があるので，薬剤を含んだマイクロカプセルに含有して，それを練り込むことによって，適度の薬功の持続性・制御性を付与することが可能となっている。**図 8** には，殺蚊剤を練り込んだポリエチレン繊維のヒトマダラ蚊に対する殺虫効果を示す。

表 2　機能性繊維に関するの日本発の ISO 規格[9]

テーマ	内容	検討開始
抗菌測定方法（ISO20743：2007）	抗菌活性値の測定方法	2000 年
抗菌測定方法（改正）	抗菌活性値の測定方法	2011 年
抗カビ活性試験方法	ルミネッセンス試験方法	2009 年
発がん性染料	トリエチルアミン / メタノール溶剤試験方法	2009 年
消臭性試験方法 1-4	1. 消臭概論　2. 検知管法 3. GC 法　4. 濃縮試験法	2010 年
消臭性試験方法 5	5. 金属酸化物半導体試験方法	2012 年
帯電防止試験方法	1. 半減期　2. 摩擦耐電圧 3. 摩擦帯電荷量　4. 摩擦帯電電荷量減衰	2012 年

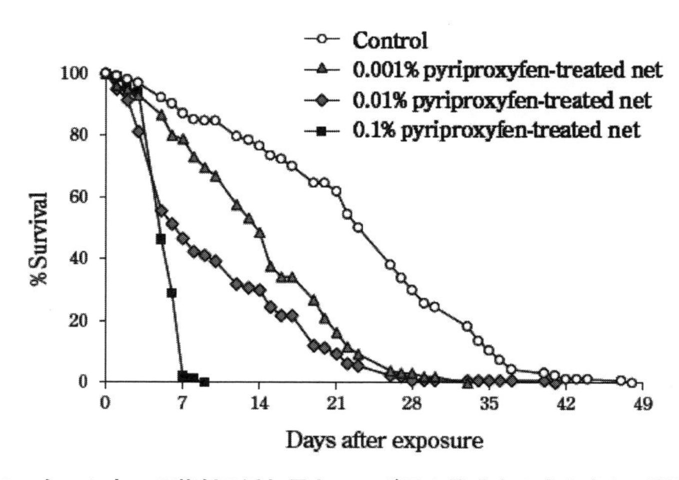

図 8　ネット中への薬剤の添加量とハマダラカ雌成虫の生存率との関係[7]

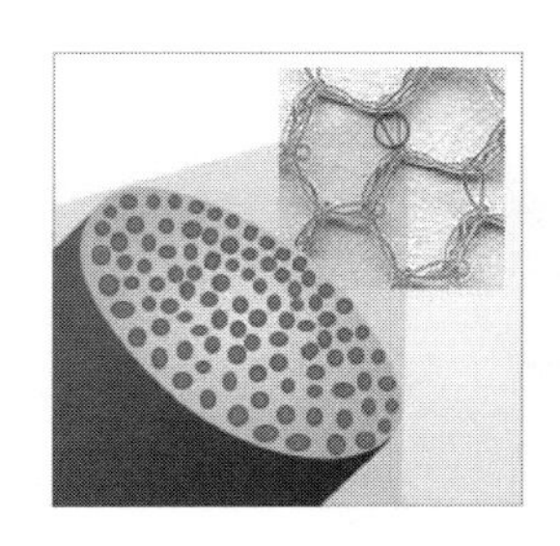

図９　薬剤含有繊維の断面模式図とアフリカ支援での蚊帳[8)]

防虫剤（ピレスロイド）を練りこんだポリエチレン繊維の断面式図とそれを使った蚊帳

また，抗菌・防臭繊維は病院等での院内感染を抑える衣服として，或いは，寝たきり等で長期間着用せざるを得ない寝具，衣服やおむつ材料として有効である。また，防ダニ繊維はダニを殺したり，忌避したりする薬剤を練りこんだ繊維である。防カビ繊維は，湿気の高いところに長期間設置する繊維製品に有効で，カビの発生を防ぐ機能がある。こうした機能性繊維はほぼ合繊各社が開発生産している。UV吸収繊維は繊維の中にUV吸収材を練り込んだり，繊維の後加工としてUV吸収材をコーティングしたものであり，低緯度地域や夏場の衣服などに最適である。導電性繊維は，ポリアセチレンの様な本質的な導電性繊維でなく，繊維材料としてより取り扱い安く且つ安定し耐久性ある導電性を発現させるために，複合繊維の一成分にカーボンブラックや金属化合物微粒子を高濃度に練り込んだ繊維が開発されている[10)]。導電性繊維の導電性は添加する導電性微粒子の添加量で任意に制御可能で，制電性のレベルから金属に近い導電性までの繊維材料が開発されている。

4　高性能繊維の種類と特徴

高性能繊維は**表３**に示す様に，強度，弾性率，耐

表３　高性能繊維[11)]

分類	繊維名	特徴	用途
高強力・高弾性	パラ系アラミド繊維（PPTA）	高強度，高弾性，高耐熱，耐薬品性，耐摩耗性	タイヤコード，ベルト，防弾服，防護服，航空機部材，コンクリート補強，アスベスト代替
	超高分子量ポリエチレン繊維（UHMW-PE）	高強度，高弾性，低比重，耐薬品性，耐摩耗性，耐衝撃性，対候性	ロープ，防護服，スポーツレジャー用品，釣り具，漁網
	ポリアリレート繊維（PA）	高強度，高弾性，低比重，耐薬品性，耐摩耗性，低伸度，低ｸﾘｰﾌﾟ性，振動原水性，非吸湿性	ロープ，漁網，防護服，スポーツレジャー用品，電気資材，漁網
	ポリベンゾオキサゾール繊維（PBO）	高強度，高弾性，低比重，耐薬品性，高難燃性，耐摩耗性，耐衝撃性，低ｸﾘｰﾌﾟ性，非吸湿性	防護服，ベルト，ロープ，セイルクロス，各種補強材，耐熱クッション
	炭素繊維（CF）	高強度，高弾性，高耐熱，難燃性，耐衝撃性	スポーツ・レジャー，航空・宇宙，自動車，風力発電用風車
耐熱・難燃	パラ系アラミド繊維（PPTA）	耐熱性・難燃性，耐薬品性，絶縁性	ﾊﾞｸﾞﾌｨﾙﾀｰ，電線被覆材，防炎服，作業服，抄紙用ﾌｪﾙﾄｰ，複写用ﾌｪﾙﾄ，複写機ｸﾘｰﾅｰ，ﾍﾞﾙﾄ
	ポリフェニレンサルファイド繊維（PPS）	耐熱性（170-190℃で連続使用可能）・絶縁性，耐薬品性，絶縁性	フィルター，抄紙フェルト，電気絶縁材
	ポリイミド繊維（PI）	耐熱・難燃性，ループ強度，260℃まで機械的物性不変	フィルター，耐熱・防炎服，航空・宇宙部材
	フッソ繊維（PTFE）	耐熱性，耐薬品性，低摩耗性，非粘着性	フィルター，自動車部材，摺動部材

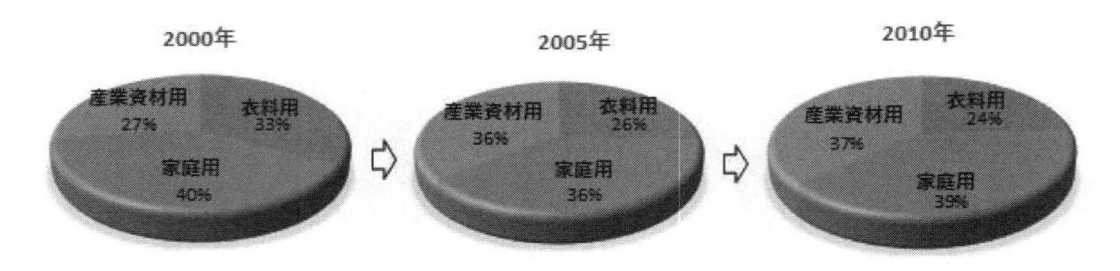

図 10　科学繊維の用途別シェアの推移[13)]

熱性等の力学的物性や熱的物性が一般繊維より優れている繊維を示す。**図 10** には日本国内での繊維用途の推移を示すが[12)]，衣料用繊維は海外からの低価格の衣料製品の輸入によって急速に用途が縮小しているが，その分産業用分野の比率が拡大していることが特徴である。詰まり，汎用の繊維産業から特殊な繊維を使用した産業用途が増大していることを示す。繊維の生産は世界的には人口の増加より高い伸長を示しているが，その大半は日本の産業がコスト的に対抗できない汎用繊維である。しかし，産業繊維は，優れた強度，弾性率，耐熱性等の力学的物性や熱的物性が求められ，ユーザーとの密接な共同開発が重要であり，こういう総合的なノウハウの蓄積や相互協力が日本の繊維産業が優位性を保っている。また，用途と緊密な相関のある性能（spec）が求められ，日本企業の丁寧な対応やこれまでの技術・ノウハウの蓄積が大いに役立つ分野である。

産業繊維の利用される分野としては，一般衣料や寝装品以外であり，用途は多岐にわたっているが，例えば，2 年に一度フランクフルト㈱で開催される国際的な産業用繊維素材展示会（テクテキスタイル展：Techtextil（Frankfurt））では，**表 4** に示す分野に分類している[14)]。

テクテキスタイル展のモットーは「生活革命（innovation for life）であり，繊維本来の人間の生活を快適に安全にするために繊維はどうあるかをアピールする場であり，そういうコンセプトがなければ世に受け入れられないということであろう。特に，近年では Mobiltech（自動車関連），Protech（防護材料），Buildtech（建材用途）などが注目されている。いずれも繊維材料の得意とする一次元方向での強さや柔軟性等他の材料にない強みを生かしたものである。ここでは，そのいくつかについて開発状況を示すと共に，評価方法及び長もちの可能性について述べていく。

4.1　高強度，高弾性繊維の特性と用途

現在，高強度・高弾性繊維としては炭素繊維，アラミド繊維，超高分子量ポリエチレン繊維をはじめ，多くの繊維が開発され上市されている（**表 5，6**）。いずれも，特徴は SS 曲線を書いた場合，一直線になり，かつ破断伸度が 5% 未満であるものが多いことである。つまり，剛直な分子構造や超高分子量によって最大限の分子配向と結晶化をさせるように製造されている。

図 11 は，各種材料の比強度，比弾性率を示す。比強度，比弾性率は強度，弾性率をそれぞれの比重で割ったものであり，単位重量当たりの強度や弾性率を示す。つまり，従来の金属やプラスチックより，アラミド繊維やカーボン繊維（HP/IM，HP/UHT 等）等の先端繊維は飛躍的に性能をアップしている。これは航空機や自動車，風車のブレードの大幅な重量減を達成し，エネルギー的に環境的に大きな貢献をしている。**表 7** は炭素繊維強化材料（CFRP：

表 4　Techtextil2015（Frankfurt）にて分類されている産業用繊維

1.	Agro-tech（農業用資材分野）	2.	Build-tech（建築材料分野）
3.	Cloth-tech（衣料分野）	4.	Geo-tech（土木分野）
5.	Home-tech（家庭用分野）	6.	Indu-tech（工業分野）
7.	Med-tech（医療分野）	8.	Mobil-tech（自動車分野）
9.	Oeko-tech（環境分野）	10.	Pack-tech（包装材料分野）
11.	Pro-tech（防護分野）	12.	Sport-tech（スポーツ分野）

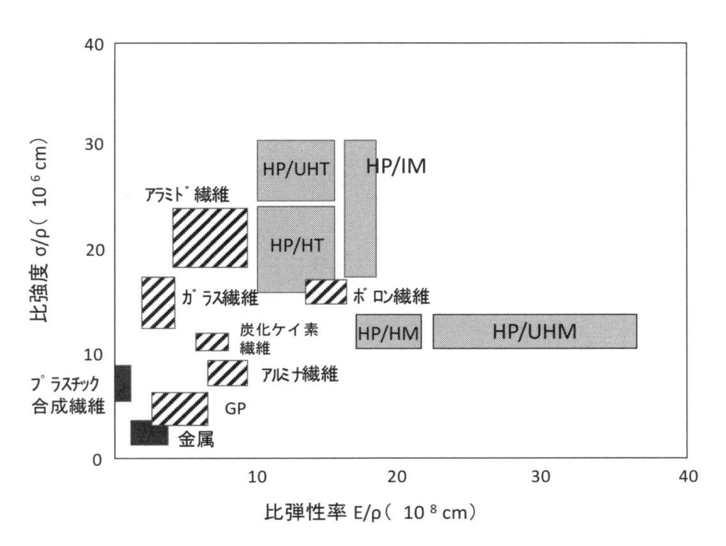

図 11　各種材料の比強度，比弾性率[17]

表 5　主要な高機能・高性能繊維の性能[15]

	バラ系アラミド	メタ系アラミド	アクリル（PAN）系炭素繊維	ピッチ系炭素繊維	超高分子量ポリエチレン繊維	ポリアリレート繊維
耐熱性長時間安定性	強度保持率：200 ℃×1000 hr：59-75%	強度保持率：200 ℃×1000 hr：85-90% 250 ℃×1000 hr：70-80%	高熱伝導性，低熱膨張率	高熱伝導性，低熱膨張率	強度保持率：80 ℃ r-78%	強度保持率：200 ℃ r×50 hr：97% 200 ℃ r×100 hr：89%
対薬品性	濃酸を除き安定	濃酸、60%NaOH を除き安定	安定	安定	安定	安定
主要な用途	タイヤコード，ベルト，ロープ，防弾服，防護服，アスベスト代替，先端複合部材，コンクリート補強材	フィルター，電線被覆材，防炎服，防護服，防弾服，作業服，抄紙用フェルト，複写機部材	スポーツ・レジャー用品，機械部品，X 線機器	コンクリート補強材，スポーツ・レジャー用品，アスベスト代替，機械部材，先端複合材	ロープ，防護服，スポーツ・レジャー用品，釣り糸，漁網	ロープ，防護服，スポーツ・レジャー用品，電材品，防護材，成型品，機能紙

	ポリパラフェニレンベンゾオキサゾール（PBO）繊維	超高強力ポリニニルアルコール（PVA）繊維	ポリパラフェニレンサルファイソ（PPS）繊維	ポリエーテルケトン（PEEK）繊維	ポリイミド（PI）繊維	フッソ繊維
耐熱性長時間安定性	強度保持率：200 ℃×1000 hr：75-85% 400 ℃×10 hr：14-18%	強度保持率：180 ℃×1 hr：90%	170-190 ℃で連続使用可能	強度保持率：200 ℃×24 hr：100% 240 ℃で連続使用可能	260 ℃で連続使用可能	260 ℃で連続使用可能
耐薬品性	濃硫酸以外の酸，アルカリに安定	濃硫酸，濃酸酸で分解他の酸，アルカリで安定	安定	安定	安定	安定
主要な用途	ベルト，ロープ，防弾・防護服，各種補強材，耐熱クッション	コンクリート補強材，タイヤコード，ベルト，ロープ	フィルター，抄紙用キャンパス，電気絶縁材	フィルター，タイヤコード，ベルト	フィルター，耐熱服，防炎服，航空・宇宙服	フィルター，シート材，自動車部材

表6　代表的な高性能繊維の主要物性[16)]

分類	繊維名	商品名	強度：kg/mm^2	弾性率：kg/mm^2×10^3	分解温度（融点）：℃
高強度・高弾性	PBO	ザイロン	580	23	650
	PAN系炭素繊維	トレカ テナックス	460	50	3000
高強度・高耐熱	ポリアリレート	ベクトラン	350	8.5	400
	p-アラミド	Kevlar トワロン	300	10	500
	p-コアラミド	テクノーラ	300	6.5	500
高強度	高分子量PE	ダイニーマ	350	15	150
	高強度PVA	クラロンK-Ⅱ	230	4	245
耐熱	PEEK	Zyex	80	0.9	345
	m-アラミド	Nomex コーネックス	70	1.3	400
	PPS	プロコン トルコン	60	0.6	285
	ポリイミド	P84	50	0.4	450
	ポリアミドイミド	Kermel	40	2.9	380
耐熱（普通強度）	PBI	Logo	30	0.5	450
	メラミン	Basofil	20	---	450
	ノボロイド	Kynol	18	0.4	350
耐熱・耐薬品	PTFE	テフロン トヨフロン	20	0.3	327

表7　CFRPの用途別需要予測[18)]

分野	2009年	2010年	2011年	2015年	2020年	平均伸び率
宇宙航空	5,800	6,410	7,610	13,090	18,100	12.1%
スポーツ他	6,430	7,000	7,660	9,410	11,120	5.6
産業資材	21,210	25,870	29,620	66,760	105,060	17.4
合計	33,430	39,280	44,290	89,260	134,280	13.9

（単位：トン／率）

carbon fiber reinforced plastic）の市場トレンド及び今後の予測を示す。2011年頃より，産業資材分野を中心に大幅な成長が見られる。この傾向はCFRPの性能の向上やコストダウンと共に，更に自動車分野，航空機分野での採用が増えてくると思われるので更に需要は増えてくる。また，ビルや橋梁，高速道路の支柱など種にコンクリートが使用されている分野でも耐震性向上の為に，カーボン繊維やアラミド繊維などの高性能繊維が補強に使用されており，更にこうした高性能繊維の需要は加速度的に増加するものと思われる。

図12はCFRPその他の材料の物性を示すが，炭素繊維強化樹脂（CFRP）が最も性能が良いことがわかる。この図の横軸は比剛性，縦軸は比強度を示し，各々，剛性，強度を材料の密度で割った値であり，この値が大きいことは，軽量で高強度，高剛性であることを示し，自動車，航空機等には重要なファクターである。しかし，これは初期性能であり，使用環境での耐久性の評価「長もちの性能」はこうした新材料が多方面で使用される上で重要な要素になる。

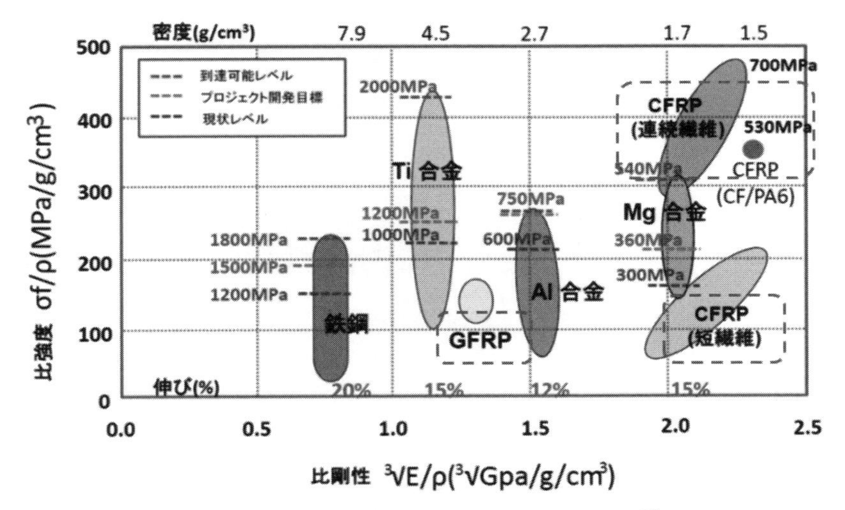

図 12　高性能繊維強化複合材料の位置付け[19]

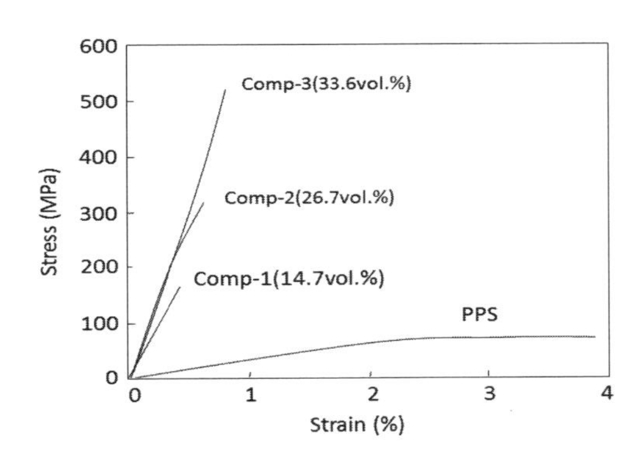

図 13 (A)　配向 CNT/ エポキシ複合材料のヤング率と CNT 体積分率と関係[20]

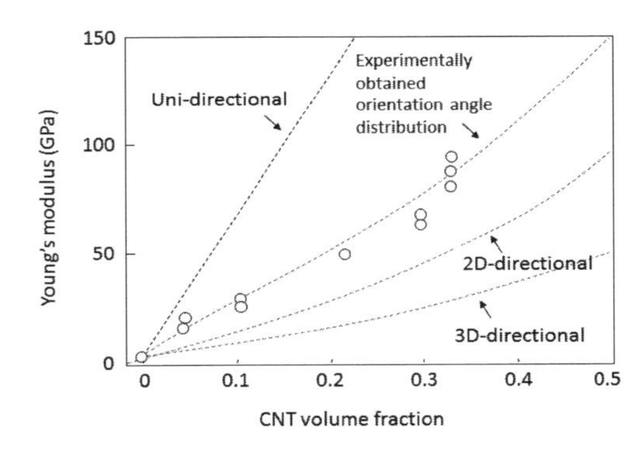

図 13 (B)　配向 CNT/PPS 複合材料の材料の代表的な応力－歪線図[20]

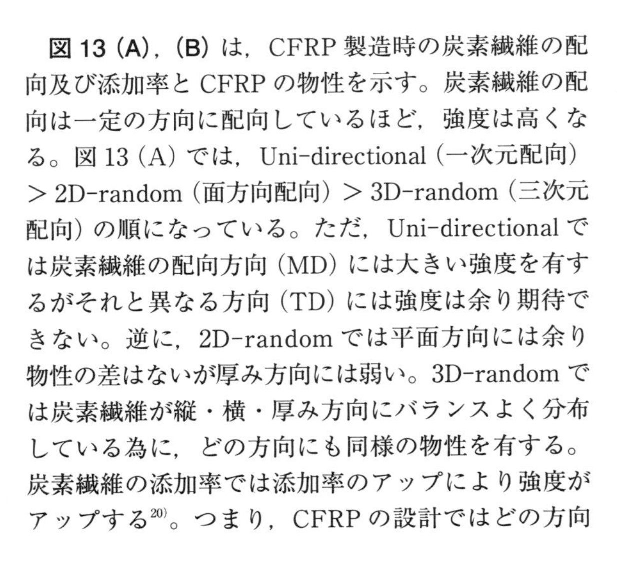

図 13 (A)，**(B)** は，CFRP 製造時の炭素繊維の配向及び添加率と CFRP の物性を示す。炭素繊維の配向は一定の方向に配向しているほど，強度は高くなる。図 13 (A) では，Uni-directional (一次元配向) > 2D-random (面方向配向) > 3D-random (三次元配向) の順になっている。ただ，Uni-directional では炭素繊維の配向方向 (MD) には大きい強度を有するがそれと異なる方向 (TD) には強度は余り期待できない。逆に，2D-random では平面方向には余り物性の差はないが厚み方向には弱い。3D-random では炭素繊維が縦・横・厚み方向にバランスよく分布している為に，どの方向にも同様の物性を有する。炭素繊維の添加率では添加率のアップにより強度がアップする[20]。つまり，CFRP の設計ではどの方向にどういう物性を持たせるかで，炭素繊維の添加量及び炭素繊維の配列を考慮する必要がある。例えば，燃料電池用の水素貯蔵タンクでは，炭素繊維 (フィラメント) をどういう風に巻き付けるか (フィラメントワインディング) が耐久性の重要な要素であり，次いで，炭素繊維とマトリックス樹脂との界面に増加と接着性の改善 (ボイドがないこと)，及び外力によって破壊に至る炭素繊維自体の欠陥 (ボイド) がないことが重要である。複合材料の設計は，例えば，複合側による予測が可能であり，それを元に最適化する。ここで重要なことは，炭素繊維とマトリックスとの接着性が十分であることであり，接着性が十分でないと，むしろ欠陥になる[22]。この接着性を改善するには，炭素繊維とマトリックス樹脂とを仲介

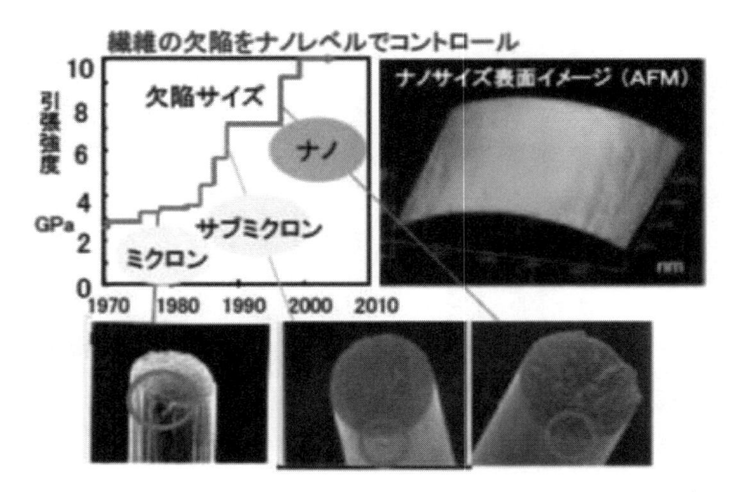

図 14　炭素繊維内部のボイドの再随と炭素繊維の強度との相関[23)]

する相溶化材或いは炭素繊維の表面改質が必要である。特に，熱可塑性樹脂では溶融状態で炭素繊維と混合する為に，繊維表面（繊維・繊維間）に十分に浸透せずに空隙が残る。**図 14** には炭素繊維内部のボイドに関して開発経過に伴い改善してきている[23)]ことを示すが，現在でもナノオーダーのボイドが存在することがわかる。このボイドも一因であるが，炭素繊維の引っ張り強度が未だ理論値の10.％程度でしかない。詰まり，炭素繊維の更なる高清農家及びCFRP の信頼性の向上には炭素繊維内外のボイドを如何に応力集中しない程度に小さくするか及びその数を少なくするかにかかっている。しかし，これは炭素繊維の製造工程を考えると容易なことではなく，発想を変えた何らかのブレークスルーが必要である。

微細な強化繊維の間に樹脂を浸透・充填する為に，溶融粘度を下げるたり，分子量を下げたり，粘度低下剤を添加すると，マトリックス樹脂自体の物性が低下する。実際の場面ではこういうトレードオフの事象を思考錯誤で最適化する作業が行われる[24)]。例えば，界面の接着性を上げるには，炭素繊維とマトリックス樹脂の溶解度パラメーター（SP：solubility parameter）を近づけることは一つの手法である。また，樹脂の硬化時の体積収縮にも十分な考慮が必要である。

また，マトリクス樹脂は成形性や必要な耐熱性を考えて選択する必要がある。例えば，航空機用の炭素繊維強化樹脂では，弾性や強度のアップも必要であるが，数万時間に亘り微妙な振動や歪が印加されるので，欠陥の原因となる微小な空隙（ボイド）をなくしておくことは重要である。又，マトリックス樹脂と強化繊維との弾性率差は極めて大きく，繰り返しの負荷や変形によって，界面にわずかな空隙（ボイド）がある場合は，そこに応力集中が発生し破壊に至る。

4.2　高性能繊維の用途と課題

4.2.1　自動車用途

炭素繊維利用の特徴は，軽量で特定方向に高強度・高弾性を発現できることであり，先端的航空機や自動車或いは風力発電の風車ブレードに採用されている。ここでは，炭素繊維強化複合材料に代わることによって，環境負荷の低減を考える。自動車や航空機では軽量化によって，当然燃費が向上するし，風力発電では風車の軽量化によってより低風速で発電できるようになり，投入エネルギー当たりの発電量が大きくなる。こういう，効果を製品の原料生産から製品寿命が終わり，廃棄まで（LCA：life cycle assessment）にどれだけ排出 CO_2 を削減できるかを検討する。**表 8** に示す様に，各々の従来材料に比べて CFRP 製は大幅に CO_2 排出量を削減でき，地球温暖化防止に大きな効果があることを示す。

将来のエコカー候補は，HV（hybrid vehicle：ハイブリッドカー），PHV（plug in hybrid vehicle：プラグインハイブリッドカー）及び EV（electric vehicle：電気自動車）である。エネルギーの多様化もエネルギーセキュリティの面で重要である。日本には石油も天然ガスも産出しないが，次世代クリーンエネルギーの代表格である水素は製鉄所，化学工

表８　CFRP による環境負荷削減効果（炭素繊維協会モデル）[25]

製品	排出 CO2（トン）				計算諸元（根拠）
	CFRP 製	従来材料製	CFRP 化のメリット	単位	
航空機機体	368,000	395,000	27,000	トン／機／10 年	ﾎﾞｰｲﾝｸﾞ 767, 羽田－千歳往復，CFRP 化：50%
自動車車体	26.5	31.5	5	トン／台／10 年	ｶﾞｿﾘﾝ車，1380 kg，10 年走行距離：9.4 万 km
風車ﾌﾞﾚｰﾄﾞ	5	423	7.2	万ﾄﾝ／3 Mw/20 年	出力：3Mw（定格），20 年

場等いろいろな産業の副生物として生産される可能性がある。水素燃料は FCV や家庭用燃料電池システムに利用されるが，問題はエネルギー密度を上げる為に圧縮して保管せざるを得ない点である。例えば，水素充填圧力は現在（第２世代）70 MPa であれば，500 km の走行ができるが，更に高圧充填にできれば（第３世代），700 km 程度の走行も可能になる[26]

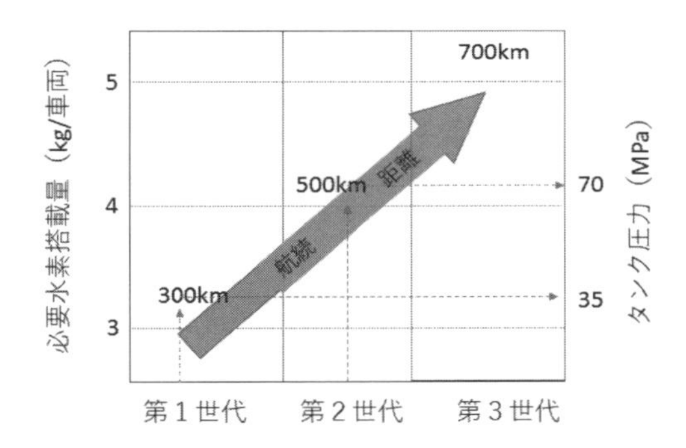

図 15　水素搭載量・タンク圧力と航続距離[26]

（図 15）。これには，H_2 タンク（図 16）形状のデザインの最適化と原料となる炭素繊維の強度・弾性率を高めること，樹脂との馴染みをよくし界面の剥離がないこと，炭素繊維の巻き方の最適化等の技術改良が必要である。

4.2.2　コンクリート補強用途

コンクリートはビル，橋梁，高速道路などの社会インフラに多用されている。コンクリートの特性は圧縮力には強いが横向きの力や引っ張りの力には弱いことである。特に経年劣化したコンクリートにおいては比較的弱い力で崩落する。例えば，1995 年の阪神淡路大震災において湾岸道路の支柱が無残に崩落した記憶は鮮明に残っている。同様の現象がビル特にピロティ式のビルにおいても低層の崩落が生じてる。これは，上述したコンクリートの特性による。従って，コンクリート建造物の耐震補強に高強度のポリビニル繊維，アラミド繊維，炭素繊維の織物が

図 16　高圧 H2 タンクの製造法と従来材料タンクとの差[21]

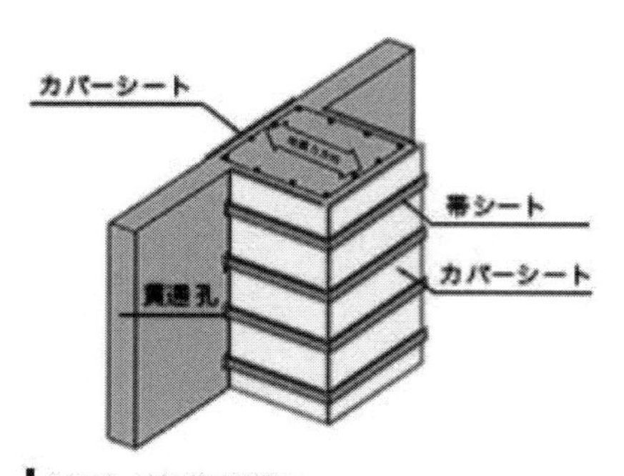

図 17　アラミド繊維織物によるコンクリート柱の耐震補強例[27)]

使用されるようになった。**図 17** はアラミド繊維（織物）をコンクリート支柱に巻き付けて，耐震補強処置を施したものである[27)]。こうした高強度繊維の織物をコンクリート支柱や建物の壁に貼り付けることによって横方向の力によるコンクリートの破壊の開始を抑えて，大規模な崩落に至ることを防ぐ。社会インフラの老朽化にともなう耐震化・強靭化には，高強力 PVA 繊維，高強力ポリエチレン繊維，アラミド繊維或いは炭素繊維などの高性能繊維が利用される。

5　繊維及び繊維製品の評価法

5.1　繊維および繊維製品の主要な JIS 規格

繊維および繊維製品の用語・分析・評価法は JIS（或は ISO）に規定している。**表 9-1～9-9** に関連する代表的な繊維及び繊維製品の JIS 規格を示す。殆どすべての領域をカバーしているといってもいい。国際的な基準は ISO であるが，日本発の ISO も多い。以下の表は日本工業規格（JISC）のホームページから検索しまとめたものである。また，機能性繊維に関する国際規格の多くは日本から提案されており，これが早期に規格化されて日本製品の優秀性を発揮できる分野が拡がることを期待する。（表）勿論，研究段階では内部基準による評価がなされる場合もあるが，最終商品としては JIS や ISO 等，統一された規格に則って評価されなければならない。ここの基準の内容は日本工業規格（JISC）のホームページから検索できる。この章で注目した FRP，FRTP についての評価法についても JIS にて詳細に定義され，規格化されているので，試験方法やサンプル作成方法について必要に応じて参考にされたい。

表 9-1　繊維関連の用語の JIS

規格番号	規格名称
JISL0204-1	繊維用語（原料部門）－第１部：天然繊維
JISL0204-2	繊維用語（原料部門）－第２部：化学繊維
JISL0204-3	繊維用語（原料部門）－第３部：天然繊維及び化学繊維を除く原料部門
JISL0205	繊維用語（糸部門）
JISL0206	繊維用語（織物部門）
JISL0207	繊維用語（染色加工部門）
JISL0208	繊維用語－試験部門
JISL0210	繊維用語（製織部門）
JISL0211	繊維用語－ニット部門
JISL0212-1	繊維製品用語（衣料を除く繊維製品）－第１部：繊維製床敷物
JISL0212-2	繊維製品用語（衣料を除く繊維製品）－第２部：繊維製インテリア製品
JISL0212-3	繊維製品用語（衣料を除く繊維製品）－第３部：寝具及びその他の繊維製品
JISL0213	繊維雑品用語
JISL0214	繊維用語（レース部門）
JISL0215	繊維製品用語（衣料）
JISL0219	繊維ロープ用語
JISL0220	繊維用語－検査部門
JISL0304	化学繊維機械用語
JISR3410	ガラス繊維用語
JISK7010	繊維強化プラスチック用語
JISK7030	ガラス繊維強化プラスチック（GRP）管及び継手－圧力とその関係，施工並びに接合に関する用語の定義

表 9-2　繊維試験法関連の JIS

規格番号	規格名称
JISP8226	パルプ－光学的自動分析法による繊維長測定方法－第 1 部：偏光法
JISP8226-2	パルプ－光学的自動分析法による繊維長測定方法－第 2 部：非偏光法
JISL1015	化学繊維ステープル試験方法
JISL1017	化学繊維タイヤコード試験方法
JISL1013	化学繊維フィラメント糸試験方法
JISR3913	強化繊維製品の水分の試験方法
JISL1910	酸素系漂白剤処理に対する繊維製品の引張及び破裂強度低下率試験方法
JISP8120	紙，板紙及びパルプ－繊維組成試験方法
JISK1477	繊維状活性炭試験方法
JISL1021-11	繊維製床敷物試験方法－第 11 部：摩耗強さ試験方法
JISL1021-12	繊維製床敷物試験方法－第 12 部：ベッターマンドラム試験機及びヘキサポッドタンブラー試験機による外観変化の作製方法
JISL1021-13	繊維製床敷物試験方法－第 13 部：外観変化の評価方法
JISL1021-14	繊維製床敷物試験方法－第 14 部：改良形ベッターマンドラム試験機によるカットエッジの機械的損傷試験方法
JISL1021-15	繊維製床敷物試験方法－第 15 部：ファイバーバインド試験方法
JISL1021-16	繊維製床敷物試験方法－第 16 部：帯電性－歩行試験方法
JISL1021-17	繊維製床敷物試験方法－第 17 部：電気抵抗測定方法
JISL1021-18	繊維製床敷物試験方法－第 18 部：汚れ試験方法
JISL1021-19	繊維製床敷物試験方法－第 19 部：クリーニング試験方法
JISL1021-1	繊維製床敷物試験方法－第 1 部：物理試験のための試験片の採取方法
JISL1021-6	繊維製床敷物試験方法－第 6 部：静的荷重による厚さ減少試験方法
JISL1021-7	繊維製床敷物試験方法－第 7 部：動的荷重による厚さ減少試験方法
JISL1021-8	繊維製床敷物試験方法－第 8 部：パイル糸の引抜き強さ試験方法
JISL1021-9	繊維製床敷物試験方法－第 9 部：はく離強さ試験方法
JISL1905	繊維製品のシームパッカリング評価方法
JISL1907	繊維製品の吸水性試験方法
JISL1921	繊維製品の抗かび性試験方法及び抗かび効果
JISL1902	繊維製品の抗菌性試験方法及び抗菌効果
JISL1909	繊維製品の寸法変化測定方法
JISL1099	繊維製品の透湿度試験方法
JISL1091	繊維製品の燃焼性試験方法
JISL1916	繊維製品の白色度測定方法
JISL1918	繊維製品の皮膚一次刺激性試験方法－培養ヒト皮膚モデル法
JISL1917	繊維製品の表面フラッシュ燃焼性試験方法
JISL0105	繊維製品の物理試験方法通則
JISL1093	繊維製品の縫目強さ試験方法
JISL1059-1	繊維製品の防皺性試験方法－第 1 部：水平折り畳み皺の回復性の測定（モンサント法）
JISL1069	天然繊維の引張試験方法
JISL1019	綿繊維試験方法
JISL1081	羊毛繊維試験方法
JISL1059-2	繊維製品の防しわ性試験方法－第 2 部：しわ付け後の外観評価（リンクル法）
JISL1920	繊維製品の防ダニ性能試験方法
JISL1919	繊維製品の防汚性試験方法
JISL1092	繊維製品の防水性試験方法

表 9-3　繊維強化プラスチック関連の JIS

規格番号	規格名称
JISK7019	繊維強化プラスチック－±45°引張試験による面内せん断特性の求め方
JISK7057	繊維強化ﾌﾟﾗｽﾁｯｸ－ショートビーム法による見掛けの層間せん断強さの求め方
JISK7070	繊維強化プラスチックの耐薬品性試験方法
JISK7015	繊維強化プラスチック引抜材
JISK7013	繊維強化プラスチック管
JISK7014	繊維強化プラスチック管継手
JISK7017	繊維強化プラスチック－曲げ特性の求め方
JISK7016-1	繊維強化プラスチック－試験板の作り方－第１部：総則
JISK7016-2	繊維強化プラスチック－試験板の作り方－第２部：接触圧成形及びｽﾌﾟﾚｰｱｯﾌﾟ成形
JISK7016-4	繊維強化プラスチック－試験板の作り方－第４部：プリプレグの成形
JISK7016-5	繊維強化プラスチック－試験板の作り方－第５部：ﾌｨﾗﾒﾝﾄﾜｲﾝﾃﾞｨﾝｸﾞ成形
JISK7016-7	繊維強化プラスチック－試験板の作り方－第７部：レジントランスファ成形
JISK7016-8	繊維強化プラスチック－試験板の作り方－第８部：SMC 及び BMC の圧縮成形
JISK7016-9	繊維強化プラスチック－試験板の作り方－第９部：STC 圧縮成形
JISK7018	繊維強化プラスチック－積層板の面内圧縮特性の求め方
JISK7021	繊維強化プラスチック－平板ねじり法による面内せん断弾性率の求め方
JISK6919	繊維強化プラスチック用液状不飽和ポリエステル樹脂
JISK7165	ﾌﾟﾗｽﾁｯｸ－引張特性の求め方－第５部：一方向繊維強化ﾌﾟﾗｽﾁｯｸ複合材料の試験条件
JISK7164	ﾌﾟﾗｽﾁｯｸ－引張特性の試験方法－第４部：等方性及び直交異方性繊維強化ﾌﾟﾗｽﾁｯｸの試験条件
JISK7191-3	プラスチック－荷重たわみ温度の求め方－第３部：高強度熱硬化性樹脂積層材及び長繊維強化プラスチック
JISK7140-2	ﾌﾟﾗｽﾁｯｸ－比較可能なｼﾝｸﾞﾙﾎﾟｲﾝﾄﾃﾞｰﾀ取得及び提示－第２部：長繊維強化ﾌﾟﾗｽﾁｯｸ
JISC6483	プリント配線板用銅張積層板－合成繊維布基材エポキシ樹脂

表 9-4　ガラス繊維強化プラスチック関連の JIS

規格番号	規格名称
JISR3420	ガラス繊維一般試験方法
JISR3103-2	ガラスの粘性及び粘性定点－第２部：繊維引き伸ばし法による徐冷点及びひずみ点の測定方法
JISK7062	ガラス繊維強化プラスチックのアイゾット衝撃試験方法
JISK7061	ガラス繊維強化プラスチックのシャルピー衝撃試験方法
JISK7060	ガラス繊維強化プラスチックのバーコル硬さ試験方法
JISK7058	ガラス繊維強化プラスチックの横せん断試験方法
JISK7051	ガラス繊維強化プラスチックの試験方法通則
JISK7012	ガラス繊維強化プラスチック製耐食貯槽
JISA4110	ガラス繊維強化ポリエステル製一体式水槽
JISA5712	ガラス繊維強化ポリエステル洗い場付浴槽
JISA5701	ガラス繊維強化ポリエステル波板
JISK7052	ガラス長繊維強化プラスチック－プリプレグ，成形材料及び成形品－ガラス長繊維及び無機充てん材含有率の求め方－焼成法
JISK7053	ガラス長繊維強化プラスチック－空洞率の求め方－強熱減量による方法，気泡を破壊する方法及び気泡を数える方法
JISK7011	構造用ガラス繊維強化プラスチック 21/29
JISF1034-1	舟艇－船体構造－スカントリング第１部：材料：熱硬化性樹脂，ガラス繊維強化材，基準積層材

表 9-5　炭素繊維，炭素繊維強化プラスチック関連 JIS

規格番号	規格名称
JISR7604	炭素繊維－サイジング剤付着率の試験方法
JISK7071	炭素繊維及びエポキシ樹脂からなるプリプレグの試験方法
JISK7080-2	炭素繊維強化プラスチック―面圧強さ試験方法―第２部：直交積層板及び擬似等方積層板
JISK7079-2	炭素繊維強化ﾌﾟﾗｽﾁｯｸ―面内せん断試験方法―第２部：ダブル V- ノッチせん断法
JISK7084	炭素繊維強化プラスチックの３点曲げ衝撃試験方法
JISK7077	炭素繊維強化プラスチックのシャルピー衝撃試験方法
JISK7087	炭素繊維強化プラスチックの引張クリープ試験方法
JISK7081	炭素繊維強化プラスチックの屋外暴露試験方法
JISK7088	炭素繊維強化プラスチックの曲げクリープ試験方法
JISK7074	炭素繊維強化プラスチックの曲げ試験方法
JISK7072	炭素繊維強化プラスチックの試料の作製方法
JISK7089	炭素繊維強化プラスチックの衝撃後圧縮試験方法
JISK7075	炭素繊維強化プラスチックの繊維含有率及び空洞率試験方法
JISK7078	炭素繊維強化プラスチックの層間せん断試験方法
JISK7086	炭素繊維強化プラスチックの層間破壊じん（靱）性試験方法
JISK7085	炭素繊維強化プラスチックの多軸衝撃試験方法
JISK7083	炭素繊維強化プラスチックの定荷重引張－引張疲れ試験方法
JISK7095	炭素繊維強化プラスチックの熱分析によるガラス転移温度測定法
JISK7080	炭素繊維強化プラスチックの面圧強さ試験方法
JISK7079	炭素繊維強化プラスチックの面内せん断試験方法
JISK7076	炭素繊維強化プラスチックの面内圧縮試験方法
JISK7092	炭素繊維強化プラスチックの目違い切欠き圧縮による層間せん断強さ試験方法
JISK7093	炭素繊維強化プラスチックの有孔圧縮強さ試験方法
JISK7094	炭素繊維強化プラスチックの有孔引張強さ試験方法
JISK7082	炭素繊維強化プラスチックの両振り平面曲げ疲れ試験方法
JISK7091	炭素繊維強化プラスチック板のＸ線透過試験方法
JISK7090	炭素繊維強化プラスチック板の超音波探傷試験方法
JISR7608	炭素繊維－樹脂含浸ヤーン試料を用いた引張特性試験方法
JISR7602	炭素繊維織物試験方法
JISR7605	炭素繊維－線密度の試験方法
JISR7609	炭素繊維－体積抵抗率の求め方
JISR7606	炭素繊維－単繊維の引張特性の試験方法
JISR7607	炭素繊維－単繊維の直径及び断面積の試験方法
JISR7603	炭素繊維－密度の試験方法

表 9-6　繊維強化セラミック複合材料関連の JIS

規格番号	規格名称
JISR1667	長繊維強化セラミックス複合材料のレーザフラッシュ法による熱拡散率測定方法
JISR1657	長繊維強化セラミックス複合材料の強化材特性試験方法
JISR1663	長繊維強化セラミックス複合材料の曲げ強さ試験方法
JISR1721	長繊維強化セラミックス複合材料の高温における圧縮特性の試験方法
JISR1723	長繊維強化セラミックス複合材料の高温における引張クリープ特性の試験方法
JISR1687	長繊維強化セラミックス複合材料の高温における引張挙動試験方法
JISR1672	長繊維強化セラミックス複合材料の示差走査熱量法による比熱容量測定方法
JISR1673	長繊維強化セラミックス複合材料の常温における圧縮挙動試験方法
JISR1656	長繊維強化セラミックス複合材料の常温における引張応力ーひずみ挙動試験方法
JISR1678	長繊維強化セラミックス複合材料の常温における有孔引張試験方法
JISR1643	長繊維強化セラミックス複合材料の層間せん断強さ試験方法
JISR1644	長繊維強化セラミックス複合材料の弾性率試験方法
JISR1662	長繊維強化セラミックス複合材料の破壊エネルギー試験方法

表 9-7　繊維強化セメント・コンクリート関連の JIS

規格番号	規格名称
JISA1191	コンクリート補強用連続繊維シートの引張試験方法
JISA6208	コンクリート用ポリプロピレン短繊維
JISA1192	コンクリート用連続繊維補強材の引張試験方法
JISA1193	コンクリート用連続繊維補強材の耐アルカリ試験方法
JISA5430	繊維強化セメント板

表 9-8　繊維強化金属関連の JIS

規格番号	規格名称
JISH7401	金属基複合材料の繊維体積含有率試験方法 23/29
JISR1722	室温における長繊維強化セラミックス複合材料の一定振幅下での疲労試験方法
JISH7407	繊維強化金属の圧縮試験方法
JISH7405	繊維強化金属の引張試験方法
JISH7406	繊維強化金属の曲げ試験方法
JISH7404	繊維強化金属の線膨張係数の試験方法
JISH7403	繊維強化金属の繊維配向度試験方法
JISH7408	繊維強化金属の疲れ試験方法
JISH7402	繊維強化金属中の短繊維のアスペクト比試験方法

表 9-9　繊維強化ホース関連の JIS

規格番号	規格名称
JISK6349	液圧用の鋼線又は繊維補強ゴムホース
JISB8360	液圧用の鋼線又は繊維補強ゴムホースアセンブリ
JISB8364	液圧用繊維補強ゴムホースアセンブリ
JISK6375	液圧用繊維補強樹脂ホース
JISB8362	液圧用繊維補強樹脂ホースアセンブリ

6　今後の繊維の開発

今後の繊維は，これまで通りに人間の安全で快適な生活を助ける重要な役割を持つと共に，今後の社会構造の大きな変革，例えば，自動車，航空機，環境・エネルギー，医療，電子電機，食料増産とあらゆる分野で主動的なキーマテリアルとなって進化していく。その為には，基盤となる繊維材料の更に開発の深耕及びITデバイスやセンサーとのインターフェイスの開発などが必要となる。

繊維材料は一次元構造材料であり，材料，形状（直径，断面形態，長さ方向の形状，etc.），物性（強度，弾性率，耐熱性，比重，屈折率，etc.），機能（電導性，伝熱性，吸湿性，etc.）の多様性およびその繊維を組み合わせて多様な形態，構造を持つひも状物や編物，織物の製造が可能である。つまり，形態，機能，物性の選定が自由であり，今後の開発が期待される。

6.1　ウェアラブルテキスタイル（e- テキスタイル）

21世紀は本格的な情報化社会の到来であり，すべての物がインターネットにつながる（IOT：internet of things）時代であり，人間も例外でなく，刻々の健康状態をモニターし，異常があればドクターに同時に連絡されるという時代になる。人間の安全や健康が常にモニターされそのデータがインターネットを介して，ドクターと共有される。つまり，人間が着る衣服に健康状態をモニターする各種センサーが設置され，それを発信するという情報端末になる。こういう人間に密着し不快感を与えない為には繊維の柔軟さがどうしても必要であり，繊維の多様な形態から最適なものを選ぶようになる。例えば，前述の表1に示すが，これまで伸縮性，表面の柔らかさ，吸汗・速乾性であることなど，これまで多くの機能性繊維の開発の中で蓄積された技術・材料が比較的容易に適用できる。つまり，機能性繊維のセンサー機能とウェアラブルの電子機器を統合した真の意味での情報を授受できるウェアを開発していくことができる。例えば，センサー機能としては，導電性繊維，圧電性繊維，PH感応性繊維，等，人体のモニターをする繊維材料はすでに開発されている。

例えば，**図18**には最近発表された微小な圧力の変化も検知する手袋が開発されている[28]。

また，google glassに代表されるようにウェアラブルの情報端末はすでに実用化されている（**図19**）。ただ，まだ，情報を受けるに主眼があり，人間の体調や心理面をキャッチしてそれを発信するというところまでは至っていない。つまり，こうした情報端末に，センサー機能を有するテキスタイルをハイブリッドしてやれば，エレクトロニクス・テキスタイル（e- テキスタイル）が開発可能である。むしろ，ソフトで優しいテキスタイルに情報端末機能や発信機能を持たせることが究極のeテキスタイルの目的である。

6.2　ナノファイバー

先端複合材料の開発・改良には勿論だが，ウェア

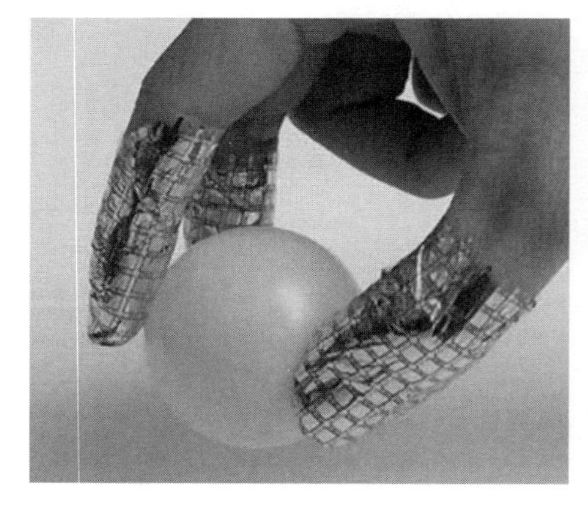

図18　ウェアラブルテキスタイルの一例[28]

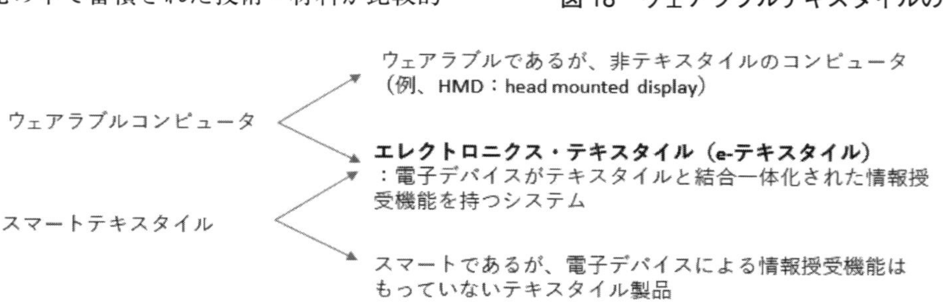

ウェアラブルコンピュータ
→ ウェアラブルであるが、非テキスタイルのコンピュータ（例、HMD：head mounted display）
→ **エレクトロニクス・テキスタイル（e-テキスタイル）**：電子デバイスがテキスタイルと結合一体化された情報授受機能を持つシステム

スマートテキスタイル
→ **エレクトロニクス・テキスタイル（e-テキスタイル）**
→ スマートであるが、電子デバイスによる情報授受機能はもっていないテキスタイル製品

図19　e- テキスタイルとウェアラブルコンピュータ及びスマートテキスタイルの関係

ラブルエレクトロニクスの開発には通常繊維よりも更に径の小さいファイバー特にナノファイバーが必要である，先端コンポジット材料の強化には，強化繊維の強化，マトリックス樹脂の強化及び強化繊維とマトリックス樹脂の界面の接着性の改善が合理的な方法である。この方法のうち，強化繊維を例えば，カーボンナノチューブ，カーボンナノファイバー，セルロースナノファイバーの様なナノファイバー化することによって，前述の図１に示す様に，対数的に比表面積が増加する。つまり，ナノファイバー化によって，繊維物性の強化及びマトリックスとの界面増加による接着性の各段の向上が期待される。また，ナノファイバーを使用することによって，光の散乱を防ぎコンポジット材料の透明性を改善でき，従来のコンポジット材料の用途とは異なる全く新たな用途への展開も可能になる。勿論，この発想をより効果的に実現する為には，繊維とマトリックス樹脂との界面接着性を改善すること及びナノファイバーのマトリックス樹脂中への均一な分散が重要であることは言うまでもない。

ナノファイバーのマトリックス樹脂中への分散性の改善やマトリックスポリマーとの接着性の改善の為には，ナノファイバーの表面特性をマトリックスポリマーの特性に近づける必要がある。その為には，ナノファイバー及び／又はマトリックスポリマー双方の改善が必要である。例えば，表面処理（化学処理，コロナ処理，プラズマ処理，凹凸化処理など）やマトリックスポリマーへの相溶化剤の添加などの方法がある。こういう処理は，コンポジット材料の性能や耐久性に本質的に関連し，処理が適当であれば，より高性能になるが，処理が悪いとかえって性能や耐久性は低下する。また，ナノファイバーの樹脂への分散や配向性もCFRPのところで，述べたように複合材料の成否に決定的な要因となる。ナノファイバーはその径が小さい（本数が多い）為に，殊更重要であり，致命的である。カーボンナノチューブは炭素原子がSP2結合により二次元的に結合したグラフェンの環状体であり，ほぼ完全な単結晶体であるので，形状は均一で剛直な繊維状をしているので，如何に，分散性や樹脂との界面強度を上げるかに集中すればよい。ところが，セルロースナノファイバー（CeNF）は，製造方法が木質材料の微細化（トップダウン）法によって製造される為に，生成したナノファイバーの形状（長さ，直径，凹凸など）の不均一性，及び木質材料独特の非強化成分（リグニン等）の除去等の問題と共に，長さ方向への微視的且つ巨視的な不均一性（結晶化度，形状）があり，樹脂へのブレンドの際に，セルロースナノファイバーは一番力が発揮できるような伸び切り構造をとることが困難であり，複合材料としての力学物性の予測に必要な繊維の配向度が困難である。

6.3　エレクトロスピニング法（ES）の進化

エレクトロスピニング法（ES：electro spinning）は非常に可能性のある繊維の新しい製造法である。つまり，ESはポリマー溶液或いは融液に高電圧直流を印加し，その静電的な反発力で口径の小さなノズルから噴き出して，微小径の繊維を得る方法であり，特徴は，溶液になりある程度の曳糸性があるものであればすべてのポリマー，低分子化合物或いは微粒子に適用できることである[29]。ポリマー溶液或いは融液であれば微小なフィラメントとなり，有機物であればナノオーダーのコーティング膜ができ，また，微粒子であれば微粒子をコーティングできるなど，材料や生成物に幅広い応用ができる（**図20**）。ただ，問題は高電圧を印加すること，有機溶媒を使用すること，生産性がまだ低いこと，繊維の斑が大きいことなどがあり，技術の完成にはまだ時間を要するが，こうした問題が比較的すくない製品については，この新しい紡糸技術を使用することができる。例えば，超微細フィルター材料，人工血管材料，高エネルギー密度のバッテリ材料，バイオ関連材料，等が挑戦されている。前述の，e-テキスタイルにはフレキシビリティ，フィット性，センシング性，発信性等の機能が必要であり，また，個人で個々に異なる形状，機能が必要となる為に，工場等での大量少品種生産には適せず，多種少量生産或いは一品種生産にマッチした生産方式が必要となる。極端には個人が有する3Dプリンターとこのを組み合わせた新し

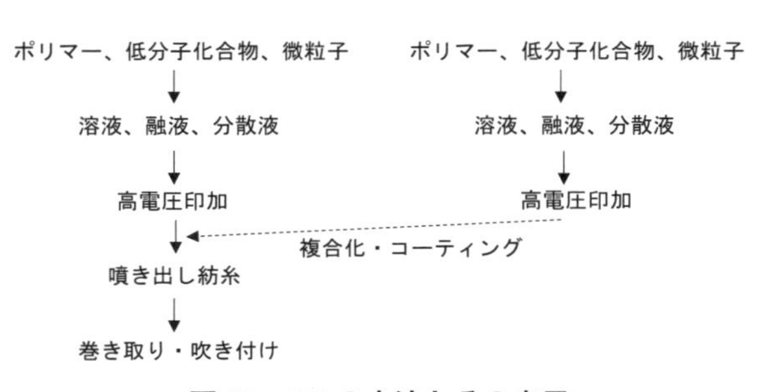

図20　ESの方法とその応用

いe-テキスタイルの生産方式が考えられる。

今後の繊維は，こうした顕在化した需要に対応するだけでなく，潜在的なニーズ対しても，対応できる研究開発を準備しておく必要がある。特に，日本では，近代合成繊維の勃興期から続いた多くの基礎技術，ノウハウの蓄積があり，これは大きなポテンシャルとして活かしていく必要がある。

文　献

1) 経産省，科学技術戦略マップ2010（2010年6月14日）：http://www.meti.go.jp/policy/economy/gijutsu_kakushin/kenkyu_kaihatu/str2010/
2) 加藤哲也：やさしい産業繊維の基礎知識，日刊工業新聞社，238（2013）.
3) H.G.Weyland, Textile Research J.1961（No.7），629-635（1961）.
4) クラレ，ベクトランHP　http://www.kuraray.co.jp/vectran/tokutyou/index.html
5) 日本化学繊維協会HP　http://www.jcfa.gr.jp/fiber/ebook/14504/book.pdf
6) 大橋和典：庄野美，住友化学：4-14（20115）.
7) K.Ohashi et al.：*J. Med. Entomol.*, **49**（5），1052（2012）.
8) 住友化学HP　http://www.sumitomo-chem.co.jp/csr/olysetnet/initiative.html
9) 日本化学繊維協会HPより抜粋
10) 渡辺正元（監修）：高機能繊維の開発，シーエムシー 119-128（2000）.
11) 加藤哲也：やさしい産業繊維の基礎知識，日刊工業新聞社，140（2013）.
12) 経産省，製造産業局繊維課，「革新炭素繊維基盤技術開発の概要について」（平成26年3月12日）http://www.meti.go.jp/policy/tech_evaluation/c00/C0000000H25/
13) 経産省繊維課編，繊維産業の動向について（主に化学繊維産業）（平成22年2月）.
14) Textile 2015 Frankfurt HP　http://techtextil.messefrankfurt.com/frankfurt/en/besucher/messeprofil/anwendungsbereiche.html
15) 住友信託銀行，産業界－再び成長する繊維産業，5-6（2007）.
16) 加藤哲也：やさしい産業繊維の基礎知識，日刊工業新聞社，140（2013）.
17) 炭素繊維協会HP　http://www.carbonfiber.gr.jp/
18) 入澤寿平，他：機能材料，Vol.**36**（2），16-25（2016）.
19) 岸輝雄，他：革新的新構造材料等研究開発，NEDOマルチマテリアルシンンポジウム（2015年4月17日）.
20) 小笠原信夫他：工業材料，Vol.**62**（7），38-40（2014）.
21) 高野俊夫：自動車技術，Vol.**68**（11），57-63（2014）.
22) 青木義男，他：実験力学，Vol.**15**（3），194-199（2015）.
23) 石田雄一：工業材料，Vol.**62**（7），35-37（2014）.
24) 高野俊夫：自動車技術，Vol.**68**（11），57-63（2014）.
25) 炭素繊維協会モデルによる　http://www.carbonfiber.gr.jp/tech/lca.html
26) 影山裕史：第2回次世代自動車公開シンポジウム，「超軽量化技術の深化をめざして」資料，大西盛行：「東レの炭素繊維複合材料事業の事業戦略」（2012年9月21日）.
27) ファイベックスHP　http://www.fibex.co.jp/zirei_01.html
28) 東大・JST，曲げても正確に測れる圧力センサーの開発（平成28年1月26日）　https://www.jst.go.jp/pr/announce/20160126/index.html
29) 山下義裕，加工技術，Vol.**47**（9），34-48（2012）.
30) 繊維学会編：最新の紡糸技術高分子刊行会，（1992）.
31) 松本喜代一：21世紀へ，繊維がおもしろい（1991年1月25日）.
32) 松尾達樹：テクテキスタイルのフロンティアを求めて繊維社，（2014）.
33) 馬場俊一：機能材料，Vol.**36**（2），26-32（2016）.
34) 長岡猛：機能材料，Vol.**36**（2），3-15（2016）.
35) 中野恵之，東山幸中：繊維と工業，Vol.**66**（2），12-20（2010）.
36) 塩谷隆：繊維トレンド，4-13（2013）.
37) 自動車技術：特集「拡大する炭素繊維ﾌﾟﾗｽﾁｯｸとｸﾙﾏへの応用」，Vol.**18**（11），4-87（2014）.
38) 長岡猛：科学と工業，Vol.**90**（2），48-54（2016）.
39) NIKKEI MONOZUKURI，「炭素繊維」，37-55（2014）.
40) 中山卓弥：圧力技術，Vol.**54**（2），2-11（2016）.
41) 浅野忠明ら：実験力学，Vol.**15**（3），188-193（2015）.
42) 坂井建実ら：実験力学，Vol.**15**（3），169-174（2015）.
43) 渡邊潤：材料システム，Vol.**34**（3），15-19（2016）.
44) 建設マネジメント技術，62-64（2002）.
45) 熊谷明夫：機能材料，Vol.**36**（2），37-46（2016）.
46) F.A.Santos, et al.：Materials Sources and Applications,（7），257-294（2016）.

47) 仙波健ら：科学と工業，Vol.**90** (1)，7-15 (2016).
48) 石川隆司：SENI-GAKKAISI，Vol.**68** (9)，14-17 (2012).
49) 石川隆司：自動車技術，Vol.**66** (10)，4-10 (2012).
50) 京野哲幸：自動車技術，Vol.**66** (10)，29-33 (2012).
51) 植村哲士ら：知的資産創造，20-33 (2010).
52) 十河茂幸ら：セメントコンクリート，No.820，17-22 (2015).

第6節　汎用樹脂の高性能化のための分子設計と評価

京都工芸繊維大学　細田　覚

1　高性能化に向けた分子設計の基本的考え方

ポリオレフィン（主としてポリエチレン；PE，ポリプロピレン；PP）は世界で最も汎用的に使用されている樹脂であるが，要求の厳しい用途を中心に，常にその高性能化が図られている。最終製品での高性能化は主に機械的強度の向上である。具体的には，汎用フィルムでは薄くしても高い破壊強度を保持していること，自動車の外装材では太陽光に暴露されながらも長期間の耐候性を持っていること，大型タンクやパイプなどの用途では，十年～数十年という長期の機械的強度を維持すること（長期耐久性）が求められ，これらのニーズに合致するように，新しい樹脂が改良され，また新しく開発されている。衝撃的な破壊も長期の耐久性も，主にポリオレフィンの固体構造に由来する物性であり，特にタイ分子の濃度や配向性が大きな約割を担っていると考えられ，変形時に実際に有効に働くタイ分子を如何に多く形成させるかが分子設計のキーポイントである。

一方で，樹脂の加工分野では易加工性に高性能化の焦点が当てられている。高密度ポリエチレン（HDPE）の世界では極薄強化フィルム用の特殊な加工法に対応可能な多段重合による広い分子量分布（バイモーダル分布）の樹脂が開発され，古くから使用されている。近年，メタロセン系触媒によるHDPEや直鎖状低蜜度ポリエチレン（LLDPE）が開発され，その高強度性や，フィルムで問題になるべたつき成分の少なさなどが好まれているが，一方で狭い分子量分布に起因する加工性の低下があり，更なる加工性の改良が求められている。そのために長鎖分岐の付与や，広分子量分布化の分子設計がなされ，これに基づいて新たな触媒や重合プロセスが開発され，易加工性製品が上市されている。またポリプロピレンでは電子線照射などにより，分岐構造を持たせることによって，溶融粘弾性を高め，発泡成形や大型ブロー成形分野への展開が図られている。

ここでは，PE，PPを事例として，製品の機械的高強度化に関して，タイ分子と固体構造の観点から，また易加工性に関して，分子構造設計の観点から述べる。

2　機械的高強度化の設計

2.1　固体状態での分子配向とタイ分子

非晶性高分子はガラス転移温度以下で脆性破壊を起こすが，ポリオレフィンのような結晶性高分子の変形においては，一般に剪断降伏が起こり，塑性変形部分が成長して延性破壊に至る。分子論的な破壊機構については，局所的に一部の結合に外部エネルギーが集中し，分子鎖切断が起こるとする説[1)2)]，分子鎖間の滑りに基づくとする説[3)]，外力の掛かっている分子鎖の量子効果による鎖間の反発起点説[4)]など，諸説がある。包装袋の落下時のような衝撃的な破壊であれ，パイプ等の年単位での遅い破壊であれ，いずれも最終的な破壊の前に固体状態での局所的な変形を伴い，分子は高度に配向する。したがって，固体状体での分子配向の定量は非常に重要である。一般にポリエチレンやポリプロピレンのように，分子鎖が折りたたまれたラメラ晶を形成する樹脂では，10～30 nmの厚さのラメラ晶とそれらの間に存在する非晶分子からなる2相構造が提唱されている（**図1**）。PE結晶中の分子はtrans型zig-zagコンフォメーションを取り，斜方晶形の結晶格子中に，isotactic-PP結晶鎖は3_1螺旋コンフォメーションを取って，主としてα晶（単斜晶）の結晶格子中に，それぞれ整然とパッキングされている。図1ではラメラ晶表面は簡便のためにregular re-entry鎖を描いているが，実際にはadjacent re-entry鎖とランダムなswitch board re-entry鎖が混在している。

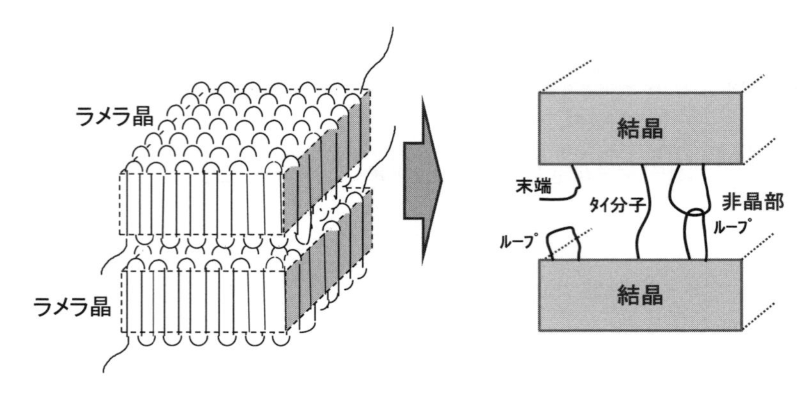

図1　ラメラ晶モデルと非晶鎖の種類

一方，非晶分子は，結晶から出て，また元の結晶に戻るループ鎖，分子鎖末端，および結晶と結晶を繋ぐタイ分子から成る。固体状態で変形を受けた時に，これを支え，応力の発生の源となるのはタイ分子であり，機械的強度に強く関係する。その定性，定量には従来から多くの検討がなされてきたが，中でも赤外線吸収スペクトル法は簡便で有効な方法である。PE の場合には多くの吸収バンドについて，連鎖のコンフォメーションが同定されており，また各バンド強度への非晶部，結晶部の寄与度も明らかにされている。これらを利用して，タイ分子に関連する非晶部の trans 連鎖の配向度や相対濃度を求めることができる[5)]。具体的には，f^{cr}，f^{am}，f^{tot} をそれぞれ，結晶部，非晶部，および全体の trans 連鎖の配向度とし，結晶部の trans 鎖の割合を μ_c とすると，非晶部の trans 連鎖の配向度として，式 (1) が得られる。

$$f^{am}=(f^{tot}-\mu_c f^{cr})/(1-\mu_c) \qquad (1)$$

結晶バンド (1894 cm^{-1}) の吸収係数 k_{1894}，および，結晶，非晶両相からの寄与がある trans バンド (2015 cm^{-1}) の結晶部，非晶部の吸収係数；k^{cr}_{2015} および k^{am}_{2015} を用いて μ_c は次のように表される。

$$\mu_c=1/(1+k_{1894}A_{2015}/k^{am}_{2015}A_{1894}-k^{cr}_{2015}/k^{am}_{2015}) \quad (2)$$

一軸延伸時の PE の赤外二色性を測定することにより，式 (1)，(2) から非晶部 trans 連鎖の配向度を 2 種類の LLDPE について求めた例を図 2 に示す[6)]。ここで両試料は同程度の密度と分子量を有するが，均一系触媒で合成したエチレン / ヘキセン－1 共重合体 (K) の方が，Ziegler-Natta 個体触媒によるブテン－1 共重合体 (C) よりも高い配向度を示すことが判る。両試料の機械物性を分子構造データとともに表 1 に示した。試料 (K) は (C) に比べて，衝撃強度や引張強度，および応力歪曲線のネッキング後の歪硬化度がいずれも高いことが判る。このことは**図 2** の結果から，試料 (K) では変形時にタイ分子がより高度に配向して，応力を担う結果，高い機械的強度を示すものと考えられる。また Glenz ら[7)] に従い，高配向状態で各分子の配向度を，タイ分子は 1，ループは 0，分子末端は 0.5 とすると，各非晶鎖の分率を計算することができる。**表 1** に示すように，試料 (K) の方が (C) よりもタイ分子分率が高いことが判る。

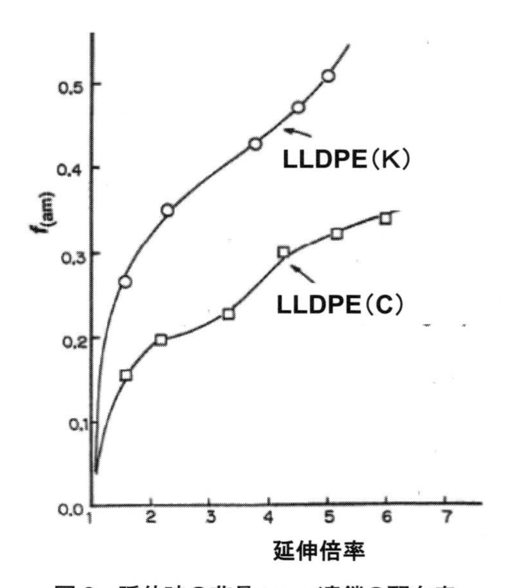

図 2　延伸時の非晶 trans 連鎖の配向度

表１　LLDPE の分子構造と機械強度[6)]

試料	コモノマー	分子量 ×10^4	密度 Kg/m^3	組成分布[1)] σ/x	引張破断強度[2)] Kg/cm^2	歪硬化度[3)] Kg/cm^2	引張衝撃強度 Kg・cm/cm^2	非晶鎖分率		
								Loop	End	Tie
C	C_4'−1	11.1	919	0.56	290	47	799	0.60	0.13	0.27
K	C_6'−1	11.4	919	0.30	423	83	2891	0.47	0.06	0.47

1) 組成分布の指標 σ/x は，組成分別による短鎖分岐度の変動係数
2) 延伸速度；30mm/min，温度；25℃
3) ネッキング後の応力／歪比

2.2　タイ分子と高次構造

2.2.1　機械的強度と高次構造

各種エチレン／α-オレフィン共重合体の分子量分別物の引張り衝撃強度は**図３**に示すように[8)]，分子量の増大とともに増大し，10万〜20万で最大値に達した後，若干低下する。高分子量域で低下する原因は，分別物の分子量が高いほどコモノマー含量が少なく，結晶化度が上昇するからである。結晶化度に与える分子量やコモノマー含量の影響は飯田の絡み合い結晶化理論[9)]などを使って，合理的に説明できる[10)]。共重合体の分子量分別物の衝撃強度は図のように試料により大きく異なっている。同じ分子量では試料間でほぼ同じ結晶化度（密度）を持っているので，この差異は平均の結晶化度では整理できない。しかしながら，例えば分子量10万前後の分子量分別物の衝撃強度を比較すると，ラメラ晶厚み分布（DSC Index）と良い相関があり，コモノマー種を問わず，**図４**に示すように試料のラメラ晶厚み分布が狭いほど高強度となる。

PP については，新田らは球晶を AFM 下で変形させ，ラメラ晶よりも厚い，70-100 nm 厚みのラメラクラスターが変形単位として働いている様子を観察するとともに，弾性変形領域の強度に対して，高柳とともにラメラクラスター間のタイ分子が変形に対する重要な約割を果たしているとした[11)-14)]。PP にエチレン／ヘキセン−1 共重合体（EHR）をブレンドすることにより，ラメラ晶の厚みを変えずに非晶相の厚みだけを増加させ，タイ分子を系統的に減少させた試料を作り，そのタイ分子分率と降伏応力との関係を示した。**図５**に示すように，両者は良い直線

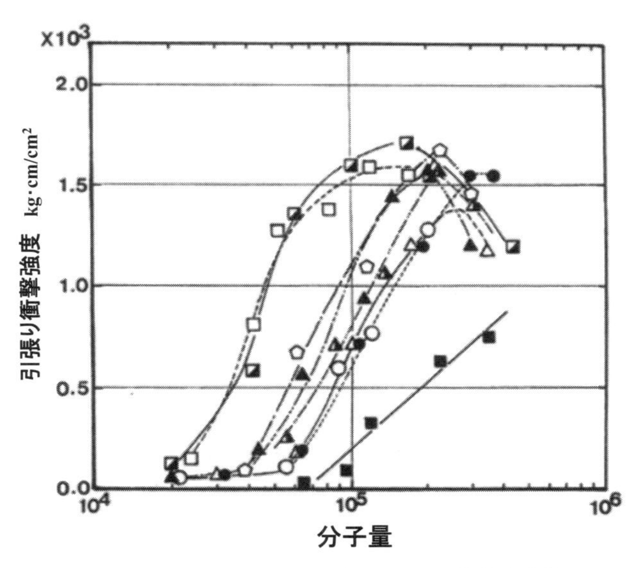

図３　LLDPE 分子量分別物の引張り衝撃強度[8)]

コモノマー；●，○，△，⌂，▲；ブテン -1 □4 メチルベンテン -1，◪；octene-1，■：homo-PE 分別物
測定温度：25℃，

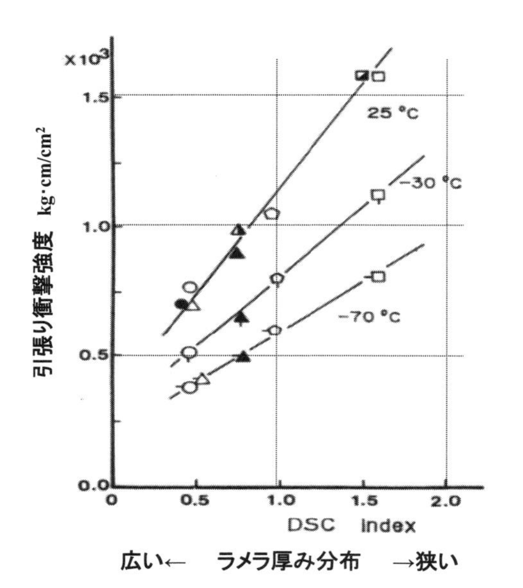

図4　引張り衝撃強度とラメラ厚み分布との関係[8)]

試料；LLDPEの分子量分別物（Mw＝9－12×10^4，コモノマーの記号は図3に同じ）

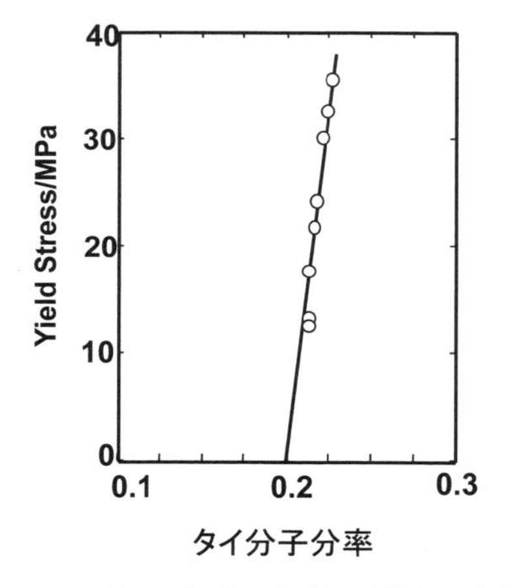

図5　PP/EHRブレンド系のタイ分子分率と降伏応力[13)14)]

関係を示し，タイ分子が変形に際して応力の伝播を担っていることが判る。さらに，同図は降伏応力がゼロでも，ある割合でタイ分子が存在していることも示している。これはラメラ晶間には存在するが，応力発現に寄与しないタイ分子の存在を示唆しており，このタイ分子はラメラ晶を束ねてクラスターを形成し，変形過程では一つの構造単位として働いていると考えられる（**図6**）。同図でクラスターの平均厚み（L）はPP分子の鎖末端間距離に相当する。新田らはラメラクラスターモデルを用いて，非晶部の

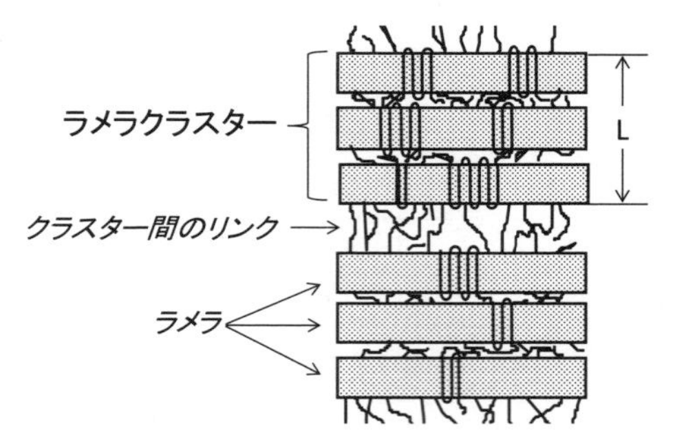

図6　ラメラクラスターモデル[14)]

タイ分子のエントロピー弾性により外力をラメラクラスターに伝え，球晶の延伸方向にあるクラスターの曲げ破壊が材料の降伏を引き起こすことを理論的に説明した。実験と理論から，クラスターの弾性率は結晶化度（ラメラ晶厚み）に比例することから，弾性変形領域での材料の高強度化にはラメラ晶厚みを厚くし，結果的に結晶化度を増大することが重要である。

2.2.2　タイ分子配向度，相対濃度の結晶化度依存性

種々の結晶化度を持つエチレン／ブテン－1共重合体の非晶部のtrans連鎖の配向度と相対濃度を2.1の方法で求めると，その結晶化度依存性は上に凸の関係を示す（**図7**）[5)]。つまり，タイ分子はある結晶化度範囲で，高度に配向し，また相対濃度も高くなることが判る。後述のように，一つのPE試料でも種々の結晶化度を持つ成分から成り，結晶化度やラメラ晶厚みに分布を有している。したがって，上記の結果から，これらの高次構造因子の分布を狭くすることが，変形時に有効に働くタイ分子の増加に繋がると考えられる。

2.2.3　タイ分子確率と高次構造分布

中性子散乱によれば，溶融状態のポリマーを急冷すると，分子鎖の広がりは溶融状態と結晶化した状態とで変わらない[15)]。したがってタイ分子確率は溶融状態での広がりと，固体状態でのラメラ晶厚み，非晶厚みから統計的に求められる。タイ分子は2つ以上のラメラ晶を貫く分子であり，ラメラ晶厚みの2倍（$2l_c$）と非晶厚み（l_a）の和よりも大きな鎖末端間距離（r）を有する分子がタイ分子になりうる（**図8**）。あるrを持つ分子の存在確率；p（r）は式（3）で表される。ここにaは定数，$b^2=3/2\bar{r}^2$で，$\bar{r}^2=(\mathrm{Dn}'l^2)^{1/2}$

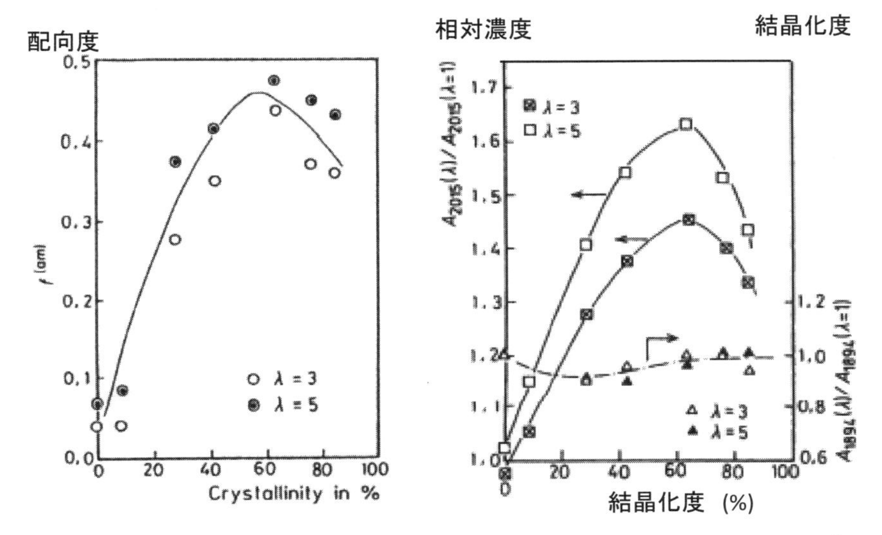

図７　非晶 trans 連鎖の延伸時の (a) 配向度と (b) 相対濃度の結晶化度依存性[5)]

試料はエチレン／ブテン-1 共重合体。λ は延伸倍率。

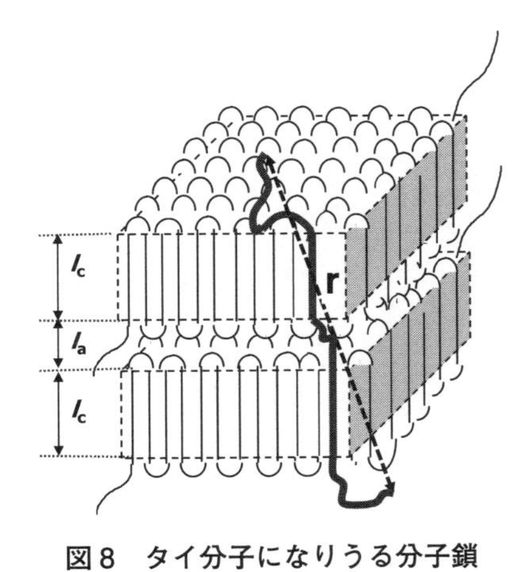

図８　タイ分子になりうる分子鎖

r；分子鎖末端間距離，l_c；ラメラ晶厚み，l_a；非晶相厚み

である (n' は結合鎖の数，D は extension factor；6.8，l は結合距離；0.153 nm)。Huang ら[16)]によれば分子量分布の狭い試料では，ラメラ厚みと非晶厚みとからタイ分子確率 P は式 (4) で求められる。ここに $L = 2l_c + l_a$ である。

$$P(\mathrm{r}) = ar^2\exp(-b^2r^2) \tag{3}$$

$$P = \frac{1}{3}\frac{\int_L^{\infty} r^2\exp(-b^2r^2)\,dr}{\int_0^{\infty} r^2\exp(-b^2r^2)\,dr} \tag{4}$$

LLDPE の分子量分別物をさらに結晶化度で分別したクロス分別物 (Mw/Mn = 1.1 − 1.3) の急冷試料についてタイ分子確率を求め，結晶化度に対してプロットすると，**図９**に示すように，結晶化度が 40-50%付近で最大になる上に凸の関係を持ち，結晶化度が 70%以上になると急激に減少する[8)]。また分子量が１～２万ではタイ分子確率は小さいが，５万以上になるとある程度大きな確率を持ってくる。この結果から，タイ分子を増やすには，ある程度以上の高分子量であって，試料の平均結晶化度付近の成分を増やす，つまり結晶化度の分布を狭くすることが必要である。

LLDPE の典型的なラメラ晶の透過型電子顕微鏡像を**図 10** に示す[17)]。厚くて直線的に成長したラメラ晶と，その間を埋める薄く短いラメラ晶が共存していることが特徴的である。**図 11** (a) に示すように，この試料のラメラ晶厚みの平均値は 124Å であるが，50 ～ 170 Å の範囲に渡った広い分布を示す[17)]。この広い分布の要因はいくつかの分子構造因子に基づくが (後述)，主としてコモノマー濃度の分子間の分布，つまり組成分布に依るところが大きい。多くのコモノマーを含む分子では，低結晶化度の薄いラメラ晶を，低いコモノマー含量の分子は高結晶化度の厚いラメラ晶を形成する。この結晶化度やラメラ晶厚みに分布が存在することにより，上述のように試料変形時にタイ分子の配向度の差異や，相対濃度

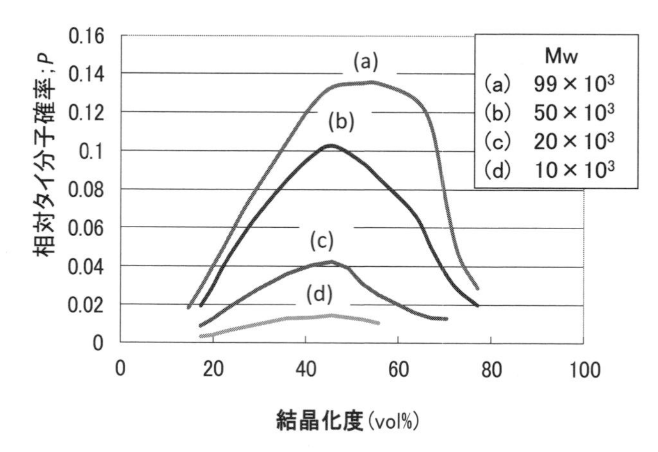

図 9　LLDPE の相対タイ分子濃度の結晶化度依存性[8)]

相対タイ分子確率＝タイ分子確率×結晶化度

図 10　Ziegler-Natta 触媒系 LLDPE のラメラ晶（TEM）[12)]

試料；分子量分別物（Mw＝8.8×10^4，密度；0.919g/cm^3）

（存在確率）の分布をもたらす（**図 12**）。つまり，ラメラ晶厚みに分布があると，変形時には一部のタイ分子だけで応力を担うことになるが，ラメラ晶が均一であれば，多くのタイ分子でこれを担うことができ，変形に対して高い抵抗力が発揮される。これは衝撃強度のような速い変形でも，ESCR やクリープのような遅い変形に対しても共通的に有効な概念である[18)]。ここでは LLDPE 試料についての実験結果から上記の仮説を導いたが，タイ分子の配向度分布と結晶構造分布が機械的物性に強く影響するという ここで得られた概念は，PP はじめ，ラメラ晶を形成するようなポリマーに共通的な考え方であると思われる。

2.3　結晶構造への分子構造の影響

ここまでにラメラ晶厚みなど結晶構造レベルでの分布が材料の機械的物性に大きな影響を有していることを示してきたが，次に，その結晶構造分布の生成に各種の分子構造因子がどのように影響するかについて見ていく。

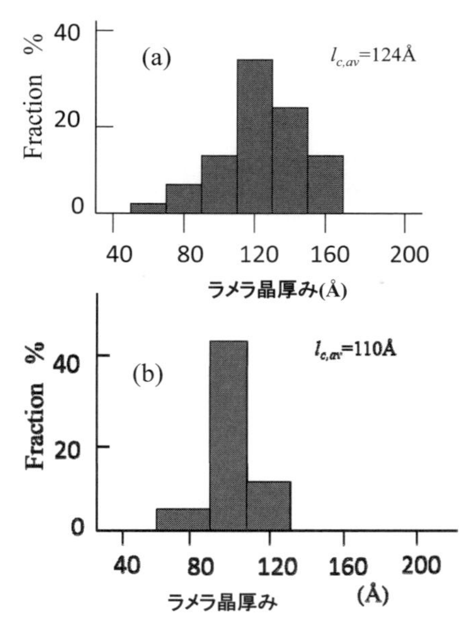

図 11　LLDPE のラメラ晶厚み分布

a) Ziegler-Natta 触媒系 LLDPE の分子量分別物[12]（試料；図 8 の LLDPE に同じ）
b) メタロセン触媒系 LLDPE（コモノマー；ブテン－１，Mw；12 $\times 10^4$，密度；0.918g/cm3）[15]

2.3.1　直鎖状高分子と分岐高分子

2.2.3 で述べたように中性子散乱の結果から，急冷試料の結晶化状態での高分子鎖の広がりは溶融状態のそれと大きく変わらない（縮かみ結晶化）。したがって同程度の分子量で比較すると，溶融状態での広がりが小さい長鎖分岐高分子の方が結晶状態での広がりが小さく，タイ分子が貫くラメラ晶の数が少ないことから，機械的強度の面からは不利になる（**図 13**）。しかしながら，分岐高分子の高剪断下での低粘性と，絡み合いに由来する低剪断下での高い溶融弾性は，インフレーションフィルム成形をはじめとする多くの加工法において優れた加工性を与える。したがって，分岐構造賦与により易加工性高分子を得る場合には必ず機械的強度を犠牲にするので，分子設計にあたっては，目的用途の性能向上に対してどこに重点を置くかを明確にしておくことが重要である。

2.3.2　分子量，分子量分布

エチレン単独重合体の分子量分別物の TEM 観察によると，分子量３万～30 万の範囲では，平均ラメラ厚みは分子量の影響を殆ど受けない[17]（ただしラメラ晶の整列状態は高分子量になるほど乱れてくる）。分子量が２万以下の低分子量範囲では，分子量の増大とともにラメラ厚みは増大し，融点も上昇することが知られている[19]。また分別前の試料（Mw/Mn＝4）と分別物（Mw/Mn＝1.1）のラメラ厚み分布は殆ど同じであり，この程度の分布範囲ではラメラ厚み分布への分子量分布の影響は無いと考えられる[17]。

2.3.3　組成と組成分布

エチレン／α-オレフィン共重合体の場合，ラメラ晶厚みは組成の影響を大きく受ける。α-オレフィンの含量が増えるに従い，ラメラ晶厚みは薄くなり，

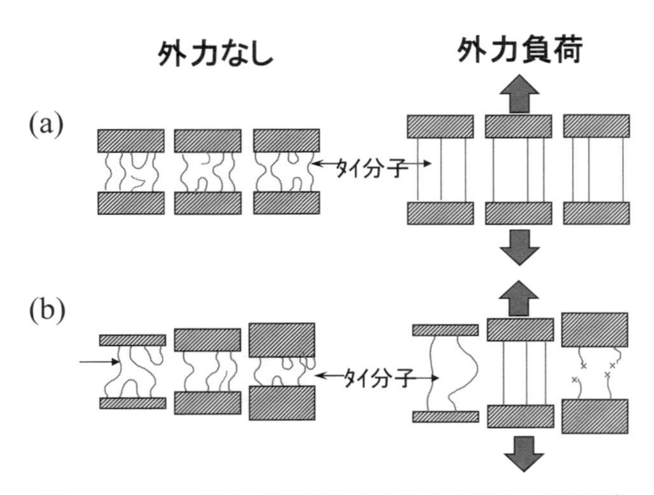

図 12　LLDPE のラメラ晶厚み分布とタイ分子への負荷[18]

(a) 均一なラメラ晶厚み分布，(b) 広いラメラ晶厚み分布

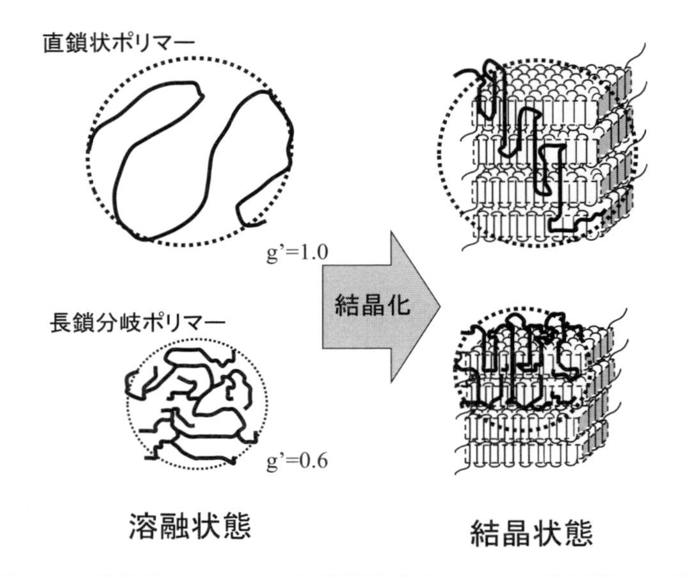

図 13　直鎖状ポリエチレンと長鎖分岐ポリエチレンの分子鎖の広がり

g' は同一分子量の直鎖状ポリマーと分岐ポリマーの溶液粘度比；$[\eta]_b/[\eta]_l$

融点も低下する[10)17)]。Ziegelr-Natta 触媒ではその表面に化学的な環境の異なる複数種の活性点が存在するとされ，共重合活性がそれぞれの活性点で異なることから，α-オレフィン含量の異なるポリマーを生成し，広い組成分布をもたらす。分子量分布と組成分布を合わせた典型的な構造分布図を**図 14** に示す[10)]。多くの共重合体で，コモノマー含量の少ない成分 L が共通的に存在し，平均的なコモノマー含量の成分 M から，平均よりも多量のコモノマーを含む成分 R まで広く分布している。また，メタロセン触媒のような本来均一な活性点を持つ触媒でも，工業的に用いる触媒としての最終的な性状や，重合プロセス，重合条件によって組成分布が広がる場合もある。一定分子量のクロスフラクションの TEM 観察から，それぞれの組成のポリマーが独自のラメラ晶を形成することで，結局，図 11 (a) に示すような広

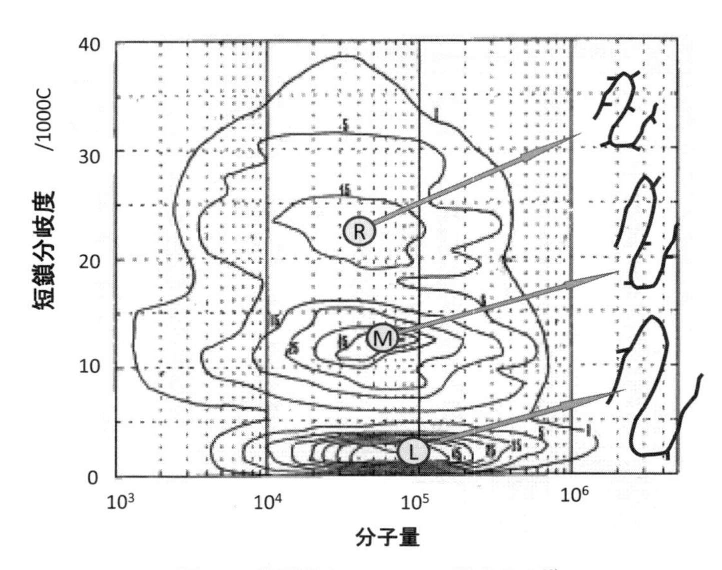

図 14　典型的な LLDPE の構造分布[10)]

（分子量分別物の組成分別による交差分別で得られる分子構造分布）

いラメラ晶厚み分布が生じる。一方，均一な活性点を有すメタロセン触媒など，均一触媒系で均一な重合条件で共重合した場合，Ziegler-Natta 触媒系の共重合体に比べて狭い組成分布を有し，その結果，図 11 (b) に示すように，ラメラ晶厚み分布も狭くなる[20]。

2.3.4　α-オレフィンの種類

コモノマーのα-オレフィンは共重合体の短鎖分岐を形成するが，分岐の結晶への取り込み / 排除の問題は古くからの課題であり，種々の方法で検討されてきた。エチレンやプロピレンとα-オレフィンとの共重合体のコモノマーの固体状態での位置を高磁場固体 NMR により，結晶化度や分岐などの微細構造を定量する手法もよく利用されるようになっている[21)22]。一方，古典的な方法であるが，発煙硝酸で非晶部を取り除き，残った結晶部（ラメラ晶の stem）の分岐度を定量することで，結晶中に取り込まれた短鎖分岐度を知ることができる。この方法での解析結果から，エチレン / α-オレフィン共重合体の短鎖分岐はそのバルキネスに応じて結晶格子からの排除性が異なり，一般に n-ブチル基，iso-ブチル基，n-ヘキシル基などバルキーな分岐は排除性が高く，メチル基やエチル基ではある程度，結晶中に取り込まれる[23]。結晶への取り込みが結晶 stem あたり，n 個まで許容されれば，分岐が排除された薄いラメラ（結晶 stem の分岐；0 個）から，分岐を 1 個から n 個まで含む，より厚いラメラ晶が形成され，厚み分布が広がることになる。したがって分岐種は，その排除性を通じて，平均ラメラ晶厚みとその分布に影響する。同じ組成分布を有する共重合体では，コノモノマーがブテン－1 の場合の方が，ヘキセン－1 やオクテン－1 の場合よりもラメラ晶厚み分布が広い[8)17]。

プロピレンとオレフィンとの共重合体についても同様の方法で PP 結晶に取り込まれたコモノマーを定量することができる[24]。プロピレンとエチレンとの共重合体は，コモノマーが小さく，結晶のパッキングエネルギーはホモ PP と変わらないが，エチレン単位が入った部分で i-PP 結晶が 3_1 らせんコンフォメーションを取れなくなるので，エチレン単位が結晶から排除されやすい。ただし結晶中にも非晶部の 1/3 ～ 1/4 程度のエチレンが取り込まれる。コモノマーがブテン－1 の場合は結晶・非晶の区別なく，両相に同程度，存在する。これは i-PP がポリブテン－1 と結晶形が類似しており，同様の 3_1 らせんコンフォメーションを取ることから，コモノマーを結晶中に取り込んでも結晶のパッキングエネルギーが変化せず，安定であることによると思われる[24]。ヘキセン－1 やオクテン－1 などのバルキーなα-オレフィンは結晶中に入ることで結晶の安定性を低化させるので，排除される傾向にあるが，エチレンと同程度，結晶中に取り込まれる。上記のように，プロピレン / オレフィン共重合体では，コモノマーのエチレンやバルキーなα-オレフィンは結晶から排除されやすいが，前述のエチレン / α-オレフィン共重合体に比べると，結晶中コモノマーの含量は一桁多い。これは PP と PE の結晶のパッキング密度の差異に基づくものと思われる。

2.3.5　連鎖長分布

メタロセン触媒系などの均一系触媒によるエチレン系共重合体のように，狭い組成分布を持つものでは，平均ラメラ晶厚みとその分布への連鎖長分布の影響も考慮に入れる必要がある。付加重合で製造するエチレン / α-オレフィン共重合体のエチレン連鎖長は統計的な分布を持つ。実際に得られるラメラ晶の平均厚みは，統計的に最も存在確率の高い連鎖長よりも 1.5 倍程度厚く，ラメラ晶形成に際して，平均連鎖より長い連鎖が結晶形成に重要な働きをもっていることを示唆している[25]。ラメラ晶厚みへの連鎖長分布の影響は，等間隔に短鎖分岐を持つ（連鎖長分布が無い）ADMET-PE[26)27] のラメラ晶厚み分布を調べることで，明らかにすることができる[25)28]。n- ブチル基を同じ量含む（25 個 /1000 主鎖 CH_2）エチレン / ヘキセン－1 共重合体と ADMET-PE の平均ラメラ晶厚みは，前者が 73 Å に対し，後者は 45Å であり，厚み分布は前者が 46 ～ 94 Å の間に広く分布するのに対し，後者は 38 ～ 54 Å と著しく狭い（**図 15** (b)）。後者の平均厚み（45 Å）は分岐間隔に相当し，n-ブチル分岐が完全に結晶から排除され，CH_2 連鎖長に相当する厚みのラメラ晶を形成することが判る[25]。

以上述べてきたエチレン / α-オレフィン共重合体の分子構造分布（分子量分布，組成分布），分岐種（コモノマー種），エチレン連鎖長のラメラ晶厚みへの影響をまとめて**図 16** に示した[18)29]。ラメラ晶レベルでの構造の均一性は，組成分布が狭いほど，コモノマーが嵩高いほど，そして連鎖長分布が狭いほど，

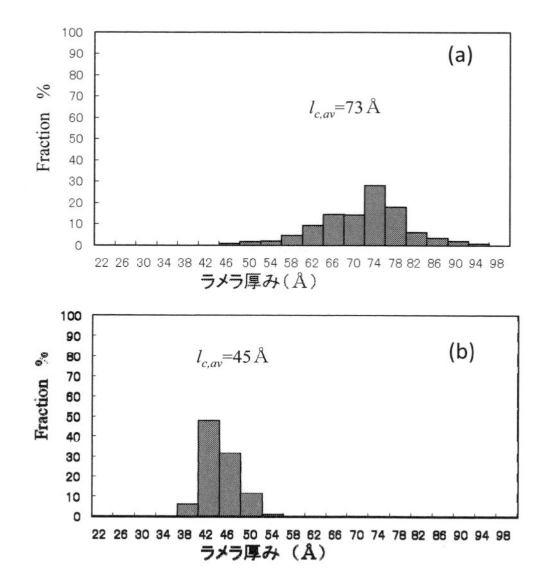

図 15　透過型電子顕微鏡観察によるラメラ厚み分布[25)]

a) メタロセン触媒系エチレン／ヘキセン－１共重合体（n-butyl；25.3/1000C）
b) 均一連鎖長ポリエチレン；ADMET-PE（n-butyl；25.6/1000C）

高くなる。この構造の均一性は試料に外力が加えられた変形時に，非晶部のタイ分子の配向の均一性と有効タイ分子濃度の増加をもたらし，衝撃強度やクリープ強度など変形速度を問わず，変形に対する抵抗となり，機械的物性の向上に寄与する。

2.3.6　立体規則性と力学物性

PP を特徴づける最も重要な構造因子は立体規則性である。1954 年の Natta のグループによる触媒発見までは，ラジカル重合法でオイル状の粘稠な PP しか得られず，工業製品としての利用は極めて限定的であったが，彼らが $TiCl_3$ と有機アルミニウムとの組合せで結晶性のポリマーを得たことを端緒に，その後の固体触媒系の開発競争が始まった。触媒開発のターゲットは高い立体規則性と重合活性であり，前者は製品の高性能化に，後者は高い生産性を有する重合プロセスの新規開発に直接，繋がっていった。一般に Ziegler-Natta 系触媒で得られる PP は isotactic と呼ばれる立体配置を取る。**図 17** に isotactic，syndiotactic，および atactic の配置を模式的に表した。isotactic 配置ではメチル基は互いに meso（m）の関係にあり，meso 連鎖の頻度によって規則性の指標とする。例えば長い分子鎖の中のある 5 つのモノマー部分を観測して，互いのメチル基の関係がすべて meso であれば，isotactic pentad の連鎖と言い，mmmm で表す。一部に racemo（r）の関

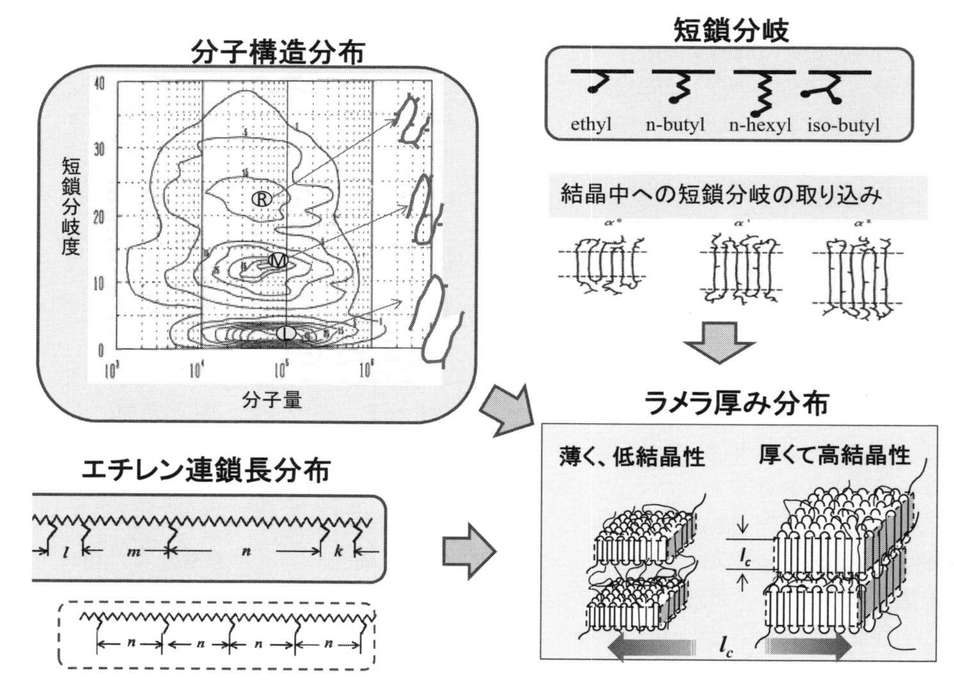

図 16　エチレン/α-オレフィン共重合体の分子構造因子とラメラ晶厚み分布との関係[18)29)]

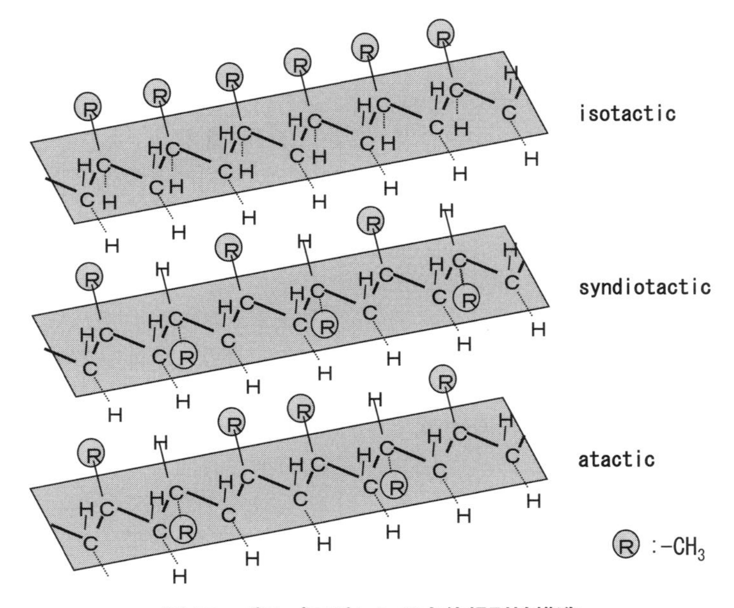

図 17　ポリプロピレンの立体規則性構造

（図は CH_3 基の位置関係を判りやすくするために，ポリプロピレンの螺旋を平面上に展開した形に描いてある。）

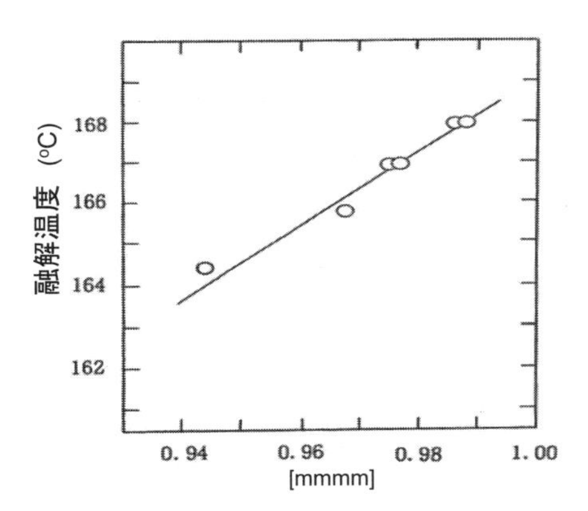

図 18　ポリプロピレンの立体規則性と融点との関係[30]

（融点は isotactic pentad 分率【mmmm】の増加とともに上昇する）

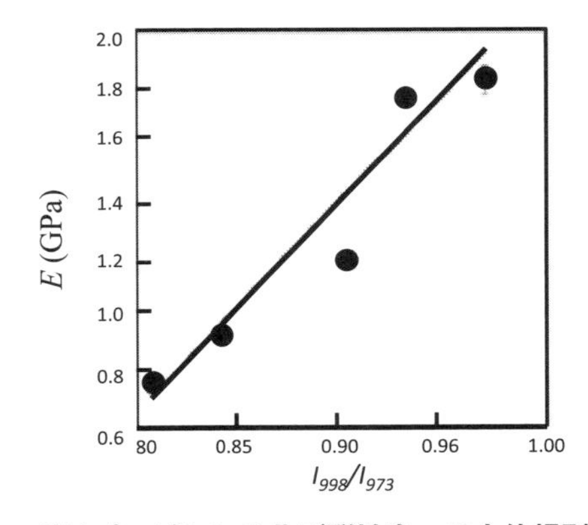

図 19　ポリプロピレンの曲げ弾性率への立体規則性の影響[31]

I_{998}/I_{973}；IR（973 cm^{-1} と 998 cm^{-1} の吸光度比）による isotacticity

係が入ってくれば，それだけ isotactic 分率が低くなる。pentad 連鎖には mmmm から rrrr まで 10 種類の連鎖があり，その中の mmmm の分率で立体規則性を表すことが多い。mmmm 分率が高くなるにつれて，ポリプロピレンのラメラ晶厚み，結晶化度が増大し，結果として融点が上昇する（**図 18**）[30]。またこれら高次構造の変化を介して，立体規則性の増加とともに曲げ弾性率が大きく増大する（**図 19**）[31]。構造部材として使用されることの多いポリプロピレンの基本的な機械的物性の向上には，その立体規則性が非常に大きく影響しており，産業界では重合触媒の改良や新規開発が精力的に継続されている。

2.4　高性能パイプ，大型ブロー用 HDPE の高性能化と促進評価法

2.4.1　高耐久性のための分子構造設計

ブロー成形で製造される大型タンク用途や，押出し成形で得られる水道パイプ，ガスパイプなどの用途では，一般に長期間にわたって使用され，長時間の耐久性が求められる。一方で，パイプ加工時の成

形安定性や大型ブロー加工でのパリソン（押出し溶融チューブ）の安定性を確保するためには，押し出された溶融体の高い弾性的性質（ダイスウェルや溶融張力など）が必要である。したがってこれらの用途向けのHDPEでは，成形体（個体状態）の高い機械的強度と，溶融時の高い加工安定性の両方が必要である。Phillips触媒で製造されるHDPEでは，広い分子量分布と長鎖分岐を持つことから，高い溶融粘弾性を示すので，これらの用途向けに長年使用されている。単純な分子量分布を持つ直鎖状ポリマーを与えるZiegler触媒による製造法においても，易加工性と高強度を発現する製品を製造するために，触媒と製造プロセスの改良が検討されてきた。現在，最も汎用的になっている成功例は2段あるいは3段重合によるエチレンとα-オレフィンとの共重合体の製造プロセスである。通常は一段目で，高分子量で，ブテンーなどのコモノマーを多く含む成分を製造し，続いて2段目（あるいは3段目）で，コモノマー含量が少ない低分子量成分を製造するものである。一例として**図20**に，高性能ブロー成形用HDPEの分子量分布とコモノマー含量の分子量依存性を示した[32]。Ziegler触媒による通常の一段重合によるHDPEは，コモノマー含量が低分子量側に多く，高分子量ほど少ない分布を持つのに対し，多段重合による高性能HDPEでは分子量分布が広く，コモノマーは高分子量側に多い。コモノマーを高分子量成分に多く持つことで機械的強度が向上する理由については，KrishnaswamyやKornfieldらがモデルブレンドを使って，タイ分子の増大によると説明している[33]。分岐を持たない低分子量体（S），n-ブチル分岐を有する低分子量体（Sb），分岐を持たない高分子量体（L），およびn-ブチル基を有する高分子量体（Lb）の4種類の成分から，高分子量体と低分子量体のブレンドを作成し，構造や各種物性を調べた。例えばLbとSとのブレンドは，LとSbとのブレンドと同程度の平均分子量と密度とを持つが，前者の方が，応力－歪曲線で大きな歪硬化度を示し，またクリープ試験では圧倒的に長時間の耐久性を示す。ある分子がラメラ間を結ぶタイ分子になるためには，①慣性半径（または分子鎖末端間距離）が一定長さ以上に大きいこと（2.2.3参照），および，②単一のラメラ晶成長だけに寄与しないこと，が必要条件である。①は数十万の分子量であれば，通常のラメラ晶2枚以上の長さを有している。当然，分子量が高くなるにつれ，大きな慣性半径を持ち，複数のラメラ晶を貫く確率が高くなるので，広い分子量分布を持たせ，100万以上の超高分子量成分を含有させることはタイ分子増大という観点から有効である。②は高分子量成分にバルキーな短鎖分岐が存在することで，分岐近傍の連鎖は結晶成長端から非晶相へ排除される。高分子量であり，結晶成長端への拡散速度が遅いことと，分岐を排除しながら結晶化する必要があることから，成長端での結晶形成速度が遅い。その結果，形成し始めたラメラ晶だけでなく，その分子の慣性半径内にある近傍の他のラメラ晶形成にも寄与する確率が高くなり，タイ分子になる確率が増大する。これらのことから，上述の多段重合プロセスを利用して，コモノマーを共重合させた高分子量成分とコモノマーを含まない低分子量成分を連続的に重合し，リアクターブレンドして製品にする製造法は，加工性と高強度化が両立した高性能HDPEを与える合理的な方法と言えよう。

この製造法は高性能パイプや大型ブロー用途だけでなく，極薄強化バランスフィルム用のHDPEの製造にも古くから用いられている。バランスフィルムはインフレーションフィルム加工によって製造されるが，上向きに延伸しながら引き上げられた溶融チューブを結晶化開始直前に大きく膨らませることにより，円周方向にも配向させ，引き上げ方向と横方向の機械的強度のバランスに優れたフィルムが製造できる。効果的な延伸を行うために溶融チューブには高い溶融張力が必要であるが，高分子量成分がその効果を発揮するとともに，高分子量成分にコモノマーを含有することで，上述のようにフィルムの高強度化を達成している。

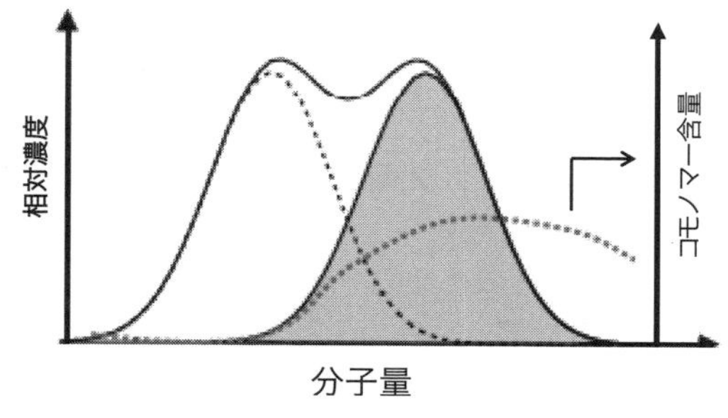

図20　高性能バイモーダルHDPEの分子量分布とコモノマー含量の分子量依存性[32]

2.4.2　促進試験と評価法

パイプやタンクでは何らかの要因で発生したクレーズが長期間かけて伸展してクラックになり，クラックが成長して製品の破壊に至る劣化過程がある。タンク内容物が有機溶剤などの場合には，有機物がクレーズの伸展を促進する。耐久性を評価するための環境応力亀裂抵抗（ESCR）試験は，ノッチ付きパイプ試験（NPT），ペンシルベニアエッジノッチ試験（PENT）やフルノッチクリープ試験（FNCT），熱間内圧クリープ試験などによって行われている。より早く試験結果を得るために，試験温度や印加ストレスを上げたり，石鹸液を添加したりと工夫がなされているが，それでも数か月以上の期間が必要な場合が多い。材料の高性能化に伴い，より長時間を要するようになっており，さらに短期間で評価が出来て，実験室でも測定可能な方法が求められている。

これまで多く報告されている実験室系の評価方法は，製品中に発生したクレーズ内での分子鎖の延伸から破壊に至るまでの工程の類推から，試料を一軸延伸して得られるパラメーターとESCR試験結果との相関を見るものが多い。Roseら[34]はポリエチレンのESCRとその一軸延伸体のクリープ遅れ時間とが相関することを報告している（遅れ時間が長いほど，高いESCR）。またCazenaveら[35]は自然延伸比（Natural Draw Ratio；NDR）とESCRとが良く相関すること，さらに，Kurelecら[36]はブロー成形用HDPEについて，McCarthyら[37]はパイプ用HDPEについて，ネッキング後の歪硬化度とESCRの間に良い相関があることを報告した。歪硬化度が高いほど，変形に対して抵抗が高くなり，クレーズ内部での配向分子の歪速度が遅くなる結果，クレーズの伸展を抑制するためとした。またこれに関連して，歪硬化度を測定する方法が標準化されている[38]。

LLDPEの分別物については，歪硬化度は分子量とラメラ晶厚みに関係し，分子量が高いほど，またラメラ晶厚みが均一なほど高い歪硬化性を示す[8]。分子量が高いほど，より多くのラメラ晶間を繋ぐタイ分子が多くなり，またラメラ晶厚みが均一なほど，図12に示すように，変形時に配向して応力を担う有効なタイ分子濃度が増えるためと解釈できる。

2.5　HDPE繊維の高弾性・高強度化

2.5.1　理論弾性率，理論強度と分子構造

最も汎用的に使用されているポリエチレンではあるが，その理論弾性率は鋼鉄よりも大きい。分子鎖がtrans sig-zag構造で配列している結晶の延伸方向の理論弾性率（Ec）は次式で求められる。ここに，Lは結合長，θは伸長方向とC-C結合のなす角度，k_l，k_pは伸長と変角に対する力の定数，Aは分子

$$E_C = \frac{\dfrac{L\cos\theta}{A}}{\dfrac{\cos^2\theta}{k_l} + \dfrac{\sin^2\theta}{k_p}} \tag{5}$$

鎖断面で積ある。この式から判るように，大きなEcを得るためには，分子がなるべく直線に近いこと，分子鎖断面積が小さいこと，変形が結合長の伸長支配であること，力の定数が大きいことが重要である。これらの観点から，PEは分子鎖断面積がポリオキ

表２　高分子材料の弾性率と引張り強度[39)40)]

構造	ポリマー	E_c（理論）	E_c（実測）	実測値/理論値	F_b（理論）	F_b（実測）	実測値/理論値
平面	PE	235	210	090	26.5	4.7	0.18
	PA6	165	17	0.10	26.2	1.0	0.04
	PET	108	21	0.20	26.6	0.9	0.03
らせん	i-PP	34	25	0.74	16.2	0.95	0.06
	a-PS	12	5	0.38			
	POM	53	35	0.66	32.0		
剛直	PPTA	153	132	0.86	30-40	3.9	0.11

E_c；引張り弾性率，F_b；引張り破断強度
PE；ポリエチレン，PA6；ポリアミド6，PET；ポリエチレンテレフタレート
i-PP；イソタクティックポリプロピレン，a-PS；アタクティックポリスチレン
POM；ポリオキシメチレン，PPTA；ポリパラフェニレンテレフタルアミド

シメチレンやナイロンと同程度に小さいこと，延伸下で外力の半分以上が結合長の伸長に使われることなど高弾性率化に大きな可能性を持っている。一方，PPなどのらせん系の高分子は，伸長に伴い，らせん構造の伸びに外力が消費され，直接，C-C結合の伸長に利用される割合が低い点で，高弾性率化には不利である。**表2**にはいくつかの高分子の理論弾性率，理論引張り強度，およびそれぞれの最高実験値を示す[39)40)]。PEなどの平面構造を取る高分子が，らせん構造を取る高分子よりも理論弾性率が高いことがわかる。

また引張りに対する理論強度は一般に次のように表される。ここにT_{max}は無限長の高分子の完全配向体の引張り強度，F_{max}はC-C結合の破断エネルギー，N_Aはアボガドロ数，Sは分子鎖断面積である。

$$T_{max} = F_{max} / N_{\mathrm{A}} \cdot S \qquad (6)$$

したがって，**表3**に示すように[41)]，ポリオキシメチレンやポリエチレンのように分子鎖断面積が小さく，単位面積当たりの分子数が多い高分子が，T_{max}に有利である。表2の結果もこのことを示唆する。

2.5.2　超高弾性率繊維

上記のようにポリエチレンの理論弾性率Ecはスチールの220GPaよりも大きく，理論強度T_{max}はスチールの強度，約3GPaよりもずっと大きい。さらに比重差を考慮すると，ポリエチレンは軽量で超高弾性・高強度繊維になる潜在能力を備えている。このことから1970年代から，大学と企業で超高弾性繊維の構造・物性研究や製造法の開発が盛んに行われるようになった。分子末端は引張り強度に対しては欠陥の一つになるので，末端の少ない超高分子量ポリエチレンを原料とし，いかに延伸により高配向させるかに技術開発の焦点が絞られた。分子の絡み合いは延伸を妨げるので，絡み合いの少ない状態を形成させて，延伸する方法が工夫された。まずPenningsら[42)]は超高分子量ポリエチレンの希薄溶液を撹拌しながら，ポリエチレン繊維を引き出す方法で，3GPa以上の強度と100GPa以上の弾性率を持つ繊維を得た。その後，準希薄溶液を用いるゲル紡糸法をDSM社が開発し[43)]，東洋紡とで共同で工業化された（商品名；ダイニーマ）。これらの工程で延伸倍率が数十倍という超延伸が可能となっているのは，溶液を使うことで延伸の妨げになる絡み合いを減らしているからである。その後，絡み合いが無いと考えられる超高分子量ポリエチレンの単結晶マットを固体のまま押し出す「固相2段押し出し法」が金本ら[44)]によって開発され，弾性率220GPaという理論値に近い最高弾性率繊維が得られた。さらに，絡み合いは本来，融点以下の重合時には非常に少ないと考えられるので，重合パウダーをそのまま利用した固相押し出し法が，日本石油で開発され，工業化された[45)46)]（商品名；ミライト）。

表3　各種高分子の分子鎖断面積と単位面積あたりの結合数[41)]

ポリマー	分子断面積 ×10^{-20}(m^2)	結合数 (本/nm^2)
PS	74.1	1.35
PMMA	66.5	1.50
PP	35.5	2.82
PVC	29.4	3.40
PET	21.8	4.80
PE	19.3	5.19
POM	18.5	5.41

ポリマーの略称は表2に同じ。
PMMA；ポリメチルメタクリレート，
PVC；ポリビニルクロリド

3　易加工性ポリオレフィンの分子設計

3.1　長鎖分岐型ポリオレフィン

代表的な長鎖分岐型ポリオレフィンは，高圧法低密度ポリエチレン（HP-LDPE）とPhillips法によるHDPE（P-HDPE）である。これらはそれぞれ，1930年代，1950年代に開発された古い樹脂であるが，依然としてプラスチック産業界で確固たる地位を保っている。その理由は押出し機にかかる低い負荷（低剪断粘度）と押出し後の溶融体の高い張力（高溶融粘弾性）に起因する圧倒的に良好な加工性にあり，この性質を活かして，HP-LDPEは発泡成形用途や直鎖状ポリエチレンの溶融張力を上げるためのブレンドマーとして，P-HDPEは自動車用ガソリンタンクなど大型ブロー成形用途に多く用いられている。一方，Ziegler-Natta触媒によるLLDPEやHDPEは，基本的に直鎖状ポリマーであり，上記の古くからある樹脂より加工性の点で劣る。しかしながら，HP-LDPEやP-HDPEの優れた加工性に注目し，触媒研究の結果，種々の長鎖分岐型ポリエチレンが開発され，商業化された。一方，PPについても，直鎖構造を基本としてきたが，加工性を改良して用途拡大を図るために，種々の方法で長鎖分岐を賦与したPPが開発されている。

3.1.1　長鎖分岐型ポリオレフィンの製造方法

メタロセン触媒によるエチレン重合の研究が盛んになるにつれ，積極的に長鎖分岐を導入出来る触媒系も発見されてきた[47)]。単純な非架橋型メタロセン触媒は通常の直鎖状ポリエチレンを与えるが，ハーフメタロセンや架橋型メタロセン触媒の中には，長鎖分岐を与えるものもある。生成機構は，一般的には重合中のβ水素脱離によるマクロモノマーの生成と再挿入によると考えられ，再挿入に有利な広い配位場を持つ錯体が長鎖分岐生成には有利とされている。ポストメタロセン触媒と呼ばれる後周期遷移金属錯体は非常にβ水素脱離を起こしやすいが，傘高い配位子を用いることにより，長鎖分岐を持つ高分子量体を与える。その重合はchain walkingと呼ばれる機構で進行するが，本質的にメチル基が非常に多く生成し，結晶性と機械的強度の低下をもたらすので，実用物性面からは不利である。その他の長鎖分岐生成法としてはC-H結合活性化機構による方法が提唱され，V触媒系の例も報告されている[48)]。

種々の錯体触媒によるエチレン重合で長鎖分岐PEの生成が報告されてきた一方で，重合でPPに長鎖分岐構造を与えることは一般的には難しいと考えられている。これはモノマーの1, 2-挿入で重合が進行するので，β水素脱離により生成する末端はビニリデン基が多く，得られたマクロマーの再挿入が困難なためである。しかしながら，近年，シリレン架橋型メタロセン錯体を用いて，60-80％の高い選択性で末端ビニル基を持つi-PPマクロマーの合成が報告されており[49)50)]，これを利用した長鎖分岐PPは溶融延伸時に歪硬化性を示すなど，長鎖分岐型ポリマーの特性を発現する。また，末端ビニル基生成の選択性の高いインデニル型メタロセン触媒と，マクロマーとの共重合性の高いアズレニル型メタロセン触媒とを担体に共担持して，溶融張力の高い長鎖分岐PPを製造する方法[51)]や，上市されたPPの物性が報告されている[52)]。その他，重合時にビニル基末端を有する化合物，たとえば1,13-tetradecadieneのようなジエンを共重合して分岐構造を持たせる方法もあり，得られたPPが高い溶融張力を示すことも報告されている[53)]。

3.1.2　長鎖分岐型ポリオレフィンの溶融粘弾性

古くからHP-LDPEはその長鎖分岐構造のために直鎖状のポリエチレンとは溶融粘弾性が異なることが知られているが，種々の長さの分岐や，分岐した分岐（branched branch）など長鎖分岐構造の複雑さ[54)]のために，粘弾性的な特徴が分子構造を基に明確に記述できているとは言えない。一方，工業的に生産されるようになったメタロセン触媒による長鎖分岐型ポリエチレンについては，長鎖分岐の測定手段の発達により，各種溶融粘弾性指標と長鎖分岐度との関係が詳細に調べられるようになった。長鎖分岐導入により非ニュートン性が増大し，同一分子量において，零せん断粘度や最長緩和時間が増大することが判っている[55)-57)]。上述の後周期遷移金属錯体により，低圧でchain walking重合すると，得られる分岐ポリエチレンはhyper-branched構造と呼ばれる非常にたくさんの複雑な分岐を持った，まりも状構造を与え，この場合には溶融粘弾性測定から，分子がお互いに殆ど絡み合わないことが報告されている[58)]。

PPでは上述のように，重合反応で直接，長鎖分岐PPを得ることはPE系に比べて難しいが，重合体の電子線照射などの後処理によって長鎖分岐を生成させたPPが高溶融張力PP（HMT-PP）として市販されている。**図21**に示すようにHMT-PPは溶融状態での延伸時に顕著な歪硬化性を示すのが特徴である[59)60)]。同一分子量のPPで，ある一定線量までの照射では，線量の増大とともに零せん断粘度が増大するが，高線量では逆に低下することから，低線量領域では星形分岐，高線量では樹枝状分岐構造が生成していると推定されている[61)]。

3.1.3　長鎖分岐型ポリオレフィンの実用物性

高分子量部に長鎖分岐を持つPhillips法のHDPEは溶融パリソン特性に優れ，大型ドラムやガソリンタンクなどの大型ブロー成形用途にはHDPEの中で大きなシェアを保ち続けている。HP-LDPEの中でも特に多くの複雑な長鎖分岐構造を有するベッセル法のLDPEは，押出し時のダイスウェルが大きいことから溶融延伸時のネックインが小さく，押出しラミネート用途に多く用いられている。一方，メタロ

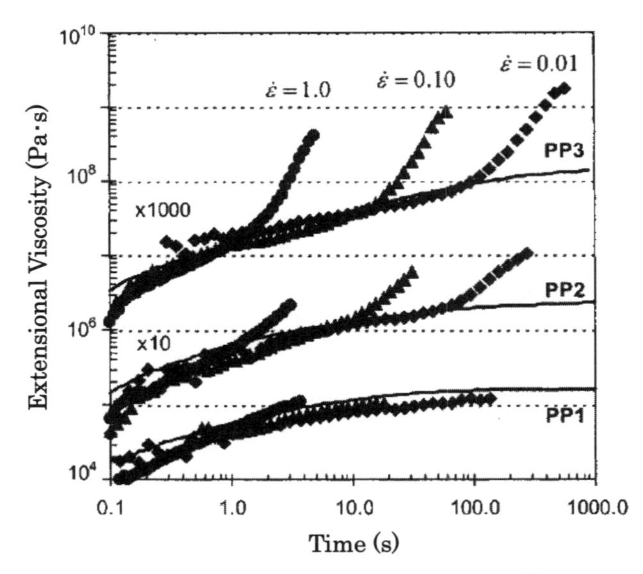

図 21　3 種類の市販 PP の伸張粘度曲線[60]

（温度 180℃，$\dot{\varepsilon}$；歪み速度，PP-1；直鎖状 PP，PP-2，PP-3；長鎖分岐 PP）

セン触媒による長鎖分岐 PE は，直鎖状 PE に比べて，溶融時，高剪断速度でトルクが低く，低剪断速度で高い粘弾性を示すことから，インフレーションフィルム成形や押出しブロー成形での加工安定性に優れている（**図 22**）。押出し時の低いトルクは低温加工を可能にし，PE の熱劣化による異物発生や臭気が抑えられ，クリーンなフィルム製品が得られる[62][63]。また押出し時の表面肌荒れが直鎖状 PE よりも抑えられ，紡糸においてはシャークスキンやスリップスティックによる肌荒れも抑制される[62][64]。一方，高溶融張力を活かした，高発泡成形体用途でも，発泡安定性に優れ，HP-LDPE 発泡製品よりも高強度となる[65]。

ポリエチレンの世界では，高圧ラジカル重合による長鎖分岐 PE から歴史が始まり，易加工性を武器に現在でもシェアを保っている。一方で，Ziegler-Natta 触媒による直鎖状ポリマーである PP の世界では必要な加工性への対応は広分子量分布化により，

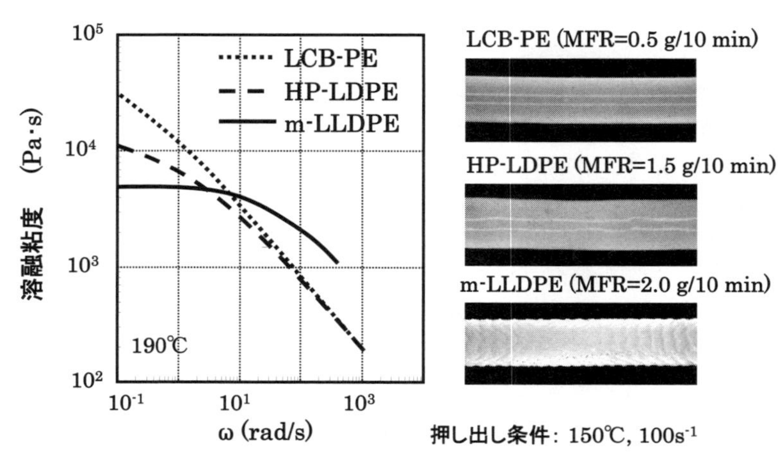

図 22　各種 PE のせん断粘度とストランドの表面観察[47][62]

m-LLDPE；メタロセン触媒による直鎖状 PE
HP-LDPE；高圧法低密度 PE
LCB-PE；メタロセン触媒による長鎖分岐 PE

高分子量成分を持たせる方向で開発が進められてきた。Phillips法HDPEの大型ブロー用途，HP-LDPEにおける押出しラミネーション用途のような，高い溶融弾性が必要とされる用途は，従来はPPにはあまり強いニーズがなかった。しかしながら近年，押出し発泡などの高溶融張力や歪硬化性が必要とされる用途にもPPの用途展開のニーズが高まってきたために分岐型PPの開発にも注力されるようになった。電子線や過酸化物で架橋構造を形成したPPは長鎖分岐型PEと同様，成形加工性に優れ，溶融時の歪硬化性発現の効果は，シート熱成形時の厚み均一性が高いことから加工のプロセッシングウインドウを広げられる[66]。また押出しガス発泡においては，発泡倍率，独立気泡率，発泡セルの均一性などにおいて，分岐型PPの方が従来のPPよりも優れている[67]。

3.2　広分子量分布ポリオレフィン

広分子量分布HDPEについては上述のように，Ziegeler触媒によるHDPEにおいても，極薄強化フィルム，大型ブロー，高性能パイプなどの加工が可能で，製品性能に最適となるように分子設計された材料が多段重合プロセスを用いて生産されている。分子量分布を広げ，高分子量成分（長時間緩和成分）を含有することによって，溶融時に高い粘度や張力を持たせ，良加工性を得ることに成功している。一方で，多段重合によらず，触媒の改良により，気相重合法によるシングルリアクターで，上記の用途向けの広分子量分布HDPEを生産するプロセスも発表されている[68]。

LLDPEでは上記のようにメタロセン触媒により，易加工性を持った長鎖分岐型PEを重合することが可能であるが，同程度の分子量の直鎖状PEに比べて，溶融時の慣性半径が小さくなることから，タイ分子が貫くラメラ晶の数が低下し，機械強度は低下する。そのため，直鎖状PEの高い強度を維持したまま，加工性を改良したLLDPEが望まれるが，これは高分子量成分により多くのコモノマーを含有し，分子量分布を広げた特徴的な分子構造分布により達成できるとの報告[69]もある。

4　まとめ

世界で最も汎用的に使用されているポリオレフィンの世界でも，工業製品としてのフィルム・シート，ブロー成形品，射出成形品など様々なニーズに応えるべく，常に高性能化に向けて開発が続けられている。ここでは機械的高強度化と易加工性賦与という観点の高性能化に絞り，そのための分子構造設計についてまとめた。高強度化は，包装容器の衝撃的な破壊のような速い変形から，パイプやタンクなどの数年から数十年かけて破壊に至るような遅い変形までを含んだ共通課題である。後者は長期耐久性と言い換えても良い。高強度化に向けた分子設計については，結晶構造とタイ分子の観点からまとめ，変形過程におけるタイ分子の働きの重要性と，有効なタイ分子を増やす分子設計の方向性について解説した。

易加工性については長鎖分岐構造による賦与と広分子量分布による賦与があるが，触媒を含む重合方法から構造設計までを網羅的に解説した。また結晶構造との関連性も含め，広分子量分布ポリエチレンのコモノマー組成を重合で制御して，機械的強度の向上も同時に達成している例についても構造物性の観点から説明を加えた。

産業界では高強度化を達成しつつ，易加工性も賦与したいという要求は強く，両者のトレードオフの関係線上から抜け出した材料の開発が精力的に行われている。いずれにせよ，最終製品の性能目標に対応した分子構造設計と，それに基づく新規触媒と重合プロセスの開発がキーテクノロジーとなっている。

文　献

1) B. Crist, et al.：*J. Polym. Sci., Polym. Phys. Ed.*, **22**, 881 (1984).
2) R. Puthur and K. L. Sebastian：*Phys. Rev.*, **B66**, 024304 (2002).
3) T.L. Smith：*Polym Eng. Sci.*, **17**, 129 (1977).
4) 新田，李：日本レオロジー学会誌，**41**, 167 (2913).
5) S. Hosoda：Makromol. Chem., **185**, 787 (1984).
6) S. Hosoda. A. Uemura, Y. Shigematsu, I. Yamamoto and K. Kojima：*"Catalyst Design for Tailor-Made Polyolefins"*, p365-372, Kodansha (1994).
7) W. Glenz and A. Peterlin：*J. Polym. Sci.*, Part A-2, **9**, 1191 (1971).

8) S. Hosoda：A. Uemura, *Polymer J.*, **24**, 939 (1992).
9) 飯田：高分子論文集 , **38**, 291 (1981).
10) S. Hosoda：*Polym. J.*, **20**, 383 (1988).
11) M. Takayanagi and K. Nitta：*Macromol. Theory Simul.*, **6**, 181 (1997).
12) K. Nitta and M. Takayanagi：*J. Polym. Sci., Polym. Phys.*, **37**, 357 (1999).
13) K. Nitta and M. Takayanagi：*ibid.*, **38**, 1037 (2000).
14) 新田：日本レオロジー学会誌 , **29**, 169 (2001).
15) E. W. Fischer：Polym. J., **17**, 307 (1985).
16) Y-L. Huang and N. Brown：*J. Polym. Sci., Polym. Phys.* Ed., **29**, 129 (1991).
17) S. Hosoda, K. Kojima and M. Furuta：*Makromol. Chem.*, **187**, 1501 (1986).
18) S. Hosoda：*Trends in Polym. Sci.*, **3**, 265 (1993).
19) B. Wunderlich：*"Macromolecular Physics"*, **3**, Academic Press (1980).
20) K. Chikanari and S. Hosoda：*"New Trends in Polyolefin Science& Technology"*, p153-163, Research Signpost (1996).
21) R. Alamo, D. VanderHart, M. Nyden and L. Mandekern：*Macromolecules*, **33**, 6094 (2000).
22) 日本電子アプリケーションノート, 2013 (http://j-resonance.com).
23) S. Hosoda, H. Nomura, Y. Gotoh and H. Kihara：Polymer, **31**, 1999 (1990).
24) S. Hosoda, H. Hori, K. Yada, S. Nakahara and M. Tsuji：*Polymer*, **43**, 7451 (2002).
25) S. Hosoda, Y. Nozue, Y. Kawashima, K. Suita, S. Seno, T. Nagamatsu, K. Wagener, B. Inci, F. Zuluaga, G. Rojas and J. Leonard：*Macromolecules*, **44**, 313 (2011).
26) K. Wagener, D. Valenti and S. Hahn：*Macromolecues*, **30**, 6688 (1997).
27) J. Sworren, J. Smith and K. Wagener：*J. Amer. Chem. Soc.*, **125**, 2228 (2003).
28) S. Hosoda, Y. Nozue, Y. Kawashima, S. Utsumi, T. Nagamatsu, K. Wagener, E. Berde, G. Rojas, T. Baughman and J. Leonard：*Macromol. Symp.*, **282**, 50 (2009).
29) 細田 , 野末 , 高分子論文集 , **71**, 483 (2014).
30) M. Kakugo, T. Miyatake, Y. Naito and K. Mizunuma：*Macromolecules*, **21**, 314 (1998).
31) A. Menyhárd, P. Suba, Zs. Lázló, H. Fekete, Á. Mester, Zs. Horváth, Gy. Vörös, J. Varga and J. Móczó, eXPRESS Polym. Lett., **9**, 308 (2015).
32) A. Wörz："Inter. Conf. for Blow Moulding Industry", (Cologne, Germany, June 30, 2003).
33) R. Krishnaswamy, Q. Yang, L. F-Ballester and J. Kornfield：*Macromolecules*, **41**, 1693 (2008).
34) L. Rose, C. Channell and G. Capaccio：J. Appl. *Polym.* Sci., **54**, 2119 (1994).
35) J. Cazenave, R. Sěguěla, B. Sixou and Y. Germain：*Polymer*, **47**, 3904 (2006).
36) L. Kurelec, M. Teeuwen, H. Schoffenleers and R. Deblieck：*Polymer*, **46**, 6369 (2005).
37) M. McCathy, R. Deblieck, P. Mindermann, R. Kloth, L. Kurelec and H. Martens：*"Plastic Pipes XIV Conference"*, (Budapest, Hungary, Sept. 22-24, 2008).
38) ISO 18488：201 (E).
39) 古川淳二："高分子物性", 化学同人, (1985).
40) 梶山：高分子, **32**, 336 (1983).
41) 井出文雄：「実用高分子材料」, 工業調査会 , (2002).
42) A. Pennings：*Colloid Polym.* Sci., **254**, 868 (1976).
43) P. Lemstra and R. Krischbaum：*Polymer*, **26**, 1372 (1985).
44) T. Kanamoto, A. Tsuruta, K. Tanaka, M. Takeda and R. Porter：*Polymer J.*, **15**, 327 (1983).
45) US Pat. 4,879,076-
46) O. Otsu, S. Yoshida, T. Kanamoto and R. Porter：*PPS*, June 8-12, 1998, Yokohama, Japan.
47) 細田, 川島：高分子, **56**, 342 (2007).
48) M. Reinking, G. Orf and D. MacFaddin：*J. Polym. Sci.*, A, **36**, 2889 (1998).
49) W. Weng, E. Markel and A. Dekmezian：*Macromol. Rapid Commun.*, **22**, 1488 (2001).
50) W. Weng, W. Hu, A. Dekmezian and C. Ruff：*Macromolecules*, **35**, 3838 (2002).
51) 日本ポリプロ, 特許第 4558066 号 .
52) 北出, 高橋, 飛鳥, 伊藤, 田谷野：高分子討論会 , **65**, 2J16 (2016).
53) P. Agarwal, R. Somani, W. Weng, A. Mehta, L. Yang, S. Ran, L. Liu and B. Hsiao：*Macromolecules*, **35**, 5226 (2003).
54) 白山, 岡田：高分子化学 , **28**, 325 (1971).
55) 志熊, 小山：成形加工 , **13**, 746 (2001).
56) P. Doerpinghaus and D. Baird：*J. Rheol.*, **47**, 717 (2003).
57) S. Hosoda, Y. Iseki, T. Nagamatsu, M. Shiromoto, K. Chikanari, K. Yanase, T. Kasahara and T. Konaka：*"Polyolefins 2005"*, (Sonoma, CA, Sept. 25-28, 2005).
58) R. Patil, R. Colby, D. Read, G. Chen, Z. Guan：*Macromolecules*, **38**, 10571 (2005).
59) O. Ishizuka and K. Koyama：*Polymer*, **21**, 164

(1980).
60) P. Spitael and C. Macosko : *Polym. Eng. Sci.*, **44**, 2090 (2004).
61) D. Auhl, J. Stange, H. Munstedt, B. Krause, D. Voigt, A. Lederer, U. Lappan and K. Lunkwitz : *Macromolecules*, **37**, 9465 (2004).
62) 近成，永松：住友化学，2006-Ⅱ, 12 (2006).
63) T. Nagamatsu, Y. Iseki, K. Chikanari, T. Mitsuno, K. Yamada, Y. Nozue, S. Shiromoto, K. Yanase, T. Kasahara and S. Hosoda : "*SPE ANTEC 2006*", p1062 (Charlotte, NC, May 7-11, 2006).
64) M. Bortner, P. Doerpinghaus and D. Baird : *Int. Polym. Processing*, **XIX**, 236 (2004).
65) K. Yamada : "*FlexPO 2010*", (Beijing, China, June 2010).
66) H. Munstedt, S. Kurzbeck and J. Stange : *Polym. Eng. Sci.*, **46**, 1190 (2006).
67) C. Park and L. Chung : *Polym. Eng. Sci.*, **37**, 1 (1997).
68) Univation HP (August 2013) ; http://www.univation.com/catalysts.prodigy.php.
69) M. Ten Eyck and R. Kumar : "*4th Specialty Films Flexible Packaging Conference 2015*", (Munbai, India, Sept. 15-16, 2015).

第7節　プラスチックの難燃性と耐久性評価
―燃え難くすることで人命と財産を守る―

難然材料研究会　大越　雅之

『竹取物語』で，かぐや姫が阿倍御主人に出した難題が「火鼠の皮衣（ひねずみのかはごろも）」である。かぐや姫に結婚する気はさらさらないので，燃えない衣も所望した。現在ならば，「はい持参しました。」と難燃化した防災カーテンや毛布を提出し，かぐや姫を困らせることができる。このように病院などで使用されているカーテンや防災時使用される毛布は，ライターで火をつけても燃えないようにできている。その技術は，燃えやすい素材を燃えにくくする「難燃化」という。

1　はじめに

1860年ファラディーが，「ロウソクの科学」講義を通じて，ロウソクの燃焼現象を分かりやすく伝えた[1]。その中で，軍艦ロイヤル・ジョージ号が引き揚げられたときに見つかったロウソクが，海水に浸漬されたにもかかわらず，着火するのは，牛脂が燃えるためであることを示した。ファラデーは，その牛脂からステアリン酸を製造してみせたゲイリュサックの功績を紹介した。そのゲイリュサックは，近代難燃技術立役者の一人である。近代の難燃化技術は，1786年フランスの劇場火災から端を発し，ゲーリュサックが劇場の緞帳の難燃化に取り組み，硫酸アンモニウム処理を発見した[2]。このように燃焼現象は，化学の基礎となり，その後，生活の質の向上とともにもらい火・発火防止の予防措置として難燃機能は発展した。

難燃化の技術目的は，延焼の遅延であり，それにより火災からの避難する時間を稼ぐことにある。それにより，火災から「人命」と「財産」を守ることができる。例えば，現代版「火鼠の皮衣」の難燃化繊維を用いることで，火災が生じた際に，燃えにくくなるので，避難することができ，かつ家財への延焼を抑制することができる。その結果，「人命」と「財産」を「長持ちさせる」ことができる。昔から，地震・雷・火事・親父と言われており，地震・雷には必ず火事の懸念が付随する。今は親父よりも母親が強いようだが，とにかく，防火は，人類が生き抜く上で防災上の重要項目である。

1.1　人命保護

日本における死亡事故のNo.2は火災事故であり，年間約1,700人が火災によって亡くなっている（震災を除く）。その内の51％が逃げ遅れである。その大半がお年寄りと幼児であり，犠牲者は社会的弱者に偏る**図1**[3]。

1.2　財産保護

出火件数約47,500件であり，損害額は約850億円である。その内の火災原因損失額が最も多いのが電灯電話等の配線であり約50億円である**図2**[3]。次の原因は，ストーブ>タバコと続く。しかし，放火および放火の疑いの双方を加えると17％となり，原因一位の電灯電話等の配線と同率になる。

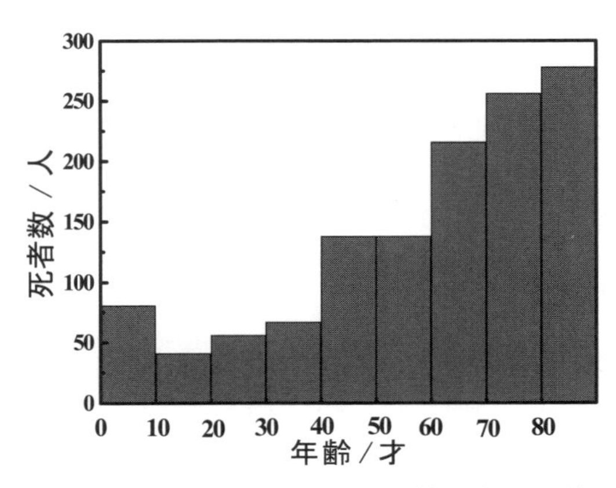

図1　日本の年齢別火災死者数（自殺者を除く）

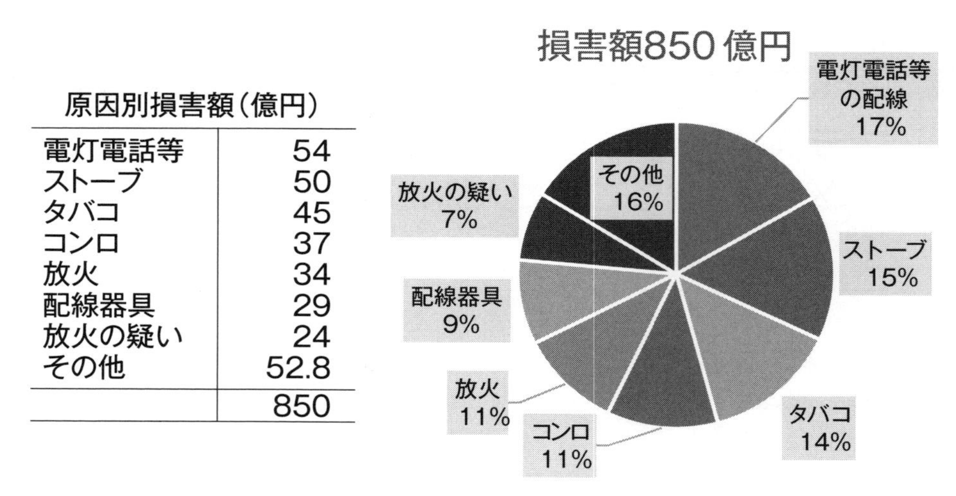

図2　日本の火災原因別損失額

1.3　難燃化の効能

前述のように「難燃化」は，家財や装置など燃え難くすることにより，着火してしまった「財」そのものの延焼を遅延させるともに，他財への「もらい火」を防止し，避難する時間を稼ぐ効果がある。例えば，プラスチックに熱が加わると，溶けて燃えることで延焼面積を拡大させながら，火災が広がる。その対策として，プラスチックを難燃化することにより，それ以上の延焼面積の拡大を低減させ，火災を抑制させることが可能となる。具体的な事故例として，昨年6月30日，東海道新幹線「のぞみ」，および7月31日「さんふらわあ だいせつ」の火災事故など，いつどこで火災に遭遇するか不明である。避難時間を稼ぐための予防措置として，難燃化は必要不可欠な技術の一つである。

1.4　近年の難燃技術の歴史

20世紀にアメリカ空軍が，アンチモンと塩素化パラフィンの組み合わせを発見し，ナイロンに応用した。このナイロンの難燃化が，現在最も難燃効果の高い「臭素系難燃剤とアンチモンの併用」の起源となる[2)]。

2　難燃メカニズム

可燃物の燃焼メカニズムを**図3**に示す。その機構とは，燃焼場から生じた輻射熱などの物理現象と熱分解などの化学反応がそれぞれ次に生じる現象や反応の原因となり，連鎖性を持つ。さらにはこの連鎖性が繰り返し継続し，進行する。ポリマーに接近した炎は周囲の②酸素を消費し，同時にポリマー表面に③輻射熱を伝える。そして，ポリマー表面から内部へと④伝熱し，⑤ポリマーを分解する。次に，⑥ポリマー分解物がポリマー中から気相中に拡散し，ポリマーに接近した炎へ燃料供給し，①燃焼場が形成する。この連鎖反応の継続により，燃焼は維持される。逆に燃焼の維持を防止するには，その連鎖反応を断ち切れば可能になる。この概念をポリマーの難燃化という。難燃化には，3つの代表的難燃機構（ラジカルトラップによる難燃化，チャー形成による難燃化，吸熱・希釈による難燃化），があり，それらを**図4**に示すとともにそれぞれの難燃機構概略を下記に示す（**表1**）。

① ラジカルトラップによる難燃化は，ポリマーから生じた分解ガスをラジカルで補足し，燃焼場への燃料供給を断つことで，燃焼連鎖反応を停止させる。代表的なものとして，臭素系難燃剤や塩素系難燃剤がある。**図5**に反応モデルを示す。RX（有機ハロゲン）が分解し，ハロゲンラジカル・Xを生じる。そのラジカルが有機から水素を引き抜き，酸を生じるHX。そのHXが，水素ラジカル・Hや・OHを補足することで可燃ラジカルを低減する。

② 固相（チャー形成）による難燃化は，燃焼時にポリマー表面を炭化し，燃焼場からポリ

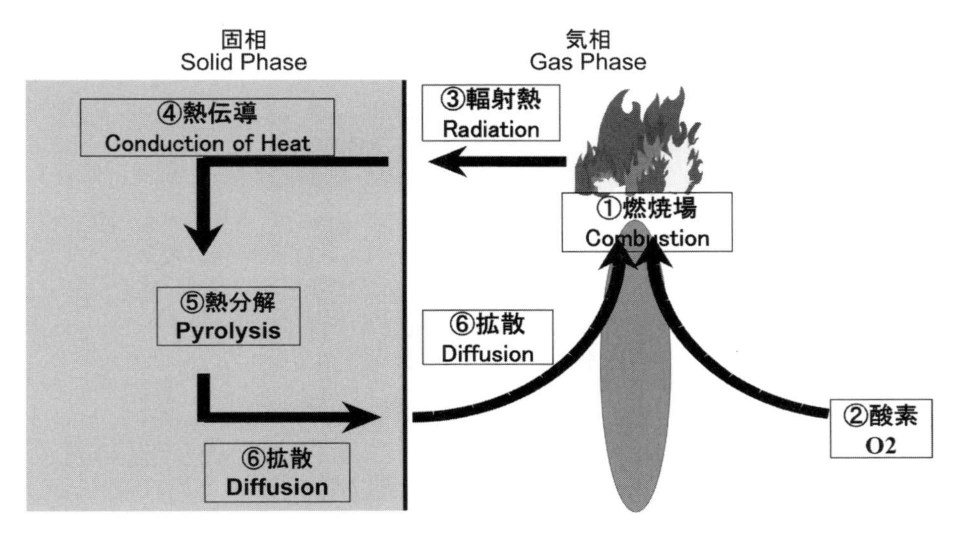

図３　ポリマーの燃焼モデル

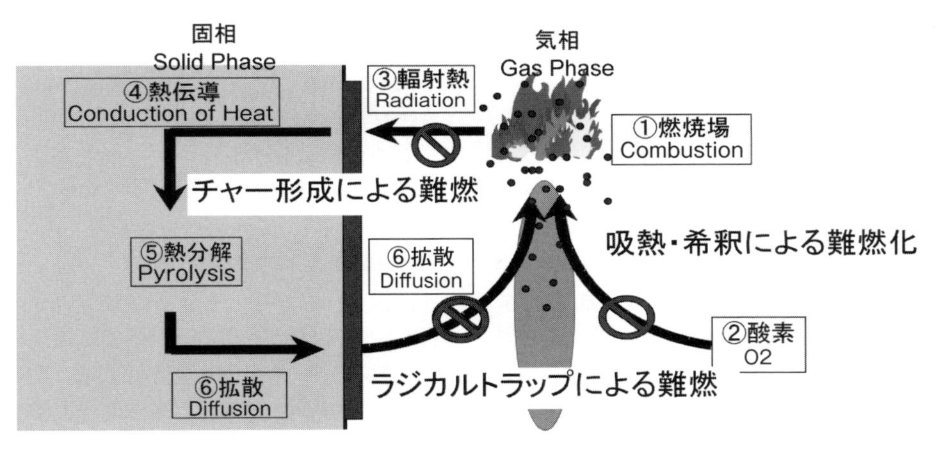

図４　ポリマーの難燃モデル

表１　難燃機構と難燃剤種類の分類

	ハロゲン		ノンハロゲン		
	ハロゲン＋アンチモン	ハロゲンのみ	リン系	水和金属化合物	その他（例 シリコーン）
気相（吸熱 or 不活性物質放出）	○	×	×	○	×
固相（チャー形成）	×	×	○	×	○
ラジカルトラップ	◎	○	△	×	×
効果（例 PP25Phr 添加時）	V-0	V-2	V-2	HB	HB
	*○：効果あり	△：少々効果あり	×：効果なし		

＊ PP に 25phr の難燃剤を添加した時の難燃性

$$RX \rightarrow R\cdot + \cdot X$$
$$\cdot X + RX \rightarrow R\cdot + HX$$
$$HX + \cdot H \rightarrow H_2 + \cdot X$$
$$HX + \cdot OH \rightarrow H_2O + \cdot X$$

図5　ラジカルトラップ反応モデル

マーへの伝熱とポリマーから生じた分解ガスの拡散を断つことで，燃焼連鎖反応を停止させる。代表的なものとして，リン系難燃剤がある。

③　気相（吸熱及び希釈）による難燃化は，燃焼時にポリマーに添加した吸熱反応物質から吸熱反応が働き，ポリマーを冷却するとともに，吸熱物質がポリマーから生じた分解ガスの濃度を希釈し，燃焼場への燃料供給を断つことで，燃焼連鎖反応を停止させる。代表的なものとして，水酸化マグネシウム，水酸化アルミニウムなどの難燃剤がある。

現在の難燃剤で，難燃効率が高いものは①ラジカルトラップと②気相の両システムを用いたハロゲンと酸化アンチモンの併用系である。しかし，ハロゲンは特定臭素化合物の使用制限があり，特には事務機器についてはブルーエンジェルマーク（BA）にて外装カバーに臭素系難燃剤を含有した難燃樹脂材料の使用制限がある。さらに酸化アンチモンは，化学品の危険有害性（ハザード）ごとに分類基準およびラベルや安全データシートの内容を調和させ，世界的に統一されたルールとして提供するGHS（Globally Harmonized System of Classification and Labelling of Chemicals 要説明）で発がん性の懸念が指摘されている[4]。そこで，例えば事務機器の場合は，BAの施行以前には，アクリロニトリルブタジエンコポリマー（ABS）に臭素系難燃剤と酸化アンチモンの併用系難燃樹脂材料を使用していたが，BAの施行後にはマトリックスポリマーを難燃性の高いポリカーボネート（PC）ベースに変更し，マトリックスポリマーの難燃性を嵩上げし，さらにリン酸エステルを多量配合することで，V-0レベルの難燃性を達成したものを使用している。

3　こんなところに使われている難燃材料

「人命」と「財産」を守るために色々なところに難燃材料が使われている。主に密閉空間となる建物（壁，天井等），および建物内にあり電源や発熱を有するもの（テレビ，ケーブル，複写機等），移動体の中の部材（車，電車，バス，船舶，飛行機等）には，難燃材料が使用されている。それぞれの製品規格としての難燃試験があり，代表的な製品試験例を通じて，使用状況が把握できる。

3.1　電線ケーブル

電線ケーブルは，多くの産業分野にわたり利用されている部材である。その難燃試験規格を**表2**に示す。電線ケーブルは，電力の送電，配電が目的であり，建築物や共同溝などの密閉空間で使用されることが多い。そのため，ノンハロゲン化が早く，かつ幅広く実施されている。その理由は，ハロゲン系難燃剤を使用すると，ハロゲン系難燃剤は発煙量が多

表2　電線ケーブル難燃規格一覧

試験法	試験電線	規格	主な電線・ケーブルの品種
水平燃焼	単線	JIS C 3005	
傾斜燃焼		JIS C 3005	JCS 規格耐燃性ポリエチレン使用電線・ケーブル等
垂直燃焼		IEC 323-1	海外規格電線・ケーブル等
		IEC 332-2	海外規格電線・ケーブル等
		UL-44	家電製品向け電線・ケーブル、光ファイバーコード等
	多条布設ケーブル	IEC 323-3	海外規格電線・ケーブル等
		IEEE 383	電力ケーブル・通信ケーブル等
		JIS C 3521	電力ケーブル・通信ケーブル等
		JCS 397	電力ケーブル・通信ケーブル等
		UL 1581	電力ケーブル・通信ケーブル等

表３　ノンハロゲン，低発煙難燃ケーブルの規格

	ノンハロゲン通信(NTT) シース材料	原子力ケーブル(難燃架橋 PE)	低塩害原子力ケーブル (PVC)	航空照明低塩害低発煙ケーブル(EP ゴム＋CR)
(1) ノンハロ化低発煙化	・ノンハロゲン材料である。 ・燃焼生成ガス吸収液の pH3.5 以上 ・燃焼ガス比光学密度 150 以下	・通常タイプとノンハロタイプがある。 ・ノンハロタイプ，0, I 絶縁体 25 以上シース 27 以上 ・発煙性 (E662) Dm150 以下	・燃焼生成ガス中の HCl 量 100 mg/g 以下	・シース HCl 発生量 350mg，g 以下 ・シース発煙量 Dm 400 以下 (ASTM662, NF)
(2) 難燃性	・IEEE383 垂直ケーブル燃焼試験に合格			・IEEE383 垂直ケーブル試験で上部まで燃焼しない

＊ Dm：煙密度（レーザー透過度による）

いため，火災時に視野を妨げる可能性があるからである。**表３**にノンハロゲン，低発煙難燃ケーブルの規格を示す。このようにケーブルの絶縁部コア部と外皮シース部ともに発煙量と酸性ガスの上限規定が定められている。これにより，地下埋設ケーブル火災時の視野確保と難燃性の両立が図られている。

3.2　建築材料

建築材料は，建築物内における有機材料の火災に対する安全性を確保することを目的に ISO5660 part1 が制定されている。これは，コーンカロメータを用いた発熱量に関する試験であり，不燃，準不燃，難燃材料の３つの区分に分かれている。その３区分の燃焼試験時間が規定され，①燃焼しないこと，②変形，溶融，亀裂がないこと，③有害な煙，ガスを発生しないことなどの規定がある。なお，試験方法と評価基準は指定性能評価機関が明示することになっており，防火材料試験が可能な指定性能評価機関がある。これらは，壁，床，天井など高層ビルに適応されており，東京スカイツリーの展望デッキは，木材が使用されている。その木材もコーンカロリメータ試験で認定された不燃木材が使用されている。

3.3　車両材料

鉄道火災においては，昭和 31 年に南海電気鉄道高野線で発生した列車火災が契機となり，鉄道車両の火災規定がはじまった。その後，昭和 43 年に営団地下鉄日比谷線で電気火災が生じ，昭和 44 年に現行規制の骨格となる基準ができあがった。規定された「電車の火災事故対策について」（昭和 44 年鉄運第 81 号）で難燃性規格，及び試験方法は，車両内に燃料等の火源が存在しない想定で，材料の自己鎮火性，及び延焼防止性を判断の主眼としている[5]。

車両材料は，客室天井外板（妻部以外）・内張り，客室外板（妻部），床材，日よけ・ほろなど様々な部材に対して，難燃性要求がある。特に国内には，鉄道車両非金属材料を対象とした燃焼試験方法があり，車材試験，もしくは運輸省式燃焼試験方法とも呼ばれる規格である。「鉄道車両用材料の燃焼性規格」に基づき，不燃性，極難燃性，難燃性に分けられ，例えば，交通安全公害研究所で試験可能である。また，自動車材料に関しては米国では FMVSS 302 と JIS D 1201 を参考にしてつくられた「内装材料の難燃性の技術基準」がある。火災発生時における運転者などの安全性を高めることを狙いとしたものであり，材料が着火した後の火災伝播速度を評価実施している。例えばバックシートの繊維材料試験である。

3.4　船舶艤装材料

「International Convention for the Safety of Life at Sea (SOLAS)」条約の第Ⅱ-2 章にて，国際航海に従事する客船，および 500 トン以上の貨物船にて火災安全に関する規則が制定されている。国内則では，SOLAS 条約を勘案した船舶防火行動規則，船舶消火規則などが適応されている[6]。燃焼試験方法としては，SOLAS 条約第Ⅱ-2 章にて火災試験方法コード (FTPCode) が定められており，不燃性～寝具まで各 Part 毎の試験方法が定められている。船舶特有の試験としては，燃焼火炎の広がり試験として，壁及び天井表面材料の燃焼発熱量規定を実施する。また，有毒ガスと煙を考慮したシングルスモールチャンバ試験も居住区の内装表面材料に課せられている。

3.5　難燃規格動向

火災事故とともに年々厳しい方向へ向かっている。例えば，旅客車両においては，2003 年韓国テグ地下鉄火災を受け，規格改正があり天井材料においては，45 度傾斜のアルコールランプ試験から ISO5660（コーンカロリメータ）に変更している[6]。このように自動車などの直ちに降車可能なオートモーティブと異なる車両，船舶，飛行機は，厳しい難燃化要求が今後も継続すると思われる。

4　規制の現状

難燃材料は，難燃剤を多量に使用したプラスチックや木材などの有機材料である。その難燃剤は，多量に使用するため難燃剤自身の性質が難燃材料に反映されやすくなる。そこで，難燃剤自身の安全規制が各国で定められている。1990 年代の半ば以降，RoHs 規制や WEEE に代表される EU 指令や，環境ラベルの認証機関であるブルーエンジェルマークやノルディックスワンが，難燃樹脂材料に関して，使用禁止や厳しい使用制限を設定した（**表 4**）。しかし，近年，特定臭素系難燃材以外のハロゲン系難燃剤について材料安全性の確認データが蓄積されつつあり，その難燃効果の高さや材料リサイクル時の物性維持性の良さ等から，プラスの環境性能面を再評価する機運もある。

例えば，EU レベルでのエコラベル規準は，臭素系難燃剤の利用自体を排除していない。PC と携帯用コンピュータに関して最近修正された「EU エコフラワー」規準では主要難燃剤の TBBPA（テトラブロモビスフェノール A）を含む大部分の臭素系難燃剤が利用できるようになった。すなわち，EU 市場では TBBPA を含む PC に EU エコフラワーをつけて発売できるようになった[7]。

しかしながら，このような動きもある反面，特定臭素系難燃剤（PBB；ポリ臭化ビフェニル，PBDE；ポリ臭化ジフェニルエーテル）の法規制やラベル規制が欧州だけでなく世界的に広がった事，バーゼル条約による各国のハロゲン系難燃剤に関する取り扱い基準が国際的に統一されていない事，臭素系難燃剤は発がん性の懸念のある酸化アンチモン[4]と併用される事が多い事等の理由から，臭素系難燃剤の動向は混沌としている。

リン系難燃剤の使用については，現時点で法的な規制やラベル規制が整いつつあり，Reach 等の規制強化の動向がみうけられる[8]，リン系難燃剤の安全性の確認が日本難燃剤協会や GHS 等において積極的に進められ情報公開されているものの，使用状況には十分な注意を要する[9]。また，米国発信の EPEAT（電気製品環境評価）制度が発令され，連邦政府機関

表 4　難燃材料の関する規制の動向

		1993	1996	1997	1998	1999	2000	2001	2002	2003	2004
EU 指令					▼ハロゲン系難燃剤使用禁止					⇢	適用除外
						▼ PBB，PBDE 使用禁止					⇒ 適用（2006年度）
ブルーエンジェル	複写機	▼ 50g 以上の部品への PBB，PBDE 使用禁止									
					▼ PBB，PBDE，塩素化パラフィン使用禁止						
					外装部材へのハロゲン系化合物の使用禁止					⇒	
	プリンター		▼ PBB，PBDE，塩素化パラフィン使用禁止								
					外装部材へのハロゲン系化合物の使用禁止					⇒	
	FAX					▼ 外装部材へのハロゲン系化合物の使用禁止					
ノルディックスワン	複写機	▼ PBB 使用禁止		▼ PBB，PBDE，塩素化パラフィン使用禁止							
					外装部材へのハロゲン系化合物の使用禁止					⇒	
					25g 以上部品へのハロゲン系難燃剤の使用禁止					⇢	適用除外
	プリンター & FAX		▼ 外装部材とシャーシへの塩素系プラ材使用禁止								
		外装部材とシャーシへのハロゲン系難燃剤及び塩化パラフィン使用禁止								⇒	
					25g 以上部品へのハロゲン系難燃剤の使用禁止					⇢	適用除外
日本エコマーク複写機						▼ 外装部材への PBB，PBDE，塩素系パラフィン使用禁止				⇒	

PBB：ポリブロモビフェニール，PBDE：ポリブロモヂフェニルエーテル

では購入の95％がEPEAT登録製品であることが，大統領令で求められている。必須項目とオプション項目に分かれており，オプション項目の中にリサイクル樹脂やバイオマス樹脂を使用することが掲載されており，電子機器部品ではそれらの難燃化が必要な場合がある[10]。

5　難燃樹脂の課題と将来

難燃性という機能を有する難燃材料は，日本が強い分野の１つである。これらを産業構造と技術の２つの側面から現状課題と将来について下記に示す。

5.1　産業構造としての課題

難燃材料の課題は，多くの日本の化学産業の課題と同一である。難燃剤のリソースである臭素やリンは，輸入，もしくは現地生産となり外部リソースに依存している。臭素は，海水からも取得可能であるが，塩湖からの採取が最も効率的である。しかしながら塩湖の所在は世界的に限られ，また，臭素と併用されるアンチモンも採取場所が限定され，かつ採取国による関税リスクが伴う。

一方，リンも採取場所が限定され，かつ難燃剤用途よりも肥料という巨大，かつ戦略的市場が存在し，輸入制限がある。そこで，各メーカーは外部リソース依存による生産課題を克服するため，現地生産にシフトしているが，現地統制による関税，生産量制限，および技術流出などの課題がある。

これら状況を解決するための手段の１つとして，難燃剤の未来を世界動向と合わせて考える必要がある。将来において，市場確保のためには，大きな構造転換が必要になる。それには従来の考え方の延長上ではなく，切り口の異なった概念にシフトする必要がある。それは，単なる材料供給先にならぬよう技術情報等の付加価値を構築し，ブランド化された価値提供を通じ，国際社会における日本の難燃材料の優位性を確立する必要がある。

5.2　技術課題

日本の優位性確立のための１つの手段として，技術がある。日本の難燃化技術は世界レベルにおいて最も進んだ国の一つであり，その中の技術的特徴を生かすことにより，より高度なサービス提供が可能と思われる。例として，樹脂メーカーは，セットメーカーに対して樹脂の成形性，安全性，および製品設計に踏み込んだ情報提供を実施している。それは，金型シミュレーションから，タップの立て方に至るまで，実に素晴らしいサービスであり，このようなサービスを是非「VITAMIN」（ヴィトナム，インドネシア，タイ，トルコ，アルゼンチン，南アフリカ，メキシコ，イラン，イラク，ナイジェリア）などの新興国を中心に実施し，日本ブランドの構築を早期に確立し，「刈取り」をする。既に「刈取り」を実施している会社も多いが，その「刈取り」は，新興国に向けての当面の施策であり，将来に高付加価値構築のための技術障壁確立とは別建てで実施する必要がある。例として現状日本における難燃材料での技術的優位性として，高難燃性，低発煙性，および安全性がある。それらの詳細を下記に示す。

5.2.1　高難燃性

日本では，高難燃性獲得のため様々な検討がされてきた。特にノンハロゲン分野を中心に，水酸化マグシウムや水酸化アルミニウムの配合量を減量し，低コストと高機械的特性獲得を目的としたエコケーブル用途[11]，鉛フロー性と高難燃性の両立を目指した半導体用途，輻射熱による高難燃性獲得を目的とした壁紙，難燃木材，難燃ボードなどの建材用途[12]，耐熱性と高難燃性獲得を目的としたリン系難燃剤メーカーの縮合リン酸エステルの化学構造からのアプローチ[13]，ナノ難燃剤検討[14]，など枚挙にいとまがない。

5.2.2　低発煙性

日本では，電線ケーブル分野における低発煙化に早くから着手し，商品化している。低発煙化は，火災における避難時の視野獲得，および発生ガス抑制に大きな効果がある[11]。これらの技術を密閉空間である車両や船舶，そこに配置される機器に対して，拡大利用することで火災時の視野獲得と発生ガス抑制により，多くの人命が救済されると考える。実際の火災では，炎そのものの死亡者よりも，煙による視野不良や吸引ガスで亡くなる方が７割である[3]。普及課題として，安全とコストの両立があるが，材料と設計からの双方のアプローチ，効率的な空間設計によりトータルコストを抑制する必要がある。

5.2.3　環境安全性

日本ほど各国の安全基準を網羅している国はない。それは，輸出の際にEU，米などのそれぞれの国の規格・ラベル，および各国間条約などを順守する必要がある。次から次へと押し寄せる規制に対し，技術でクリアにしていく姿勢をつらぬいてきた。例えば，一部の縮合リン酸エステルでは，安全懸念のある不純物を低減し，高純度の品質を達成している。また，食品安全レベルと同等なリン系難燃剤を開発し，製品化するなど環境障壁に対して，技術で対抗してきた歴史がある。それらの開発設計，および製造技術を世界に向けて発信し，利益の最大限化を目指す必要がある。

5.2.4　技術を生かすための課題

上記の技術的知見を生かし，将来の日本としての市場，および技術優位性構築のためには，さらなる高付加価値化が必要となる。上記事項の組み合わせや深化が必要である。これが高付加価値構築のための「将来投資」となる。経営効率としては劣るが，効率はさきほどの「刈取り」でまかない，効果は，「将来投資」で獲得すればよい。つまり，「モノコト」でいうところの「コト」を「刈取り」と「将来投資」という技術サービスで獲得する。それは，時間差で効率と効果の双方を獲得しようというものである。企業にとっては，当たり前の戦略だが，実施するのは生易しいことではない。特に「将来投資」については，その規模や内容についてどのように実施するか課題が多いのが実情である。効果を追求するには，急がば回れであり，根本的な検討が必要となる。

6　まとめ

上記技術と産業の課題を融合することで日本の優位性確立が進むと考えられる。国内の難燃材料を取り巻く仕組みとしては，日本難燃剤協会（FRCJ），臭素科学・環境フーラム（BSEF），難燃材料研究会（FRTECH）の3つがある。大学としては，京都工芸繊維大学のみで研究している。願わくば，本書を通じ，興味を持たれた諸氏に参加いただき，すそ野の拡大を目指したい。

文　献

1) 「The Chemical History of a Candle」(1861) by Michael Faraday.
2) 「History of Polymeric Composites, A history of Halogenated Flame Retardants」, VNU Science Press, (1987).
3) 消防白書（http://www.fdma.go.jp/html/hakusho/h25/h25/ accessed at 12/27/2013).
4) http://www.jaish.gr.jp/anzen/gmsds/1309-64-4.html
5) 矢作伸一：「鉄道車両の不燃化対策と材料の燃焼性判定試験の歩みとこれから」，車両と機械，Vol.5，4 (1991).
6) 西澤仁監修：難燃材料活用便覧　テクノネット社 (2002).
7) 日本難燃剤協会　資料 http://www.frcj.jp/siryo/halogen/seminar04.html
8) http://www.env.go.jp/chemi/reach/reach.html
9) http://www.frcj.jp/siryo/rin/main.html
10) http://www.epeat.net/
11) 大越雅之，西澤仁，伊藤政治，会田二三夫：マテリアルライフ，Vol.**11**，1 (1999).
12) http://www5e.biglobe.ne.jp/~TC-net/FRTECH/OSIRASE/bunkakai.html,
13) 山中ら：プラスチックエージ4月号
14) M.Okoshi：*Fire material*，**28**，423 (2004).

索　引

英数・記号

あ行

か行

さ行

た行

な行

は行

ま行

や行

ら行

わ行

工業製品・部材の長もちの科学
―設計・評価技術から応用事例まで―

発行日	2017年4月24日　初版第一刷発行
監修者	西村　寛之
発行者	吉田　隆
発行所	株式会社 エヌ・ティー・エス 〒102-0091 東京都千代田区北の丸公園2-1　科学技術館2階 TEL.03-5224-5430　http://www.nts-book.co.jp
印刷・製本	新日本印刷株式会社

ISBN978-4-86043-481-6

NTSの本

高分子関連図書

	書籍名	発刊日	体 裁	本体価格
1	高分子材料の劣化解析と信頼設計	2008年 1月	B5 228頁	27,600円
2	プラスチック製品の強度設計とトラブル対策	2009年 3月	B5 320頁	38,000円
3	最新　プラスチック成形技術 ～高付加価値成形から新素材、CAE 支援まで～	2011年10月	B5 684頁	47,400円
4	実践　二次加工によるプラスチック製品の高機能化技術 ～アドバンスド成形技術を含めて～	2015年 6月	B5 256頁	30,000円
5	CFRP の成形・加工・リサイクル技術最前線 ～生活用具から産業用途まで適用拡大を背景として～	2015年 6月	B5 388頁	40,000円
6	ポリマーフロンティア 21 シリーズ No.11 自動車と高分子材料	2002年 6月	B5 144頁	16,800円
7	ポリマーフロンティア 21 シリーズ No.12 高分子材料の安全性	2002年 6月	B5 148頁	21,800円
8	ポリマーフロンティア 21 シリーズ No.14 高分子の難燃・放熱制御技術	2002年12月	B5 144頁	20,400円
9	ポリマーＡＢＣハンドブック	2001年 1月	B5 1016頁	59,800円
10	高分子ナノテクノロジーハンドブック ～最新ポリマー ABC 技術を中心として～	2014年 3月	B5 1096頁	62,000円
11	ノンハロゲン系難燃材料による難燃化技術	2001年 1月	B5 328頁	37,800円
12	バイオマス由来の高機能材料 ～セルロース、ヘミセルロース、セルロースナノファイバー、リグニン、キチン・キトサン、炭素系材料～	2016年11月	B5 312頁	45,000円
13	導電性ポリマー材の高機能化と用途開発最前線	2014年 6月	B5 286頁	41,000円
14	ポリマーフロンティア 21 講演録シリーズ No.35 微粒子材料 ～未来を拓く機能材料～	2013年 5月	B5 198頁	28,000円
15	ポリマーフロンティア 21 講演録シリーズ No.34 超ハイブリッド材料	2012年10月	B5 214頁	27,600円
16	ポリマーフロンティア 21 講演録シリーズ No.33 高性能透明ポリマー材料	2012年 4月	B5 188頁	26,000円
17	新訂　最新ポリイミド ～基礎と応用～	2010年 8月	B5 554頁	51,000円
18	バイオプラスチックの高機能化・再資源化技術	2008年 4月	B5 392頁	41,600円
19	ポリマーフロンティア 21 シリーズ No.22 マイクロエレクトロニクスにおける高分子材料 ～ナノ構造集積・制御による新機能発現～	2004年 7月	B5 248頁	23,600円
20	エコ材料の最先端 ～電線におけるノンハロゲン難燃材料の開発状況～	2004年11月	B5 224頁	18,400円
21	ポリマーフロンティア 21 シリーズ No.16 エレクトロニクス材料としての機能性高分子	2003年 4月	B5 168頁	21,600円
22	ポリマーフロンティア 21 シリーズ No.17 スペシャリティポリマー ～要求特性を満たすナノレベルの材料設計～	2003年 5月	B5 204頁	23,200円

※本体価格には消費税は含まれておりません。